ILLUSTRATED DICTIONARY OF
MECHANICAL ENGINEERING

V. V. SCHWARTZ
T. A. ALPEROVICH
S. M. PALEJ
E. A. PETROV
G. B. VILKOVYSKAJA

SPRINGER-SCIENCE+BUSINESS MEDIA, B.V.

ILLUSTRATED DICTIONARY OF MECHANICAL ENGINEERING

ENGLISH
GERMAN
FRENCH
DUTCH
RUSSIAN

SPRINGER-SCIENCE+BUSINESS MEDIA, B.V.

ISBN 978-94-015-7152-4 ISBN 978-94-015-7150-0 (eBook)
DOI 10.1007/978-94-015-7150-0

Ursprünglich erschienen bei Kluwer Technische Boeken B.V. -Deventer 1984
Softcover reprint of the hardcover 1st edition 1984

FOREWORD

This Dictionary is designed for people who have just started studying mechanical engineering terms in a foreign language, particularly for those who have little or no knowledge of either the terms or their meaning. The latter category of readers may find it useful, in addition to the translation of the term, to have an explanation of its meaning as well. In the Dictionary, such explanation is provided by means of internationally accepted symbols, formulas, charts, diagrams, plans and drawings. In this way, illustrations serve as a universal intermediary between languages. As a rule, the illustration for a term consists of that graphic representation which is most frequently used in explaining the term concerned in instructional and technical literature (conventional graphic representation of the term).

Apart from being informative, the illustrations also help remember the terms themselves. In the Dictionary, therefore, illustrations are provided even for those terms whose meaning would be understood without the aid of graphic symbols. At the same time, the author had to leave out many terms – even important ones – which do not lend themselves to illustration.

The terms are grouped according to subject. This makes it possible to study the terminology pertaining to the subjects which interest the user most. This should also help speed up the assimilation of the terms, since the student will be able to remember a group of terms pertaining to a common subject.

When translating texts from one language into another, one is helped by the alphabetical indexes given at the end of the Dictionary.

We welcome any suggestions and comments on the contents of the Dictionary. They should be forwarded to Kluwer Technische Boeken B.V. Postbus 23, 7400 GA Deventer, or to 103012 Москва, Старопанский пер., д. 1/5, издательство «Русский язык».

V. Schwartz

HOW TO USE THE DICTIONARY

The terms in the Dictionary are grouped according to subject.

There are 14 sections corresponding to the main branches of mechanical engineering. Within each section the terms are arranged in accordance with the principles accepted in textbooks on the subject. The key language is English. The English term is followed by its German, French, Dutch and Russian equivalents, and by an illustration. In most cases, this is a simplified drawing of the object or a diagram of the process. Sometimes, other self-explanatory devices are used – mathematical signs, chemical formulas or examples of the chemical composition of alloys.

The terms are numbered. The numbers serve, first, to relate the term to the drawing, and, second, they facilitate the finding of the necessary translation of a term via the alphabetical index. Each number consists of two parts separated by a full stop, e. g. 12.5. The part preceding the full stop (12 in our example) stands for the number of the section in the table of contents, and the part that follows (5) is the number of the term within the section.

In some cases, the term is followed by a letter placed in round brackets. This indicates that the corresponding component of the object covered by an illustration is designated by this letter, and not by a number.

The user will often find that instead of an illustration under the last equivalent of a term there is an arrowhead reference to the number of another term. This indicates that the illustration will be found under the other term. The term „welding" (9.1), for example, is followed by the cross-reference (→ 9.2, 9.6), which means that the illustration for it is to be found under the terms „fusion welding" (9.2) or „pressure welding" (9.6).

Designation of languages:

e – English
d – German
f – French
nl – Dutch
r – Russian

Designation of the gender and number of nouns:

f – feminine
m – masculine
n – neuter
f(m) – common gender (in Dutch terms)
pl – plural

Composite terms contained in round or square brackets should be read as follows:

(linear) momentum = linear momentum *or* momentum
normal [direct] stress = normal stress *or* direct stress

Specification of the term concerned is given in italics in round brackets.

The Appendix to the Dictionary contains alphabetical indices of the English, German, French, Dutch and Russian terms.

VORWORT

Das vorliegende Wörterbuch ist für Benutzer bestimmt, die erst damit beginnen, sich die Terminologie des Maschinenbaus in Fremdsprachen anzueignen, und wendet sich in erster Linie an diejenigen, die nicht nur mit der Termini selbst, sondern auch ihrem Sinn nicht (bzw. nicht genügend) vertraut sind. Neben der Übersetzung in eine andere Sprache kann ihnen die Bedeutungserläuterung des Terminus das Verständnis erleichtern. In unserem Wörterbuch werden die Erläuterungen in einer allgemeinverständlichen graphischen Sprache – in international üblichen Symbolen, Formeln, Diagrammen, Schemata, Zeichnungen und Bildern – gegeben. Die Illustration erfüllt also die Funktion eines universellen Mittlers zwischen verschiedenen Sprachen. In der Regel wird die graphische Darstellung gewählt, die für die Erläuterung des jeweiligen Terminus in der Unterrichts- und technischen Literatur am meisten verbreitet ist („der übliche graphische Begleiter des Terminus").

Neben ihrem Informationswert trägt die Illustration auch dazu bei, dass das Wortgut besser im Gedächtnis haftet. Aus diesem Grunde sind auch solche Termini illustriert, deren Bedeutung ohne zusätzliche Erläuterungen erschlossen werden könnte. Dagegen wurde auf viele, auch wichtige Termini verzichtet, die sich nur schwer veranschaulichen lassen.

Das Wörterbuch ist thematisch angelegt. Der Benutzer kann somit die Terminologie zu den einzelnen Themen erlernen, für die er sich gerade interessiert. Der Lernprozess gewinnt dadurch an Intensität, da man sich gleichzeitig eine ganze Gruppe von Termini aneignet, die miteinander durch gemeinsamen Inhalt logisch verbunden sind.

Bei der Übersetzung können alphabetische Register benutzt werden, die das Buch ergänzen. Für alle Vorschläge und kritische Bemerkungen zu unserem Wörterbuch bedanken wir uns im Voraus und bitten, sie an die folgende Adresse zu richten: Kluwer Technische Boeken B.V. Postbus 23, 7400 GA Deventer oder 103012 Москва, Старопанский пер., д. 1/5, издательство «Русский язык».

V. Schwarz

HINWEISE FÜR DIE BENUTZUNG

Das Wörterbuch ist thematisch angelegt. Es gliedert sich in 14 Abschnitte, die den wichtigsten Teilgebieten des Maschinenbaus entsprechen. Innerhalb der Abschnitte wurden die Termini in der typischen Reihenfolge angeordnet, wie sie in den einschlägigen Lehrbüchern vermittelt werden. Als Ausgangssprache dient Englisch. Dem englischen Terminus folgt sein deutsches, französisches, niederländisches und russisches Äquivalent, danach die Illustration. Als Illustration dienen in der Regel die vereinfachte Zeichnung des Gegenstandes oder das Schema des Prozesses. In manchen Fällen verwendet man auch andere allgemeinverständliche Mittel der Bedeutungserläuterung: eine mathematische bzw. chemische Formel, ein Beispiel für die chemische Zusammensetzung der Legierung usw.

Die Termini sind mit Nummern versehen. Erstens verbindet die Numerierung den Terminus mit der Zeichnung, wo das entsprechende Element mit der gleichen Nummer gekennzeichnet ist, und zweitens ermöglicht sie das Auffinden der Übersetzungen des Terminus in den alphabetischen Registern. Die Nummer des Terminus setzt sich aus zwei Zahlen zusammen (z. B.: 12.5). Die Zahl vor dem Punkt (12) bezeichnet die laufende Nummer des Abschnitts laut Inhaltsverzeichnung, die Zahl nach dem Punkt (5) die laufende Nummer des Terminus innerhalb dieses Abschnitts.

Hinter manchen Termini steht in Klammern ein Buchstabe. Er besagt, dass das entsprechende Element in der Illustration nicht unter der Nummer des Terminus, sondern unter diesem Buchstaben findet.

Statt einer Illustration findet man manchmal beim letzten Äquivalent des Terminus eine Verweisung (einen Pfeil) auf die Nummer eines anderen Terminus. Hier ist die Illustration zu diesem Terminus unter einem anderen Terminus zu suchen. Z. B., steht hinter dem Wort „Schweissen" (Nummer 9.1) die Verweisung (→9.2, 9.6). Der Terminus „Schweissen" wird also durch die Illustrationen veranschaulicht, die den Termini „Schmelzschweissen" (9.2) und „Druckschweissen" (9.6) beigegeben sind.

Sprachen:
e – Englisch
d – Deutsch
f – Französisch
nl – Niederländisch
r – Russisch

Geschlecht und Mehrzahl der Substantive:
f – weiblich
m – männlich
n – sächlich
f(m) – allgemeines Geschlecht (bei niederländischen Termini)
pl – Mehrzahl

Zusammengesetzte Termini mit runden bzw. eckigen Klammern sind wie folgt zu lesen:
(linear) momentum = linear momentum *oder* momentum
normal [direct] stress = normal stress *oder* direct stress

Erläuterungen zu den Termini sind in Kursivschrift in runden Klammern gedruckt.

Im Anhang zum Wörterbuch befinden sich alphabetische Register der Termini in Englisch, Deutsch, Französisch, Niederländisch und Russisch.

PREFACE

Le présent dictionnaire s'adresse à tous ceux qui commencent à étudier en langues étrangères les termes relevant des constructions mécaniques et qui n'en connaissent souvent même pas le sens. Afin de mieux aider ce lecteur non initie les termes n'y sont pas simplement traduits mais commentés. Les commentaires contenus dans le Dictionnaire sont presentés sous la forme de graphiques, de symboles, de schémas, de formules, de dessins techniques et d'images couramment employés dans la pratique internationale. Ainsi les illustrations jouent le rôle d'une langue véhiculaire universelle. Comme illustrations on choisit généralement les expressions graphiques les plus répandues dans la littérature technique et pédagogique pour l'explication du terme donné („accompagnement graphique du terme").

Outre leur aspect informatif les illustrations aident à mémoriser les connaissances. C'est pourquoi dans le Dictionnaire les illustrations accompagnent tous les termes même ceux dont le sens est clair sans commentaires. Par contre, il a été décidé de ne pas inclure dans l'ouvrage les termes difficiles à illustrer indépendamment de leur importance.

Le Dictionnaire est concu d'après le principe thématique. Cela permet d'étudier la terminologie à l'intérieur de chaque thème choisi par le lecteur en conformité avec ses intérêts professionnels. Le processus d'étude est facilité par la présentation de tout un groupe de termes dont le contenu est logiquement lie.

Pour la traduction à partir d'une langue dans une autre le lecteur trouve à la fin de l'ouvrage des index alphabétiques appropriés.

L'auteur sera reconnaissant pour toutes les remarques et critiques faites au sujet de son ouvrage et envoyées à l'adresse: Kluwer Technische Boeken B.V. Postbus 23, 7400 GA Deventer ou 103012, Москва, Старопанский пер., д. 1/5, издательство «Русский язык».

V. Chvarts

LE BON USAGE DU DICTIONNAIRE

Conçu d'après le principe thématique le présent Dictionnaire est réparti en quatorze chapitres relevant des principaux domaines des constructions mécaniques. A l'intérieur des chapitres les termes sont disposés dans l'ordre de présentation des matières correspondantes dans des manuels. L'anglais est la langue de base. Le terme anglais est suivi de son équivalent allemand, français, néerlandais et russe ainsi que d'une illustration appropriée. Celle-ci est le plus souvent un dessin technique (objet) ou un schéma (processus). Cependant, d'autres types de commentaires y sont également possibles: formules mathématiques ou chimiques, exemples de la composition chimique des alliages, etc.

Les termes étant numérotés, il est facile de trouver les dessins correspondants portant le même numéro ainsi que leur équivalent dans une autre langue en se servant de l'index alphabétique. Le numero de chaque terme comporte deux nombres (par exemple, 12.5), dont le premier avant le point (12) signifie le numéro d'ordre du chapitre dans la table des matières et le second, après le point (5), celui du terme à l'intérieur du chapitre.

Parfois le terme est accompagné d'une expression littérale entre parenthèses. Cela veut dire que sur l'illustration accompagnant le terme donne l'élement en question est marqué par cette expression littérale et non par le numéro du terme.

Il arrive souvent qu'au lieu d'une illustration on trouve sous le dernier équivalent d'un terme une flèche portant le numéro d'un autre terme. Cela signifie que l'illustration du terme en question est jointé a un autre terme, par exemple, après le terme „soudage" (numéro 9.1) vient le renvoi (9.2, 9.6). Il est donc clair que le terme „soudage" peut être commenté par les illustrations accompagnant les termes „soudage par fusion" (9.2) et „soudage par pression" (9.6).

Les langues:
e – anglais
d – allemand
f – francais
nl – néerlandais
r – russe

Le genre et le pluriel des substantifs:
f – féminin
m – masculin
n – neutre
f(m) – genre commun (en neerlandais)
pl – pluriel

Lecture des termes composés mis entre parenthèses ou entre crochets:
(linear) momentum = linear momentum *ou* momentum
normal [direct] stress = normal stress *ou* direct stress

Les explications pour les termes mises en italique sont entre parenthèses.

L'annexe du Dictionnaire comporte les index alphabétiques des termes en anglais, allemand, français, néerlandais et russe.

VOORWOORD

Dit woordenboek is bestemd voor al diegenen, die op enigerlei wijze in aanraking komen met de terminologie in een der moderne talen op het gebied der machinebouw, hetzij tijdens bestudering van buitenlandse litteratuur, hetzij tijdens vertaalwerk vanuit het Nederlands.

Evenals in het alledaagse spraakgebruik, zijn ook technische termen zelden voor slechts één uitleg vatbaar. Welke betekenis de betrokken term moet worden toegekend, volgt in de tekst meestal wel uit het verband, waarin de term is geplaatst. Een groot bezwaar van woordenboeken is echter, dat dit verband, welhaast per definitie, ontbreekt. Dit bezwaar kan ondervangen worden, door alle termen te voorzien van omschrijvingen. Voor het onderhavige woordenboek echter hebben de samenstellers gekozen voor een combinatie van twee andere methoden.

In de eerste plaats zijn de benoemde begrippen naar onderwerp gerangschikt in veertien hoofdstukken. Ten tweede wordt bij practisch iedere term verwezen naar een illustratie, waarin het benoemde begrip is afgebeeld. Bij de selectie van deze illustraties heeft de wens voorop gestaan het woordenboek soveel mogelijk te laten aansluiten bij de gangbare litteratuur en is er derhalve gebruik van die schematische voorstellingen, die men het meest in deze litteratuur aantreft.

De systematische indeling biedt overigens nog een voordeel, dat de efficiency van het gebruik ten goede komt, omdat immers alle termen met betrekking tot één bepaald onderwerp bij elkaar gegroepeerd zijn, zodat het de gebruiker mogelijk is om de betrokken termen met elkaar te vergelijken, en daaruit zijn keuze te doen, of zonodig, met behulp van het aangeboden materiaal, zijn eigen termen samen te stellen. Teneinde de onmiskenbare voordelen van de alfabetische rangschikking niet te verliezen, is er achterin het woordenboek voor iedere taal tevens een alfabetische index opgenomen.

V. Schwartz

TEN GELEIDE

Het woordenboek is systematisch ingericht en bestaat uit veertien hoofdstukken. Ieder hoofdstuk heeft betrekking op een der onderwerpen van de machinebouw. De meeste termen zijn gerangschikt rond een schematische tekening van het onderwerp, dan wel een grafische voorstelling van het benoemde proces. In voorkomende gevallen is gebruik gemaakt van wiskundige en scheikundige formules.

De termen zijn voorzien van een nummer. Dit nummer dient er ten eerste toe om de term met de tekening in verband te brengen, waar het respectievelijke element hetzelfde nummer draagt, en ten tweede om de vertaling van de term in een andere taal te vinden met behulp van het alfabetisch register. Het nummer van de term bestaat uit twee getallen (bv. 12.5). Het getal voor de punt (12) geeft het volgnummer van het betreffende hoofdstuk aan, terwijl het getal achter de punt (5) het volgnummer van de term binnen dit hoofdstuk aangeeft.

In voorkomende gevallen wordt ook door middel van een letter verwezen naar het betrokken gedeelte van de illustratie dat dan met deze selfde letter gemerkt is.

Dikwijls staat onder het laatste equivalent van de term een verwijzingsteken (→) voorzien van het nummer van een andere term. Dit betekent, dat de illustratie tot de gegeven term bij deze andere term gezocht moet worden. Zo staat bijvoorbeeld achter de term „lassen" (nummer 9.1) het verwijzingsteken (→ 9.2, 9.6). Dit betekent, dat als illustratie tot de term „lassen" illustraties gebruikt kunnen worden, die geplaatst zijn achter de termen „smeltlassen" (9.2) en „druklassen" (9.6).

Taalaanduidingen:

e – Engels
d – Duits
f – Frans
nl – Nederlands
r – Russisch

Aanduiding van geslacht en meervoud van zelfstandige naamwoorden:

f – vrouwelijk
m – mannelijk
n – onzijdig
f (m) – algemeen geslacht (bij Nederlandse termen)
pl – meervoud

Het lezen van samengestelde termen, die gebruikt worden met ronde of vierkante haakjes:

(linear) momentum = linear momentum, momentum,
normal [direct] stress = normal stress, direct stress.

Verklarende tekst is tussen ronde haakjes, en cursief gezet.

In de bijlage tot het woordenboek zijn alfabetische registers gegeven in het Engels, Duits, Frans, Nederlands en Russisch.

ПРЕДИСЛОВИЕ

Настоящий Словарь предназначен для лиц, начинающих изучать терминологию машиностроения на иностранном языке, и прежде всего для тех из них, кому неизвестны (или недостаточно известны) не только сами термины, но и их смысл. Таким читателям кроме перевода термина на другой язык может оказать определенную помощь пояснение смысла термина. В предлагаемом Словаре пояснения сделаны на общепонятном графическом языке в виде принятых в международной практике символов, формул, графиков, схем, чертежей, рисунков. Таким образом иллюстрация выполняет роль универсального посредника между разными языками. Как правило, в качестве иллюстрации выбрано то графическое изображение, которое наиболее распространено в учебной и технической литературе для пояснения данного термина („привычный графический спутник термина").

Помимо информативности иллюстрация еще и помогает запоминанию иллюстрируемого материала. Поэтому в Словаре снабжены иллюстрациями и те термины, смысл которых был бы понятен и без разъяснения. Вместе с тем пришлось отказаться от включения в словарь многих, даже важных, терминов, которые не поддаются иллюстрированию.

Словарь построен по тематическому принципу. Это позволяет изучать терминологию по отдельным темам, представляющим наибольший интерес для читателя. Процесс изучения при этом становится более интенсивным, поскольку запоминается сразу целая группа терминов, логически связанных общим содержанием.

Для перевода с одного языка на другой служат алфавитные указатели, помещенные в конце книги. Все пожелания и критические замечания по содержанию Словаря, направленные по адресу: Kluwer Technische Boeken B.V. Postbus 23, 7400 GA Deventer или 103012, Москва, Старопанский пер., д. 1/5, издательство «Русский язык», будут приняты с благодарностью.

В. Шварц

О ПОЛЬЗОВАНИИ СЛОВАРЕМ

Словарь построен по тематическому принципу. Он состоит из 14 разделов, соответствующих основным разделам машиностроения. Расположение терминов внутри разделов соответствует типичному порядку изложения информации в учебниках по данной теме. Исходным языком является английский. После английского термина следуют немецкий, французский, нидерландский, русский эквиваленты термина, а затем иллюстрация. Обычно иллюстрацией служит упрощенный чертеж предмета или схема процесса. Однако, иногда используются и другие общепонятные способы пояснения: математическая или химическая формула, пример химического состава сплава.

Термины пронумерованы. Эта нумерация служит, во-первых, для связи термина с рисунком, где соответствующий элемент отмечен тем же номером, и, во-вторых, для поиска перевода термина на другой язык с помощью алфавитного указателя. Номер термина состоит из двух чисел (например, 12.5). Первое число до точки (12) означает порядковый номер раздела по оглавлению, число после точки (5) – порядковый номер термина внутри этого раздела.

Иногда после термина в скобках указано буквенное обозначение. Это значит, что соответствующий элемент на иллюстрации к термину обозначен не номером термина, а этим буквенным обозначением.

Часто вместо иллюстрации под последним эквивалентом термина находится отсылка (стрелка) с номером другого термина. Это значит, что иллюстрацию к данному термину следует искать под другим термином. Например, после термина „сварка" (номер 9.1) находится отсылка (→9.2, 9,6). Это означает, что иллюстрацией к термину „сварка" могут служить иллюстрации, расположенные после терминов „сварка плавлением" (9.2) и „сварка давлением" (9.6).

Обозначение языков:

e – английский
d – немецкий
f – французский
nl – нидерландский
r – русский

Обозначение рода и множественного числа существительных:

f – женский род
m – мужской род
n – средний род
f(m) – общий род (*у нидерландских терминов*)
pl – множественное число

Чтение составных терминов, употребляемых с круглыми или квадратными скобками:

(linear) momentum = linear momentum, momentum
normal [direct] stress = normal stress, direct stress

Пояснения к терминам даны в круглых скобках курсивом.

В приложении к Словарю даны алфавитные указатели терминов на английском, немецком, французском, нидерландском и русском языках.

1. ENGINEERING MECHANICS
TECHNISCHE MECHANIK
MÉCANIQUE TECHNIQUE
TECHNISCHE MECHANICA
ТЕХНИЧЕСКАЯ МЕХАНИКА

1.1 e statics
d Statik f
f statique f
nl statica f, evenwichtsleer f(m)
r статика f

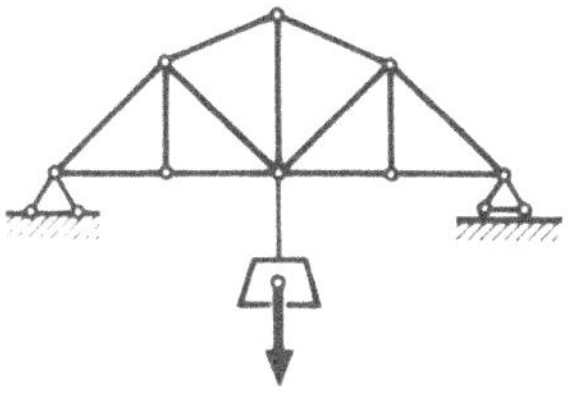

1.2 e kinematics
d Kinematik f
f cinématique f
nl kinematica f, bewegingsleer f(m)
r кинематика f

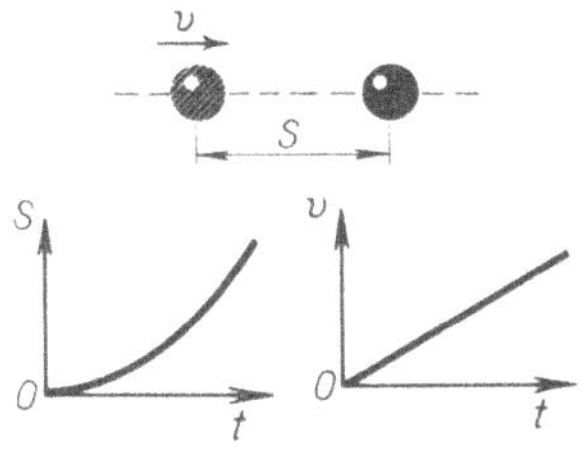

1.3 e dynamics
d Dynamik f
f dynamique f
nl dynamica f
r динамика f

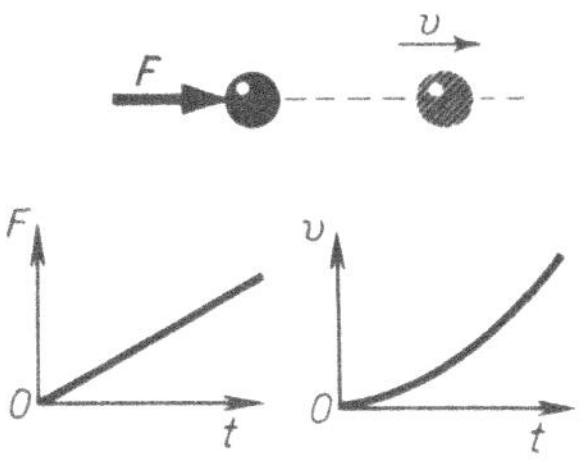

1.4 e kinetics
d Kinetik f
f cinétique f
nl kinetica f, bewegingsleer f(m)
r кинетика f

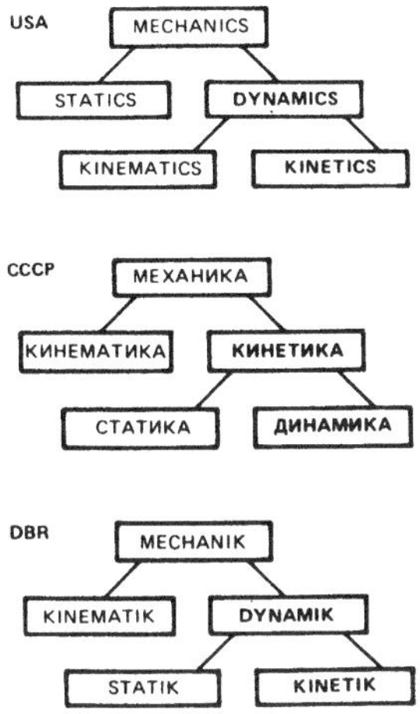

1.5 e force
d Kraft f
f force f
nl kracht f(m)
r сила f

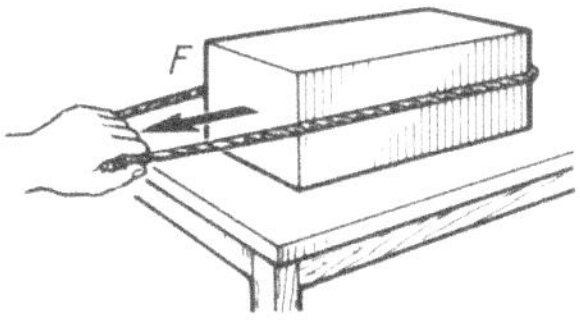

1.6 e force vector
d Kraftvektor m
f vecteur m de la force
nl krachtvector m
r вектор m силы

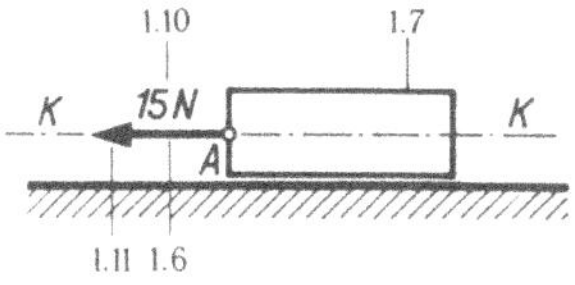

1.7 e solid (body)
d fester Korper m
f corps m solide
nl vast lichaam n
r твёрдое тело n
(→ 1.6)

1.8 e point of application (*A*)
d Angriffspunkt m (*A*)
f point m d'application (*A*)
nl aangrijpingspunt m (*A*)
r точка f приложения (*A*)
(→ 1.6)

1.9 e line of action (*KK*)
d Wirkungslinie f (*KK*)
f ligne f d'action (*KK*)
nl werklijn f (m) (*KK*)
r линия f действия (*KK*)
(→ 1.6)

1.10 e magnitude
d Betrag m
f module m d'un vecteur
nl grootte f
r модуль m (вектора)
(→ 1.6)

1.11 e sense
d Richtungssinn m
f sens m
nl richting f
r направление n
(→ 1.6)

1.12 e reactive force, reaction
d Reaktionskraft f
f réaction f, force f de réaction
nl reactiekracht f(m), tegenwerkende kracht
r сила f реакции, реакция f

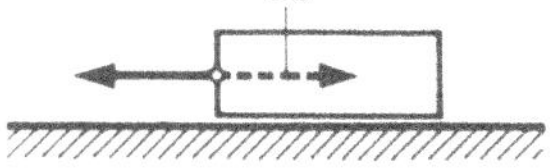

1.13 e constraint
d Bindung f, Stützung f
f liaison f
nl binding f
r связь f

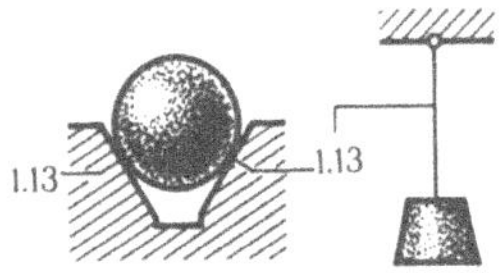

1.14 e free-body diagram
d zeichnerische Darstellung f eines freigemachten Korpers
f diagramme m des forces du corps libre
nl krachtendiagram n voor een vrij lichaam
r силовая схема f свободного тела

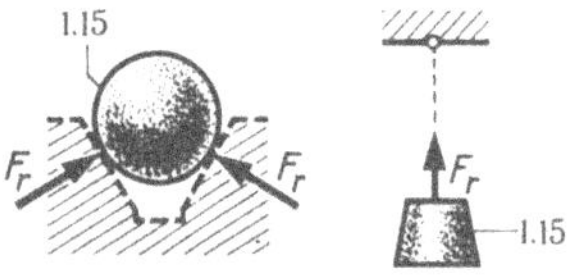

1.15 e free body
d freigemachter Körper m
f corps m libre
nl vrij lichaam n
r свободное тело n
(→ 1.14)

1.16 e support reaction (F_r)
d Auflagerreaktion f (F_r)
f réaction f d'appui (F_r)
nl steunpuntsreactie f, oplegreactie (F_r)
r опорная реакция f (F_r)
(→ 1. 14)

1.17 e force system
d Kräftesystem n
f système m des forces
nl stelsel n van krachten
r система f сил

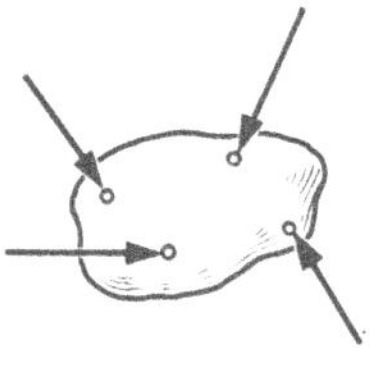

1.18 e concurrent force system
d zentrales Kräftesystem n
f système m de forces concourantes
nl stelsel n van convergerende krachten
r система f сходящихся сил

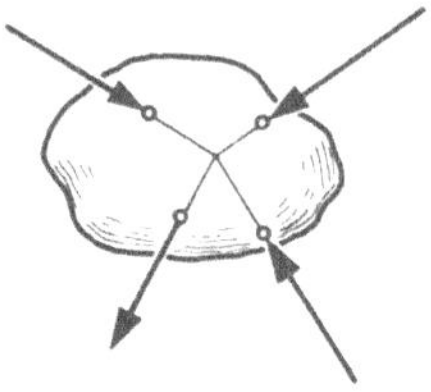

1.19 e parallel force system
d paralleles Kräftesystem n
f système m de forces parallèles
nl stelsel n van evenwijdige krachten
r система f параллельных сил

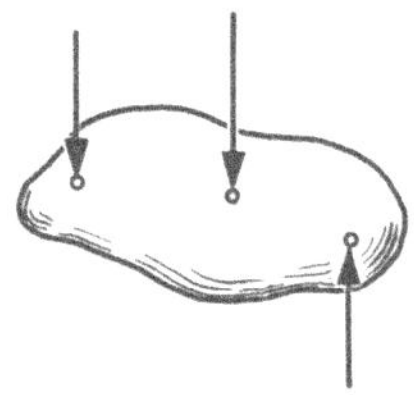

1.20 e composition of forces
d Zusammensetzen n von Kräften
f composition f des forces
nl samenstelling f van krachten
r сложение n сил

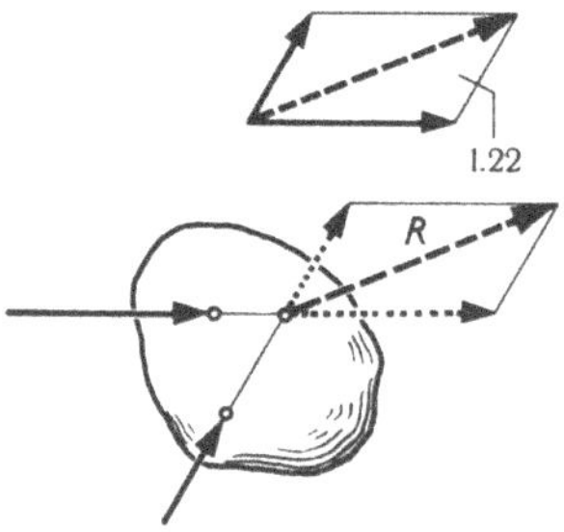

1.21 e resultant (R)
d Resultierende f (R)
f résultante f (R)
nl resultante f(m) (R)
r равнодействующая f (R)
(→ 1. 20)

1.22 e parallelogram of forces
d Kräfteparallelogramm n
f parallélogramme m des forces
nl parallelogram n van krachten
r параллелограмм m сил
(→ 1.20)

1.23 e triangle of forces
d Kraftdreieck n
f triangle m des forces
nl krachtendriehoek m
r силовой треугольник m, треугольник сил

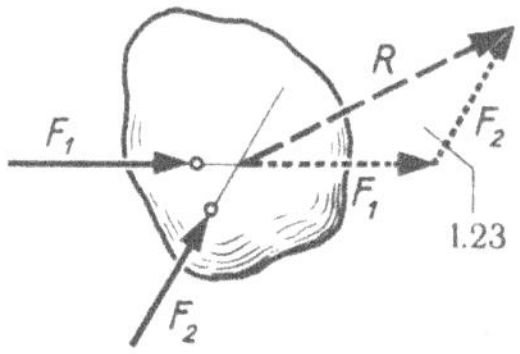

1.24 e force polygon
d Krafteck n
f polygone m des forces
nl krachtenveelhoek m
r силовой многоугольник m, многоугольник сил

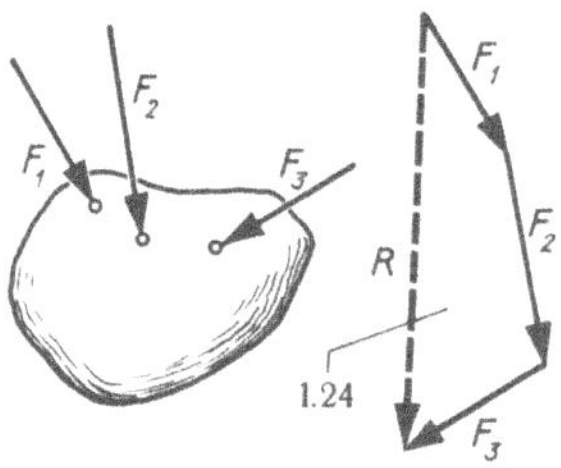

1.25 e string [funicular] polygon
d Seileck n
f polygone m funiculaire
nl kabelveelhoek m
r верёвочный многоугольник m

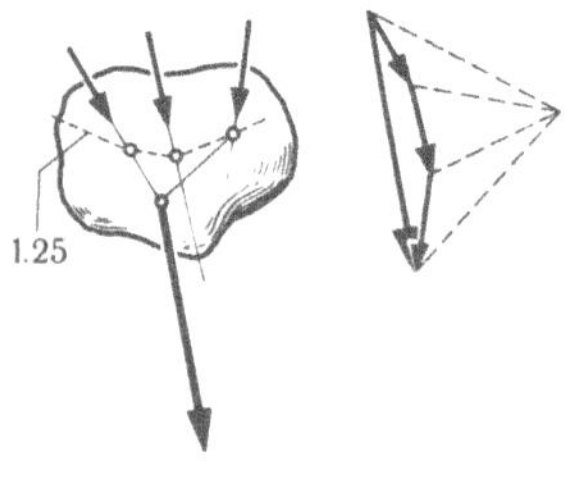

1.26 e equilibrium of forces
d Gleichgewicht n von Kräften
f équilibre m des forces

nl evenwicht n van krachten
r равновесие n сил

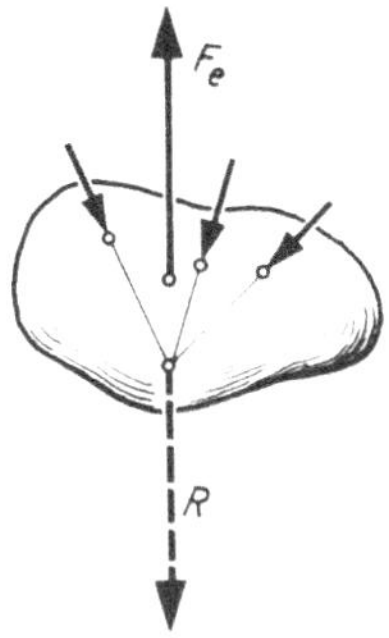

1.27 e equilibrant force (F_e)
d Gleichgewichtskraft f (F_e)
f force f équilibrée (F_e)
nl **evenwichtbiedende [balancerende] kracht f (m) (F_e)**
r **уравновешивающая сила f (F_e)**
(→ 1.26)

1.28 e resolution of a force
d Zerlegen n einer Kraft
f décomposition f de la force
nl **ontbinding f van een kracht**
r **разложение n силы**

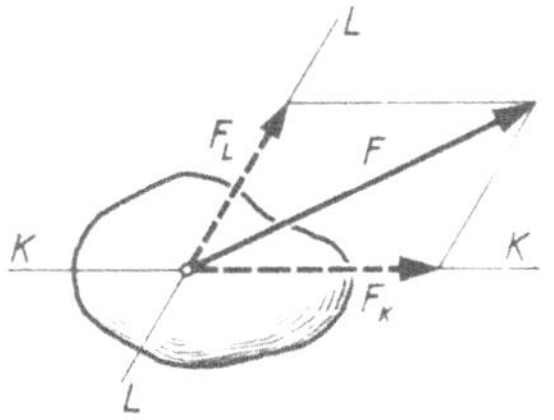

1.29 e component of force (F_K, F_L)
d Teilkraft f (F_K, F_L)
f composante f de la force (F_K, F_L)
nl component m van een kracht (F_K, F_L)
r **составляющая сила f (F_K, F_L)**
(→ 1.28)

1.30 e moment of force (M)
d (statisches) Moment n der Kraft (M)
f moment m d'une force (M)
nl **moment n van een kracht (M)**
r **момент m силы (M)**

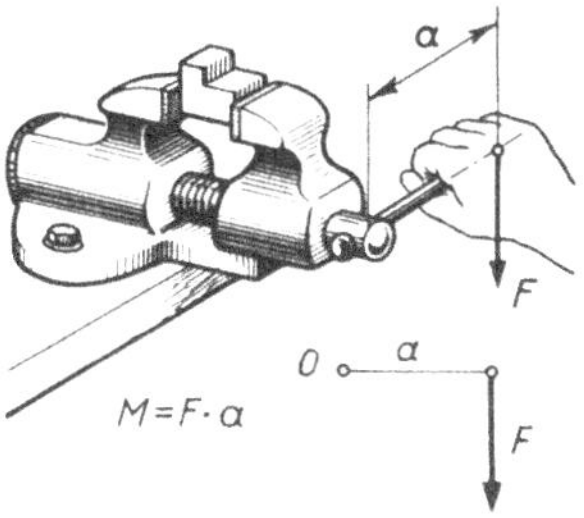

1.31 e arm of a force (a)
d **Hebelarm m (a)**
f bras m d'une force (a)
nl hefboomsarm m (a) (*van een kracht*)
r плечо n силы (a)
(→ 1.30)

1.32 e moment center (O)
d **Bezugspunkt m (O)**
f centre m du moment (O)
nl aangrijpingspunt f(m) van evenwijdige krachten (O)
r **центр m момента (O)**
(→ 1.30)

1.33 e couple
d Kräftepaar n
f couple m
nl **koppel n**
r **пара f сил**

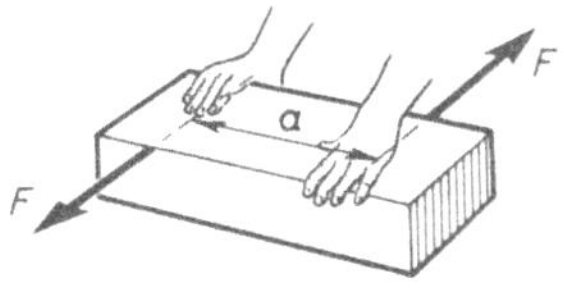

1.34 e arm of a couple (a)
d Abstand m der Kräfte eines Kräftepaares (a)
f bras m de levier du couple (a)
nl **koppelarm m**
r плечо n пары (a)
(→ 1.33)

1.35 e moment of a couple
d (statisches) Moment n eines Kräftepaares
f moment m d'un couple
nl moment n van een koppel
r **момент m пары**
$M = F \cdot a$
(→ 1.33)

1.36 e moment vector
d **Momentvektor m**
f moment-vecteur m
nl momentvector m
r **вектор m момента**

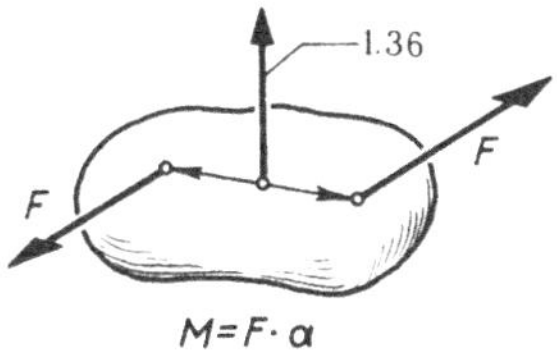

1.37 e Varignon's theorem
d Momentensatz m
f théorème m de Varignon
nl **momentstelling f**
r **теорема f Вариньона**

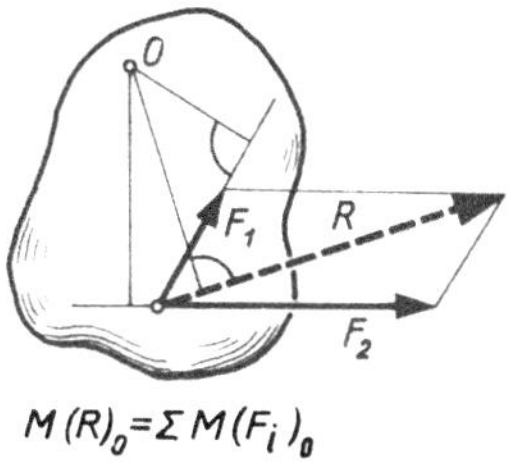

1.38 e center of gravity (C)
d Schwerpunkt m (C)
f centre m de gravité (C)
nl zwaartepunt n (C)
r **центр m тяжести (C)**

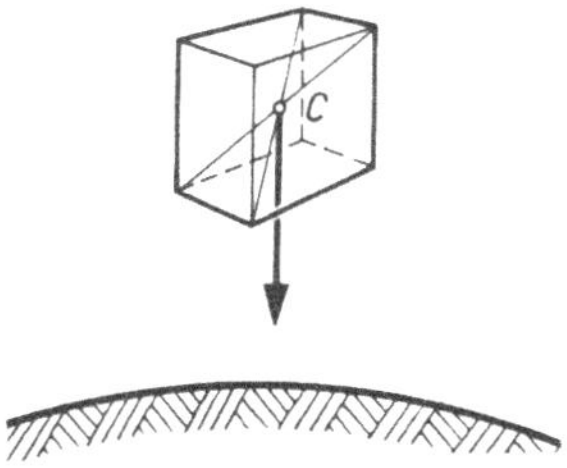

1.39 e centroid of area (S)
d Flächenschwerpunkt m (S)
f centre m de gravité d'aire (S)
nl zwaartepunt f(m) (S)
r **центр m тяжести площади (S)**

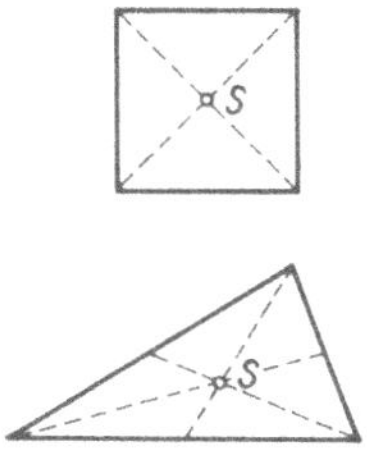

1.40 e equation of equilibrium
d Gleichgewichtsbedingung f
f équation f d'équilibre
nl evenwichtsvergelijking f
r уравнение n равновесия

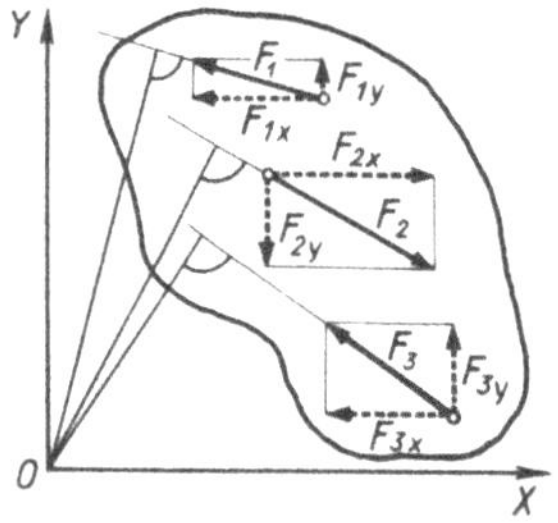

$\Sigma F_{ix}=0;\quad \Sigma F_{iy}=0,\quad \Sigma M(F_i)_0=0$

1.41 e plane truss
d ebenes Fachwerk n
f ferme f plane
nl vlak vakwerk n
r плоская ферма f

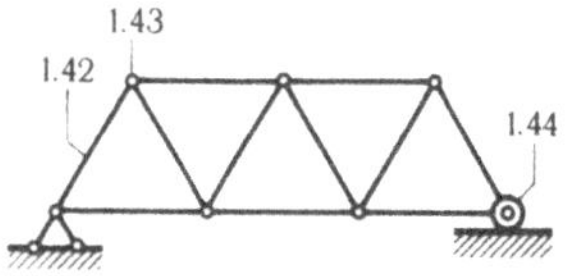

1.42 e bar, truss member
d Stab m
f barre f
nl staaf f(m)
r стержень m
(→ 1.41)

1.43 e hinge
d Gelenk n
f charnière f
nl scharnier n
r шарнир m
(→ 1.41)

1.44 e roller
d Rolle f
f rouleau m
nl rol f(m)
r каток m
(→ 1.41)

1.45 e virtual displacement (δS_i)
d virtuelle Verrückung f (δS_i)
f déplacement m virtuel (δS_i)
nl virtuele verplaatsing f(δS_i)
r возможное перемещение n (δS_i)

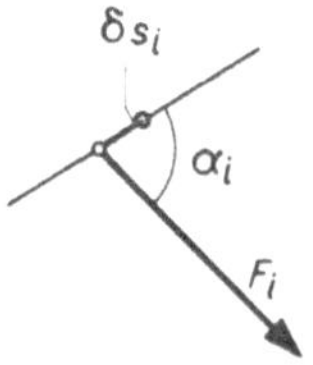

$\Sigma F_i \cdot \cos\alpha_i \cdot \delta s_i = 0$

1.46 e principle of virtual displacements
d Prinzip n der virtuellen Verrückungen
f principe m des déplacements virtuels
nl beginsel n der virtuele verplaatsingen
r принцип m возможных перемещений
(→ 1.45)

1.47 e stable equilibrium
d stabiles Gleichgewicht n
f équilibre m stable
nl stabiel evenwicht n
r устойчивое равновесие n

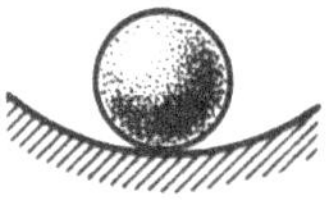

1.48 e unstable equilibrium
d labiles Gleichgewicht n
f équilibre m instable
nl labiel evenwicht n
r неустойчивое равновесие n

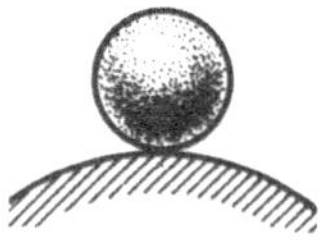

1.49 e indifferent equilibrium
d indifferentes Gleichgewicht n
f équilibre m indifférent
nl indifferent evenwicht n
r безразличное равновесие n

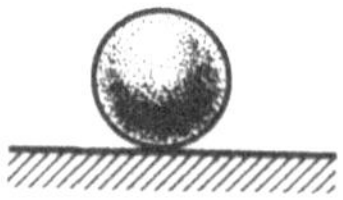

1.50 e motion
d Bewegung f
f mouvement m (mécanique)
nl beweging f
r (механическое) движение n

1.51 e path
d Bahn f
f trajectoire f
nl (kogel)baan f(m)
r траектория f, путь m

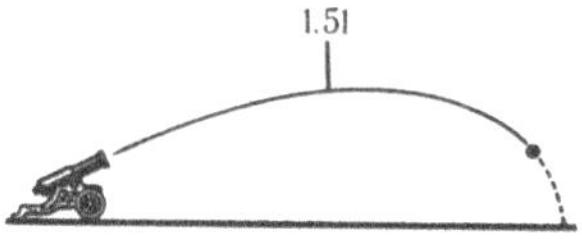

1.52 e displacement (s)
d Weg m (s)
f distance f (s)
nl verplaatsing f (s)
r путь m, перемещение n (s)

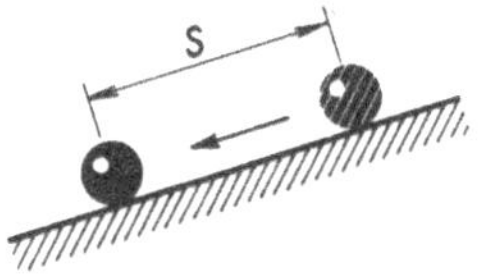

1.53 e time
d Zeit f
f temps m
nl tijd f
r время n

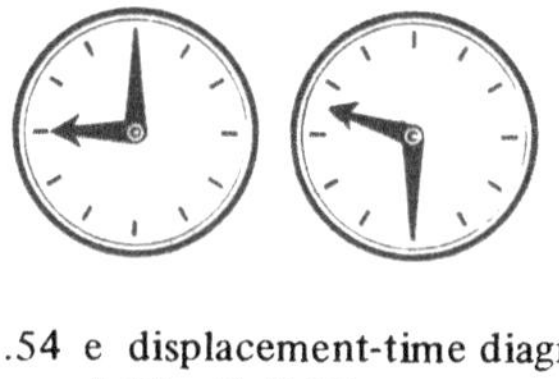

1.54 e displacement-time diagram
d Weg-Zeit-Diagramm n
f diagramme m distance-temps

nl weg-tijddiagram n
r график m "путь–время"

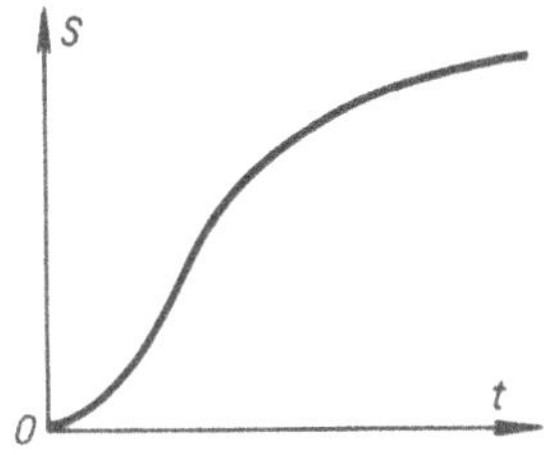

1.55 e velocity
d Geschwindigkeit f
f vitesse f
nl snelheid f
r скорость f (точки)

$$v = \frac{ds}{dt}$$

1.56 e velocity-time diagram
d Geschwindigkeit-Zeit-Diagramm n
f diagramme m vitesse-temps
nl v-t-diagram n, snelheid-tijddiagram
r график m "скорость – время"

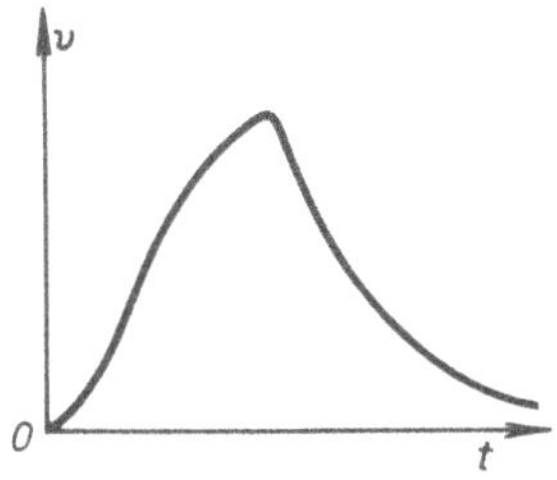

1.57 e acceleration
d Beschleunigung f
f accélération f
nl versnelling f
r ускорение n

$$a = \frac{dv}{dt}$$

1.58 e rectilinear motion
d geradlinige Bewegung f
f mouvement m rectiligne
nl rechtlijnige beweging f
r прямолинейное движение n

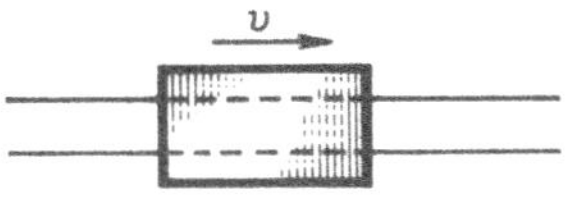

1.59 e curvelinear motion
d krummlinige Bewegung f
f mouvement m curviligne
nl kromlijnige beweging f
r криволинейное движение n

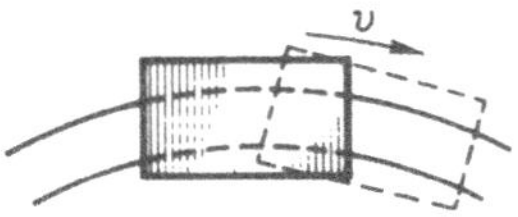

1.60 e relative motion
d Relativbewegung f
f mouvement m relatif
nl relatieve beweging f
r относительное движение n

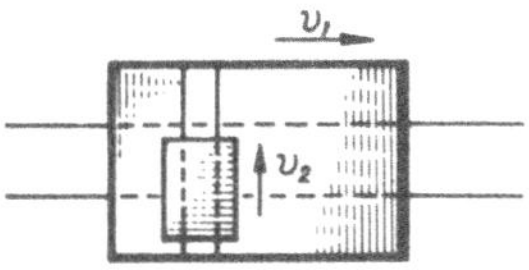

1.61 e uniform motion
d gleichförmige Bewegung f
f mouvement m uniforme
nl eenparige beweging f
r равномерное движение n

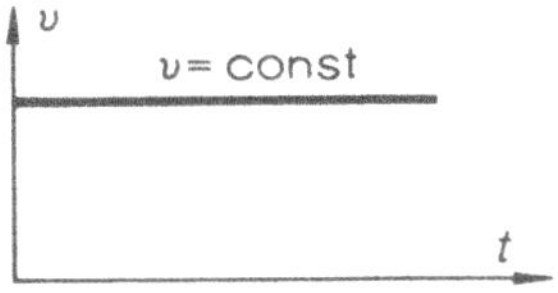

1.62 e uniformly accelerated motion
d gleichförmig beschleunigte Bewegung f
f mouvement m uniformément accéléré
nl eenparig versnelde beweging f
r равномерно ускоренное движение n

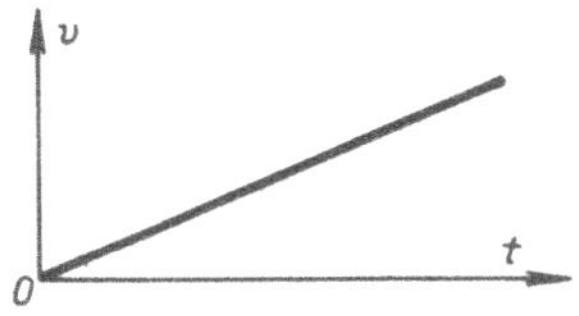

1.63 e translational motion, translation
d Translation f
f mouvement m de translation
nl translatie f
r поступательное движение n

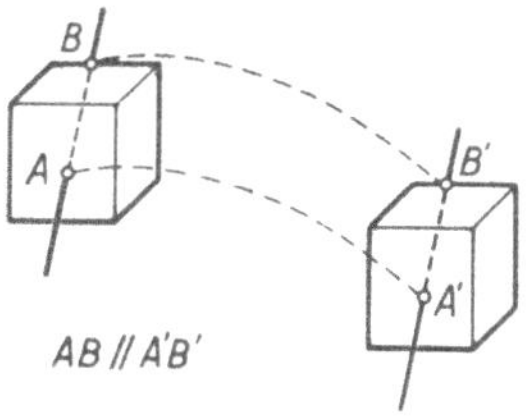

1.64 e rotational motion, rotation
d Rotation f
f mouvement m rotatif, rotation f
nl rotatie f, draaiing f
r вращательное движение n, вращение n

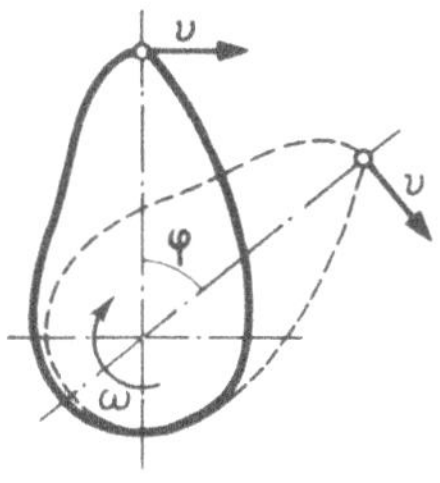

1.65 e angular displacement (φ)
d Drehwinkel m (φ)
f déplacement m angulaire, angle m de rotation (φ)
nl rotatiehoek m (φ)
r угловое перемещение n, угол m поворота (φ)
(→ 1.64)

1.66 e angular velocity
d Winkelgeschwindigkeit f
f vitesse f angulaire
nl hoeksnelheid f
r угловая скорость f

$$\omega = \frac{d\varphi}{dt}$$

1.67 e angular acceleration
d Winkelbeschleunigung f
f accélération f angulaire
nl hoekversnelling f
r угловое ускорение n

$$\alpha = \frac{d\omega}{dt}$$

1.68 e tangential acceleration (a_t)
d Tangentialbeschleunigung f, Bahnbeschleunigung (a_t)
f accélération f tangentielle (a_t)
nl tangentiale versnelling f (a_t)
r тангенциальное ускорение n (a_t)

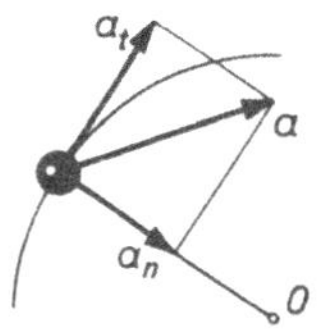

1.69 e normal acceleration (a_n)
d Normalbeschleunigung f (a_n)
f accélération f normale (a_n)
nl normale versnelling f (a_n)
r нормальное ускорение n (a_n)
(→ 1.68)

1.70 e Coriolis acceleration (a_c)
d Coriolisbeschleunigung f (a_c)
f accélération f de Coriolis (a_c)
nl coriolisversnelling f (a_c)
r кориолисово [переносное] ускорение n (a_c)

$a_c = 2\omega \cdot v_r \cdot \sin(\omega, v_r)$

1.71 e instantaneous velocity center (O)
d Geschwindigkeitspol m (O)
f centre m des vitesses instantané (O)
nl ogenblikspool f (m), momentaan draaipunt n (O)
r мгновенный центр m скоростей (O)

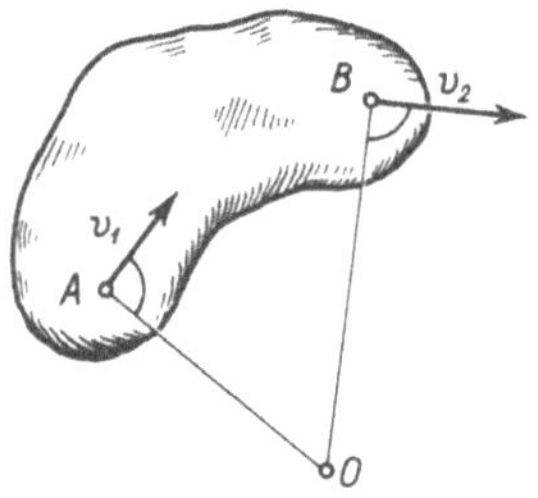

1.72 e reciprocating motion
d hin- und hergehende Bewegung f
f mouvement m alternatif
nl heen- en weergaande beweging f
r возвратно-поступательное движение n

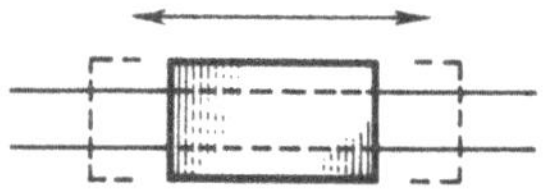

1.73 e free fall (of a body)
d freier Fall m (des Körpers)
f chute f libre (de corps)
nl vrije val m (van een lichaam)
r свободное падение n (тела)

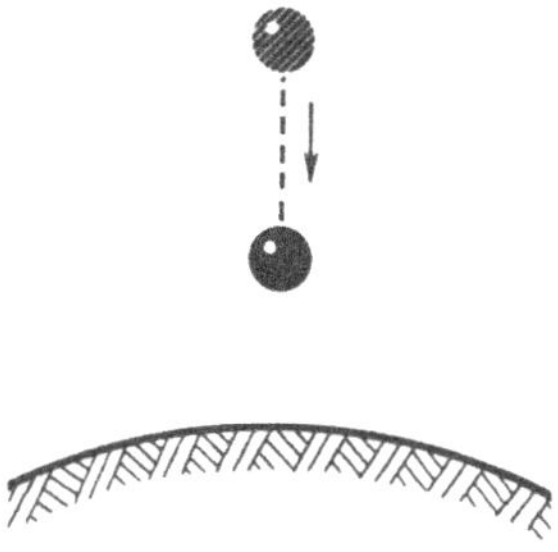

1.74 e Newton's law of motion
d Newtonsches Grundgesetz m
f loi f de Newton
nl wet f(m) van Newton
r закон m Ньютона

1.75 e inertia
d Trägheit f
f inertie f
nl traagheid f
r инерция f, инертность f

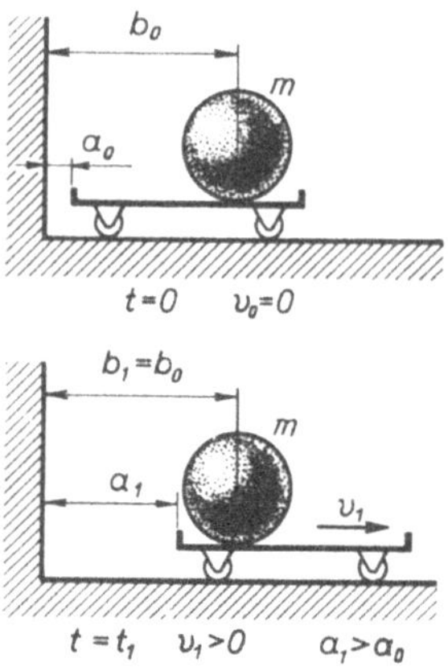

1.76 e mass (m)
d Masse f (m)
f masse f (m)
nl massa f(m) (m)
r масса f (m)
(→ 1.75)

1.77 e inertia force
d Trägheitskraft f
f force f d'inertie
nl traagheidskracht f(m)
r сила f инерции

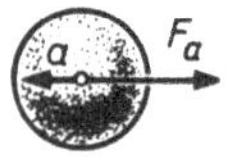

$F_a = m \cdot a$

1.78 e d'Alembert's principle
d Prinzip n von d'Alembert
f principe m d'Alembert
nl beginsel n van d'Alembert
r принцип m Даламбера

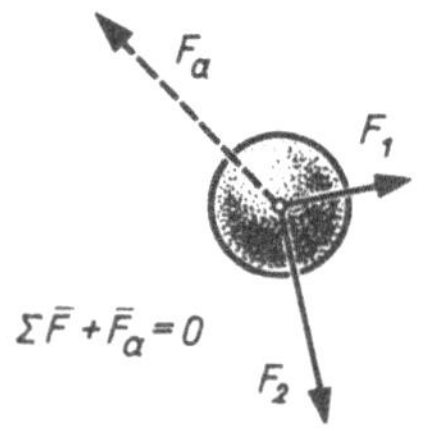

1.79 e impulse
d Antrieb m, Impuls m
f impulsion f d'une force
nl impuls m
r импульс m силы
$S = \int_{t_0}^{t_1} F(t)\, dt$

1.80 e (linear) momentum
d Bewegungsgrösse f, Impuls m
f quantité f de mouvement
nl hoeveelheid f van beweging
r количество n движения
$S = m \cdot v$

1.81 e work
d Arbeit f
f travail m
nl arbeid m
r работа f (силы)

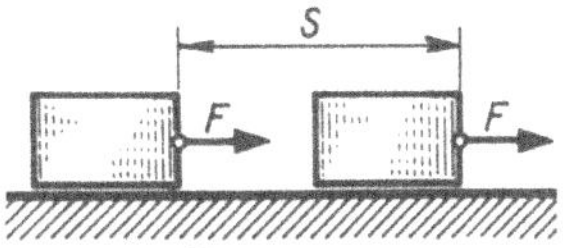

$W = F \cdot s$

1.82 e useful work (W_{us})
d Nutzarbeit f (W_{us})
f travail m utile (W_{us})
nl nuttige arbeid m (W_{us})
r полезная работа f (W_{us})
(→ 1.84)

1.83 e expended work (W_{exp})
d aufgewandte Arbeit f (W_{exp}
f travail m dépensé (W_{exp})
nl verbruikte arbeid m (W_{exp})
r затраченная работа f (W_{exp})
(→ 1.84)

1.84 e efficiency
d Wirkungsgrad m
f coefficient m d'efficacité, rendement m
nl nutsfactor m, rendement n
r коэффициент m полезного действия, кпд
$\eta = \frac{W_{us}}{W_{exp}}$

1.85 e power
d Leistung f
f puissance f
nl vermogen n
r мощность f (силы)
$P = \frac{F \cdot s}{t}$

1.86 e energy
d Energie f
f énergie f
nl energie f, arbeidsvermogen n
r энергия f
(→ 1.87, 1.88)

1.87 e potential energy (E_p)
d potentielle Energie f (E_p)
f énergie f potentielle (E_p)
nl potentiële energie f (E_p)
r потенциальная энергия f (E_p)

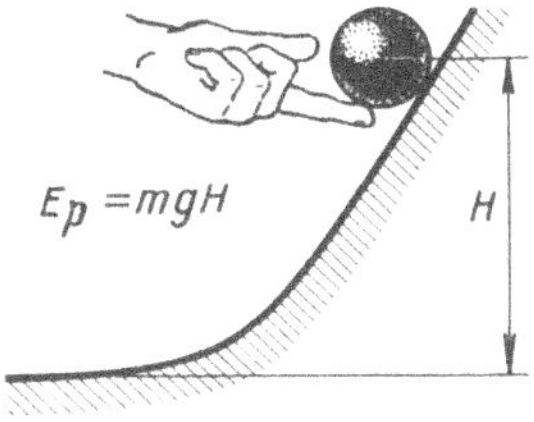

1.88 e kinetic energy (E_k)
d kinetische Energie f (E_k)
f énergie f cinétique (E_k)
nl kinetische energie f (E_k)
r кинетическая энергия f (E_k)

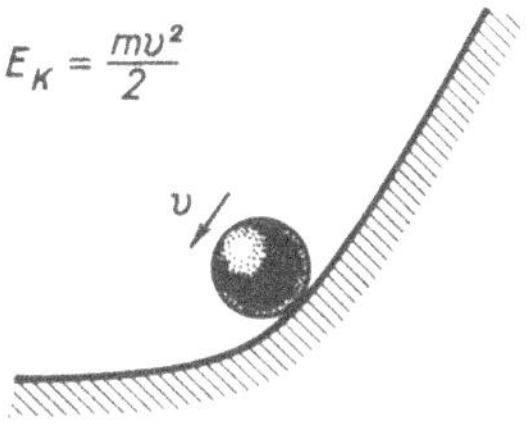

1.89 e principle of conservation of energy
d Energieerhaltungssatz m
f loi f de conservation de l'énergie
nl wet f(m) van het behoud van arbeidsvermogen
r закон m сохранения энергии

1.90 e torque (T)
d Drehmoment n (T)
f moment m de rotation (T)
nl wringend moment n (T)
r вращающий момент m (T)

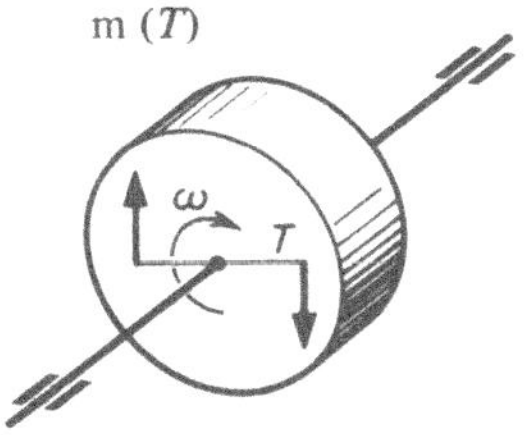

1.91 e (mass) moment of inertia (I_m)
d Massenträgheitsmoment n, Trägheitsmoment (I_m)
f moment m d'inertie (I_m)
nl massatraagheidsmoment n (I_m)
r момент m инерции (I_m)

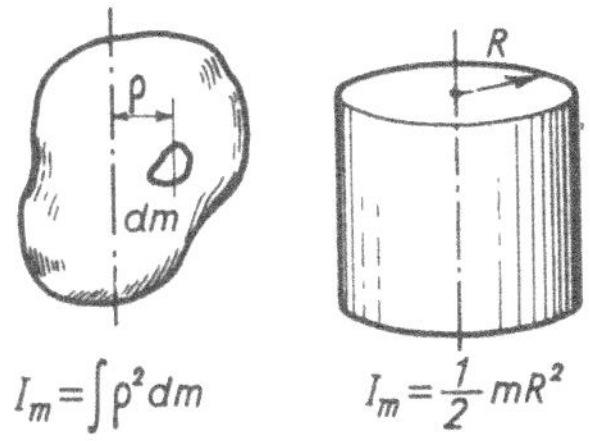

1.92 e radius of gyration
d Trägheitsradius m
f rayon m de giration
nl traagheidsstraal m, f
r радиус m инерции
$K_o = \frac{I_m}{m}$

1.93 e centrifugal force (F_{cf})
d Fliehkraft f, Zentrifugalkraft (F_{cf})
f force f centrifuge (F_{cf})
nl centrifugaalkracht f(m), middelpuntvliedende kracht (F_{cf})
r центробежная сила f (F_{cf})

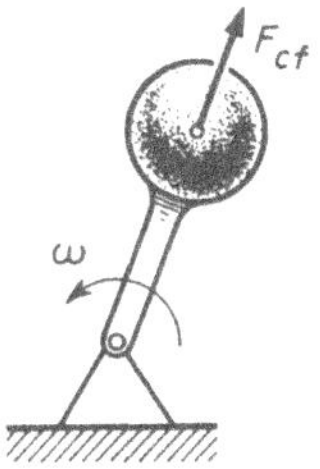

1.94 e centripetal force (F_{cp})
d Zentripetalkraft f (F_{cp})
f force f centripète (F_{cp})
nl centripetaalkracht f(m), middelpuntzoekende kracht (F_{cp})
r центростремительная сила f (F_{cp})

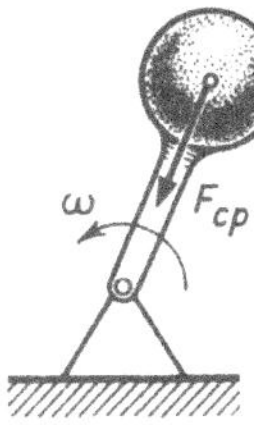

1.95 e impact
d Stoss m
f choc m
nl stoot m
r удар m

1.96 e direct impact
d gerader Stoss m
f choc m direct
nl rechte stoot m
r прямой удар m

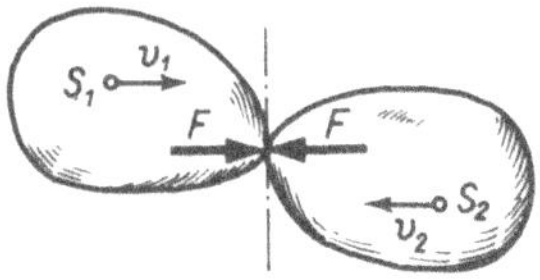

1.97 e oblique impact
d schiefer Stoss m
f choc m indirect
nl scheve stoot m
r косой удар m

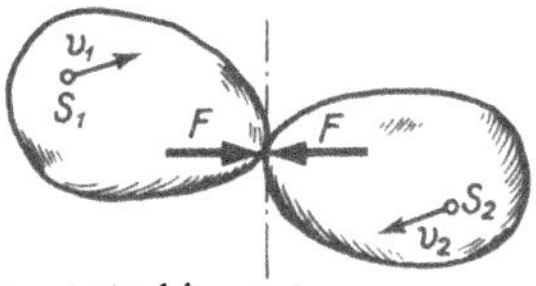

1.98 e central impact
d zentraler Stoss m
f choc m central
nl centrale stoot m
r центральный удар m

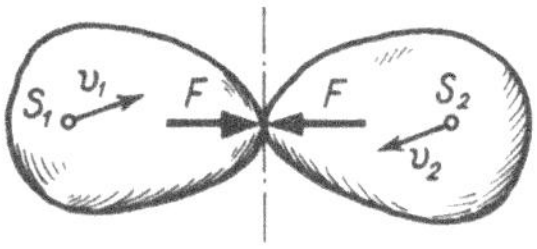

1.99 e elastic impact
d elastischer Stoss m
f choc m élastique
nl elastische stoot m
r абсолютно упругий удар m

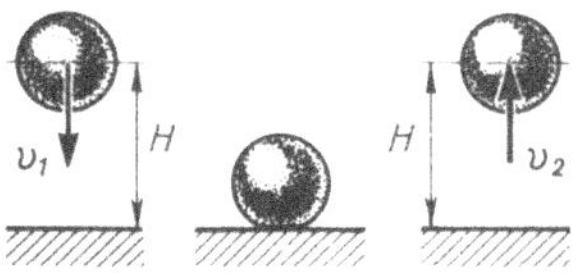

1.100 e semielastic impact
d wirklicher Stoss m
f choc m inélastique
nl inelastische stoot m
r не вполне упругий удар m

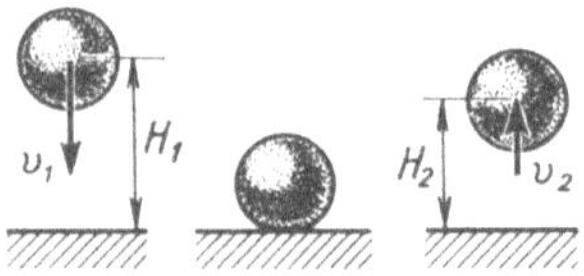

1.101 e coefficient of restitution
d Stoss-Zahl m
f coefficient m de restitution
nl restitutiecoëfficiënt m
r коэффициент m восстановления

$$e = \frac{v_2}{v_1}$$

(→ 1.100)

1.102 e principle of the conservation of linear momentum
d Impulserhaltungssatz m
f principe m de la conservation de la quantité du mouvement
nl wet f(m) van het behoud van hoeveelheid f van beweging
r закон m сохранения количества движения

$$\Sigma m_i v_i = const$$

1.103 e moment of momentum
d Impulsmoment n, Drehimpuls m, Drall m
f moment m des quantités de mouvement
nl impulsmoment n
r момент m количества движения

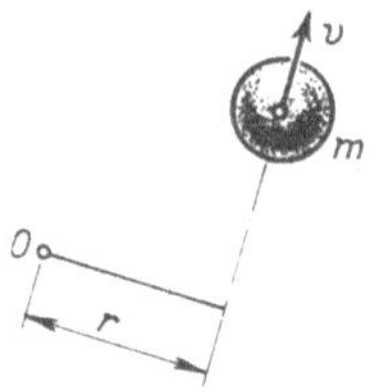

$$L_O = m \cdot v \cdot r$$

1.104 e oscillatory motion, oscillation
d Schwingung f
f mouvement m oscillatoire, oscillations f *pl*
nl oscillatie f, trilling f, slingering f
r колебательное движение n, колебания n *pl*

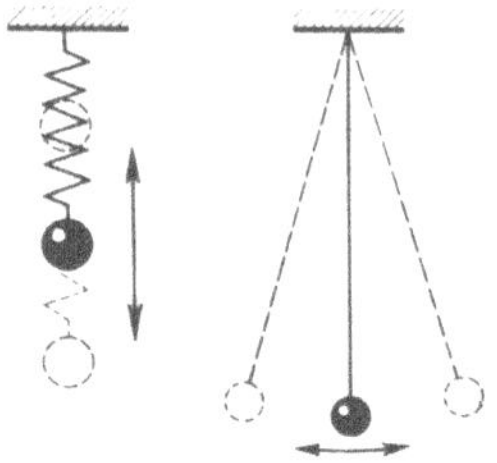

1.105 e oscillating system
d Schwingungssystem n
f système m oscillatoire
nl oscillerend stelsel n
r колебательная система f
(→ 1.104)

1.106 e vibration
d Vibration f, mechanische Schwingung(en) f (*pl*)
f vibration f
nl trilling f
r вибрация f

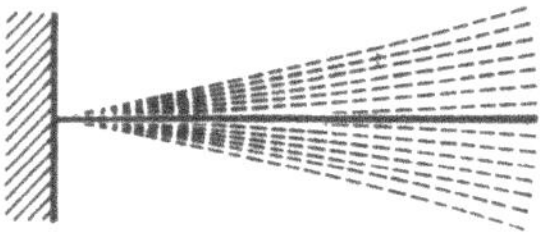

1.107 e harmonic vibration
d harmonische Schwingung(en) f (*pl*)
f oscillations f *pl* harmoniques
nl harmonische trillingen f *pl*
r гармонические колебания n *pl*

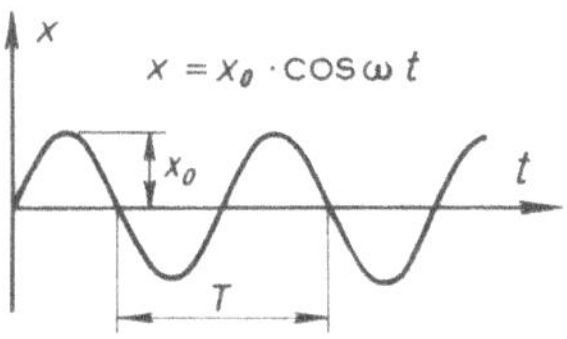

1.108 e amplitude (x_0)
d Amplitude f (x_0)
f amplitude f d'oscillations (x_0)

nl trillingsamplitude f (x_o)
r амплитуда f колебаний (x_o)
(→ 1.107)

1.109 e circular frequency (ω)
d Kreisfrequenz f (ω)
f fréquence f circulaire (ω)
nl cirkelfrequentie f (ω)
r угловая частота f (ω)
(→ 1.107)

1.110 e period (of vibration) (T)
d Periodendauer f, Periode f, Schwingungsdauer f (T)
f période f d'oscillation (T)
nl periode f (T)
r период m колебаний (T)
(→ 1.107)

1.111 e frequency
d Frequenz f, Schwingungszahl f
f fréquence f d'oscillations
nl frequentie f, trillingsgetal n
r частота f (колебаний)

$$f = \frac{1}{T}$$

1.112 e free vibration
d freie Schwingungen f *pl*
f oscillations f *pl* libres
nl vrije trillingen f *pl*
r свободные колебания n *pl*

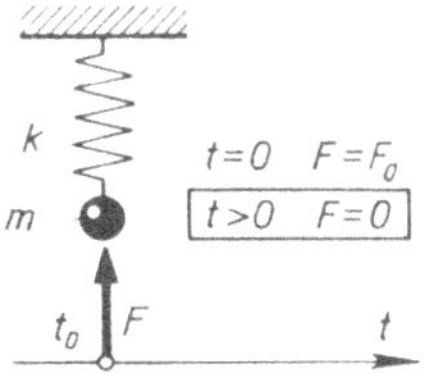

1.113 e natural frequency (f_n)
d Eigenkreisfrequenz f, Kennkreisfrequenz (f_n)
f fréquence f propre (f_n)
nl eigenfrequentie f (f_n)
r собственная частота f (f_n)

$$f_n = \frac{1}{2\pi} \cdot \sqrt{\frac{k}{m}}$$

(→ 1.112)

1.114 e damped oscillation
d gedämpfte Schwingungen f *pl*
f oscillations f *pl* décroissantes
nl gedempte trillingen f *pl*
r затухающие колебания n *pl*

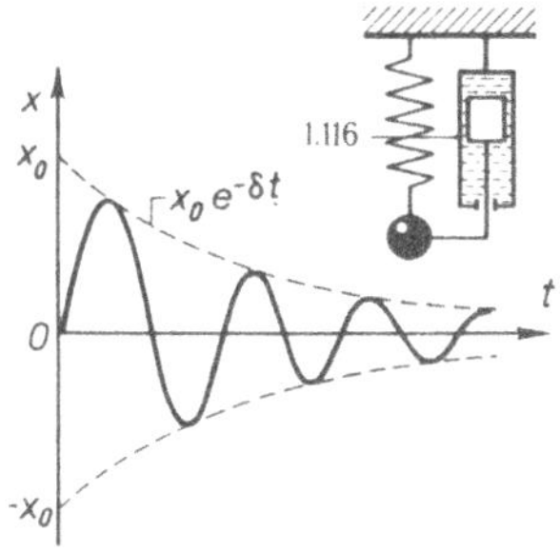

1.115 e damping
d Dämpfung f
f évanouissement m
nl demping f
r затухание n
(→ 1.114)

1.116 e damper
d Dämpfer m
f damper m
nl demper m
r демпфер m
(→ 1.114)

1.117 e logarithmic decrement (δ)
d logarithmisches Dekrement n (δ)
f décrément m logarithmique (δ)
nl logaritmisch decrement n (δ)
r логарифмический декремент m (колебаний) (δ)
(→ 1.114)

1.118 e forced oscillation [vibration]
d erzwungene Schwingungen f *pl*
f oscillations f *pl* forcées
nl gedwongen trillingen f *pl*
r вынужденные колебания n *pl*

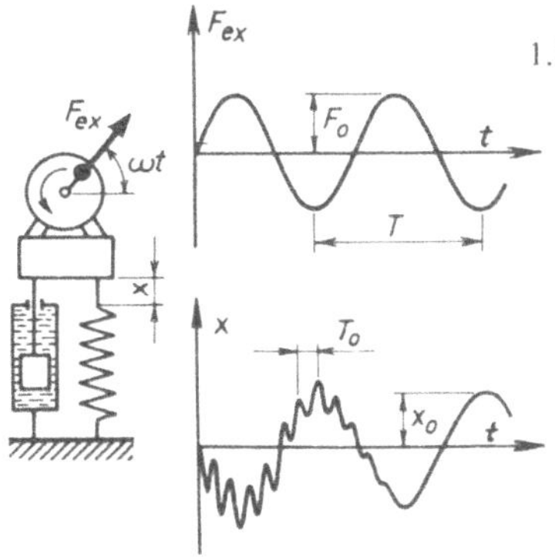

1.119 e exciting [disturbing] force (F_{ex})
d erregende Kraft f (F_{ex})
f force f d'excitation [perturbatrice] (F_{ex})
nl dwingende kracht (F_{ex})
r вынуждающая [возмущающая] сила f (F_{ex})
(→ 1.117)

1.120 e magnification factor, transmissibility
d Vergrösserungsfunktion f
f coefficient m d'amplification
nl opslingerfactor m
r коэффициент m динамического усиления [динамичности]

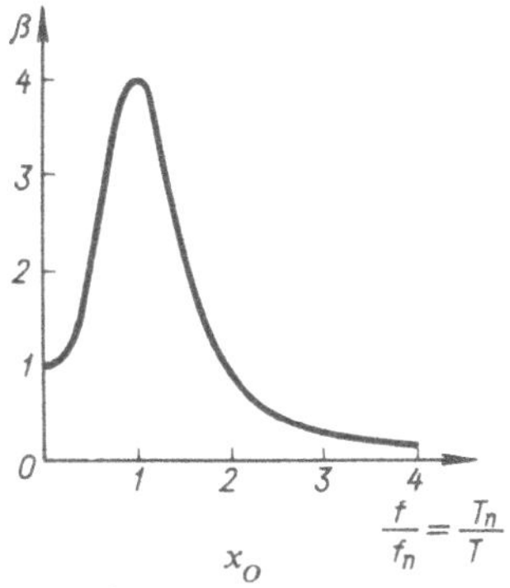

$$\beta = \frac{x_o}{(F_o / k)}$$

1.121 e resonance
d Resonanz f
f résonance f
nl resonantie f
r резонанс m

$f = f_n$

$T = T_n$

1.122 e self-excited oscillation
d selbsterregte Schwingungen f *pl*
f auto-oscillations f *pl*
nl zelfbekrachtigende trillingen f pl
r автоколебания n *pl*

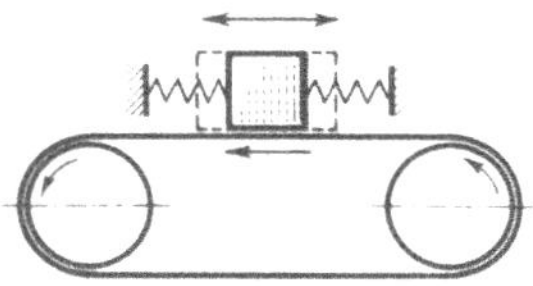

1.123 e friction
d Reibung f
f friction f, frottement m
nl wrijving f
r трение n

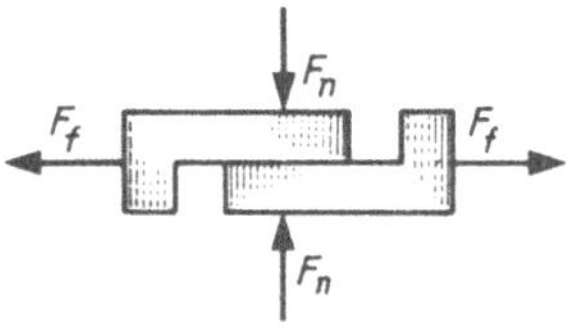

1.124 e friction force (F_f)
d Reibungskraft f (F_f)
f force f de frottement (F_f)
nl wrijvingskracht f(m) (F_f)
r сила f трения (F_f)
(→ 1.123)

1.125 e normal force (F_n)
d Normalkraft f (F_n)
f force f normale (F_n)
nl normaalkracht f(m) (F_n)
r нормальная сила f (F_n)
(→ 1.123)

1.126 e coefficient of friction
d Reibungszahl f
f coefficient m de frottement
nl wrijvingscoëfficiënt m
r коэффициент m трения

$$\mu = \frac{F_f}{F_n}$$

(→ 1.123)

1.127 e angle of friction (φ)
d Reibungswinkel m (φ)
f angle m de frottement (φ)
nl wrijvingshoek m (φ)
r угол m трения (φ)

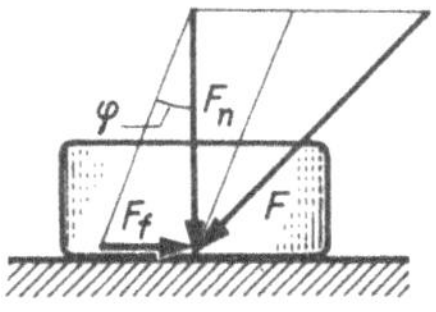

$tg\ \varphi = \mu$

1.128 e sliding friction
d Gleitreibung f
f frottement m de glissement
nl glijdende wrijving f
r трение n скольжения

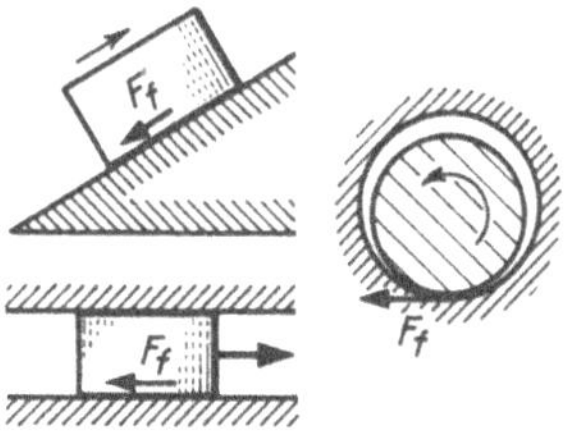

1.129 e static friction (*a*)
d Haftreibung f, Ruhereibung (*a*)
f frottement m statique (*a*)
nl wrijving f van rust, rustende wrijving (*a*)
r трение n покоя (*a*)

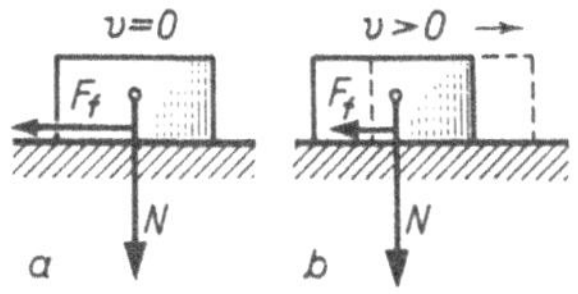

1.130 e kinetic friction (*b*)
d Bewegungsreibung f (*b*)
f frottement m en mouvement (*b*)
nl wrijving f van beweging, bewegende wrijving (*b*)
r трение n движения (*b*)
(→ 1.129)

1.131 e dry friction
d Festkörperreibung f, Trockenreibung
f frottement m sec
nl droge wrijving f
r трение n без смазочного материала

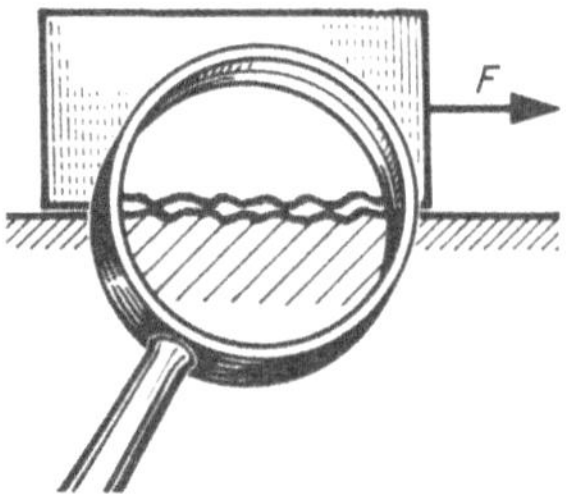

1.132 e fluid friction
d Flüssigkeitsreibung f
f frottement m fluide
nl natte wrijving f
r жидкостное трение n

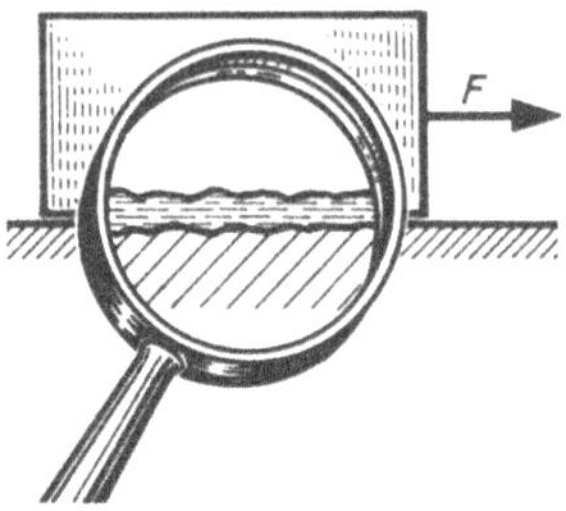

1.133 e boundary friction
d Mischreibung f
f frottement m mixte
nl grenswrijving f, ploegende wrijving
r граничное трение n

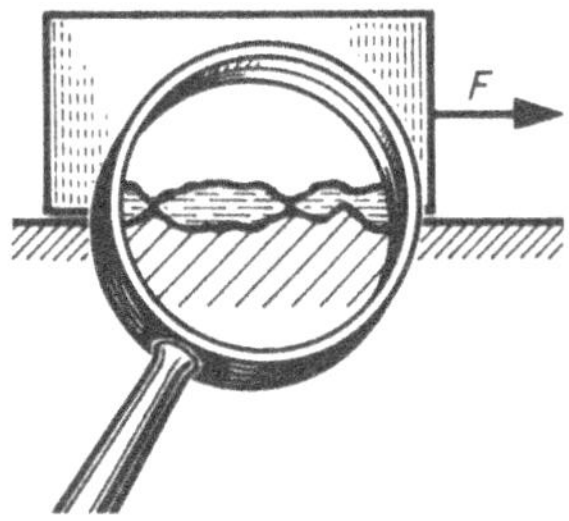

1.134 e rolling friction
d Rollreibung f
f frottement m de roulement
nl rollende wrijving f
r трение n качения

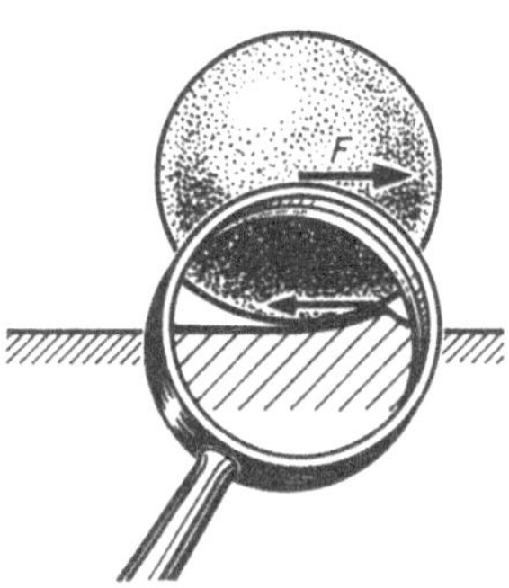

2. STRENGTH OF MATERIALS
FESTIGKEITSLEHRE
RÉSISTANCE DES MATERIAUX
STERKTE VAN MATERIALEN
СОПРОТИВЛЕНИЕ МАТЕРИАЛОВ

2.1 e load
d Last f
f charge f, effort m
nl belasting f
r нагрузка f

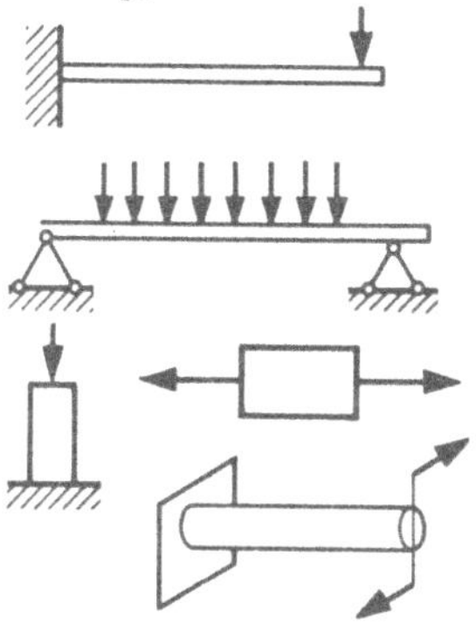

2.2 e concentrated load
d Einzelkraft f, Einzellast f
f charge f concentrée [isolée]
nl geconcentreerde belasting f
r сосредоточенная нагрузка f

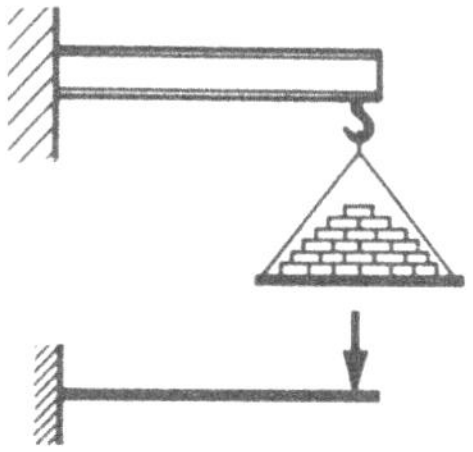

2.3 e distributed load
d Streckenlast f
f charge f distribuée [uniforme]
nl verdeelde belasting f
r распределённая нагрузка f

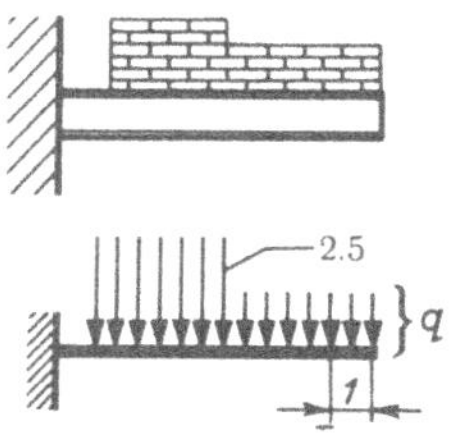

2.4 e intensity of distributed load (q)
d Lastintensität f (q)
f intensité f de la charge (q)
nl belastingsintensiteit f (q)
r интенсивность f нагрузки (q)
(→ 2.3)

2.5 e diagram of distributed load, load diagram
d Lastverlauf m, Belastungslinie f, Belastungsprofil n
f diagramme m de la charge, épure f des efforts
nl belastingsdiagram n
r эпюра f нагрузок
(→ 2.3)

2.6 e deformation
d Verformung f
f déformation f
nl deformatie f, vervorming f
r деформация f

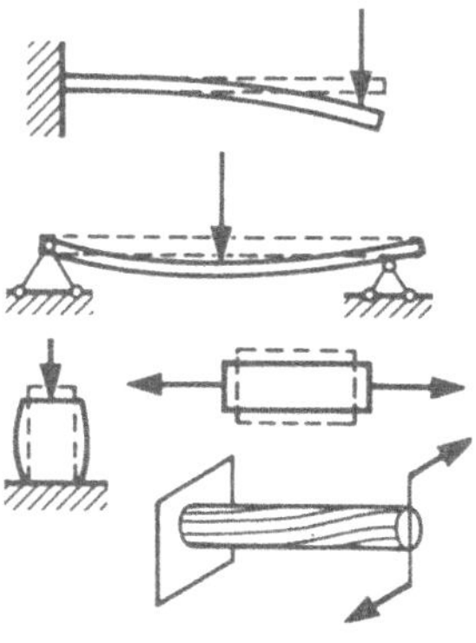

2.7 e fracture, rupture
d Bruch m
f destruction f, rupture f
nl breuk f(m)
r разрушение n

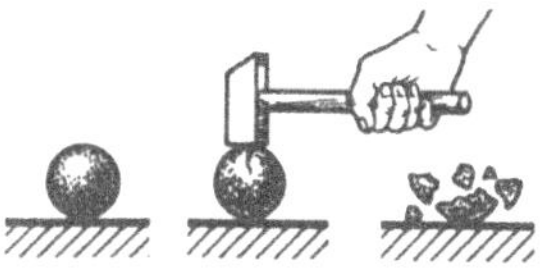

2.8 e ductile fracture [rupture]
d zäher Bruch m
f rupture f ductile
nl taaie breuk f(m)
r вязкое разрушение n

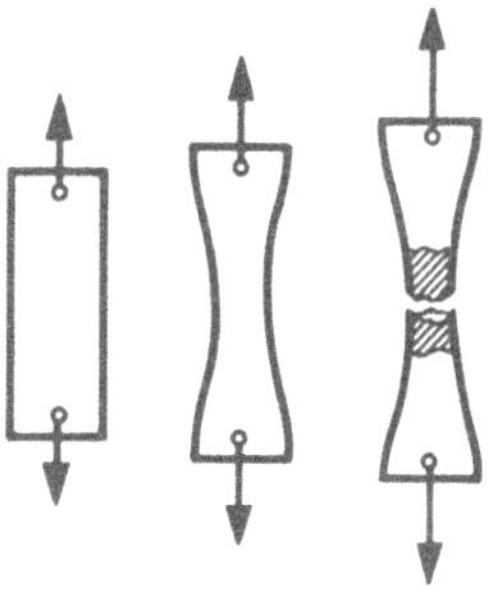

2.9 e brittle fracture [rupture]
d spröder Bruch m
f rupture f fragile
nl brosse breuk f(m)
r хрупкое разрушение n

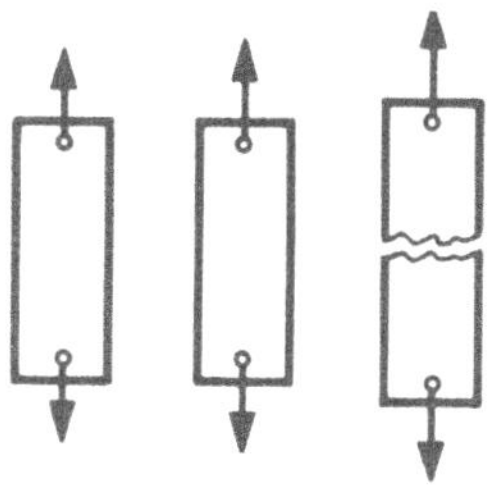

2.10 e strength
d Festigkeit f
f résistance f
nl sterkte f
r прочность f

2.11 e rigidity, stiffness
d Steifigkeit f
f rigidité f
nl stijfheid f
r жёсткость f

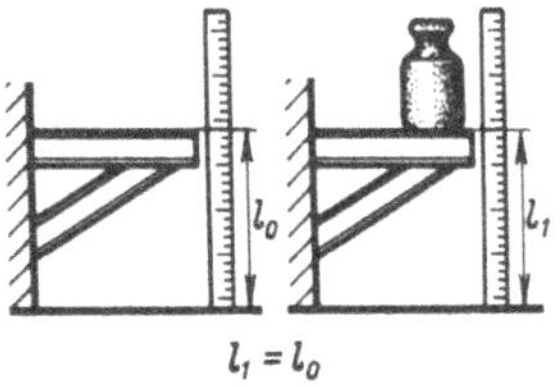

2.12 e elasticity
d Elastizität f
f élasticité f
nl elasticiteit f, veerkracht f
r упругость f

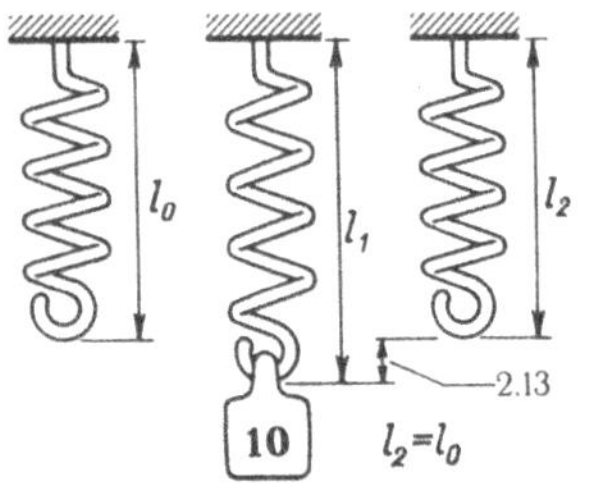

2.13 e elastic deformation
d elastische Verformung f
f déformation f élastique
nl elastische vervorming f [deformatie f]
r упругая деформация f
(→ 2.12)

2.14 e plasticity
d Plastizität f
f plasticité f, ductilité f
nl plasticiteit f
r пластичность f

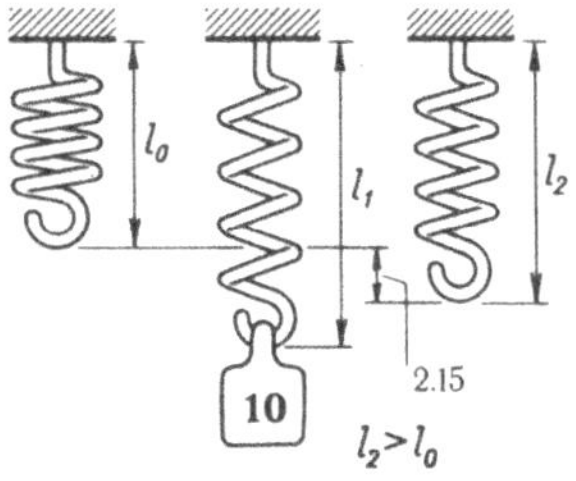

2.15 e plastic deformation
d plastische Verformung f
f déformation f plastique
nl **plastische [blijvende] vervorming f**
r пластическая деформация f
(→ 2.14)

2.16 e loading
d Beanspruchung f
f chargement m
nl belasten n
r нагружение n
(→ 2.17, 2.18)

2.17 e static loading
d statische Beanspruchung f
f chargement m statique
nl **statische belasting f**
r статическое нагружение n

2.18 e dynamic loading
d dynamische Beanspruchung f
f chargement m dynamique
nl **dynamische belasting f**
r динамическое нагружение n

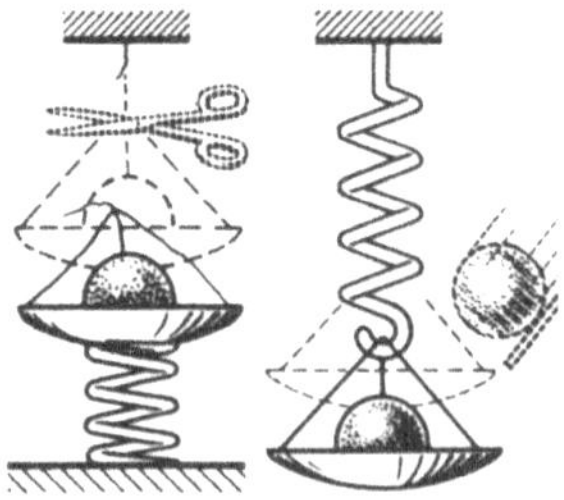

2.19 e (unit) stress
d Spannung f
f contrainte f, effort m
nl spanning f
r напряжение n

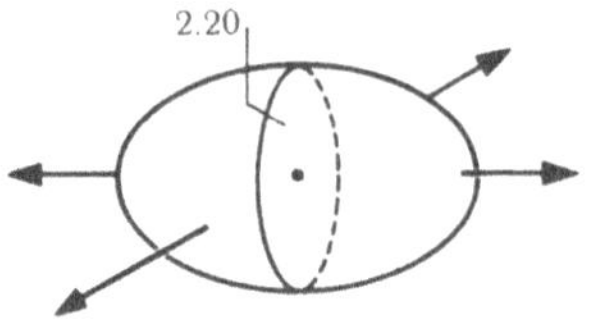

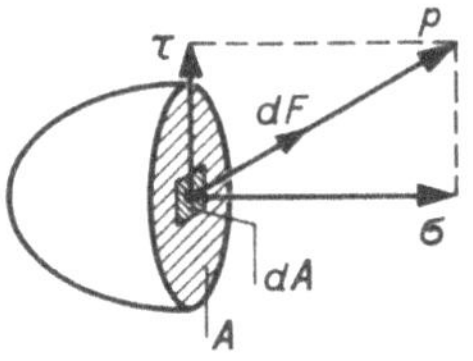

$$p = \frac{dF}{dA}$$

2.20 e cross section
d Querschnitt m
f section f transversale
nl (dwars)doorsnede f(m)
r поперечное сечение n
(→ 2.19)

2.21 e cross-sectional area (A)
d Querschnittsfläche f (A)
f surface f de section transversale (A)
nl **doorsnede f(m), snijvlaksoppervlakte f**
r площадь *f* поперечного сечения (A)
(→ 2.19)

2.22 e normal [direct] stress (σ)
d Normalspannung f (σ)
f contrainte f normale (σ)
nl normaalspanning f (σ)
r нормальное напряжение n (σ)
(→ 2.19)

2.23 e shear [tangential] stress (τ)
d Schubspannung f (τ)
f contrainte f tangentielle (τ)
nl schuifspanning f
r касательное напряжение n (τ)
(→ 2.19)

2.24 e tension
d Zug m
f tension f, traction f

nl trek m
r растяжение n

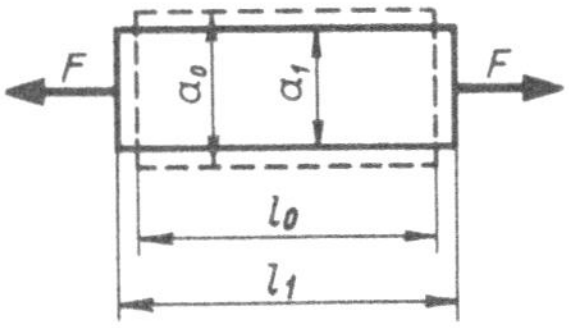

2.25 e tensile stress
d Zugspannung f
f contrainte f de traction
nl **trekspanning f, trek m**
r напряжение n растяжения, растягивающее напряжение

$\sigma = \frac{F}{a_0}$

(→ 2.24)

2.26 e elongation
d Längenänderung f
f allongement m
nl verlenging f
r удлинение n

$\Delta l = l_1 - l_0$

(→ 2.24)

2.27 e normal [direct] strain, strain
d Dehnung f
f allongement m relatif [unitaire]
nl rek m
r относительное удлинение n, относительная линейная деформация f

$\epsilon = \frac{l_1 - l_0}{l_0}$

(→ 2.24)

2.28 e Poisson's ratio
d Poisson-Zahl f, Poissonsche Konstante f [Zahl f]
f rapport m [coefficient m] de Poisson [de contraction transversale]
nl contractiecoëfficiënt m **van Poisson**
r **коэффициент m Пуассона, коэффициент поперечной деформации**

$\mu = \frac{l_1 - l_0}{l_0} : \frac{a_0 - a_1}{a_0}$

(→ 2.24)

2.29 e Hooke's law
d Hookesches Gesetz n
f loi f de Hooke
nl **wet f (m) van Hooke**
r **закон m Гука**

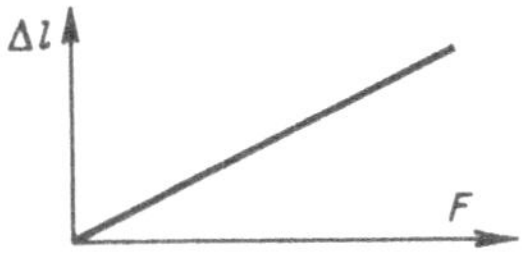

$\Delta l = k \cdot F$

2.30 e modulus of elasticity, Young's modulus
d Elastizitätsmodul m
f coefficient m d'élasticité, module m d'Young
nl elasticiteitsmodulus m
r модуль m упругости

$E = \frac{\sigma}{\epsilon}$

2.31 e stress-strain diagram
d Spannungs-Dehnungs-Diagramm n
f courbe f [diagramme m] de tension-dilatation
nl **trekkromme f**
r диаграмма f "напряжение – деформация", диаграмма напряжений

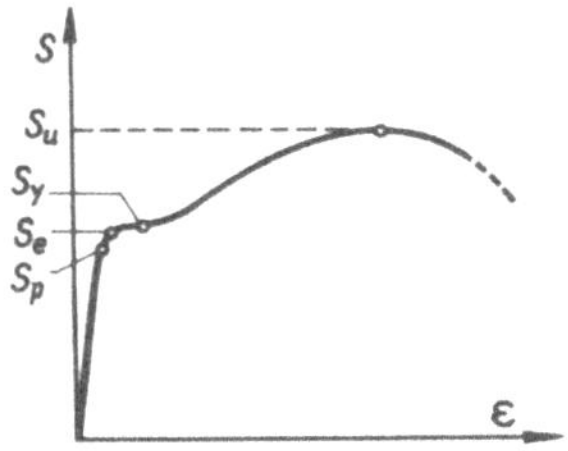

2.32 e proportional limit (S_p)
d Proportionalitätsgrenze f (S_p)
f limite f de proportionnalité (S_p)
nl proportionaliteitsgrens f(m) (S_p)
r предел m пропорциональности (S_p)
(→ 2.31)

2.33 e elastic limit (S_e)
d Elastizitätsgrenze f (S_e)
f limite f élastique [d'élasticité] (S_e)
nl elasticiteitsgrens f(m) (S_e)
r предел m упругости (S_e)
(→ 2.31)

2.34 e tensile strength (S_u)
d Zugfestigkeit f (S_u)
f résistance f à la traction, limite f de rupture (S_u)
nl treksterkte f, trekvastheid f (S_u)
r предел m прочности при растяжении (S_u)
(→ 2.31)

2.35 e lower yield point (S_y)
d untere Fliessgrenze f (S_y)
f limite f élastique [d'écoulement] (S_y)
nl **onderste vloeigrens f (m)** (S_y)
r **физический [нижний]** предел m текучести (S_y)
(→ 2.31)

2.36 e yield [proof] strength ($S_{0,2}$)
d 0, 2-Dehngrenze f ($S_{0,2}$)
f limite f conventionnelle d'élasticité $S_{0,2}$
nl **rekgrens f (m)** ($S_{0,2}$)
r условный предел m текучести

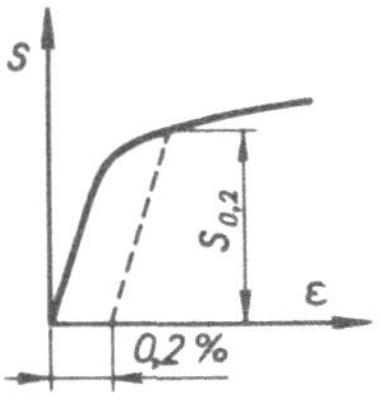

2.37 e breaking [rupture, fracture] strength
d Reissfestigkeit f
f résistance f à la rupture
nl **sterkte f**
r сопротивление n разрыву

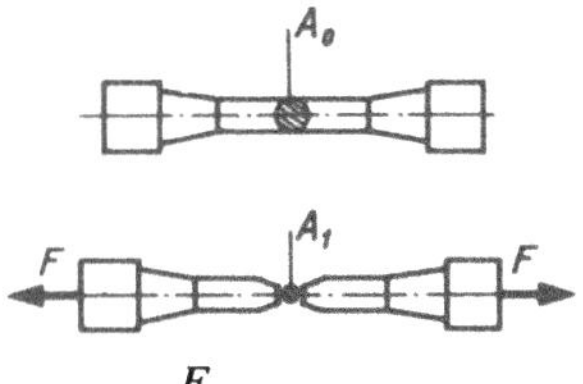

$S = \frac{F}{A_1}$

2.38 e percentage reduction of area
d Brucheinschnürung f
f striction f de rupture
nl dwarscontractiegetal n
r относительное сужение n (поперечного сечения) после разрыва

$$\psi = \frac{A_0 - A_1}{A_0} \cdot 100\,\%$$

(→ 2.37)

2.39 e compression
d Druck m
f compression f
nl compressie f, samendrukken n
r сжатие n

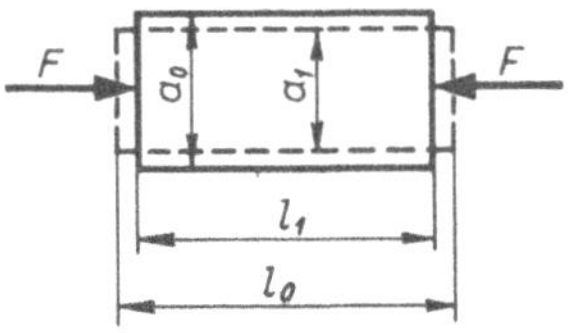

2.40 e compressive stress
d Druckspannung f
f contrainte f de compression
nl drukspanning f
r напряжение n сжатия, сжимающее напряжение

$$\sigma = \frac{F}{a_0}$$

2.41 e compressive strength
d Druckfestigkeit f
f résistance f à (la) compression [à l'écrasement]
nl druksterkte f, drukvastheid f
r предел m прочности при сжатии

2.42 e shear
d Schub m
f cisaillement m
nl afschuiving f
r сдвиг m
(→ 2.43)

2.43 e pure shear
d reiner Schub m
f cisaillement m pur
nl zuivere afschuiving f
r чистый сдвиг m

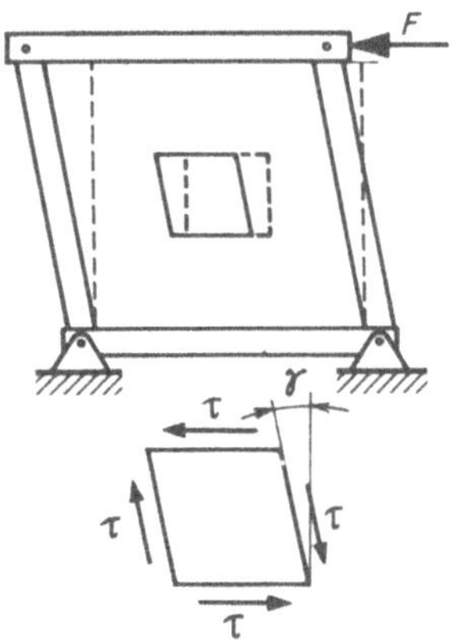

2.44 e shear force [load] (*F*)
d Scherkraft f (*F*)
f effort m de cisaillement (*F*)
nl schuifkracht f(m) (*F*)
r сдвигающая сила f (*F*)
(→ 2.43)

2.45 e shear modulus, modulus of rigidity
d Gleitmodul m, Schubmodul
f coefficient m d'élasticité transversale, module m de cisaillement [d'élasticité transversale]
nl glijdingsmodulus m, afschuivingsmodulus
r модуль m сдвига

$$G = \frac{\tau}{\gamma}$$

2.46 e shear(ing) strain (γ)
d Gleitung f (γ)
f déformation f de cisaillement, cisaillement m (relatif) (γ)
nl afschuivingshoek m (γ)
r угловая деформация f, относительный сдвиг m (γ)
(→ 2.43)

2.47 e torsion
d Torsion f
f torsion f
nl torsie f, wringing f
r кручение n

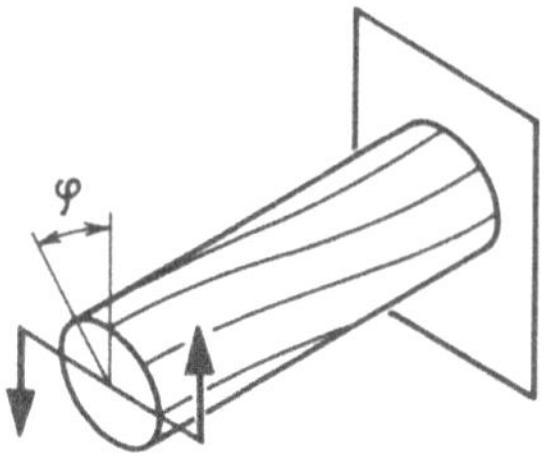

2.48 e angle of torsion [twist] (φ)
d Drehwinkel m, Verdehungswinkel (φ)
f angle m de torsion (φ)
nl torsiehoek m, wringingshoek (φ)
r угол m закручивания (φ)
(→ 2.47)

2.49 e bending
d Biegung f
f flexion f
nl buiging f
r изгиб m

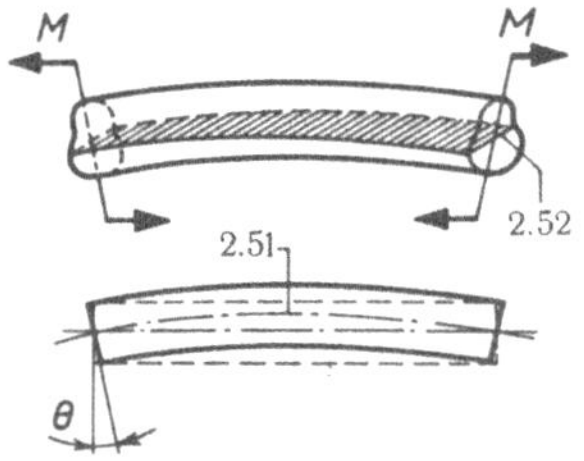

2.50 e bending moment (*M*)
d Biegemoment n (*M*)
f moment m de flexion, moment fléchissant (*M*)
nl buigmoment n (*M*)
r изгибающий момент m, момент при изгибе (*M*)
(→ 2.49)

2.51 e elastic [deflection] curve
d elastische Linie f, Biegelinie
f ligne f de flexion, ligne élastique
nl buigkromme f, buiglijn f(m)
r упругая линия f
(→ 2.49)

2.52 e neutral plane [surface]
d neutrale Schicht f, Nullschicht, neutrale Fläche f, Null-Fläche

f couche f neutre, plan m d'origine
nl **neutraal vlak n**
r **нейтральный слой m, нейтральная плоскость f**
(→ 2.49)

2.53 e slope of the elastic curve (θ)
d Neigung f der Biegelinie (θ)
f angle m de rotation de la section (θ)
nl helling f van een buiglijn (θ)
r **угол m поворота сечения** (θ)
(→ 2.49)

2.54 e moment of inertia, second moment of area
d axiales Trägheitsmoment n
f moment m d'inertie axial de la section
nl **axiaal oppervlaktemoment n**
r **осевой момент m инерции сечения**

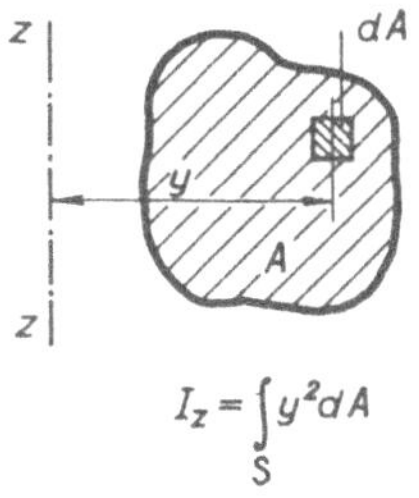

2.55 e polar moment of inertia, polar second moment of area
d polares Trägheitsmoment n
f moment m d'inertie polaire de la section
nl **polair oppervlaktemoment n**
r **полярный момент m инерции сечения**

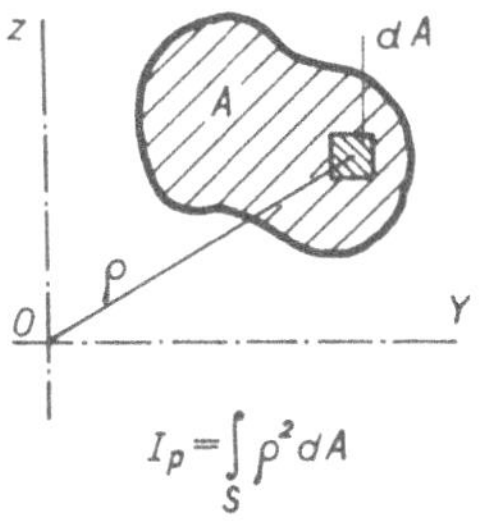

2.56 e product second moment of area, product of inertia
d Zentrifugalmoment n
f moment m d'inertie centrifuge de la section
nl **centrifugaalmoment n**
r **центробежный момент m инерции сечения**

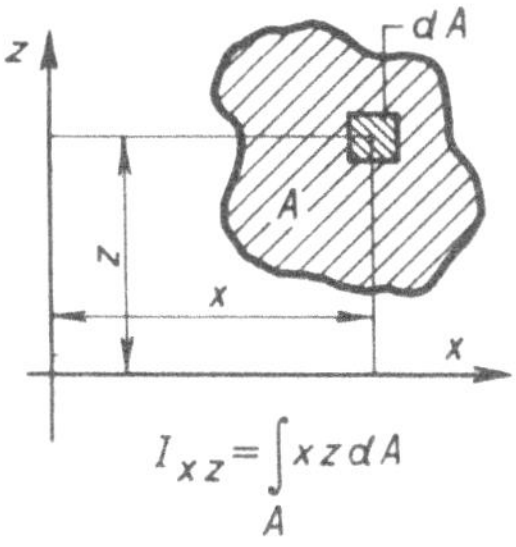

2.57 e section modulus
d Widerstandsmoment n
f moment m de résistance par rapport à un axe
nl weerstandsmoment n
r **осевой момент m сопротивления**

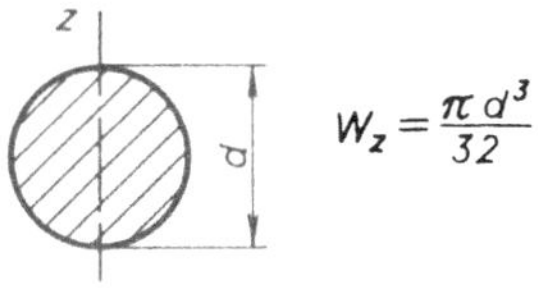

2.58 e polar section modulus
d Torsionswiderstandsmoment n
f moment m de résistance polaire
nl **weerstandsmoment n tegen wringing**
r **полярный момент m сопротивления**

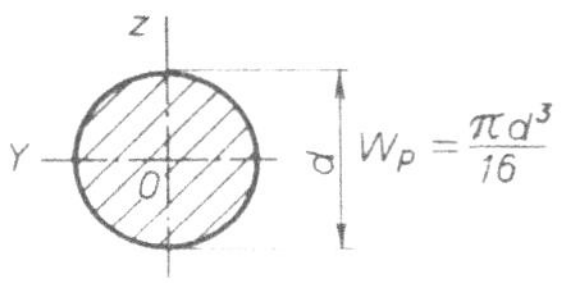

2.59 e skew bending
d schiefe Biegung f
f flexion f oblique
nl scheve [schuine] buiging f
r **косой изгиб m**

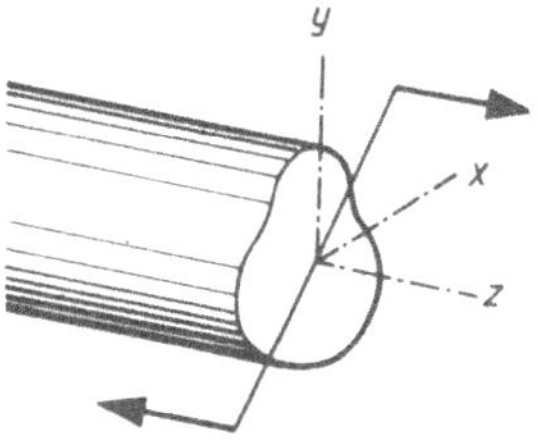

2.60 e eccentric load
d aussermittige Kraft f, exzentrische Belastung f
f charge f excentrique
nl excentrische belasting f
r **внецентренная нагрузка f**

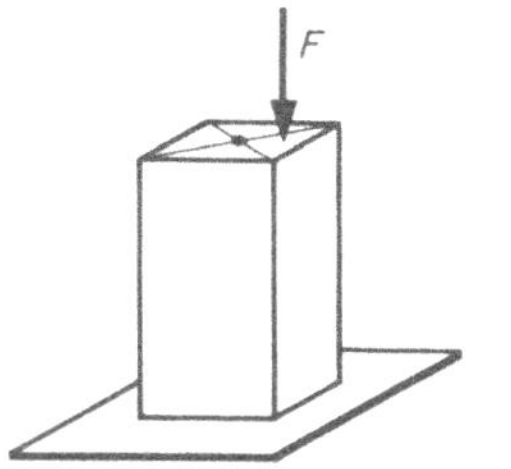

2.61 e core of section
d Kern m eines Querschnittes
f noyau m central de section
nl **kern f(m) van een doorsnede**
r **ядро m сечения**

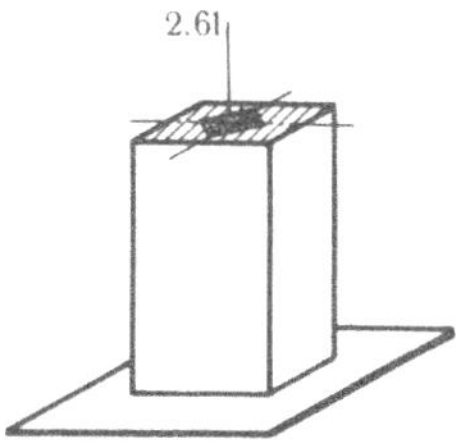

2.62 e beam
d Träger m, Balken m
f poutre f
nl **ligger m**
r **балка f**

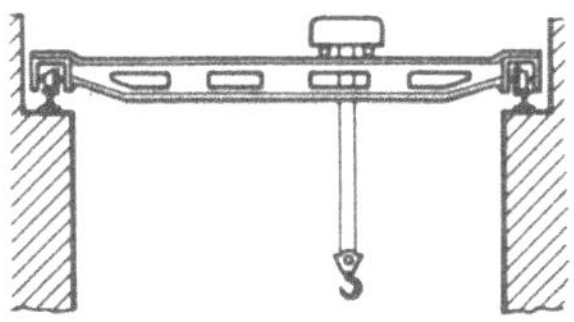

2.63 e simply supported beam, simple beam
d auf zwei Stützen frei aufliegender Balken m
f poutre f à appui libre, poutre posée
nl **aan beide uiteinden vrij opgelegde ligger m**
r свободно опёртая балка

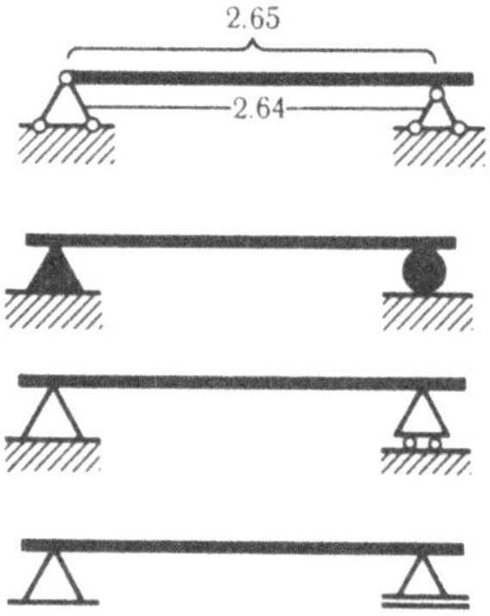

2.64 e support
d Stütze f
f appui m, support m
nl steun m, oplegging f
r опора f
(→ 2.63)

2.65 e span
d Stützweite f, Stützlänge f
f portée f
nl **overspanning f, lengte f van de overspanning**
r пролёт m
(→ 2.63)

2.66 e cantilever beam
d Kragträger m
f poutre f cantilever [à console], poutre à goussets, console f
nl **eenzijdig ingeklemde ligger m**
r консольная балка f, консоль f

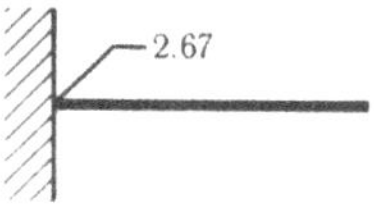

2.67 e restrained [fixed] end
d eingespanntes Ende n
f encastrement m
nl vast ingeklemd balkeinde n
r заделанный [защемлённый] конец m
(→ 2.66)

2.68 e continuous beam
d Durchlaufträger m
f poutre f à travées multiples
nl **doorlopend ondersteunde ligger m**
r многопролётная балка f

2.69 e built-in [encastred] beam
d zweiseitig eingespannter Träger m
f poutre f encastrée
nl **aan beide einden ingeklemde ligger m**
r балка f, заделанная с обоих концов

2.70 e beam of uniform strength
d Balken m gleicher Biegebeanspruchung
f poutre f d'égale résistance
nl **ligger m met uniforme sterkte**
r балка f равного сопротивления

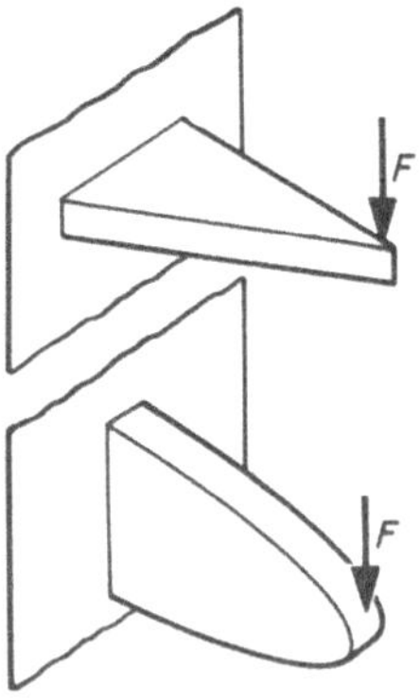

2.71 e statically determinate beam
d statisch bestimmter Träger m
f poutre f isostatique [statiquement déterminée]
nl statisch bepaalde balk m
r статически определимая балка f

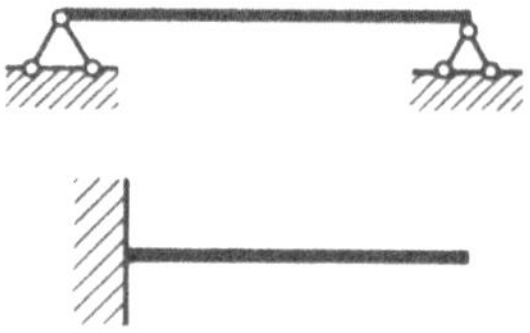

2.72 e statically undeterminate beam
d statisch unbestimmter Träger m
f poutre f hyperstatique [statiquement indéterminée]
nl statisch onbepaalde balk m
r статически неопределимая балка f

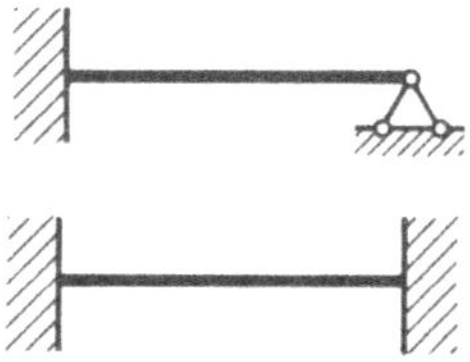

2.73 e moment diagram [curve]
d Momentenkurve f, Momentenlinie f
f courbe f [ligne f] des moments
nl momentenkromme f, momentenlijn f(m)
r эпюра f моментов

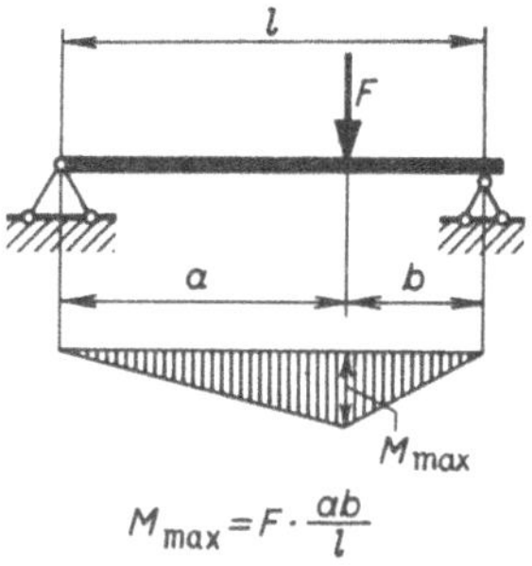

2.74 e unit-load [dummy-load, Maxwell-Mohr] method, method of virtual load
d Mohrsches Verfahren n
f méthode f de la force unitaire, méthode de (Maxwell-)Mohr

nl Mohr-methode f, kunstbelastingsmethode, eenheidsbelastingsmethode
r метод m Мора

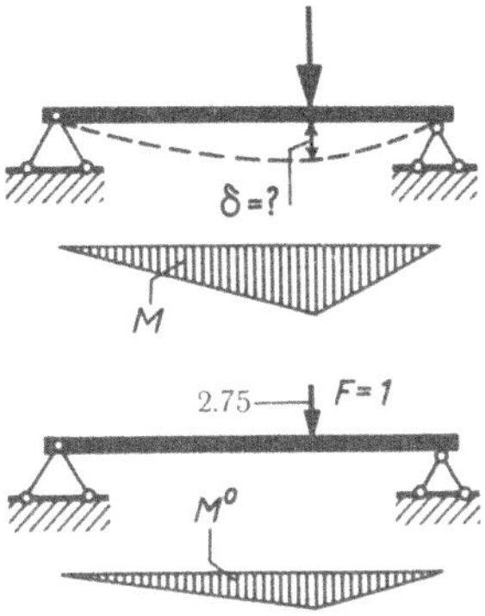

$$\delta = \int_0^l \frac{M \cdot M^o}{E \cdot I} dx$$

2.75 e unit [dummy] load
d fiktive Belastung f, ideelle Last f
f charge f unitaire
nl eenheidsbelasting f
r единичная нагрузка f
(→ 2.74)

2.76 e shell
d Schale f
f enveloppe f
nl schaal f (m)
r оболочка f

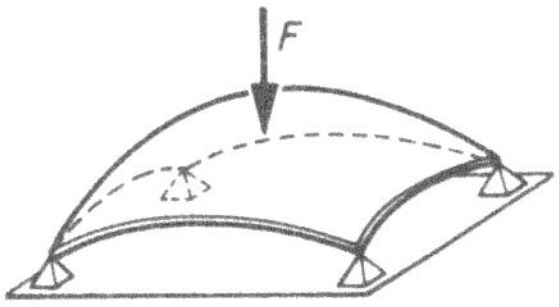

2.77 e plate
d Platte f
f plaque f, membrane f
nl plaat f(m)
r пластина f, мембрана f

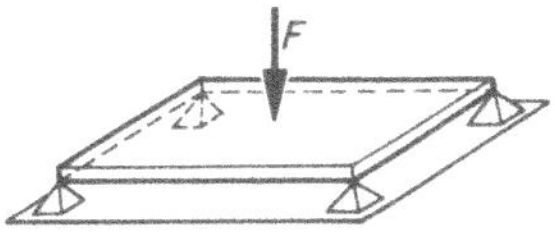

2.78 e buckling
d Biegeknicken n, Knickung f
f flambage m
nl knik m
r продольный изгиб m

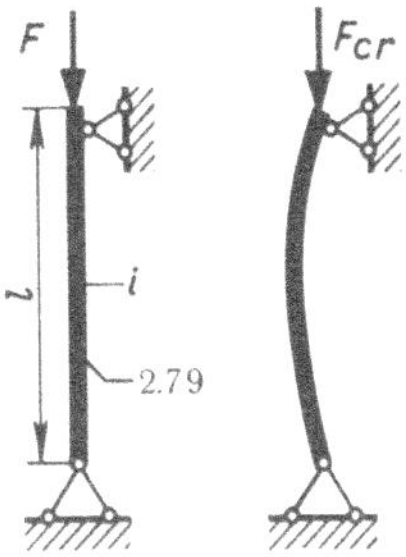

2.79 e column strut
d Knickstab m, Stab m
f barre f comprimée longitudinale [axiale]
nl drukstaaf f (m)
r (продольно сжатый) стержень m
(→ 2.78)

2.80 e critical load, Euler (buckling) load (F_{cr})
d Knicklast f, kritische Last (F_{cr})
f charge f critique [au flambage] (F_{cr})
nl knikbelasting f, kritische last f van Euler (F_{cr})
r критическая сила f (F_{cr})
(→ 2.78)

2.81 e buckling stress [strength], critical stress
d Knickspannung f
f contrainte f critique [au flambage]
nl knikspanning f
r критическое напряжение n

$$S_{cr} = \frac{F_{cr}}{A}$$

(→ 2.78)

2.82 e slenderness ratio
d Schlankheitsgrad m
f flexibilité f
nl slankheid f
r гибкость f

$$\lambda = \frac{l}{i}$$

(→ 2.78)

2.83 e bearing, crushing
d Pressung f
f écrasement m
nl persing f
r смятие n

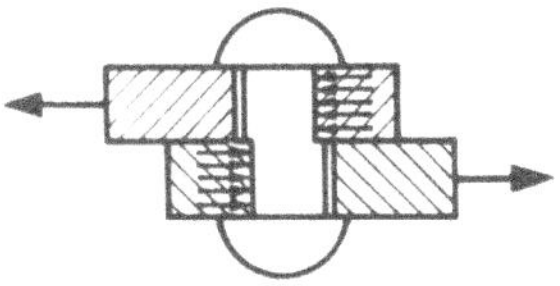

2.84 e strain energy (U)
d Formänderungsenergie f (U)
f énergie f de déformation (U)
nl vervormingsenergie f, vormveranderingsenergie (U)
r энергия f деформации (U)
(→ 2.85, 2.86)

2.85 e Castigliano's first theorem
d der erste Satz m von Castigliano
f théorème m premier de Castigliano
nl eerste vergelijking f van Castigliano
r первая теорема f Кастильяно

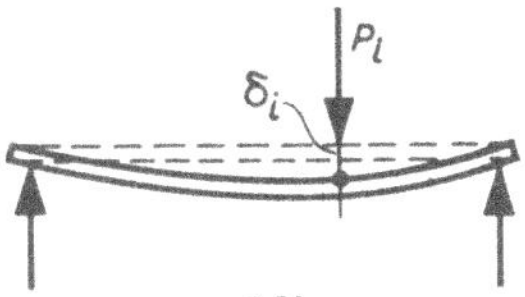

$$P_i = \frac{\partial U}{\partial \delta_i}$$

2.86 e Castigliano's second theorem
d der zweite Satz m von Castigliano
f théorème m deuxième de Castigliano
nl tweede vergelijking f van Castigliano
r вторая теорема f Кастильяно

$$\frac{\partial U}{\partial P_i} = \delta_i$$

(→ 2.85)

2.87 e state of stress, stress state
d Spannungszustand m
f état m de contrainte
nl spanningstoestand m
r напряжённое состояние n

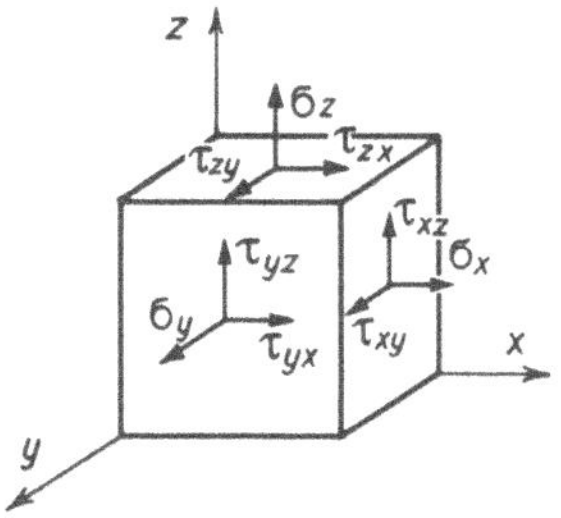

2.88 e uniaxial state of stress
d einachsiger [linearer] Spannungszustand m
f état m de contrainte à un axe
nl lineaire spanningstoestand m
r одноосное [линейное] напряжённое состояние n

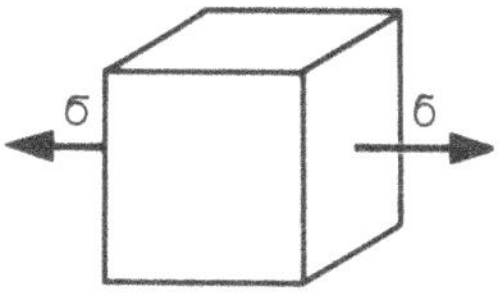

2.89 e two-dimensional (state of) stress, biaxial [plane] stress
d zweiachsiger [ebener] Spannungszustand m
f état m de contrainte à deux axes [dimensions], état plan de contrainte
nl tweedimensionale spanningstoestand m
r двухосное [плоское] напряжённое состояние n

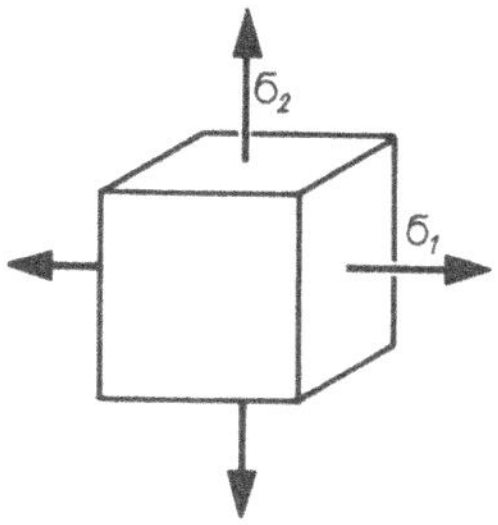

2.90 e three-dimensional state of stress, triaxial stress, tri-axial stress state
d dreiachsiger [räumlicher] Spannungszustand m
f état m de contrainte à trois axes [dimensions]
nl driedimensionale spanningstoestand m
r трёхосное [объёмное] напряжённое состояние n

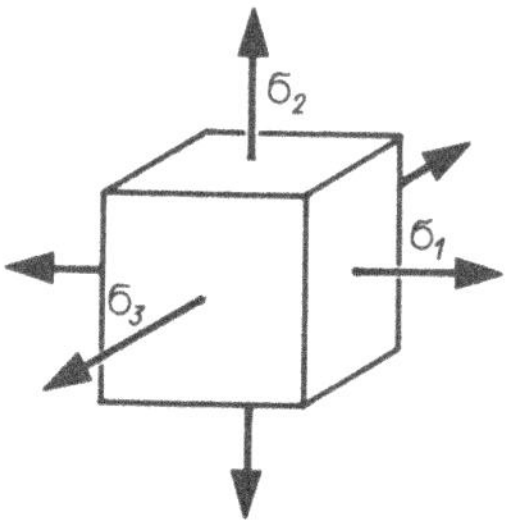

2.91 e principal stress (σ_1, σ_2)
d Hauptspannung f (σ_1, σ_2)
f contrainte f principale (σ_1, σ_2)
nl hoofdspanning f (σ_1, σ_2)
r главное напряжение n (σ_1, σ_2)

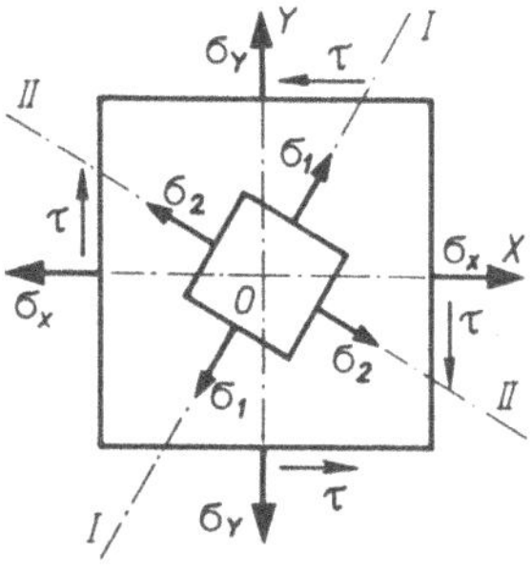

2.92 e principal axis (I – I, II – II)
d Hauptachse f (I – I, II – II)
f axe m principal (I – I, II – II)
nl hoofdas f(m) (I – I, II – II)
r главная ось f (I – I, II – II)
(→ 2.91)

2.93 e Mohr's circle
d Mohrscher Kreis m
f circle m de Mohr [des contraintes]
nl cirkel m van Mohr
r круг m Мора

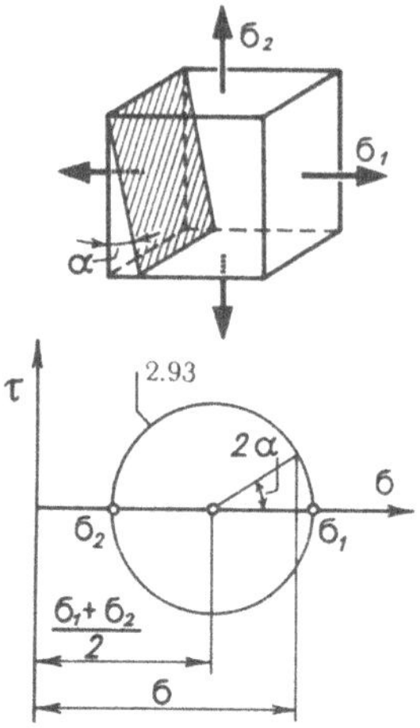

2.94 e tensile [tension] test
d Zugversuch m
f essai m à la [de] traction
nl trekproef f(m)
r испытание n на растяжение

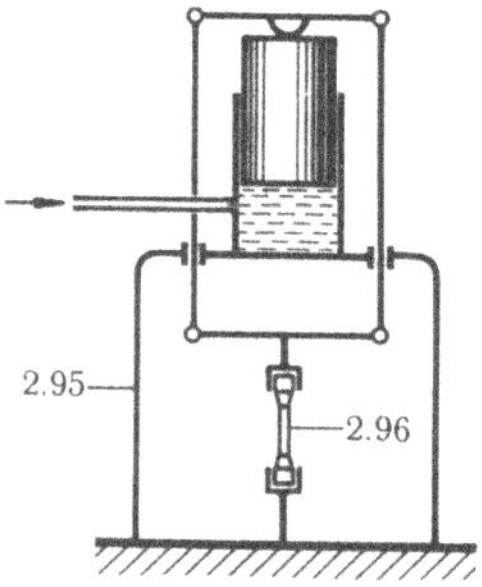

2.95 e direct stress testing machine
d Zerreissmaschine f
f machine f d'essais à la traction
nl trekbank f (m)
r машина f для испытаний на растяжение
(→ 2.94)

2.96 e tensile test specimen
d Probestab m
f échantillon m pour essais, éprouvette f
nl proefstaaf f (m), proefstaaf voor trekproef
r образец m для испытаний, испытательный образец
(→ 2.94)

2.97 e allowable stress
d zulässige Spannung f [Beanspruchung f]
f contrainte f admissible
nl toelaatbare spanning f
r допускаемое напряжение n

$$S_w = \frac{S_m}{f_s}$$

2.98 e safety factor, factor of safety (f_s)
d Sicherheitszahl f (f_s)
f coefficient m de sécurité (f_s)
nl **veiligheidsfactor m** (f_s)
r **запас m прочности** (f_s)
(→ 2.97)

2.99 e contact stress (S_c)
d Kontaktspannung f (S_c)
f contrainte f de contact (S_c)
nl contactspanning f (S_c)
r контактное напряжение n (S_c)

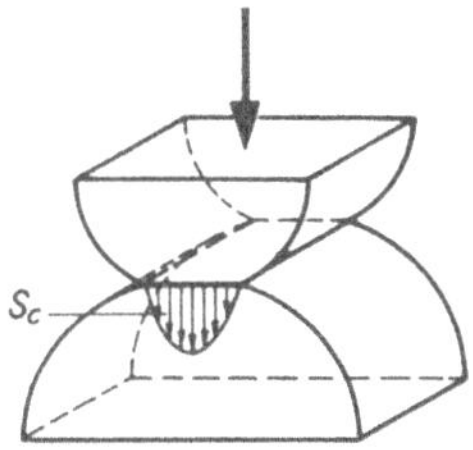

2.100 e impact test
d Schlagversuch m
f essai m au choc
nl slagproef f(m)
r испытание n на удар

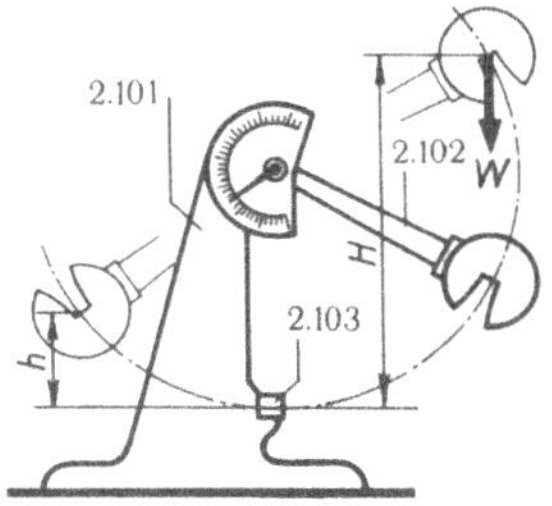

2.101 e pendulum impact testing machine
d Pendelschlagwerk n
f mouton-pendule m
nl torsieslingerproefbank f(m)
r маятниковый копёр m
(→ 2.100)

2.102 e pendulum
d Pendel n
f pendule m
nl slinger m
r **маятник m**
(→ 2.100)

2.103 e notched specimen
d gekerbter Probestab m, Kerbschlagprobe f
f éprouvette f entaillée
nl **proefstaaf f (m)**
r **надрезанный образец m**

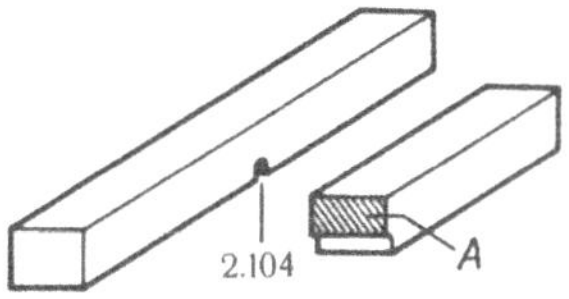

2.104 e notch
d Kerbe f
f entaille f
nl kerf f(m)
r **надрез m**
(→ 2.103)

2.105 e impact strength, toughness
d Kerbschlagzähigkeit f
f résilience f, résistance f au choc
nl **kerfslagwaarde f**
r **ударная вязкость f**

$$a_k = \frac{W\,(H-h)}{A}$$

(→ 2.100, 2.103)

2.106 e creep
d Kriechen n
f fluage m
nl kruip m, kruipen n
r **ползучесть f**

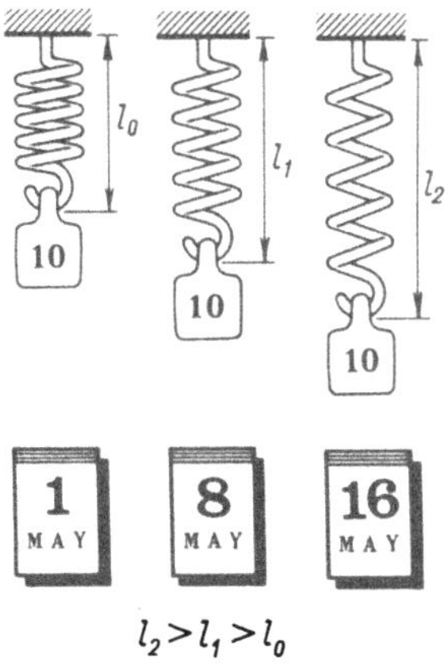

2.107 e creep limit (S_{cr})
d Zeitstandkriechgrenze f (S_{cr})
f limite f de fluage (S_{cr})
nl **kruipgrens f (m)** (S_{cr})
r **предел m ползучести** (S_{cr})

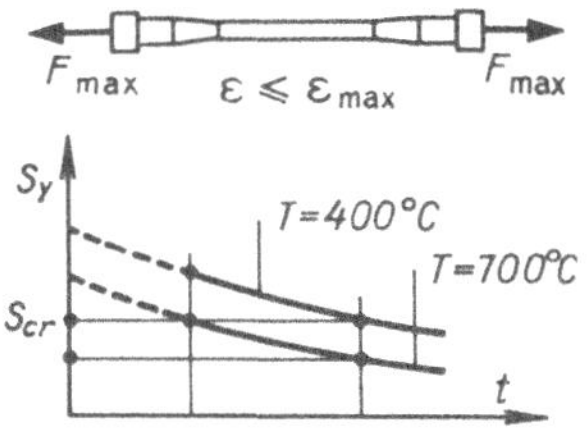

2.108 e strength rupture (S_r)
d Zeitstandfestigkeit f, Zeitbruchgrenze f (S_r)
f charge f de rupture à temps, limite f d'endurance (S_r)
nl **kruipsterkte f** (S_r)
r **предел m длительной прочности** (S_r)

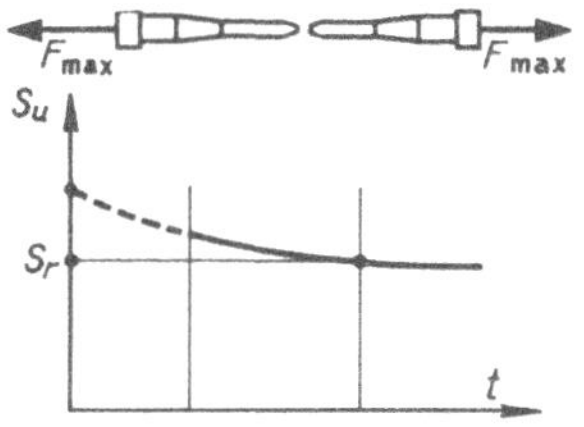

2.109 e stress relaxation
d Relaxation f
f relaxation f des contraintes
nl **relaxatie f, spanningsafname f**
r **релаксация f напряжений**
(→ 2.110)

2.110 e relaxation curve
d Entspannungskurve f, Relaxationskurve
f courbe f de relaxation des contraintes
nl **relaxatiekromme f**
r **кривая f релаксации напряжений**

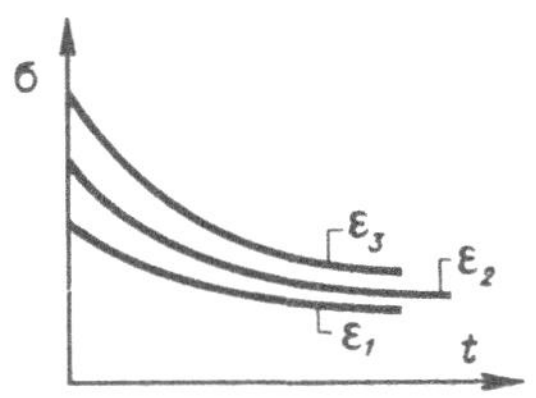

2.111 e strain [work] hardening
d Kaltverfestigung f
f durcissement m (par écrouissage)
nl vervormingsharding f
r деформационное упрочнение n, наклёп m, нагартовка f

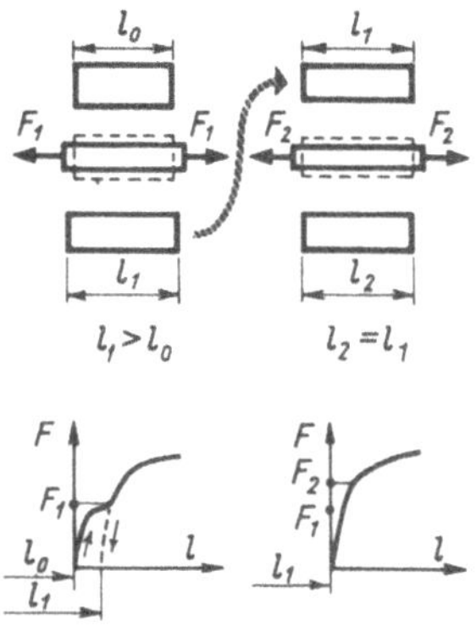

2.112 e cyclic loading
d periodisch wechselnde Beanspruchung f
f alternance f, charge f périodique [alternative]
nl wisselbelasting f
r циклическое [периодическое] нагружение n

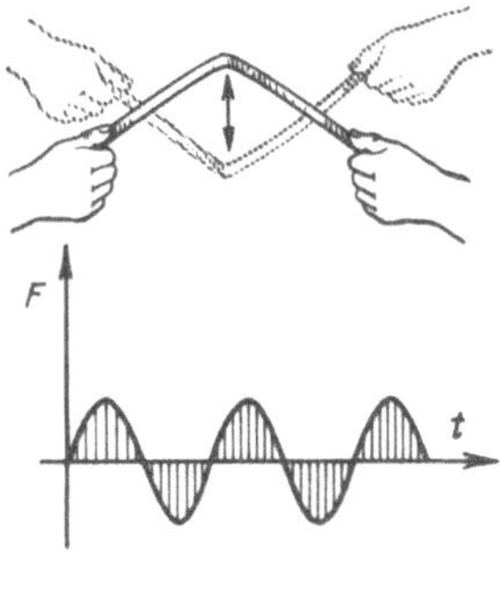

2.113 e fatigue
d Ermüdung f
f fatigue f
nl vermoeiing f
r усталость f
(→ 2.112)

2.114 e fatigue strength
d Dauer(schwing)festigkeit f
f résistance f aux efforts alternés
nl wisselsterkte f, vermoeiingssterkte
r сопротивление n усталости

2.115 e fatigue fracture
d Dauerbruch m
f cassure f par fatigue [d'endurance]
nl vermoeiingsbreuk f (m)
r усталостный излом m

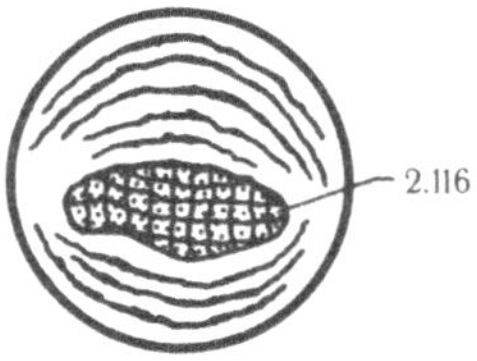

2.116 e rupture area
d Restbruchfläche f
f cassure f à gros grains
nl breukvlak n
r долом m
(→ 2.115)

2.117 e stress cycle
d Lastspiel n
f alternance f des contraintes, contrainte f périodiquement variable
nl spanningscyclus m
r цикл m напряжений [нагружения]

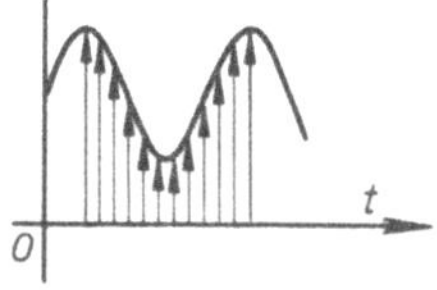

2.118 e stress amplitude (S_a)
d Spannungsausschlag m (S_a)
f amplitude f de la contrainte oscillante [des contraintes alternatives] (S_a)
nl spanningsamplitude f (S_a)
r амплитуда f напряжений цикла (S_a)

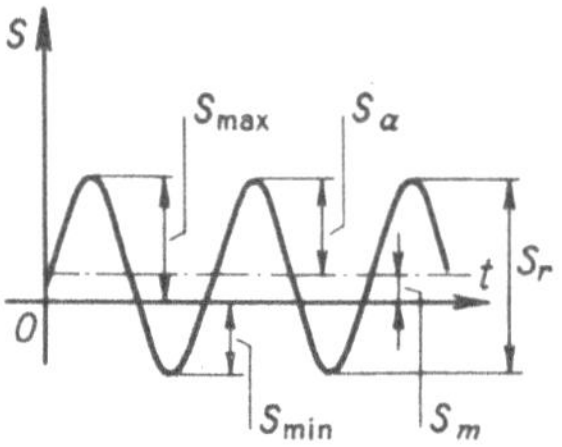

2.119 e maximum stress (S_{max})
d Oberspannung f (S_{max})
f limite f supérieure d'effort (S_{max})
nl bovengrens f (m) van de wisselspanning, sprongspanning, f (S_{max})
r максимальное напряжение n цикла (S_{max})
(→ 2.118)

2.120 e minimum stress (S_{min})
d Unterspannung f (S_{min})
f limite f inférieure d'effort (S_{min})
nl ondergrens f (m) van de wisselspanning (S_{min})
r минимальное напряжение n цикла (S_{min})
(→ 2.118)

2.121 e mean stress (S_m)
d Mittelspannung f (S_m)
f tension f moyenne (S_m)
nl gemiddelde spanning f (S_m)
r среднее напряжение n цикла (S_m)
(→ 2.118)

2.122 e range of stress (S_r)
d Schwingbreite f der Spannung (S_r)
f amplitude f crête à crête des contraintes alternatives (S_r)
nl spanningstraject n (S_r)
r размах m напряжений цикла (S_r)
(→ 2.118)

2.123 e stress ratio
d Spannungsverhältniss n
f coefficient m d'asymétrie de l'alternance
nl spanningsverhouding f

r коэффициент m ассиметрии цикла напряжений

$$R = \frac{S_{min}}{S_{max}}$$

(→ 2.118)

2.124 e repeating-stress cycle
d Lastspiel n im Schwellbereich
f condition f de charge répétée
nl cyclus m van pulserende belasting
r отнулевой цикл m напряжений

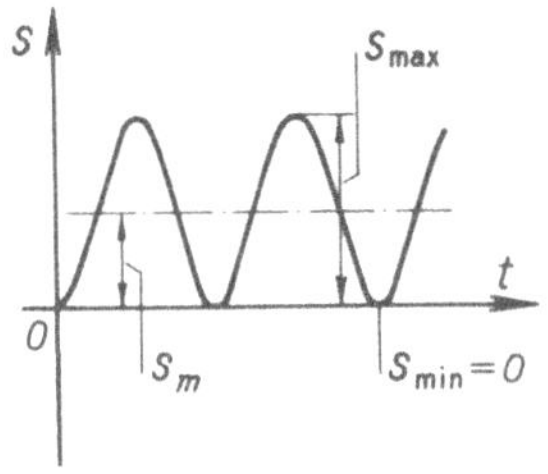

2.125 e reversed [alternating] stress cycle
d Lastspiel n im Wechselbereich
f charge f alternative (périodique), alternance f symétrique
nl cyclus m van wisselende spanning
r знакопеременный цикл m напряжений

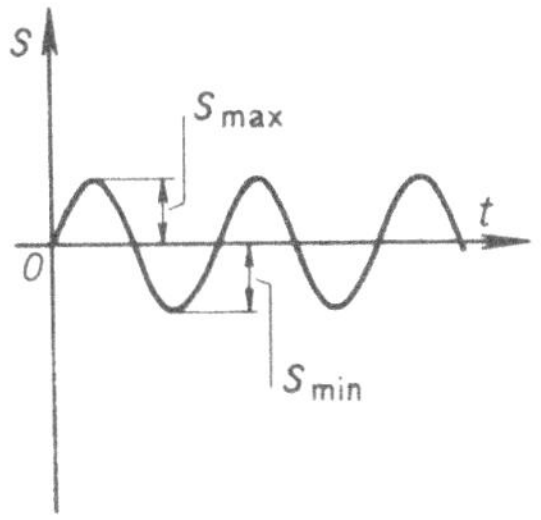

2.126 e fatigue test
d Dauer(schwing)versuch m
f essai m de fatigue
nl vermoeiingsproef f(m)
r испытание n на усталость

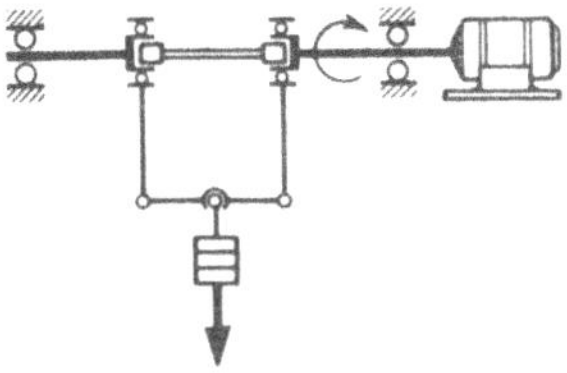

2.127 e S-N curve, SN-diagram, Wöhler curve
d Wöhler-Kurve f, Wöhler-Schaubild n
f courbe f de fatigue
nl Wöhler-kromme f (*kromme voor bepaling van het vermoeiingsgedrag van materialen bij wisselende belasting*)
r кривая f усталости

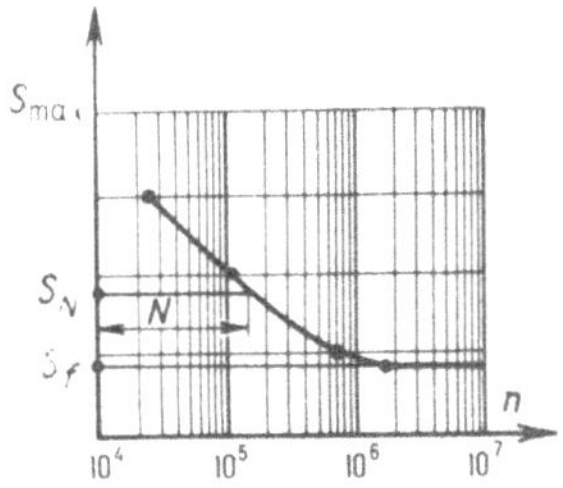

2.128 e number of (stress) cycles (n)
d Lastspielzahl f (n)
f nombre m d'alternance (n)
nl aantal belastingvariaties
r текущее число n циклов нагружения (n)
(→ 2.127)

2.129 e endurance limit (S_f)
d Wechselfestigkeit f (S_f)
f limite f d'endurance, résistance f à la fatigue, charge f limite de fatigue (S_f)
nl wisselsterkte f, vermoeiingssterkte bij groot aantal cyclussen
r предел m выносливости (S_f)
(→ 2.127)

2.130 e fatigue strength at specified number of cycles (S_N)
d Zeitschwingfestigkeit f (S_N)
f limite f d'endurance bornée, charge f limite de fatigue (S_N)
nl vermoeiingssterkte f bij het grensaantal belastingscyclussen (S_N)
r предел m ограниченнной выносливости (S_N)
(→ 2.127)

2.131 e endurance, life to failure (N)
d Grenzlastspielzahl f (N)
f durabilité f de fatigue (N)
nl vermoeiingssterkte f bij beperkt aantal cyclussen
r циклическая долговечность f (N)
(→ 2.127)

2.132 e mean stress diagram, Smith diagram
d Dauerfestigkeitsschaubild n nach Smith
f diagramme m de résistance à la fatigue, diagramme des contraintes limites du cycle
nl wisselspanningdiagram n volgens Smith
r диаграмма f предельных напряжений цикла

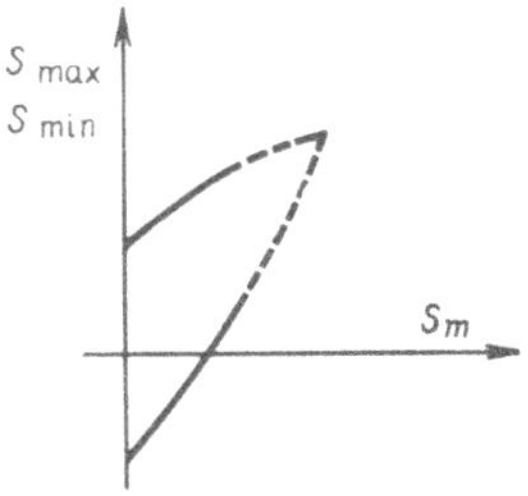

2.133 e Haigh diagram
d Dauerfestigkeitsschaubild n nach Haigh
f diagramme m des amplitudes limites du cycle
nl diagram n volgens Haigh
r диаграмма f предельных амплитуд цикла

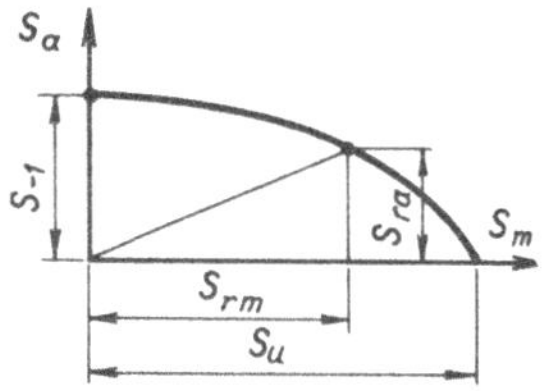

2.134 e stress concentration
d Kerbwirkung f, Spannungskonzentration f
f concentration f des contraintes
nl kerfwerking f, spanningsconcentratie f t. g. v. kerfwerking
r концентрация f напряжений

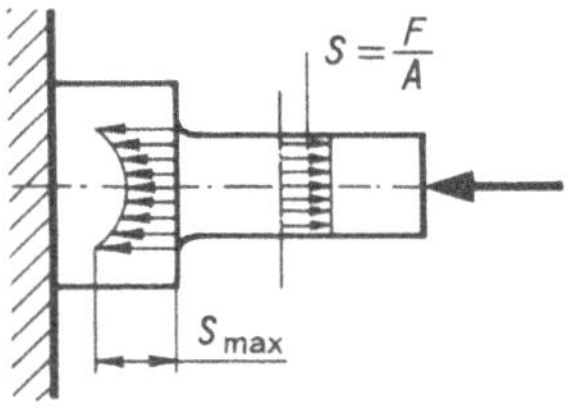

2.135 e theoretical stress concentration factor
d Formzahl f, Formziffer f
f coefficient m théorique de la concentration des contraintes
nl kerffactor m, theoretische kerffactor
r теоретический коэффициент m концентрации напряжений

$$k_t = \frac{S_{max}}{S}$$

(→ 2.134)

2.136 e stress concentrator [raiser]
d Kerbe f
f amplificateur m de tensions, entaille f, incision f
nl kerf f(m)
r концентратор m напряжений, надрез m

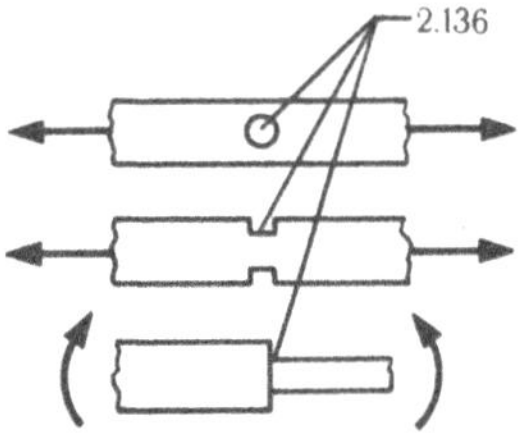

2.137 e stress concentration factor, fatigue notch factor
d Kerbwirkungszahl f
f coefficient m effectif de la concentration des contraintes
nl kerfinvloedsfactor m
r эффективный коэффициент m концентрации напряжений

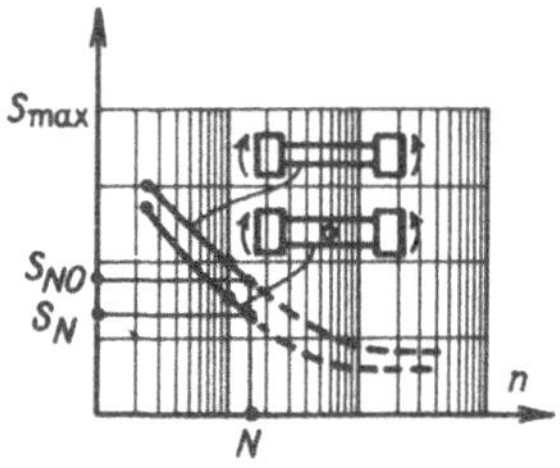

$$k_f = \frac{S_{NO}}{S_N}$$

2.138 e fatigue notch sensitivity
d Kerbempfindlichkeitszahl f
f coefficient m de sensibilité de la concentration des contraintes
nl afmetingsfactor m
r коэффициент m чувствительности к концентрации напряжений

$$q = \frac{k_f - 1}{k_t - 1}$$

(→ 2.134, 2.135, 2.137)

2.139 e size factor
d Grössenbeiwert m, Grössen(einfluss)factor m
f coefficient m d'échelle
nl afmetingsfactor m
r коэффициент m влияния абсолютных размеров поперечного сечения, масштабный коэффициент

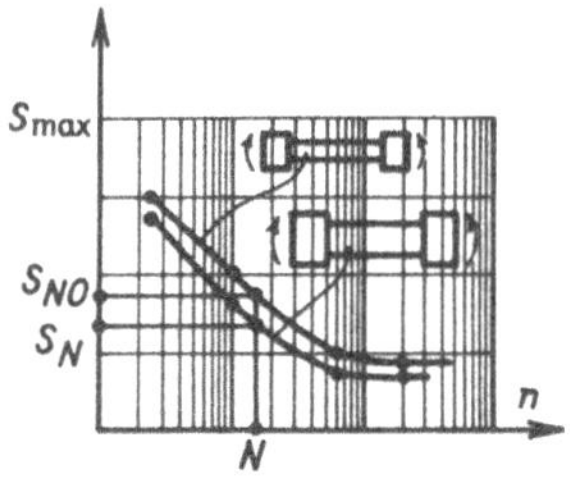

2.140 e random loading
d regellose Beanspruchung f
f charge f aléatoire
nl willekeurige belasting f
r случайное нагружение n

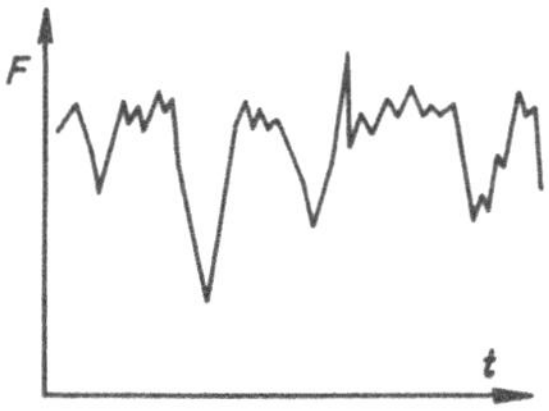

2.141 e block loading
d Blockbeanspruchung f
f charge f au bloc
nl bloksgewijze belasting f
r блочное нагружение n

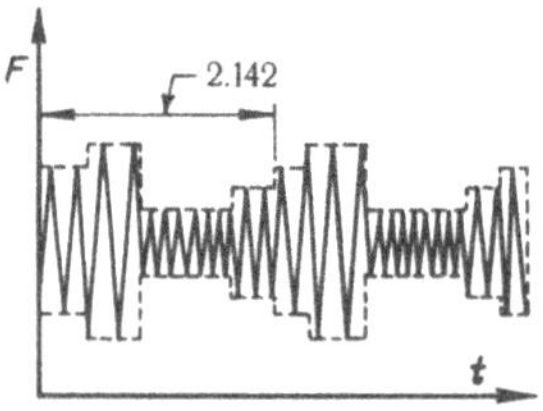

2.142 e load block
d Teilfolge f, Beanspruchungsblock m
f bloc m de charge
nl belastingsblok n
r блок m нагружения
(→ 2.141)

2.143 e hardness
d Härte f
f dureté f
nl hardheid f
r твёрдость f
(→ 2.145 – 2.148)

2.144 e hardness tester
d Härteprüfgerät n
f duromètre m
nl hardheidsmeter m
r твердомер m

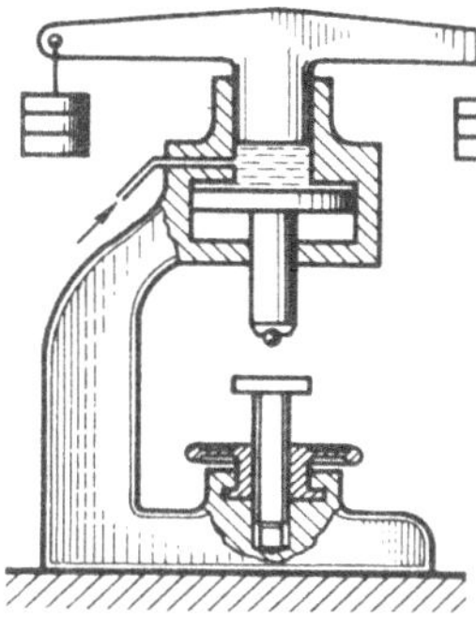

2.145 e Brinell hardness
d Brinellhärte f
f dureté f Brinell, dureté f à la bille
nl Brinell-hardheid f
r твёрдость f по Бринеллю

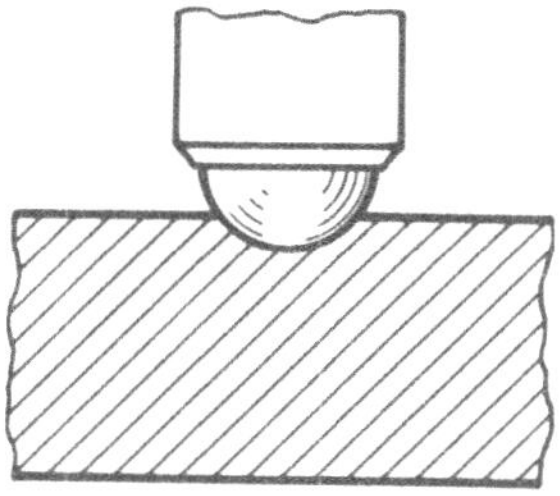

2.146 e Rockwell hardness
d Rockwellhärte f
f dureté f Rockwell
nl Rockwell-hardheid f
r твёрдость f по Роквеллу

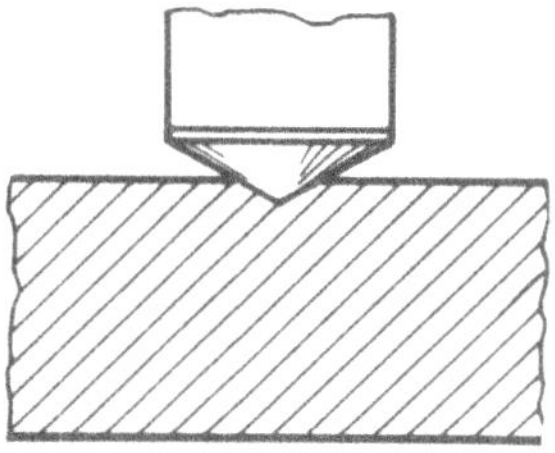

2.147 e Vickers hardness
d Vickershärte f
f dureté f Vickers
nl Vickers-hardheid f
r твёрдость f по Виккерсу

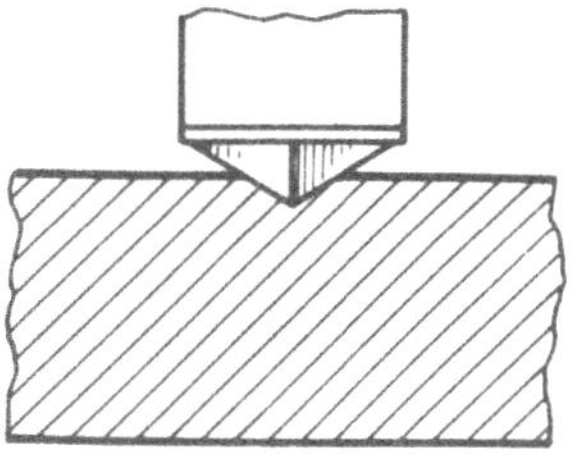

2.148 e Shore hardness
d Shore-Härte f
f dureté f Shore
nl Shore-hardheid f
r твёрдость f по Шору

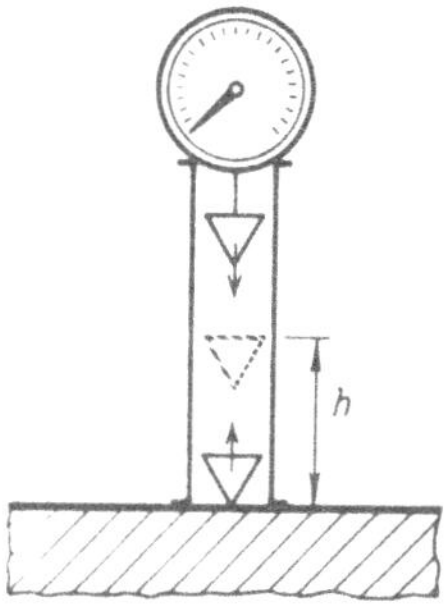

3. ENGINEERING MATERIALS
TECHNISCHE MATERIALIEN
MATÉRIAUX TECHNIQUES
TECHNISCHE MATERIALEN
ТЕХНИЧЕСКИЕ МАТЕРИАЛЫ

3.1 e chemical element
d chemisches Element n, Grundstoff m
f élément m (chimique), corps m élémentaire [simple]
nl (chemisch) element n
r химический элемент m
(→ 3.2 – 3.26)

3.2 e aluminium
d Aluminium n
f aluminium m
nl aluminium n
r алюминий m

3.3 e antimony
d Antimon n
f antimoine m
nl antimoon n
r сурьма f

3.4 e beryllium
d Beryllium n
f beryllium m
nl beryllium n
r бериллий m

3.5 e boron
d Bor n
f bore m
nl borium n
r бор m

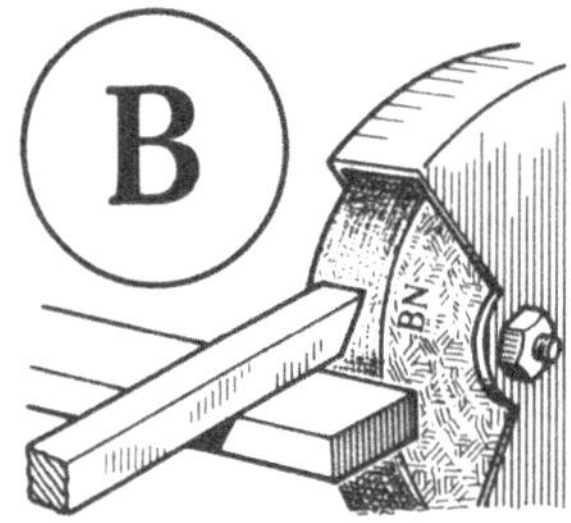

3.6 e carbon
d Kohlenstoff m
f carbone m
nl koolstof f(m)
r углерод m

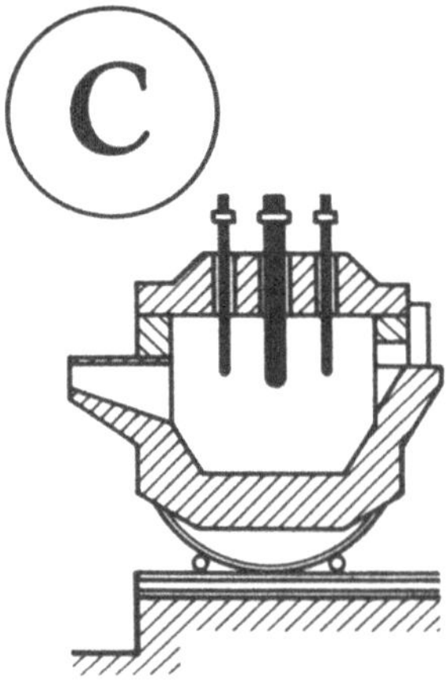

3.7 e chromium
d Chrom n
f chrome m
nl chroom n
r хром m

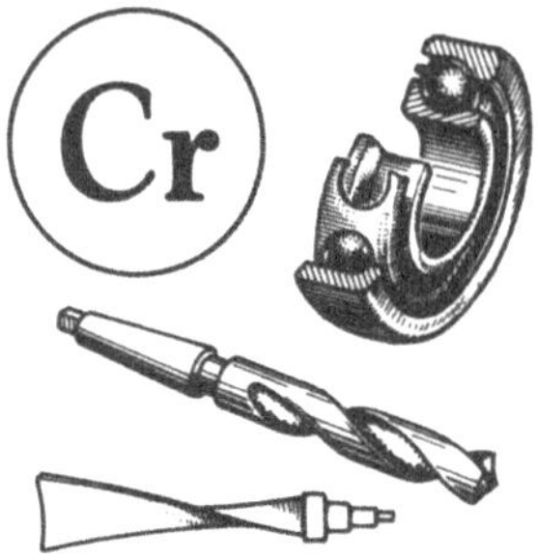

3.8 e cobalt
d Kobalt m
f cobalt m
nl kobalt n
r кобальт m

3.9 e copper
d Kupfer n
f cuivre m
nl koper n
r медь f

3.10 e hydrogen
d Wasserstoff m
f hydrogène m
nl waterstof f(m)
r водород m

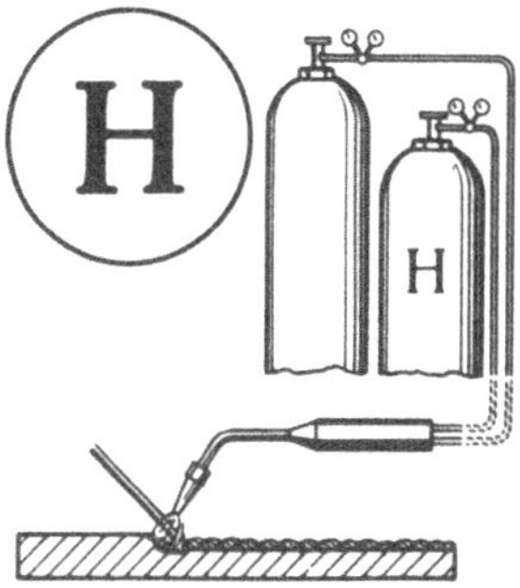

3.11 e iron
d Eisen n
f fer m
nl ijzer n
r железо n

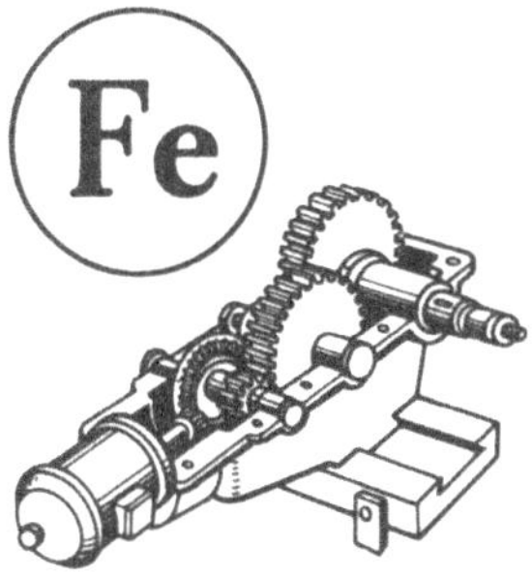

3.12 e lead
d Blei n
f plomb m
nl lood n
r свинец m

3.13 e magnesium
d Magnesium n
f magnésium m
nl magnesium n
r магний m

3.14 e manganese
d Mangan n
f manganèse m
nl mangaan n
r марганец m

3.15 e molybdenum
d Molybdän n
f molybdène m
nl molybdeen n
r молибден m

3.16 e nickel
d Nickel n
f nickel m
nl nikkel n
r никель m

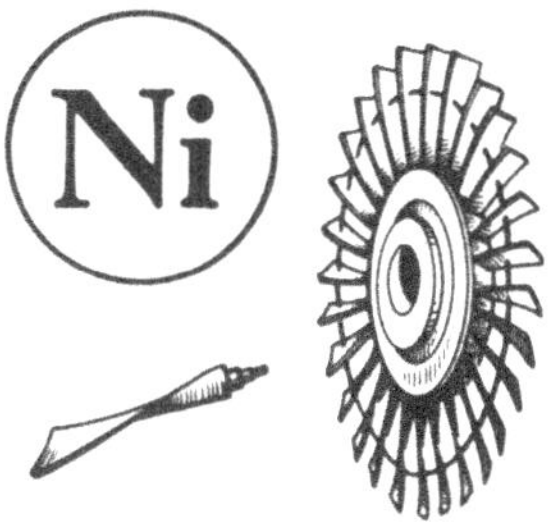

3.17 e nitrogen
d Stickstoff m
f azote m
nl stikstof f(m)
r азот m

3.18 e oxygen
d Sauerstoff m
f oxygène m
nl zuurstof f(m)
r кислород m

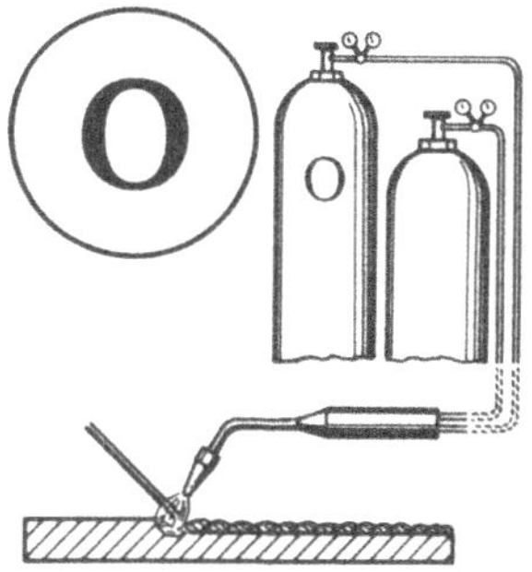

3.19 e silicon
d Silizium n
f silicium m
nl silicium n
r кремний m

3.20 e sulphur
d Schwefel m
f soufre m
nl zwavel m
r сера f

3.21 e tantalum
d Tantal n
f tantale m
nl tantalium n
r тантал m

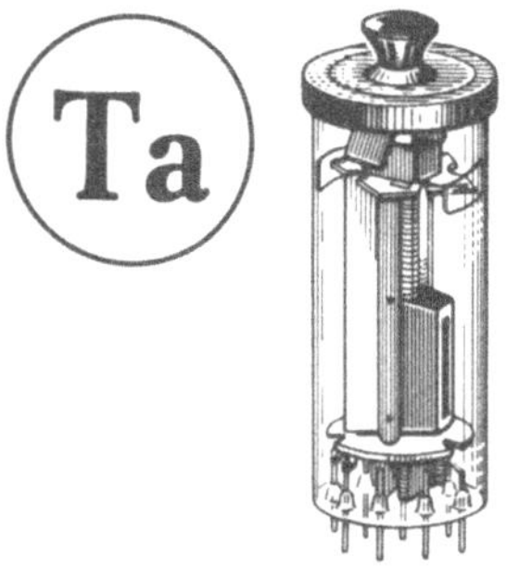

3.22 e titanium
d Titan n
f titane m
nl titaan n
r титан m

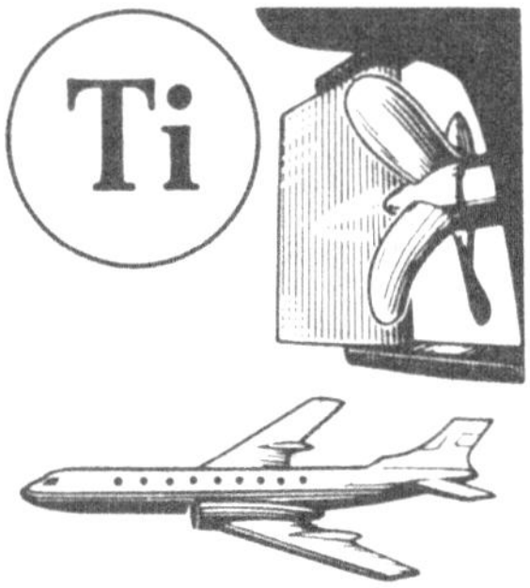

3.23 e tin
d Zinn n
f étain m
nl tin n
r олово n

3.24 e tungsten
d Wolfram m
f tungstène m
nl wolfraam n
r вольфрам m

3.25 e vanadium
d Vanadin n, Vanadium n
f vanadium m
nl vanadium n
r ванадий m

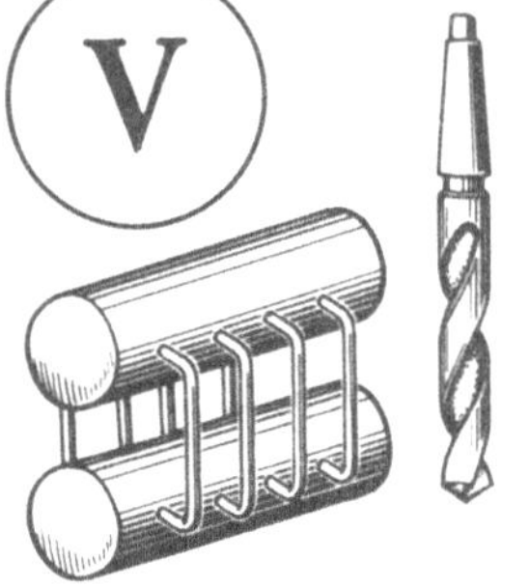

3.26 e zinc
d Zink n
f zinc m
nl zink n
r цинк m

3.27 e metal
d Metall n
f métal m
nl metaal n
r металл m
(→ 3.2, 3.4, 3.7 – 3.9, 3.11 – 3.13, 3.15, 3.16, 3.21 – 3.26)

3.28 e space [crystal] lattice
d Kristallgitter n, Raumgitter
f réseau m cristallin
nl kristalrooster m, n
r кристаллическая [пространственная] решётка f
(→ 3.29 – 3.32)

3.29 e simple cubic lattice
d einfaches kubisches Gitter n
f réseau m cubique primitif
nl **eenvoudig kubisch rooster m, n**
r **простая кубическая решётка f**

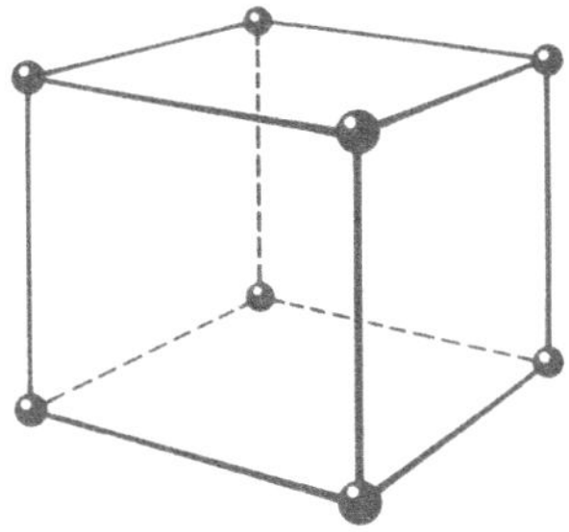

3.30 e face-centered cubic lattice
d kubisch flächenzentriertes Gitter n
f réseau m cubique à faces centrées
nl **vlak-gecentreerd kubisch rooster m, n**
r **гранецентрированная кубическая решётка f**

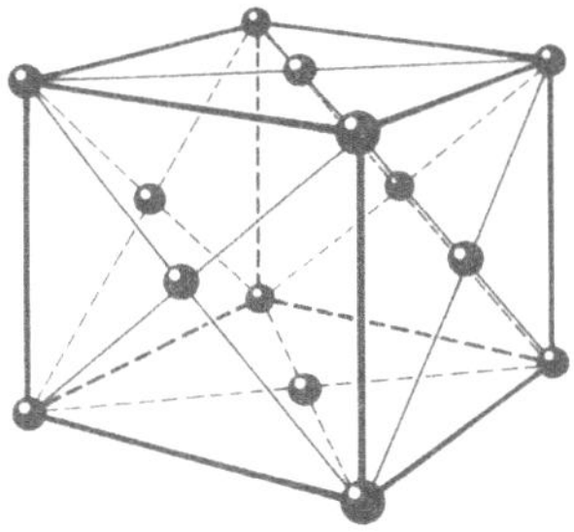

3.31 e body-centered cubic lattice
d kubisch raumzentriertes Gitter n
f réseau m cubique centré
nl **ruimtelijk gecentreerd kubisch rooster m, n**
r **объёмноцентрированная кубическая решётка f**

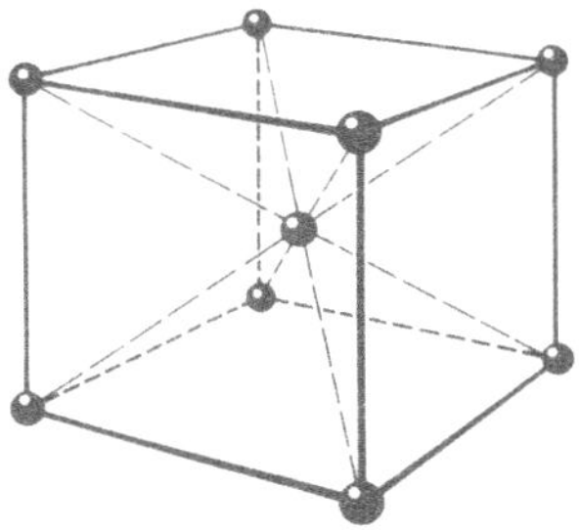

3.32 e hexagonal lattice
d hexagonales Gitter n
f réseau m hexagonal
nl hexagonaal rooster m, n
r **гексагональная решётка f**

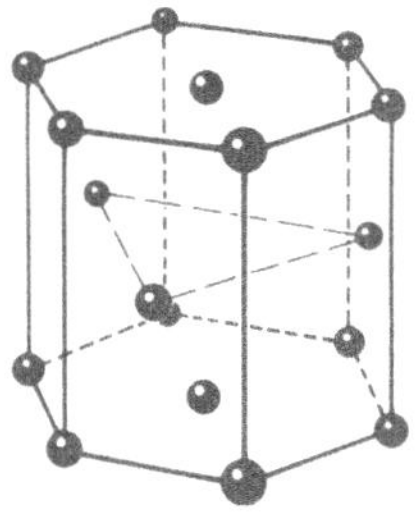

3.33 e lattice defect, crystal imperfection
d Gitterfehler m, Gitterdefekt m, Kristallbaufehler
f défaut m [imperfection f] du réseau cristallin
nl **roosterdefect n**
r **дефект m кристаллической решётки**
(→ 3.34 – 3.40)

3.34 e point defect
d Punktfehlstelle f
f défaut m ponctuel
nl **puntdefect n**
r **точечный дефект m**
(→ 3.35 – 3.37)

3.35 e vacancy
d Leerstelle f, Gitterleerstelle
f vacance f
nl **vacature f**
r **вакансия f**

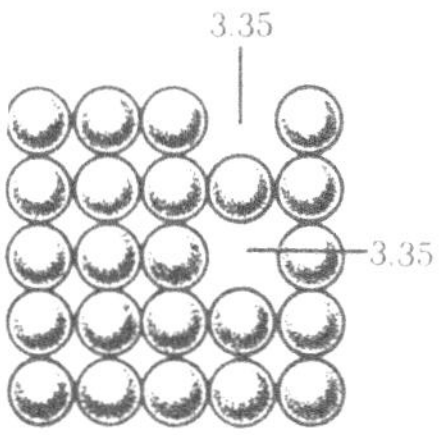

3.36 e substitutional defect [atom], substitution
d Substitutionsatom m
f atome m d'impureté
nl **vreemd element n**
r **атом m примеси [замещения]**

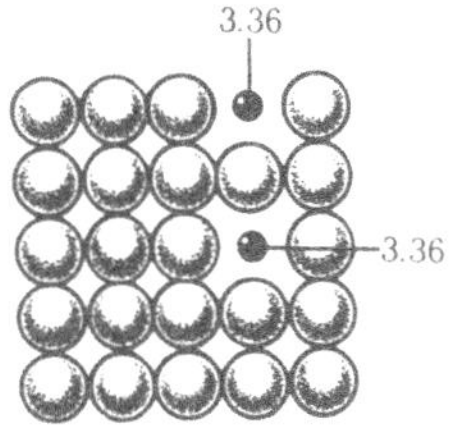

3.37 e interstitial defect [atom], interstitialcy
d Zwischengitteratom m, Einlagerungsatom
f atome m interstitiel
nl **interstitiëel atom n**
r **межузельный атом m**

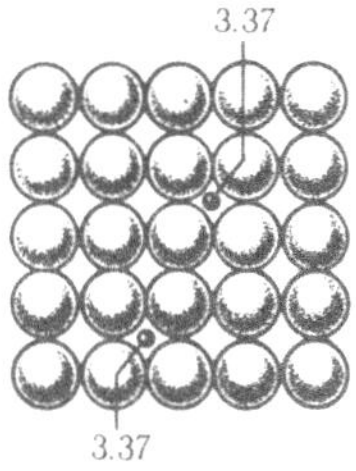

3.38 e dislocation
d Versetzung f
f dislocation f
nl **dislocatie f, lijndefect n**
r **дислокация f**
(→ 3.39, 3.40)

3.39 e edge dislocation
d Kantenversetzung f
f dislocation f coin [en arête]
nl randdislocatie f
r **краевая дислокация f**

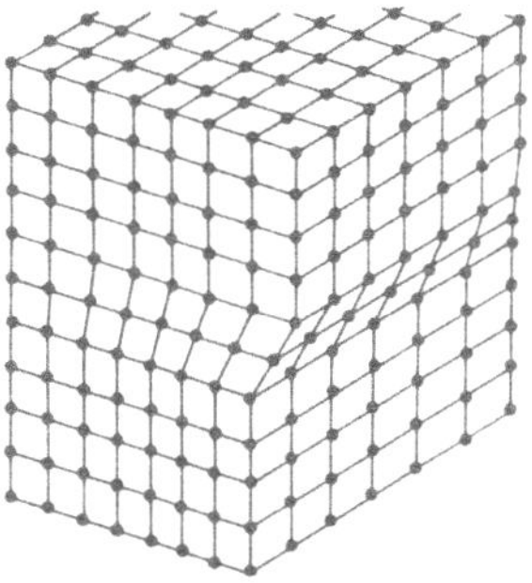

3.40 e screw dislocation
d Schraubenversetzung f
f dislocation f en hélice
nl dislocatie met schroefkarakter
r винтовая дислокация f

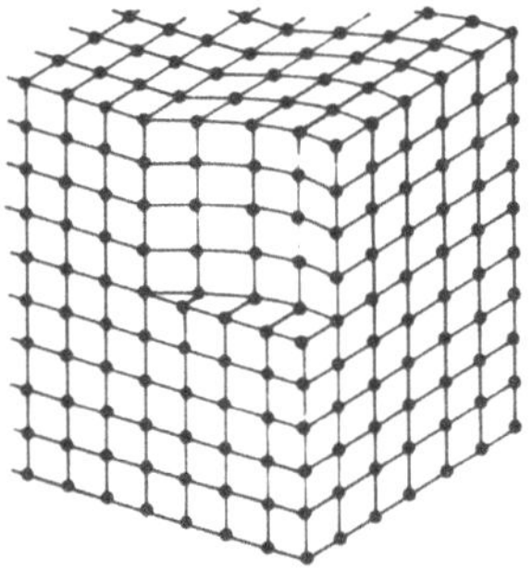

3.41 e grain
d Korn n
f grain m, granule m, cristallite f
nl korrel m, kristalliet m
r зерно n, кристаллит m

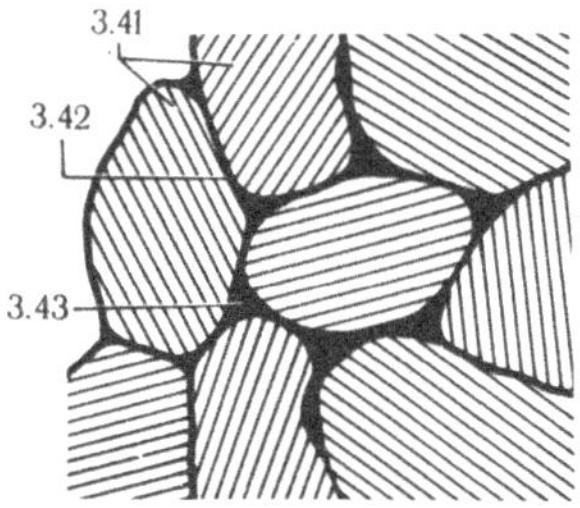

3.42 e grain boundary
d Korngrenze f
f limite f des grains, limite intergranulaire
nl korrelgrens f(m)
r граница f зерна
(→ 3.41)

3.43 e impurity
d Verunreinigung f
f impureté f
nl verontreiniging f, onzuiverheid f
r загрязнение n
(→ 3.41)

3.44 e ductile material
d zäher Werkstoff m
f matière f terace
nl rekbaar [taai] materiaal n
r вязкий материал m

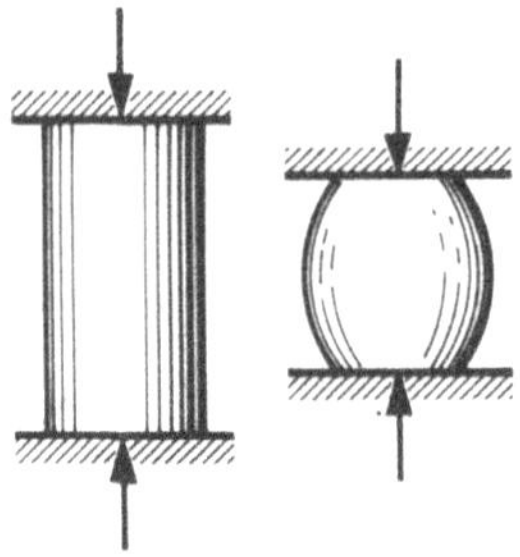

3.45 e brittle material
d spröder Werkstoff m
f matière f fragile
nl bros materiaal n
r хрупкий материал m

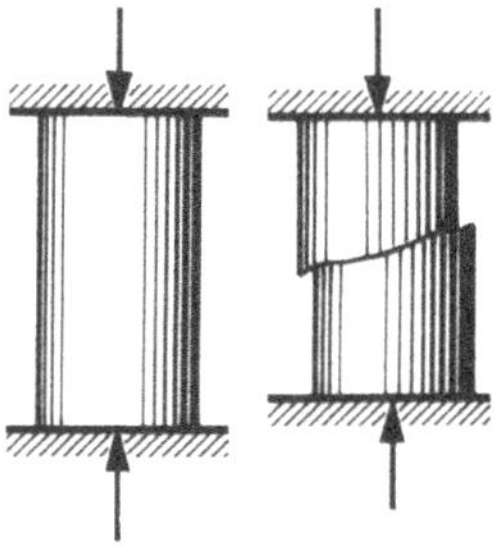

3.46 e alloy
d Legierung f
f alliage m
nl legering f
r сплав m
(→ 3.63, 3.107, 3.119, 3.123, 3.124, 3.127)

3.47 e alloy grade
d Legierungsmarke f, Legierungssorte f
f nuance f d'alliage
nl legeringsklasse f
r марка f сплава
SAE 1045 C45 XC48
Ст45

3.48 e chemical composition
d chemische Zusammensetzung f
f composition f chimique
nl chemische sammenstelling f
r химический состав m
SAE 1045:
99,2 – 99,6 % Fe
0,13 – 0,18 % C
0,30 – 0,60 % Mn

3.49 e ferrous metal
d Eisenwerkstoff m
f métal m ferrugineux [ferreux]
nl ferrometaal n
r чёрный металл m
(→ 3.63, 3.107)

3.50 e allotrope of iron
d allotropische Modifikation f des Eisens
f allotropie f du fer
nl allotrope ijzermodificatie f
r аллотропия f [аллотропическая модификация f] железа
(→ 3.51, 3.52)

3.51 e alpha iron, α-iron
d Alpha-Eisen n, α-Eisen n
f fer-alpha
nl alfa-ijzer n
r альфа-железо n, α-железо

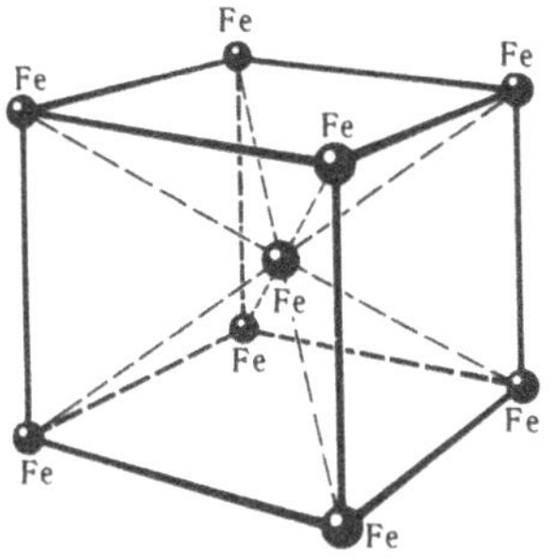

3.52 e gamma iron, γ-iron
d Gamma-Eisen n, γ-Eisen n
f fer-gamma
nl gamma-ijzer n
r гамма-железо n, γ-железо

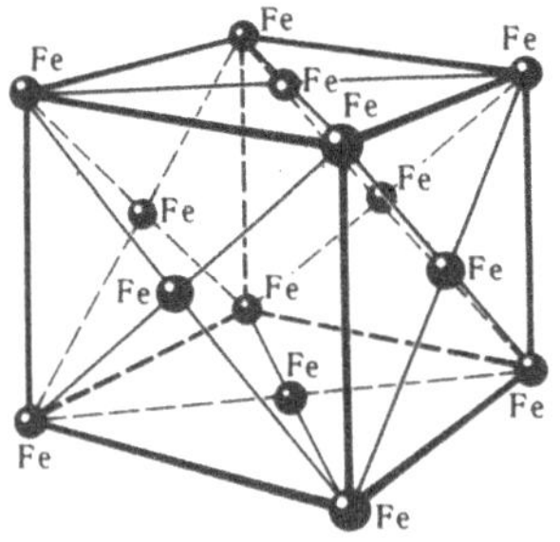

3.53 e iron-carbon diagram
d Eisen-Kohlenstoff-Schaubild n
f diagramme m fer-carbon

nl ijzer-koolstof-diagram n
r **диаграмма** f **состояния**
железо – углерод

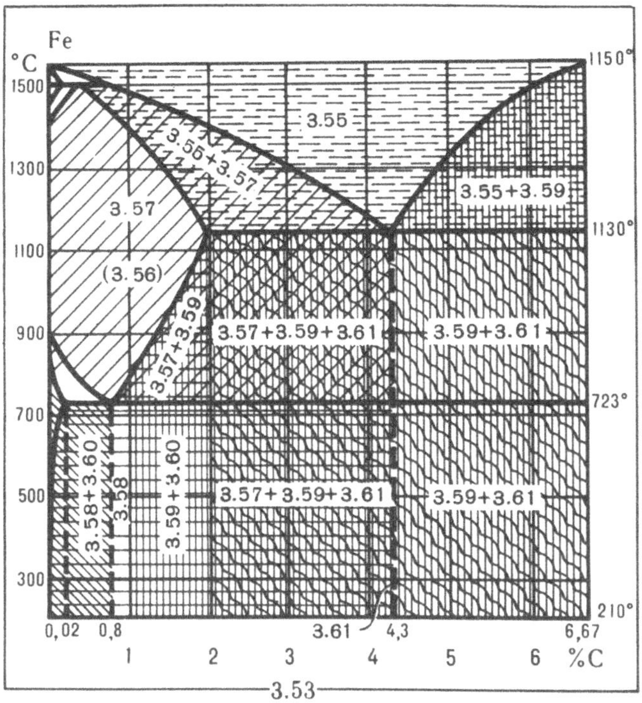

3.54 e phase
d Phase f
f phase f
nl fase f
r фаза f

3.55 e liquid solution of carbon in iron
d flüssige Lösung f von Kohlenstoff im Eisen
f solution f liquide fer-carbon
nl vloeibare oplossing f van koolstof in ijzer
r **жидкий раствор** m **углерода в железе**
(→ 3.53)

3.56 e solid solution of carbon in iron
d feste Lösung f von Kohlenstoff im Eisen
f solution f solide fer-carbon
nl vaste oplossing f van koolstof in ijzer
r **твёрдый раствор** m **углерода в железе**
(→ 3.53)

3.57 e austenite
d Austenit m
f austénite f
nl austeniet n
r аустенит m
(γ = Fe + C)
(→ 3.53)

3.58 e ferrite
d Ferrit m
f ferrite f
nl ferriet n
r **феррит** m
(α = Fe + C)
(→ 3.58)

3.59 e cementite
d Zementit m
f cémentite f
nl cementiet n
r **цементит** m
Fe_3C
(→ 3.53)

3.60 e pe(a)rlite
d Perlit m
f perlite f
nl perliet n
r перлит m
(α = Fe + C) + Fe_3C
(→ 3.53)

3.61 e ledeburite
d Ledeburit m
f lédéburite f
nl ledeburiet n
r ледебурит m
(γ = Fe + C) + Fe_3C)
(→ 3.53)

3.62 e martensite
d Martensit m
f martenicite f
nl martensiet n
r **мартенсит** m
α = Fe + C (HRC 50. . .
. . . 65)

3.63 e steel
d Stahl m
f acier m
nl staal n
r сталь f

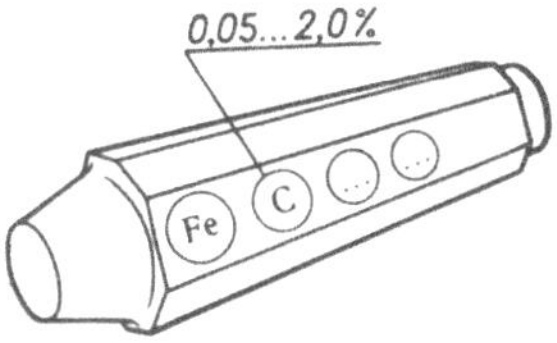

3.64 e open-hearth steel
d Siemens-Martin-Stahl m
f acier m Martin
nl martinstaal n, **SM-staal**
r мартеновская сталь f

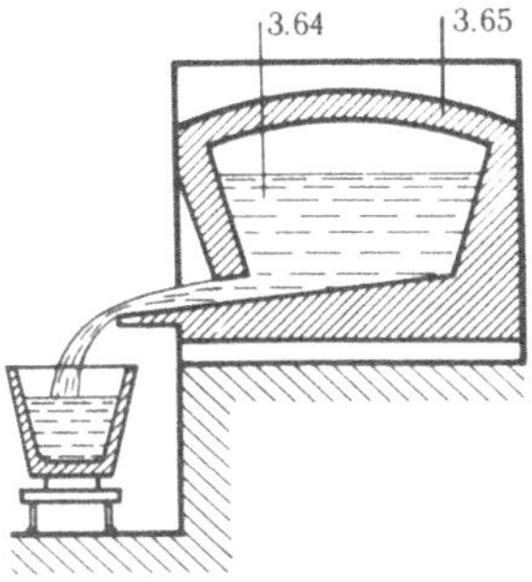

3.65 e open-hearth furnace
d Siemens-Martin-Ofen m
f four m Siemens-Martin
nl **Siemens-Martinoven**
r **мартеновская печь** f
(→ 3.64)

3.66 e electric furnace steel
d Elektrostahl m
f acier m électrique
nl elektrostaal n
r электросталь f

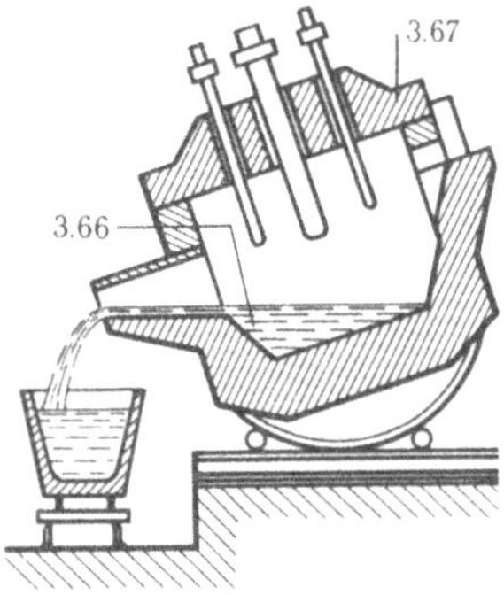

3.67 e electric furnace
d Elektroofen m
f four m électrique
nl elektrooven m
r электропечь f
(→ 3.66)

3.68 e converter steel
d Windfrischstahl m
f acier m de convertissage
nl convertorstaal n, bessemer-staal
r конвертерная сталь f

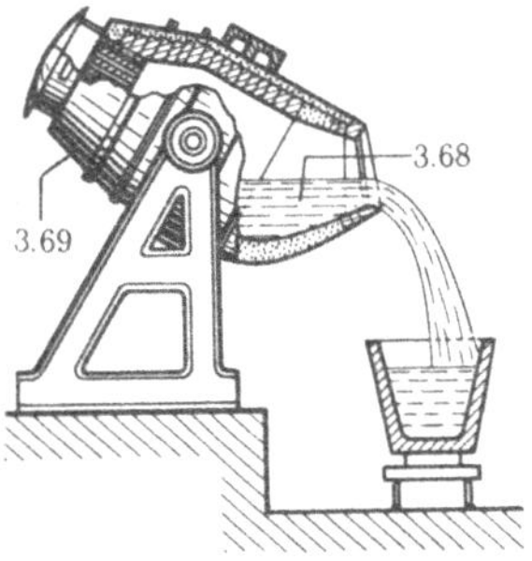

3.69 e converter furnace
d Stahlwerkkonverter m, Konverter
f convertisseur m
nl convertor m
r конвертер m, конвертор
(→ 3. 68)

3.70 e rimming steel
d unberuhigter Stahl m
f acier m effervescent [mousseux]
nl onrustig staal n
r кипящая сталь f

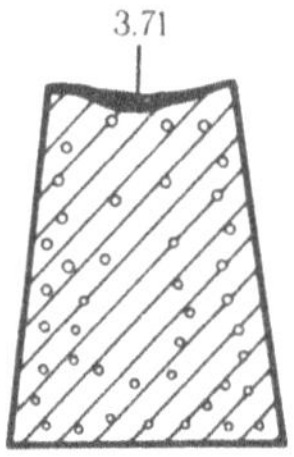

3.71 e pipe, shrinkage cavity
d Lunker m
f retassure f, cavité f de retrait
nl krimpholte f
r усадочная раковина f
(→ 3.70, 3.72, 3.73)

3.72 e semi-killed steel
d halbberuhigter Stahl m
f acier m semi-calmé
nl half-rustig staal n
r полуспокойная сталь f

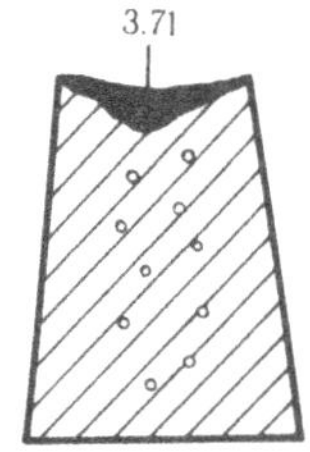

3.73 e killed steel
d beruhigter Stahl m
f acier m calme
nl rustig staal n
r спокойная сталь f

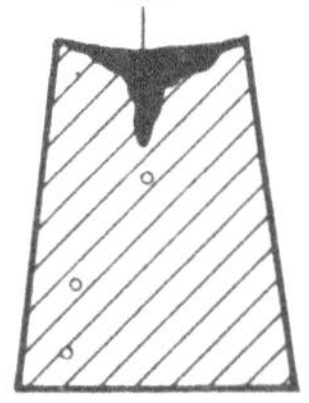

3.74 e grain size of steel
d Korngrösse f von Stahl
f grosseur f des grains d'acier
nl korrelgrootte f van het staal n
r зернистость f стали

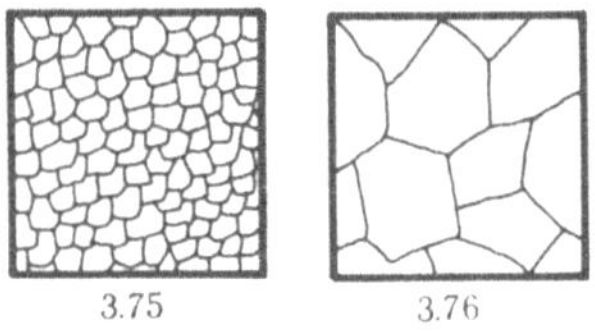

3.75 e fine-grained steel
d Feinkornstahl m
f acier m à grains fins
nl fijnkorrelig staal n
r мелкозернистая сталь f
(→ 3.74)

3.76 e coarse-grained steel
d Grobkornstahl m
f acier m à gros grains
nl grofkorrelig staal n
r крупнозернистая сталь f
(→ 3.74)

3.77 e casting [cast] steel
d Stahlguss m
f acier m coulé [fondu, moulé]
nl gietstaal n, gegoten staal
r сталь f для отливок

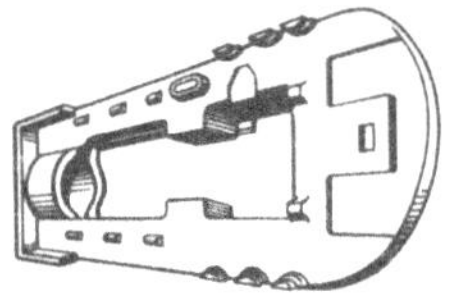

3.78 e structural steel
d Baustahl m
f acier m de construction
nl constructiestaal n
r конструкционная сталь f

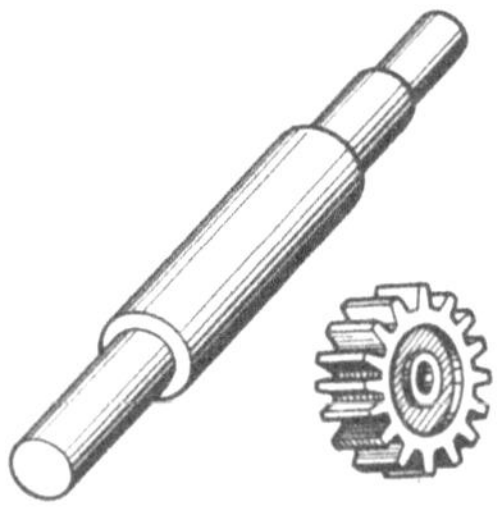

3.79 e carbon steel
d Kohlenstoffstahl m
f acier m au carbone
nl koolstofstaal n
r углеродистая сталь f

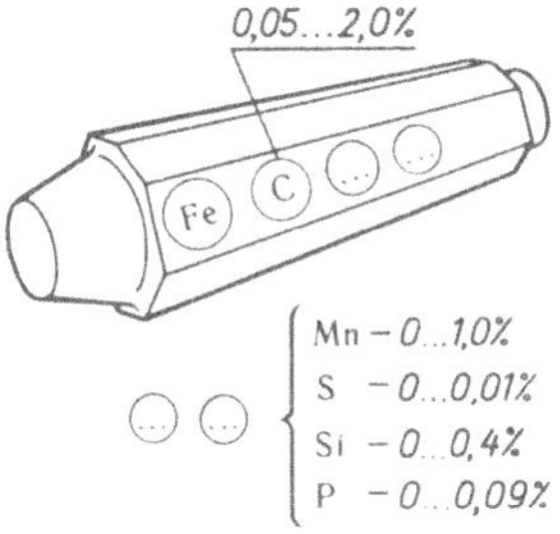

3.80 e low-carbon steel
d niedriggekohlter Stahl m
f acier m au carbone doux
nl **laag-koolstofstaal n**
r **низкоуглеродистая сталь f**
SAE 1015(AISI C1015):
0,13 – 0,18 % C
0,30 – 0,60 % Mn

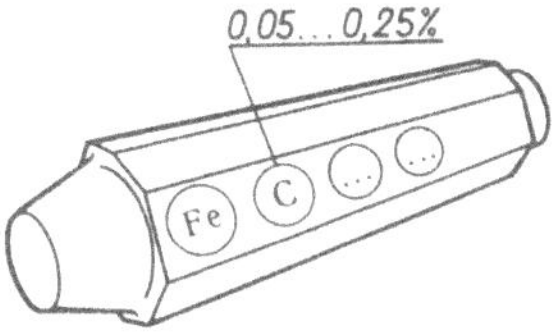

3.81 e medium-carbon steel
d mittelgekohlter Stahl m
f acier m à carbone moyen
nl **middelhoog-koolstofstaal n**
r среднеуглеродистая сталь f
SAE 1045 (AISI C1045):
0,43 – 0,50 % C
0,60 – 0,90 % Mn

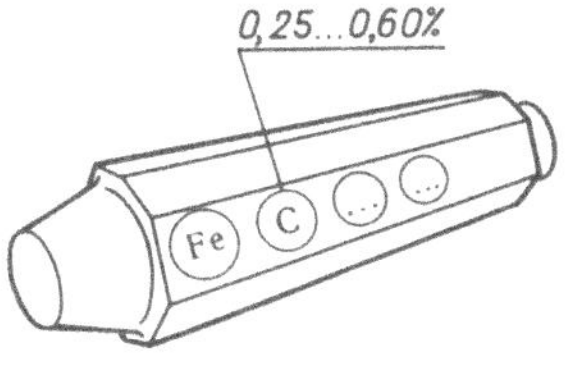

3.82 e high-carbon steel
d hochgekohlter Stahl m
f acier m à carbone élevé, acier à haut carbone
nl staal n met hoog koolstofgehalte, hooggekoold staal
r высокоуглеродистая сталь f
SAE 1060 (AISI C1060):
0,55 – 0,60 % C
0,60 – 0,90 % Mn

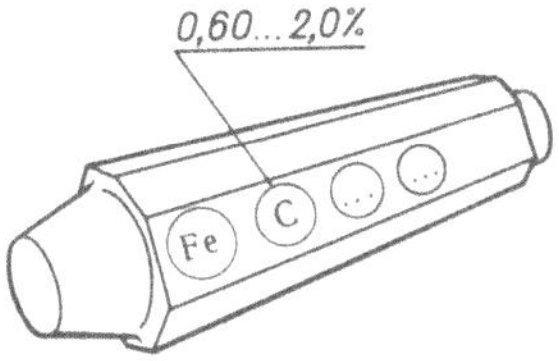

3.83 e alloy steel
d legierter Stahl m
f acier m allié
nl **hoog-koolstofstaal n**
r легированная сталь f

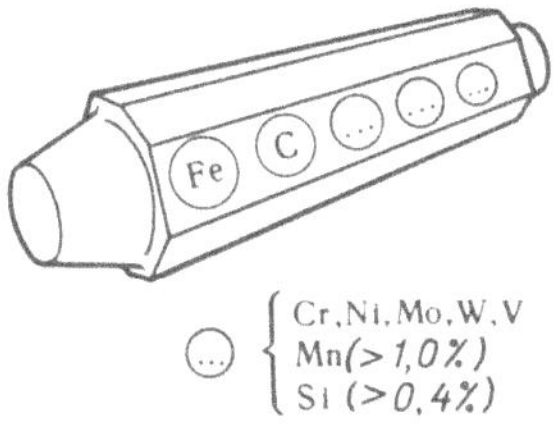

3.84 e molybdenum steel
d Molybdänstahl m
f acier m au molybdène
nl molybdeenstaal n
r молибденовая сталь f
SAE 4024:
0,20 – 0,25 % C
0,70 – 0,90 % Mn
0,20 – 0,30 % Mo

3.85 e chromium-molybdenum steel
d Chrommolybdänstahl m
f acier m au chrome-molybdène
nl chroommolybdeenstaal n
r хромомолибденовая сталь f
SAE 4730:
0,28 – 0,33 % C
0,40 – 0,60 % Mn
0,80 – 1,10 % Cr
0,15 – 0,25 % Mo

3.86 e nickel-chromium-molybdenum steel
d Nickelchrommolybdänstahl m
f acier m au chrome-nickel-molybdène
nl chroom-nikkel-molybdeenstaal n
r хромоникельмолибденовая сталь f
SAE 4720:
0,17 – 0,22 % C
0,50 – 0,70 % Mn
0,90 – 1,20 % Ni
0,35 – 0,55 % Cr
0,15 – 0,25 % Mo

3.87 e stainless chromium steel
d nichtrostender Chromstahl m
f acier m au chrome inoxydable
nl roestvrij chroomstaal n
r нержавеющая хромистая сталь f
SAE 51403:
0,15 % C
1,00 % Mn
0,5 % Si
11,5 – 13 % Cr

3.88 e chromium-vanadium steel
d Chromvanadinstahl m
f acier m au chrome-vanadium
nl chroomvanadiumstaal n
r хромованадиевая сталь f
SAE 6120:
0,17 – 0,22 % C
0,70 – 0,90 % Mn
0,70 – 0,90 % Cr
0,10 % V

3.89 e silicon-manganese steel
d Mangansiliziumstahl m
f acier m au silicium-manganèse
nl mangaan-siliciumstaal n
r кремнемарганцевая сталь f
SAE 9260:
0,55 – 0,65 % C
0,70 – 1,00 % Mn
1,80 – 2,20 % Si

3.90 e corrosion resisting chromium-nickel steel
d korrosionsbeständiger Chromnickelstahl m
f acier m au chrome-nickel inattaquable
nl corrosiebestendig chroomnikkelstaal n
r **коррозионностойкая хромоникелевая сталь f**
SAE 303 03:
0,15 % C
2,00 % Mn
1,00 % Si
17– 19 % Cr
8 – 10 % Ni

3.91 e bearing chromium steel
d Wälzlagerstahl m
f acier m à rouleaux
nl chroomhoudend kogellagerstaal n
r **шарикоподшипниковая хромистая сталь f**
SAE 51100:
0,95 – 1,10 % C
0,25 – 0,45 % Mn
0,90 – 1,15 % Cr

3.92 e nickel-molybdenum steel
d Nickelmolybdänstahl m
f acier m au nickel-molybdène
nl nikkel-molybdeenstaal n
r **никельмолибденовая сталь f**
SAE 4620:
0,17 – 0,22 % C
0,45 – 0,65 % Mn
1,65 – 2,00 % Ni
0,20 – 0,30 % Mo

3.93 e chromium steel
d Chromstahl m
f acier m au chrome
nl chroomstaal n
r хромистая сталь f
SAE 5015:
0,12 – 0,17 % C
0,30 – 0,50 % Mn
0,30 – 0,50 % Cr

3.94 e manganese steel
d Manganstahl m
f acier m à manganese
nl mangaanstaal n
r марганцовистая сталь f
SAE 1345:
0,43 – 0,48 % C
1,60 – 1,90 % Mn
0,20 – 0,35 % Si

3.95 e nickel steel
d Nickelstahl m
f acier m au nickel
nl nikkelstaal n
r **никелевая сталь f**
SAE 2517:
0,15 – 0,20 % C
0,45 – 0,60 % Mn
0,20 – 0,35 % Si
4,75 – 5,25 % Ni

3.96 e free cutting steel
d Automatenstahl m
f acier m de décolletage
nl automatenstaal n
r **автоматная сталь f**
SAE 1114:
0,10 – 0,16 % C
1,00 – 1,30 % Mn
0,08 – 0,13 % Si

3.97 e nickel-chromium steel
d Chromnickelstahl m
f acier m au chrome-nickel
nl **chroom-nikkelstaal n**
r хромоникелевая сталь f
SAE 3110:
0,08 – 0,13 % C
0,45 – 0,60 % Mn
3,25 – 3,75 % Ni
1,40 – 1,75 % Cr

3.98 e tool steel
d Werkzeugstahl m
f acier m à outils
nl gereedschapsstaal n, werktuigstaal
r инструментальная сталь f
(→ 3.99, 3.102)

3.99 e high speed tool steel
d Schnellarbeitsstahl m
f acier m à coupe rapide
nl **snelstaal n**
r быстрорежущая сталь f

3.100 e molybdenum (type) high-speed tool steel
d molybdänhaltiger Schnellarbeitsstahl m
f acier m au molybdène à coupe rapide
nl **molybdeenhoudend snelstaal n**
r **молибденовая быстрорежущая сталь f**
AISI M1:
0,80 % C
1,50 % W
8,00 % Mo
4,00 % Cr
1,00 % V
(→ 3.99)

3.101 e tungsten type high speed tool steel
d wolframhaltiger Schnellarbeitsstahl m
f acier m au tungstène à coupe rapide
nl **wolfraamhoudend snelstaal n**
r вольфрамовая быстрорежущая сталь f
AISI T1:
0,75 % C
18,00 % W
4,00 % Cr
1,00 % V
(→ 3.99)

3.102 e hot work tool steel
d Warmarbeitsstahl m
f acier m résistant à la chaleur pour bouterolles et étampes
nl **warmmatrijzenstaal n**
r теплостойкая штамповая сталь f
AISI H11:
0,35 % C
1,50 % Mo
5,00 % Cr
0,40 % V

3.103 e cold work tool steel
d Kaltarbeitsstahl m
f acier m pour bouterolles et étampes
nl stempelstaal n
r нетеплостойкая штамповая сталь f
AISI D3:
2,25 % C
12 % Cr

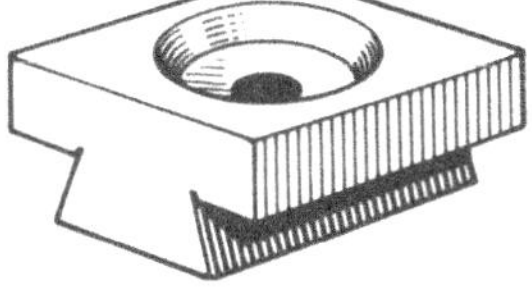

3.104 e shock resisting tool steel
d kaltzäher Werkzeugstahl m
f acier m très résilient à outillage
nl slagvast gereedschapsstaal n
r ударостойкая инструментальная сталь f
AISI S2:
0,50 % C
1,00 % Si
0,50 % Mo

3.105 e special purpose tool steel
d niedriglegierter Werkzeugstahl m
f acier m peu allié à outillage
nl laaggelegeerd gereedschapsstaal n
r инструментальная низколегированная сталь f
AISI L6:
0,70 % C
0,25 % Mo
0,75 % Cr

3.106 e water hardening tool steel
d unlegierter Werkzeugstahl m
f acier m à outil à carbone
nl ongelegeerd staal n
r углеродистая инструментальная сталь f
AISI W1:
0,60 – 1,40 % C

3.107 e cast iron
d Gusseisen n
f fonte f (de fer)
nl gietijzer n
r чугун m

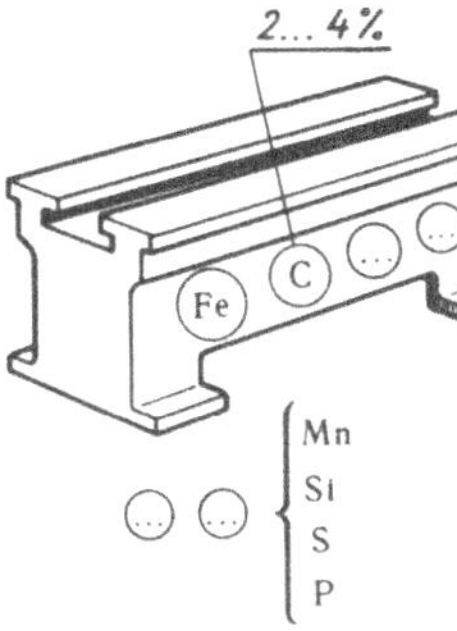

3.108 e pig iron
d Roheisen n
f fonte f de moulage
nl ruwijzer n
r доменный чугун m

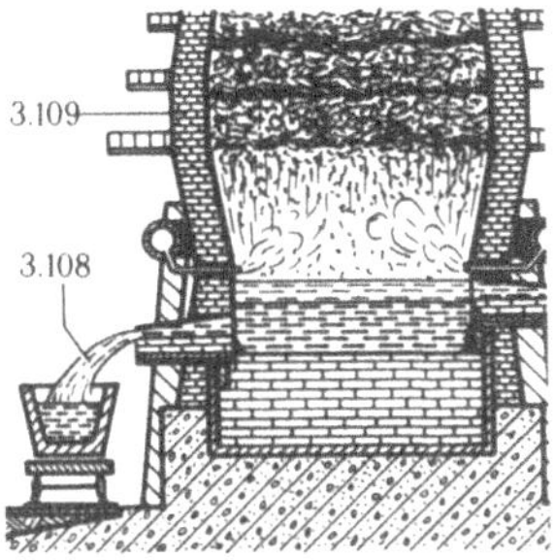

3.109 e blast furnace
d Hochofen m
f haut fourneau m
nl hoogoven m
r доменная печь f
(→ 3.108)

3.110 e white cast iron
d weisses Gusseisen n
f fonte f blanche
nl wit gietijzer n
r белый чугун m

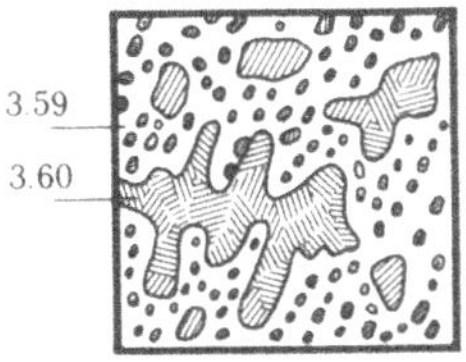

3.111 e grey iron
d graues Gusseisen n
f fonte f grise [graphitique]
nl grijs gietijzer n
r серый чугун m

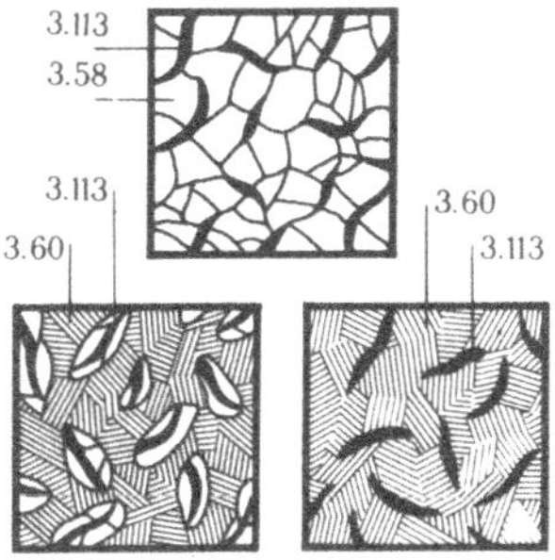

3.112 e graphite
d Graphit m
f graphite m
nl grafiet n
r графит m
(→ 3.111, 3.114, 3.116)

3.113 e flake graphite
d Lamellengraphit m
f graphite m lamellaire
nl lamellair grafiet n
r пластинчатый графит m
(→ 3.111)

3.114 e malleable cast iron
d Temperguss m
f fonte f malléable, malléable f
nl smeedbaar gietijzer n, tempergietijzer
r ковкий чугун m

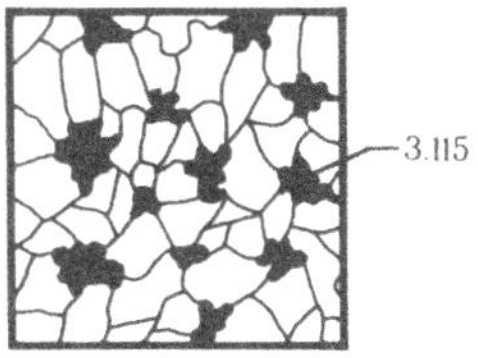

3.115 e temper carbon
d Temperkohle f
f carbone m de recuit
nl temperkool f(m)
r углерод m отжига
(→ 3.114)

3.116 e nodular cast iron
d Kugelgraphit-Gusseisen n
f fonte f à haute résistance [à graphite globulaire]
nl nodulair gietijzer n

r высокопрочный чугун m, чугун с шаровидным графитом

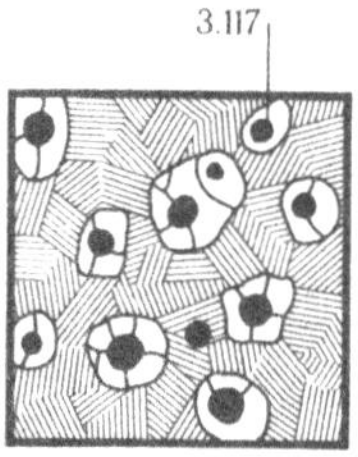

3.117 e spherical graphite
d Kugelgraphit m
f graphite m globulaire [sphéroïdal]
nl globulair grafiet n
r шаровидный графит m
(→ 3.116)

3.118 e nonferrous metal
d Nichteisenmetall n
f métal m non ferreux
nl nonferrometaal n
r цветной металл m
(→ 3.119 – 3.121, 3.123, 3.124)

3.119 e bronze
d Bronze f
f bronze m
nl brons n
r бронза f
SAE N64:
78,5 – 81,5 % Cu
9 – 11 % Sn
9 – 11 % Pb
0,05 – 0,25 % P

ASTM N3:
83 % Sn
9 % Sb
8 % Cu

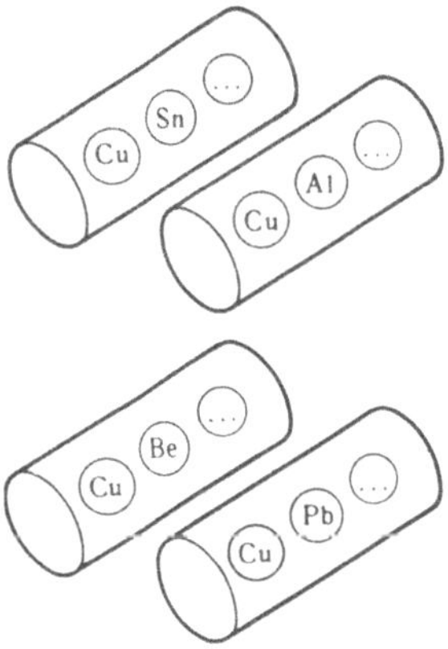

3.120 e brass
d Messing n
f laiton m
nl messing n
r латунь f
SAE N 40:
84 – 86 % Cu
4 – 6 % Sn
4 – 6 % Pb
4 – 6 % Zn

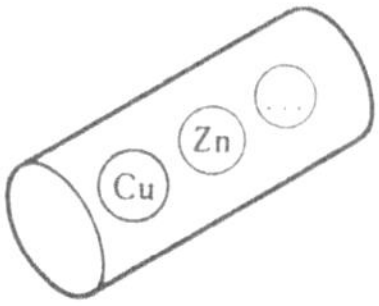

3.121 e babbit, white metal
d Weissmetall n
f régule m, babbit m
nl witmetaal n, babbitmetaal
r баббит m

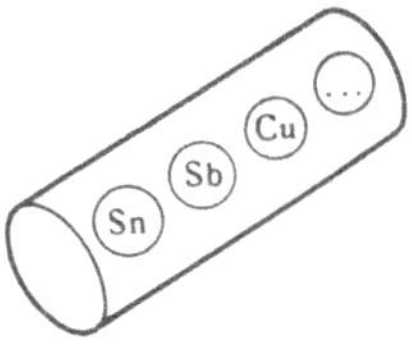

3.122 e aluminium alloy
d Aluminiumlegierung f
f alliage m d'aluminium
nl aluminiumlegering f
r алюминиевый сплав m
(→ 3.123, 3.124)

3.123 e aluminium casting alloy
d Aluminiumgusslegierung f
f alliage m d'aluminium de fonderie [de moulage]
nl aluminiumgietlegering f
r литейный алюминиевый сплав m

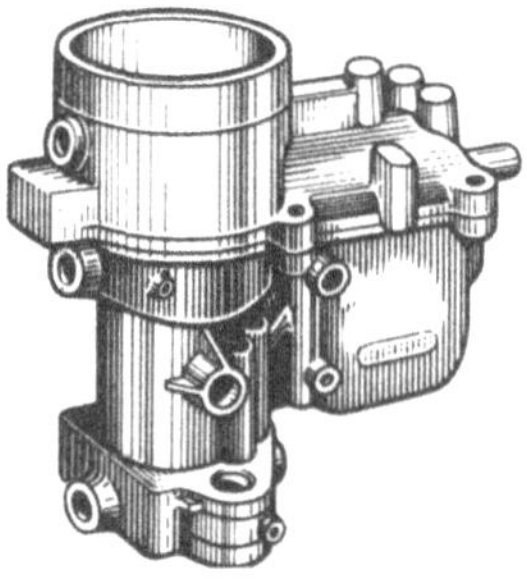

3.124 e wrought aluminium alloy
d Aluminiumknetlegierung f
f alliage m d'aluminium de corroyage [de laminage, de forge]
nl pletbare aluminiumlegering f
r деформируемый алюминиевый сплав m
SAE 4032:
85,8 % Al
12,2 % Si
1,1 % Mg
0,9 % Cu

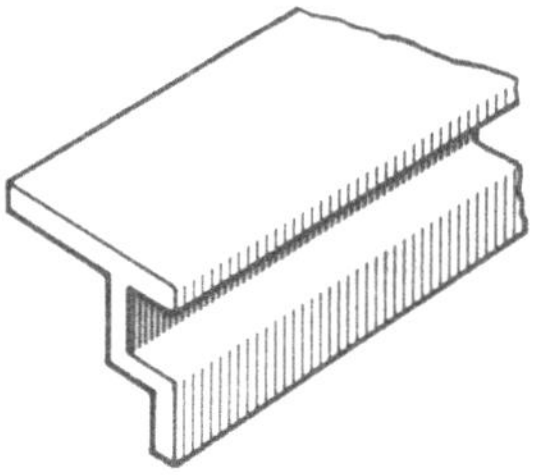

3.125 e duralumin
d Duralumin n
f duralumin m
nl dural(uminium) n
r дуралюмин m
SAE 2024:
93,4 % Al
4,5 % Cu
1,5 % Mg
0,6 % Mn

3.126 e magnesium alloy
d Magnesiumlegierung f
f alliage m de magnésium
nl magnesiumlegering f
r магниевый сплав m
Dow-metal C:
88,9 % Mg
9,0 % Al
2,0 % Zn
0,1 % Mn

3.127 e sintered alloy
d Sintermetall n
f métal m fritté
nl gesinterde legering f, pseudolegering

r металлокерамический сплав m

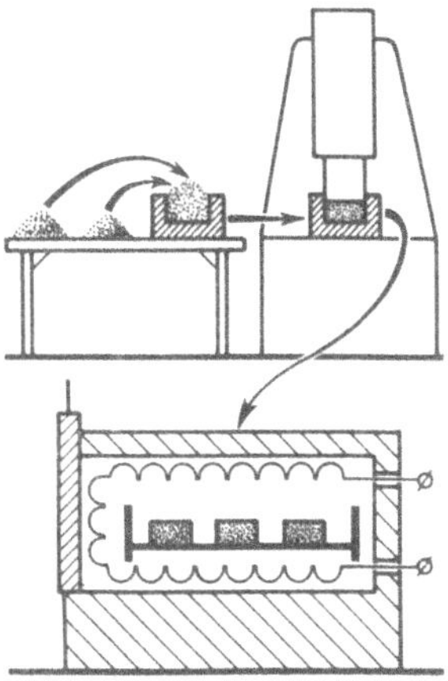

3.128 e sintered hard alloy, cemented-carbide composition
d Sinterhartmetall n, Hartmetall
f alliage m (métallocéramique) dur
nl **gecementeerd carbide n, hardmetaal n**
r **спечённый твёрдый сплав m**

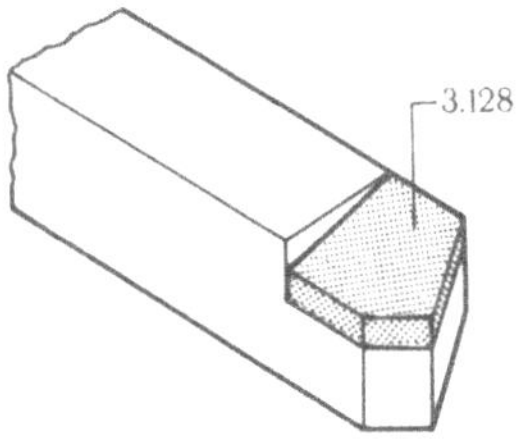

3.129 e coating
d Belag m
f recouvrement m, revêtement m
nl bekleding f
r **покрытие n**

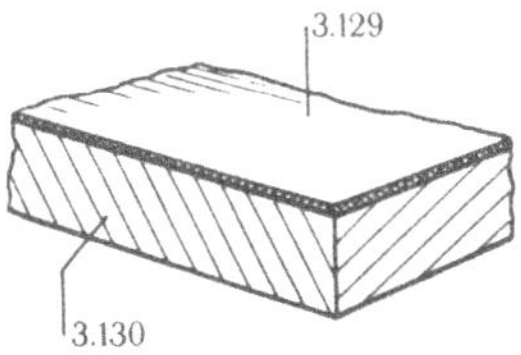

3.130 e basis metal
d Grundmetall n
f métal m de base
nl **dragend metaal n**
r **основной металл m**
(→ 3.129)

3.131 e plastic
d Kunststoff m
f matière f plastique, plastique m
nl plastic n, kunststof f(m)
r **пластмасса f, пластик m**
(→ 3.132, 3.140)

3.132 e thermoplast
d Thermoplast m
f thermoplaste m
nl thermoplast m
r **термопласт m**
(→ 3.133 – 3.139)

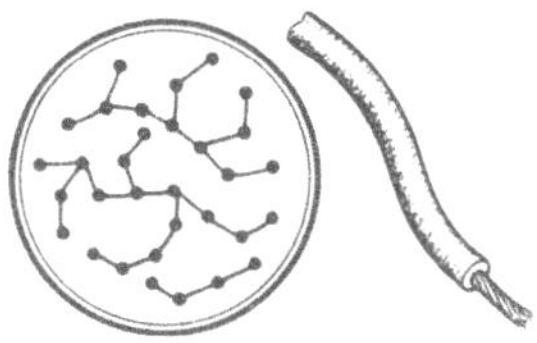

3.133 e polycarbonate
d Polykarbonat n
f polycarbonate m
nl polycarbonaat n
r **поликарбонат m**

$$\left[\text{-O-R-O-CO-O-R-}\right]_n$$

3.134 e polytetrafluorethylene, PTFE, teflon
d Polytetrafluoräthylen n
f polytétrafluoréthylène m
nl **polytetrafluorethyleen n, PTFE, teflon**
r **политетрафторэтилен m, фторопласт-4 m**

$$\left[-CF_2\ -CF_2-\right]_n$$

3.135 e polyamide
d Polyamid n
f polyamide m
nl polyamide n
r **полиамид m**

3.136 e polyethylene
d Polyäthylen n
f polyéthylène m
nl polyetheen n
r **полиэтилен m**

$$\left[-CH_2-CH_2-\right]_n$$

3.137 e polymethylmethacrylate
d Polymethacrylat n
f polyméthacrylate m de méthyle, plexiglas m
nl **polymethylmethacrylaat n, PMMA**
r **полиметилметакрилат m, плексиглас m**

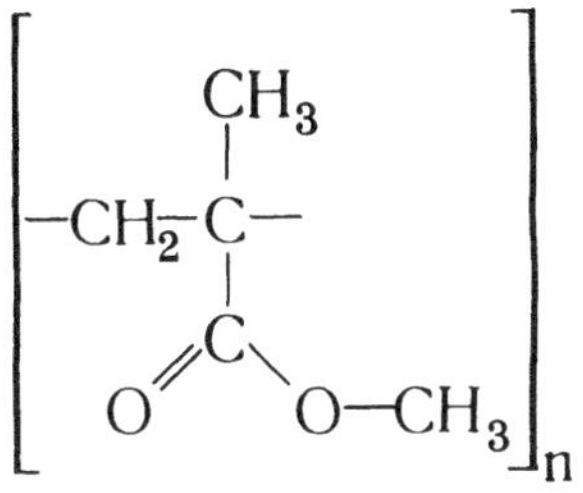

3.138 e polyvinylchloride
d Polyvinylchlorid n
f polyvinylchlorure m, chlorure de polyvinyle
nl **polyvinylchloride n, PVC**
r **поливинилхлорид m**

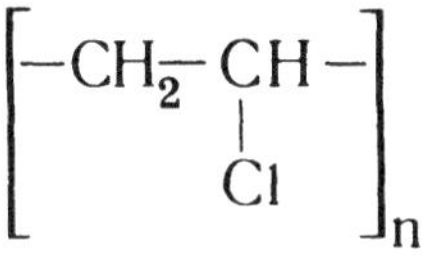

3.139 e polystyrene
d Polystyrol n
f polystyr(ol)ène m
nl polystyreen n
r **полистирол m**

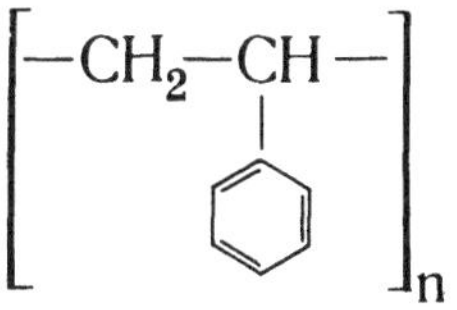

3.140 e thermosetting plastic
d Duroplast m
f matière f thermodurcissable
nl thermohardende kunststof f(m), duroplast m
r реактопласт m

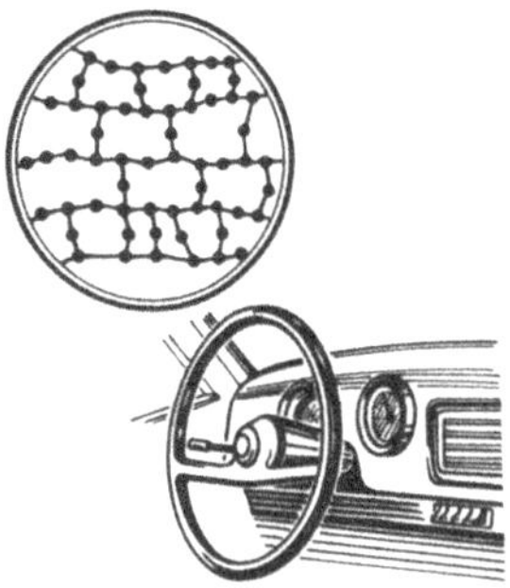

3.141 e carbamide plastic
d Aminoplast m
f aminoplaste m, plastique m de carbamide
nl aminoplast m
r аминопласт m, карбамидная пластмасса f

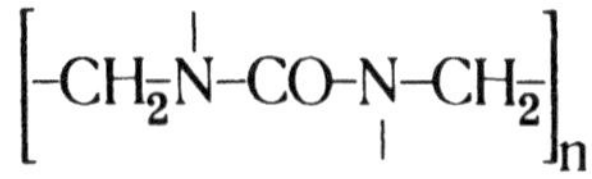

3.142 e phenolic plastic
d Phenoplast m
f phénoplaste m
nl fenolformaldehydehars n, m, fenolhars
r фенопласт m, фенолоформальдегидная пластмасса f

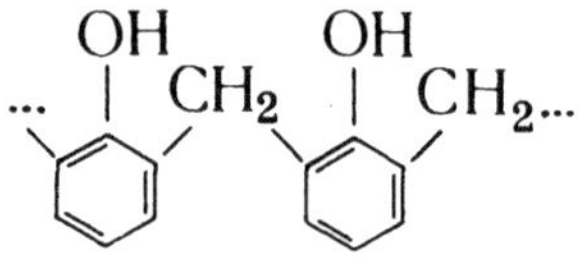

3.143 e fibrous composite material
d Faserverbundstoff m
f tissu m non tissé
nl textielvlies n
r волокнистый композиционный [комбинированный] материал m

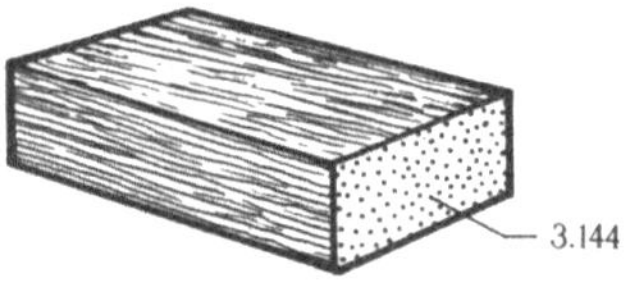

3.144 e fibre
d Faser f
f fibre f
nl vezel f(m)
r волокно n

3.145 e laminate
d Schichtstoff m
f produit m stratifié
nl gelaagd materiaal n
r слоистый материал m

4. MACHINE ELEMENTS
MASCHINENELEMENTE
ÉLÉMENTS DE MACHINES
MACHINEONDERDELEN
ДЕТАЛИ МАШИН

General Terms
Allgemeine Begriffe
Termes généraux
Algemene begrippen
Общие термины

4.1 e part, detail
d Teil m
f pièce f, détail m
nl onderdeel n
r деталь f

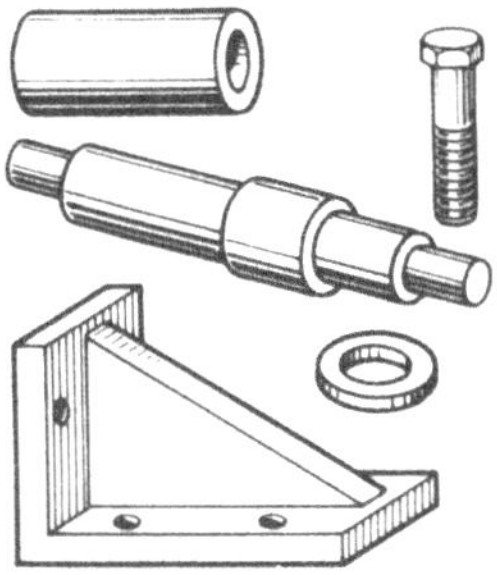

4.2 e joint
d Verbindung f
f assemblage m, joint m
nl verbinding f
r соединение n

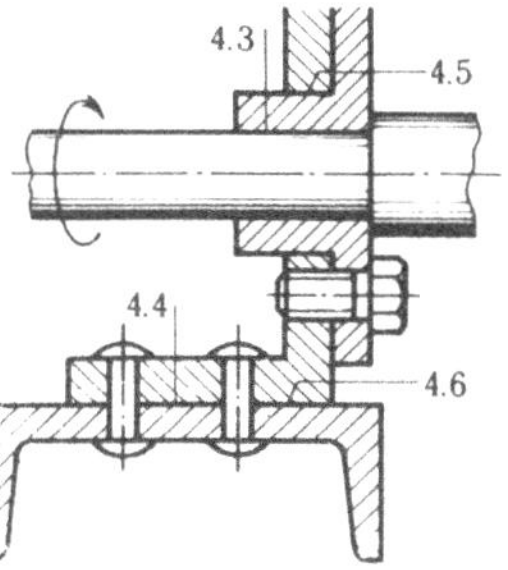

4.3 e movable joint
d bewegliche Verbindung f
f assemblage m mobile
nl draaibare verbinding f
r подвижное соединение n
(→ 4.2)

4.4 e fixed joint
d unbewegliche Verbindung f
f assemblage m fixe
nl vaste verbinding f
r неподвижное соединение n

4.5 e detachable joint
d lösbare Verbindung f
f assemblage m démontable
nl losneembare verbinding f
r разъёмное соединение n
(→ 4.2)

4.6 e permanent joint
d unlösbare Verbindung f
f assemblage m non démontable
nl permanente verbinding f
r неразъёмное соединение n
(→ 4.2)

4.7 e firm joint
d feste Verbindung f
f assemblage m résistant
nl hechte [stijve] verbinding f
r прочное соединение n

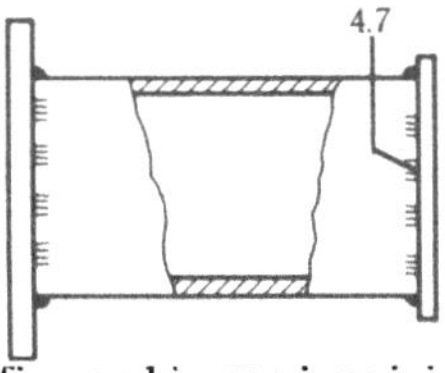

4.8 e firm-and-impervious joint
d feste und dichte Verbindung f
f assemblage m résistant étanche
nl stijve en dichte verbinding f
r прочноплотное соединение n

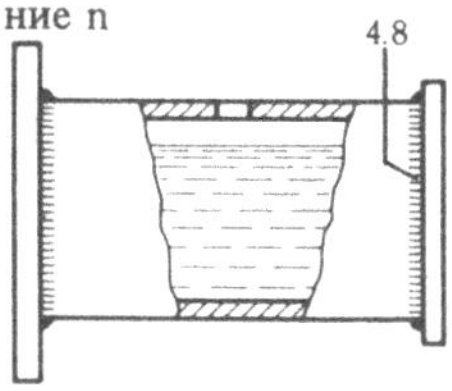

4.9 e cylindrical joint
d zylindrische Verbindung f
f assemblage m cylindrique
nl cilinderverbinding f
r цилиндрическое соединение n

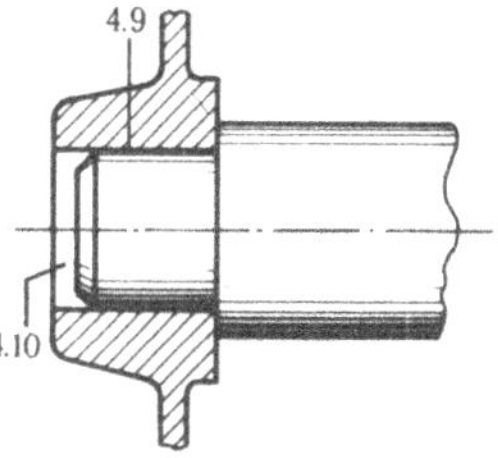

4.10 e hole, bore
d Bohrung f, Loch n
f orifice m, trou m
nl gat n, opening f
r отверстие n
(→ 4.9)

4.11 e conical joint
d Kegelverbindung f
f assemblage m conique
nl konische [tapse] verbinding f
r коническое соединение n

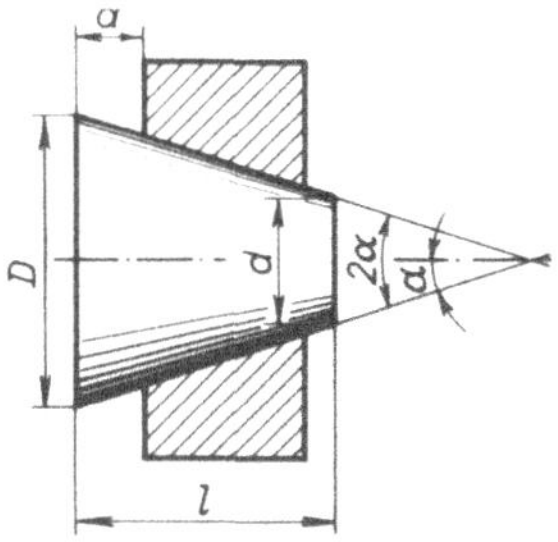

4.12 e cone angle (2α)
d Kegelwinkel m (2α)
f angle m du cône (2α)
nl kegelhoek m (2α)
r угол m конуса (2α)
(→ 4.11)

4.13 e taper angle (α)
d Neigungswinkel m (α)
f angle m de conicité (α)
nl tapsheidshoek m, hellingshoek (α)
r угол m уклона (α)
(→ 4.11)

4.14 e taper
d Kegel m
f conicité f
nl tapsheid f, koniciteit f
r конусность f

$$K = \frac{D - d}{l}$$

(→ 4.11)

4.15 e self-holding taper
d selbsthemmender Kegel m
f cône m d'autofreinage
nl zelfklemmende conische pen f (m)
r самотормозящий конус m

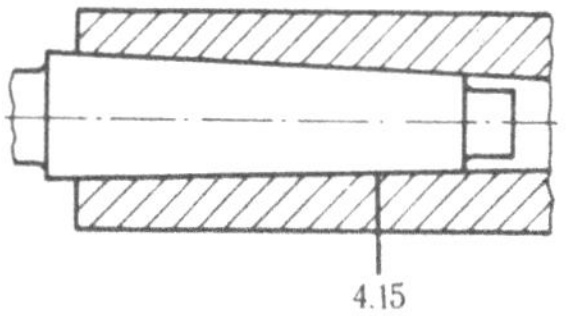

4.16 e Morse taper
d Morsekegel m
f cône m Morse
nl morse-kegel m
r конус m Морзе

№	D	K
0	9,045	0,05205
1	12,065	0,04988
2	17,780	0,04995
3	23,825	0,05020
4	31,267	0,05194
5	44,399	0,05263
6	63,348	0,05214

(→4.11, 4.14, 4.15)

4.17 e metric taper
d metrischer Kegel m
f cône m metrique
nl metrische conus m
r метрический конус m

№	D	K
4	4	0,05
6	6	0,05
80	80	0,05
100	100	0,05
120	120	0,05

(→4.11, 4.14, 4.15)

Riveted Joints
Nietverbindungen
Assemblages à rivets
Klinkverbindingen
Заклёпочные соединения

4.18 e riveted joint
d Nietverbindung f
f assemblage m à rivets, rivetage m
nl klinkverbinding f
r заклёпочное соединение n

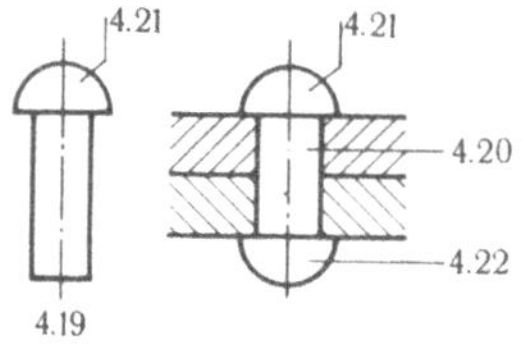

4.19 e rivet
d Niet m
f rivet m
nl klinknagel m
r заклёпка f
(→ 4.18)

4.20 e rivet shank
d Nietschaft f
f tige f du rivet
nl klinknagelsteel n
r стержень m заклёпки
(→ 4.18)

4.21 e primary head
d Setzkopf m
f tête f première
nl zetkop m
r закладная головка f
(→ 4.18)

4.22 e snap head
d Schliesskopf m
f tête f de fermeture
nl sluitkop m
r замыкающая головка f
(→ 4.18)

4.23 e round [button] head rivet
d Halbrundniet m
f rivet m à tête ronde
nl klinknagel m met ronde kop [met snapkop]
r заклёпка f с полукруглой головкой

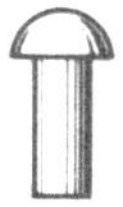

4.24 e cone head rivet
d Kegelstumpfniet m
f rivet m à tête plate
nl klinknagel m met vlakke [kegelvormige] kop
r заклёпка f с плоской головкой

4.25 e oval countersunk head rivet
d Linsenniet m
f rivet m à tête fraisée bombee
nl klinknagel m met halfverzonken kop
r заклёпка f с полупотайной головкой

4.26 e explosive rivet
d Sprengniet m
f rivet m explosé
nl plofnagel m
r взрывная заклёпка f

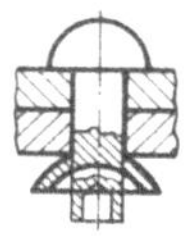

4.27 e flanged tubular rivet
d Rohrniet m
f rivet m creux à tête plate
nl felsnagel m met doorlopend gat

r пустотелая заклёпка f с плоской головкой, пистон m

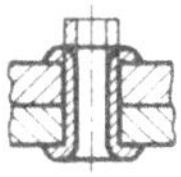

4.28 e round-flange tubular rivet
d Hohlniet m
f rivet m creux à tête ronde à bavure
nl felsnagel m met ronde kop
r пустотелая заклёпка f со скруглённой головкой

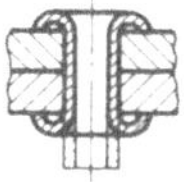

4.29 e lap (riveted) joint
d Überlappungsnietung f, überlappte Nietung
f rivure f à recouvrement
nl lapnaad m
r соединение n внахлёстку, нахлёсточное (заклёпочное) соединение

4.30 e butt (riveted) joint
d Laschennietung f
f rivure f à couvre-joint
nl stompe naad m
r (заклёпочное) соединение n встык

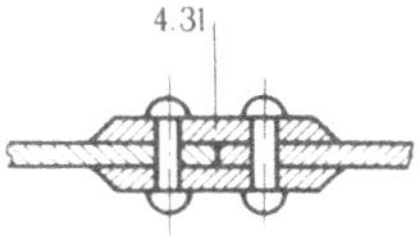

4.31 e cover plate
d Lasche f
f couvre-joint m
nl dekplaat f(m)
r накладка f
(→ 4.30)

4.32 e single-riveted joint
d einreihige Nietverbindung f [Nietnaht f, Nietung f]
f rivure f à une rangée
nl enkel klinknagelverband n
r однорядное заклёпочное соединение f, однорядный заклёпочный шов m

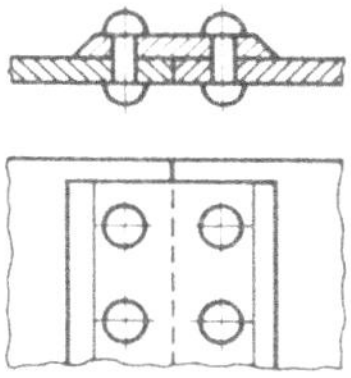

4.33 e double-riveted joint
d zweireihige Nietverbindung f [Nietnaht f, Nietung f]
f rivure f à double rangée
nl dubbel klinknagelverband n
r двухрядное заклёпочное соединение n, двухрядный заклёпочный шов m

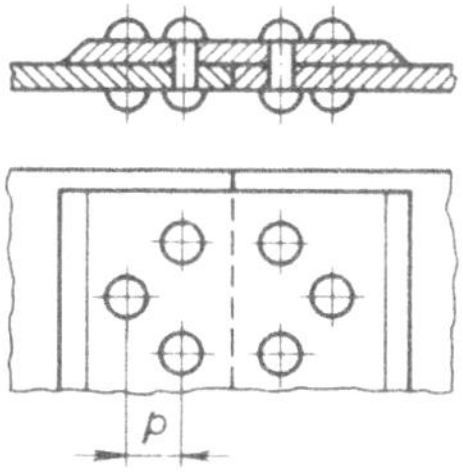

4.34 e pitch of a joint (*p*)
d Nietabstand m, Nietteilung f (*p*)
f pas m des rivets (*p*)
nl klinknagelsteek m (*p*)
r шаг m шва (*p*)
(→ 4.33)

4.35 e triple-riveted joint
d dreireihige Nietverbindung f [Nietnaht f, Nietung f]
f rivure f à triple rangée
nl drievoudig klinknagelverband n
r трёхрядное заклёпочное соединение n, трёхрядный заклёпочный шов m

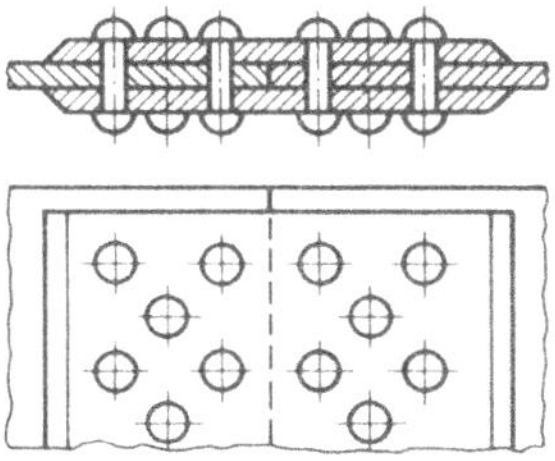

4.36 e single shear (riveted) joint
d einschnittige Nietverbindung f [Nietnaht f, Nietung f]
f rivure f à une coupe
nl enkelsnedig klinknagelverband n, klinknaad m met enkelsnedig belaste klinknagels
r односрезное (заклёпочное) соединение n односрезный (заклёпочный) шов m

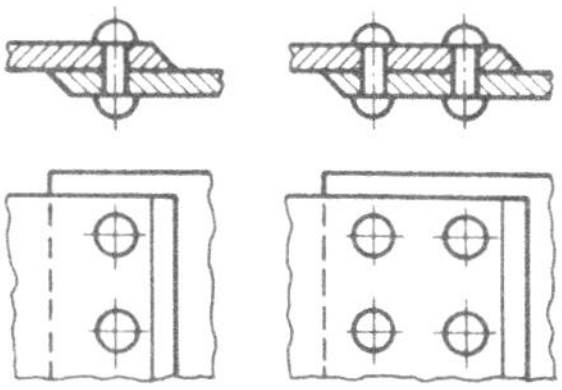

4.37 e double shear (riveted) joint
d zweischnittige Nietverbindung f [Nietnaht f, Nietung f]
f rivure f à deux coupes
nl dubbelsnedig klinknagelverband n
r двухсрезное (заклёпочное) соединение n, двухсрезный (заклёпочный) шов m

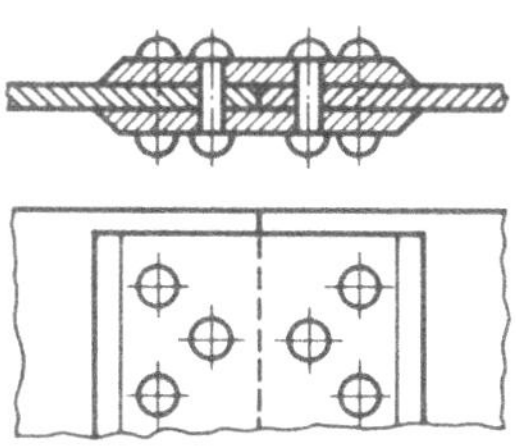

4.38 e parallel-row (riveted) joint
d Kettennietung f, parallele Nietung
f rivure f en parallèle
nl kettingnaad m
r рядовое (заклёпочное) соединение n

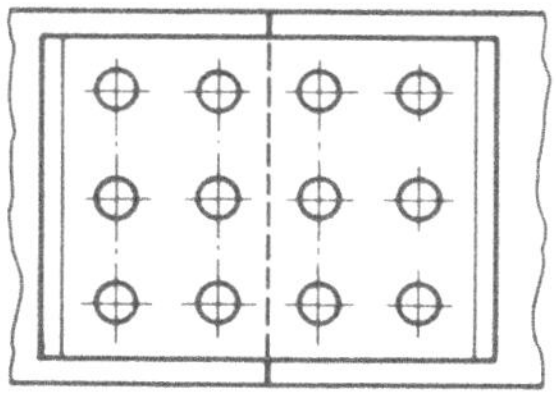

4.39 e staggered (riveted) joint
d Zickzacknietung f, versetzte Nietung
f rivure f en quinconce
nl zigzagnaad m
r шахматное (заклёпочное) соединение n

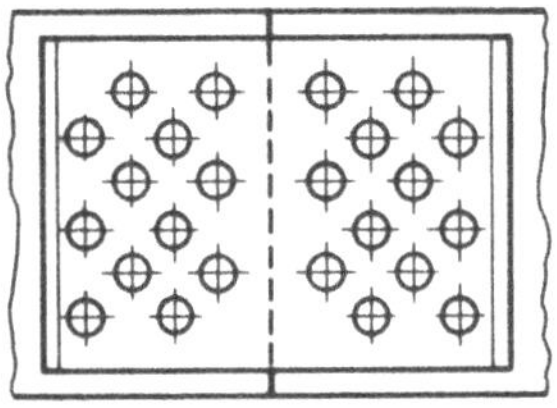

Welded Joints
Schweissverbindungen
Assemblages soudés
Lasverbindingen
Сварные соединения

4.40 e welded joint
d Schweissverbindung f
f assemblage m soudé, soudure f
nl **lasverbinding f**
r **сварное соединение n**
(→ 4.41–4.45)

4.41 e butt welded joint
d Stumpfstoss m
f soudure f bord à bord
nl **stomplas n**
r **стыковое сварное соединение n, сварное соединение встык**

4.42 e lap welded joint
d Überläppstoss m
f soudure f à clin
nl **overlaplas f (m)**
r **нахлёсточное сварное соединение n**

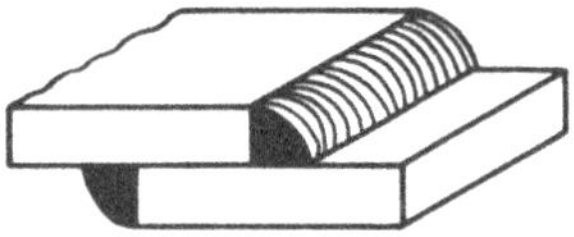

4.43 e T-joint
d T-Stoss m
f assemblage m en T
nl **T-naad m**
r **тавровое соединение n, соединение втавр**

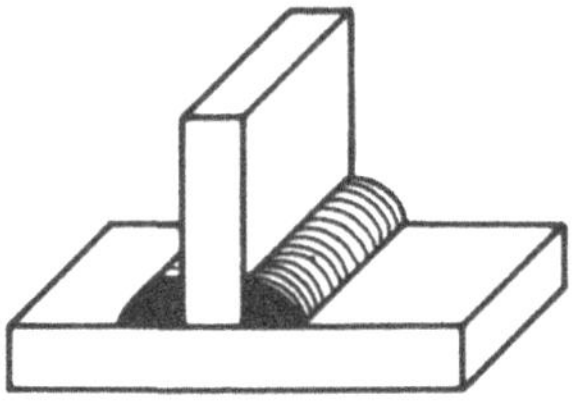

4.44 e corner joint
d Eckstoss m
f assemblage m en angle
nl **hoeknaad m, buitenhoeknaad**
r **угловое соединение n**

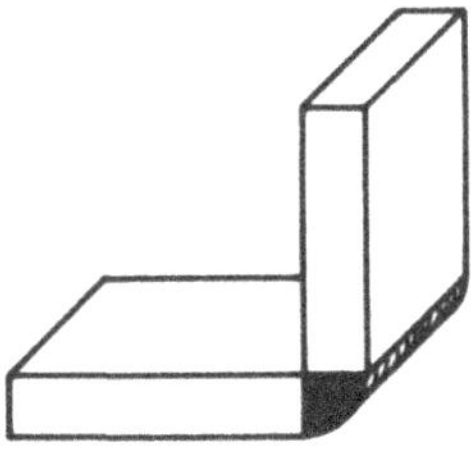

4.45 e butt corner joint
d Eck-Stumpfstoss m
f assemblage m d'angle en about
nl **stompe hoeknaad m**
r **угловое соединение n впритык, угловое стыковое соединение**

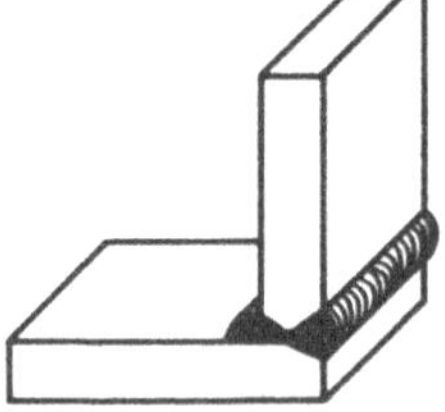

4.46 e weld
d Schweissnaht f
f soudure f
nl **las f (m), lasplaats f(m)**
r **сварной шов m**

4.47 e butt weld
d Stumpfnaht f
f soudure f bout à bout
nl **stompe naad m**
r **стыковой (сварной) шов m**

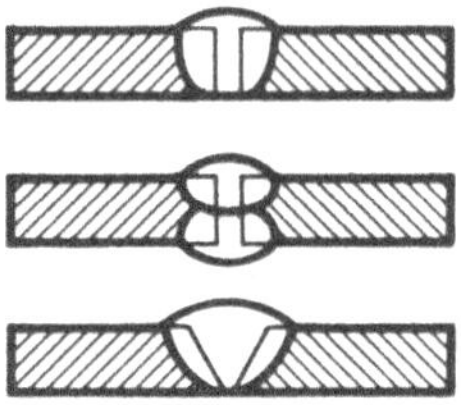

4.48 e corner [fillet] weld
d Kehlnaht f
f soudure f d'angle
nl hoeklas f(m)
r **угловой (сварной) шов m**

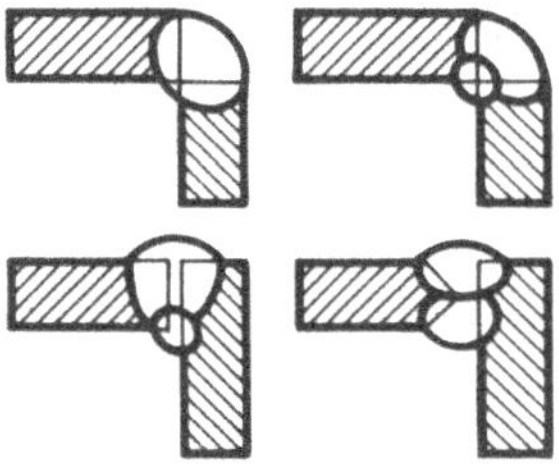

4.49 e square-face weld
d I-Naht f
f soudure f sans chanfrein
nl **I-naad m**
r **бесскосный (сварной) шов m**

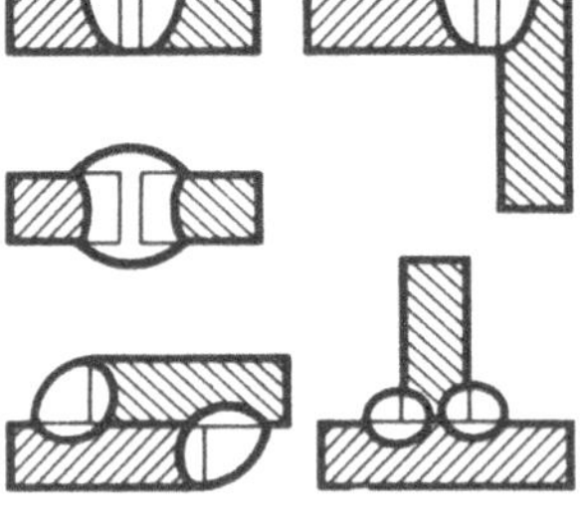

4.50 e bevel weld
d Gehrungsnaht f
f soudure f à chanfrein

nl versteklas f (m)
r (сварной) шов m со скосом кромок

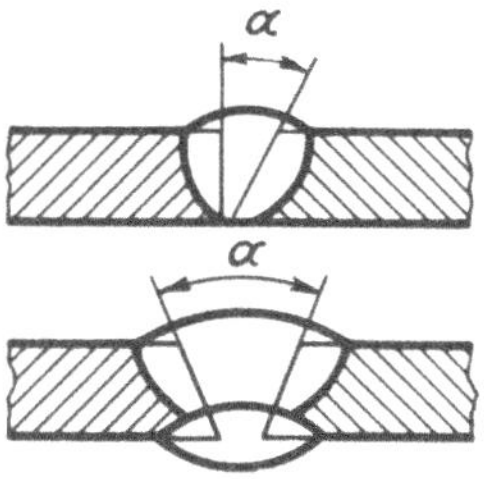

4.51 e bevel angle (α)
d Öffnungswinkel m (α)
f angle m du chanfrein (α)
nl openingshoek m (α)
r угол m разделки кромок, угол раскрытия шва (α)
(→ 4.50)

4.52 e single-V weld
d V-Naht f
f soudure f à V
nl open V-naad m
r V-образный (сварной) шов m

4.53 e single-bevel weld
d Halb-V-Naht f, HV-Naht
f soudure f à V asymétrique
nl halve V-naad m
r V-образный несимметричный (сварной) шов m

4.54 e double-bevel groove weld
d K-Naht f
f soudure f à K
nl K-las f(m)
r K-образный (сварной) шов m

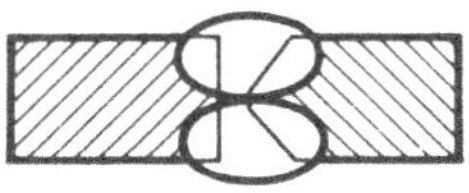

4.55 e double-V weld
d X-Naht f
f soudure f à X
nl X-las f(m)
r X-образный (сварной) шов m

4.56 e single-U weld
d U-Naht f
f soudure f à U
nl kelknaad m
r U-образный (сварной) шов m

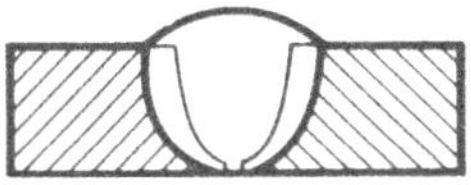

4.57 e double-U butt weld
d Doppel-U-Naht f
f soudure f frontale à U double
nl dubbele kelknaad m
r U-образный двусторонний стыковой (сварной) шов m

4.58 e side lap [parallel fillet] weld
d Flankenkehlnaht f
f soudure f latérale
nl flanklas f(m)
r фланговый (сварной) шов m

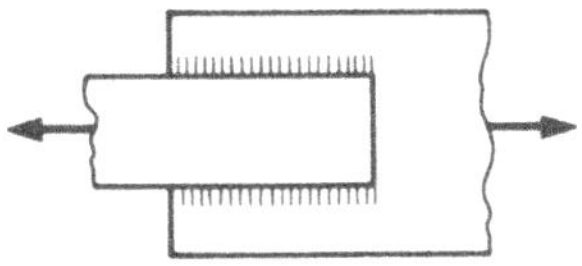

4.59 e end lap [normal fillet] weld
d Stirnkehlnaht f
f soudure f frontale
nl eindlaplas f(m), eindnaad m
r лобовой (сварной) шов m

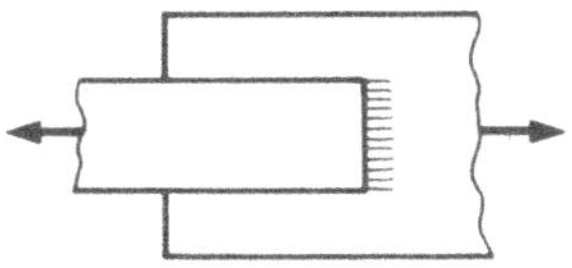

4.60 e oblique lap weld
d Schiefnaht f
f soudure f inclinée
nl schuine las f(m)
r косой (сварной) шов m

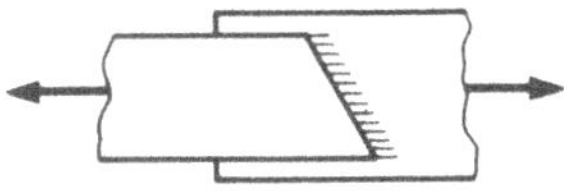

4.61 e end-and-side lap weld
d Stirn- und Flankenkehlnaht f
f soudure f combinée
nl volle laplas f (m)
r комбинированный (сварной) шов m

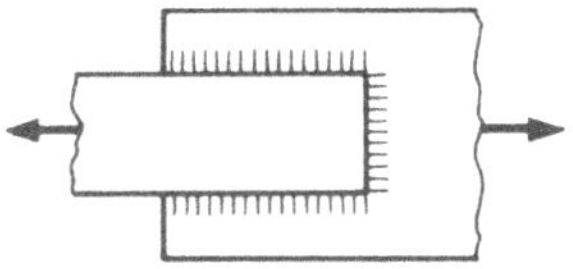

4.62 e slot lap weld
d Langlochnaht f
f soudure f à entaille
nl sleuflas f (m)
r прорезной (сварной) шов m

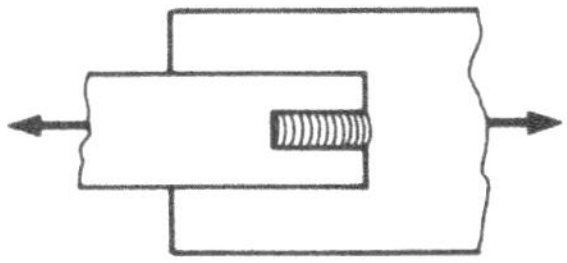

4.63 e transfusion weld
d Durchschmelzungsnaht f
f soudure f à fusion
nl doordruklas f (m)
r проплавной шов m

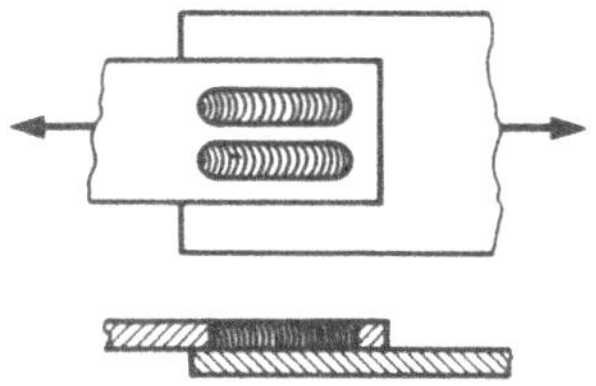

4.64 e plug lap weld
d Lochnaht f
f soudure f en bouchon
nl proplas f (m)
r пробочный (сварной) шов m

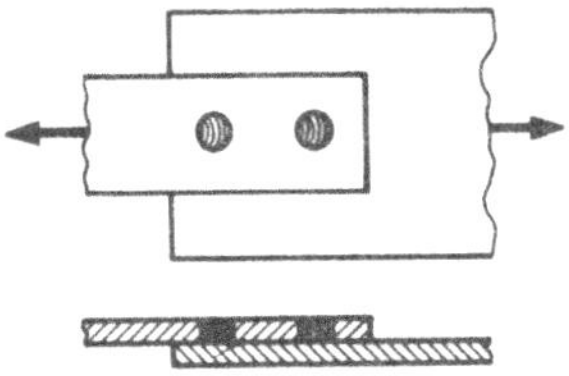

4.65 e soldered joint
d Lötverbindung f
f joint m brasé
nl soldeerverbinding f
r паяное соединение n

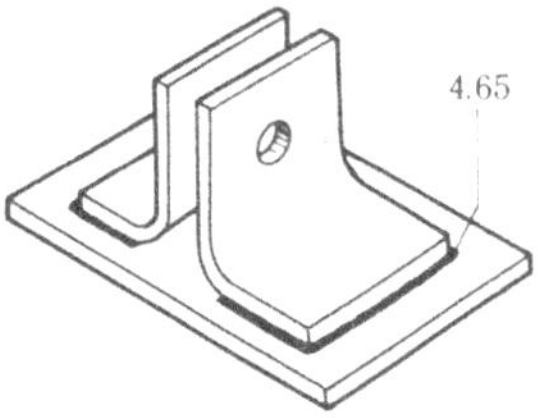

4.66 e glued [adhesive] joint
d Klebeverbindung f
f assemblage m collé
nl lijmverbinding f, kitverbinding
r клеевое соединение n

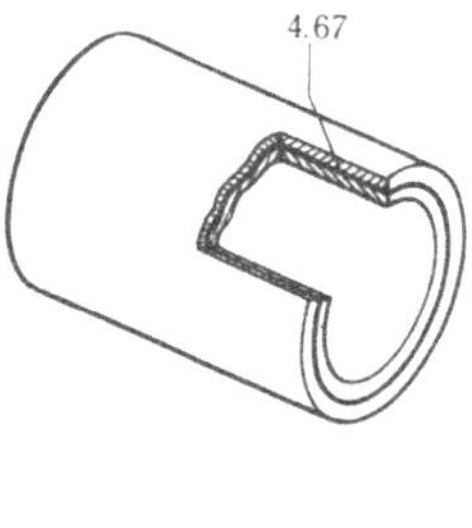

4.67 e adhesive
d Klebstoff m
f colle f, adhésif m
nl lijm m, kit f (m)
r клей m

Threaded Joints
Schraubenverbindungen
Assemblages par filets
Schroefverbindingen
Резьбовые соединения

4.68 e threaded joint
d Schraubenverbindung f
f assemblage m par filet
nl schroefverbinding f
r резьбовое соединение n

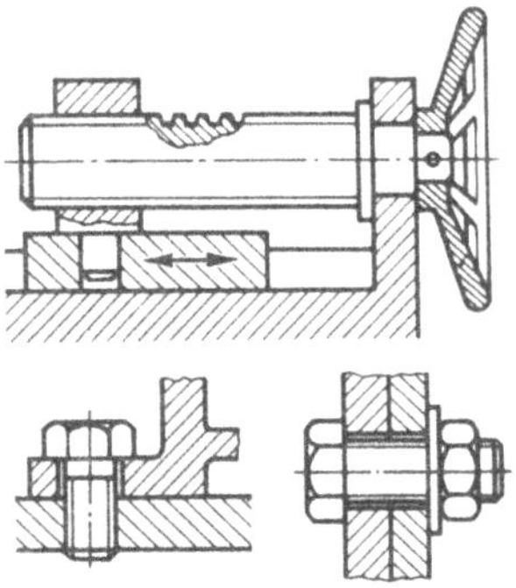

4.69 e thread
d Gewinde n
f filet m
nl schroefdraad m
r резьба f
(→ 4.70 – 4.75)

4.70 e external thread
d Aussengewinde n
f filet m extérieur
nl buitenschroefdraad m
r наружная резьба f

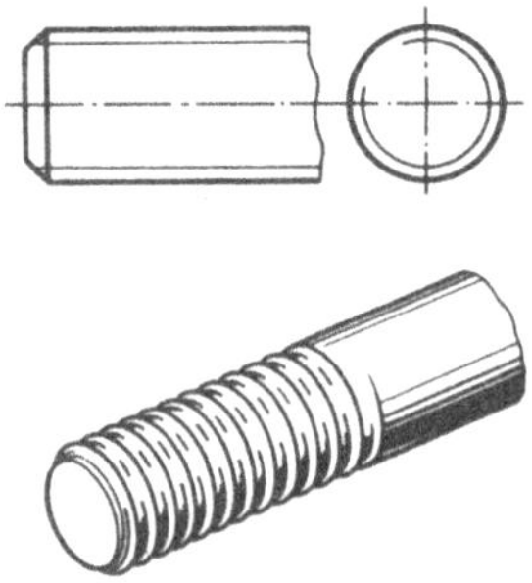

4.71 e internal thread
d Innengewinde n
f filet m intérieur
nl binnenschroefdraad m
r внутренняя резьба f

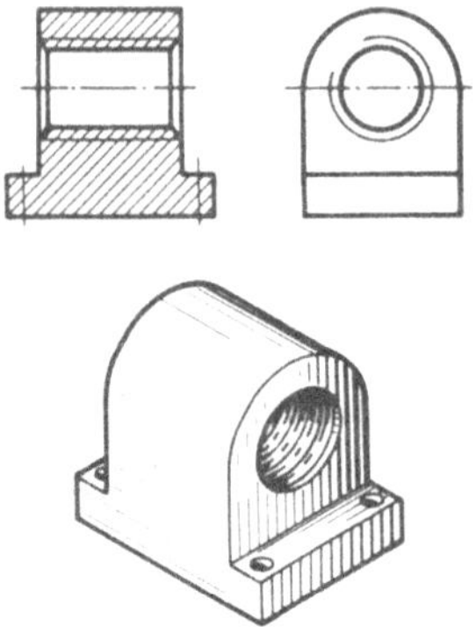

4.72 e cylindrical thread
d zylindrisches Gewinde n
f filet m cylindrique
nl cilindrische schroefdraad m
r цилиндрическая резьба f

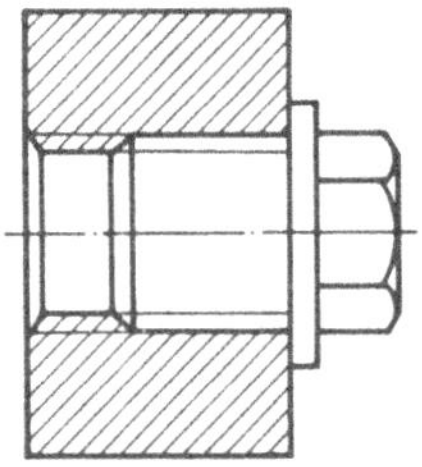

4.73 e taper thread
d kegeliges Gewinde n
f filet m conique
nl tapse [konische] schroefdraad m
r коническая резьба f

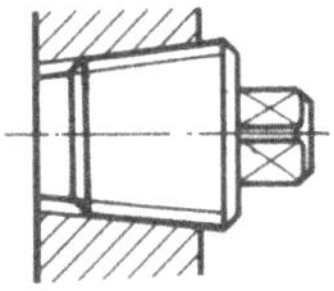

4.74 e right-hand thread
d Rechtsgewinde n
f filet m à droite
nl rechtse schroefdraad m
r правая резьба f

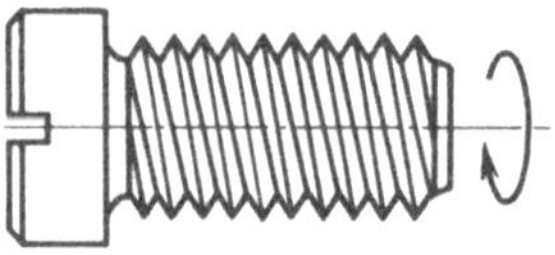

4.75 e left-hand thread
d Linksgewinde n
f filet m à gauche
nl linkse schroefdraad m
r левая резьба f

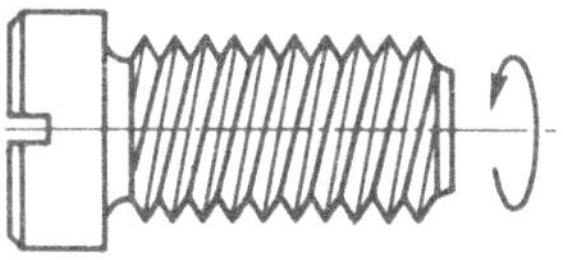

4.76 e turn of thread
d Gewindegang m
f spire f de filet [de vis]
nl gang m
r виток m резьбы

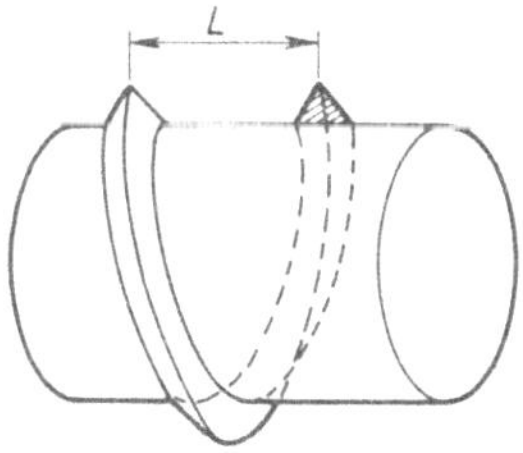

4.77 e lead of thread (L)
d Gewindesteigung f (L)
f pas m du filet, course f de filetage (L)
nl spoed m (L)
r ход m резьбы (L)
(→ 4.76)

4.78 e multiple-start thread
d mehrgängiges Gewinde n
f filet m multiple
nl meervoudige schroefdraad m
r многозаходная резьба f

4.79 e pitch of thread (p)
d Gewindeteilung f (p)
f pas m du filet (p)
nl steek m
r шаг m резьбы (p)
(→ 4.78)

4.80 e single-start thread
d eingängiges Gewinde n
f filet m au pas unique
nl enkelvoudige schroefdraad m
r однозаходная [одноходовая] резьба f

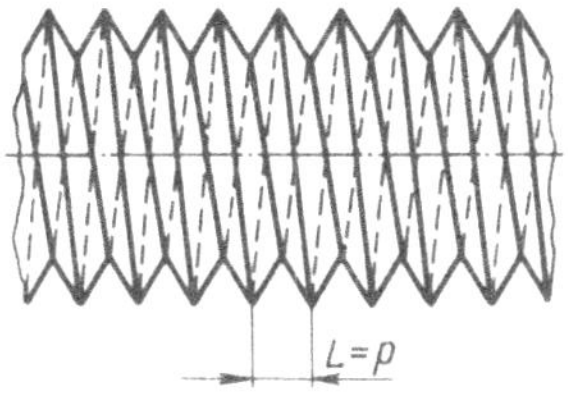

4.81 e double-start thread
d zweigangiges Gewinde n
f filet m à deux pas
nl dubbele schroefdraad m
r двухзаходная резьба f

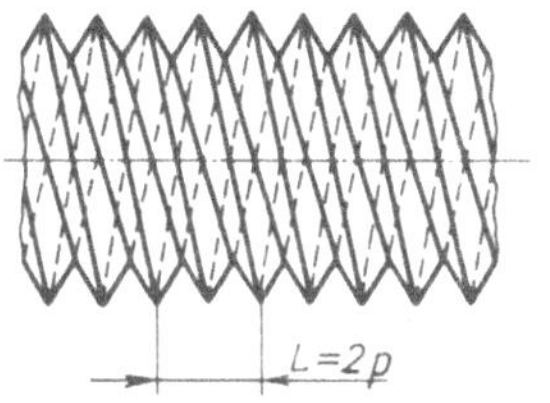

4.82 e fastener thread
d Befestigungsgewinde n
f filet m de fixation
nl bevestigingsschroefdraad m
r крепёжная резьба f

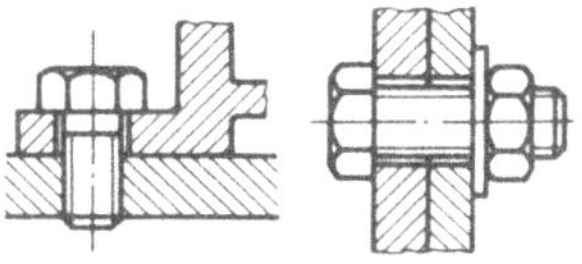

4.83 e translation (screw) thread, power screw thread
d Bewegungsgewinde n
f filet m du mouvement
nl bewegingsschroefdraad m
r ходовая резьба f

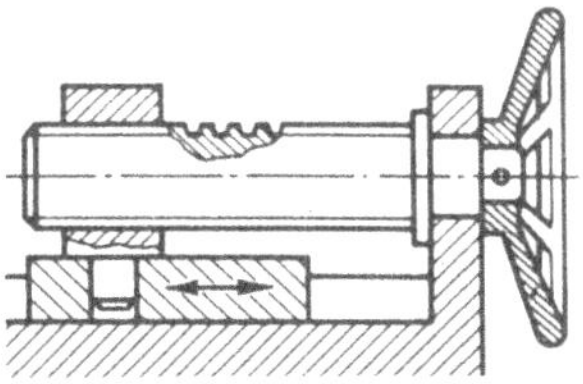

4.84 e thread profile
d Gewindeprofil n
f profil m du filet
nl schroefdraadprofiel n
r профиль m резьбы

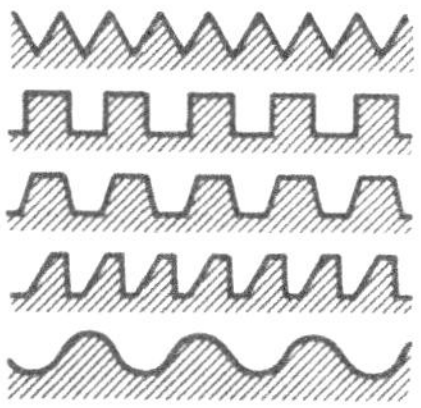

4.85 e triangular thread, V-thread
d Spitzgewinde n
f filet m triangulaire
nl driehoekige schroefdraad m
r треугольная резьба f

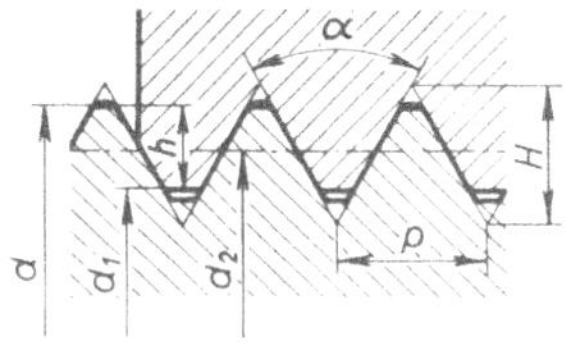

4.86 e major diameter of thread (d)
d Gewindeaussendurchmesser m (d)
f diamètre m extérieur du filet (d)
nl buitenmiddellijn f(m) [uitwendige middellijn] van een schroefdraad (d)
r наружный диаметр m резьбы (d)
(→ 4.85)

4.87 e minor diameter of thread (d_1)
d Gewindekerndurchmesser m, Kerndurchmesser (d_1)
f diamètre m intérieur du filet (d_1)
nl kernmiddellijn f(m) (d_1)
r внутренний диаметр m резьбы (d_1)
(→ 4.85)

4.88 e pitch diameter of thread (d_2)
d Gewindeflankendurchmesser m, Flankendurchmesser (d_2)
f diamètre m à flanc de filet (d_2)

nl flankmiddellijn f (m)
r средний диаметр m резьбы (d_2)
(→ 4.85)

4.89 e depth of basic profile (*H*)
d Gewindetiefe f (*H*)
f creux m du filet initial (*H*)
nl nominale profieldiepte f (*H*)
r высота f исходного профиля (*H*)
(→ 4.85)

4.90 e depth of thread (*h*)
d Gewindetragtiefe f (*h*)
f creux m du filet (*h*)
nl effectieve profieldiepte f (*h*)
r рабочая высота f профиля (*h*)
(→ 4.85)

4.91 e angle of thread (α)
d Flankenwinkel m (α)
f angle m du filet (α)
nl flankhoek m (α)
r угол m профиля (α)
(→ 4.85)

4.92 e metric thread
d metrisches Gewinde n
f filet m métrique
nl metrische schroefdraad m
r метрическая резьба f
d =. . . mm, p = . . . mm
(→ 4.85)

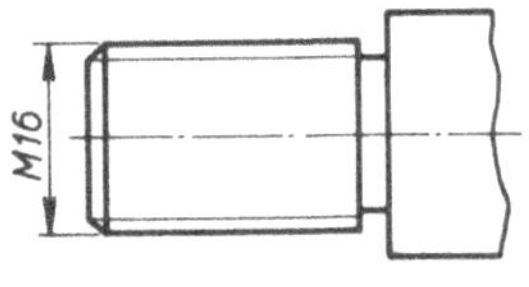

4.93 e coarse (pitch) thread
d Regelgewinde n
f filet m à long pas
nl grove schroefdraad m
r крупная резьба f, резьба с крупным шагом

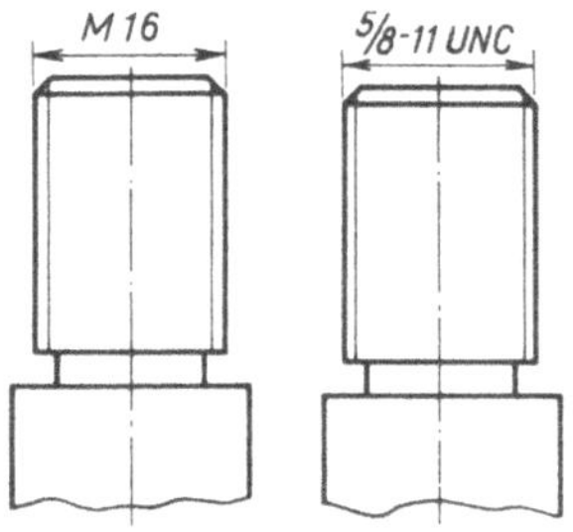

4.94 e number of threads per inch (*n*)
d Gangzahl f auf 1 Zoll (*n*)
f nombre m de filets par pouce (*n*)
nl aantal n gangen per inch
r число n ниток на дюйм (*n*)

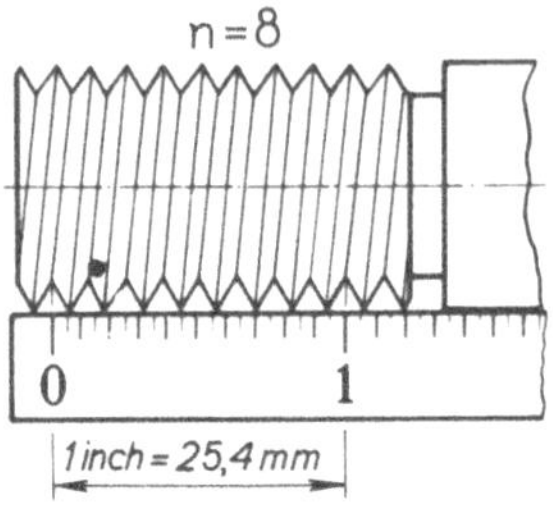

4.95 e fine (pitch) thread
d Feingewinde n
f filet m fin
nl fijne schroefdraad m
r мелкая резьба f, резьба с мелким шагом

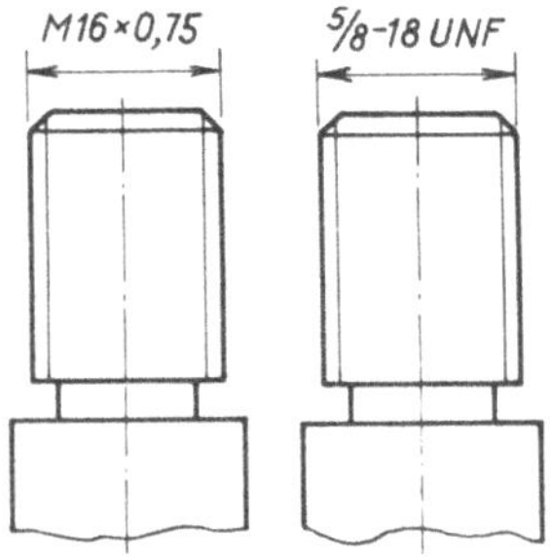

4.96 e pipe thread
d Rohrgewinde n
f filet m au pas du gaz
nl pijpschroefdraad m
r трубная резьба f

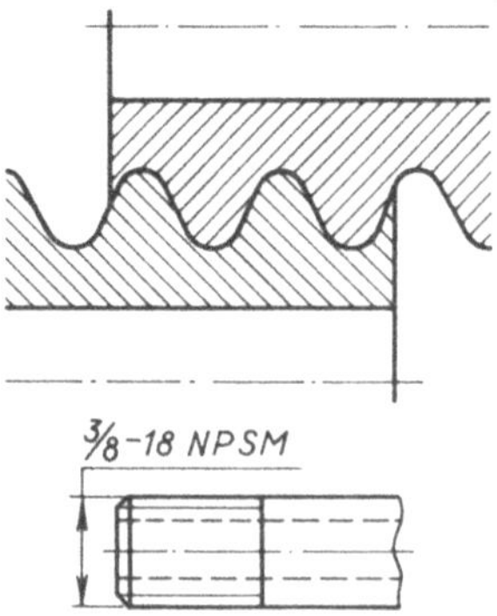

4.97 e Whitworth thread
d Whitworth-Gewinde n
f filet m Whitworth
nl Whitworth-(schroef)draad m
r (дюймовая) резьба f Витворта

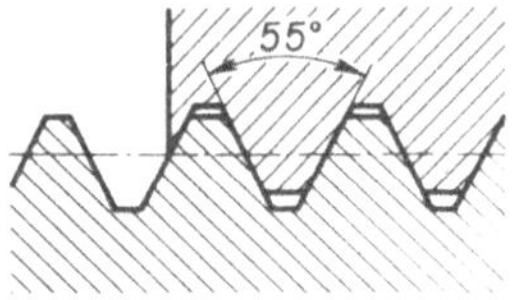

4.98 e Acme thread
d Trapezgewinde n
f filet m trapézoïdal
nl trapeziumdraad m
r трапецеидальная резьба f

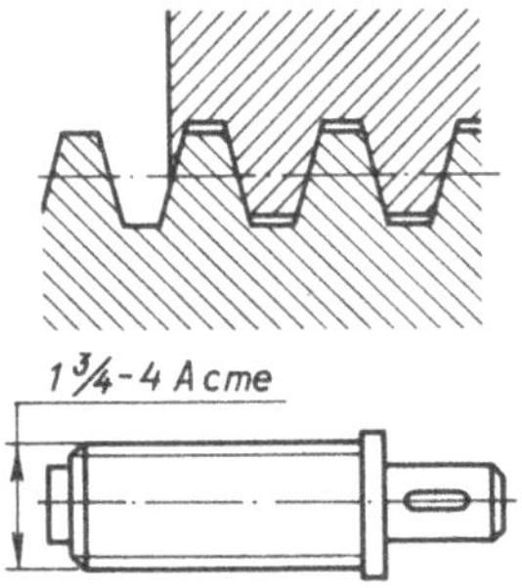

4.99 e screw
d Schraube f
f vis f
nl schroef m, bout m
r винт m
(→ 4.100–4.108, 4.117)

4.100 e hexagonal head screw
d Sechskantschraube f
f vis f à tête hexagonale
nl zeskantbout m, zeskantschroef f(m)
r винт m с шестигранной головкой

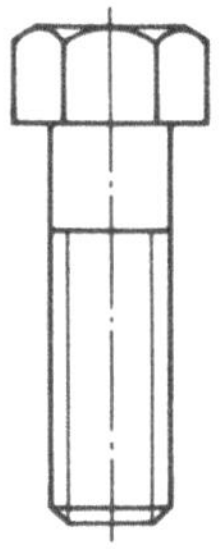

4.101 e countersunk-head screw
d Senkschraube f
f vis f à tête noyee
nl schroef f(m) [bout m] met verzonken kop
r винт m с потайной головкой

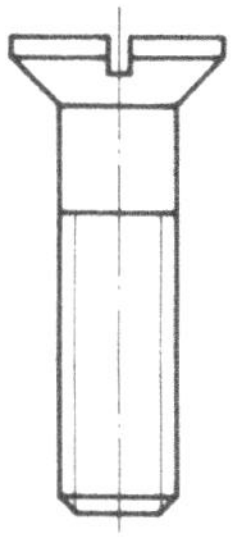

4.102 e oval-head screw
d Linsensenkschraube f
f vis f à tête semi-noyée
nl schroef m met lenskop
r винт m с полупотайной головкой

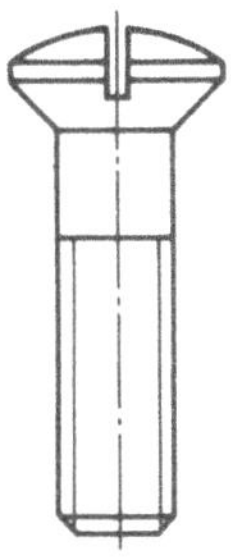

4.103 e round-head screw
d Halbrundschraube f
f vis f à tête bombée
nl schroef f(m) met ronde kop
r винт m с полукруглой головкой

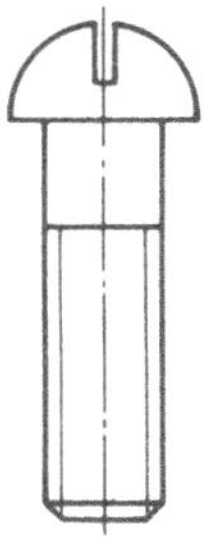

4.104 e cheese-head screw
d Zylinderschraube f
f vis f à tête cylindrique
nl schroef f(m) met brede cilindervormige kop
r винт m с цилиндрической головкой

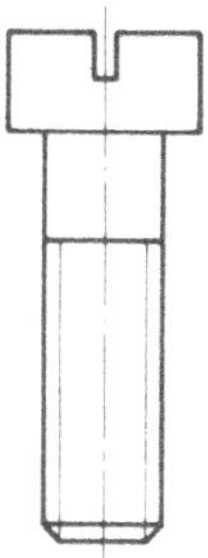

4.105 e hexagon-socket head screw
d Zylinderschraube f mit Innensechskant
f vis f a six pans creuse
nl imbusbout m
r винт m с шестигранным углублением под ключ [с внутренним шестигранником]

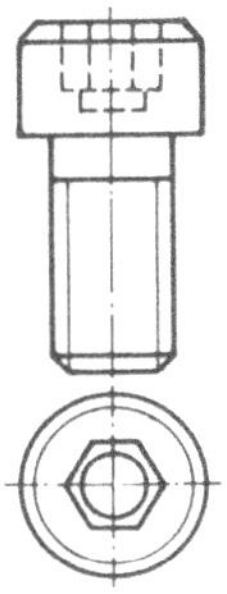

4.106 e set screw
d Gewindestift m
f vis f d'ajustage
nl stelschroef f(m)
r установочный винт m

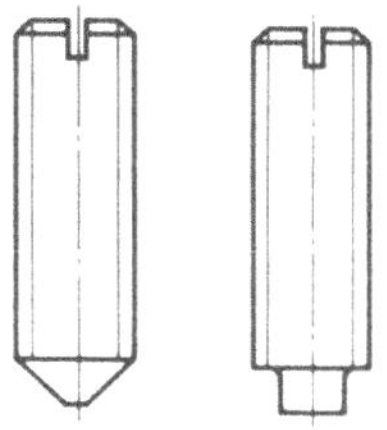

4.107 e stud, stud-bolt
d Stiftschraube f
f goujon m
nl tapeind n
r шпилька f

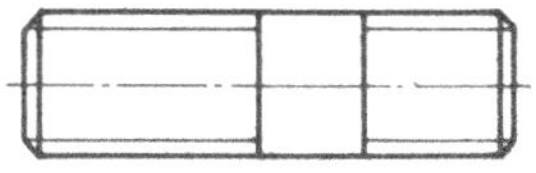

4.108 e eye-bolt
d Ringschraube f
f vis f à œil
nl oogbout m
r рым-болт m

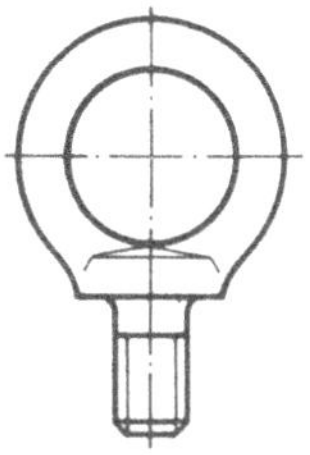

4.109 e nut
d Mutter f
f écrou m
nl moer f(m)
r гайка f
(→ 4.110–4.112)

4.110 e hexagonal nut
d Sechskantmutter f
f écrou m hexagonal
nl zeskantmoer f(m)
r шестигранная гайка f

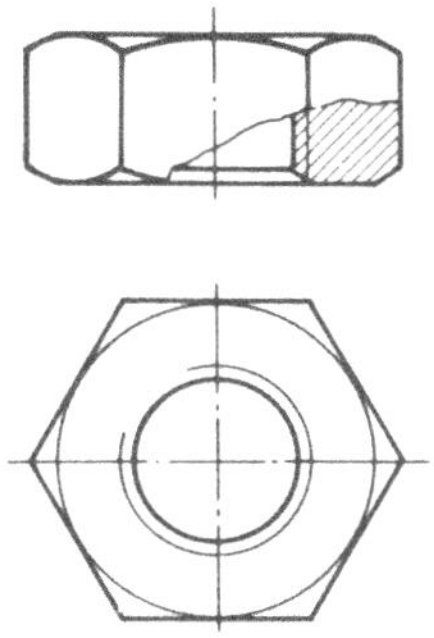

4.111 e round nut
d Rundmutter f
f écrou m rond
nl ronde moer f(m)
r круглая гайка f

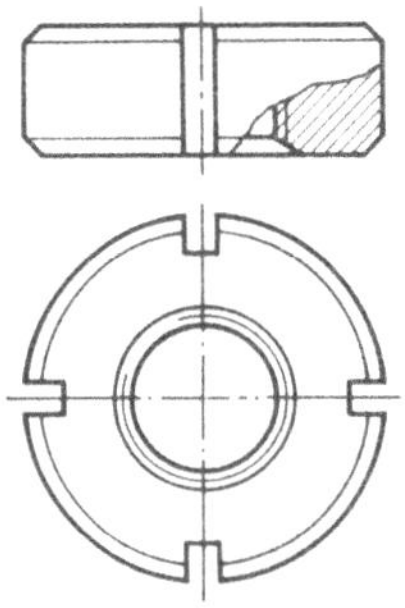

4.112 e castle nut
d Kronenmutter f
f écrou m à créneaux
nl kroonmoer f(m)
r корончатая гайка f

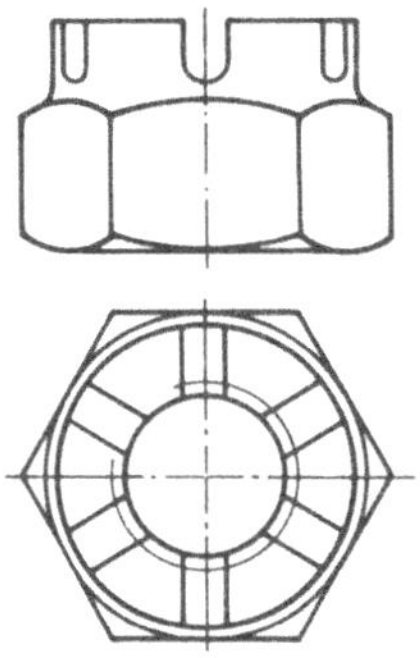

4.113 e bolt joint
d Durchsteckschraubenverbindung f
f assemblage m boulonné
nl boutverbinding f
r болтовое соединение n

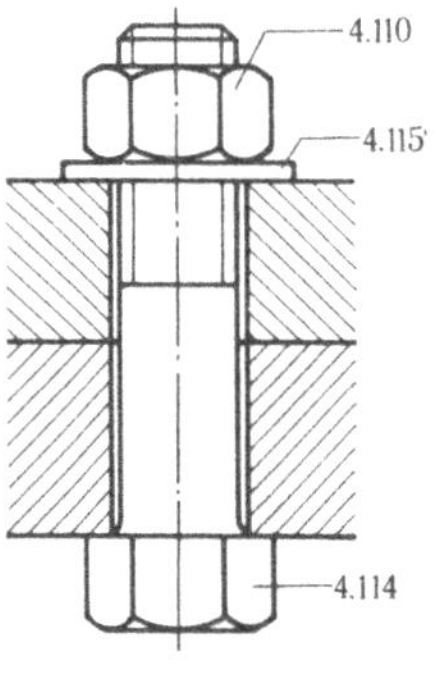

4.114 e bolt
d Durchsteckschraube f
f boulon m
nl bout m, schroef f(m)
r болт m
(→ 4.113)

4.115 e washer
d Unterlegscheibe f, Scheibe
f rondelle f
nl onderlegplaat f(m), sluitring m, onderlegring
r шайба f
(→ 4.113)

4.116 e translation [power] screw
d Bewegungsschraube f, Spindel f
f vis f de mouvement
nl bewegingsschroef f(m)
r ходовой винт m

4.117 e ball circulating screw
d Kugelumlaufspindel f
f vis f à billes
nl kogelomloopspil f(m)
r шариковый ходовой винт m

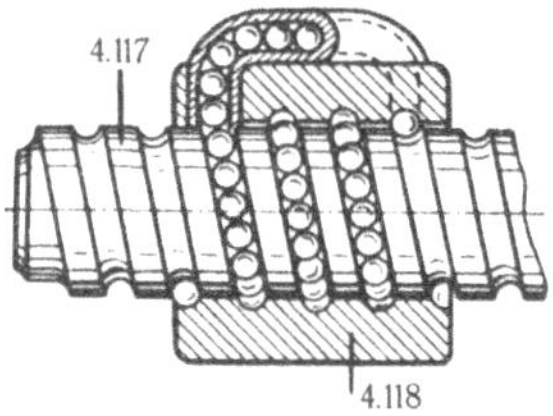

4.118 e ball circulating nut
d Kugelumlaufmutter f
f écrou m à billes
nl kogelomloopmoer f(m)
r шариковая гайка f
(→ 4.117)

4.119 e locking
d Sicherung f
f blocage m, verrouillage m
nl borging f
r стопорение n
(→ 4.120–4.123)

4.120 e locknut
d Gegenmutter f
f contre-écrou m
nl contramoer f (m), borgmoer
r контргайка f

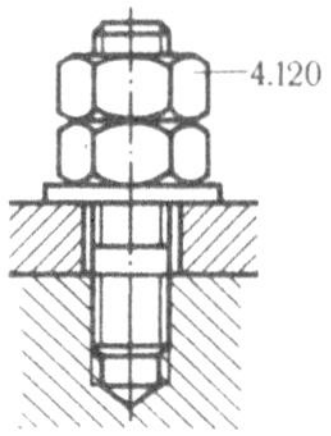

4.121 e spring lock washer
d Federring m
f rondelle f à ressort
nl verende onderlegring m, veerring
r пружинная шайба f

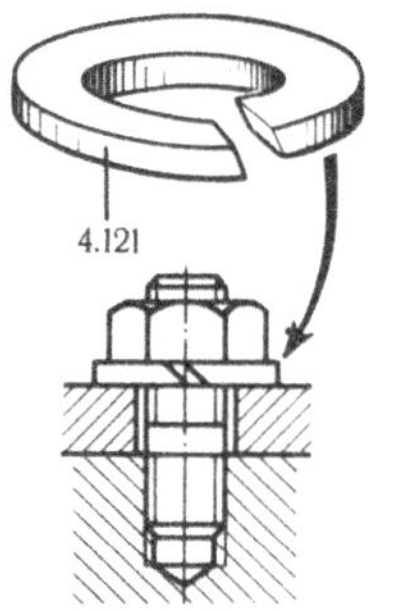

4.122 e cotter pin
d Splint m
f goupille f fendue
nl splitpen f (m)
r шплинт m

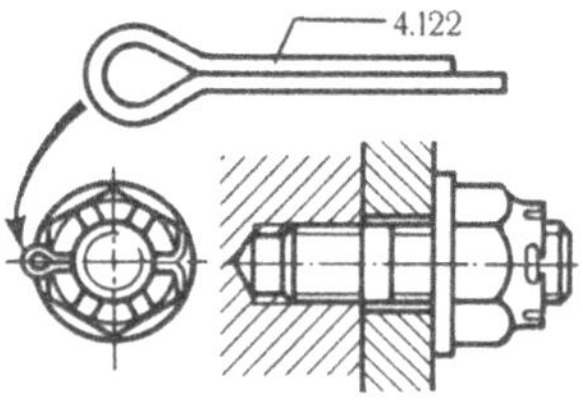

4.123 e toothed [castle] washer
d Zahnscheibe f
f rondelle f découpée
nl getande onderlegring m

r стопорная многолапчатая шайба f

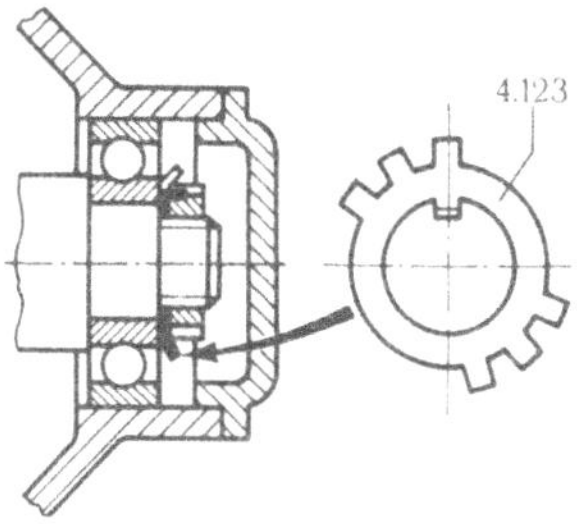

4.124 e tightening
d Anziehen n
f serrage m
nl aantrekken n, aandraaien n
r затяжка f

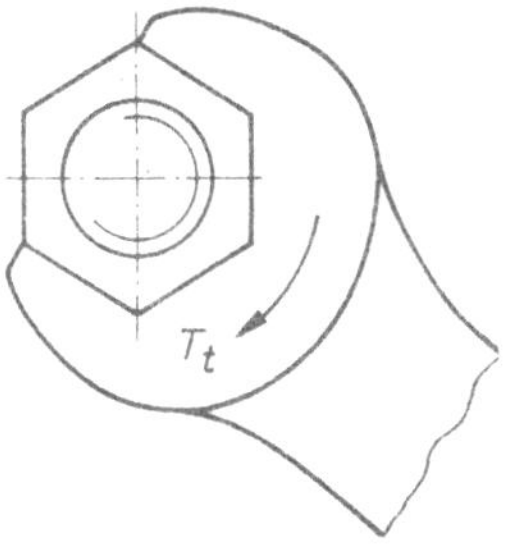

4.125 e tightening torque (T_t)
d Anziehmoment n, Anzugsmoment (T_t)
f couple m de serrage (T_t)
nl aandraaimoment n, vastzetmoment (T_t)
r вращающий момент m затяжки (T_t)
(→ 4.124)

Shafts and Axles
Wellen und Achsen
Arbres et axes
Assen
Валы и оси

4.126 e shaft
d Welle f
f arbre m
nl as f(m)
r вал m

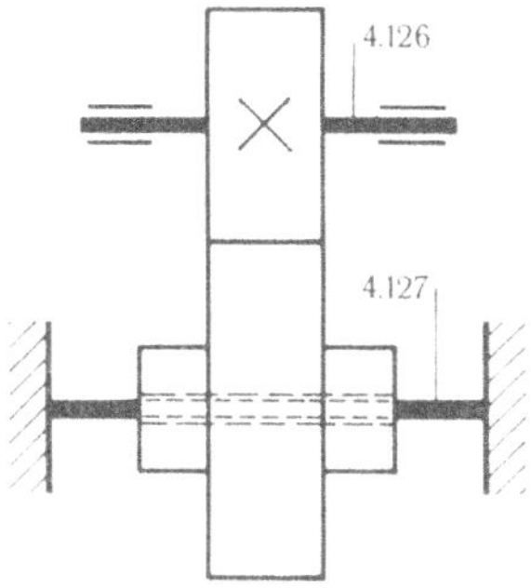

4.127 e axle
d Achse f
f axe m
nl as f(m)
r ось f
(→ 4.126)

4.128 e pin, collar pin
d Bolzen m
f doigt m
nl pen f(m), tap m
r палец m

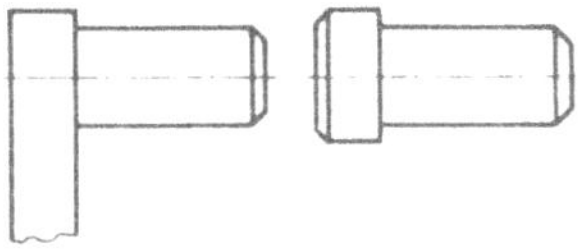

4.129 e crankshaft
d Kurbelwelle f
f vilebrequin m
nl krukas f(m)
r коленчатый вал m

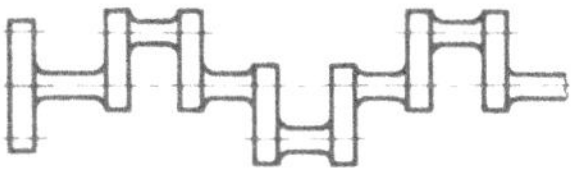

4.130 e single-throw crankshaft
d einfach gekröpfte Kurbelwelle f
f arbre m coudé
nl krukas f (m) met één kruk
r кривошипный вал m

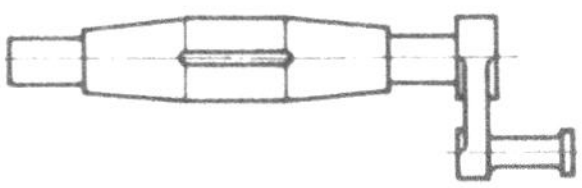

4.131 e eccentric shaft
d Exzenterwelle f
f arbre m à excentrique
nl excentriekas f(m)
r эксцентриковый вал m

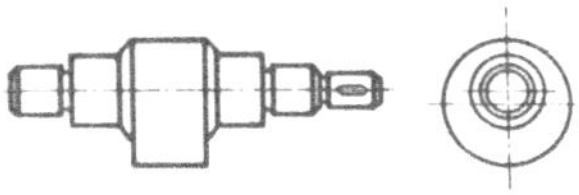

4.132 e camshaft
d Nockenwelle f
f arbre m à cames
nl nokkenas f(m)
r кулачковый вал m

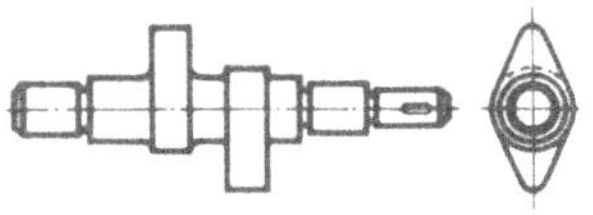

4.133 e flexible shaft
d biegsame Welle f
f arbre m flexible
nl buigbare [flexibele] as f (m)
r гибкий вал m

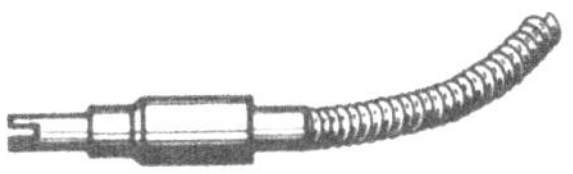

4.134 e telescope shaft
d Teleskopwelle f
f arbre m télescopique
nl telescopische [uitschuifbare] as f (m)
r телескопический вал m

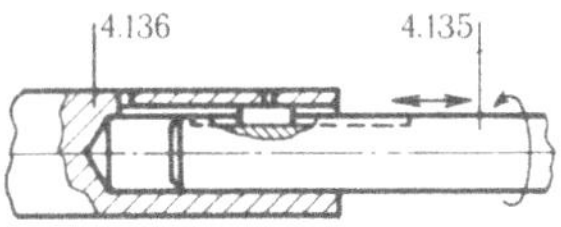

4.135 e solid shaft
d Vollwelle f
f arbre m plein
nl massieve as f(m)
r сплошной вал m
(→ 4.134)

4.136 e hollow shaft
d Hohlwelle f
f arbre m creux
nl holle as f(m)
r полый вал m
(→ 4.134)

4.137 e cardan shaft
d Gelenkwelle f, Kardanwelle
f arbre m à cardan
nl cardanas f
r карданный [шарнирный] вал m

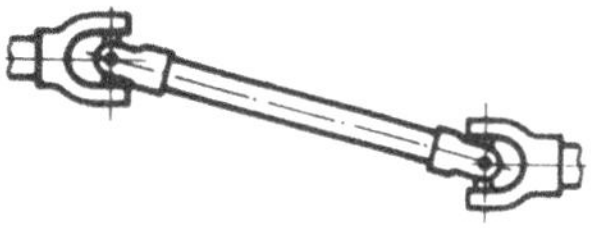

4.138 e stepped shaft
d Absatzwelle f
f arbre m à gradins
nl faconas f (m)
r ступенчатый вал m

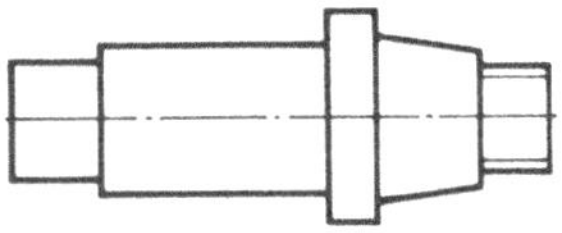

4.139 e flanged shaft
d Flanschwelle f
f arbre m à brides
nl flensas f(m)
r фланцевый вал m

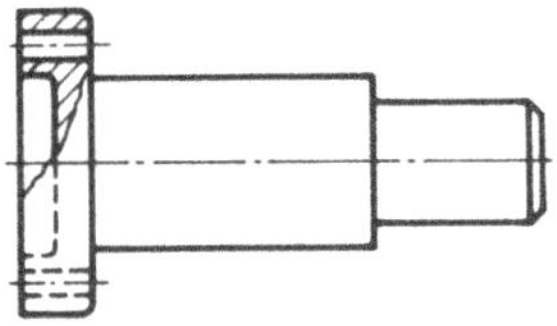

4.140 e pinion-shaft
d Ritzelwelle f
f arbre-pignon m
nl rondselas f(m)
r вал-шестерня m

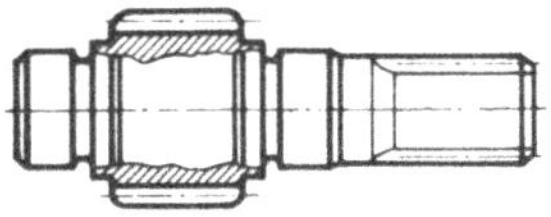

4.141 e pin
d Stift m
f goupille f
nl pen f(m), stift f(m)
r штифт m
(→ 4.142, 4.143)

4.142 e dowel pin
d Zylinderstift f
f goupille f cylindrique
nl montagepen f (m)
r цилиндрический штифт m

4.143 e taper pin
d Kegelstift m
f goupille f conique
nl tapse pen f(m)
r конический штифт m

4.144 e alignment pin
d Zentrierstift m
f goupille f de fixation
nl centreerpen f(m), centreertap m
r установочный штифт m

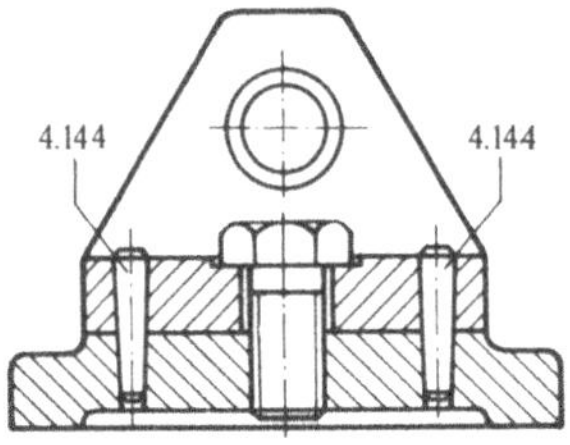

4.145 e grooved straight pin
d Kerbstift m
f goupille f cannelée
nl kerfstift f (m)
r насечной штифт m

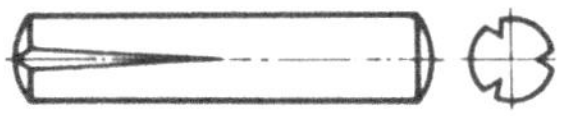

4.146 e (shaft)journal
d Zapfen m
f tourillon m, tourillon à collets
nl astap f(m)
r шейка f (вала), цапфа f

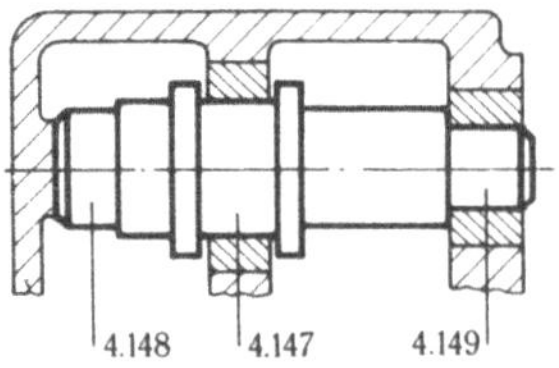

4.147 e neck journal
d Halszapfen m
f tourillon m intermédiaire
nl halstap f(m)
r промежуточная шейка f
(→ 4.146)

4.148 e thrust journal
d Spurzapfen m
f tourillon m de butée
nl kraagtap f(m)
r пята f
(→ 4.146)

4.149 e end journal
d Stirnzapfen m
f tourillon m fini
nl eindtap f(m)
r концевая шейка f
(→ 4.146)

4.150 e taper journal
d Kegelzapfen m
f tourillon m conique
nl kegelvormige [tapse] tap f(m)
r коническая цапфа f

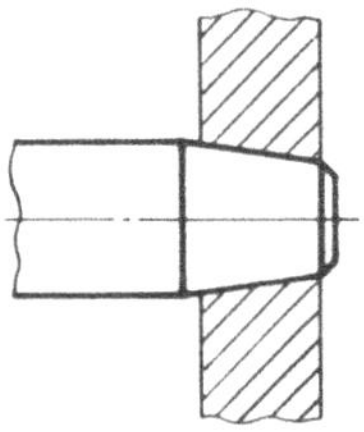

4.151 e spherical journal
d Kugelzapfen m
f tourillon m sphérique
nl kogeltap f(m)
r шаровая цапфа f

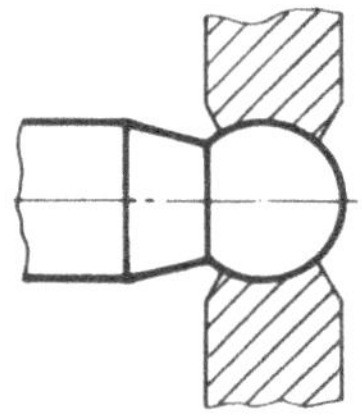

4.152 e collar journal
d Kammzapfen m
f tourillon m cannelé
nl kraagtap f (m), kamtap
r гребенчатая цапфа f

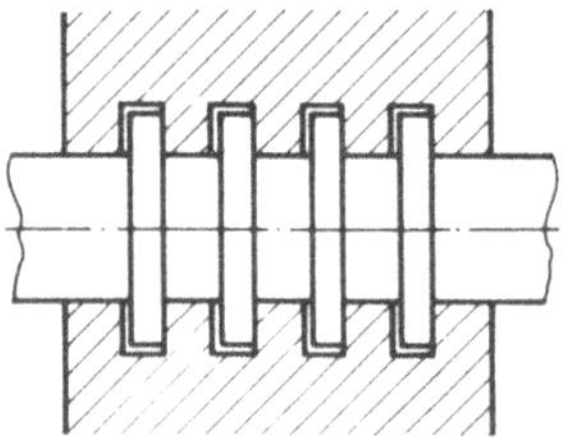

4.153 e collar
d Bund m
f bourrelet m
nl kraag m
r буртик m

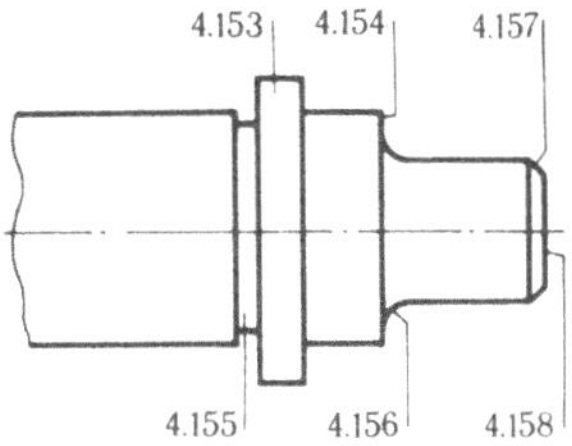

4.154 e shoulder
d Schulter f, Absatz m
f épaulement m
nl borst f (m)
r заплечик m, уступ m
(→ 4.153)

4.155 e groove
d Nut f, Rille f
f rainure f
nl groef f(m)
r канавка f, выточка f, проточка f
(→ 4.153)

4.156 e fillet
d Kehle f
f congé m
nl keel f(m)
r галтель f
(→ 4.153)

4.157 e chamfer
d Fase f
f chanfrein m
nl afschuining f, schuine kant m
r фаска f
(→ 4.153)

4.158 e face
d Stirnfläche f
f about m
nl kopse vlak n
r торец m
(→ 4.153)

4.159 e setting ring
d Stellring m
f bague f de calage
nl stelring m
r установочное кольцо n

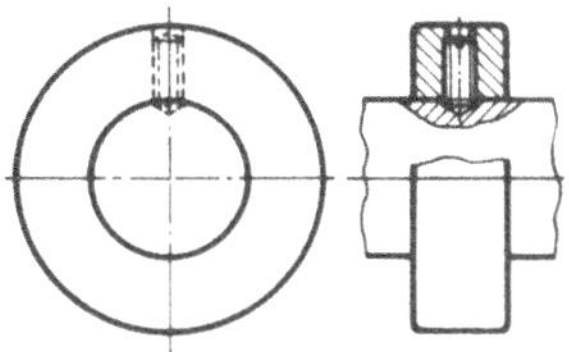

Key and Spline Joints
Keil-Passfeder-und Keilwellenverbindungen
Clavetages et cannelures
Spieverbindingen en -vertandingen
Шпоночные и шлицевые соединения

4.160 e key joint
d Passfederverbindung f, Längskeilverbindung
f assemblage m a clavette, clavetage m
nl spieverbinding f
r шпоночное соединение n

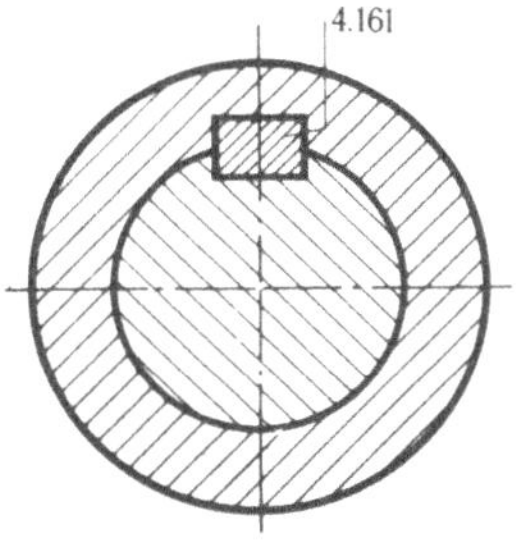

4.161 e key
d Passfeder f, Längskeil m
f clavette f
nl spie f(m), wig f(m)
r шпонка f
(→ 4.160)

4.162 e straight sunk key, parallel key
d Passfeder f
f clavette f parallèle
nl prismaspie f(m), passpie
r призматическая шпонка f

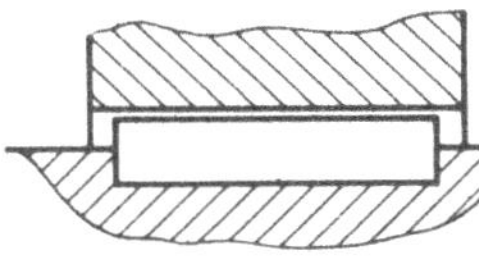

4.163 e Woodruff key
d Scheibenfeder f
f clavette f disque
nl schijfspie f (m), Woodrufspie
r сегментная шпонка f

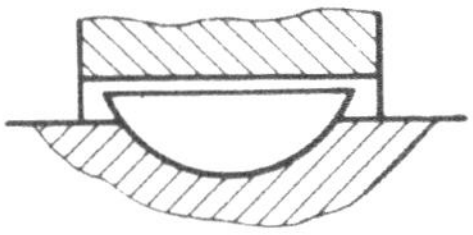

4.164 e taper key
d Längskeil m
f clavette f inclinée
nl tapse spie f(m)
r клиновая шпонка f
(→ 4.165 – 4.168)

4.165 e taper sunk key
d Einlegekeil m
f clavette f inclinée encastrée
nl tapse inlegspie f(m), verzonken tapse spie
r врезная клиновая шпонка f

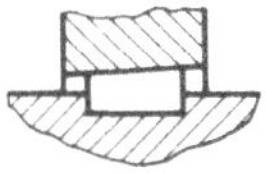

4.166 e gib head taper key
d Nasenkeil m
f clavette f inclinée à talon
nl kopspie f(m)
r клиновая шпонка f с головкой

4.167 e flat key
d Nasenflachkeil m
f clavette f inclinée plate
nl platte kopspie f (m)
r клиновая шпонка f на лыске

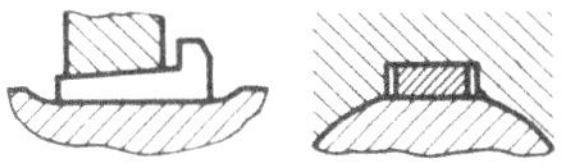

4.168 e saddle key
d Nasenhohlkeil m
f clavette f évidée [creuse]
nl holle spie f(m)
r фрикционная шпонка f

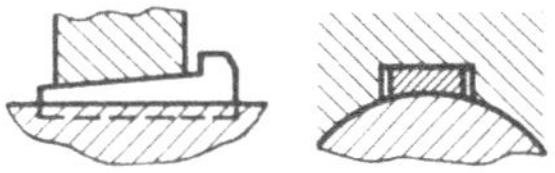

4.169 e tangential key
d Tangentkeil m
f clavette f tangente
nl **tangentiaalspie f (m)**
r тангенциальная шпонка f

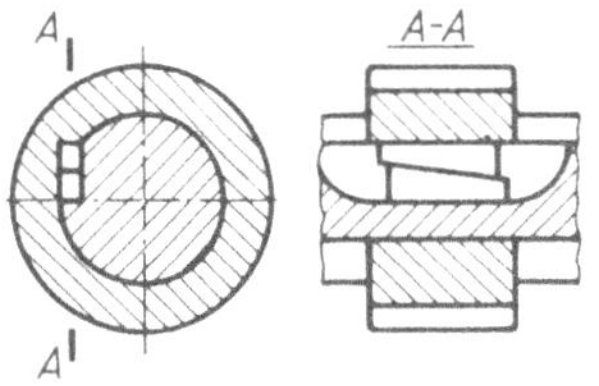

4.170 e keyway, keyseat
d Federnut f, Keilnut
f rainure f de clavetage
nl spiesleuf f(m), spiebaan f(m)
r шпоночный паз m, шпоночная канавка f

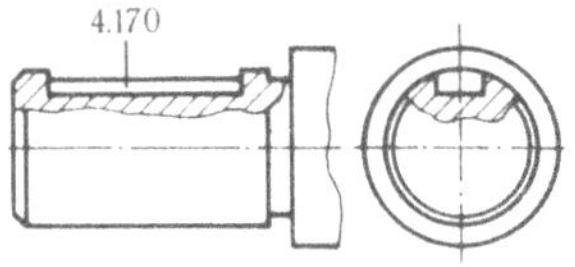

4.171 e spline joint
d Keilwellenverbindung f
f joint m à cannelures, cannelures f *pl*
nl **spieverbinding f**
r шлицевое соединение n

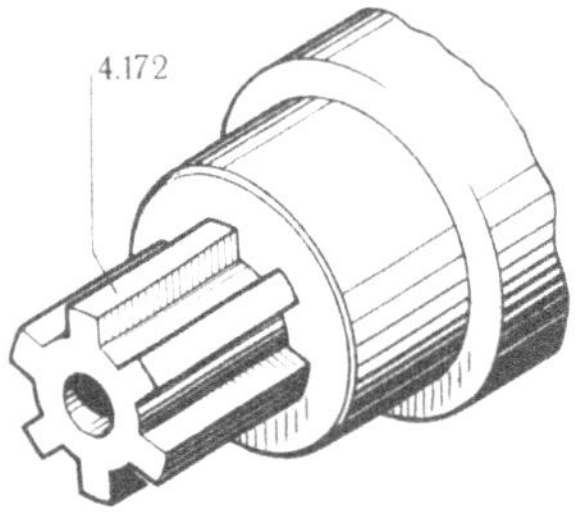

4.172 e spline shaft
d Keilwelle f
f arbre m cannelé
nl **spieas f (m)**
r шлицевый вал m (→ 4.171)

4.173 e straight spline joint
d Keilwellenverbindung f mit geraden Flanken
f cannelures f *pl* à flancs parallèles
nl **vlakke spieverbinding f**
r прямобочное шлицевое соединение n

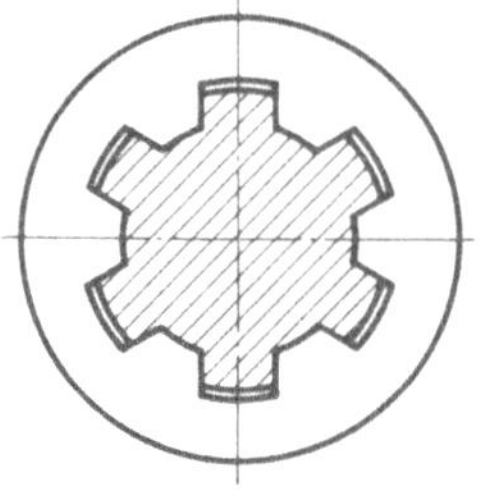

4.174 e involute spline joint
d Zahnwellenverbindung f mit Evolventenflanken
f cannelures f *pl* à flancs en développante
nl **evolvente spieverbinding f**
r эвольвентное шлицевое соединение n

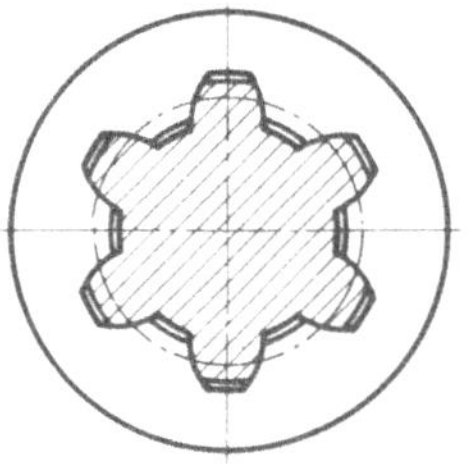

4.175 e serrated joint
d Zahnwellenverbindung f mit Kerbzahnprofil
f cannelures f *pl* à flancs triangulaires
nl **getande spieverbinding f**
r треугольное шлицевое соединение n

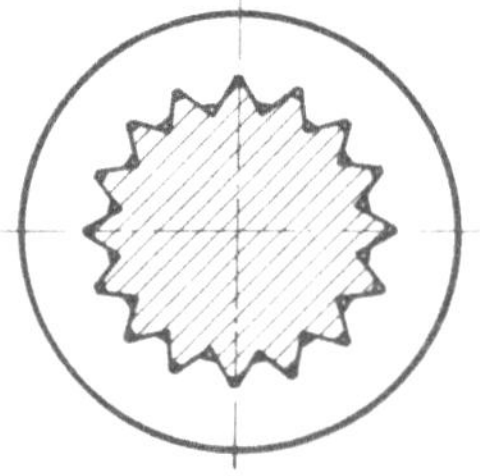

4.176 e major-diameter fit
d Aussenzentrierung f
f centrage m extérieur
nl buitencentrering f
r центрирование n по наружному диаметру

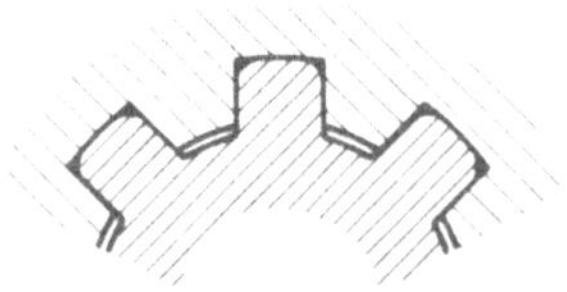

4.177 e minor-diameter fit
d Innenzentrierung f
f centrage m intérieur
nl binnencentrering f
r центрирование n по внутреннему диаметру

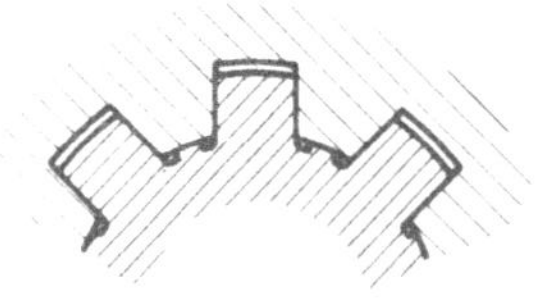

4.178 e side-bearing fit
d Flankenzentrierung f
f centrage m sur flancs
nl flankcentrering f
r центрирование n по боковым сторонам

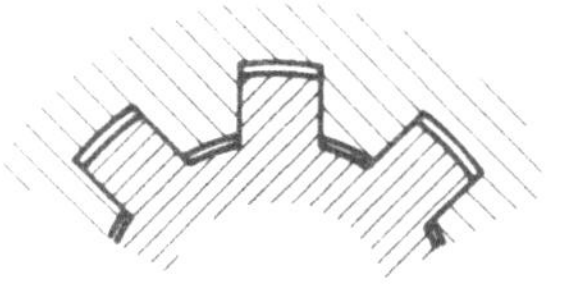

4.179 e polygon shaft joint
d Polygonwellenverbindung f
f assemblage m à barre polygone
nl polygoon-spievertanding f, polygoon-verbinding f tussen machinedelen en assen
r многодуговое [профильное] соединение n

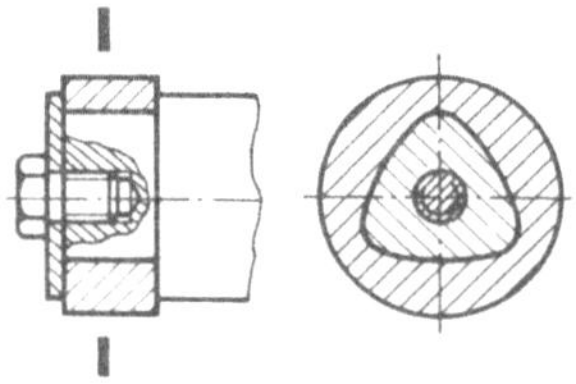

4.180 e retaining ring
d Sicherungsring m
f bague f d'arrêt ressort
nl opsluitring m
r пружинное стопорное кольцо n

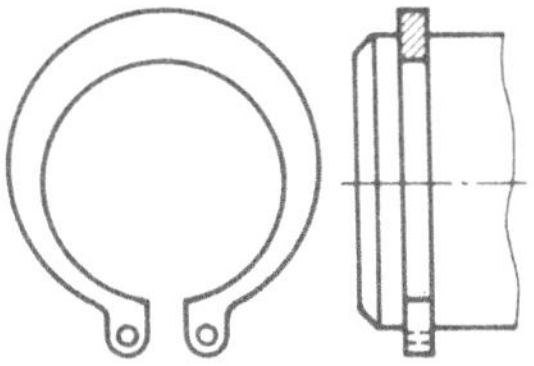

Supports and Bearings
Lagerungen und Lager
Appuis et paliers
Lagersteunen en lagers
Опоры и подшипники

4.181 e support
d Lagerung f
f appui m
nl lagerblok n, lagersteun m
r подшипниковый узел m

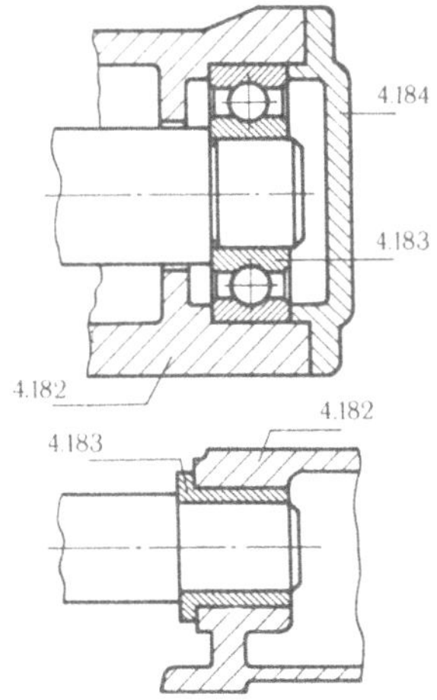

4.182 e housing
d Gehäuse n, Körper m
f corps m
nl huis n, lagerhuis
r корпус m
(→ 4.181)

4.183 e (journal) bearing
d Lager n
f palier m
nl lager n, kussenblok m
r подшипник m
(→ 4.181)

4.184 e cover
d Deckel m
f couvercle m
nl (lager)kap f(m)
r крышка f
(→ 4.181)

4.185 e solid housing
d Augenlager n
f corps m tout d'une pièce
nl lagerhuis n uit één stuk
r неразъёмный корпус m

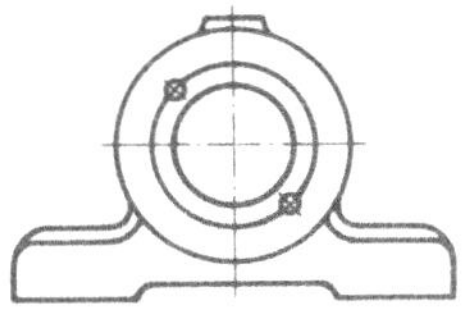

4.186 e split housing
d geteiltes Gehäuse n
f corps m en plusieurs pièces
nl gedeeld (lager)huis n
r разъёмный корпус m

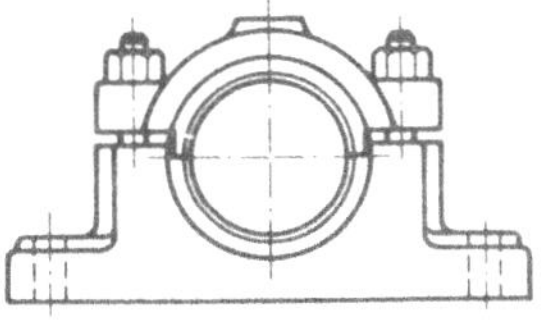

4.187 e radial bearing
d Traglager n, Querlager, Radiallager
f palier m radial
nl radiaallager n
r радиальный подшипник m

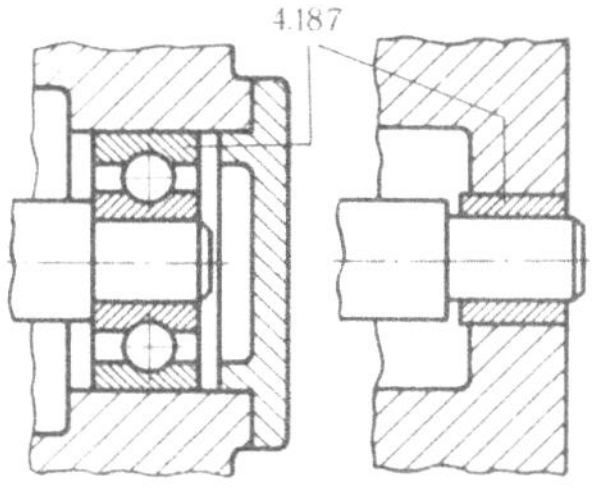

4.188 e self-aligning bearing
d einstellbares Lager n
f palier m à réglage automatique
nl zelfinstellend lager n
r самоустанавливающийся подшипник m

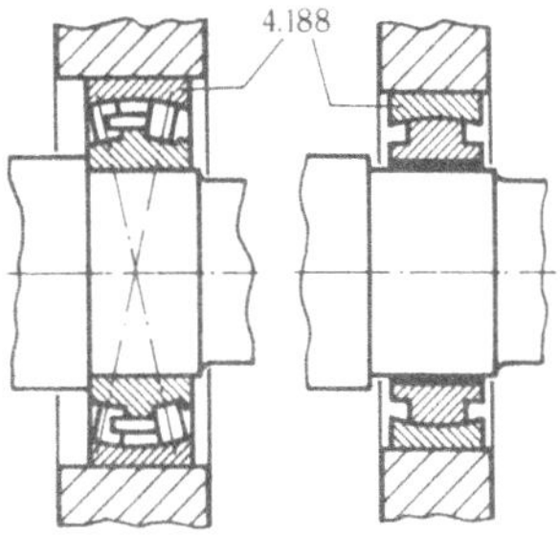

4.189 e thrust bearing
d Stützlager n, Längslager, Axiallager
f palier m de butée
nl axiaallager n, druklager
r упорный подшипник m

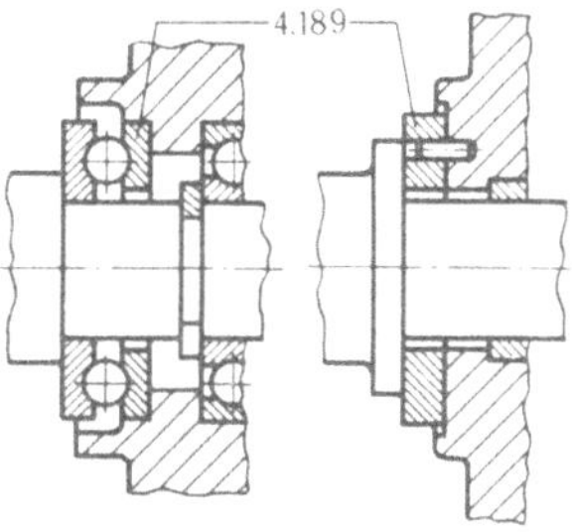

4.190 e radial and thrust bearing
d Trag- und Stützlager n, Quer- und Längslager, Radial- und Axiallager
f palier m radial de butée
nl dwarsdruklager n
r радиально-упорный подшипник m

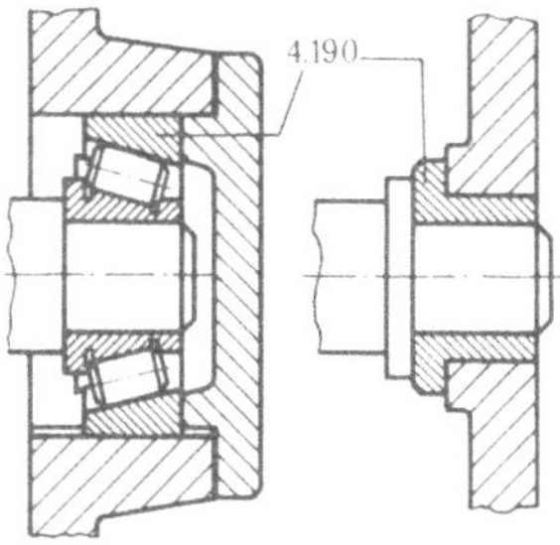

4.191 e flange bearing
d Flanschlager n
f palier m à flasque
nl flenslager n, kraaglager
r фланцевый подшипник m, фланцевая опора f

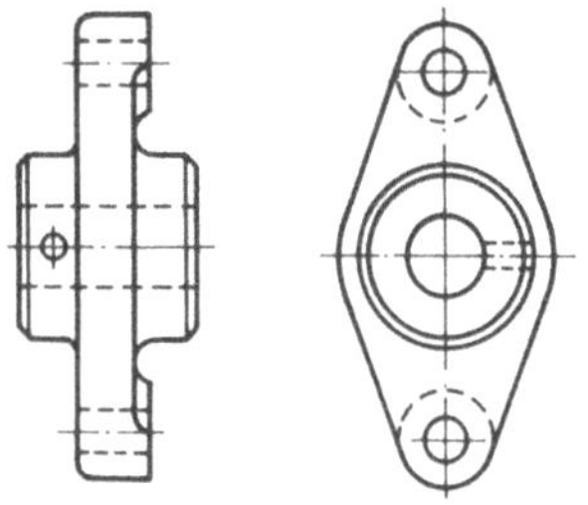

4.192 e base plate
d Sohlplatte f
f plaque f d'appui
nl oplegplaat f(m), steunplaat, draagplaat
r опорная плита f

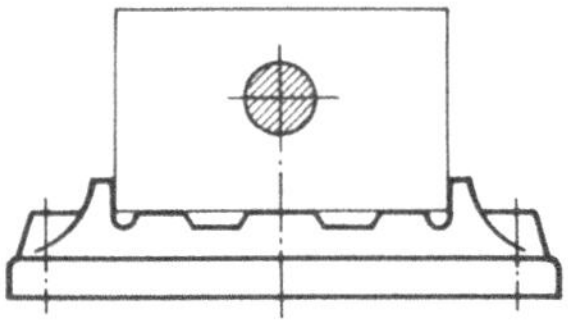

4.193 e hanger
d Hängelager n
f suspension f
nl hangende drager n, ophanging f
r подвесная опора f, подвеска f

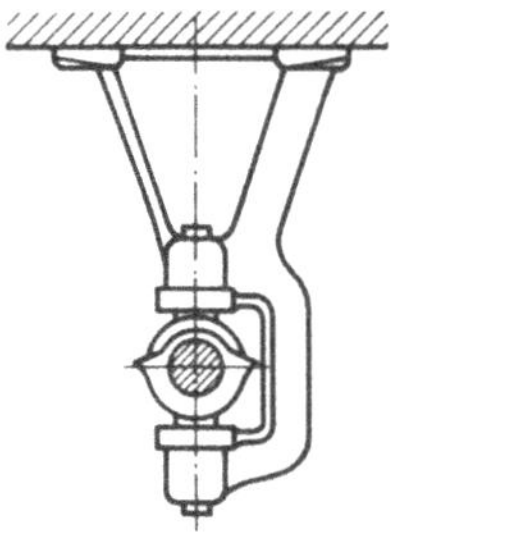

4.194 e bearing base
d Lagerbock m
f poteau m d'appui
nl lagerstoel m
r (опорная) стойка f

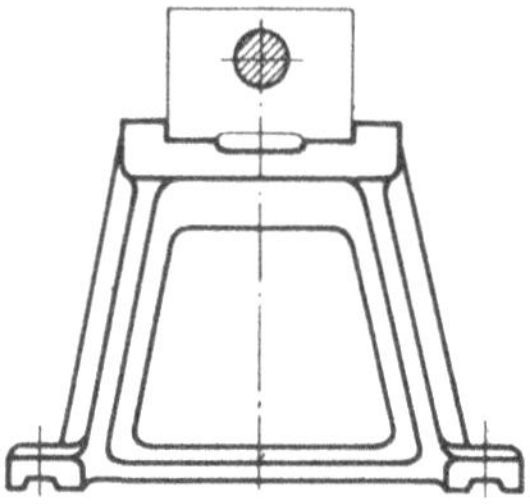

4.195 e bracket
d Kragstütze f, Wandarm m
f console f
nl console f, oplegsteun m
r кронштейн m

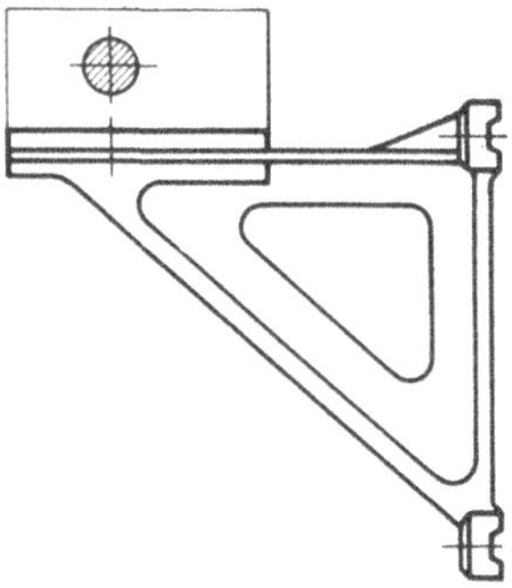

4.196 e sliding [plain] bearing
d Gleitlager n
f palier m lisse
nl glijlager n
r подшипник n скольжения

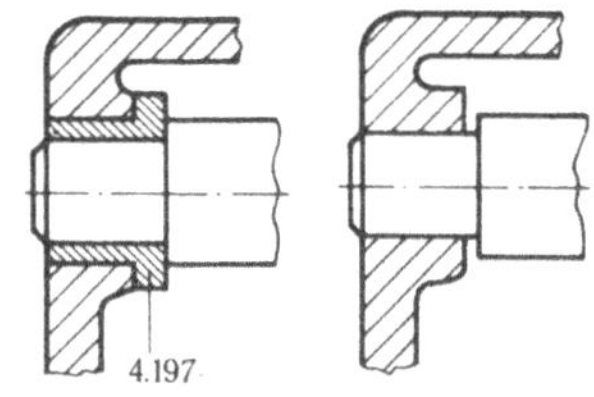

4.197 e bearing shell [liner]
d Lagerbuchse f
f coquille f de palier, coussinet m
nl lagerschaal f(m), kussen n, lagervoering f
r вкладыш m подшипника (скольжения)
(→4.196)

4.198 e bearing bush(ing)
d ungeteilte Lagerbuchse f
f bague f de palier
nl lagerbus f(m)
r втулка f подшипника (скольжения), подшипниковая втулка

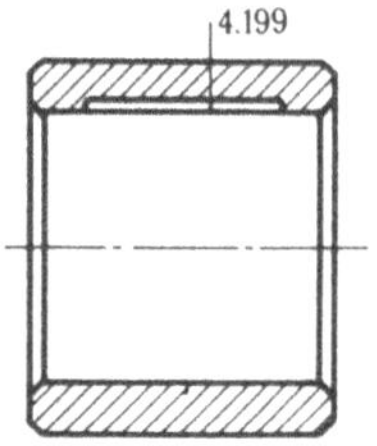

4.199 e oil groove
d Schmiernut f
f rainure f de graissage
nl oliegroef f(m)
r смазочная канавка f
(→4.198)

4.200 e split bearing shell, bearing half-liner
d Lagerschale f
f demi-coussinet m
nl gedeelde lagerschaal f(m), gedeeld kussen n
r полувкладыш m подшипника (скольжения)

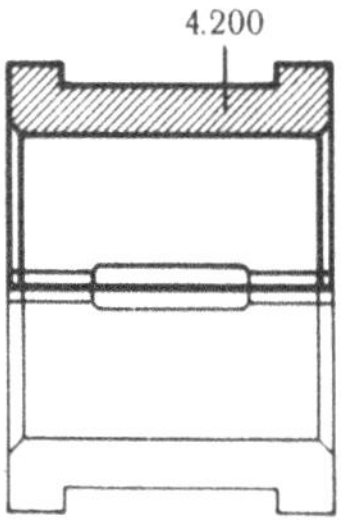

4.201 e bimetal shell
d Verbundbuchse f, Verbundschale f
f coussinet m bimétal
nl lagerschaal n van bimetaal
r биметаллический вкладыш m

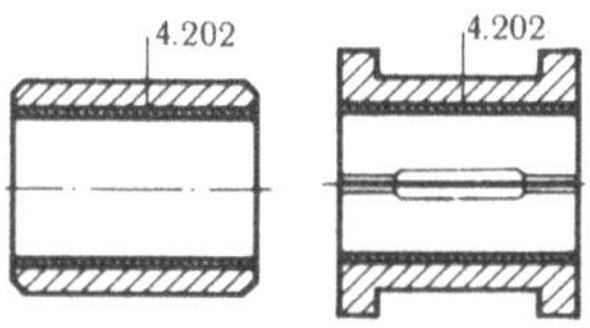

4.202 e antifriction lining
d Laufschicht f
f couche f antifriction
nl antifrictievoering f, antifrictielaag f(m)
r антифрикционный слой m
(→4.201)

4.203 e self-lubricating [oilless] bearing
d selbstschmierendes Lager n
f palier m autolubrifiant
nl zelfsmerend lager n
r самосмазывающийся подшипник m

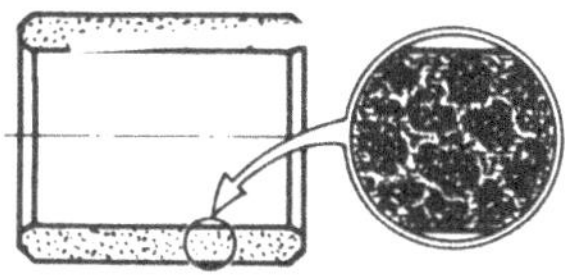

4.204 e collar thrust bearing
d Kammlager n
f palier m à cannelures
nl kraaglager n
r гребенчатый подшипник m

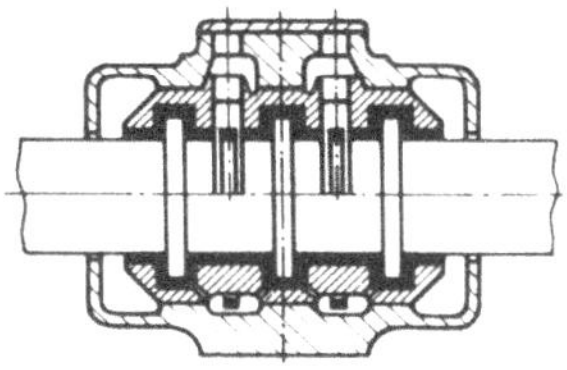

4.205 e hydrodynamic bearing
d hydrodynamisches Lager m
f palier m hydrodynamique
nl hydrodynamisch lager n
r гидродинамический подшипник m

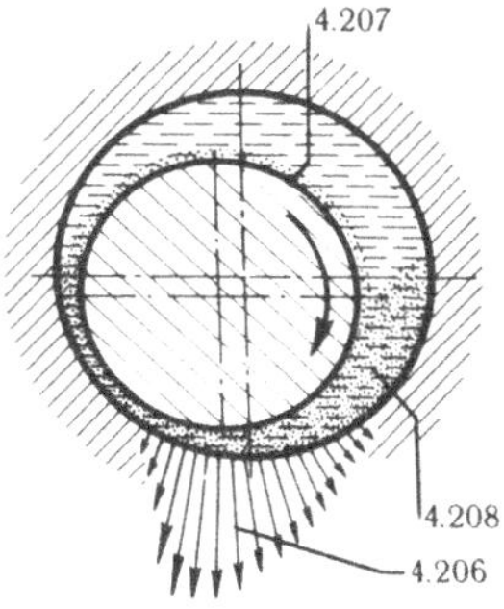

4.206 e pressure diagram
d Flächenpressungsverlauf m, Druckverlauf
f diagramme m des pressions
nl **drukdiagram n**
r эпюра f давления
(→4.205)

4.207 e oil film
d Ölfilm m, Schmierfilm
f film m d'huile
nl oliefilm m
r масляная плёнка f
(→4.205)

4.208 e oil-film wedge
d Keilspalt m, Schmierkeil m, Ölkeil
f coin m d'huile
nl oliewig f(m)
r масляный клин m
(→4.205)

4.209 e segment shoe [tilting-pad] bearing
d Segmentlager n
f palier m à coussinet
nl segmentlager n, segmentkussenblok m
r сегментный [многоклиновый] подшипник m

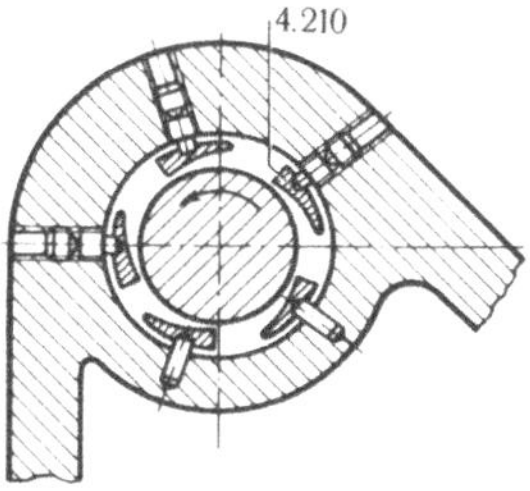

4.210 e bearing shoe, tilting pad
d Gleitsegment n
f coussinet m
nl **lagersegment n**
r подушка f
(→ 4.209)

4.211 e hydrostatic bearing
d hydrostatisches Lager n

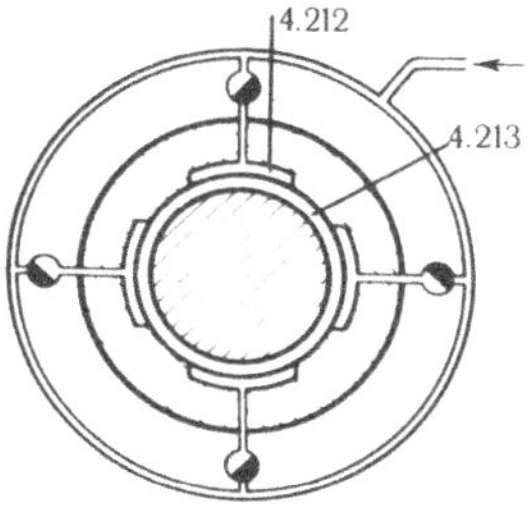

f palier m hydrostatique
nl hydrostatisch lager n
r гидростатический подшипник m

4.212 e oil pocket
d Öltasche f, Lagertasche
f poche f à huile
nl **oliekamer f (m)**
r масляный карман m
(→4.211, 4.282)

4.213 e oil clearance
d Ölspalt m
f jeu m pour l'huile
nl **smeerspeling f**
r масляный зазор f
(→ 4.211)

4.214 e antifriction bearing, rolling(-element) bearing
d Wälzlager n
f palier m à roulements, roulement m
nl wentellager n
r подшипник m качения

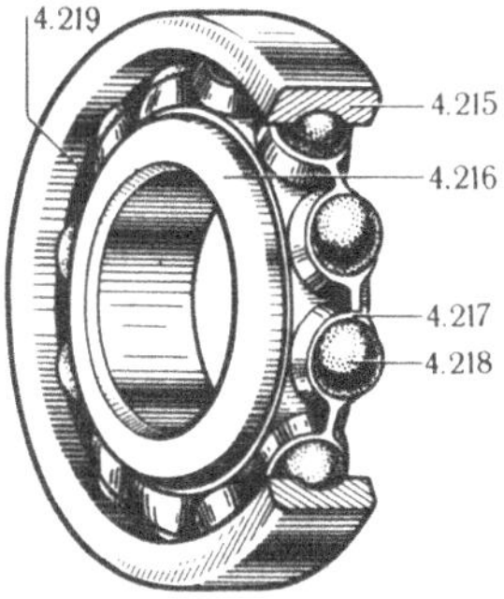

4.215 e outer ring
d Aussenring m
f bague f extérieure
nl buitenring m
r наружное кольцо m
(→4.214)

4.216 e inner ring
d Innenring m
f bague f intérieure
nl binnenring m
r внутреннее кольцо n
(→4.214)

4.217 e separator, cage
d Käfig m
f séparateur m
nl **kooi f (m)**
r сепаратор m
(→4.214)

4.218 e rolling element
d Walzkörper m
f roulement m de palier
nl wentellichaam n
r тело m качения
(→4.214)

4.219 e race
d Laufbahn f, Wälzbahn, Rollbahn
f chemin m de roulement
nl loopring m
r дорожка f качения
(→4.214)

4.220 e ball
d Kugel f
f bille f
nl kogel m
r шарик m

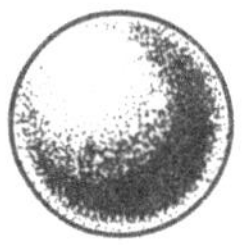

4.221 e roller
d Rolle f
f rouleau m
nl rol f(m)
r ролик m
(→4.222 – 4.226)

4.222 e cylindrical [plain, straight] roller
d Zylinderrolle f
f rouleau m cylindrique
nl cilindervormige rol f(m)
r цилиндрический ролик m

4.223 e taper roller
d Kegelrolle f
f rouleau m conique
nl tapse rol f(m)
r конический ролик m

4.224 e barrel-shaped roller
d Tonnenrolle f
f rouleau-tonneau m
nl tonvormige rol f(m), tonrol
r бочкообразный ролик m

4.225 e helical roller
d Federrolle f
f rouleau m en hélice
nl schroefrol f(m), spiraalvormige [schroeflijnvormige] rol
r витой ролик m

4.226 e needle roller, needle
d Nadelrolle f
f rouleau m aiguille, aiguille f
nl naald f (m)
r игольчатый ролик m, игла f

4.227 e single-row bearing
d einreihiges Wälzlager n
f roulement m à une rangée
nl eenrijig wentellager n
r однорядный подшипник m (качения)

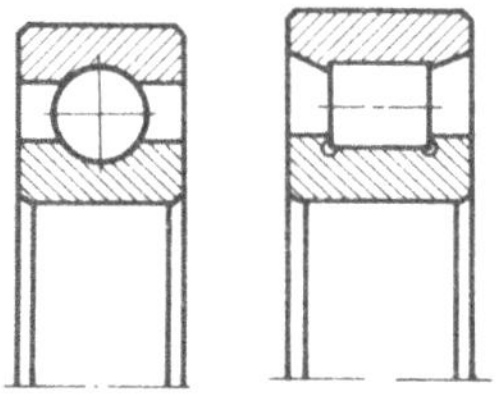

4.228 e double-row bearing
d zweireihiges Wälzlager n
f roulement m à double rangée
nl dubbelrijig wentellager n
r двухрядный подшипник m (качения)

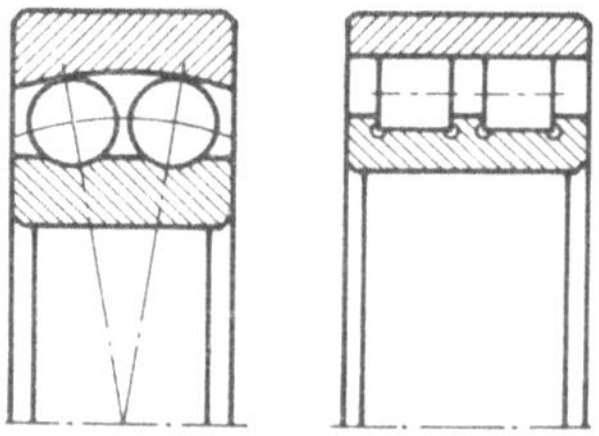

4.229 e ball bearing
d Kugellager n
f roulement m à billes
nl kogellager n
r шариковый подшипник m, шарикоподшипник
(→4.230, 4.233 – 4.235)

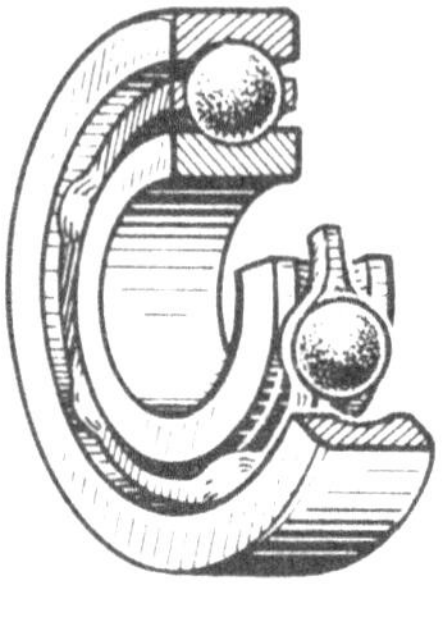

4.230 e annular ball bearing
d Rillenkugellager n
f roulement m radial à billes
nl groefkogellager n
r радиальный шарикоподшипник m

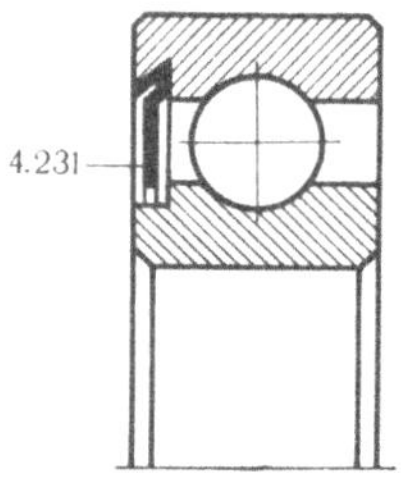

4.231 e shield
d Deckscheibe f
f rondelle f de protection
nl dekring m
r защитная шайба f
(→4.230)

4.232 e ball thrust bearing
d Axial-Rillenkugellager n
f roulement m de butée à billes
nl drukkogellager n, taatskogellager
r упорный шарикоподшипник m
(→4.233, 4.235)

4.233 e single-direction ball thrust bearing
d einseitig wirkendes Axial-Rillenkugellager n
f roulement m de butée à une rangée de billes

nl enkelwerkend drukkogellager n
r одинарный упорный шарикоподшипник m

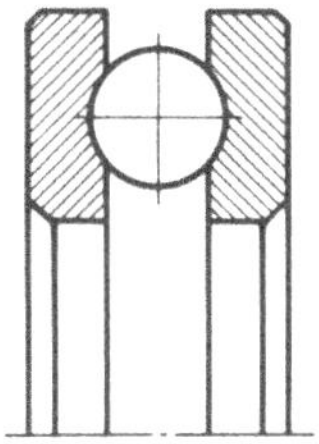

4.234 e double-direction ball thrust bearing
d zweiseitig wirkendes Axial-Rillenkugellager n
f roulement m de butée à double rangée de billes
nl dubbelwerkend drukkogellager n
r двойной упорный шарикоподшипник m

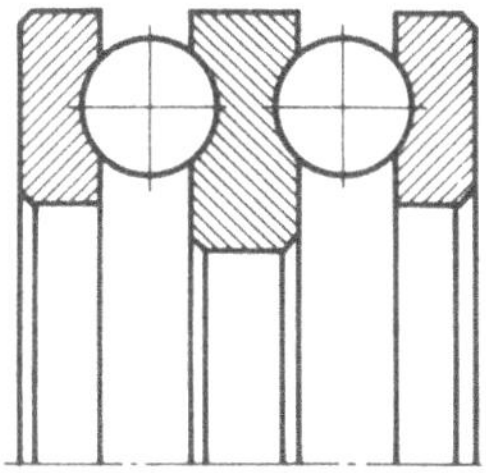

4.235 e angular-contact ball bearing
d Schrägkugellager n
f roulement m radial de butée à billes
nl **hoekcontactlager n**
r радиально-упорный шарикоподшипник m

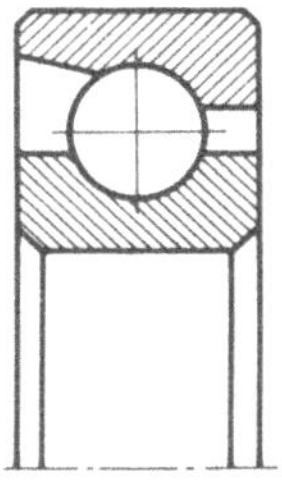

4.236 e roller bearing
d Rollenlager n
f roulement m à rouleaux
nl **rollenlager n**
r роликовый подшипник m, роликоподшипник (→4.237 – 4.240)

4.237 e plain roller bearing
d Zylinderrollenlager n
f roulement m à rouleaux cylindriques
nl rollager n met cilindervormige rollen
r цилиндрический роликоподшипник m

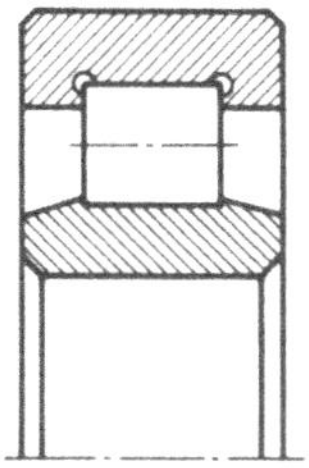

4.238 e tapered roller bearing
d Kegelrollenlager n
f roulement m à rouleaux coniques
nl rollager n met kegelrollen [met tapse rollen]
r конический роликоподшипник m

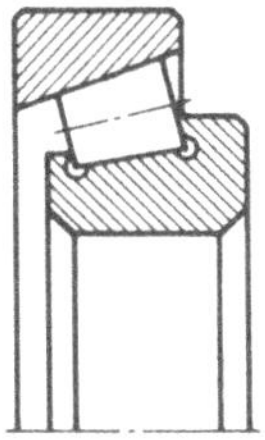

4.239 e needle roller bearing
d Nadellager n
f roulement f à aiguilles
nl **naaldlager n**
r игольчатый роликоподшипник m

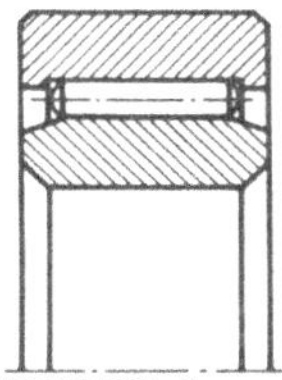

4.240 e sph ng
d Tonnenlager n
f roulement m sphérique à rouleaux
nl tonrollager n
r сферический роликоподшипник m

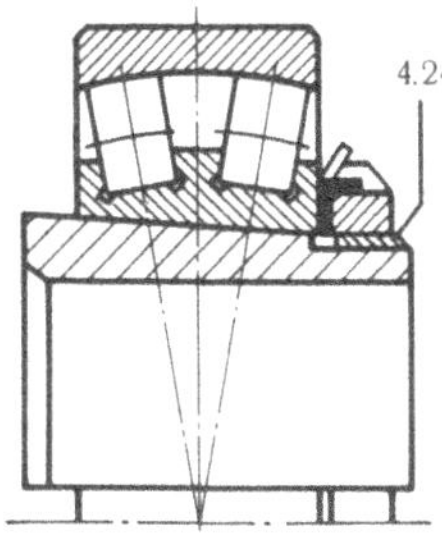

4.241 e adapter sleeve
d Spannhülse f
f douille f de serrage
nl **stelring m**
r закрепительная втулка f (→4.240)

4.242 e radial clearance (*e*)
d Radialspiel n (*e*)
f jeu m radial (*e*)
nl radiale speling f (*e*)
r радиальный зазор m (*e*)

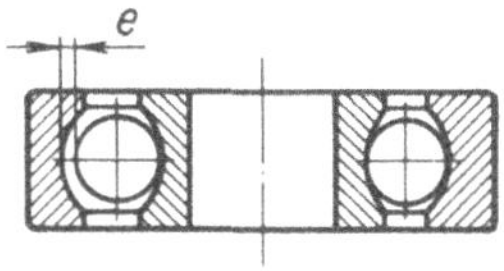

4.243 e axial play (*c*)
d Axialspiel n (*c*)
f jeu m axial (*c*)
nl axiale speling f (*c*)
r осевая игра f (*c*)

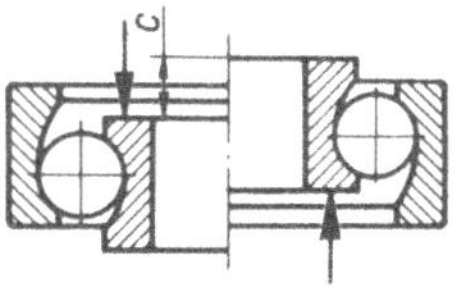

4.244 e preloaded bearing
d vorgespanntes Lager n
f roulement m à serrage préliminaire
nl **voorgespannen lager n**
r подшипник m с предварительным натягом

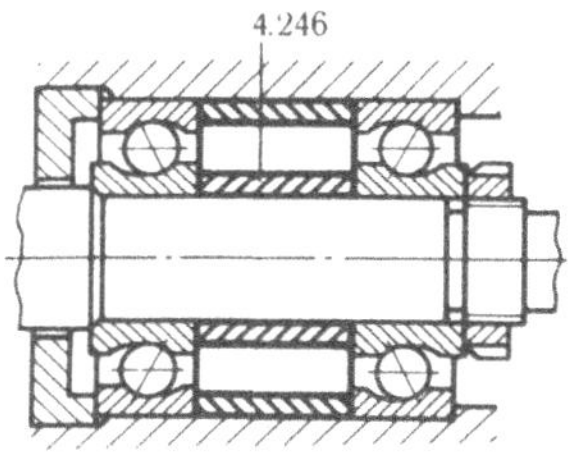

4.245 e preloading (of antifriction bearings)
d Vorspannung f (der Wälzlager)
f serrage m préliminaire
nl voorspanning f
r **предварительный натяг** m **(подшипников качения)**
(→4.244)

4.246 e distance sleeve
d Abstandshülse f
f douille f d'écartement
nl afstandsbus f(m)
r **распорная втулка** f
(→4.244)

4.247 e size series (of bearings)
d Massreihe f (von Lagern)
f série f (des roulements)
nl maatreeks f(m) (van lagers)
r **размерный ряд** m **(подшипников)**
(→ 4.248, 4.249)

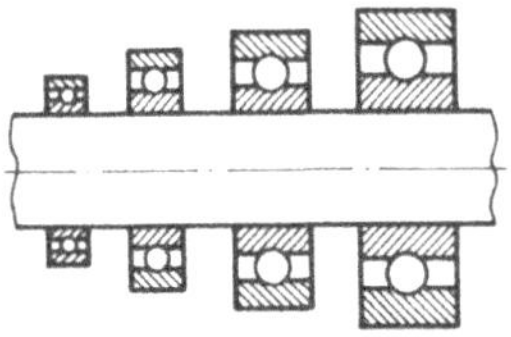

4.248 e diameter series (of bearings)
d Diameterreihe f (von Lagern)
f serie f des diamètres (des roulements)
nl diameterreeks f(m) (van lagers)
r **ряд** m **диаметров (подшипников)**

4.249 e width series (of bearings)
d Breitenreihe f (von Lagern)
f série f des largeurs (des roulements)
nl breedtereeks f(m) (van lagers)
r **ряд** m **ширин (подшипников)**

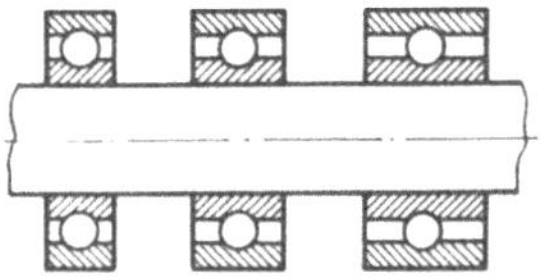

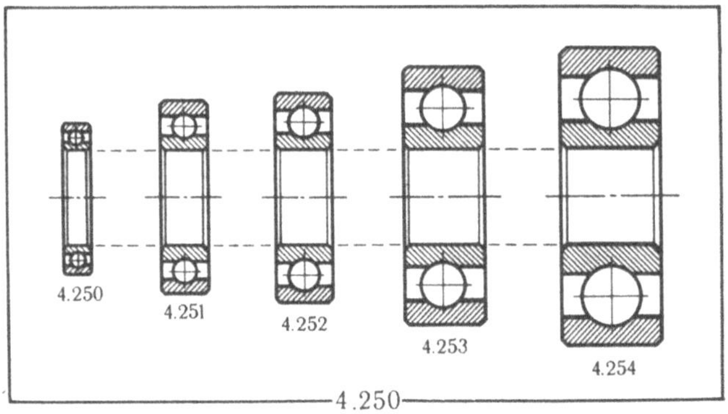

4.250

4.250 e extra light series
d extraleichte Reihe f
f série f extra-légère
nl extra-lichte reeks f(m)
r **особо лёгкая серия** f

4.251 e super light series
d ganz leichte Reihe f
f série f superlégère
nl uiterst lichte reeks f(m)
r **сверхлёгкая серия** f
(→4.250)

4.252 e light series
d leichte Reihe f
f série f légère
nl lichte reeks f(m)
r **лёгкая серия** f
(→4.250)

4.253 e medium series
d mittelschwere Reihe f
f série f moyenne
nl middelzware reeks f(m)
r **средняя серия** f
(→4.250)

4.254 e heavy series
d schwere Reihe f
f série f forte
nl zware reeks f(m)
r **тяжёлая серия** f
(→4.250)

4.255 e load rating of antifriction bearing
d Tragfähigkeit f des Wälzlagers
f capacité f de roulement
nl draagvermogen n van een wentellager
r **грузоподъёмность** f **подшипника качения**
(→4.256, 4.257)

4.256 e basic [dynamic] load rating (C)
d dynamische Tragzahl f (C)
f capacité f dynamique (de roulement) (C)
nl dynamisch draagvermogen n, dynamische belastbaarheid f (van een wentellager) (C)
r **динамическая грузоподъёмность** f **(подшипника качения)** (C)

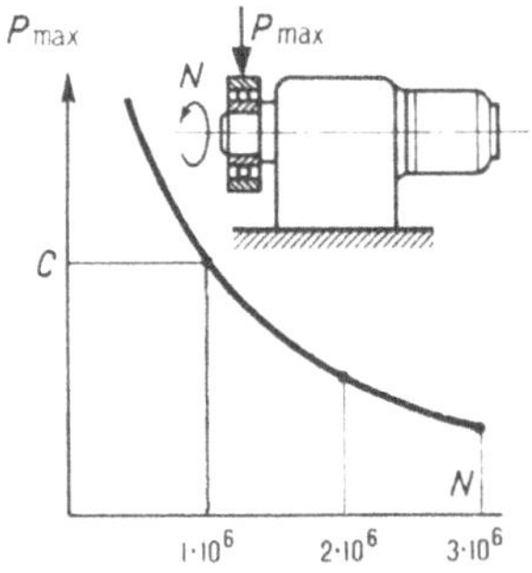

4.257 e static load rating (C_0)
d statische Tragzahl f (C_0)
f capacité f statique (de roulement) (C_0)
nl statisch draagvermogen n, statische belastbaarheid f (van een wentellager) (C_0)
r **статическая грузоподъёмность** f **(подшипника качения)** (C_0)

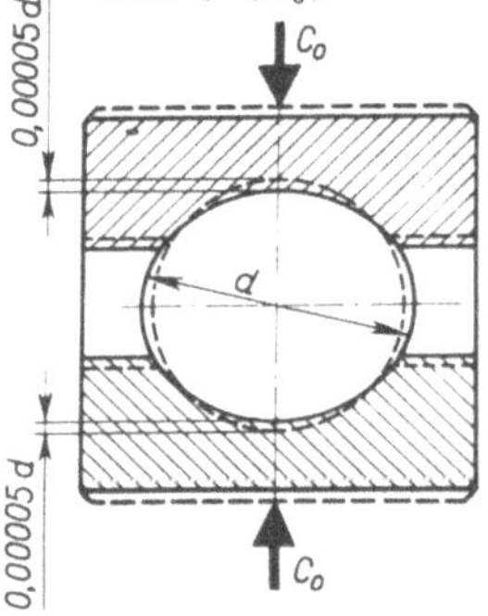

4.258 e radial load (F_r)
d Radialbelastungskraft f (F_r)
f charge f radiale (F_r)
nl radiale belasting f (F_r)
r радиальная нагрузка f (F_r)

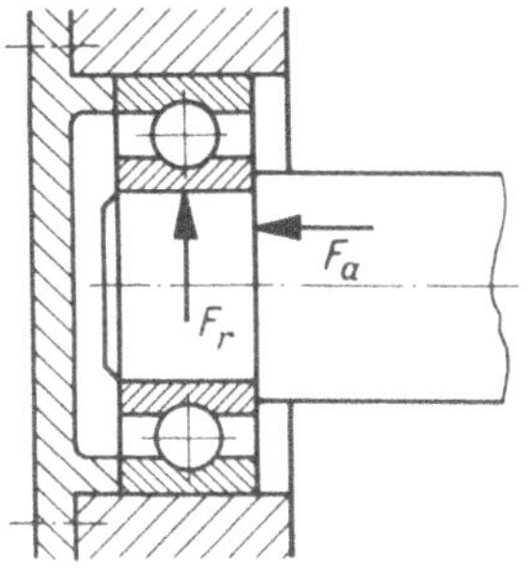

4.259 e axial load (F_a)
d Axialbelastungskraft f (F_a)
f charge f axiale (F_a)
nl axiale belasting f (F_a)
r осевая нагрузка f (F_a)
(→4.258)

4.260 e equivalent radial load
d dynamisch equivalente Belastungskraft f
f charge f équivalente radiale
nl equivalente radiale [dynamische] belasting f
r эквивалентная динамическая нагрузка f
$P = (VXF_r + YF_a)K_t$
(→4.258, 4.261)

4.261 e rotation factor (V)
d Umlauffaktor m (V)
f facteur m de rotation (V)
nl omwentelingsfactor m, draaifactor (V)
r коэффициент m вращения (V)

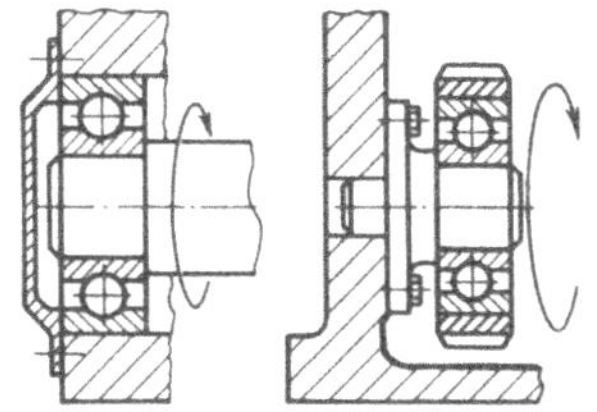

$V = 1$ $V = 1{,}2$

4.262 e radial factor (X)
d Radialfaktor m (X)
f facteur m de charge radiale (X)
nl radiale belastingsfactor m (X)
r коэффициент m радиальной нагрузки (X)
(→4.260)

4.263 e thrust factor (Y)
d Axialfaktor m (Y)
f facteur m de charge axiale (Y)
nl axiale belastingsfactor m (Y)
r коэффициент m осевой нагрузки (Y)
(→4.260)

4.264 e temperature factor (K_t)
d Temperaturfaktor m (K_t)
f facteur m de température (K_t)
nl temperatuurcoëfficiënt m (K_t)
r температурный коэффициент m (K_t)
(→4.260)

4.265 e rating life (of a bearing) (L)
d nominelle Lebensdauer f des Wälzlagers) (L)
f longévite f nominale (de roulement) (L)
nl nominale levensduur m (van een wentellager) (L)
r номинальная долговечность f (подшипника) (L)
$L = 10^6 (\frac{C}{P})^m$ [rev]

4.266 e local loading (of a ring)
d Punktbelastung f (des Ringes)
f charge f locale (de bague)
nl plaatselijke belasting f (van een ring)
r местное нагружение n (кольца)

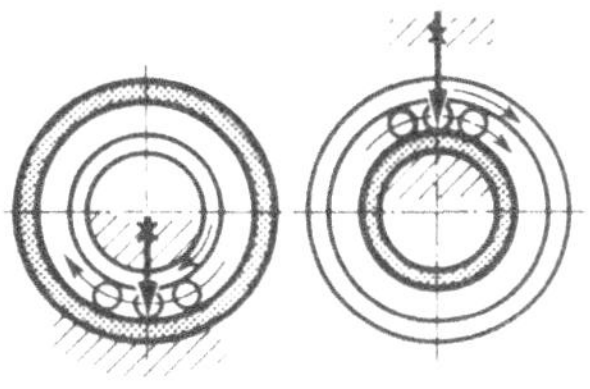

4.267 e circulation loading (of a ring)
d Umfangsbelastung f (des Ringes)
f charge f circulaire (de bague)
nl omtreksbelasting f (van een ring)
r циркуляционное нагружение n (кольца)

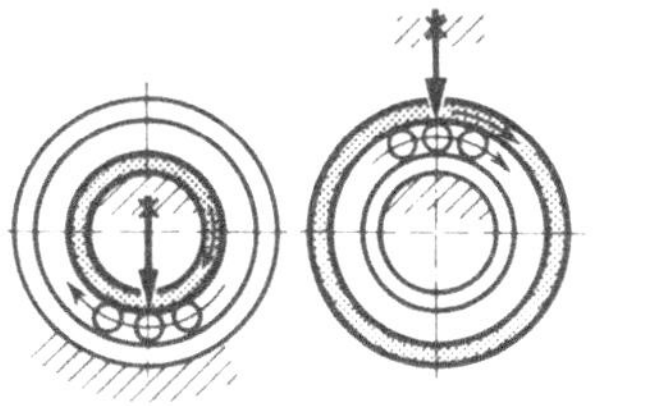

4.268 e oscillation loading (of a ring)
d Pendelbelastung f (des Ringes)
f charge f oscillatoire (de bague)
nl pendelbelasting f, trilbelasting (van een ring)
r колебательное нагружение n (кольца)

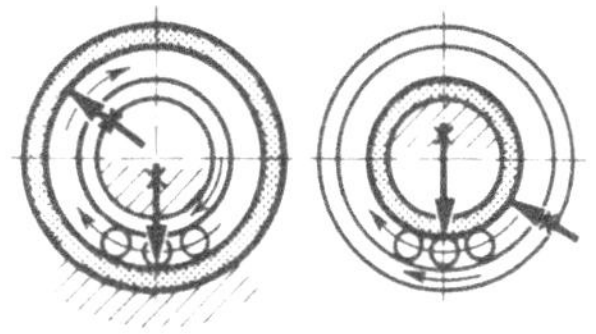

Guideways
Geradführungen
Glissières
Geleidingen
Направляющие

4.269 e guideway, guide
d Geradführung f, Längsführung, Führung
f glissière f guidage m, guide m
nl geleiding f, leibaan f(m)
r направляющая f
(→4.270, 4.271)

4.270 e sliding guideway
d Gleitführung f
f glissière f du glissement
nl glijdende geleiding f
r направляющая f скольжения

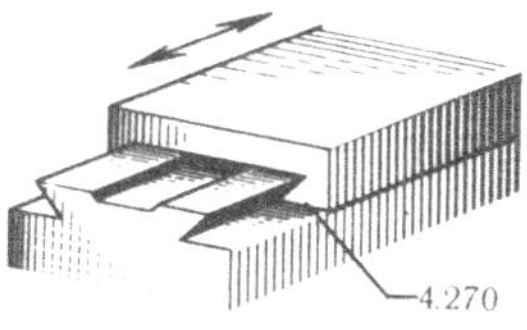

3*

4.271 e linear-motion antifriction bearing
d Wälzführung f
f glissière f de roulement
nl rollende geleiding f
r направляющая f качения

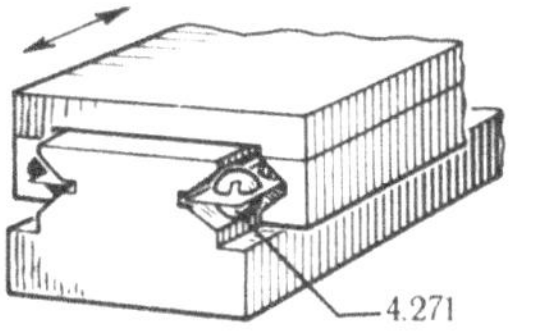

4.272 e closed guideways
d geschlossene Führungen *f pl*
f glissières *f pl* fermees
nl gesloten geleidingen *f pl*
r закрытые направляющие *f pl*

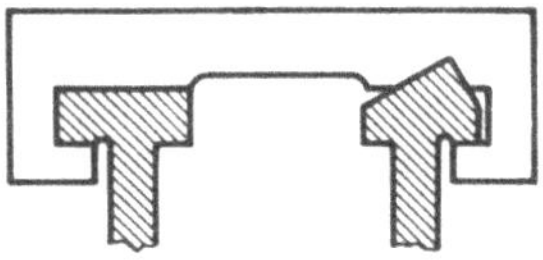

4.273 e open guideways
d offene Führungen *f pl*
f glissières *f pl* ouvertes
nl open geleidingen *f pl*
r открытые направляющие *f pl*

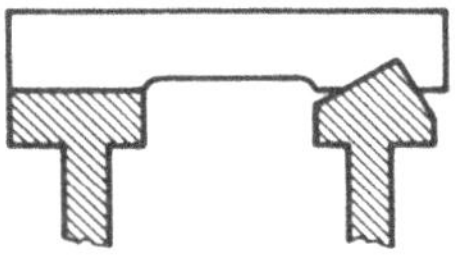

4.274 e flat guideway
d Flachführung f
f guidage m plan
nl vlakke geleiding f
r плоская направляющая f

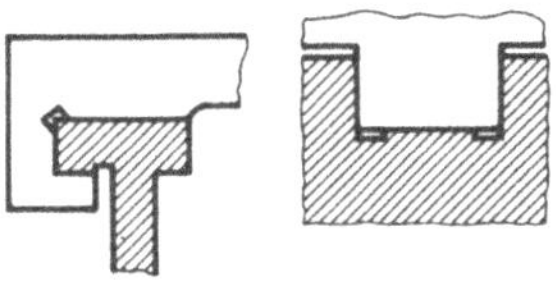

4.275 e V-guideway
d Dreieckführung f, Prismenführung, Dachführung, V-Führung
f guidage m en V
nl prismageleiding f, driehoeksgeleiding
r призматическая направляющая f

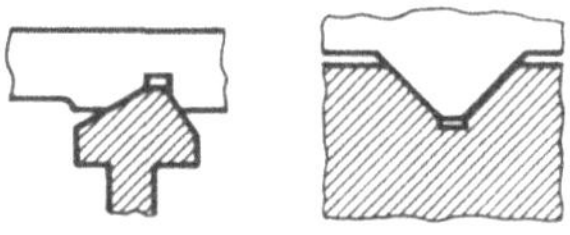

4.276 e dovetail guideway
d Schwalbenschwanzführung f
f glissière f en queue d'aronde
nl zwaluwstaartvormige geleiding f
r направляющая f в форме ласточкина хвоста

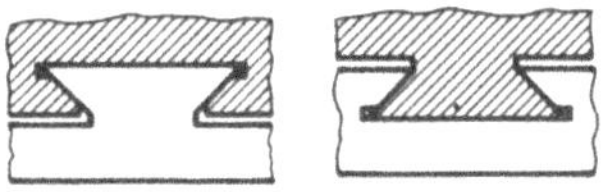

4.277 e cylindrical guideway
d Rundführung f
f glissière f ronde
nl cilindrische geleiding f
r цилиндрическая [штанговая] направляющая f, скалка f

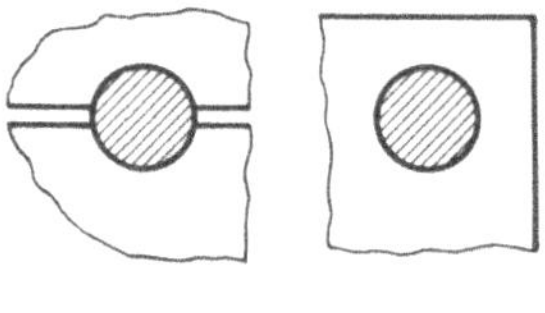

4.278 e taper gib
d Einstellkeil m, Keilleiste f
f clavette f de réglage
nl tapse stelspie f(m) [stelwig f(m)]
r регулировочный клин m

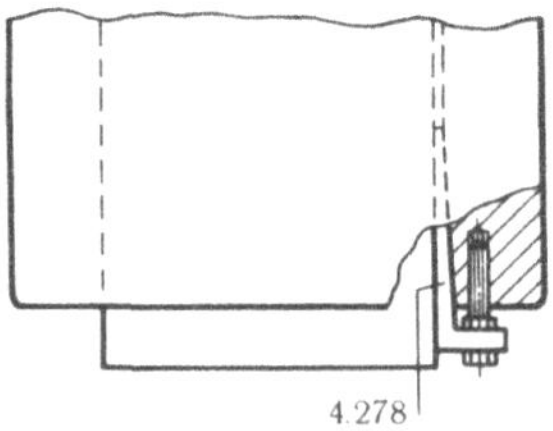

4.279 e clamping strip
d Druckleiste f
f éclisse f de serrage
nl drukplaat f(m), klemplaat
r прижимная планка f

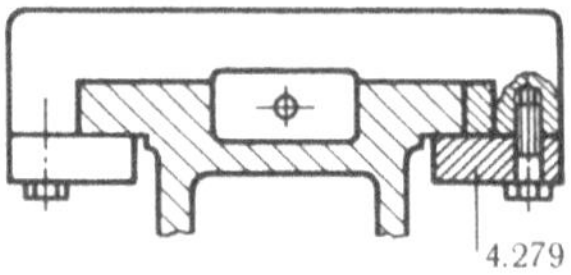

4.280 e built-up guideway
d Anbauführung f
f guide m amovible
nl aanbouwgeleiding f
r накладная направляющая f

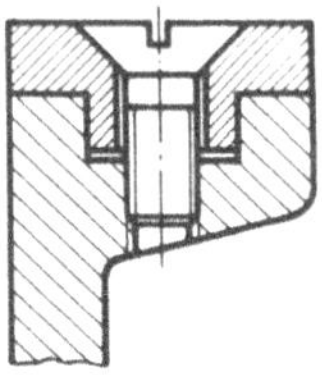

4.281 e circular guideway
d ringförmige Führung f
f glissière f circulaire
nl ringgeleiding f, omloopgeleiding
r круговая направляющая f

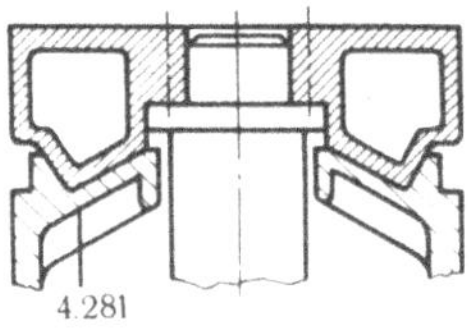

4.282 e hydrostatic guideway
d hydrostatische Führung f
f glissière f hydrostatique
nl hydrostatische geleiding f
r гидростатическая направляющая f

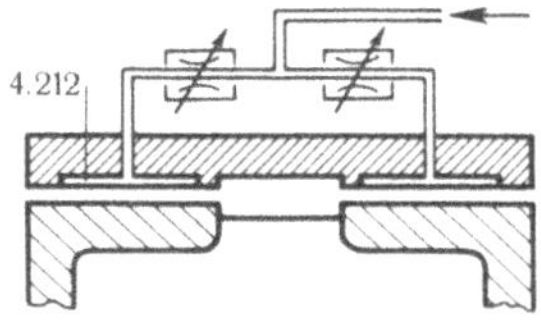

4.283 e ball-bearing guideway
d Kugelführung f
f glissière f sur billes
nl kogelgeleiding f

r шариковая направляющая f

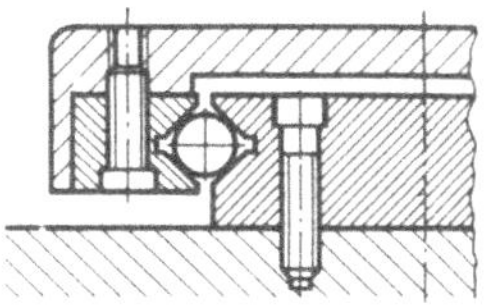

4.284 e roller-bearing guideway
d Rollenführung f
f glissière f sur rouleaux
nl rollengeleiding f
r роликовая направляющая f качения

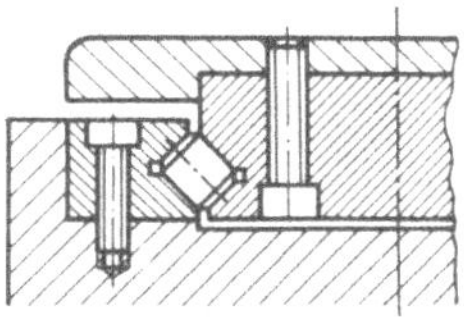

4.285 e linear-motion roller bearing
d Rollenumlaufschuh m
f support m à rouleaux
nl geleiding f met rollen f
r роликовая опора f

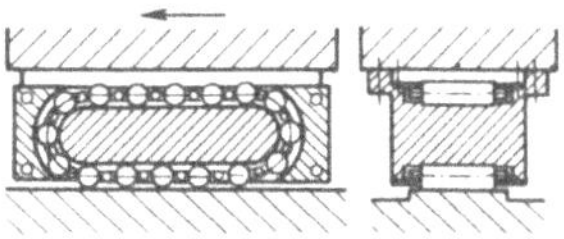

4.286 e ball-bearing bushing
d Kugelbüchse f
f douille f à billes
nl rechtgeleiding f op kogelbaan
r шариковая втулка f

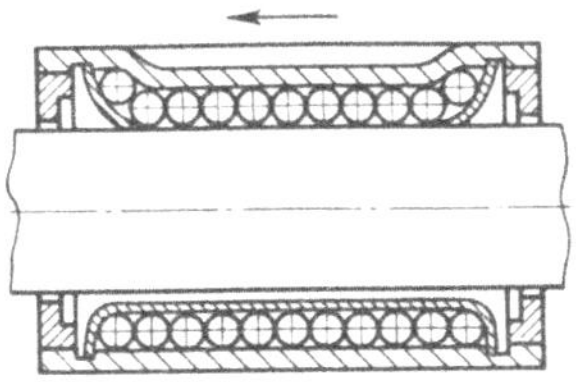

Clutches and Couplings
Kupplungen
Assemblages et embrayages
Koppelingen
Муфты

4.287 e permanent (shaft) coupling
d nichtschaltbare Kupplung f
f accouplement m
nl continu-koppeling f
r (постоянная) соединительная муфта f
(→ 4.288 – 4.295, 4.298 – 4.301)

4.288 e rigid [fixed] coupling
d starre Kupplung f
f accouplement m fixe
nl vaste koppeling f
r глухая [жёсткая] муфта f
(→ 4.289 – 4.291)

4.289 e sleeve coopling
d Hulsenkupplung f
f accouplement m à manchon
nl koppeling f met koppelbus
r втулочная муфта f

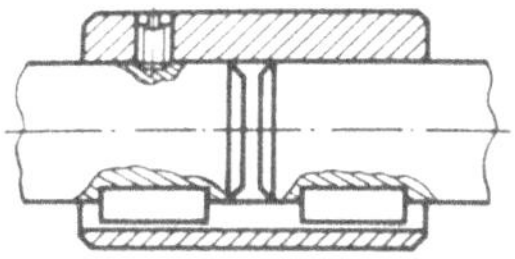

4.290 e split muff coupling
d Schalenkupplung f
f accouplement m à coquilles
nl deelbare koppelingsbus f (m)
r продольно-свертная муфта f

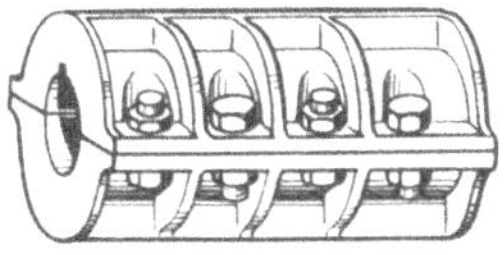

4.291 e flange coupling
d Flanschenkupplung f
f accouplement m à plateaux
nl flenskoppeling f
r фланцевая муфта f

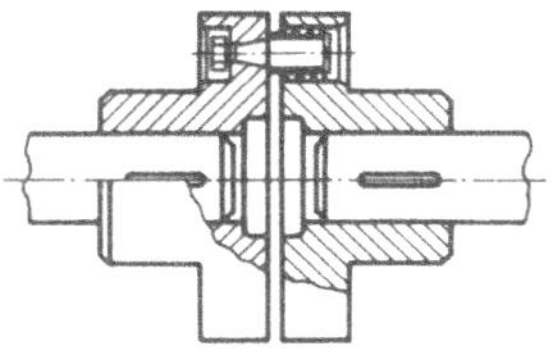

4.292 e flexible [compensating] coupling
d Ausgleichskupplung f
f accouplement m extensible
nl flexibele expansiekoppeling f
r подвижная [компенсирующая] муфта f
(→ 4.293 – 4.295, 4.298 – 4.301)

4.293 e resilient-material coupling
d elastische Kupplung f
f accouplement m élastique
nl elastische koppeling f
r упругая муфта f
(→ 4.294, 4.295, 4.298)

4.294 e pin-and-bushing flexible coupling
d elastische Bolzenkupplung f
f accouplement m à douille et doigts
nl tap-en-buskoppeling f
r втулочно-пальцевая муфта f

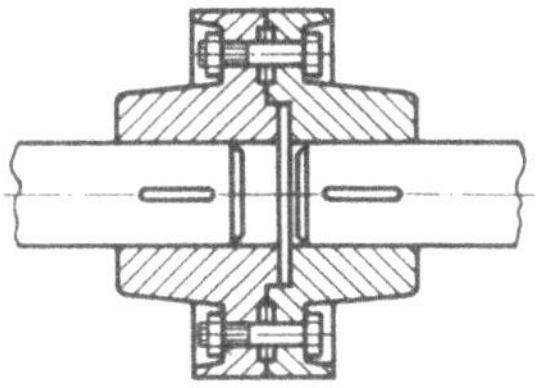

4.295 e rubber spider coupling
d Gummi-Zahnkupplung f
f accouplement m à noix caoutchouteuse
nl rubberen sterkoppeling f
r муфта f с резиновой звёздочкой

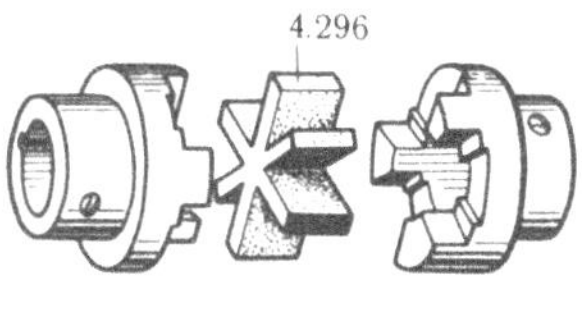

4.296 e rubber spider
d Gummizahnring m
f noix f caoutchouteuse
nl rubberen koppelingsster f (m)
r резиновая звёздочка f
(→ 4.295)

4.297 e rubber tyre coupling
d Gummireifenkupplung f
f accouplement m à entoile en caoutchouc, flector m
nl koppeling f met rubberslang
r муфта f с резиновой оболочкой

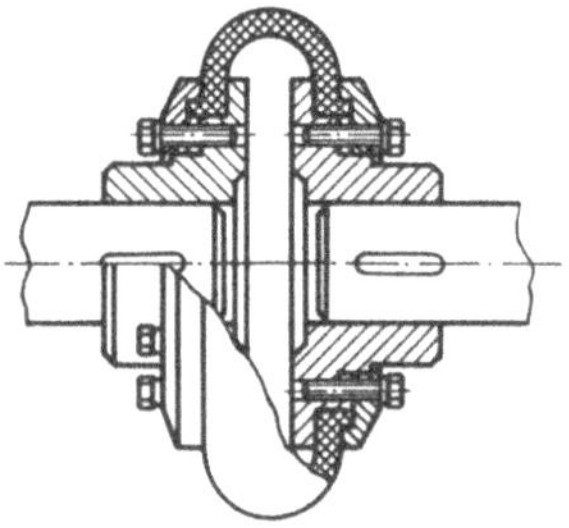

4.298 e rubber annulus coupling
d Gummi-Metall-Kupplung f
f accouplement m caoutchouteux-métallique
nl koppeling f met rubberschijf
r резинометаллическая муфта f

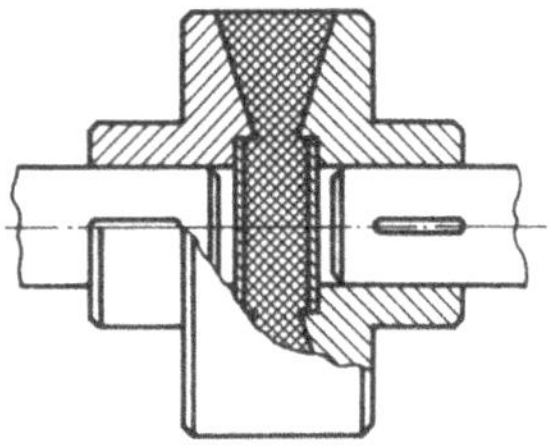

4.299 e gear coupling
d Bogenzahnkupplung f
f accouplement m à denture
nl tandkoppeling f
r зубчатая муфта f

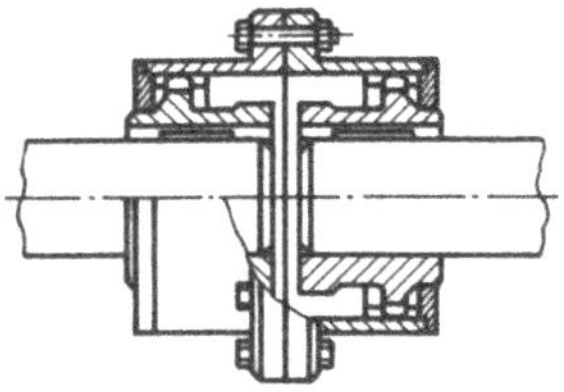

4.300 e Oldham [slider] coupling
d Kreuzscheibenkupplung f
f accouplement m à glissières croisées
nl kruisschijfkoppeling f
r крестовая [плавающая] муфта f

4.301 e universal joint, Hooke's coupling
d Kreuzgelenkkupplung f
f accouplement m à cardan, cardan m
nl kruiskoppeling f
r шарнирная муфта f, универсальный шарнир m, муфта f Кардана, кардан m

4.302 e clutch
d schaltbare Kupplung f
f embrayage m
nl schakelbare koppeling f, mechanische koppeling
r сцепная муфта f (→ 4.304, 4.306, 4.307, 4.310, 4.312, 4.317, 4.319, 4.320, 4.322, 4.325)

4.303 e externally actuated clutch
d fremdgeschaltete Kupplung f
f embrayage m réglable
nl van buitenaf bediende koppeling f
r управляемая сцепная муфта f (→ 4.304, 4.306, 4.307, 4.310, 4.312, 4.317)

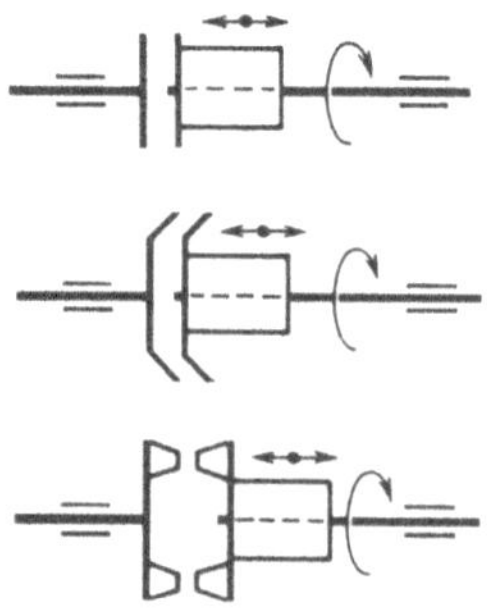

4.304 e positive-contact clutch, jaw clutch
d (schaltbare) Klauenkupplung f
f accouplement m à crabots
nl klauwkoppeling f
r кулачковая муфта f

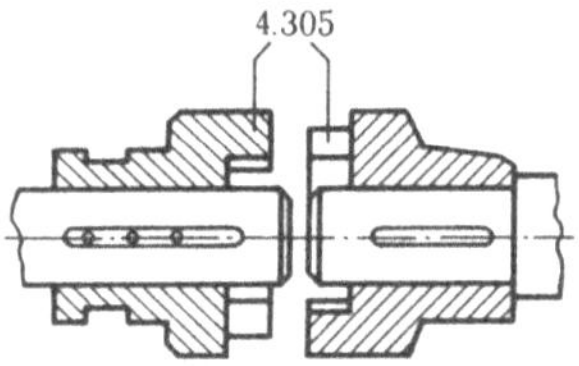

4.305 e jaw
d Klaue f
f crabot m
nl klauw m
r торцовый кулачок m (→ 4.304)

4.306 e gear clutch
d schaltbare Zahnkupplung f
f embrayage m à denture
nl tandkoppeling f
r зубчатая сцепная муфта f

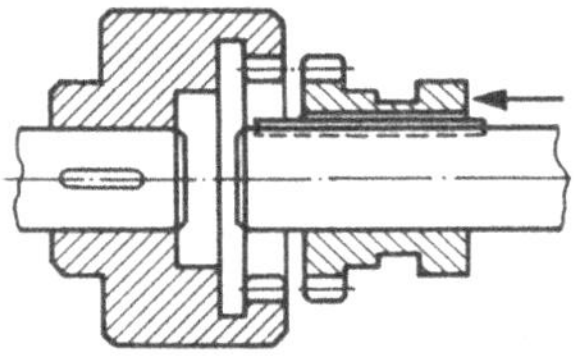

4.307 e magnetic particle clutch
d Magnetpulverkupplung f
f embrayage m magnétique à poudre métallique
nl elektromagnetische vloeistofkoppeling f
r электромагнитная порошковая муфта f

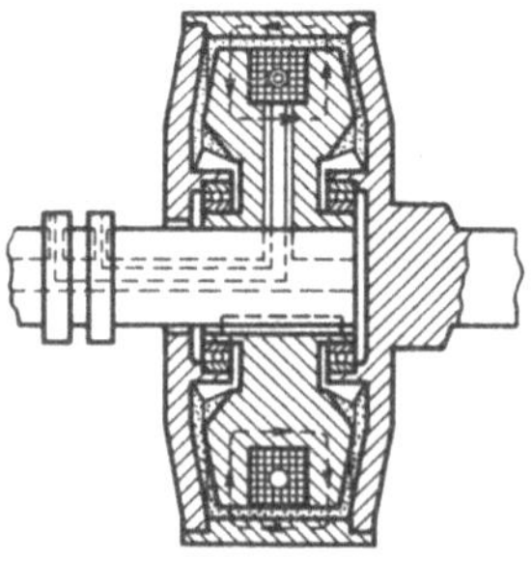

4.308 e friction clutch
d Reibungskupplung f
f embrayage m à friction
nl frictiekoppeling f, wrijvingskoppeling
r фрикционная муфта f
(→4.310, 4.312,4.317)

4.309 e disk clutch
d Reibscheibenkupplung f
f embrayage m à friction à disque
nl schijvenkoppeling f
r дисковая (фрикционная) муфта f
(→4.310, 4.312)

4.310 e single-disk clutch
d Einflächen(-Reibscheiben)kupplung f
f embrayage m à friction à seul disque
nl enkelschijfs-wrijvingskoppeling f
r однодисковая (фрикционная) муфта f

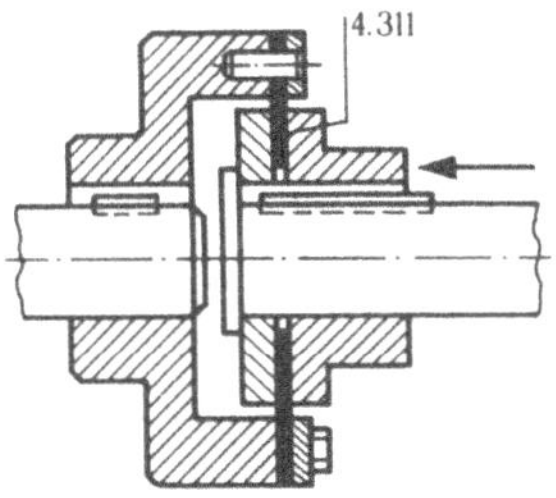

4.311 e friction dick
d Reibscheibe f, Lamelle f
f disque m de friction
nl frictieschijf f (m), koppelingsschijf
r фрикционный диск m
(→4.310)

4.312 e multiple-disk clutch
d Vielflächen-Reibscheibenkupplung f, Mehrscheiben-Reibungskupplung, Lamellenkupplung
f embrayage m à friction à plusieurs disques
nl lamellenkoppeling f, meerschijvenkoppeling
r многодисковая фрикционная муфта f

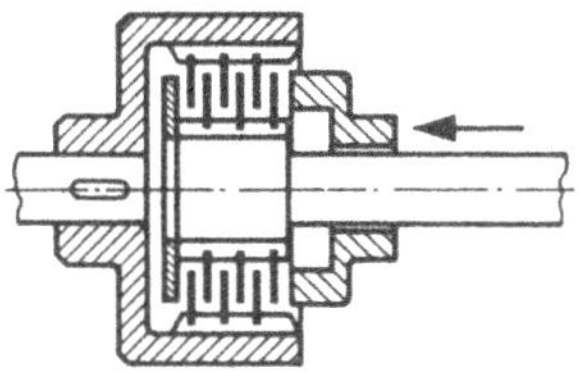

4.313 e lever-actuated friction clutch
d handschaltbare Reibungskupplung f
f embrayage m à friction à levier
nl frictiekoppeling f met hefboombediening
r рычажная фрикционная муфта f

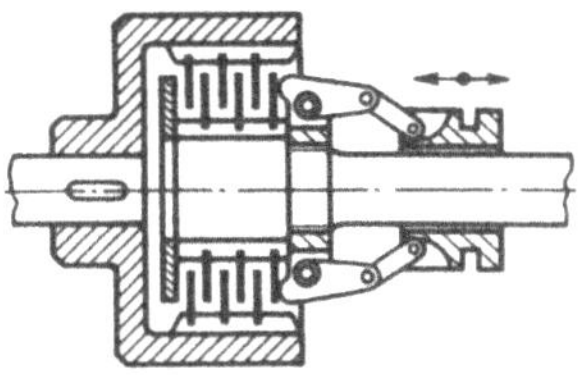

4.314 e air-actuated friction clutch
d pneumatische Reibungskupplung f
f embrayage m à friction à commande pneumatique
nl pneumatisch bediende frictiekoppeling f
r пневматическая фрикционная муфта f

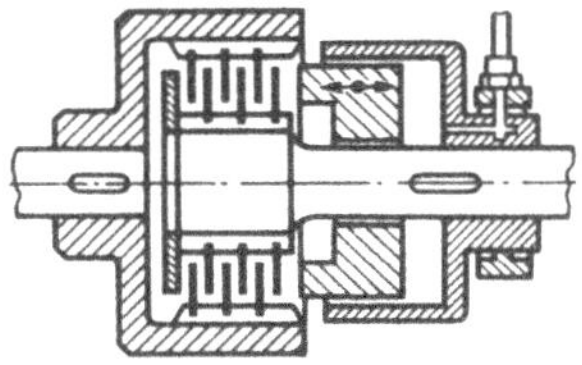

4.315 e oil-actuated friction clutch
d hydraulische Reibungskupplung f
f embrayage m à friction à commande hydraulique
nl hydraulisch bediende frictiekoppeling f
r гидравлическая фрикционная муфта f

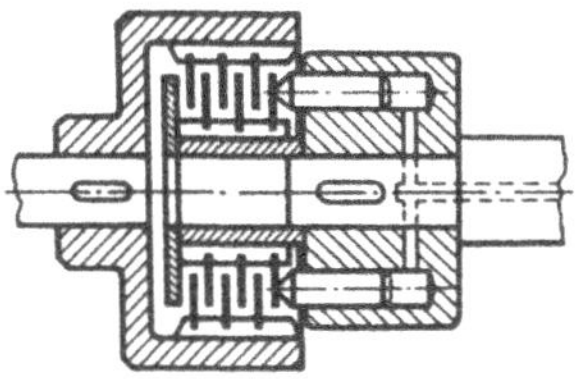

4.316 e electromagnetic friction clutch
d elektromagnetische Reibungskupplung f
f embrayage m à friction à commande éléctromagnetique
nl elektromagnetisch bediende frictiekoppeling f
r электромагнитная фрикционная муфта f

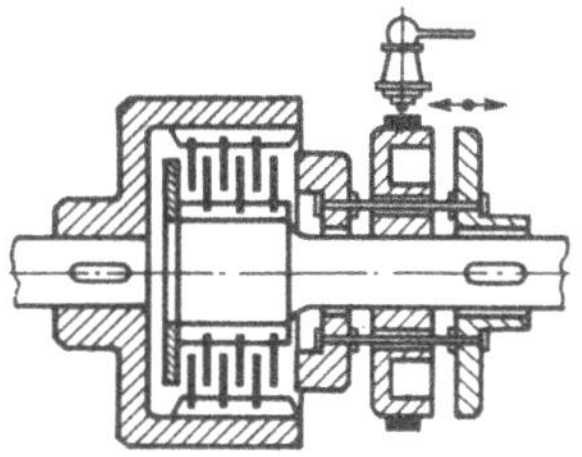

4.317 e cone clutch
d Kegel(reibungs)kupplung f
f embrayage m à cône
nl konische wrijvingskoppeling f
r конусная муфта f

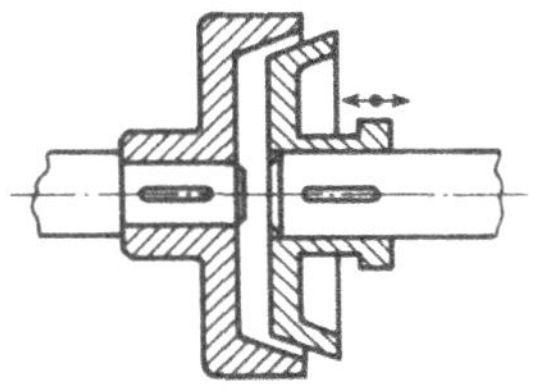

4.318 e self-acting clutch
d selbstschaltende Kupplung f
f embrayage m autocontrôle
nl automatisch werkende koppeling f
r самоуправляемая сцепная муфта f
(→4.319, 4.320, 4.322 – 4.325)

4.319 e safety [overload release] clutch
d Sicherheitskupplung f
f accouplement m de sécurité
nl veiligheidskoppeling f, slipkoppeling
r предохранительная муфта f (→4.320, 4.322, 4.323)

4.320 e overload shearing clutch
d Scherbolzenkupplung f, Scherstiftkupplung
f accouplement m à goupille de cisaillement
nl overbelastingskoppeling f
r ломающаяся предохранительная муфта f, срезная муфта

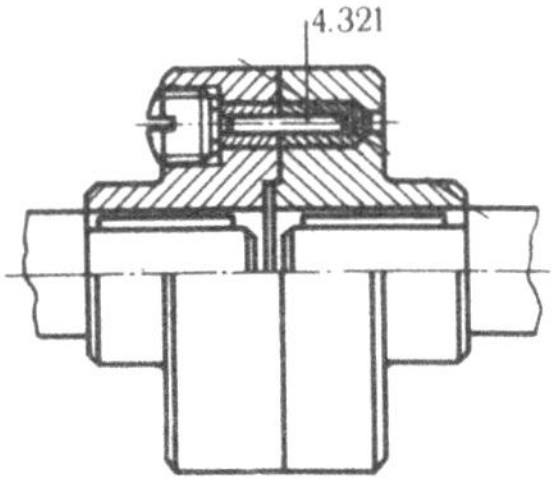

4.321 e shear pin
d Scherbolzen m, Scherstift m
f goupille f de cisaillement
nl breekpen f(m)
r срезной штифт m (→4.320)

4.322 e ball-spring overload-release clutch
d Kugelrutschkupplung f
f accouplement m de sécurité à billes
nl borgende kogelkoppeling f, borgkogelkoppeling
r шариковая предохранительная муфта f

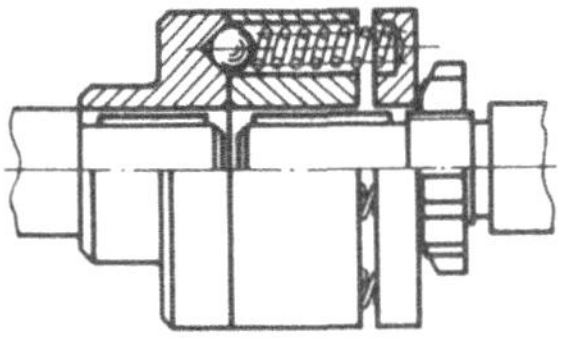

4.323 e jaw-spring overload-release clutch
d Klauenrutschkupplung f
f accouplement m de sécurité à crabots
nl borgende klauwkoppeling f, borgklauwkoppeling
r кулачковая предохранительная муфта f

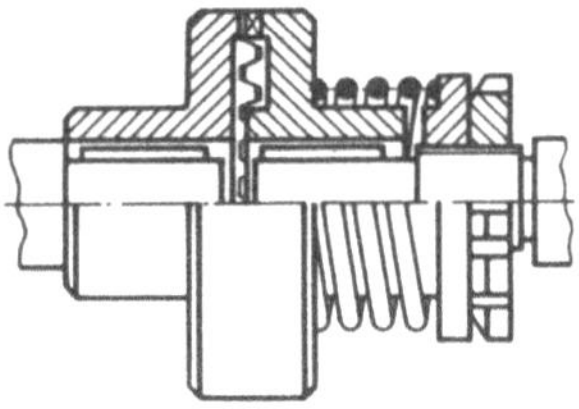

4.324 e centrifugal clutch
d Fliehkörperkupplung f, Fliehkraftkupplung
f accouplement m centrifuge
nl centrifugaalkoppeling f
r центробежная муфта f

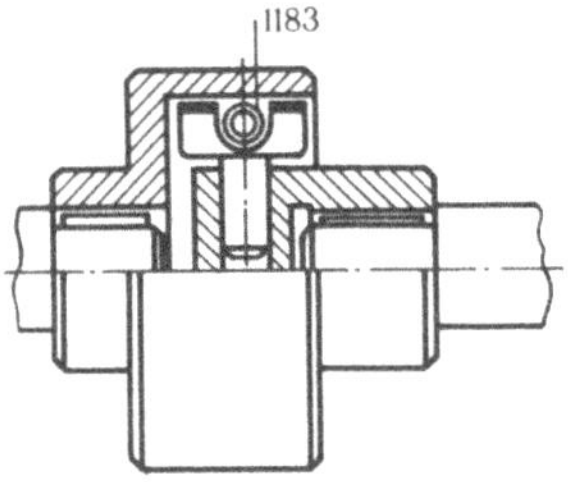

4.325 e overrunning clutch
d Freilaufkupplung f, Überholkupplung, Rollensperrkupplung
f accouplement m de roue libre
nl vrijloopkoppeling f
r обгонная муфта f, муфта свободного хода (→ 4.327, 4.330, 4.332)

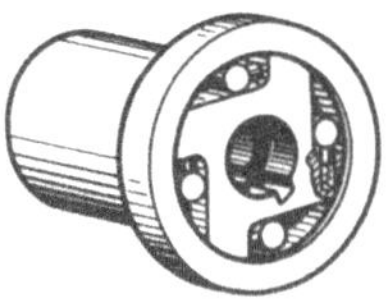

4.326 e brake
d Bremse f
f frein m
nl rem f(m)
r тормоз m

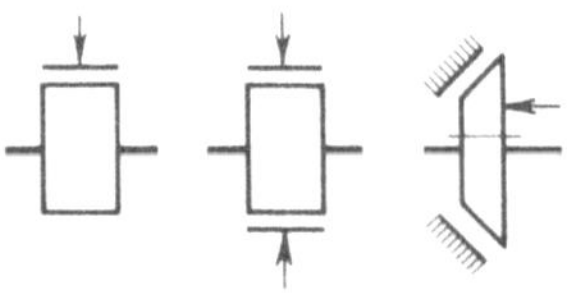

4.327 e block brake
d Backenbremse f
f frein m à sabot
nl blokrem f(m), rem met remblok
r колодочный тормоз m

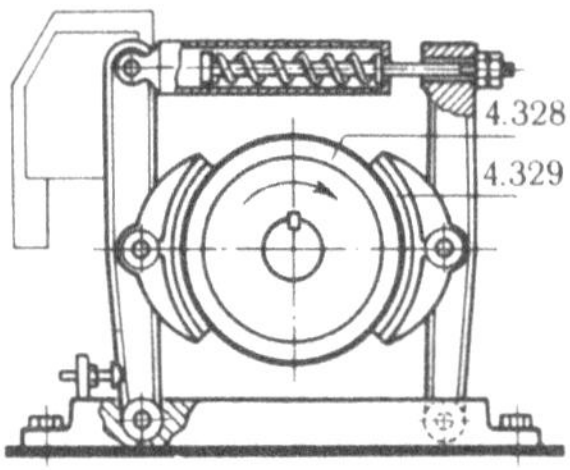

4.328 e brake drum
d Bremstrommel f
f tambour m de frein
nl remtrommel f(m)
r тормозной барабан m (→4.327, 4.330)

4.329 e brake block
d Bremsbacke f, Bremsklotz m
f sabot m
nl remblok m, remschoen m
r (тормозная) колодка f (→4.327)

4.330 e band brake
d Bandbremse f
f frein m à bande [à ruban]
nl bandrem f(m), rem met wrijvingsband
r ленточный тормоз m

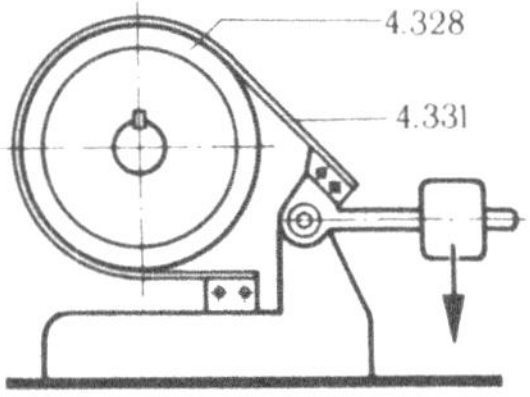

4.331 e brake band
d Bremsband n
f bande f de frein
nl remband m
r тормозная лента f (→4.330)

4.332 e cone brake
d Kegelbremse f

f frein m à cône
nl kegelrem f(m)
r конусный тормоз m

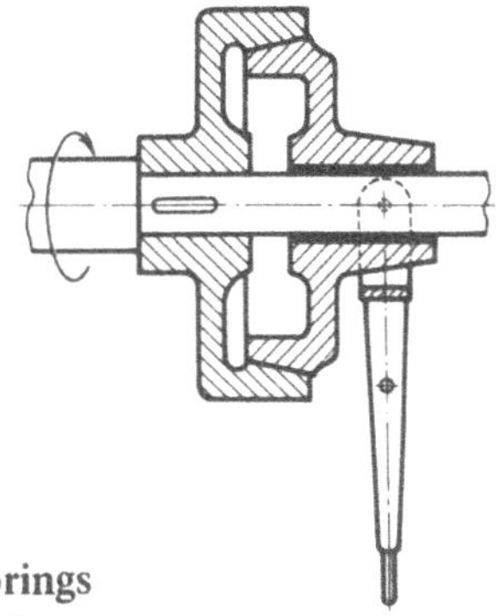

Springs
Federn
Ressorts
Veers
Пружины

4.333 e spring
d Feder f
f ressort m
nl veer f(m)
r пружина f
(→ 4.334, 4.347, 4.349 – 4.354)

4.334 e helical spring
d Schraubenfeder f
f ressort m hélicoïdal
nl schroefvormig gewikkelde veer f (m)
r витая [винтовая] пружина f

4.335 e spring coil [turn]
d Federwindung f
f spire f de ressort
nl veerwinding f
r виток m пружины

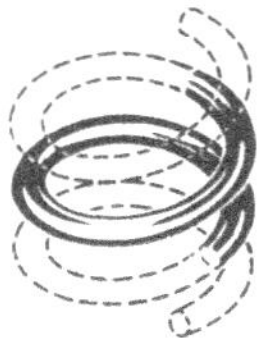

4.336 e cylindrical extension spring
d zylindrische Zugfeder f
f ressort m cylindrique de traction
nl cilindrische veer f (m)
r цилиндрическая пружина f растяжения

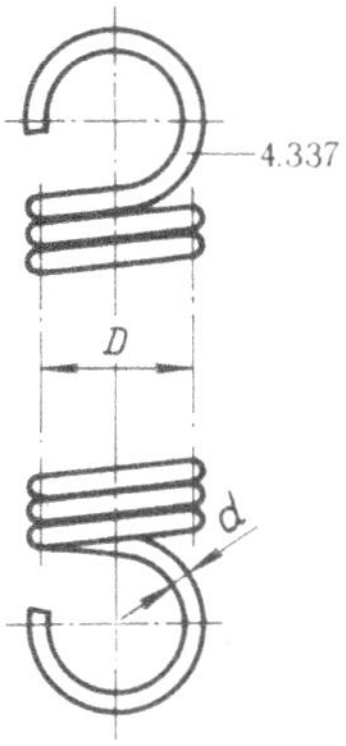

4.337 e hook end
d Öse f
f griffe f
nl aangebogen oog n
r зацеп m
(→ 4.336)

4.338 e mean spring diameter (D)
d mittlerer Windungsdurchmesser m (D)
f diamètre m moyen du ressort (D)
nl gemiddelde veerdiameter m (D)
r средний диаметр m пружины (D)
(→ 4.336)

4.339 e wire diameter (d)
d Drahtdurchmesser m (d)
f diamètre m d'enroulement (d)
nl draaddiameter m (d)
r диаметр m проволоки (d)
(→ 4.336)

4.340 e spring index
d Wickelverhältnis n
f indice m du ressort
nl veerindex m, diameterverhouding f voor een veer
r индекс пружины

$$c = \frac{D}{d}$$

(→ 4.336)

4.341 e spring rate
d Federrate f
f rigidité f du ressort
nl stijfheid f van een veer
r жёсткость f пружины

$$S = \frac{F}{f}$$

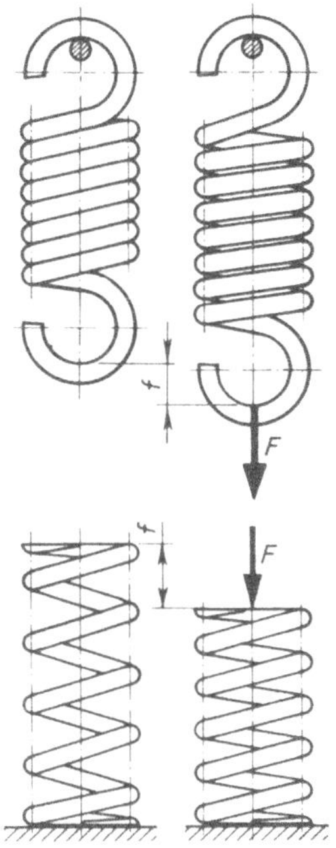

4.342 e cylindrical compression spring
d zylindrische Druckfeder f
f ressort m cylindrique
nl cilindrische drukveer f(m)
r цилиндрическая пружина f сжатия

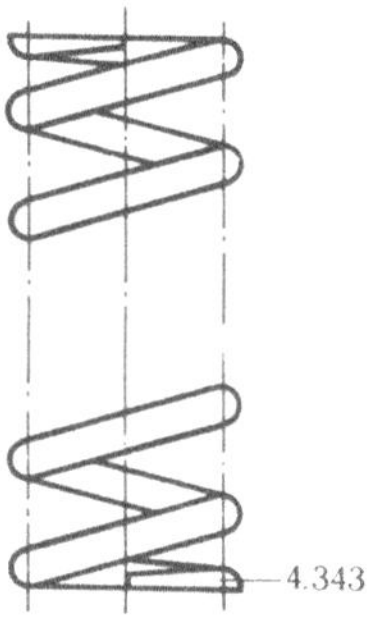

4.343 e squared [closed] end turn
d angelegte Endwindung f
f spire f fermée de ressort
nl **vlakgewikkeld veereinde n**
r **поджатый виток m** (→4.342)

4.344 e conical spring
d Kegelfeder f
f ressort m conique à compression
nl **kegelveer f (m)**
r **коническая пружина f (сжатия)**

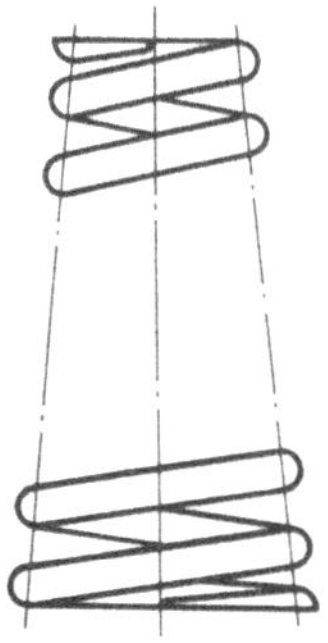

4.345 e spring of round wire
d Feder f mit Kreisquerschnitt
f ressort m à fil rond
nl **veer f (m) uit verenstaaldraad**
r **пружина f (с витками) круглого сечения**

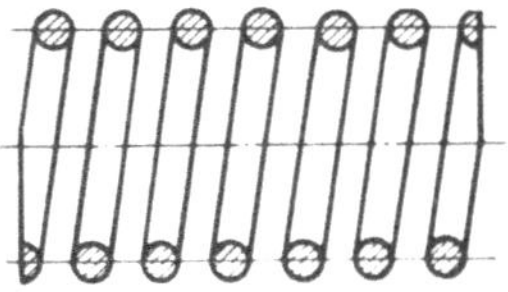

4.346 e spring of rectangular wire
d Feder f mit Rechteckquerschnitt
f ressort m à fil rectangulaire
nl **veer f (m) uit verenstaalband**
r **пружина f (с витками) прямоугольного сечения**

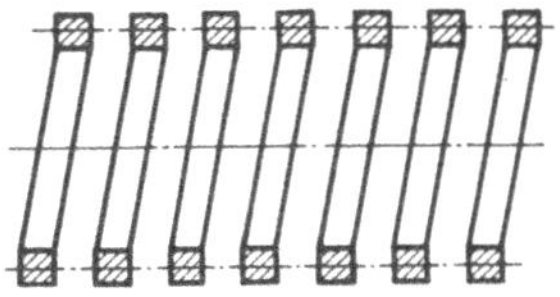

4.347 e Belleville spring
d Tellerfeder f
f ressort m de Belleville
nl schotelveer f(m)
r **тарельчатая пружина f**

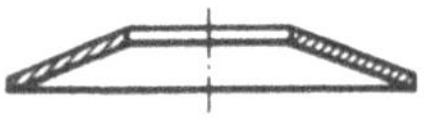

4.348 e set of Belleville springs
d Tellersäule f
f paquet m des ressorts de Belleville
nl schotelveerpakket n
r **пакет m тарельчатых пружин**

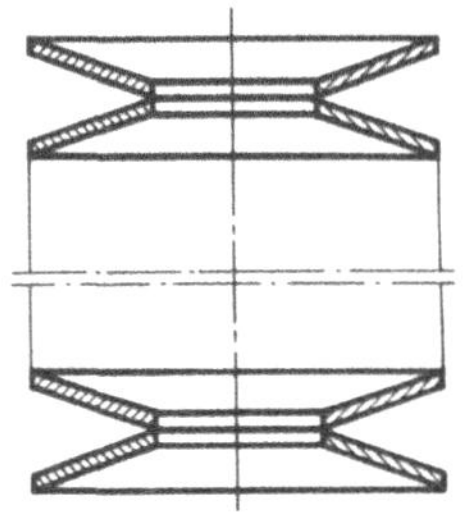

3.349 e ring spring
d Ringfeder f
f ressort m en anneau
nl ringveer f(m)
r **кольцевая пружина f**

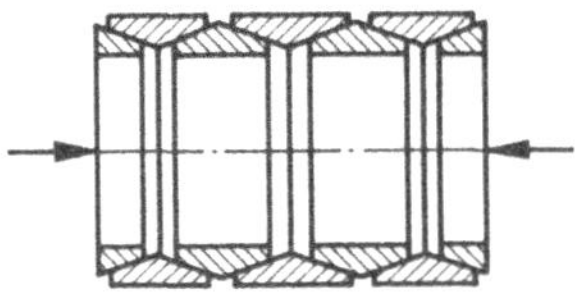

4.350 e spiral spring
d Spiralfeder f
f ressort m en spirale
nl spiraalveer f(m)
r **спиральная (плоская) пружина f**

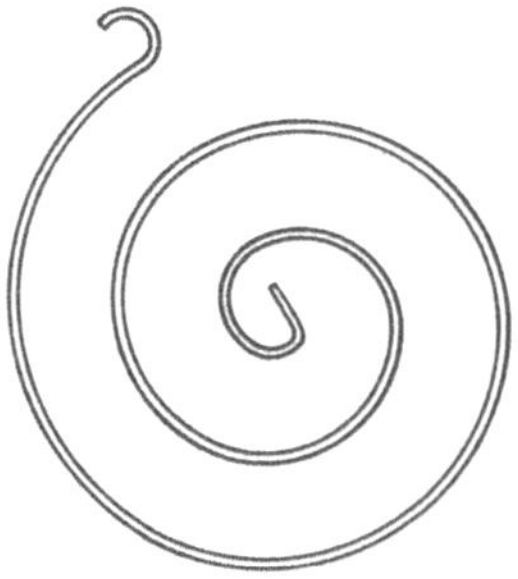

4.351 e torsion bar spring
d Drehstabfeder f
f barre f de torsion
nl torsiestaaf f(m), torsiestang f(m)
r **стержневая пружина f кручения, торсионный вал m, торсион m**

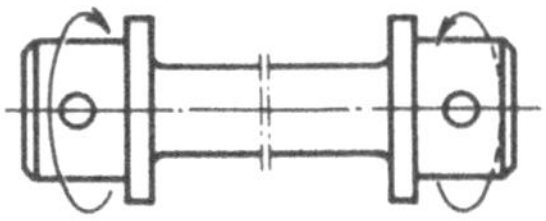

4.352 e leaf spring
d Blattfeder f
f ressort m à lame plate
nl bladveer f(m)
r **плоская пружина f, пластинчатая пружина изгиба**

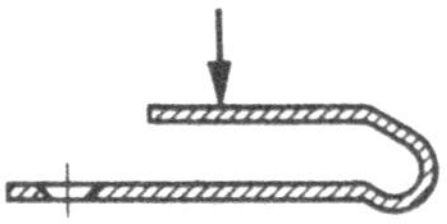

4.353 e multiple-leaf spring
d Mehrschicht(-Blatt)feder f, geschichtete Blattfeder
f ressort m à lames superposées
nl bladveerpakket n
r **рессора f, пластинчатая многослойная пружина f изгиба**

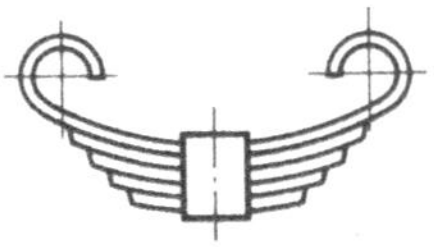

4.354 e block spring
d Gummifeder f
f ressort m en caoutchouc
nl blokveer f(m)
r **блочная пружина f**

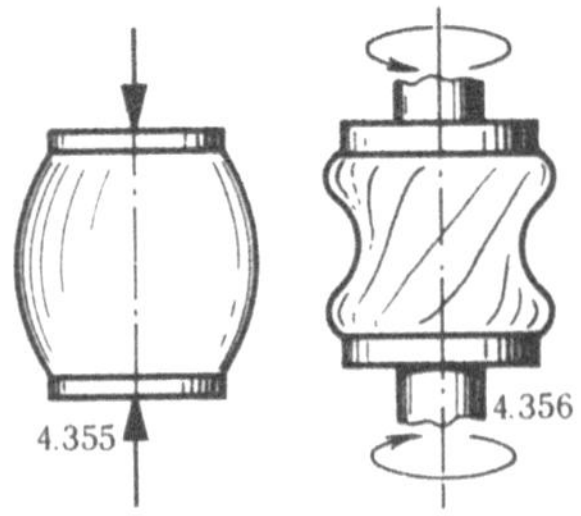

4.355 e rubber-block compression spring
d Gummidruckfeder f
f ressort m à compression en caoutchouc
nl rubberen drukveer f (m)
r блочная пружина f сжатия
(→4.354)

4.356 e rubber-block torsion spring
d Gummi-Drehschubfeder f
f ressort m de torsion en caoutchouc
nl rubberen torsieveer f (m)
r блочная пружина f кручения
(→4.354)

Lubrication
Schmierung
Lubrification
Smering
Смазывание

4.357 e lubrication
d Schmierung f
f graissage m, lubrification f
nl smering f
r смазывание n
(→4.358, 4.366, 4.368)

4.358 e manual lubrication
d Handschmierung f
f lubrification f manuelle
nl smering f met de hand
r ручное смазывание n

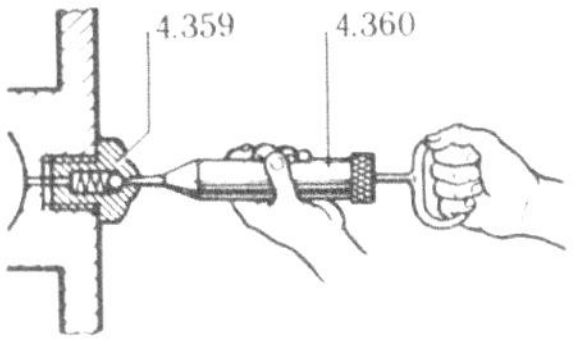

4.359 e grease fitting
d Schmiernippel m
f graisseur m à graisse
nl smeernippel m
r пресс-маслёнка f (для пластичных смазочных материалов)

4.360 e lubricating gun
d Schmierpresse f
f pistolet m à graisse
nl smeerspuit f(m), vetspuit
r смазочный шприц m

4.361 e grease cup
d Staufferbuchse f
f chapeau-graisseur m
nl smeerpot m
r колпачковая маслёнка f

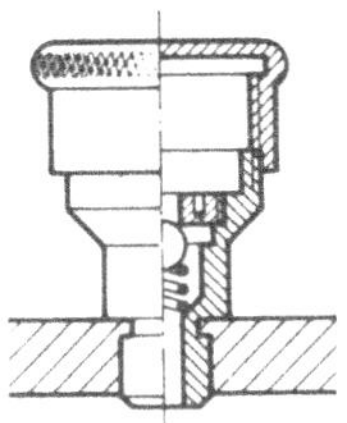

4.362 e oil cup
d Einschlag-Kugelöler m
f graisseur m à huile
nl oliepot m
r пресс-маслёнка (для смазочных масел)

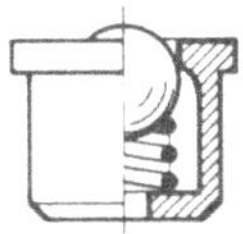

4.363 e centralized lubrication
d Zentralschmierung f
f graissage m centralisé
nl centrale smering f
r централизованное смазывание n
(→4.366, 4.368)

4.364 e lubrication point
d Schmierstelle f
f point m à graisser
nl smeerpunt f (m)
r смазочная точка m
(→4.366, 4.368)

4.365 e total-loss lubrication
d Durchlaufschmierung f
f graissage m à huile perdue
nl doorstroomsmering f
r проточное смазывание n
(→4.366)

4.366 e total-loss lubrication system
d Durchlaufschmieranlage f
f système m de lubrification à huile perdue
nl doorstroomsmeersysteem n
r проточная смазочная система f

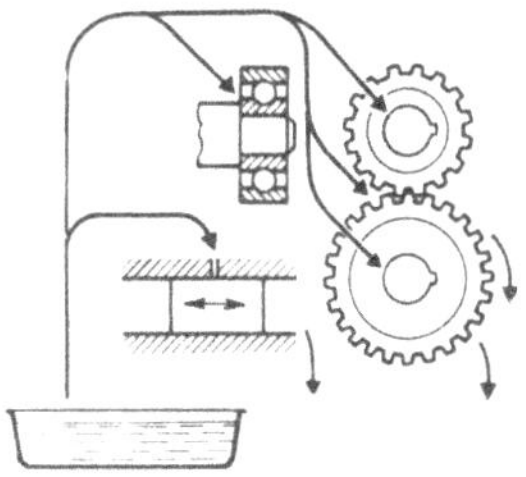

4.367 e circulating lubrication
d Umlaufschmierung f
f graissage m à circulation
nl omloopsmering f
r циркуляционное смазывание n
(→4.368)

4.368 e circulating lubrication system
d Umlaufschmieranlage f
f système m de lubrification à circulation
nl omloopsmeersysteem n
r циркуляционная смазочная система f

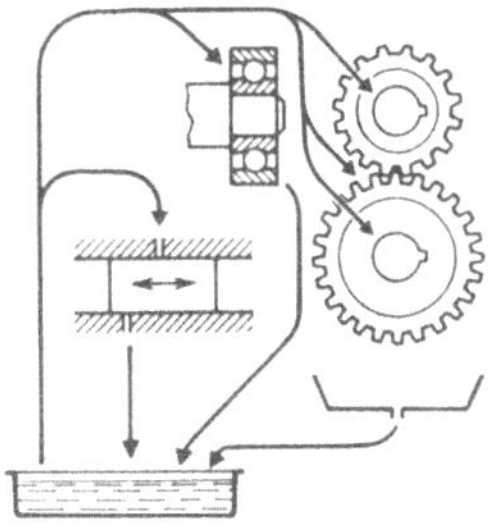

4.369 e single-line lubrication system
d Einleitungsschmieranlage f
f système m de lubrification à une conduite
nl smeersysteem n met één olietoevoerleiding
r одномагистральная смазочная система

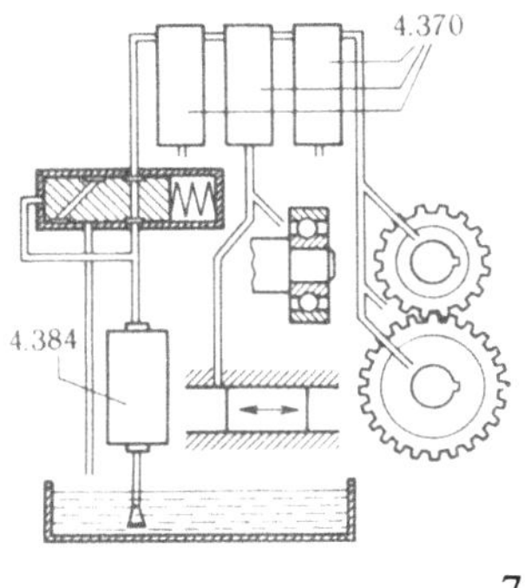

4.370 e oil feeder
d Dosiereinheit f, Verteiler m
f douseur m d'huile
nl oliedoseerapparaat n, oliedoseringsvoorziening f
r смазочный питатель m
(→4.369, 4.371)

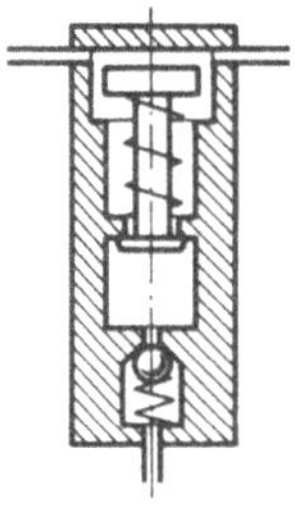

4.371 e two-line lubrication system
d Zweileitungsschmieranlage f
f système f de lubrification à deux conduites
nl smeersysteem n met twee olietoevoerleidingen
r двухмагистральная смазочная система f

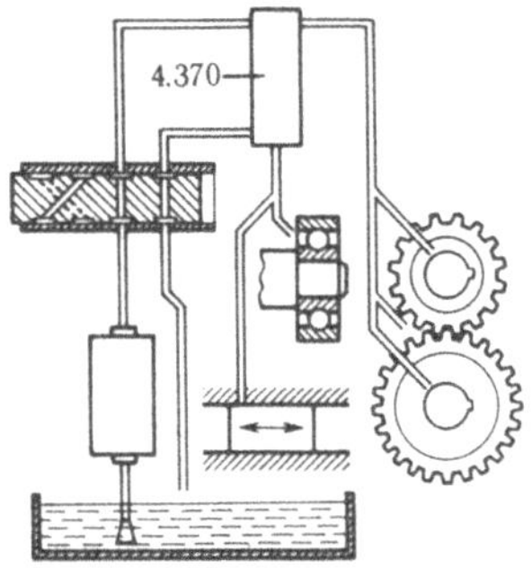

4.372 e (oil level)sight ga(u)ge
d Ölschauglas n
f jauge f à huile
nl oliepeilglas n
r маслоуказатель m

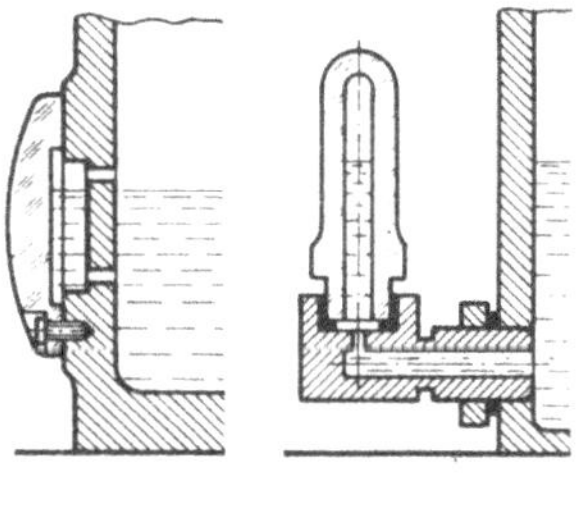

4.373 e drip-feed lubrication
d Tropfschmierung f
f lubrification f par gouttes
nl druppelsmering f
r капельное смазывание n

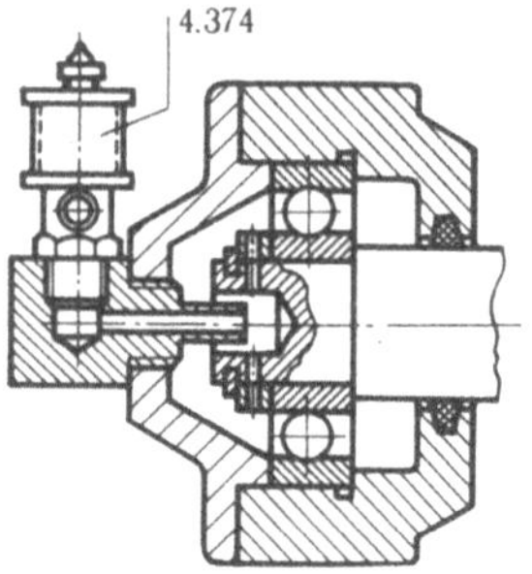

4.374 e needle-valve drip-feed oiler
d Tropföler m
f graisseur m à aiguille
nl naaldsmeerpot m
r игольчатая маслёнка f

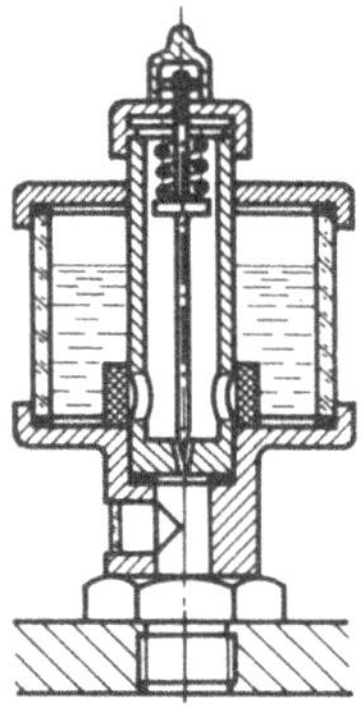

4.375 e wick lubrication
d Dochtschmierung f
f lubrification f à mèche
nl smering f met katoentje
r фитильное смазывание n

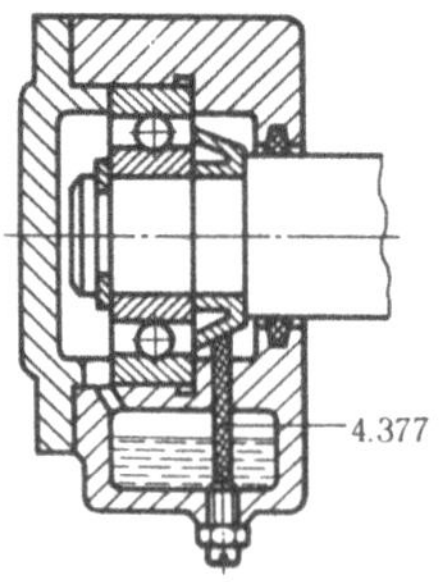

4.376 e wick-feed oiler
d Dochtöler m
f graisseur m à mèche
nl oliepot m met katoentje
r фитильная маслёнка f

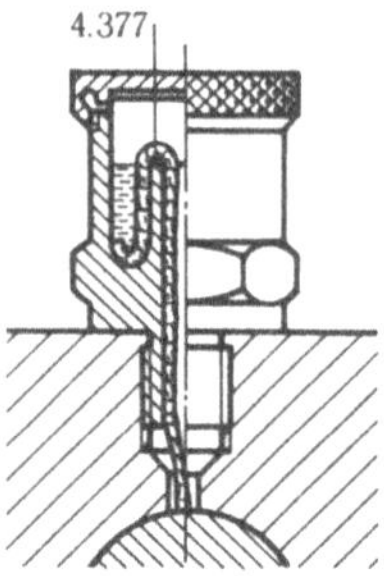

4.377 e (oil) wick
d Öldocht m
f mèche f de graissage
nl smeerkatoentje n
r (смазочный) фитиль m
(→4.375, 4.376)

4.378 e bath [dip feed] lubrication
d Tauchschmierung f
f graissage m par immersion
nl dompelsmering f
r смазывание n погружением

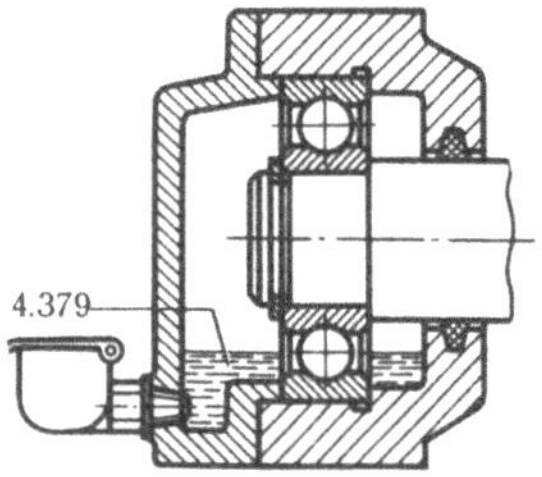

4.379 e oil bath
d Ölbad n
f bain m d'huile
nl oliebad n
r масляная ванна
(→4.378)

4.380 e splash lubrication
d Spritzschmierung f
f lubrification f par barbotage
nl spatsmering f
r смазывание n разбрызгиванием

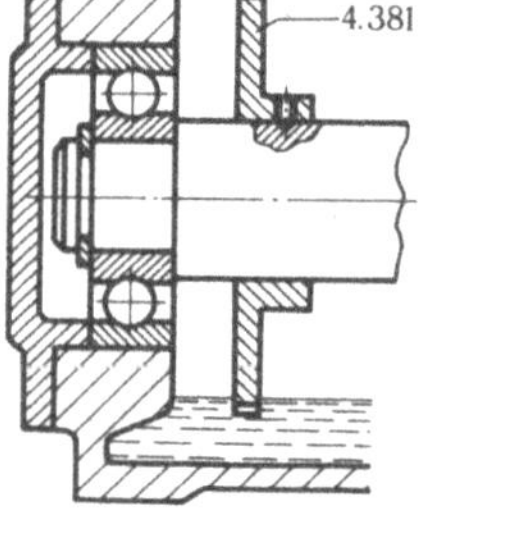

4.381 e splash ring, dipper
d Ölschleuder(ring) m
f bague f de projection d'huile
nl olieslingerring m
r брызговое кольцо n, брызговик m
(→4.380)

4.382 e ring lubrication
d Ringschmierung f
f lubrification f à bague
nl ringsmering f
r смазывание n кольцом

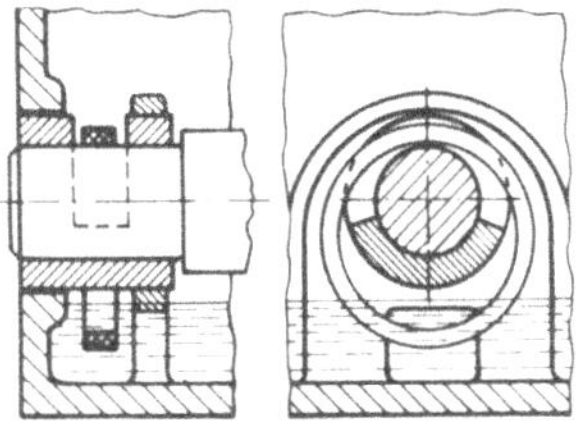

4.383 e force-feed [pressure] lubrication
d Druckumlaufschmierung f
f lubrification f sous pression
nl druksmering f
r смазывание n под давлением

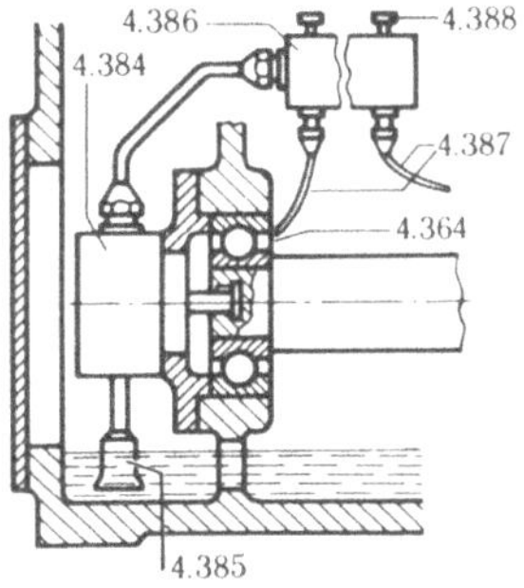

4.384 e lubrication pump
d Schmierpumpe f
f pompe f d'huile
nl oliecirculatiepomp f(m)
r смазочный насос m
(→4.383)

4.385 e oil strainer
d Ölfilter n
f filtre m d'huile
nl oliefilter m, n
r масляный фильтр m
(→4.383)

4.386 e oil distributor
d Ölverteiler m
f distributeur m d'huile
nl olieverdeler m, olieverdeelinrichting f
r маслораспределитель m
(→4.383)

4.387 e oiling pipe
d Ölrohr n
f tube m de graissage
nl olietoevoerleiding f
r смазочная трубка f
(→4.383)

4.388 e oil-feed adjustment
d Einstellung f der Ölzuführung
f réglage m de lubrification
nl afstelling f van de olietoevoer
r регулировка f подачи масла
(→4.383)

4.389 e oil-mist lubrication
d Ölnebelschmierung f
f lubrification f par brouillard d'huile
nl olienevelsmering f
r смазывание n масляным туманом

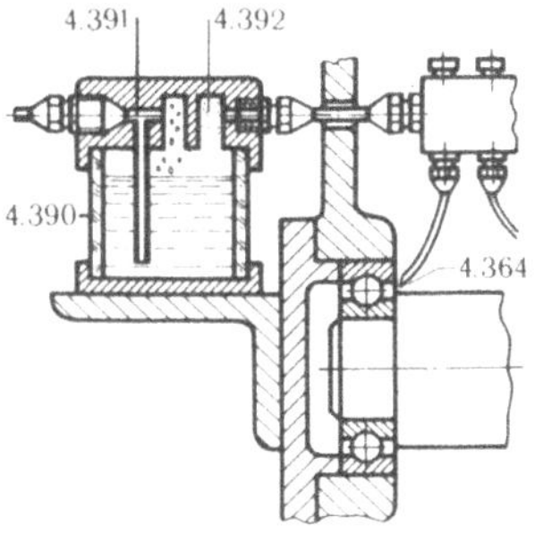

4.390 e oil atomizer, air-oil lubricator
d Ölzerstäuber m, Nebelöler m
f atomiseur m d'huile
nl olieverstuiver m
r (масло)распылитель m
(→4.389)

4.391 e lubricating nozzle
d Schmiersprühdüse f
f injecteur m d'huile
nl olieverstuiver m
r смазочное сопло n
(→4.389)

4.392 e oil mist
d Ölnebel m
f brouillard m d'huile
nl olienevel m
r масляный туман m
(→4.389)

4.393 e lubricant
d Schmiermittel n, Schmierstoff m
f lubrifiant m
nl smeermiddel n
r смазочный материал m
(→4.394, 4.395)

4.394 e lubricating oil
d Schmieröl n
f huile f lubrifiante
nl smeerolie f(m)
r смазочное масло n

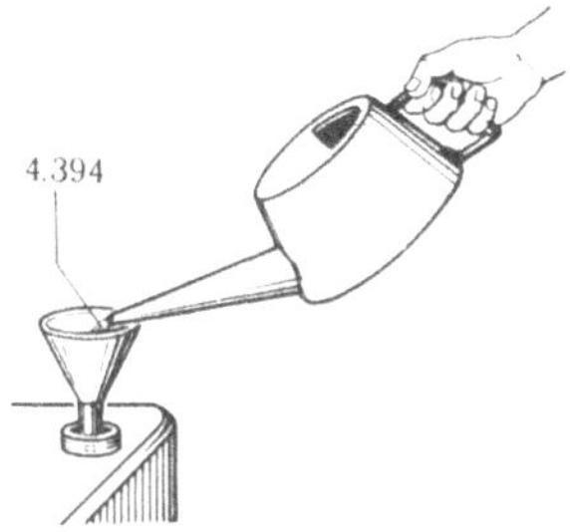

4.395 e grease
d Schmierfett n
f graisse f, lubrifiant m plastique
nl smeervet n
r пластичный смазочный материал m

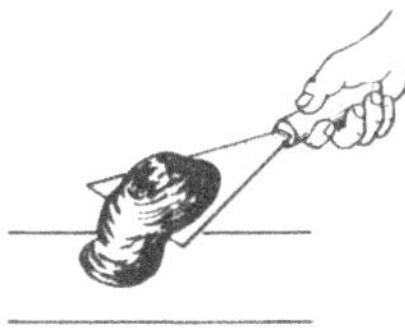

4.396 e solid [dry] lubricant
d fester Schmierstoff m
f lubrifiant m à l'etat solide
nl vast smeermiddel n
r твёрдый смазочный материал m

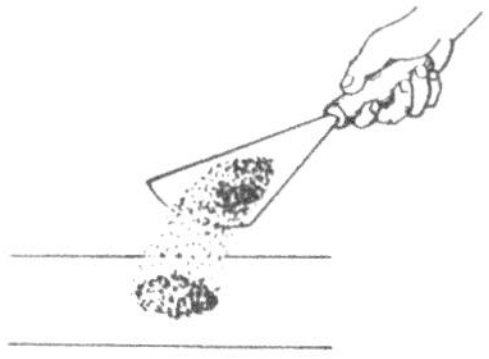

4.397 e sealing
d Abdichtung f
f étanchéité f
nl **afdichting f**
r уплотнение n, герметизация f
(→4.400, 4.401, 4.403, 4.405, 4.409, 4.410)

4.398 e seal
d Dichtung f
f garniture f d'étanchéité
nl **afdichting f**
r уплотнение n
(→4.400, 4.401, 4.403, 4.405, 4.409)

4.399 e non-contact seal
d berührungsfreie Dichtung f
f garniture f ouverte
nl **contactvrije afdichting f**
r бесконтактное уплотнение n
(→4.400, 4.401, 4.403)

4.400 e groove seal
d Spaltdichtung f
f joint m gorgé
nl **groefafdichting f**
r щелевое [канавочное] уплотнение n

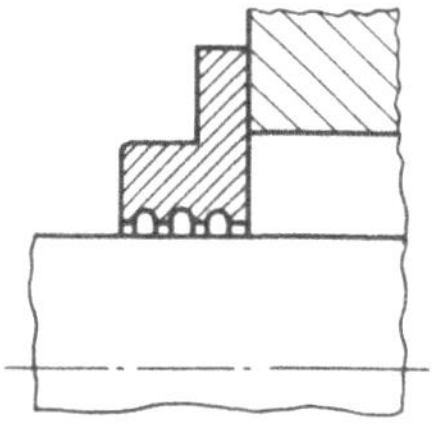

4.401 e labyrinth seal
d Labyrinthdichtung f
f joint-labyrinthe m
nl **labyrintafdichting f**
r лабиринтное уплотнение n

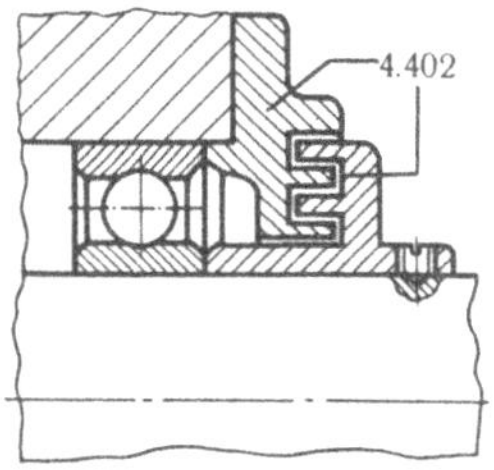

4.402 e labyrinth ring
d Labyrinthring m
f bague f à labyrinthe
nl labyrintring m
r лабиринтное кольцо n
(→4.401)

4.403 e grease-retaining ring
d Fetthaltering m
f bague f collectrice d'huile
nl **oliekeerring m**
r мазеудерживающее кольцо n

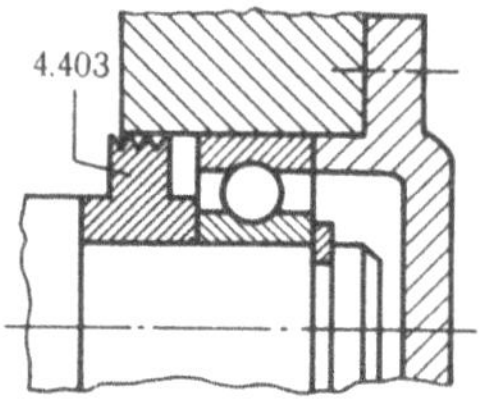

4.404 e contact seal
d Berührungsdichtung f
f garniture f fermée
nl contactafdichting f
r контактное уплотнение n
(→4.405, 4.406, 4.409)

4.405 e sealing ring
d Dichtring m
f bague f d'étanchéité
nl **afdichtingsring m**
r уплотнительное кольцо n

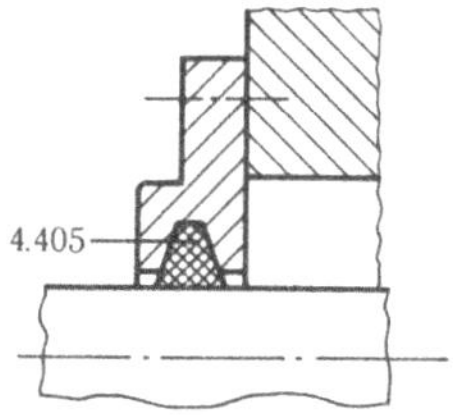

4.406 e lip-type [packing] seal
d Manschette f
f manchette f d'étanchéité
nl manchet f(m)
r уплотнительная манжета f

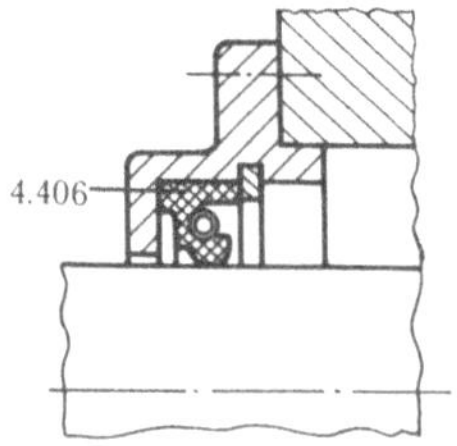

4.407 e press-fit seal
d Wellendichtring m
f presse-étoupe m
nl **perspakking f**
r кассетная манжета f

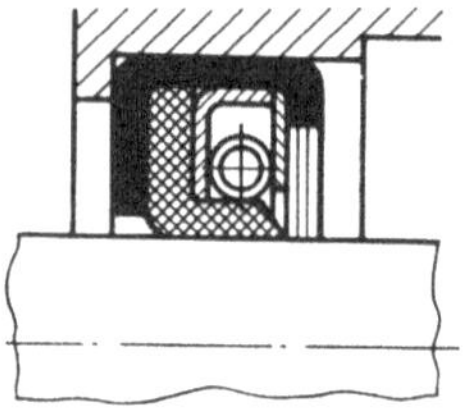

4.408 e reinforced lip-type seal
d versteifte Manschette f
f manchette f renforcée
nl **versterkte manchet f (m)**
r армированная манжета f

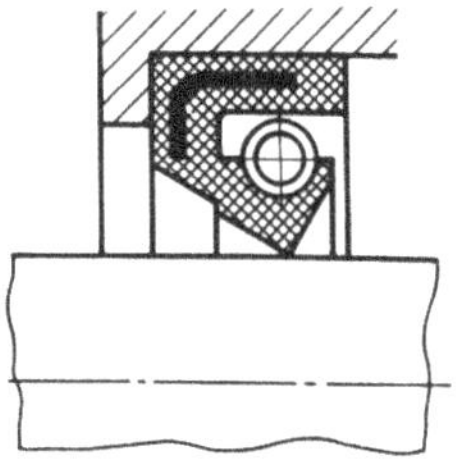

4.409 e split ring
d Federring m
f bague f fendue
nl **veerring m**
r разрезное кольцо n

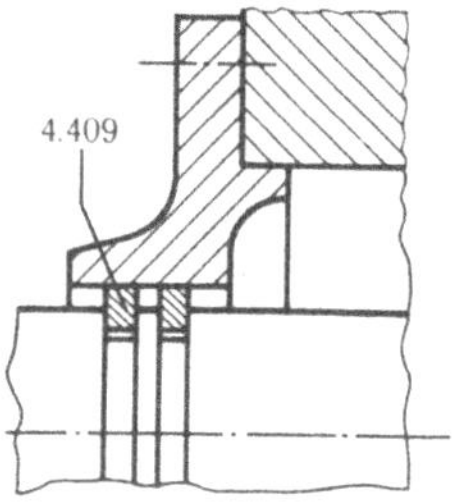

4.410 e (sealing) gasket
d Flachdichtung f
f joint m d'étanchéité
nl **pakking f**
r уплотнительная прокладка f

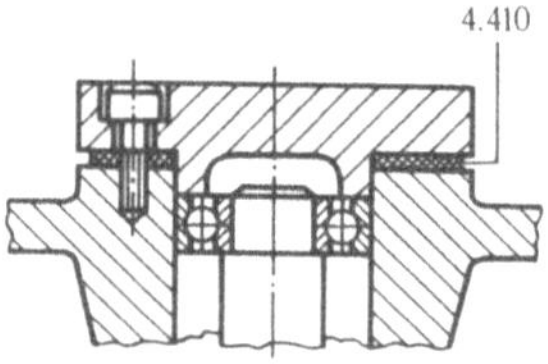

5. POWER TRANSMISSIONS AND MECHANISMS
GETRIEBE
TRANSMISSIONS ET MÈCHANISMES
KRACHTOVERBRENGINGEN EN MECHANISMEN
ПЕРЕДАЧИ И МЕХАНИЗМЫ

General Terms
Allgemeine Begriffe
Termes généraux
Algemene begrippen
Общие термины

5.1 e mechanical drive
d mechanischer Antrieb m
f commande f, entraînement m
nl mechanische aandrijving f
r привод m

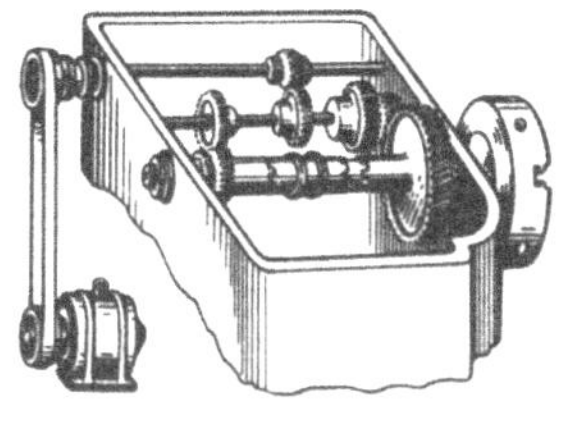

5.2 e kinematic diagram
d Getriebeplan n, Getriebeschema n, Antriebsschema
f schéma m cinématique
nl aandrijfschema n
r кинематическая схема f

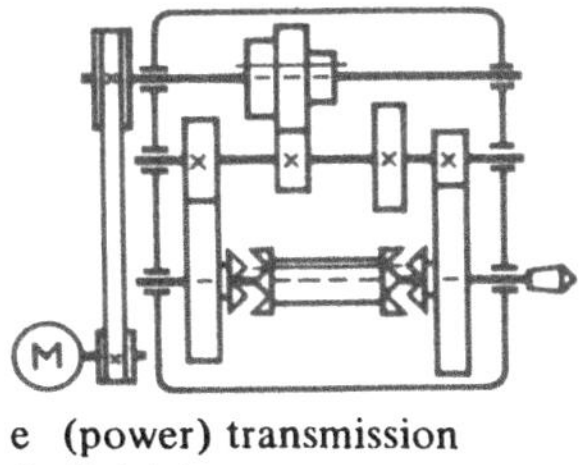

5.3 e (power) transmission
d Getriebe n
f transmission f
nl drijfwerk n, overbrenging f
r передача f

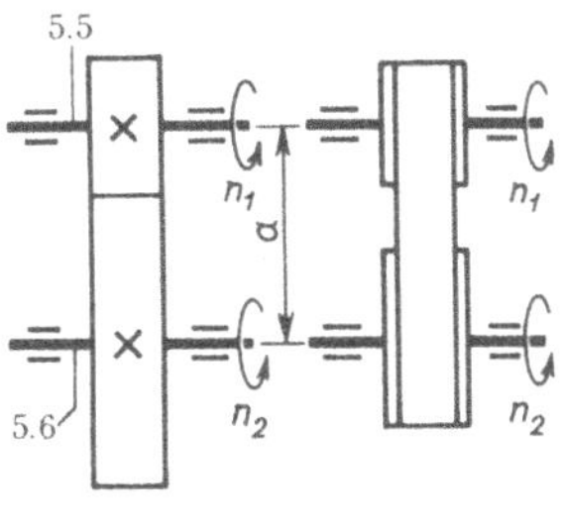

5.4 e centre distance (a)
d Achsabstand m (a)
f entr'axe m (a)
nl hartafstand m (a)
r межосевое расстояние n (a)
(→5.3)

5.5 e driving shaft
d Antriebswelle f, treibende Welle
f arbre m d'entraînement [de commande]
nl aandrijfas f(m)
r ведущий [приводной] вал m
(→5.3)

5.6 e driven shaft
d Abtriebswelle f, getriebene Welle
f arbre m mené [commandé]
nl aangedreven as f (m)
r ведомый вал m
(→5.3)

5.7 e velocity [speed] ratio
d Übersetzungsverhältnis n, Übersetzung f
f rapport m de vitesses
nl overbrengingsverhouding f, transmissieverhouding
r передаточное отношение n

$$i = \frac{n_1}{n_2}$$

(→5.3)

5.8 e underdrive [reducing] transmission
d Getriebe n mit Übersetzung ins Langsame
f démultiplicateur m
nl reductieoverbrenging f, vertragingsoverbrenging
r понижающая передача f

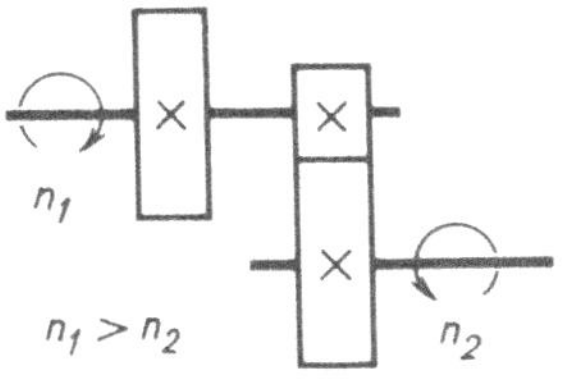

5.9 e overdrive [step-up] transmission
d Getriebe n mit Übersetzung ins Schnelle
f multiplicateur m
nl versnellingsoverbrenging f
r повышающая передача f

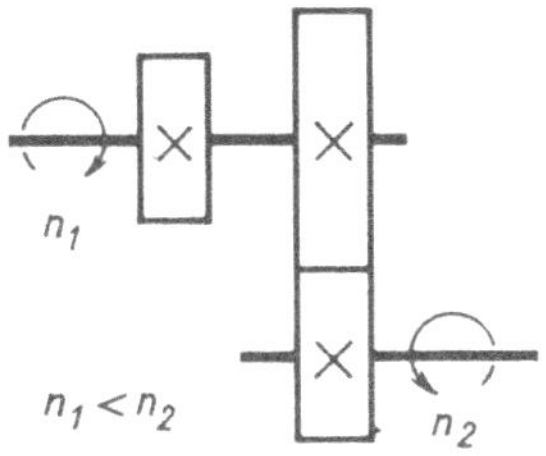

5.10 e stepped speed variation
d Stufendrehzahländerung f
f réglage m de la vitesse pas à pas
nl trapsgewijze regeling f van het toerental
r ступенчатое регулирование n скорости

5.11 e transmission box
d Getriebekasten m
f boîte f de vitesses
nl tandwielkast f(m), versnellingsbak m
r коробка f передач

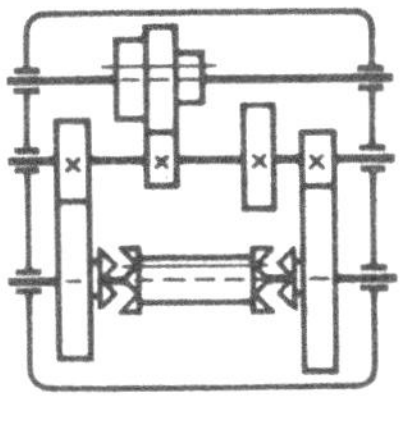

5.12 e series of speeds
d Drehzahlreihe f
f rangée f de vitesses
nl reeks f(m) van toerentallen
r ряд m частот вращения
$n_1; n_2; n_3 \ldots n_{max}$

5.13 e range of speeds
d Drehzahlbereich m
f gamme f de vitesses
nl toerentalbereik n
r диапазон m частот вращения
$n_{min} \ldots n_{max}$

$$R = \frac{n_{max}}{n_{min}}$$

5.14 e stepless speed variation
d stufenlose Drehzahländerung f
f réglage m de la vitesse continue
nl traploze toerenregeling f
r бесступенчатое регулирование n частоты вращения

Friction Gearings
Reibradgetriebe
Transmissions à friction
Wrijvingsdrijfwerken
Фрикционные передачи

5.15 e friction gearing
d Reib(rad)getriebe n, Reibradtrieb m
f transmission f à friction
nl frictieoverbrenging f
r фрикционная передача f
(→ 5.16 – 5.20)

5.16 e spur friction gearing
d Reibradtrieb m mit Zylinderscheiben
f transmission f cylindrique à friction
nl frictieoverbrenging f met cilindrische rollen
r цилиндрическая фрикционная передача f

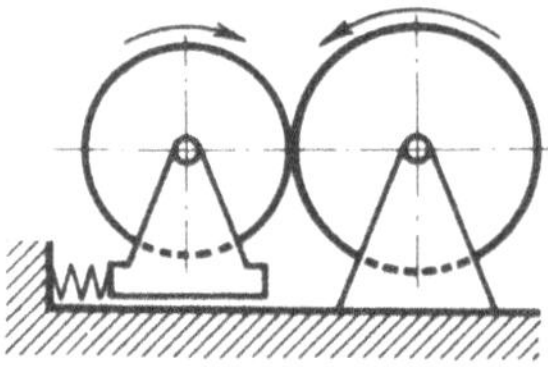

5.17 e cone friction gearing
d Reibradtrieb m mit Kegelscheiben, Kegelreibradgetriebe n
f transmission f conique à friction
nl frictieoverbrenging f met kegelvormige wielen
r коническая фрикционная передача f

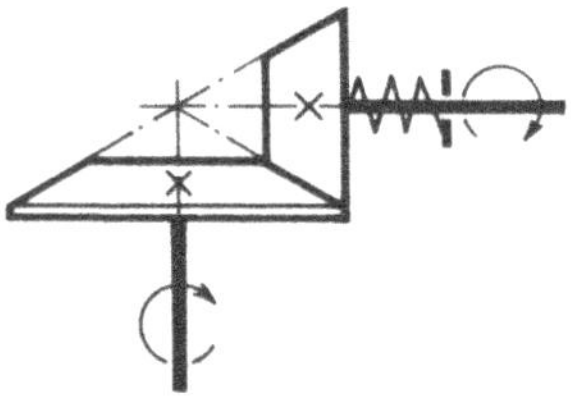

5.18 e frontal friction gearing
d Reibradtrieb m mit Planrad, Planscheiben-Reibradgetriebe n
f transmission f avec axes perpendiculaires
nl haakse frictieoverbrenging f
r лобовая фрикционная передача f

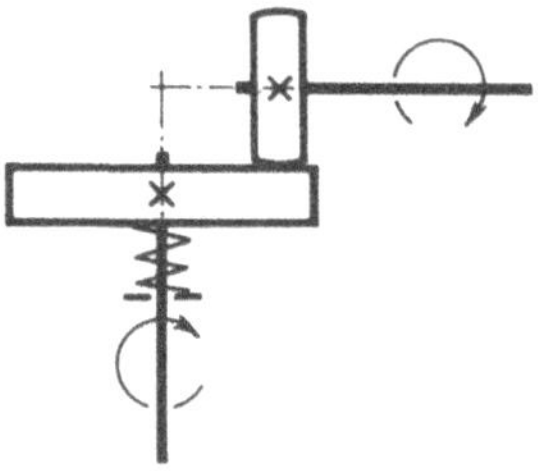

5.19 e external-contact friction gearing
d Aussenreibradgetriebe n
f transmission f à friction avec contact extérieur
nl frictieoverbrenging f met uitwendige aandrijving
r фрикционная передача f внешнего касания

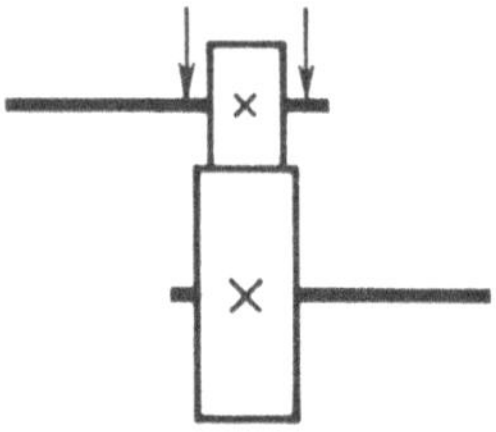

5.20 e internal-contact friction gearing
d Innenreibradgetriebe n
f transmission f à friction avec contact intérieur
nl frictieoverbrenging f met inwendige aandrijving
r фрикционная передача f внутреннего касания

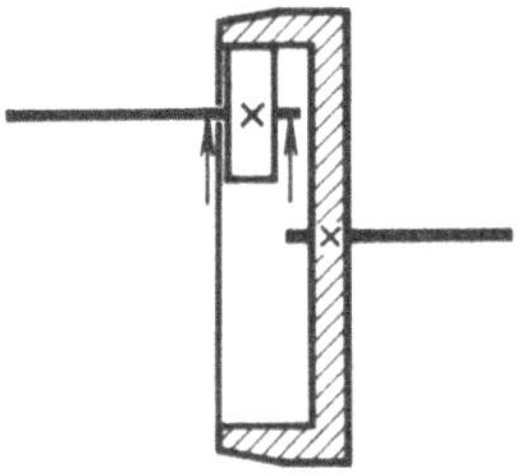

5.21 e friction wheel [disk]
d Reidbrad n, Reibkörper m
f roue f de friction
nl wrijvingswiel n
r фрикционное колесо n, фрикционный ролик m

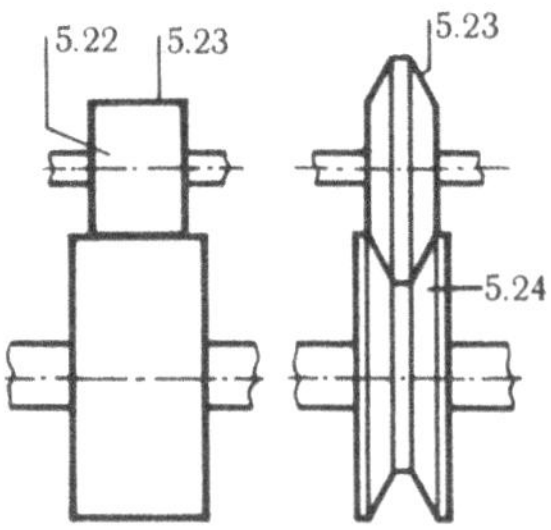

5.22 e flat-faced-rim friction wheel
d gerade gedrehtes Reibrad n
f roue f de friction cylindrique
nl wrijvingswiel n met vlakke velg
r фрикционное колесо n с гладким ободом
(→ 5.21)

5.23 e rim
d Kranz m
f jante f
nl loopvlak n
r обод m
(→5.21)

5.24 e grooved friction wheel
d Reibrad n mit keilförmigen Rillen
f roue f à talon
nl frictiewiel n met V-groef
r фрикционное колесо n с клинчатым ободом, клинчатое колесо
(→5.21)

5.25 e variable-speed friction drive unit
d stufenlos regelbares Reibradgetriebe n, Regel-Reib(rad)-getriebe, Reibradvariator m
f variateur m à friction
nl traploos regelbare frictieoverbrenging f
r фрикционный вариатор m
(→5.26 – 5.29)

5.26 e frontal variable-speed friction drive unit
d Planrad-Regelreibgetriebe n
f variateur m à friction avec axes perpendiculaires
nl regelbare haakse friectieoverbrenging f
r лобовой фрикционный вариатор m

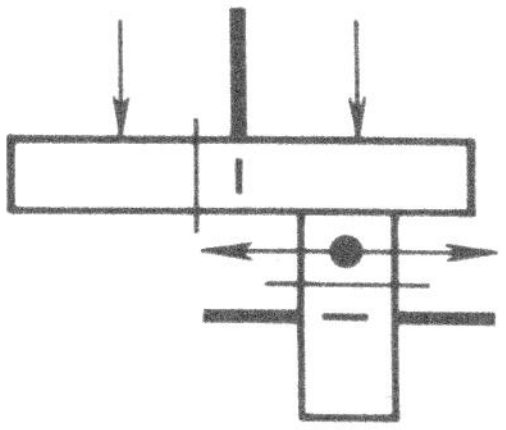

5.27 e cone variable-speed friction drive unit
d Kegelrad-Regelreibgetriebe n
f variateur m à friction à cônes
nl regelbare frictieoverbrenging f met kegelvormige wielen
r конусный фрикционный вариатор m

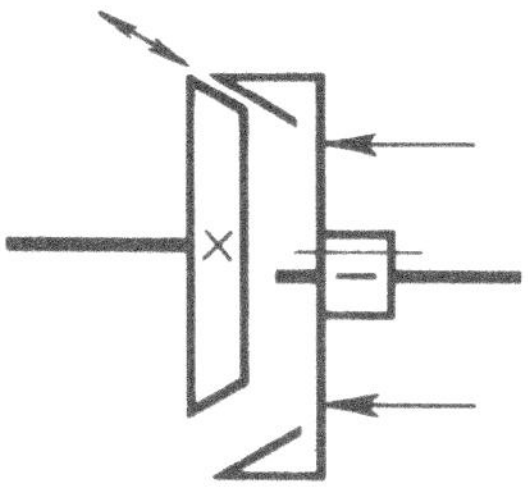

5.28 e disk-type variable-speed friction drive unit
d Mehrscheiben-Regelreibgetriebe n
f variateur m à friction à disques
nl regelbare frictieoverbrenging f op schijven
r дисковый фрикционный вариатор m

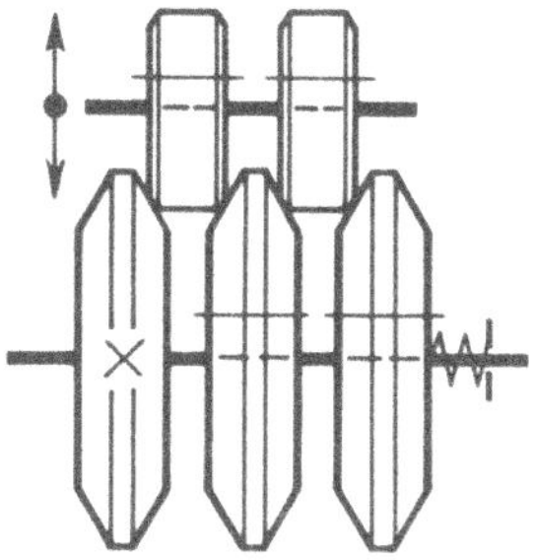

5.29 e toroidal variable-speed friction drive unit
d Globoid-Regelreibgetriebe n
f variateur m à friction à tore
nl regelbare frictieoverbrenging f met torusvormige uitholling
r торовый фрикционный вариатор m

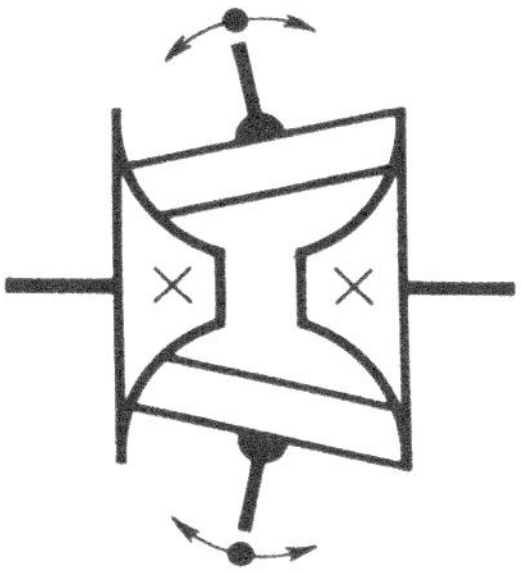

Belt Drives
Riementriebe
Transmissions par courroies
Riemaandrijvingen
Ремённые передачи

5.30 e belt drive
d Riementrieb m, Riementriebe n
f transmission f par courroie
nl riemoverbrenging f
r ремённая передача f

5.31 e open-belt drive
d offener Riementrieb m
f transmission f par courroie ouverte
nl open riemoverbrenging f
r открытая ремённая передача f

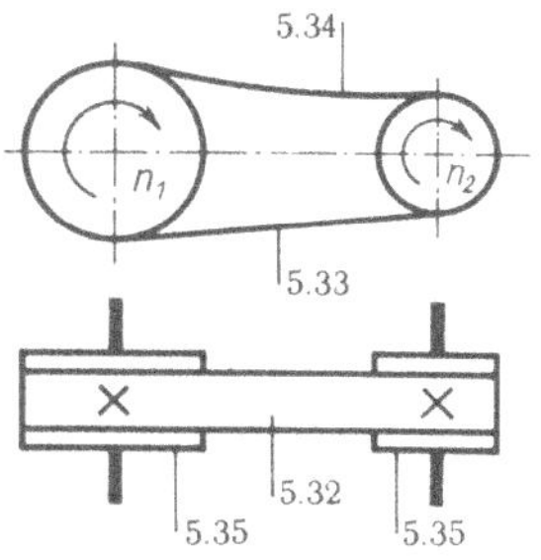

5.32 e belt
d Riemen m
f courroie f
nl riem m, trekorgaan n
r (приводной) ремень m
(→5.31)

5.33 e driving side of belt
d Lasttrum m
f brin m menant de courroie
nl trekkend part n
r ведущая ветвь f ремня
(→5.31)

5.34 e slack side of belt
d Leertrum m
f brin m mené de courroie
nl teruggaande part n
r ведомая ветвь f ремня
(→5.31)

5.35 e pulley
d Riemenscheibe f
f poulie f
nl poelie f(m), riemschijf f(m)
r шкив m
(→5.31, 5.45)

5.36 e crossed-belt drive
d gekreuzter Riementrieb m
f transmission f par courroie croisée
nl gekruiste riemoverbrenging f
r перекрёстная ремённая передача f

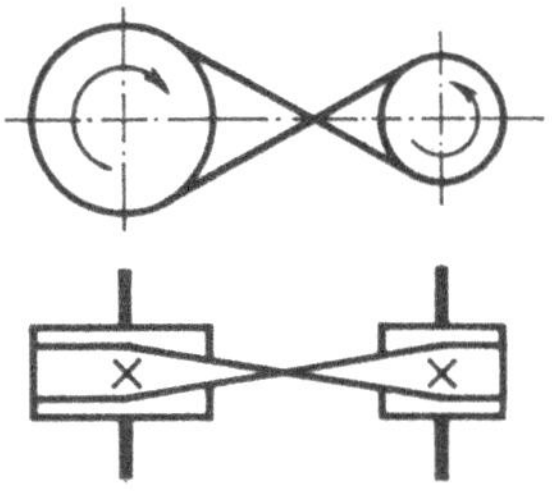

5.37 e quarter-turn beit drive
d halbgekreuzter Riementrieb m
f transmission f par courroie semi-croisée
nl halfgekruiste riemoverbrenging f
r полуперекрёстная ремённая передача f

5.38 e angular belt drive
d Winkelriementrieb m
f transmission f par courroie d'angle
nl hoekriemoverbrenging f
r угловая ремённая передача f

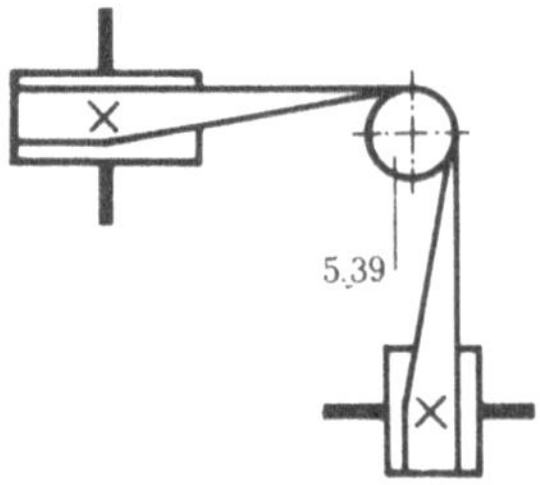

5.39 e guiding idler pulley
d Leitrolle f
f galet m de guidage
nl leirol f(m)
r направляющий ролик m
(→5.38)

5.40 e belt drive with a tensioner
d Spannrollentrieb m
f transmission f par courroie en tension
nl riemoverbrenging f met spanrol
r ремённая передача f с натяжным роликом

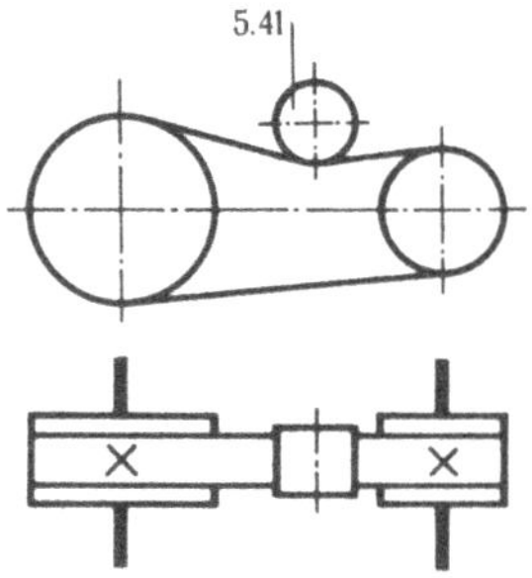

5.41 e tensioner, tensioning idler pulley
d Spannrolle f
f galet m de tension
nl spanrol f(m)
r натяжной ролик m
(→5.40)

5.42 e belt tensioning
d Riemenspannung f
f tension f de courroie
nl riemspanning f
r натяжение n ремня

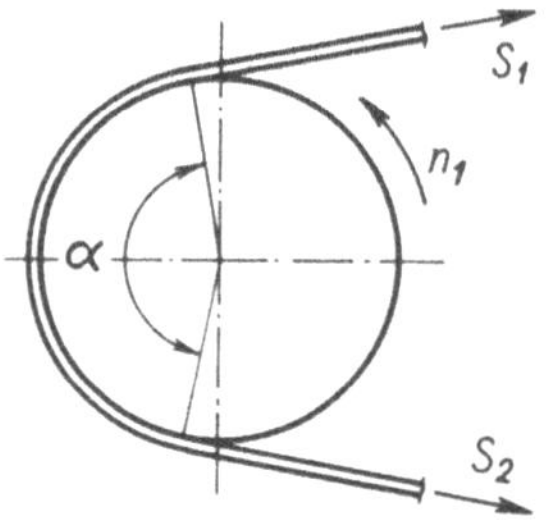

5.43 e arc of contact (α)
d Umschlingungswinkel m (α)
f angle m d'appui de courroie (α)
nl omspannen hoek m (α)
r угол m обхвата (α)
(→5.42)

5.44 e pull factor
d Durchzugsgrad m
f coefficient m de traction
nl trekfactor m
r коэффициент m тяги

$$\varphi = \frac{S_1 - S_2}{S_1 + S_2}$$

(→5.42)

5.45 e flat-belt drive
d Flachriementrieb m
f transmission f par courroie plate
nl vlakke-riemoverbrenging f
r плоскоремённая передача f

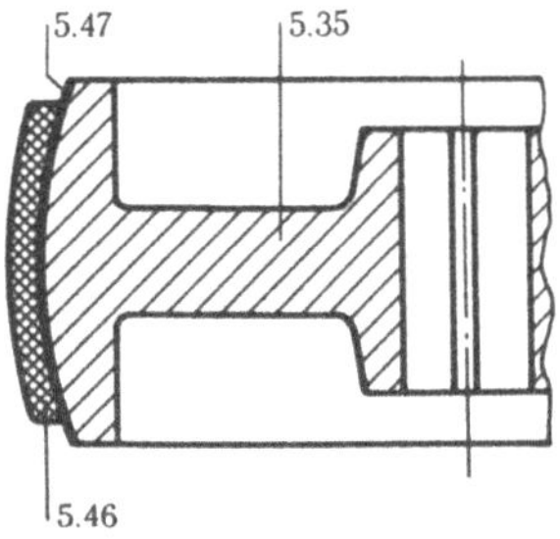

5.46 e flat belt
d Flachriemen m
f courroie f plate
nl vlakke riem m
r плоский ремень m
(→5.45)

5.47 e crowned rim
d ballige Riemenscheibe f
f jante f bombée

nl bolle riemschijf f(m)
r бомбированный обод m
(→ 5.45)

5.48 e V-belt drive
d Keilriementrieb m
f transmission f par courroie trapezoïdale
nl V-snaaroverbrenging f
r клиноремённая передача f

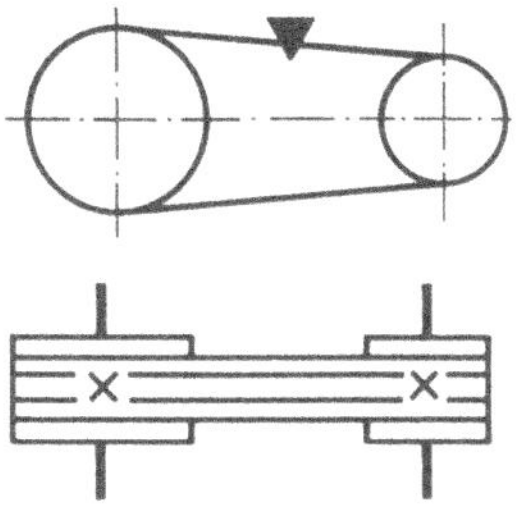

5.49 e V-belt, vee-belt
d Keilriemen m
f courroie f trapezoïdale
nl V-snaar f (m)
r клиновой ремень m

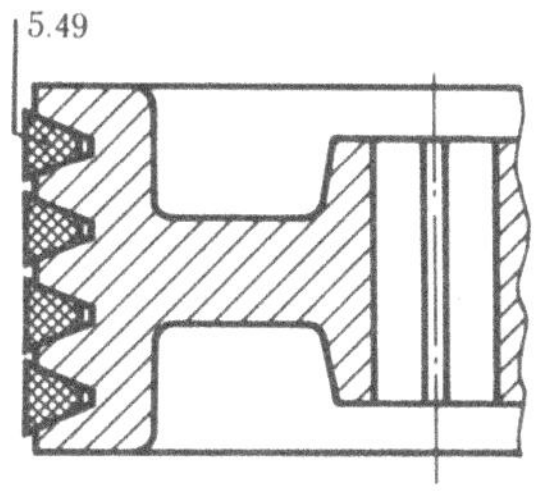

5.50 e multiple [banded-together] V-belt
d Verbundkeilriemen m, Poly-V-Riemen
f courroie f polytrapézoïdale
nl V-riem m, meervoudige V-snaar f (m)
r поликлиновой ремень m

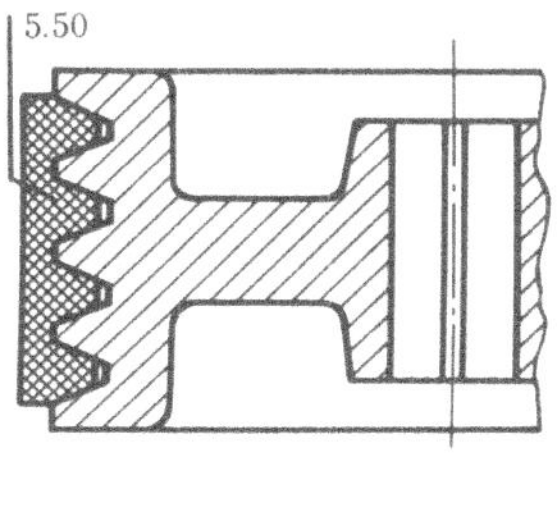

5.51 e V-belt variable-speed drive unit
d Breitkeilriemen-Variator m
f variateur m à courroie trapézoïdale
nl regelbare overbrenging f met V-snaar
r клиноремённый вариатор m

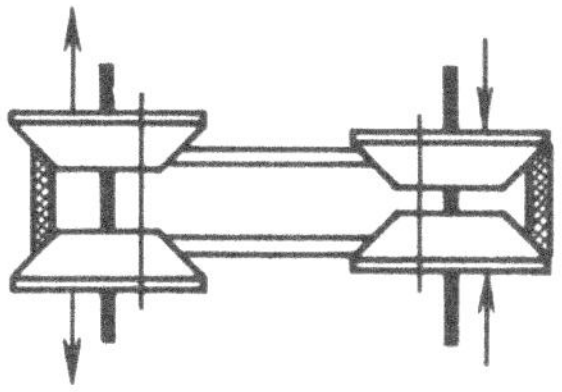

5.52 e timing belt
d Zahnriemen m
f courroie f crantée
nl getande riem m
r зубчатый ремень m

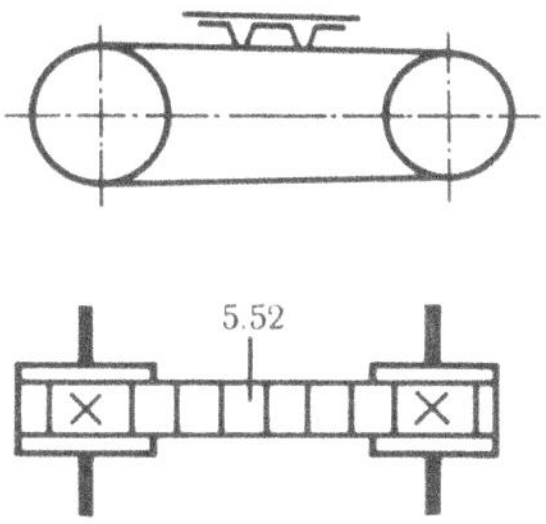

5.53 e round belt
d Rundriemen m
f courroie f ronde
nl ronde snaar f (m)
r круглый ремень m

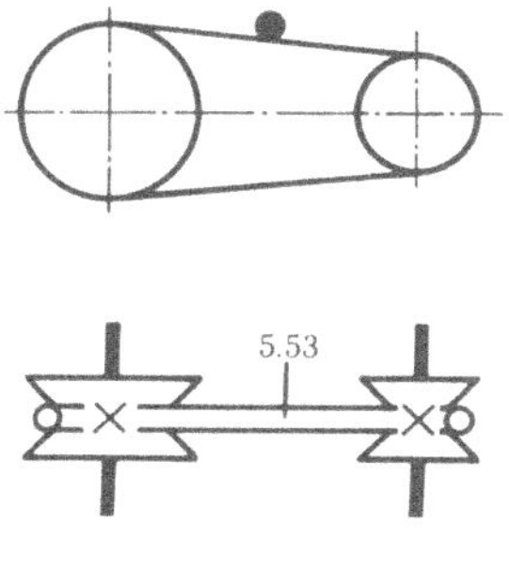

5.54 e leather belt
d Lederriemen m
f courroie f en cuir
nl leren riem m
r кожаный ремень m

5.55 e woven fabric belt
d Geweberiemen m, Textilriemen
f courroie f tissée
nl geweven riem m
r цельнотканый ремень m

5.56 e rubber-impregnated belt
d Gummi-Geweberiemen m
f courroie f imprégnée de caoutchouc
nl met rubber geimpregneerde geweven riem m
r прорезиненный ремень m

5.57 e belt joint
d Riemenendverbindung f
f jonction f de courroie
nl riemlas f (m)
r соединение n ремня
(→ 5.58, 5.59)

5.58 e cemented joint
d Kittenverbindung f
f joint m collé
nl gelijmde las f (m)
r клеевое соединение n

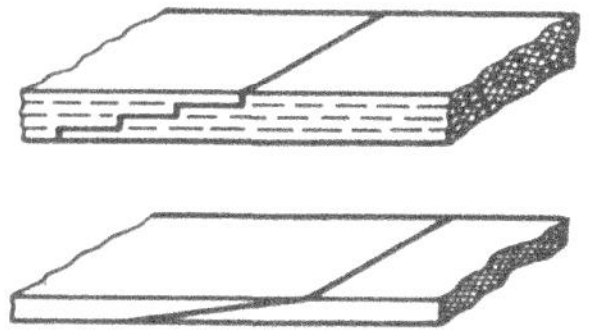

5.59 e laced joint
d Drahtverbindung f
f jonction f par couture
nl gestikte las f (m)
r сшивное соединение n

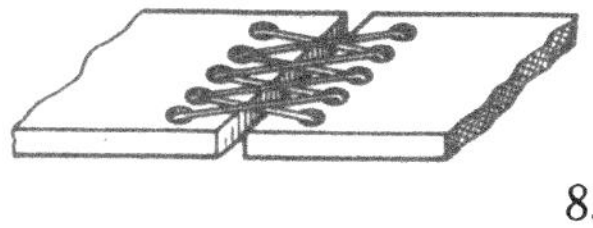

Chain Drives
Kettentriebe
Transmissions par chaînes
Kettingoverbrengingen
Цепные передачи

5.60 e chain drive [transmission]
d Kettentrieb m, Kettengetriebe n
f transmission f par chaîne
nl kettingoverbrenging f
r цепная передача f

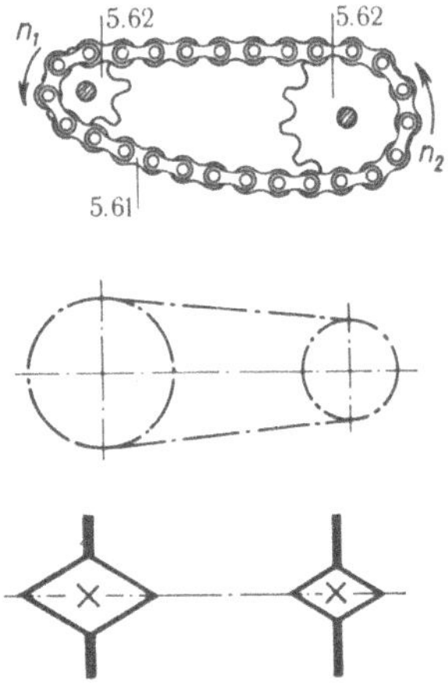

5.61 e (power) transmission chain
d Antriebskette f, Treibkette
f chaîne f de transmission
nl aandrijfketting m, f
r (приводная) цепь f
(→5.60)

5.62 e sprocket
d Kettenrad n
f pignon m à chaîne
nl kettingwiel n, kettingtandwiel
r (цепная) звёздочка f
(→5.60)

5.63 e roller chain
d Rollenkette f
f chaîne f à rouleaux
nl rollenketting m, f
r роликовая цепь f

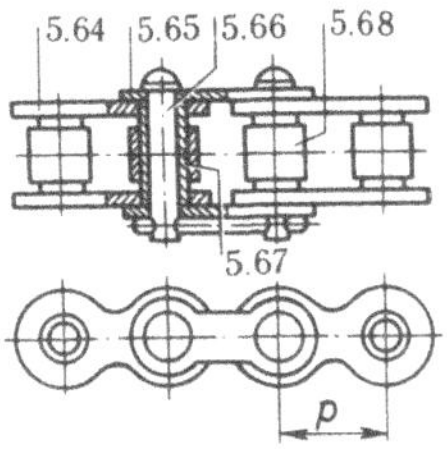

5.64 e roller link plate
d Innenlasche f
f maillon m intérieur
nl binnenschakel m, f
r внутреннее звено n, внутренняя пластина f
(→5.63)

5.65 e pin-link plate
d Aussenlasche f
f maillon m extérieur
nl buitenschakel m, f
r внешнее звено n, внешняя пластина f
(→5.63)

5.66 e pin
d Kettenbolzen m
f pivot m
nl kettingbout m
r валик m
(→5.63)

5.67 e bushing
d Gelenkbuchse f
f douille f
nl naaf f(m), draagbus f(m)
r втулка f
(→5.63)

5.68 e chain roller
d Kettenrolle f
f rouleau m de chaîne
nl kettingrol f(m)
r ролик m цепи
(→5.63)

5.69 e pitch of chain (*p*)
d Kettenteilung f (*p*)
f pas m de chaîne (*p*)
nl kettingsteek m (*p*)
r шаг m цепи (*p*)
(→5.63)

5.70 e bushing chain
d Hülsenkette f
f chaîne f tubulaire
nl busketting m, f
r втулочная (приводная) цепь f

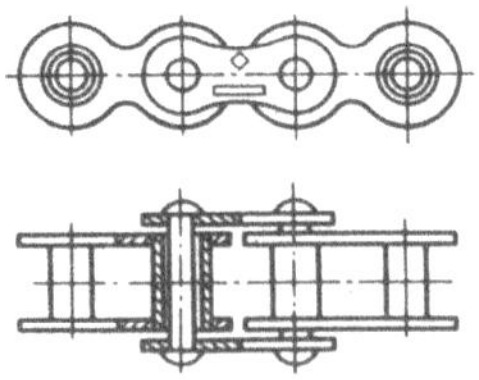

5.71 e single-strand chain
d Einfachkette f
f chaîne f simple
nl eenrijige ketting m, f
r однорядная цепь f
(→5.63, 5.70)

5.72 e double-strand chain
d Zweifachkette f
f chaîne f double
nl dubbelrijige ketting m, f, duplexketting
r двухрядная цепь f

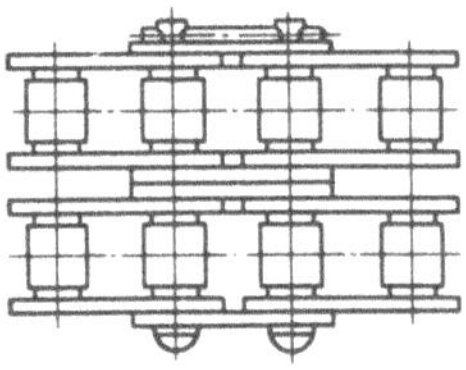

5.73 e multiple-strand chain
d Mehrfachkette f
f chaîne f multiple
nl meervoudige ketting m, f
r многорядная цепь f

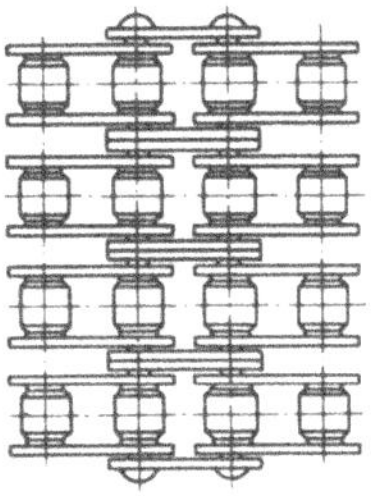

5.74 e Ewart chain
d Rotarykette f
f chaîne f à maillons courbés
nl ewartketting m, f
r цепь f с изогнутыми пластинами

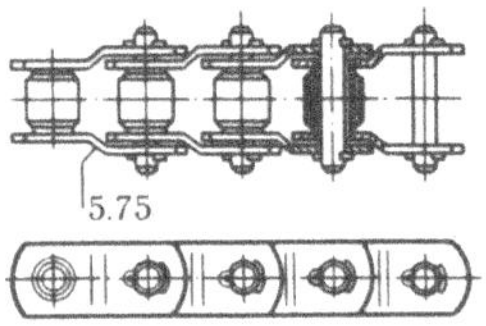

5.75 e bent plate
d gekröpfte Lasche f
f maillon m courbé
nl gebogen schakel m, f
r изогнутая пластина f
(→5.74)

5.76 e silent [inverted-tooth] chain
d Zahnkette f
f chaîne f dentée
nl tandketting f
r зубчатая цепь f

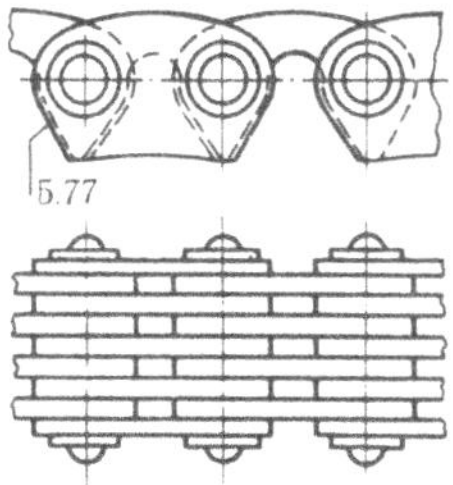

5.77 e plate retainer
d Führungslasche f
f plaque f de guidage
nl geleidingsplaat f (m)
r направляющая пластина f
(→5.76)

5.78 e detachable chain
d zerlegbare Gelenkkette f
f chaîne f à crochets
nl haakketting m, f
r крючковая цепь f

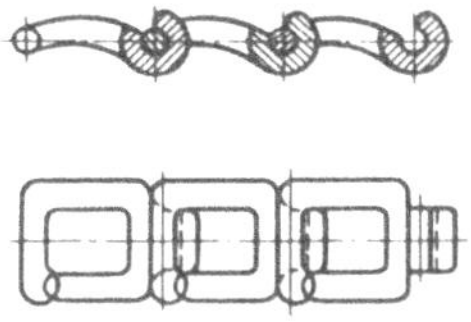

5.79 e bushing-stud chain
d Stahlbolzenkette f
f chaîne f mouflée
nl damketting m, f
r втулочно-штыревая цепь f

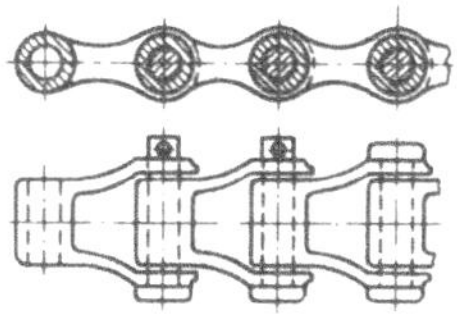

5.80 e hoisting chain
d Lastkette f
f chaîne f de traction
nl trekketting m, f
r тяговая цепь f
(→5.81, 5.82)

5.81 e hoisting coil chain, straight-link chain
d Rundstahlkette f
f chaîne f de traction à maillons ronds
nl schalmketting m, f
r круглозвенная тяговая цепь f

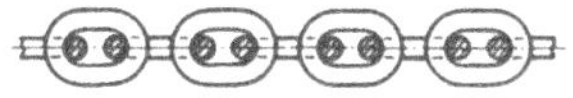

5.82 e flat-link hoisting chain
d Gallkette f
f chaîne f de traction articulée
nl gallse ketting m, f
r шарнирная тяговая цепь f

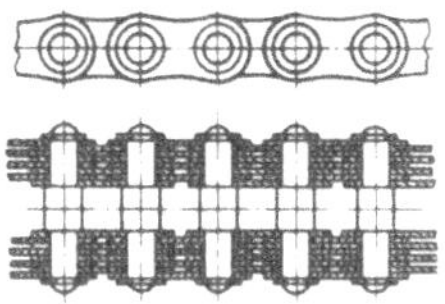

Gearings
Zahnradgetriebe
Engrenages
Tandwieloverbrengingen
Зубчатые передачи

5.83 e (toothed) gearing, gear set, gear train
d Zahnradgetriebe n
f engrenage m, transmission f par engrenages
nl tandwieloverbrenging f
r зубчатая передача f
(→5.86, 5.91, 5.93, 5.94, 5.97)

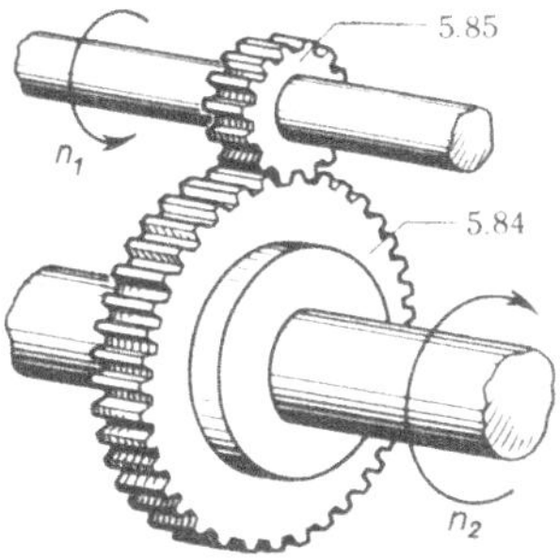

5.84 e (toothed) gear
d Zahnrad n
f roue f dentée
nl tandwiel n, tandrad n
r зубчатое колесо n
(→5.83)

5.85 e pinion
d Ritzel n, Kleinrad n
f pignon m
nl rondsel n, klein drijfwiel n
r шестерня f
(→5.83)

5.86 e rack-and-pinion transmission [drive]
d Zahnstangengetriebe n
f engrenage m à crémaillère
nl tandstangaandrijving f
r реечная (зубчатая) цилиндрическая передача f

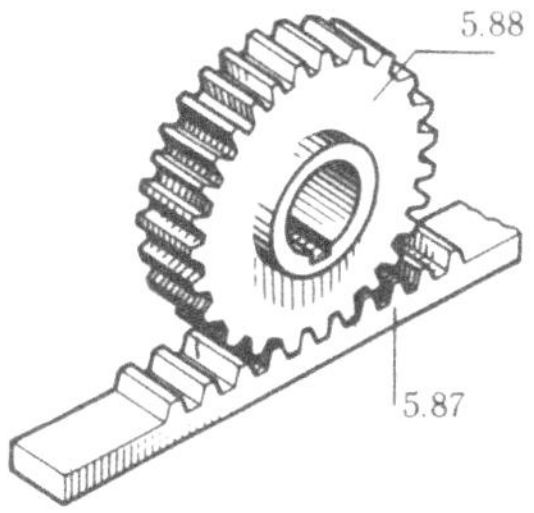

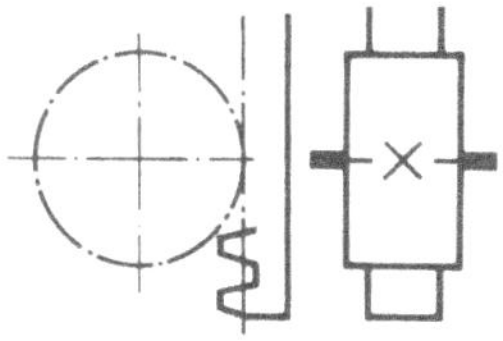

5.87 e (gear) rack
d Zahnstange f
f crémaillère f
nl tandstang f(m), tandheugel m
r зубчатая рейка f
(→5.86)

5.88 e rack pinion
d Zahnstangenritzel n
f pignon m de la crémaillère
nl rondsel n
r реечная шестерня f
(→5.86)

5.89 e spur gearing [gear set, gear train]
d Geradstirnradgetriebe n
f engrenage m cylindrique a denture droite
nl rechte tandwieloverbrenging f
r прямозубая цилиндрическая передача f

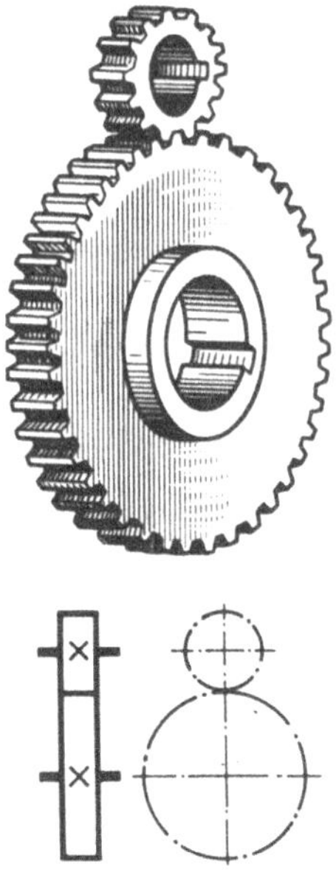

5.90 e helical gearing, helical-gear set [train]
d Schrägstirnradgetriebe n
f engrenage m cylindrique à denture hélicoïdale
nl tandwieloverbrenging f met schuine tanden
r косозубая (цилиндрическая) передача f

5.91 e bevel gearing, bevel-gear set [train]
d Kegelradgetriebe n
f engrenage m conique
nl konische tandwieloverbrenging f
r коническая (зубчатая) передача f

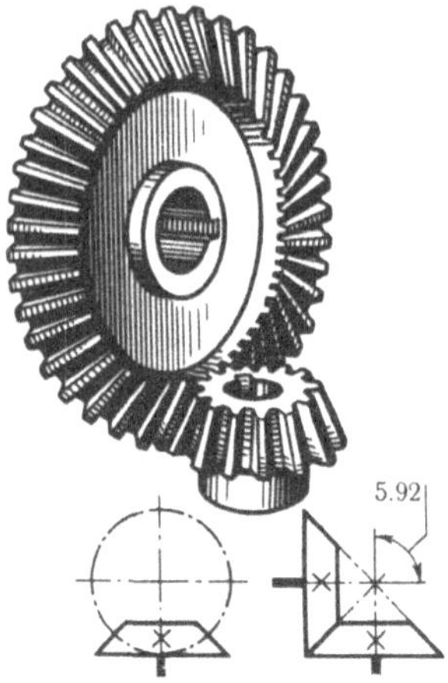

5.92 e shaft angle
d Achsenwinkel m
f angle m des axes
nl hoek m tussen de assen
r межосевой угол m (зубчатой передачи) (→5.91)

5.93 e crossed-axis helical gearing, crossed helical-gear set [train]
d Schraubradgetriebe n
f engrenage m hélicoïdal
nl haakse tandwieloverbrenging f met schroefvertanding
r винтовая (зубчатая) передача f

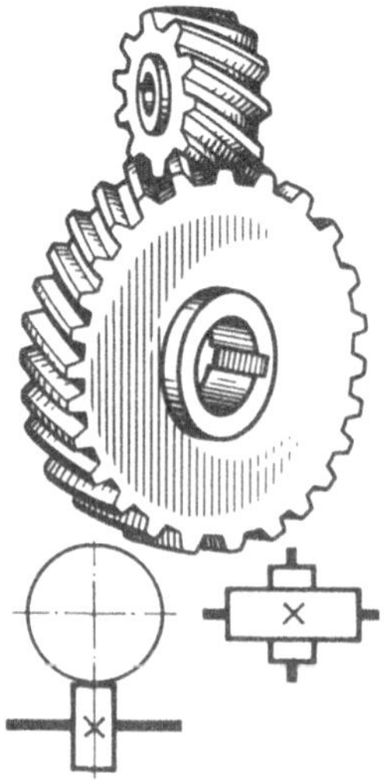

5.94 e hypoid gearing, hypoid-gear set [train]
d Hypoidgetriebe n
f engrenage m hypoïde
nl hypoide overbrenging f
r гипоидная (зубчатая) передача f (первого рода)

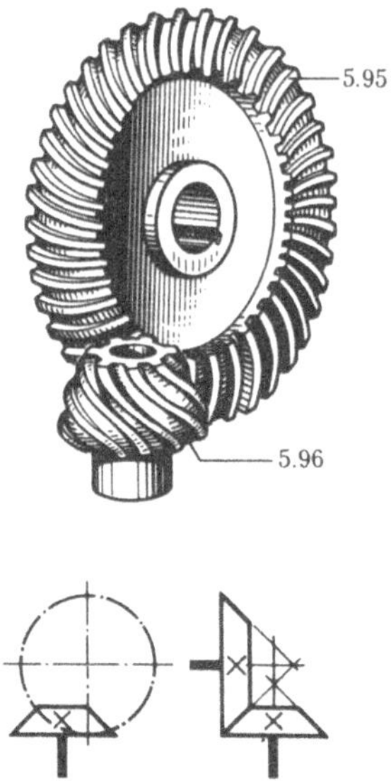

5.95 e hypoid gear
d Hypoidrad n
f roue f dentée hypoïde
nl hypoid tandwiel n
r гипоидное колесо n (→5.94)

5.96 e hypoid pinion
d Hypoid-Ritzel n
f pignon m hypoïde
nl hypoid rondsel n
r гипоидная шестерня f (→5.94)

5.97 e worm gearing [gear set]
d Schneckengetriebe n
f engrenage m à vis sans fin

nl wormwieloverbrenging d
r червячная передача f

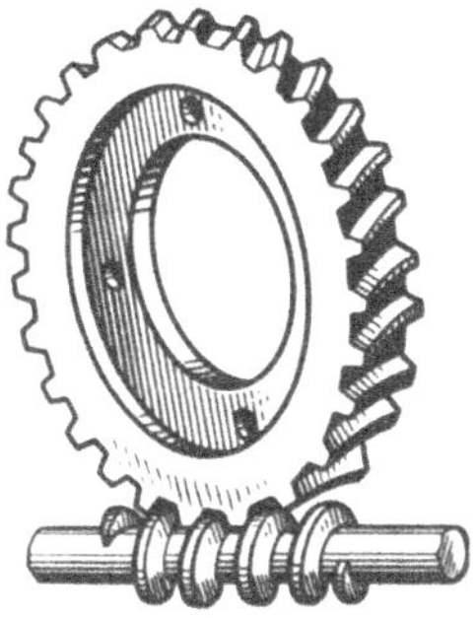

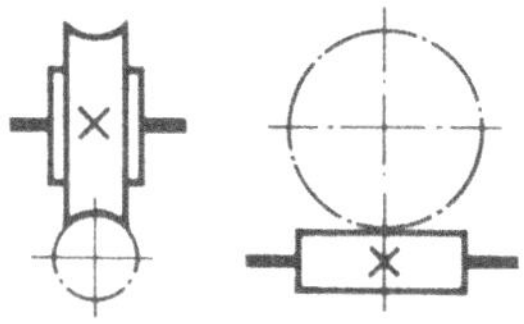

5.98 e external gearing [gear set]
d Aussenzahnradgetriebe n
f engrenage m extérieur
nl tandwieloverbrenging f met buitenvertanding
r передача f внешнего зацепления [с внешним зацеплением]

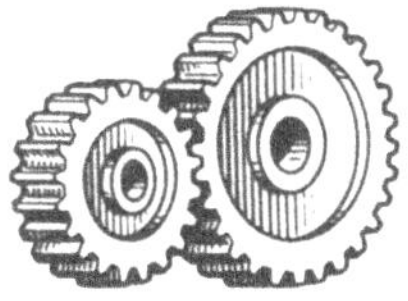

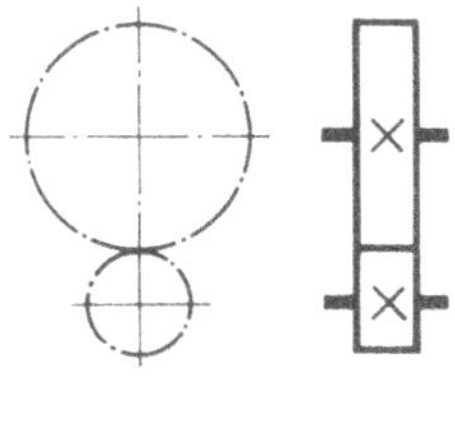

5.99 e internal gearing [gear set]
d Innenzahnradgetriebe n
f engrenage m intérieur
nl tandwieloverbrenging f met binnenvertanding
r передача f внутреннего зацепления [с внутренним зацеплением]

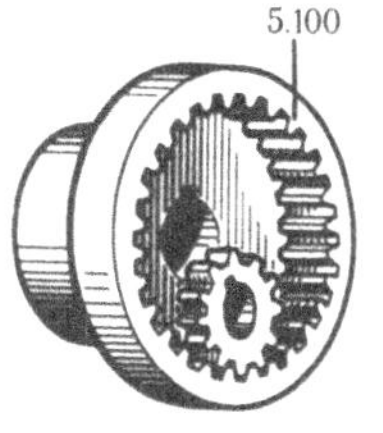

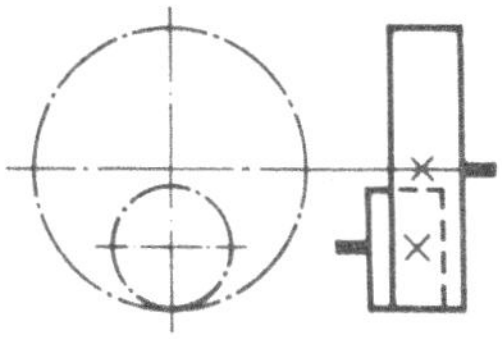

5.100 e internal [ring] gear
d Hohlrad n
f roue f à denture extérieure
nl tandwiel n met binnenvertanding
r зубчатое колесо n с внутренними зубьями
(→ 5.99)

5.101 e Novikoff's gearing, Novikoff-Wildhaber's gearing
d Wildhaber-Novikov-Getriebe n
f engrenage m de Novikov
nl wildhaber-novikov-tanndwieldrijfwerk n
r передача f Новикова (с близким к линейному контактом)

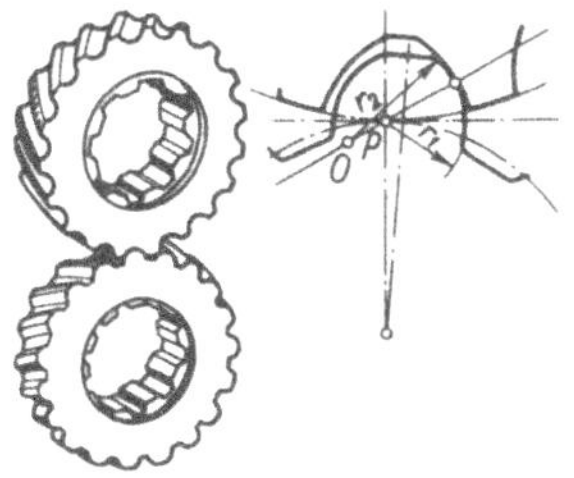

5.102 e planetary [epicyclic] gear train
d Planetengetriebe n, Umlaufrädergetriebe
f engrenage m planétaire
nl planeetwieloverbrenging f
r планетарный механизм m, планетарная передача f

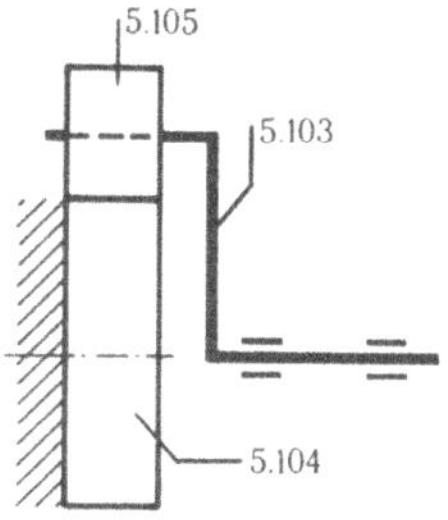

5.103 e planet carrier, arm
d Steg m
f châssis m porte-satellite
nl planeetwieldrager m
r водило n
(→ 5.102, 5.107, 5.239)

5.104 e sun gear
d Mittenrad n, Sonnenrad
f roue f à soleil
nl kroonwiel n
r солнечное колесо n
(→ 5.102, 5.239)

5.105 e planet (gear)
d Planetenrad n, Umlaufrad
f roue f satellite
nl planeetwiel n, satelliet m
r сателлит m
(→ 5.102, 5.239)

5.106 e differential gear train
d Differentialgetriebe n
f engrenage m différentiel, différentiel m
nl differentieel n
r дифференциальный механизм m, дифференциальная передача f, дифференциал m
(→ 5.107, 5.108)

5.107 e differential spur gear train
d Stirnrad-Differentialgetriebe n
f différentiel m cylindrique
nl differentieel n met rechte tandwielen
r цилиндрический дифференциал m

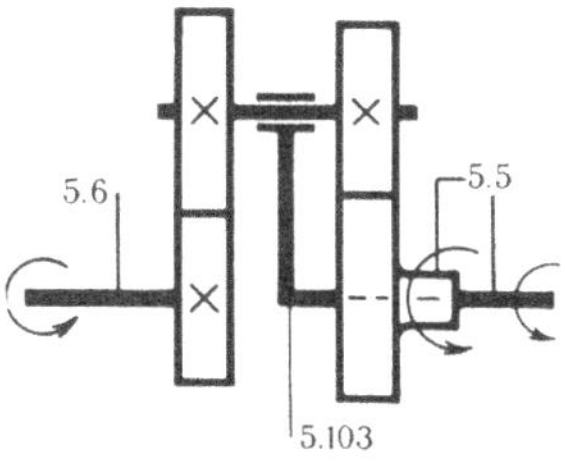

5.108 e differential bevel gear train
d Kegelrad-Differentialgetriebe n
f différentiel m conique
nl differentieel n met konische tandwielen
r конический дифференциал m

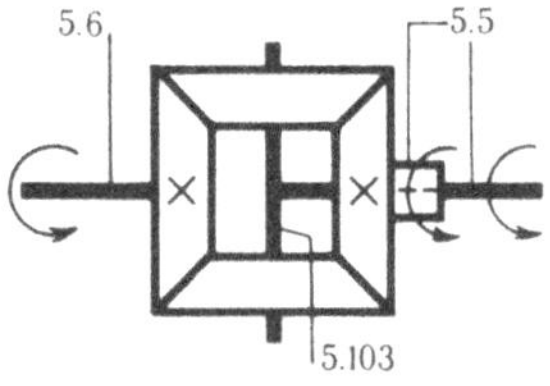

5.109 e harmonic drive
d Wellenzahnradgetriebe n
f engrenage m harmonique
nl harmonische tandwieloverbrenging f, 'harmonic drive
r волновая (зубчатая) передача f

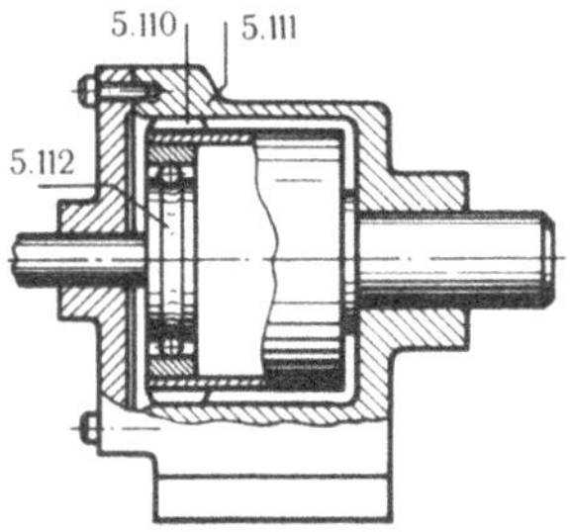

5.110 e flexible gear [spline]
d flexibles Rad n
f roue f flexible
nl elastische tandkrans m
r гибкое колесо n
(→5.109)

5.111 e rigid gear, static [circular] spline
d steifes Rad n
f roue f rigide
nl stilstaand huis n
r жёсткое колесо n
(→5.109)

5.112 e wave generator [former]
d Wellengenerator m
f générateur m d'ondes
nl golfvormer m
r генератор волн m, волнообразователь m
(→5.109)

5.113 e toothing
d Verzahnung f, Zahnkranz m
f couronne f dentée
nl vertanding f, tandkrans m
r зубчатый венец m

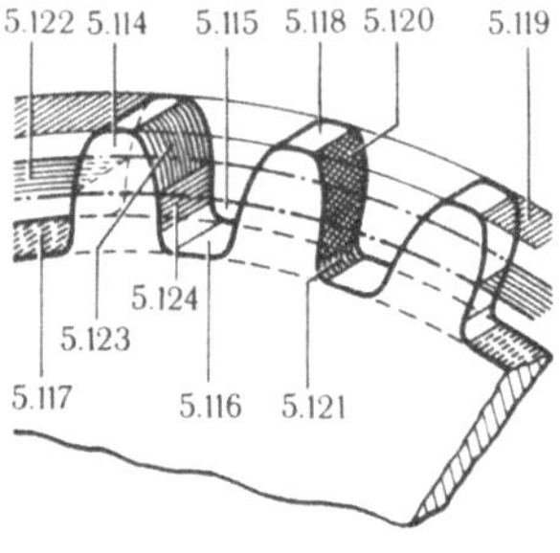

5.114 e tooth
d Zahn m
f dent f
nl tand m
r зуб m
(→5.113)

5.115 e tooth space
d Lücke f
f creux m de dent
nl kuil m
r впадина f (между зубьями)
(→5.113)

5.116 e root
d Zahngrund m
f base f de dent
nl tandvoet m
r основание n зуба
(→5.113)

5.117 e root surface
d Zahngrundfläche f, Fussfläche
f surface f de pied
nl voetvlak n
r поверхность f впадин
(→5.113)

5.118 e tooth tip
d Zahnkrone f
f sommet m de dent
nl tandtop m
r вершина f (зуба)
(→5.113)

5.119 e tip surface
d Kopffläche f
f surface f de tête
nl top-oppervlak n
r поверхность f вершин
(→5.113)

5.120 e tooth flank [surface]
d Zahnflanke f
f flanc m de dent
nl tandflank f(m)
r боковая поверхность f зуба
(→5.113)

5.121 e fillet
d Fussausrundung f
f arrondi m
nl afronding f
r переходная поверхность f (зуба)
(→5.113)

5.122 e reference [pitch] surface
d Teilfläche f
f surface f primitive
nl steekvlak n
r делительная поверхность f (зубчатого колеса)
(→5.113)

5.123 e addendum flank, face of tooth
d Zahnkopf m
f tête f de dent
nl tandkop m
r (делительная) головка f зуба
(→5.113)

5.124 e dedendum flank, flank of tooth
d Zahnfuss m
f pied m de dent
nl tandvoet m
r (делительная) ножка f зуба
(→5.113)

5.125 e involute tooth system
d Evolventenverzahnung f
f engrenage m à développante de cercle

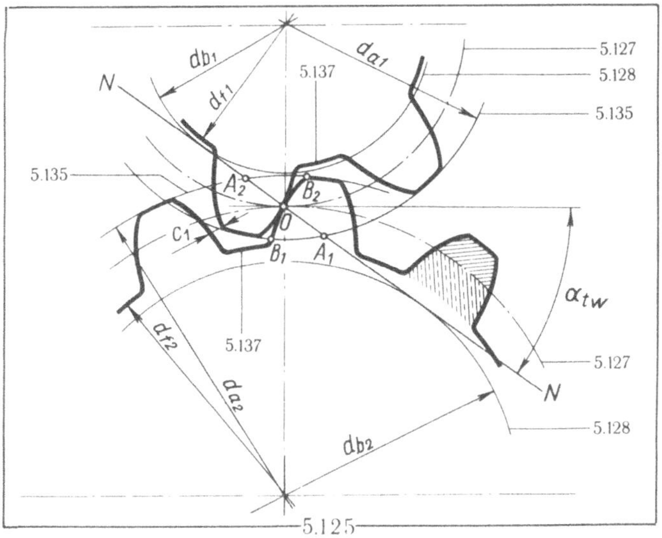

nl evolvente vertanding f
r эвольвентное (зубчатое) зацепление n

5.126 e pitch point (*O*)
d Wälzpunkt m (*O*)
f pointe f de contact (*O*)
nl ingrijppunt n (*O*)
r полюс m зацепления (зубчатой передачи) (*O*) (→5.125)

5.127 e (kinematic) pitch circle
d Wälzkreis m
f cercle m primitif
nl steekcirkel m
r начальная окружность f (зубчатого колеса) (→5.125)

5.128 e base circle
d Grundkreis m
f cercle m de base
nl grondcirkel m
r основная окружность f (эвольвентного зубчатого колеса) (→5.125)

5.129 e base-circle diameter (d_b)
d Grundkreisdurchmesser m (d_b)
f diamètre m du cercle de base (d_b)
nl grondcirkeldiameter m (d_b)
r основной диаметр m (зубчатого колеса) (d_b) (→5.125)

5.130 e base pitch
d Eingriffsteilung f
f pas m primitif de denture
nl grondsteek m
r основной нормальный шаг m (зубьев), шаг (эвольвентного) зацепления

$$p_b = \frac{\pi d_{b_1}}{z_1} = \frac{\pi d_{b_2}}{z_2}$$

(→5.125)

5.131 e line of action, pressure line (*NN*)
d Eingriffslinie f (*NN*)
f ligne f de pression (*NN*)
nl ingrijplijn f(m) (*NN*)
r линия f зацепления (зубчатой передачи) (*NN*) (→5.125)

5.132 e pressure angle (α_{tw})
d Eingriffswinkel m (α_{tw})
f angle m de pression (α_{tw})
nl ingrijphoek m (α_{tw})
r угол m зацепления (α_{tw}) (→5.125)

5.133 e contact length
d Eingriffsstrecke f
f longueur f d'action
nl ingrijpweg m
r длина f активной линии зацепления
$\rho_\alpha = A_1A_2$
(→5.125)

5.134 e transverse contact ratio
d Profilüberdeckungsgrad m
f coefficient m de chevauchement
nl ingrijpquotiënt n
r коэффициент m торцового перекрытия (цилиндрической зубчатой передачи)

$$\epsilon = \frac{\rho_\alpha}{t_b}$$

5.135 e tip [addendum] circle
d Kopfkreis m
f cercle m de tête
nl topcirkel m
r окружность f вершин (зубьев зубчатого колеса) (→5.125)

5.136 e tip diameter (d_a)
d Kopfkreisdurchmesser m (d_a)
f diamètre m de tête (d_a)
nl diameter m van de topcirkel (d_a)
r диаметр m вершин (зубьев зубчатого колеса) (d_a) (→5.125)

5.137 e root circle
d Fusskreis m
f cercle m de pied
nl voetcirkel m
r окружность f впадин (зубчатого колеса) (→5.125)

5.138 e root diameter (d_f)
d Fusskreisdurchmesser m (d_f)
f diamètre m de pied (d_f)
nl voetcirkeldiameter m (d_f)
r диаметр m впадин (зубчатого колеса) (d_f) (→5.125)

5.139 e active flank (B_1B_2)
d Eingriffsprofil m (B_1B_2)
f profil m actif de dent (B_1B_2)
nl ingrijpingsprofiel n (B_1B_2)
r активный профиль m (зуба) (B_1B_2) (→5.125)

5.140 e circumferential backlash (c_1)
d Eingriffsflankenspiel n (c_1)
f jeu m latéral (c_1)
nl topspeelruimte f (c_1)
r окружной (боковой) зазор m (зубчатой передачи) (c_1) (→5.125)

5.141 e basic rack
d Bezugsprofil m
f profil m de crémaillère
nl theoretisch heugelprofiel n
r исходная рейка f, исходный контур m

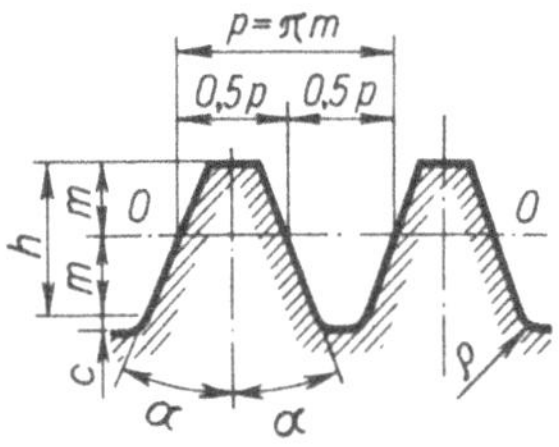

f section f transversale de crémaillère
nl dwarsdoorsnede f(m) van een tandstang
r торцовое сечение n (зубчатой рейки)

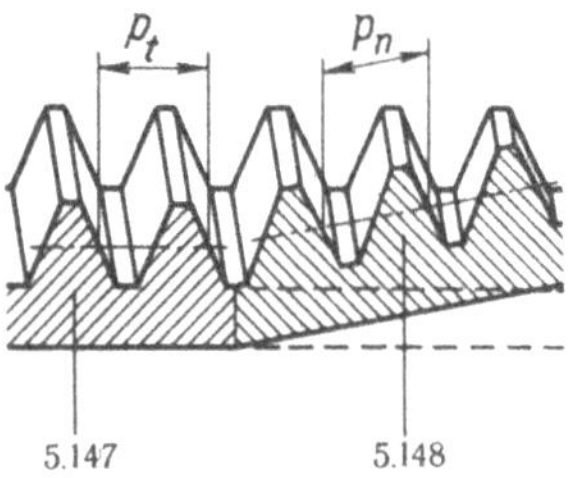

r нормальный модуль m исходного контура, (расчётный) модуль

$$m_n = \frac{p_n}{\pi} \text{ [mm]}$$

5.152 e (normal) diametral pitch
d Diametralteilung f
f pas m diamétral
nl middellijnsteek m
r питч m, диаметральный шаг m

$$DP_n = \frac{\pi}{p_n} \left[\frac{1}{\text{inch}}\right]$$

$$DP_n = \frac{25{,}4}{m} \left[\frac{1}{\text{mm}}\right]$$

5.142 e standard pressure angle (α)
d Eingriffswinkel m (α)
f angle m de pression (α)
nl drukhoek m (α)
r угол m профиля (зуба рейки) (α)
(→ 5.141)

5.143 e pitch line (*OO*)
d Profilmittellinie f (*OO*)
f ligne f de base (*OO*)
nl steeklijn f(m) (*OO*)
r делительная прямая f (исходного контура) (*OO*)
(→ 5.141)

5.144 e depth of engagement, working depth (*h*)
d gemeinsame Zahnhöhe f (*h*)
f profondeur f d'engrenage (*h*)
nl tandhoogte f (*h*)
r глубина f захода зубьев (исходных реек) (*h*)
(→ 5.141)

5.145 e bottom clearance (*c*)
d Kopfspiel n (*c*)
f jeu m radial (*c*)
nl kopspeling f (*c*)
r радиальный зазор m (*c*)
(→ 5.141)

5.146 e fillet radius (ρ)
d Fussrundung f (ρ)
f rayon m de l'arrondi (ρ)
nl afrondingsstraal m, f (ρ)
r радиус m кривизны переходной кривой (зуба) (ρ)
(→ 5.141)

5.147 e transverse section of rack
d Stirnschnitt m durch Zahnstange

5.148 e normal section of rack
d Normalschnitt m durch Zahnstange
f section f normale de crémaillère
nl normaaldoorsnede f(m) van een tandstang
r нормальное сечение n (зубчатой рейки)
(→ 5.147)

5.149 e transverse pitch of rack (p_t)
d Stirnteilung f der Zahnstange (p_t)
f pas m transversal de crémaillère (p_t)
nl dwarssteek m van een tandstang (p_t)
r торцовый шаг m (зубьев рейки) (p_t)
(→ 5.147)

5.150 e normal pitch of rack (p_n)
d Normalteilung f (der Zahnstange) (p_n)
f pas m normal de crémaillère (p_n)
nl normaalsteek m van een tandstang (p_n)
r нормальный шаг m (зубьев рейки) (p_n)
(→ 5.147)

5.151 e normal module of rack
d Normalmodul m der Zahnstange
f module m normal de crémaillère
nl normaalmodulus m van een tandstang

5.153 e spur gear
d Geradstirnrad n
f roue f dentée cylindrique à denture droite
nl recht tandwiel n
r прямозубое (цилиндрическое) зубчатое колесо n

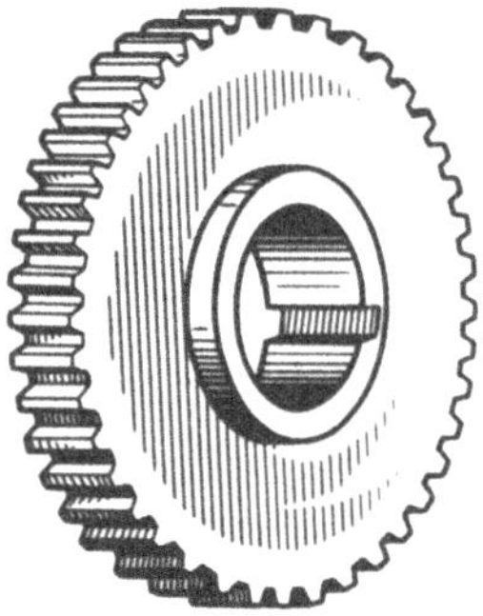

5.154 e helical gear
d Schrägstirnrad n
f roue f dentée cylindrique à denture helicoïdale
nl schuin tandwiel n
r косозубое (цилиндрическое) зубчатое колесо n

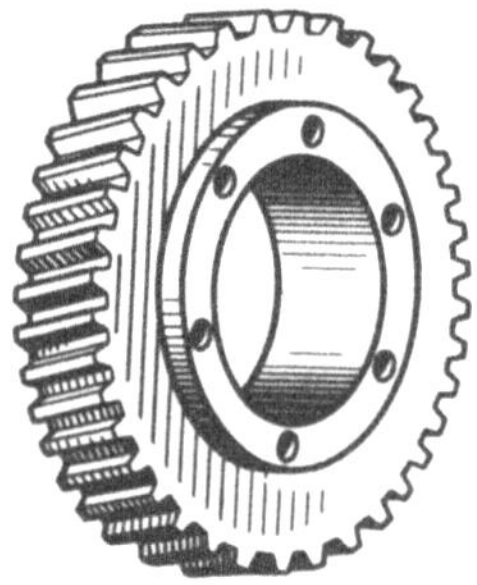

5.155 e herringbone gear
d Pfeilzahnrad n
f engrenage m à chevrons
nl pijltandwiel n
r шевронное (цилиндрическое) зубчатое колесо n

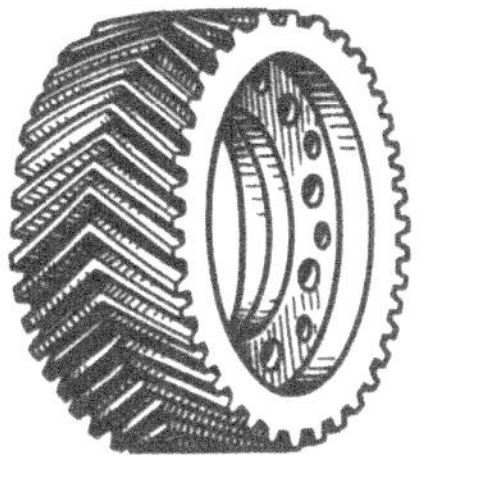

5.156 e elements of a helical gear
d Bestimmungsgrössen f *pl* an Schrägstirnrad
f éléments m *pl* de roue hélicoïdale
nl elementen n *pl* en grondmaten n *pl* voor een schuinvertand tandwiel
r элементы m, *pl* и параметры m *pl* косозубого зубчатого колеса

5.157 e number of teeth (z)
d Zähnezahl f (z)
f nombre m de dents (z)
nl aantal n tanden (z)
r число n зубьев (z)
(→ 5.156)

5.158 e face width (b)
d Zahnbreite f (b)
f largeur f de denture (b)
nl tandbreedte f (b)
r ширина f венца (цилиндрического зубчатого колеса) (b)
(→ 5.156)

5.159 e tooth trace
d Flankenlinie f
f trace f de dent
nl koplijn f(m), flanklijn f(m)
r линия f зуба
(→ 5.156)

5.160 e helix angle (β)
d Schrägungswinkel m (β)
f angle m d'hélice (β)
nl stijghoek m (β)
r угол m наклона (линии зуба) (β)
(→ 5.156)

5.161 e reference [pitch] circle
d Teilkreis m
f cercle m primitif
nl steekcirkel m
r делительная окружность f (зубчатого колеса)
(→ 5.156)

5.162 e reference [pitch] diameter
d Teilkreisdurchmesser m
f diamètre m du cercle primitif
nl diameter m van de steekcirkel, steekcirkelmiddellijn f(m)
r делительный диаметр m (зубчатого колеса)
$d = m \cdot z$
(→ 5.156)

5.163 e transverse circular pitch
d Stirnteilung f
f pas m circonférentiel du primitif
nl dwarssteek m, omtreksteek
r окружной делительный шаг m (зубьев)
$p_t = \frac{\pi \cdot d}{z}$
(→ 5.156)

5.164 e normal circular pitch
d Normalteilung f
f pas m normal du primitif
nl normaalsteek m
r нормальный делительный шаг m (зубьев)
$p_n = p_t \cdot \cos\beta$
(→ 5.156)

5.165 e normal module
d Normalmodul m
f module m normal
nl normaalmodulus m
r нормальный модуль m (зубьев)
$m_n = \frac{p_n}{\pi}$

5.166 e axial pitch (p_x)
d Achsteilung f (p_x)
f pas m axial (p_x)
nl axiale steek m (p_x)
r осевой шаг m (зубьев) (p_x)
(→ 5.156)

5.167 e lead of tooth helix
d Steigungshöhe f
f pas m de dent
nl stijging f, stijghoogte f
r ход m (зуба)
$p_z = \pi d \cdot \text{ctg}\,\beta$

5.168 e addendum (h_a)
d Kopfhöhe f (h_a)
f hauteur f de saillie de dent (h_a)
nl kophoogte f (h_a)
r высота f (делительной) головки (зуба цилиндрического зубчатого колеса) (h_a)
(→ 5.156)

5.169 e dedendum (h_f)
d Fusshöhe f (h_f)
f hauteur f du creux de dent (h_f)
nl voethoogte f (h_f)
r высота f (делительной) ножки (зуба цилиндрического зубчатого колеса) (h_f)
(→ 5.156)

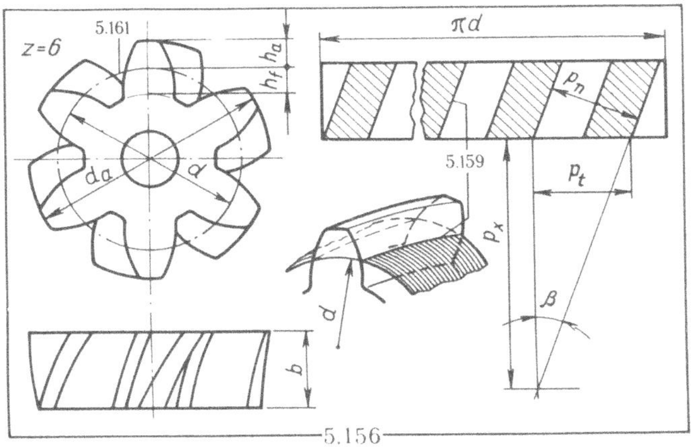

5.156

5.170 e tooth undercutting
d Unterschneidung f (des Zahnes)
f amincissement m de racine de dent
nl ondersnijding f (*insnijding in de tandvoet bij vervaardiging van tandwielen*)
r подрезание n (зуба)

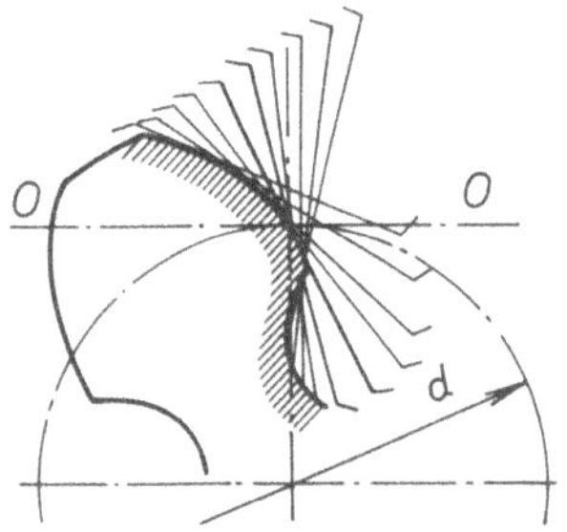

5.171 e addendum modification, correction
d Profilverschiebung f
f correction f, déplacement m de profil
nl profielverschuiving f
r смещение n исходного контура

5.172 e X-zero gear
d Nullrad n
f roue f normale
nl nulwiel n
r зубчатое колесо n без смещения

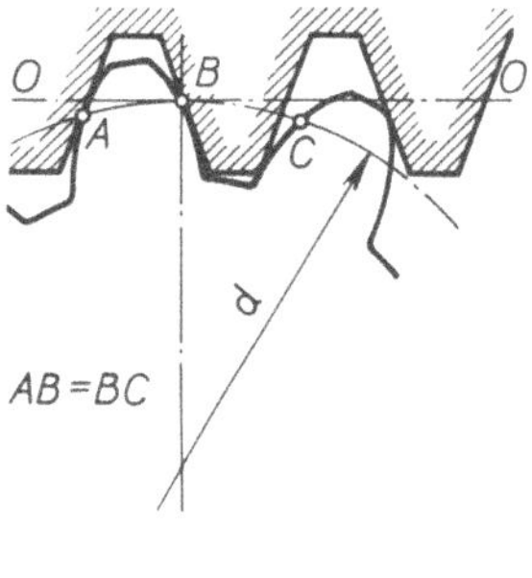

5.173 e X-gear
d V-Rad n
f roue f à denture corrigée
nl V-wiel n, gecorrigeerd tandwiel
r зубчатое колесо n со смещением

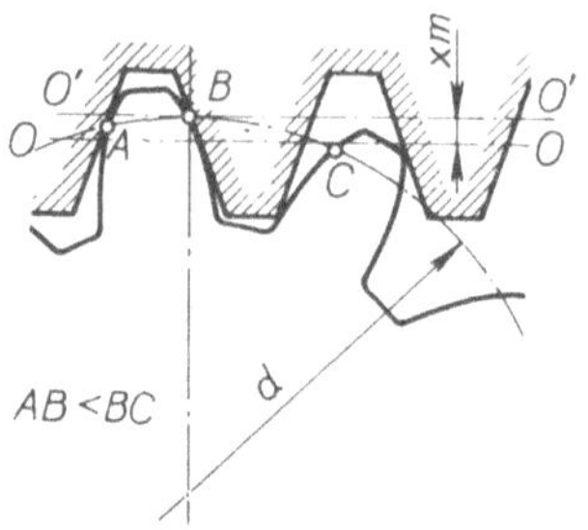

5.174 e addendum modification shift ($x \cdot m$)
d Profilverschiebung f ($x \cdot m$)
f correction f ($x \cdot m$)
nl profielverschuiving f ($x \cdot m$)
r смещение n (исходного контура) ($x \cdot m$)
(→ 5.173)

5.175 e addendum modification coefficient (x)
d Profilverschiebungsfaktor m (x)
f coéfficient m de correction (x)
nl profielverschuivingsfactor m (x)
r коэффициент m смещения (исходного контура) (x)
(→ 5.173)

5.176 e base tangent length (W)
d Zahnweitenmass n (W)
f longueur f de normale commune (W)
nl tandbreedtemaat f(m) (W)
r длина f общей нормали (W)

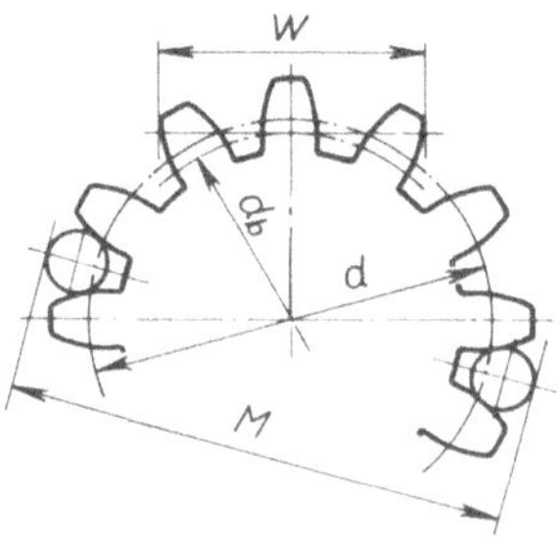

5.177 e distance over pins (M)
d Messgrösse f über Rollen (M)
f longueur f sur galets (M)
nl over de rollen gemeten afstand m (M)
r размер m по роликам (M)
(→ 5.176)

5.178 e chordal thickness of tooth ($\bar{S}$)
d Zahndickensehnenmass n ($\bar{S}$)
f épaisseur f de dent à corde ($\bar{S}$)
nl over de koorde gemeten tanddikte f ($\bar{S}$)
r толщина f по хорде (зуба) ($\bar{S}$)

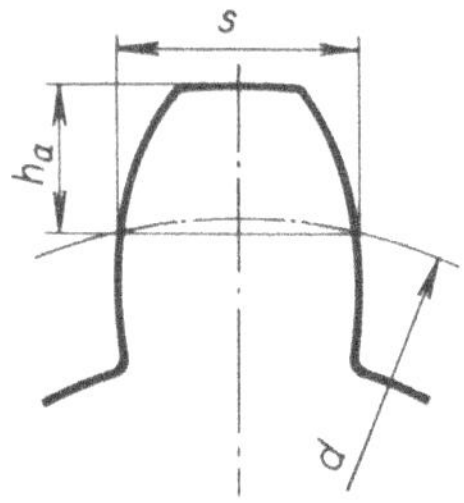

5.179 e chordal addendum ($\bar{h}_a$)
d Messtiefe f ($\bar{h}_a$)
f saillie f à corde ($\bar{h}_a$)
nl koordehoogte f ($\bar{h}_a$)
r высота f до хорды ($\bar{h}_a$)
(→ 5.178)

5.180 e barrel-shaped tooth
d Zahn m mit Breitenballigkeit
f dent f bombée
nl tand m met breedtebolheid
r бочкообразная модификация f зуба

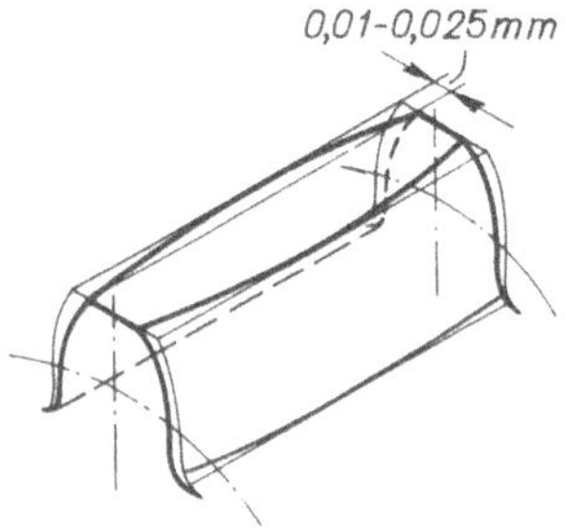

5.181 e tip-relieved tooth
d Zahn m mit Kopfrücknahme
f modification f de saillie de dent

nl tand m met gewijzigd tandkopprofiel [met tandkopafname]
r модификация f (профиля) головки (зуба)

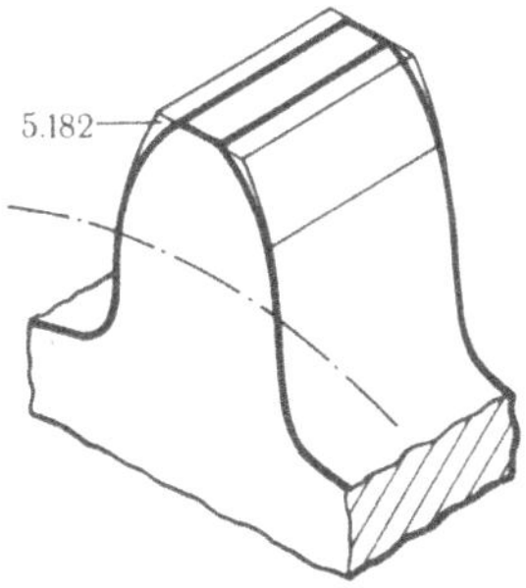

5.182 e tip relief
d Kopfrücknahme f
f hauteur f de modification de saillie de dent
nl tandkopafname f(m)
r глубина f модификации (профиля) головки
(→ 5.181)

5.183 e bevel gear
d Kegelrad n
f roue f [engrenage m] conique
nl kegelwiel n, conisch tandwiel
r коническое зубчатое колесо n

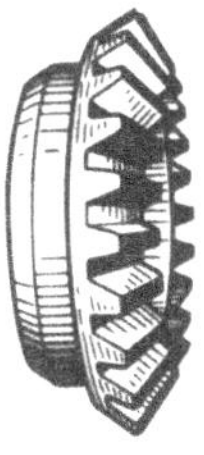

5.184 e straight-tooth bevel gear
d geradverzahntes Kegelrad n, Geradzahn-Kegelrad
f engrenage m conique à denture droite
nl kegelwiel n met rechte tanden
r коническое зубчатое колесо n с прямыми зубьями, прямозубое коническое зубчатое колесо

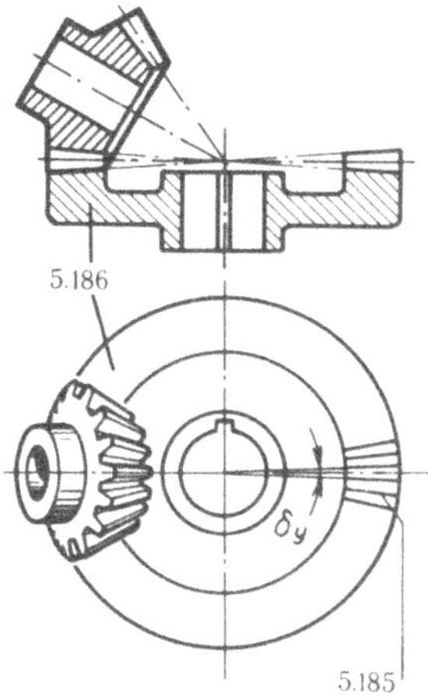

5.185 e straight tooth
d Geradzahn m
f dent f droite
nl rechte tand m
r прямой зуб m
(→ 5.184)

5.186 e crown wheel
d Planrad n
f engrenage m plat
nl kroonwiel n
r плоское (зубчатое) колесо n
(→ 5.184)

5.187 e skew bevel gear
d Schrägzahn-Kegelrad m, schrägverzahntes Kegelrad
f engrenage m conique à dents tangentielles
nl schuinvertand kegelwiel n
r коническое зубчатое колесо n с тангенциальными зубьями

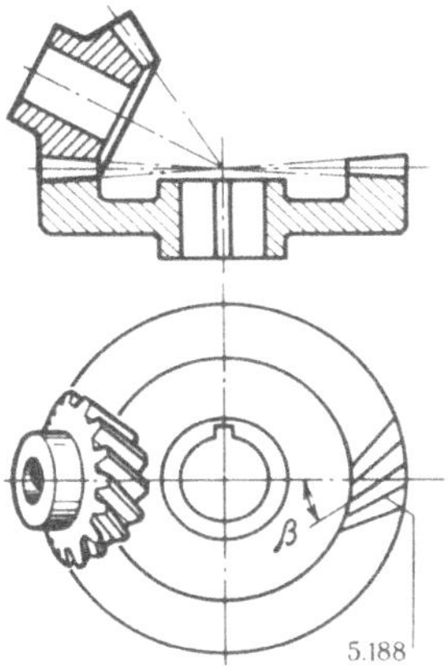

5.188 e skew tooth
d Schrägzahn m
f dent f tangentielle
nl schuine tand m
r тангенциальный зуб m
(→ 5.187)

5.189 e offset angle (β)
d Schrägungswinkel m (β)
f angle m d'inclinaison de dent (β)
nl hellingshoek m (β)
r угол m наклона линии зуба (конического зубчатого колеса) (β)
(→ 5.187)

5.190 e spiral bevel gear
d Kreisbogen-Kegelrad n, kreisbogenverzahntes Kegelrad
f engrenage m conique à denture spirale
nl conisch schroefwiel n
r коническое зубчатое колесо n с круговой линией зубьев [с круговыми зубьями]

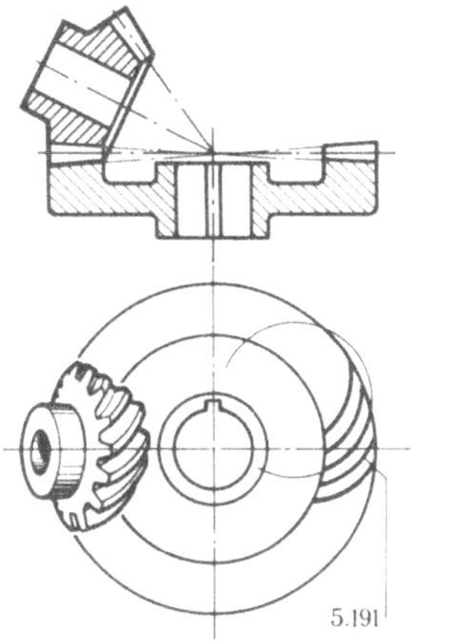

5.191 e circular arc tooth
d Kreisbogenzahn m
f dent f spirale
nl cirkelboogtand m
r круговой зуб m
(→ 5.190)

5.192 e elements of a bevel gear
d Bestimmungsgrössen f *pl* an Kegelrad
f éléments m *pl* de roue conique
nl elementen n *pl* en grondmaten n *pl* van een kegelwiel
r элементы m *pl* и параметры m *pl* конического зубчатого колеса

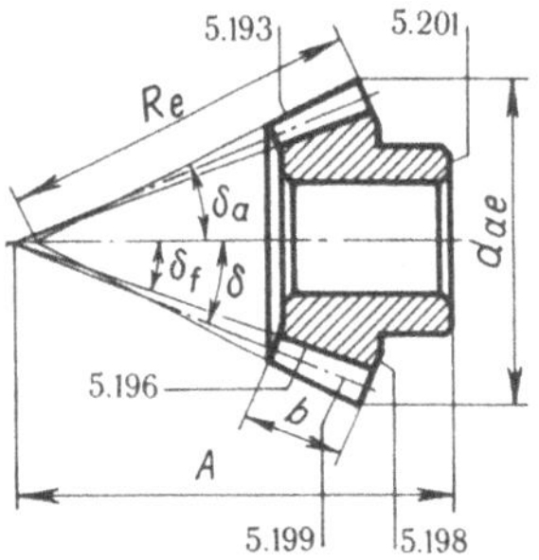

5.193 e tip cone
d Kopfkegel m
f cône m de tête
nl kopkegel m
r конус m вершин (зубьев) (→ 5.192)

5.194 e tip cone angle (δ_a)
d Kopfkegelwinkel m (δ_a)
f angle m de tête (δ_a)
nl kopkegelhoek m (δ_a)
r угол m конуса вершин (зубьев) (δ_a) (→ 5.192)

5.195 e outside diameter (d_{ae})
d äusserer Kopfkreisdurchmesser m (d_{ae})
f diamètre m de tête (d_{ae})
nl uitwendige kopcirkelmiddellijn f(m) (d_{ae})
r внешний диаметр m вершин зубьев (d_{ae}) (→ 5.192)

5.196 e root cone
d Fusskegel m
f cône m de pied
nl voetkegel m
r конус m впадин (→ 5.192)

5.197 e root cone angle (δ_f)
d Fusskegelwinkel m (δ_f)
f angle m de pied (δ_f)
nl voetkegelhoek m (δ_f)
r угол m конуса впадин (δ_f) (→ 5.192)

5.198 e complementary cone
d Ergänzungskegel m, Rückenkegel
f cône m de base complémentaire
nl complementshoek m
r внешний (делительный) дополнительный конус m (→ 5.192)

5.199 e reference cone
d Teilkegel m
f cône m primitif
nl steekkegel m
r делительный конус m (конического зубчатого колеса) (→ 5.192)

5.200 e pitch angle (δ)
d Teilkegelwinkel m (δ)
f angle m du cône primitif d'engrenage (δ)
nl steekkegelhoek m (δ)
r угол m делительного конуса (конического зубчатого колеса) (δ) (→ 5.192)

5.201 e bearing face
d Bezugsebene f
f plan m de base
nl grondvlak n, draagvlak
r базовая плоскость f (конического зубчатого колеса) (→ 5.192)

5.202 e width of face (*b*)
d Zahnbreite f (*b*)
f largeur f de denture (*b*)
nl tandbreedte f (*b*)
r ширина f зубчатого венца (конического зубчатого колеса) (*b*) (→ 5.192)

5.203 e pitch cone radius (R_e)
d äussere Spitzenentfernung f (R_e)
f rayon m primitif du cône (R_e)
nl steekkegelstraal m, f (R_e)
r внешнее (делительное) конусное расстояние n (R_e) (→ 5.192)

5.204 e mounting distance (*A*)
d Einbaumass n (*A*)
f distance f de montage (*A*)
nl inbouwlengtemaat f(m) (*A*)
r базовое расстояние n (конического зубчатого колеса) (*A*) (→ 5.192)

5.205 e worm
d Schnecke f
f vis f sans fin, vis tangente
nl worm m
r червяк m

5.206 e cylindrical worm
d Zylinderschnecke f
f vis f sans fin cylindrique
nl cilindervormige worm m, cilinderworm
r цилиндрический червяк m

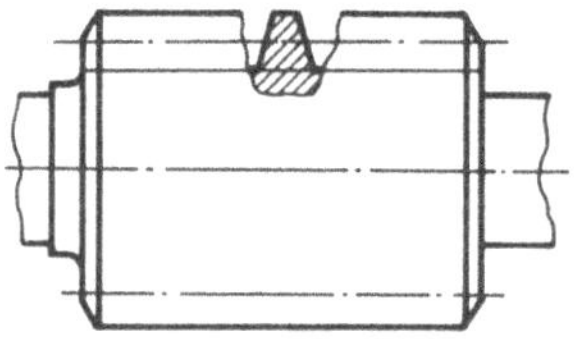

5.207 e globoidal [hour-glass] worm
d Globoidschnecke f
f vis f globique
nl globoïdworm m
r глобоидный червяк m

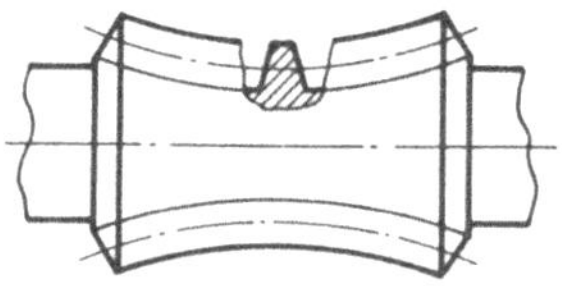

5.208 e Archimede's worm
d Spiralschnecke f, ZA-Schnecke
f vis f d'Archimède [tangente ZA]
nl schroef f(m) van Archimedes

r **архимедов червяк** m, **червяк ZA**

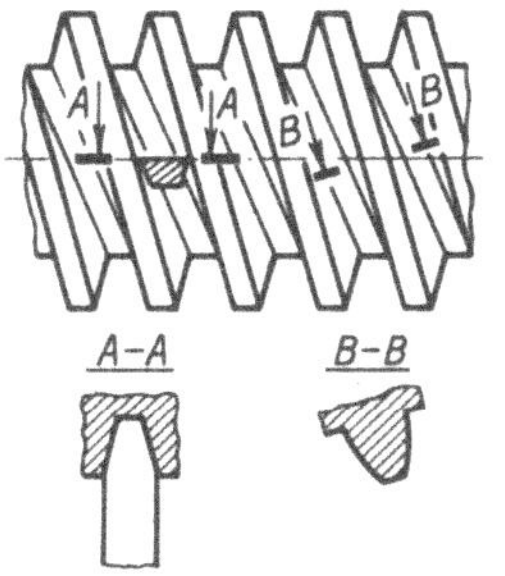

5.209 e involute worm
d Evolventenschnecke f, ZE-Schnecke
f vis f sans fin en développante, vis tangente ZE
nl evolvente worm m, ZE-worm
r **эвольвентный червяк** m, **червяк ZE**

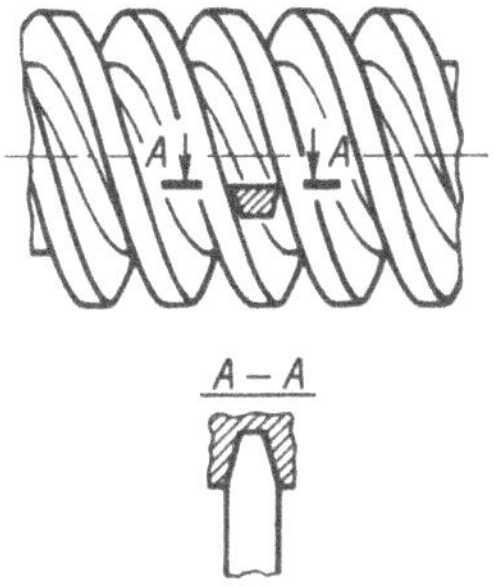

5.210 e thread-convolute worm
d Schnecke f mit trapezförmigem Zahnprofil, ZN1-Schnecke
f vis f tangente ZN1
nl worm m met trapeziumvormig tandprofiel, ZN1-worm
r **червяк** m **с прямолинейным профилем витка, червяк ZN1**

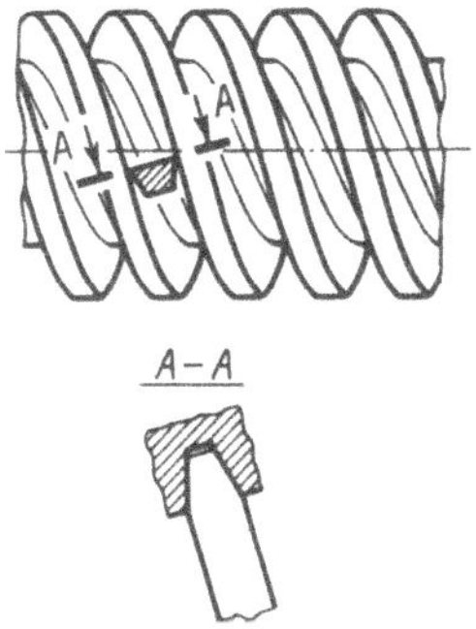

5.211 e thread-space convolute worm
d Schnecke f mit trapezförmigem Lückenprofil, ZN2-Schnecke
f vis f tangente ZN2
nl worm m met trapeziumvormig tandkuilprofiel, ZN2-worm
r **червяк** m **с прямолинейным профилем впадины, червяк ZN2**

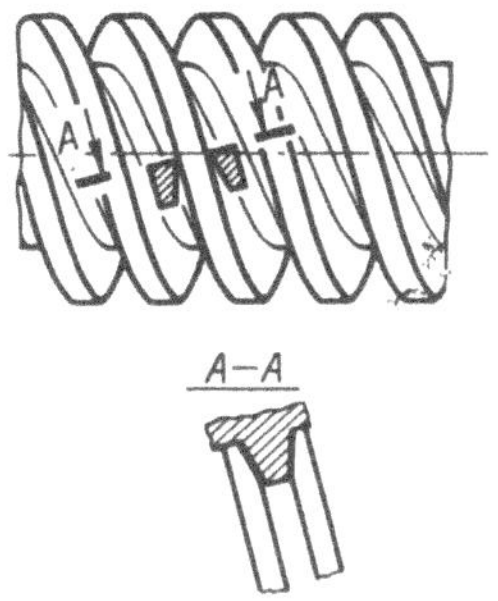

5.212 e worm ground by toroidal wheel
d ZT-Schnecke f
f vis f tangente ZT
nl ZT-worm m, cilindervormige, van een toroïde gevormde worm
r **цилиндрический, образованный тором червяк** m, **червяк ZT**

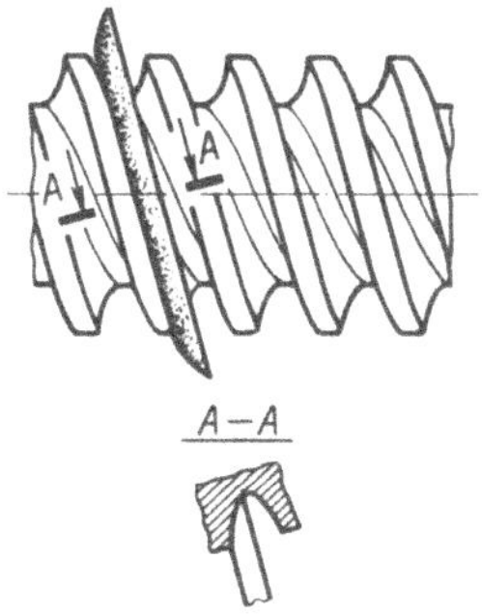

5.213 e worm ground by cone wheel
d ZK-Schnecke f
f vis f tangente ZK
nl ZK-worm m, cilindervormige, van een kegel gevormde worm
r **цилиндрический, образованный конусом червяк** m, **червяк ZK**

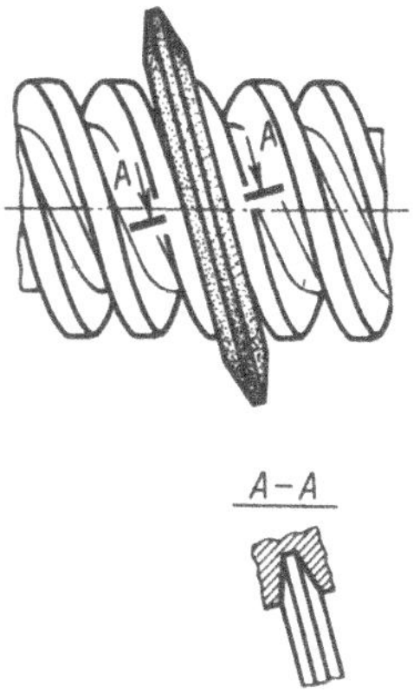

5.214 e elements of a cylindrical worm
d Bestimmungsgrössen f *pl* an Zylinderschnecke
f éléments m *pl* de vis sans fin cylindrique
nl elementen n *pl* en grondmaten n *pl* van en cilinder vormige worm
r **элементы** n *pl* **и параметры** m *pl* **цилиндрического червяка**

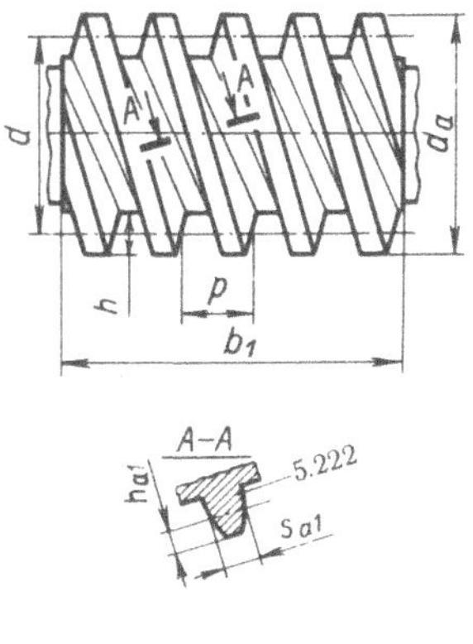

5.215 e tip cylinder diameter (d_a)
d Kopfkreisdurchmesser m (d_a)
f diamètre m de tête (d_a)
nl kopcirkeldiameter m (d_a)
r **диаметр** m **вершин витков** (d_a)
(→ 5.214)

5.216 e pitch diameter (d)
d Teilkreisdurchmesser m (d)
f diamètre m du cercle primitif (d)
nl steekcirkeldiameter m (d)
r делительный диаметр m (d)
(→ 5.214)

5.217 e threaded length (b_1)
d Schneckenlänge f (b_1)
f longueur f filetée (b_1)
nl wormlengte f (b_1)
r длина f нарезанной части червяка (b_1)
(→ 5.214)

5.218 e axial pitch (p)
d Achsteilung f (p)
f pas m axial (p)
nl axiale steek m (p)
r (расчётный) шаг m червяка (p)
(→ 5.214)

5.219 e axial module
d Achsmodul m
f module m axial
nl axiale modulus m
r (расчётный) модуль m (червяка)

$$m = \frac{p}{\pi}$$

5.220 e number of threads
d Zähnezahl f der Schnecke
f nombre m de filets
nl aantal n gangen
r число n витков

5.221 e whole depth of thread (h)
d Zahnhöhe f (h)
f profondeur f du filet (h)
nl tandhoogte f (h)
r высота f витка (h)
(→ 5.214)

5.222 e thread profile in normal section
d Zahnprofil m im Normalschnitt
f profil m normal de spire
nl tandprofiel n in normale doorsnede
r профиль m витка в нормальном сечении витка
(→ 5.214)

5.223 e chordal thickness of thread (S_{a_1})
d Zahndickensehnenmass m (S_{a_1})
f épaisseur f de vis à corde (S_{a_1})
nl over de koorde gemeten tanddikte f (S_{a_1})
r толщина f по хорде витка (S_{a_1})
(→ 5.214)

5.224 e chordal height of thread (h_{a_1})
d Messtiefe f (h_{a_1})
f hauteur f à corde (h_{a_1})
nl tandkoordehoogte f (h_{a_1})
r высота f до хорды витка (h_{a_1})
(→ 5.214)

5.225 e worm wheel
d Schneckenrad n
f roue f à vis [tangente]
nl wormwiel n
r червячное колесо n

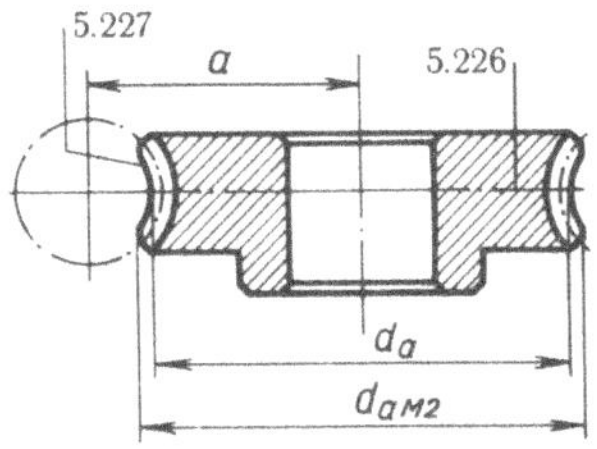

5.226 e medium [central] plane of worm-wheel rim
d Stirnmittelebene f
f plan m moyen de roue tangente
nl middelvlak n
r средняя (торцовая) плоскость f (червячного колеса)
(→ 5.225)

5.227 e throat
d Kehlfläche f
f creux m
nl keelvlak n
r выемка f (поверхности вершин зубьев колеса)
(→ 5.225)

5.228 e throat diameter (d_a)
d Kehldurchmesser m (d_a)
f diamètre m de creux (d_a)
nl keelmiddellijn f(m) (d_a)
r средний диаметр m вершин (зубьев червячного колеса) (d_a)
(→ 5.225)

5.229 e outside diameter (of worm-wheel rim) (d_{am_2})
d Aussendurchmesser m (des Schneckenrades) (d_{am_2})
f diamètre m extérieur de roue tangente (d_{am_2})
nl buitendiameter m (d_{am_2})
r наибольший диаметр m (червячного колеса) (d_{am_2})
(→ 5.225)

5.230 e centre distance in cutting (a)
d Erzeugungsachsabstand m (a)
f entr'axe m en usinage (a)
nl hartafstand m, asafstand (a)
r делительное межосевое расстояние n в станочном зацеплении (a)
(→ 5.225)

Speed Reducers
Getriebeeinheiten
Réducteurs
Reduktoren
Редукторы

5.231 e (speed) reducer, reduction gear unit
d Getriebe(einheit) n (f)
f réducteur m (de vitesse)
nl reductiekast f (m)
r редуктор m

5.232 e single-stage (speed) reducer, single-reduction unit
d einstufiges Getriebe n, einstufige Getriebeeinheit f
f réducteur m à simple train

nl enkelvoudige reductiekast f (m)
r одноступенчатый редуктор m

5.233

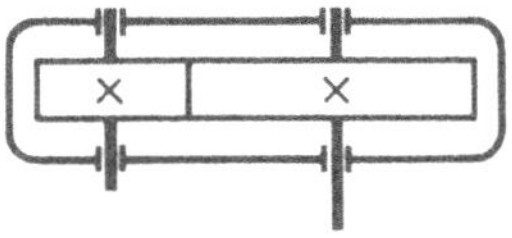

5.234

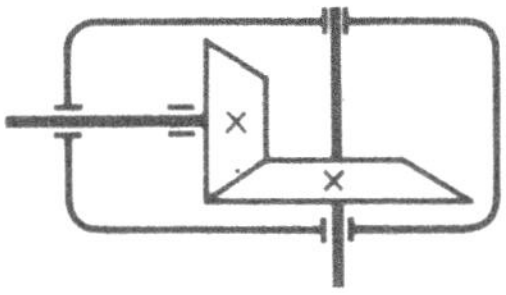

5.233 e parallel-shaft (speed) reducer, parallel-shaft reduction gear unit
d Stirnrädergetriebe(einheit) n (f)
f réducteur m à pignons droits [à engrenages cylindriques]
nl reductiekast f (m) met rechte tandwielen
r цилиндрический редуктор m
(→ 5.232, 5.235)

5.234 e right-angle (speed) reducer, right-angle reduction gear unit
d Kegelrädergetriebe(einheit) n (f)
f réducteur m à engrenages coniques
nl haakse reductiekast f (m)
r конический редуктор m
(→ 5.232)

5.235 e two-stage (speed) reducer, double-reduction gear unit
d zweistufiges Getriebe n, zweistufige Getriebeeinheit f
f réducteur m à double train
nl reduktiekast f(m) [vertragingskast] met twee tandwieltrappen

r двухступенчатый редуктор m

5.233

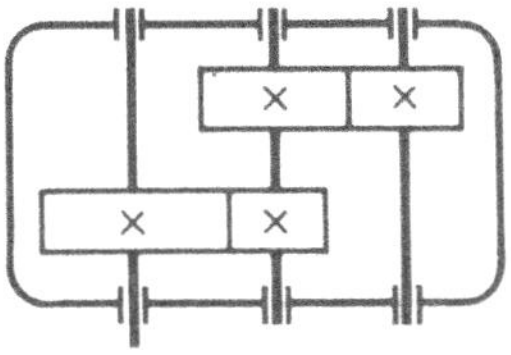

5.236

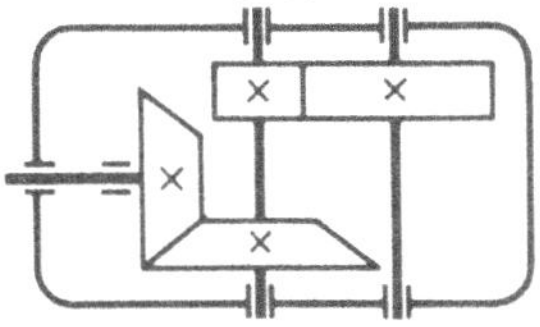

5.236 e two-stage right-angle (speed) reducer, double-reduction right-angle reduction gear unit
d Stirn- und Kegelrädergetriebe(einheit) n (f)
f réducteur m à double train d'engrenages coniques et cylindriques
nl reductiekast f(m) met twee tandwieltrappen in haakse uitvoering
r коническо-цилиндрический редуктор m

5.237 e worm-gear speed reducer, worm reduction unit
d Schneckengetriebe(einheit) n (f)
f réducteur m à vis sans fin
nl wormwielreductiekast f(m)
r червячный редуктор m

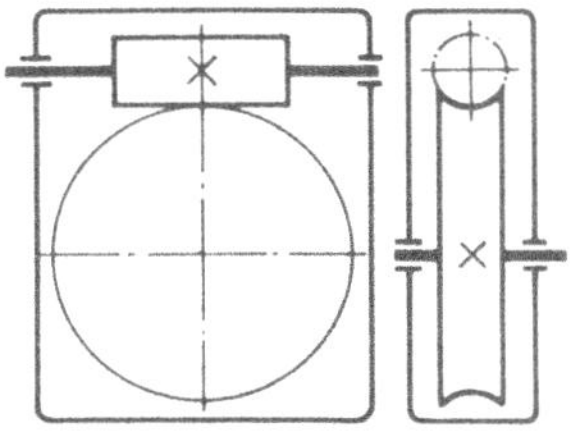

5.238 e two-stage worm (speed) reducer, double-reduction wormgear unit
d Stirnräder- und Schneckengetriebe(einheit) n (f)
f réducteur m à vis sans fin d'engrenages cylindriques

nl dubbele wormwielreductiekast f (m)
r червячно-цилиндрический редуктор m

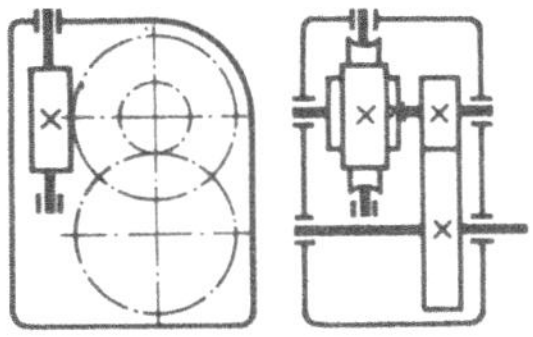

5.239 e epicyclic-gear-train((speed) reducer, planetary gear unit
d Planetengetriebe(einheit) n (f), Umlaufgetriebe(einheit)
f réducteur m planétaire [epicycloïdal]
nl planeetwielreductiekast f(m)
r планетарный редуктор m

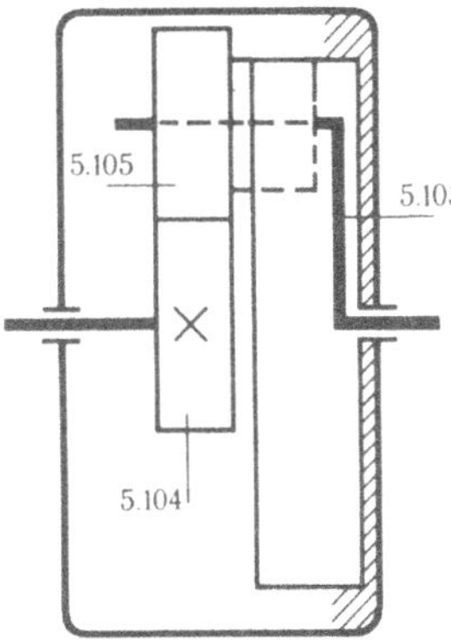

5.240 e harmonic drive unit, wave form gear reduction unit
d Wellenzahnradgetriebe(einheit) n (f)
f réducteur m d'ondes
nl harmonische tandwielreductiekast f(m)
r волновой редуктор m

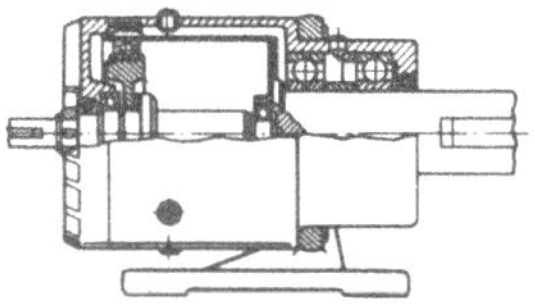

5.241 e gearmotor, geared motor
d Getriebemotor m
f motoréducteur m
nl reductormotor m
r мотор-редуктор m

Mechanisms
Getriebe
Mécanismes
Mechanismen
Механизмы

5.242 e mechanism
d Getriebe n, Mechanismus m
f mécanisme m
nl mechanisme n, drijfwerk n
r механизм m
(→ 5.243, 5.244)

5.243 e spatial mechanism
d Raumgetriebe n, räumliches Getriebe
f mécanisme m d'espace
nl driedimensionaal drijfwerk n
r пространственный механизм m

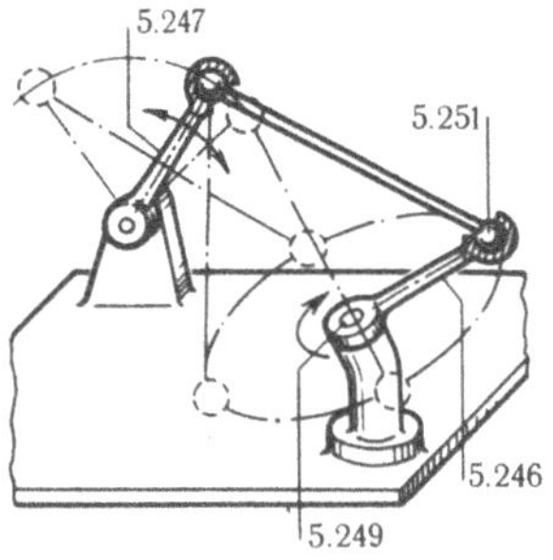

5.244 e planar mechanism
d ebenes Getriebe n
f mécanisme m plan
nl vlak [tweedimensionaal] drijfwerk n
r плоский механизм m

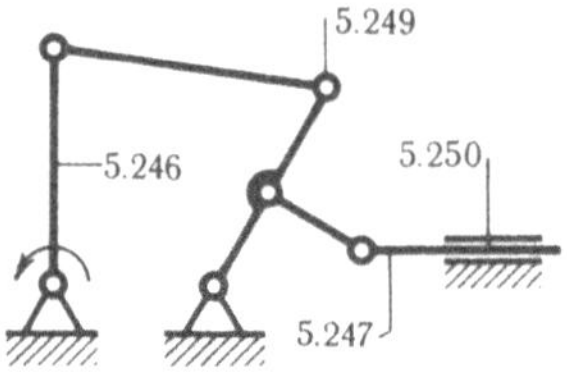

5.245 e link
d Glied n
f élément m
nl schakel m, element n
r звено n
(→ 5.243, 5.244)

5.246 e input [driving] link
d Antriebsglied n
f élément m menant
nl aandrijvend element n
r ведущее звено n
(→ 5.243, 5.244)

5.247 e output [driven] link
d Abtriebsglied n
f élément m mené
nl aangedreven element n
r ведомое звено n
(→ 5.243, 5.244)

5.248 e kinematic pair
d Elementenpaar n
f couple m cinématique
nl paar n kinematische elementen
r кинематическая пара f
(→ 5.243, 5.244)

5.249 e turning pair, hinge
d Drehgelenk m, Drehpaar n
f couple m de rotation, charnière f
nl scharnier n, draaiend paar n elementen
r вращательная пара f, шарнир m
(→ 5.243, 5.244)

5.250 e rectilinear sliding pair
d Schubgelenk n, Schiebepaar n
f couple m de glissement
nl rechtlijnig glijdend paar n elementen
r поступательная пара f
(→ 5.244)

5.251 e spheric pair
d Kugelgelenk n, Kugelpaar n
f charnière f universelle
nl kogelscharnier n
r сферическая пара f
(→ 5.243)

5.252 e articulated mechanism
d Drehgelenkgetriebe n
f mécanisme m articulé
nl scharnierkoppeling f
r шарнирный механизм m

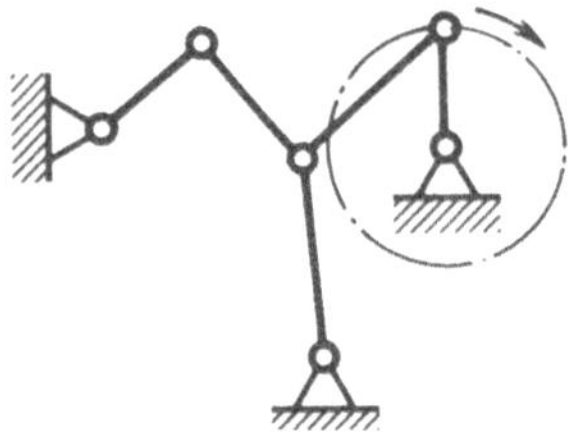

5.253 e crank-and-rocker mechanism
d Kurbelschwinge f
f mécanisme m levier-manivelle
nl kruk- en zwenkdrijfwerk n
r кривошипно-коромысловый механизм m

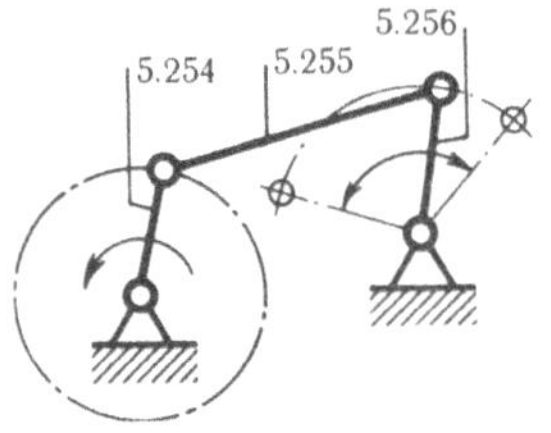

5.254 e crank
d Kurbel f
f manivelle f
nl kruk f(m)
r кривошип m
(→ 5.253, 5.257)

5.255 e connecting rod
d Koppel f, Schubstange f, Pleuelstange, Treibstange
f bielle f
nl krukstang f (m)
r шатун m
(→ 5.253, 5.257)

5.256 e rocker
d Schwinge f, Schwengel m
f levier m (oscillant)
nl tuimelaar m
r коромысло n
(→ 5.253)

5.257 e slider-crank mechanism
d Schubkurbel(getriebe) f(n)
f mécanisme m manivelle
nl schuif- en krukdrijfwerk n
r **кривошипно-ползунный механизм** m

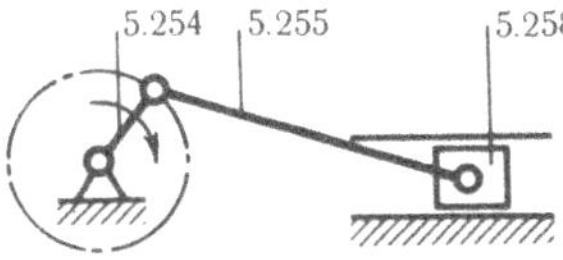

5.258 e ram, slider, slide block
d Gleitstein m
f crosse f, glissière f
nl schaarblok n, leiblok
r **ползун** m
(→ 5.257)

5.259 e slotted link mechanism, linkage with moving slide
d Kurbelschleife f
f mécanisme m à coulisse
nl schaarbeweging f, coulissebeweging
r **кулисный механизм** m

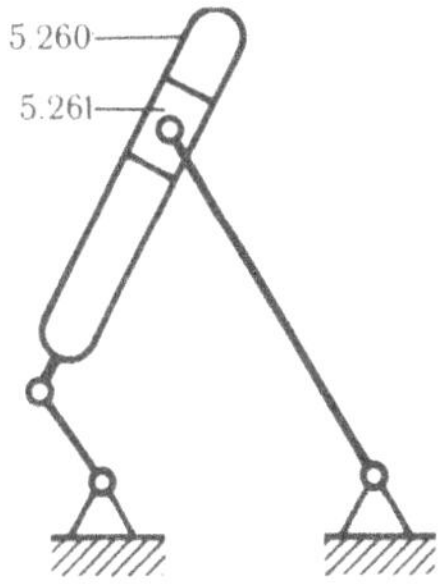

5.260 e slotted link, moving slide
d Schleifenhebel m
f coulisse f
nl schaar f(m), coulisse f
r **кулиса** f
(→ 5.259, 5.262, 5.263, 5.264)

5.261 e slide block
d Gleitstein m
f coulisseau m, patin m
nl schaarblok n, schaartap m
r **кулисный камень** m
(→ 5.259, 5.262, 5.263, 5.264)

5.262 e sliding slotted link
d Kreuzschleife f
f coulisse f progressive
nl voortgaande schaar f(m)
r **поступательно-движущаяся кулиса** f

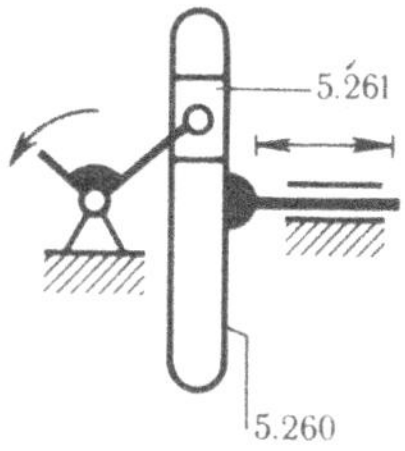

5.263 e rotating slotted link
d umlaufender Schleifenhebel m
f coulisse f rotative
nl roterende schaar f(m)
r **вращающаяся кулиса** f

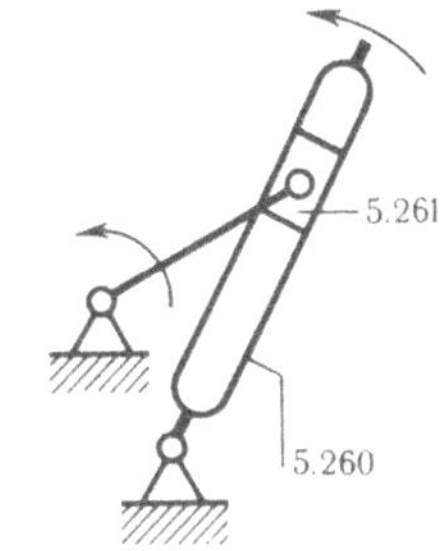

5.264 e oscillating slotted link
d schwingender Schleifenhebel m
f coulisse f oscillante
nl oscillerende schaar f(m)
r **качающаяся кулиса** f

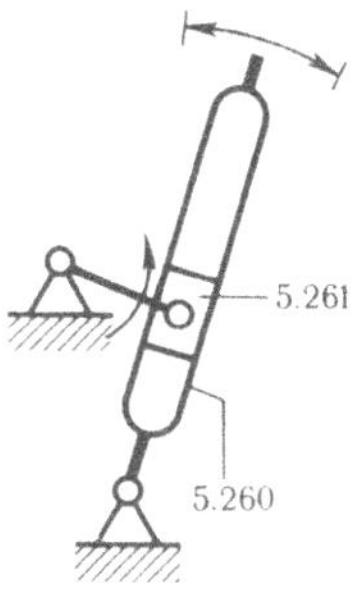

5.265 e cam mechanism
d Kurvengetriebe n
f mécanisme m à came
nl nokkenoverbrenging f, nokkenmechanisme n
r **кулачковый механизм** m

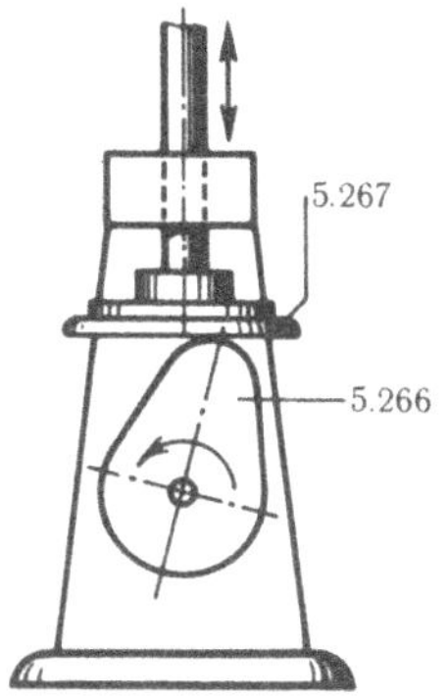

5.266 e cam
d Kurventräger m, Kurve f
f came f
nl nok f(m)
r **кулачок** m
(→ 5.265)

5.267 e follower
d Stössel m
f poussoir m
nl stoter m
r **толкатель** m
(→ 5.265)

5.268 e radial [plate] cam
d Kurvenscheibe f
f came f plate
nl radiale nok f(m)
r **(плоский) дисковый кулачок** m

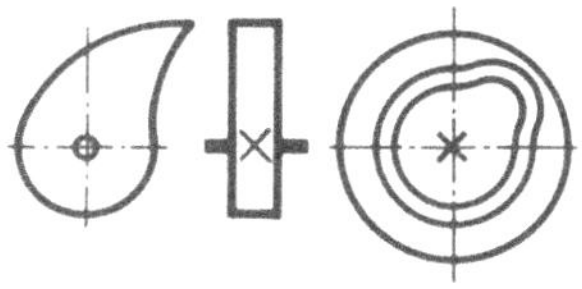

5.269 e drum [cylinder] cam
d Zylinderkurve f
f came f cylindrique
nl cilindernok f(m)
r **барабанный кулачок** m

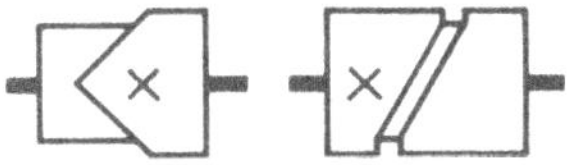

5.270 e Geneva mechanism
d Malteserkreuzgetriebe n
f système m à croix de Malte
nl maltezerkruisdrijfwerk n
r мальтийский механизм m

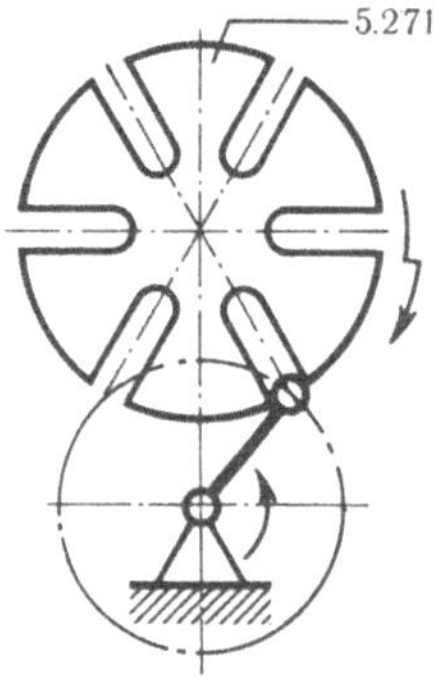

5.271 e Geneva wheel
d Stern m des Malteserkreuzes
f croix f de Malte
nl maltezerkruis n
r мальтийский крест m
(→ 5.270)

5.272 e ratchet gearing
d Klinkenschaltwerk n
f mécanisme m par rochet et cliquet, mécanisme d'encliquetage
nl palwerk n
r храповой механизм m

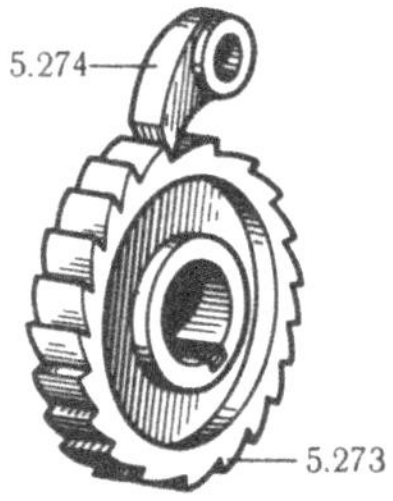

5.273 e ratchet wheel
d Sperrad n
f roue f à rochet
nl palwiel n
r храповое колесо n
(→5.272, 5.275, 5.277)

5.274 e pawl, detent
d Schaltklinke f
f cliquet m
nl pal m
r (храповая) собачка f
(→5.272, 5.275, 5.277)

5.275 e one-way ratchet gearing
d einseitiges Klinkenschaltwerk n
f mécanisme m unilatéral par rochet et cliquet
nl enkelwerkend palwerk n
r односторонний храповой механизм m

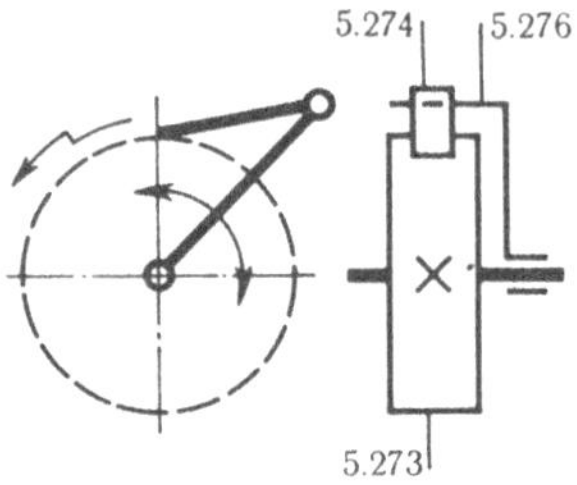

5.276 e carrier
d Steg m
f chassis m porte-satellite
nl meenemer n
r водило n
(→ 5.275, 5.277)

5.277 e two-way ratchet gearing
d zweiseitiges Klinkenschaltwerk n
f mécanisme m bilatéral par rochet et cliquet
nl dubbelwerkend palwerk n
r двусторонний храповой механизм m

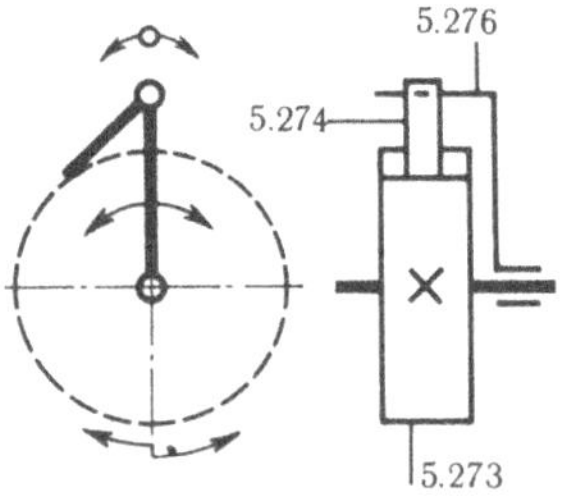

5.278 e velocity vector diagram
d Geschwindigkeitsplan m
f plan m de vitesses
nl snelheidsdiagram n
r план m скоростей механизма

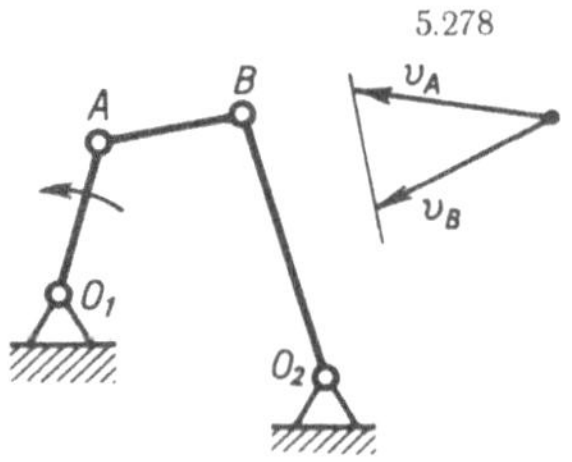

5.279 e acceleration vector diagram
d Beschleuningungsplan m
f plan m d'accélérations
nl versnellingsdiagram n
r план m ускорений механизма

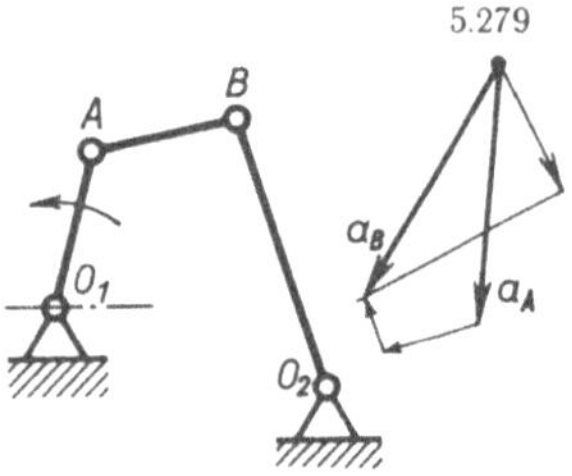

5.280 e motive force (F_1)
d Triebkraft f (F_1)
f force f mouvante (F_1)
nl drijfkracht f(m) (F_1)
r движущая сила f (F_1)

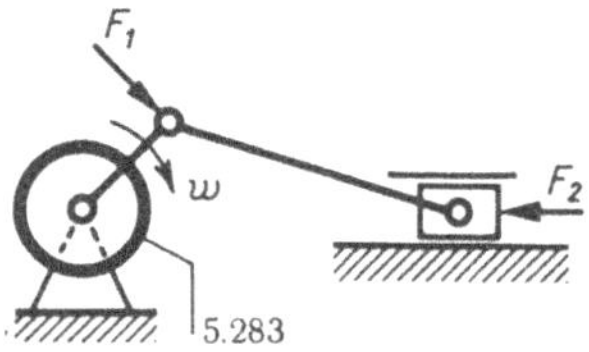

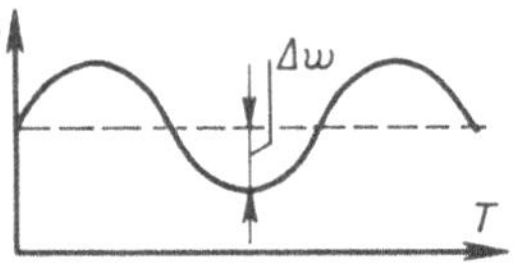

5.281 e resistance force (F_2)
d Widerstandskraft f (F_2)
f force f résistante (F_2)
nl weerstandskracht f(m) (F_2)
r сила f сопротивления (F_2)
(→ 5.280)

5.282 e velocity fluctuation (Δω)
d Ungleichförmigkeitsgrad m (Δω)
f irrégularité f du mouvement (Δω)
nl snelheidsschommeling f (Δω)
r неравномерность f хода (Δω)
(→ 5.280)

5.283 e flywheel
d Schwungrad m
f volant m
nl vliegwiel n
r маховик m
(→ 5.280)

6. MACHINE DRIVE
MASCHINENANTRIEB
COMMANDE DES MACHINES
MACHINEAANDRIJVING
ПРИВОД МАШИН

Heat Engines
Warmekraftmaschinen
Machines thermiques
Warmtemotoren
Тепловые двигатели

6.1 e heat
d Wärme f
f chaleur f
nl warmte f
r теплота f

6.2 e quantity of heat (Q)
d Wärmemenge f (Q)
f quantité f de chaleur (Q)
nl warmtehoeveelheid f (Q)
r количество тепла (Q)

$1.B.T.U. = \frac{5}{9} C.H.U. = 0{,}25\ kcal = 1{,}055\ kJ$

6.3 e temperature (T)
d Temperatur f (T)
f température f (T)
nl temperatuur f (T)
r температура f (T)

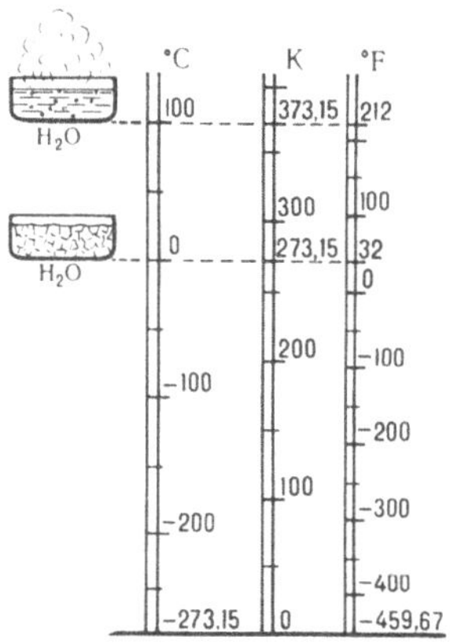

6.4 e specific heat
d spezifische Wärme f
f chaleur f spécifique
nl soortelijke warmte f
r удельная теплоёмкость f

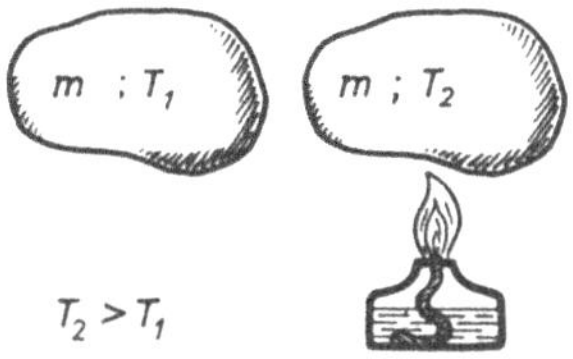

$$C = \frac{Q}{(T_2 - T_1) \cdot m}\ \mathrm{J/kg \cdot K}$$

6.5 e transfer of heat, heat transmission
d Wärmeübertragung f
f échange m calorifique [de chaleur]
nl warmteoverdracht f(m), warmtetransport n
r теплообмен m

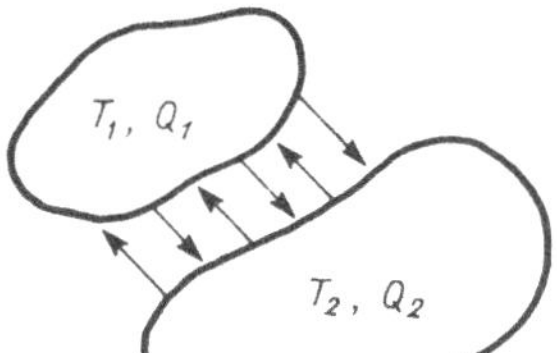

6.6 e convection (of heat)
d Konvektion f
f échange m convectif de chaleur
nl convectie f
r конвективный теплообмен m

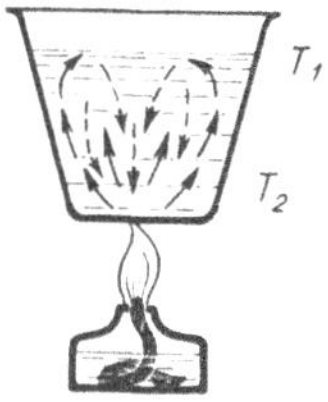

6.7 e radiation
d Strahlung f
f échange m de chaleur rayonnante
nl straling f
r лучистый теплообмен m

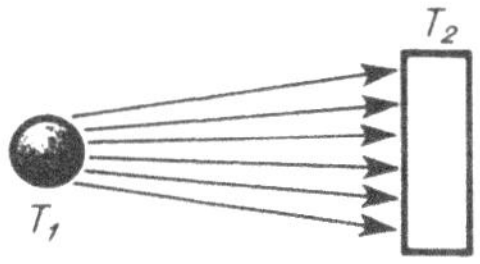

6.8 e conduction (of heat)
d Wärmeleitung f
f conductibilité f calorifique
nl warmtegeleiding f
r теплопроводность f

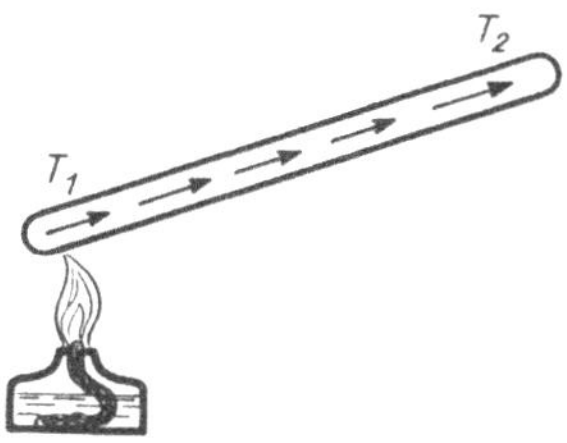

6.9 e thermal conductivity, heat transfer coefficient
d Wärmeleitzahl f
f coefficient m d'échange de chaleur

nl warmtegeleidingscoëfficiënt m
r коэффициент m тепло-

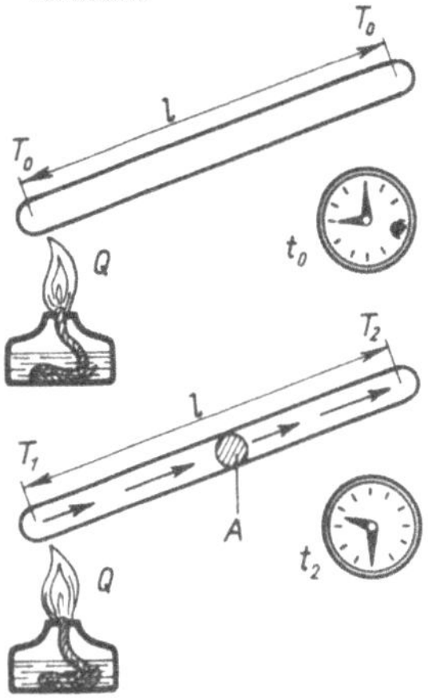

$$\lambda = \frac{Q}{(t_1 - t_0)A} \cdot \frac{l}{(T_2 - T_1)}$$

$J/m^2 \cdot s \cdot K$

6.10 e thermodynamic process
d Zustandsänderung f
f processus m thermodynamique
nl thermodynamisch proces n, thermodynamische toestandsverandering f
r термодинамический процесс m
(→ 6.11, 6.13, 6.15, 6.17)

6.11 e isovolumic process
d isochore Zustandsänderung f
f transformation f isochore
nl proces n bij constant volume
r изохорический процесс m

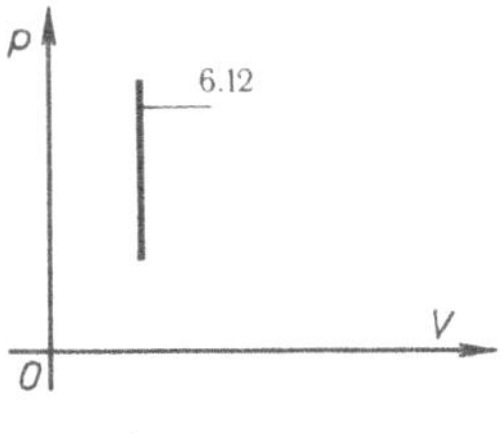

6.12 e isochore
d Isochore f
f isochore f
nl isochoor m
r изохора f
(→ 6.11)

6.13 e constant-pressure process
d isobare Zustandsänderung f
f processus m isobarique
nl proces n bij constante druk
r изобарический процесс m

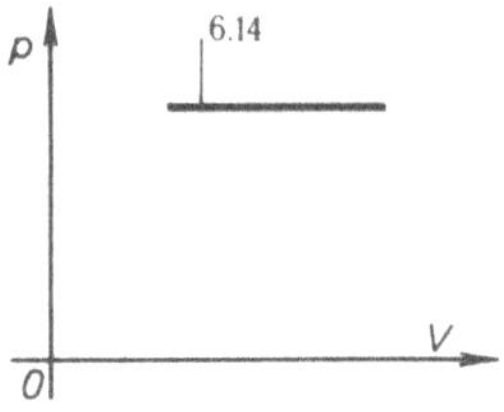

6.14 e constant-pressure line
d Isobare f
f isobare f
nl isobaar m
r изобара f
(→ 6.13)

6.15 e isothermic process
d isoterm(isch)e Zustandsänderung f
f transformation f isothermique
nl isotherme toestandsverandering f, isotherm proces n
r изотермический процесс m

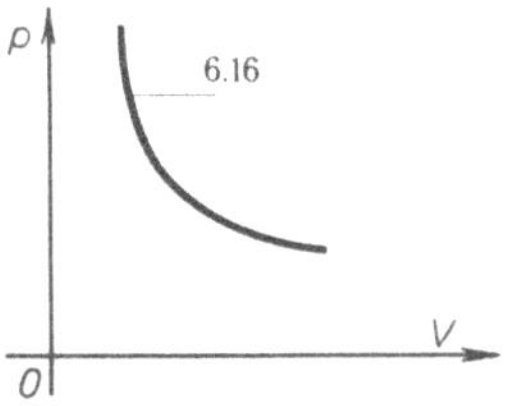

6.16 e isothermal line
d Isotherme f
f isotherme f
nl isotherm m
r изотерма f
(→ 6.15)

6.17 e adiabatic process
d adiabatische Zustandsänderung f
f transformation f adiabatique
nl adiabatisch proces n, adiabatische toestandsverandering f
r адиабатический процесс m

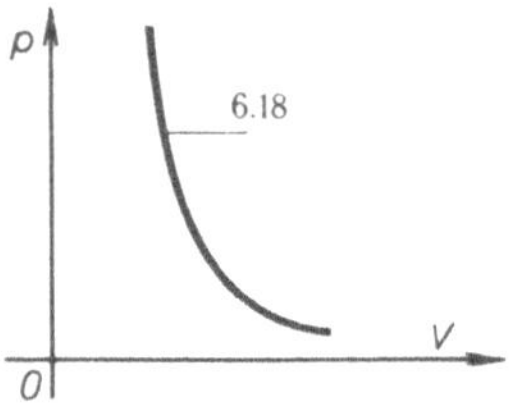

6.18 e adiabatic line
d Adiabate f
f adiabatique f
nl adiabaat m
r адиабата f
(→ 6.17)

6.19 e Carnot cycle
d Carnotscher Kreisprozess m, Carnotprozess
f cycle m de Carnot
nl kringproces n van Carnot
r цикл m Карно

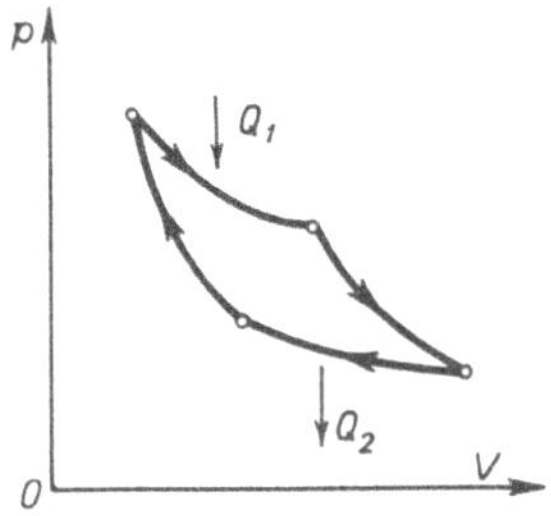

6.20 e evaporation
d Verdampfung f
f évaporation f, vaporisation f
nl verdamping f
r испарение n

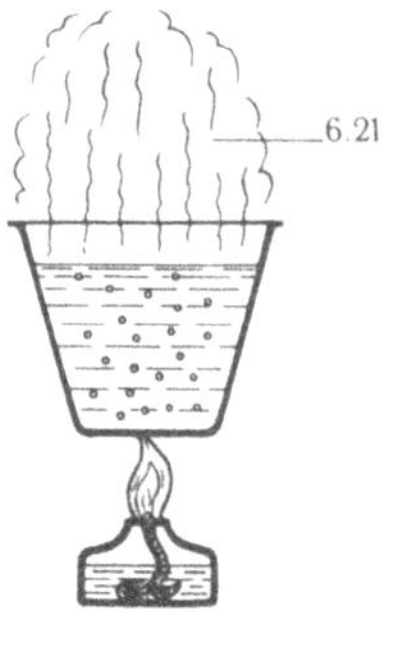

6.21 e vapo(u)r
d Dampf m
f vapeur f
nl damp m, stoom m
r пар m
(→ 6.20)

6.22 e saturated vapo(u)r
d Sattdampf m
f vapeur f saturée
nl verzadigde damp m
r насыщенный пар m

6.23 e steam generating unit, (steam) boiler
d Dampfkessel m
f groupe m de chaudières
nl stoomketel m
r котельный агрегат m

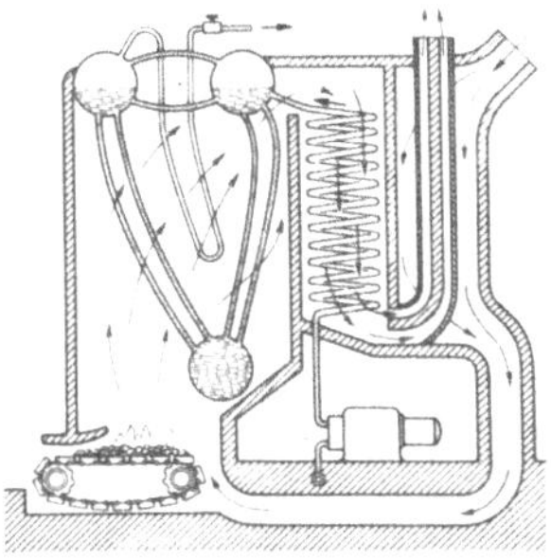

6.24 e furnace
d Feuerung f
f boîte f à feu, foyer m
nl vuurgang m
r топка f

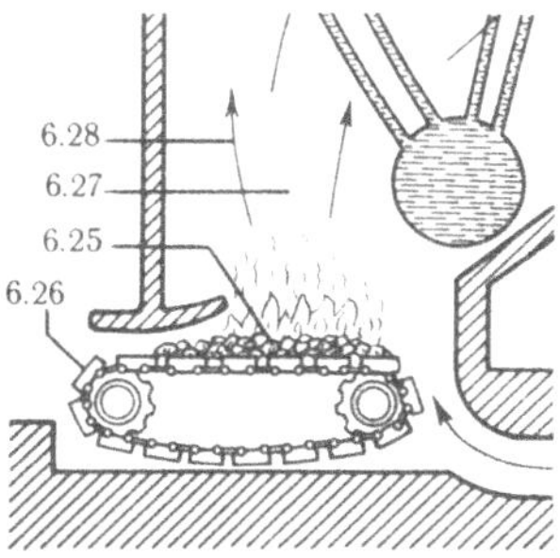

6.25 e fuel
d Brennstoff m
f combustible m, carburant m
nl brandstof m
r топливо n
(→ 6.24)

6.26 e chain-grate stoker
d Wanderrost m
f grille f méchanique
nl kettingrooster m
r движущаяся колосниковая решётка f
(→ 6.24)

6.27 e combustion chamber
d Feuerraum m
f chambre f de chauffe
nl vlamkast f (m)
r топочная камера f
(→ 6.24)

6.28 e flue gases
d Rauchgase n *pl*
f gaz m de gueulard
nl rookgassen n pl
r топочные газы m *pl*
(→ 6.24)

6.29 e water tube
d Siederohr n
f tuyau m d'eau
nl vlampijp f (m)
r кипятильная труба f

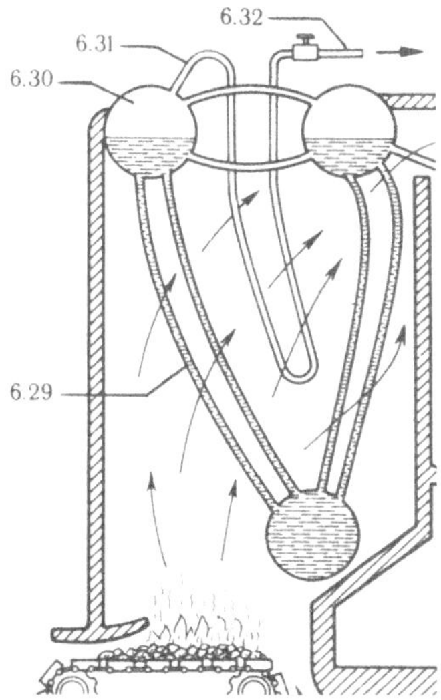

6.30 e steam [water] drum
d Trommel f
f virole f de chaudière à vapeur
nl stoomkast f (m)
r барабан m (парового котла)
(→ 6.29)

6.31 e superheater
d Überhitzer m
f surchauffeur m de vapeur
nl oververhitter m
r пароперегреватель m
(→ 6.29)

6.32 e steam tube
d Dampfrohr n
f tuyau m de vapeur d'échappement
nl stoompijp f(m)
r пароотводящая труба f
(→ 6.29)

6.33 e feed water
d Speisewasser n
f eau f d'alimentation
nl voedingswater n
r питательная вода f

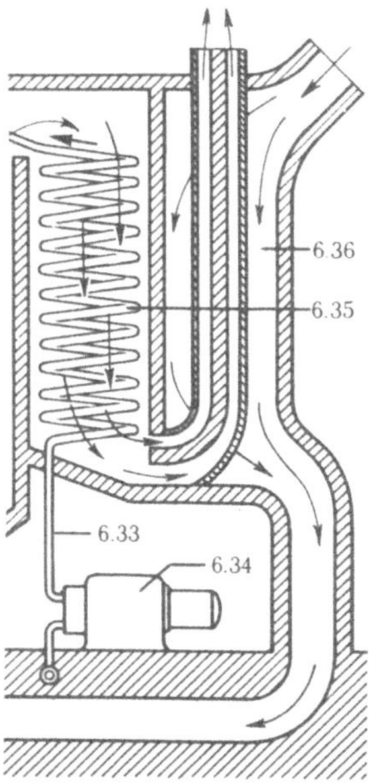

6.34 e feed pump
d Speisepumpe f
f pompe f d'alimentation
nl voedingspomp f(m), aanvoerpomp
r питательный насос m
(→ 6.33)

6.35 e economizer
d Wasservorwärmer m
f économiseur m, enrichisseur m de puissance
nl voorverwarmer m, economiser m
r (водяной) экономайзер m
(→ 6.33)

6.36 e air pre-heater
d Luftvorwärmer m
f réchauffeur m d'air
nl luchtverwarmer m, luchtverhitter m
r воздухоподогреватель m
(→ 6.33)

6.37 e heat engine
d Wärmekraftmaschine f
f machine f thermique
nl warmtemachine f, warmtemotor m
r тепловой двигатель m
(→ 6.38, 6.41, 6.55, 6.62)

6.38 e steam engine
d Kolbendampfmaschine f
f machine f à vapeur
nl stoommachine f
r паровая машина f

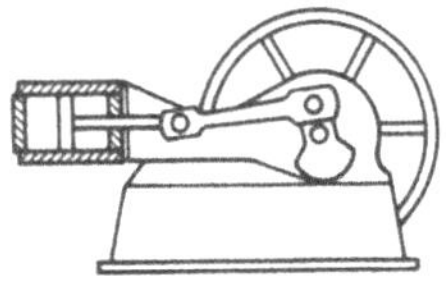

6.39 e turbine
d Turbine f
f turbine f
nl turbine f
r турбина f
(→ 6.41, 6.47, 6.55)

6.40 e steam turbine
d Dampfturbine f
f turbine f à vapeur
nl stoomturbine f
r паровая турбина f

6.41 e impulse (type) turbine
d Gleichdruckturbine f
f turbine f à action
nl gelijkdrukturbine f
r активная турбина f

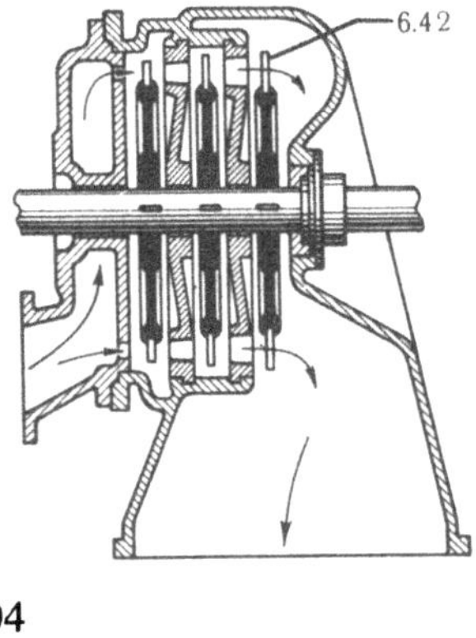

6.42 e impulse [rotor] wheel
d Laufrad n
f disque m de turbine
nl loopwiel n
r рабочее колесо n, диск m (турбины)
(→ 6.41, 6.43)

6.43 e set of nozzles
d Düsenkranz m
f appareil m en buses
nl straalbuizenkrans f (m) .
r сопловой аппарат m

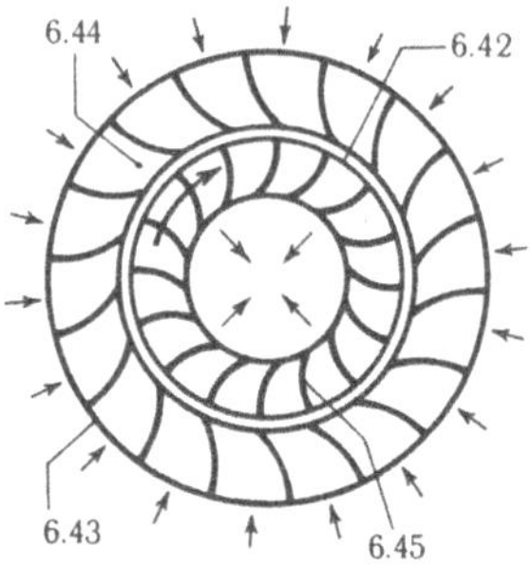

6.44 e nozzle
d Düse f
f tuyère f, buse f
nl straalbuis f (m), mondstuk n
r сопло n
(→ 6.43)

6.45 e set of blades, blade row
d Schaufelkranz m
f distributeur m d'aubes
nl schoepenkrans f(m)
r лопаточный аппарат m
(→ 6.43)

6.46 e (turbine) blade [bucket]
d Laufschaufel f
f aube f mobile
nl turbineschoep f (m)
r (турбинная) лопатка f

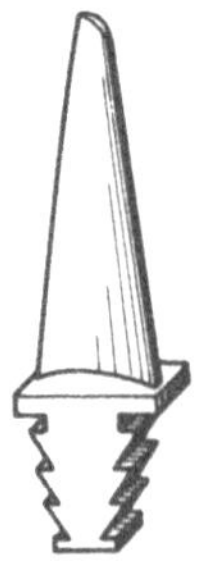

6.47 e reaction (type) turbine
d Überdruckturbine f
f turbine f à réaction
nl overdrukturbine f, reactieturbine
r реактивная турбина f

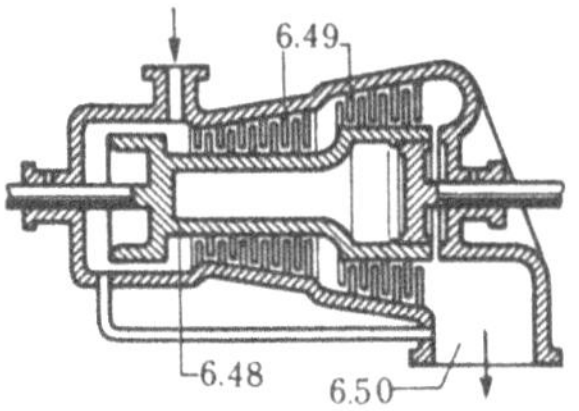

6.48 e rotor drum
d Trommelläufer m
f tambour m
nl turbinetrommel f (m)
r барабан m ротора
(→ 6.47)

6.49 e guide blade
d Leitschaufel f
f aube f directrice
nl leischoep f(m)
r направляющая лопатка f
(→ 6.47)

6.50 e exhaust hood
d Abdampfstutzen m
f raccord m de sortie
nl uitlaatpijp f(m)
r выпускной патрубок m
(→ 6.47)

6.51 e (vapor) condenser
d Kondensator m
f condenseur m
nl condens(at)or m, verdichter m
r конденсатор m

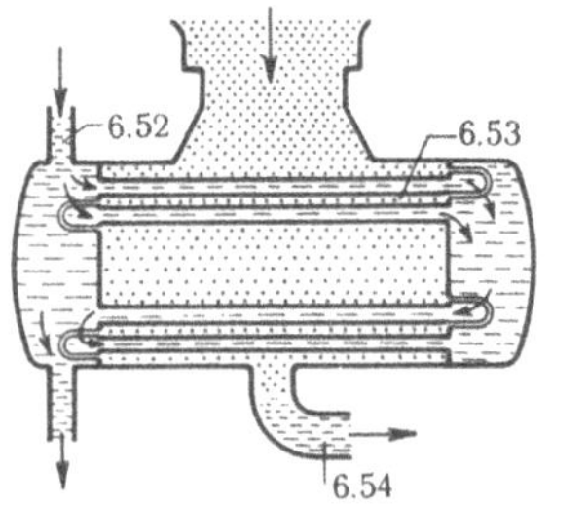

6.52 e cooling water
d Kühlwasser n
f eau f réfrigérante
nl koelwater n
r охлаждающая вода f
(→ 6.51)

6.53 e condenser tube
d Kondensatorrohr n, Kühlrohr
f tube m de condenseur
nl condensorpijp f(m)
r конденсаторная трубка f
(→ 6.51)

6.54 e condensate
d Kondensat n
f condensat m
nl condensaat n
r конденсат m
(→ 6.51)

6.55 e gas turbine plant
d Gasturbinenanlage f
f moteur m à gaz à turbine
nl gasturbinemotor m
r газотурбинный двигатель m

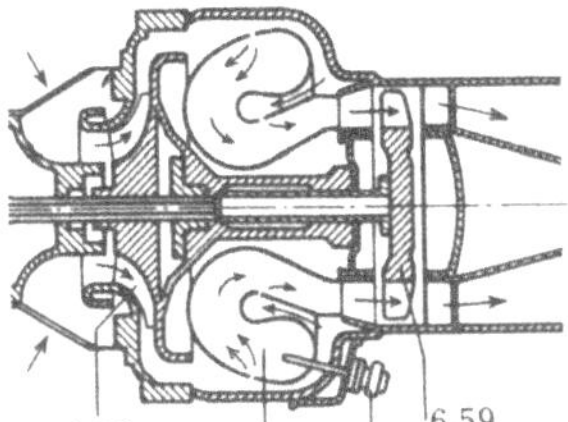

6.56 e axial compressor
d Axialverdichter m, Axialkompressor m
f compresseur m axial
nl axiale compressor m
r осевой компрессор m
(→ 6.55)

6.57 e combustor, combustion chamber
d Brennkammer f
f chambre f de combustion
nl verbrandingskamer f(m)
r камера f сгорания
(→ 6.55)

6.58 e fuel nozzle
d Einspritzdüse f
f injecteur m, brûleur m
nl brandstofverstuiver m
r форсунка f
(→ 6.55)

6.59 e gas turbine
d Gasturbine f
f turbine f à gaz
nl gasturbine f
r газовая турбина f
(→ 6.55)

6.60 e turbojet
d Strahltriebwerk n
f turboréacteur m
nl turbinestraalmotor m
r турбореактивный двигатель m

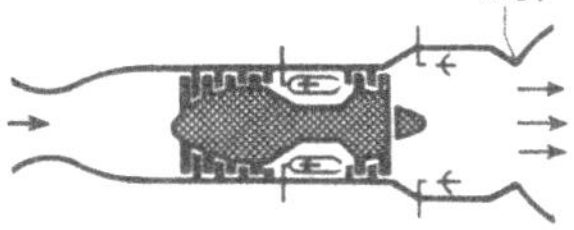

6.61 e jet nozzle
d Vortriebdüse f
f tuyère f à réaction
nl straalpijp f (m)
r реактивное сопло n
(→ 6.60)

6.62 e internal combustion engine
d Verbrennungsmotor m
f moteur m à combustion interne
nl verbrandingsmotor m
r двигатель m внутреннего сгорания

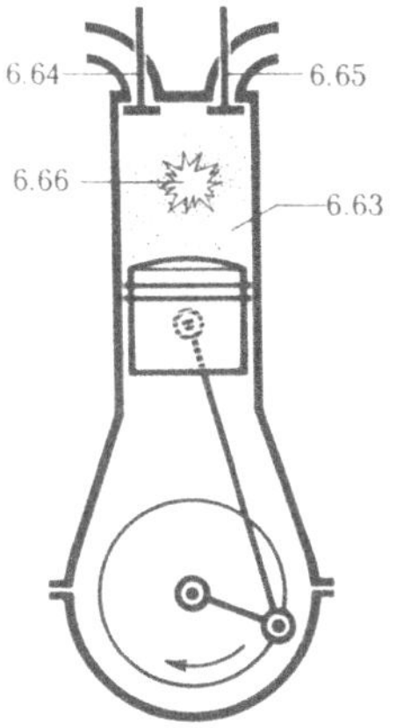

6.63 e air-fuel mixture
d Kraftstoff-Luftgemisch n
f mélange m air-combustible
nl brandstofmengsel n
r топливно-воздушная [рабочая, горючая] смесь f
(→ 6.62)

6.64 e inlet valve
d Einlassventil n
f soupape f d'admission
nl inlaatklep f(m)
r впускной клапан m
(→ 6.62)

6.65 e exhaust valve
d Auslassventil n
f soupape f d'échappement
nl uitlaatklep f(m)
r выпускной клапан m
(→ 6.62)

6.66 e combustion
d Verbrennung f
f combustion f
nl verbranding f
r сгорание n
(→ 6.62)

6.67 e cylinder block
d Zylinderblock m
f bloc m de cylindres
nl cilinderblok n
r блок m цилиндров

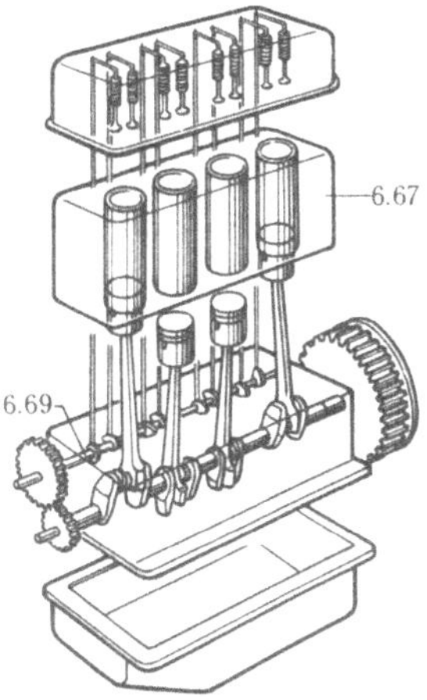

6.68 e cylinder head
d Zylinderkopf m
f culasse f
nl cilinderkop m
r головка f цилиндра

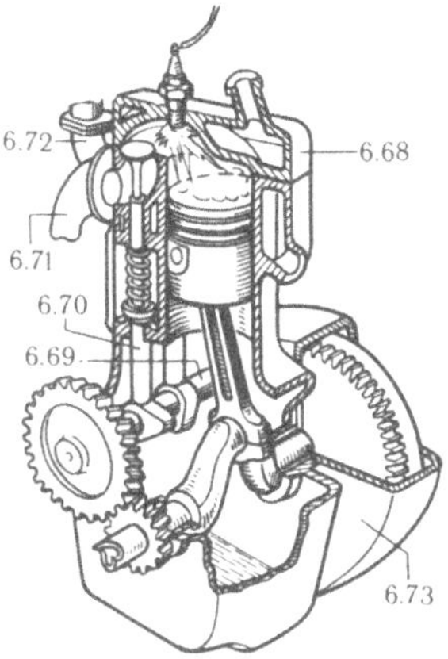

6.69 e camshaft
d Steuerwelle f
f arbre m de distribution
nl nokkenas f(m)
r распределительный вал m
(→ 6.67, 6.68)

6.70 e valve tappet
d Stoss-Stange f
f poussoir m de soupape
nl klepstoter m
r толкатель m (клапана)
(→ 6.68)

6.71 e exhaust manifold
d Auspuffleitung f
f tuyau m de sortie
nl uitlaatspruitstuk n
r выпускная труба f
(→ 6.68)

6.72 e inlet manifold
d Einlassleitung f
f tube m d'admission
nl inlaatspruitstuk n
r впускная труба f, впускной клапан m
(→ 6.68)

6.73 e crankcase
d Kurbelgehäuse n
f carter m
nl carter n
r картер m
(→ 6.68)

6.74 e four-stroke cycle
d Viertaktverfahren n
f cycle m à quatre temps
nl viertaktcyclus m, vierslagcyklus
r четырёхтактный цикл m
(→ 6.75 – 6.78)

6.75 e intake [suction] stroke
d Ladetakt m, Ansaugetakt

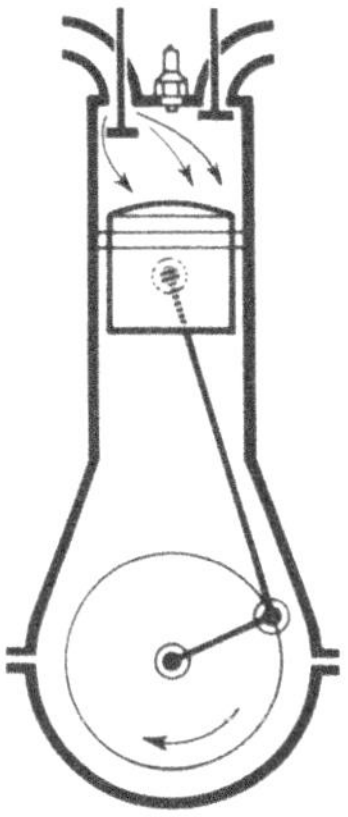

f temps m d'admission
nl inlaatslag m
r такт m впуска

6.76 e compression stroke
d Verdichtungstakt m
f temps m de compression
nl compressieslag m
r такт m сжатия

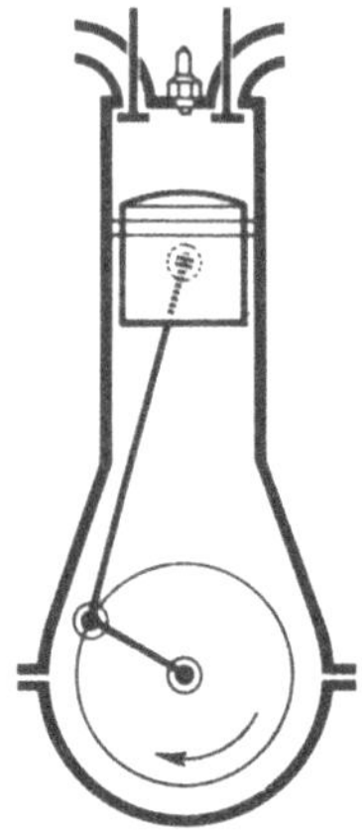

6.77 e expansion stroke
d Arbeitstakt m
f temps m de détente
nl arbeidsslag m
r такт m расширения

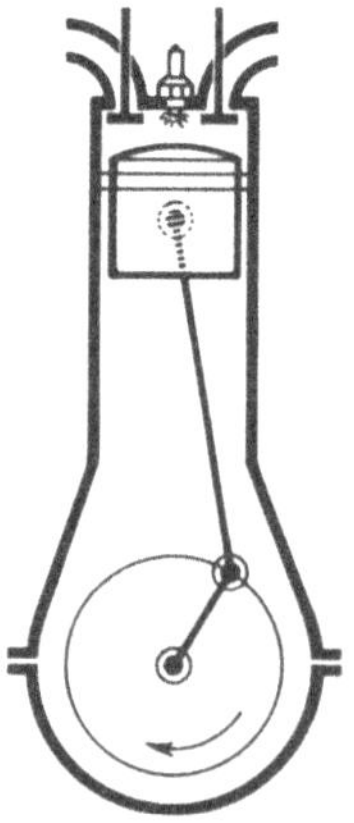

6.78 e exhaust stroke
d Ausschiebetakt m
f temps m d'échappement
nl uitlaatslag m
r такт m выпуска

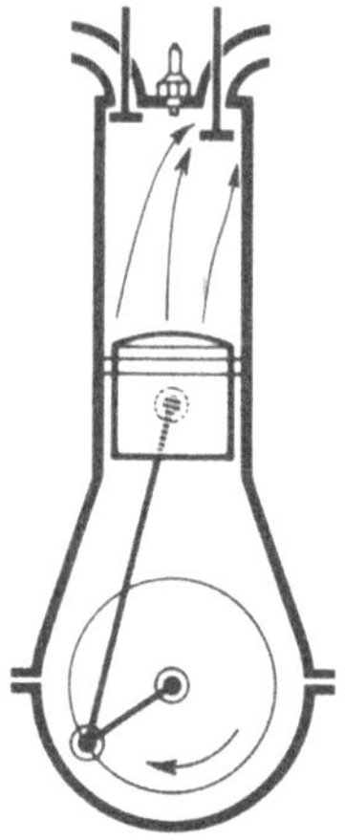

6.79 e two-stroke engine
d Zweitaktmotor m
f moteur m à deux temps
nl tweetaktmotor m
r двухтактный двигатель m

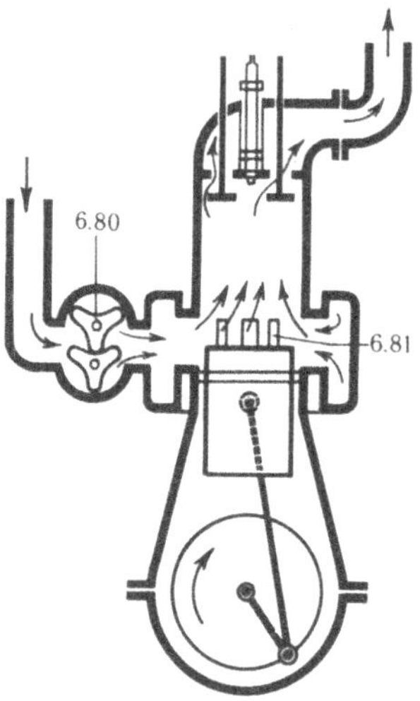

6.80 e scavenge pump
d Spülpumpe f
f pompe f de balayage
nl spoelpomp f(m)
r продувочный насос m
(→ 6.79)

6.81 e inlet port
d Einlass-Schlitz m
f lumière f d'admission
nl inlaatpoort f(m)
r впускное окно n
(→ 6.79)

6.82 e scavenging
d Spülen n
f soufflage m, balayage m
nl spoeling f
r продувка f

6.83 e petrol engine
d Benzinmotor m
f moteur m à essence
nl benzinemotor m
r бензиновый двигатель m (→ 6.84)

6.84 e spark ignition [mixture] engine, Otto engine
d Vergaser(-Otto)motor m
f moteur m à carburateur
nl vergassermotor m
r карбюраторный двигатель m

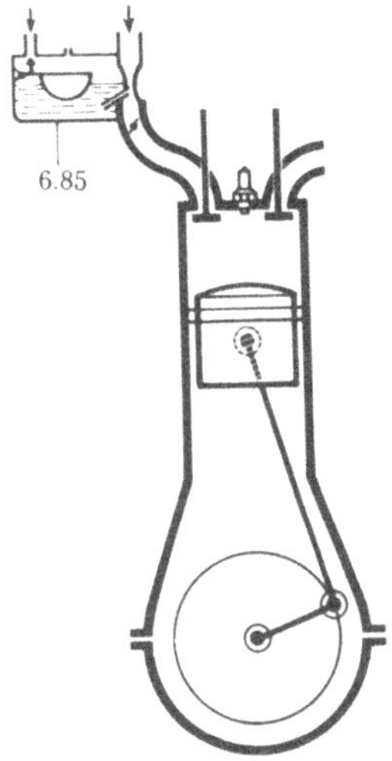

6.85 e carburet(t)or
d Vergaser m
f carburateur m
nl carburateur m
r карбюратор m

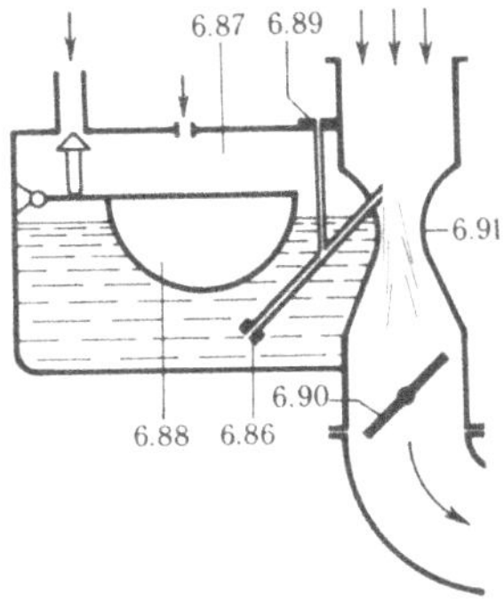

6.86 e main jet, main metering orifice
d Hauptdüse f
f gicleur m d'alimentation
nl hoofdsproeier m
r топливный жиклёр m (→ 6.85)

6.87 e float chamber
d Schwimmergehäuse n
f chambre f de flotteur
nl vlotterkamer f(m)
r топливная камера f (→ 6.85)

6.88 e float
d Schwimmer m
f flotteur m
nl vlotter m
r поплавок m (→ 6.85)

6.89 e main air bleed
d Luftkorrekturdüse f
f gicleur m d'air de compensation
nl compensatiesproeier m
r компенсационный [воздушный] жиклёр m (→ 6.85)

6.90 e air throttle
d Drosselklappe f
f papillon m, volet m de gaz
nl smoorklep f(m)
r дроссельная заслонка f (→ 6.85)

6.91 e venturi throat, choke tube
d Lufttrichter m
f diffuseur m
nl luchttrechter m
r диффузор m (→ 6.85)

6.92 e spark ignition
d Fremdzündung f
f allumage m par étincelle
nl vonkontsteking f
r искровое зажигание n

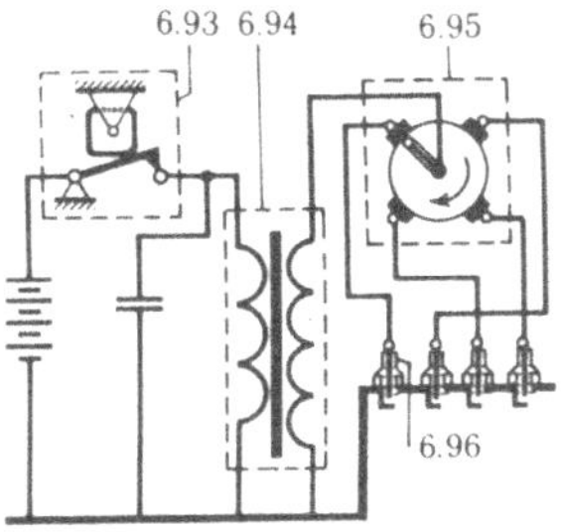

6.93 e breaker
d Unterbrecher m
f rupteur m
nl onderbreker m
r прерыватель m (зажигания) (→ 6.92)

6.94 e ignition coil
d Zündspule f
f bobine f d'allumage
nl bobine f
r катушка f зажигания (→ 6.92)

6.95 e distributor
d Verteiler m
f distributeur m
nl (stroom)verdeler m
r распределитель m (→ 6.92)

6.96 e spark plug
d Zündkerze f
f bougie f
nl bougie f
r свеча f зажигания (→ 6.92)

6.97 e diesel engine, compression-ignition engine
d Dieselmotor m
f diesel m
nl dieselmotor m
r дизель m

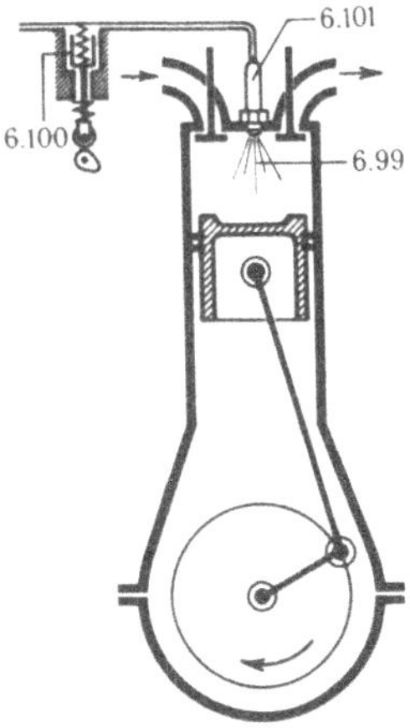

6.98 e compression ignition
d Selbstzündung f
f allumage m par compression
nl compressieontsteking f
r воспламенение от сжатия

6.99 e fuel injection
d Kraftstoffeinspritzung f
f injection f de combustible
nl brandstofinspuiting f
r впрыскивание n топлива
(→ 6.97)

6.100 e fuel pump
d Kraftstoff-Förderpumpe f
f pompe f à combustible
nl brandstofpomp f(m)
r топливный насос m
(→ 6.97)

6.101 e fuel injection nozzle, fuel injector
d Einspritzdüse f
f injecteur m
nl brandstofverstuiver m
r форсунка f

Electric Drive
Elektrischer Antrieb
Commande electrique
Elektrische aandrijving
Электропривод

6.102 e electric drive
d elektrischer Antrieb m
f commande f électrique
nl elektrische aandrijving f
r электропривод m

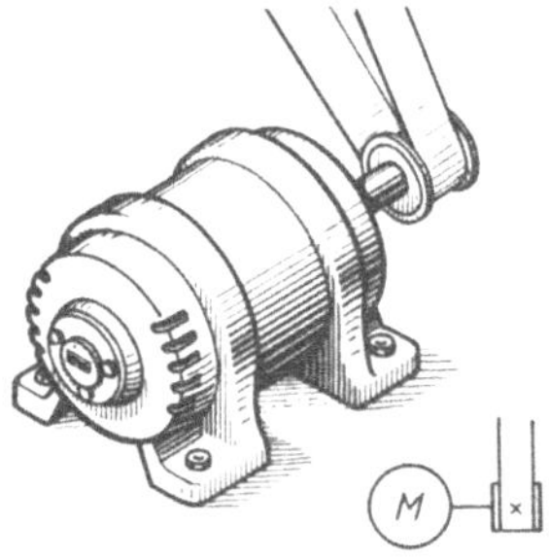

6.103 e electricity
d Elektrizität f
f électricité f
nl elektriciteit f
r электричество n

6.104 e conductor
d (elektrischer) Leiter m
f conducteur m
nl geleider m
r проводник m

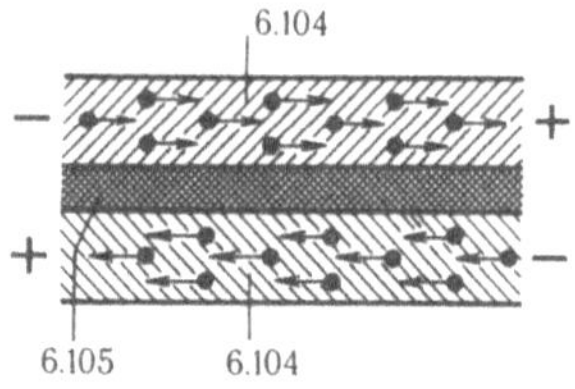

6.105 e dielectric, insulant
d Nichtleiter m, Isolator m
f isolateur m
nl isolator m
r изолятор m
(→ 6.104)

6.106 e electric circuit
d Stromkreis m
f circuit m électrique
nl stroomkring m
r электрическая цепь f

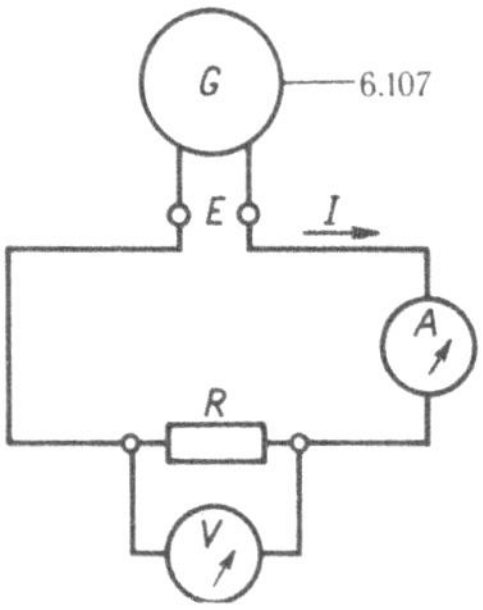

6.107 e source of electric power
d Stromquelle f
f source f de courant
nl stroombron f(m)
r источник m тока
(→ 6.106)

6.108 e electromotive force (*E*)
d elektromotorische Kraft f (*E*)
f force f électromotrice (*E*)
nl elektromotorische kracht f(m) (*E*)
r электродвижущая сила f (*E*)
(→ 6.106)

6.109 e (electric) current
d (elektrischer) Strom m
f courant m (électrique)
nl (elektrische) stroom m
r (электрический) ток m

6.110 e current strength (*I*)
d Stromstärke f (*I*)
f intensité f de courant (*I*)
nl stroomsterkte f (*I*)
r сила f тока, ток m (*I*)

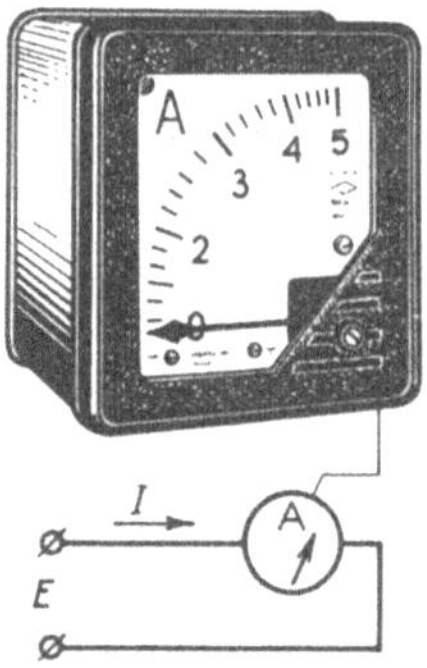

6.111 e ammeter
d Amperemeter n
f ampèremètre m
nl ampèremeter m
r амперметр m
(→ 6.110)

6.112 e voltage (*U*)
d (elektrische) Spannung f (*U*)
f tension f électrique (*U*)
nl spanning f (*U*)
r (электрическое) напряжение n (*U*)

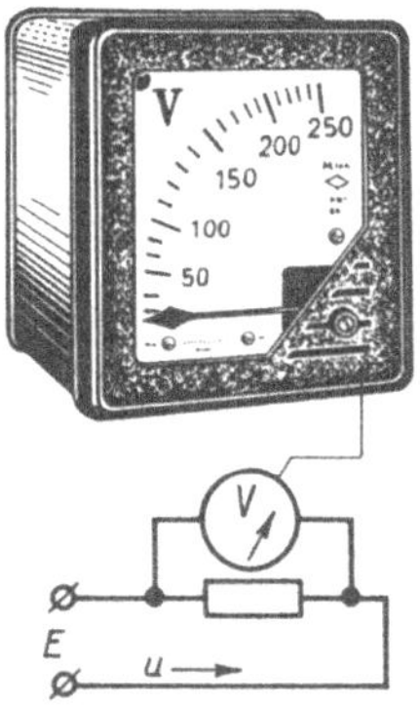

6.113 e voltmeter
d Voltmeter n, Spannungsmesser m
f voltmètre m
nl voltmeter m
r вольтметр m
(→ 6.112)

6.114 e (electric) resistance
d (elektrischer) Widerstand m
f résistance f électrique

nl (elektrische) weerstand m
r (электрическое) сопротивление n

$$R = \frac{U}{I}$$

6.115 e specific resistance, resistivity
d spezifischer (elektrischer) Widerstand m
f résistance f spécifique, résistivité f
nl soortelijke weerstand m
r удельное электрическое сопротивление n

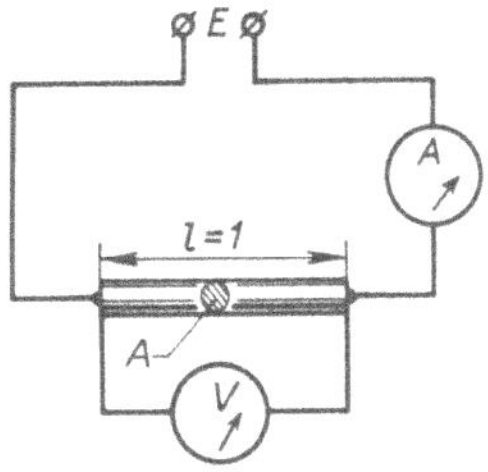

$$\rho = \frac{U}{I} \ (l = 1,\ A = 1)$$

6.116 e open circuit
d offener Stromkreis m
f circuit m ouvert
nl geopende stroomkring m
r разомкнутая цепь f

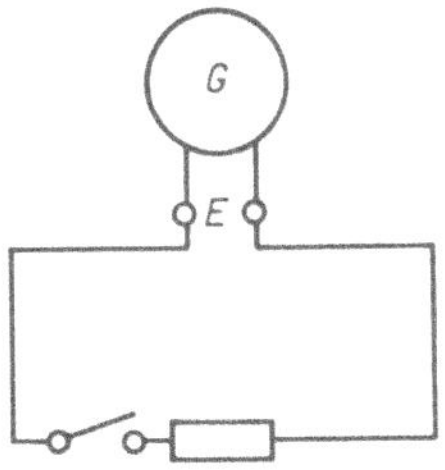

6.117 e closed circuit
d geschlossener Stromkreis m
f circuit m bouclé
nl gesloten stroomkring m
r замкнутая цепь f

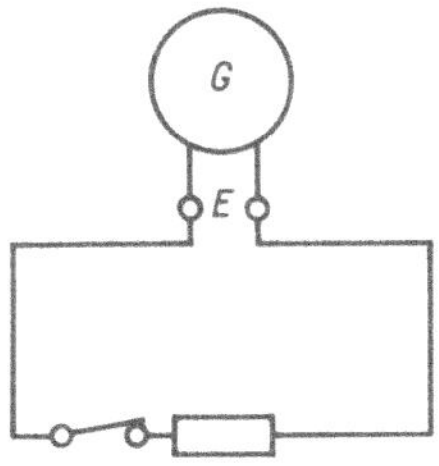

6.118 e series connection
d Reihenschaltung f
f connexion f en série
nl serieschakeling f
r последовательное соединение n

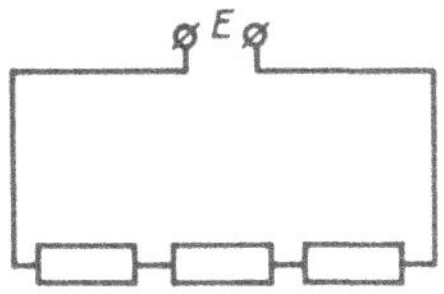

6.119 e parallel connection
d Parallelschaltung f
f connexion f en parallèle
nl parallelschakeling f
r параллельное соединение n

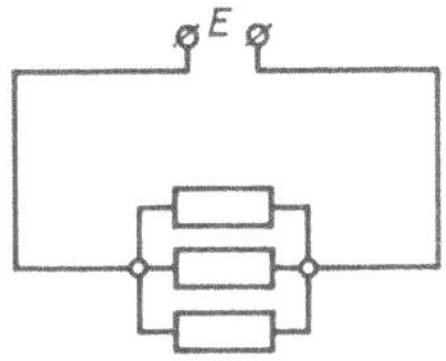

6.120 e electrochemical cell
d galvanisches Element n
f élément m galvanique
nl galvanisch element n
r гальванический элемент m

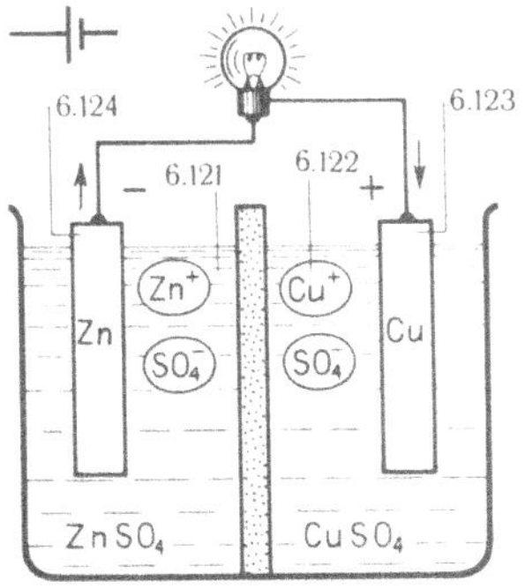

6.121 e electrolyte
d Elektrolyt m
f électrolyte m
nl elektrolyt m
r электролит m
(→ 6.120)

6.122 e ion
d Ion n
f ion m
nl ion n
r ион m
(→ 6.120)

6.123 e anode
d Pluspol m
f anode f
nl anode f
r анод m
(→ 6.120)

6.124 e cathode
d Minuspol m
f cathode f
nl kathode f
r катод m
(→ 6.120)

6.125 e battery
d Batterie f
f batterie f
nl batterij f
r батарея f

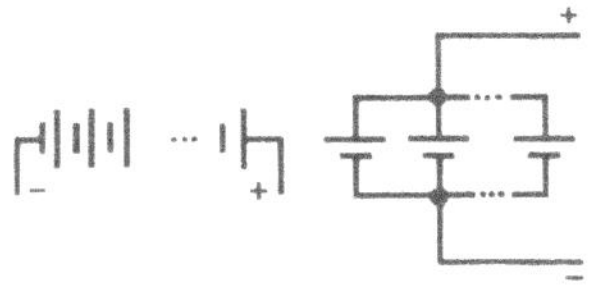

6.126 e storage cell, accumulator
d Akkumulator m
f accumulateur m
nl accu m
r (электрический) аккумулятор m

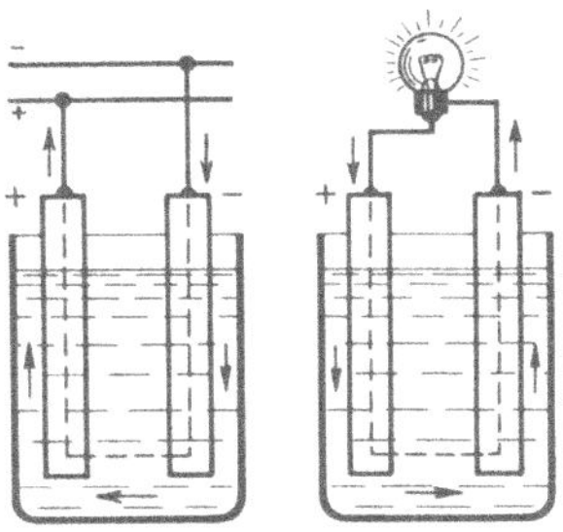

6.127 e charging the accumulator
d Ladung f des Akkumulators
f charge f d'accumulateur
nl opladen n van de accu
r заряд (ка) m (f) аккумулятора
(→ 6.126)

6.128 e resistor
d Festwiderstand m
f résistance f
nl weerstand m
r резистор m

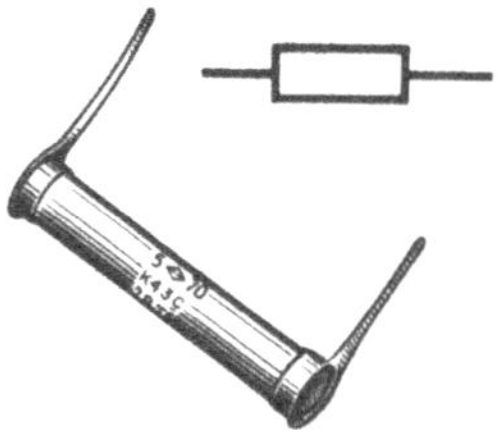

6.129 e rheostat
d Schiebewiderstand m
f rhéostat m
nl regelbare weerstand m
r реостат m

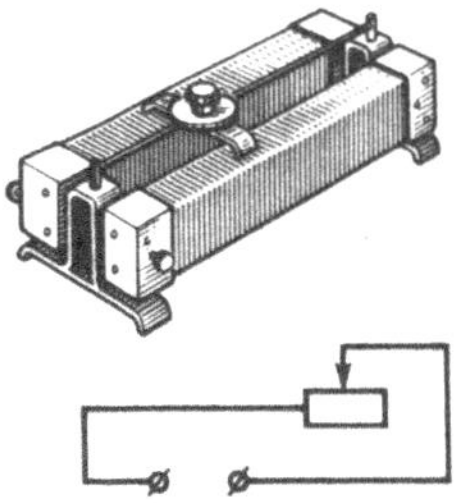

6.130 e capacitor
d Kondensator m
f condensateur m
nl condensator m
r (электрический) конденсатор m

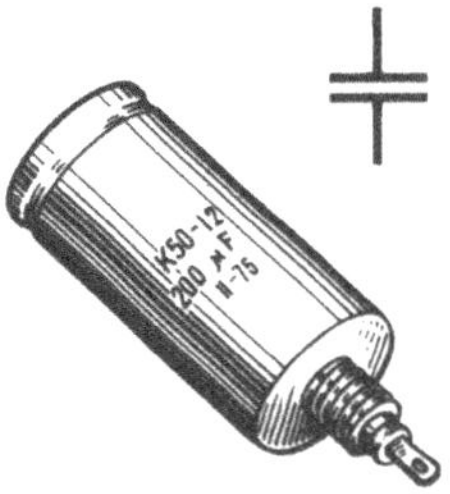

6.131 e bridge network
d Brückenschaltung f
f pont m de résistances
nl brugschakeling f
r электрический мост m

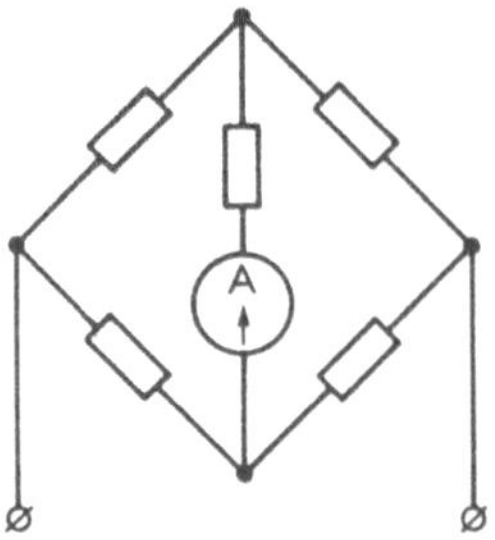

6.132 e permanent magnet
d Dauermagnet m
f aimant m permanent
nl permanente magneet m
r постоянный магнит m

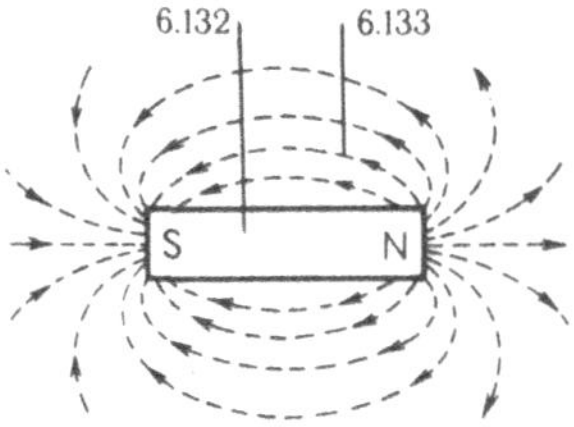

6.133 e magnetic field
d Magnetfeld n
f champ m magnétique
nl magnetisch veld n, magneetveld
r магнитное поле n
(→ 6.132)

6.134 e electromagnet
d Elektromagnet m
f électro-aimant m
nl elektromagneet m
r электромагнит m

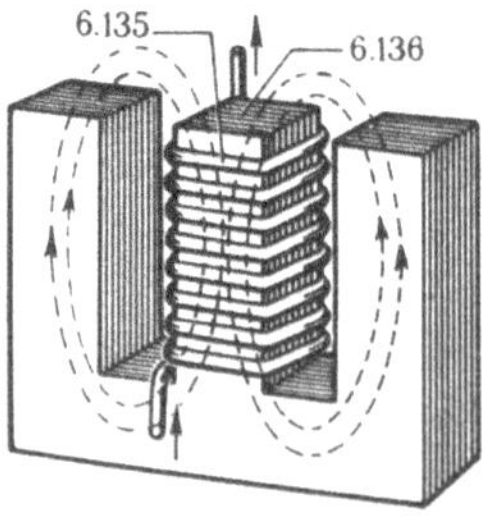

6.135 e coil
d Spule f
f bobine f
nl spoel f(m)
r катушка f
(→ 6.134)

6.136 e core
d Kern m
f noyau m
nl kern f(m)
r сердечник m
(→ 6.134)

6.137 e magnetic field strength (H)
d magnetische Feldstärke f (H)
f intensité f de champ magnétique (H)
nl magnetische veldsterkte f
r напряжённость f магнитного поля (H)

6.138 e magnetic flux density, magnetic induction
d magnetische Induktion f [Flussdichte f]
f induction f magnétique
nl magnetische inductie f [fluxdichtheid f]
r магнитная индукция f
$B = \mu \cdot H$

6.139 e absolute permeability (μ)
d Permeabilität f (μ)
f perméabilité f absolue magnétique (μ)
nl permeabiliteit f (μ)
r абсолютная магнитная проницаемость f (μ)
(→ 6.138)

6.140 e magnetic flux
d magnetischer Fluss m
f flux m magnétique
nl magnetische flux m
r магнитный поток m
$\Phi = B \cdot A$

6.141 e magnetization
d Magnetisierung f
f magnétisation f
nl magnetisering f, magnetiseren n
r намагничивание n

6.142 e hysteresis loop
d Hysteresisschleife f
f boucle f d'hystérésis

nl hysteresislus f(m), hysteresiskromme f
r петля f гистерезиса

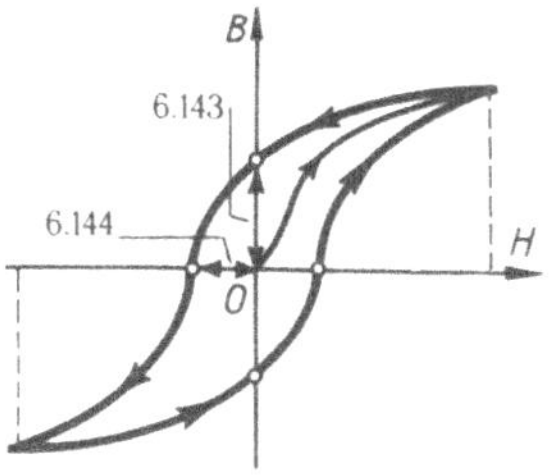

6.143 e residual induction
d Remanenz(induktion) f
f induction f rémanente
nl remanente inductie f
r остаточная индукция f (→ 6.142)

6.144 e coercive electric field (intensity)
d Koerzitivfeldstärke f
f force f coercitive
nl coërcitiefkracht f (m)
r коэрцитивная сила f (→ 6.142)

6.145 e electromagnetic induction
d elektromagnetische Induktion f
f induction f électromagnétique
nl elektromagnetische inductie f
r электромагнитная индукция f

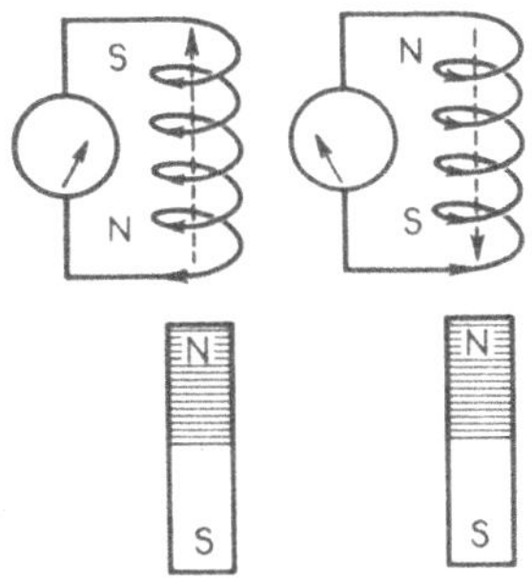

6.146 e electric generator
d elektrischer Generator m, Stromerzeuger m
f génératrice f électrique
nl dynamo m, generator m, stroomgenerator
r электромашинный [электрический] генератор m

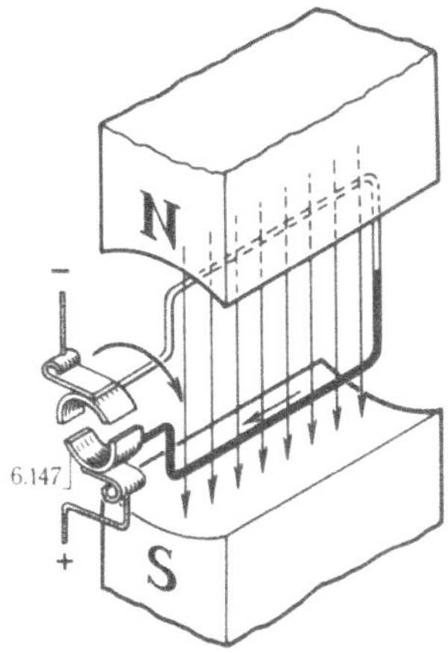

6.147 e collector
d Kollektor m, Stromwender m, Kommutator m
f collecteur m
nl collector m
r коллектор m (→ 6.146)

6.148 e direct current
d Gleichstrom m
f courant m continu
nl gelijkstroom m
r постоянный (электрический) ток m

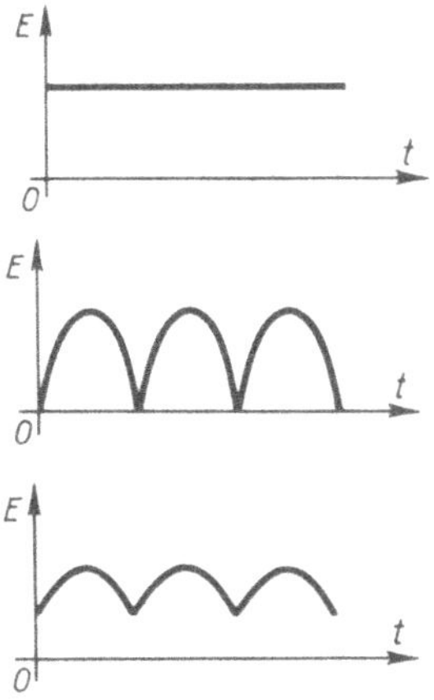

6.149 e alternating current
d Wechselstrom m
f courant m alternatif
nl wisselstroom m
r переменный (электрический) ток m

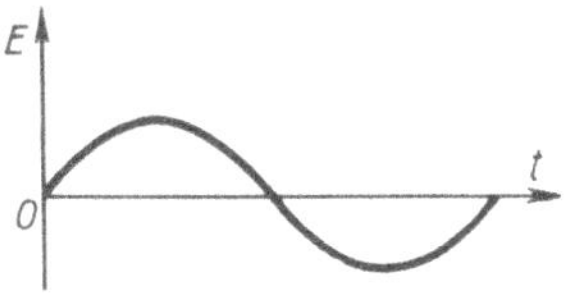

6.150 e three-phase generator
d Drehstromgenerator m
f générateur m triphasé
nl draaistroomdynamo m, drie-fasengenerator m
r генератор m трёхфазного тока

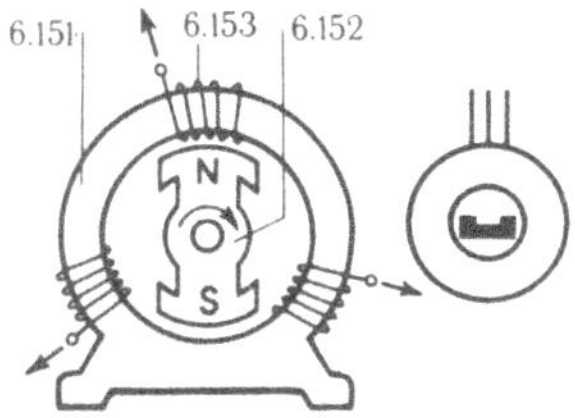

6.151 e stator
d Stator m, Ständer m
f stator m
nl stator m
r статор m (→ 6.150)

6.152 e rotor
d Läufer m
f rotor m
nl rotor m
r ротор m (→ 6.150)

6.153 e winding
d Wicklung f
f enroulement m
nl wikkeling f
r обмотка f (→ 6.150)

6.154 e three-phase current
d Drehstrom m, Dreiphasen-Wechselstrom m
f courant m triphasé
nl draaistroom m
r трёхфазный ток m

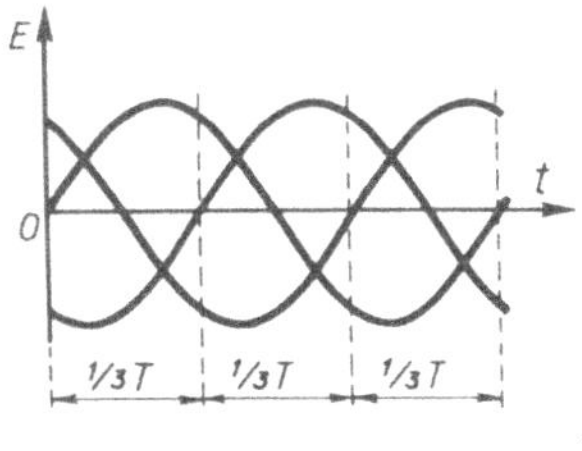

6.155 e electric power
d elektrische Leistung f
f puissance f électrique
nl elektrisch vermogen n
r электрическая мощность f

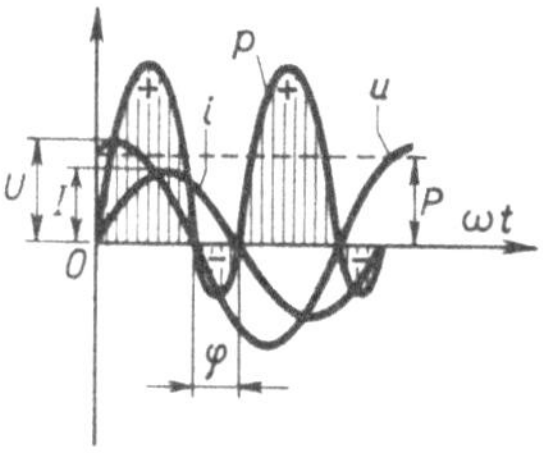

$p = u \cdot i$

6.156 e active power
d Wirkleistung f
f puissance f active
nl werkzaam vermogen n
r активная мощность f
$P = U \cdot I \cdot \cos \varphi$
(→ 6.155)

6.157 e apparent power
d Scheinleistung f
f puissance f apparente
nl schijnbaar vermogen n
r полная мощность f
$P_{ap} = UI$
(→ 6.155)

6.158 e power factor
d Leistungsfaktor m
f coefficient m de puissance
nl vermogensfactor m
r коэффициент m мощности
$\cos \varphi = \frac{P}{P_{ap}}$
(→ 6.155)

6.159 e electric motor
d Elektromotor m
f électromoteur m
nl elektromotor m
r электрический двигатель m, электродвигатель (→ 6.162, 6.163)

6.160 e stator frame
d Statorgehäuse n
f corps m de stator
nl statorhuis n
r корпус m статора
(→ 6.162)

6.161 e end shield
d Lagerschild n
f flasque m
nl lagerafdekking f, lagerschild n
r подшипниковый щит m
(→ 6.162)

6.162 e foot-mounted (electric) motor
d Fussmotor m
f électromoteur m à pieds
nl motor m met montagevoet, voetmotor
r электродвигатель m на лапках

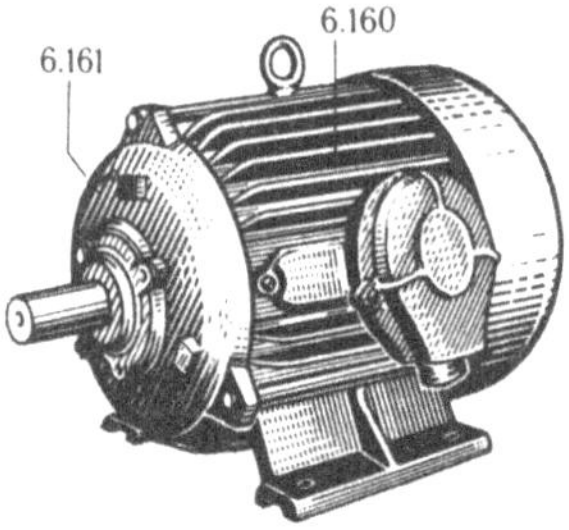

6.163 e flange-mounted (electric) motor
d Flanschmotor m
f électromoteur m à bride
nl motor m met montageflens, flensmotor
r фланцевый электродвигатель m

6.164 e alternating current motor
d Wechselstrommotor m
f électromoteur m à courant alternatif
nl wisselstroommotor m
r электродвигатель m переменного тока
(→ 6.165, 6.168, 6.176)

6.165 e induction motor
d Asynchronmotor m
f électromoteur m asynchrone
nl asynchrone motor m
r асинхронный электродвигатель m

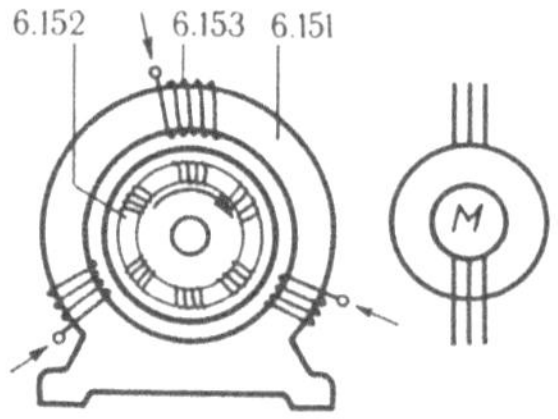

6.166 e star connection
d Sternschaltung f
f couplage m en étoile
nl sterschakeling f
r соединение n звездой

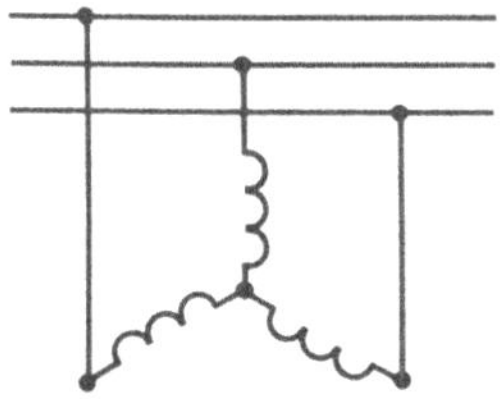

6.167 e delta connection
d Dreieckschaltung f
f couplage m en triangle
nl driehoeksschakeling f
r соединение n треугольником

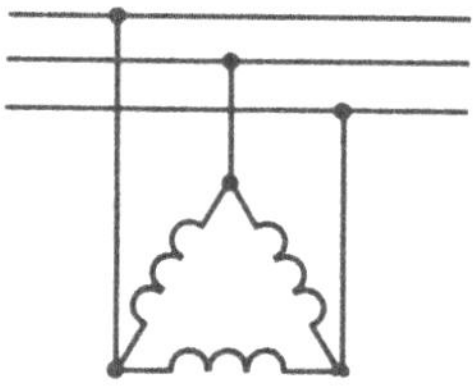

6.168 e squirrel-cage induction motor
d Käfigankermotor m, Kurzschlussläufermotor
f électromoteur m à cage
nl kooiankermotor m
r короткозамкнутый электродвигатель m

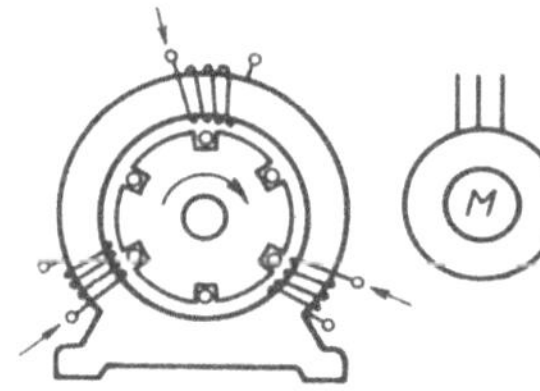

6.169 e speed-torque characteristic
d Drehzahl-Drehmoment-Kennlinie f
f caractéristique f mécanique
nl snelheid-koppelkromme f
r механическая характеристика f (электродвигателя)

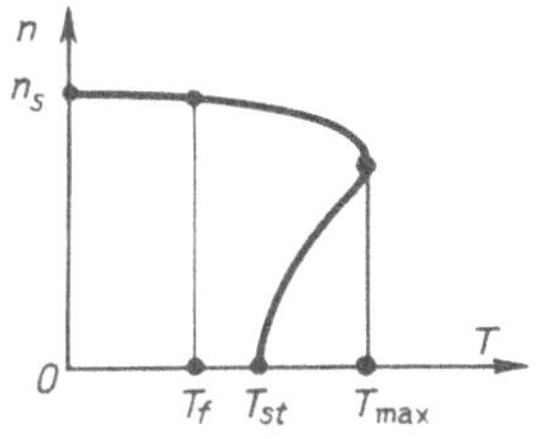

6.170 e rated(-load) [full-load] torque (T_f)
d Nennmoment n (T_f)
f couple m normal (T_f)
nl vollast-koppel n, vollast-draaimoment n, nominaal koppel (T_f)
r номинальный момент m (T_f)
(→ 6.169)

6.171 e starting torque (T_{st})
d Anlauf(dreh)moment n (T_{st})
f couple m de démarrage (T_{st})
nl aanloopkoppel n (T_{st})
r пусковой момент m (T_{st})
(→ 6.169)

6.172 e breakdown torque (T_{max})
d Kippmoment n (T_{max})
f couple m de décrochage (T_{max})
nl overbelastingskoppel n (T_{max})
r опрокидывающий момент m (T_{max})
(→ 6.169)

6.173 e (percentage) slip
d Schlupf m
f glissement m
nl slip m
r скольжение n

$$S = \frac{n_s - n}{n_s} \cdot 100\%$$

6.174 e synchronous speed (n_s)
d Synchrondrehzahl f (n_s)
f vitesse f synchrone (n_s)
nl synchroon toerental n, synchrone draaisnelheid f (n_s)
r синхронная частота f вращения (n_s)
(→ 6.169)

6.175 e multispeed motor
d polumschaltbarer Motor m
f électromoteur m à commutation des pôles
nl motor m met poolomschakeling
r электродвигатель m с переключением полюсов

6.176 e synchronous motor
d Synchronmotor m
f électromoteur m synchrone
nl synchroonmotor m
r синхронный электродвигатель m

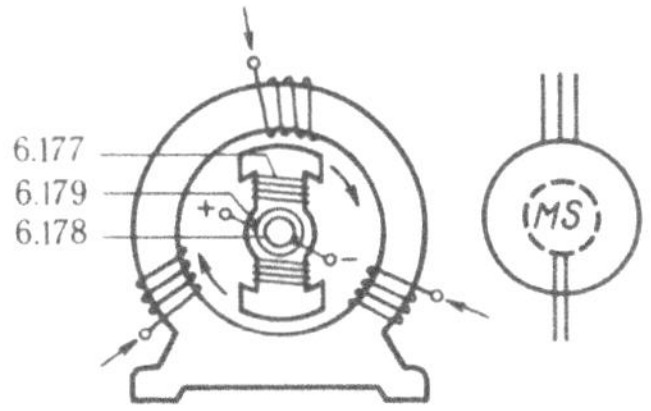

6.177 e field [excitation] winding
d Erregerwicklung f
f enroulement m d'excitation
nl veldwickkeling f
r обмотка f возбуждения
(→ 6.176)

6.178 e slip ring
d Schleifring m
f anneau m collecteur
nl sleepring m
r контактное кольцо n
(→ 6.176)

6.179 e (contact) brush
d Bürste f
f balai m
nl borstel m
r щётка f
(→ 6.176, 6.180)

6.180 e direct current motor
d Gleichstrommotor m
f électromoteur m à courant continu
nl gelijkstroommotor m
r электродвигатель m постоянного тока

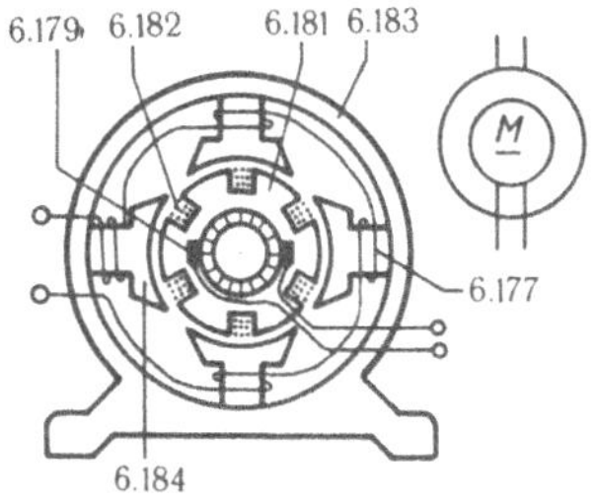

6.181 e armature
d Anker m
f armature f, induit m
nl anker n
r якорь m
(→ 6.180)

6.182 e armature winding
d Ankerwicklung f
f enroulement m d'induit
nl ankerwikkeling f
r обмотка f якоря
(→ 6.180)

6.183 e (magnetic) yoke
d Joch n
f culasse f, joug m
nl juk n
r ярмо n
(→ 6.180)

6.184 e pole shoe
d Polschuh m
f épanouissement m
nl poolschoen m
r полюсный наконечник m
(→ 6.180)

6.185 e separately excited (direct current) motor
d fremderregter Gleichstrommotor m
f électromoteur m à courant continu en excitation séparée
nl gelijkstroommotor m met onafhankelijke bekrachtiging

r (электро) двигатель m (постоянного тока) с независимым возбуждением

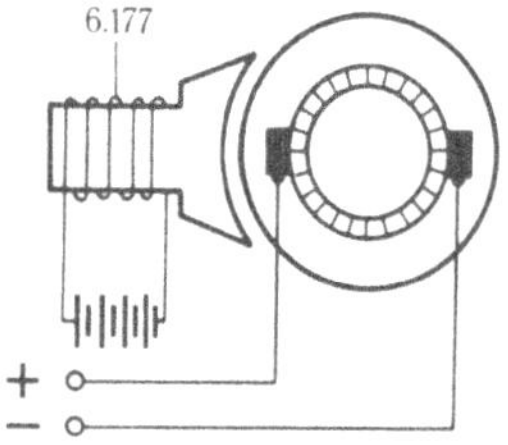

6.186 e (self-excited) shunt-wound motor
d nebenschlusserregter Gleichstrommotor m, Neben schlussmotor
f électromoteur m shunt
nl shuntmotor m
r (электро) двигатель m с параллельным возбуждением, шунтовой (электро) двигатель

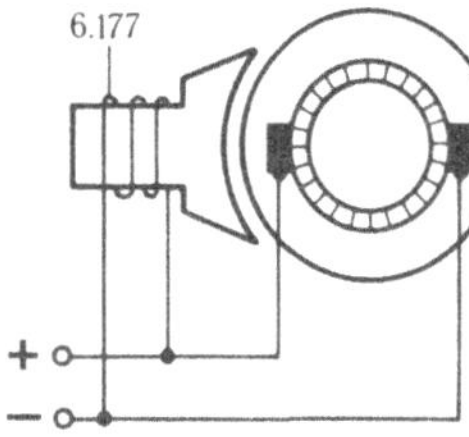

6.187 e (self-excited) series wound (direct-current) motor
d reihenschlusserregter Gleichstrommotor m, Reihenschlussmotor
f électromoteur m série
nl seriemotor m
r (электро) двигатель m с последовательным возбуждением, сериесный (электро) двигатель

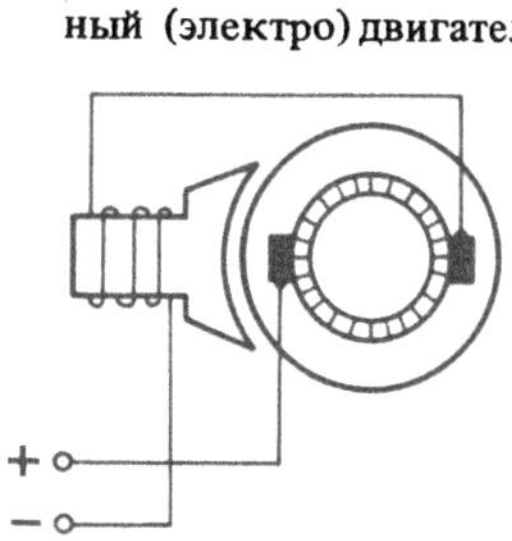

6.188 e (self-excited) compound-wound (direct current) motor
d doppelschlusserregter Gleichstrommotor m, Doppelschlussmotor, Kompoundmotor
f électromoteur m compound
nl compoundmotor m
r (электро) двигатель m со смешанным возбуждением, компаундный (электро) двигатель

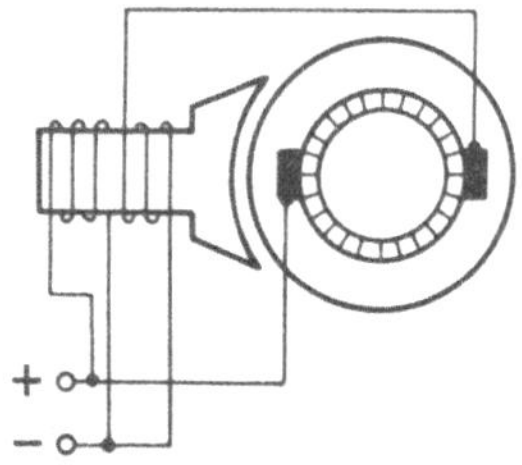

6.189 e (electric) transformer
d Transformator m, Umspanner m
f transformateur m
nl transformator m
r (электрический) трансформатор m

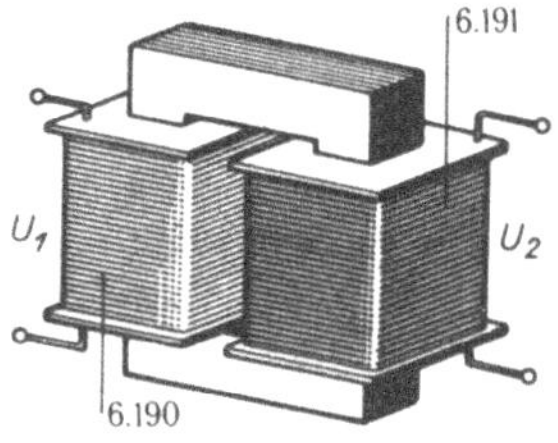

6.190 e primary winding
d Primärwicklung f
f enroulement m primaire
nl primaire wikkeling f
r первичная обмотка f (→ 6.189)

6.191 e secondary winding
d Sekundärwicklung f
f enroulement m secondaire
nl secondaire wikkeling f
r вторичная обмотка f (→ 6.189)

6.192 e transformation ratio (U_1/U_2)
d Übersetzungsverhältnis n
f rapport m de transformation (U_1/U_2)
nl transformatieverhouding f (U_1/U_2)
r коэффициент m трансформации (U_1/U_2) (→ 6.189)

6.193 e (insulated) wire
d (elektrische) Leitung f
f fil m, conducteur m
nl leiding f, draad m
r (электрический) провод n

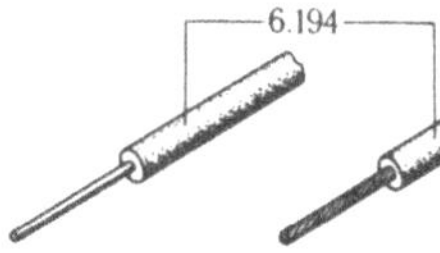

6.194 e insulation
d Isolation f
f isolation f
nl isolatie f
r изоляция f (→ 6.193)

6.195 e (wiring) cable
d Kabel m
f câble m
nl kabel m
r (электрический) кабель m

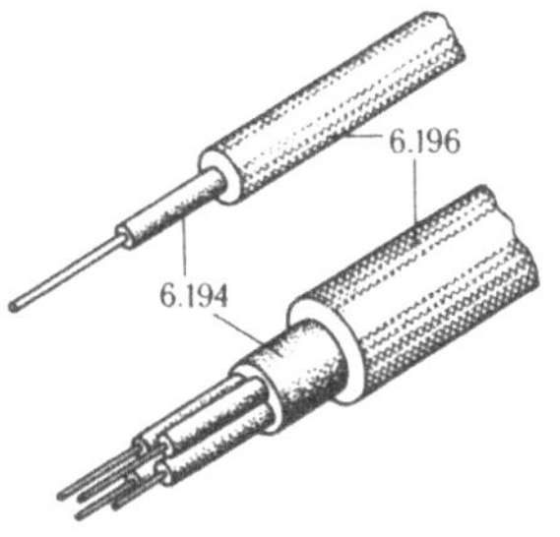

6.196 e sheath, jacket
d Mantel m
f gaine f, enveloppe f
nl (kabel)mantel m
r оболочка f (→ 6.195)

6.197 e switch
d Schalter m, Schaltgerät n
f disjoncteur m

nl schakelaar m
r выключатель m

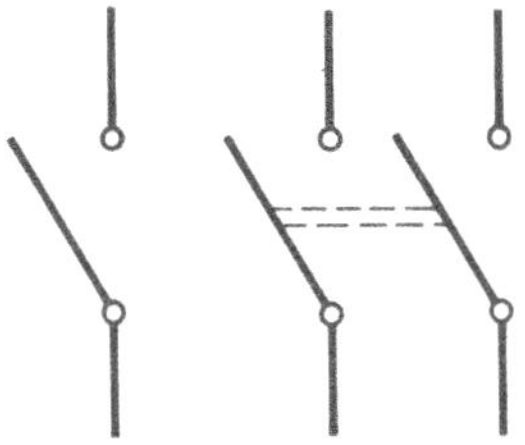

6.198 e knife switch
d Messerschalter m
f interrupteur m à couteaux
nl messchakelaar m
r рубильник m

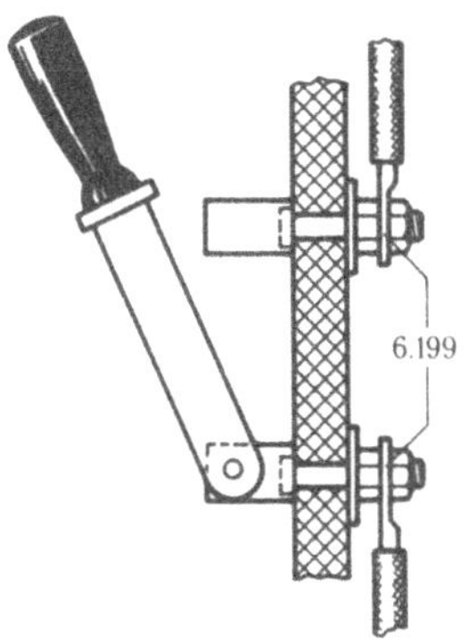

6.199 e terminal
d Klemme f
f borne f
nl klem f(m)
r вывод m
(→ 6.198)

6.200 e circuit breaker
d Selbstschalter m
f disjoncteur m automatique
nl (stroom)onderbreker m
r (автоматический) выключатель m

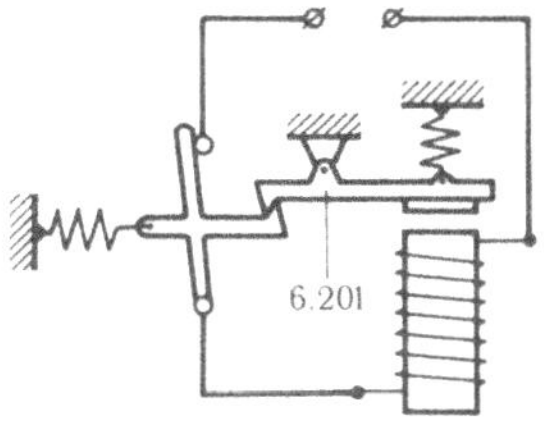

6.201 e latch
d Klinke f
f loquet m
nl klink f(m)
r защёлка f
(→6.200)

6.202 e contactor
d Schaltschütz n, Schütz
f contacteur m
nl contactgever m, schakelinrichting f
r контактор m

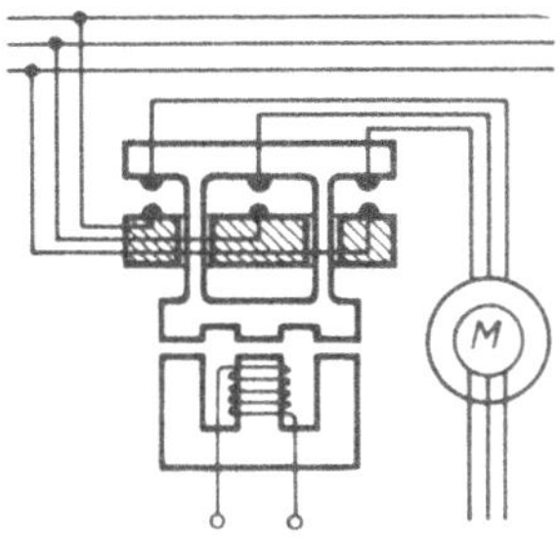

6.203 e relay
d Relais n
f relais m
nl relais n
r (электрическое) реле n
(→6.204, 6.205)

6.204 e electromagnetic relay
d elektromagnetisches Relais n
f relais m électromagnétique
nl elektromagnetisch relais n
r электромагнитное реле n

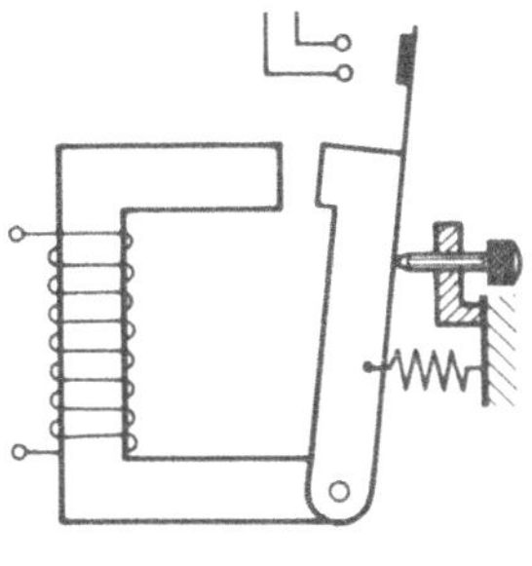

6.205 e thermal relay
d thermisches Relais n
f relais m thermique
nl thermisch relais n
r тепловое реле n

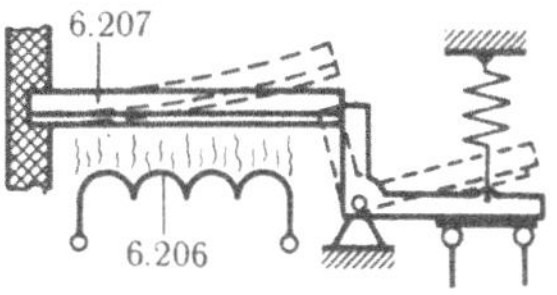

6.206 e heating element
d Heizelement n
f élément m chauffant
nl verwarmingselement n
r нагревательный элемент m
(→6.205)

6.207 e bimetal
d Bimetall n
f bimétal m
nl bimetaal n
r биметалл m
(→6.205)

6.208 e fuse
d Schmelzsicherung f
f fusible m
nl smeltveiligheid f, stop m
r плавкий предохранитель m

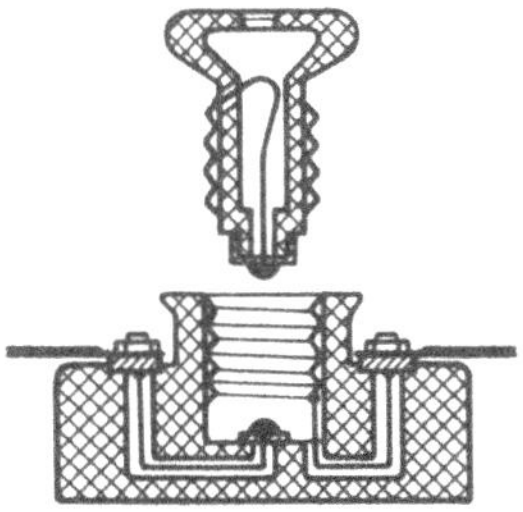

6.209 e cartridge fuse
d Sicherungspatrone f
f fusible m tubulaire
nl smeltzekering f
r трубчатый предохранитель m

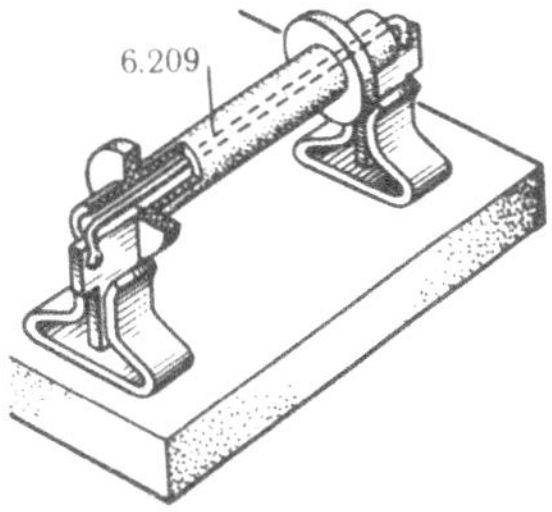

6.210 e grounding, earthing
d Erdung f
f mise f à la terre
nl aarding f
r заземление n

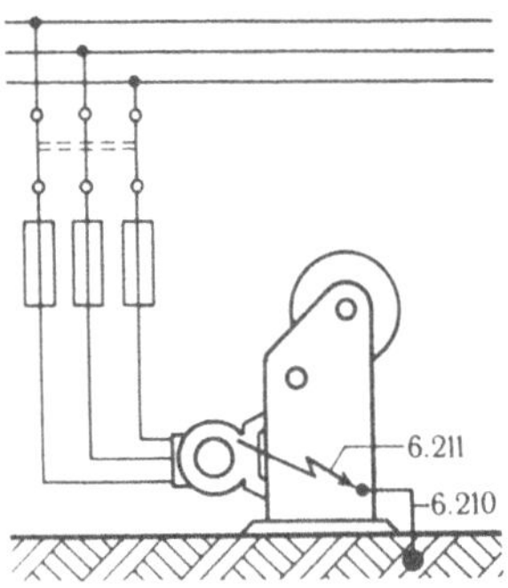

6.211 e breakdown
d Durchschlag m
f perforation f électrique
nl doorslag m
r пробой m
(→6.210)

6.212 e short circuit (fault), fault
d Kurzschluss m
f court-circuit m
nl kortsluiting f
r короткое замыкание n

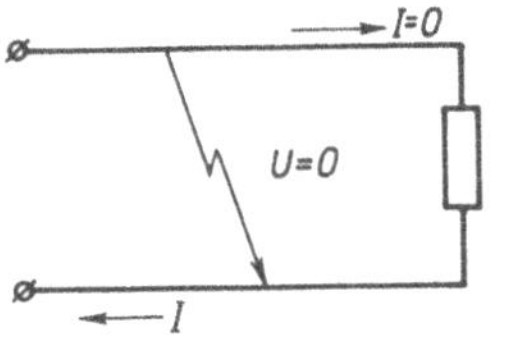

6.213 e neutral grounding [earthing]
d Nullung f, Nullpunkterdung f
f mise f au neutre
nl aarding f van de nulleiding
r зануление n

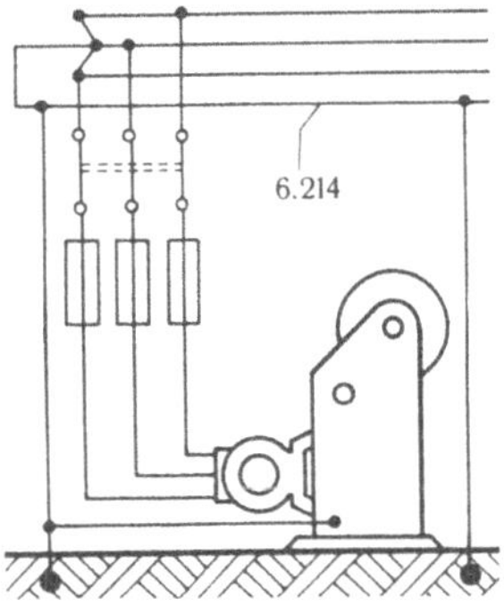

6.214 e neutral conductor
d Mittelpunktleiter m, Nullpunktleiter
f conducteur m neutre
nl nulleiding f
r нулевой провод m
(→6.213)

6.215 e piezoelectric effect
d Piezoeffekt m
f effet m piézo-électrique
nl piëzo-elektrisch effect n
r пьезоэлектрический эффект m

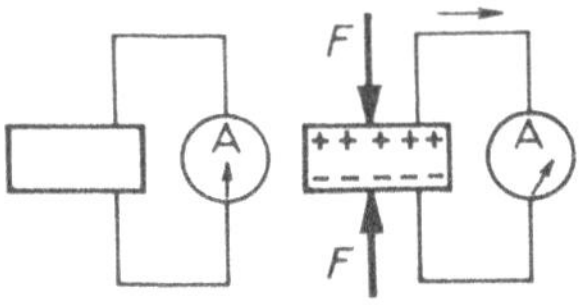

6.216 e photoelectric effect
d Photoeffekt m
f effet m photo-électrique
nl foto-elektrisch effect n
r фотоэлектрический эффект m, фотоэффект

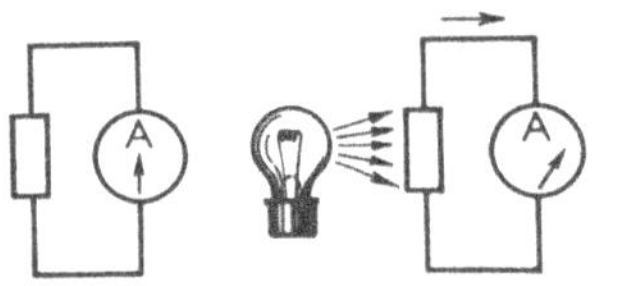

6.217 e photocell, photoelectric cell
d Photoelement n
f photocellule f
nl fotocel f(m)
r фотоэлемент m

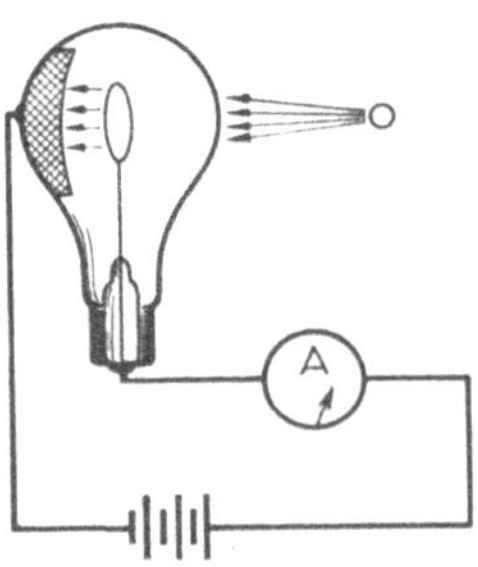

6.218 e thermoelectric effect
d thermoelektrischer Effekt m
f effet m thermo-électrique
nl thermo-elektrisch effect n
r термоэлектрический эффект m

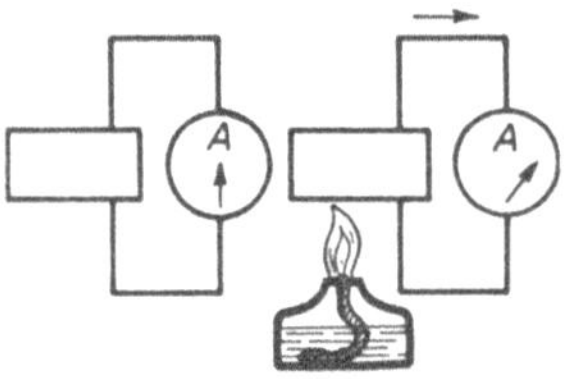

6.219 e thermocouple
d Thermoelement n, Thermopaar n
f thermocouple m
nl thermo-element n, thermokoppel n(m)
r термопара f

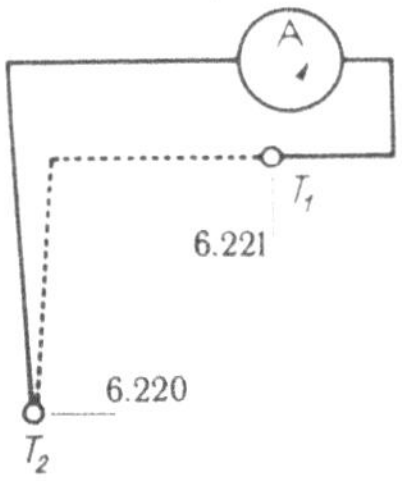

6.220 e measuring junction
d Mess-Stelle f (eines Thermopaares)
f soudure f chaude
nl meetlas f(m)
r горячий спай m
(→6.219)

6.221 e reference junction
d Vergleichsstelle f (eines Thermopaares)
f soudure f froide
nl koude las f(m)
r холодный спай m
(→6.219)

6.222 e thermionic emission, Richardson [Edison] effect
d Glühemission f
f émission f thermoélectronique
nl elektronenemissie f
r термоэлектронная эмиссия f

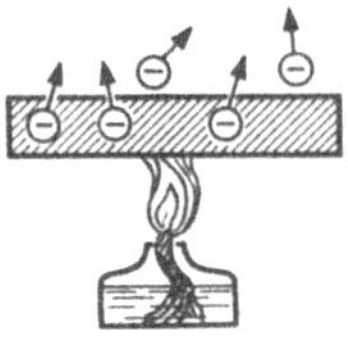

6.223 e electron tube
d Elektronenrohr n
f tube m électronique
nl elektronenbuis f(m)
r электронная лампа f

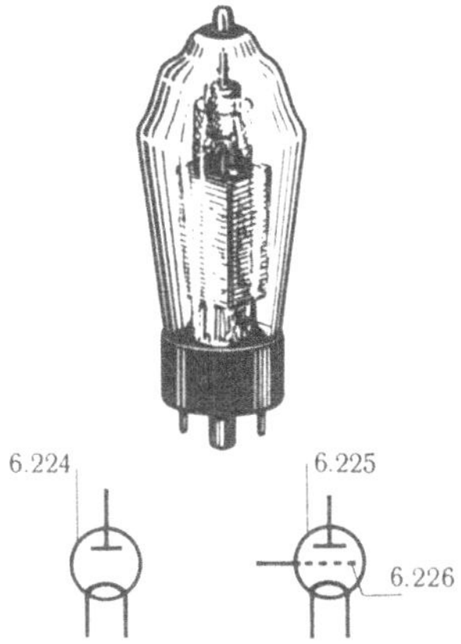

6.224 e diode
d Diode f
f diode f
nl diode f
r диод m
(→6.223)

6.225 e triode
d Triode f
f triode f
nl triode f
r триод m
(→6.223)

6.226 e control grid
d Steuergitter n
f grille f de commande
nl stuurrooster m, n
r управляющая сетка f
(→6.223)

6.227 e transducer, pickup
d Geber m, Mess(wert)geber, Sensor m
f capteur m, transducteur m
nl opnemer m, gever m
r датчик m, измерительный преобразователь m
(→6.228, 6.229, 6.239)

6.228 e (wire) strain ga(u)ge
d Dehnungsmess-Streifen m
f capteur m extensométrique
nl rekstrookopnemer m
r тензодатчик m сопротивления

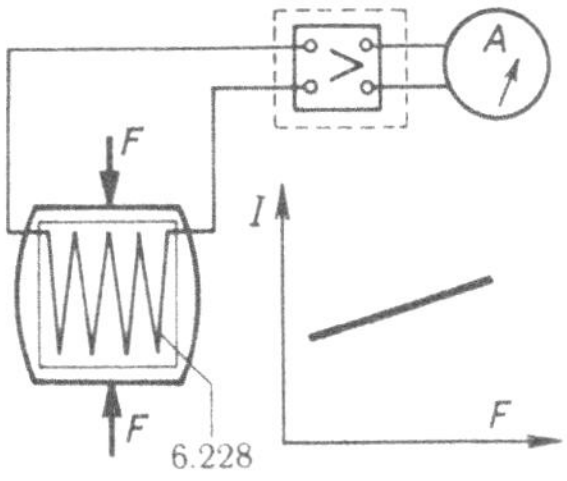

6.229 e inductive (displacement) pickup
d inductiver Weggeber m
f capteur m à induction (de déplacement)
nl inductieve verplaatsingsopnemer m
r индуктивный датчик m (перемещения)

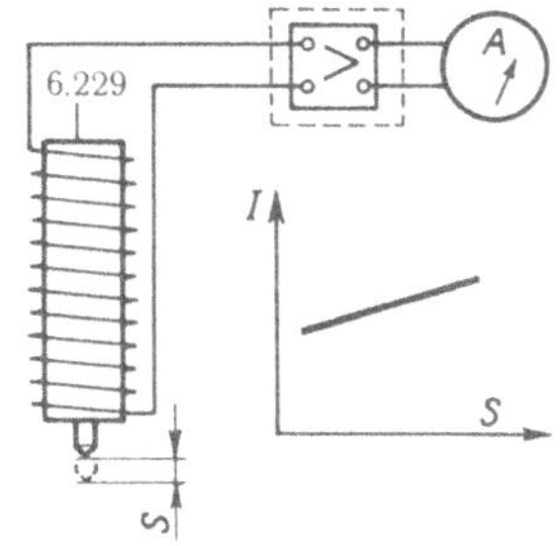

6.230 e capacitive (displacement) pickup
d kapazitiver Weggeber m
f capteur m capacitif (de déplacement)
nl capacitieve verplaatsingsopnemer m
r ёмкостный датчик m (перемещения)

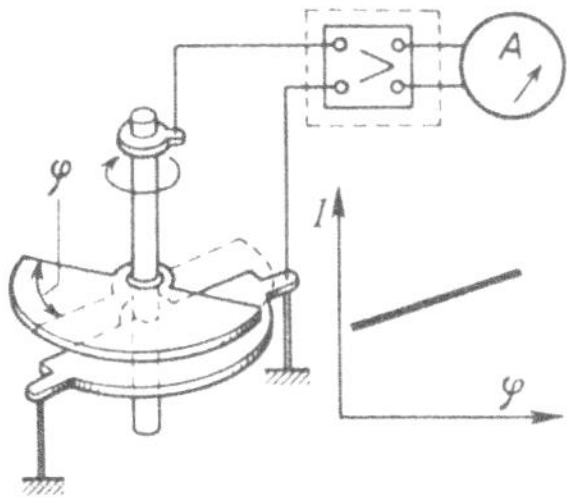

6.231 e semiconductor
d Halbleiter m
f semi-conducteur m
nl halfgeleider m
r полупроводник m

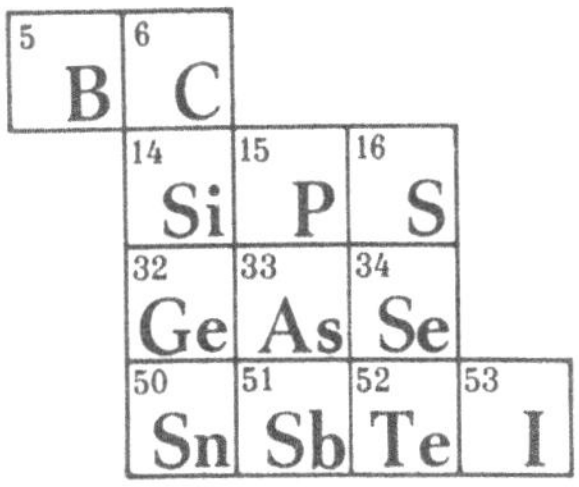

6.232 e semiconductor device
d Halbleiterbauelement n
f dispositif m à semi-conducteurs
nl halfgeleiderapparaat m, halfgeleiderbouwsteen n
r полупроводниковый прибор m
(→6.233, 6.237)

6.233 e transistor
d Transistor m
f transistor m
nl transistor m
r транзистор m

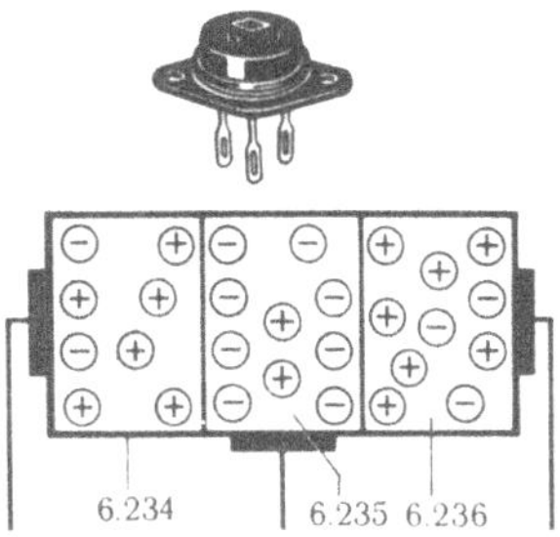

6.234 e emitter
d Emitter m
f émetteur m
nl emitter m
r эмиттер m
(→6.233)

6.235 e base
d Basis f
f base f
nl basis f
r база f
(→6.233)

6.236 e collector
d Kollektor m
f collecteur m
nl collector m
r коллектор m
(→6.233)

6.237 e thyristor
d Thyristor m
f thyristor m
nl thyristor m
r тиристор m

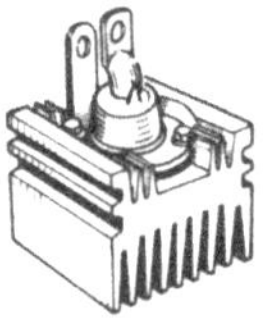

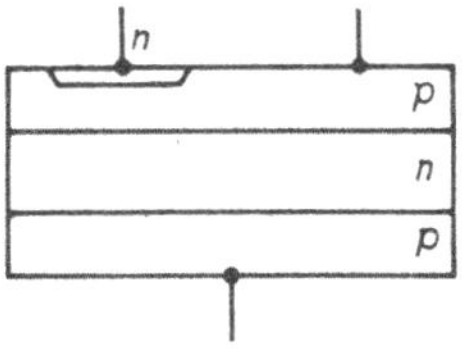

6.238 e rectifier
d Gleichrichter m, Stromrichter
f redresseur m
nl gelijkrichter m
r выпрямитель m (тока)

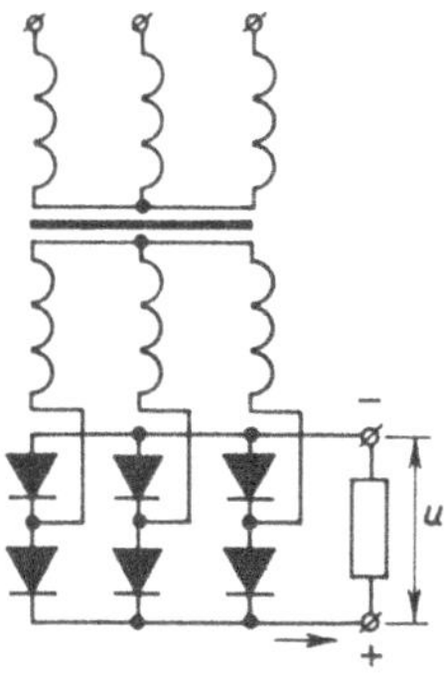

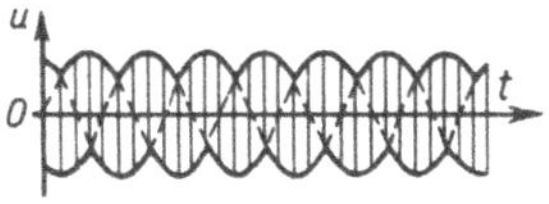

6.239 e amplifier
d Verstärker m
f amplificateur m
nl versterker m
r усилитель m

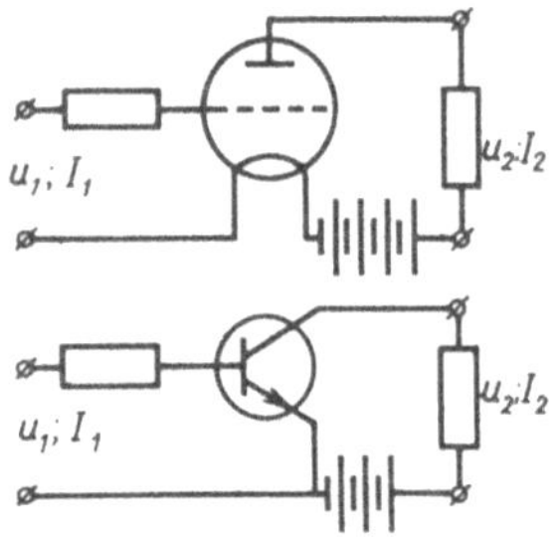

$u_2 > u_1;\ I_2 > I_1$

Fluid Power Drive
Hydraulischer und pneumatischer Antrieb
Commande hydraulique et pneumatique
Hydraulische en pneumatische aandrijving
Гидравлический и пневматический привод

6.240 e fluid power drive
d hydraulischer und pneumatischer Antrieb m [Trieb]
f commande f hydraulique et pneumatique
nl hydraulische en pneumatische aandrijving f
r гидравлический и пневматический привод m
(→6.241, 6.242)

6.241 e hydraulic power drive
d hydraulischer Antrieb m, Hydraulik-Antrieb
f commande f hydraulique
nl hydraulische aandrijving f
r гидравлический привод m, гидропривод

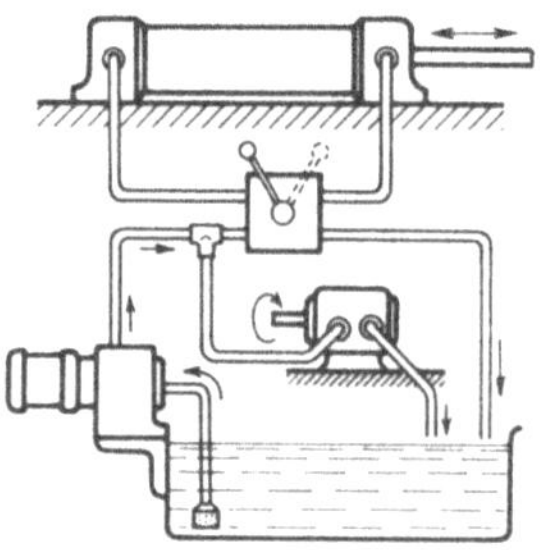

6.242 e pneumatic power drive
d pneumatischer Antrieb m, Pneumatik-Antrieb
f commande f pneumatique
nl pneumatische aandrijving f, aandrijving met perslucht
r пневматический привод m, пневмопривод

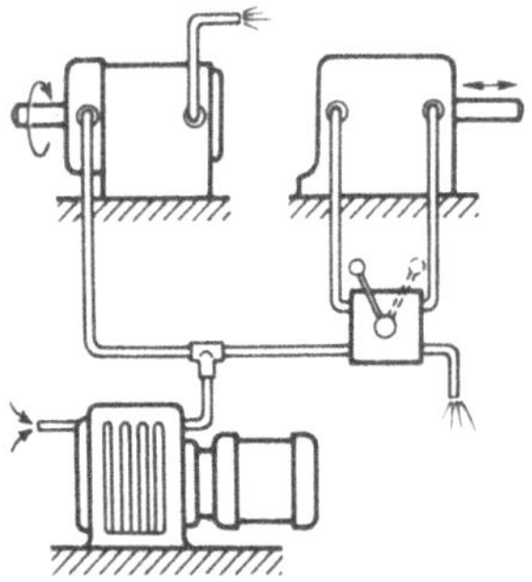

6.243 e pressure
d Druck m
f pression f
nl druk m
r давление n

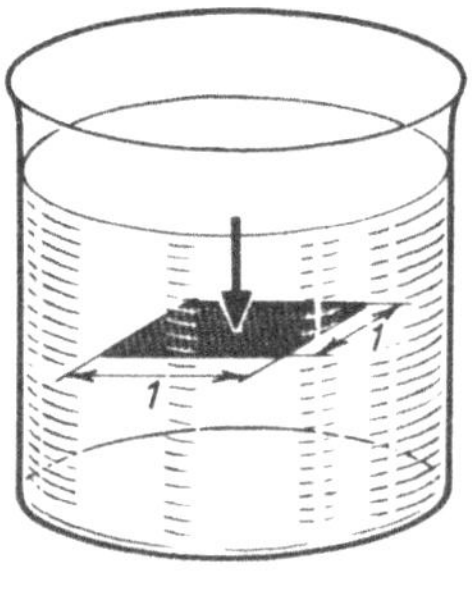

1 psi = 6895 N/m² = = 6,9 kPa

6.244 e absolute pressure
d absoluter Druck m
f pression f absolue
nl absolute druk m

r абсолютное давление n

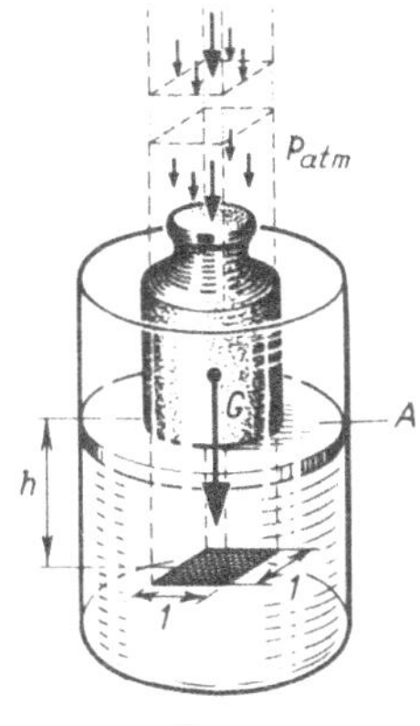

$$p_{abs} = \frac{G}{A} + \rho \cdot g \cdot h + p_{atm}$$

6.245 e atmospheric pressure (p_{atm})
d atmosphärischer Druck m (p_{atm})
f pression f atmosphérique (p_{atm})
nl atmosferische druk m (p_{atm})
r атмосферное давление n (p_{atm})
(→6.244)

6.246 e differential pressure, pressure drop
d Druckunterschied m, Druckabfall m
f différence f de pression
nl drukverschil n
r разность f [перепад m] давлений

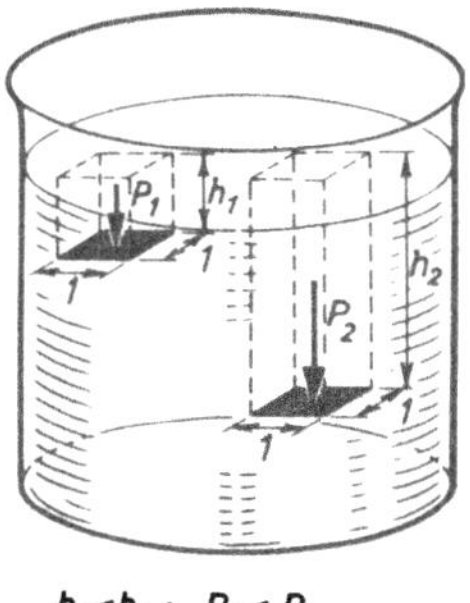

$h_1 < h_2$; $P_1 < P_2$

$\Delta p = p_2 - p_1$

6.247 e pressure ga(u)ge, manometer
d Manometer n
f manomètre m
nl manometer m
r манометр m

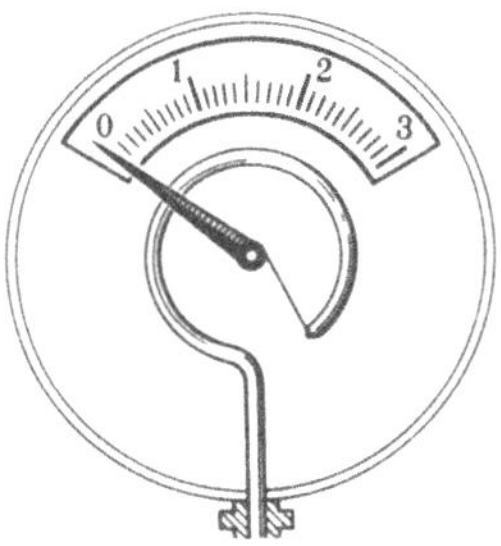

6.248 e flow
d Strömung f
f écoulement m
nl stroming f
r поток m
(→6.249, 6.250)

6.249 e laminar [streamline] flow
d laminare Strömung f
f écoulement m laminaire
nl laminaire stroming f
r ламинарный поток m

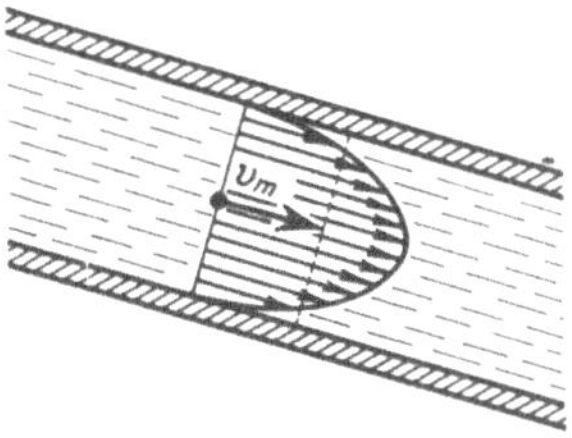

6.250 e turbulent flow
d turbulente Strömung f
f écoulement m turbulent
nl turbulente stroming f
r турбулентный [вихревой] поток m

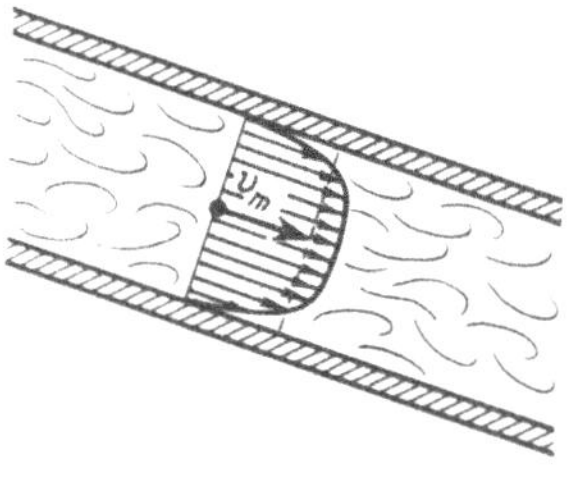

6.251 e mean velocity of flow (v_m)
d durchschnittliche Strömungsgeschwindigkeit f (v_m)
f vitesse f moyenne d'écoulement (v_m)
nl gemiddelde stroomsnelheid f (v_m)
r средняя скорость f потока (v_m)
1 fpm = 0,3 m/min
(→6.249, 6.250)

6.252 e continuity equation
d Kontinuitätsgleichung f
f équation f de continuité
nl continuïteitsvergelijking f
r уравнение n неразрывности

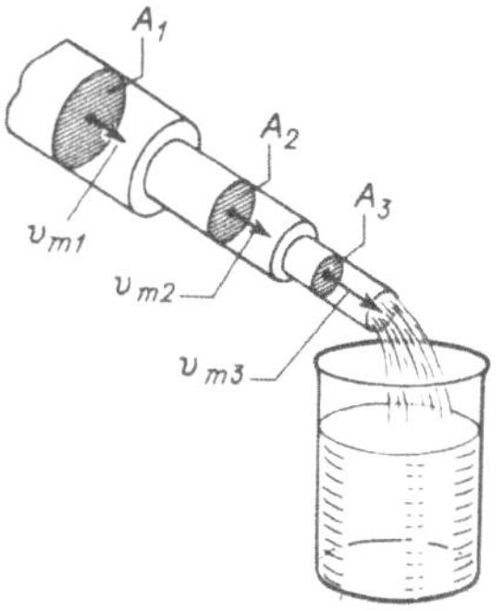

$$A_1 v_{m1} = A_2 v_{m2} = A_3 v_{m3} = Q$$

6.253 e (volumetric) flow rate (Q)
d Volumenstrom m, Volumendurchfluss m (Q)
f consommation f (Q)
nl doorstromingshoeveelheid f, doorstroomkapaciteit f (Q)
r расход m (Q)
1 gpm = 0,63 l/min
(→6.252)

6.254 e Bernoulli's law
d Bernoullische Gleichung f
f théorème m de Bernoulli
nl wet f(m) van Bernoulli
r уравнение n Бернулли

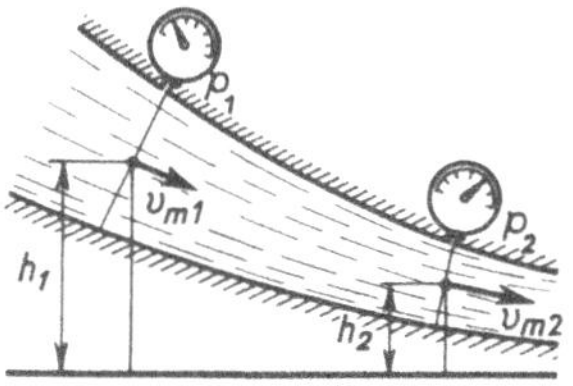

$$h_1 + \frac{p_1}{\gamma} + \frac{v_{m1}^2}{2g} = h_2 + \frac{p_2}{\gamma} + \frac{v_{m2}^2}{2g}$$

6.255 e head
d Höhe f (von Flüssigkeitssäule)
f charge f
nl arbeidsvermogen n van een vloeistofkolom
r напор m
$(h, \frac{p}{\gamma}, \frac{v_m^2}{2g})$
1 ft = 0,3 m
(→ 6.254)

6.256 e static head (h)
d Lagenhöhe f, geodätische Höhe (h)
f hauteur f (h)
nl hydrostatische stijghoogte f (h)
r высота f положения (h)
(→ 6.254)

6.257 e pressure head ($\frac{p}{\gamma}$)
d Drückhohe f ($\frac{p}{\gamma}$)
f hauteur f représentative ($\frac{p}{\gamma}$)
nl drukhoogte f ($\frac{p}{\gamma}$)
r приведённая высота f ($\frac{p}{\gamma}$)
(→ 6.254)

6.258 e specific gravity (γ)
d spezifisches Gewicht n (γ)
f poids m spécifique (γ)
nl soortelijke massa f, soortelijk gewicht n, dichtheid f (γ)
r удельный вес m (γ)
1 lbf/ft³ = 157 N/m³
(→ 6.254)

6.259 e velocity head ($\frac{v_m^2}{2g}$)
d Geschwindigkeitshohe f ($\frac{v_m^2}{2g}$)
f pression f cinétique ($\frac{v_m^2}{2g}$)
nl kinetische energie van een gewichtseenheid vloeistof ($\frac{v_m^2}{2g}$)
r скоростной напор m, скоростная высота f ($\frac{v_m^2}{2g}$)
(→ 6.254)

6.260 e free fall acceleration
d Fallbeschleunigung f
f accélération f de pesanteur
nl versnelling f bij vrije val
r ускорение n силы тяжести
$g = 9{,}81$ m/c²
(→ 6.254)

6.261 e viscosity
d Zähigkeit f, Viskosität f
f viscosité f
nl viscositeit f
r вязкость f

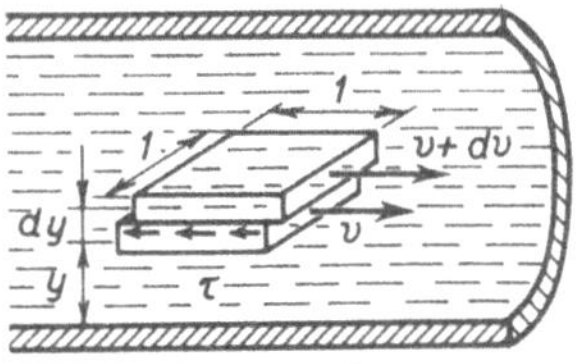

$\tau = \eta \cdot \frac{dv}{dy}$

6.262 e absolute viscosity (η)
d dynamische [absolute] Zähigkeit f (η)
f viscosité f dynamique (η)
nl dynamische [absolute] viscositeit f (η)
r динамическая вязкость f (η)
1 reyn = 6900 N · s/m²
(Pa · s)
(→ 6.261)

6.263 e kinematic viscosity
d kinematische Zähigkeit f
f viscosité f cinématique
nl kinematische viscositeit f
r кинематическая вязкость f
$\nu = \frac{\eta}{\rho}$ 1 ft²/s = 0,093 m²/c

6.264 e density (ρ)
d Dichte f (ρ)
f densité f (ρ)
nl dichtheid f (ρ)
r плотность f (ρ)
1 lb/ft³ = 16 kg/m³
(→ 6.263)

6.265 e hydraulic resistance
d hydraulischer Widerstand m
f résistance f hydraulique
nl stromingsweerstand m
r гидравлическое сопротивление n

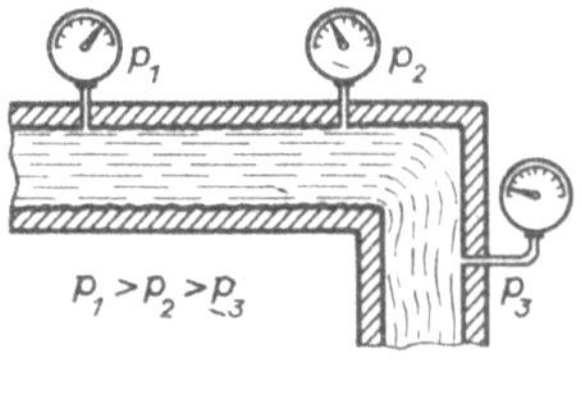

6.266 e pressure loss (Δp)
d Druckverlust m (Δp)
f perte f de pression (Δp)
nl drukverlies n (Δp)
r потеря f давления (Δp)
(→ 6.267, 6.268)

6.267 e friction losses
d Reibungsverluste m *pl*
f pertes f *pl* par frottement
nl wrijvingsverlies n
r потери f *pl* на трение [по длине]
$\Delta p = p_1 - p_2$
(→ 6.265)

6.268 e local losses
d örtliche Druckverluste m *pl*
f pertes f *pl* locales
nl plaatselijke drukverliezen n *pl*
r местные потери f *pl*
$\Delta p = p_3 - p_2$
(→ 6.265)

6.269 e hydrostatic power drive
d hydrostatischer Antrieb m
f commande f hydraulique volumétrique
nl hydrostatische aandrijving f
r объёмный гидропривод m

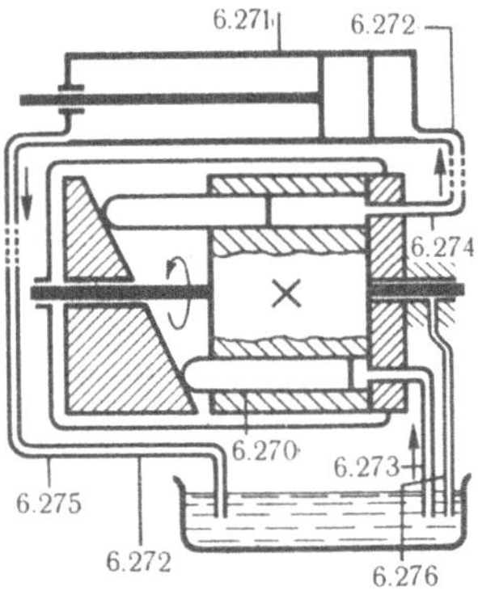

6.270 e positive-displacement pump
d hydrostatische Pumpe f, Verdrängerpumpe
f pompe f hydraulique
nl verdringerpomp f(m)
r объёмный насос
(→ 6.269)

6.271 e positive-displacement hydraulic motor
d hydrostatischer Motor m, Verdrängermotor
f moteur m hydraulique

nl hydrostatische motor m, verdringermotor
r объёмный гидромотор m (→6.269)

6.272 e hydraulic [flow] line, line
d Hydroleitung f
f ligne f hydraulique
nl hydraulische leiding f
r гидролиния f (→6.269)

6.273 e suction line
d Saugleitung f
f ligne f aspirée
nl zuigleiding f
r всасывающая гидролиния f (→6.269, 6.278)

6.274 e working (hydraulic) line
d Druckleitung f
f ligne f chargée
nl (hydraulische) drukleiding f
r напорная гидролиния f (→6.269, 6.278)

6.275 e exhaust (hydraulic) line
d Rücklaufleitung f
f ligne f vidangée
nl terugstroomleiding f
r сливная гидролиния f (→6.269, 6.278)

6.276 e drain line
d Leckleitung f
f ligne f drainée
nl leiding f voor lekvloeistof
r дренажная гидролиния f (→6.269, 6.278)

6.277 e pilot line
d Steuerleitung f
f ligne f hydraulique commandée
nl hydraulische aanstuurleiding f
r гидролиния f управления

6.278 e hydrodynamic power drive
d hydrodynamischer Antrieb m
f commande f hydrodynamique

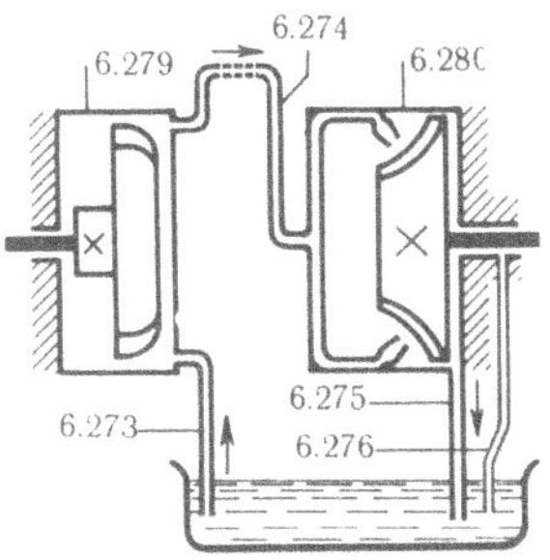

nl hydrodynamische overbrenging f
r гидродинамический привод m

6.279 e rotodynamic pump
d Strömungs-Arbeitsmaschine f
f pompe f dynamique
nl stromingswerkpomp f(m)
r динамический насос m (→6.278)

6.280 e rotodynamic hydraulic motor
d Strömungs-Kraftmaschine f
f moteur m hydraulique dynamique
nl stromingswerkmachine f
r динамический гидромотор m (→6.278)

6.281 e hydraulic circuit
d hydraulisches Schaltbild n
f circuit m hydraulique
nl hydraulisch circuit n
r гидравлическая схема f

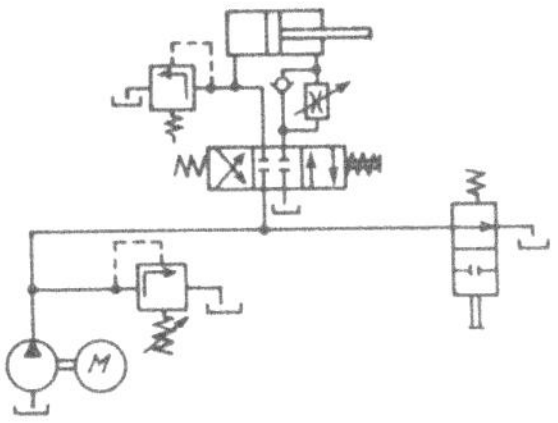

6.282 e pump
d Pumpe f
f pompe f
nl pomp f(m)
r насос m

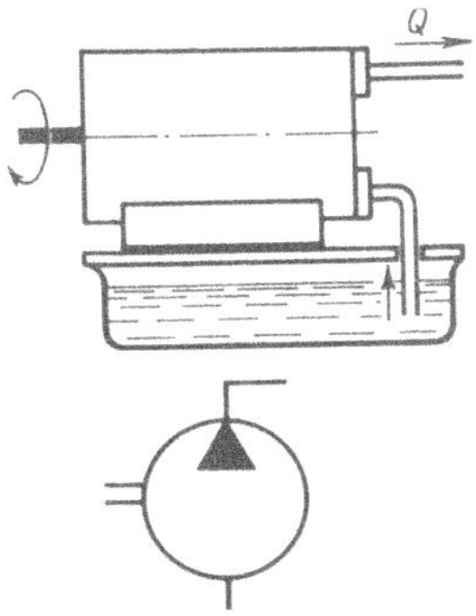

6.283 e pump capacity (Q)
d Förderstrom m (Q)
f débit m de la pompe (Q)
nl pompvermogen n (Q)
r (объёмная) подача f насоса (Q)
1 gpm = 0,063 l/s
(→6.282, 6.284)

6.284 e hydraulic motor
d Hydromotor m
f moteur m hydraulique
nl hydromotor m, vloeistofmotor
r гидромотор m

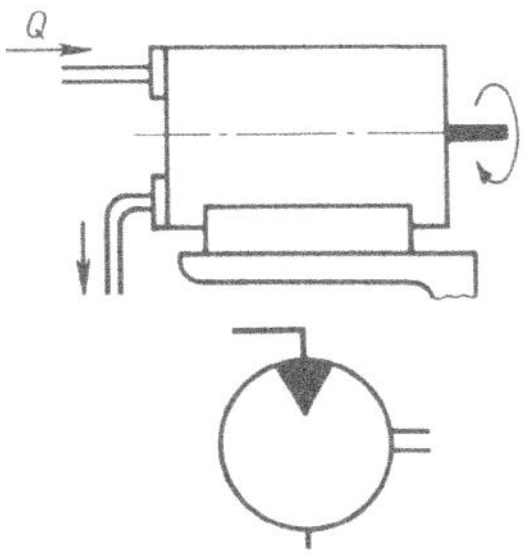

6.285 e fixed displacement pump
d Konstantpumpe f, feste [nicht regelbare] Pumpe
f pompe f à débit constant
nl pomp f(m) met constant vermogen
r насос m с постоянной подачей
$Q = const$

6.286 e fixed displacement hydraulic motor
d fester [nicht regelbarer] Hydromotor m, Konstantmotor
f moteur m hydraulique à vitesse constante
nl niet-regelbare vloeistofmotor m
r нерегулируемый гидромотор m
n = const

6.287 e variable displacement pump
d Verstellpumpe f, verstellbare [regelbare] Pumpe
f pompe f à débit variable
nl pomp f(m) met regelbaar vermogen
r регулируемый насос m

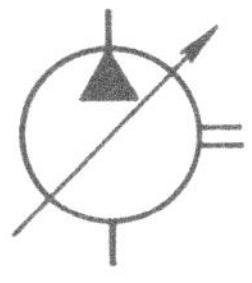

$Q = var$

6.288 e variable displacement hydraulic motor
d verstellbarer [regelbarer] Hydromotor m
f moteur m hydraulique à vitesse variable
nl regelbare vloeistofmotor m
r регулируемый гидромотор m

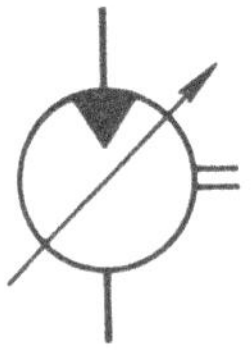

n = var

6.289 e pump-motor unit
d Pump-Motor m
f pompe f à moteur
nl pomp-motoreenheid f, pomp-motorcombinatie f op een as
r насос-мотор m

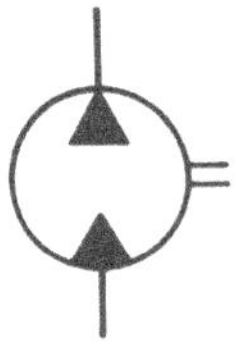

6.290 e (air) compressor
d Verdichter m
f compresseur m
nl compressor m
r компрессор m

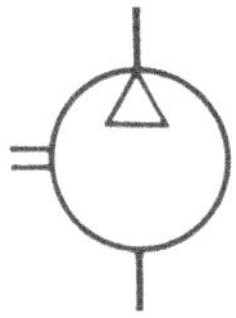

6.291 e compressed air
d Druckluft f
f air m comprimé
nl samengeperste lucht f(m)
r сжатый воздух m

6.292 e pneumatic motor
d pneumatischer Motor m
f moteur m pneumatique
nl persluchtmotor m, pneumatische motor
r пневмомотор m

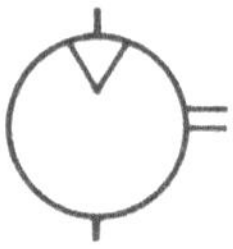

6.293 e vacuum pump
d Vakuumpumpe f
f pompe f à dépression
nl vacuümpomp f(m)
r вакуум-насос m

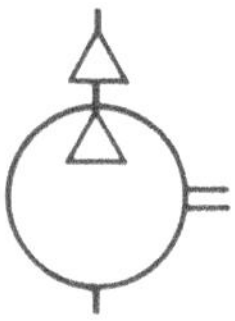

6.294 e fan
d Lüfter m
f ventilateur m
nl ventilator m
r вентилятор m

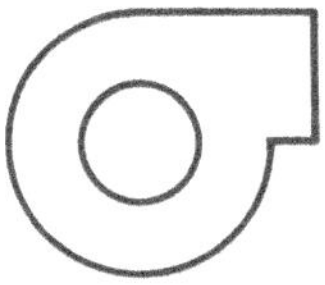

6.295 e gear pump
d Zahnradpumpe f
f pompe f à engrenage
nl tandradpomp f (m)
r шестерённый насос m

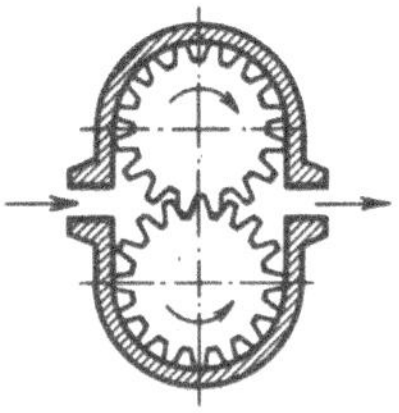

6.296 e gear-type hydraulic motor
d Zahnradmotor m
f moteur m à engrenage
nl tandradmotor m
r шестерённый гидромотор m
(→6.295)

6.297 e rotary-piston lobe type pump
d Kreiskolbenpumpe f
f pompe f rotative
nl rotatiepomp f(m)
r коловратный насос m

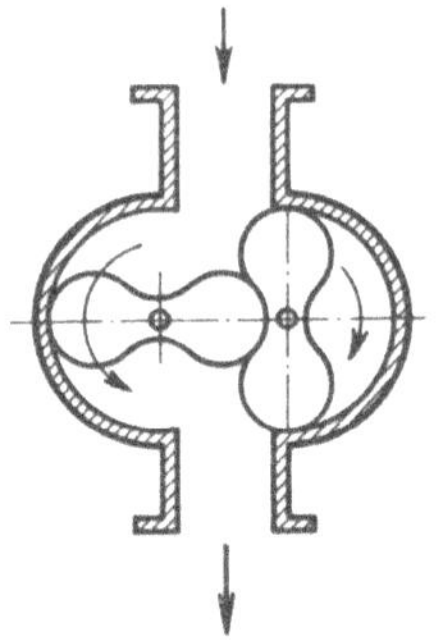

6.298 e rotary abutment motor
d Kreiskolbenmotor m
f moteur m Wankel [à pistons rotatifs]
nl rotatiemotor m
r коловратный гидромотор m
(→6.297)

6.299 e screw pump
d Schraubenpumpe f
f pompe-hélice f
nl schroefpomp f(m)
r винтовой насос m

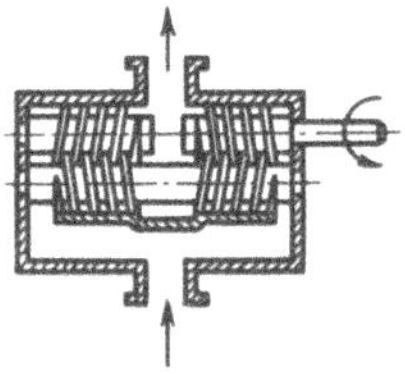

6.300 e vane pump
d Flügelzellenpumpe f, Treibschieberpumpe
f pompe f à palettes
nl vleugelpomp f(m)
r пластинчатый насос m

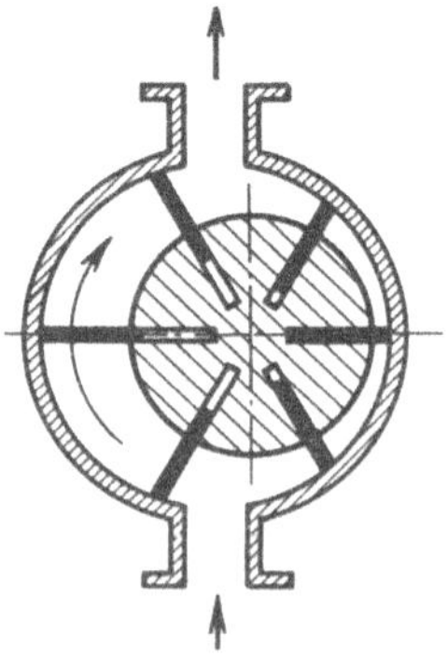

6.301 e vane motor
d Flügelzellenmotor m, Treibschiebermotor
f moteur m hydraulique à palettes
nl vleugelmotor m
r пластинчатый гидромотор m
(→6.300)

6.302 e axial-piston pump
d Axialkolbenpumpe f
f pompe f à piston axial
nl axiale zuigerpomp f (m)
r аксиально-поршневой насос m

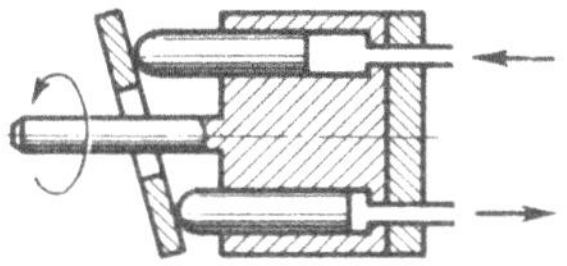

6.303 e axial-piston motor
d Axialkolbenmotor m
f moteur m hydraulique à piston axial
nl axiale hydraulische zuigermotor m
r аксиально-поршневой гидромотор m
(→6.302)

6.304 e radial-piston pump
d Radialkolbenpumpe f
f pompe f à piston radial
nl radiale zuigerpomp f (m)
r радиально-поршневой насос m

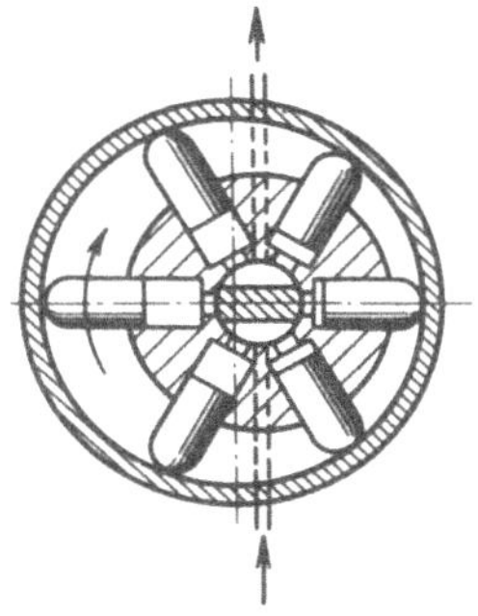

6.305 e radial-piston motor
d Radialkolbenmotor m
f moteur m hydraulique à piston radial
nl radiale hydraulische zuigermotor m
r радиально-поршневой мотор m
(→6.304)

6.306 e hydraulic cylinder
d Hydrozylinder m
f cylindre m hydraulique
nl hydraulische cilinder m, f
r гидроцилиндр m

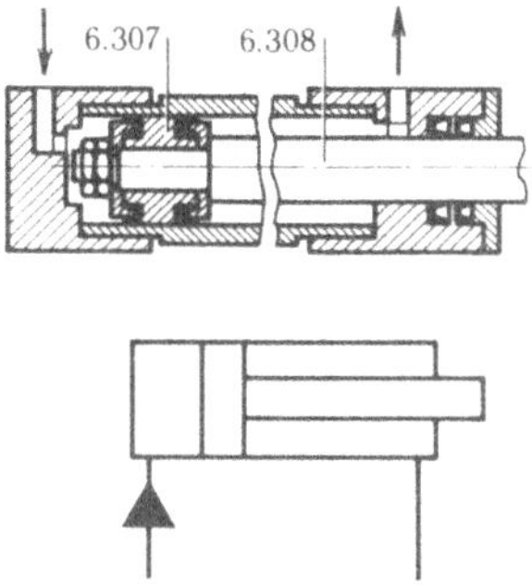

6.307 e piston
d Kolben m
f piston m
nl zuiger m
r поршень m
(→6.306)

6.308 e piston rod
d Kolbenstange f
f tige f
nl zuigerstang f(m)
r шток m
(→6.306)

6.309 e single-acting hydraulic cylinder
d einfachwirkender Hydrozylinder m
f cylindre m hydraulique à simple effet
nl enkelwerkende hydraulische cilinder m, f
r гидроцилиндр m одностороннего действия

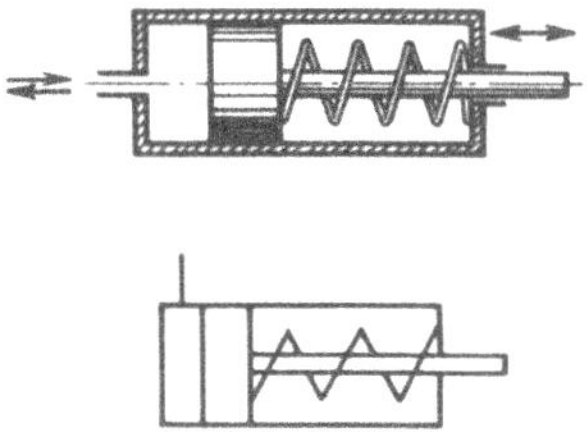

6.310 e double-acting hydrauluc cylinder
d doppeltwirkender Hydrozylinder m
f cylindre m hydraulique à double effet
nl dubbelwerkende hydraulische cilinder m, f
r гидроцилиндр m двойного действия

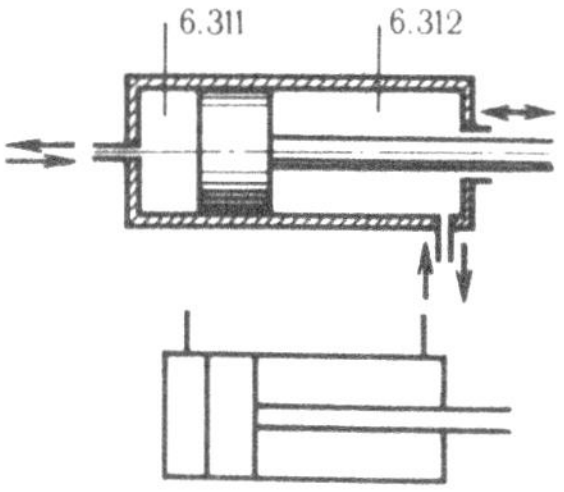

6.311 e head end (of cylinder)
d bodenseitiger Raum m
f chambre f à piston
nl cilindereinde n bij de zuigerkop
r поршневая полость f
(→6.310)

6.312 e rod end (of cylinder)
d stangenseitiger Raum m
f chambre m à tige
nl cilindereinde n bij de zuigerstang
r штоковая полость f
(→6.310)

6.313 e plunger (ram) hydraulic cylinder
d Plungerzylinder m
f cylindre m hydraulique à plongeur
nl plunjercilinder m
r плунжерный гидроцилиндр m

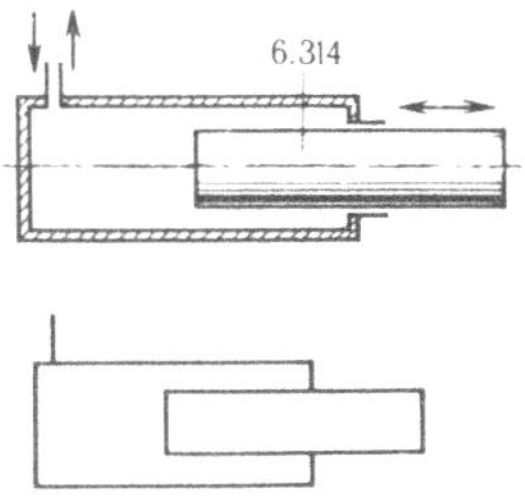

6.314 e plunger (ram)
d Plunger m
f plongeur m
nl plunjer m
r плунжер m
(→6.313)

6.315 e telescoping hydraulic cylinder
d Teleskopzylinder m
f cylindre m hydraulique télescopique
nl telescoopcilinder m, f
r телескопический гидроцилиндр m

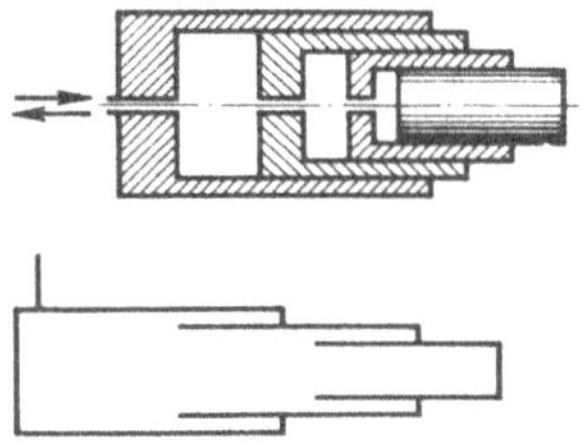

6.316 e differential hydraulic cylinder
d Differentialzylinder m
f cylindre m hydraulique différentiel
nl differentiaalcilinder m, f
r дифференциальный гидроцилиндр m

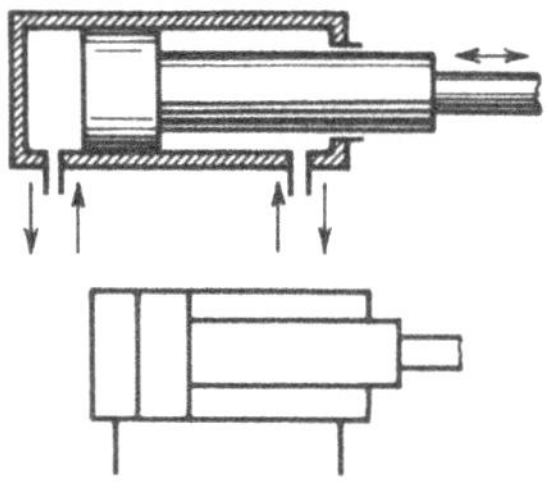

6.317 e cushioned hydraulic cylinder
d Hydrozylinder m mit Dämpfung
f cylindre m hydraulique de frein
nl gedempte hydraulische cilinder m, f
r гидроцилиндр m с торможением

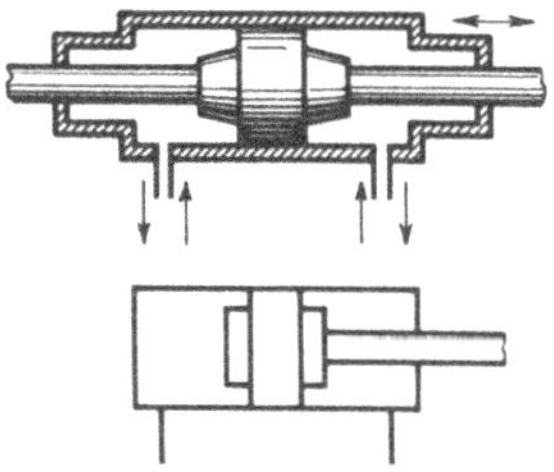

6.318 e diaphragm-type hydraulic actuator
d Membranzylinder m
f cylindre m hydraulique en membrane
nl membraancilinder m, f
r мембранный гидроцилиндр m

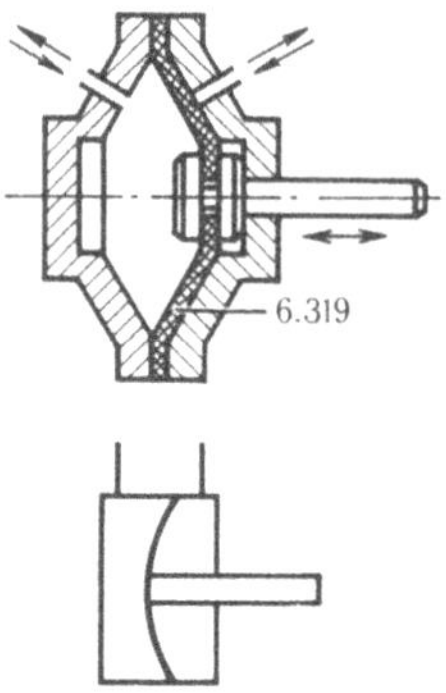

6.319 e diaphragm
d Membran n
f membrane f, diaphragme m
nl membraan n, f(m)
r мембрана f
(→6.318)

6.320 e limited rotary hydraulic motor
d Schwenkmotor m
f moteur m hydraulique orientable
nl hydraulische zwenkmotor m
r поворотный гидродвигатель m
(→6.321, 6.322)

6.321 e vane-type limited rotary hydraulic motor
d Drehflügelschwenkmotor m
f moteur m hydraulique à palettes
nl vleugelzwenkmotor m
r пластинчатый поворотный гидродвигатель m

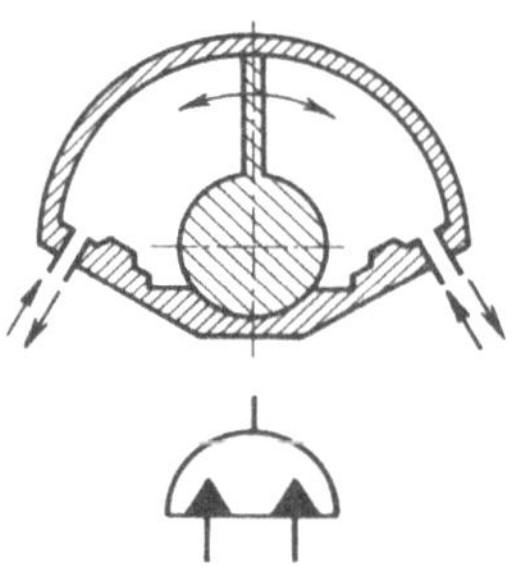

6.322 e piston-type limited rotary hydraulic motor
d Kolbenschwenkmotor m
f moteur m hydraulique à piston
nl zwenkzuigermotor m
r поршневой поворотный гидродвигатель m

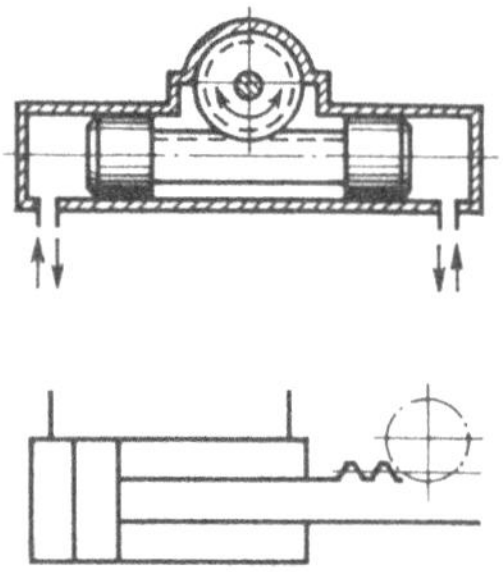

6.323 e hydraulic transformer
d Druckübersetzer m
f transformateur m hydraulique
nl hydraulische drukomzetter m
r гидропреобразователь m

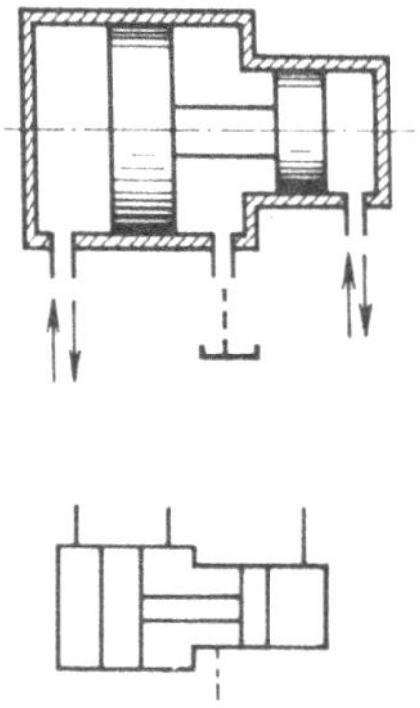

6.324 e valve
d Steuerventil n, Hydroventil
f groupe m hydraulique
nl klep f(m), afsluiter m
r гидроаппарат m
(→6.325, 6.327, 6.329)

6.325 e spool [slide] valve
d Längsschieberventil n
f tiroir m

nl schuifklep f(m), schuifafsluiter m
r золотниковый гидроаппарат m

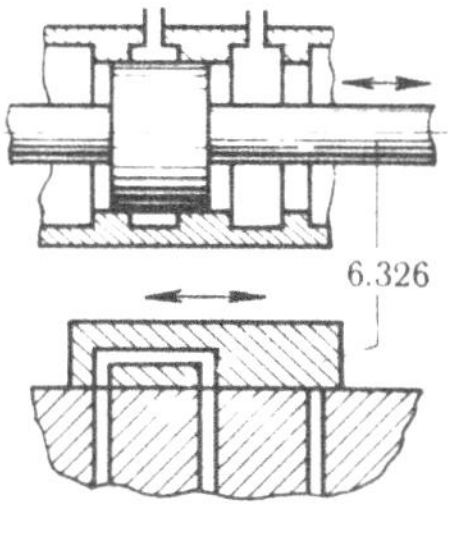

6.326 e spool
d Schieberkolben m
f piston-valve m
nl schuif f(m)
r золотник m
(→6.325)

6.327 e rotary valve
d Drehschieberventil n
f distributeur m
nl draaiende afsluiter m, draaischuif f(m)
r крановый гидроаппарат m

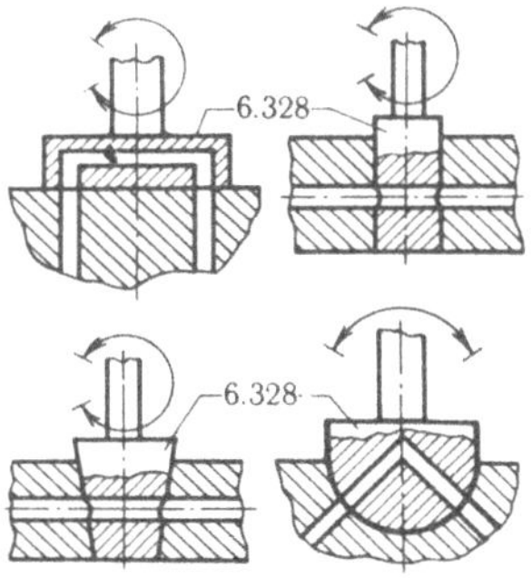

6.328 e cock
d Drehschieber m, Hahn m
f robinet m
nl afsluitkraan f(m), afsluiter m
r кран m
(→6.327)

6.329 e seat valve
d Sitzventil n
f clapet m, soupape f
nl afsluitorgaan n, afsluiter m
r клапанный гидроаппарат m, клапан m

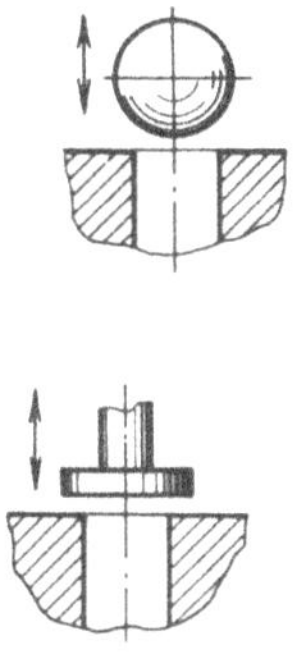

6.330 e pressure control valve
d Druckventil n
f soupape f de pression
nl drukklep f(m), drukafsluiter m
r клапан m давления
(→6.331 – 6.333)

6.331 e (pressure) relief valve
d Druckbegrenzungsventil n
f clapet m de refoulement
nl drukventiel n
r напорный клапан m

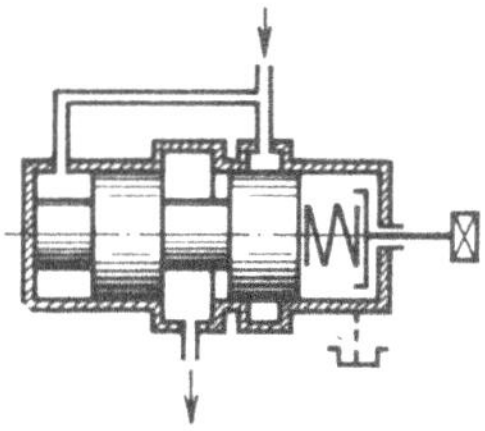

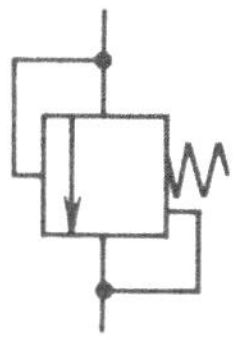

6.332 e safety valve
d Sicherheitsventil n
f soupape f limiteur de pression
nl veiligheidsklep f(m)
r предохранительный клапан m

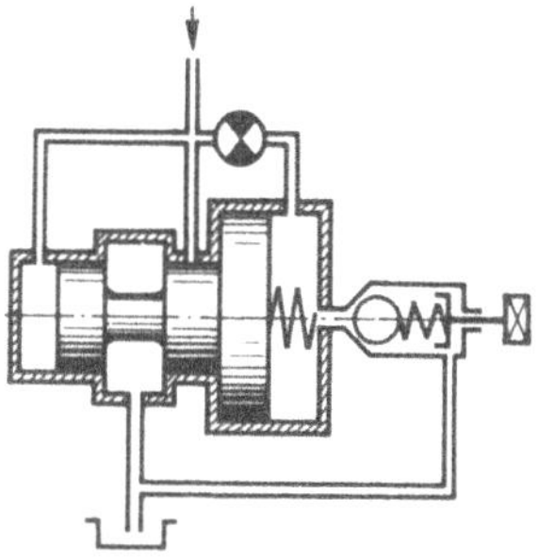

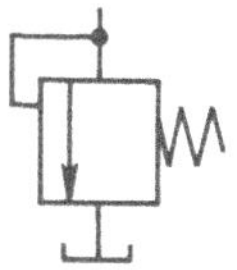

6.333 e pressure reducing valve, pressure regulator
d Druckminderventil n
f soupape f de réduction
nl reduceerafsluiter m, reduceerklep f(m)
r редукционный клапан m

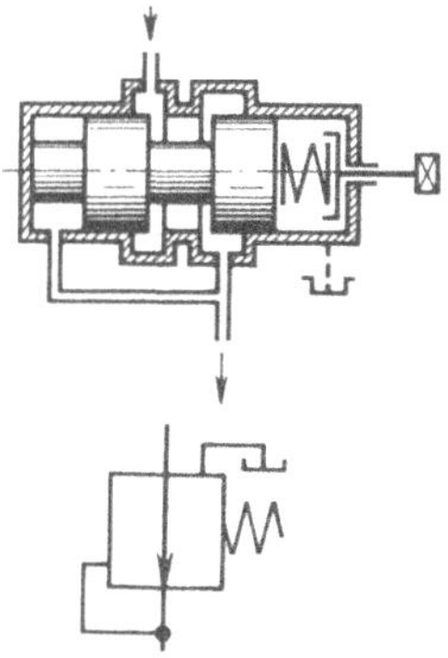

6.334 e check valve
d Sperrventil n, Rückschlagventil
f clapet m antiretour
nl terugslagklep f(m)
r обратный клапан m

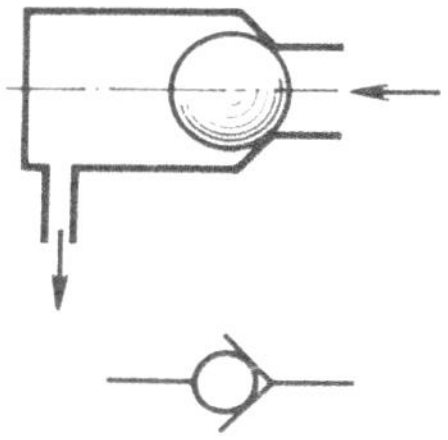

6.335 e throttle valve
d Drossel f
f soupape f d'étranglement
nl smoorklep f(m)
r дроссель m

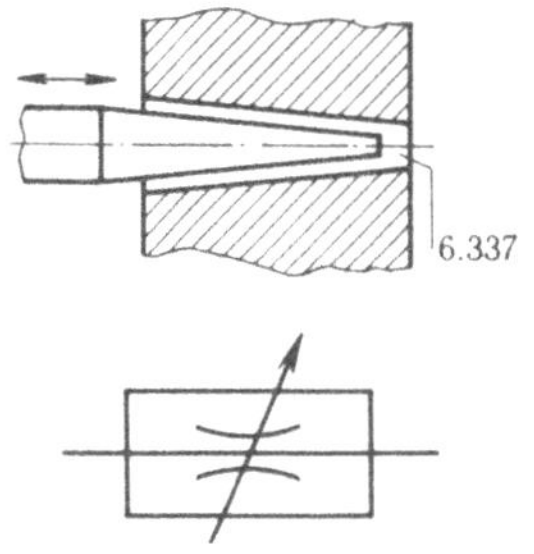

6.336 e throttling
d Drosselung f
f étranglement m
nl smoren n, knijpen n
r дросселирование n
(→6.335)

6.337 e orifice
d Blende f
f porte f de travail
nl opening f
r рабочее окно n
(→6.335)

6.338 e directional control valve
d Wegeventil n
f tiroir m de distribution
nl grondschuif f(m), verdeelschuif
r направляющий распределитель m

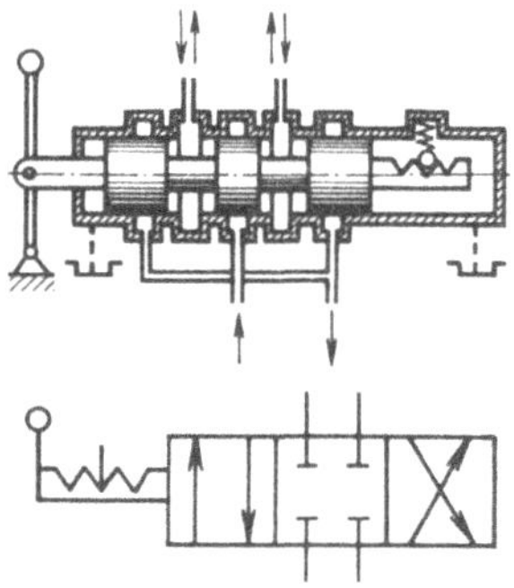

6.339 e (hydraulic) accumulator
d Hydrospeicher m, Druckflüssigkeitsspeicher m
f accumulateur m hydraulique
nl hydraulische accumulator m
r гидроаккумулятор m
(→6.340, 6.341)

6.340 e weighted (hydraulic) accumulator
d gewichtsbelasteter Hydrospeicher m, Gewichtsspeicher
f accumulateur m hydraulique de pression
nl met zwaartekracht op druk gebrachte hydraulische accumulator m
r грузовой гидроаккумулятор m

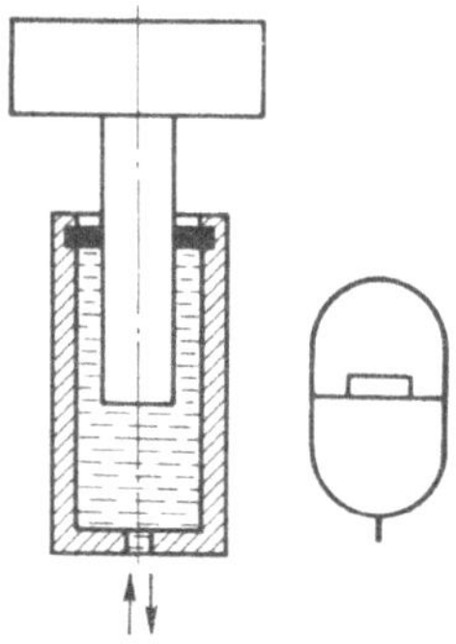

6.341 e spring-loaded (hydraulic) accumulator
d federbelasteter Hydrospeicher m, Federspeicher
f accumulateur m hydraulique à ressort
nl met drukveer op druk gebrachte hydraulische accumulator m
r пружинный гидроаккумулятор m

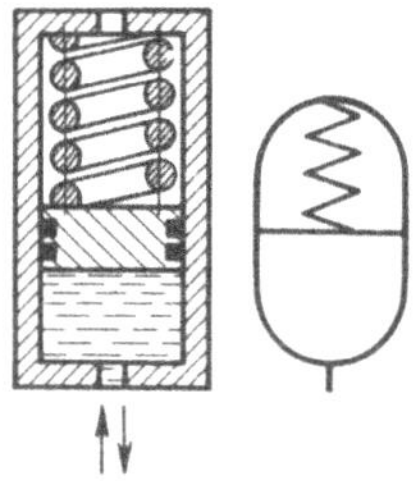

6.342 e hydraulic reservoir
d Hydraulikbehälter m, Flüssigkeitsbehälter
f réservoir m hydraulique
nl vloeistoftank m
r гидробак m

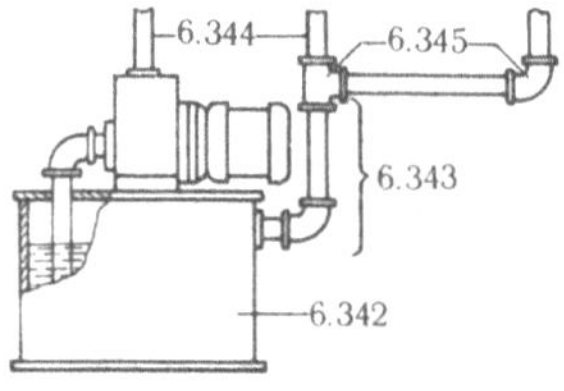

6.343 e pipeline
d Rohrleitung f
f conduite f
nl pijpleiding f
r трубопровод m
(→6.342)

6.344 e pipe
d Rohr n
f tuyau m
nl buis f(m), pijp f(m)
r труба f
(→6.342)

6.345 e pipe fitting
d Rohrformstück n, Fitting n
f raccord m
nl verbindingsstuk n, appendage f, hulpstuk
r фитинг m, соединительная часть f (для трубопровода)
(→6.346 – 6.354)

6.346 e pipe coupling
d Muffe f
f raccord m de tubes
nl sok f(m), mof f(m)
r (трубная) муфта f

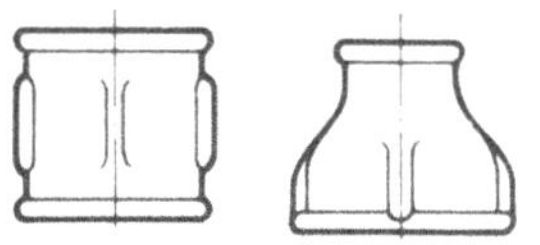

6.347 e elbow fitting
d Winkelstück n
f raccord m coudé
nl knie(verbindings)stuk n
r угольник m

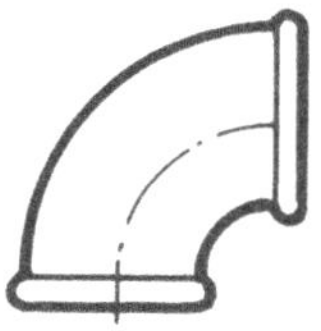

6.348 e tee fitting
d T-Stück n
f raccord m à trois voies
nl T-stuk n
r тройник m

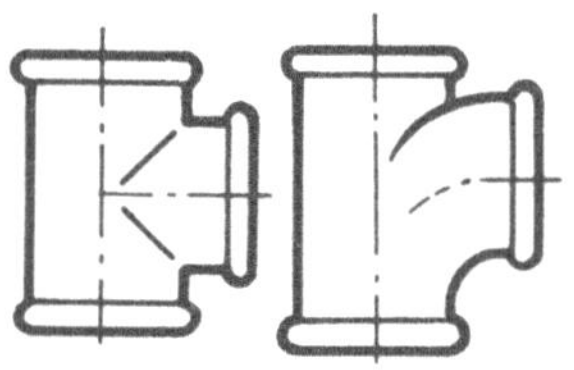

6.349 e cross fitting
d Kreuzstück n
f raccord m en croix
nl kruisstuk n
r крест m

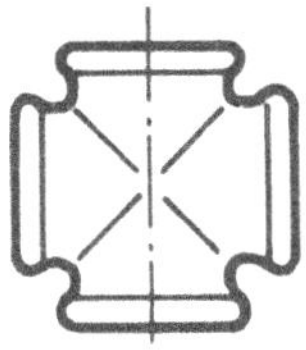

6.350 e plug fitting
d Stopfen m
f bouchon m d'obturation
nl plug f(m), stop m
r пробка f, заглушка f

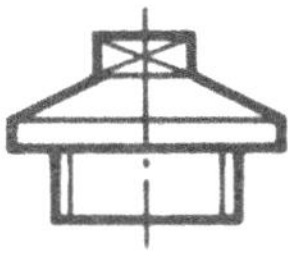

6.351 e cap fitting
d Kappe f
f chapeau m
nl kap f(m)
r колпак m

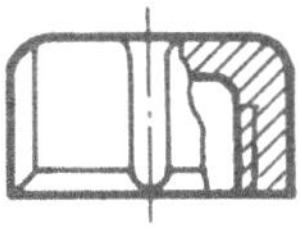

6.352 e nipple
d Nippel m
f raccord m fileté
nl nippel m
r ниппель m

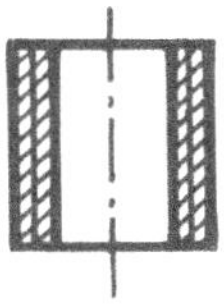

6.353 e shoulder nipple
d Doppelnippel m
f raccord m à double filetage
nl dubbelnippel m
r двойной ниппель m

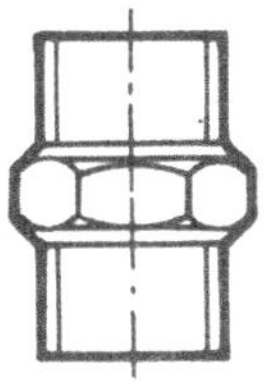

6.354 e flange fitting, collar nut
d Muffe f mit Sechskant
f écrou-raccord m
nl verbindingsmoer f(m), verbindingsmof f(m)
r соединительная гайка f

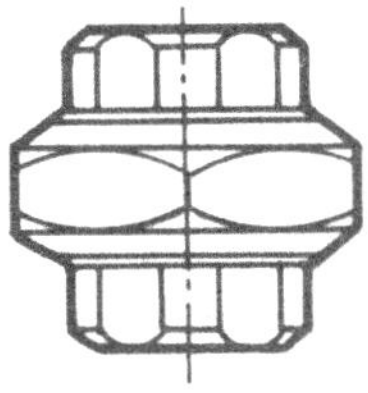

6.355 e union fitting
d Rohrverschraubung f
f raccord m de séparation
nl pijpverbinding f met wartel
r штуцерное (при)соединение (*тонкостенных труб*) с развальцовкой

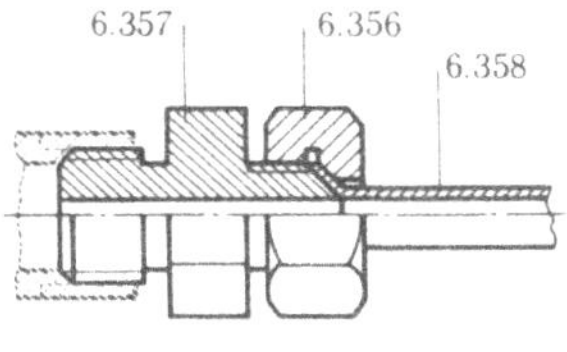

6.356 e coupling nut
d Überwurfmutter f
f écrou m à raccord
nl wartel m
r накидная гайка (→6.355)

6.357 e union nipple
d Stutzen m
f raccord m
nl pijpverbindingsstuk n
r штуцер m (→6.355)

6.358 e tube
d dünnwandiges Rohr n
f tube m
nl buis f(m), pijp f(m)
r трубка f, (тонкостенная) труба f (→6.355)

6.359 e hose
d Schlauch m
f boyau m
nl slang f(m) f(m)
r шланг m

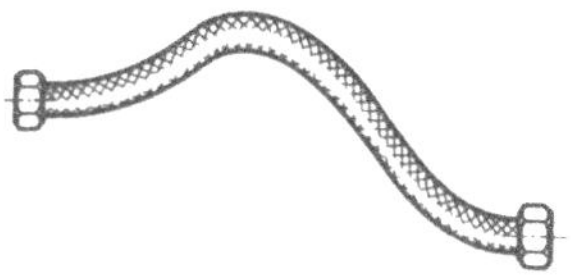

6.360 e filter
d Filter n, m
f filtre m
nl filter n, m
r фильтр m

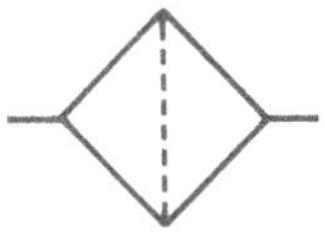

6.361 e edge filter
d Spaltfilter n, m
f filtre m à lamelles
nl spleetfilter n, m
r щелевой фильтр m

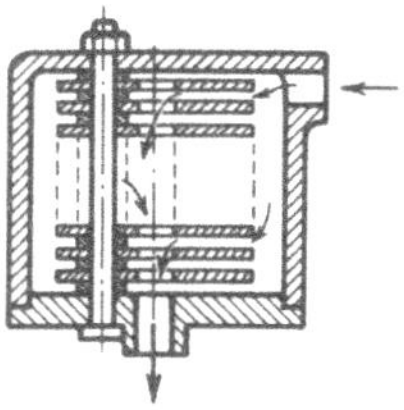

6.362 e strainer, woven filter
d Siebfilter n, m
f crépine f, filtre m à tamis
nl zeeffilter n, m
r сетчатый фильтр m

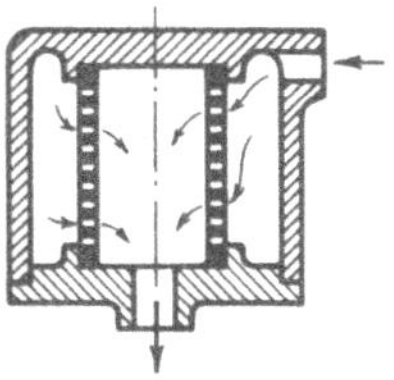

6.363 e depth filter
d Porenfilter n, m, Tieffilter
f filtre m cellulaire
nl poriënfilter n, m diepfilter
r пористый фильтр m

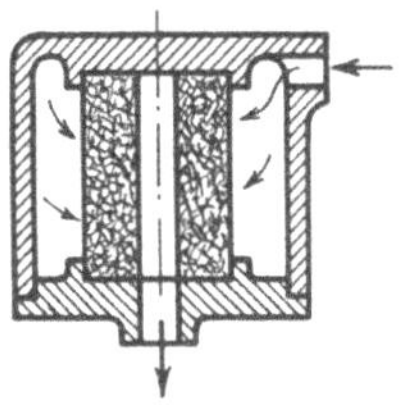

Control Devices
Steuerorgane
Organes des commandes
Stuurinrichtingen
Органы управления

6.364 e control panel
d Bedientafel f
f tableau m de commande
nl bedieningspaneel n
r панель f управления

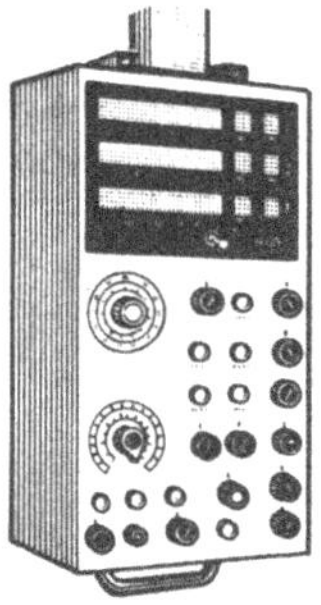

6.365 e push button
d Druckknopf m
f bouton m
nl drukknop m
r кнопка f

6.366 e key
d Taste f
f touche f
nl toets m
r клавиша f

6.367 e toggle switch
d Tumblerschalter m
f tumbler m
nl tuimelschakelaar m
r тумблер m

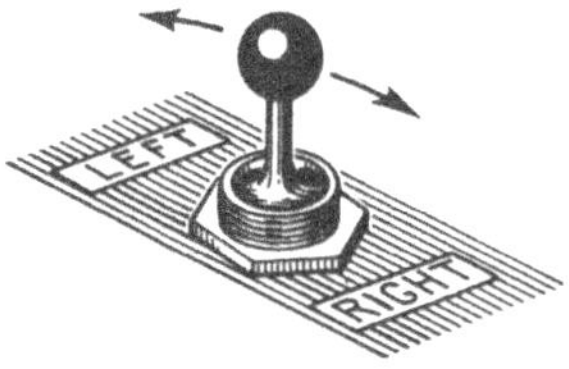

6.368 e handwheel
d Handrad n
f volant m
nl handwiel n
r маховичок m

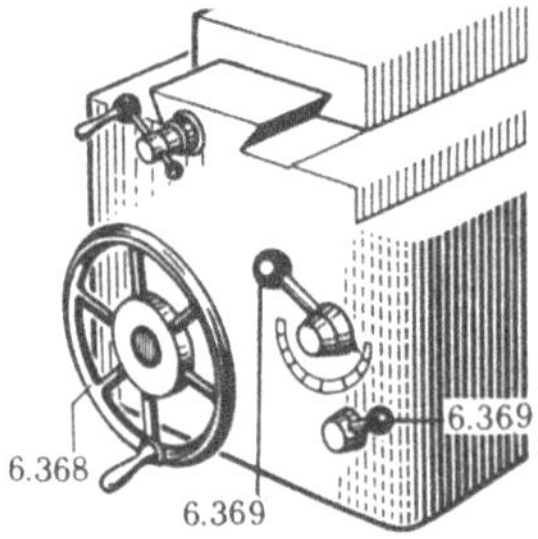

6.369 e handle
d Steuerhebel m
f levier m
nl bedieningshefboom m
r рукоятка f

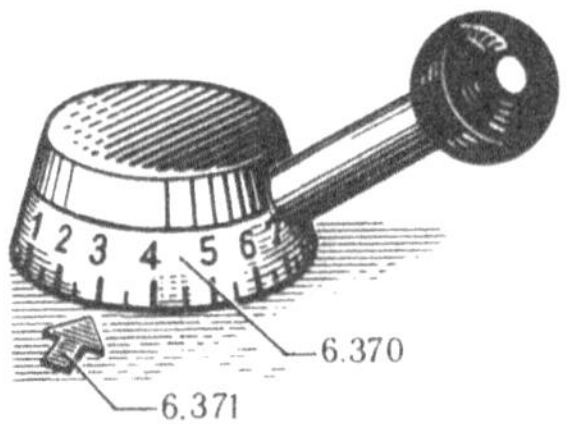

6.370 e dial
d Teilring m
f limbe m
nl schaal f (m)
r лимб m
(→6.369)

6.371 e index
d Zeiger m
f indicateur m
nl wijzer m
r указатель m
(→6.369)

6.372 e knob
d Drehgriff m, Griffrad n, Griffknopf m, Knopf
f manette f de commande
nl draaiknop m
r поворотная ручка m, грибок m

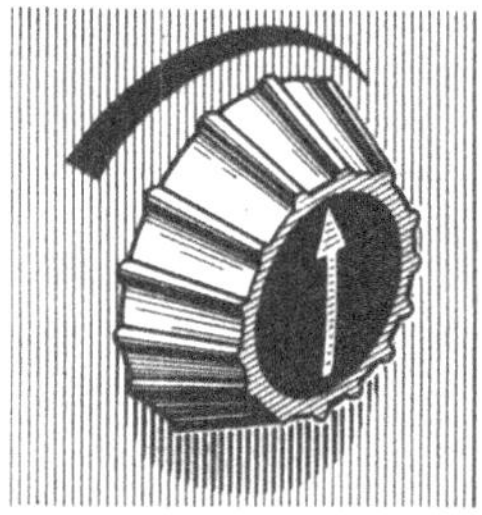

6.373 e crank handle
d Handkurbel f
f poignée f de manivelle
nl slinger m
r кривошипная рукоятка f

6.374 e treadle
d Fusshebel m
f pédale f
nl pedaal n, m
r педаль f

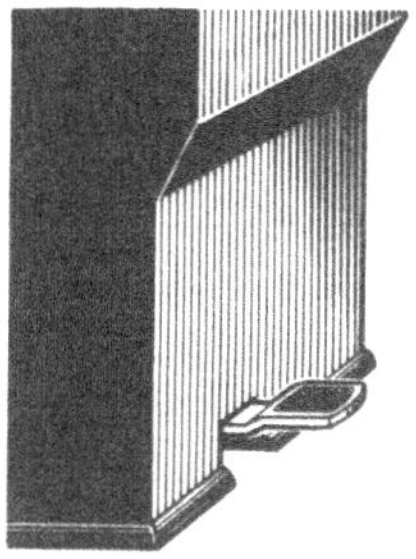

6.375 e switching on
d Einschaltung f, Einschalten n
f connexion f électrique
nl inschakeling f, inschakelen n
r (электрическое) включение n

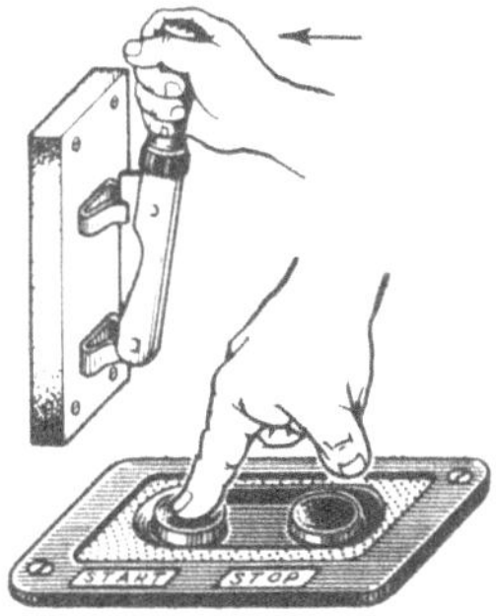

6.376 e switching out
d Ausschaltung f, Ausschalten n
f déconnexion f électrique
nl uitschakeling f, uitschakelen n
r (электрическое) выключение n

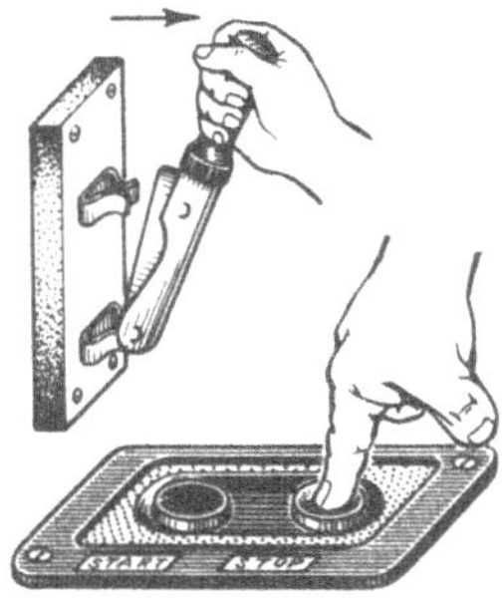

6.377 e engagement
d Einrücken n
f connexion f mécanique
nl koppelen n
r (механическое) включение n

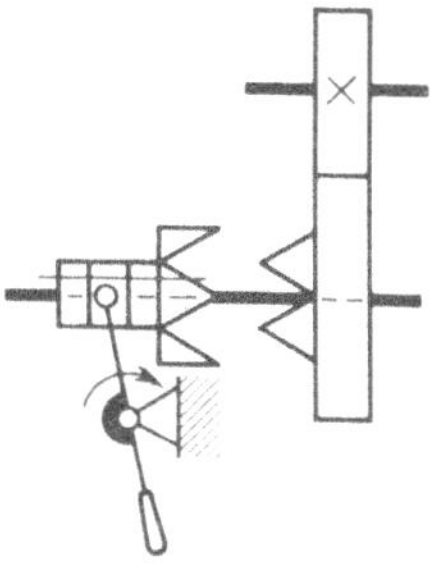

6.378 e disengagement
d Ausrücken n, Auslösen n
f déconnexion f mécanique
nl ontkoppelen n
r (механическое) выключение n

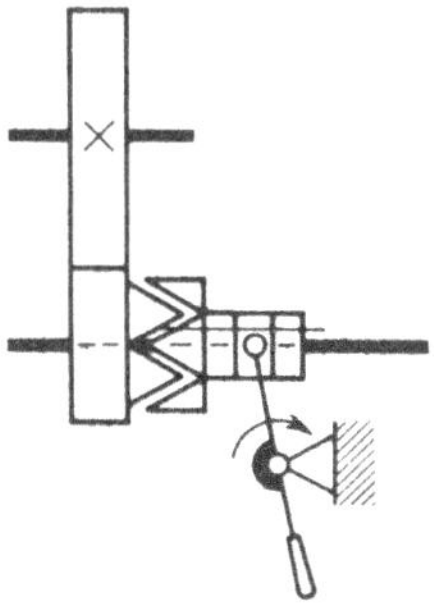

6.379 e shifting
d Umschalten n
f changement m
nl overschakelen n
r переключение n

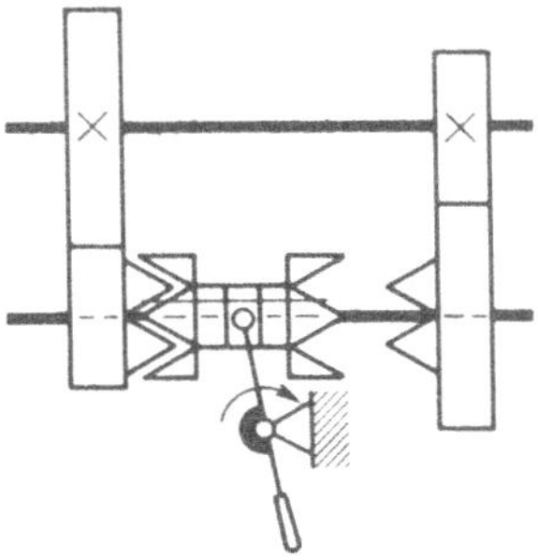

6.380 e start(ing)
d Anlassen n
f démarrage m
nl aanzetten n
r пуск m

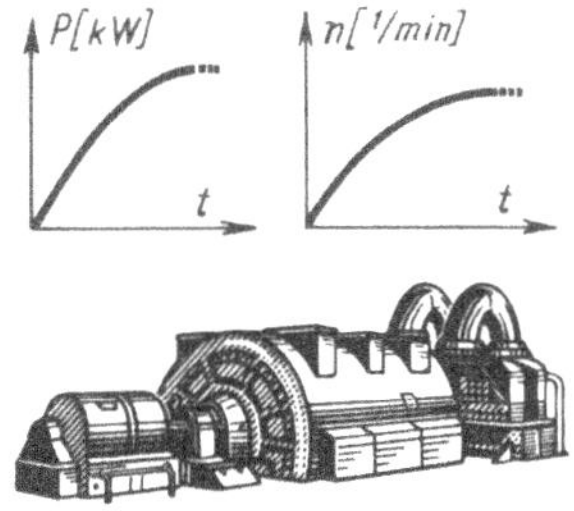

6.381 e stop(ping)
d Anhalten n
f arrêt m
nl stoppen n
r останов m

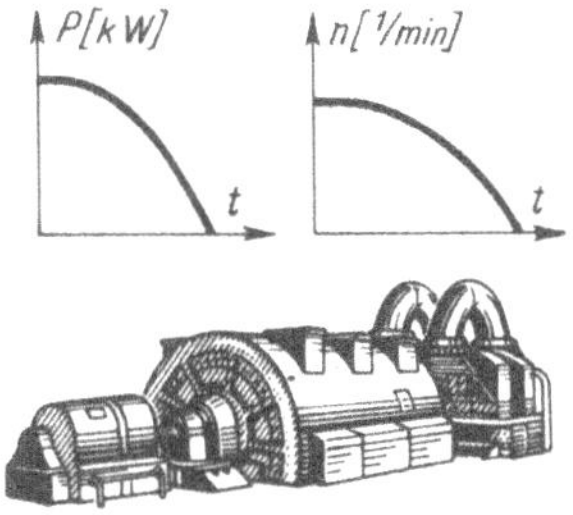

6.382 e reverse, reversing
d Umsteuern n
f renversement m
nl omkeren n, omkering f
r реверсирование n

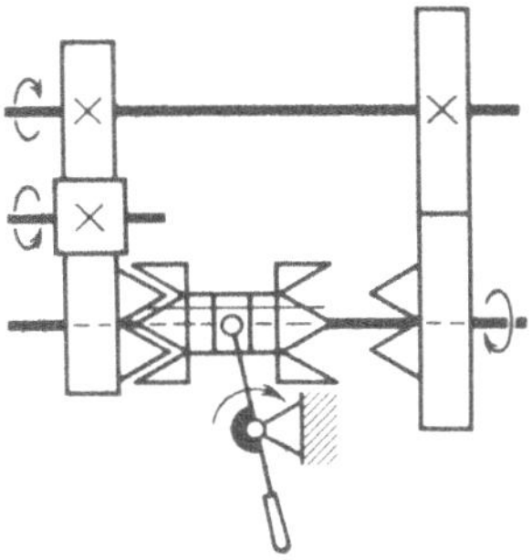

6.383 e adjustment
d Einstellung f
f réglage m
nl regeling f,afstelling f
r регулирование n

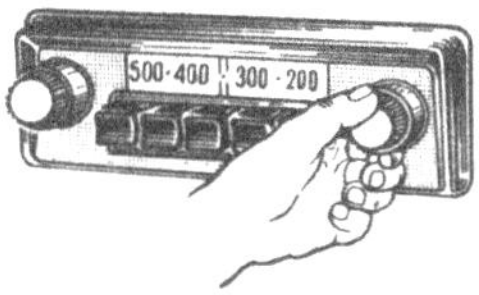

7. FOUNDRY ENGINEERING
GIESSEREITECHNIK
FONDERIE
GIETTECHNIEK
ЛИТЕЙНОЕ ПРОИЗВОДСТВО

Moulds and Moulding
Giessformen und Formherstellung
Formes et moulage
Gietvormen en vormen
Формы и формовка

7.1 e casting (process)
d Giessen n, Guss m
f coulée f
nl gieten n
r литьё n

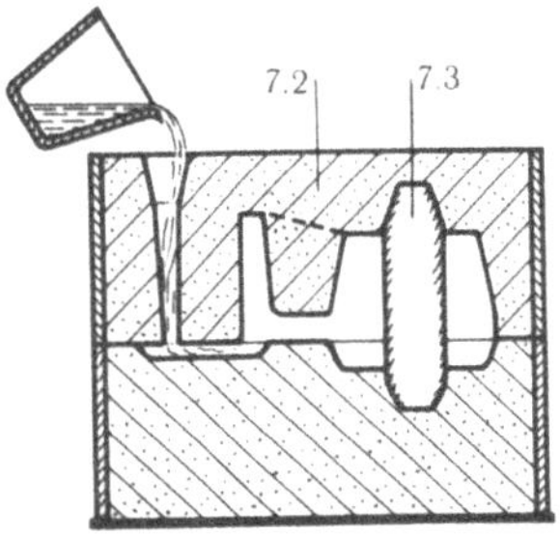

7.2 e mould
d Giessform f, Form
f moule m (à couler)
nl (giet)vorm f(m)
r (литейная) форма f
(→ 7.1)

7.3 e (mould) core
d Kern m
f noyau m (de fonderie)
nl (giet)kern f(m)
r (литейный) стержень m
(→ 7.1)

7.4 e casting
d Guss-Stück n

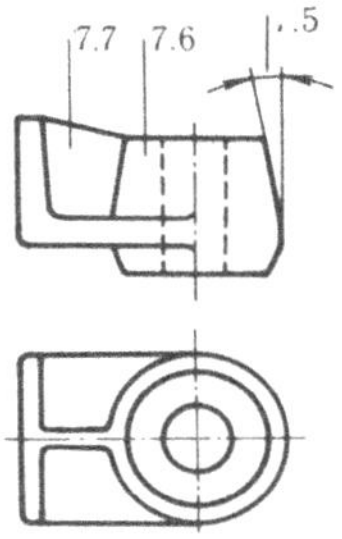

f pièce f coulée, coulée f
nl gietstuk n
r отливка f

7.5 e draft, taper
d Schräge f, Modellschräge
f dépouille f
nl lossingsschuinte f
r формовочный уклон m
(→ 7.4, 7.8)

7.6 e boss
d Nabe f
f bossage m
nl aangegoten verdikking f
r бобышка f
(→ 7.4)

7.7 e rib
d Rippe f
f nervure f
nl verstevigingsribbe f
r ребро n
(→ 7.4)

7.8 e pattern
d Modell n
f modèle m (de fonderie)
nl (giet)model n
r (литейная) модель f

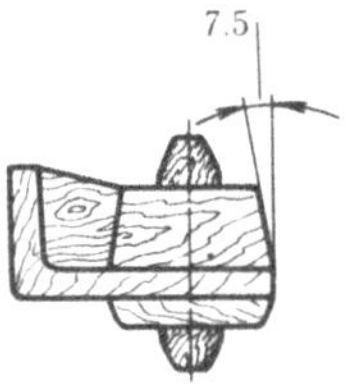

7.9 e solid pattern
d ungeteiltes Modell n
f modèle m fixe
nl ongedeeld [vast] model n
r неразъёмная модель f

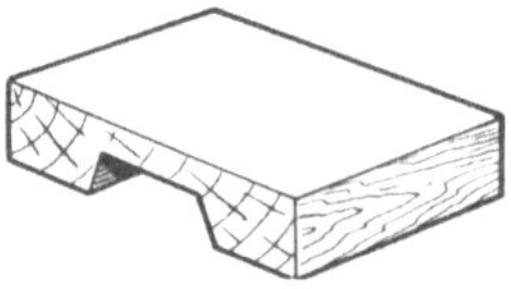

7.10 e split pattern
d geteiltes Modell n
f modèle m en deux parties
nl gedeeld model n
r разъёмная модель f

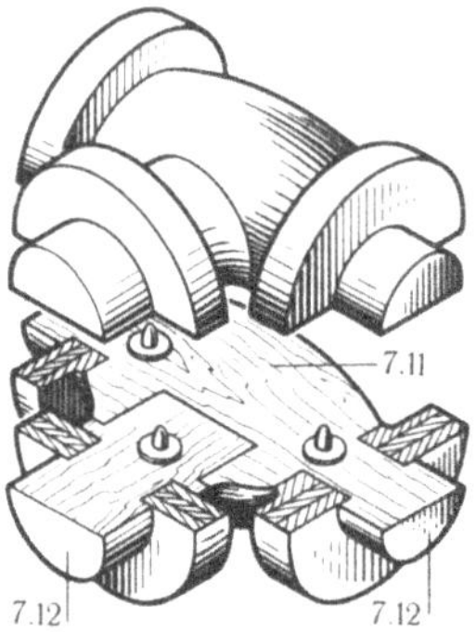

7.11 e parting plane
d Trennungsfläche f
f plan m de démontage
nl scheidingsvlak n
r плоскость f разъёма
(→ 7.10)

7.12 e core print
d Kernmarke f
f marque f du noyau
nl kernleger n
r стержневой знак m
(→ 7.10)

7.13 e loose(-piece) pattern
d mehrteiliges [zerlegbares] Modell n
f modèle m démontable
nl model n met losse delen
r модель f с отъёмной частью

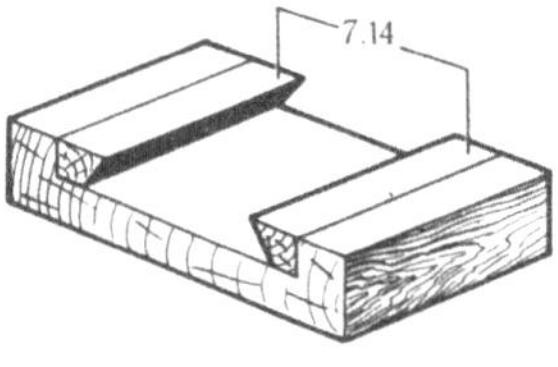

7.14 e loose piece
d Ansteckteil m, Losteil
f partie f démontable
nl onderdeel n van het model
r отъёмная часть f
(→ 7.13)

7.15 e sweep pattern
d Schablonierbrett n, Schablone f
f trousseau m (de fonderie)
nl vormmal m
r литейный шаблон m

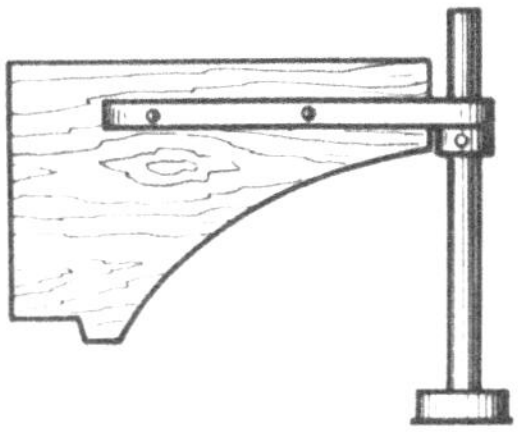

7.16 e core box
d Kernkasten m
f boîte f à noyaux
nl kernbak m, kerndoos f(m)
r стержневой ящик m

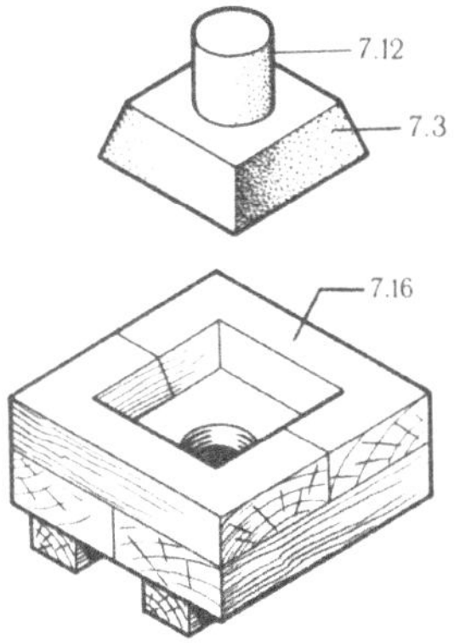

7.17 e running [gating] system
d Anschnittsystem n, Giess-System
f système m d'alimentation, coulées f *pl*
nl gietloopmodel n
r литниковая система f

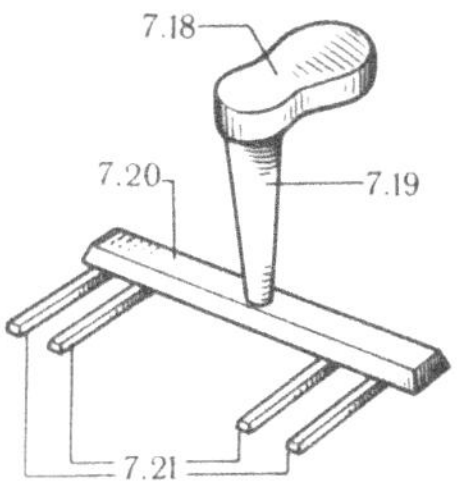

7.18 e pouring basin
d Giesstümpel m
f bassin m de coulée
nl losse gietkom f(m), gietbak m
r литниковая чаша f
(→ 7.17)

7.19 e sprue
d Eingusskanal m, Einlauf m
f descente f de coulée
nl giettrechter m
r стояк m
(→ 7.17)

7.20 e runner
d Giesslauf m
f canal m de coulée
nl gietloop m
r литниковый ход m
(→ 7.17)

7.21 e gate
d Anschnitt m
f attaque f de coulée
nl aansnijding f
r питатель m
(→ 7.17)

7.22 e strainer core
d Einguss-Sieb n, Eingussfilter n, Siebkern m
f crépine f, noyau-filtre m, filtre à crasses
nl slakkenzeef f (m)
r (фильтровальная) сетка f

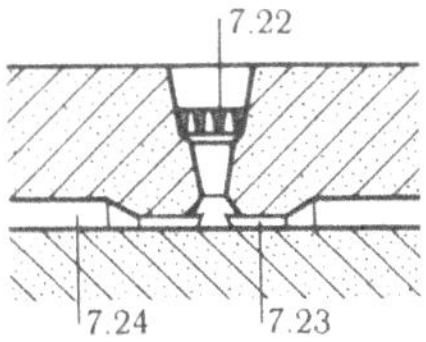

7.23 e choke
d Strömungsverengung f
f papillon m
nl vernauwing f van een inloopkanaal
r литниковый дроссель m
(→ 7.22)

7.24 e dirt [slag] trap, skimming chamber, skin gate
d Schlackenfalle f, Schlackenfang m
f nid m [piège m] à crasses
nl slakvanger m
r шлакоуловитель m
(→ 7.22)

7.25 e parting gate
d Anschnitt m an der Formteilung
f coulée f en square à talon
nl aansnijding f langs het vormscheidingsvlak
r литниковая система f по разъёму

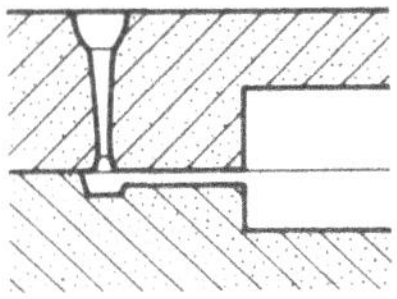

7.26 e top gate
d Anschnitt m von oben
f coulée f en chute directe
nl vallend gieten n
r верхняя литниковая система f

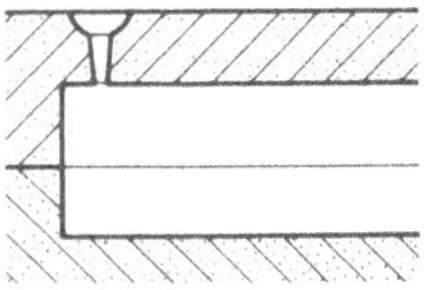

7.27 e pencil [shower] gate
d Ringsiebeinguss m
f coulée f en pluie
nl verdelende aansnijding f
r дождевая литниковая система f

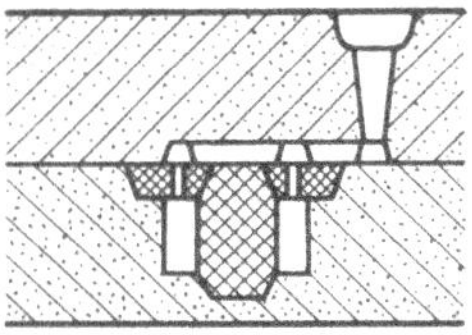

7.28 e step gate
d Stufenanschnitt m
f coulée f en grappe
nl stijgend gieten n met etage-aansnijding
r ярусная литниковая система f

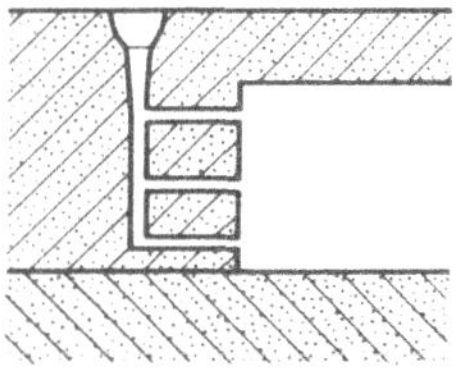

7.29 e bottom gate
d Anschnitt m von unten
f coulée f en cornichon
nl opkomend gieten n
r сифонная литниковая система f

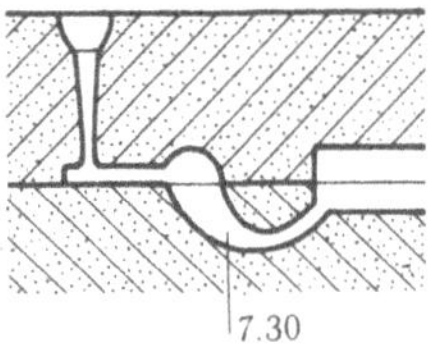

7.30 e horn gate
d Hornlauf m
f attaque f en cornichon
nl doornaansnijding f
r рожковый питатель m
(→ 7.29)

7.31 e slit [slot] gate
d Schlitzanschnitt m
f attaque f à fente
nl vertikale spleetaansnijding f
r щелевой [ножевой] питатель m

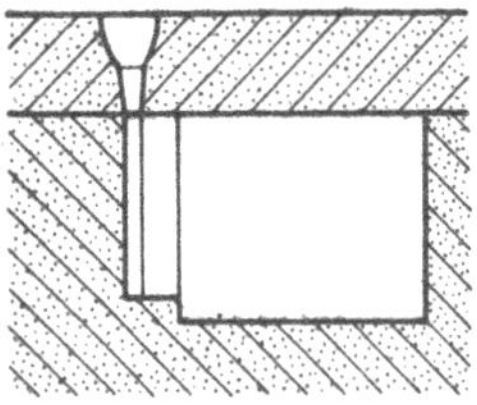

7.32 e feeder (head), riser
d Speiser m
f masselotte f
nl opkomer m
r прибыль f
(→ 7.33, 7.34)

7.33 e open feeder [riser]
d offener Speiser m
f masselotte f directe [ouverte]
nl open opkomer m
r открытая прибыль m

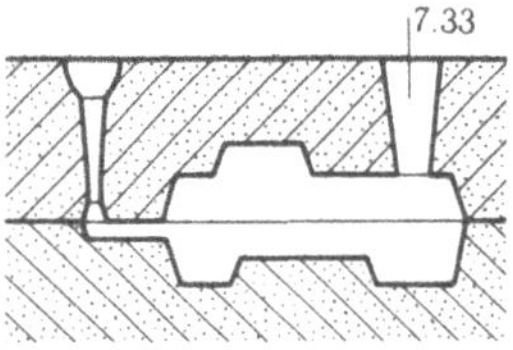

7.34 e blind feeder [riser]
d Blindspeiser m, Druckspeiser, geschlossener Speiser
f masselotte f borgne
nl blinde opkomer m
r закрытая прибыль f

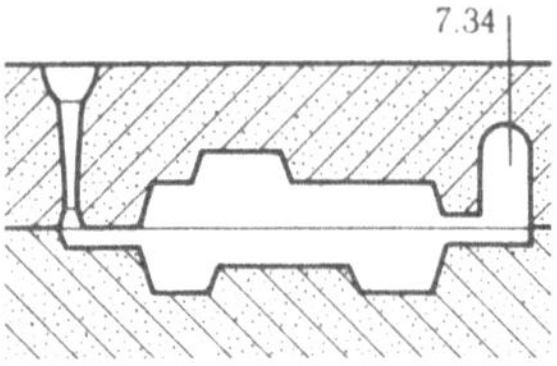

7.35 e permeable [pencil] core
d Luftkern m, Luftstift m
f crayon m de masselotte
nl gaskern f (m)
r стерженёк m атмосферного давления

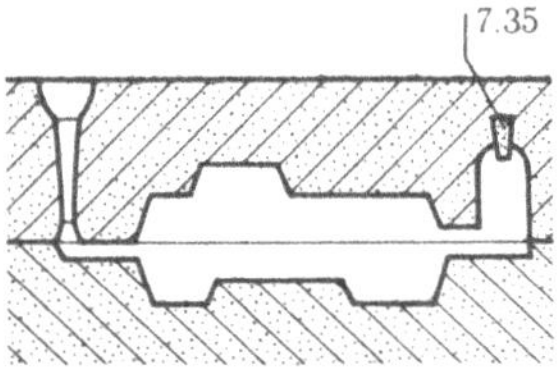

7.36 e necked down [neckdown] feeder [riser]
d eingeschnürter Speiser m
f masselotte f à étranglement
nl opkomer m met tapkraag
r легкоотделяемая [отбиваемая] прибыль f

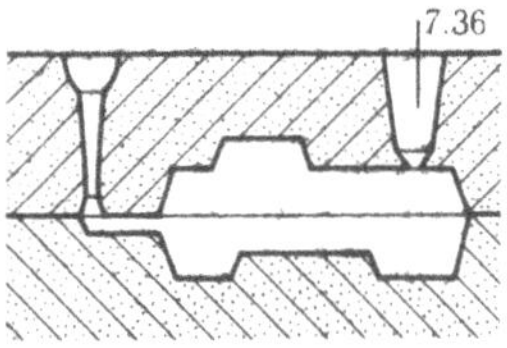

7.37 e whistler
d Luftpfeife f
f évent m
nl ontluchtingskanaal n
r выпор m

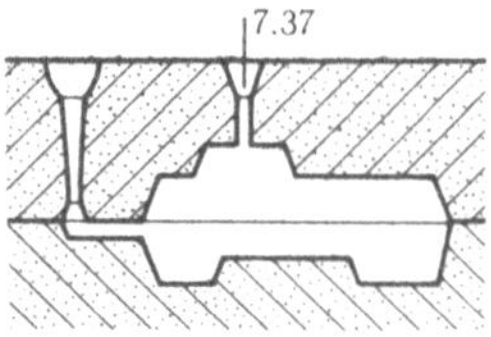

7.38 e chill, densener
d Kühleisen n, Kühlkokille f, Kühlkörper m
f refroidisseur m interne
nl schrikplaat f (m)
r холодильник m

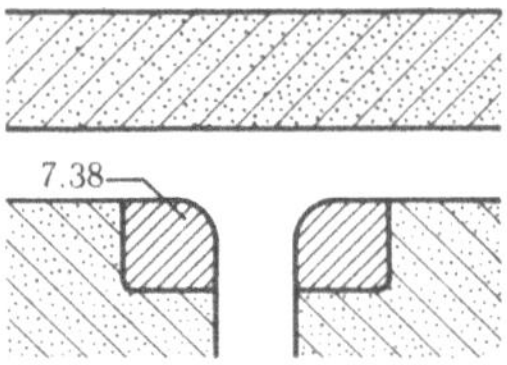

7.39 e chaplet
d Kernstütze f
f support m mal soudé
nl onversmolten kernsteun m
r жеребейка f

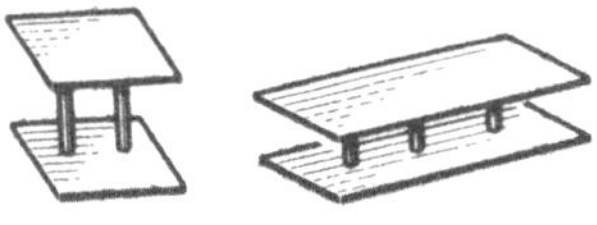

7.40 e expendable mould
d verlorene Form f
f moule m perdu
nl verloren gietvorm m
r разовая форма f
(→ 7.41, 7.50 – 7.52)

7.41 e sand mould
d Sandform f
f moule m en sable
nl zandvorm m
r песчаная форма f

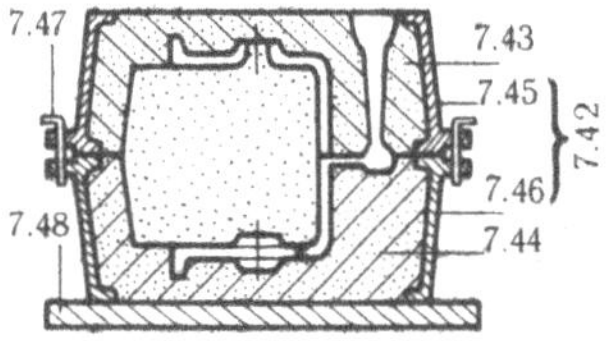

7.42 e flask, moulding box
d Formkasten m
f châssis m (de moulage)
nl vormkast f(m)
r литейная опока f
(→ 7.41)

7.43 e cope
d Formoberteil m
f partie f de dessus
nl bovenvorm m
r верхняя полуформа f
(→ 7.41)

7.44 e drag
d Formunterteil m
f partie f de dessous
nl ondervorm m
r нижняя полуформа f
(→ 7.41)

7.45 e cope box
d Oberkasten m
f châssis m de dessus
nl bovenkast f(m)
r верхняя опока f
(→ 7.41)

7.46 e drag box
d Unterkasten m
f châssis m de dessous
nl onderkast f(m)
r нижняя опока f
(→ 7.41)

7.47 e alignment pin
d Führungsstift m
f goujon m à embase
nl geleidingspen f(m)
r штырь m
(→ 7.41)

7.48 e bottom board [plate]
d Modellbrett n, Grundplatte f
f plaque f de fond
nl bodemplaat f(m)
r подопочная плита f
(→ 7.41)

7.49 e green-sand mould
d Grünsandform f, Nassguss-form
f moule m à vert
nl groenzandvorm m
r сырая форма f

7.50 e dry-sand mould
d Trockenform f
f moule m étuvé [à sec]
nl droogzandvorm m
r сухая форма f

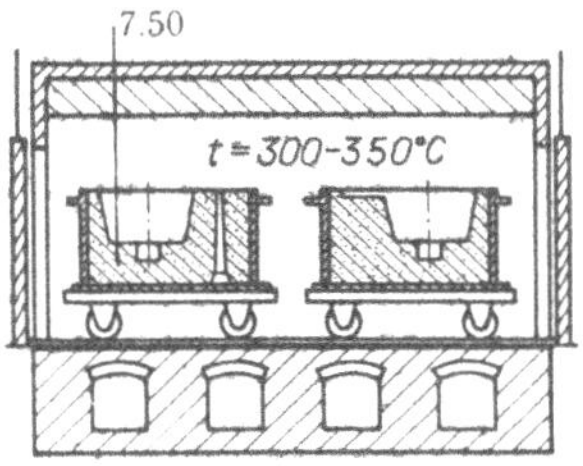

7.51 e skin-dried mould
d oberflächengetrocknete Form f
f moule m à présec
nl aangedroogde vorm m
r подсушенная форма f

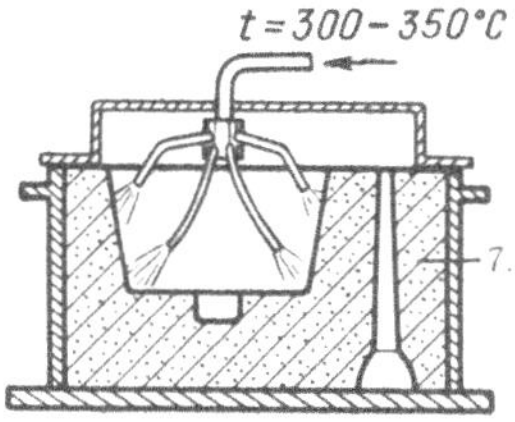

7.52 e carbon dioxide (treated) mould
d CO_2-Sandform f
f moule m de durcissement chimique
nl CO_2-zandvorm m, chemisch hardende gietvorm
r химически твердеющая форма f

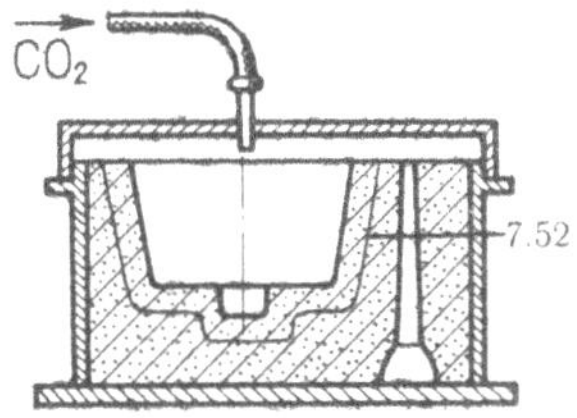

7.53 e shell mould
d Maskenform f
f carapace f moule
nl vormschaal f(m)
r оболочковая форма f

7.54 e permanent mould
d Dauerform f
f moule m permanent
nl permanente gietvorm m
r многократная форма f
(→ 7.55)

7.55 e metal mould
d Kokille f
f moule m métallique, coquille f
nl coquille f(m), metalen (giet)vorm m
r кокиль m

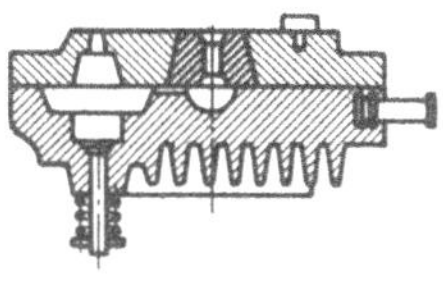

7.56 e mould material
d Formstoff m
f matériau m de moulage
nl vormmateriaal n
r формовочный материал m

7.57 e natural moulding sand
d Natursand m
f sable m naturel
nl natuurlijk vormzand n
r природный [естественный] песок m

7.58 e silica
d Quarz m
f silice f , quartz m
nl silica n, kwarts n
r кварц m

7.59 e clay
d Ton m
f argile f
nl klei f(m)
r глина f
(→ 7.60 – 7.63)

7.60 e high-silica sand
d Quarzsand m
f sable m siliceux [quartzeux]
nl kwartszand m, zilverzand
r кварцевый песок m

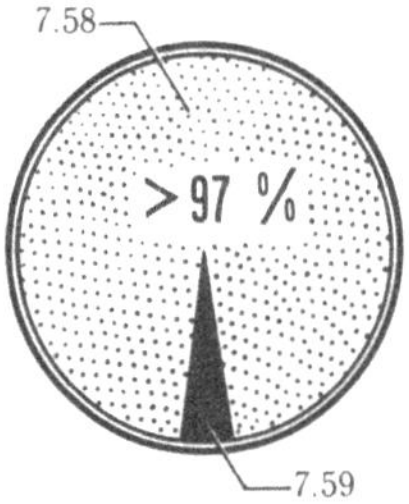

7.61 e weak [lean] sand
d mager Sand m
f sable m maigre
nl mager vormzand n
r тощий песок m

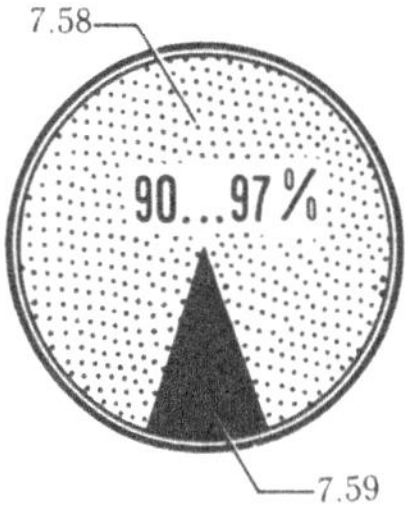

7.62 e medium strong sand
d mittelfetter Sand m
f sable m semi-gras
nl halfvet vormzand m
r полужирный песок m

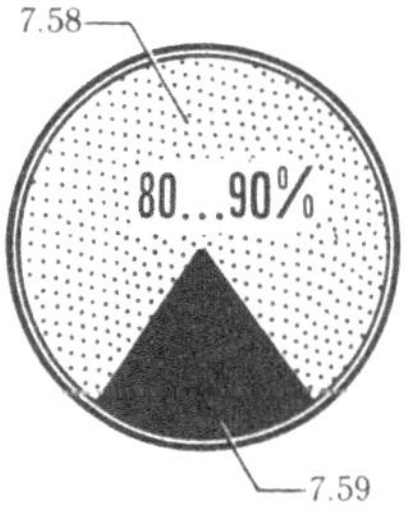

7.63 e strong sand
d fetter Sand m
f sable m fort [gras]
nl vet vormzand n
r жирный песок m

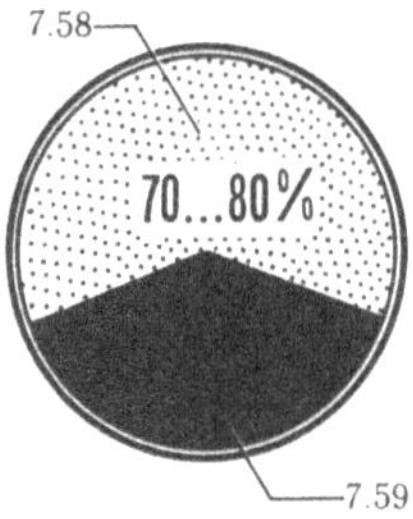

7.64 e binder
d Bindemittel n, Binder m
f liant m
nl bindmiddel n
r (литейный) крепитель m

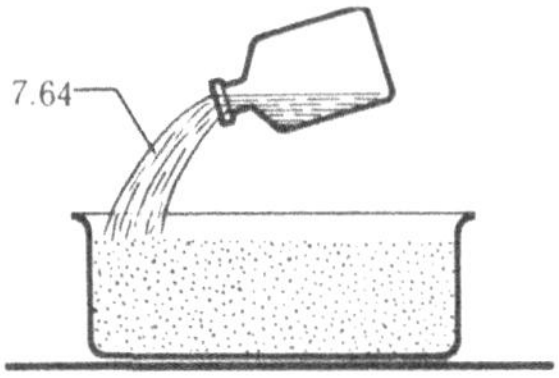

7.65 e moulding mixture [sand]
d Formsand m
f sable m, sable de fonderie [de moulage]
nl vormmassa f (m), vormmateriaal n
r формовочная смесь f

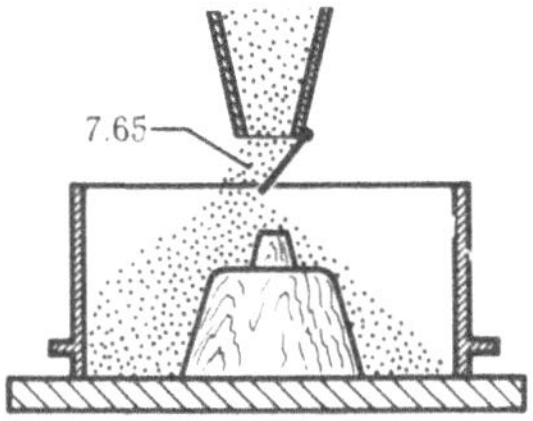

7.66 e facing sand
d Modellsand m
f sable m de contact [de surface]
nl modelzand n
r облицовочная смесь f

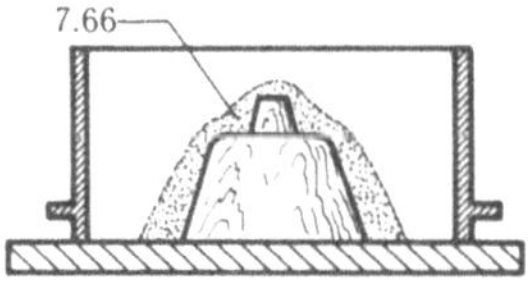

7.67 e backing sand
d Füllsand m, Haufensand
f sable m de remplissage
nl vulzand n
r наполнительная смесь f

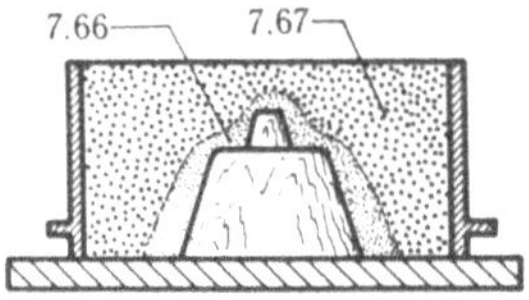

7.68 e facing-and-backing sand
d Einheitssand m
f sable m unique
nl eenheidszand n
r единая смесь f

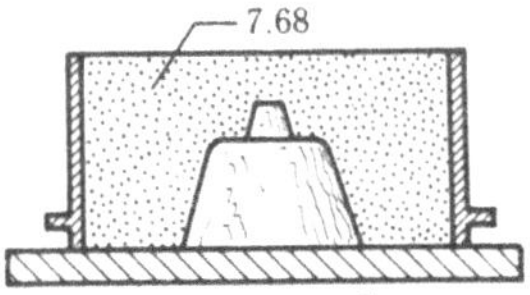

7.69 e self-hardening [self-curing] mixture
d selbsthärtender Formstoff m
f sable m de auto-durcissement
nl zelfhardende vormmassa f (m)
r самотвердеющая смесь f

7.70 e moulding-sand preparation
d Sandaufbereitung f
f sablerie f
nl zandbereiding f, bereiden n van een vormzand
r смесеприготовление n
(→ 7.71)

7.71 e sand plant
d Sandaufbereitungsanlage f
f sablerie f
nl zandbereidingsinstallatie f
r смесеприготовительная установка f

7.72 e new sand
d Neusand m
f sable m neuf [frais]
nl vers zand n
r свежий песок m
(→ 7.71)

7.73 e burnt sand
d verbrannter Sand m, Altsand
f sable m brûlé [de décochage]
nl doodgebrand zand n
r отработанная смесь f
(→ 7.71)

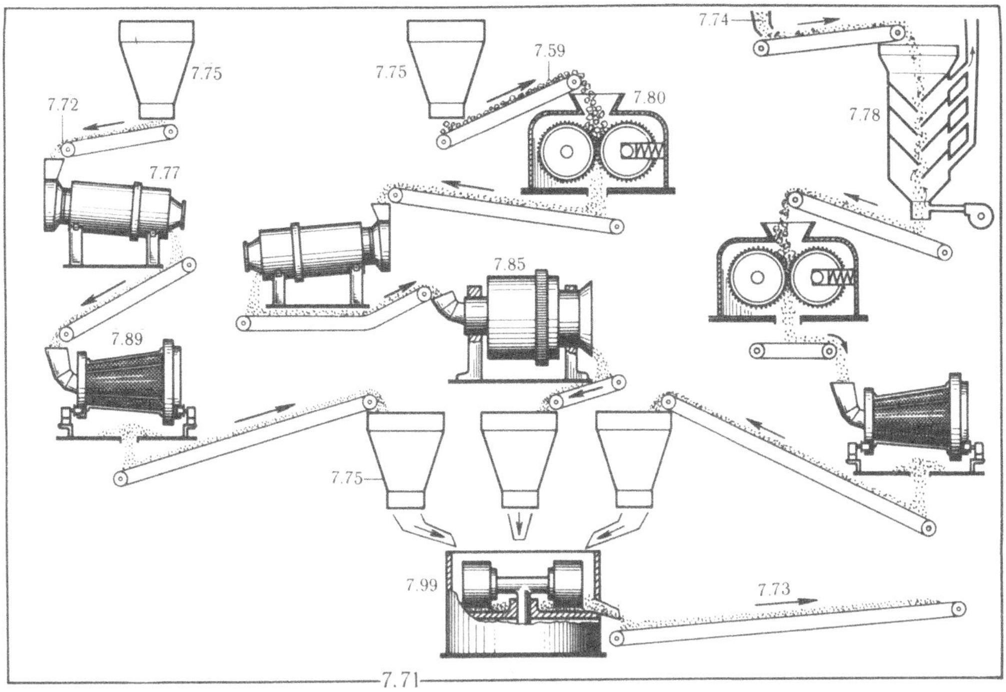

7.74 e reused [reconditioned] sand
d aufbereiteter Sand m
f sable m régénéré
nl geregenereerd zand n
r оборотная смесь f
(→ 7.71)

7.75 e hopper-type bin
d Vorratsbunker m, Bunker
f silo m
nl bunker m, silo m
r бункер m
(→ 7.71)

7.76 e dryer
d Trockenofen m
f étuve f, sécheur m, four m à sécher
nl droogoven m
r сушилка n, сушильная печь f
(→ 7.77)

7.77 e rotary dryer
d Trockentrommel f, Drehrohrofen m
f tambour m à sécher
nl droogtrommel f(m)
r барабанное сушило n

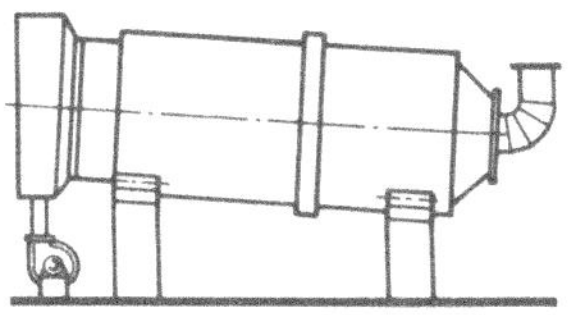

7.78 e sand cooler
d Sandkühler m
f refroidisseur m de sable
nl zanddroger m
r установка f для охлаждения песка

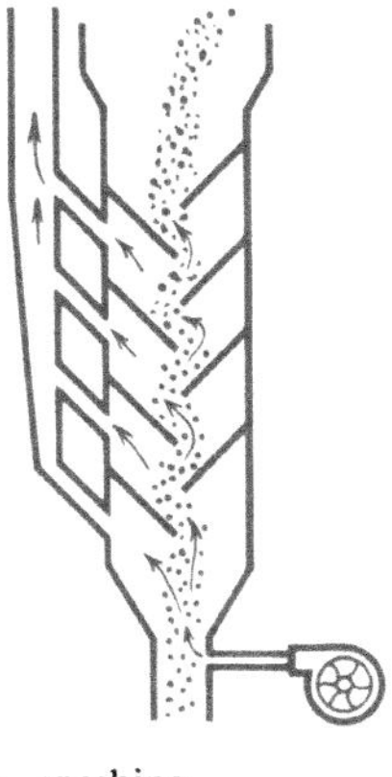

7.79 e crushing
d Brechen n, Zerkleinern n, Zerkleinerung f
f broyage m
nl fijnmaken n, breken n
r дробление c
(→ 7.81, 7.83)

7.80 e crusher
d Brecher m, Brechwerk n
f concasseur m, broyeur m
nl breker m
r дробилка f
(→ 7.81, 7.83)

7.81 e jaw crusher
d Backenbrecher m
f concasseur m à mâchoires
nl kaakbreker m
r щековая дробилка f

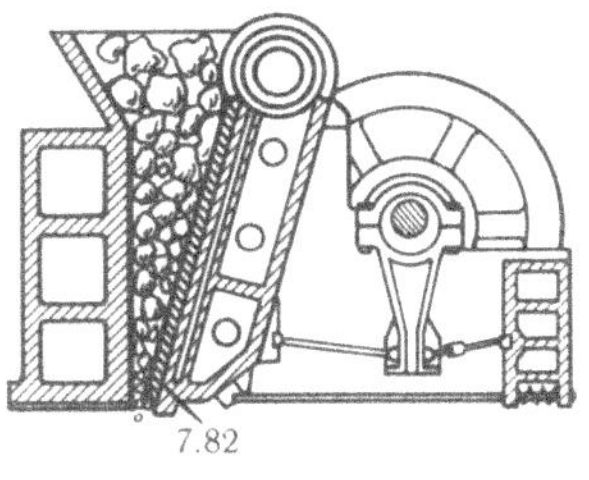

7.82 e jaw
d Backe(n) f(m)
f mâchoire f
nl kaak f(m)
r щека f (дробилки)
(→ 7.81)

7.83 e roll breaker [crusher]
d Walzenbrecher m, Brechwalzen f *pl*
f concasseur m à cylindres [à rouleaux]
nl walsmolen m
r валковая дробилка f

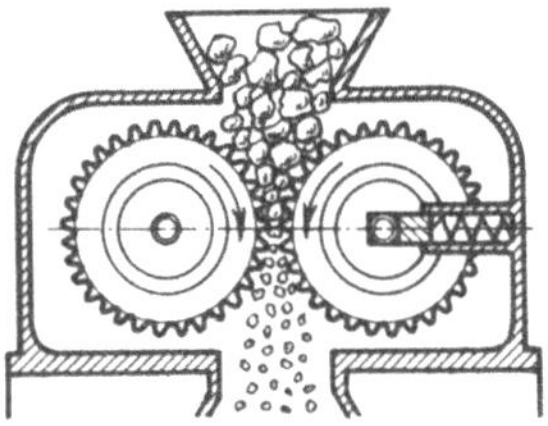

7.84 e grinding, milling
d Brechen n, Kollern n
f frottage m, meulage m
nl malen n, maling f
r измельчение n, размалывание n, размол m
(→ 7.86, 7.87)

7.85 e mill, miller
d Mühle f
f machine f à meuler, moulin m, broyeur m
nl molen m
r мельница f
(→ 7.86, 7.87)

7.86 e hammer mill
d Hammermühle f
f broyeur m à marteau
nl hamermolen m
r молотковая мельница f

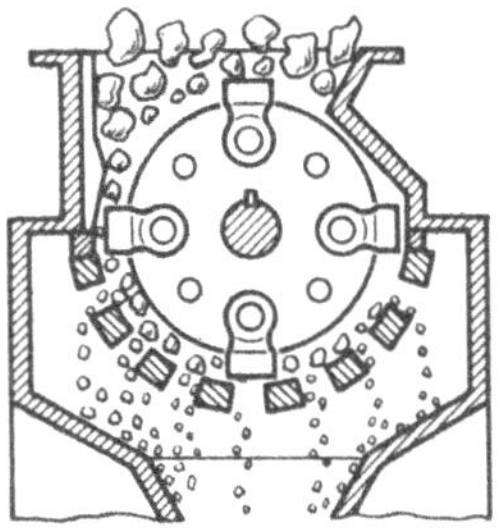

7.87 e ball mill
d Kugelmühle f
f broyeur m à boulets, moulin m à billes
nl kogelmolen m
r шаровая мельница f

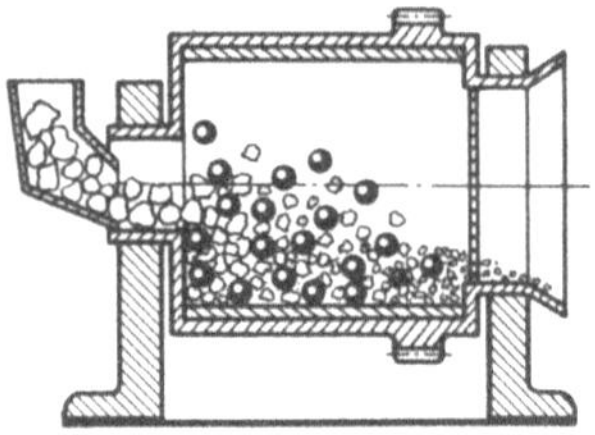

7.88 e screening
d Sieben n
f criblage m
nl zeven n
r просеивание n
(→ 7 90, 7.91)

7.89 e sieve, screen
d Sieb n
f tamis m
nl zeef m
r сито n
(→ 7.90, 7.91)

7.90 e gyratory [rotary] sieve [screen]
d Drehsieb n, Rotationssieb, Polygonsieb
f tamis m giratoire
nl roterende zeeftrommel f (m)
r вращающееся [барабанное] сито n

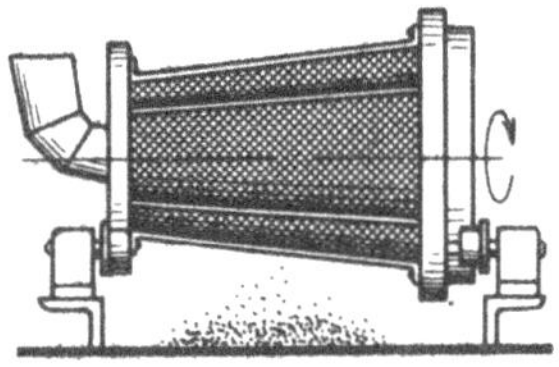

7.91 e oscillating sieve
d Schwingsieb n
f tamis m oscillant
nl trilzeef f(m)
r качающееся сито n

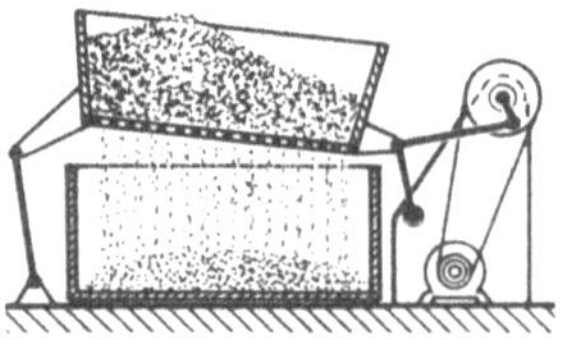

7.92 e magnetic separator
d Magnetscheider m
f séparateur m magnétique
nl magneetscheider m
r магнитный сепаратор m

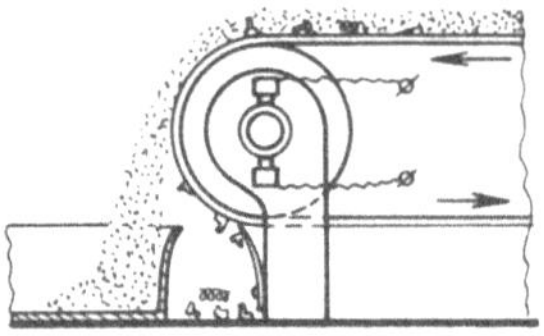

7.93 e (sand) desintegration
d Auflockern n (von Sand)
f ameublissement m
nl losslaan n van zand
r разрыхление n (песка)
(→ 7.95 – 7.97)

7.94 e sand desintegrator
d Knollenbrecher m
f ouvreuse f de fonderie
nl zandwolf m
r литейный разрыхлитель m
(→ 7.95 – 7.97)

7.95 e aerator
d Trommelschleuder m, Radschleuder
f diviseur-aérateur m
nl zandwolf m
r литейный аэратор m

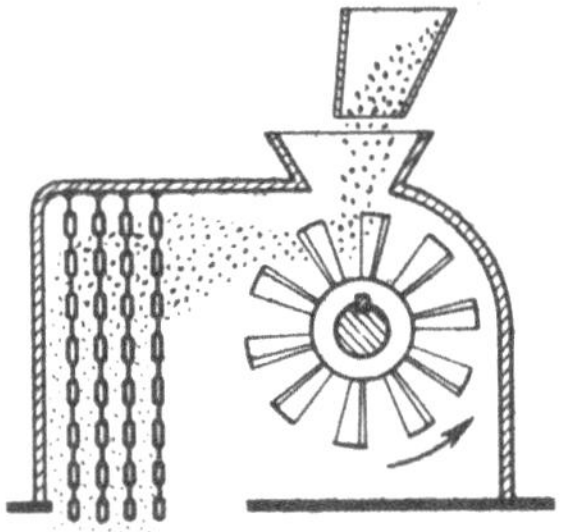

7.96 e spike desintegrator
d Stiftenkorbschleuder m
f diviseur m à broches
nl zandwolf m met tanden
r литейный дезинтегратор m

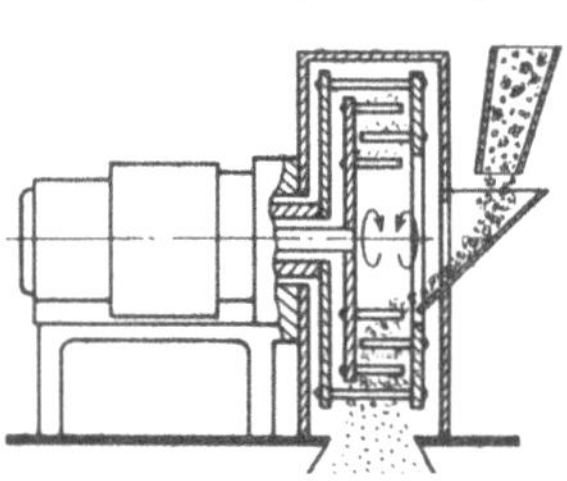

7.97 e belt-type desintegrator
d Bandschleuder m
f diviseur-aérateur-projecteur m
nl zandwolf m met werpin-richting
r ленточный разрыхлитель m

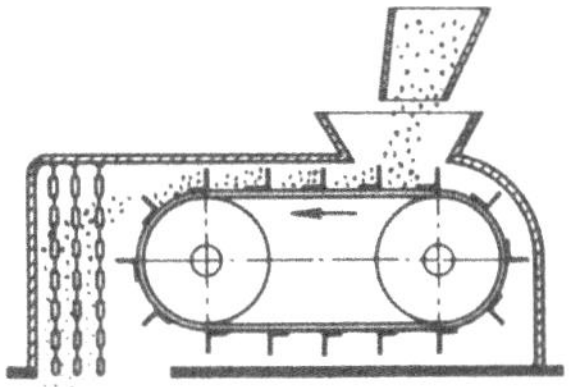

7.98 e mixing
d Kneten n, Mischung f
f malaxage m, mélange m
nl mengen
r смешивание n, замешивание n
(→ 7.99)

7.99 e sand mixer, miller
d Kollermischer m, Mischkollergang m
f mélangeur-frotteur m
nl kollermolen m, kollergang m
r (смешивающие) литейные бегуны *pl*

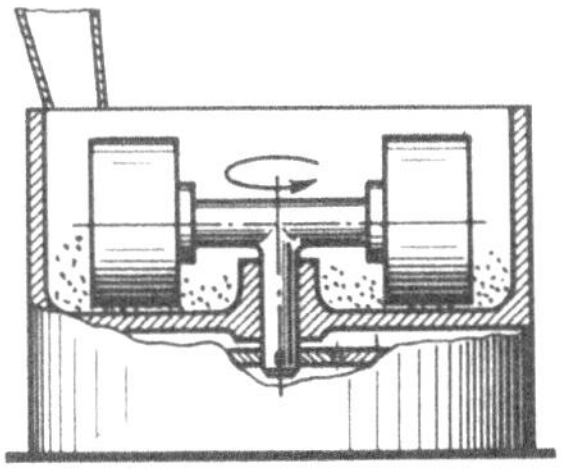

7.100 e moulding
d Formen n
f moulage m
nl vormen n
r формовка f

7.101 e pattern moulding
d Modellformen n
f moulage m avec modèles
nl vormen n met een model
r формовка f по модели

7.102 e hand moulding
d Handformen n
f moulage m à main
nl handvormen n
r ручная формовка f
(→ 7.103, 7.105, 7.108, 7.111, 7.112, 7.114, 7.119, 7.121, 7.124)

7.103 e shoveling (the moulding sand)
d Schaufeln n (des Formsandes)
f chargement m de sable de fonderie
nl toevoer m van vormzand
r засыпка f (формовочной смеси)

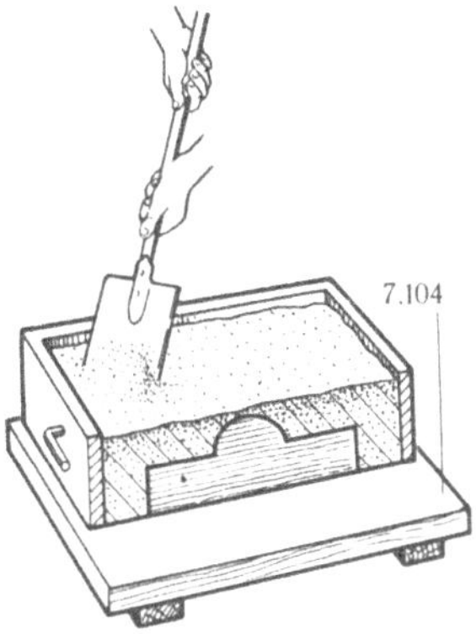

7.104 e mould board
d Formunterlage f, Modellbrett n
f plaque-modèle f
nl modelplaat m
r модельная плита f
(→ 7.103)

7.105 e ramming
d Aufstampfen n
f serrage m du moule
nl verdichten van zand
r набивка f, уплотнение n

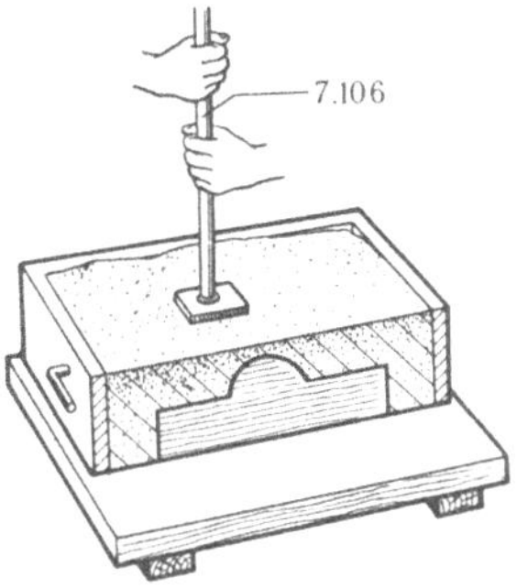

7.106 e (hand)rammer
d Stampfer m
f fouloir m manuel
nl spitsstamper m
r ручная трамбовка f
(→ 7.105)

7.107 e pneumatic rammer
d Druckluftstampfer m
f fouloir m pneumatique [à air comprimé]
nl persluchtstamper m
r пневматическая трамбовка f

7.108 e punching the vent holes
d Luftstechen n, Einstechen von Entlüftungskanälen
f tirage m d'air, tirage m de trous d'air
nl steken n van ontluchtingskanalen
r накалывание n вентиляционных отверстий

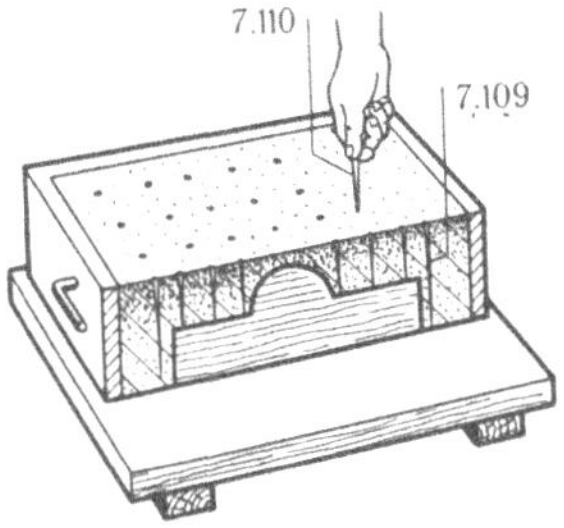

7.109 e vent hole
d Entlüftungskanal m
f trou m d'air
nl ontluchtingskanaal n
r вентиляционное отверстие n, вентиляционный канал m
(→ 7.108)

7.110 e vent wire
d Luftspiess m
f aiguille f à air
nl prikker m
r душник m, формовочная игла f
(→ 7.108)

7.111 e rolling over
d Umrollen n
f renversement m

nl omkeren n
r кантовка f, переворачивание n

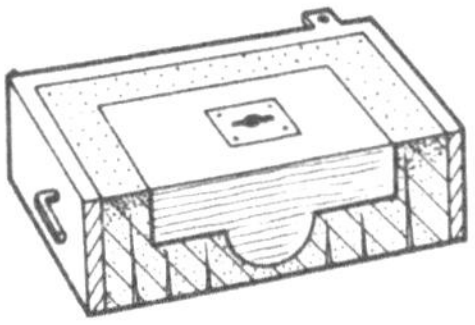

7.112 e dusting
d Einpudern n
f noircissage m
nl zwarten n
r припудривание n, припыливание n

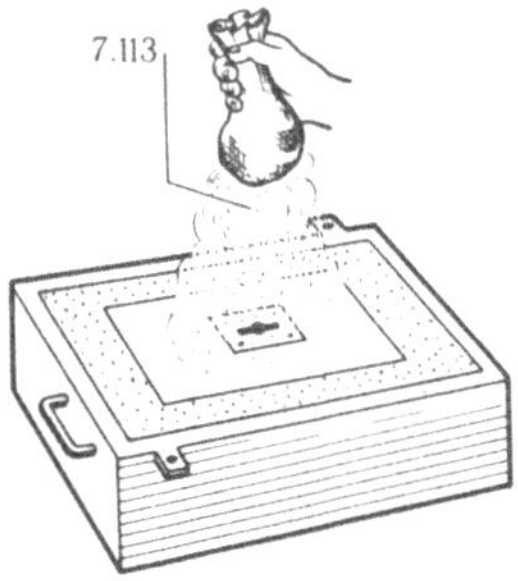

7.113 e parting dust [powder]
d Formpuder n
f isolant m, poncif m
nl zwartsel n
r пудра f, припыл m
(→ 7.112)

7.114 e cutting the gates
d Ausschneiden n von Anschitten
f entaille f d'attaque de coulée
nl aansnijden n
r прорезание n питателей

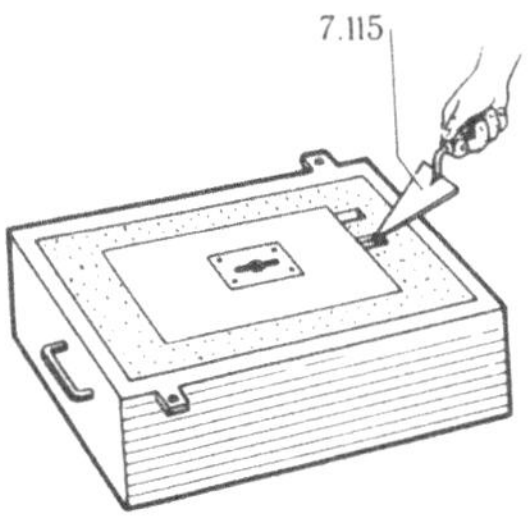

7.115 e trowel
d Polierschaufel f, Truffel f
f lissoir m
nl troffel m, strijkbord n
r гладилка f
(→ 7.114, 7.116, 7.117)

7.116 e flat trowel
d Polierschaufel f mit geradem Blatt
f lissoir m truelle
nl vlakke [rechte] troffel m
r плоская гладилка f

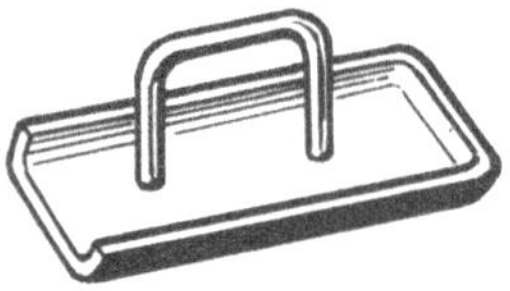

7.117 e shaped trowel
d Polierschaufel f mit rundem Blatt
f lissoir m profilé
nl afgeronde troffel m
r фасонная гладилка f

7.118 e slick, sleeker
d Lanzette f
f spatule f
nl spatel f (m)
r ланцет m

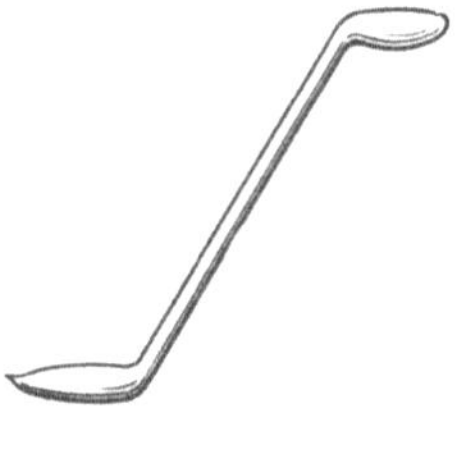

7.119 e drawing the pattern
d Ausheben n des Modells
f démoulage m
nl uitnemen n van het model
r извлечение n [выемка f] модели

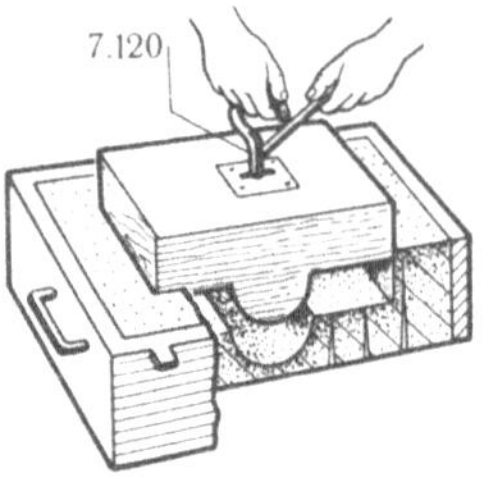

7.120 e draw spike, rapping pin, picker
d Aushebeeisen n
f picot m de mouleur, pointe f à boucle, pointe f en équerre à boucle
nl uitlichtpen f(m), modelpen
r подъёмник m
(→ 7.119)

7.121 e spraying
d Anspritzen n, Sprühen n
f bassinage m
nl (be)sproeien n
r опрыскивание n

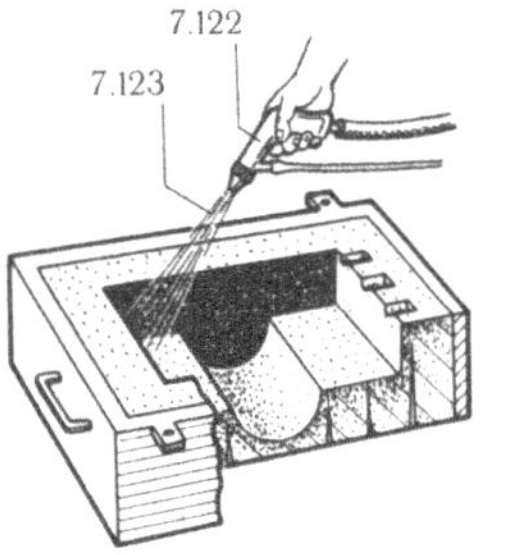

7.122 e spray(ing) gun
d Zerstäuber m, Spritzpistole f
f pulvérisateur m
nl sproeier m, verstuiver m
r пульверизатор m, краскораспылитель m
(→ 7.121)

7.123 e mould wash (coating)
d Formschlichte f
f noir m de fonderie
nl vormdekmiddel n
r формовочная [противопригарная] краска f
(→ 7.121)

7.124 e mould assembly
d Zulegen n der Form
f montage m de moule
nl monteren n van een gietvorm
r сборка f формы

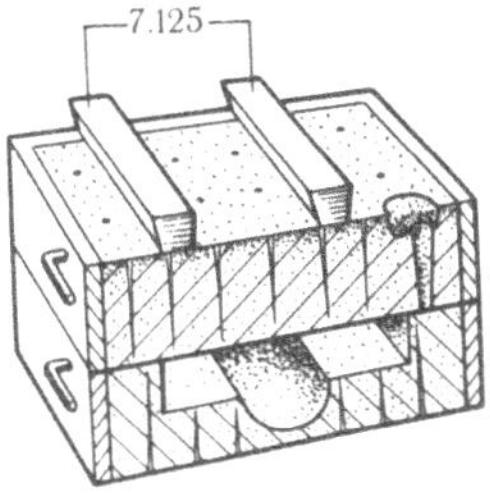

7.125 e weight
d Beschwereisen n
f poids m de charge
nl ballast m
r груз m
(→ 7.124)

7.126 e floor moulding
d Bodenformen n
f moulage m au sol
nl bodemvormen n, het vormen in bodem
r формовка f в почве

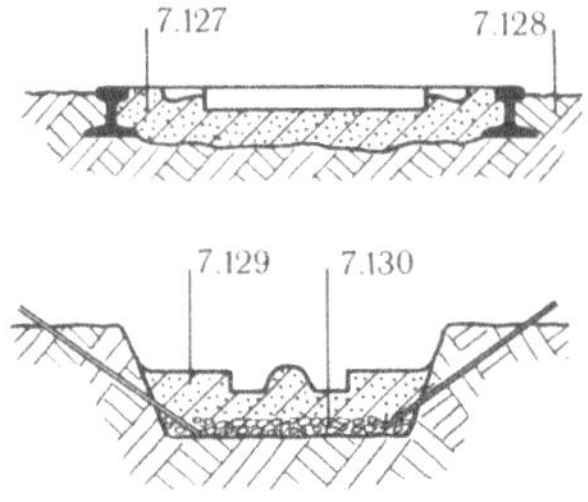

7.127 e ground
d Boden m
f sol m
nl bodem m, grond m
r почва f, грунт m
(→ 7.126)

7.128 e soft bed
d Formgrube f [Formherd n] ohne Entlüftungsunterbettung
f couche f de sable
nl poreus zandbed n
r мягкая постель f
(→ 7.126)

7.129 e stiff bed
d Formgrube f [Formherd n] mit Entlüftungsunterbettung
f lit m de coulée
nl gietbed n
r жёсткая постель f
(→ 7.126)

7.130 e slag
d Schlacke f
f crasse f
nl slak f(m)
r шлак m
(→ 7.126)

7.131 e strickling
d Schablonieren n
f troussage m
nl vormen n met een mal, sjabloneren n
r формовка f по шаблону

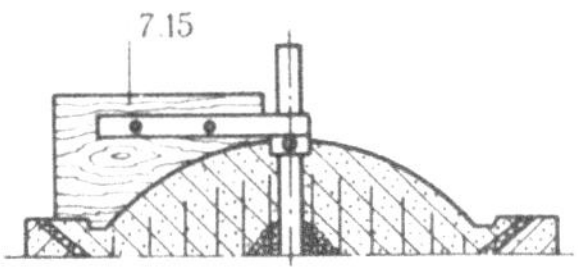

7.132 e core assembly [all-core] moulding
d Aussenkernformverfahren n
f moulage m par noyaux
nl vormen n met een schuurmal
r формовка f в стержнях

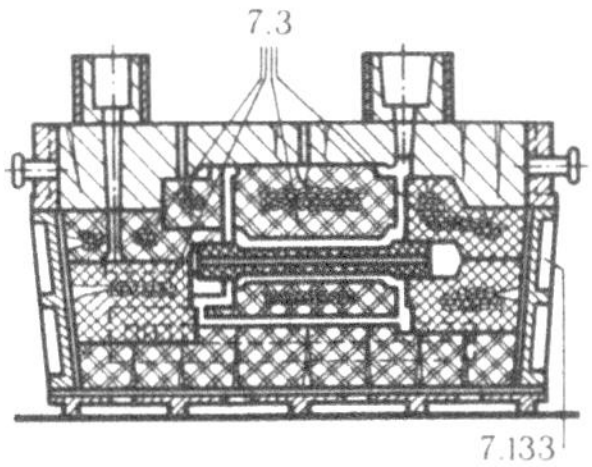

7.133 e jacket
d Giessrahmen m, Überwurfrahmen
f jaquette f
nl vormfreem n
r жакет m
(→ 7.132)

7.134 e CO_2-mould hardening process
d CO_2-Verfahren n, Kohlensäure-Erstarrungsverfahren
f moulage m par procédé oxydant
nl vormen n volgens het CO_2-procédé
r формовка f по CO_2-процессу

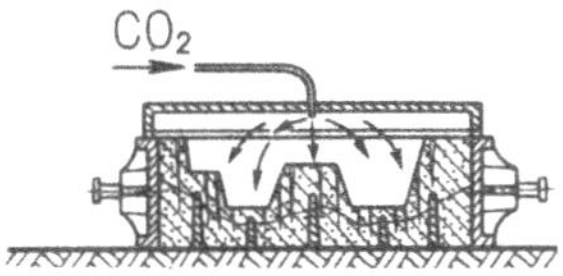

7.135 e stack moulding
d Stapelformen n
f gerbe des moules
nl stapelen van gietvormen
r стопочная формовка f

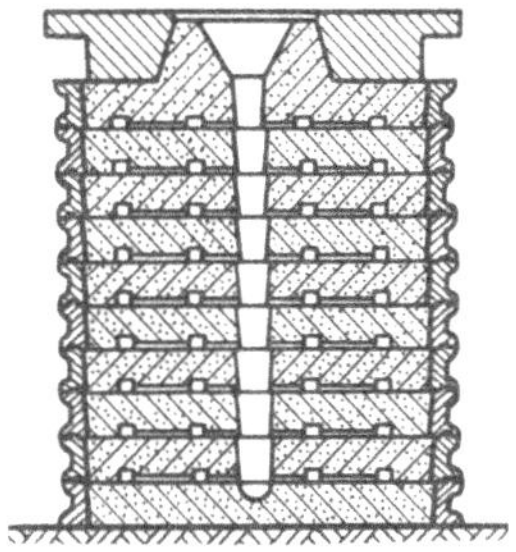

7.136 e machine moulding
d Maschinenformen n
f moulage m à la machine
nl machinaal vormen n
r машинная формовка f
(→ 7.138, 7.142, 7.144)

7.137 e moulding machine
d Formmaschine
f machine f à mouler
nl vormmachine f
r формовочная машина f
(→ 7.151, 7.157, 7.161)

7.138 e squeeze ramming, squeezing
d Verdichten n durch Pressen n, Pressverdichtung f, Pressen n

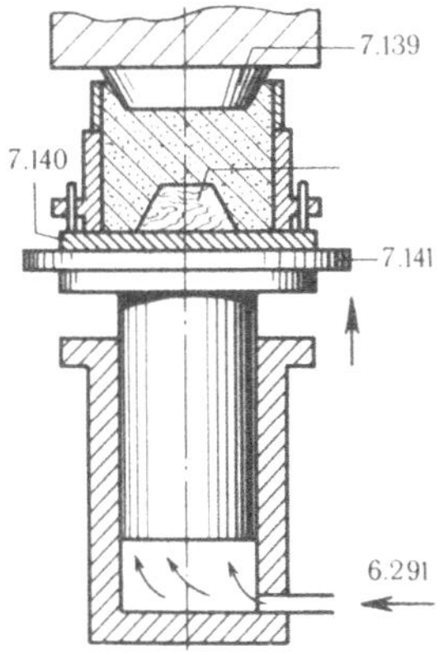

f serrage m par pression
nl verdichten n door persen
r прессование n (формовочной смеси)

7.139 e squeeze head
d Presshaupt n, Pressplatte f
f planche f à imprimer, plateau m de serrage
nl persplaat f(m)
r прессовая колодка f (→ 7.138)

7.140 e pattern plate
d Modellplatte f
f plaque-modèle f, plaque-support f de moule
nl modelplaat f(m)
r модельная плита f (→ 7.138)

7.141 e table (of moulding machine)
d Tisch m (der Formmaschine)
f banc m de moulage
nl vormtafel f(m)
r стол m (формовочной машины) (→ 7.138)

7.142 e squeeze-and-vibration ramming
d Verdichtung f durch Pressen und Vibration
f serrage m par vibration
nl verdichten n door trillen
r вибропрессование n

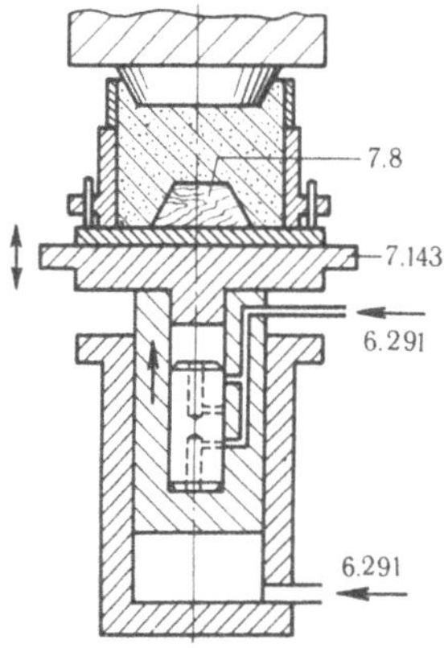

7.143 e table vibrator
d Tischvibrator m
f vibrateur m de table
nl triltafel f (m)
r вибратор m стола (→ 7.142)

7.144 e jolting, jolt ramming
d Verdichten n durch Rütteln, Rüttelverdichtung f, Rütteln n
f secousse f, secouage m
nl verdichten n door schudden
r встряхивание n

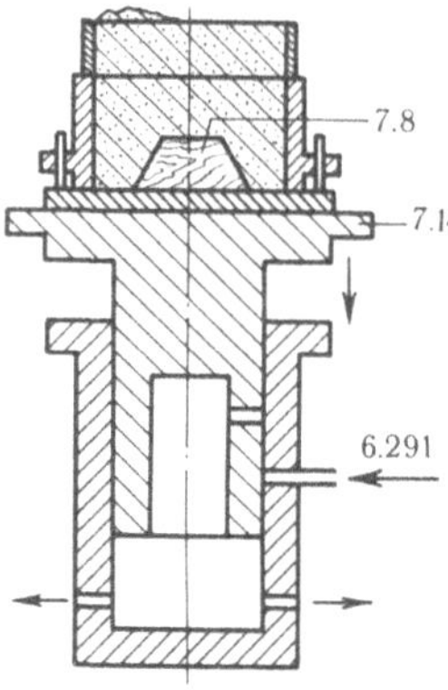

7.145 e final squeezing
d Nachpressen n
f pressage m résiduel
nl napersen n
r допрессовка f

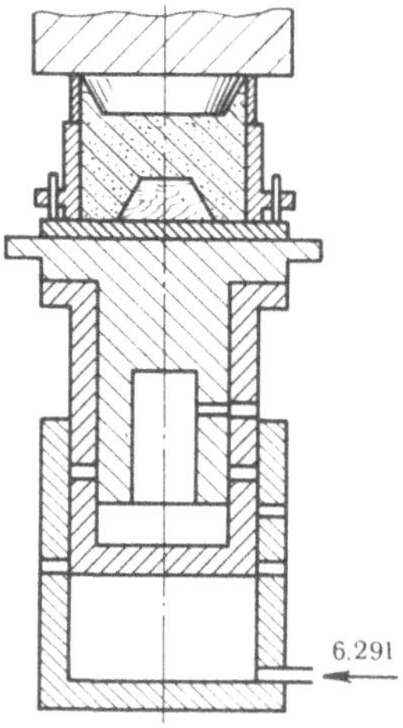

7.146 e pin lift, draw on pins
d Stiftabhebung f, Abheben n mit Stiften
f démoulage m par chandelles
nl lossen n met afhefstiften
r штифтовый съём m

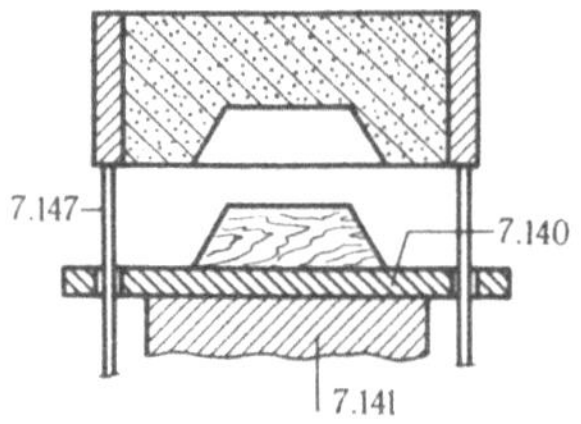

7.147 e lifting [stripper] pin
d Abhebestift m
f chandelle f de démoulage
nl afhefstift f (m), afduwstift
r подъёмный штифт m (→ 7.146)

7.148 e turn-over table
d Wendetisch m
f table f tournante [rotative]
nl wentelplaat f (m)
r поворотный стол m

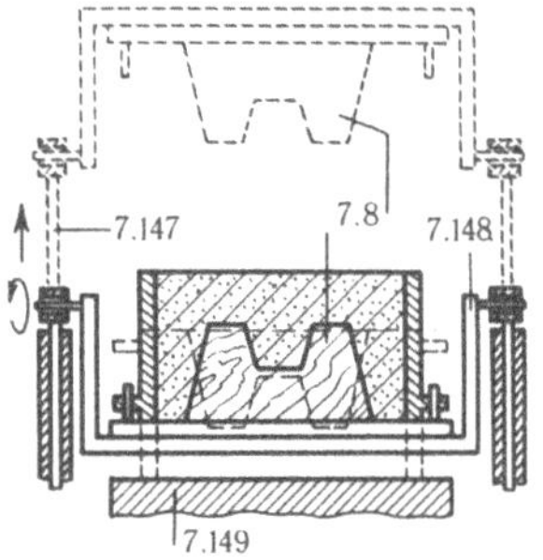

7.149 e draw table
d Abhebetisch m
f table f de réception
nl afheftafel f(m)
r приёмный стол m (→ 7.148)

7.150 e roll-over table
d Umrolltisch m
f table f basculante [tournante]

nl wenteltafel f (m)
r перекидной стол m

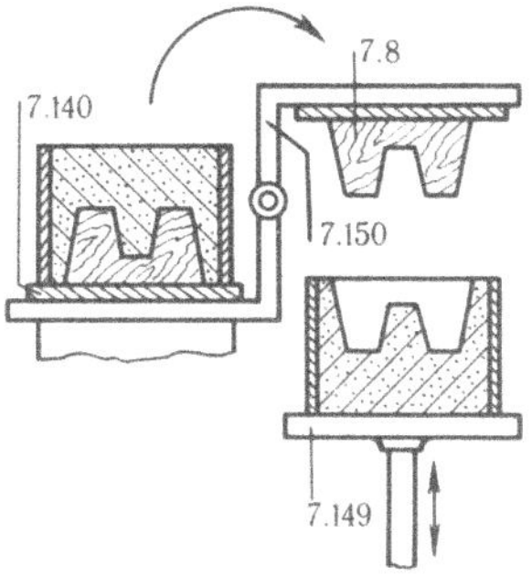

7.151 e jolt-squeeze pattern-drawing moulding machine
d Rüttel-Press-Abhebeformmaschine f
f machine f à mouler par retournement avec chandelles
nl vormmachine f met afhefinrichting
r вибропрессовая формовочная машина f со штифтовым подъёмом

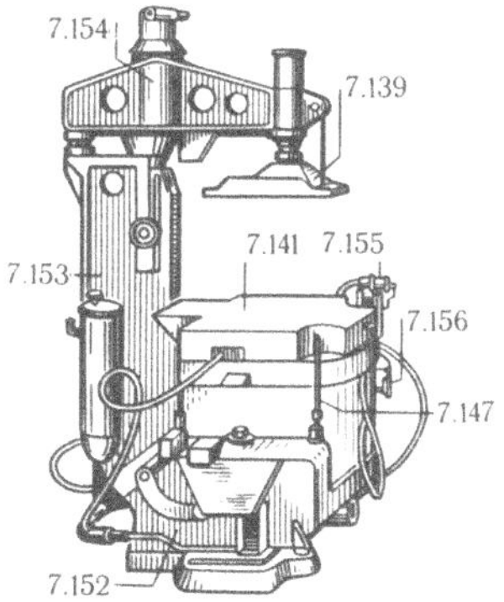

7.152 e bed of moulding machine
d Gestell n der Formmaschine
f bâti m de machine à mouler
nl onderstel n van de vormmachine
r станина f формовочной машины
(→ 7.151)

7.153 e column
d Säule f
f colonne f
nl kolom f(m)
r колонна f, стойка f
(→ 7. 151)

7.154 e arm
d Pressholm m, Holm
f traverse f
nl dwarsarm m
r траверса f
(→ 7.151)

7.155 e air distributor
d Luftsteuerventil n
f distributeur m d'air
nl luchtverdeelkast f (m)
r воздухораспределитель m
(→ 7.151)

7.156 e knee valve
d Knieventil n
f valve f a coude
nl knieafsluiter m
r коленный клапан m
(→ 7.151)

7.157 e jolt roll-over pattern-draw moulding machine
d Rüttel-Umrollformmaschine f
f machine f à mouler à secousses d'étirer et de tourner
nl trilvormmachine f met keerinrichting
r поворотно-вытяжная встряхивающая формовочная машина f

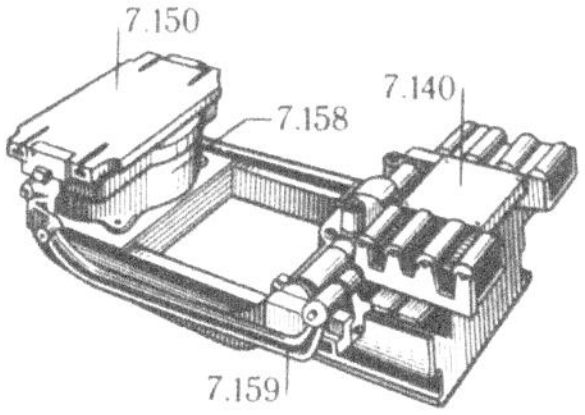

7.158 e jolt table
d Rütteltisch m
f table f à secousses
nl schudtafel f(m), triltafel
r встряхивающий стол m
(→ 7.157)

7.159 e roll-over arm
d Umrollarm m
f levier m de table basculante
nl keerarm m
r рычаг m перекидного стола
(→ 7.157)

7.160 e sand slinging
d Schleuderverdichtung f
f moulage m par projection du sable
nl zandslingeren n
r пескомётная формовка f
(→ 7.161)

7.161 e sandslinger, slinger moulding machine
d Schleuderformmaschine f, Sandslinger m, Slinger
f machine f à mouler à serrage par projection
nl zandslingermachine f
r пескомёт m

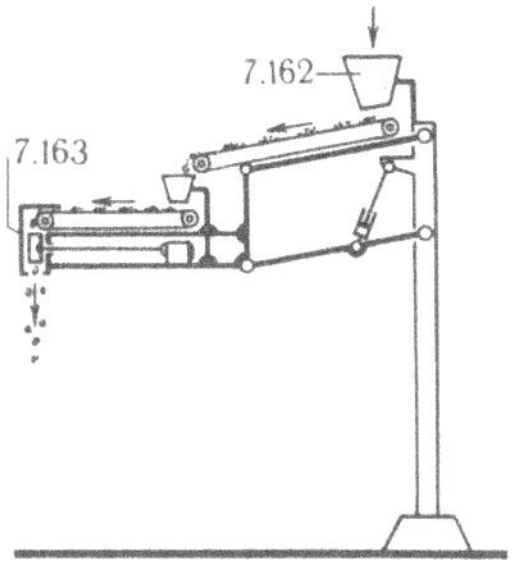

7.162 e hopper
d Einlauftrichter m
f goulotte f de réception
nl vultrechter m, storttrechter
r приёмная воронка f
(→ 7.161)

7.163 e impeller (head)
d Slingerkopf m
f tête f à mouler par projection du sable
nl zandstraalkop m, slingerkop
r метательная головка f

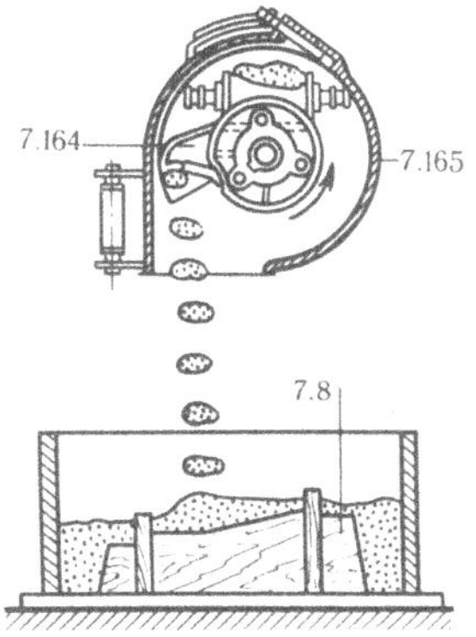

7.164 e bucket, blade
d Mitnehmer m, Wurfschaufel f, Schleuderbecher m
f benne f
nl schoep f(m)
r ковш m, лопатка f
(→ 7.163)

7.165 e hood
d Haube f
f chapiteau m, hotte f
nl kap f(m)
r кожух m
(→ 7.163)

7.166 e mould blowing machine, blow-ramming moulding machine
d Blasformmaschine f
f machine f à mouler, machine f (pour moulage) à souffler
nl blaasvormmachine f
r пескодувная (формовочная, литейная) машина f

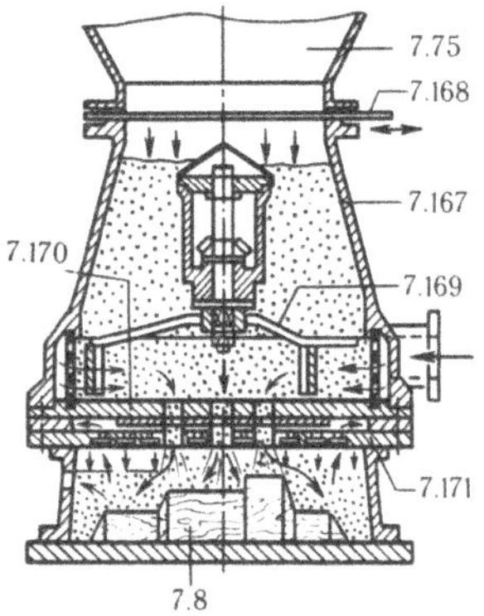

7.167 e sand reservoir
d Sandbehälter m
f réservoir m à sable
nl zandreservoir n
r резервуар m со смесью
(→ 7.166)

7.168 e gate
d Absperrschieber m
f registre m
nl afsluiter m
klep f(m), afsluiter m
r шибер m, заслонка f, затвор m
(→ 7.166)

7.169 e stirrer
d Rührer m
f agitateur m
nl roerinrichting f, roerwerk n
r мешалка f
(→ 7.166)

7.170 e blow plate
d Blasplatte f
f plaque f de soufflage
nl blaasplaat f(m)
r надувная [дутьевая] плита f
(→ 7.166)

7.171 e vent-hole plate
d Entlüftungsplatte f
f plaque f de ventilation
nl ontluchtingsplaat f(m)
r вентиляционная плита f
(→ 7.166)

7.172 e shell moulding machine
d Maskenformmaschine f
f machine f à moule-carapace
nl schaalvormmachine f
r оболочковая формовочная (литейная) машина f

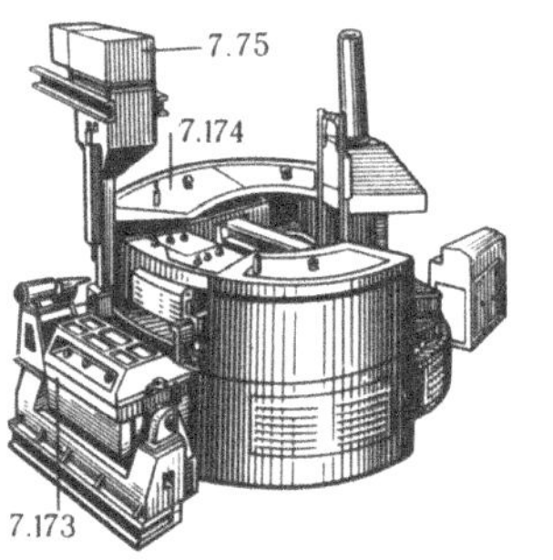

7.173 e roll-over hopper
d Kippgefäss n
f trémie f tournante
nl kipbak m
r опрокидной [поворотный] бункер m
(→ 7.172)

7.174 e shell sintering furnace
d Masken-Aushärtungsofen m
f four m à fritter d'enveloppes
nl oven m voor het sinteren van schalen
r печь f для спекания оболочек
(→ 7.172)

7.175 e removable-flask [flaskless] moulding
d kastenloses Formen n
f moulage m en mottes [avec démontage]
nl kastloos vormen n
r безопочная формовка f

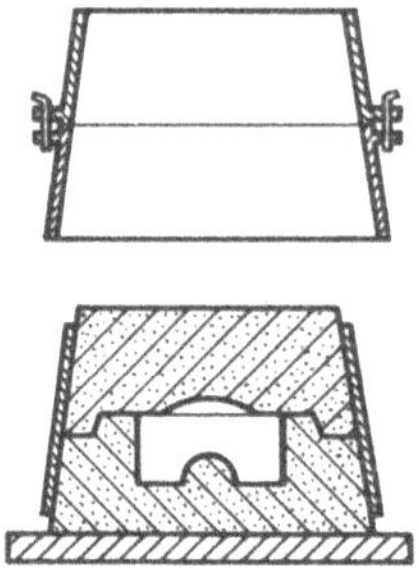

7.176 e core-making machine
d Kernformmaschine f
f machine f à noyauter, noyauteuse f
nl kernvormmachine f
r стержневая литейная машина f
(→ 7.177–7.179, 7.182)

7.177 e squeeze core-making machine
d Press-Kernformmaschine f
f noyauteuse f par pression, machine f à noyauter
nl perskernmachine f
r прессовая стержневая (литейная) машина f

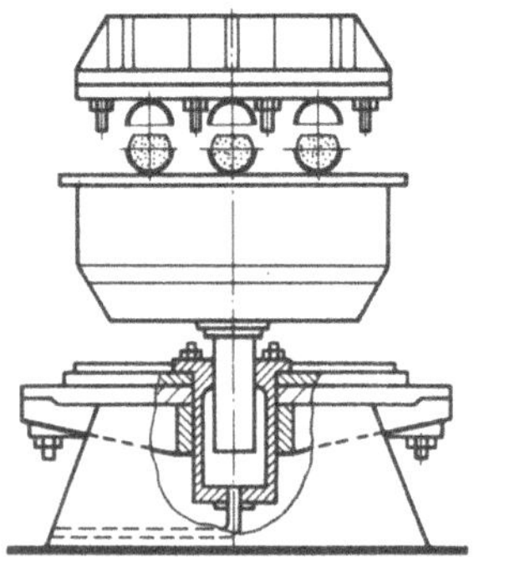

7.178 e jolt core-making machine
d Rüttel-Kernformmaschine f
f noyauteuse f par secousse
nl kerntrilmachine f

r встряхивающая стержневая (литейная) машина f

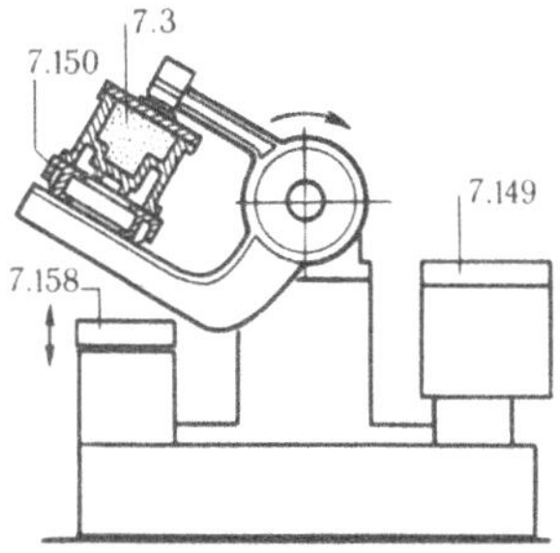

7.179 e core-blowing machine
d Kernblasmaschine f
f machine f à souffler noyaux
nl kernblaasmachine f
r пескодувная стержневая (литейная) машина f

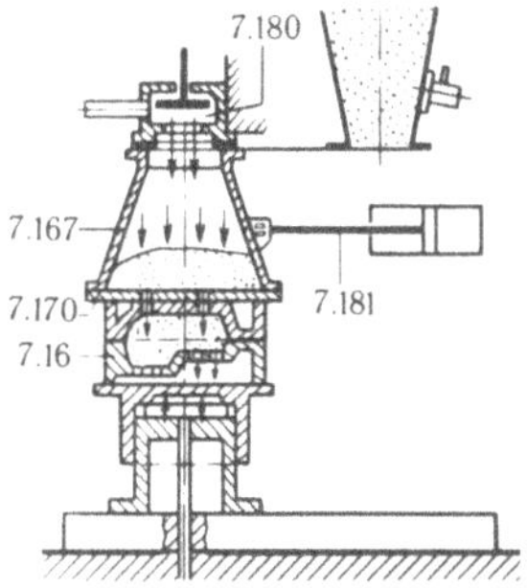

7.180 e blow valve
d Blasventil n
f valve f [filtre m] de soufflage
nl blaasklep v (m)
r клапан m дутья
(→ 7.179)

7.181 e air pusher
d Druckluftstossvorrichtung f
f poussoir m pneumatique
nl pneumatische trilinrichting f
r пневматический толкатель m
(→ 7.179)

7.182 e core-shooting machine
d Kernschiessmaschine f
f machine f à tirer les noyaux
nl kernschietmachine f
r пескострельная стержневая машина f

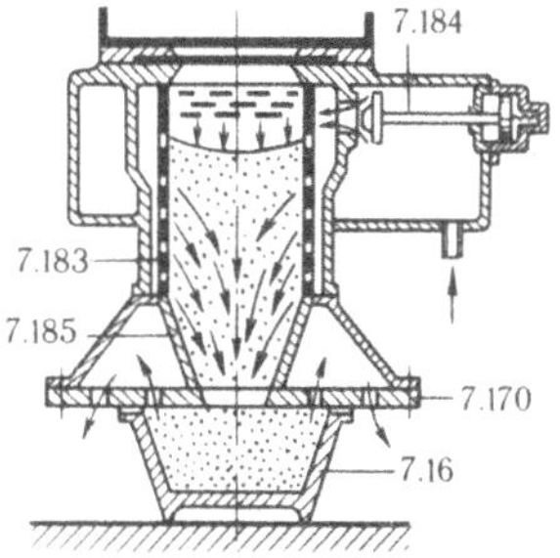

7.183 e slotted sleeve
d Schlitzhülse f
f manchon m à fentes
nl spleetbus f(m), spleethuls f(m)
r щелевая гильза f
(→ 7.182)

7.184 e fast-acting valve
d Schnellschaltventil n
f soupape f à fermeture rapide, valve f à action rapide
nl snelsluitklep f(m)
r быстродействующий клапан m
(→ 7.182)

7.185 e nozzle
d Düse f
f busette f
nl blaaspijp f(m), straalpijp
r насадок m
(→ 7.182)

7.186 e drying the cores
d Kerntrocknung f
f séchage m des noyaux
nl drogen n van gietkernen
r сушка f стержней

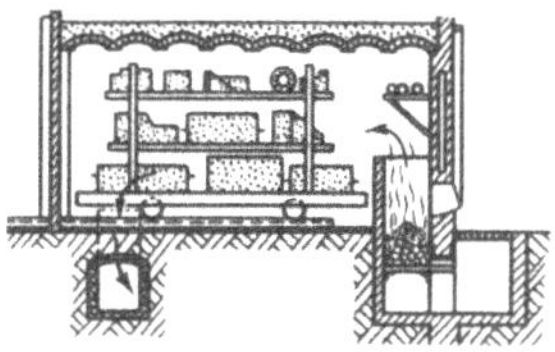

7.187 e hot-box core-making machine
d Maschine f zur Kernherstellung in heissen Kernkästen [zur Herstellung von Hot-Box-Kernen]
f machine f à noyauter dans les boîtes chaudes
nl hete-kastkernmachine f
r машина f для изготовления стержней в горячих ящиках

Melting and Pouring
Schmelzen und Giessen
Fusion et coulée
Smelten en gieten
Плавка и заливка

7.188 e melting
d Schmelzen n
f fusion f
nl smelten n
r плавка f
(→ 7.189, 7.214, 7.217)

7.189 e cupola (furnace)
d Kupolofen m
f cubilot m
nl koepeloven m, schachtoven
r вагранка f

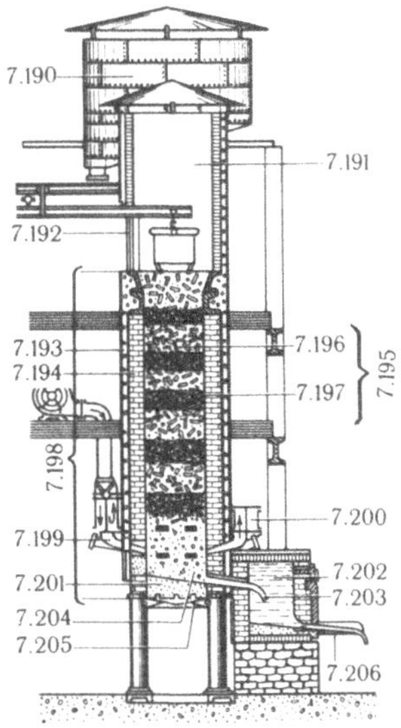

7.190 e spark arrester
d Funkenkammer f
f extincteur m [souffleur m] d'étincelles, étouffoir m

nl vonkenvanger m
r искрогаситель m
(→ 7.189)

7.191 e stack
d Kamin m
f cheminée f
nl schoorsteen m
r дымовая труба f
(→ 7.189)

7.192 e charging door [hole]
d Beschickungsöffnung f, Gichtöffnung
f ouverture f [porte f] de chargement, porte f d'enfournement
nl laaddeur f (m), laadopening f
r загрузочное окно n
(→ 7.189)

7.193 e shell
d Mantel m
f enveloppe f annulaire
nl mantel m
r кожух m
(→ 7.189)

7.194 e lining
d Auskleidung f, Futter n, Zustellung f
f revêtement m
nl bekleding f
r футеровка f
(→ 7.189)

7.195 e charge
d Ofeneinsatz m
f charge f, chargement m
nl lading f, beschikking f
r колоша f
(→ 7.189)

7.196 e iron [metal] charge
d Metalleinsatz m
f charge f métallique
nl ijzerlading f
charge
r металлическая колоша f
(→ 7.189)

7.197 e coke charge [split]
d Kokssatz m, Satzkoks m
f charge f de coke
nl cokeslading f
r коксовая колоша f
(→ 7.189)

7.198 e cupola body [shaft]
d Ofenschacht m
f cuve f de cubilot
nl ovenschacht f(m)
r шахта f (вагранки)
(→ 7.189)

7.199 e tuyere
d Blasform f, Winddüse f, Windform
f tuyère f
nl laasgat n, blaasmond m
r фурма f
(→ 7.189)

7.200 e wind [air] box, wind belt
d Windkasten m, Windring m
f boîte f à vent haute
nl windkast f(m)
r воздушная коробка f
(→ 7.189)

7.201 e cupola hearth
d Herdsohle f
f sole f (de four de fusion)
nl haard m, bodem m, zool f(m)
r под m, лещадь f
(→ 7.189)

7.202 e forehearth
d Vorherd m
f avant-creuset m
nl voorhaard m
r копильник m
(→ 7.189)

7.203 e spout, cupola runner trough
d Abstichrinne f
f chenal m de coulée
nl tapgoot f(m), gietgoot
r жёлоб m
(→ 7.189)

7.204 e coke bed
d Füllkokssaüle f, Füllkoks m
f paillasse f de coke
nl cokesbed n
r холостая колоша f кокса
(→ 7.189)

7.205 e bottom door
d Bodenklappe f
f porte f de vidange, fond m ouvrant
nl bodemklep f (m)
r дверца f
(→ 7.189)

7.206 e tap hole
d Abstichloch n, Stichloch
f trou m de coulée
nl tapgat n, afsteekgat
r лётка f
(→ 7.189)

7.207 e blast
d Gebläseluft f, Gebläsewind m
f soufflage m
nl ingeblazen lucht f (m)
r дутьё n

7.208 e burden
d Gattierung f
f lit m de fusion
nl zetting f, lading f
r шихта f

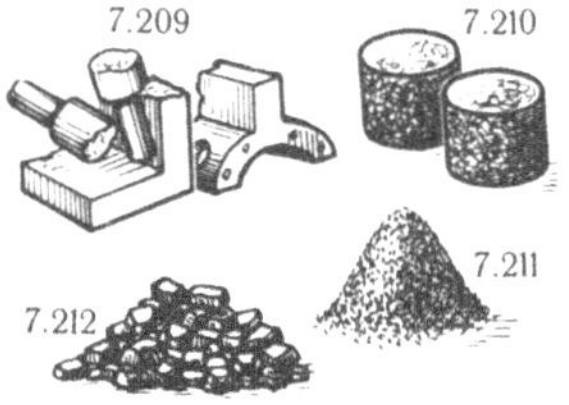

7.209 e scrap
d Schrott m
f grenaille f
nl schroot n, schrot n
r лом m
(→ 7.208)

7.210 e chip briquette
d Spänebrikett n
f briquette f de copeaux
nl geperste spaan f (m)
r брикет m из стружки
(→ 7.208)

7.211 e ferroalloy
d Ferrolegierung f
f ferro-alliage m
nl ferrolegering f, ijzerlegering
r ферросплав m
(→ 7.208)

7.212 e coke
d Koks m
f coke m
nl cokes f(m)
r кокс m
(→ 7.208)

7.213 e flux
d Zuschlagstoff m
f fondant m, flux m
nl bijslag m
r флюс m

7.214 e electric arc furnace
d Lichtbogenofen m
f four m électrique à arc
nl lichtboogoven m
r дуговая печь f

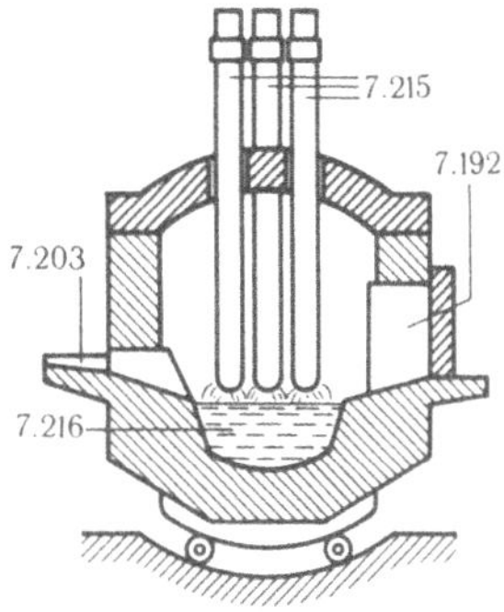

7.215 e graphite electrode
d Kohleelektrode f
f électrode f de graphite
nl grafietelektrode f
r графитовый электрод m
(→ 7.214)

7.216 e molten metal
d Schmelze f
f bain m
nl smelt m, gesmolten metaal n
r расплав m
(→ 7.214, 7.216)

7.217 e induction furnace
d Induktions(schmelz)ofen m
f four m (électrique) à induction
nl inductie(smelt)oven m
r индукционная печь f

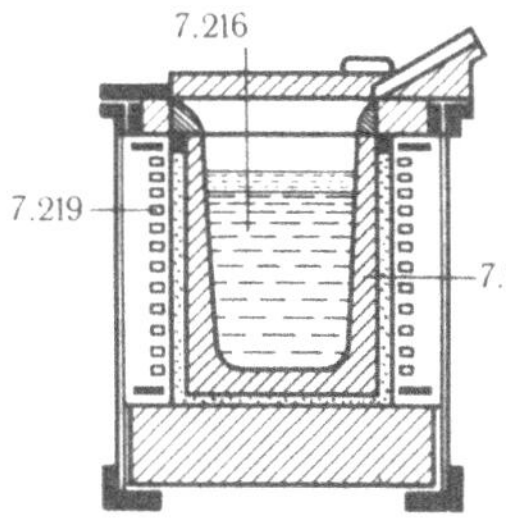

7.218 e crucible
d Tiegel m
f creuset m
nl gietkroes m
r тигель m
(→ 7.217)

7.219 e induction coil
d Induktionsspule f
f inducteur m
nl inductiespoel f (m)
r индуктор m
(→ 7.217)

7.220 e pouring, casting
d Giessen n, Abgiessen
f coulage m, coulée f, moulage m
nl gieten n, storten n
r заливка f, разливка f

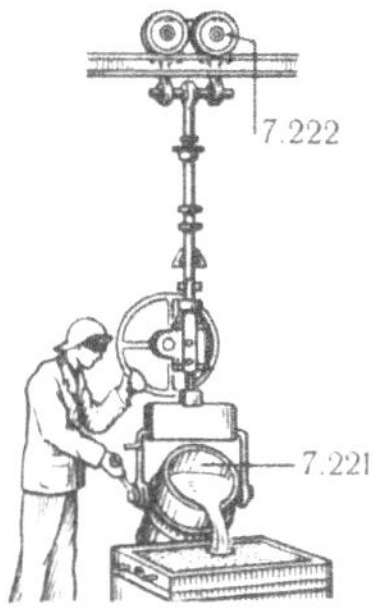

7.221 e ladle
d Giesspfanne f
f poche f [cuiller f] de coulée, poche f de fonderie
nl gietpan f(m)
r заливочный [разливочный] ковш m
(→ 7.220)

7.222 e ladle handler
d Giessgehänge n
f wagonnet m de coulée
nl gietpanwagen m
r разливочная тележка f
(→ 7.220)

7.223 e crane ladle
d Kranpfanne f
f poche f à monorail
nl kraanschenk m, gietpan f (m)
r крановый ковш m

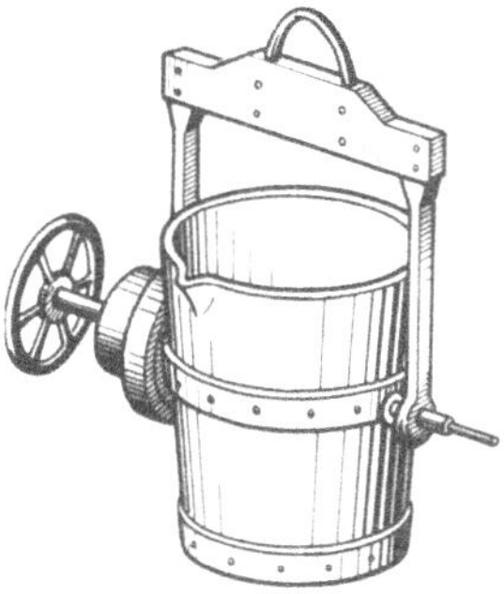

7.224 e hand ladle
d Handpfanne f
f poche f de coulée manuelle
nl handpan f (m), eenmanspan
r ручной ковш m

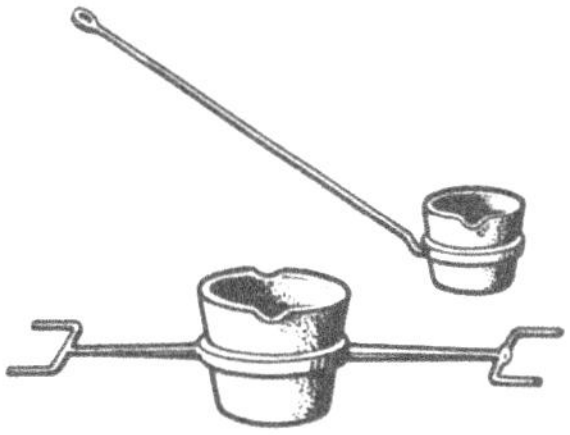

7.225 e horizontal casting
d liegende Giessweise f
f coulée f horizontale
nl liggend gieten n
r горизонтальная заливка f

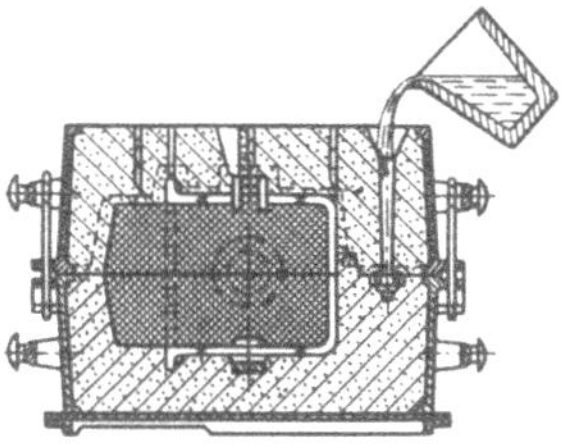

7.226 e vertical casting
d stehende Giessweise f
f coulée f verticale
nl staand gieten n
r вертикальная заливка f

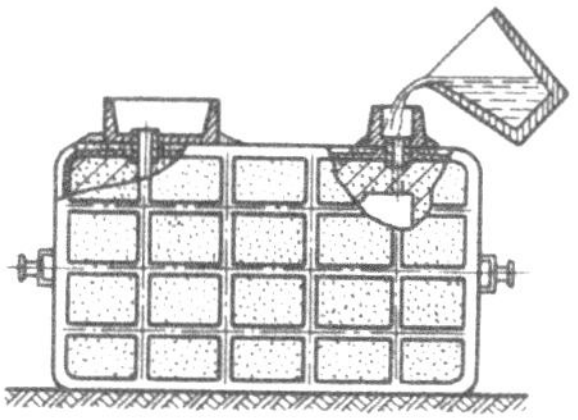

7.227 e pouring in a conveyor
d Abgiessen n in der mechanisierten Formanlage
f coulée f par convoyeur
nl gieten n op een transporteur
r заливка f на конвейере
(→ 7.228)

7.228 e foundry conveyor
d mechanisierte Form- und Giessanlage f
f convoyeur m de fonderie
nl giettransporteur m
r литейный конвейер m

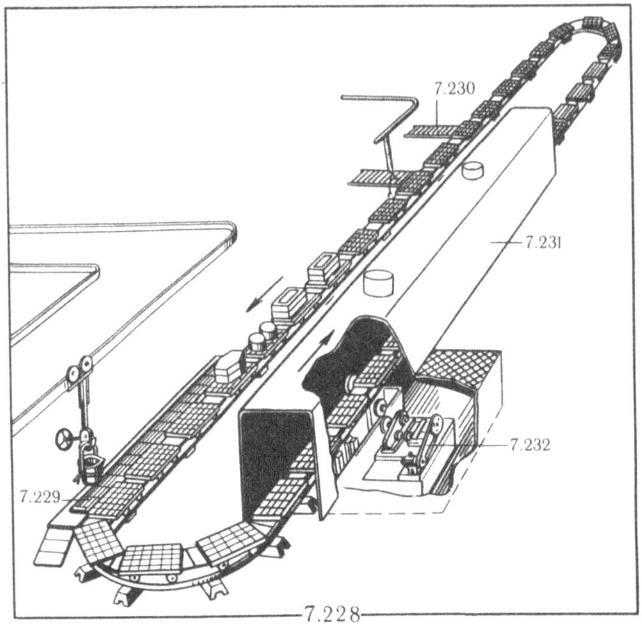

nl spuitgietmachine f met koud portaal [met koude kamer]
r машина f для литья под давлением с холодной камерой

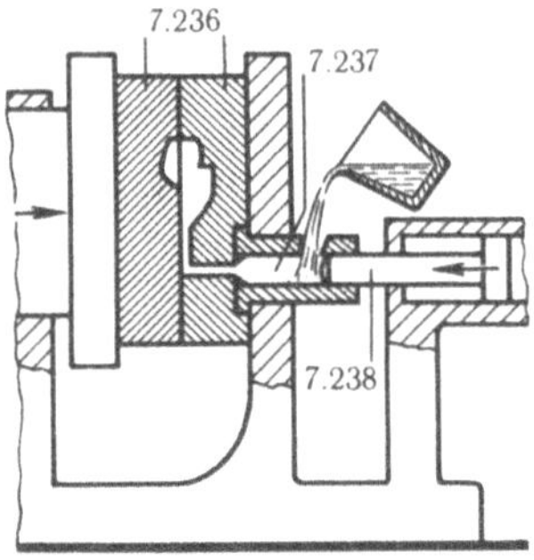

7.229 e moving platform (for pouring)
d Giess-Fahrbühne f
f plate-forme f mobile à coulée
nl rollend gietplatform n
r заливочная движущаяся платформа
(→ 7.228)

7.230 e assembly roller conveyor
d Formzulegen-Rollbahn f
f transporteur m à rouleaux d'assemlage
nl montagerolbaan f(m)
r сборочный рольганг m
(→ 7.228)

7.231 e cooling zone (of the conveyor)
d Kühlstrecke f
f brin m de convoyeur de réfrigérant
nl koeltraject n
r охладительная ветвь f (конвейера)
(→ 7.228)

7.232 e power-drive station
d Antriebsstation f
f station f motrice, groupe m d'entraînement
nl aandrijfstation n
r приводная станция f
(→ 7.228)

7.233 e pressure die casting
d Druckgiessen n
f coulée f sous pression, moulage m par injection
nl spuitgieten n, persgieten
r литьё n под давлением
(→ 7.235, 7.239)

7.234 e die-casting machine
d Druckgiessmaschine f
f machine f à coulée sous pression
nl spuitgietmachine f
r машина f для литья под давлением
(→ 7.235, 7.239)

7.235 e cold-chamber die-casting machine
d Kaltkammer-Druckgiess-maschine f
f machine f à coulée sous pression à chambre froide

7.236 e die
d Druckgiessform f
f moule m à pression
nl spuitgietvorm m
r прессформа f
(→ 7.235)

7.237 e pressure chamber
d Druckkammer f
f chambre f de pressage [d'injection]
nl drukkamer m
kamer
r камера f прессования [сжатия]
(→ 7.235)

7.238 e plunger
d Kolben m
f piston m d'injection
nl plunjer m
r пуансон m, плунжер
(→ 7.235)

7.239 e hot-chamber die casting machine
d Warmkammer-Druckgiess-maschine f
f machine f à coulée sous pression à chambre chaude
nl spuitgietmachine f met warm portaal

r машина f для литья под давлением с горячей камерой

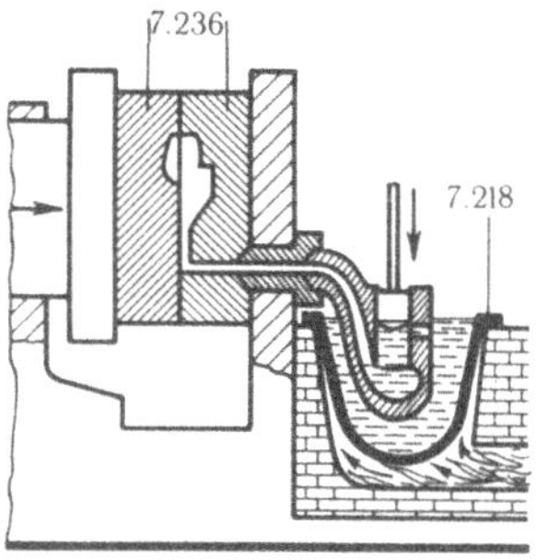

7.240 e centrifugal casting
d Schleuderguss m
f coulée f centrifuge
nl centrifugaalgieten n
r центробежное литьё n

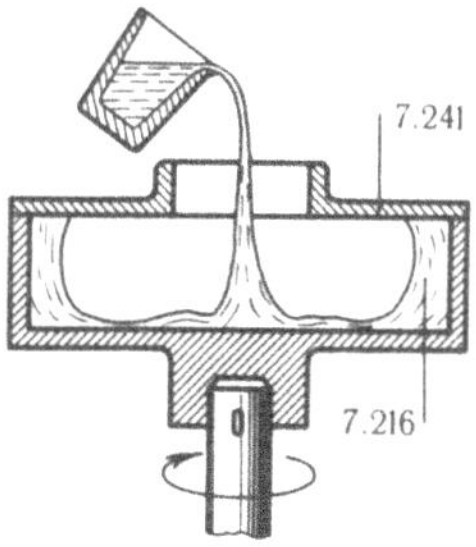

7.241 e rotating mould
d Schleudergussform f
f coquille f de centrifugation
nl gietvorm m voor centrifugaal gieten
r центробежная изложница f
(→ 7.240)

7.242 e investment [lost-wax] casting
d Modellausschmelzverfahren n, Feingiessverfahren, Wachsausschmelzverfahren
f fonderie f à cire perdue
nl precisiegietwerk n, gieten n volgens de verloren-wasmethode
r литьё n по выплавляемым моделям
(→ 7.243)

7.243 e investment mould
d Feingiessform f
f moule m à fonderie à cire perdue
nl vorm m voor het gieten naar verloren modellen
r форма f для литья по выплавляемым моделям

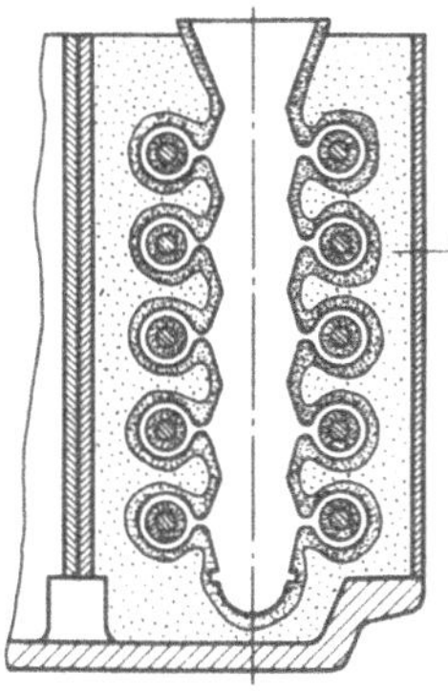

7.244 e refractory backing material
d feuerfeste Masse f
f matière f de remplissage réfractaire
nl vuurvast vulmiddel n
r огнеупорный наполнитель m
(→ 7.243)

7.245 e burnt-pattern [full-mould] casting
d Vollformgiessverfahren n
f coulée f en moules perdus
nl holteloos gieten n
r литьё n по выжигаемым [газифицируемым] моделям

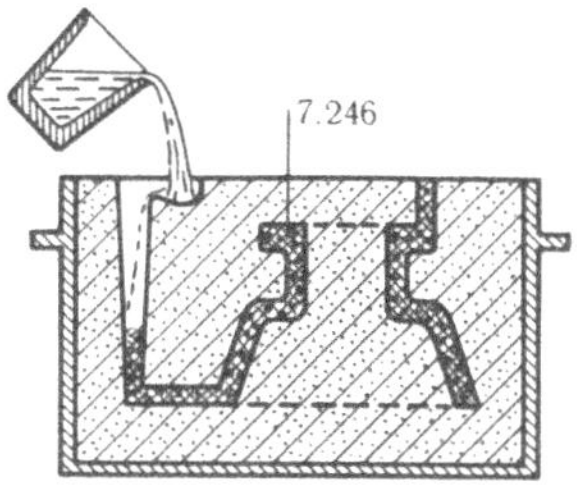

7.246 e polystyrene pattern
d Polystyrolmodell n
f moule m à polystyrène
nl polystyreenmodel n
r модель f из полистирола
(→ 7.245)

7.247 e knock-out, shake-out
d Ausleeren n, Ausschlagen n
f décochage m
nl uitbreken n (van gietstukken)
r выбивка f отливок
(→ 7.249, 7.252)

7.248 e knock-out [shake-out] machine
d Ausleermaschine f
f décocheuse f, machine f de décochage [des pièces coulées]
nl uitbreekmachine f, uitschudmachine
r выбивная литейная машина f
(→ 7.249, 7.252)

7.249 e eccentric knock-out grid
d Exzenter-Ausleerrost m
f grille f excentrique de décochage
nl uitschudmachine f met excentriek
r эксцентриковая выбивная решётка f

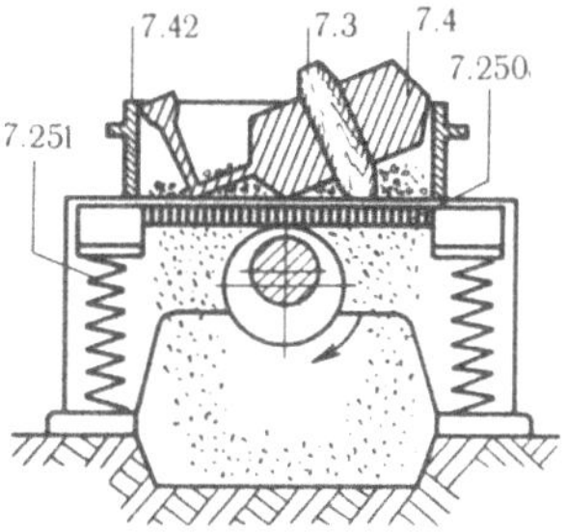

7.250 e grid
d Rost m
f grille f
nl rooster m, n
r решётка f
(→ 7.249)

7.251 e resilient bumper
d elastische Unterlage f
f amortisseur m, appui m en ressort
nl afgeveerde ondersteuning f
r амортизатор m, пружинная опора f
(→ 7.249, 7.252)

7.252 e inertia-type knock-out grid
d Trägheits-Ausleerrost m
f grille f d'inertie de décochage
nl traagheidsschudrooster m, o
r инерционная выбивная решётка f

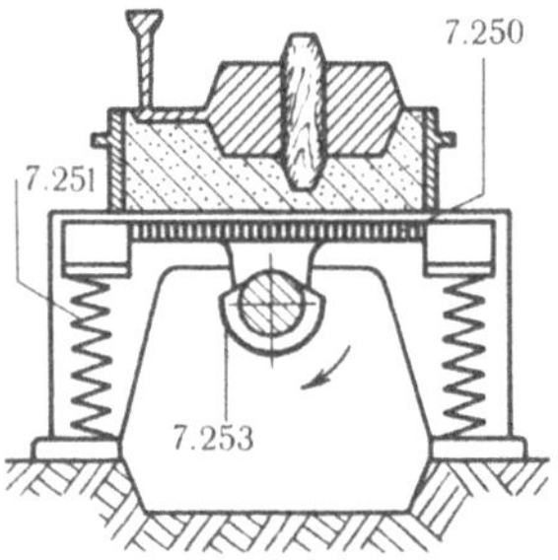

7.253 e unbalanced weight
d unausgeglichenes Gewicht n
f charge f non équilibre
nl ongebalanceerd gewicht n
r неуравновешенный груз m
(→ 7.252)

7.254 e cleaning of castings
d Gussputzen n, Putzen
f ébarbage m
nl schoonmaken n [afwerken n] van gietstukken
r очистка f отливок
(→ 7.256, 7.260, 7.265)

7.255 e cleaning machine, sandblasting apparatus
d Gussputzmaschine f, Putzmaschine
f dessableuse f
nl poetsinstallatie f
r очистная машина f
(→ 7.256, 7.260, 7.265)

7.256 e turbine shot-blasting machine
d Schleuderstrahlmaschine f
f cabine f de grenaillage
nl kogelinstallatie f
r дробемётная очистная машина f [установка f]

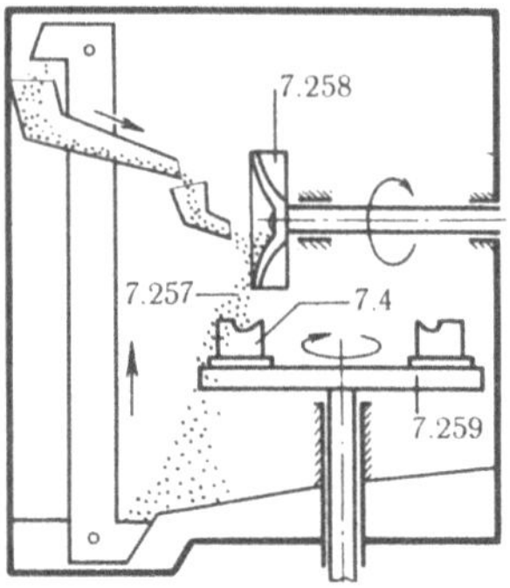

7.257 e shot
d Strahlmittel n, Schrot m
f grenaille f
nl hagel m
r дробь f
(→ 7.256)

7.258 e vane wheel
d Schleuderrad n
f roue f à palettes
nl schoepenwiel n
r лопастное колесо n
(→ 7.256)

7.259 e rotary table
d Drehtisch m
f table f rotative, manège m
nl draaischijf f (m)
r вращающийся стол m
(→ 7.256)

7.260 e hydroblast room
d Nassputzkammer f, Nassputzhaus n
f chambre f de sablage
nl waterstraalpoetscabine f
r гидропескоструйная очистная камера f

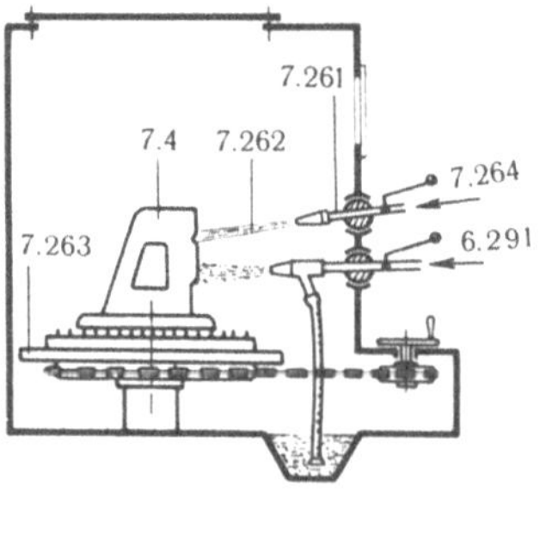

7.261 e hydraulic gun
d Strahldüse f
f monitor m hydraulique, lance f à eau
nl waterspuit f (m)
r гидромонитор m
(→ 7.260)

7.262 e jet
d Strahl m
f jet m
nl (water)straal m, f
r струя f
(→ 7.260)

7.263 e turn-table
d Drehtisch m
f table f rotative
nl draaitafel f(m)
r поворотный стол m
(→ 7.260)

7.264 e water
d Wasser n
f eau f
nl water n
r вода f
(→ 7.260)

7.265 e tumbling barrel
d Gussputztrommel f
f tambour m de nettoyage
nl polijsttrommel f(m), rommeltrommel
r очистной барабан m

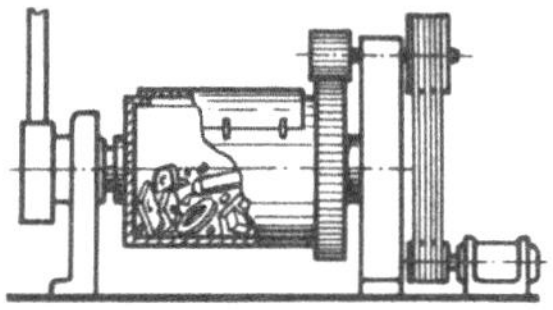

7.266 e fettling, chipping
d Fertigputzen n
f ébarbage m
nl afbramen n van gietstukken
r обрубка f отливок

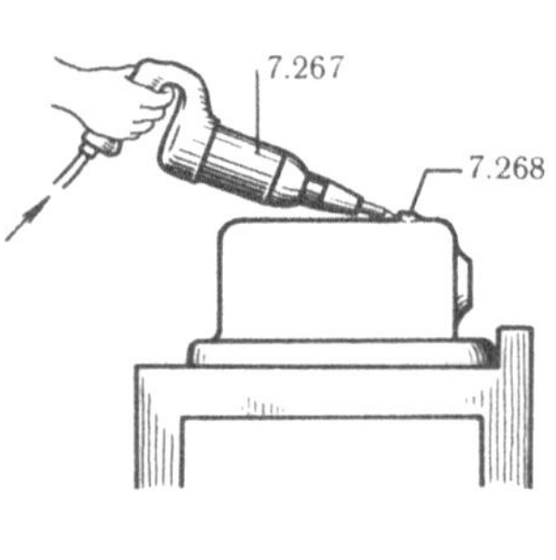

7.267 e air chipper
d Druckluft(meissel)hammer m
f burin m pneumatique [à air comprimé]
nl persluchtbeitel m
r пневматическое зубило n
(→ 7.266)

7.268 e fin, flash
d Grat m, Giessgrat, Gussgrat
f barbe f, bavure f de joint
nl braam, gietnaad m
r грат m
(→ 7.266)

7.269 e swing-frame grinder
d Pendelschleifmaschine f
f rectifieuse f suspendue à balancier
nl ophangpendelslijpmachine f
r подвесной маятниковый шлифовальный станок m

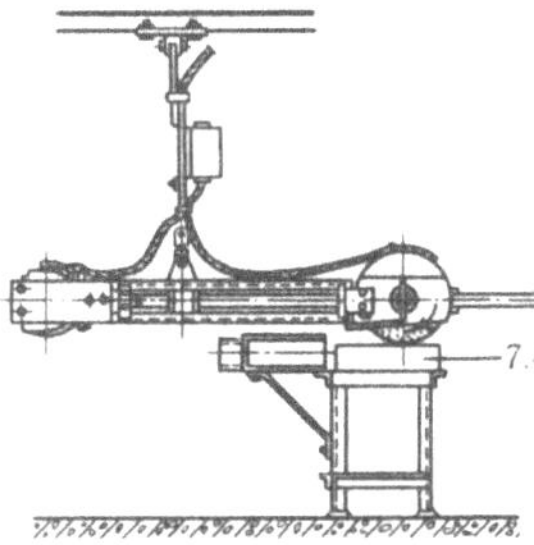

7.270 e portable grinder
d Handschleifmaschine f
f meuleuse f à main
nl handslijpmachine f
r ручная шлифовальная машина f

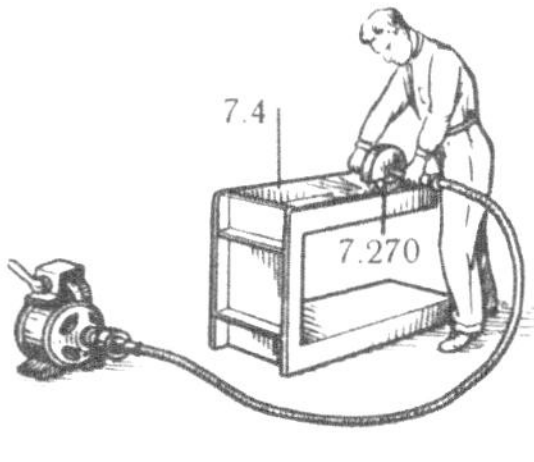

Foundry Defects
Gussfehler
Anomalies de fonderie
Gietfouten
Дефекты отливок

7.271 e foundry [casting] defect
d Gussfehler m
f défaut m de fonderie
nl gietfout f(m)
r дефект m отливки
(→ 7.272, 7.275, 7.277 – 7.286)

7.272 e crack
d Bruch m, Riss m
f fissure f, cassure f
nl scheur f(m)
r трещина f

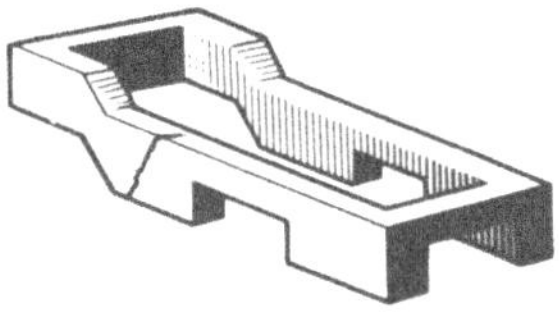

7.273 e hot crack [tear]
d Warmbruch m, Warmriss m
f fissure f [cassure f] à chaud
nl warmscheur f (m)
r горячая трещина f
(→ 7.272)

7.274 e cold crack [breakage]
d Kaltbruch m, Kaltriss m
f fissure f [cassure f] à froid
nl koudscheur f(m)
r холодная трещина f
(→ 7.272)

7.275 e draw
d Lunker m
f retassure f, cavité f de retrait
nl slinkholte f
r усадочная раковина f

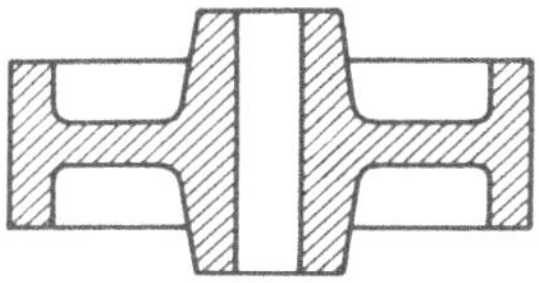

7.276 e shrinkage
d Schrumpfung f, Schwindung f
f retrait m
nl krimp m
r усадка f

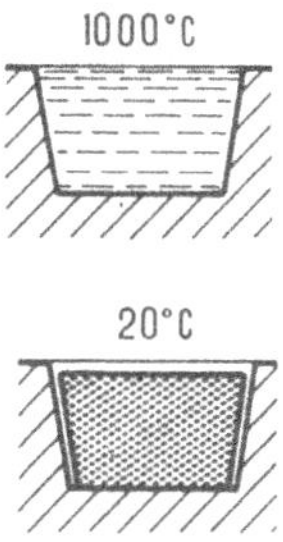

7.277 e blow hole, pinhole
d Blase f, Gasblase
f soufflure f
nl gasblaas f(m)
r газовая раковина f

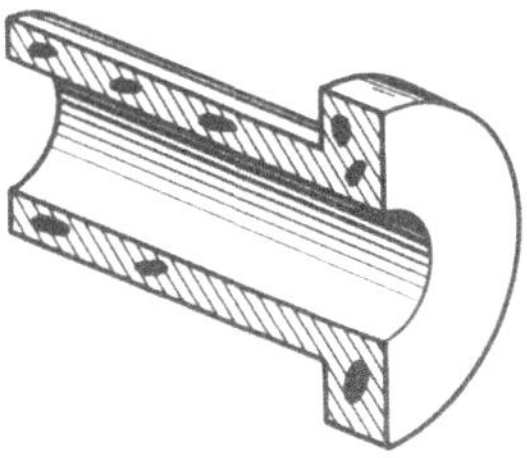

7.278 e sand inclusion
d Sandeinschluss m
f soufflure f sableuse, inclusion f de sable
nl zandinsluiting f
r песчаная раковина f

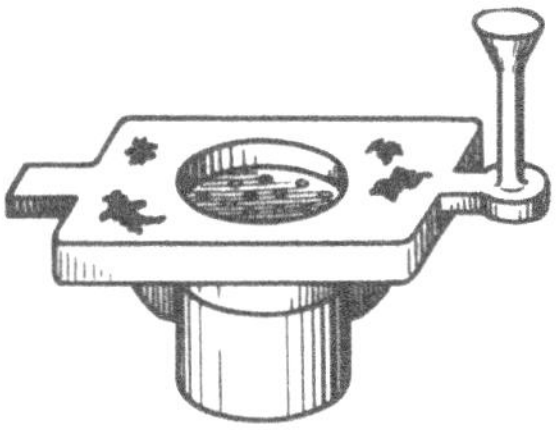

7.279 e seag blowhole, scum
d Schaumstelle f, Schlackenblase f, Schlackenfleck m
f soufflure f de scorie

nl slakinsluiting f
r шлаковая раковина f

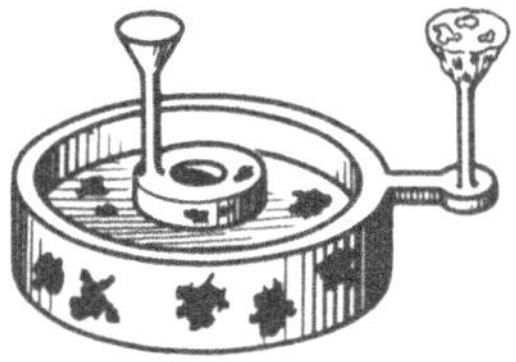

7.280 e rattail
d Rattenschwanz m, Schliere f
f ver m, gale f franche
nl rattestaart m
r ужимина f

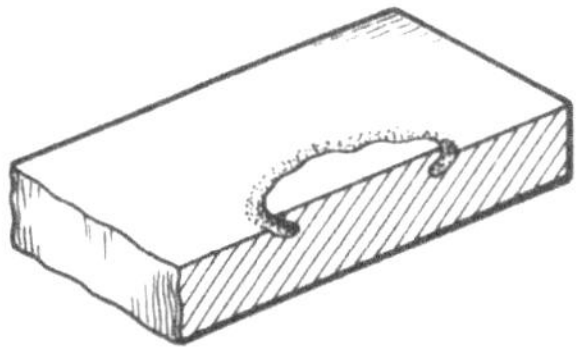

7.281 e swell, ram-off
d Treibstelle f
f forçage m, fausse variation f
nl brats
r подутость f

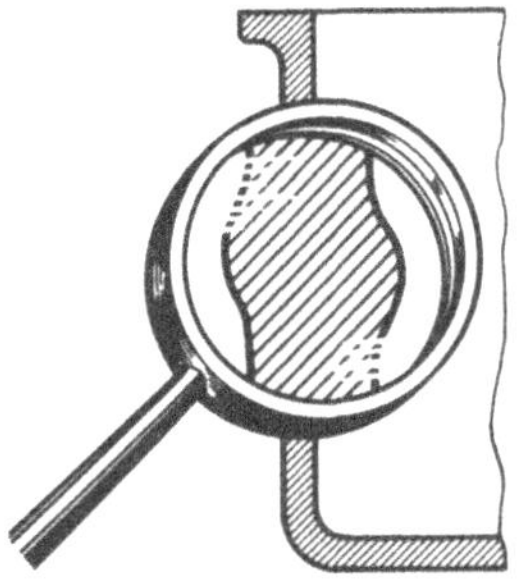

7.282 e porosity
d Porosität f
f porosité f
nl porositeit f
r пористость f

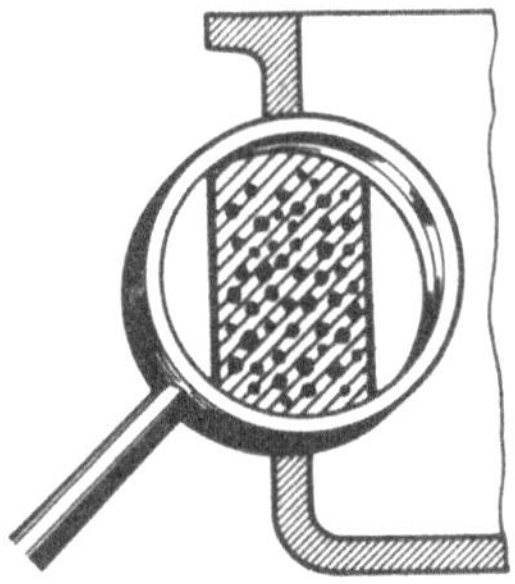

7.283 e joint flash [fin]
d Kerngrat m, Bart m
f bavure f de joint, barbe f
nl scheidingsbraam f(m)
r залив m

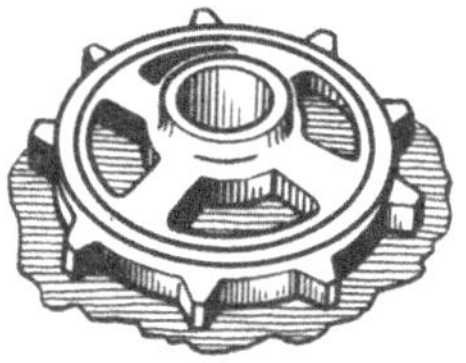

7.284 e burn on
d angebrannter Sand m
f grippure f
nl aangebrande zandkorst f(m)
r пригар m

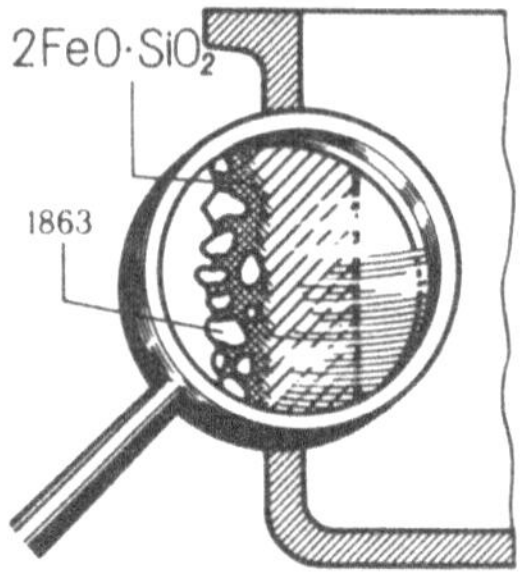

7.285 e primary chill
d Weisseinstrahlung f, weisserstarrte Zone f
f trempe f
nl witte schil f(m)
r отбел m

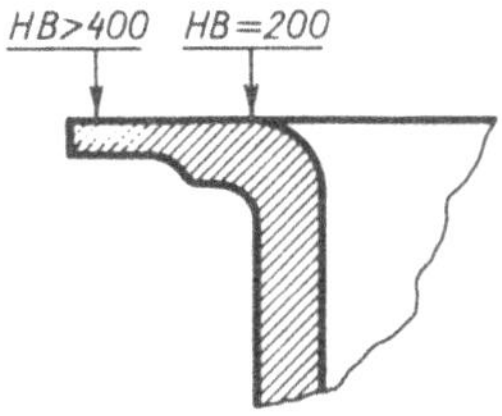

7.286 e core shift
d Kernversatz m
f désalignement m de noyau, variation f de noyau
nl verschoven kern f(m)
r перекос m стержня

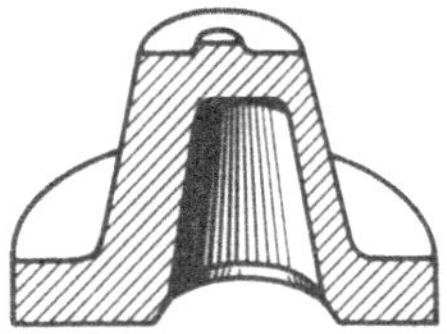

8. MECHANICAL WORKING
UMFORMTECHNIK
TRAVAIL PAR DÉFORMATION
VERVORMENDE BEWERKING
ОБРАБОТКА ДАВЛЕНИЕМ

Rolling
Walzen
Laminage
Walsen
Прокатка

8.1 e mechanical working
d Umformen n, Umformtechnik f
f travail m par déformation
nl vervormende bewerking f
r обработка f давлением

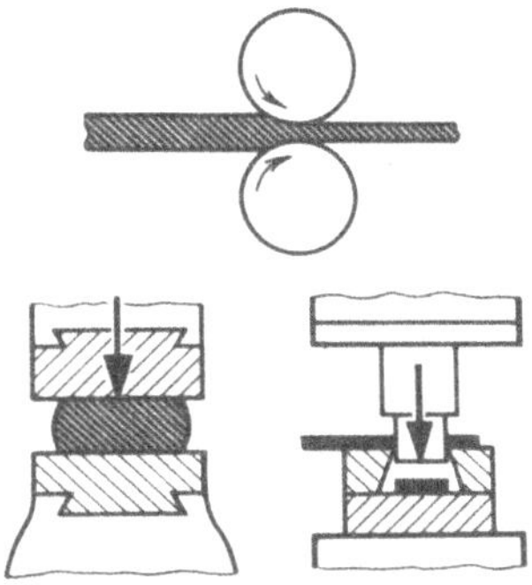

8.2 e rolling
d Walzen n
f laminage m
nl walsen n
r прокатка f
(→ 8.3 – 8.5)

8.3 e longitudinal rolling
d Längswalzen n
f laminage m longitudinal
nl langswalsen n
r продольная прокатка f

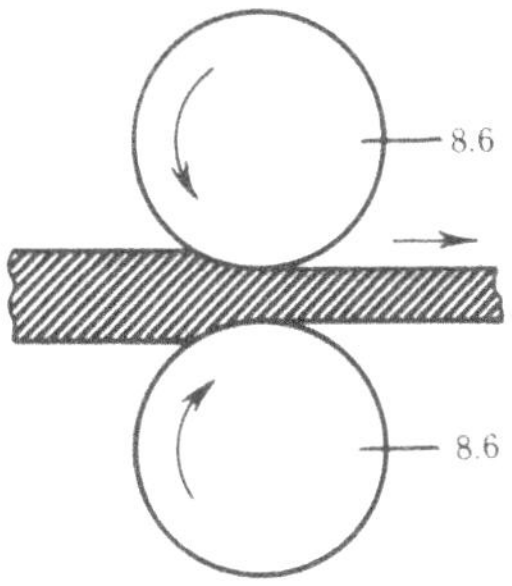

8.4 e transverse rolling
d Querwalzen n
f laminage m transversal
nl dwarswalsen n
r поперечная прокатка f

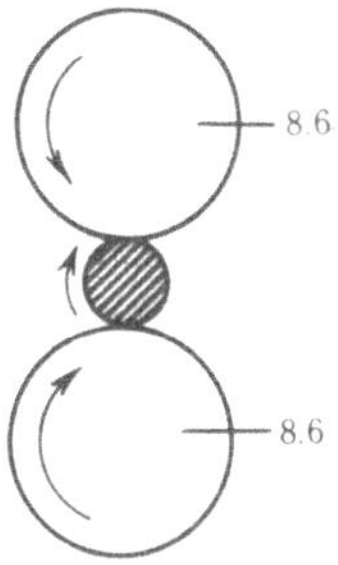

8.5 e oblique rolling
d Schrägwalzen n
f laminage m transversal à vis
nl overhoeks walsen n
r поперечно-винтовая прокатка f

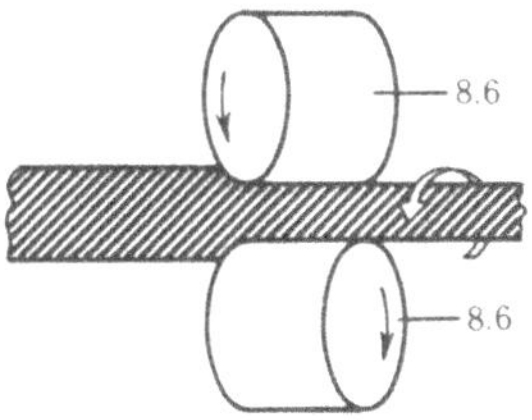

8.6 e roll
d Walze f
f cylindre m de laminage, calandre f
nl walsrol f (m), rol f (m)
r прокатный валок m
(→ 8.3 – 8.5)

8.7 e rolling mill
d Walzwerk n
f laminoir m
nl wals f (m), walserij f
r прокатный стан m

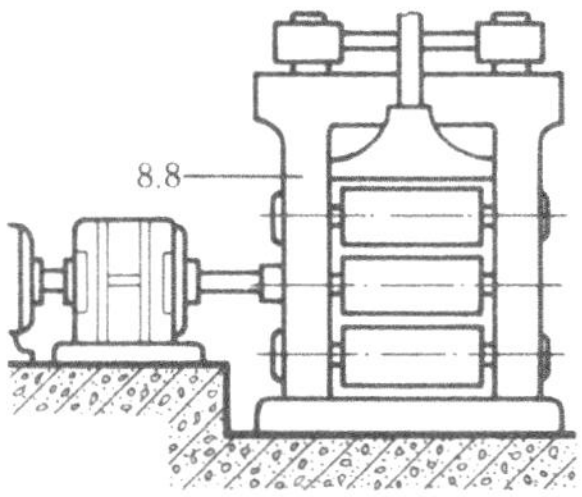

8.8 e (rolling mill) stand
d Walzgerüst n
f cage f de laminoir
nl walstuig n
r клеть f (прокатного стана)
(→ 8.7)

8.9 e two-high stand
d Duo(walz)gerüst n
f cage f à deux cylindres, cage duo
nl duowalstuig n
r двухвалковая клеть f, клеть дуо

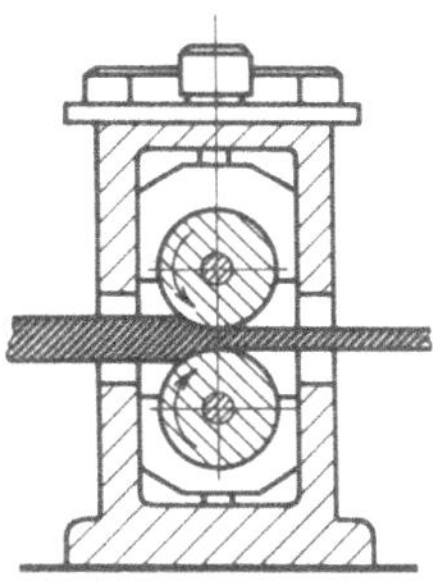

8.10 e three-high stand
d Trio(walz)gerüst n
f cage f à trois cylindres, cage trio
nl triowalstuig n

r трёхвалковая клеть f, клеть трио

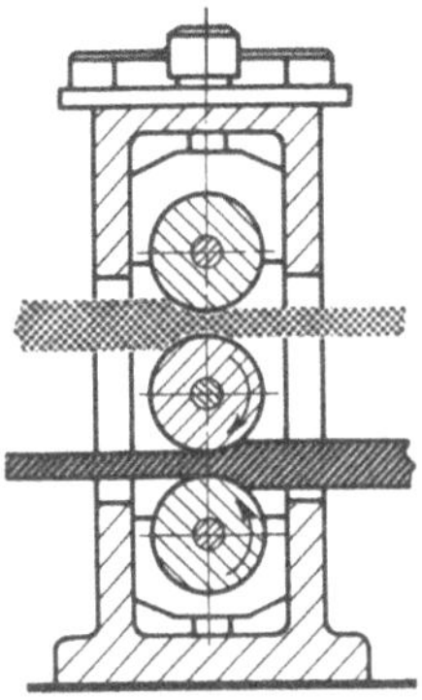

8.11 e four-high stand
d Quarto(walz)gerüst n
f cage f à quatre cylindres, cage quarto
nl quartowalstuig n
r четырёхвалковая клеть f, клеть кварто

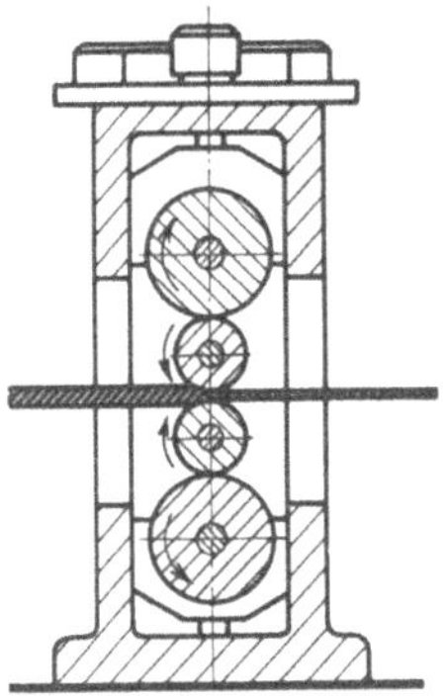

8.12 e primary mill
d Blockwalzwerk n
f laminoir m à lingots
nl blokwalstuig n
r обжимный стан m

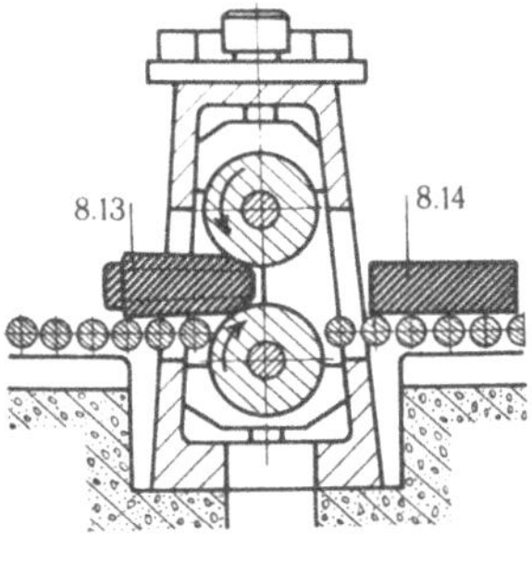

8.13 e ingot
d Rohblock m
f lingot m
nl gietblok n
r слиток m
(→ 8.12)

8.14 e bloom, cog, cogged ingot
d Vorblock m
f bloom m
nl voorgewalst blok n, bloom
r блюм m, блум m

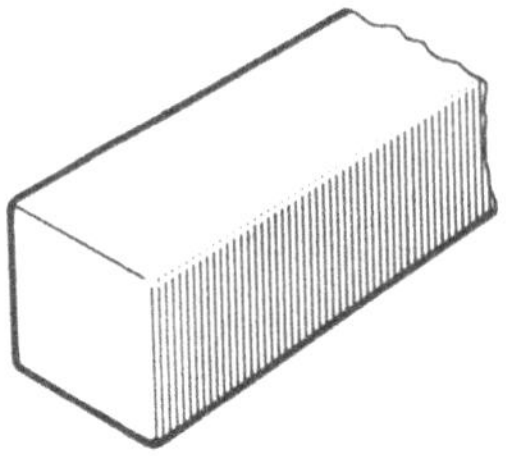

8.15 e slab
d Vorbramme f
f brame f, slab m
nl staalplak f (m), bram
r сляб m

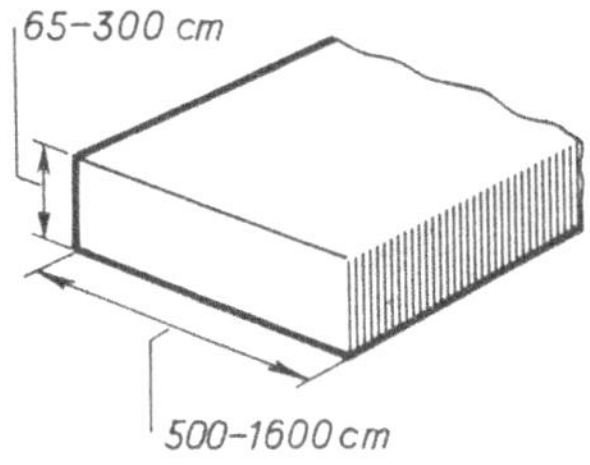

8.16 e billet mill
d Knüppelwalzwerk n
f laminoir m ébaucheur [à billettes]
nl knuppelwals f (m)
r заготовочный стан m

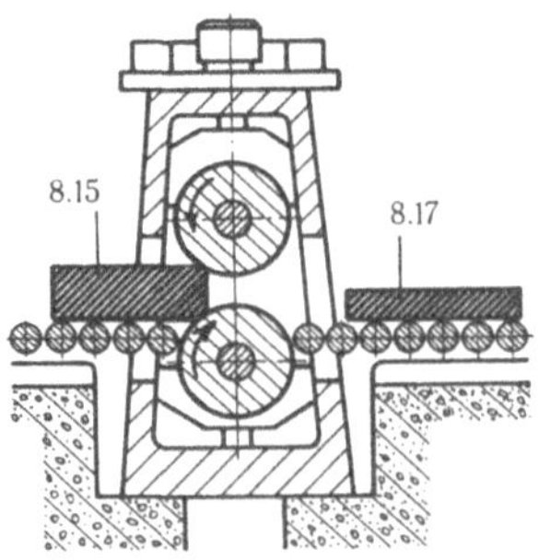

8.17 e billet
d Knüppel m
f billette f, ébauche f
nl knuppel m
r заготовка f
(→ 8.16)

8.18 e section [shape] (rolling) mill
d Profilwalzwerk n
f laminoir m à profiles [à barres]
nl profielwalstuig n
r сортовой стан m

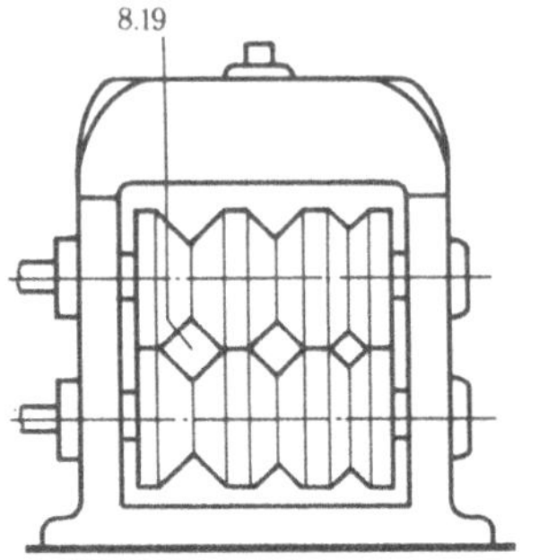

8.19 e (roll-)pass, roll opening
d Kaliber n, Stich m
f gravure f de laminoir
nl walskaliber n
r калибр m
(→ 8.18)

8.20 e rolled stock
d Walzgut n
f produit m de laminage
nl walsgoed n, gewalst werk n
r прокат m

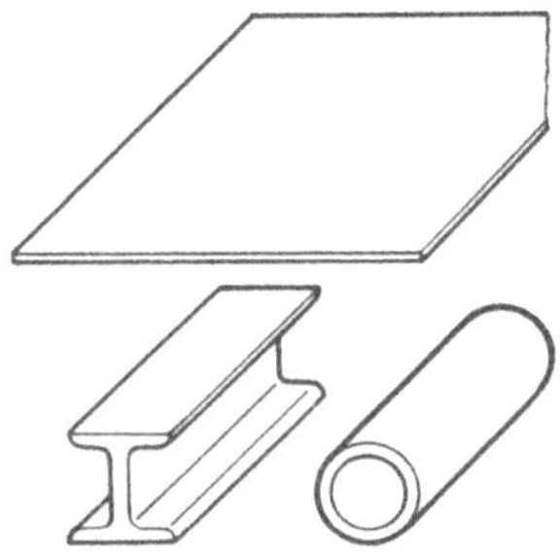

8.21 e bar
d Stab m, Stange f
f barre f

nl staaf f (m), staf m
r пруток m

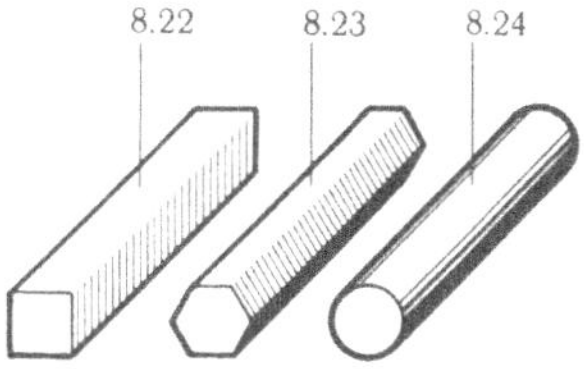

8.22 e square bar
d Vierkantstab m, Vierkantstange f
f barre f carrée
nl kwadrantijzer n, vierkante staaf f (m)
r квадратный пруток m (→ 8.21)

8.23 e hexagon(al) bar
d Sechskantstab m, Sechskantstange f
f barre f hexagonale
nl zeskantstaaf f(m)
r шестигранный пруток m (→ 8.21)

8.24 e round bar, rod
d Rundstange f
f barre f ronde
nl rondijzer n, rondstaal n
r круглый пруток m (→ 8.21)

8.25 e shaped section, structural shape
d Formstahl m
f profil m de forme
nl profielstaal n
r фасонный профиль m (→ 8.26 – 8.30)

8.26 e angle iron [bar]
d Winkelstahl m
f acier m en L, profilé m cornière
nl hoekijzer n
r угловой (стальной) профиль m, уголок m

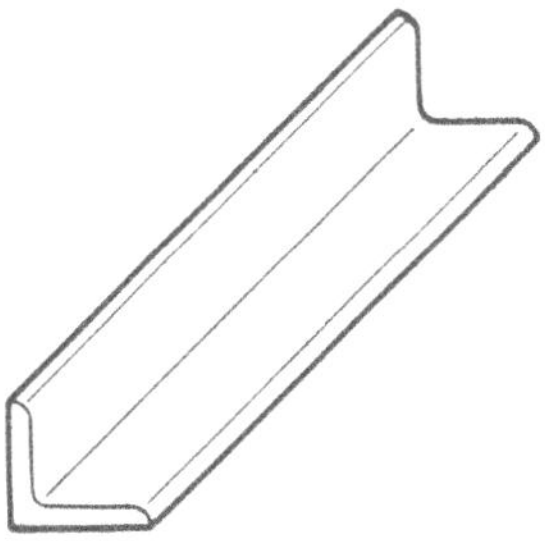

8.27 e I-(beam)girder, joist
d I-Träger m, I-Stahl m
f profilé m en double T
nl dubbele T-balk n, balkijzer n
r двутавровый профиль m, двутавр m

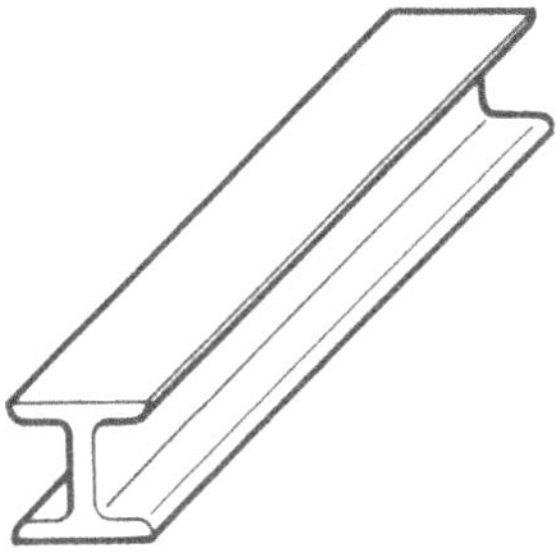

8.28 e tee beam [bar], T-beam [bar]
d T-Stahl m
f acier m [profilé m] en T
nl T-balk m
r тавровый профиль m, тавр m

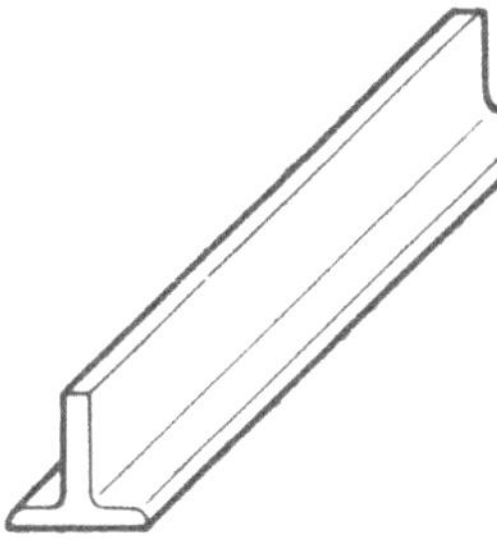

8.29 e channel
d U-Profil n
f profilé m en U
nl U-balk m
r швеллерный профиль m, швеллер m

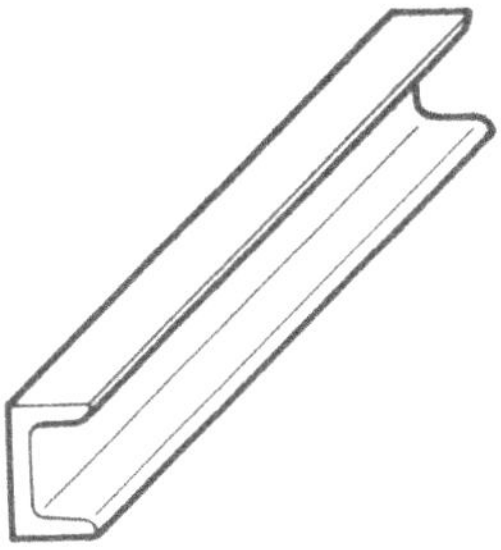

8.30 e zee beam
d Z-Profil n
f profilé m en Z
nl Z-balk m
r зетовый профиль m

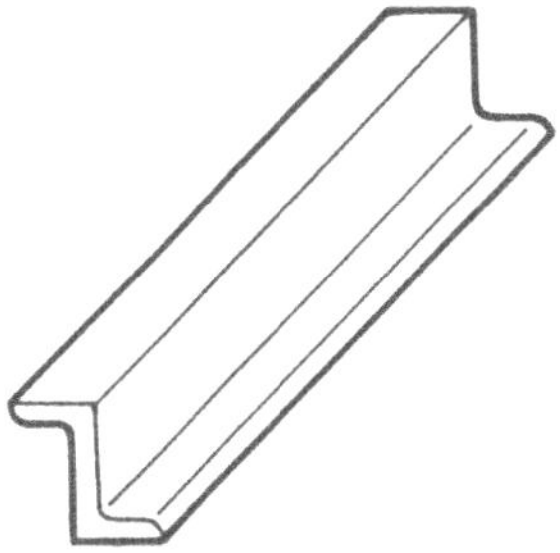

8.31 e tube-rolling mill
d Rohrwalzwerk n
f laminoir m à tubes
nl pijpwals f (m)
r трубопрокатный стан m

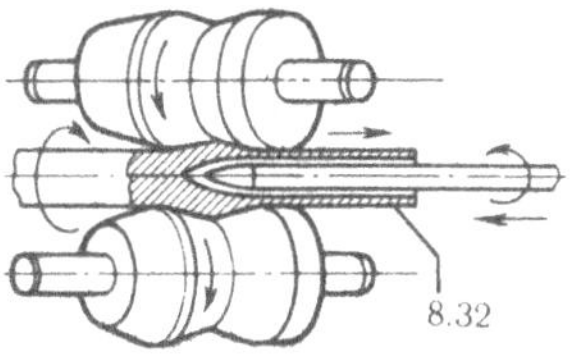

8.32 e seamless pipe
d nahtloses Rohr n
f tube m sans soudure
nl naadloze buis f(m)
r бесшовная труба f (→ 8.31)

8.33 e drawing mill
d Ziehbank f
f train m de tréfilage
nl trekbank f(m)
r волочильный стан m

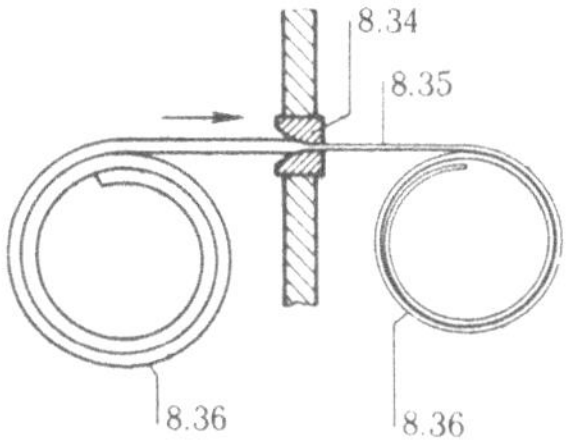

8.34 e drawing die
d Ziehstein m, Ziehring m
f filière f
nl trekplaat f(m), trekijzer n
r волока f, фильера f (→ 8.33)

8.35 e wire
d Draht m
f fil m
nl draad m
r проволока f
(→ 8.33)

8.36 e coil
d Drahtbund m
f botte f (de fil)
nl rol f (m)
r моток m, бунт m
(→ 8.33)

8.37 e sheet (rolling) mill
d Blechwalzwerk n
f laminoir m à tôles
nl plaatwals f (m), plaatwalserij f
r листовой [листопрокатный] стан m

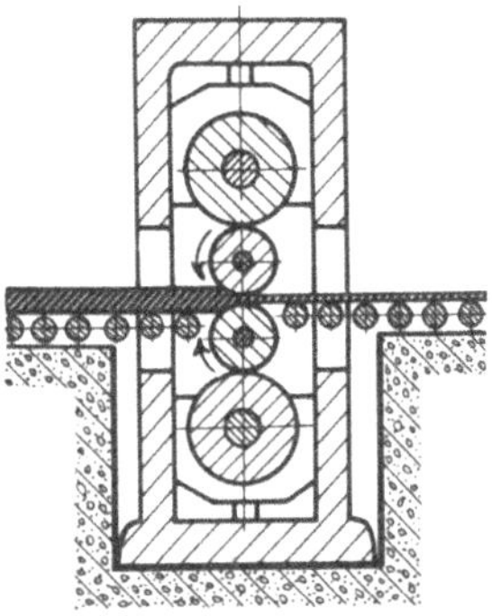

8.38 e plate
d Grobblech n
f plateau m
nl dikke plaat m, ketelplaat
r плита f

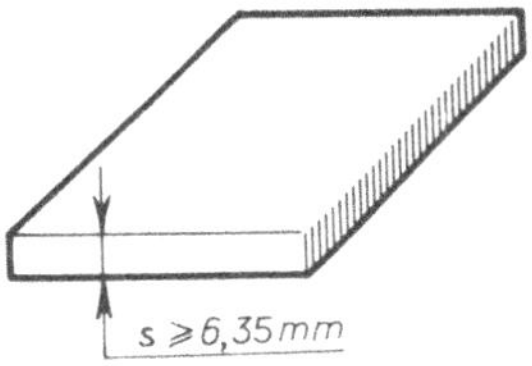

8.39 e sheet
d Blech n
f tôle f
nl plaat f(m)
r лист m

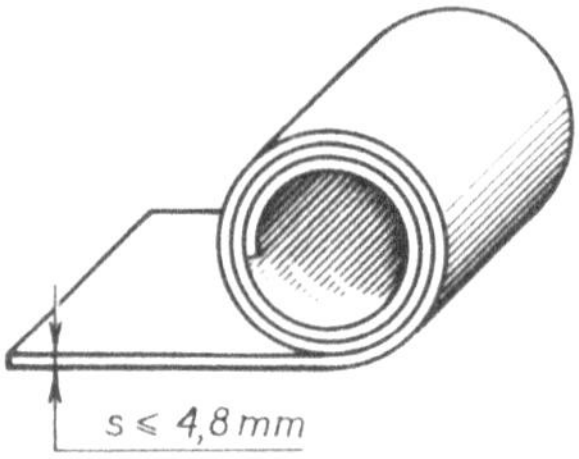

8.40 e strip
d (breites) Band n
f feuillard m
nl strook f (m), strip m
r полоса f

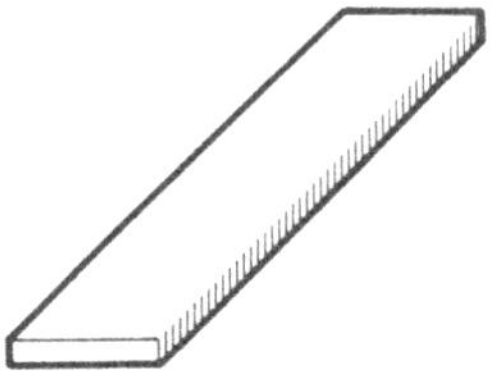

8.41 e band
d Band n
f bande f
nl band m
r лента f

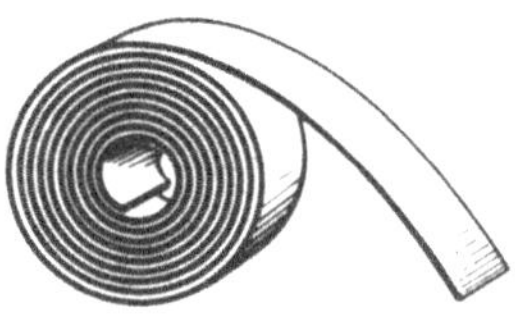

8.42 e cutting-off
d Trennen n, Zerteilen n
f tranchage m, tronçonnage m
nl snijden n, afkorten n
r (от) резка f

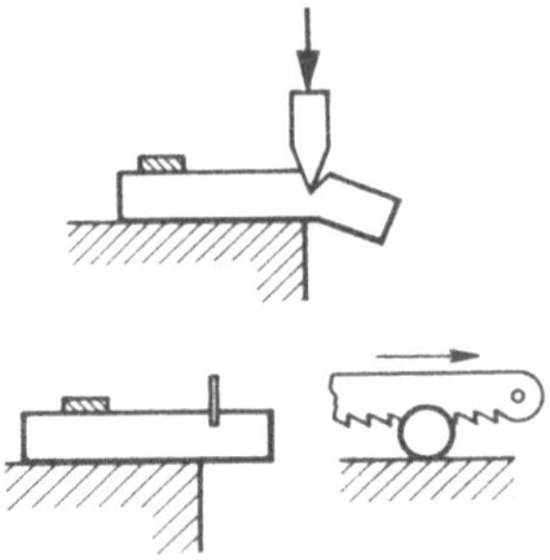

8.43 e shearing, cropping
d Scherschneiden n, Abscheren n
f cisaillage m, tranchage m à cisaille
nl knippen n
r отрезка f на ножницах

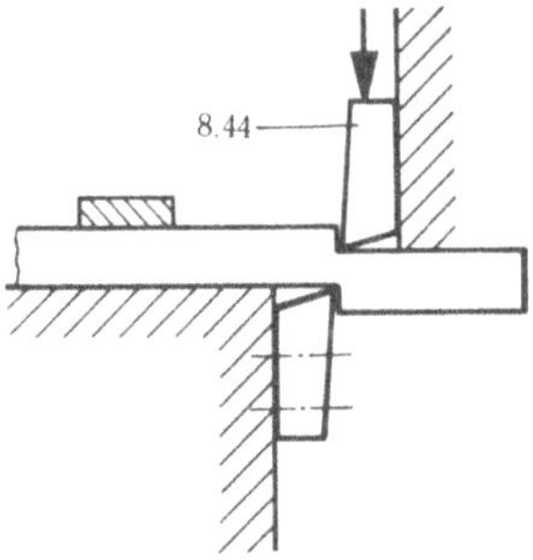

8.44 e blade, knife
d Schermesser n, Messer
f lame f, couteau m
nl blad n, mes n
r нож m
(→ 8.43, 8.46)

8.45 e shear, shearing machine
d Schere f
f cisaille f
nl schaar f (m), machineschaar
r ножницы pl
(→ 8.46 – 8.49)

8.46 e squaring [resquaring, gate, guillotine] shear
d Tafelschere f, Rahmenschere
f cisaille f à guillotine
nl guillotineschaar f(m)
r гильотинные ножницы pl

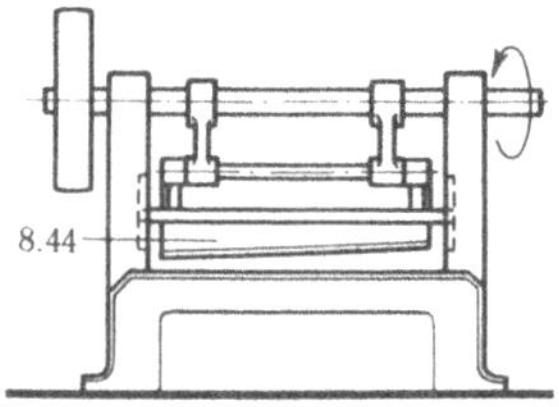

47 e alligator shear
d Hebelschere f, Alligatorschere
f cisaille f à levier
nl hefboomschaar f(m)

r рычажные [аллигаторные] ножницы pl

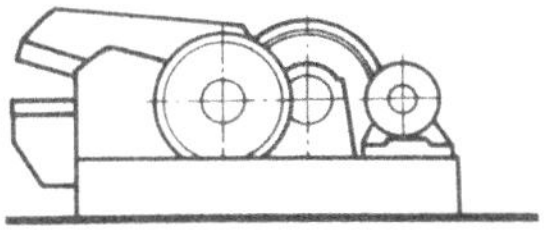

8.48 e notching shear
d Aushauschere f, Knabberschere
f cisaille f à poinçonner
nl knabbelschaar f(m)
r высечные ножницы pl

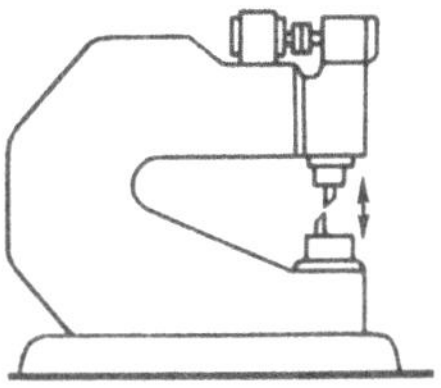

8.49 e rotary shear
d Kreismesserschere f, rotierende Schere
f cisaille f circulaire [à disques]
nl rollenschaar f(m), rondsnijmachine f
r дисковые ножницы pl

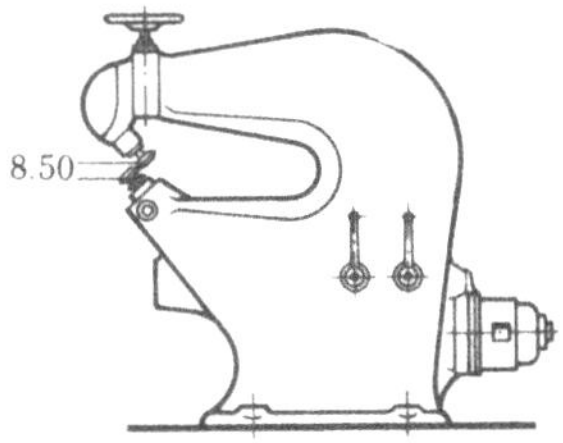

8.50 e circular [rotary] cutter, circular knife
d Kreismesser n, Rollenmesser
f couteau m circulaire
nl rondsnijmes n
r дисковый нож m
(→ 8.49)

8.51 e straightening
d Richten n
f dressage m, planage m
nl richten n
r правка f

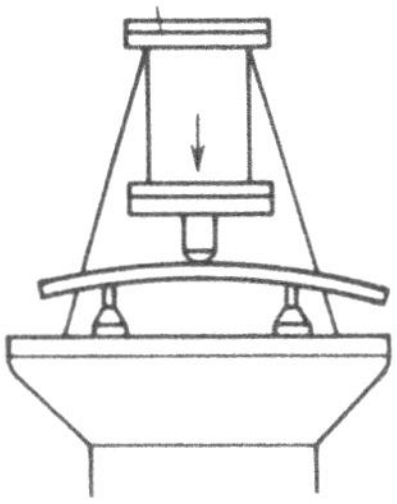

Forging
Schmieden
Forgeage
Smeden
Ковка

8.52 e forging
d Schmieden n
f forgeage m
nl smeden n
r ковка f

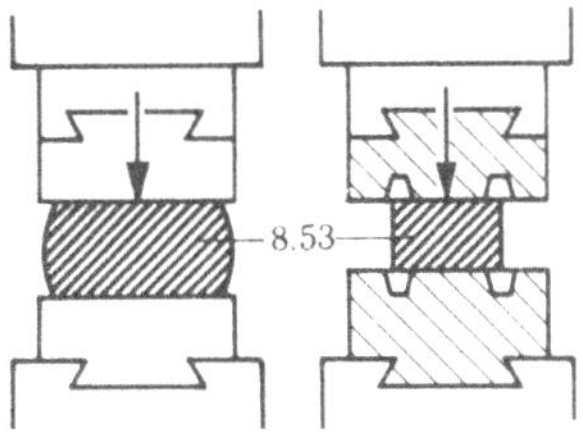

8.53 e forged part, forging
d Schmiedestück n
f pièce f forgée
nl smeedstuk n
r поковка f
(→ 8.52)

8.54 e flat-die [smith] forging
d Freiformschmieden n
f martelage m
nl hamersmeden n
r свободная ковка f

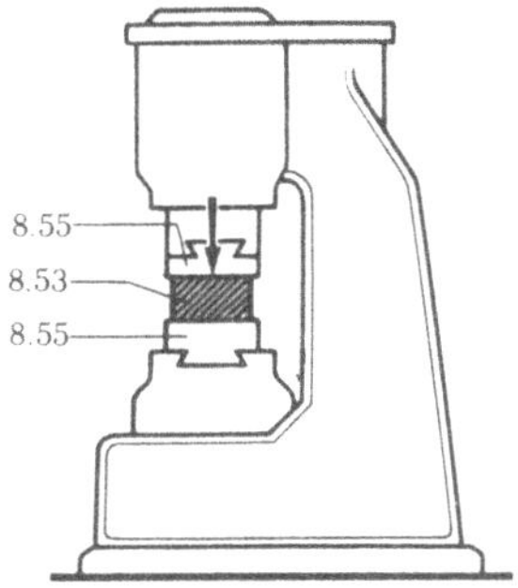

8.55 e flat die
d Flachsattel m
f panne f du marteau, percuteur m
nl hamerkop m
r боёк m
(→ 8.54)

8.56 e chopping
d Abhauen n
f ébarbage m
nl hakken n
r отрубка f

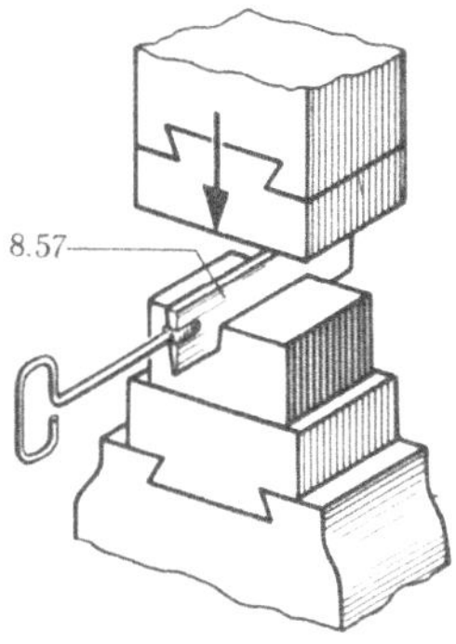

8.57 e smith's chisel
d Haueisen n
f hache f de forge
nl smidsbeitel m
r кузнечный топор m
(→ 8.56)

8.58 e setting
d (axiales) Stauchen n
f tassement m
nl stuiken n
r осадка f

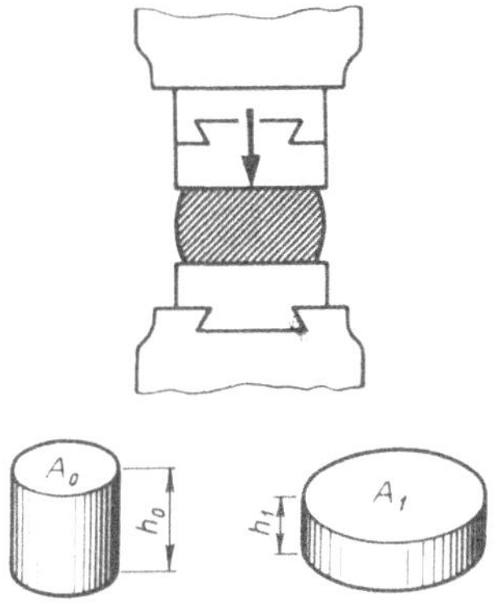

$h_1 < h_0$
$A_1 > A_0$

8.59 e setting ratio
d Stauchverhältnis n
f coefficient m de forgeage
nl stuikverhouding f
r уковка f

$$K = \frac{A_0}{A_1}$$

(→ 8.58)

8.60 e upsetting
d Anstauchen n
f refoulement m
nl stuiking n
r высадка f

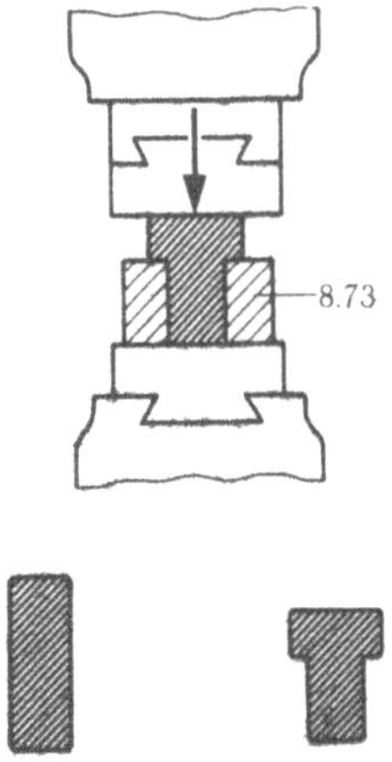

8.61 e drawing out
d Recken n
f hauban m
nl rekken n
r оттяжка f

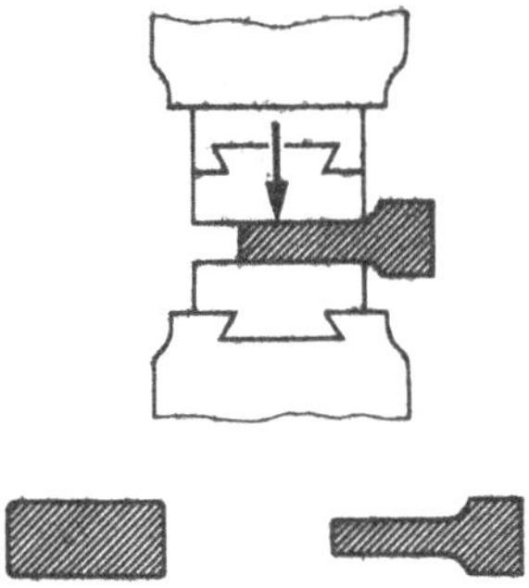

8.62 e necking
d Einkehlen n
f corroyage m
nl inhalsen n
r прожимка f

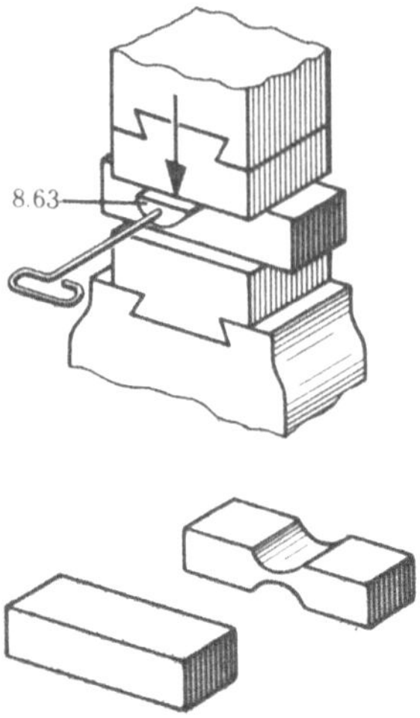

8.63 e fuller
d Kehleisen n
f chasse f
nl vulijzer n
r раскатка f
(→ 8.62)

8.64 e rolling, gathering
d Rollen n
f galetage m
nl rollen n, gladrollen
r обкатка f

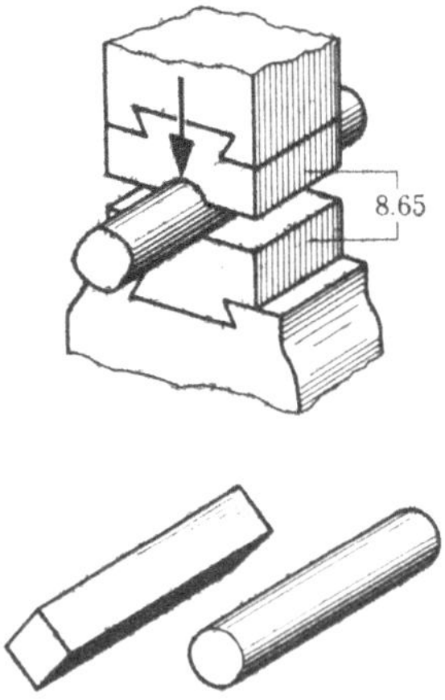

8.65 e rolling-impression die
d Spitzsattel m
f percuteur m d'ébavurage
nl uitsnijhamer m
r вырезной боёк m
(→ 8.64)

8.66 e ring rolling
d Auswalzen n
f laminage m
nl ringwalsen n
r раскатка f

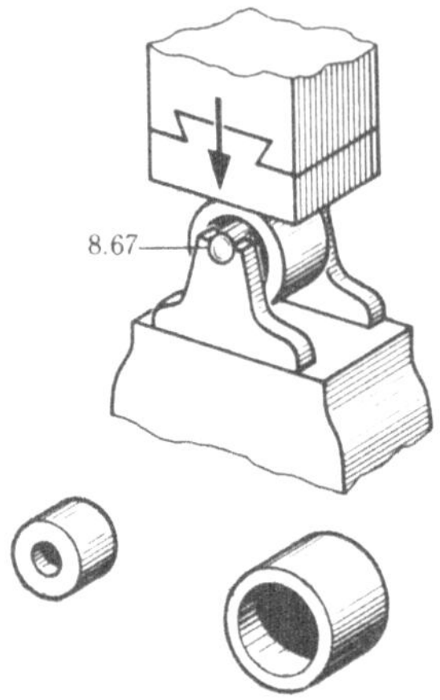

8.67 e mandrel
d Dorn m
f mandrin m
nl doorn m
r оправка f
(→ 8.66)

8.68 e flattening, plating
d Breiten n
f écrasement m, forgeage m en largeur, aplatissement m
nl pletten n, vlakstampen n
r разгонка f

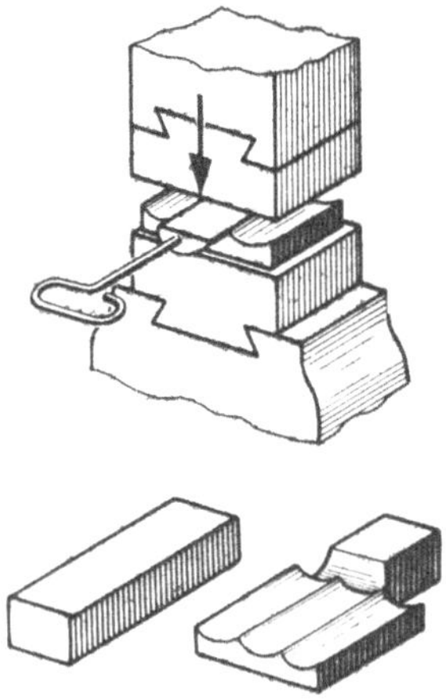

8.69 e piercing
d Dornen n, Lochen n
f ajourage m par l'emboutissage, débouchage m, poinçonnage m

nl gatstampen n
r прошивка f

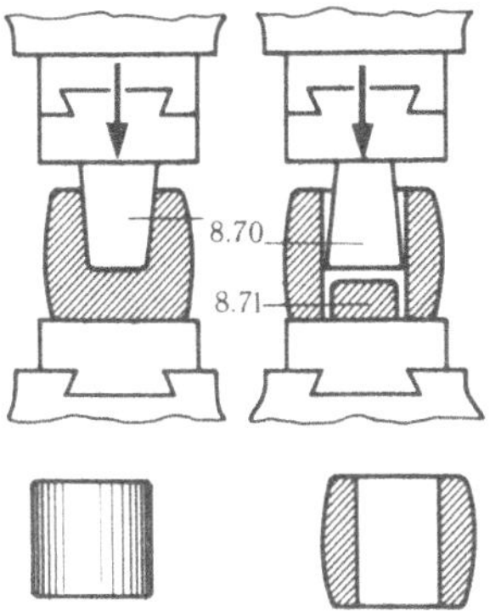

8.70 e piercing punch
d Dorn m
f poinçon m d'ajourage
nl gat(snij)stempel m
r прошивень m
(→ 8.69)

8.71 e slug
d Abfall m
f scrap m, déchets m pl
nl ponsdop m
r "выдра" f, отходы m *pl* металла
(→ 8.69)

8.72 e hole expansion
d Erweitern n
f expansion f
nl opruimen n
r раздача f

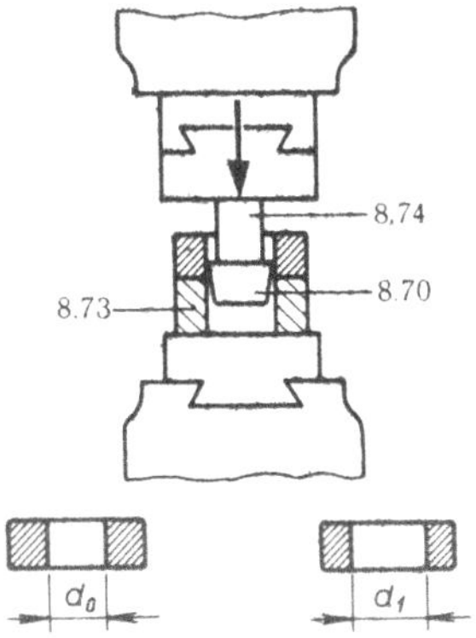

8.73 e bottom spacing ring
d Unterleg(e)ring m
f bague f d'assise
nl onderlegring m
r подкладное кольцо m
(→ 8.60, 8.72)

8.74 e extension piece
d Aufsatzstück n
f rallonge f
nl opzetstuk n
r надставка f
(→ 8.72)

8.75 e die [drop] forging
d Gesenkschmieden n
f etampage m
nl matrijssmeden n, smeden in matrijzen
r объёмная штамповка f

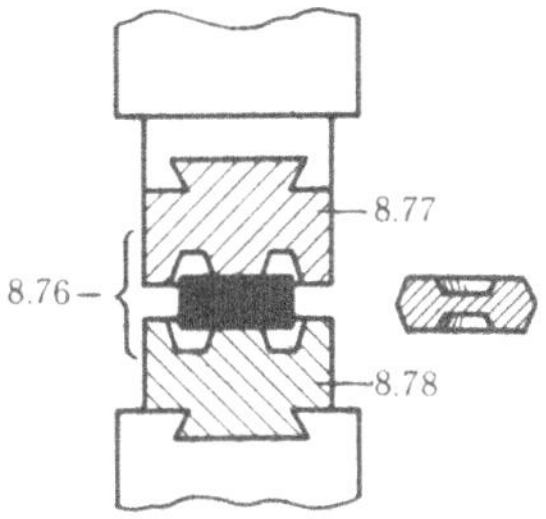

8.76 e forging die
d Gesenk n
f matrice f
nl smeedmatrijs f (m)
r объёмный [ковочный] штамп m
(→ 8.75)

8.77 e upper die, punch
d Obergesenk n
f étampe f supérieure, poinçon m
nl bovenstempel m, persblok n
r верхняя половина f штампа, пуансон m
(→ 8.75)

8.78 e lower [female] die
d Untergesenk n
f étampe f inférieure, matrice f
nl onderstempel m
r нижняя половина f штампа, матрица f
(→ 8.75)

8.79 e self-aligning die
d selbsteinstellendes Gesenk n
f étampe f auto-ajustable
nl zelfrichtend stempel m
r самоустанавливающийся штамп m

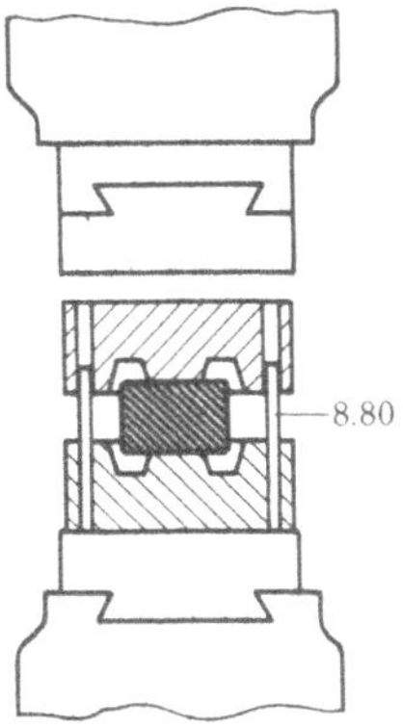

8.80 e guide pin
d Führungsstift m
f goujon m de guidage
nl leipen f(m), leistift f(m)
r направляющий штифт m
(→ 8.79)

8.81 e open die
d offenes Gesenk n
f étampe f ouverte
nl open matrijs f(m)
r открытый штамп m

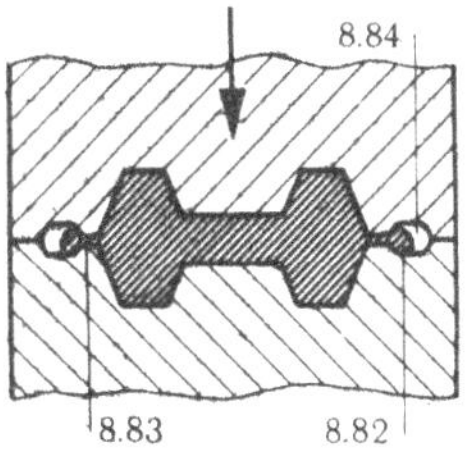

8.82 e flash, burr, fin
d Grat m
f bavure f
nl braam f (m), vin f (m)
r облой m, заусенец m
(→ 8.81)

8.83 e flash land
d Gratbahn f
f cordon m de bavure
nl braambaan f(m)
r мостик m (облойной канавки)
(→ 8.81)

8.84 e flash gutter
d Gratmagazin n
f logement m de bavure
nl braamgroef f(m)
r облойная [заусенечная] канавка f
(→ 8.81)

8.85 e closed die
d geschlossenes Gesenk n
f étampe f fermée
nl gesloten matrijs f(m)
r закрытый [безоблойный] штамп m

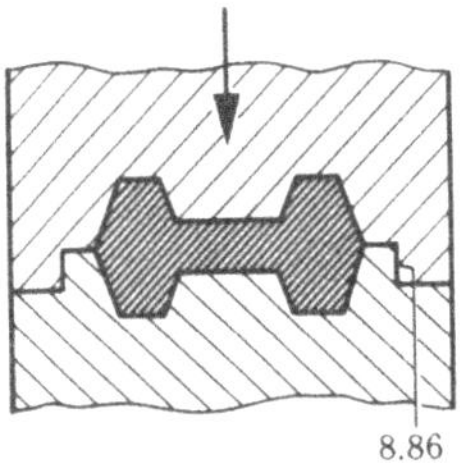

8.86 e counterlock
d Führung f
f verrou m d'étampe
nl geleiding f
r замок m штампа
(→ 8.85)

8.87 e power hammer
d Schmiedehammer m
f marteau m
nl (mechanische) smeedhamer m
r штамповочный молот m

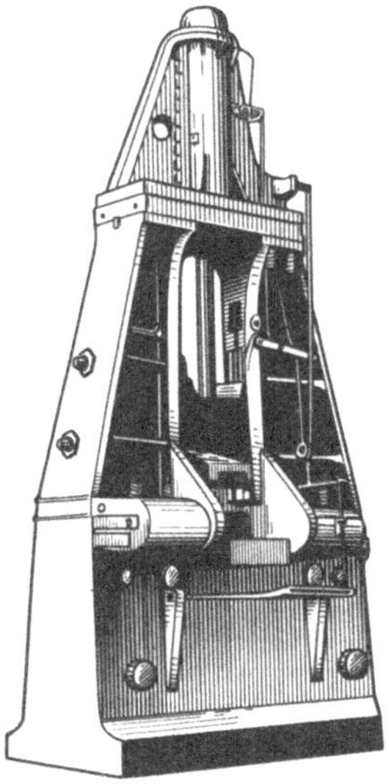

8.88 e single-frame hammer
d Einständerhammer m
f marteau m à simple jambage
nl eenkolomshamer m
r одностоечный молот m

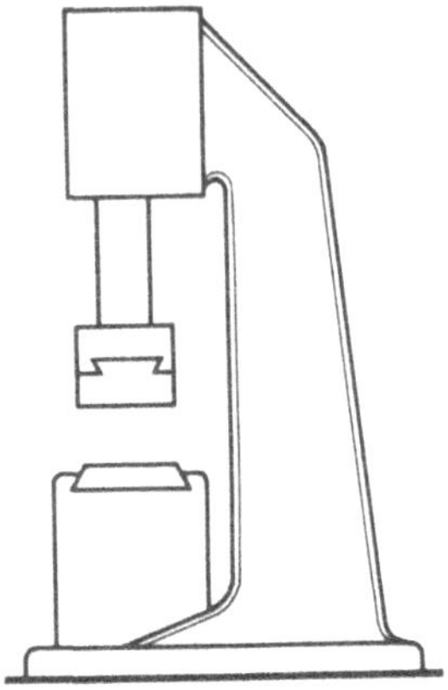

8.89 e double-frame hammer
d Zweiständerhammer m
f marteau m à double jambage
nl tweekolomshamer m
r двухстоечный молот m

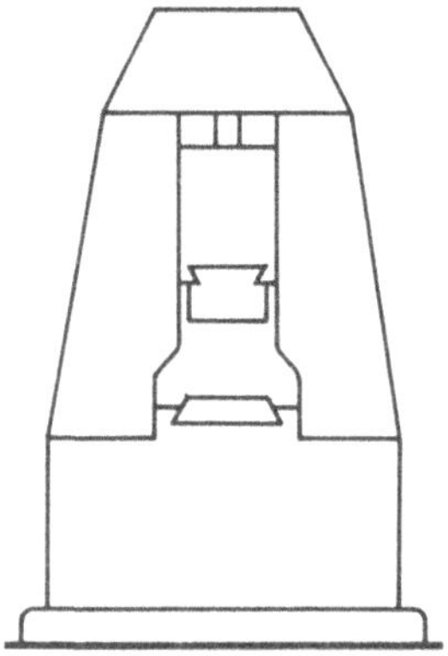

8.90 e arch hammer
d Portalhammer m
f marteau m à portail
nl portaalhamer m
r арочный молот m

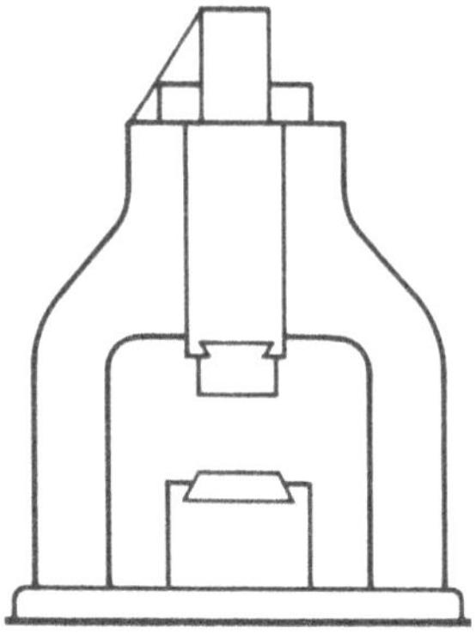

8.91 e steam hammer
d Dampfhammer m
f marteau-pilon m à vapeur
nl stoomhamer m
r паровой молот m
(→ 8.92, 8.96)

8.92 e drop [single-acting] hammer
d Fallhammer m
f mouton m, marteau-pilon m (à chute)
nl valhamer m
r молот m простого действия, падающий молот

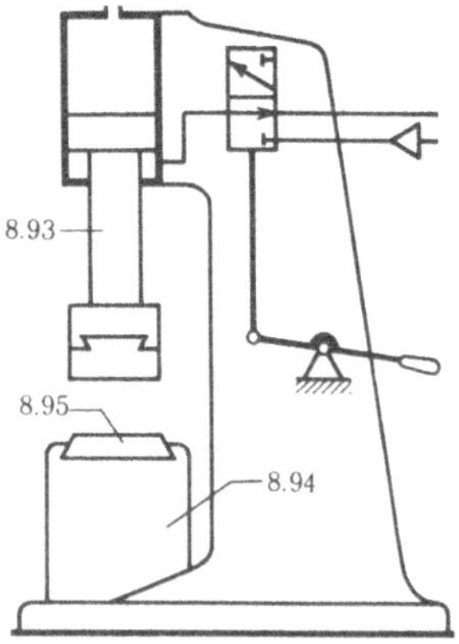

8.93 e ram (of hammer)
d Bär m
f masse f du marteau [frappante]
nl beer m, valgewicht n
r баба f (молота)
(→ 8.92)

8.94 e anvil (block)
d Schabotte f
f chabotte f
nl aanbeeldblok n
r шабот m
(→ 8.92)

8.95 e die holder, sow block, anvil cap, bolster
d Gesenkhalter m, Schabotte-Einsatz m
f porte-matrice m, semelle f d'étampe
nl matrijshouder m
r штамподержатель m, подштамповая плита f [подушка f]
(→ 8.92)

8.96 e double-acting hammer
d Oberdruckhammer m
f marteau m à double effet
nl dubbelwerkende hamer m
r молот m двойного действия

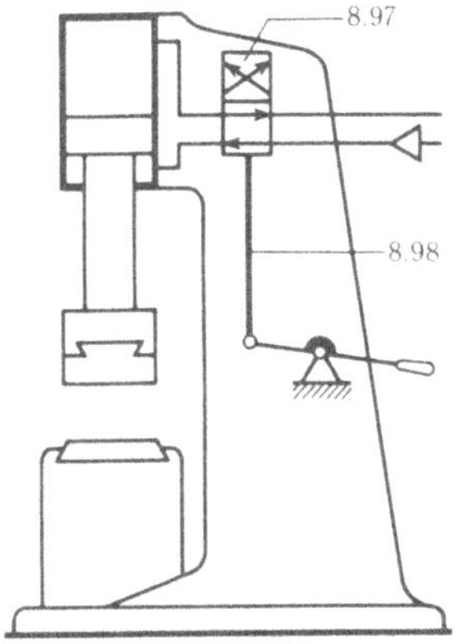

8.97 e valve box
d Ventilkasten m
f boîte f de valve
nl klep(pen)huis n, klepkast f(m)
r золотниковая коробка f
(→ 8. 92, 8. 96)

8.98 e trip rod
d Schaltstange f
f tige f de commutation
nl schakelstang f(m)
r тяга f переключения
(→ 8.96)

8.99 e counterblow hammer
d Gegenschlaghammer m
f marteau-pilon m à contre-frappe
nl tegenslaghamer m
r бесшаботный молот m

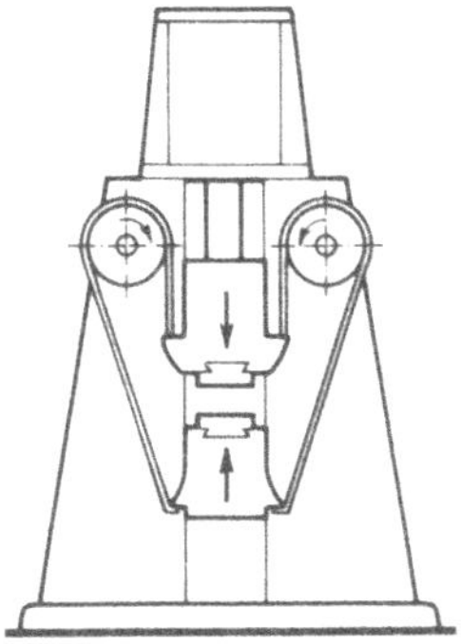

8.100 e pneumatic [air] hammer
d Lufthammer m
f marteau-pilon m pneumatique
nl (pers)luchthamer m
r пневматический молот m

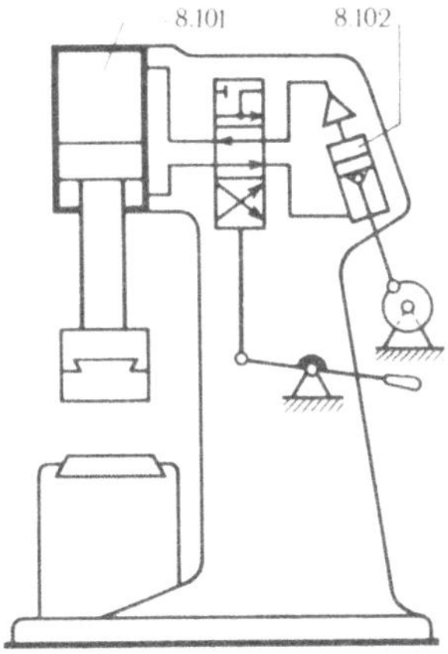

8.101 e working cylinder
d Bärzylinder m
f cylindre m de commande
nl werkcilinder m, f
r рабочий цилиндр m
(→ 8.100)

8.102 e compressor cylinder
d Verdrängerzylinder m
f cylindre m de compression
nl compressorcilinder m, f
r компрессорный цилиндр m
(→ 8.100)

8.103 e high-energy-rate forging machine, HERF-machine, high-velocity forming machine, HVF-machine
d Hochgeschwindigkeitshammer m
f marteau-pilon m à contre-frappe de grande vitesse
nl snelslaghamer m
r высокоскоростной бесшаботный молот m

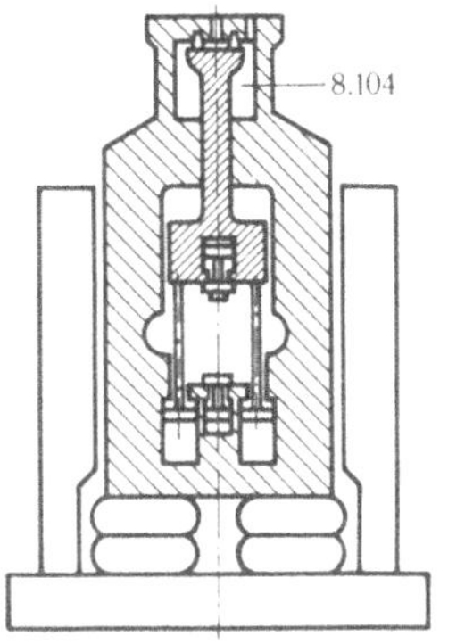

8.104 e high-pressure gas chamber
d Hochdruckgaskammer f
f cylindre m à haute pression
nl hogedrukcilinder m, f
r цилиндр m высокого давления
(→ 8.103)

8.105 e board drop hammer
d Brettfallhammer m
f marteau m à planche
nl plankvalhamer m
r (фрикционный) молот m с доской

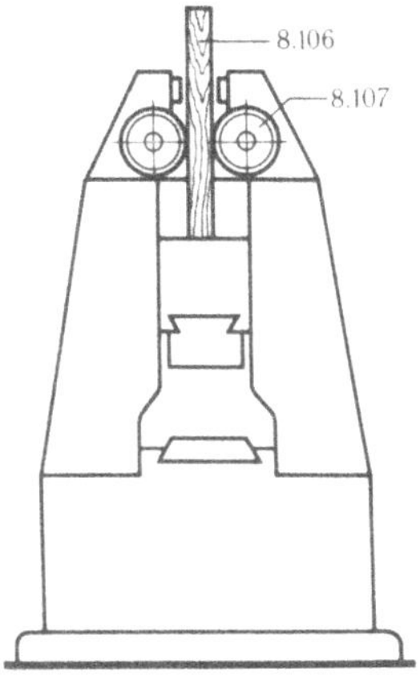

8.106 e board
d Brett n
f planche f
nl plank f (m)
r доска f
(→ 8.105)
8.107 e lifting roll
d Heberolle f
f galet m de levage
nl hefrol f(m)
r подъёмный ролик m
(→ 8.105)
8.108 e belt lift hammer
d Riemenfallhammer m
f marteau m à friction à courroie
nl riemvalhamer m
r (фрикционный) молот m с ремнём

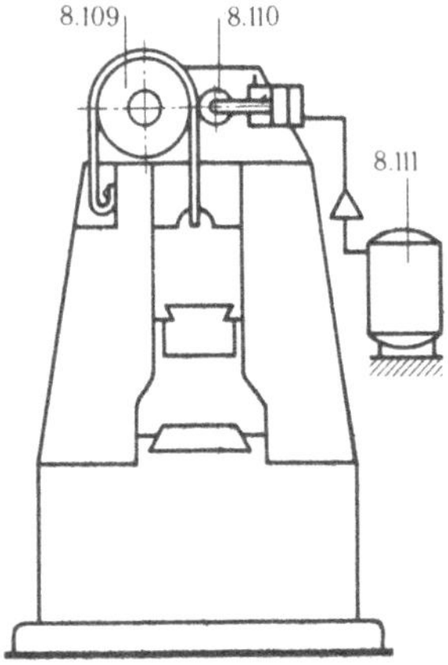

8.109 e lifting drum
d Hebetrommel f
f tambour m de levage
nl heftrommel f(m)
r подъёмный барабан m
(→ 8.108)
8.110 e pressure roll
d Druckrolle f
f galet m de presseur
nl drukrol f(m)
r нажимной ролик m
(→ 8.108)
8.111 e air receiver
d Luftbehälter m, Windkessel m
f réservoir m d'air
nl luchtketel m, windketel
r ресивер m
(→ 8.108)

8.112 e hammer die
d Hammergesenk n
f étampe f à marteau
nl hamermatrijs f (m)
r молотовый штамп m

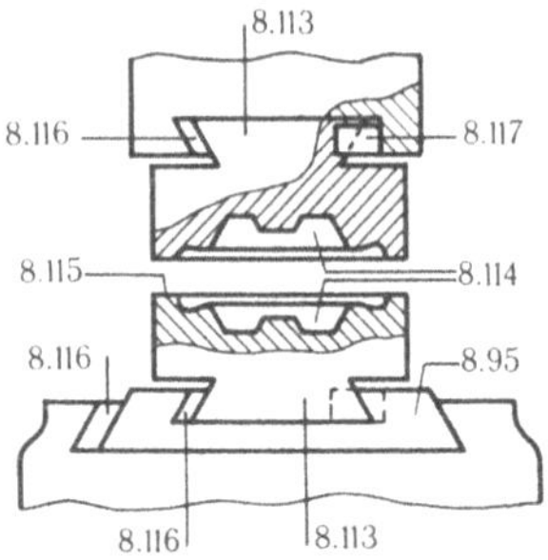

8.113 e die shank
d Gesenkschwalbenschwanz m
f queue f d'étampe
nl schacht f (m) van de matrijs
r хвостовик m штампа
(→ 8.112)
8.114 e impression, die cavity
d Gravur f
f gravure f de matrice
nl matrijsholte f
r полость f штампа
(→ 8.112)
8.115 e die parting plane, die face
d Aufschlagfläche f, Stossfläche
f face f de travail d'étampe
nl matrijsbed n, stootvlak n
r зеркало n штампа
(→ 8.112)
8.116 e fastening gib
d Spannkeil m
f coin m, cale f
nl bevestigingsspie f(m)
r крепёжный клин m
(→ 8.112)
8.117 e dowel
d Haltestein m
f clavette f
nl stelpen f (m)
r сухарь m, шпонка f
(→ 8.112)
8.118 e multiple-impression press tool
d Mehrstufengesenk n
f matrice f à gravures multiples
nl meertrapsmatrijs f(m)
r многоручьевой штамп m

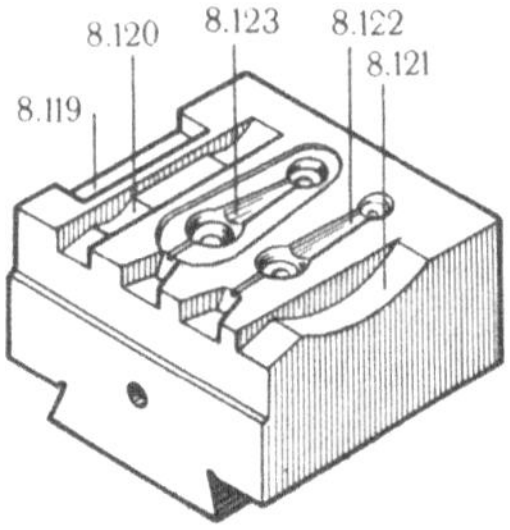

8.119 e fuller (impression)
d Reckgravur f
f cannelure f d'étirage
nl trekholte f
r протяжной ручей m
(→ 8.118)
8.120 e edger (impression), roller (impression)
d Rollgravur f
f cannelure f de traction
nl walsgroef f (m), walsholte f
r подкатной ручей m
(→ 8.118)
8.121 e bender (impression)
d Biegegravur f
f cannelure f de cambrage
nl buigholte f
r гибочный ручей m
(→ 8.118)
8.122 e blocking impression
d Vorschmiedegravur f
f cannelure f ébaucheuse, ébaucheur m
nl voorsmeedholte f
r предварительный [черновой] штамповочный ручей m
(→ 8.118)
8.123 e finish impression
d Endgravur f
f cannelure f de finissage
nl eindbewerkingsholte f
r окончательный [чистовой] штамповочный ручей m
(→ 8.118)
8.124 e tong [bar] hold
d Zangenende n
f queue f de barre

nl tangeinde n
r клещевина f

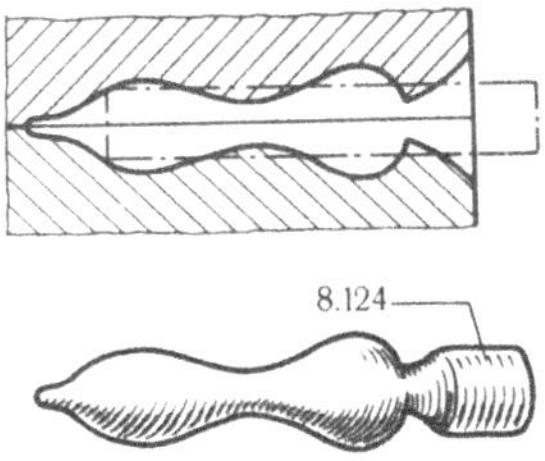

8.125 e forging press
d Schmiedepresse f
f presse f à forger
nl smeedpers f(m)
r ковочно-штамповочный пресс m

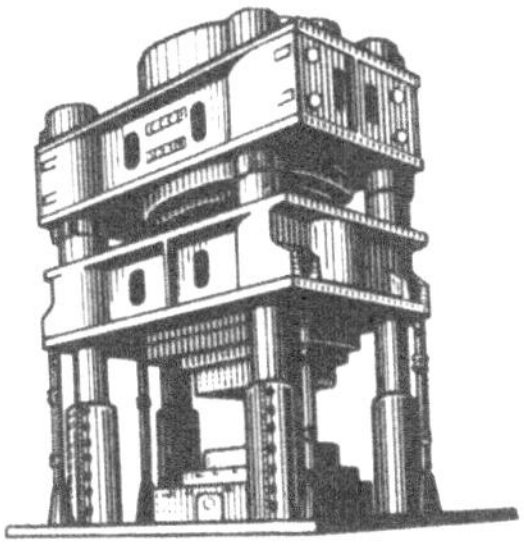

8.126 e hydraulic press
d hydraulische Presse f
f presse f hydraulique
nl hydraulische pers f(m)
r гидравлический пресс m

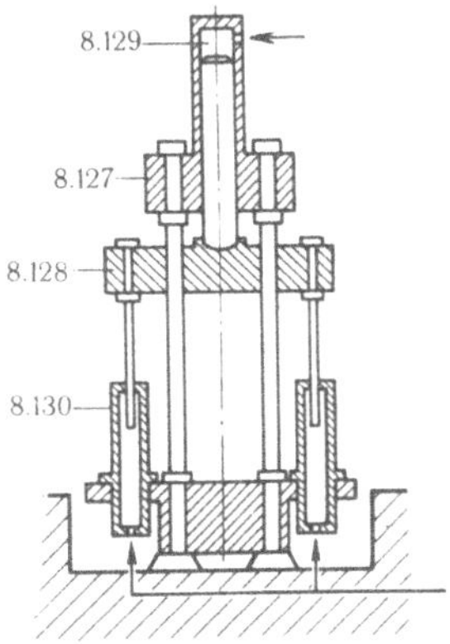

8.127 e stationary crôss-rail
d Zylinderquerhaupt n
f traverse f fixée
nl vaste dwarsbalk m
r неподвижная поперечина f [траверса f] (→ 8.126)

8.128 e ram (of press)
d bewegliches Querhaupt n
f traverse f mobile
nl beweegbare dwarsbalk m
r подвижная поперечина f [траверса f] (→ 8.126)

8.129 e main cylinder
d Presszylinder m
f cylindre m de commande
nl werkcilinder m, f
r рабочий [главный] гидроцилиндр m (→ 8.126)

8.130 e lift cylinder
d Hebezylinder m
f cylindre m de rétour [de levage]
nl hefcilinder m, f
r возвратный [подъёмный] гидроцилиндр m (→ 8.126)

8.131 e pump-accumulator station
d Druckwasseranlage f mit Akkumulator
f bloc-pompes m *pl* d'accumulateurs
nl pomp- en opslaginstallatie f
r насосно-аккумуляторная станция f

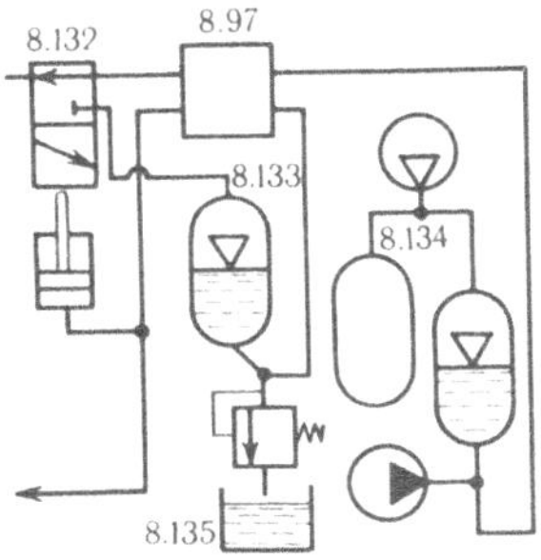

8.132 e make-up valve
d Füllventil n
f valve f de remplissage
nl toevoerklep f (m), suppletieklep
r наполнительный клапан m (→ 8.131)

8.133 e make-up tank
d Füllbehälter m
f bac m de remplissage
nl suppletietank m
r наполнительный бак m (→ 8.131)

8.134 e air cylinder
d Luftzylinder m
f bouteille f à air
nl persluchtcilinder m, f
r воздушный баллон m (→ 8.131)

8.135 e discharge tank
d Ablaufbehälter m
f bac m de vidange
nl lozingstank m
r сливной бак m (→ 8.131)

8.136 e mechanical press
d mechanische Presse f
f presse f mécanique
nl mechanische pers f(m)
r механический пресс m (→ 8.137, 8.145, 8.147)

8.137 e crank press
d Kurbelpresse f
f presse f à bielle
nl krukpers f(m)
r кривошипный пресс m

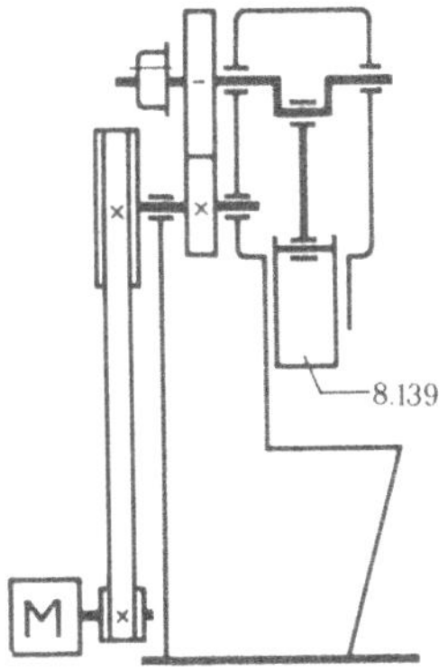

8.138 e open-frame [C-frame, open-back] vertical crank press
d Einständer-Kurbelpresse f mit C-Gestell
f presse f ouverte à montant unique et à bielle
nl openzij-krukpers f (m)

r открытый одностоечный вертикальный кривошипный пресс m

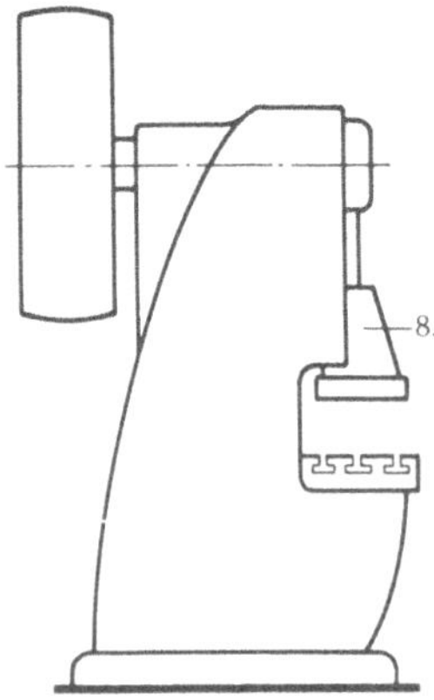

8.139 e ram, punch slide
d Stössel m
f coulisseau m
nl stoter m, glijblok n
r ползун m
(→ 8.138)

8.140 e open-back inclinable crank press
d neigbare Einständer-Kurbelpresse f
f presse f ouverte inclinable à montant uniqie et à bielle
nl eenkolomkrukpers f(m) met regelbare hellingshoek
r одностоечный наклоняемый кривошипный пресс m

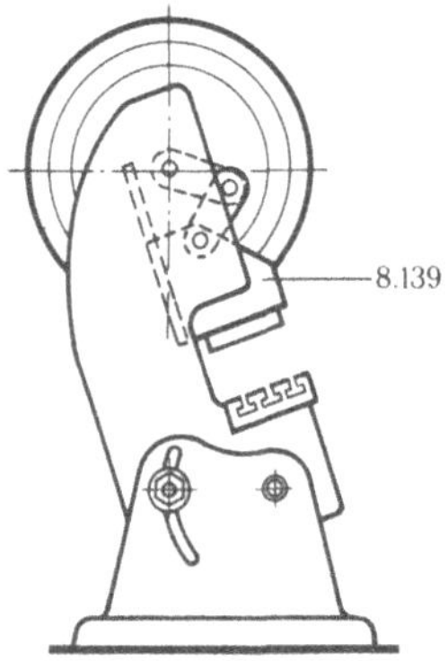

8.141 e straight-sided [close-frame] press
d Zweiständerpresse f, Presse mit O-Gestell
f presse f fermée à double montant
nl portaalpers f (m), gesloten tweekolomspers
r двухстоечный закрытый пресс m

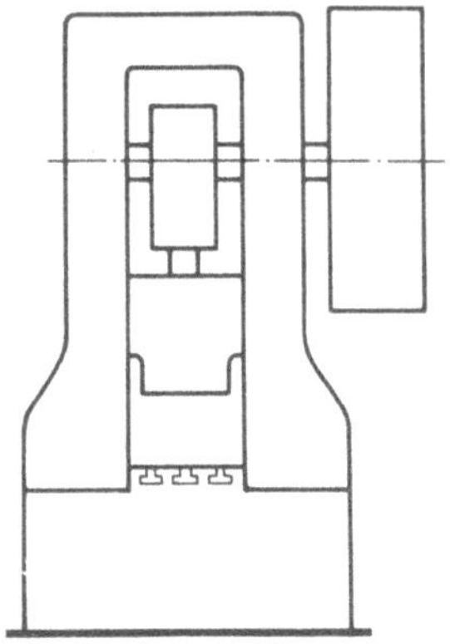

8.142 e single-point [single-crank] press
d Einpunktpresse f
f presse f à une bielle
nl pers f (m) met enkele kruk
r однокривошипный пресс m

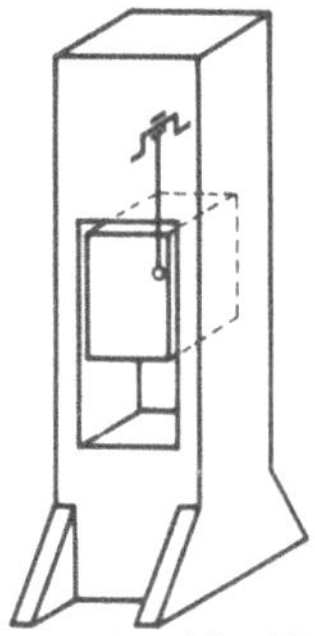

8.143 e two-point [double-crank] press
d Zweipunktpresse f
f presse f à deux bielles
nl pers f (m) met dubbele kruk
r двухкривошипный пресс m

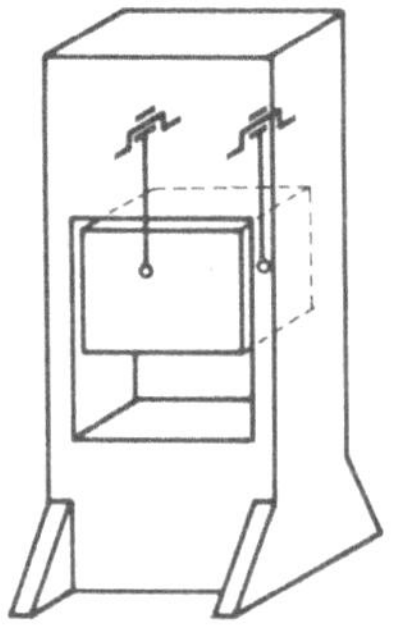

8.144 e four-point press
d Vierpunktpresse f
f presse f à quatre bielles
nl pers f (m) met vier kruken
r четырёхкривошипный пресс m

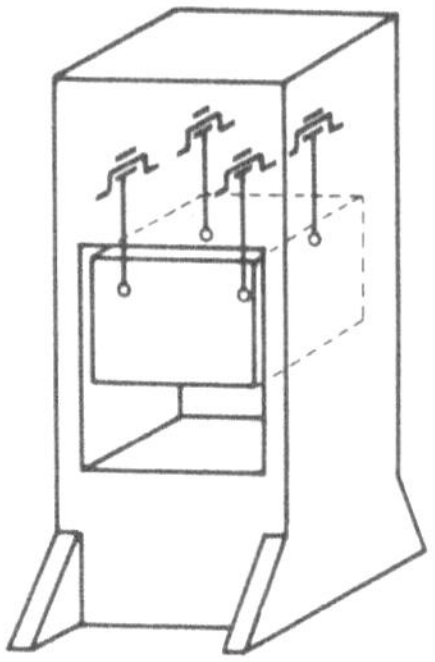

8.145 e eccentric press
d Exzenterpresse f
f presse f à excentrique
nl excenterpers f(m)
r эксцентриковый пресс m

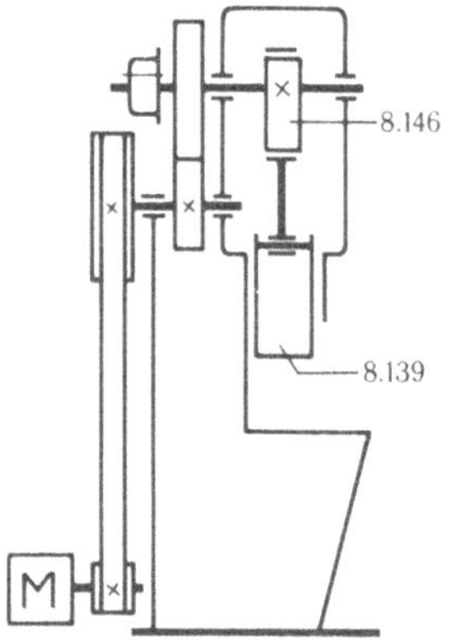

8.146 e eccentric
d Exzenter m
f excentrique m
nl excentriek n
r эксцентрик m
(→ 8.145)

8.147 e knuckle-joint press
d Kniehebelpresse f
f presse f à genouillère [à une bielle]

nl kniehefboompers f(m)
r **кривошипно-коленный пресс m**

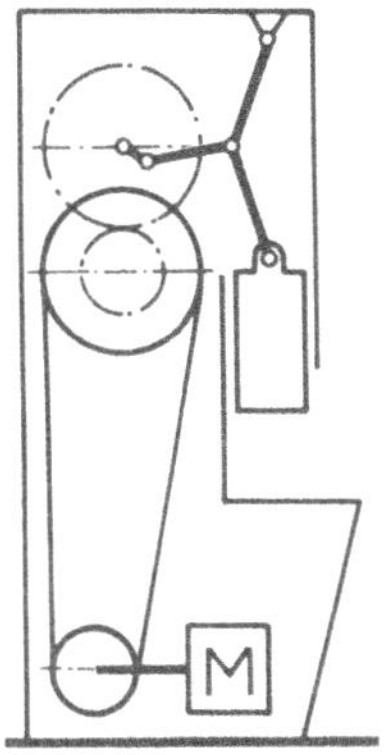

8.148 e double-action press
d doppeltwirkende Presse f
f presse f à double effet
nl dubbelwerkende pers f(m)
r **пресс m двойного действия**

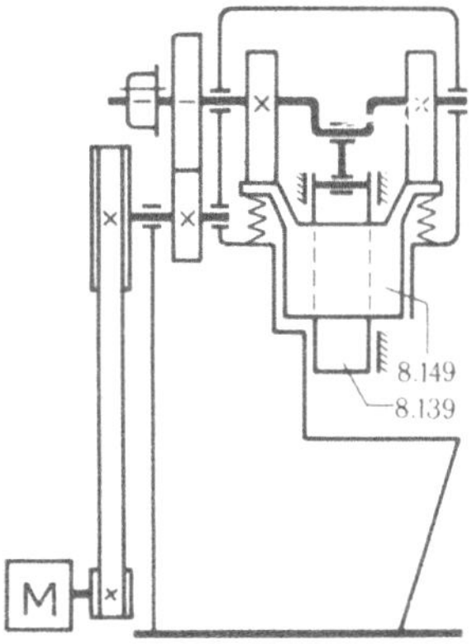

8.149 e additional slide
d Hilfsschlitten m
f coulisseau m auxiliaire
nl hulpslede f(m), hulpstoter m
r **вспомогательный ползун m**
(→ 8.148)

8.150 e percussion power press
d Friktions-Spindelpresse f, Reibspindelpresse
f presse f [marteau m] à friction à vis
nl schroefpers f (m)
r **винтовой фрикционный молот m [пресс m]**

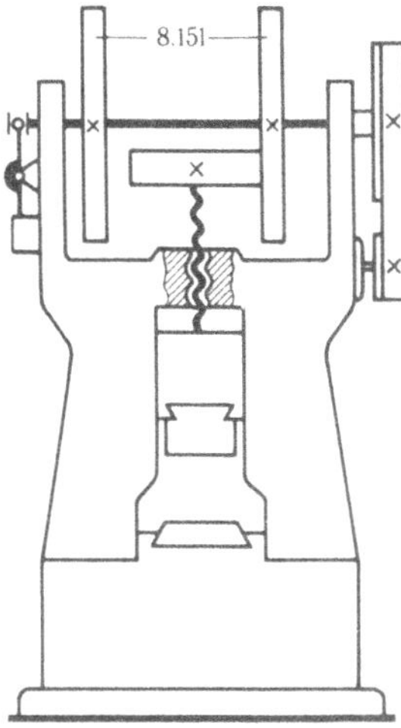

8.151 e driving disc
d Antriebsscheibe f
f disque m d'entraînement
nl aandrijfschijf f(m)
r **ведущий [приводной] диск m**
(→ 8.150)

8.152 e insert die
d Einsatzgesenk n
f étampe f composée
nl inzetmatrijs f(m), inzetstempel m
r **сборный штамп m**

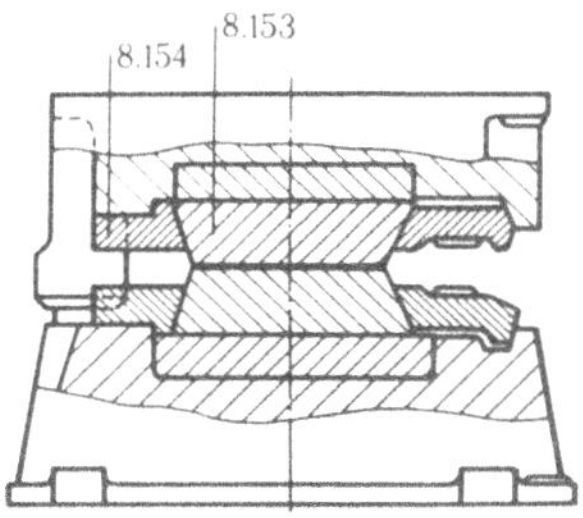

8.153 e insert
d Einsatz m
f insertion f de cannelure
nl inzet m, inzetsel n
r **ручьевая вставка f**
(→ 8.152)

8.154 e wedge strip
d Keilplatte f
f planche f à coin
nl spieplaat f(m)
r **клиновая планка f**
(→ 8.152)

8.155 e sizing
d Kalibrieren n
f calibrage m
nl kalibreren n
r **калибровка f**
(→ 8.156)

8.156 e sizing die [press-tool]
d Kalibriergesenk n
f étampe f de calibrage
nl maatstempel m
r **калибровочный штамп m**

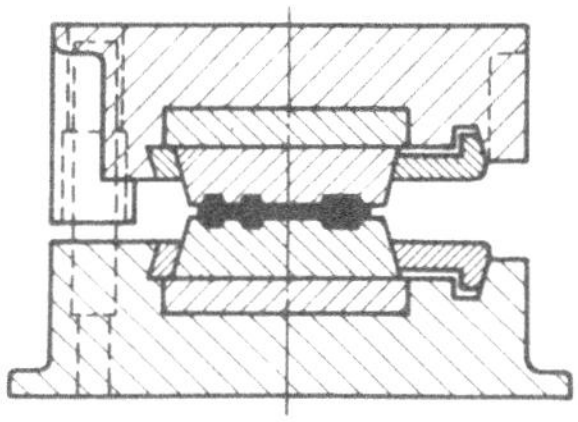

8.157 e coining
d Prägen n
f frappage m
nl koud stampen n
r **чеканка f**
(→ 8.158)

8.158 e coining die [press tool]
d Prägegesenk n
f étampe f de frappage
nl muntstempel m, contrastempel
r **чеканочный штамп m**

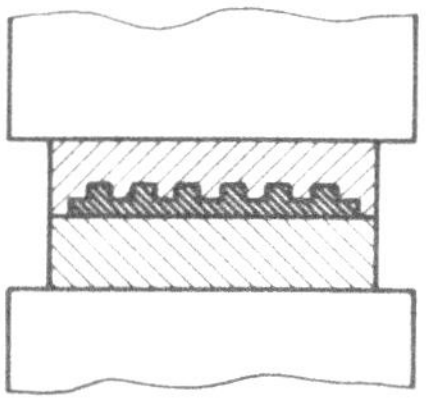

8.159 e extrusion, extruding
d Fliesspressen n
f extrusion f, filage m
nl extrusie f
r **выдавливание n**
(→ 8.160, 8.164)

8.160 e direct extrusion
d Vorwärts-Fliesspressen n
f extrusion f directe, filage m direct
nl directe extrusie f
r прямое выдавливание n

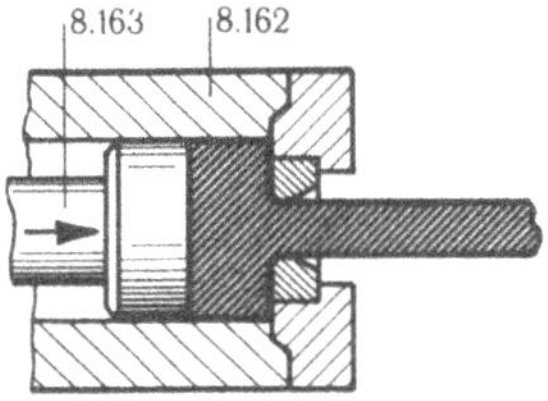

8.161 e extrusion die
d Werkzeug n zum Fliesspressen
f étampe f d'extrusion
nl extrusiematrijs f(m)
r штамп m выдавливания
(→ 8.160)

8.162 e container
d Pressbüchse f, Matrixe f
f container m, récipient m
nl houder m
r контейнер m
(→ 8.160)

8.163 e stem, ram
d Fliesspress-Stempel m
f poinçon m (rond)
nl ram m, stoter m
r пресс-штемпель m, пуансон m
(→ 8.160)

8.164 e indirect [backward] extrusion
d Rückwärts-Fliesspressen n
f extrusion f indirecte
nl indirecte extrusie f
r обратное выдавливание n

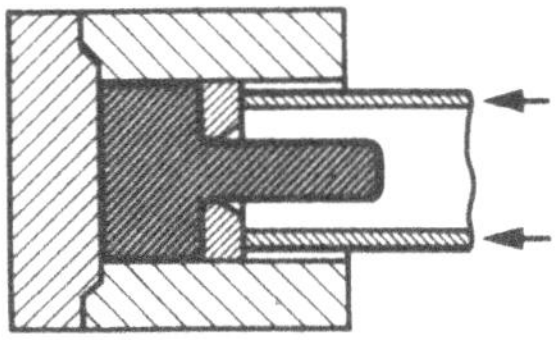

8.165 e (rotary) swaging
d Rundkneten n
f forgeage m rotatif

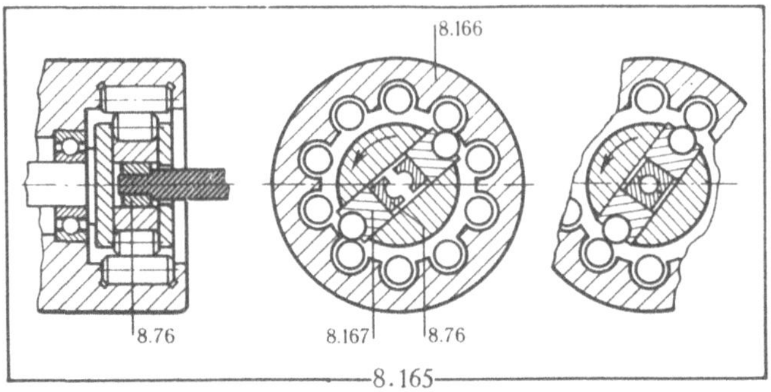

nl rotatiesmeden n, draaismeden
r ротационная ковка f

8.166 e roll cage
d Rollenkranz m
f cage f
nl rollenkooi f (m)
r обойма f
(→ 8.165)

8.167 e backer
d Stössel m
f coulisseau m
nl slede f(m), stoter m, glijblok n
r ползун m
(→ 8.165)

8.168 e roll-forging
d Reckwalzen n, Schmiedewalzen
f laminage m, cylindrage m
nl smeedwalsen n
r вальцовка f
(→ 8.169)

8.169 e roll-forging machine, forging rolls
d Reckwalze f
f laminoir m à forger
nl smeedwals f (m)
r ковочные [штамповочные] вальцы *pl*

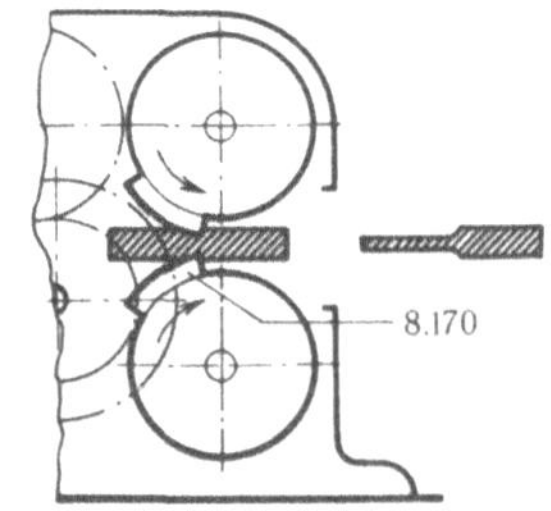

8.170 e roll die
d Walzensegment n
f segment m d'étampe
nl walssegment n
r штамповочный сектор m
(→ 8.169)

8.171 e horizontal forging [upsetting] machine, upsetter
d Waagerecht-Stauchmaschine f
f machine f à forger horizontale
nl horizontaalsmeedmachine f
r горизонтально-ковочная машина f

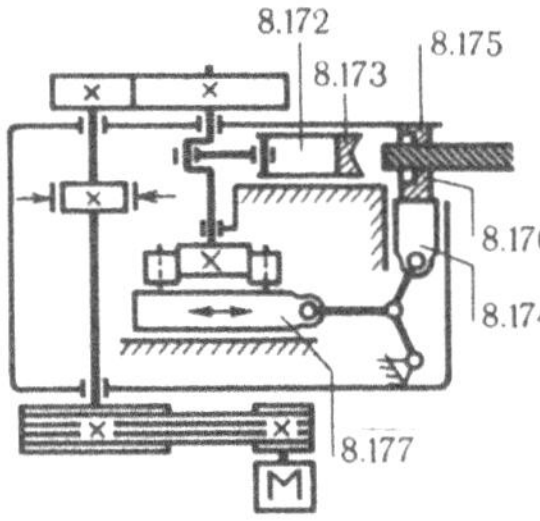

8.172 e header ram
d Stauchschlitten m
f coulisseau m central [principal]
nl stoter m
r главный [центральный, высадочный] ползун m

8.173 e heading tool
d Stössel m, Stempel m
f poinçon m
nl stempel m
r пуансон m
(→ 8.171)

8.174 e gripping slide
d Klemmschlitten m
f coulisseau m de serrage

nl klemslede f(m)
r зажимный ползун m
(→ 8.171)

8.175 e stationary gripping die
d feste Klemmbacke f
f matrice f immobile
nl vaste klemmatrijs f (m)
r неподвижная матрица f
(→ 8.171)

8.176 e movable gripping die
d bewegliche Klemmbacke f
f matrice f mobile
nl losse klemmatrijs f (m)
r подвижная матрица f
(→ 8.171)

8.177 e side slide
d Seitenschlitten m
f coulisseau m latéral
nl zijslede f(m)
r боковой ползун m
(→ 8.171)

Sheet Presswork
Blechumformung
Emboutissage en feuilles
Plaatstansen
Листовая штамповка

8.178 e sheet presswork
d Blechumformung f
f emboutissage m en feuilles
nl plaatstansen n
r листовая штамповка f

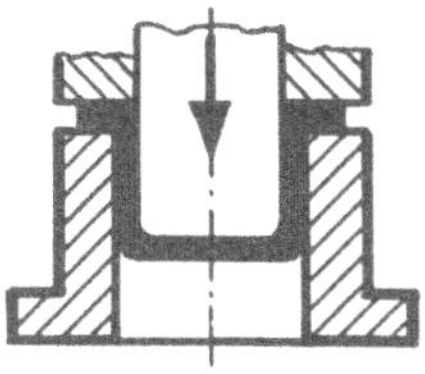

8.179 e blanking
d Ausschneiden n
f découpage m
nl uitsnijden n, uitstansen n
r вырезка f, вырубка f
(→ 8.180)

8.180 e blanking die [press tool]
d Schneidwerkzeug n
f outil m de découpage
nl stansmachine f, uitstansstempel m
r вырезной [вырубной] штамп m

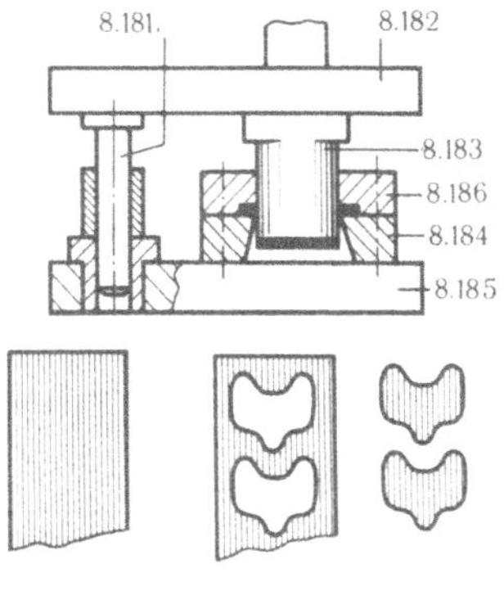

8.181 e guide post, pillar
d Führungssäule f
f colonne f de guidage
nl geleidingskolom f (m)
r направляющая колонка f
(→ 8.180)

8.182 e (die) upper shoe
d Gestelloberteil m
f plaque f de dessus
nl bovenplaat f(m), bovenmatrijs f(m)
r верхняя плита f
(→ 8.180)

8.183 e punch
d Schneidstempel m
f poinçon m
nl (boven)stempel m
r пуансон m
(→ 8.180)

8.184 e die block
d Schneidring m, Schneidplatte f
f matrice f (de découpage)
nl stansvorm m, stansmatrijs f(m)
r матрица f
(→ 8.180)

8.185 e die lower shoe
d Gestellunterteil m
f plaque f [partie f] inférieure
nl grondplaat f (m)
r нижняя плита f
(→ 8.180)

8.186 e stripper
d Abstreifer m
f extracteur m, dévêtisseur m
nl afstrijker m
r съёмник m
(→ 8.180)

8.187 e stock lay-out
d Aussschnitt-Anordnung f
f découpage m
nl snijpatroon f (m)
r раскрой m

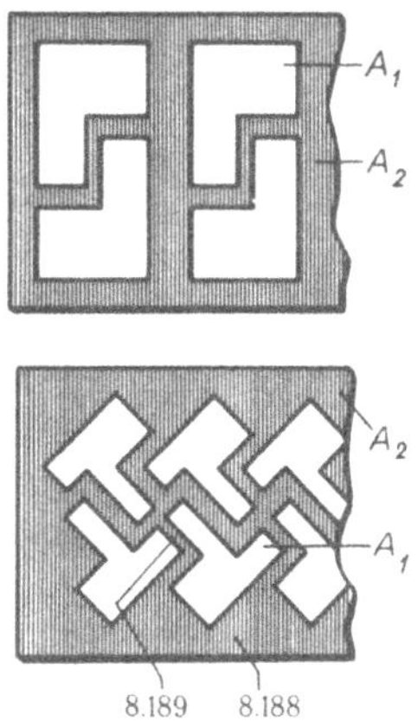

8.188 e scrap
d Abfall m, Verschnitt m
f déchet m, chute f
nl afval n, afsnee f(m)
r отход m, обрезь f
(→ 8.187)

8.189 e web
d Steg m
f arête f
nl verbindingsbrug f(m)
r перемычка f
(→ 8.187)

8.190 e stock utilization ratio
d Stoffverschnittgrad m, Verschnittziffer f
f coefficient m d'utilisation de matériau
nl nuttige gebruiksfactor m voor een materiaal
r коэффициент m использования материала

$$K = \frac{n \cdot A_1}{n \cdot A_1 + A_2}$$

(→ 8.187)

8.191 e punching
d Lochen n
f poinçonnage m
nl ponsen n, stansen n
r пробивка f
(→ 8.192)

8.192 e punching die [press tool]
d Lochwerkzeug n
f outil m de poinçonnage

nl ponsgereedschap n
r пробивной штамп m

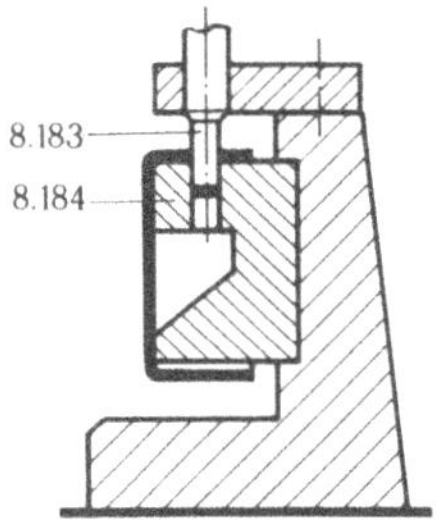

8.193 e notching
d Ausklinken n
f grignotage m, encochage m
nl insnijden n
r высечка f
(→ 8.194)

8.194 e notching die [press tool]
d Ausklinkwerkzeug n
f outil m de grignotage [d'encochage]
nl uitsnijgereedschap n, uitstansinrichting f
r высечной штамп m

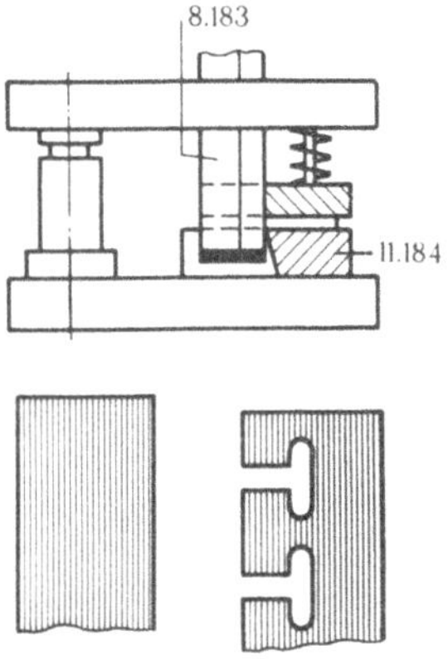

8.195 e (scrapless) piercing
d Durchstechen n
f perçage m (par poinçonnage)
nl doorsteken n
r проколка f
(→ 8.196)

8.196 e piercing die [press tool]
d Durchstechwerkzeug n
f outil m de perçage (par poinçonnage)

nl doorsteekgereedschap n
r проколочный штамп m

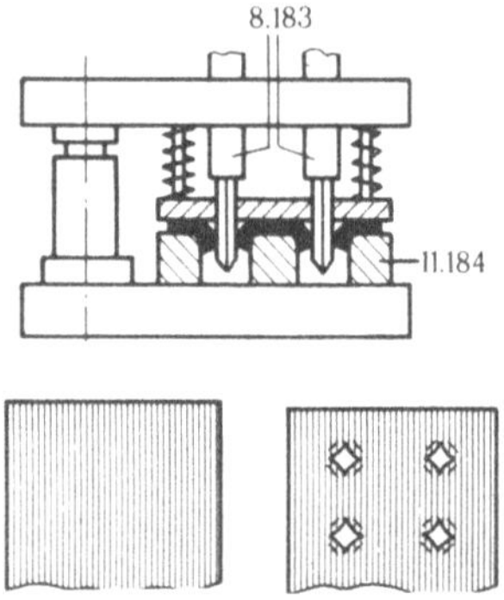

8.197 e lancing
d Einschneiden n
f découpage m partiel
nl inkeping f
r надрезка f
(→ 8.198)

8.198 e lancing die [press tool]
d Einschneidwerkzeug n
f outil m pour découpage partiel
nl insnijgereedschap n
r надрезной штамп m

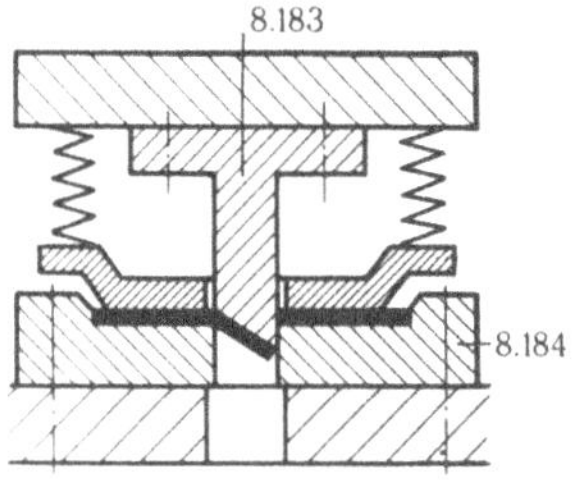

8.199 e parting
d Abschneiden n
f tranchage m
nl afsteken n
r отрезка f
(→ 8.200)

8.200 e parting die [press tool]
d Abschneidwerkzeug n
f outil m de tranchage

nl afsteekgereedschap n
r отрезной штамп m

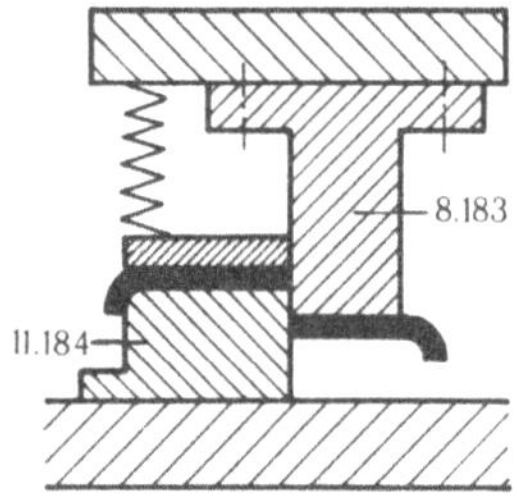

8.201 e trimming
d Beschneiden n
f rognage m, détourage m
nl (af)knippen n
r обрезка f
(→ 8.202)

8.202 e trimming die [press tool]
d Beschneidwerkzeug n
f outil m de rognage
nl afsnijstempel m, bijsnijstempel
r обрезной штамп m

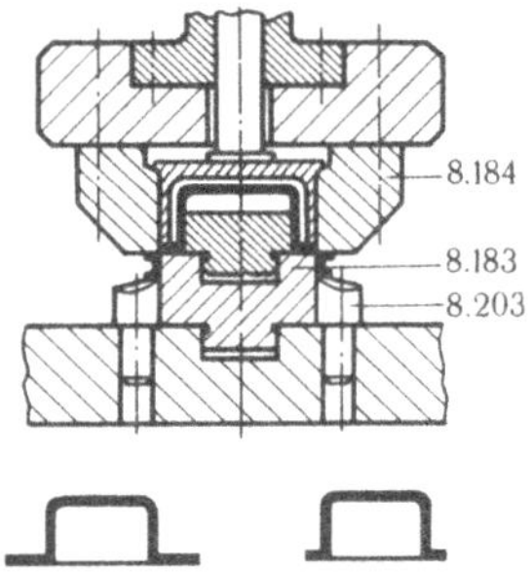

8.203 e shearing blade
d Messer n
f couteau m
nl mes n
r разрубной нож m
(→ 8.202)

8.204 e shaving
d Nachschneiden n
f arasage m en matrice, nettoyage m
nl nasnijden n
r зачистка f
(→ 8.205)

8.205 e shaving die [press tool]
d Nachschneidwerkzeug n
f outil m pour arasage en matrice

nl nasnijgereedschap n, nasnijstempel m
r зачистной штамп m

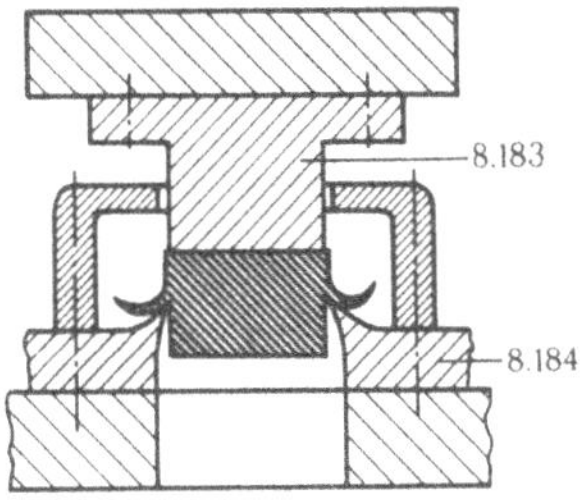

8.206 e bending, forming
d Biegen n
f pliage m
nl buigen n
r гибка f
(→ 8.207)

8.207 e forming die [press tool]
d Biegegesenk n
f outil m de pliage
nl buigstempel m, vormmachine f
r гибочный штамп m

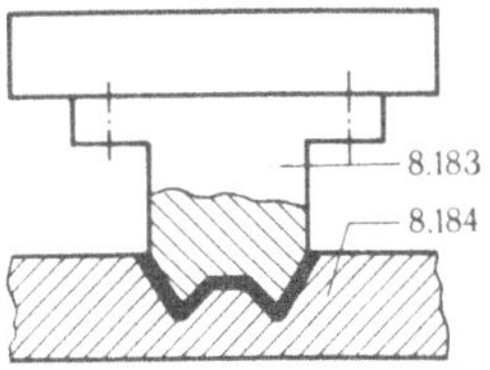

8.208 e press brake
d Gesenkbiegepresse f
f presse f de pliage
nl buigpers f(m)
r гибочный пресс m

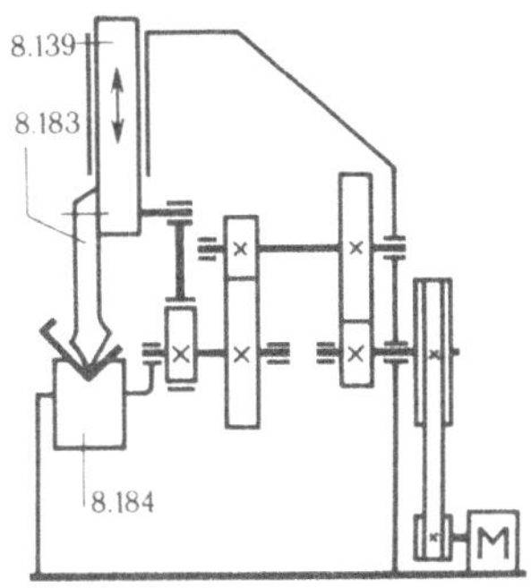

8.209 e sheet bending machine
d Schwenkbiegemaschine f
f presse f de tôlerie
nl plaatbuigmachine f
r профилегибочная [листогибочная] машина f

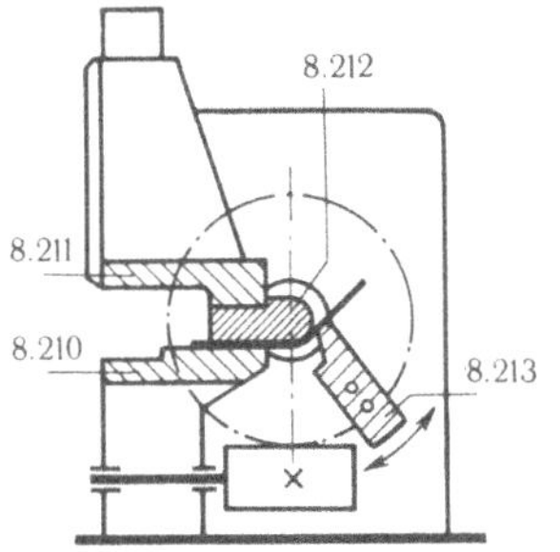

8.210 e stationary frame
d Unterwange f
f traverse f immobile
nl vaste dwarsbalk m
r неподвижная траверса f
(→ 8.209)

8.211 e clamping slide
d Oberwange f
f traverse f de pression
nl klembalk m
r прижимная траверса f
(→ 8.209)

8.212 e template
d Biegeschiene f, Blechschuh m
f gabarit m
nl buigmal m
r шаблон m
(→ 8.209)

8.213 e swivelling frame
d Schwenkwange f
f traverse f à plier
nl buigbalk m, rolbalk
r поворотная [гибочная] траверса f
(→ 8.209)

8.214 e curling
d Rollen n
f enroulage m
nl rolbuigen n, kralen n
r завивка f
(→ 8.215)

8.215 e curling die [press tool]
d Rollwerkzeug n

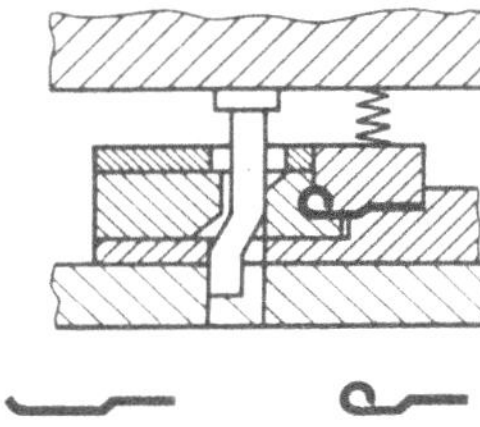

f outil m d'enroulage
nl kraalgereedschap n
r завивочный штамп m

8.216 e deep drawing
d Tiefziehen n
f emboutissage m profond
nl dieptrekken n
r глубокая вытяжка f
(→ 8.217)

8.217 e drawing die [press tool]
d Ziehwerkzeug n
f outil m d'emboutissage
nl trekpers f (m)
r вытяжной штамп m

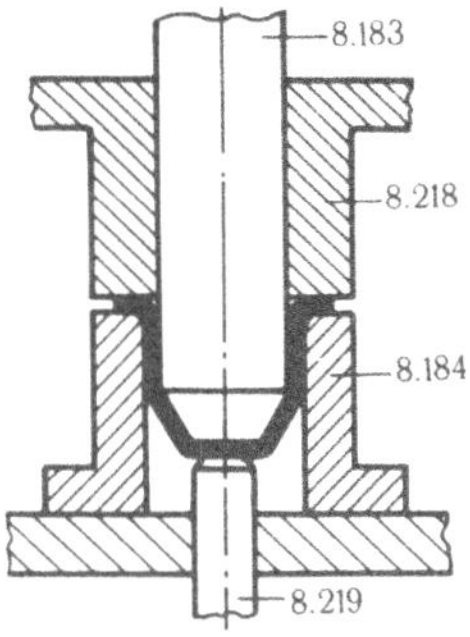

8.218 e blankholder
d Niederhalter m, Blechhalter
f plaque f de pression
nl aandrukker m, neerhouder m
r прижим m, складкодержатель m
(→ 8.217)

8.219 e knockout, kicker
d Auswerfer m
f éjecteur m
nl uitwerper m
r выталкиватель m
(→ 8.217)

8.220 e ironing
d Abstreck-Gleitziehen n
f étirage-emboutissage m
nl afstrijktrekken n
r вытяжка f с утонением
(→ 8.221)

8.221 e ironing die [press tool]
d Werkzeug n zum Abstreck-Gleitziehen
f outil m d'étirage

nl **afstrijktrekpers f (m)**
r протяжной штамп m

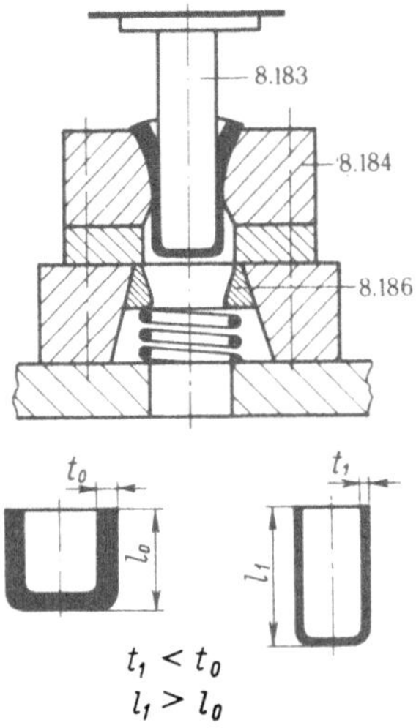

8.222 e flanging
d Abkanten n, Bördeln n
f bordage m
nl omzetten n, doorzetten n
r отбортовка f
(→ 8.224, 8.226)

8.223 e outward flanging
d Abkanten n
f bordage m extérieur
nl uitflensen n
r наружная отбортовка f
(→ 8.224)

8.224 e outward flanging die [press tool]
d Abkantwerkzeug n
f outil m à bordage
nl flenspers f (m)
r отбортовочный штамп m

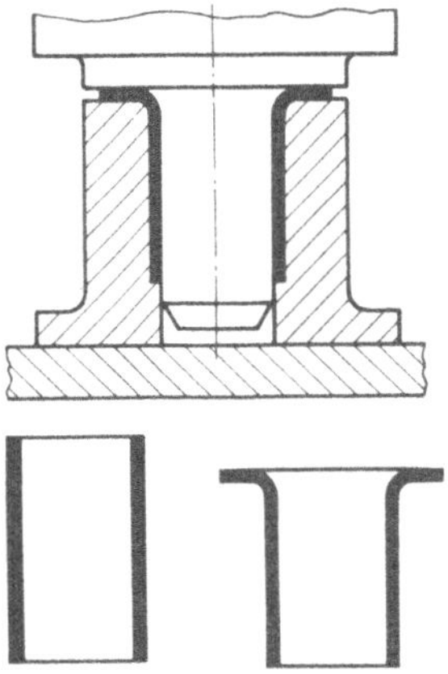

8.225 e inward flanging
d Durchziehen n, Kragenziehen
f bordage m intérieur
nl doortrekken n
r разбортовка f
(→ 8.226)

8.226 e inward flanging die [press tool]
d Durchziehwerkzeug n
f outil m à bordage intérieur
nl doortrekpers f (m)
r разбортовочный штамп m

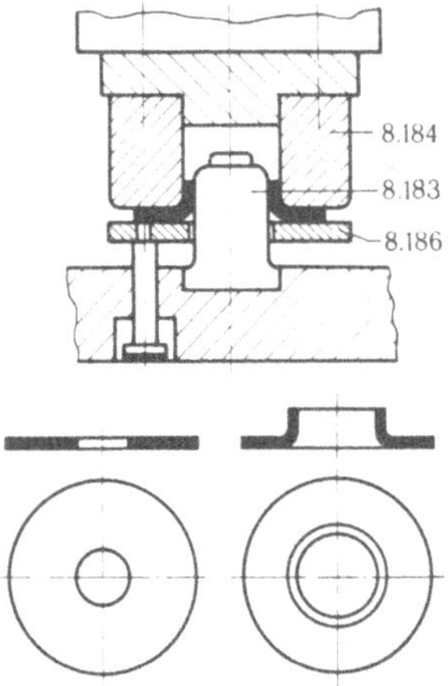

8.227 e stretch forming
d Streckziehen n
f pliage m par étirage
nl strekken n
r гибка f растяжением

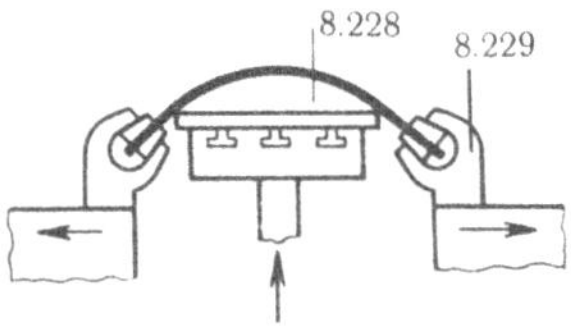

8.228 e stretch die, form block
d Formklotz m
f outil m à former par étirage
nl vormblok n
r обтяжной пуансон m
(→ 8.227)

8.229 e gripping jaw
d Spannzange f
f pince f
nl spanklauw m, f, opspanbek m
r захват m
(→ 8.227)

8.230 e bulging
d Weiten n, Ausbauchen n
f gonflage m
nl uitbuilen n, rondbuiken n
r раздача f, формовка f растяжением
(→ 8.231, 8.232)

8.231 e segmented [split] bulging die [press tool]
d Spreiz-Ausbauchwerkzeug n
f outil m à segment de gonflage
nl uitbuilpers f (m)
r сегментный раздаточный штамп m

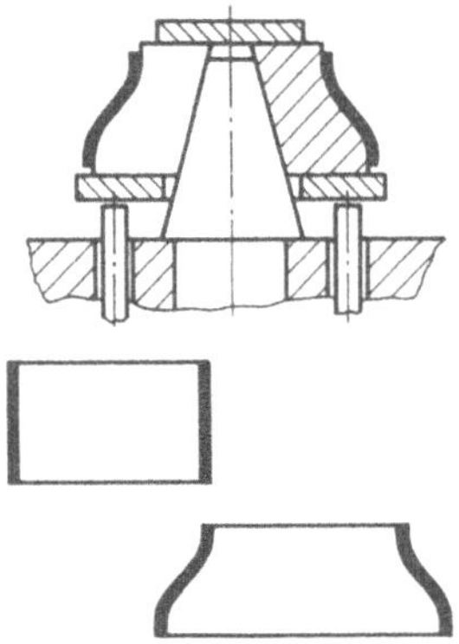

8.232 e hydrostatic bulging die
d hydrostatisches Ausbauchwerkzeug n
f outil m de gonflage hydrostatique
nl hydrostatische uitbuilpers f(m)
r гидростатический раздаточный штамп m

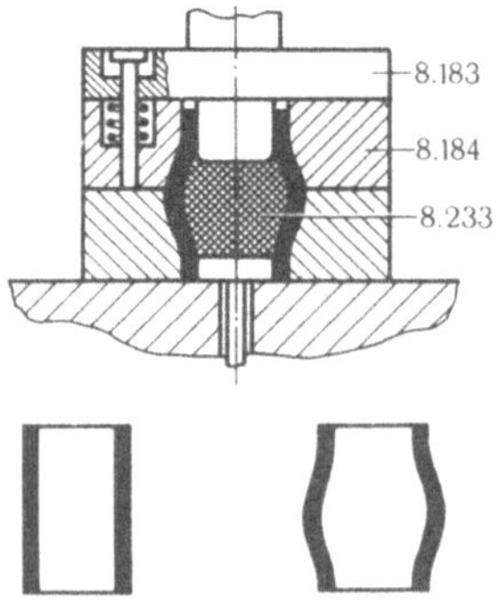

8.233 e (urethane) rubber punch
d Gummistempel m
f poinçon m élastique [en caoutchouc]
nl rubberstempel m
r резиновый пуансон m
(→ 8.232)

8.234 e embossing
d Hohlprägen n
f ciselage m, frappage m
nl reliefdrukken n, diepdrukken
r рельефная формовка f, листовая чеканка f
(→ 8.235)

8.235 e embossing die [press tool]
d Hohlprägewerkzeug n
f outil m à ciselage
nl reliëfmatrijs f (m)
r рельефно-формовочный штамп m

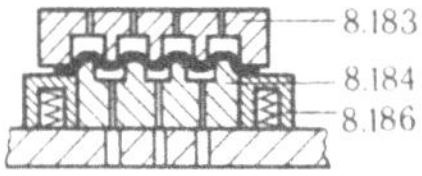

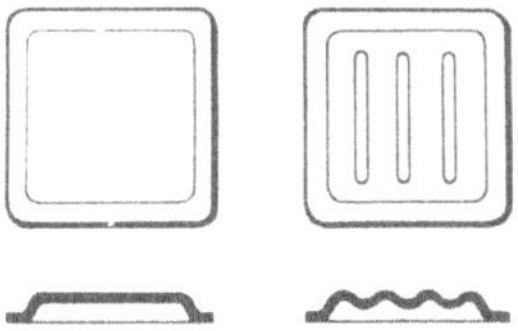

8.236 e compound die [press tool]
d Verbundwerkzeug n
f outil m pour découpage combiné
nl combinatiestempel m
r (комбинированный) штамп m совмещённого действия

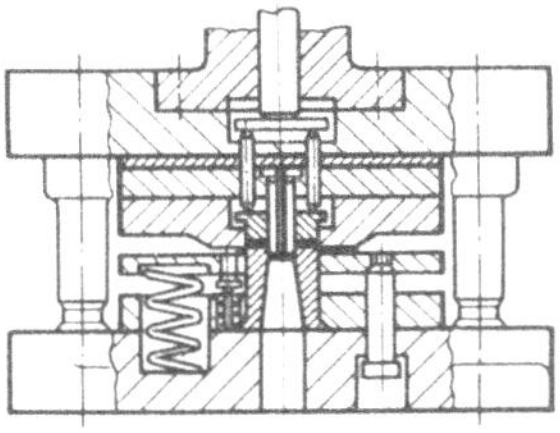

8.237 e progressive die [press tool]
d Folgeverbundwerkzeug n
f outil m progressif
nl volgstempel m
r (комбинированный) штамп m последовательного действия

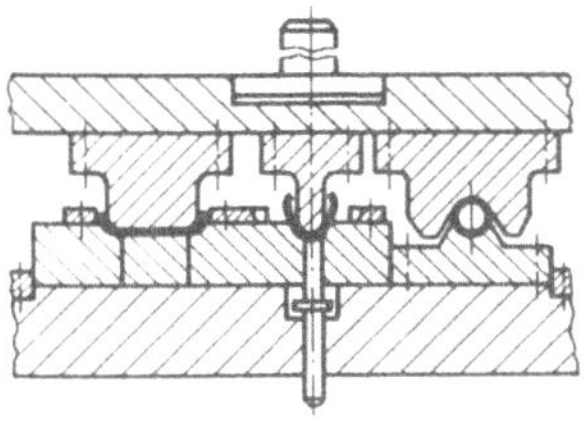

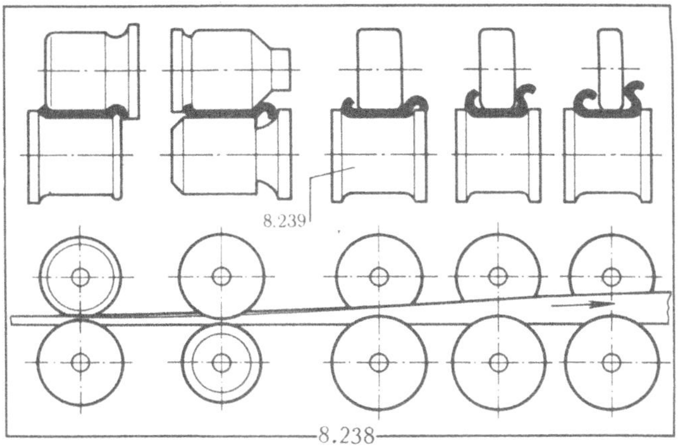

8.238 e roll forming
d Walzprofilieren n, Profilwalzen n
f formage m, profilage m
nl profielwalsen n
r профилировка f

8.239 e forming roll
d Biegewalze f, Profilwalze
f galet m de formage
nl profielwals f(m)
r профилировочный ролик m
(→ 8.238)

8.240 e roll bendii g
d Walzbiegen n, Runden n
f pliage m par galet
nl buigwalsen n
r свёртка f

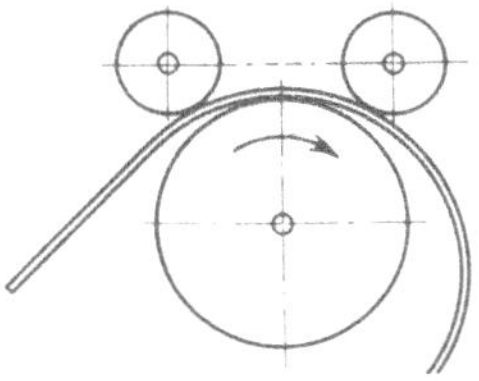

8.241 e roll seaming
d Einrollverschliessen n
f roulage m
nl rolsluiten n
r закатка f

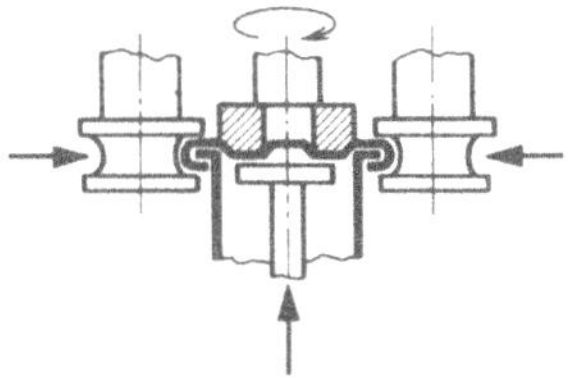

8.242 e (metal) spinning
d Drücken n
f fluo-tournage m
nl forceerdraaien n, forceren n
r ротационная вытяжка f, токарное выдавливание n

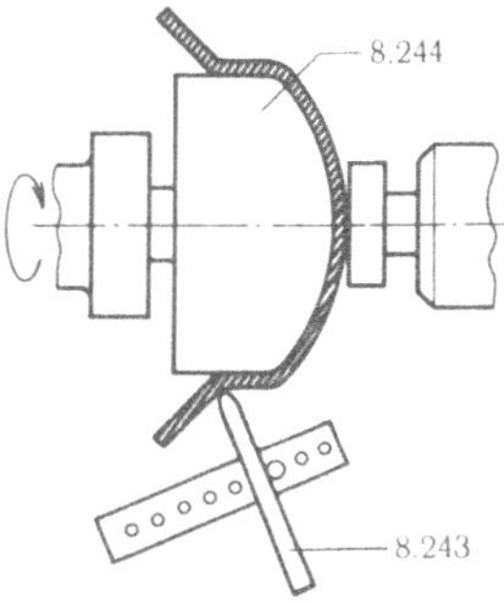

8.243 e spinning tool
d Drückwerkzeug n
f outil m de fluo-tournage
nl forceerijzer n
r давильник m
(→ 8.242)

8.244 e spin chuck, form block
d Drückform f
f mandrin m
nl vormkop m
r патрон m
(→ 8.242)

8.245 e riveting
d Nieten n
f rivetage m
nl klinken n
r клёпка f

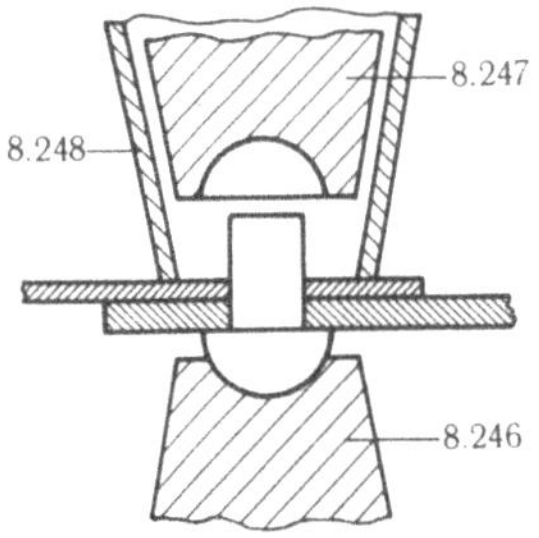

8.246 e rivet bucker
d Vorhalter m
f maintien m
nl tegenhouder m
r поддержка f
(→ 8.245)

8.247 e rivet set
d Nietendöpper m, Nietkopfsetzer m
f bouterolle f
nl nageldopper m
r обжимка f
(→ 8.245)

8.248 e holder
d Niederhalter m
f dispositif m de serrage
nl neerhouder m
r прижим m
(→ 8.245)

8.249 e riveting machine
d Nietmaschine f
f machine f à rivetage, riveteuse f
nl klinkmachine f
r клепальная машина f

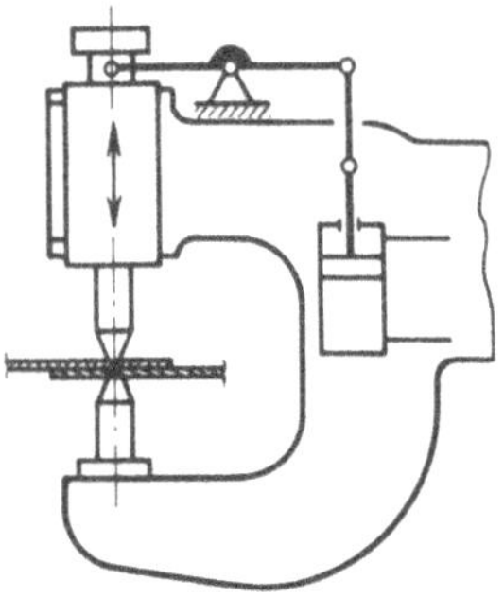

9. WELDING
SCHWEISSEN
SOUDAGE
LASSEN
СВАРКА

9.1 e welding
d Schweissen n
f soudage m
nl lassen n
r сварка f
(→ 9.2, 9.6)

9.2 e fusion welding
d Schmelzschweissen n
f soudage m par fusion
nl smeltlassen n
r сварка f плавлением

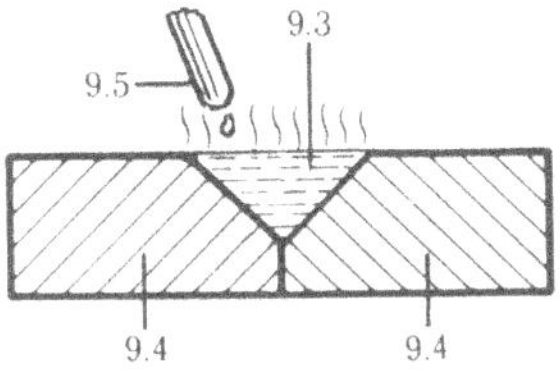

9.3 e molten (weld) pool
d Schmelzbad n, Schmelze f
f bain m de fusion
nl smeltbad n, smelt m
r сварочная ванна f
(→ 9.2)

9.4 e base metal
d Grundmetall n
f métal m de base
nl grondmetaal n
r основной металл m
(→ 9.2)

9.5 e filler metal
d Zusatzmetall n
f métal m d'apport
nl toevoegmetaal n
r присадочный металл m
(→ 9.2)

9.6 e pressure welding
d Pressschweissen n
f soudage m par pression
nl druklassen n
r сварка f давлением

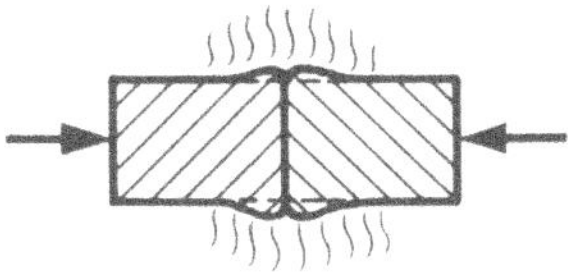

9.7 e weldment
d Schweiss(bau)teil m, Schweisskonstruktion f
f pièce f soudée
nl laswerk n, laswerkstuk n
r сварная деталь f

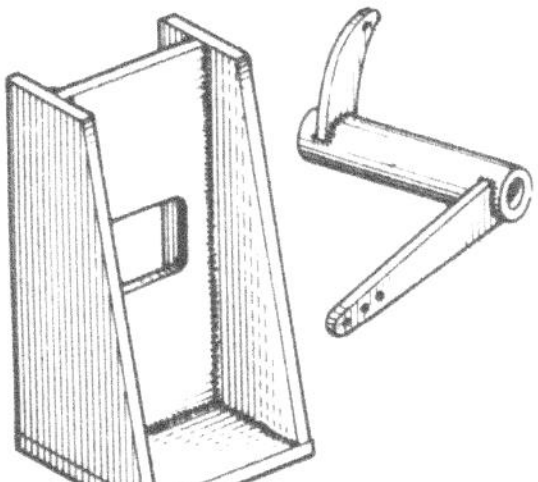

9.8 e welding position
d Schweissposition f
f position f en soudage
nl positie f [stelling f] bij het lassen, laspositie
r сварочное положение n

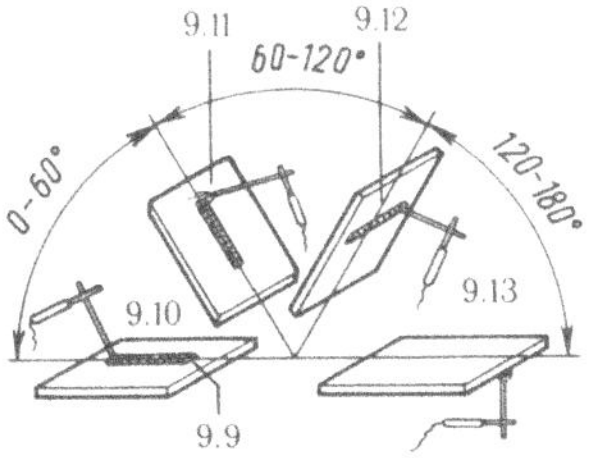

9.9 e bead
d Raupe f, Schweissraupe
f bourrelet m
nl lasrups f(m)
r валик m
(→ 9.8)

9.10 e flat position
d Normalposition f
f position f de dessous
nl normale laspositie f
r нижнее положение n
(→ 9.8)

9.11 e vertical position
d vertikale Position f
f position f verticale
nl horizontale laspositie f
r вертикальное положение n
(→ 9.8)

9.12 e horizontal position
d Horizontalposition f
f position f horizontale
nl horizontale laspositie f
r горизонтальное положение n
(→ 9.8)

9.13 e overhead position
d Überkopfposition f
f position f de plafond
nl overkopsende laspositie f
r потолочное положение n
(→ 9.8)

9.14 e edge preparation
d Kantenvorbereitung f
f chanfreinage m pour soudage
nl laskantvoorbewerking f, laskantafschuining f
r разделка f шва [кромок под сварку]

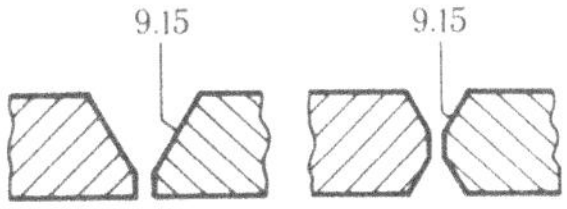

9.15 e beveled edge
d Schrägkante f
f chanfrein m rectiligne
nl schuine laskant f (m)
r (прямолинейный) скос m
(→ 9.14)

9.16 e welding defect
d Schweissfehler m
f défaut m de soudage
nl lasfout f
r сварочный дефект m
(→ 9.17 – 9.20)

9.17 e undercut
d Einbrandkerbe f
f caniveau m

nl ondersnijding f
r подрез m (зоны оплавления)

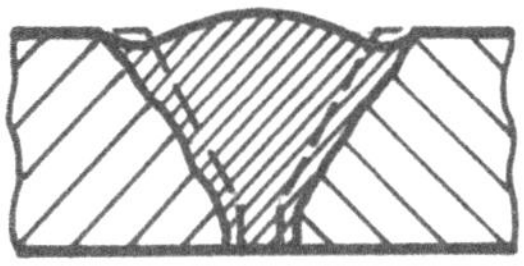

9.18 e incomplete [lack of] fusion
d mangelhaftes Durchschweissen n
f pénétration f incomplète
nl onvolledige doorsmelting f
r непровар m

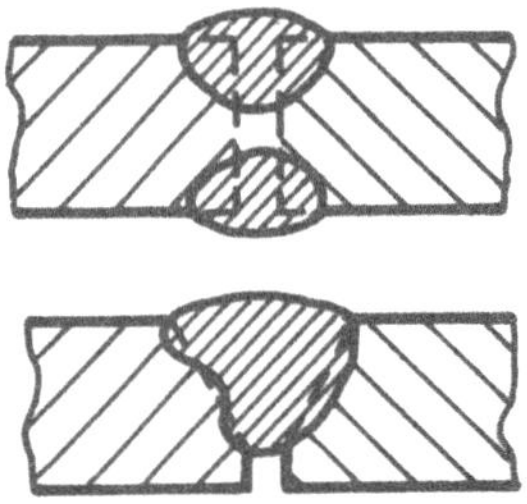

9.19 e slag inclusion
d Schlackeneinschluss m
f inclusion f de scorie
nl slakinsluiting f
r шлаковое включение n

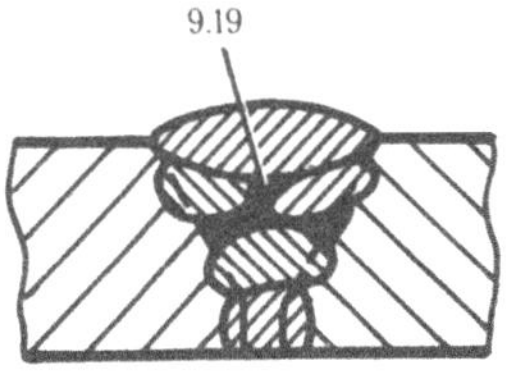

9.20 e gas pore
d Gaspore f
f pore m gazeux
nl gasporie f
r газовая пора f

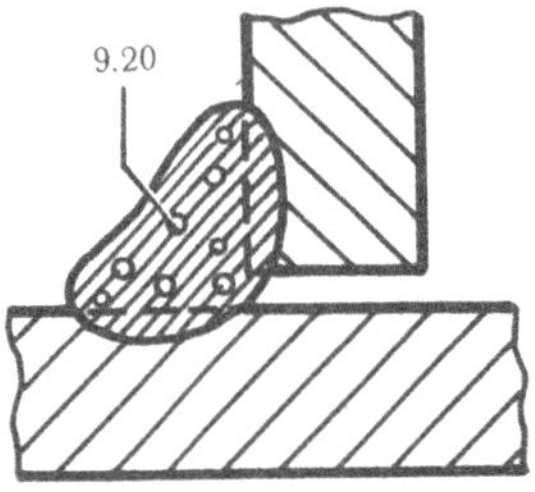

9.21 e nondestructive testing
d zerstörungsfreie Prüfung f
f défectoscopie f, essai m non destructif
nl niet-destructief onderzoek n
r дефектоскопия f, неразрушающее испытание n
(→ 9.22, 9.31, 9.37, 9.39)

9.22 e X-ray testing [detection]
d Röntgenstrahlungsprüfung f
f contrôl m radiographique
nl röntgenonderzoek n
r рентгеновская дефектоскопия f, рентгенодефектоскопия

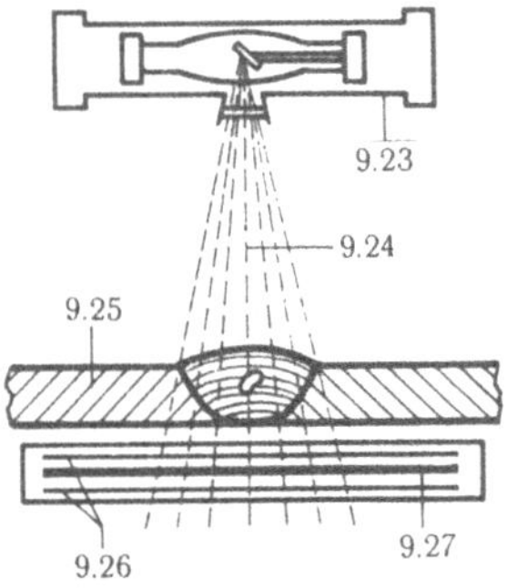

9.23 e X-ray tube
d Röntgenröhre f
f tube m de Roentgen [à rayons X]
nl röntgenbuis f(m)
r рентгеновская трубка f
(→ 9.22)

9.24 e X-ray radiation
d Röntgenstrahlung f
f radiation f X
nl röntgenstraling f
r рентгеновское излучение n
(→ 9.22)

9.25 e part to be inspected
d zu prüfendes Werkstück n
f pièce f contrôlable
nl te onderzoeken werkstuk
r контролируемая [испытуемая] деталь f
(→ 9.22)

9.26 e screen
d Abschirmung f
f écran m
nl scherm n
r экран m
(→ 9.22)

9.27 e X-ray film
d Filmfolie f
f film m à rayons X
nl röntgenfilm m
r рентгеновская плёнка f, рентгеноплёнка
(→ 9.22)

9.28 e ultrasonic testing
d Ultraschallprüfung f
f contrôle m ultra-sonique
nl ultrasoon onderzoek n, [testen n]
r ультразвуковая дефектоскопия f
(→ 9.30)

9.29 e ultrasonic flaw detector
d Ultraschallprüfgerät n
f défecteur m ultra-sonique
nl ultrasone testapparaat m
r ультразвуковой дефектоскоп m

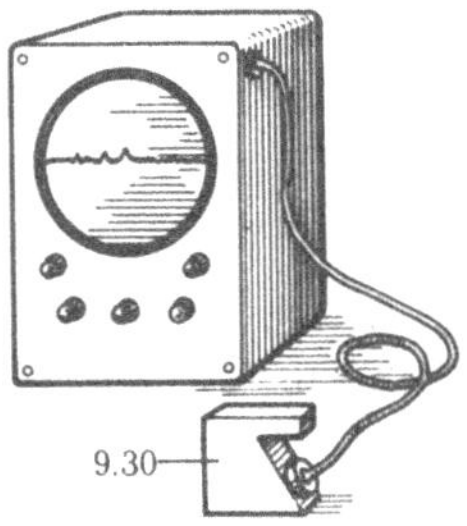

9.30 e probe
d Prüfkopf m
f sonde f
nl zoekinrichting f, voeler m, sonde f(m)
r искатель m, щуп m
(→ 9.29)

9.31 e puls-echo method
d Impuls-Echo-Verfahren n
f contrôle m d'écho

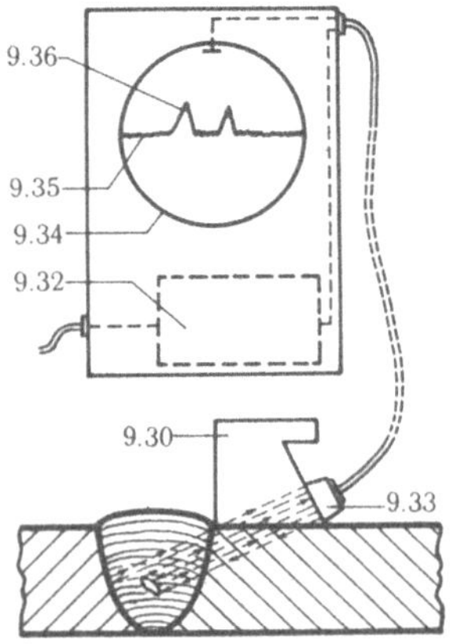

nl impuls-echotechniek f, impuls-echoprocédé n
r эхо-метод m

9.32 e oscillator
d Oszillator m
f oscillateur m
nl oscillator m
r генератор m электрических импульсов
(→9.31)

9.33 e piezoelectric transducer
d piezoelektrischer Ultraschallgeber m
f transducteur m piézoélectrique
nl piëzo-elektrische omzetter m
r пьезоэлектрический преобразователь m
(→9.31)

9.34 e electron-ray tube
d Elektronenstrahlröhre f
f tube m cathodique
nl kathodestraalbuis f(m)
r электронно-лучевая трубка f
(→9.31)

9.35 e input signal
d Eingangssignal n
f signal m d'entrée
nl ingangssignaal n
r входной сигнал m
(→9.31)

9.36 e flaw signal
d Fehlersignal n
f signal m d'erreur
nl foutsignaal n, signaal veroorzaakt door een fout in het te onderzoeken werkstuk
r сигнал m от дефекта
(→9.31)

9.37 e magnetic-particle method
d Magnetpulververfahren n
f méthode f à poudre magnétique
nl magneetpoederprocédé n
r магнитно-порошковый метод m

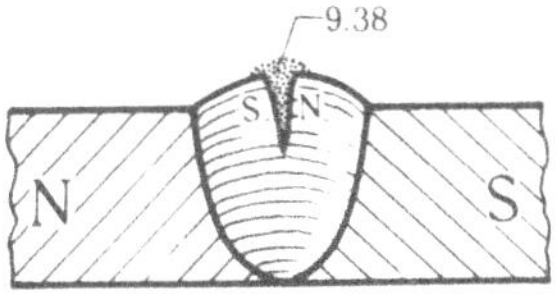

9.38 e magnetic powder
d Magnetpulver n
f poudre f magnétique
nl magneetpoeder n, m
r магнитный порошок m
(→9.37)

9.39 e penetrant inspection
d Eindringverfahren n
f défectoscopie f capillaire
nl penetratieonderzoek n
r капиллярная дефектоскопия f

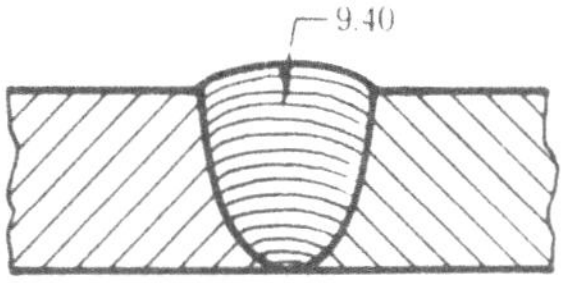

9.40 e penetrant
d Eindringmittel n
f fluide m pénétrant
nl penetreermiddel n, doordringingsmiddel
r проникающая жидкость f
(→9.39)

Arc Welding
Lichtbogenschweissen
Soudage à l'arc
Booglassen
Дуговая сварка

9.41 e arc welding
d Lichtbogenschweissen n
f soudage m a l'arc
nl booglassen n
r дуговая сварка f
(→9.42, 9.46)

9.42 e carbon arc welding
d Kohle(lichtbogen)-schweissen n

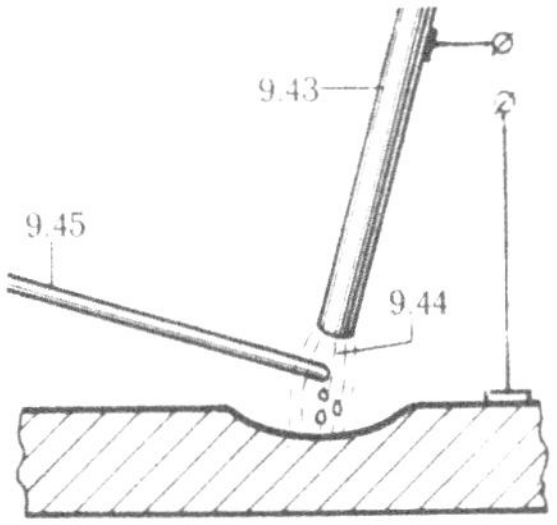

f soudage m à l'arc sans fusion d'électrode
nl booglassen n met niet-afsmeltende koolelektrode
r (дуговая) сварка f (неплавящимся) угольным электродом

9.43 e carbon rod
d Kohlestab m, Kohleelektrode f
f barre f de charbon
nl koolstaaf f (m), koolspits f (m)
r угольный стержень m
(→ 9.42)

9.44 e (electric) arc
d Lichtbogen m, Bogen
f arc m (électrique)
nl lichtboog m
r (электрическая) дуга f
(→ 9.42)

9.45 e filler rod
d Schweisszusatzstab m, Zusatzstab
f barre f à souder
nl aanvoerstaaf f (m), aanvoerdraad m
r присадочный пруток m

9.46 e shielded-metal arc welding, stick welding
d Lichtbogenschweissen n mit umhüllter Elektrode
f soudage m à l'arc par fusion d'électrode
nl lassen n met beschermende vlamboog
r дуговая сварка f (плавящимся) покрытым электродом

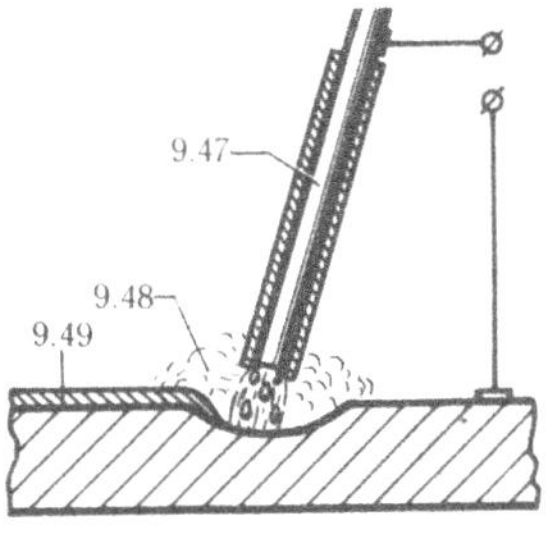

9.47 e electrode
d Stabelektrode f, Elektrode
f électrode f
nl laselektrode f, lasstaaf f(m)
r электрод m
(→9.46)

9.48 e gas shield
d Schutzgas n
f atmosphère f gazeuse
nl gasbescherming f, gasmantel m
r газовая атмосфера f дуги
(→9.46)

9.49 e slag
d Schlacke f
f laitier m, scorie f
nl slak f(m)
r шлак m
(→9.46)

9.50 e covered [coated] electrode
d umhüllte Elektrode f
f électrode f à enrobage
nl beklede elektrode [lasstaaf f(m)]
r покрытый электрод m

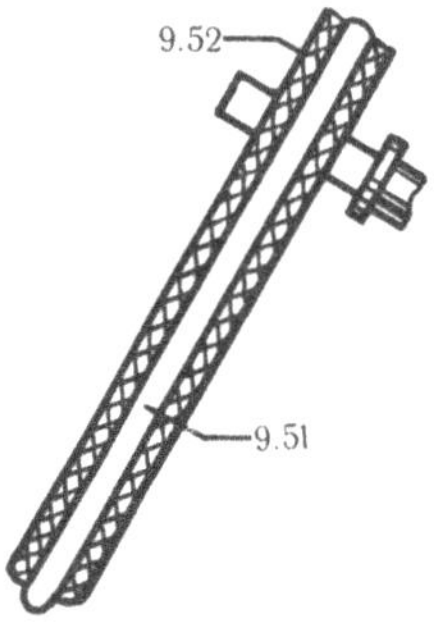

9.51 e core wire
d Kerndraht m
f âme f d'électrode
nl lasstaaf f (m), kerndraad m
r электродный стержень m
(→9.50)

9.52 e (electrode) coating
d Elektrodenumhüllung f, Umhüllung
f enrobage m d'électrode
nl lasstaafbekleding f
r покрытие n (электрода)
(→9.50)

9.53 e flux cored electrode
d Seelenelektrode f, Pulverdraht m
f électrode f à poudre
nl electrode f met vloeimiddelkern
r порошковый электрод m, порошковая проволока f

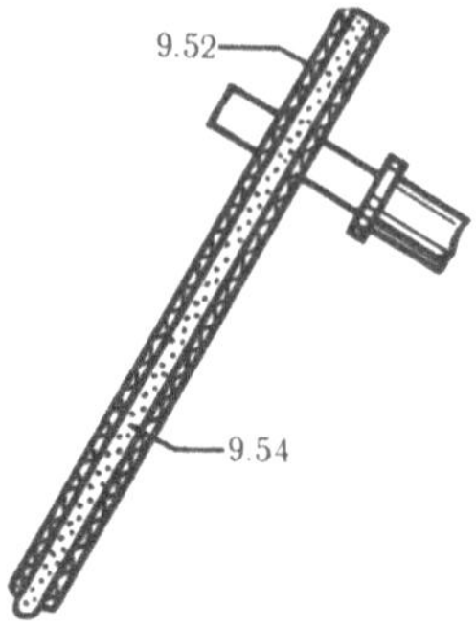

9.54 e flux core
d Pulverkern m
f âme f d'électrode à poudre
nl poedergevulde lasstaafkern
r порошкообразный сердечник m
(→9.55)

9.55 e gas-metal arc welding, metal-inert gas welding, GMA welding, MIG welding
d Schutzgas(-Lichtbogen)-schweissen n, SG-Schweissen
f soudage m à l'arc par fusion d'électrode sous protection gazeuse
nl MIG-lassen n
r (дуговая) сварка f плавящимся электродом в защитном газе

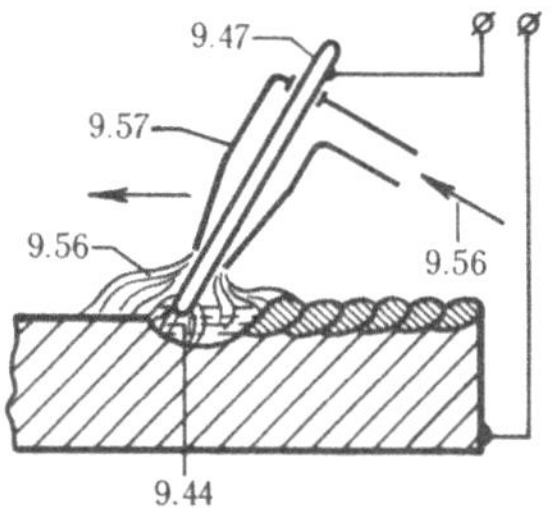

9.56 e shielding gas
d Schutzgas n
f gaz m de protection
nl (be)schermgas n
r защитный газ m
(→9.55)

9.57 e welding gun
d Schutzgasdüse f, Schweissbrenner m
f chalumeau m soudeur
nl lasbrander m
r (сварочная) горелка f
(→9.55)

9.58 e gas tungsten arc welding, GTA welding
d Wolfram-Schutzgasschweissen n, Wolfram-Inertgas-Schweissen, WIG-Schweissen
f soudage m à l'arc par d'électrode tungstique sous protection gazeuse
nl TIG-lassen n
r (дуговая) сварка f вольфрамовым электродом в защитном газе

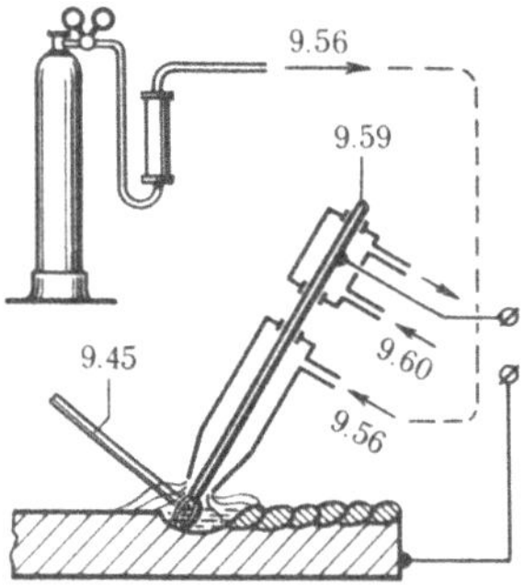

9.59 e (nonconsumable) tungsten electrode
d (nichtabschmelzende) Wolframelektrode f
f électrode f de tungstène (non fondante)
nl (niet-afsmeltende) wolframelektrode f
r (неплавящийся) вольфрамовый электрод m
(→9.58)

9.60 e cooling water
d Kühlwasser n
f eau f réfrigérante
nl koelwater n
r охлаждающая вода f
(→9.58)

9.61 e submerged arc welding
d Unterpulverschweissen n, UP-Schweissen
f soudage m sous flux

nl lassen n onder poederdek
r сварка f под флюсом

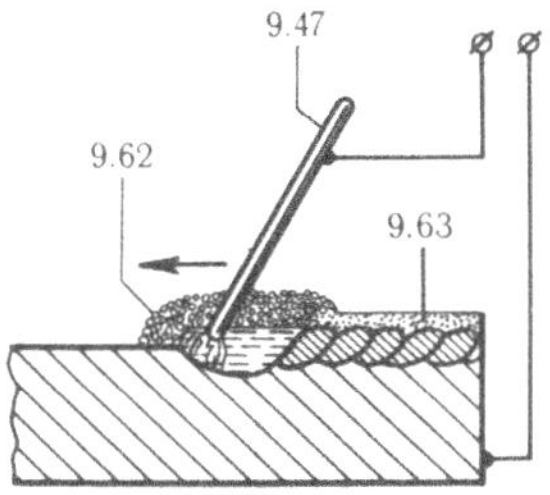

9.62 e welding flux
d Schweisspulver n
f flux m à souder
nl laspoeder n, m
r сварочный флюс m
(→9.61)

9.63 e solidified slag
d feste Schlacke f
f gaine f de scorie
nl uitgeharde lasslak f (m)
r затвердевший шлак m, шлаковая корка f
(→9.61)

9.64 e single-operator welding set
d Einstellenschweissanlage f
f système m d'alimentation à station unique
nl eenmanslasapparaat n
r однопостовая система n питания

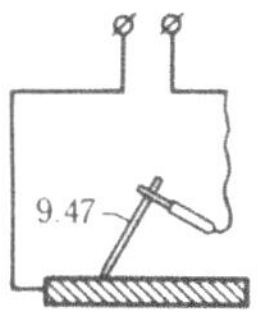

9.65 e multi-operator welding set
d Mehrstellenschweissanlage
f système m d'alimentation à multiple stations
nl meermanslasapparaat n
r многопостовая система f питания

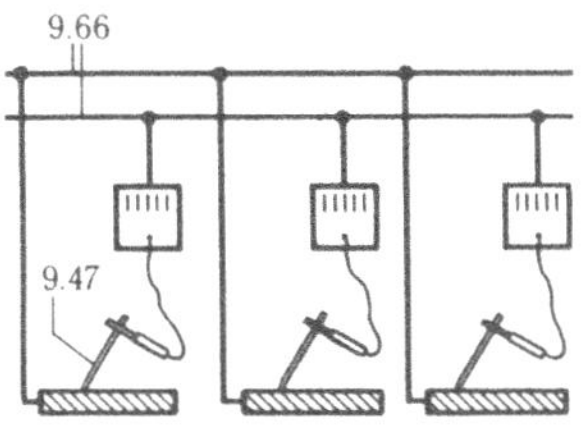

9.66 e feed bar
d Stromschiene f
f barre f d'amenée
nl voedingsstang f (m)
r токоподводящая шина f
(→9.65)

9.67 e power source, welding machine
d Schweissstromquelle f, Schweissenergiequelle
f source f d'alimentation d'arc
nl lasstroombron f(m)
r источник m питания дуги
(→9.68, 9.71)

9.68 e ac arc-welding
d Wechselstrom-Lichtbogenschweissen n
f soudage m à l'arc à courant alternatif
nl wisselstroombooglassen n
r (дуговая) сварка f переменным током

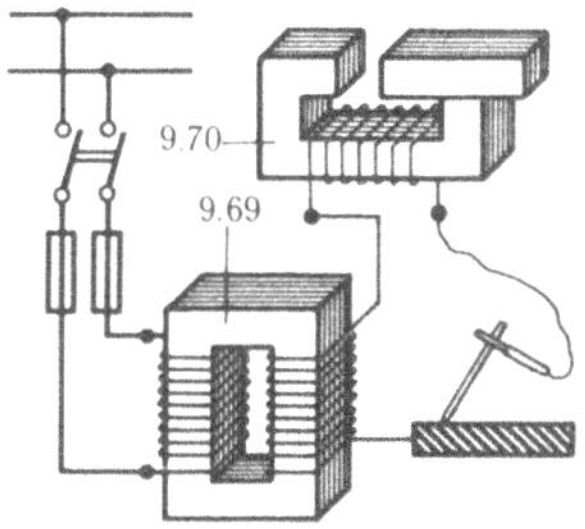

9.69 e welding transformer
d Schweisstransformator m
f transformateur m de soudage
nl lastrafo m
r сварочный трансформатор m
(→9.68)

9.70 e reactor coil
d Drossel f
f bobine f d'arrêt
nl smoorspoel f(m)
r дроссель m, реактивная катушка f
(→9.68)

9.71 e dc arc-welding
d Gleichstromschweissen n
f soudage m à l'arc à courant continu
nl gelijkstroombooglassen n
r (дуговая) сварка f постоянным током

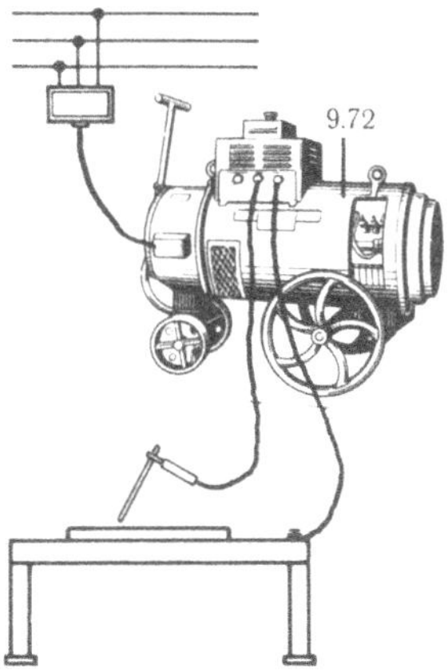

9.72 e welding converter
d Schweissumformer m
f convertisseur m de soudage
nl lasomvormer m
r сварочный преобразователь m
(→9.71)

9.73 e straight [standard] polarity
d Minuspolung f, normale Polung
f polarité f directe
nl negatieve aansluiting f
r прямая полярность f

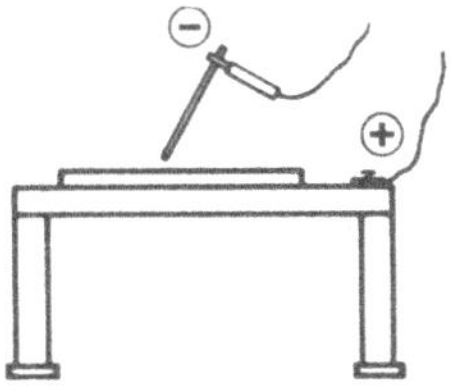

9.74 e reverse(d) polarity
d Pluspolung f, umgekehrte Polung
f polarité f inversée
nl positieve aansluiting f
r обратная полярность f

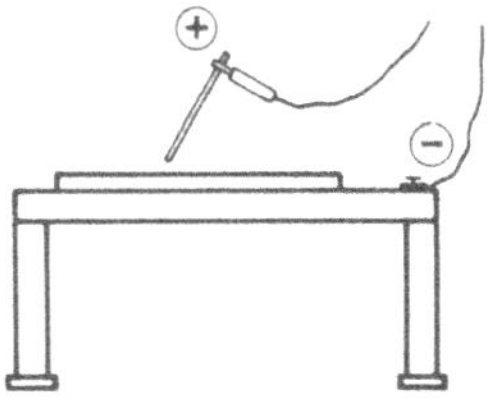

9.75 e manual welding
d Handschweissen n, manuelles Schweissen
f soudage m manuel
nl handlassen n
r ручная сварка f
(→9.76)

9.76 e welding station
d Schweiss-Stelle f
f station f de soudage
nl lasplaats f(m)
r сварочный пост m

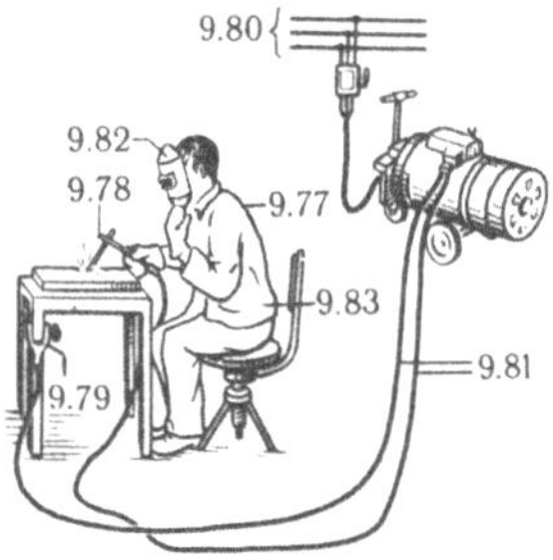

9.77 e welder
d Schweisser m
f soudeur m
nl lasser m
r сварщик m
(→9.76)

9.78 e electrode holder
d Elektrodenhalter m
f porte-électrode m
nl elektrodehouder m
r электрододержатель m
(→9.76)

9.79 e ground clamp
d Anschlussklemme f
f borne f de terre
nl aansluitklem f(m)
r зажим m заземления
(→9.76)

9.80 e three-phase current mains
d Dreiphasennetz n
f réseau m de courant triphasé
nl draaistroomnet n
r сеть f трёхфазного тока

9.81 e flexible cable
d Schweisskabel n
f câble m souple
nl buigzame kabel m
r гибкий кабель m
(→9.76)

9.82 e hand-held shield
d Schutzschild m
f écran m à main
nl lasscherm n
r (сварочный) щиток m
(→9.76)

9.83 e protective clothing
d Arbeitsanzug m
f vêtement m de travail
nl werkkleding f
r спецодежда f
(→9.76)

9.84 e helmet
d Kopfhaube f
f masque m de protection
nl lashelm m
r маска-шлем m

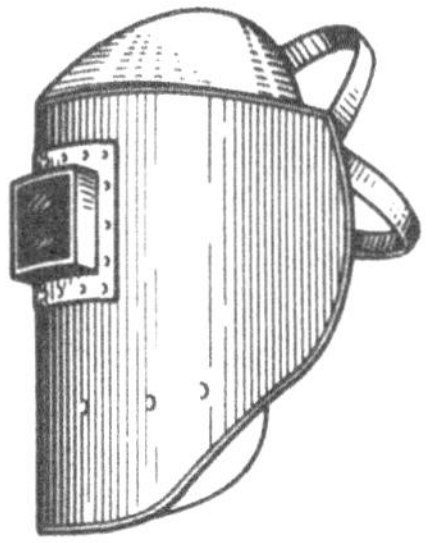

9.85 e semi-automatic submerged-arc welder
d halbautomatisches (Unterpulver-)Schweissgerät n
f machine f semi-automatique pour soudage sous flux
nl halfautomatisch lastoestel n voor het lassen onder poederdek
r полуавтомат m для (дуговой) сварки под флюсом

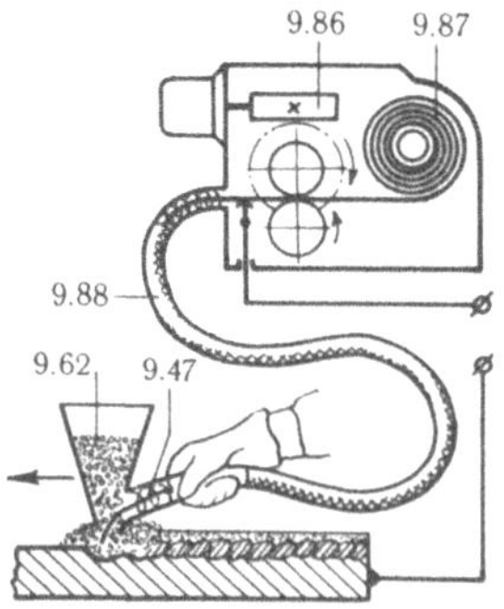

9.86 e wire feeder, wire feed assembly
d Drahtvorschubmechanismus m
f entraîneur m de fil
nl draadaanvoerapparaat n
r механизм m подачи проволоки, подающий механизм
(→9.85)

9.87 e wire reel
d Drahtspule f
f botte f de fil
nl rol f(m) draad
r моток m проволоки
(→9.85)

9.88 e hose guide
d Hohlkabel n
f tuyau m d'amenée
nl slang f (m)
r шланговый провод m
(→9.85)

9.89 e automatic submerged-arc welding
d automatisches Unterpulverschweissen n
f soudage m automatique sous flux
nl automatisch lassen n onder poederdek
r автоматическая сварка f под флюсом
(→9.90)

9.90 e automatic submerged-arc welder
d Schweisstraktor m
f automate m de soudage à l'arc sous flux
nl lasautomaat m voor het lassen onder poederdek
r автомат m для (дуговой) сварки под флюсом

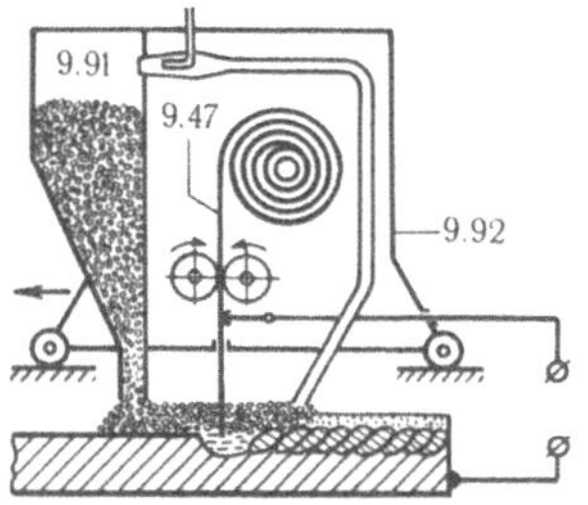

9.91 e flux hopper
d Pulvertrichter m
f trémie f pour flux
nl vultrechter m voor een lasvloeimiddel
r бункер m флюсового аппарата
(→9.90)

9.92 e travel carriage
d Fahrwerk n
f bog(g)ie f
nl loopwagen m
r тележка f, ходовая часть f
(→9.90)

9.93 e electroslag welding
d Elektroschlacke-schweissen n
f soudage m sous laitier électroconducteur
nl elektroslaklassen n
r электрошлаковая сварка f

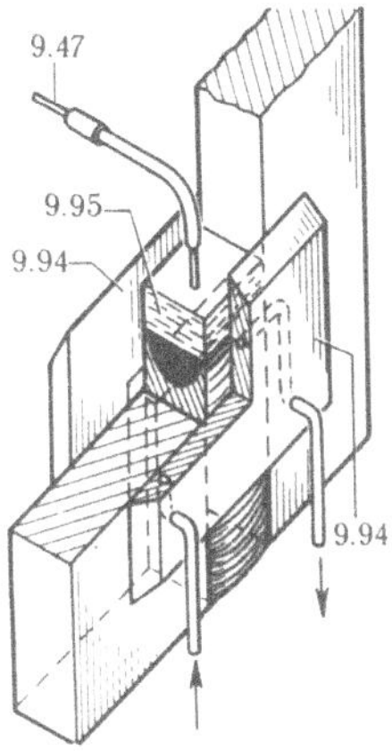

9.94 e molding shoe
d Formschuh m, Gleitschuh
f plaque f de formation
nl vormplaat f(m)
r формирующая плита f
(→9.93)

9.95 e molten slag
d Schlackenbad n
f laitier m fondu
nl gesmolten slak f(m), slakkenbad n
r расплавленный шлак m
(→9.93)

9.96 e plasma arc welding
d Plasmaschweissen n
f plasmasoudage m
nl plasma(boog)lassen n
r плазменная сварка f

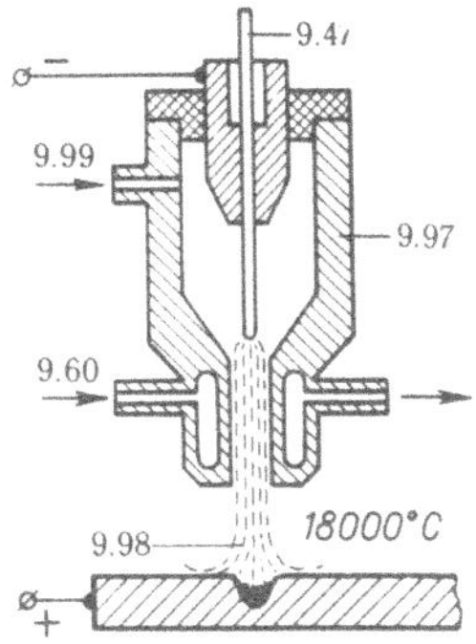

9.97 e plasma torch
d Plasma(schweiss)brenner m
f chalumeau m à plasma
nl plasmabrander m
r плазменная горелка f
(→9.96)

9.98 e plasma jet
d Plasmastrahl m
f jet m de plasma
nl plasmastraal m, f
r плазменная струя f
(→9.96)

9.99 e orifice gas
d Plasmagas n
f gaz m de plasma
nl plasmagas n, plasmavormend gas
r плазмообразующий газ m
(→9.96)

9.100 e electron-beam welding
d Elektronenstrahl-schweissen n
f soudage m par rayons électronique

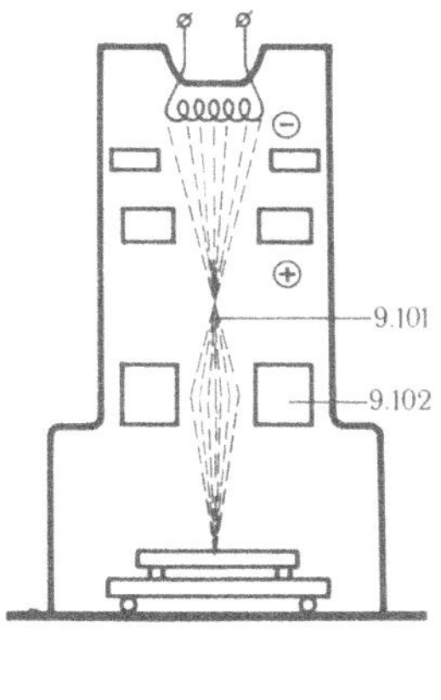

nl elektronenstraallassen n
r электронно-лучевая сварка f

9.101 e electron beam
d Elektronenstrahl m
f rayon m électronique
nl elektronenstraal m, f
r электронный луч m
(→9.100)

9.102 e focusing coil
d Fokussierungsspule f, Fokussierungslinse f
f bobine f de focalisation [de concentration]
nl focusseerspoel f(m)
r фокусирующая катушка f
(→9.100)

9.103 e welding positioner
d Schweissmanipulator m
f manipulateur m de soudage
nl lasmanipulator m, laspositioneerinrichting f
r сварочный манипулятор m

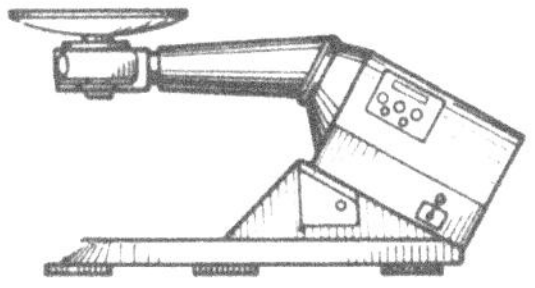

9.104 e surfacing [building up] by welding
d Auftragschweissen n
f rechargement m par soudure
nl oplassen n
r наплавка f

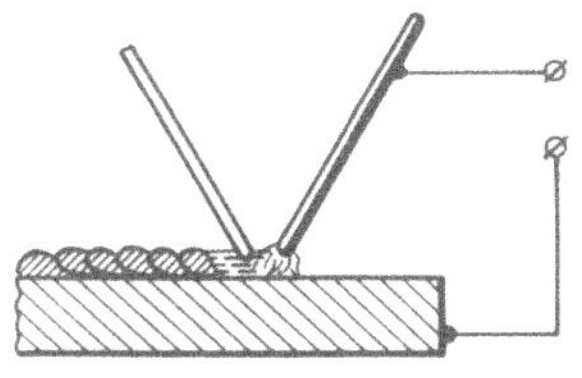

9.105 e metalizing, spray coating, thermal spraying
d Metallspritzen n

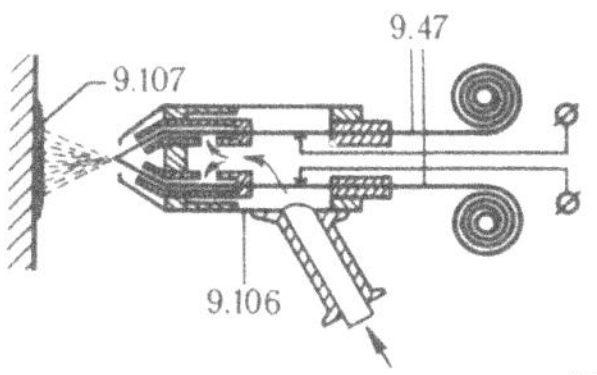

f métallisation f (par projection)
nl metalliseren n, metaalspuiten n
r металлизация f (распылением)

9.106 e metal [thermal] spraying gun
d Metallspritzpistole f
f pistolet m à métalliser
nl metaalspuitpistool n
r металлизационный аппарат m, металлизатор m
(→9.105)

9.107 e sprayed metal coating, spray deposit
d Metallspritzüberzug m
f couche f de métallisation
nl opgedampte deklaag f(m)
r напылённый слой m
(→9.105)

9.108 e resistance welding
d Widerstandsschweissen n
f soudage m par résistance
nl weerstandslassen n
r контактная сварка f

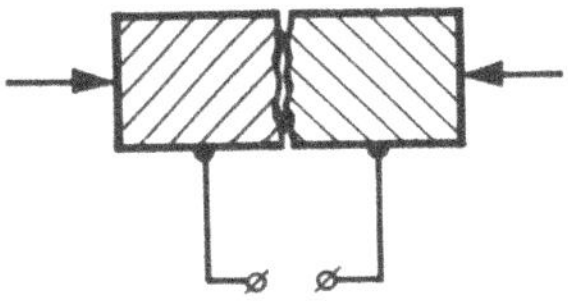

9.109 e spot welding
d Punktschweissen n
f soudage m par points
nl (weerstands)puntlassen n
r точечная (контактная) сварка f

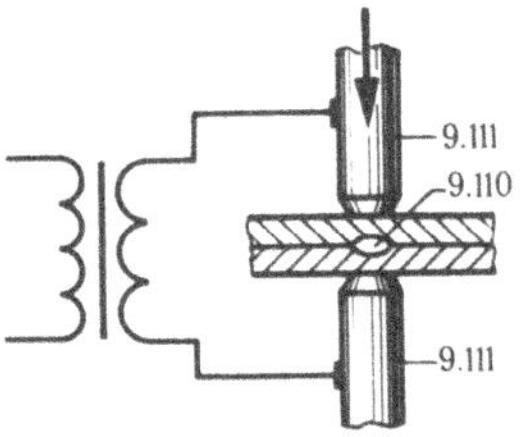

9.110 e spot weld
d Schweisspunkt m
f point m de soudage
nl puntlas f(m)
r сварочная точка f
(→9.109)

9.111 e spot-welding electrode, (spot)welding tip
d Punktschweisselektrode f
f électrode f pour soudage par points
nl puntlaselektrode f
r электрод m для точечной сварки
(→9.109)

9.112 e spot-welding machine, spot welder
d Punktschweissmaschine f
f machine f à souder par points
nl puntlasapparaat n
r точечная (сварочная) машина f

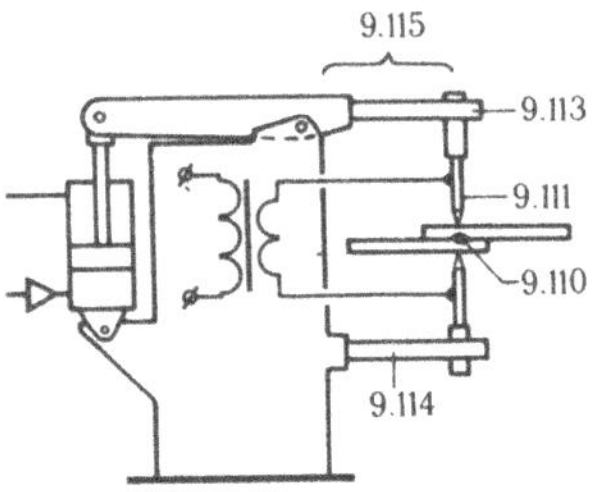

9.113 e rocker arm
d Schwingarm m
f bras m mobile de soudeuse
nl beweegbare arm m
r подвижный хобот m
(→9.112)

9.114 e stationary arm
d fester Arm m
f bras m immobile de soudeuse
nl vaste arm m
r неподвижный хобот m
(→9.112)

9.115 e throat
d Ausladung f
f portée f
nl werkbreedte f
r вылет m
(→9.112)

9.116 e seam welding
d Nahtschweissen n
f soudage m à molette
nl (rol)naadlassen n
r шовная [контактная] сварка f

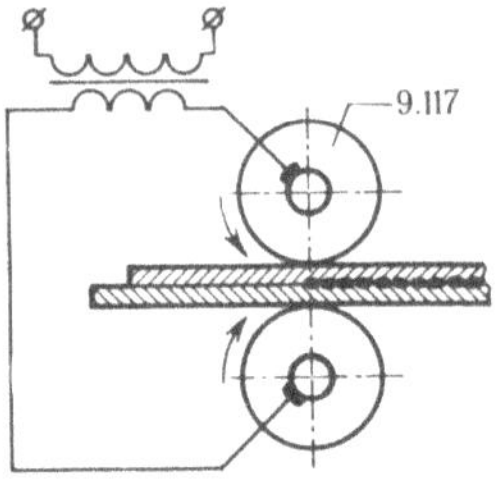

9.117 e welding disk, circular [roller] electrode
d Elektrodenrolle f, Rollenelektrode f
f électrode f ronde
nl rolelektrode f, schijfelektrode
r электрод-ролик m
(→9.116)

9.118 e projection welding
d Buckelschweissen n
f soudage m en relief
nl doordruklassen n
r рельефная сварка f

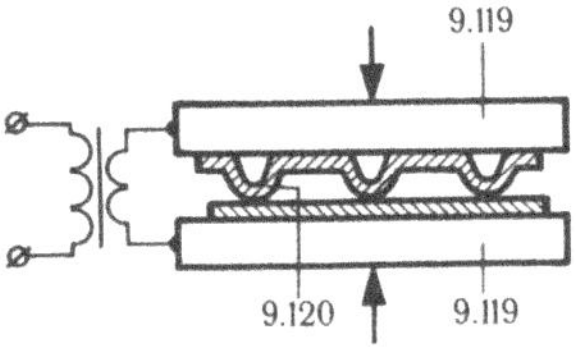

9.119 e electrode plate
d Elektrodenplatte f
f plaque f d'électrode
nl elektrodeplaat f(m)
r электродная плита f
(→9.118)

9.120 e projection
d Buckel m
f relief m
nl uitsteeksel n, nop m
r выступ m, рельеф m

9.121 e butt welding machine
d Stumpfschweissmaschine f
f machine f pour soudage en bout

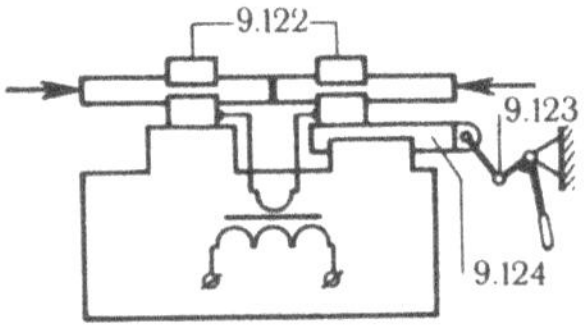

nl stomplasapparaat n
r машина f для стыковой сварки

9.122 e clamping mechanism, clamp
d Einspanneinrichtung f, Einspannbacke f
f dispositif m de serrage, serrage m
nl spaninrichting f
r зажимное устройство f, зажим m
(→ 9.121)

9.123 e feed and upsetting drive
d Vorschub- und Stauchantrieb m
f mécanisme m d'avancement et de tassement
nl aanvoer- en stuikmechanisme n
r механизм m подачи и осадки
(→ 9.121)

9.124 e traveling plate
d Fahrplatte f
f plaque f mobile
nl loopplaat f (m)
r подвижная плита f
(→ 9.121)

9.125 e flash welding
d Abbrennstumpfschweissen n
f soudage m en bout par étincelage
nl afsmeltstomplassen n
r стыковая сварка f оплавлением

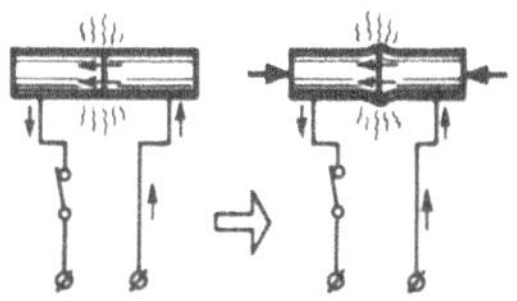

9.126 e upset welding
d Press-Stumpfschweissen n
f soudage m en bout par résistance
nl weerstandsstuiklassen n
r стыковая сварка f сопротивлением

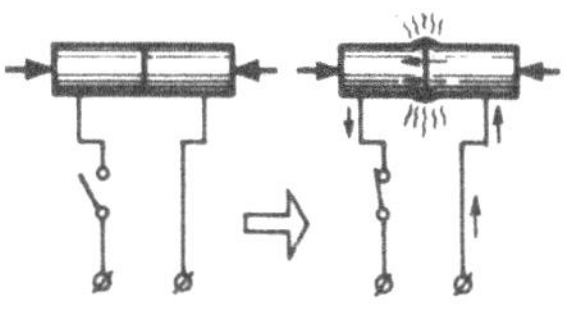

9.127 e friction welding
d Reibschweissen n
f soudage m par friction
nl wrijvingslassen n
r сварка f трением

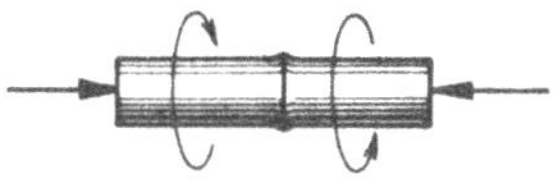

Gas Welding
Gasschweissen
Soudage au gaz
Gaslassen
Газовая сварка

9.128 e (oxyfuel) gas welding
d Gas(schmelz)schweissen n
f soudage m au gaz
nl gaslassen n, autogeenlassen
r газовая сварка f

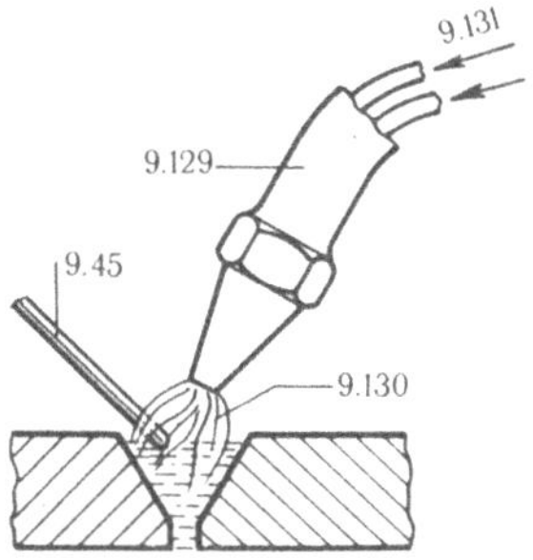

9.129 e welding torch
d Schweissbrenner m
f chalumeau m de soudage au gaz
nl lasbrander m
r горелка f для газовой сварки
(→ 9.128)

9.130 e flame
d Gasflamme f, Flamme
f flamme f
nl vlam v(m)
r пламя n
(→ 9.128)

9.131 e fuel gaz
d Brenngas n
f gaz m combustible
nl stookgas n
r горючий газ m
(→ 9.128)

9.132 e oxyacetylene welding
d Azetylen-Sauerstoff-Schweissen n
f soudage m oxyacétylénique
nl oxyacetyleenlassen n
r ацетилено-кислородная сварка f

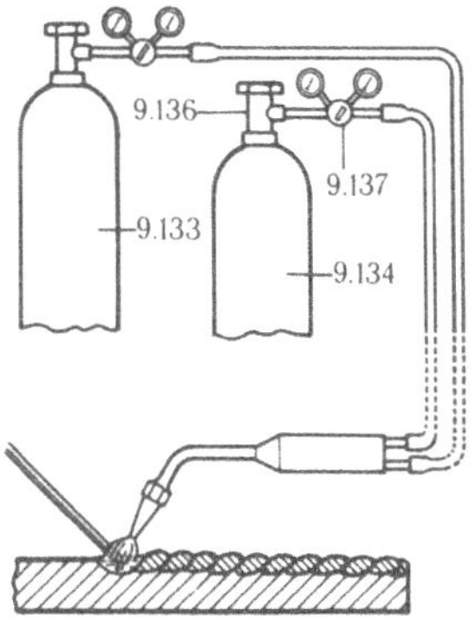

9.133 e oxygen cylinder
d Sauerstoffflasche f
f bouteille f d'oxygène
nl zuurstofcilinder m, n
r кислородный баллон m
(→ 9.132)

9.134 e acetylene cylinder
d Azetylenflasche f
f bouteille f d'acétylène
nl acetyleencilinder m, n
r ацетиленовый баллон m
(→ 9.132)

9.135 e acetylene (C_2H_2)
d Azetylen n (C_2H_2)
f acétylène m (C_2H_2)
nl acetyleen n (C_2H_2)
r ацетилен m (C_2H_2)
(→ 9.145)

9.136 e cut-off valve
d Flaschenventil n, Absperrventil
f robinet m d'arrêt
nl afsluitklep f(m)
r запорный вентиль m
(→ 9.132)

9.137 e pressure regulator
d Druckminderer m, Druckminderventil n
f régulateur m de pression

nl gasdrukregelaar m
r (газовый) редуктор m
(→ 9.132, 9.138, 9.139)

9.138 e nozzle-type pressure regulator
d gegen den Vordruck schliessender Druckminderer r
f régulateur m de pression à action directe
nl rechtstreeks [direct] werkende gasdrukregelaar m
r газовый редуктор m прямого действия

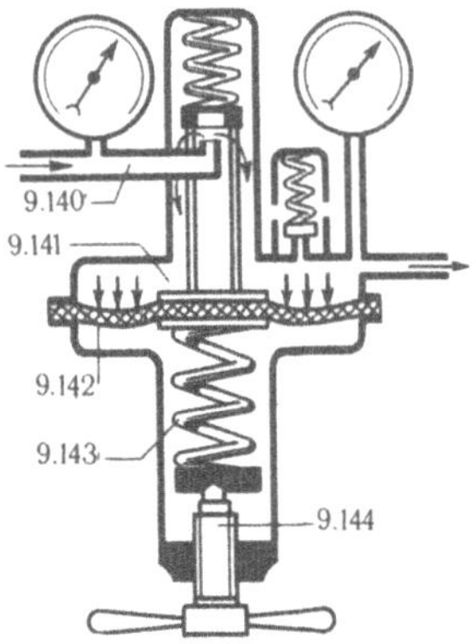

9.139 e stem-type pressure regulator
d mit dem Vordruck schliessender Druckminderer m
f régulateur m de pression à action inverse
nl terugwerkende gasdrukregelaar m
r газовый редуктор m обратного действия

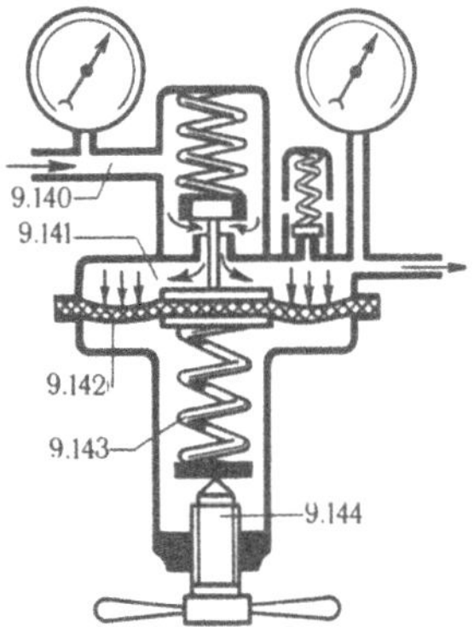

9.140 e high pressure chamber
d Vordruckkammer f
f chambre f à haute pression
nl hogedrukkamer f(m)
r камера f высокого давления
(→ 9.138, 9.139)

9.141 e low pressure chamber
d Hinterdruckkammer f
f chambre f à basse pression
nl lagedrukkamer f(m)
r камера f низкого давления
(→ 9.138, 9.139)

9.142 e diaphragme
d Membran n
f diaphragme m
nl membraan n, f(m)
r мембрана f
(→ 9.138, 9.139)

9.143 e adjustment spring
d Stellfeder f
f ressort m de réglage
nl regelveer f(m)
r регулировочная пружина f
(→ 9.138, 9.139)

9.144 e adjusting screw
d Stellschraube f
f vis f de réglage
nl regelschroef f(m)
r регулировочный винт m
(→ 9.138, 9.139)

9.145 e acetylene generator
d Azetylen-Entwickler m
f générateur m d'acétylène
nl acetyleen(gas)generator m
r ацетиленовый генератор m

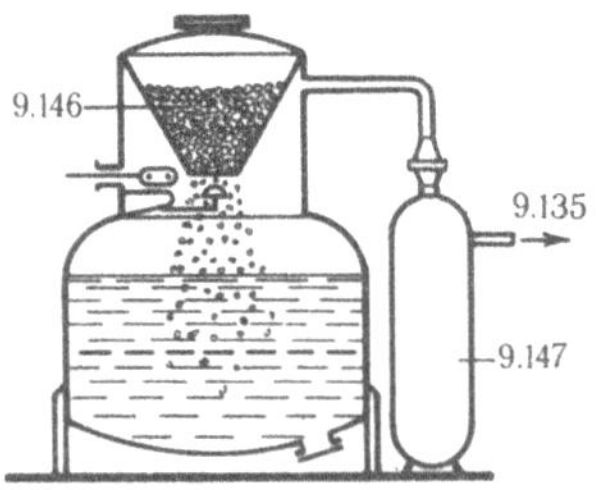

9.146 e calcium carbide (CaC_2)
d Kalziumkarbid n (CaC_2)
f carbure m de calcium (CaC_2)
nl calciumcarbide n (CaC_2)
r карбид m кальция (CaC_2)
(→ 9.145)

9.147 e back-flow check valve
d Sicherheitsvorlage f
f vanne f de garde
nl terugslagklep f (m)
r предохранительный затвор m
(→ 9.145, 9.148)

9.148 e hydraulic back-flow check valve
d Sicherheitswasservorlage f
f vanne f à joint hydraulique
nl hydraulische terugslagklep f (m)
r водяной предохранительный затвор m

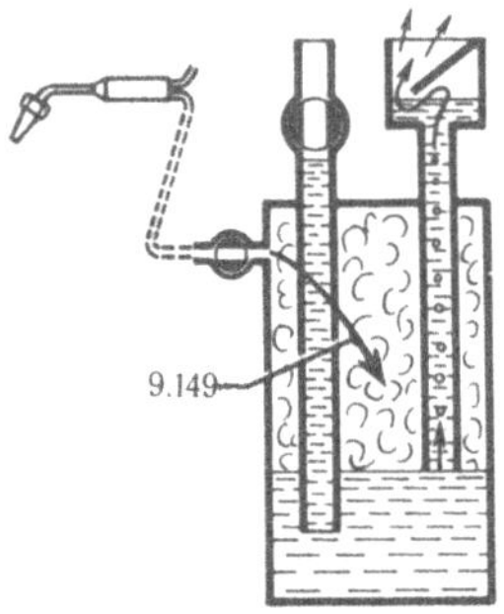

9.149 e backfire, flashback
d Abknallen n, Flammeneinrückschlag m
f rentrée f [coup m] de flamme
nl terugslaan n van de vlam
r обратный удар m пламени
(→ 9.148)

9.150 e low-pressure [injector type] torch
d Saugbrenner m
f chalumeau m à basse pression [à injection]
nl lagedrukbrander m
r горелка f низкого давления, инжекторная горелка

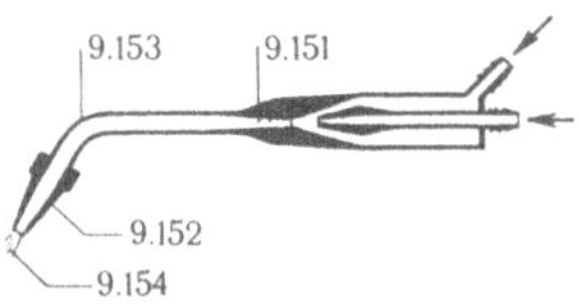

9.151 e mixing chamber
d Mischkammer f
f chambre f de mélange

nl mengkamer f(m)
r смесительная камера f
(→ 9.150, 9.155)

9.152 e nozzle
d Schweissdüse f
f nez m
nl mondstuk n
r мундштук m
(→ 9.150, 9.155)

9.153 e tip
d Mundstück n
f bout m
nl branderkop m, brandermondstuk n
r наконечник m
(→ 9.150, 9.155)

9.154 e fuel mixture
d Brenngasgemisch n
f mélange m carburé
nl brandstofmengsel n
r горючая смесь f
(→ 9.150, 9.155)

9.155 e medium-pressure [positive pressure] type torch
d Gleichdruckbrenner m
f chalumeau m à haute pression
nl hogedrukbrander m
r горелка f высокого давления, безынжекторная горелка

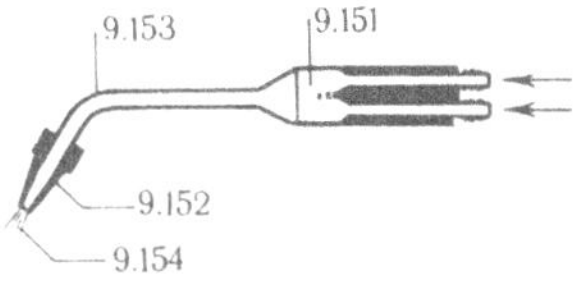

9.156 e forehand [leftward] welding
d Nachlinksschweissen n
f soudage m à gauche
nl linkslopend lassen n, linkslassen
r левая сварка f

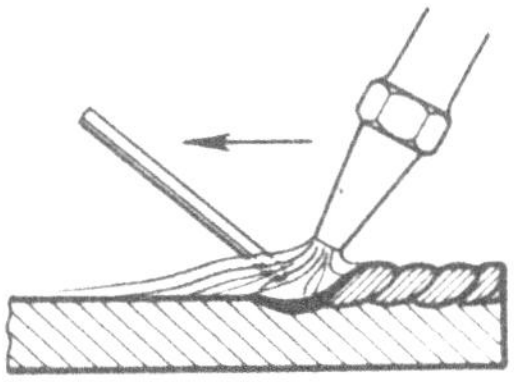

9.157 e backhand [rightward] welding
d Nachrechtsschweissen n
f soudage m à droite
nl rechtslopend lassen n, rechtslassen
r правая сварка f

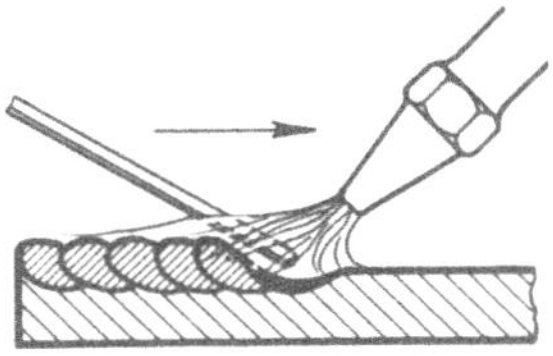

9.158 e pressure gas welding
d Gaspress-Schweissen n
f soudage m autogène par pression
nl gasdruklassen n
r газопрессовая сварка f

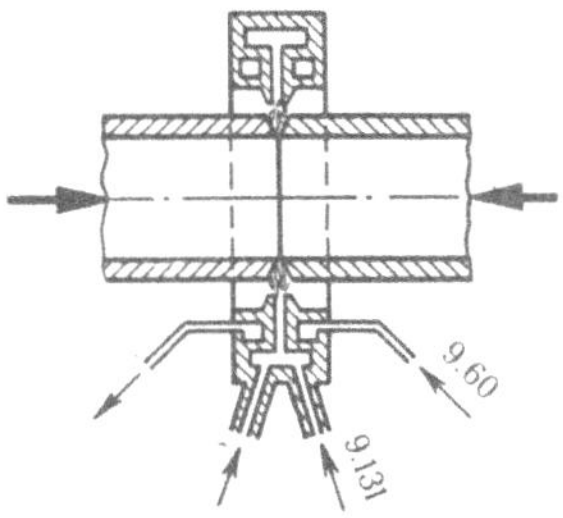

9.159 e thermit welding
d luminothermisches Schweissen n
f soudage m de thermite
nl thermietlassen n
r термитная сварка f

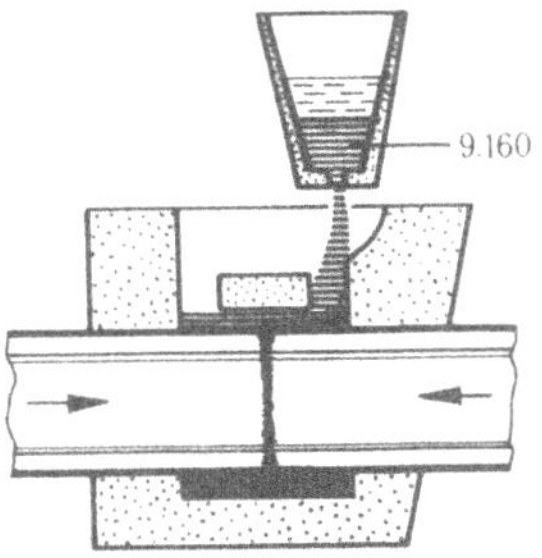

9.160 e thermit
d Thermit n
f thermite f
nl thermiet n
r термит m
(→9.159)

9.161 e oxygen [gas] cutting
d Brennschneiden n
f coupage m à l'oxygéne
nl autogeensnijden n
r кислородная резка f

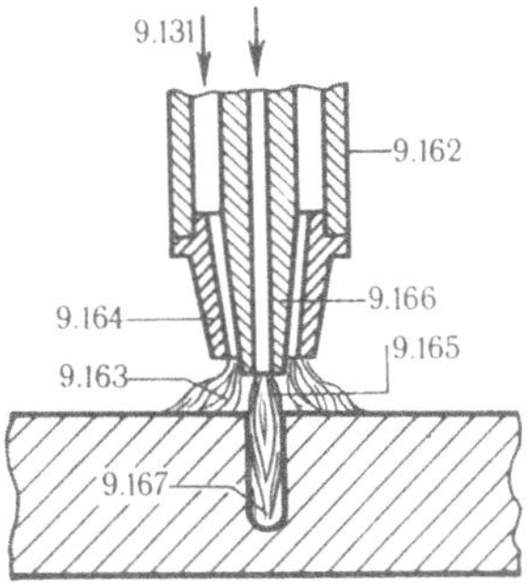

9.162 e cutting torch
d Schneidbrenner m
f chalumeau m de coupeur
nl snijbrander m
r резак m
(→ 9.161)

9.163 e preheating flame
d Heizflamme f
f flamme f de préchauffage
nl (voor)verwarmingsvlam v(m)
r подогревательное [подогревающее] пламя n
(→ 9.161)

9.164 r preheating nozzle
d Heizdüse f
f nez m à préchauffage
nl (voor)verwarmingsmondstuk n
r подогревательный [наружный] мундштук m
(→ 9.161)

9.165 e cutting oxygen
d Schneidsauerstoff m
f oxygéne m de coupe
nl zuurstof f (m)
r режущий кислород m
(→ 9.161)

9.166 e cutting nozzle
d Schneiddüse f
f nez m de coupe
nl snijkop m, branderbek m
r режущий [внутренний] мундштук m
(→ 9.161)

9.167 e kerf, cut
d Schnittfuge f
f coupure f
nl snede f(m)
r рез m
(→ 9.161)

9.168 e flame-cutting machine
d Brennschneidemaschine f
f machine f d'oxycoupage [de decoupage a gaz]
nl snijbrandermachine f

r машина f для кислородной резки, газорезательная машина

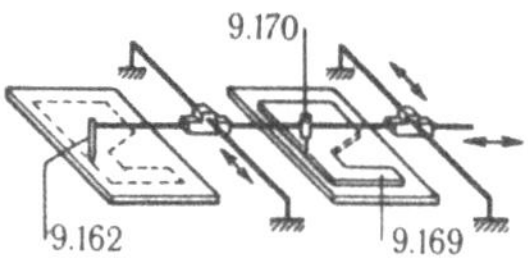

9.169 e templet, template
d Schablone f
f gabarit m
nl volger m, volginrichting f
r копир m
(→ 9.168)

9.170 e magnetic tracer
d Magnetfühler m
f palpeur m magnétique
nl magnetische aftaster m
r магнитный (копирный) щуп m
(→ 9.168)

9.171 e oxygen lance cutting, oxygen lancing
d Schmelzbohren n
f coupage m à l'oxygène
nl zuurstoflanssnijden n
r копьевая кислородная резка f

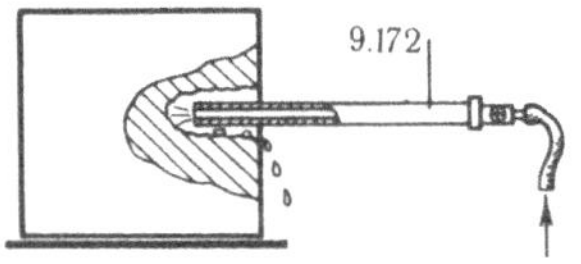

9.172 e oxygen lance
d Sauerstofflanze f
f lance f d'oxygène
nl zuurstoflans f (m)
r кислородное копьё n

Brazing and Soldering
Löten
Brasage
Solderen
Пайка

9.173 e brazing
d Hartlöten n
f brasage m à haute température
nl hard solderen n, brezen n
r высокотемпературная пайка f

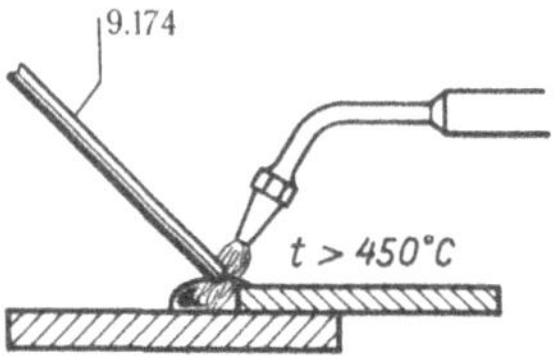

9.174 e brazing filler
d Hartlötzusatzwerkstoff m
f brasure f forte
nl hardsoldeer n, m
r твёрдый припой m
(→ 9.173)

9.175 e furnace brazing
d Ofenhartlöten n
f brasage m au four
nl hardsolderen n in een oven
r печная пайка f, пайка в печи

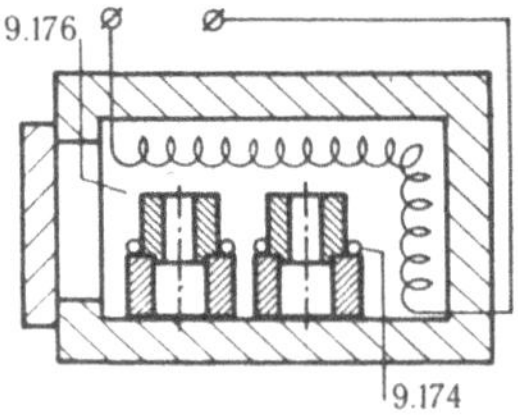

9.176 e controlled atmosphere
d kontrollierte Atmosphare f
f atmosphère f contrôlée
nl gecontroleerde kunstmatige gasatmosfeer f (m)
r контролируемая атмосфера f
(→ 9.175)

9.177 e induction brazing
d Induktionshartlöten n
f brasage m par induction
nl hardsolderen n door inductie
r индукционная пайка f

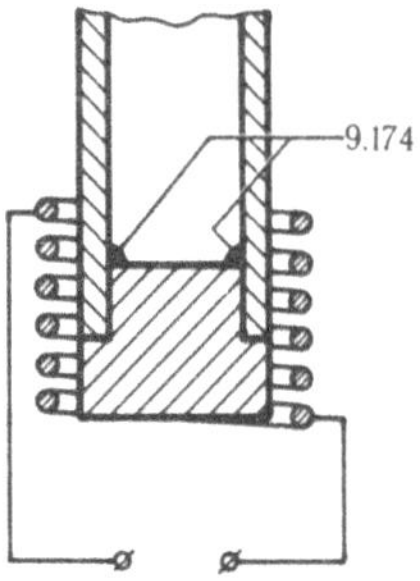

9.178 e soldering
d Löten, Lötung
f brasage m à basse température
nl solderen n
r низкотемпературная пайка f

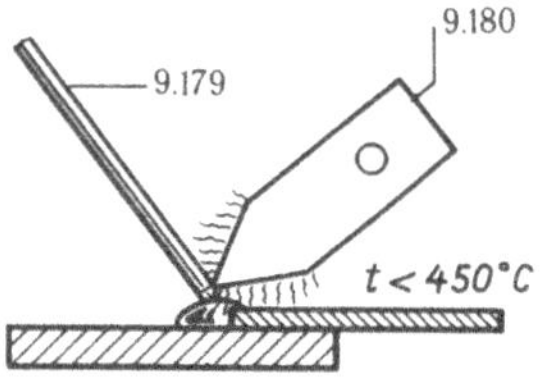

9.179 e solder
d Lot n
f brasure f tendre
nl zachtsoldeer n, m
r мягкий припой m
(→ 9. 178)

9.180 e soldering iron
d Löteisen n, Lötkolben m
f soudoir m
nl soldeerbout m
r паяльник m
(→ 9.178)

9.181 e resistance soldering
d Widerstandslöten n

f brasage m par résistance
nl weerstandssolderen n
r пайка f электросопротивлением

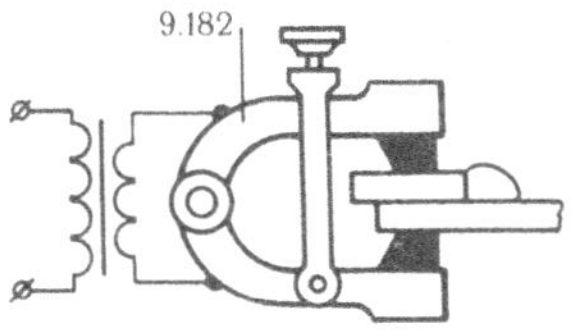

9.182 e soldering tongs
d Lötzange f
f pince f à braser
nl soldeertang f(m)
r паяльные клещи pl
(→ 9.181)

9.183 e dip soldering
d Tauchlöten n
f brasage m par immersion
nl dompelsolderen n
r пайка f погружением

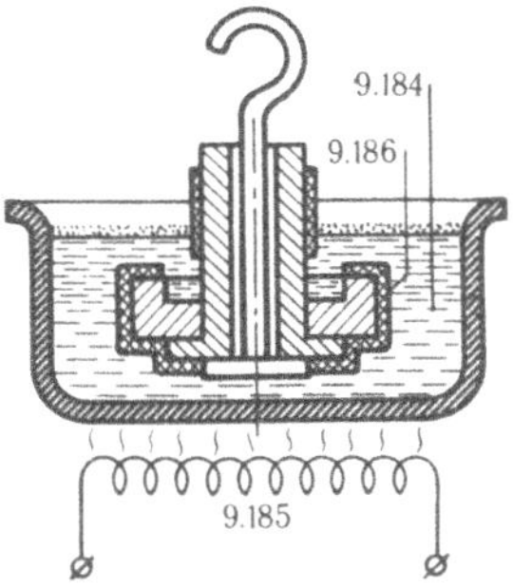

9.184 e molten solder
d Lötbad n
f brasure f en fusion
nl gesmolten soldeer n, m, soldeerbad n
r расплавленный припой m
(→ 9.183)

9.185 e heating coil
d Heizspule f
f élément m chauffant
nl verwarmingselement n, verhittingselement
r нагревательный элемент m
(→ 9.183)

9.186 e protective paste
d Schutzpaste f
f pâte f de protection
nl beschermingspasta m, n
r предохранительная паста f
(→ 9.183)

10. HEAT TREATMENT
WÄRMEBEHANDLUNG
TRAITEMENT THERMIQUE
WARMTEBEHANDELING
ТЕРМИЧЕСКАЯ ОБРАБОТКА

10.1 e heat treatment
d Wärmebehandlung f
f traitement m thermique
nl warmtebehandeling f
r термическая обработка f, термообработка

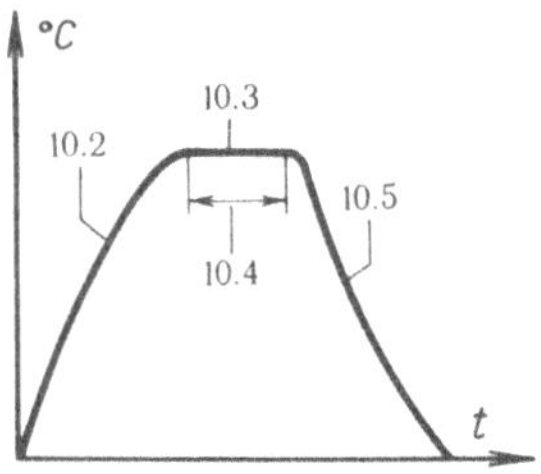

10.2 e heating
d Erwärmen n
f chauffage m
nl verwarmen n, verhitten n, verwarming f, verhitting f
r нагрев m
(→ 10.1)

10.3 e soaking out, equalizing
d Warmhalten n, Halten
f temporisation f
nl warm (*op een constante temperatuur*) houden n
r выдержка f
(→ 10.1)

10.4 e soaking time
d Haltedauer f
f temps m de temporisation
nl houdtijd m, opwarmtijd
r время f выдержки
(→ 10.1)

10.5 e cooling
d Abkühlen n
f refroidissement m
nl (af)koelen n, (af)koeling f
r охлаждение n
(→ 10.1)

10.6 e critical temperature [point] (Ac_1, Ac_3)
d Umwandlungstemperatur f, Haltepunkt m (Ac_1, Ac_3)
f température f critique (Ac_1, Ac_3)
nl transformatiepunt n (Ac_1, Ac_3)
r критическая температура f, критическая точка f (Ac_1, Ac_3)

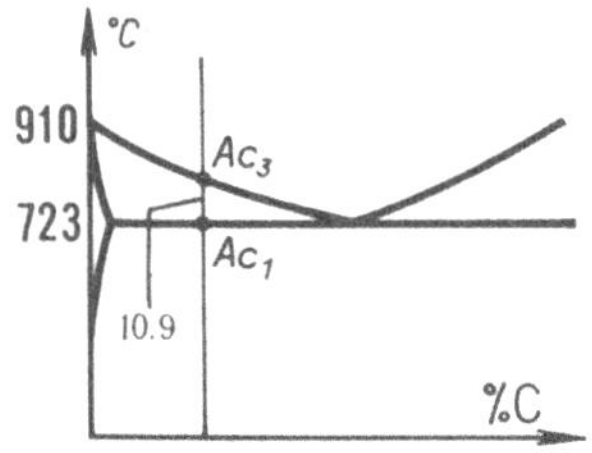

10.7 e upper critical temperature (Ac_3)
d obere Umwandlungstemperatur f, oberer Haltepunkt m (Ac_3)
f température f critique de dessus (Ac_3)
nl hoogste kritische temperatuur f (Ac_3)
r верхняя критическая температура (Ac_3)
(→ 10.6)

10.8 e lower critical temperature (Ac_1)
d niedere Umwandlungstemperatur f, niederer Haltepunkt m (Ac_1)
f température f critique de dessous (Ac_1)
nl laagste kritische temperatuur f (Ac_1)
r нижняя критическая температура f (Ac_1)
(→ 10.6)

10.9 e transformation range
d Umwandlungsbereich m
f intervalle m de transformation
nl omzettingsgebied n, transformatiegebied
r интервал m превращений
(→ 10.6)

10.10 e annealing
d Glühen n
f recuit m
nl gloeien n, uitgloeien (*gevolgt door langzame koeling*)
r отжиг m

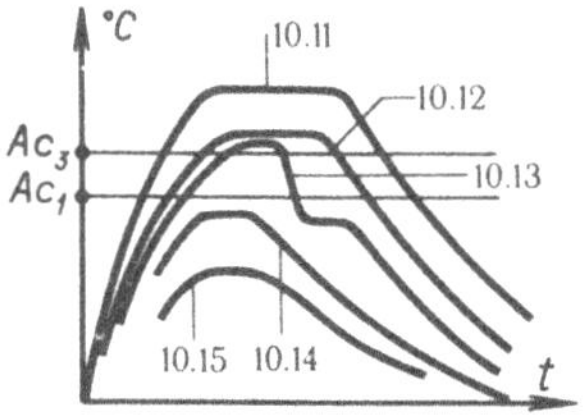

10.11 e diffusion annealing
d Diffusionsglühen n
f recuit m de diffusion
nl diffusiegloeien n
r диффузионный отжиг m, гомогенизация f
(→ 10.10)

10.12 e full annealing
d Weichglühen n
f recuit m complet
nl zachtgloeien n
r полный отжиг m
(→ 10.10)

10.13 e isothermal [cycle] annealing
d isothermisches Glühen n
f recuit m isotherme
nl isothermisch gloeien n
r изотермический отжиг m
(→ 10.10)

10.14 e recrystallization annealing
d Rekristallisationsglühen n
f recuit m de recristallisation
nl rekristallisatiegloeien n
r рекристаллизационный отжиг m
(→ 10.10)

10.15 e stress relieving
d Spannungsarmglühen n
f recuit m de détente
nl spanningsvrijmaken n, spanningsvrijgloeien n

r низкий отжиг m
(→ 10.10)

10.16 e normalizing
d Normalglühen n
f normalisation f
nl normaalgloeien n
r нормализация f

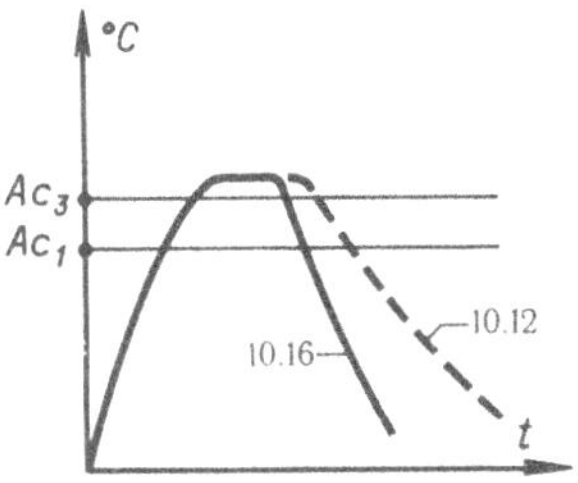

10.17 e hardening
d Härten n
f trempe f
nl harden n
r закалка f

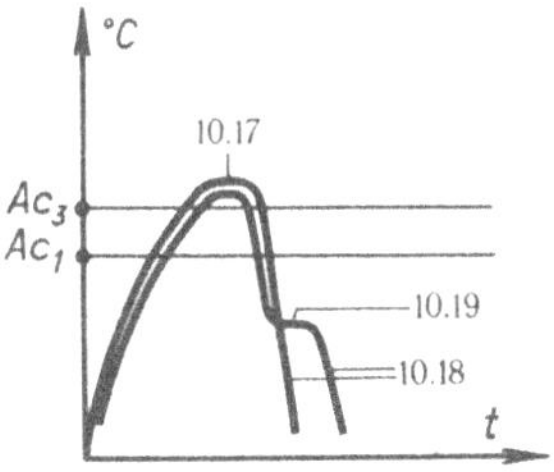

10.18 e quenching
d Abschrecken n
f refroidissement m brusque
nl afschrikken n
r резкое охлаждение n
(→ 10.17)

10.19 e isothermal hardening
d isothermisches Härten n, Thermalhärten
f trempe f isotherme
nl isothermisch harden n
r изотермическая закалка f
(→ 10.17)

10.20 e tempering
d Anlassen n
f revenu m
nl ontlaten n
r отпуск m

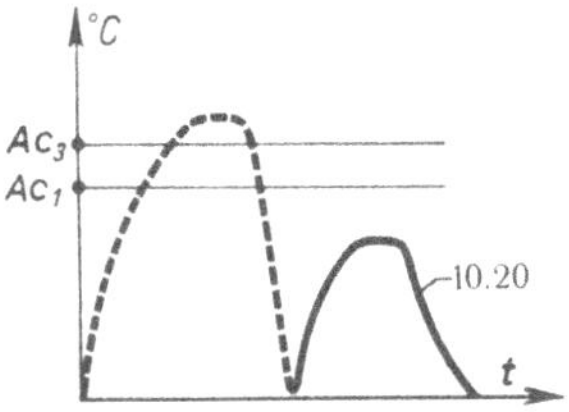

10.21 e surface [case] hardening
d Oberflächenhärten n
f trempe f superficielle
nl pakharden n
r поверхностная закалка f

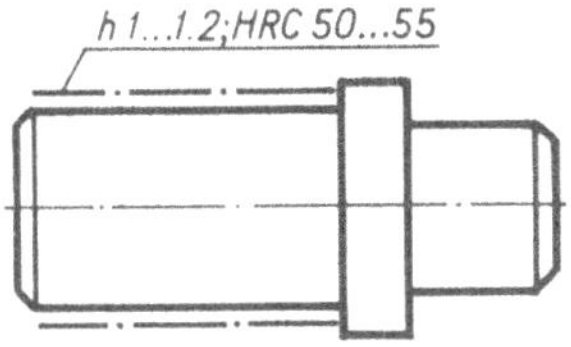

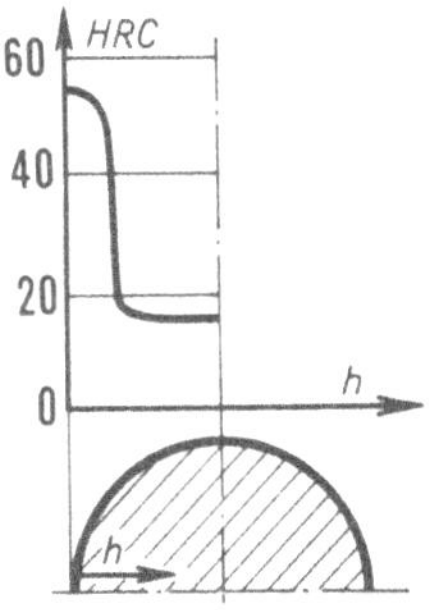

10.22 e induction hardening
d Induktionshärten n
f trempe f par induction
nl inductieharden n
r индукционная закалка f

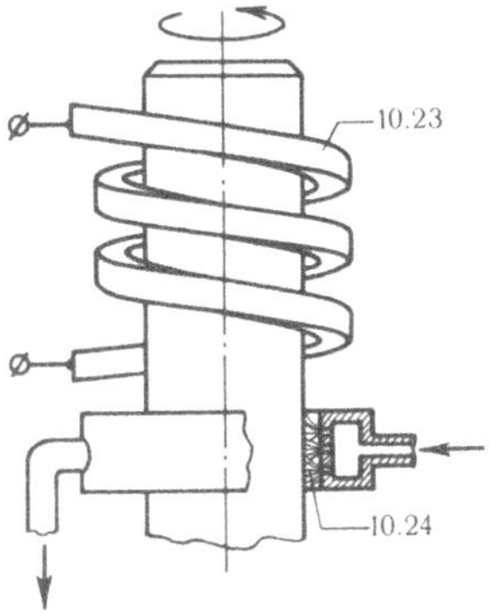

10.23 e induction coil
d Heizspule f, Heizschleife f
f inducteur m
nl inductor m
r индуктор m
(→ 10.22)

10.24 e water spray
d Wasserbrause f
f jet m d'eau
nl waterverstuiver m, waterspoeier m
r водяной душ m
(→ 10.22)

10.25 e flame hardening
d Flamm(en)härten n, Brennhärten
f trempe f au chalumeau
nl vlamharden n
r закалка f (с нагревом) газовым пламенем, пламенная закалка

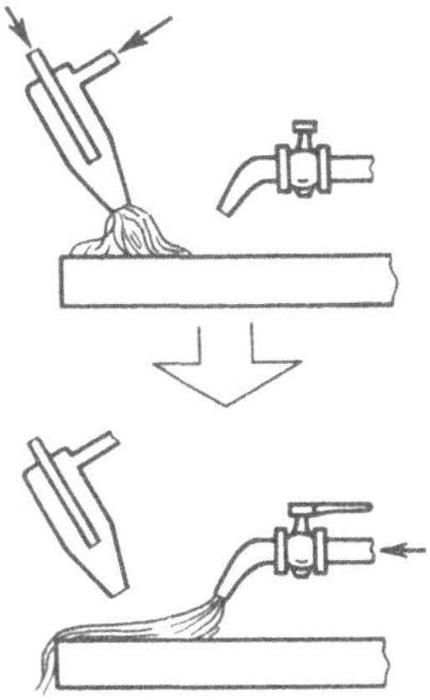

10.26 e ageing
d Alterung f, Altern n
f vieillissement m
nl verouderen n, veroudering f
r старение n

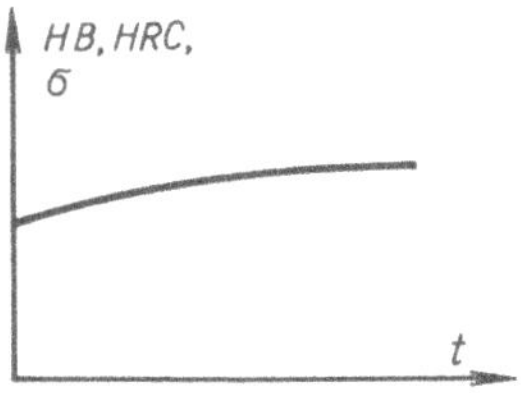

10.27 e natural ageing
d natürliches Altern n
f vieillissement m naturel
nl natuurlijke veroudering f
r естественное старение n

10.28 e artificial ageing
d künstliches Altern n, Warmauslagern n
f vieillissement m artificiel
nl kunstmatige veroudering f
r искусственное старение n

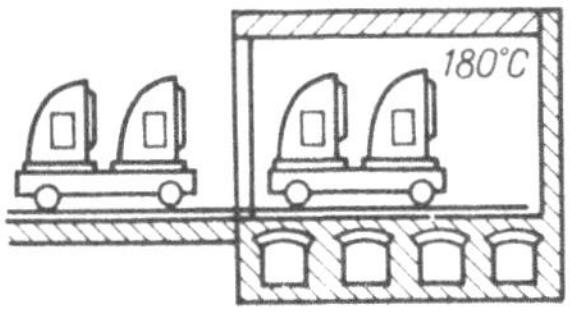

10.29 e sub-zero [cold] treatment
d Tiefkühlen n
f traitement m à froid [au-dessous de zéro degré]
nl diepkoelen n
r обработка f холодом, низкотемпературная обработка

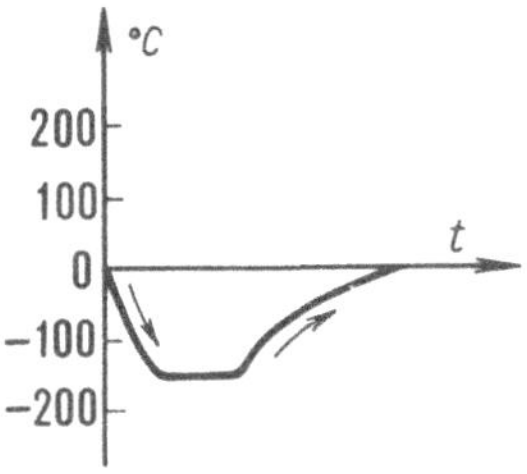

10.30 e carburizing
d Aufkohlen n, Einsetzen n
f cémentation f, carburation f
nl cementeren n, carbureren n, inzetten n
r цементация f, науглероживание n
(→ 10.31 – 10.33)

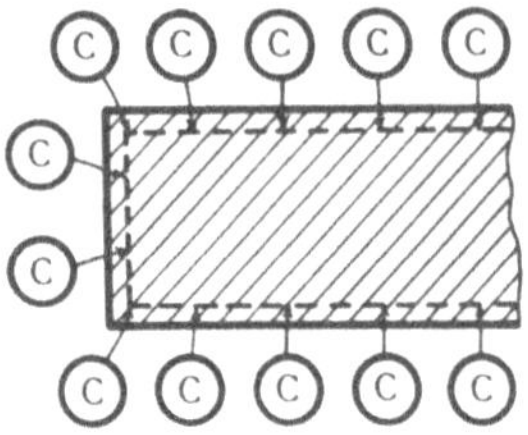

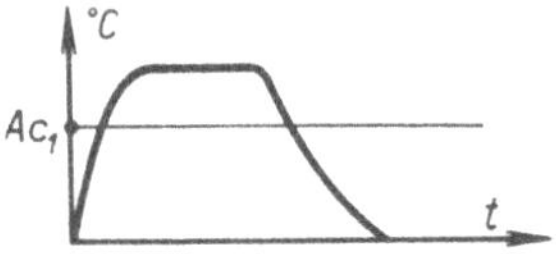

10.31 e pack carburizing
d Pulveraufkohlung f
f cémentation f par le carbone solide
nl pakharden n
r цементация f в твёрдом карбюризаторе

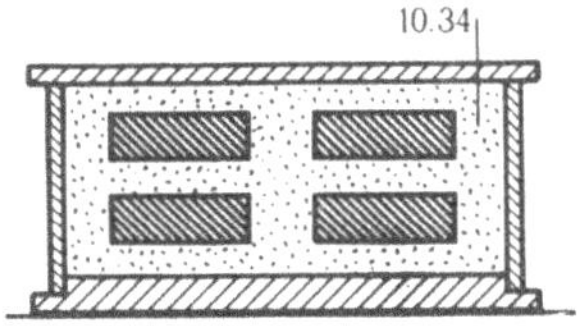

10.32 e liquid carburizing
d Salzbadaufkohlung f
f cémentation f liquide
nl vloeistofcementeren n, zoutbadcementeren
r жидкостная цементация f

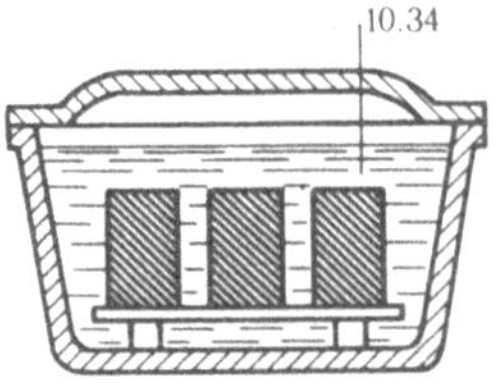

10.33 e gas carburizing
d Gasaufkohlung f
f cémentation f gazeuse
nl gascarboniseren n
r газовая цементация f

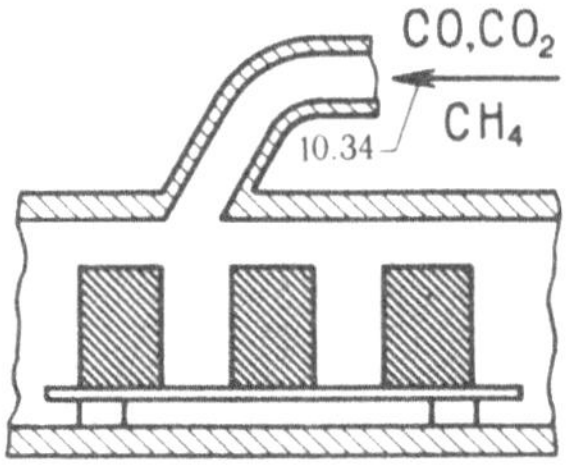

10.34 e carbonaceous medium
d Aufkohlungsmittel n
f agent m de cémentation
nl cementeermiddel n
r карбюризатор m
(→ 10.31, 10.32, 10.33)

10.35 e nitriding
d Nitrieren n, Nitrierhärten n, Aufsticken n
f nitruration f, azoturation f
nl nitreren n
r азотирование n

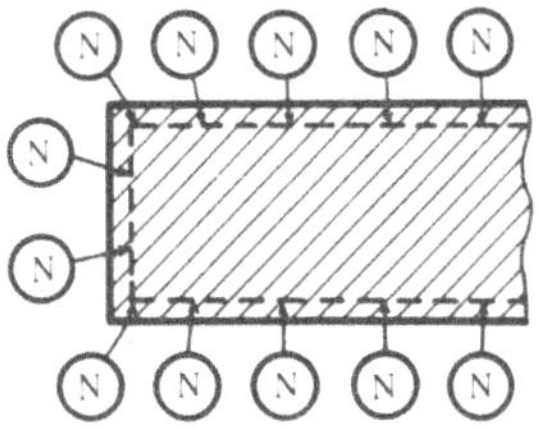

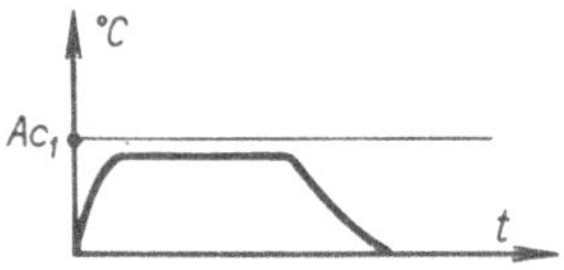

10.36 e cyaniding
d Zyanbadnitrieren n, Zyanbadhärten n
f cyanuration f

nl cyaniseren n
r цианирование n

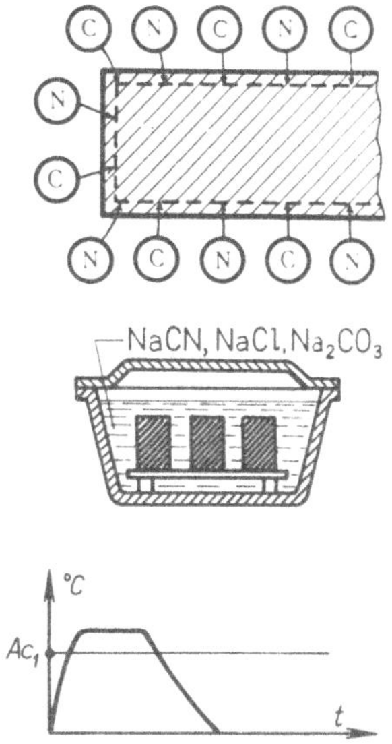

10.37 e carbonitriding
d Karbonitrieren n
f carbonitruration f
nl carbonitreren n
r нитроцементация f

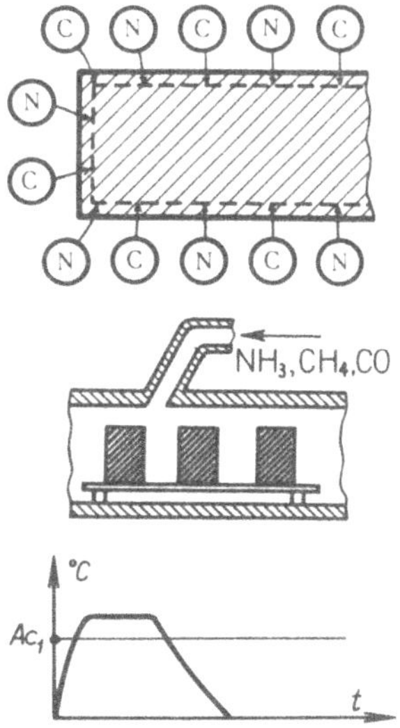

10.38 e chromizing
d Diffusionsverchromen n, Verchromen
f chromisation f
nl diffusieverchromen n
r (диффузное) хромирование n

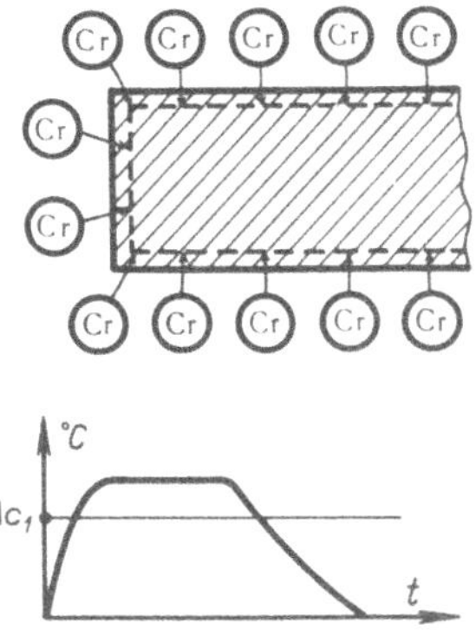

10.39 e heat-treating furnace
d Wärme(behandlungs)ofen m
f four m de traitement
nl hittebehandelingsoven m
r термическая [нагревательная] печь f
(→ 10.41, 10.42, 10.44, 10.45)

10.40 e batch furnace
d Einsatzofen m
f four m discontinu
nl inzetoven m
r печь f периодического действия
(→ 10.41, 10.42)

10.41 e chamber furnace
d Kammerofen m
f four m à chambre
nl kameroven m
r камерная печь f

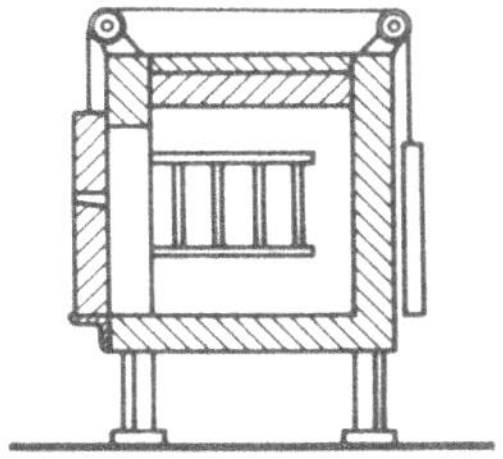

10.42 e pit furnace
d Schachtofen m
f four m à cuve
nl schachtoven m
r шахтная печь f

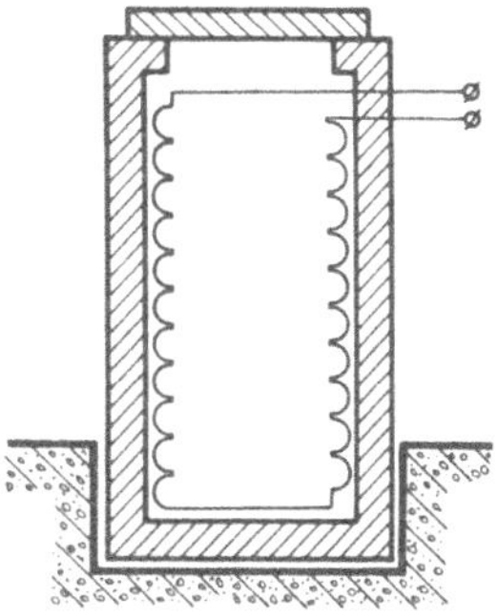

10.43 e continuous furnace
d Durchlaufofen m, Tunnelofen
f four m continu
nl doorschuifoven m, kameroven
r печь f непрерывного действия
(→ 10.44, 10.45)

10.44 e pusher-type furnace
d Stossofen m
f four m chargé par pousseuse
nl doorstootoven m
r толкательная печь f

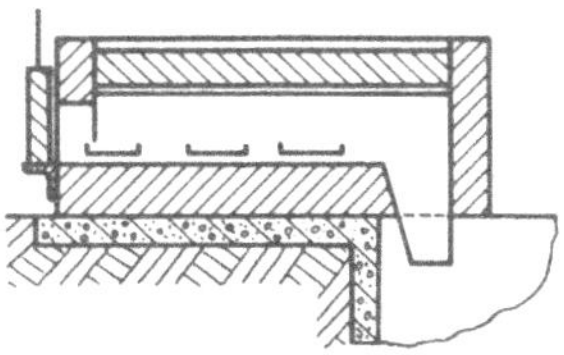

10.45 e conveyor furnace
d Förderofen m
f four m à bande
nl oven m met transportband
r конвейерная печь f

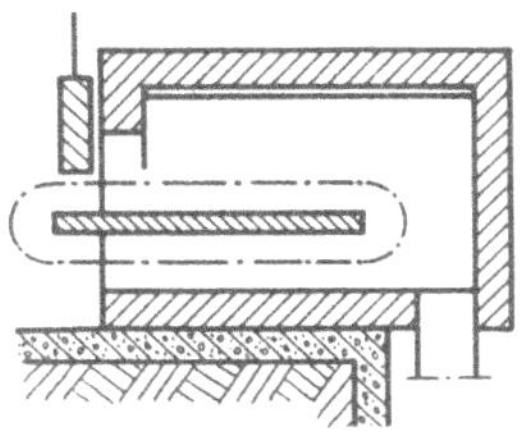

11. MACHINING
SPANENDE FORMUNG
FAÇONNAGE PAR ENLÈVEMENT DE COPEAUX
VERSPANENDE BEWERKING
ОБРАБОТКА РЕЗАНИЕМ

Cutting Process
Zerspanvorgang
Processus de coupage
Verspanen
Процесс резания

11.1 e machining
d spanende Formung f
f façonnage m par enlèvement de copeaux
nl verspanende bewerking f, verspanen n
r обработка f резанием

11.2 e cutting
d Zerspanen n
f coupe f
nl verspanen n, snijden n
r резание n

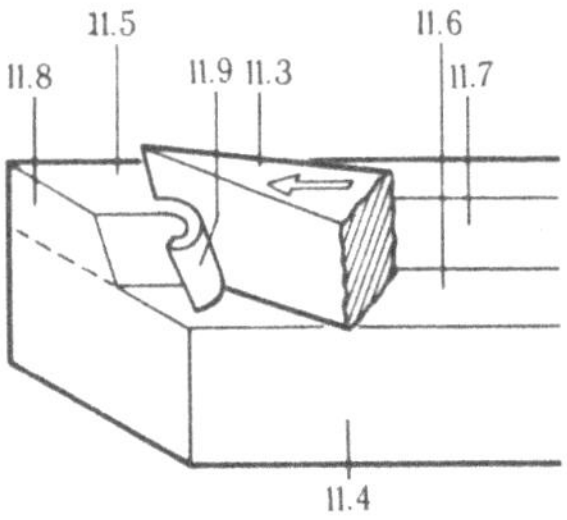

11.3 e cutting tool
d Schneidwerzeug n
f outil m coupant
nl snijwerktuig n, snijbeitel m
r режущий инструмент m
(→ 11.2)

11.4 e workpiece
d Werkstück n
f pièce f à usiner
nl werkstuk n
r обрабатываемая деталь f, изделие n
(→ 11.2)

11.5 e work surface
d zu bearbeitende Fläche f
f surface f à usiner
nl te bewerken vlak n
r обрабатываемая поверхность f
(→ 11.2)

11.6 e machined surface
d Nebenschnittfläche f
f surface f usinée
nl bewerkt vlak n
r обработанная поверхность f
(→ 11.2)

11.7 e transient surface
d Hauptschnittfläche f
f surface f à couper
nl snijvlak n
r поверхность f резания
(→ 11.2)

11.8 e allowance for machining
d Bearbeitungsaufmass n, Bearbeitungszugabe f, Aufmass, Zugabe
f surépaisseur f d'usinage
nl verspaningstoeslag m
r припуск m (под обработку)
(→ 11.2)

11.9 e chip
d Span m
f copeau m
nl spaan f (m), krul f (m)
r стружка f
(→ 11.2)

11.10 e rough(ing) cut
d Schruppschnitt m
f passe f d'ébauche
nl voorsnede n
r черновой проход m

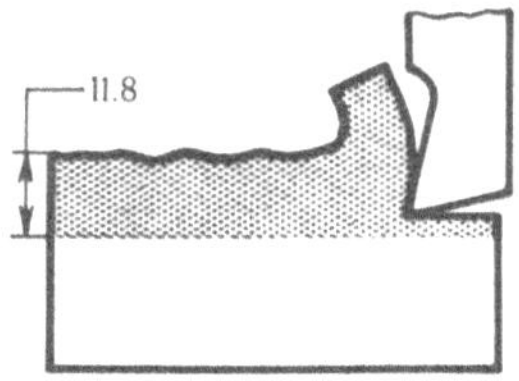

11.11 e finish(ing) cut
d Schlichtschnitt m
f passe f de finissage
nl nasnijden n, nasteken n
r чистовой проход m

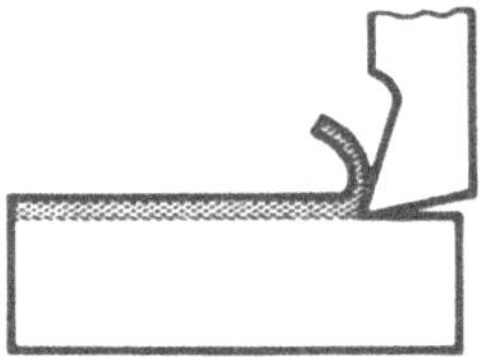

11.12 e cutting edge
d Schneide f
f arête f de coupe
nl snijkant f(m)
r режущая кромка f

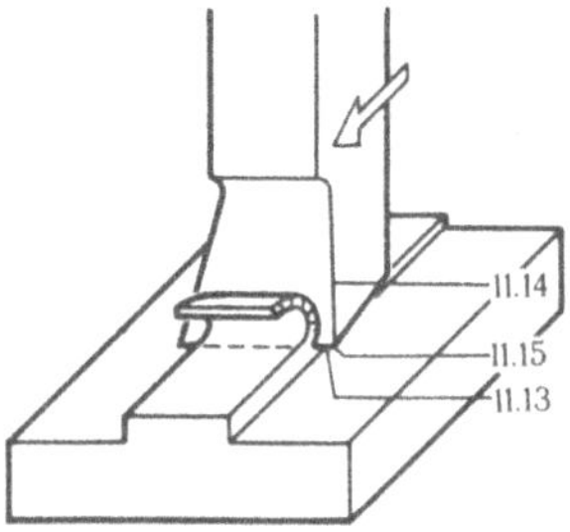

11.13 e major cutting edge
d Hauptschneide f
f arête f de coupe principale

nl hoofdsnijkant f(m)
r главная режущая кромка f
(→ 11.12, 11.16)

11.14 e minor cutting edge
d Nebenschneide f
f arête f de coupe secondaire [complémentaire]
nl hulpsnijkant f(m)
r вспомогательная режущая кромка f
(→ 11.12, 11.16, 11.19)

11.15 e nose, corner
d Schneidenecke f
f bec m d'outil
nl neus m
r вершина f режущей кромки
(→ 11.12, 11.16)

11.16 e rounded corner
d Eckenrundung f
f arrondi m de bec
nl afgeronde neus m
r закругление n вершины

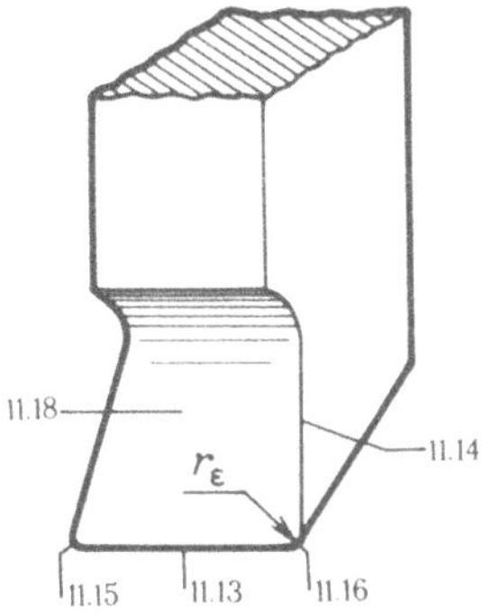

11.17 e corner radius (r_ε)
d Radius m der Eckenrundung (r_ε)
f rayon m d'arrondi de bec (r_ε)
nl afrondingsstraal m van de neus
r радиус m закругления вершины (r_ε)
(→ 11.16)

11.18 e face
d Spanfläche f
f face f d'attaque [de coupe]
nl spaanvlak n
r передняя поверхность f
(→ 11.16)

11.19 e flank
d Freifläche f
f face f de dépouille
nl vrijloopvlak n
r задняя поверхность f

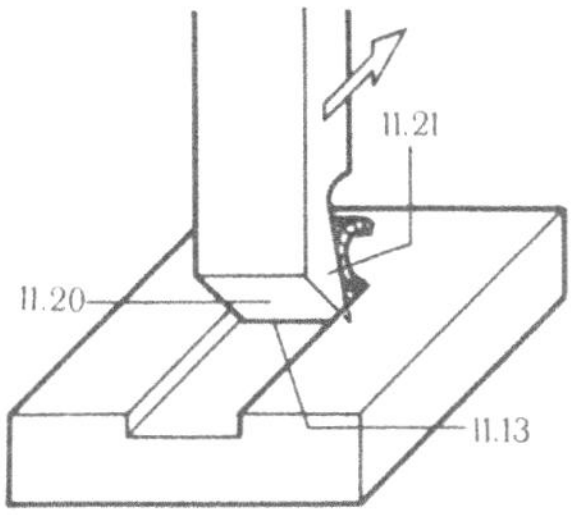

11.20 e major flank
d Hauptfreifläche f
f face f de dépouille principale
nl hoofdvrijloopvlak n
r главная задняя поверхность f
(→ 11.19)

11.21 e minor flank
d Nebenfreifläche f
f face f de dépouille complémentaire
nl hulpvrijloopvlak n
r вспомогательная задняя поверхность f
(→ 11.19)

11.22 e primary [cutting] motion
d Schnittbewegung f
f mouvement m principal [de coupe]
nl snijbeweging f
r главное движение n (резания)

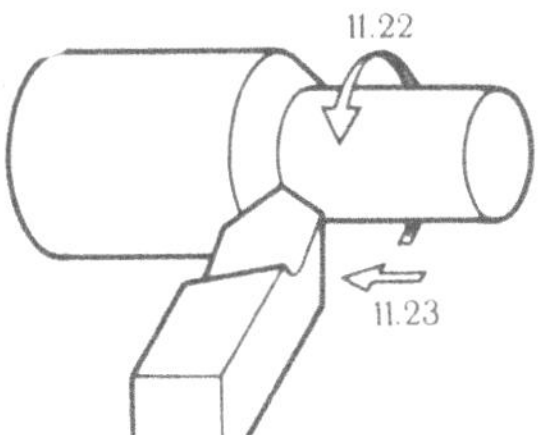

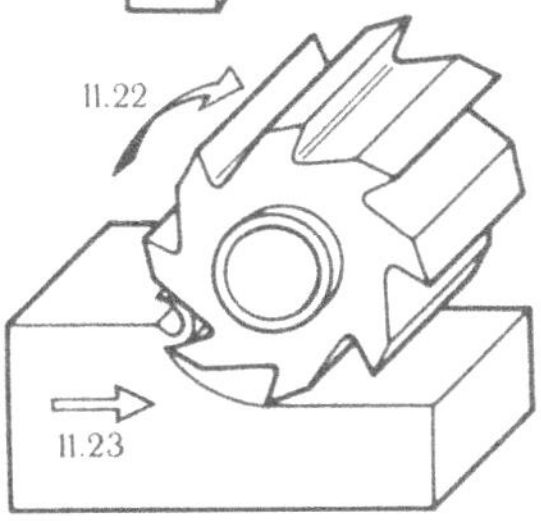

11.23 e feed motion
d Vorschubbewegung f
f mouvement m d'avance
nl voedingsbeweging f
r движение n подачи
(→ 11.22)

11.24 e working plane (P_{fe})
d Arbeitsfläche f (P_{fe})
f plan m de travail (P_{fe})
nl werkvlak n (P_{fe})
r рабочая плоскость f, плоскость движения (P_{fe})

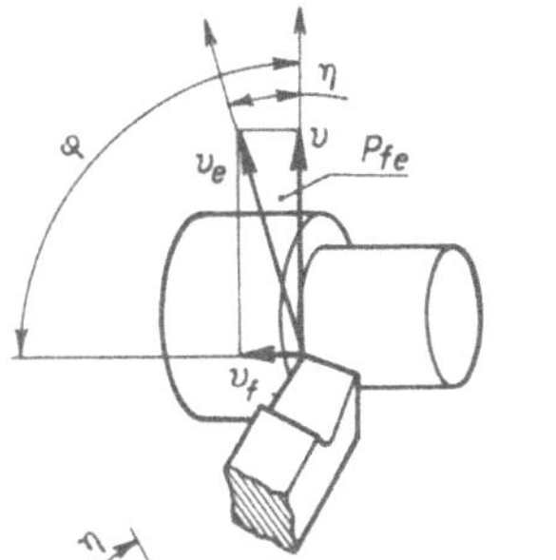

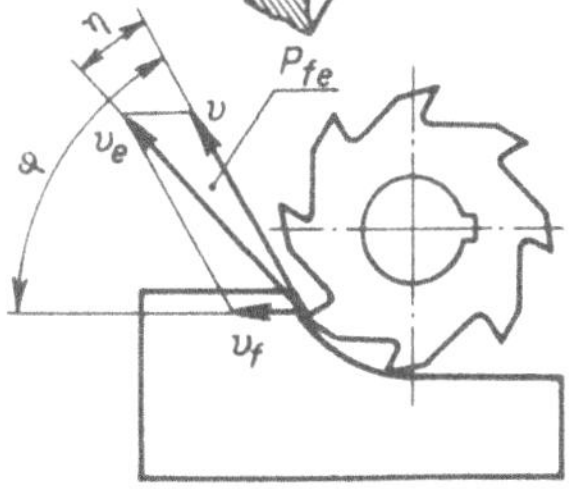

11.25 e cutting speed (v)
d Schnittgeschwindigkeit f (v)
f vitesse f de coupe (v)
nl snijsnelheid f (v)
r скорость f (главного движения) резания (v)
(→ 11.24)

11.26 e feed speed (v_f)
d Vorschubgeschwindigkeit f (v_f)
f vitesse f d'avance (v_f)
nl aanzetsnelheid f (v_t)
r скорость f (движения) подачи (v_f)
(→ 11.24)

11.27 e feed motion angle (φ)
d Vorschubrichtungswinkel m (φ)
f angle m de direction d'avance (φ)
nl voedingshoek m (φ)
r угол m движения подачи (φ)
(→ 11.24)

11.28 e resultant cutting speed (v_e)
d Wirkgeschwindigkeit f (v_e)
f vitesse f résultante de coupe (v_e)
nl resulterende [totale] snijsnelheid (v_e)
r скорость f результирующего движения резания (v_e)
(→ 11.24)

11.29 e resultant cutting speed angle (η)
d Wirkrichtungswinkel m (η)
f angle m de direction resultante de coupe (η)
nl resulterende snijsnelheidshoek m (η)
r угол m скорости резания (η)
(→ 11.24)

11.30 e feed
d Vorschub m
f avance f
nl voeding f
r подача f
(→ 11.31 – 11.35)

11.31 e longitudinal feed
d Längsvorschub m
f avance f longitudinale
nl langsvoeding f
r продольная подача f

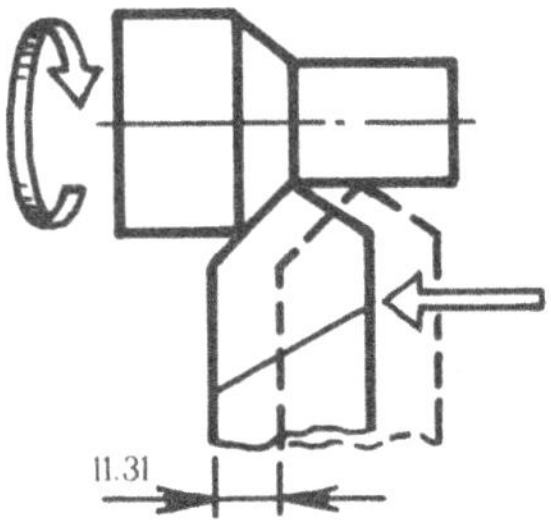

11.32 e cross feed
d Quervorschub m
f avance f transversale
nl dwarsvoeding f
r поперечная подача f

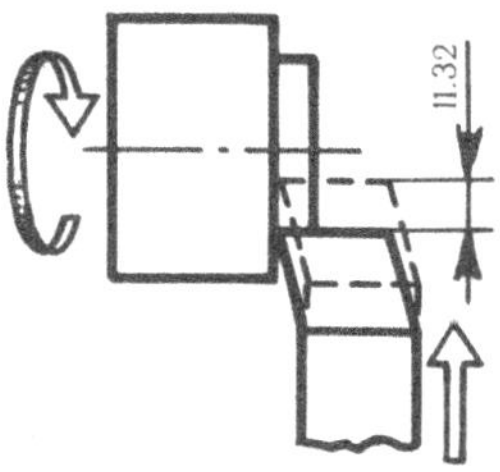

11.33 e feed per revolution
d Umdrehungsvorschub m
f avance f par tour
nl voeding f per omwenteling
r подача f на оборот

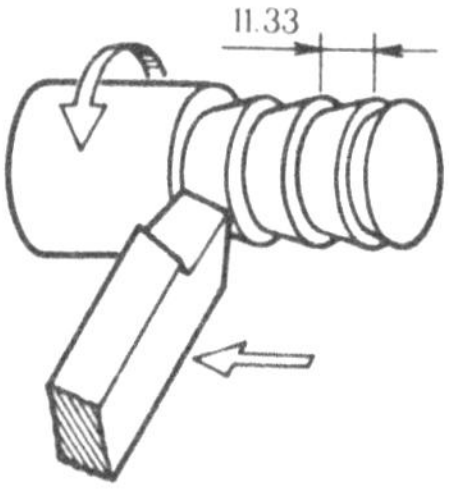

11.34 e feed per tooth
d Zahnvorschub m
f avance f par dent
nl voeding f per tand
r подача f на зуб

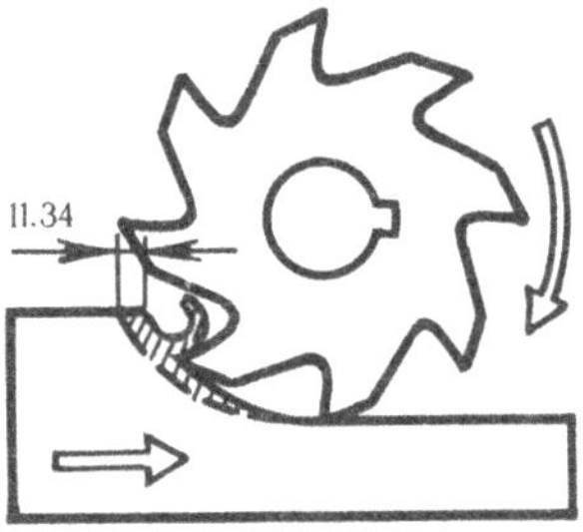

11.35 e intermittent feed
d schrittweiser [ruckweiser] Vorschub m
f avance f intermittente
nl intermitterende voeding f
r прерывистая подача f

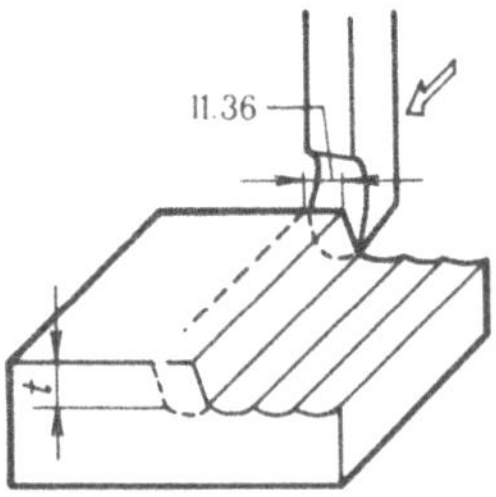

11.36 e feed per double stroke
d Doppelhubvorschub m
f avance f par course double
nl voeding f per dubbele slag
r подача f на двойной ход
(→ 11.35)

11.37 e depth of cut, back engagement (t)
d Schnittiefe f (t)
f profondeur f de coupe (t)
nl snijdiepte f (t)
r глубина f резания (t)
(→ 11.35)

11.38 e rake (γ)
d Spanwinkel m (γ)
f angle m de dégagement [de coupe] (γ)
nl spaanhoek m (γ)
r передний угол m (γ)
(→ 11.39, 11.40)

11.39 e positive rake (γ)
d positiver Spanwinkel m (γ)
f angle m de dégagement [de coupe] positif (γ)
nl positieve spaanhoek m (γ)
r положительный передний угол m (γ)

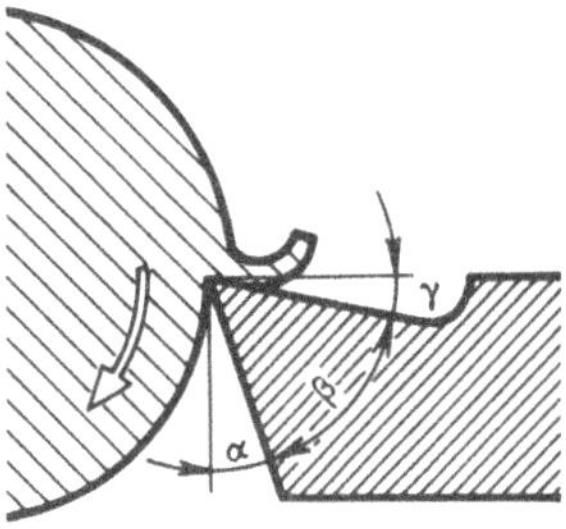

11.40 e negative rake (γ)
d negativer Spanwinkel m (γ)
f angle m de dégagement [de coupe] négatif (γ)
nl negatieve spaanhoek m (γ)
r отрицательный передний угол m (γ)

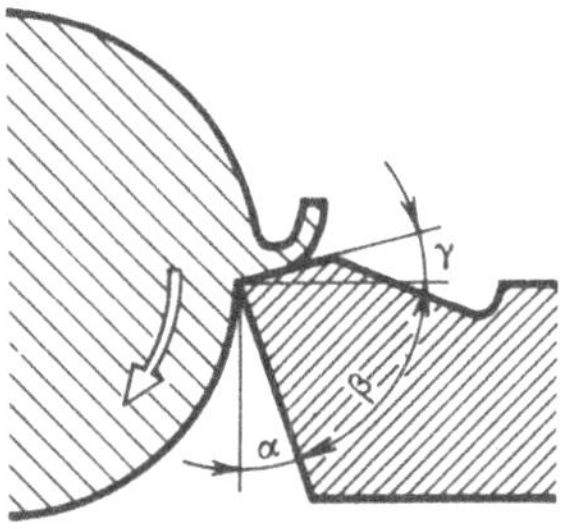

11.41 e clearance, relief [backoff] angle (α)
d Freiwinkel m (α)
f angle m de dépouille, dépouille f (α)

nl vrijloophoek m (α)
r задний угол m (α)
(→ 11.39, 11.40)

11.42 e wedge angle (β)
d Keilwinkel m (β)
f angle m de tranchant [de taillant] (β)
nl wighoek m (β)
r угол m заострения (β)
(→ 11.39, 11.40)

11.43 e tool-in-hand system
d Werkzeug-Bezugssystem n
f système m d'outil en main
nl gereedschapsreferentie-systeem n
r инструментальная система f координат

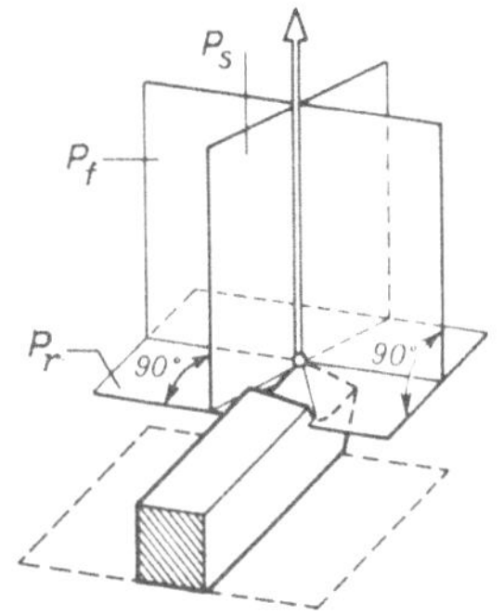

11.44 e tool reference plane (P_r)
d Werkzeug-Bezugsebene f (P_r)
f plan m de référence d'outil (P_r)
nl hoofdreferentievlak n van het gereedschap (P_r)
r инструментальная основная плоскость f (P_r)
(→ 11.43)

11.45 e assumed working plane (P_f)
d angenommene Arbeitsebene f (P_f)
f plan m de travail conventionnel (P_f)
nl aangenomen [verondersteld] arbeidsvlak n (P_f)
r предполагаемая [принятая] рабочая плоскость f (P_f)
(→ 11.43)

11.46 e tool cutting edge plane (P_s)
d Werkzeug-Schneidenebene f (P_s)
f plan m d'arête d'outil (P_s)
nl gereedschapssnijvlak n (P_s)
r плоскость f резания (P_s)
(→ 11.43)

11.47 e tool flank orthogonal plane (P_b)
d Keilmessebene f, Werkzeug-Orthogonalebene f (P_b)
f plan m orthogonal de face de dépouille (P_b)
nl hoofdzijvlak n (P_b)
r инструментальная секущая плоскость f (P_b)

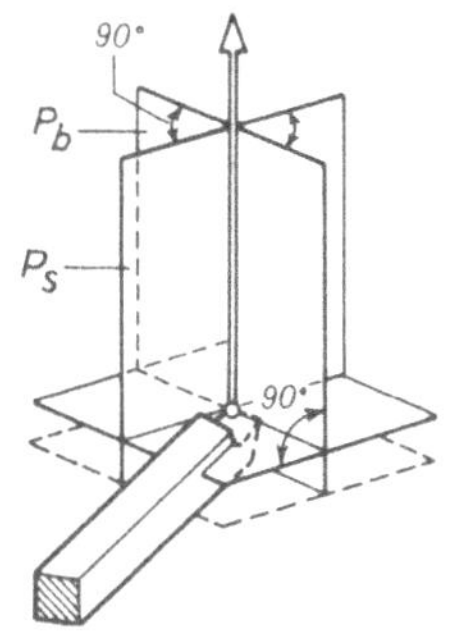

11.48 e tool angle
d Werkzeugwinkel m
f angle m d'outil
nl beitelhoek m
r угол m режущей кромки (в инструментальной системе координат)
(→ 11.49, 11.59)

11.49 e tool orthogonal rake (γ_0)
d Werkzeug-Orthogonal-Spanwinkel m (γ_0)
f angle m de coupe orthogonal d'outil (γ_0)
nl hoofdspaanhoek m (γ_0)
r инструментальный главный передний угол m (γ_0)

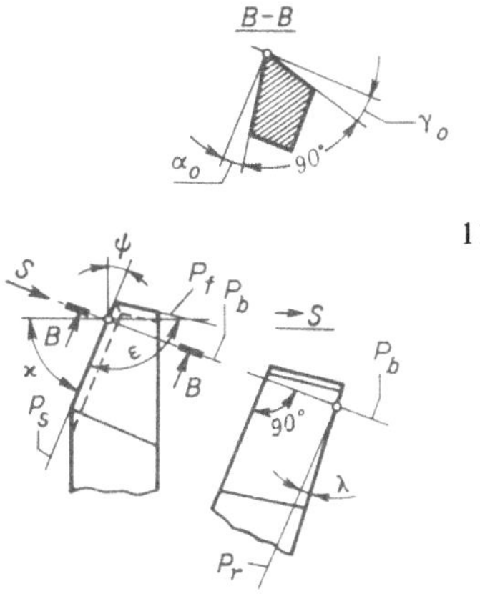

11.50 e tool orthogonal clearance (α_0)
d Werkzeug-Orthogonal-Freiwinkel m (α_0)
f dépouille f orthogonal d'outil (α_0)
nl hoofdvrijloophoek m (α_0)
r инструментальный задний угол m (α_0)
(→ 11.49)

11.51 e tool included angle (ε)
d Werkzeug-Eckenwinkel m (ε)
f angle m de pointe d'outil (ε)
nl tophoek m (ε)
r угол m при вершине (ε)
(→ 11.49)

11.52 e tool cutting edge angle (ϰ)
d Werkzeug-Einstellwinkel m (ϰ)
f angle m de direction d'arête d'outil (ϰ)
nl stelhoek m, snijkantshoek (ϰ)
r инструментальный угол m в плане (ϰ)
(→ 11.49)

11.53 e tool lead [approach] angle (ψ)
d Werkzeug-Einstellergänzungswinkel m (ψ)
f angle m de direction complémentaire d'outil (ψ)
nl snijkanthoek m (ψ)
r угол m, дополнительный к инструментальному главному углу в плане (ψ)
(→ 11.49)

11.54 e tool cutting edge inclination (λ)
d Werkzeug-Neigungswinkel m (λ)
f angle m d'inclinaison d'arête d'outil (λ)
nl snijkantshellingshoek m (λ)
r инструментальный угол m наклона кромки (λ)
(→ 11.49)

11.55 e back plane (P_p)
d Rückebene f(P_p)
f plan m vers arrière d'outil (P_p)
nl axiaal vlak n (P_p)
r осевая плоскость f (P_p)

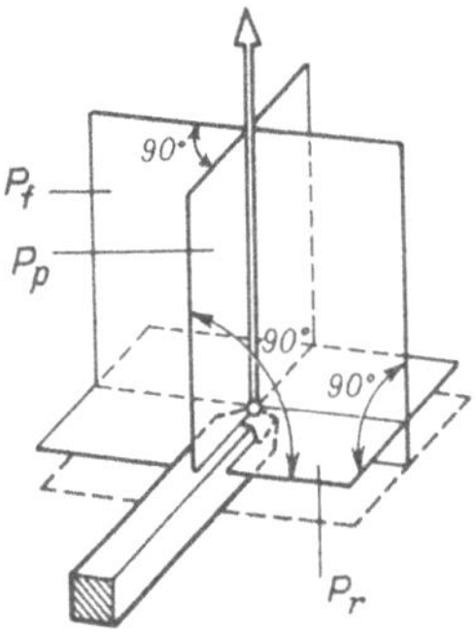

11.56 e back rake (γ_y)
d Rückspanwinkel m (γ_y)
f angle m de coupe vers arrière d'outil (γ_y)
nl spaanhoek m (ν_y)
r осевой передний угол m (γ_y)

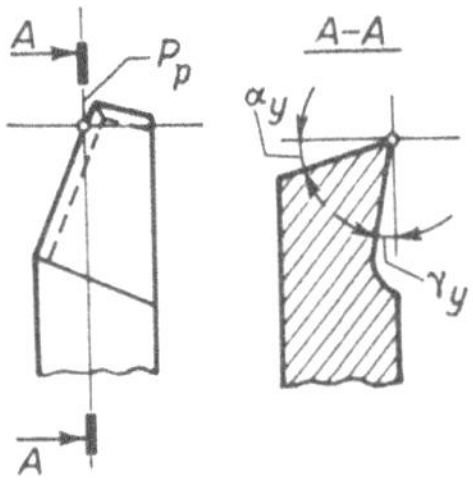

11.57 e back clearance (α_y)
d Rückfreiwinkel m (α_y)
f dépouille f vers arrière d'outil (α_y)
nl vrijloophoek m (α_y)
r осевой задний угол m (α_y)
(→ 11.56)

11.58 e cutting edge normal plane (P_n)
d Schneiden-Normalebene f (P_n)
f plan m normal d'arête (P_n)
nl normaalsnijvlak n (P_n)
r нормальная секущая плоскость f (P_n)

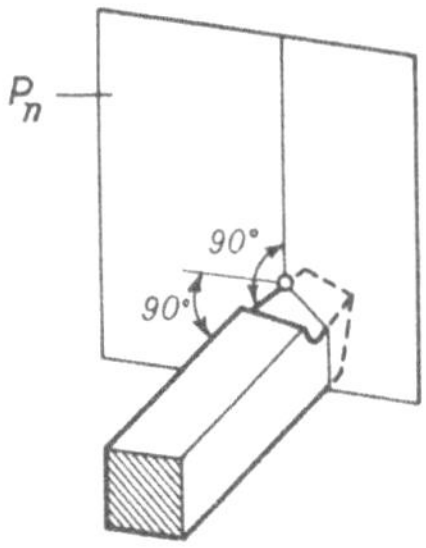

11.59 e tool normal rake (γ_n)
d Werkzeug-Normal-Spanwinkel m (γ_n)
f angle m de coupe normal d'outil (γ_n)
nl normaalspaanhoek m (γ_n)
r нормальный передний угол m (γ_n)

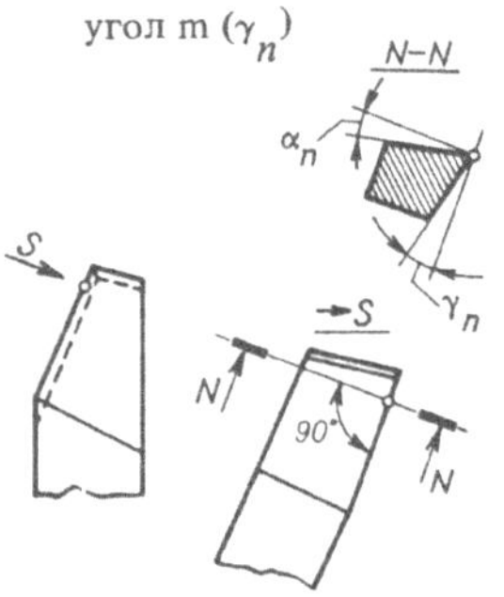

11.60 e tool normal clearance (α_n)
d Werkzeug-Normal-Freiwinkel m (α_n)
f dépouille f normale d'outil (α_n)
nl normaalvrijloophoek m (α_n)
r нормальный задний угол m (α_n)
(→ 11.59)

11.61 e tool-in-use system
d Wirk-Bezugssystem n

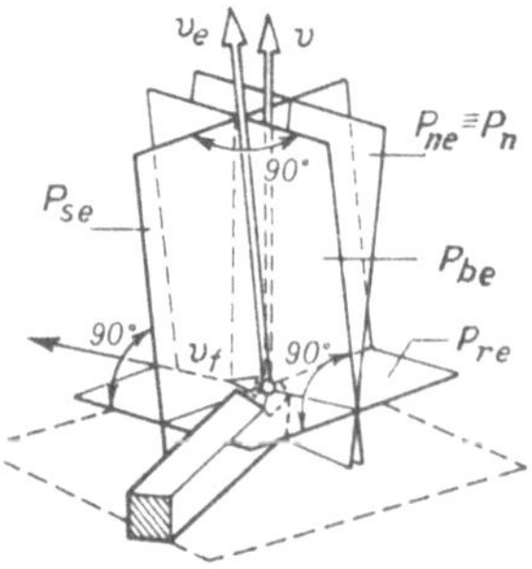

f système m d'outil en travail
nl arbeidssysteem n
r кинематическая система f координат

11.62 e working reference plane (P_{re})
d Wirk-Bezugsebene f (P_{re})
f plan m de référence en travail (P_{re})
nl arbeidsbasisvlak n (P_{re})
r кинематическая основная плоскость f (P_{re})
(→ 11.61)

11.63 e working cutting edge plane (P_{se})
d Wirk-Schneidenebene f (P_{se})
f plan m d'arête en travail (P_{se})
nl arbeidssnijvlak n (P_{se})
r кинематическая плоскость f резания (P_{se})
(→ 11.61)

11.64 e working orthogonal plane (P_{be})
d Wirk-Orthogonalebene f (P_{be})
f plan m orthogonal en travail (P_{be})
nl arbeidsorthogonaalvlak n (P_{be})
r кинематическая главная секущая плоскость f (P_{be})
(→ 11.61)

11.65 e working orthogonal rake (γ_{oe})
d Wirk-Orthogonal-Spanwinkel m (γ_{oe})

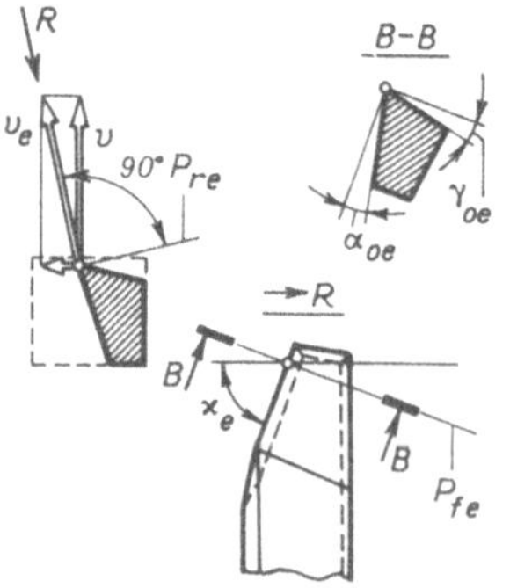

f angle m de coupe orthogonal en travail (γ_{oe})
nl arbeidsorthogonaalspaanhoek m (γ_{oe})
r кинематический главный передний угол m (γ_{oe})

11.66 e working orthogonal clearance (α_{oe})
d Wirk-Orthogonal-Freiwinkel m (α_{oe})
f dépouille f orthogonale en travail (α_{oe})
nl arbeidsorthogonaalvrijloophoek m (α_{oe})
r кинематический главный задний угол m (α_{oe})
(→ 11.65)

11.67 e working cutting edge angle $(\varkappa_e)$
d Werk-Einstellwinkel m $(\varkappa_e)$
f angle m de direction d'arête en travail $(\varkappa_e)$
nl arbeidssnijkantshoek m $(\varkappa_e)$
r угол m в плане $(\varkappa_e)$
(→ 11.65)

11.68 e shear plane
d Scherebene f
f plan m de cisaillement
nl schuifvlak n
r плоскость f сдвига

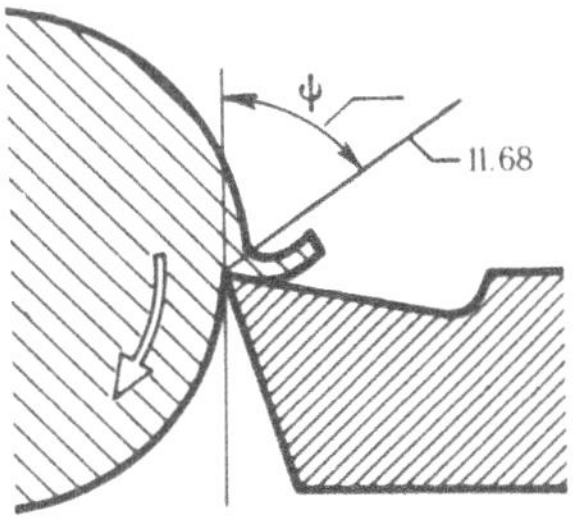

11.69 e shear angle (ψ)
d Scherwinkel m (ψ)
f angle m de cisaillement (ψ)
nl afschuivingshoek m (ψ)
r угол m, дополнительный к углу сдвига (ψ)
(→ 11.68)

11.70 e chip contraction
d Spanstauchung f
f retrait m de copeau
nl inscheuren n en opstuiken n van de spaan
r усадка f стружки

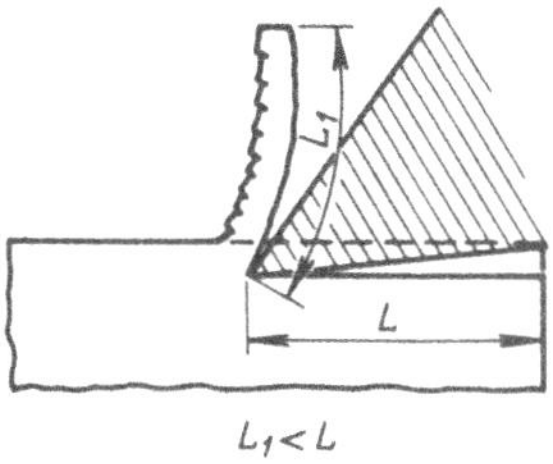

11.71 e continuous chip
d Fliessspan m
f copeaux m *pl* continus
nl lintspaan f (m)
r сливная стружка f

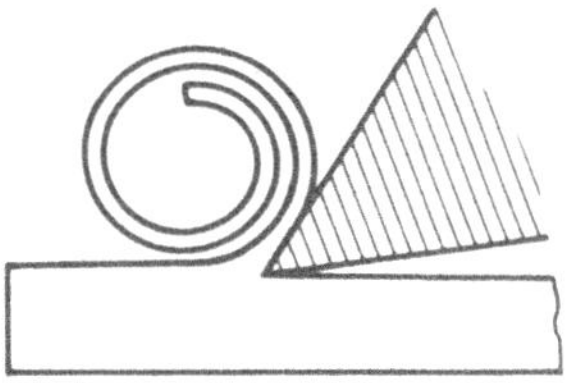

11.72 e built-up edge
d Aufbauschneide f, Schneidenansatz m
f arête f "rapportée"
nl valse snijkant m
r нарост m

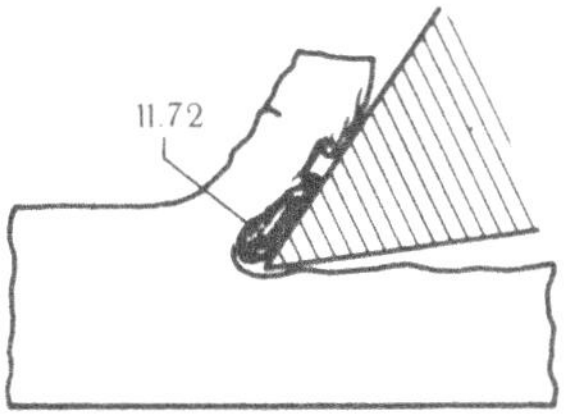

11.73 e burr
d Grat m
f ébarbure f
nl baard m, braam f(m)
r заусенец m

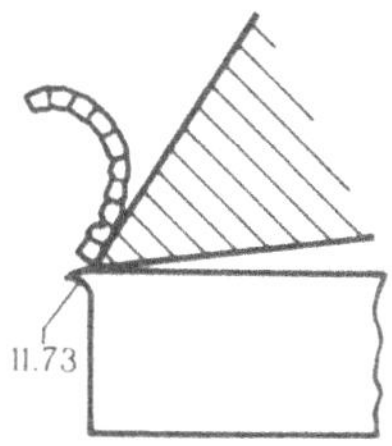

11.74 e cutting fluid, coolant
d Schneidflüssigkeit f
f fluide m de coupe
nl snijolie f(m), koelvloeistof f(m)
r (смазочно-) охлаждающая жидкость f

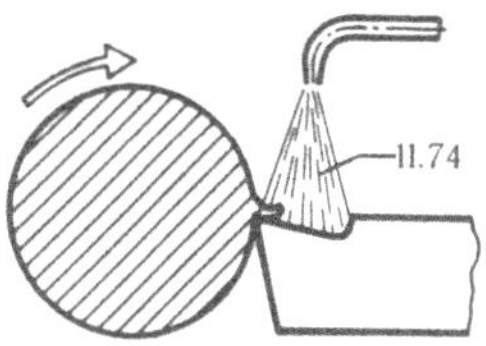

11.75 e cutting force
d Schnittkraft f
f force f de coupe
nl snijkracht f(m)
r сила f резания

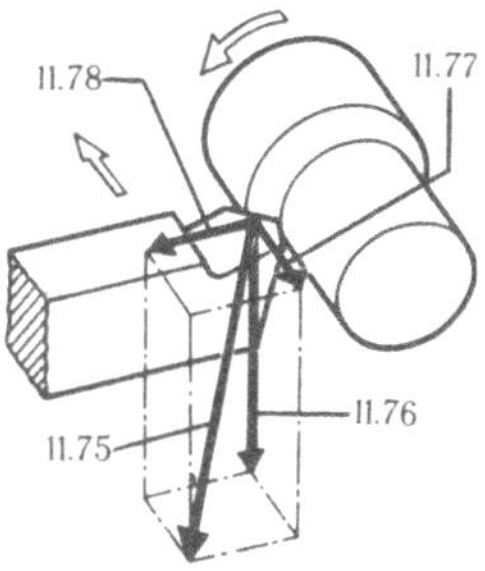

11.76 e tangential component of cutting force
d Hauptschnittkraft f
f composante f tangentielle de force de coupe
nl hoofdsnijkracht f (m)
r касательная [главная] составляющая f силы резания
(→ 11.75)

11.77 e axial component of cutting force
d Axialschnittkraft f
f composante f axiale de force de coupe
nl voedingskracht f (m)
r осевая составляющая f силы резания
(→ 11.75)

11.78 e radial component of cutting force
d Radialschnittkraft f
f composante f radiale de force de coupe

nl schachtkracht f (m)
r радиальная составляющая f силы резания (→ 11.75)

11.79 e tool wear
d Werkzeugverschleiss m
f usure f d'outil
nl beitelslijtage f
r износ m инструмента

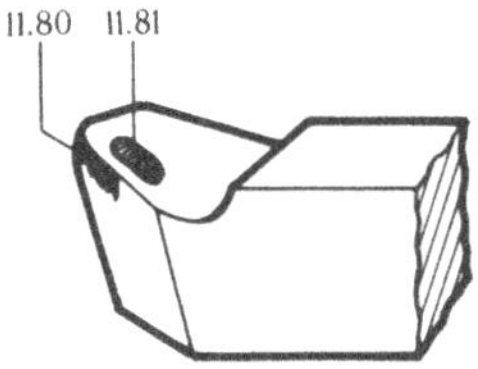

11.80 e (flank) wear land
d Verschleissmarke f
f chanfrein m d'usure (en dépouille)
nl afslijtingszone f
r фаска f [ленточка f] износа (задней поверхности) (→ 11.79)

11.81 e wear crater
d Kolk m
f cavité f d'usure
nl kolk m, f
r лунка f износа (→ 11.79)

11.82 e tool life
d Standzeit f
f durée f d'outil
nl standtijd m
r стойкость f (инструмента)

Fixtures
Vorrichtungen
Dispositifs
Opspantoestellen
Приспособления

11.83 e fixture
d Vorrichtung f

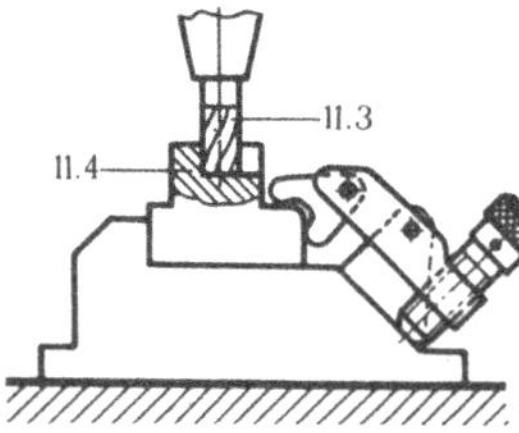

f dispositif m (d'ablocage)
nl spaninrichting f, opspanblok n
r (зажимное) приспособление n

11.84 e fixed support
d feste Stütze f
f appui m fixe
nl vaste oplegging f
r постоянная опора f

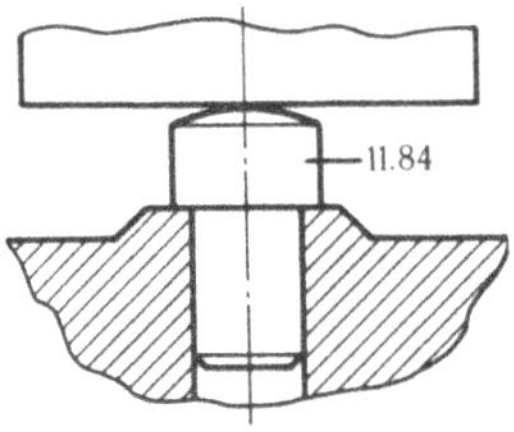

11.85 e adjustable support
d einstellbare Stütze f, Stützschraube f
f appui m réglable
nl (ver)stelbare oplegging f
r регулируемая опора f

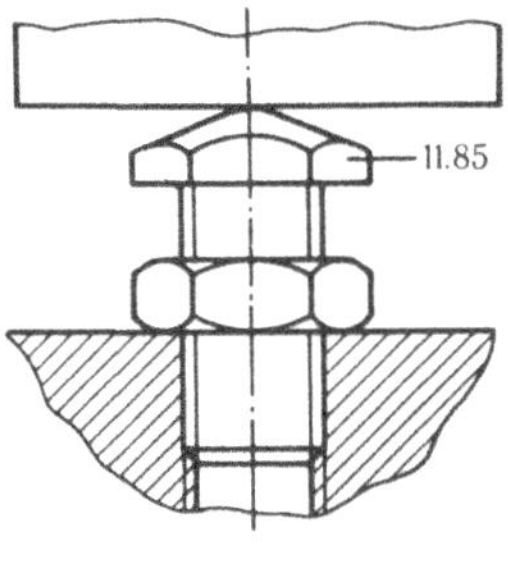

11.86 e V-block
d Aufnahmeprisma n
f prisme m en V
nl V-blok n, prismablok
r установочная призма f

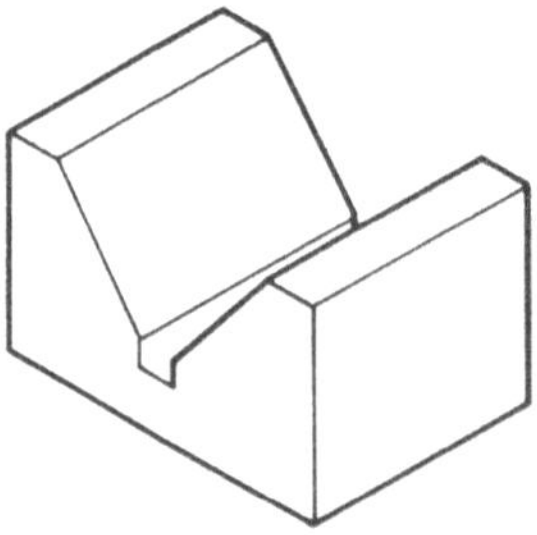

11.87 e locating pin
d Aufnahmebolzen m
f doigt m de dégauchissage
nl stelstift f (m), richtpen f (m)
r установочный палец m

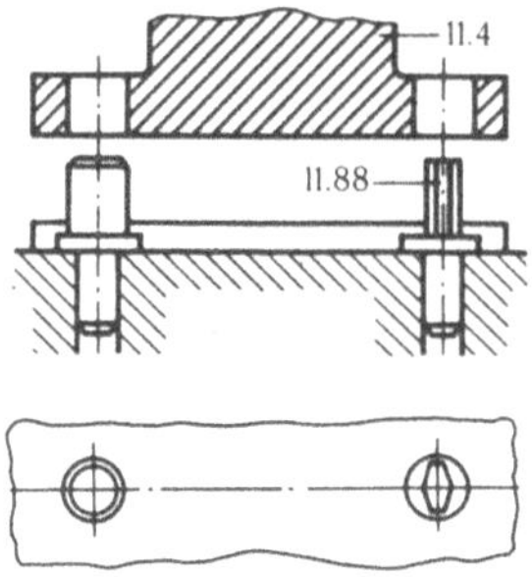

11.88 e diamond pin
d abgeflachter Bolzen m
f doigt m diamantaire
nl spitse pen f (m)
r срезанный палец m

11.89 e clamping
d Spannen n, Aufspannen
f serrage m
nl opspannen n
r закрепление n, зажим m

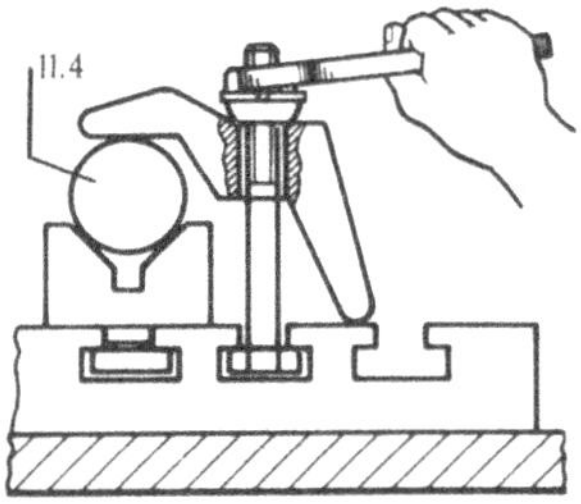

11.90 e clamping device
d Spanneinrichtung f, Werkstückspanner m
f dispositif m de serrage
nl (op)spaninrichting f, kleminrichting
r зажимное устройство n (→ 11.91, 11.93, 11.94, 11.96, 11.98)

11.91 e screw clamp
d Schraubspanner m
f pince f à vis

nl schroefklem f(m)
r винтовой зажим m

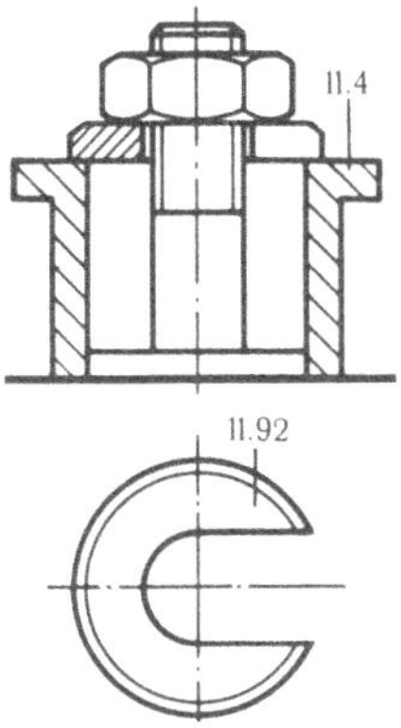

11.92 e slotted washer
d Vorsteckscheibe f
f rondelle f fendue
nl open onderlegplaat f (m)
r разрезная шайба f
(→ 11.91)

11.93 e swinging clamp
d Schwenkspannleiste f
f bride f pivotante de serrage
nl zwenkbare opspanplaat f (m)
r откидная зажимная планка f

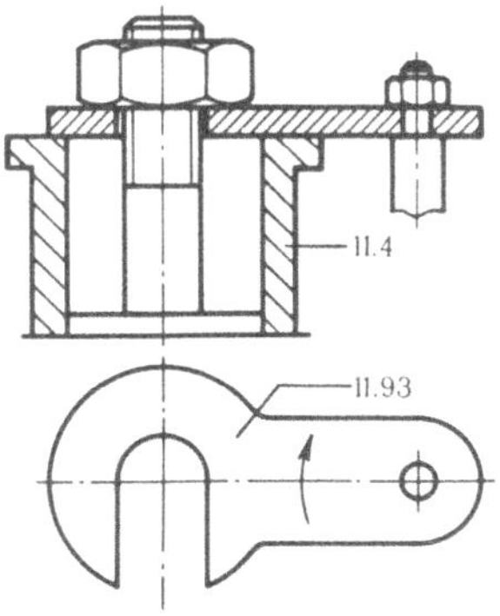

11.94 e strap clamp
d Spanneisen n

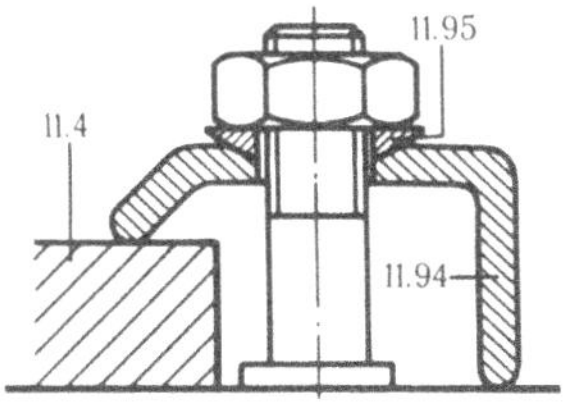

f bride f de serrage
nl spankikker m
r прихват m

11.95 e spherical washer
d Kugelscheibe f
f rondelle f sphérique
nl kogelschijf f(m)
r сферическая шайба f
(→ 11.94)

11.96 e eccentric clamp
d Spannexzenter m
f pince f en excentrique
nl excentriekspaninrichting f
r эксцентриковый зажим m

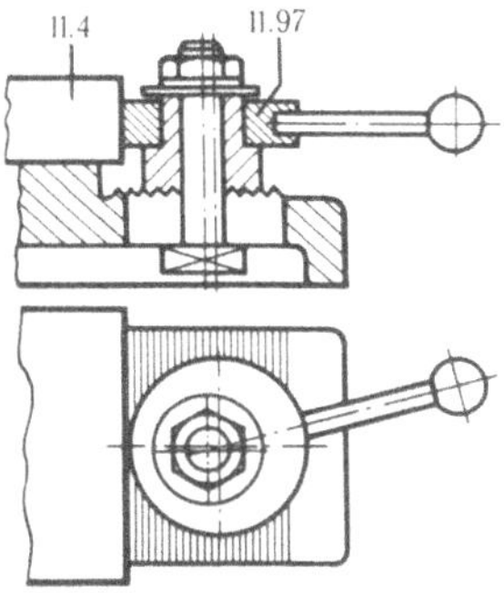

11.97 e eccentric
d Exzenter m
f excentrique m
nl excentriek n
r эксцентрик m
(→ 11.96)

11.98 e air-operated clamping device
d pneumatische Spanneinrichtung f
f dispositif m de serrage pneumatique
nl pneumatische spaninrichting f
r пневматическое зажимное устройство n

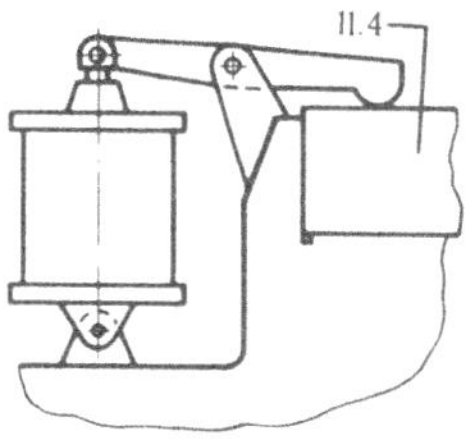

Automation
Automatisieren
Automatisation
Automatisatie
Автоматизация

11.99 e (metal-cutting) machine tool
d Werkzeugmaschine f
f machine-outil f (travaillant par enlèvement de métal)
nl werktuigmachine f, gereedschapsmachine
r (металлорежущий) станок m

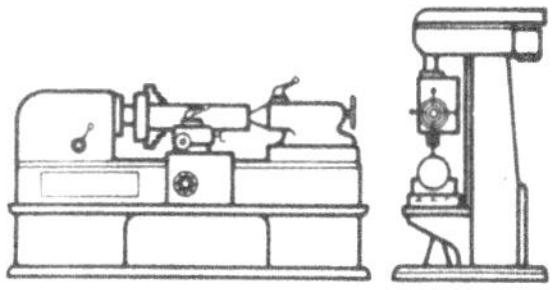

11.100 e universal machine (tool)
d Universal-Werkzeugmaschine f
f machine-outil f universelle
nl universele gereedschapsmachine f
r универсальный станок m

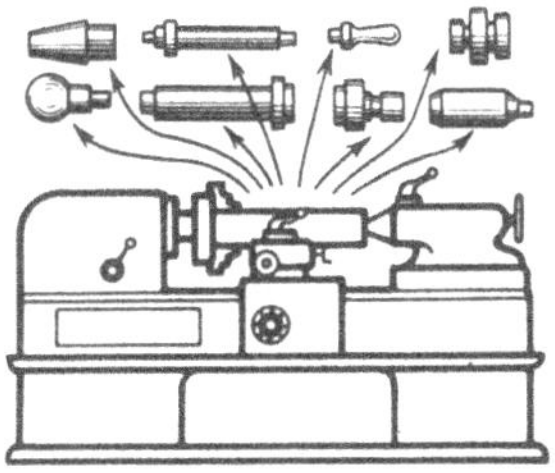

11.101 e special machine (tool)
d Special-Werkzeugmaschine f
f machine-outil f spéciale
nl speciale gereedschapsmachine f
r специальный станок m

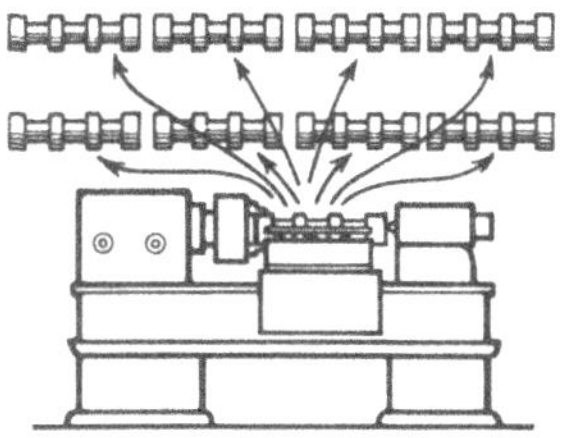

11.102 e semi-automatic machine (tool)
d halbautomatische Werkzeugmaschine f
f machine-outil f semi-automatique
nl halfautomatische gereedschapsmachine f
r (станок-) полуавтомат m

11.103 e loading
d Beschickung f, Beladen n, Laden
f chargement m
nl laden, werkstuk inleggen
r загрузка f
(→ 11.106, 11.108)

11.104 e unloading
d Entladen n
f déchargement m
nl werkstuk afnemen
r разгрузка f
(→ 11.107, 11.108)

11.105 e hand [manual] loading
d Handbeschickung f, Hand(be)laden n
f chargement m à la main
nl inleggen n met de hand
r ручная загрузка f

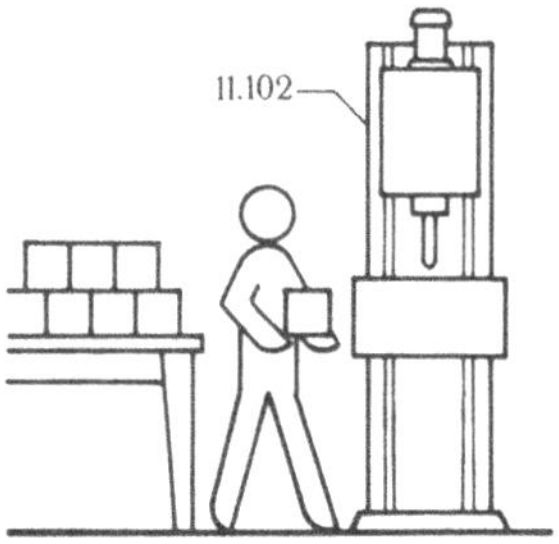

11.106 e semi-automatic cycle
d halbautomatischer Arbeitsablauf m
f cycle m semi-automatique
nl halfautomatische arbeidscyclus m

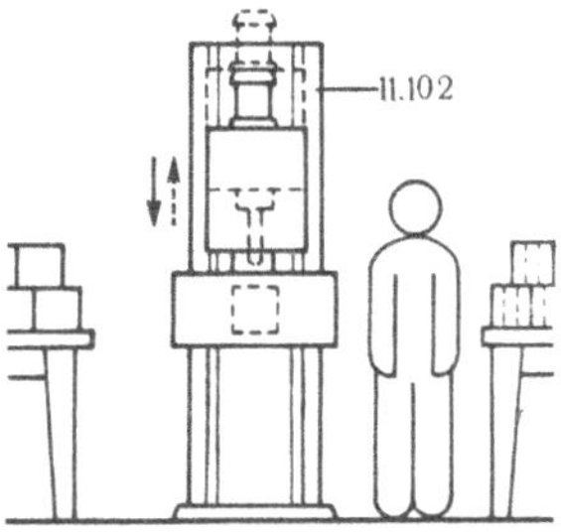

r полуавтоматический цикл m (работы)
(→ 11.104)

11.107 e hand [manual] unloading
d Handentladen n
f déchargement m à la main
nl werkstuk met de hand afnemen
r ручная разгрузка f

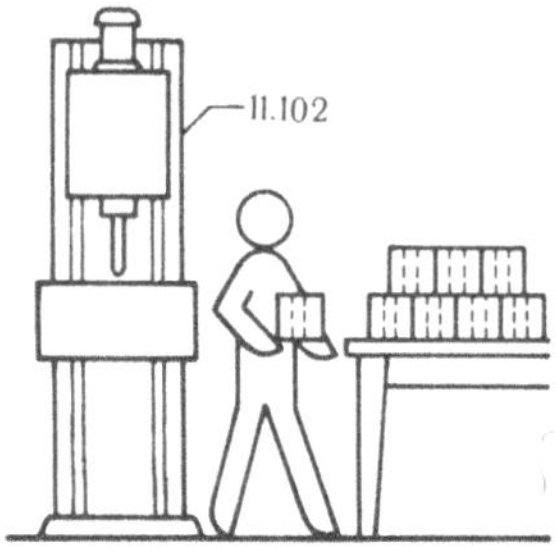

11.108 e automatic machine (tool)
d automatische Werkzeugmaschine f
f machine-outil f automatique
nl automatische gereedschapsmachine f
r (станок-) автомат m

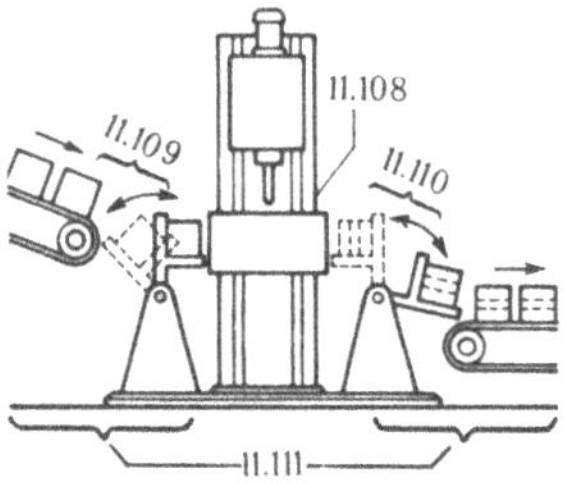

11.109 e automatic loading
d automatische Beschickung f, automatisches Laden n
f chargement m automatique
nl automatisch laden n
r автоматическая загрузка f
(→ 11.108)

11.110 e automatic unloading
d automatisches Entladen n
f déchargement m automatique
nl automatisch ontladen n
r автоматическая разгрузка f
(→ 11.108)

11.111 e automatic loading-unloading device
d automatische Ladeeinrichtung f [Beschickungseinrichtung]
f mécanisme m de chargement-déchargement automatique
nl automatische laad-en ontlaadinrichting f
r механизм m автоматической загрузки-разгрузки
(→ 11.108)

11.112 e hopper-type loading device
d Bunkerladeeinrichtung f
f dispositif m de chargement à trémie
nl laadinrichting f van hoppertype
r бункерное загрузочное устройство n

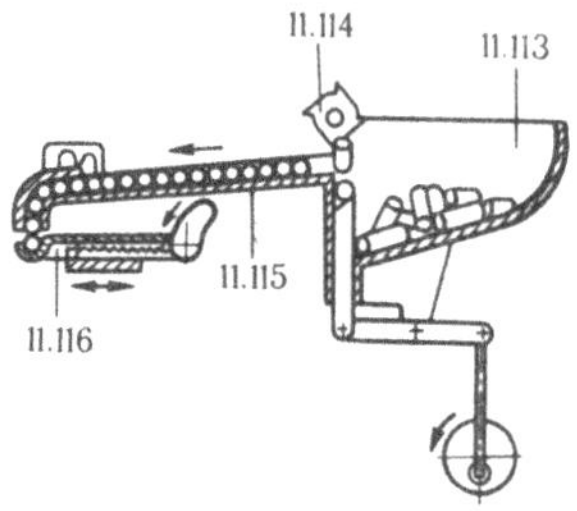

11.113 e hopper, supply bin
d Bunker m
f trémie f
nl hopper m, vultrechter m, storttrechter
r бункер m
(→ 11.112)

11.114 e separator
d Werkstückvereinzler m, Werkstücksperre f
f arrêt m
nl werkstukafscheider m
r отсекатель m
(→ 11.112)

11.115 e chute
d Rutsche f, Rinne f
f auge f
nl transportgoot f (m)
r лоток m
(→ 11.112)

11.116 e feeder
d Speiservorrichtung f
f alimentateur m
nl voedingsinrichting f
r питатель m
(→ 11.112)

11.117 e manipulator
d Manipulator m
f manipulateur m
nl hanteringsinrichting f
r манипулятор m

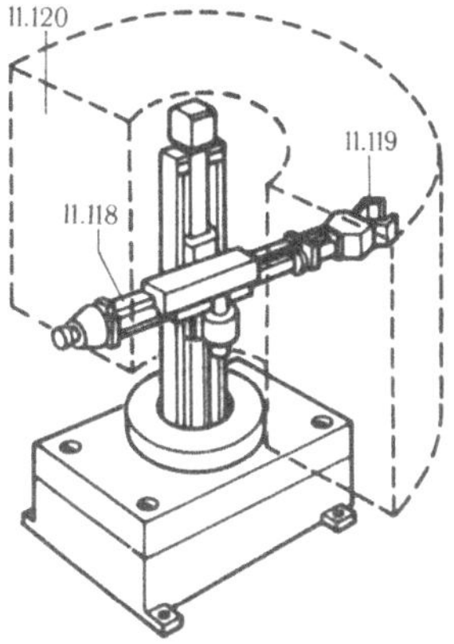

11.118 e arm
d Arm m
f bras m mécanique
nl arm m
r рука f
(→ 11.117)

11.119 e gripper
d Greifer m
f pince f de manipulateur
nl grijper m
r захват m (манипулятора), схват m
(→ 11.117)

11.120 e operating range
d Arbeitsbereich m
f zone f de travail
nl actieradius m
r зона f обслуживания (манипулятора)
(→ 11. 117)

11.121 e transfer line
d Transferstrasse f
f chaîne f de fabrication automatique

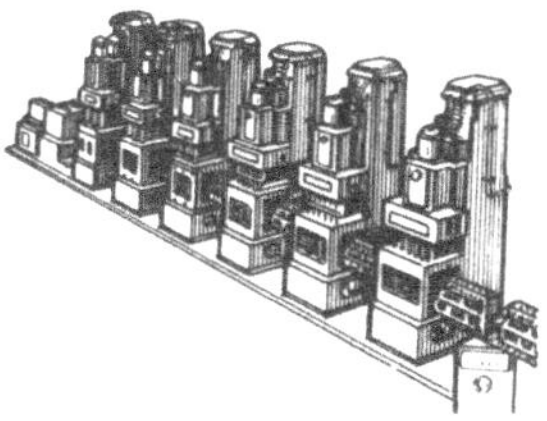

nl toevoerautomaat m, automatische produktielijn f(m)
r автоматическая линия f

11.122 e step-by-step conveyor
d Schrittförderer m
f transporteur m pas à pas
nl staptransporteur m
r шаговый транспортёр m

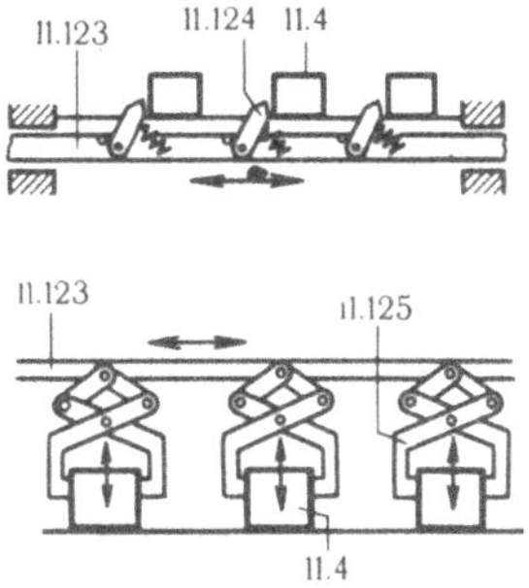

11.123 e transfer bar
d Förderstange f, Transferstange, Taktstange
f barre f d'avance
nl toevoerstang f(m)
r транспортная [подающая] штанга f
(→ 11.122)

11.124 e transfer finger
d Förderklinke f
f cliquet m d'avance
nl pal m
r собачка f
(→ 11.122)

11.125 e clamp hook
d Greiferzange f
f pince f à grappin
nl klemhaak m
r грейферный захват m
(→ 11.122)

Numerical Control
Numerische Steuerung
Contrôle numérique
Numerieke besturing
Числовое программное управление

11.126 e numerical control
d numerische Steuerung f
f contrôle m numérique
nl numerieke besturing f
r числовое программное управление n

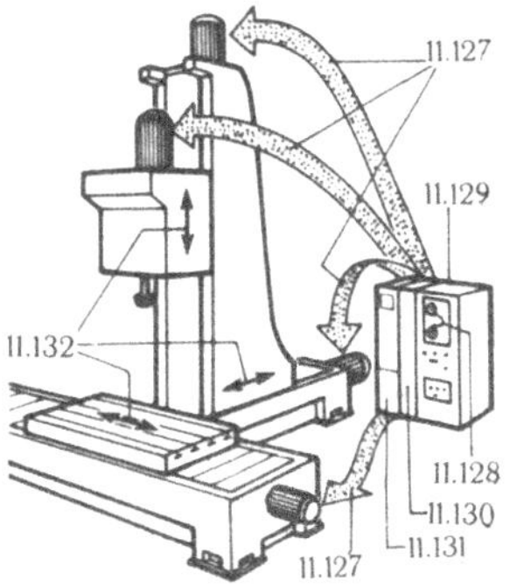

11.127 e control program(me)
d Steuerprogramm n
f programme m de contrôle
nl stuurprogramma n, besturingsprogramma
r управляющая программа f
(→ 11.126)

11.128 e input medium, control tape
d Informationsträger m
f bande f de contrôle
nl besturingsband m
r программоноситель m
(→ 11.126)

11.129 e program controller [control unit]
d Programmsteuerung(ssystem) f (n)
f système m de contrôle numérique
nl numerieke-besturingseenheid f
r устройство n числового программного управления
(→ 11.126)

11.130 e interface
d Anpassteil m
f interface f
nl interface f (m)
r интерфейс m
(→ 11.126)

11.131 e servocontroller
d Starkstromteil m
f système m asservi
nl servobediening f, servosystem n

r электроавтоматика f
(→ 11.126)

11.132 e tape-controlled axis
d gesteuerte [programmierbare] Achse f
f axe m de contrôle
nl regelbare beweging f
r программируемая ось f
(→ 11.126)

11.133 e coding
d Codieren n, Kodieren n
f codification f
nl coderen n
r кодирование n

11.134 e input information
d Eingabeinformation f
f information f d'entrée
nl invoergegevens n *pl*
r исходная [входная] информация f
(→ 11.133)

11.135 e alphanumeric code
d alphanumerischer Code m [Kode]
f code m alphanumérique
nl alfanumerieke code m
r буквенно-цифровой код m
(→ 11.133)

11.136 e punching
d Lochung f, Stanzen n, Stanzung f
f perforation f
nl ponsen n, ponsbandponsen
r запись f на перфоленту, набивка f [пробивка f] перфоленты, перфорация f

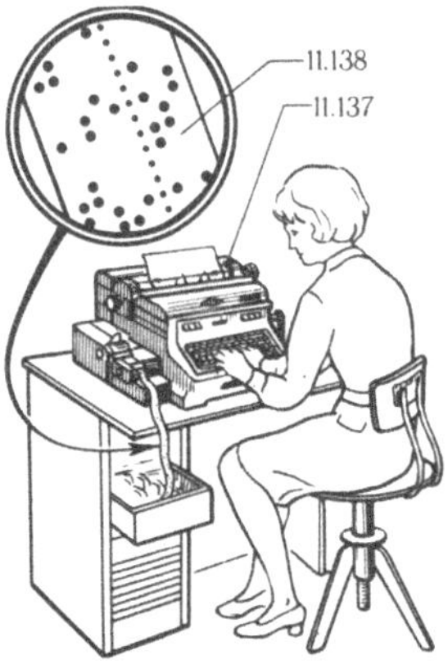

11.137 e tape punch [perforator]
d Lochbandlocher m, Lochstreifenstanzer m, Lochstreifenlocher
f perforateur m pour bande
nl ponsbandponser m
r ленточный перфоратор m
(→ 11.136)

11.138 e punched tape
d Lochband n, Lochstreifen m
f bande f perforée
nl ponsband m
r перфолента f
(→ 11.136, 11.139)

11.139 e eight-track tape
d Achtspur-Lochband n
f bande f perforée à huit pistes
nl achtsporenponsband m
r восьмидорожечная перфолента f

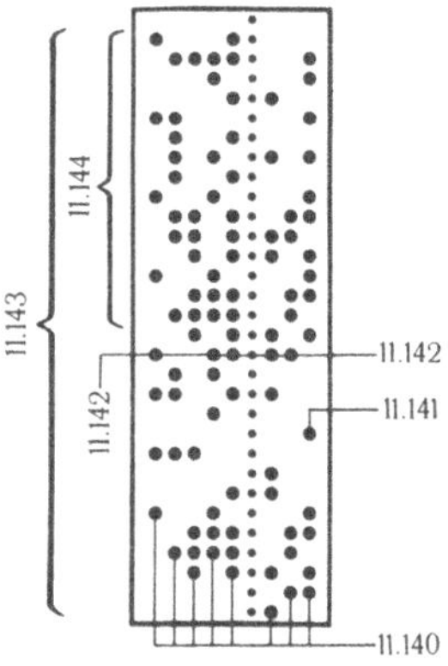

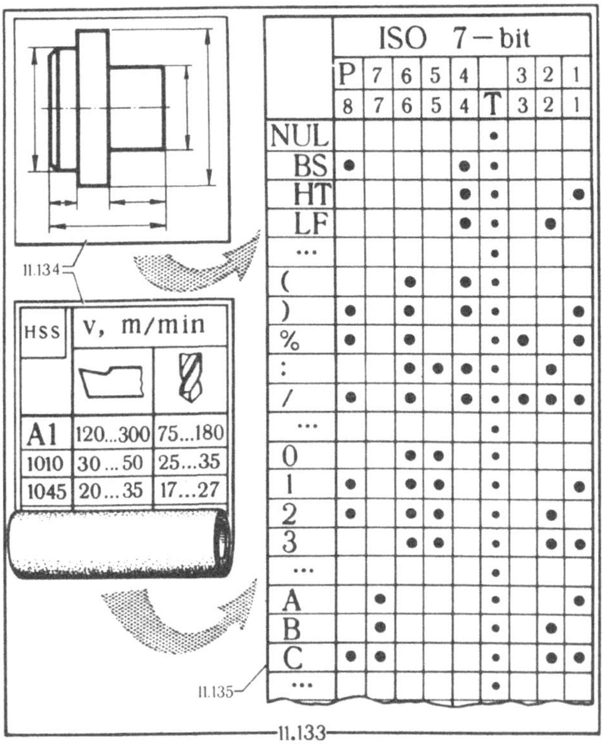

11.140 e (tape) track
d Spur f
f piste f
nl spoor n
r (кодовая) дорожка f
(→ 11.139)

11.141 e bit
d Bit n
f bit m
nl bit n
r бит m
(→ 11.139)

11.142 e row
d Zeile f
f ligne f
nl rij f (m), frame n
r строка f
(→ 11.139)

11.143 e block
d Programmsatz m, Satz
f cadre m
nl blok n
r кадр m (управляющей программы) (→ 11.139)

11.144 e word
d Wort n
f mot m
nl woord n
r слово n (управляющей программы) (→ 11.139)

11.145 e (paper) tape reader
d Lochstreifenabtaster m, Leser m
f lecteur m de bande perforée
nl ponsbandlezer m
r считывающее устройство n, устройство ввода с перфоленты

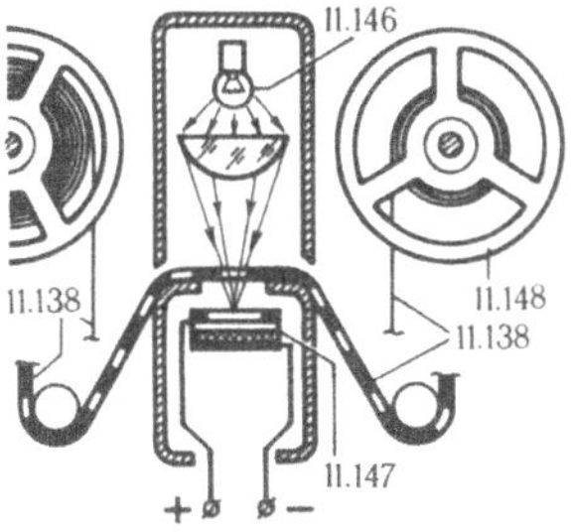

11.146 e light source
d Lichtquelle f
f source f de lumière
nl lichtbron f(m)
r источник m света (→ 11.145)

11.147 e photodiode
d Photodiode f
f photodiode f
nl fotodiode f(m)
r фотодиод m (→ 11.145)

11.148 e tape spool [reel]
d Kassette f
f bobine f pour bande
nl haspel m
r кассета f (→ 11.145)

11.149 e magnetic tape
d Magnetband n
f bande f magnétique
nl magneetband m
r магнитная лента f

11.150 e magnetic-tape reader, read(ing) head
d Magnetbandabtaster m
f tête f magnétique de lecture
nl leeskop m
r магнитная (считывающая) головка f (→ 11.149)

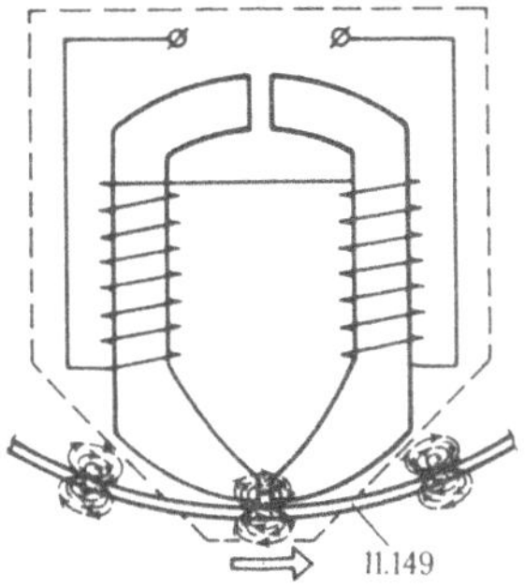

11.151 e open-loop (control) system
d offenes [rückführungsloses] Steuerungssystem n
f système m de contrôle en boucle ouverte
nl open regelsysteem n
r разомкнутая система f (управления)

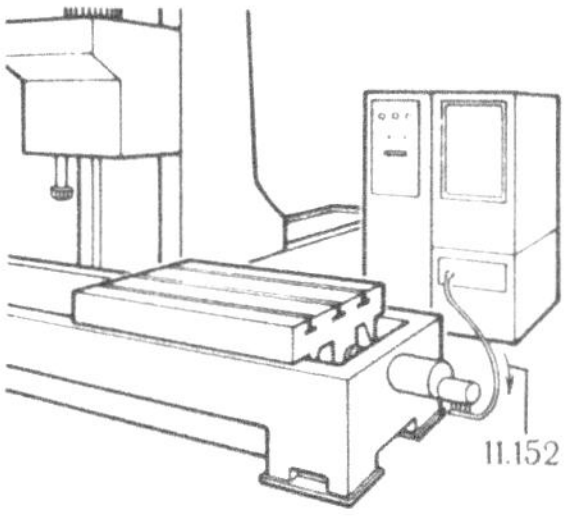

11.152 e input signal
d Eingabesignal n, Sollwertsignal
f signal m d'entrée
nl ingangssignaal n
r входной сигнал m (→ 11.151, 11.153)

11.153 e closed-loop (control) system
d geschlossenes Steuerungssystem n
f système m de contrôle en boucle fermée
nl gesloten regelsysteem n
r замкнутая система f (управления)

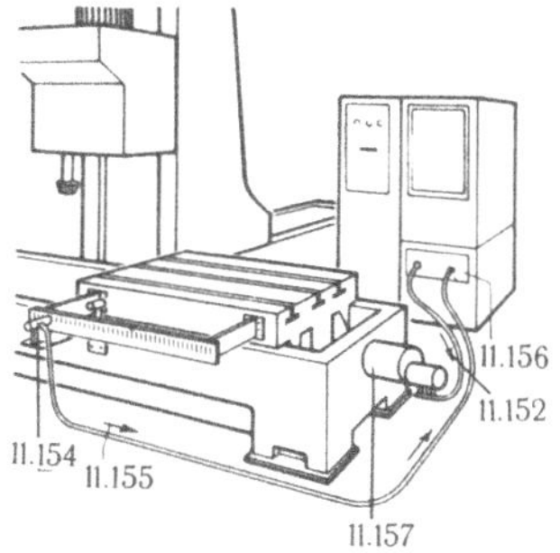

11.154 e feed-back [measuring] unit, position transducer
d Rückführungselement n, Messwandler m, Istwertgeber m
f transmetteur m asservi de réaction
nl terugkoppelopnemer m
r датчик m обратной связи (→ 11.153)

11.155 e feed-back signal
d Rückführungssignal n, Istwert-Signal
f signal m de réaction
nl terugkoppelingssignaal n
r сигнал m обратной связи (→ 11.153)

11.156 e error detector
d Soll-Istwert-Vergleicher m
f comparateur m
nl foutdetector m, comparator m
r сравнивающее устройство n (→ 11.153)

11.157 e stepping motor
d Schrittmotor m

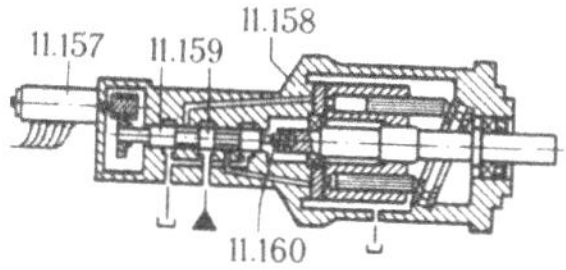

f moteur m pas à pas
nl stappenmotor m
r шаговый электродвигатель m

11.158 e hydraulic torque amplifier
d hydraulischer Momentverstärker m
f amplificateur m hydraulique de moment
nl hydraulische koppelversterker m [momentversterker]
r гидравлический усилитель m, гидроусилитель момента
(→ 11.157)

11.159 e servovalve
d Steuerschieber m
f servovalve f
nl servoafsluiter m
r следящий гидрораспределитель m
(→ 11.157)

11.160 e screw-type feed-back unit
d Schraubenrückführung f
f transmetteur m de réaction à vis
nl terugkoppelingsorgaan n met schroefoverbrenging
r винтовое устройство n обратной связи
(→ 11.157)

11.161 e inductosyn, linear resolver
d Inductosyn-Aufnehmer m
f inductosyn m
nl inductosynopnemer m
r датчик m типа "индуктосин"

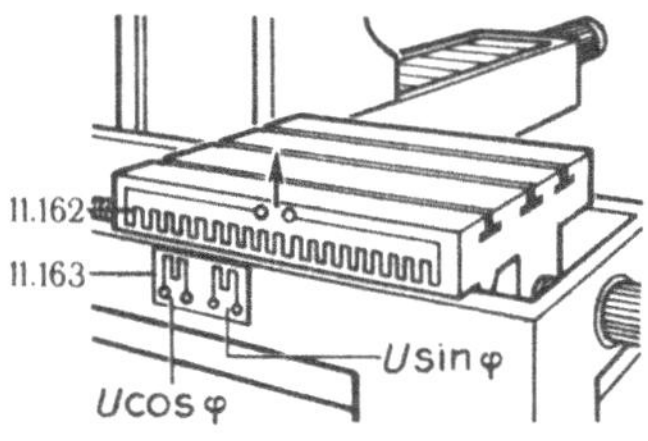

11.162 e scale
d Mass-Stab m, Lineal n
f échelle f linéaire
nl lineaire schaal f(m)
r линейная шкала f
(→ 11.161)

11.163 e exciter scale
d Reiter m
f curseur m
nl loper m
r ползунок m
(→ 11.161)

11.164 e positioning (numerical) control
d Punktsteuerung f
f commande f numérique point à point
nl numerieke besruring f van de positioneerbeweging
r позиционное (числовое программное) управление n

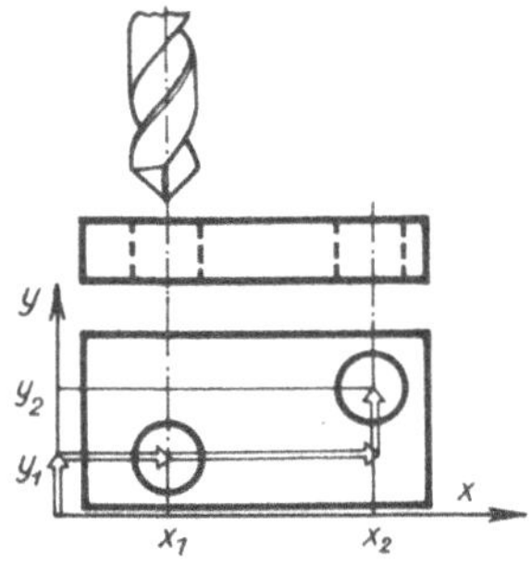

11.165 e straight-cut numerical control
d Streckensteuerung f
f commande f numérique de déplacement linéaire
nl numerieke besturing f van rechtlijnige bewerking
r прямоугольное (числовое программное) управление n

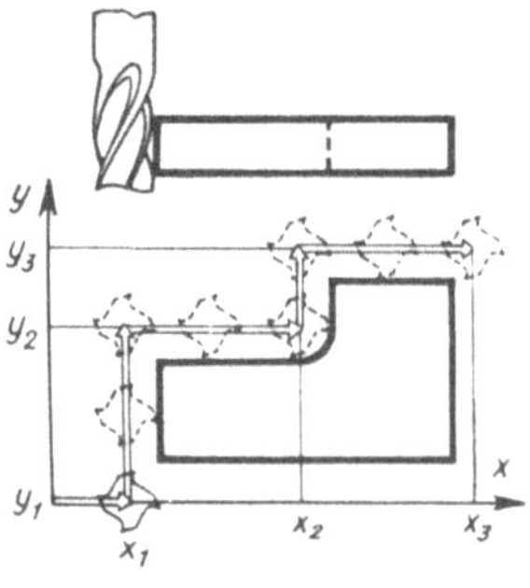

11.166 e contouring (numerical) control
d Bahnsteuerung f
f commande f numérique de contournage
nl numerieke contoerbesturing f
r контурное (числовое программное) управление n

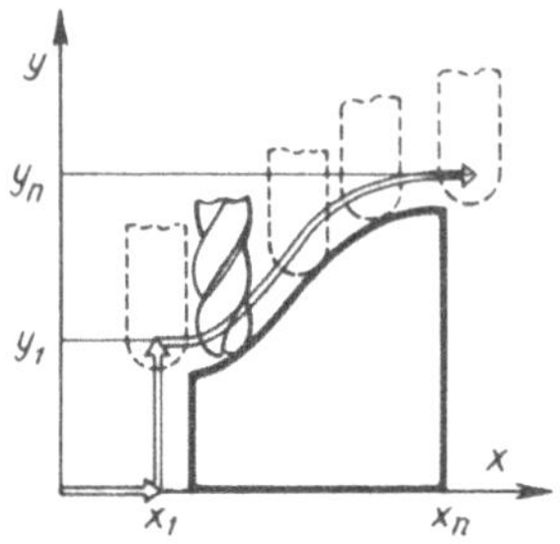

11.167 e interpolation
d Interpolation f
f interpolation f
nl interpolatie f
r интерполяция f
(→ 11.168, 11.171)

11.168 e linear interpolation
d Linearinterpolation f
f interpolation f linéaire
nl lineaire interpolatie f
r линейная интерполяция f

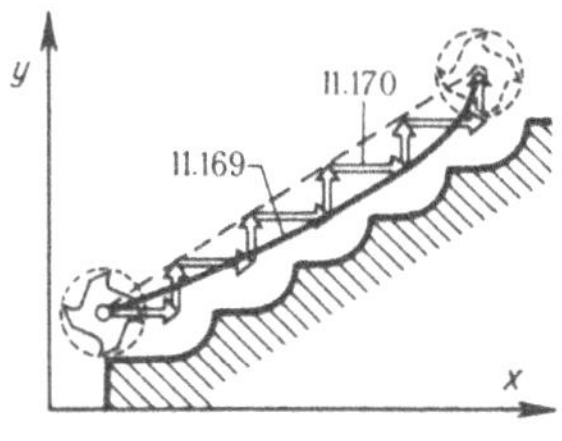

y=Kx

11.169 e desired path
d Sollbahn f
f trajectoire f préscrite
nl gewenste baan f(m)
r заданная траектория f
(→ 11.168, 11.171)

11.170 e actual path
d Istbahn f
f trajectoire f réelle
nl werkelijke baan f(m)
r действительная [фактическая] траектория f
(→ 11.168, 11.171)

11.171 e circular interpolation
d Kreisinterpolation f
f interpolation f circulaire
nl cirkelinterpolatie f
r круговая интерполяция f

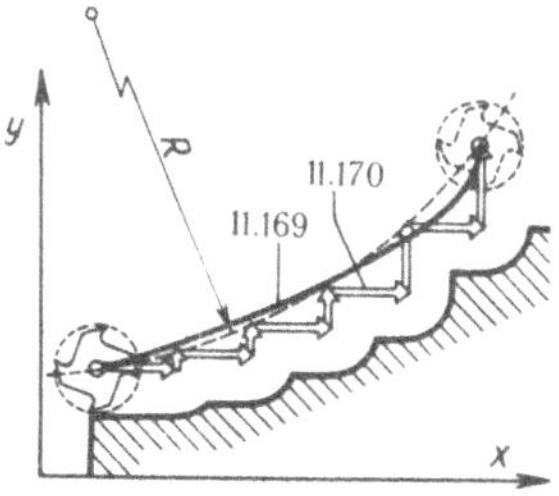

$x^2 + y^2 = R^x$

11.172 e computer numerical control, CNC
d freiprogrammierbare numerische Steuerung f, CNC
f commande f numérique centralisée, CNC
nl vrij programmeerbare numerieke besturing f
r программируемое устройство n числового программного управления, программируемое УЧПУ

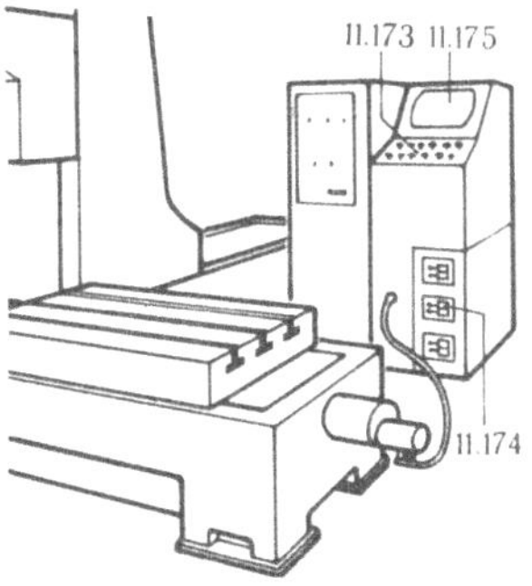

11.173 e manual data input
d manuelle Dateneingabe f
f entrée f manuelle des données
nl handmatige gegevensinvoer m
r ручной ввод m данных [информации]
(→ 11.172)

11.174 e minicomputer
d Kleinrechner m
f mini-ordinateur m
nl minicomputer m
r мини-ЭВМ f
(→ 11.172)

11.175 e visual display
d Bildschirm m
f terminal m de visualisation
nl beeldscherm n
r дисплей m
(→ 11.172)

11.176 e machining centre
d Bearbeitungszentrum n
f centre m d'usinage
nl bewerkingsstation n
r многоцелевой станок m, обрабатывающий центр m

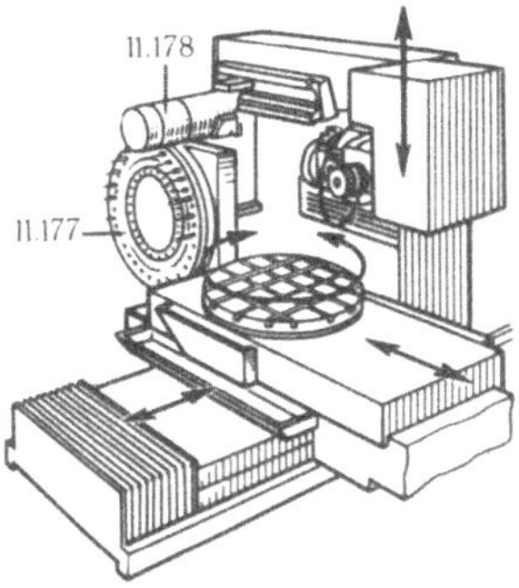

11.177 e tool magazine
d Werkzeugmagazin n
f magasin m d'outils
nl gereedschapsmagazijn n
r магазин m инструментов
(→ 11.176)

11.178 e tool changer
d Werkzeugwechsler m
f dispositif m pour changement des outils
nl gereedschapwisselaar m
r устройство n для смены инструментов
(→ 11.176)

Turning
Drehen
Tournage
Draaien
Точение

11.179 e turning
d Drehen n
f tournage m
nl draaien n
r точение n, обтачивание n, обточка f

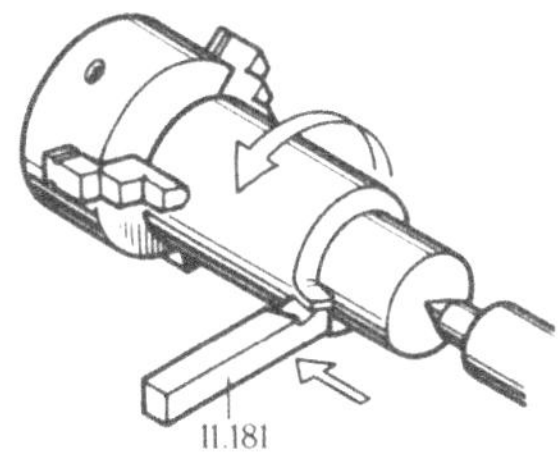

11.180 e single-point tool
d Meissel m
f outil m coupant
nl beitel m
r резец m
(→ 11.179, 11.292, 11.370, 11.380)

11.181 e lathe tool
d Drehmeissel m
f outil m de tour
nl draaibeitel m
r токарный резец m
(→ 11.179 11.182)

11.182 e tool point, (tool) cutting part
d Schneidenkopf m
f tête f d'outil
nl snijkop m
r режущая часть f [головка f] резца

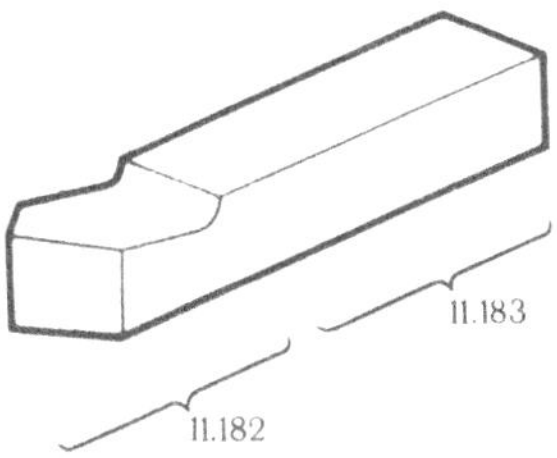

11.183 e tool shank
d Schaft f
f corps m d'outil
nl schacht f (m)
r стержень m [хвостовик m] резца
(→ 11.182)

11.184 e turning tool
d Langdrehmeissel m
f outil m à charioter

nl langsruwbeitel m
r проходной резец m

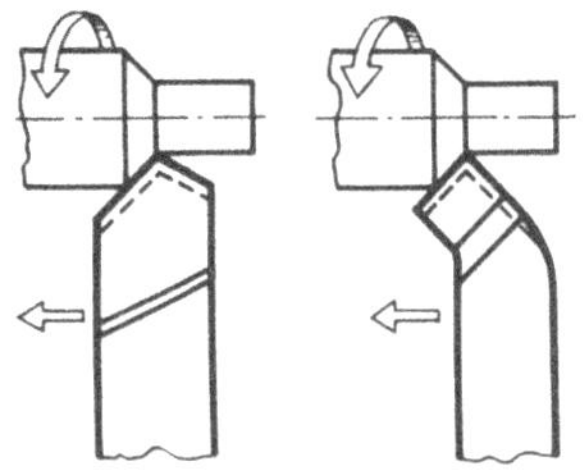

11.185 e facing
d Stirndrehen n
f saignée f
nl achterdraaien n
r подрезка f

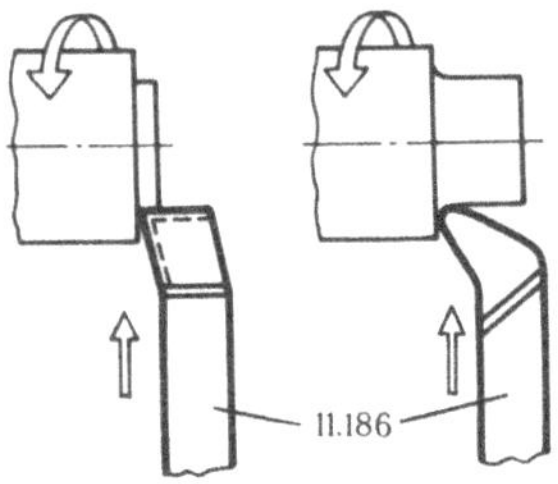

11.186 e facing tool
d Stirndrehmeissel m
f outil m à saigner
nl zijbeitel m
r подрезной резец m
(→ 11.185)

11.187 e straight-shank tool
d gerader Meissel m
f outil m droit
nl beitel m met rechte schacht, rechte beitel
r прямой резец m

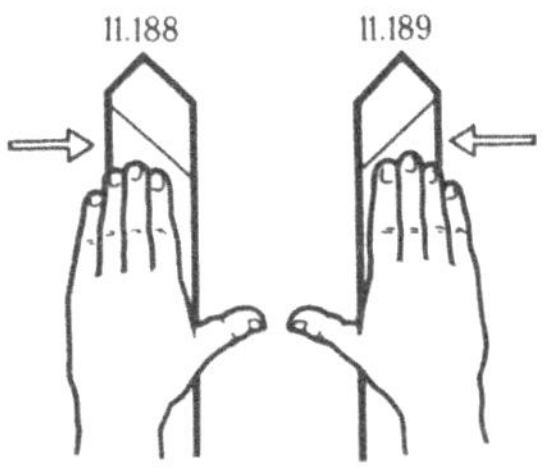

11.188 e left-hand tool
d linker Meissel m
f outil m à gauche
nl linkse beitel m
r левый резец m
(→ 11.187)

11.189 e right-hand tool
d rechter Meissel m
f outil m à droite
nl rechtse beitel m
r правый резец m
(→ 11.187)

11.190 e bent tool
d gebogener Meissel m
f outil m renvoyé
nl gebogen beitel m
r отогнутый резец m

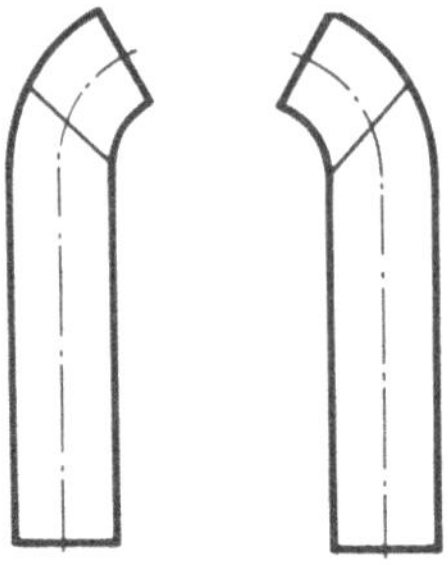

11.191 e goose-neck tool
d gekröpfter Meissel m
f outil m coudé
nl doorlopende boorbeitel m
r изогнутый резец m

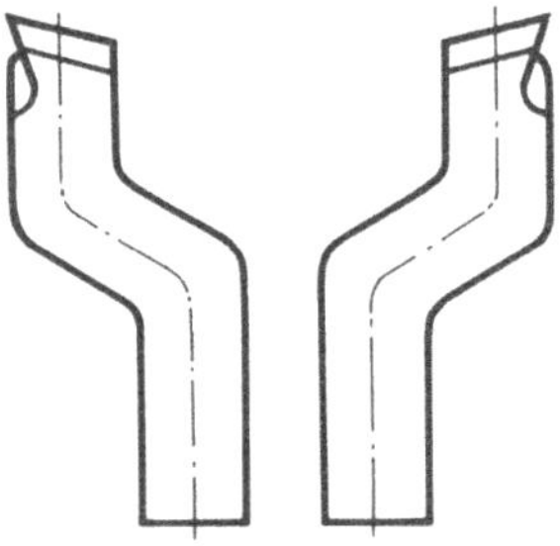

11.192 e offset tool
d abgesetzter Meissel m
f outil m à cannelures
nl afsteekbeitel m
r оттянутый резец m

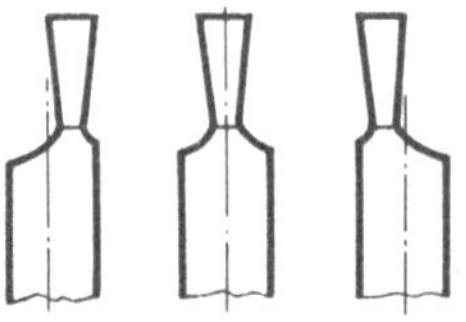

11.193 e form tool
d Formmeissel m
f outil m à façonner
nl profielbeitel m
r фасонный [профильный] резец m
(→ 11.194, 11.195)

11.194 e flat form tool
d prismatischer Formmeissel m
f outil m prismatique à faconner
nl prismatische profielbeitel m
r призматический фасонный резец m

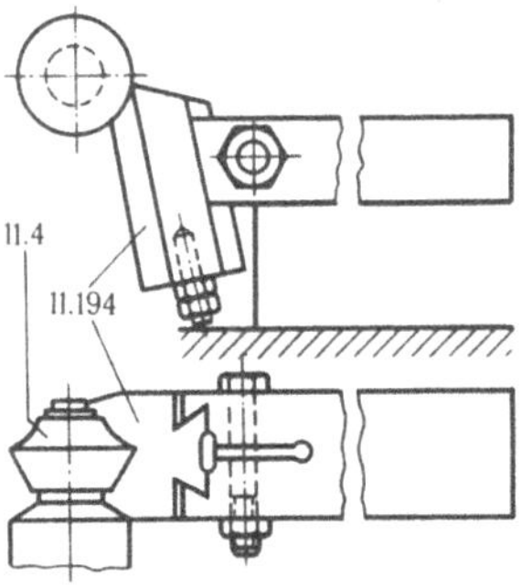

11.195 e circular form tool
d runder Formmeissel m
f outil m circulaire à façonnner
nl ronde profielbeitel m
r дисковый [круглый] фасонный резец m

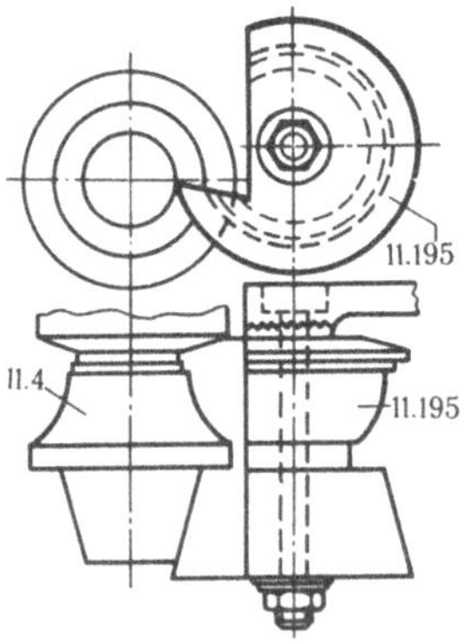

11.196 e brazed-tip tool
d Meissel m mit aufgelöteter Schneidplatte
f outil m à pastille en brasage

nl beitel m met opgesoldeerde snijplaat
r резец m с напаянной режущей пластиной

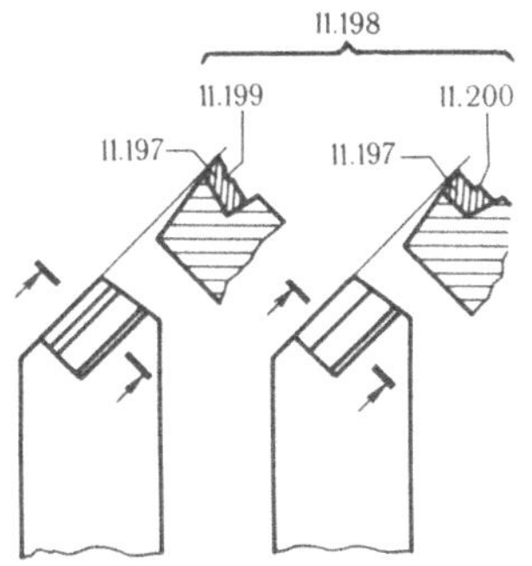

11.197 e cutting tip
d Schneidplatte f
f pastille f
nl snijplaat f(m)
r режущая пластина f
(→ 11.196)

11.198 e chip breaker
d Spanbrecher m
f briseur m de copeau
nl spaanbreker m
r стружколоматель m
(→ 11.196)

11.199 e groove-type chip breaker, chipbreaking groove
d Spanbrechernut f
f rainure f pour brisure de copeau
nl spaanbreekgroef f(m)
r стружколомная канавка f
(→ 11.196)

11.200 e step-type chip breaker
d Spanbrecherstufe f
f bosse f pour brisure de copeau
nl stootkant m
r стружколомный порожек m
(→ 11.196)

11.201 e clamped-tip tool
d Klemmeissel m

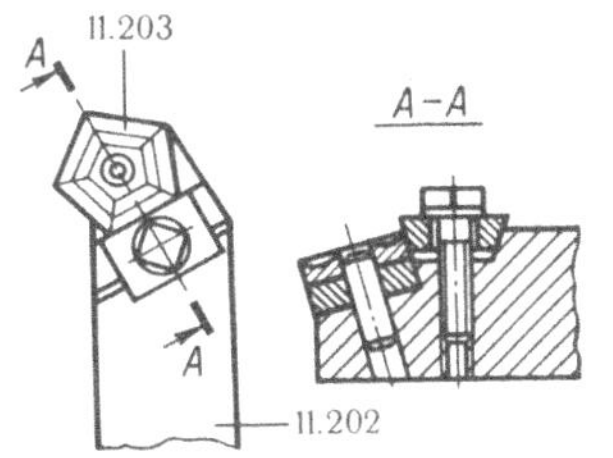

f outil m à pastille de serrage mécanique
nl beitel m met geklemde snijplaat
r резец m с механически закрепляемой (режущей) пластиной

11.202 e (tool) holder
d Meisselhalter m
f porte-outil m
nl beitelhouder m
r державка f
(→ 11.201)

11.203 e throw-away [replaceable, indexable] insert
d Wendeplatte f
f pastille f de serrage mécanique
nl verwisselbare snijplaat f (m)
r механически закрепляемая (режущая) пластина f
(→ 11.201)

11.204 e knurling
d Kordeln n
f moletage m
nl kartelen n
r накатывание n (рифлений)

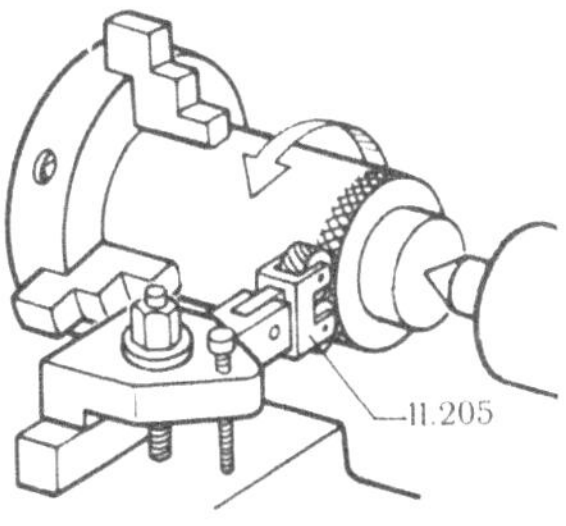

11.205 e knurling tool
d Kordelwerkzeug n
f molette f
nl kartelrol f(m), mollet f(m), kartelgereedschap n
r накатный инструмент m, накатник m
(→ 11.204)

11.206 e cut-off tool
d Abstechmeissel m
f outil m à tronçonner
nl afsteekbeitel m
r отрезной резец m

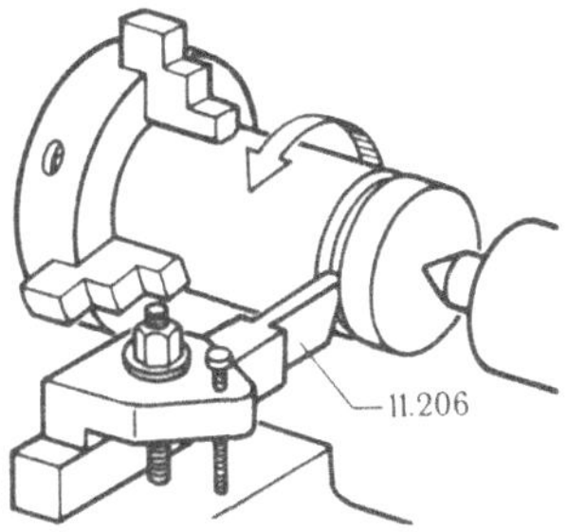

11.207 e lathe
d Drehmaschine f
f tour m
nl draaibank f(m)
r токарный станок m
(→ 11.208, 11.259, 11.266, 11.269)

11.208 e engine lathe
d Spitzendrehmaschine f (*mit Leit- und Zugspindel*), Universaldrehmaschine
f tour m à fileter
nl centerdraaibank m
r токарно-винторезный станок m

11.209 e bed
d Bett n
f bâti m
nl draaibankbed n
r станина f
(→ 11.208)

11.210 e headstock
d Spindelstock m
f poupée f avant
nl spilkop m, vaste kop
r передняя бабка f
(→ 11.208)

11.211 e spindle
d Spindel f
f broche f
nl spil f(m), spindel m
r шпиндель m
(→ 11.208)

11.212 e tailstock
d Reitstock m

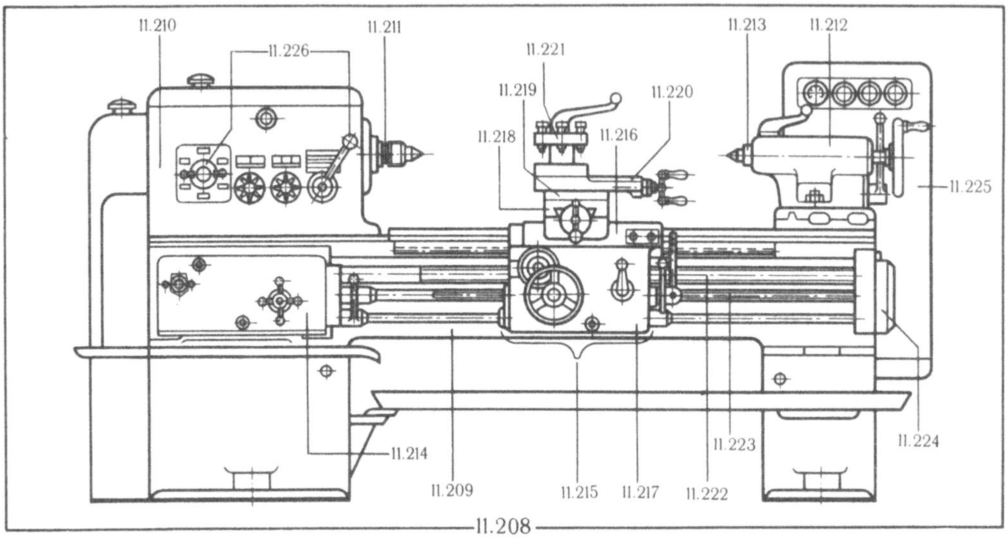

f contre-poupée f
nl losse kop m, achterkop
r задняя бабка f
(→ 11.208)

11.213 e (tailstock) quill [ram]
d Pinole f
f fourreau m coulissant
nl loopbus f (m), buitenspil f (m)
r пиноль f
(→ 11.208)

11.214 e feed box
d Vorschubkasten m
f boîte f des avances
nl wisselwielkast f (m)
r коробка f подач
(→ 11.208)

11.215 e carriage
d Werkzeugschlitten m, Support m
f chariot m
nl slede f(m), support n
r суппорт m
(→ 11.208)

11.216 e saddle
d Bettschlitten m
f traînard m
nl bedslede f(m)
r продольная каретка f, нижние салазки *pl*
(→ 11.208)

11.217 e apron
d Schlosskasten m
f tablier m
nl slotplaat f (m)
r фартук m
(→ 11.208)

11.218 e cross slide
d Planschlitten m
f chariot m transversal
nl dwarsslede f(m)
r поперечная каретка f
(→ 11.208)

11.219 e compound (rest)
d Schwenkteil m
f chariot m orientable
nl draaislede f(m), zwenkslede
r поворотная часть f
(→ 11.208)

11.220 e compound rest [tool post] slide
d Oberschlitten m
f chariot m d'outil
nl beitelslede f(m)
r верхние салазки *pl*, резцовая каретка f
(→ 11.208)

11.221 e tool post
d Werkzeughalter m
f porte-lame m
nl beitelhouder m
r резцедержатель m
(→ 11.208)

11.222 e lead screw
d Leitspindel f
f vis f mère [de commande]
nl schroefas f (m)
r ходовой винт m
(→ 11.208)

11.223 e feed shaft
d Zugspindel f
f barre f de chariotage
nl voedingsas f (m)
r ходовой валик m
(→ 11.208)

11.224 e carriage rapid traverse drive
d Supportschnellgangantrieb m
f commande f d'avances vites de chariot
nl aandrijving f voor snelle sledeverstelling
r привод m ускоренного перемещения суппорта
(→ 11.208)

11.225 e electric cabinet
d Elektroschrank m
f armoire f électrique
nl kast f(m) met elektrische installaties

r электрошкаф m, шкаф с электрооборудованием (→ 11.208)

11.226 e speed selector lever
d Drehzahl-Schalthebel m
f levier m de changement de vitesses
nl handel m, n voor het toerental
r рукоятка f переключения скоростей (→ 11.208)

11.227 e centre-to-centre distance, distance between centers (*L*)
d Spitzenweite f (*L*)
f distance f entre pointes (*L*)
nl centerafstand m
r межцентровое расстояние n (*L*)

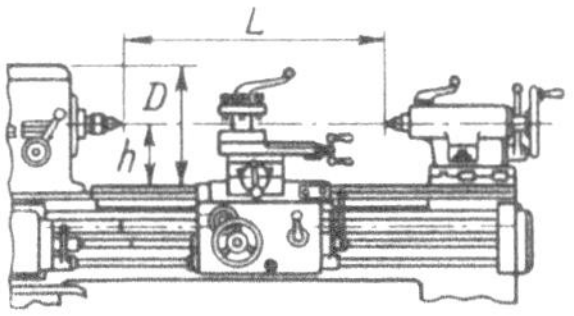

11.228 e centre height (*h*)
d Spitzenhöhe f (*h*)
f hauteur f de pointes (*h*)
nl centerhoogte f (*h*)
r высота f центров (*h*) (→ 11.227)

11.229 e swing over bed ($D = 2h$)
d grösster Drehdurchmesser m über dem Bett ($D = 2h$)
f diamètre m admis sur banc ($D = 2h$)
nl grootste draaidiameter m ($D = 2h$)
r наибольший диаметр m обработки над станиной ($D = 2h$) (→ 11.227)

11.230 e lathe accessories
d Drehmaschine-Zubehör n
f accessoires m *pl* de tour
nl draaibanktoebehoren n
r принадлежности f *pl* к токарному станку (→ 11.231, 11.233, 11.234, 11.238, 11.240, 11.241, 11.245 – 11.247, 11.249, 11.250, 11.257, 11.258)

11.231 e (lathe) centre [center]
d Körnerspitze f, Spitze
f pointe f (de tour)
nl centerpunt f (m)
r (упорный) центр m

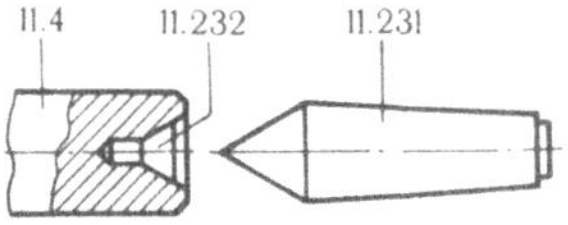

11.232 e centre hole
d Zentrierbohrung f
f trou m de centre
nl centergat n
r центровое отверстие n (→ 11.231)

11.233 e rotating [live] centre
d umlaufende Spitze f
f pointe f tournante
nl meedraaiende center m
r вращающийся центр m

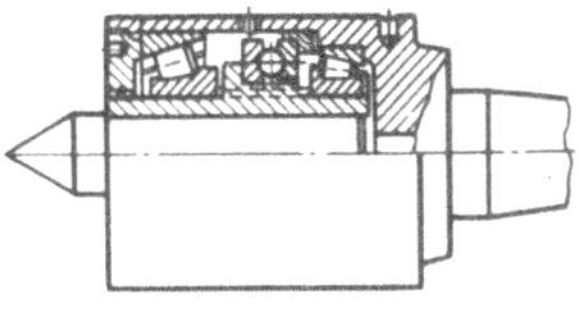

11.234 e face plate
d Planscheibe f

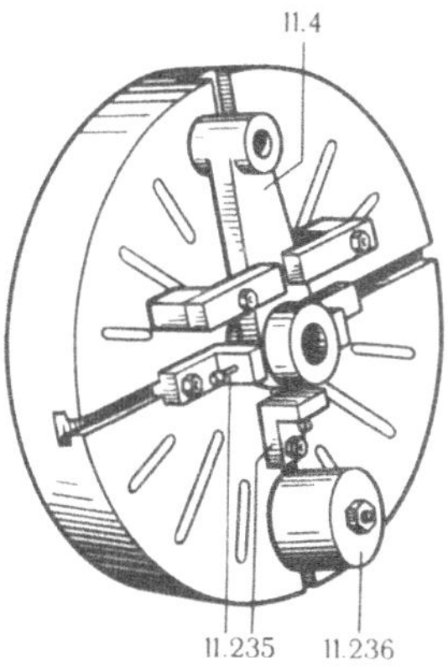

f plateau m
nl stelplaat f(m)
r планшайба f

11.235 e stop bracket
d Spannwinkel m
f équerre f de butée
nl aanslag m
r упорный угольник m (→ 11.234)

11.236 e counterweight
d Gegengewicht n
f contrepoids m
nl contragewicht *n*
r противовес m (→ 11.234)

11.237 e chuck
d Futter n
f mandrin m
nl klauwplaat f(m)
r патрон m (→ 11.238, 11.240, 11.348, 11.349)

11.238 e three-jaw chuck
d Dreibackenfutter n
f mandrin m à trois mors
nl klauwplaat f(m) met drie klauwen
r трёхкулачковый патрон m

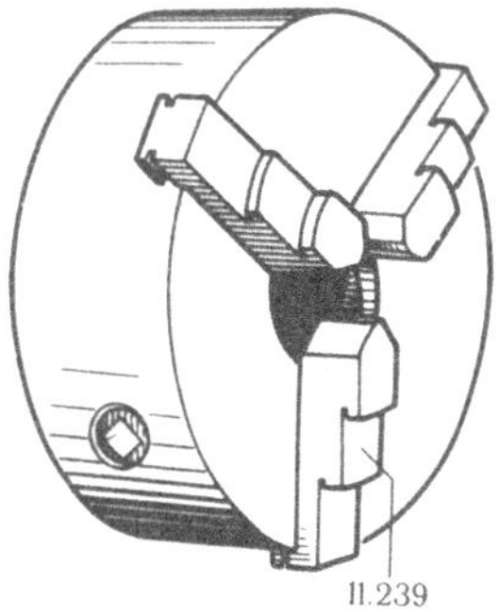

11.239 e jaw
d Backen m
f mors m
nl klauw m, f
r (зажимный) кулачок m (→ 11.238, 11.240)

11.240 e four-jaw chuck
d Vierbackenfutter n
f mandrin m à quatre mors
nl klauwplaat f(m) met vier klauwen
r четырёхкулачковый патрон m

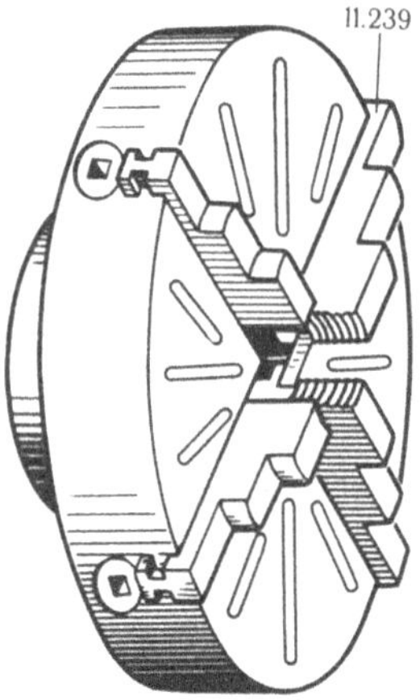

11.241 e driver [dog] plate
d Mitnehmerscheibe f
f plateau m à doigt d'entraînement
nl meeneemplaat f(m)
r поводковый патрон m

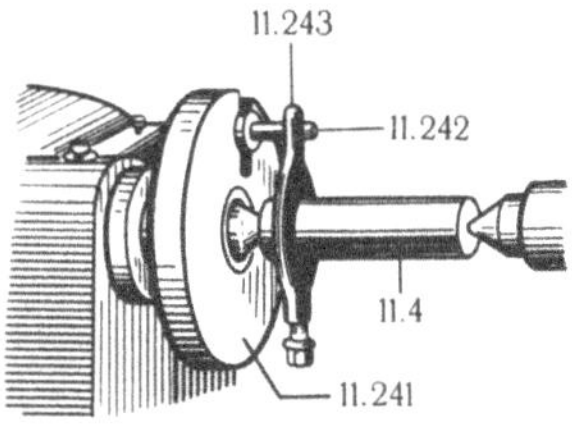

11.242 e driving pin
d Mitnehmerbolzen m
f doigt m d'entraînement
nl meeneempen f(m), meeneembout m
r поводковый палец m
(→ 11.241)

11.243 e (lathe) dog
d Mitnehmerherz n
f collier m
nl klem f(m)
r хомутик m
(→ 11.241)

11.244 e mandrel, arbor
d Dorn m
f mandrin m
nl doorn m
r оправка f
(→ 11.245 – 11.247)

11.245 e cylindrical mandrel
d zylindrischer Dorn m
f mandrin m cylindrique
nl cilindervormige doorn m, cilinderdoorn
r цилиндрическая оправка f

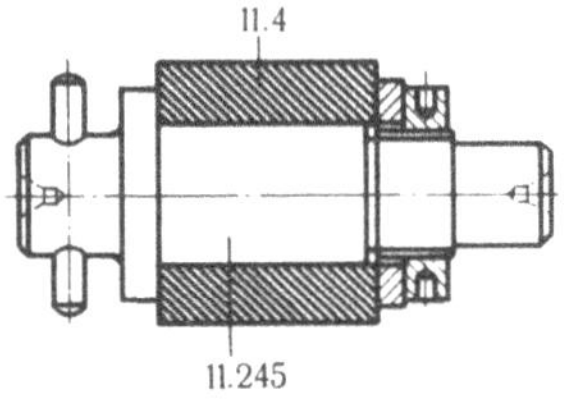

11.246 e taper mandrel
d Kegeldorn m
f mandrin m conique
nl conische doorn m
r конусная (центровая) оправка f

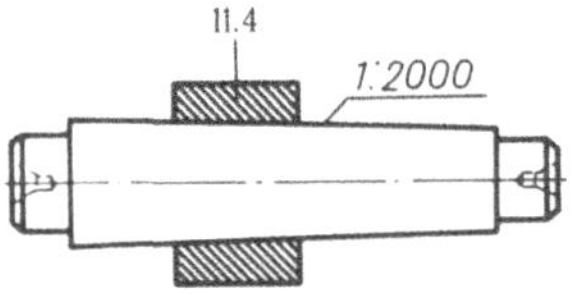

11.247 e expanding mandrel
d verstellbarer Dorn m
f mandrin m extensible
nl verstelbare doorn m
r разжимная [цанговая] оправка f

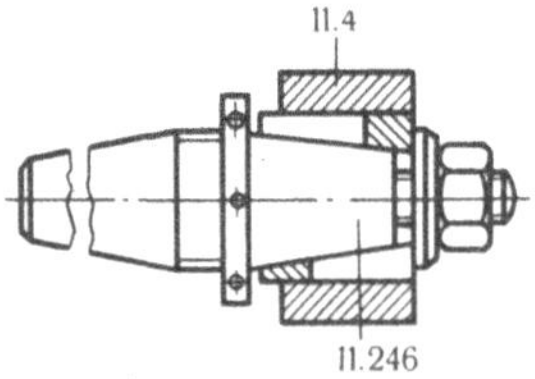

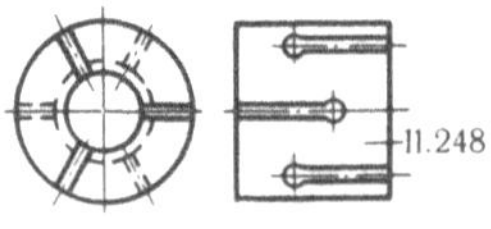

11.248 e collet
d Spannbüchse f
f mandrin m à pince
nl spantang f(m)
r цанга f
(→ 11.247)

11.249 e face driver
d Stirnmitnehmer m
f doigt m d'about d'entraînement
nl kopmeenemer m
r торцовый поводок m

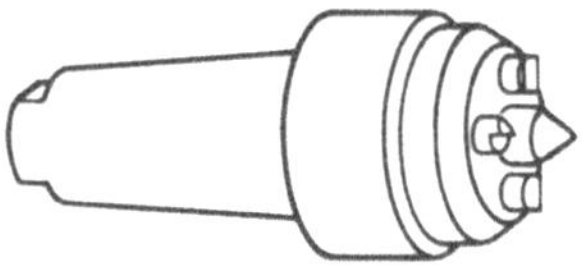

11.250 e taper (turning) attachment
d Kegeldrehlineal n
f dispositif m à tourner conique
nl kegeldraailiniaal f (m)
r конусная линейка f

11.251 e base (of taper turning attachment)
d Kegelschlitten m
f base f (de dispositif à tourner conique)
nl vaste gedeelte n (van de draailiniaal)
r основание n (конусной линейки)
(→ 11.250)

11.252 e slider, sliding block
d Gleitschuh m, Gleitstein m
f coulisseau m guide
nl schuif f (m)
r ползушка f
(→ 11.250)

11.253 e pivot
d Zapfen m
f pivot m
nl draaipunt f (m)
r ось f поворота
(→ 11.250)

11.254 e slide bar
d Leitlineal n
f glissière f (orientable)
nl (verstelbare) liniaal f(m)
r (регулируемая) линейка f
(→ 11.250)

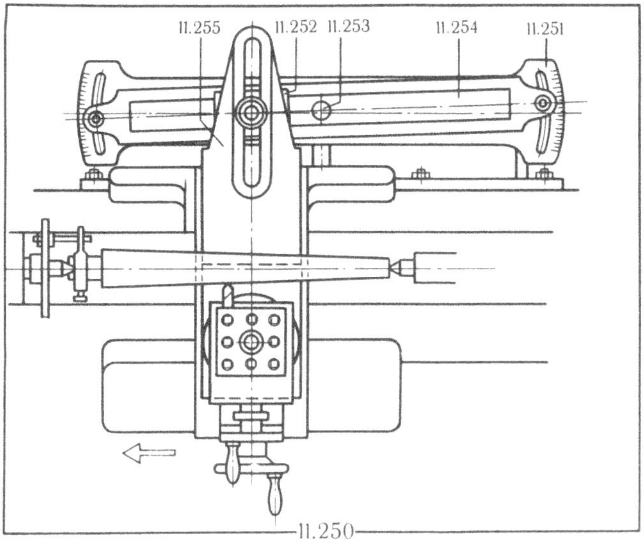

11.260 e front slide
d Vorderschlitten m
f chariot m avant
nl voorste support n
r передний суппорт m
(→ 11.259)

11.261 e rear slide
d Hinterschlitten m
f chariot m arrière
nl achterste support n
r задний суппорт m
(→ 11.259)

11.262 e tracer [duplicating] lathe
d Nachformdrehmaschine f
f tour m à copier
nl kopieerdraaibank f (m)
r (гидро)копировальный токарный станок m

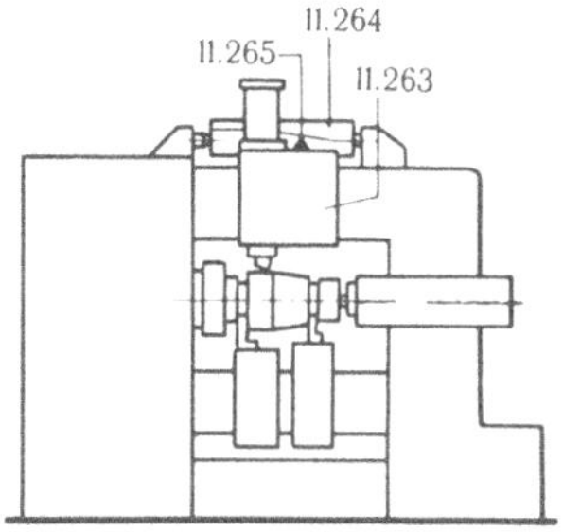

11.255 e cross slide extension
d Zugstange f
f étrier m de liaison
nl trekstang f(m)
r тяга f
(→ 11.250)

11.256 e rest
d Setzstock m
f lunette f
nl bril m
r люнет m
(→ 11.257, 11.258)

11.257 e steady rest
d feststehender Setzstock m
f lunette f fixe
nl vaste bril m
r неподвижный люнет m

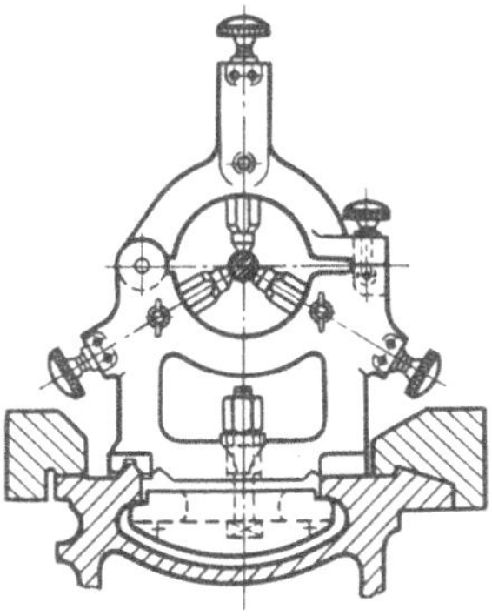

11.258 e follower rest
d mitlaufender Setzstock m
f lunette f mobile
nl meelopende bril m
r подвижный люнет m

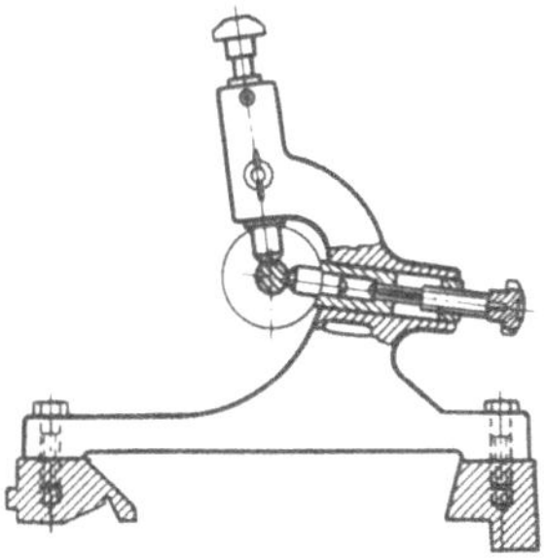

11.259 e multi-tool lathe
d Mehrmeisseldrehmaschine f, Mehrschlittendrehmaschine
f tour m à outils multiples
nl draaibank f (m). met meer dan één beitel
r многорезцовый токарный станок m

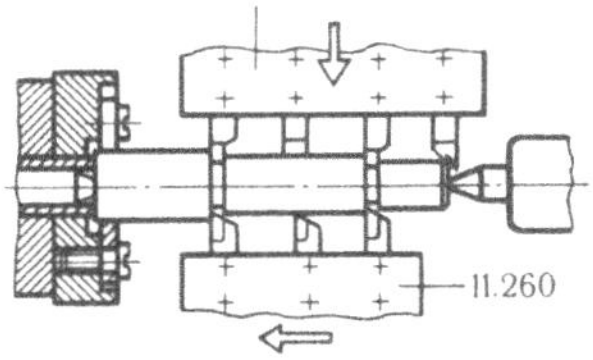

11.263 e tracing slide
d Nachformschlitten m
f chariot m de copiage
nl volgslede f (m)
r копировальный суппорт m
(→ 11.262)

11.264 e template
d Schablone f
f gabarit m
nl mal m
r копир m
(→ 11.262, 11.448, 11.450)

11.265 e tracer
d Taster m
f touche f (à gabarit)
nl taster m
r (копирный) щуп m
(→ 11.262, 11.448, 11.450)

11.266 e turret lathe
d Revolverdrehmaschine f
f tour m à revolver
nl revolverbank f(m)
r (токарно-) револьверный станок m

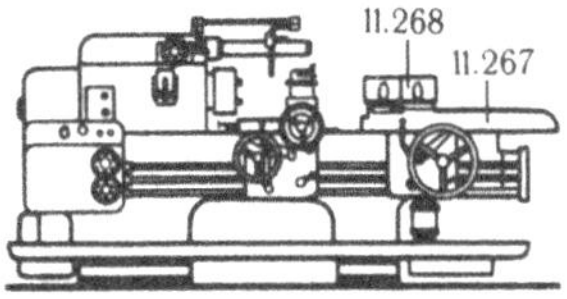

11.267 e turret slide
d Revolverkopfschlitten m
f support m revolver
nl revolversupport n
r револьверный суппорт m
(→ 11.266)

11.268 e turret
d Revolverkopf m
f tourelle f
nl revolverkop m
r револьверная головка f
(→ 11.266)

11.269 e vertical boring and turning machine
d Karusseldrehmaschine f, Drehwerk n
f tour m vertical
nl carrouseldraaibank f (m)
r (токарно-) карусельный станок m

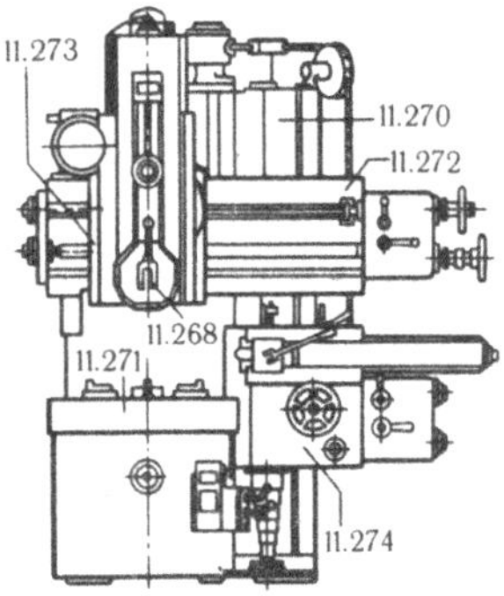

11.270 e upright, column
d Ständer m
f montant m
nl staander m
r стойка f
(→ 11.269)

11.271 e rotary table
d Planscheibe f
f table f circulaire pivotante
nl (horizontale) spanplaat f (m)
r круглый стол m, планшайба f
(→ 11.269)

11.272 e crossrail
d Querbalken m
f traverse f
nl dwarsbalk m
r поперечина f, траверса f
(→ 11.269)

11.273 e vertical toolhead
d Querbalkenschlitten m
f chariot m vertical
nl verticale (gereedschaps)-slede f (m)
r вертикальный суппорт m
(→ 11.269)

11.274 e side toolhead
d Seitenschlitten m, Seitensupport m
f chariot m latéral
nl zijsupport n
r боковой суппорт m
(→ 11.269)

11.275 e automatic lathe
d Drehautomat m
f tour m automatique
nl automatische draaibank f(m), automaat m
r токарный автомат m
(→ 11.277, 11.282, 11.285, 11.287)

11.276 e single-spindle automatic lathe
d Einspindel-Drehautomat m
f tour m automatique monobroche
nl eenspillige automaat m
r одношпиндельный токарный автомат m
(→ 11.277, 11.282)

11.277 e swiss(-type) stationary-headstock automatic (screw machine)
d Formdreh- und Abstechautomat m
f tour m automatique à décolleter
nl profiel- en afsteekautomaat m
r фасонно-отрезной токарный автомат m

11.278 e bar advancement mechanism
d Stangenvorschubeinrichtung f
f mécanisme m d'alimentation de barre
nl staaftoevoerinrichting f
r механизм m подачи прутка
(→ 11.277)

11.279 e bar clamping mechanism
d Stangenspanneinrichtung f
f mécanisme m de serrage de barre
nl staafspaninrichting f
r механизм m зажима прутка
(→ 11.277)

11.280 e (spring) collet
d Spannzange f

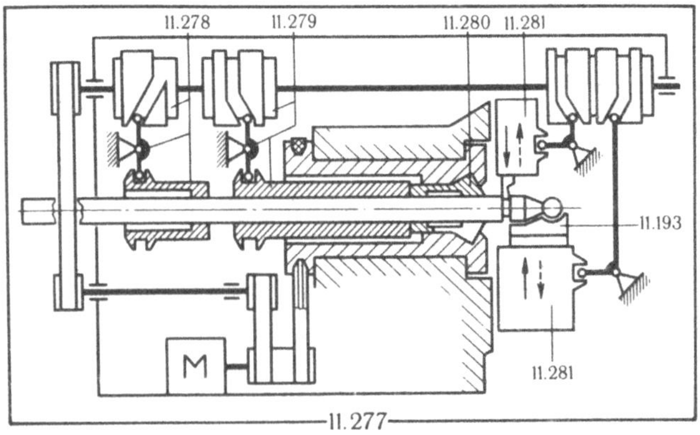

f serre-barre m
nl spantang f(m)
r (зажимная) цанга f
(→ 11.277, 11.282)

11.281 e cross slide
d Querschlitten m
f support m transversal
nl dwarssupport n
r поперечный суппорт m
(→ 11.277)

11.282 e swiss(-type) movable-headstock automatic (screw machine)
d Lang- und Formdreh-automat m
f tour m automatique à tournage longitudinal
nl langs- en profieldraai-automaat m
r автомат m (фасонно-) продольного точения

11.283 e vertical slide
d Senkrechtschlitten m
f support m vertical
nl verticaal support n
r вертикальный суппорт m
(→ 11.282)

11.284 e rocker
d schwingender Werkzeugträger m
f support m oscillant
nl tuimelaarsupport n
r балансирный [качательный] суппорт m
(→ 11.282)

11.285 e automatic turret lathe
d Revolverdrehautomat m
f tour-revolver m automatique
nl revolverdraaiautomaat m
r токарно-револьверный автомат m

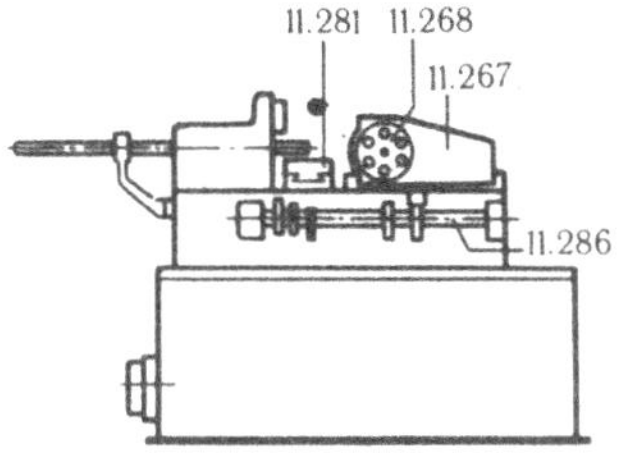

11.286 e camshaft
d Steuerwelle f
f arbre m à cames
nl nokkenas f(m)
r распределительный вал m
(→ 11.285)

11.287 e multispindle horizontal automatic
d Waagerechtmehrspindel-drehautomat m
f tour m automatique multibroche horizontal
nl meerspillige horizontale automaat m
r многошпиндельный горизонтальный токарный автомат m

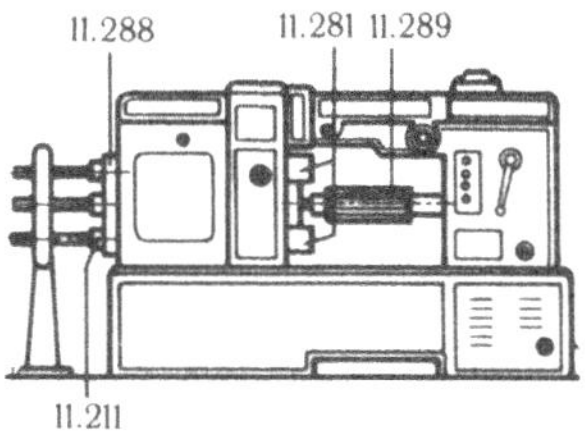

11.288 e spindle carrier
d Spindelträger m, Spindeltrommel f
f tambour m pour broches
nl spildrager m
r шпиндельный блок m
(→ 11.287)

11.289 e end [main] slide
d Langdrehschlitten m
f chariot m longitudinal
nl langsslede f(m)
r продольный суппорт m
(→ 11.287)

11.290 e multispindle vertical semi-automatic machine
d Senkrecht-Mehrspindel-drehhalbautomat m
f tour m vertical semi-automatique multibroches
nl meerspillige verticale half-automaat m

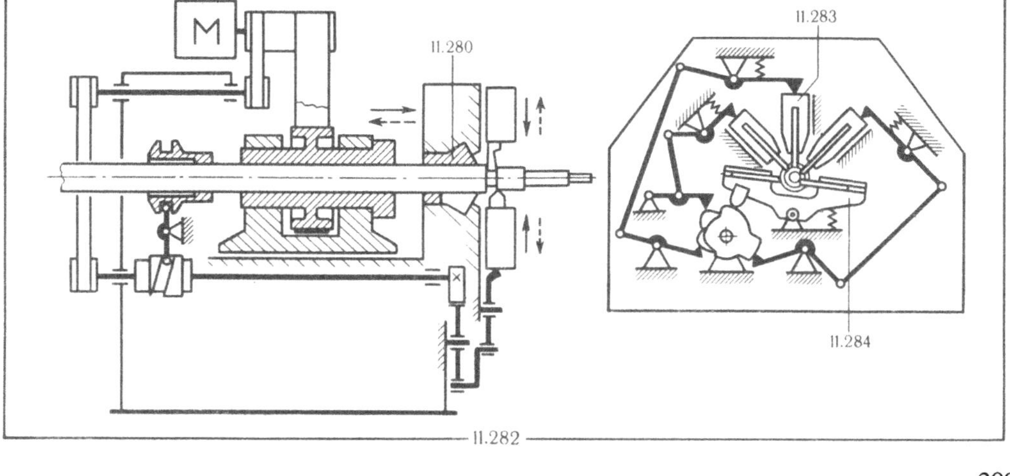

r многошпиндельный вертикальный токарный полуавтомат m

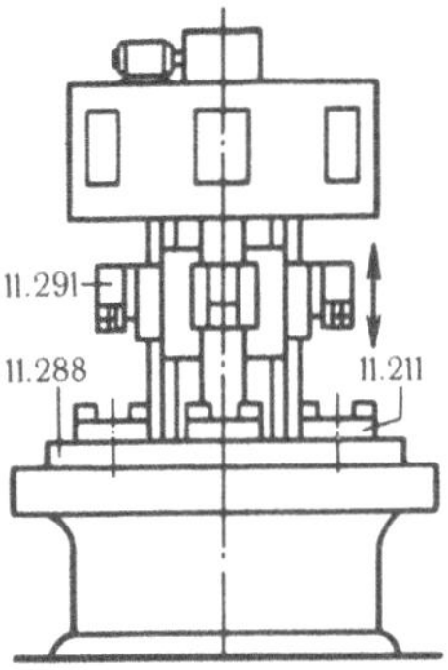

11.291 e tool-carrying head
d Werkzeugschlitten m
f chariot m porte-outil
nl gereedschapsslede f(m)
r (инструментальный) суппорт m
(→ 11.290)

Boring and Drilling
Bohren
Alésage et perçage
Boren en uitdraaien
Растачивание и сверление

11.292 e boring
d Ausdrehen n, Innendrehen
f alésage m
nl kotteren n, uitboren n
r растачивание n

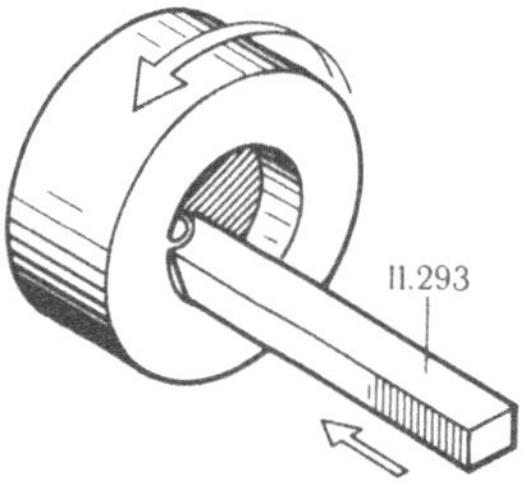

11.293 e boring tool
d Bohrmeissel m, Bohrmesser n, Ausdrehmeissel, Innendrehmeissel
f outil m d'alésage
nl boorbeitel m, kotterboor m
r расточный резец m
(→ 11.292, 11.294)

11.294 e boring bar
d Bohrstange f
f barre f d'alésage
nl kotterbaar f(m)
r борштанга f, расточная оправка f

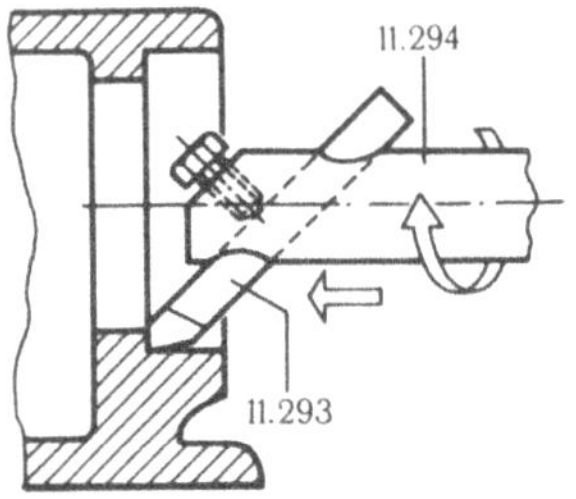

11.295 e single bit boring double cutter
d zweischneidiges Bohrmesser n
f outil m à lame plate
nl tweesnijdend kottermes n
r пластинчатый расточный резец m

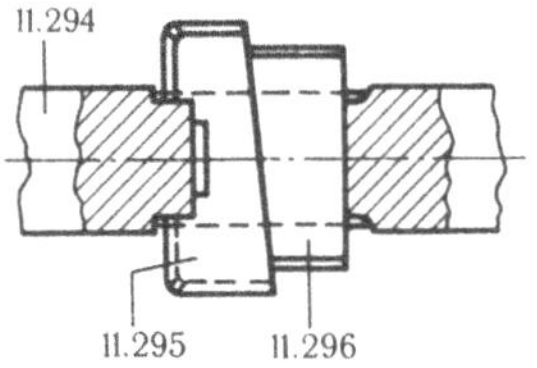

11.296 e wedge
d Keil m
f clavette f
nl spie f (m)
r клин m
(→ 11.295)

11.297 e boring head
d Bohrkopf m
f tête f d'alésage
nl kotterkop m
r расточная головка f

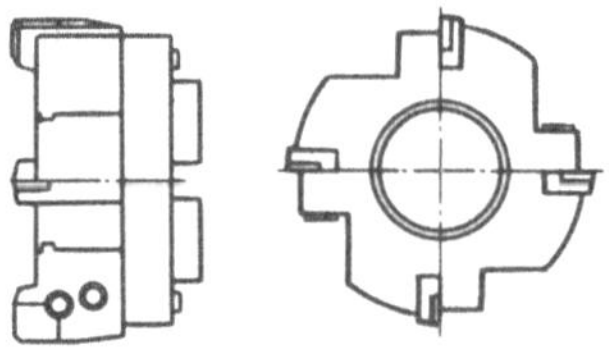

11.298 e drilling
d Bohren n
f perçage m
nl boren n
r сверление n

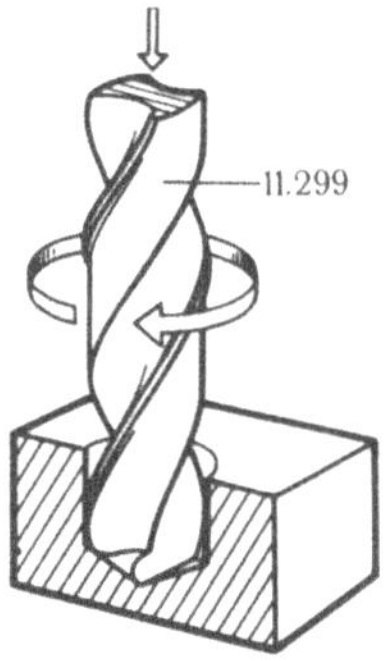

11.299 e drill
d Bohrer m
f foret m, mèche f
nl boor f(m)
r сверло n
(→ 11.298)

11.300 e twist drill
d Spiralbohrer m
f foret m hélicoïdal
nl spiraalboor f(m)
r спиральное сверло n

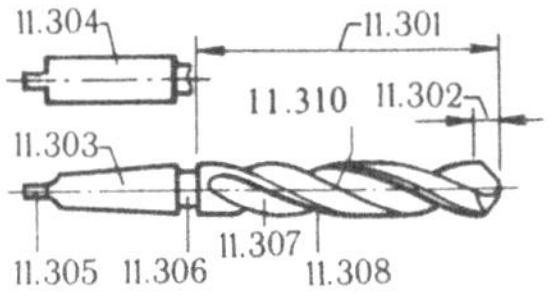

11.301 e body
d Schneidteil m
f corps m de foret
nl boor lichaam
r рабочая часть f
(→ 11.300)

11.302 e cutting point
d Spitze f
f pointe f de foret
nl boorpunt f (m)
r режущая часть f, головка f
(→ 11.300)

11.303 e taper shank
d Kegelschaft m
f queue f conique

nl conische schacht f (m)
r конический хвостовик m
(→ 11.300)

11.304 e straight shank
d Zylinderschaft m
f queue f cylindrique
nl cilindrische schacht f (m)
r цилиндрический хвостовик m
(→ 11.300)

11.305 e tang
d Austreiblappen m, Lappen
f languette f
nl meeneemlip, uitdrijflip
r лапка f
(→ 11.300)

11.306 e neck
d Hals m
f collet m
nl hals m
r шейка f
(→ 11.300)

11.307 e flute
d Nut f
f rainure f pour copeau
nl spaangroef f (m)
r (стружечная) канавка f
(→ 11.300)

11.308 e margin
d Führungsfase f
f listel m
nl geleidingsrand m
r ленточка f
(→ 11.300)

11.309 e web, core
d Kern m, Seele f
f âme f
nl ziel f (m)
r стержень m

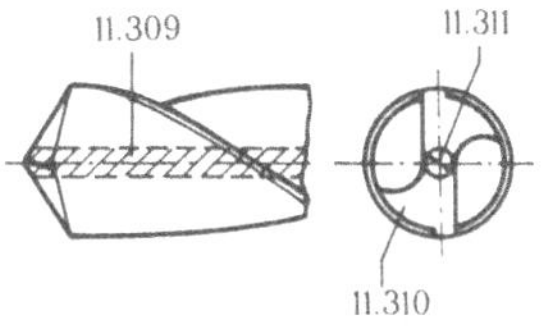

11.310 e land
d Steg m
f surface f de dépouille
nl facet n
r спинка f
(→ 11.309)

11.311 e chisel edge
d Querschneide f
f arête f frontale
nl dwarssnijkant f (m)
r перемычка f, поперечная кромка f
(→ 11.309)

11.312 e drill grinding [sharpening]
d Bohreranschliff m
f affûtage m de foret
nl slijpen n van een boor
r заточка f сверла
(→ 11.313 – 11.315)

11.313 e flat point
d Normalanschliff m
f pointe f plate
nl enkelzijdig geslepen boorpunt m
r одинарная [обыкновенная] заточка f

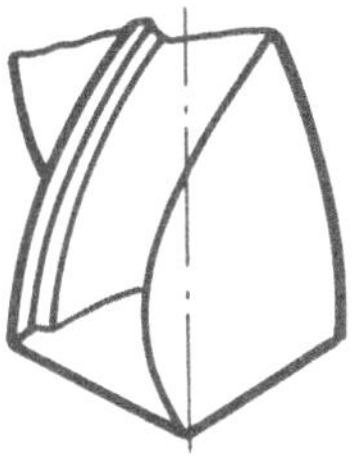

11.314 e double-angle point
d Doppelkegelmantelanschliff m
f pointe f à double angle
nl boor m met oplopende punthoek
r двойная заточка f

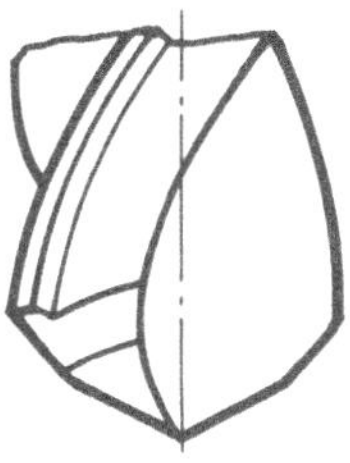

11.315 e web thinning
d Ausspitzung f der Querschneide
f mouchage m de mèche
nl toespitsen n van de dwarssnede
r подточка f перемычки

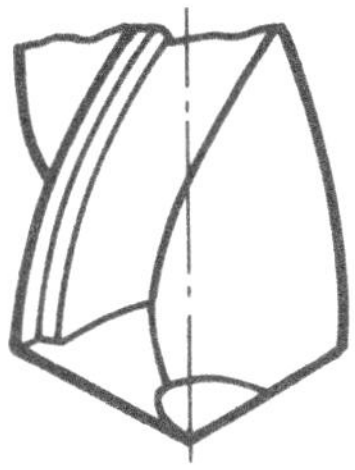

11.316 e carbide-tipped drill
d hartmetallbestückter Bohrer m
f foret m à bout en carbure
nl boor f(m) met hardmetalen snijplaatje
r сверло n, оснащённое твердосплавной пластиной

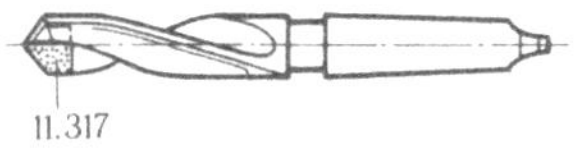

11.317 e sintered-carbide tip
d Hartmetallplatte f
f bout m en carbure
nl hardmetalen snijplaat f (m)
r твердосплавная пластина f
(→ 11.316)

11.318 e step drill
d Stufenbohrer m
f foret m étagé
nl getrapte boor f (m)
r ступенчатое сверло n

11.319 e flat drill
d Spitzbohrer m
f foret m plat
nl puntboor f(m)
r перовое сверло n

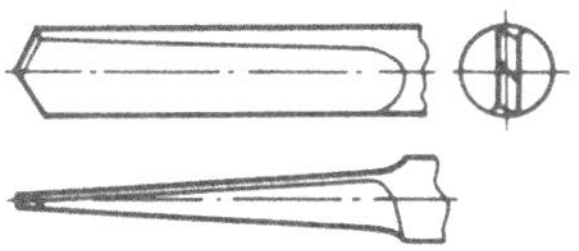

11.320 e trepanning drill
d Hohlbohrer m, Kernbohrer
f foret m à trépaner
nl kanonboor f(m)
r кольцевое сверло n

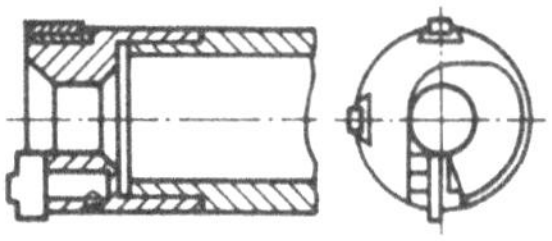

11.321 e single-flute [gun] drill
d Einlippenbohrer m, Kanonenbohrer
f foret m à seule rainure
nl éénlippige (kanon)boor f (m)
r однолезвийное сверло n

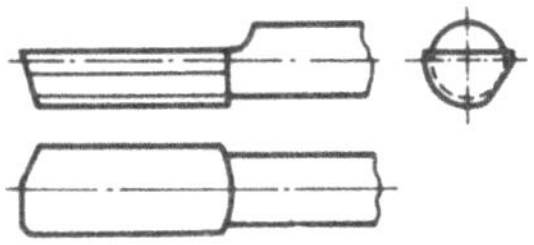

11.322 e centre drill
d Zentrierbohrer m
f foret m à centrer
nl centerboor f (m)
r центровое сверло n

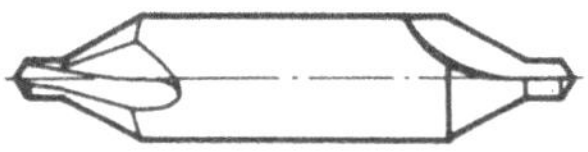

11.323 e core-drill
d Spiralsenker m, Senker
f foret m aléseur
nl verzinkboor f(m), souvereinboor
r зенкер m

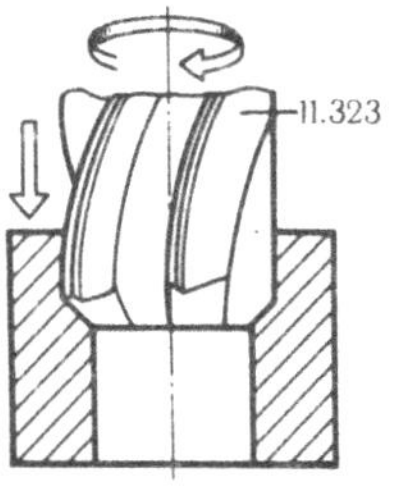

11.324 e shank-type core drill
d Schaftsenker m
f foret m aléseur à queue
nl schachtverzinkboor f(m)
r хвостовой зенкер m

11.325 e shell-type core drill
d Aufstecksenker m
f foret m aléseur à trou
nl opsteekverzinkboor f(m)
r насадной зенкер m

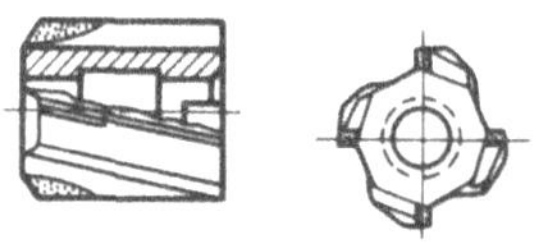

11.326 e counterboring
d Kopfsenken n, Aussenken, Einsenken
f chambrage m cylindrique
nl cilindrisch verzinken n
r цилиндрическое зенкование n

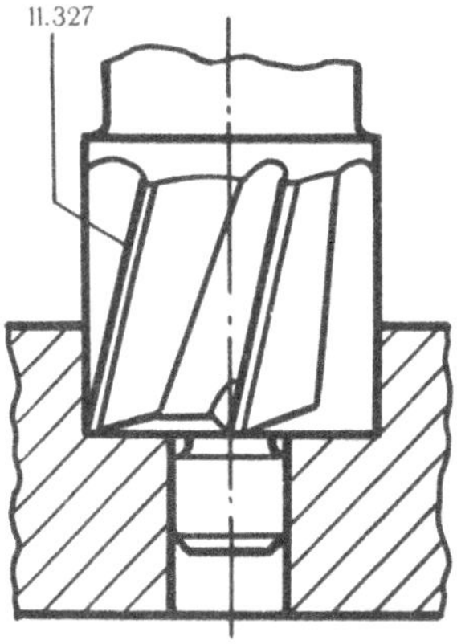

11.327 e counterbore
d Kopfsenker m
f outil m à chambrage cylindrique
nl kotterboor f (m)
r цилиндрическая зенковка f
(→ 11.326)

11.328 e countersinking
d Ansenken n
f chambrage m conique
nl conisch verzinken n
r коническое зенкование n

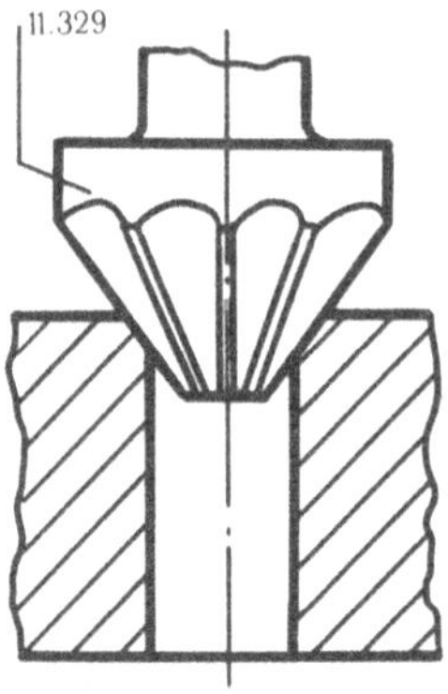

11.329 e countersink
d Spitzsenker m, Kegelsenker
f outil m à chambrage conique
nl conische soevereinboor f (m)
r коническая зенковка f
(→ 11.328)

11.330 e spot facing
d Plansenken n, Stirnsenken
f lamage m
nl vlakboren n
r цекование n

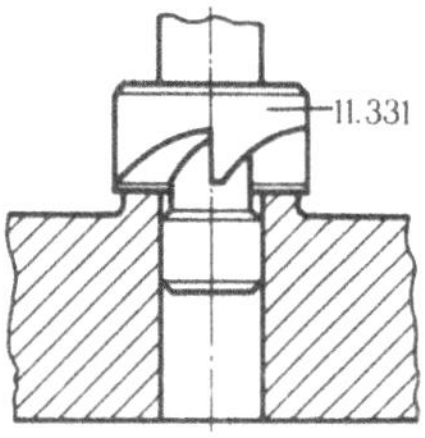

11.331 e spotfacer
d Stirnsenker m
f lamage m plan
nl vlakboor f (m)
r цековка f
(→ 11.330)

11.332 e reaming
d Reiben n
f alésage m

nl (op)ruimen n
r развёртывание n

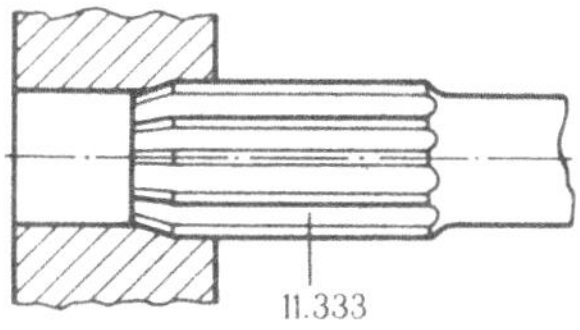

11.333 e reamer
d Reibahle f
f alésoir m
nl ruimer m
r развёртка f
(→ 11.332)

11.334 e hand reamer
d Handreibahle f
f alésoir m à main
nl handruimer m
r ручная развёртка f

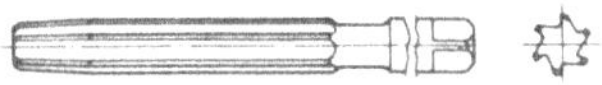

11.335 e machine reamer
d Maschinenreibahle f
f alésoir m à machine
nl machineruimer m
r машинная развёртка f

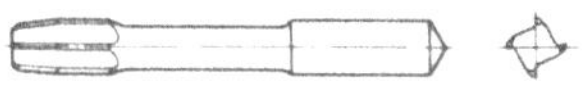

11.336 e expansion reamer
d Spreizreibahle f
f alésoir m expansible
nl instelbare ruimer m
r разжимная развёртка f

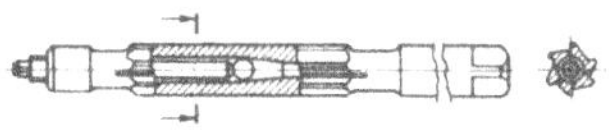

11.337 e taper reamer
d Kegelreibahle f
f alésoir m conique
nl conische ruimer m
r коническая развёртка f

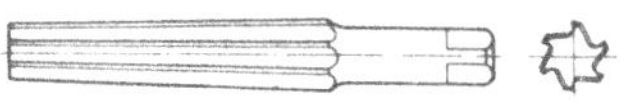

11.338 e inserted blade reamer
d Reibahle f mit eingesetzten Messern
f alésoir m a lames rapportées
nl ruimer m met ingezette snijplaatjes
r развёртка f со вставными ножами

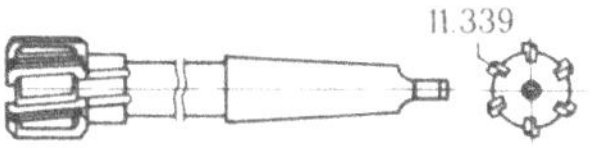

11.339 e inserted blade
d eingesetztes Messer n
f lame f rapportée
nl ingezet snijplaatje n
r вставной нож m
(→ 11.338, 11.393)

11.340 e shell reamer
d Aufsteckreibahle f
f alésoir m à manchon
nl opsteekruimer m
r насадная развёртка f

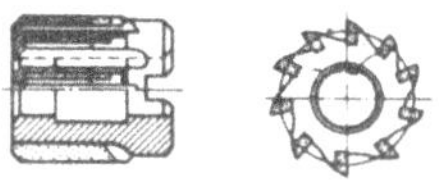

11.341 e drilling machine
d Bohrmaschine f
f perceuse f
nl boormachine f
r сверлильный станок m
(→ 11.342, 11.346)

11.342 e upright drilling machine [drill press]

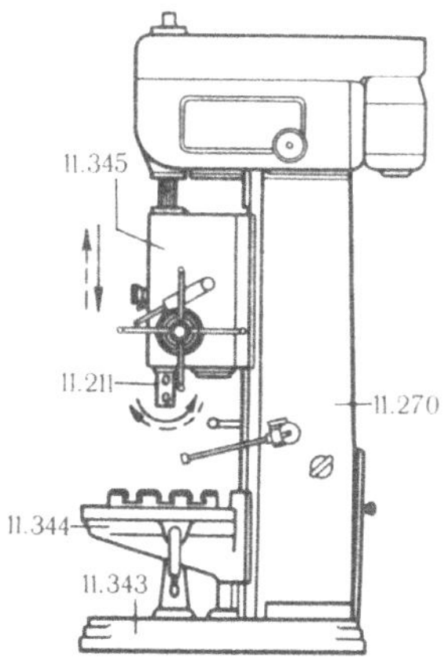

d Senkrechtbohrmaschine f
f perceuse f à colonne
nl kolomboormachine f
r вертикально-сверлильный станок m

11.343 e base (of machine)
d Grundplatte f
f semelle f
nl voetplaat f(m)
r основание n, фундаментная плита f
(→ 11.342)

11.344 e table
d Tisch m
f table f
nl tafel f(m)
r стол m
(→ 11.342, 11.346)

11.345 e drill head
d Bohrkasten m, Bohrkopf m
f tête f de perçage
nl boorslede f (m)
r сверлильная головка f
(→ 11.342, 11.346)

11.346 e radial drilling machine
d Radialbohrmaschine f, Schwenkbohrmaschine, Auslegerbohrmaschine
f perceuse f radiale
nl radiaalboormachine f
r радиально-сверлильный станок m

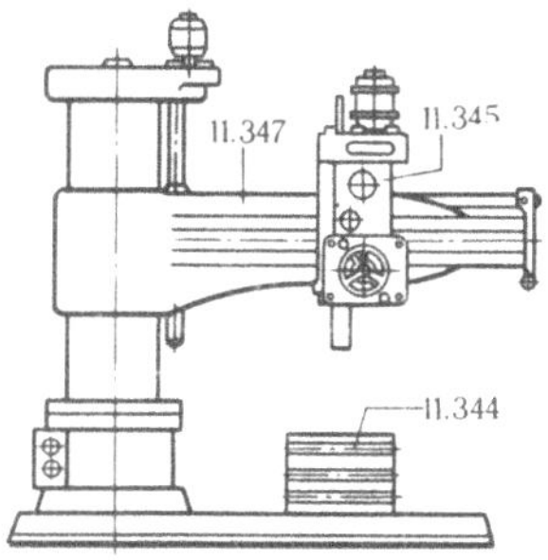

11.347 e (radial) arm
d Ausleger m
f bras m pivotant
nl radiale boorarm m
r рукав m, траверса f
(→ 11.346)

11.348 e drill chuck
d Bohrfutter n
f mandrin m porte-foret
nl boorhouder m
r сверлильный патрон m

11.349 e quick-change chuck
d Schnellwechselfutter n
f mandrin m rapide
nl snelinspanning f
r быстросменный патрон m

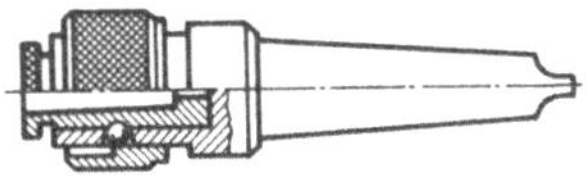

11.350 e adapter sleeve
d Reduzierhülse f
f manchon m de réduction
nl aanpasbus f (m)
r переходная втулка f

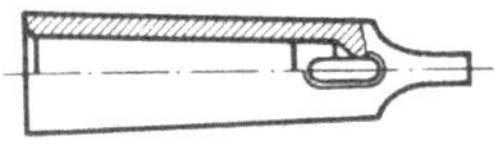

11.351 e drill jig
d Bohrvorrichtung f
f guide-outil m
nl boor(span)mal m
r кондуктор m

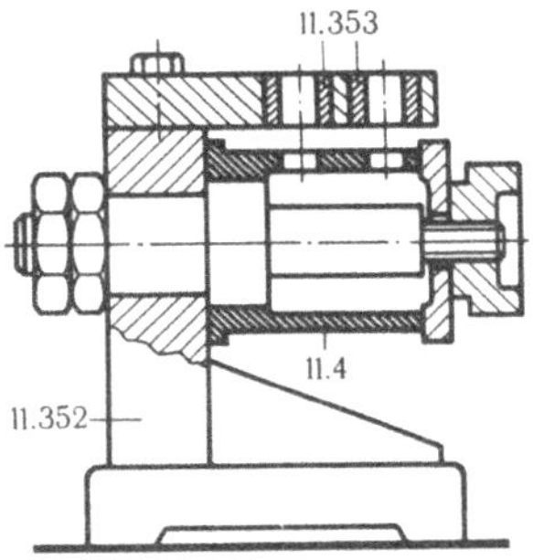

11.352 e jig base
d Vorrichtungskörper m
f corps m de guide-outil
nl boormallichaam n
r корпус m кондуктора
(→ 11.351)

11.353 e drill jig bushing
d Bohrbuchse f
f canon m de guidage
nl boormalbus f(m)
r кондукторная втулка f

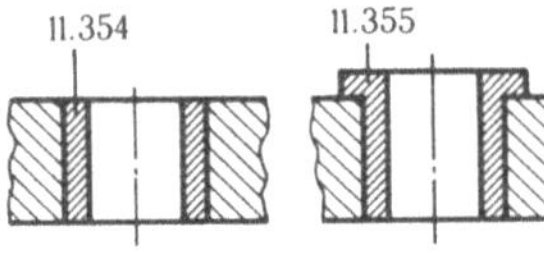

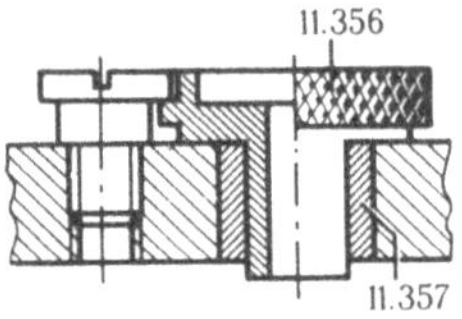

.354 e press fit jig bushing
d Festbohrbuchse f
f canon m de guidage fixe
nl vaste boormalbus f(m)
r постоянная кондукторная втулка f
(→ 11.353)

11.355 e head-type jig bushing
d Bohrbuchse f mit Bund
f canon m de guidage à épaulement
nl gekraagde boormal m
r кондукторная втулка f с буртиком
(→ 11.353)

11.356 e renewable jig bushing
d Steckbohrbuchse f
f canon m de guidage amovible
nl wisselbare boormalbus f(m)
r сменная кондукторная втулка f
(→ 11.353)

11.357 e liner bushing
d Grundbuchse f
f canon m de guidage principal
nl grondbus f(m)
r основная кондукторная втулка f
(→ 11.353)

11.358 e boring machine
d Waagerechtbohrmaschine f
f aléseuse f
nl kotterbank f (m)
r расточный станок m
(→ 11.359, 11.363)

11.359 e horizontal boring machine
d (Waagerecht-) Bohr- und Fräsmaschine f, Bohr- und Fräswerk n
f aléseuse f horizontale
nl kotterbank f(m), horizontale boor- en freesbank
r горизонтально-расточный станок m

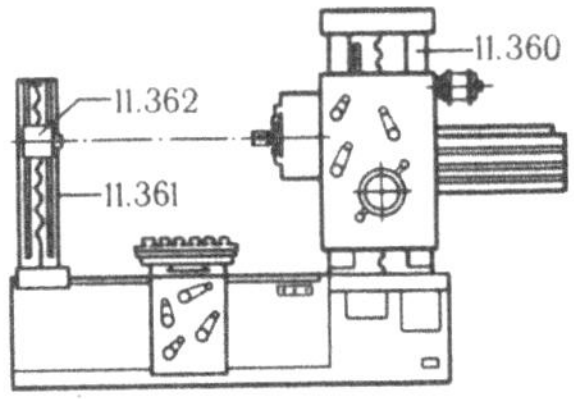

11.360 e head column
d Bohrschlitten-Ständer m
f montant m avant
nl staander m
r передняя стойка f
(→ 11.359)

11.361 e end support
d Setzstock m, Lunettenständer m
f montant m à lunette
nl hulpstaander m
r задняя стойка f
(→ 11.359)

11.362 e end support bearing
d (Spindel-)Gegenlager n
f lunette f
nl kussenblok n
r люнет m (расточного станка)
(→ 11.359)

11.363 e precision boring machine
d Feinbohrmaschine f, Feinbohrwerk n
f aléseuse f de précision, aléseuse-finisseuse f
nl precisieboormachine f

r отделочно-расточный [алмазно-расточный] станок m

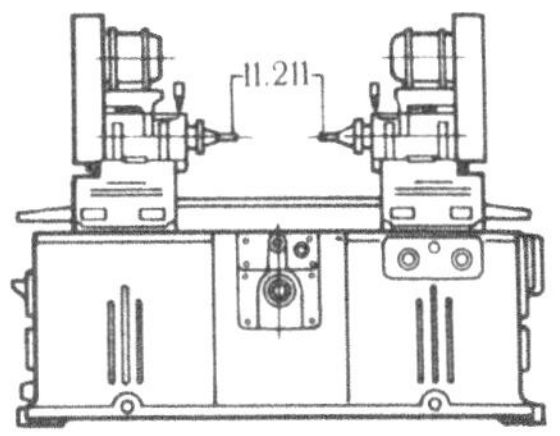

11.364 e jig-boring machine
d Lehrenbohrmaschine f
f machine f à pointer, aléseuse-pointeuse f
nl coördinatenboor-machine f
r координатно-расточный станок m

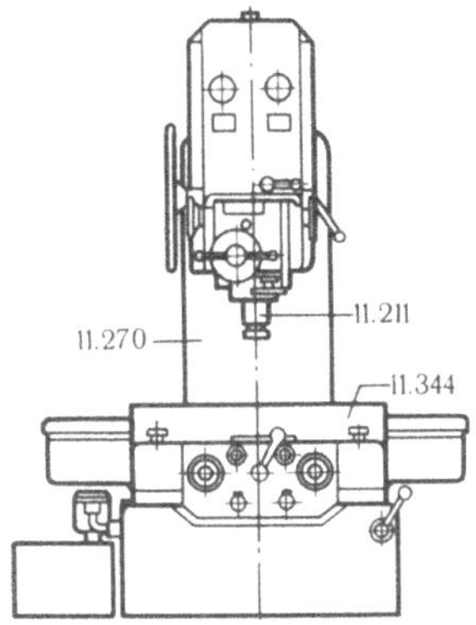

11.365 e standard-unit-type [modular] machine tool
d Baukastenmaschine f
f machine-outil f en éléments standards
nl bouwdoosmachine f
r агрегатный станок m

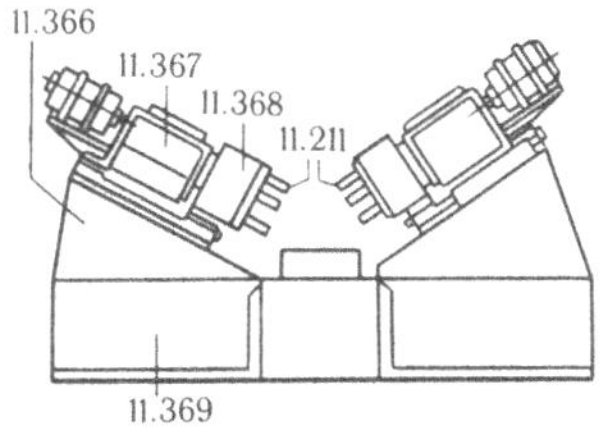

11.366 e adapter plate unit
d Anbaueinheit f
f plaque f intermédiaire
nl overgangsplaat f(m)
r переходная плита f
(→ 11.365)

11.367 e power head
d Werkzeugträgereinheit f
f tête f de travail
nl gereedschaphoudereen-heid f
r силовая головка f
(→ 11.365)

11.368 e spindle box unit
d Spindeleinheit f
f boîte f porte-broche
nl spilkast f(m)
r шпиндельная коробка f
(→ 11.365)

11.369 e base unit
d Betteinheit f
f base f
nl onderstel n
r подставка f
(→ 11.365)

Planing, Shaping and Slotting
Hobeln und Stossen
Rabotage et mortaisage
Schaven en steken
Строгание и долбление

11.370 e planing
d Hobeln n
f rabotage m
nl schaven n
r строгание n

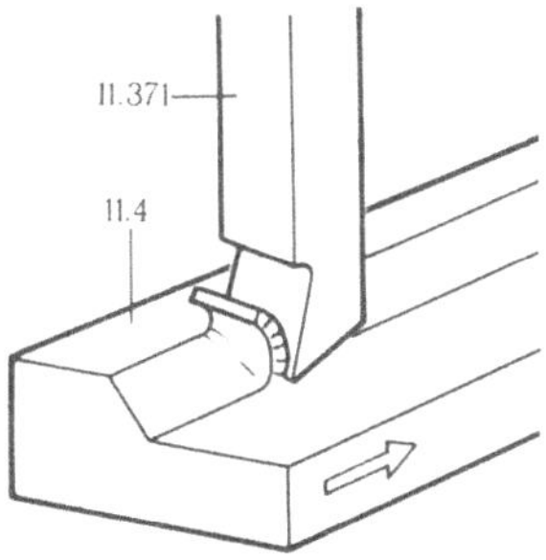

11.371 e planing tool
d Hobelmeissel m, Hobelwerkzeug n
f outil m à planer
nl schaafbeitel m
r строгальный резец m
(→ 11.370)

11.372 e planer
d Hobelmaschine f, Langhobelmaschine
f raboteuse f
nl schaafbank f(m), schaafmachine f
r продольно-строгальный станок m

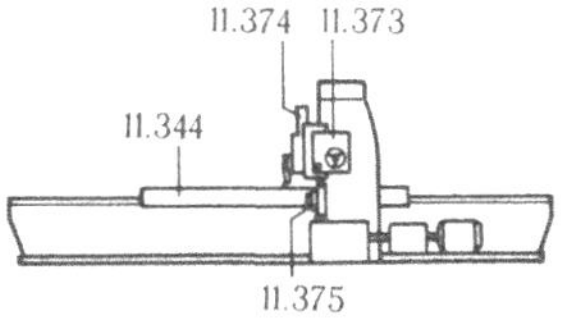

11.373 e crossrail
d Querbalken m
f fronton m
nl dwarsbalk m
r поперечина f, траверса f
(→ 11.372)

11.374 e crossrail head
d Querbalkensupport m
f chariot m vertical
nl verticaal-support n
r вертикальный суппорт m
(→ 11.372)

11.375 e side head
d Seitenschlitten m, Querhobelsupport m
f chariot m latéral
nl zijsupport n
r боковой суппорт m
(→ 11.372)

11.376 e shaping
d Kurzhobeln n

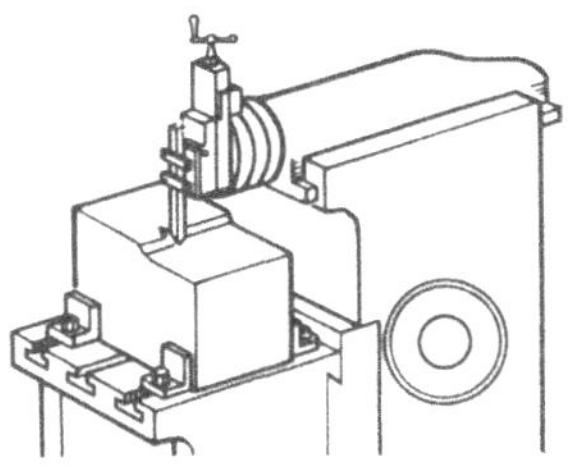

f rabotage m sur étau-limeur
nl dwarsschaven n
r строгание n на поперечно-строгальном станке

11.377 e (horizontal) shaper
d Waagerechtstossmaschine f, Kurzhobelmaschine, Kurzhobler m
f étau-limeur m
nl sterke-armschaafbank f (m)
r поперечно-строгальный станок m

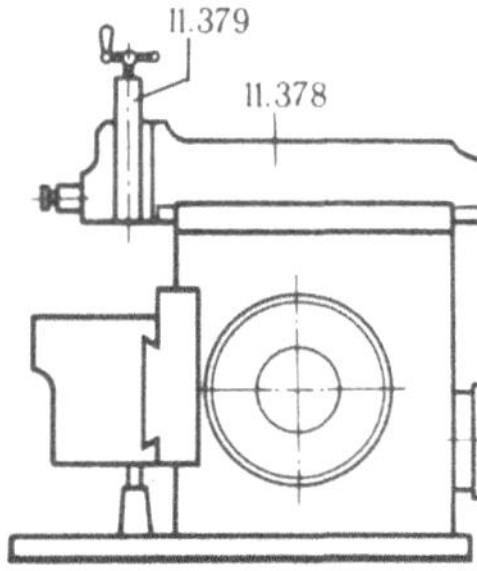

11.378 e ram
d Stössel m
f coulisseau m
nl arm m, ram m
r ползун m
(→ 11.377, 11.382)

11.379 e toolslide
d Werkzeugschlitten m
f chariot m porte-outil
nl beitelslede f (m)
r резцовые салазки *pl*
(→ 11.377)

11.380 e slotting
d Stossen n

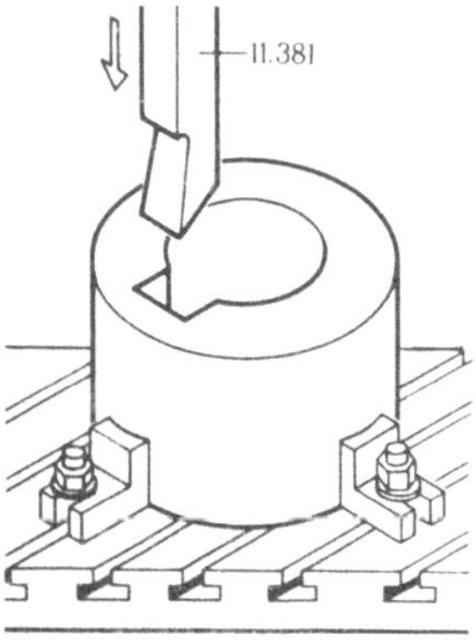

f mortaisage m
nl steken n
r долбление n

11.381 e slotting tool
d Stossmeissel m, Stosswerkzeug n
f outil m de mortaisage
nl steekbeitel m
r долбёжный резец m
(→ 11.380)

11.382 e vertical shaper, slotting machine, slotter
d Stossmaschine f
f mortaiseuse f
nl steekmachine f
r долбёжный станок m

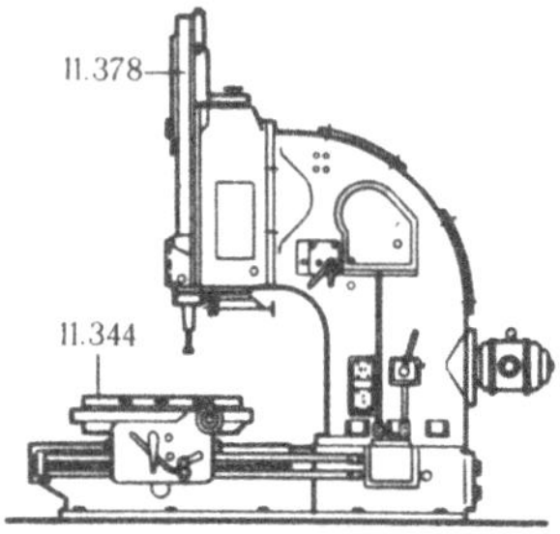

Milling
Fräsen
Fraisage
Frezen
Фрезерование

11.383 e milling
d Fräsen n
f fraisage m
nl frezen n
r фрезерование n

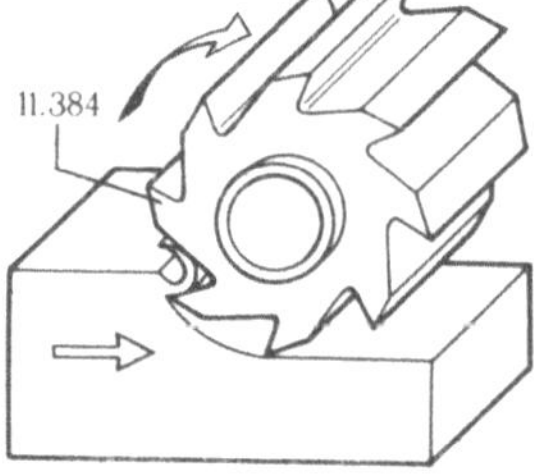

11.384 e milling cutter, mill
d Fräser m
f fraise f
nl frees f(m)
r фреза f
(→ 11.383)

11.385 e up [conventional] milling
d Gegenlauffräsen n
f fraisage m en opposition
nl tegen de voeding in frezen n
r встречное фрезерование n

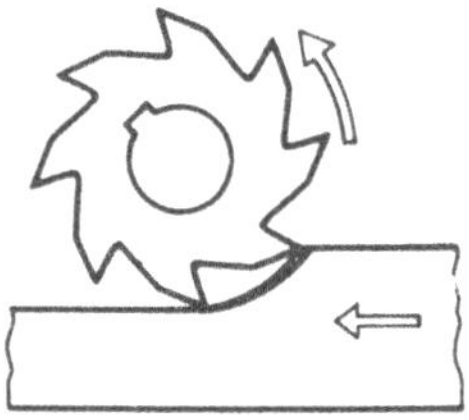

11.386 e climb [down] milling
d Gleichlauffräsen n
f fraisage m en avalant
nl met de voeding mee-frezen n
r попутное фрезерование n

11.387 e plain milling cutter, slab mill
d Walzenfräser m
f fraise f rouleau
nl mantelfrees f(m)
r цилиндрическая фреза f

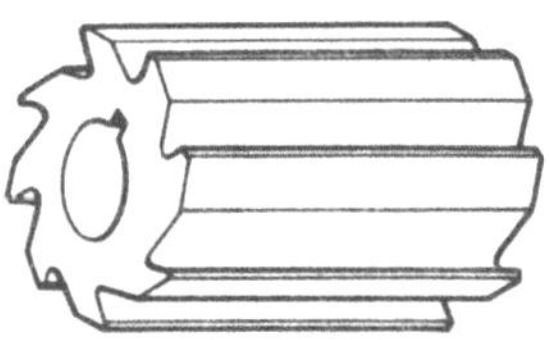

11.388 e helical tooth cutter
d drallgenuteter Fräser m
f fraise f à rouleaux à taille hélicoïdale
nl mantelfrees f (m) met hellende tanden
r цилиндрическая фреза f с винтовыми зубьями
(→ 11.389, 11.390)

11.389 e left-hand milling cutter
d linksdrallnutiger Fräser m
f fraise f avec coupe à gauche
nl frees f (m) met linkshellende tanden
r левая фреза f

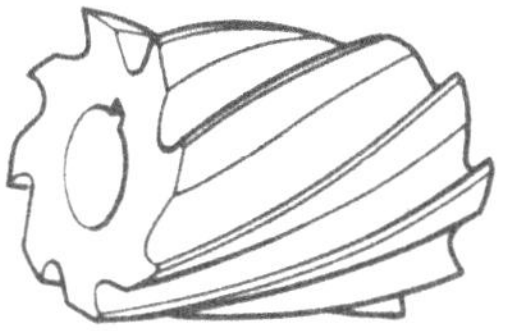

11.390 e right-hand milling cutter
d rechtsdrallnutiger Fräser
f fraise f avec coupe à droite
nl frees f (m) net rechtshellende tanden
r правая фреза f

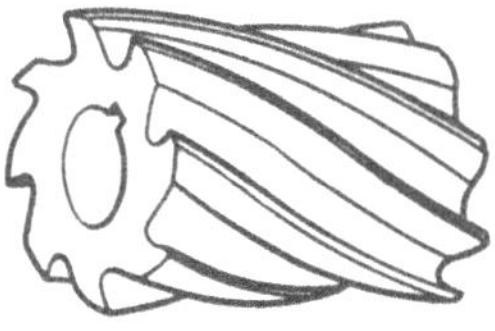

11.391 e milled tooth
d gefräster [spitzer] Zahn m
f dent f appointue
nl gefreesde tand m
r остроконечный зуб m

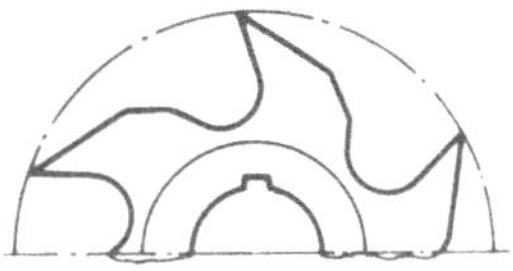

11.392 e form-relieved tooth
d hinterdrehter Zahn m
f dent f à face en dépouille
nl achtergedraaide tand m
r затылованный зуб m

11.393 e inserted-blade milling cutter
d Messerkopf m, Fräser m mit eingesetzten Messern
f fraise f à lames rapportées
nl meskopfrees f(m)
r (сборная) фреза f со вставными ножами

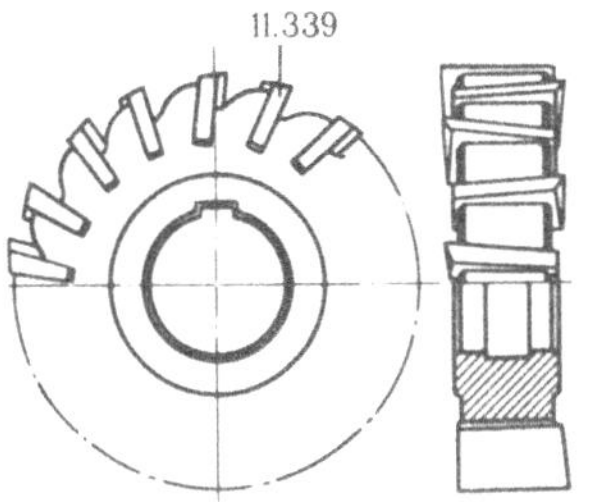

11.394 e side milling cutter
d Scheibenfräser m
f fraise f à trois tailles
nl schijffrees f(m)
r трёхсторонняя дисковая фреза f

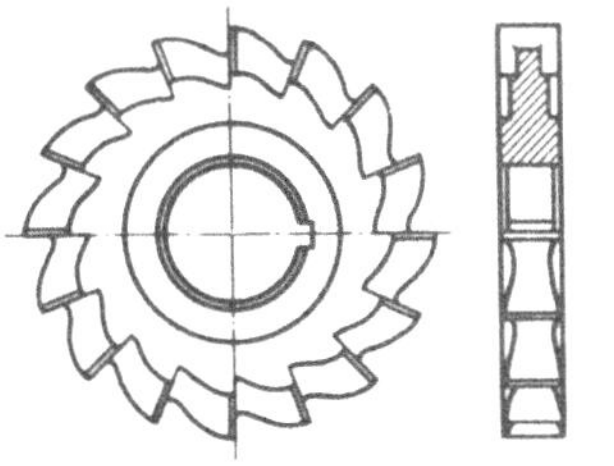

11.395 e staggered-tooth side milling cutter

d kreuzverzahnter Scheibenfräser m
f fraise f à trois tailles à denture alternée
nl schijffrees f (m) met zig-zagtanden
r трёхсторонняя дисковая фреза f с разнонаправленными зубьями

11.396 e half-side milling cutter
d Halbseiten-Scheibenfräser m
f fraise f à deux tailles
nl tweezijdige schijffrees f(m)
r двусторонняя дисковая фреза f

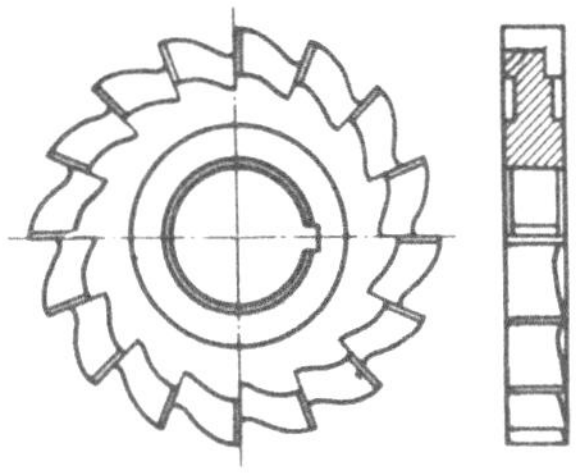

11.397 e slot(ting) milling cutter
d Nutenfräser m, Schlitzfräser
f fraise f à rainurer
nl gleuffrees f (m)
r пазовая [прорезная] фреза f

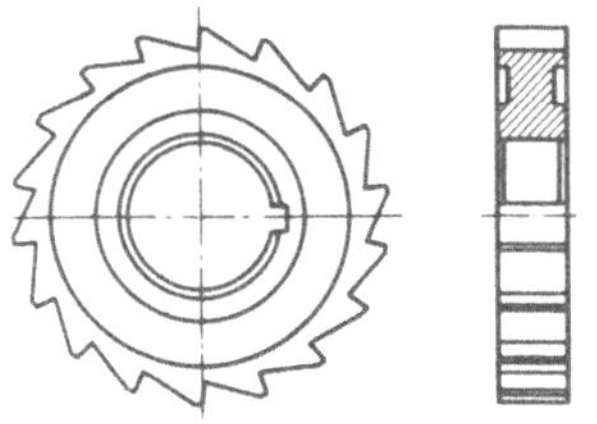

11.398 e end mill
d Schaftfräser m
f fraise f en bout
nl kopfrees f (m)
r концевая фреза f

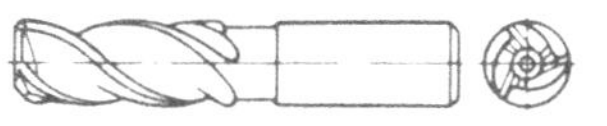

11.399 e key-seat milling cutter
d Langlochfräser m, Keilnutenfräser
f fraise f papillon
nl spiegleuffrees f (m)
r шпоночная фреза f

11.400 e T-slot milling cutter
d Schaftfräser m für T-Nuten
f fraise f pour rainures à T
nl T-frees f (m)
r фреза f для Т-образных пазов

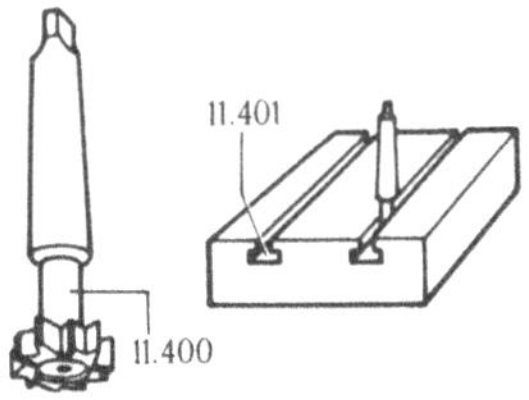

11.401 e T-slot
d T-Nut f
f rainure f à T
nl T-sleuf f(m)
r Т-образный паз m (→ 11.400)

11.402 e single-angle milling cutter
d einseitiger Winkelfräser m
f fraise f conique à une taille
nl eenzijdige hoekfrees f(m)
r одноугловая фреза f

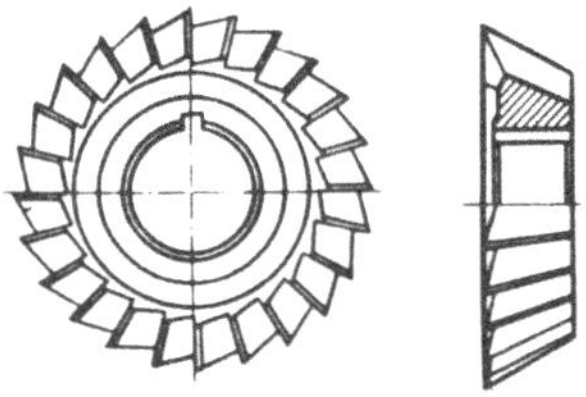

11.403 e double-angle milling cutter
d doppelseitiger Winkelfräser m
f fraise f conique à deux tailles
nl dubbele hoekfrees f (m)
r двухугловая фреза f

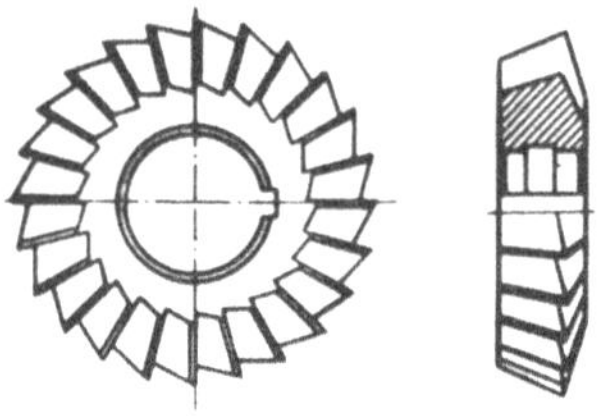

11.404 e convex milling cutter
d konvexer Halbkreisformfräser m
f fraise f convexe
nl halfbolle frees f (m)
r выпуклая (полукруглая) фреза f

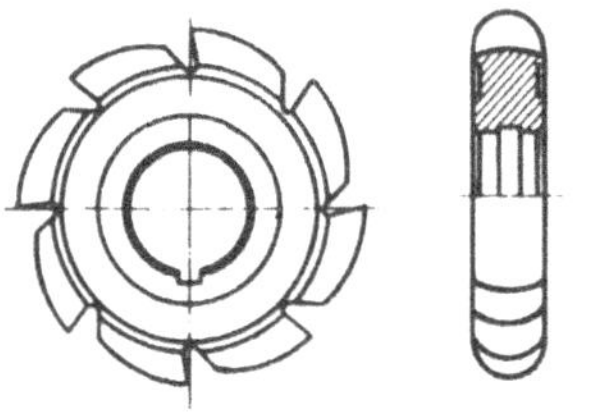

11.405 e concave milling cutter
d konkaver Halbkreisformfräser m
f fraise f concave
nl halfholle frees f (m)
r вогнутая (полукруглая) фреза f

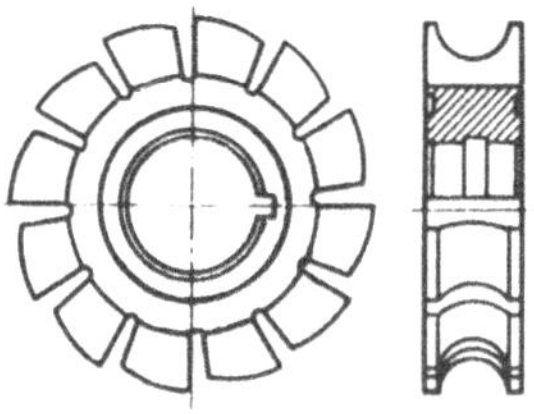

11.406 e shell mill
d Walzen-Stirnfräser m

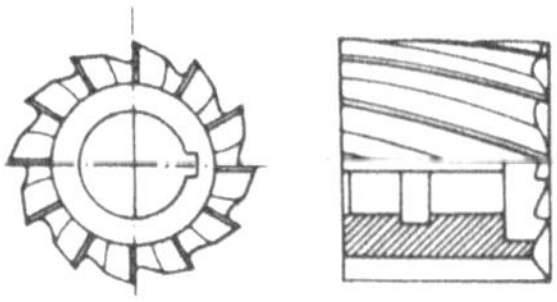

f fraise f cylindrique à deux tailles à trou
nl opsteekmantelkopfrees f(m)
r насадная торцово-цилиндрическая фреза f

11.407 e face milling cutter
d Stirnfräser m
f fraise f à surfacer
nl vlakfrees f(m)
r торцовая фреза f [фрезерная головка f]

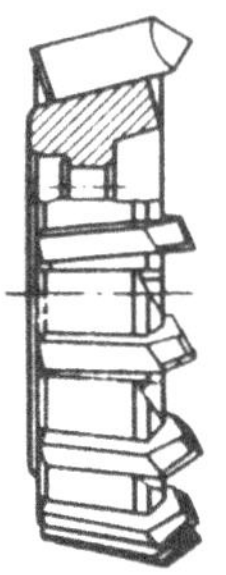

11.408 e lead [peripheral cutting edge, corner] angle (ψ)
d Einstellergänzungswinkel m (ψ)
f angle m de direction complémentaire d'outil (ψ)
nl snijkantsschuinte f (ψ)
r угол m дополнительный к главному углу в плане (ψ)

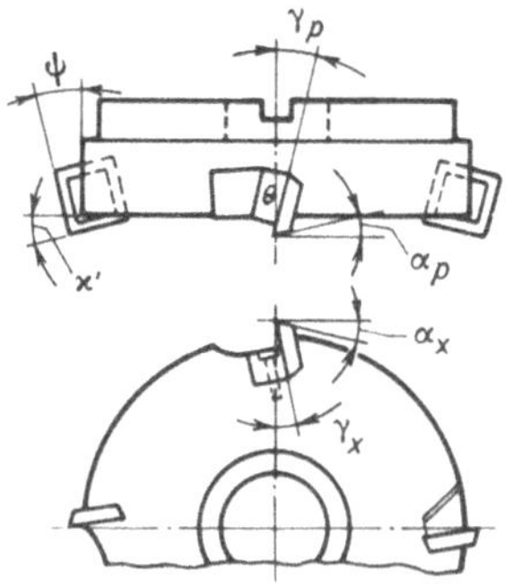

11.409 e axial rake (angle) (γ_p)
d Rück-Spanwinkel m (γ_p)
f angle m de coupe vers arrière d'outil (γ_p)

nl axiale spaanhoek m (γ_p)
r осевой передний угол m (γ_p)
(→ 11.408)

11.410 e face [end] cutting edge angle $(\varkappa')$
d Einstellwinkel m an der Nebenschneide $(\varkappa')$
f angle m de direction auxiliaire d'outil $(\varkappa')$
nl hulpstelhoek m $(\varkappa')$
r вспомогательный угол m в плане $(\varkappa')$
(→ 11.408)

11.411 e axial relief angle (α_p)
d Freiwinkel m an der Nebenschneide (α_p)
f dépouille f vers arrière d'outil (α_p)
nl axiale vrijloophoek m (α_p)
r осевой задний угол (на вспомогательной режущей кромке) (α_p)
(→ 11.408)

11.412 e radial rake (angle) (γ_x)
d Seiten-Spanwinkel m (γ_x)
f angle m de coupe latéral d'outil (γ_x)
nl radiale spaanhoek m (γ_x)
r боковой [поперечный] передний угол m (γ_x)
(→ 11.408)

11.413 e radial [peripheral] relief (angle) (α_x)
d Seiten-Freiwinkel m (α_x)
f dépouille f latérale d'outil (α_x)
nl radiale vrijloophoek m (α_x)
r боковой [поперечный] задний угол m (α_x)
(→ 11.408)

11.414 e slitting saw, slotting cutter
d Nutenfräser m, Schlitzfräser
f fraise f à trancher
nl groeffrees f(m)
r прорезная [отрезная] фреза f

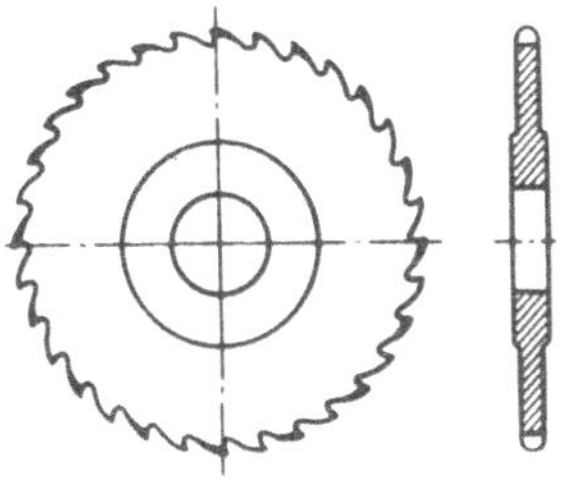

11.415 e segmental circular saw
d Segment-Kreissäge f, Segmentsägeblatt n
f scie f circulaire à segments
nl segmentcirkelzaag f(m)
r круглая сегментная пила f

11.416 e segment
d Zahnsegment n, Einzelsegment
f segment m de scie
nl tandsegment n
r сегмент m
(→ 11.415)

11.417 e milling machine
d Fräsmaschine f
f fraiseuse f
nl freesmachine f
r фрезерный станок m
(→ 11.419, 11.424, 11.426 – 11.428, 11.446 – 11.448, 11.450, 11.451)

11.418 e knee-and-column type milling machine
d Konsolfräsmaschine f
f fraiseuse f à console
nl consolefreesmachine f
r консольно-фрезерный станок m
(→ 11.419, 11.424, 11.426, 11.427)

11.419 e horizontal-spindle knee-and-column-type milling machine, horizontal milling machine
d Waagerecht(-Konsol)-Fräsmaschine f
f fraiseuse f horizontale à console
nl horizontale (consolefreesmachine f
r горизонтальный консольно-фрезерный станок m, горизонтально-фрезерный станок m

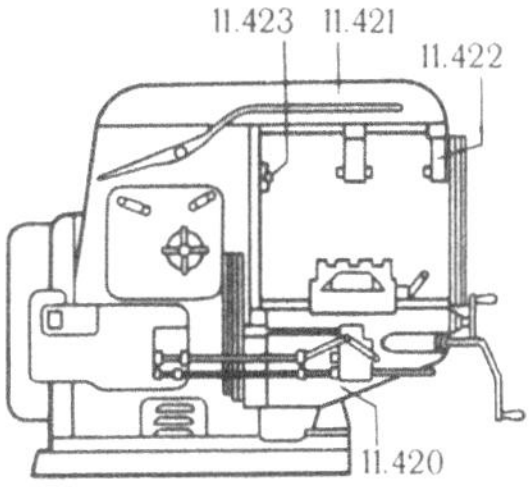

11.420 e knee
d Konsole f
f console f
nl console f(m)
r консоль f
(→ 11.419)

11.421 e overarm
d Gegenhalterarm m
f support m de rigidité
nl tegenhouderarm m
r хобот m
(→ 11.419)

11.422 e arbor support, overboard bearing
d Gegenhalter m
f support m d'arbre
nl tegenhouder m
r кронштейн m, подвеска f, серьга f
(→ 11.419)

11.423 e spindle nose
d Spindelnase m, Spindelkopf m
f nez m de broche
nl spilneus m
r (передний) конец m шпинделя
(→ 11.419)

11.424 e universal horizontal milling machine
d Universal-Konsolfräsmaschine f
f fraiseuse f horizontale universelle
nl universele horizontale freesmachine f
r универсальный горизонтально-фрезерный станок m

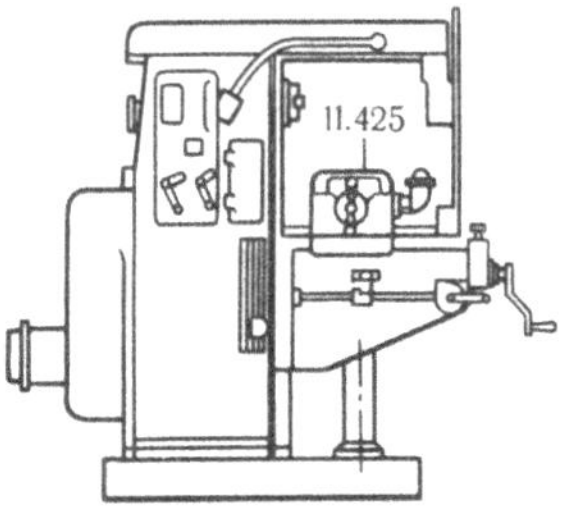

11.425 e swivelling table, rotary plate
d Schwenktisch m
f table f pivotante
nl draaibare freestafel f (m)
r поворотный стол m
(→ 11.424)

11.426 e vertical-spindle knee-and-column-type milling machine, vertical milling machine
d Senkrecht-Konsolfräsmaschine f

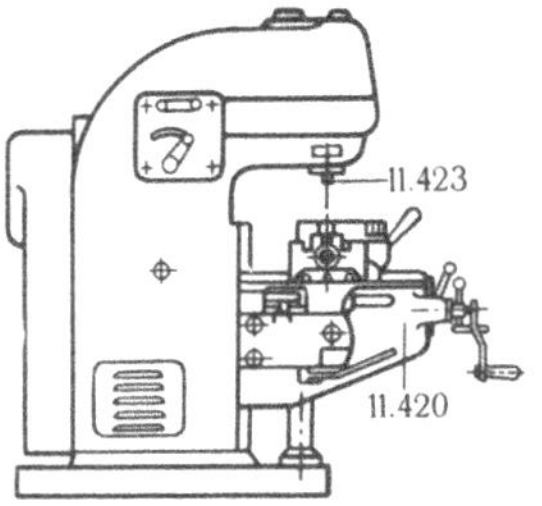

f fraiseuse f verticale à console
nl verticale consolefreesmachine f
r вертикальный консольно-фрезерный станок m

11.427 e ram-type milling machine
d Universal-Werkzeugfräsmaschine f
f fraiseuse f universelle
nl universele gereedschapsfreesmachine f
r широко универсальный фрезерный станок m

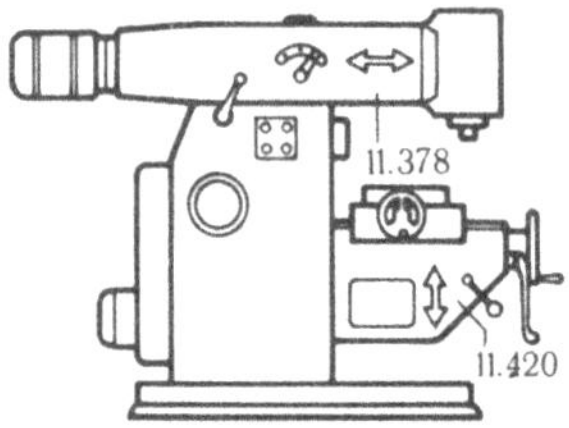

11.428 e bed-type milling machine
d Bettfräsmaschine f
f fraiseuse-raboteuse f
nl langsfreesmachine f
r продольно-фрезерный станок m

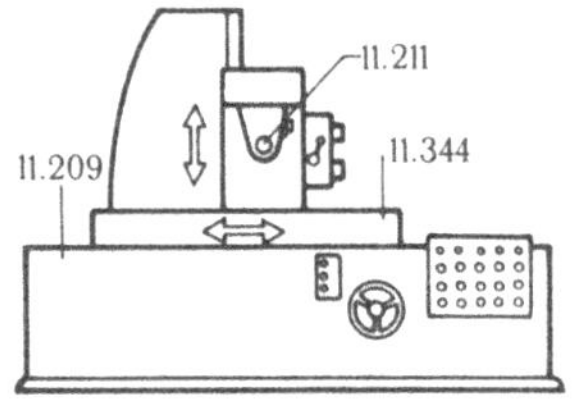

11.429 e stub [shell end mill] arbor
d Aufsteckdorn m
f porte-fraise m en bout
nl freesdoorn m
r концевая фрезерная оправка f

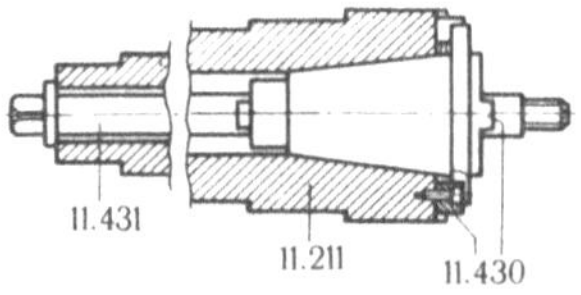

11.430 e spindle-nose key
d Querfeder f
f clavette f fixée sur le nez de la broche
nl spie f (m) op spilneus
r торцовая шпонка f
(→ 11.429)

11.431 e drawbar, draw-in bolt
d Fräs(er)dornschraube f, Spannschraube
f tige f
nl spanbout m
r шомпол m
(→ 11.429)

11.432 e shaft-type arbor
d Fräs(er)dorn m
f porte-fraise m centreur
nl tweezijdig gesteunde doorn m
r центровая фрезерная оправка f

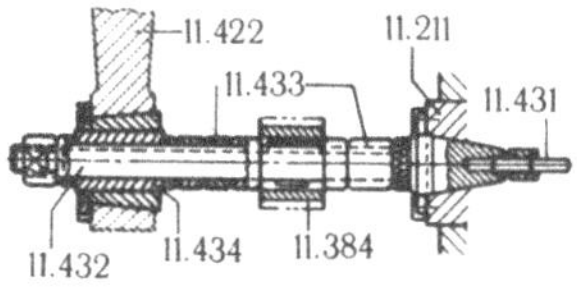

11.433 e spacing collar
d Zwischenring m
f bague f de calage
nl afstandsring m
r установочное кольцо n
(→ 11.432)

11.434 e bearing sleeve, bushing
d Laufbuchse f
f manchon m de guidage
nl loopbus f(m)
r букса f
(→ 11.432)

11.435 e dividing [index] head
d Teilkopf m

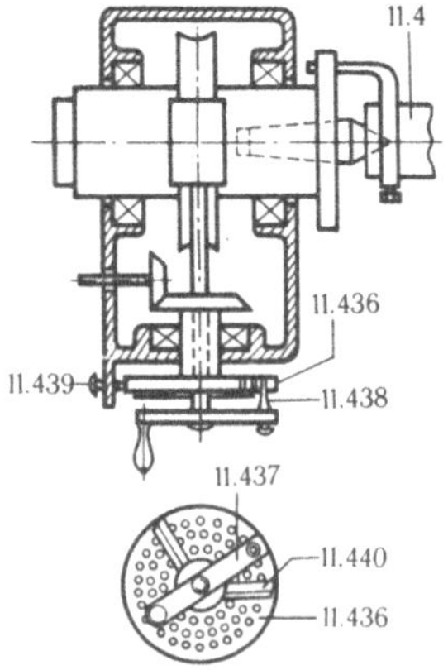

f diviseur m, poupée f diviseuse
nl verdeelkop m
r делительная головка f

11.436 e index plate
d Lochscheibe f
f disque m à trous, plateau m du diviseur
nl verdeelplaat f (m), cirkelplaat
r делительный диск m
(→ 11.435)

11.437 e index crank
d Kurbel f
f manivelle f alidade
nl verdeelkruk f (m)
r кривошипная рукоятка f (делительной головки)
(→ 11.435)

11.438 e index pin
d Teilstift m
f verrou m d'arrêt
nl indexpen f(m)
r защёлка f (делительного диска)
(→ 11.435)

11.439 e lock pin, index plate stop
d Raststift m
f pointeau m d'arrêt disque
nl indexpen f(m), grendelpen
r фиксатор m
(→ 11.435)

11.440 e sector arm
d Schere f
f fourchette f
nl verdeelwijzer m
r ножка f сектора
(→ 11.435)

11.441 e indexing
d Teilen n
f division f
nl verdelen n
r деление n
(→ 11.442 – 11.444)

11.442 e direct indexing
d direktes Teilen n
f division f droite
nl direct verdelen n
r непосредственное деление n

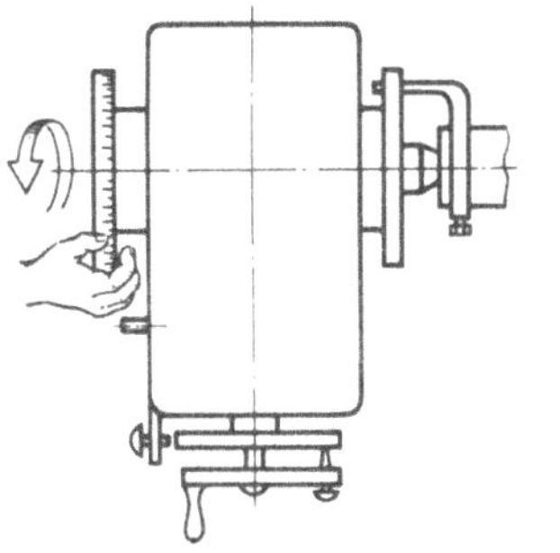

11.443 e plain [simple] indexing
d Einfachteilen n
f division f simple
nl direct verdelen n
r простое деление n

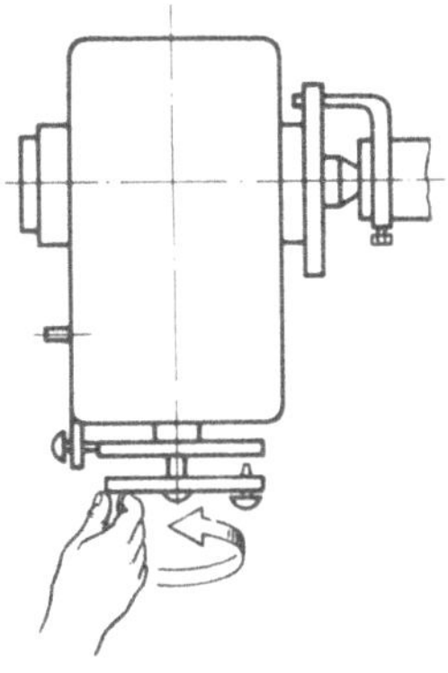

11.444 e compound [differential] indexing

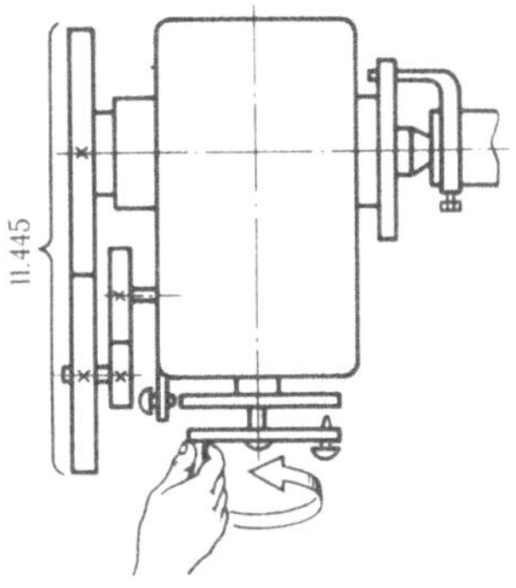

d Ausgleichteilen n
f division f différentielle
nl differentiaalverdelen n
r дифференциальное деление n

11.445 e change gears
d Wechselräder n *pl*
f roues f *pl* de rechange
nl wisselwielen n *pl*
r сменные шестерни f *pl*
(→ 11.444)

11.446 e planer-type milling machine
d Langfräsmaschine f
f fraiseuse-raboteuse f à deux montants
nl langsfreesmachine f
r продольно-фрезерный станок m (портального типа)

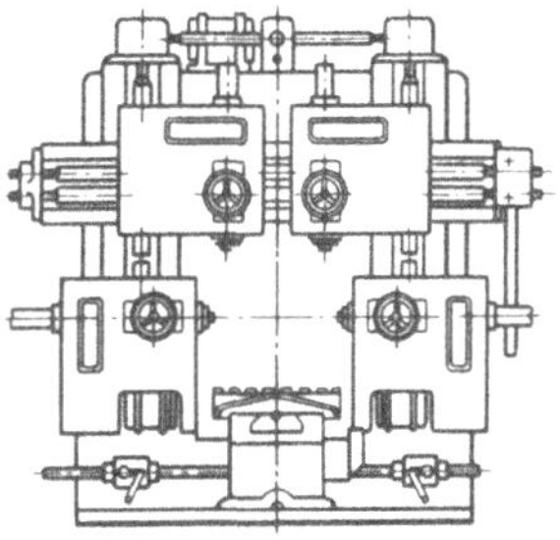

11.447 e rotary-table milling machine
d Rundtischfräsmaschine f
f fraiseuse f circulaire
nl rondfreesmachine f
r карусельно-фрезерный станок m

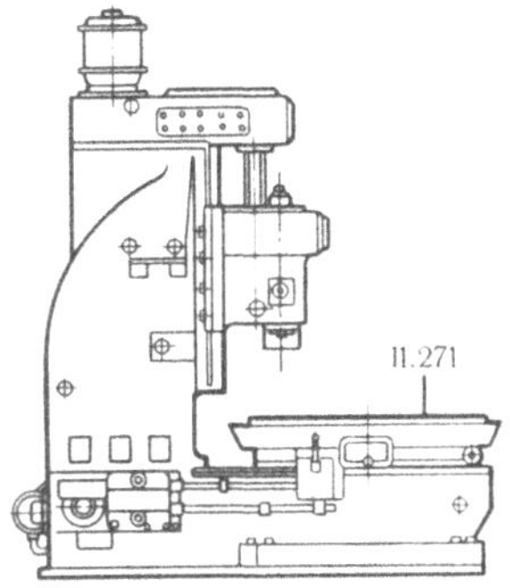

11.448 e engraving machine
d Graviermaschine f
f machine f à graver

nl graveermachine f
r гравировально-фрезерный станок m

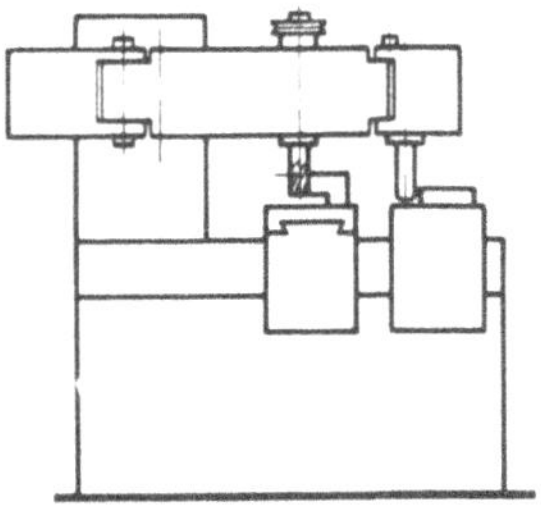

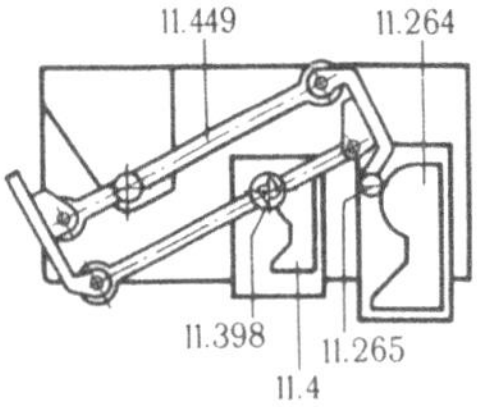

11.449 e pantograph
d Pantograph m
f pantographe m
nl pantograaf m
r пантограф m
(→ 11.448)

11.450 e duplicating milling machine
d Nachformfräsmaschine f
f fraiseuse f à copier
nl kopieerfreesmachine f
r копировально-фрезерный станок m

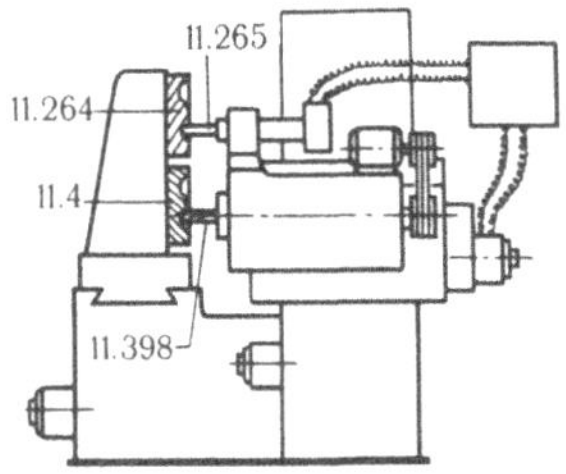

11.451 e sawing machine
d Kreissägemaschine f
f scie f circulaire
nl cirkelzaagmachine f
r круглопильный [фрезерно-отрезной] станок m

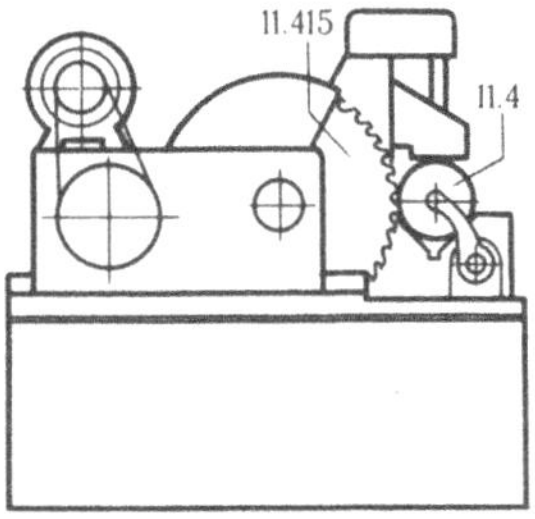

Broaching
Räumen
Brochage
Ruimen
Протягивание

11.452 e broaching
d Räumen m
f brochage m
nl trekfrezen n, brootsen n
r протягивание n
(→ 11.453, 11.455)

11.453 e pull broaching
d ziehendes Räumen n
f brochage m par traction
nl trekfrezen n, brootsen n
r протягивание n (протяжкой тянущего типа)

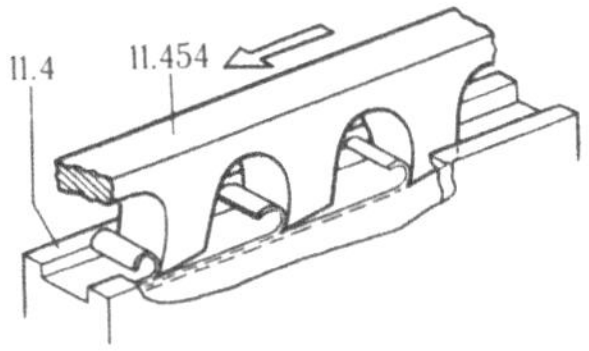

11.454 e (pull) broach
d (ziehendes) Räumwerkzeug n
f broche f de traction
nl trekfrees f(m), broots f(m)
r протяжка f
(→ 11.453)

11.455 e push broaching
d Stossräumen n
f brochage m en poussée
nl duwfrezen n
r прошивание n

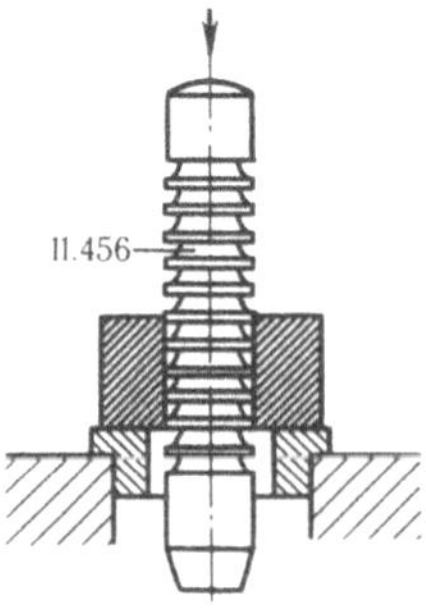

11.456 e push broach
d Stoss-Räumnadel f
f broche f de poussée
nl duwfrees f (m)
r прошивка f
(→ 11.455)

11.457 e internal broaching
d Innenräumen n
f brochage m intérieur
nl inwendig trekfrezen n
r внутреннее протягивание n

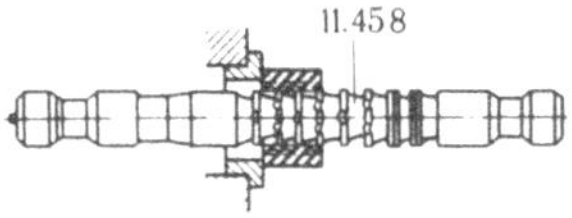

11.458 e internal broach
d Räumnadel f, Innen-Räumwerkzeug n
f broche f d'intérieur
nl frees f (m) voor inwendig trekfrezen
r внутренняя протяжка f
(→ 11.457)

11.459 e surface [external] broaching
d Aussenräumen n
f brochage m extérieur
nl uitwendig trekfrezen n
r наружное протягивание n

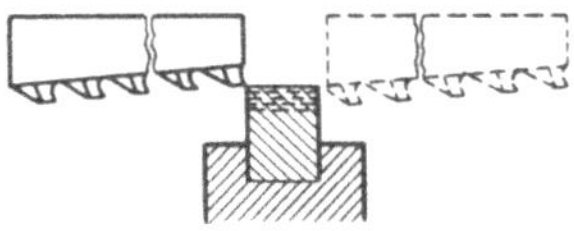

11.460 e circular broach
d Rundräumnadel f
f broche f ronde
nl ronde trekfrees f (m)
r круглая протяжка f

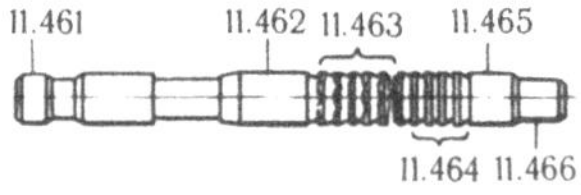

11.461 e pull end
d Schaft m
f entraîneur m

nl spankolf f
r передняя замковая часть f
(→ 11.460)

11.462 e front pilot
d Einführung f
f guide m avant
nl centreerhals m
r передняя направляющая часть
(→ 11.460)

11.463 e cutting [roughing] part
d Schneidenteil m
f partie f taillée
nl voorsnijtanden m pl
r режущая часть f
(→ 11.460)

11.464 e finishing [sizing] part
d Kalibrierteil m
f partie f calibrante
nl calibreertanden m pl, maattanden
r калибрующая часть f
(→ 11.460)

11.465 e rear pilot
d Endführungsstück n
f guide m arrière
nl eindgeleider m
r задняя направляющая часть f
(→ 11.460)

11.466 e rear support
d Endstück n
f tourillon m d'appui
nl eindtap m
r задняя опорная цапфа f
(→ 11.460)

11.467 e keyway broach
d Keilnutenräumnadel f
f broche f plate
nl spiebaantrekfrees f (m)
r шпоночная протяжка f

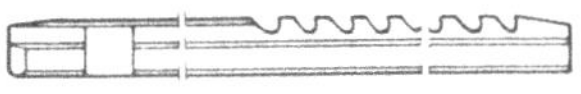

11.468 e pot broach
d Tubusräumwerkzeug n
f broche f enveloppante

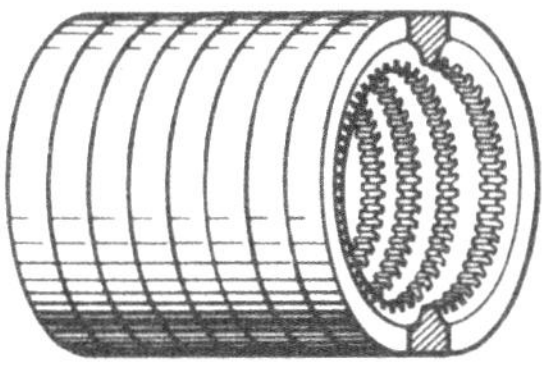

nl buizentrekfrees f(m)
r охватывающая протяжка f

11.469 e broaching machine
d Räummaschine f
f brocheuse f
nl trekfreesmachine f
r протяжной станок m
(→ 11.470, 11.475)

11.470 e horizontal broaching machine
d Waagerecht-Räummaschine f
f brocheuse f horizontale
nl horizontale trekfreesmachine f
r горизонтально-протяжной станок m

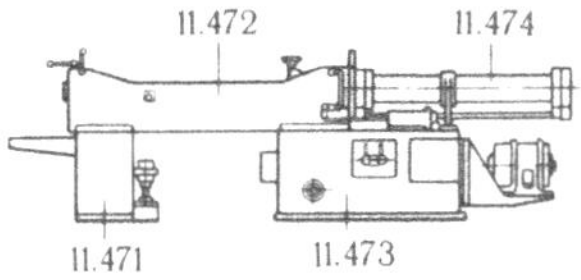

11.471 e pedestal
d Sockel m, Kastenfuss m
f socle m
nl sokkel m, voet m
r тумба f
(→ 11.470)

11.472 e top bed
d Oberbett n
f bâti m de dessus
nl topbed n, bovenbed
r верхняя станина f
(→ 11.470)

11.473 e bottom bed
d Unterbett n
f bâti m de dessous
nl onderbed n
r нижняя станина f
(→ 11.470)

11.474 e main cylinder
d Arbeitszylinder m
f cylindre m de commande
nl werkcilinder m, f
r рабочий цилиндр m
(→ 11.470)

11.475 e vertical broaching machine
d Senkrecht-Räummaschine f
f brocheuse f verticale
nl vertikale trekfreesmachine f
r вертикально-протяжной станок m

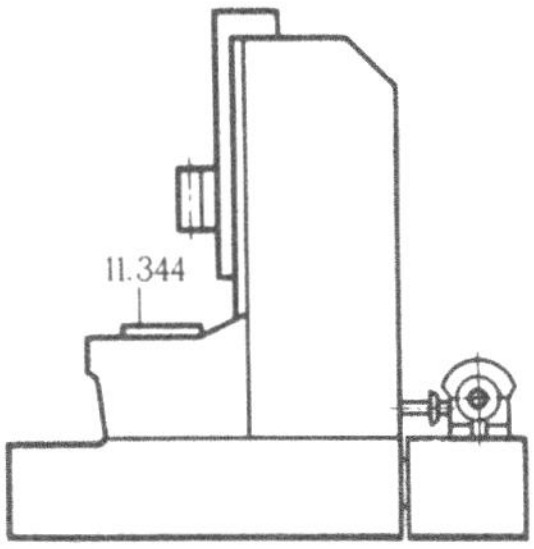

Grinding
Schleifen
Rectification
Slijpen
Шлифование

11.476 e grinding
d Schleifen n
f rectification f, meulage m
nl slijpen n
r шлифование n

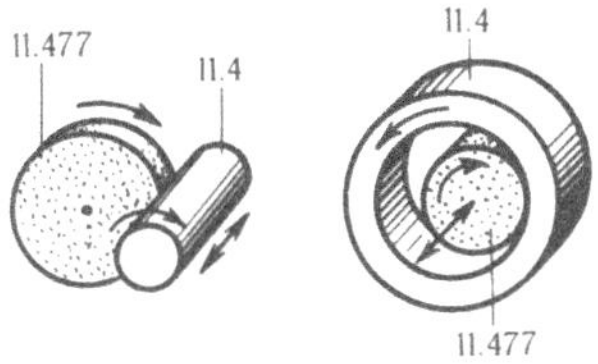

11.477 e grinding wheel
d Schleifscheibe f, Schleifkörper m
f disque m à meuler, meule f
nl slijpschijf f(m)
r шлифовальный круг m
(→ 11.476)

11.478 e grinding wheel shape
d Randform f der Schleifscheibe
f configuration f de disque à meuler
nl vorm m van de slijpschijf
r форма f [тип m] шлифовального круга
(→ 11.479 – 11.485)

11.479 e straight wheel
d gerade Schleifscheibe f

f meule f plate
nl rechte slijpschijf f(m)
r плоский круг m прямого профиля

11.480 e recessed straight wheel
d gerade einseitig ausgesparte Schleifscheibe f
f meule f plate à embrèvement
nl rechte slijpschijf f (m) met één uitsparing
r плоский круг m с выточкой

11.481 e recess
d Aussparung f
f embrèvement m
nl uitsparing f
r выточка f
(→ 11.480)

11.482 e cylinder wheel
d Schleifring m
f meule f couronne
nl slijpring m
r кольцевой круг m, круг-кольцо n

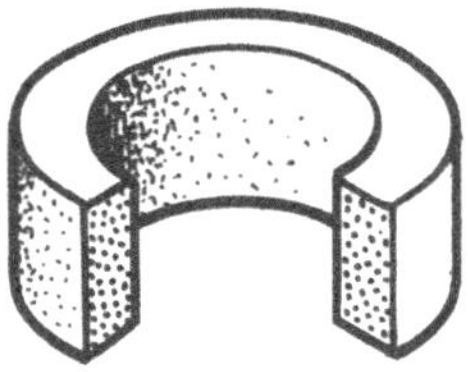

11.483 e straight cup wheel
d gerade Topf(schleif)scheibe f, gerader Schleiftopf m
f meule f à boisseau droit
nl rechte komslijpschijf f (m)
r чашечный цилиндрический круг m, цилиндрическая чашка f

11.484 e flaring cup wheel
d kegelige Topf(schleif)scheibe f, kegeliger Schleiftopf m
f meule f à boisseau conique
nl conische komslijpschijf f (m)
r чашечный конический круг m, коническая чашка f

11.485 e dish wheel
d Teller(schleif)scheibe f
f meule f assiette
nl schotelslijpschijf f (m)
r тарельчатый (шлифовальный) круг m

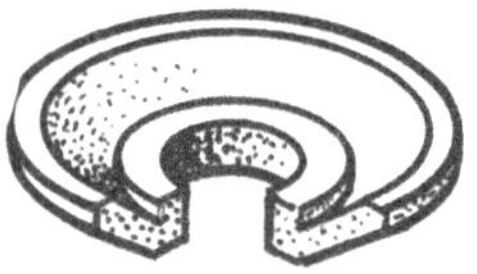

11.486 e grinding wheel specification
d Schleifscheibencharakteristik f
f caractéristique f de meule
nl karakteristiek f van de slijpschijf
r характеристика f шлифовального круга

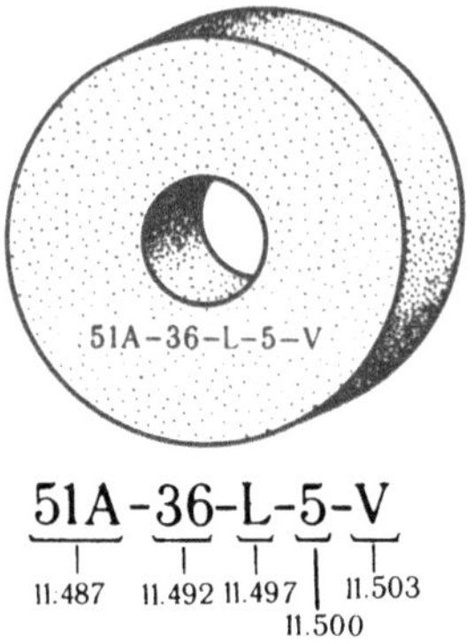

11.487 e abrasive
d Schleifmittel n
f abrasif m
nl slijpmiddel n, slijpmateriaal n
r абразив m

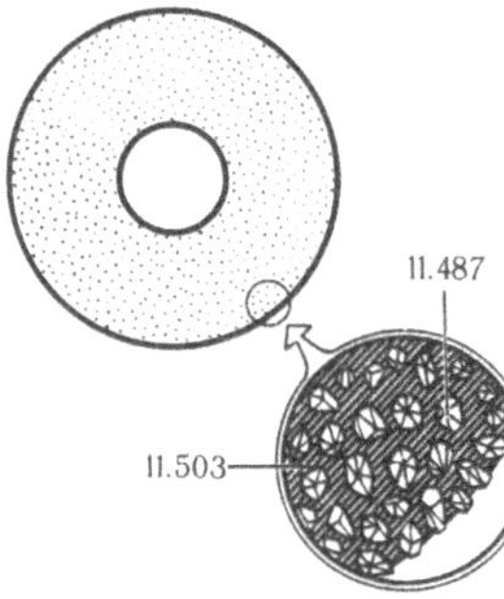

11.488 e aluminium oxide
d Elektrokorund m
f électrocorindon m
nl korund(um) n
r электрокорунд m
Al_2O_3

11.489 e silicon carbide
d Siliziumkarbid n
f carbure m de silicium
nl siliciumcarbide n
r карбид m кремния
SiC

11.490 e (cubic) boron nitride, borazon
d kubisches Bornitrid n
f nitride m cubique de bore
nl (kubisch) boornitride n

r (кубический) нитрид m бора, эльбор m
BN

11.491 e diamond
d Diamant n
f diamant m
nl diamant n
r алмаз m

11.492 e grit (grain) size
d Korngrösse f, Körnung f
f grosseur f du grain
nl korrelgrootte f
r зернистость f, размер m зерна

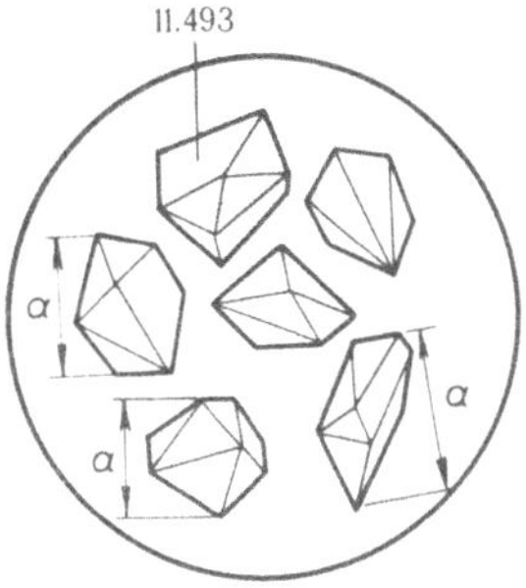

11.493 e grain
d Korn n
f grain m
nl korrel m
r зерно n
(→ 11.492)

11.494 e sieve screen
d Sieb n
f tamis m
nl zeef f(m)
r ситовая сетка f

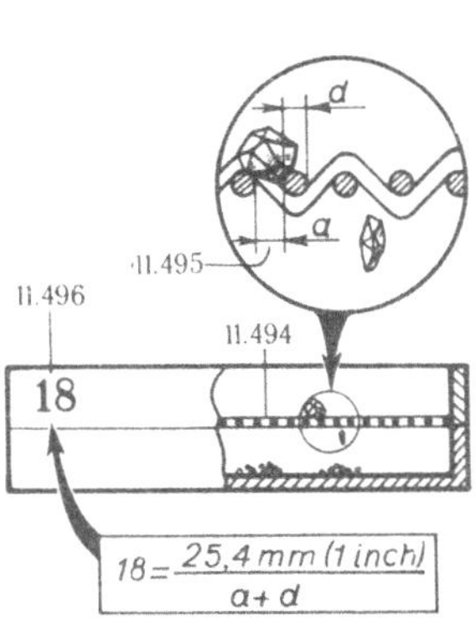

11.495 e screen opening
d Siebmasche f
f maille f de tamis
nl zeefmaas f(m)
r ячейка f сита
(→ 11.494)

11.496 e sieve screen number
d Prüfsiebnummer f, Siebmaschenzahl f
f numéro m de tamis
nl zeefmaat f(m)
r номер m сита
(→ 11.494)

11.497 e grade (of grinding wheel)
d Härte(grad) f(m) der Schleifscheibe
f dureté f (de meule)
nl hardheid f van de slijpschijf
r твёрдость f (шлифовального круга)

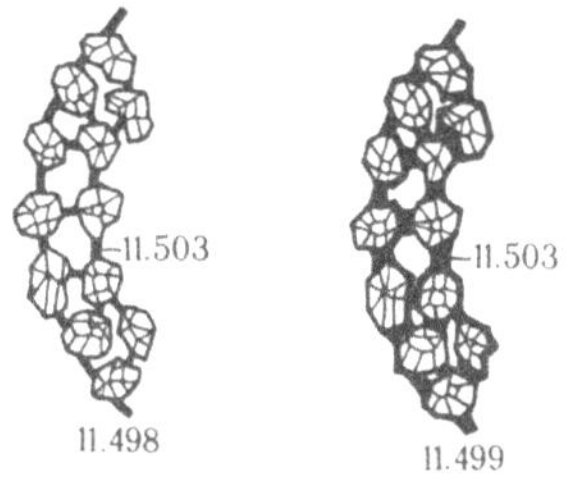

11.498 e soft grade wheel
d weiche Scheibe f
f meule f douce
nl zachte slijpschijf f(m)
r мягкий круг m
(→ 11.497)

11.499 e hard grade wheel
d harte Scheibe f
f meule f dure
nl harde slijpschijf f(m)
r твёрдый круг m
(→ 11.497)

11.500 e structure (of grinding wheel)
d Gefüge n (der Schleifscheibe)
f structure f(de meule)
nl structuur (van de slijpschijf)
r структура f (шлифовального круга)

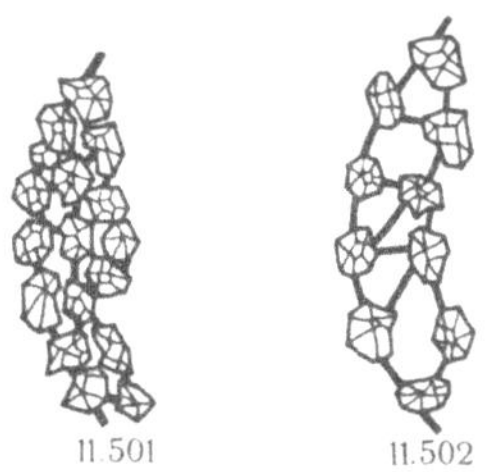

11.501 e dense structure
d dichtes Gefüge n
f structure f dense
nl compacte structuur f
r плотная структура f
(→ 11.500)

11.502 e open structure
d offenes Gefüge n
f structure f ouverte
nl open structuur f
r открытая структура f
(→ 11.500)

11.503 e bond
d Bindung f
f agglomérant m
nl bindmiddel n
r связка f
(→ 11.497, 11.504 – 11.507)

11.504 e vitrified bond
d keramische Bindung f
f agglomérant m vitrifié
nl keramisch bindmiddel n
r керамическая связка f

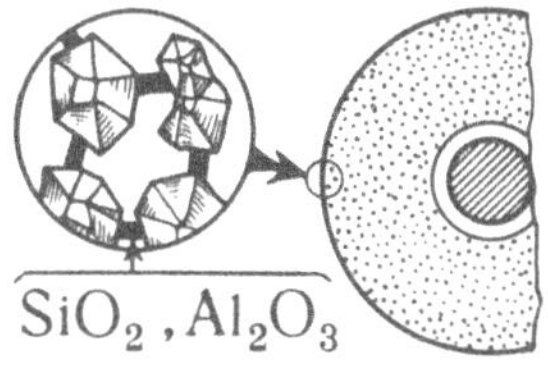

11.505 e resinoid bond
d Kunstharzbindung f
f agglomérant m bakélite
nl kunstharsbindmiddel n
r бакелитовая связка f

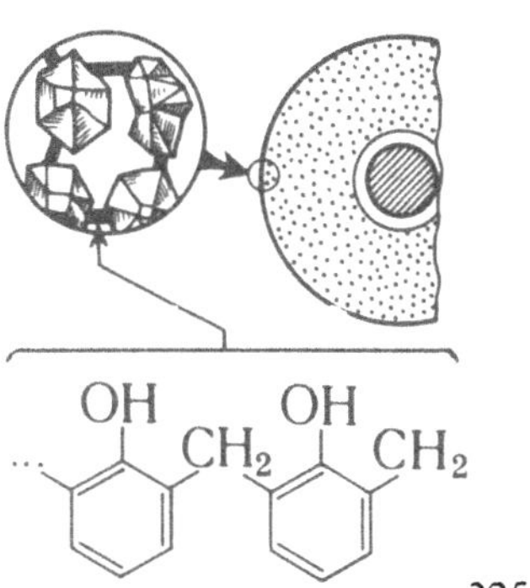

11.506 e rubber bond
d Gummibindung f
f agglomérant m caoutchouteux
nl rubberbinding f
r вулканитовая связка f

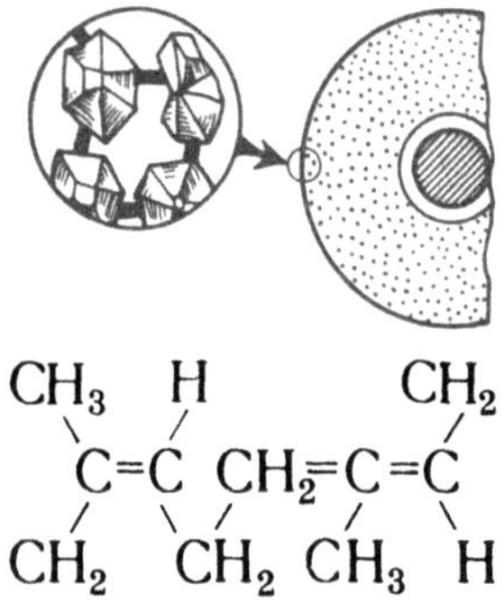

11.507 e metal bond
d Metallbindung f
f agglomérant m métallique
nl metaalbinding f
r металлическая связка f

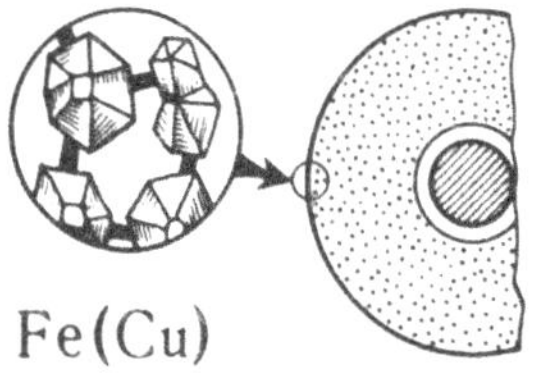

11.508 e segmental grinding wheel
d Segment-Schleifscheibe f
f meule f en segments
nl segmentslijpschijf f(m)
r сегментный шлифовальный круг m

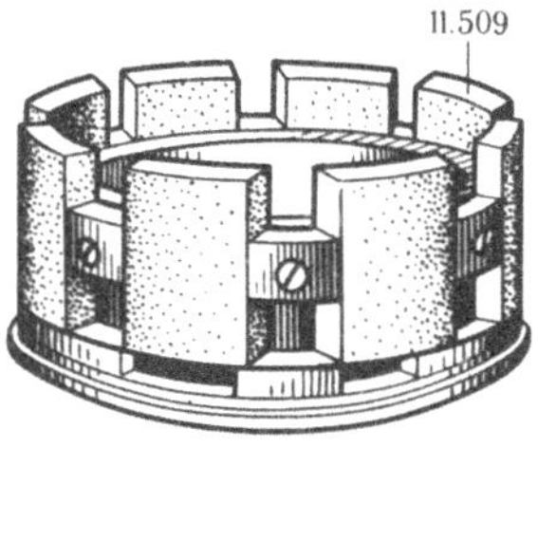

11.509 e grinding segment
d Schleifsegment n
f segment m de meule
nl slijpsegment n
r шлифовальный сегмент m (→ 11.508)

11.510 e cylindrical grinding
d Aussenrundschleifen n
f rectification f circulaire
nl rondslijpen n
r круглое шлифование n

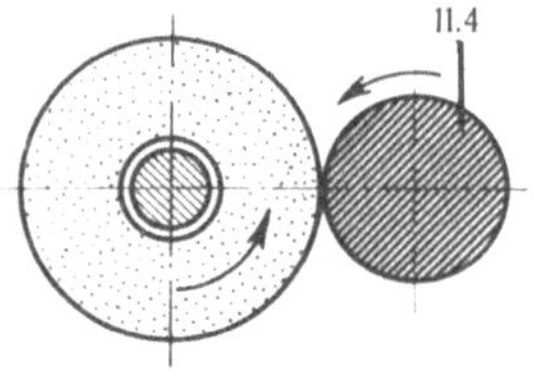

11.511 e internal grinding
d Innenschleifen n
f rectification f intérieure
nl binnenslijpen n
r внутреннее шлифование n

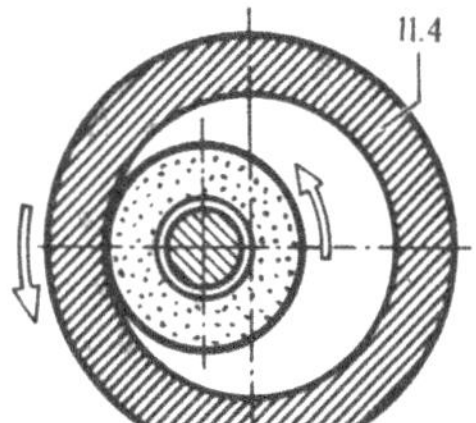

11.512 e surface grinding
d Flachschleifen n
f rectification f plane, surfaçage m
nl vlakslijpen n
r плоское шлифование n

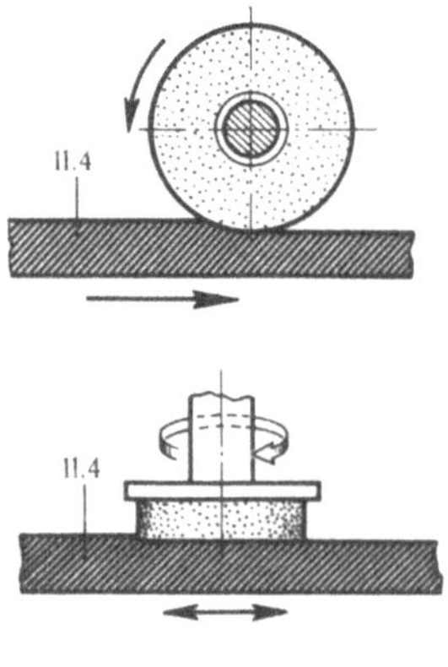

11.513 e centerless [centreless] grinding
d spitzenloses Schleifen n
f rectification f sans centres
nl centerloos slijpen n
r бесцентровое шлифование n

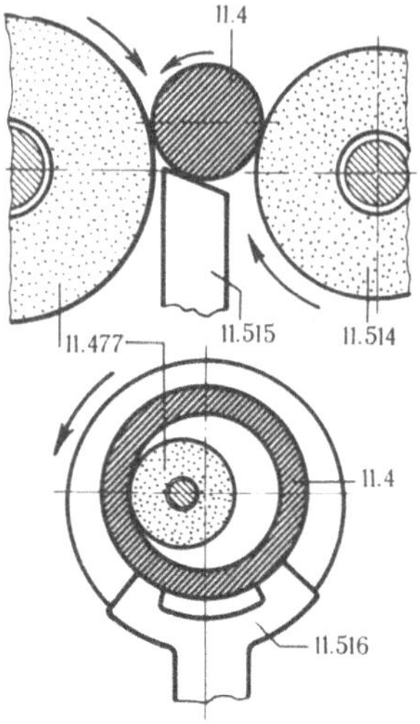

11.514 e regulating wheel
d Regelscheibe f
f meule f principale
nl voedingssteen m
r ведущий круг m (→ 11.513)

11.515 e work rest blade
d Schiene f, Auflage f
f couteau m d'appui
nl steun m werksteun
r опорный нож m (→ 11.513)

11.516 e supporting shoe
d Gleitschuh m
f sabot m d'appui
nl steunschoen m
r опорный башмак m (→ 11.513)

11.517 e traverse grinding
d Langschleifen n

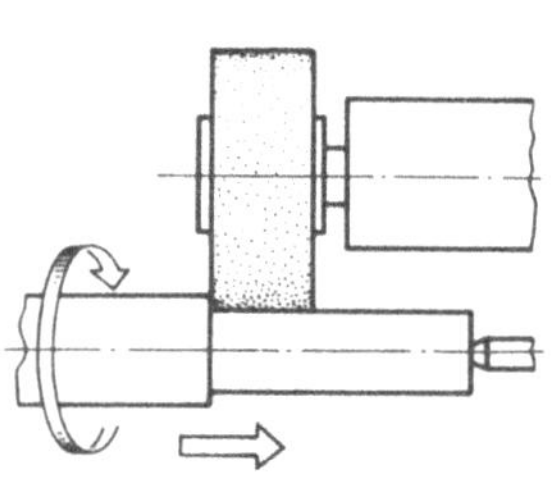

f rectification f en chariotage
nl langsslijpen n
r продольное шлифование n, шлифование продольными проходами

11.518 e plunge(-cut) grinding
d Einstechschleifen n
f rectification f en plongée
nl insteekslijpen n
r врезное шлифование n

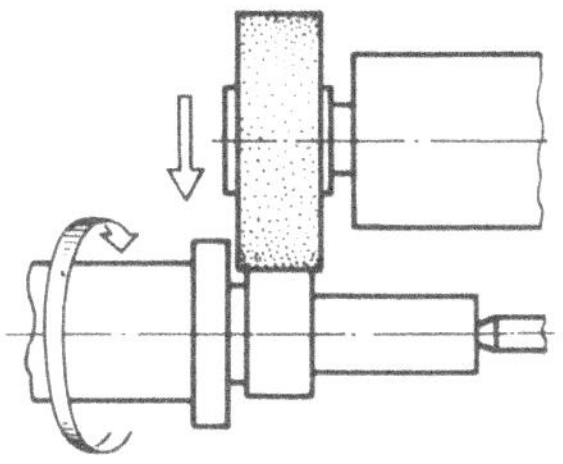

11.519 e grinding machine, grinder
d Schleifmaschine f
f rectifieuse f
nl slijpmachine f
r шлифовальный станок m
(→ 11.520, 11.523, 11.524, 11.528, 11.532, 11.533, 11.535)

11.520 e cylindrical grinding machine
d Aussenrundschleifmaschine f
f rectifieuse f cylindrique
nl rondslijpmachine f
r круглошлифовальный станок m

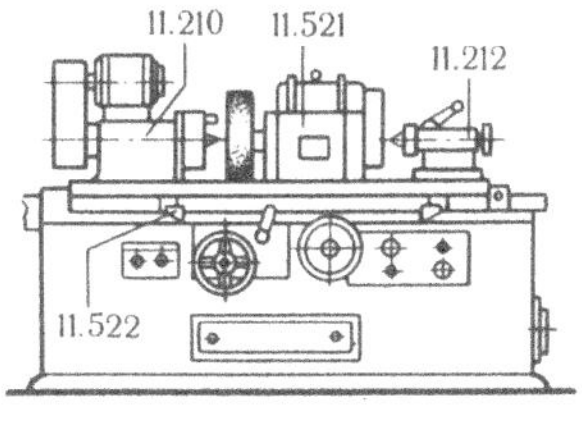

11.521 e wheelhead
d Schleifspindelstock m
f poupée f porte-meule
nl slijpkop m
r шлифовальная бабка f
(→ 11.520)

11.522 e tripping dog
d Umsteuerknagge m
f butée f de renversement de marche
nl omkeermechanisme n
r упор m реверса, переключающий упор
(→ 11.520)

11.523 e centerless [centreless] grinding machine
d spitzenlose Schleifmaschine f
f rectifieuse f sans pointes
nl centerloze slijpmachine f
r бесцентровошлифовальный станок m

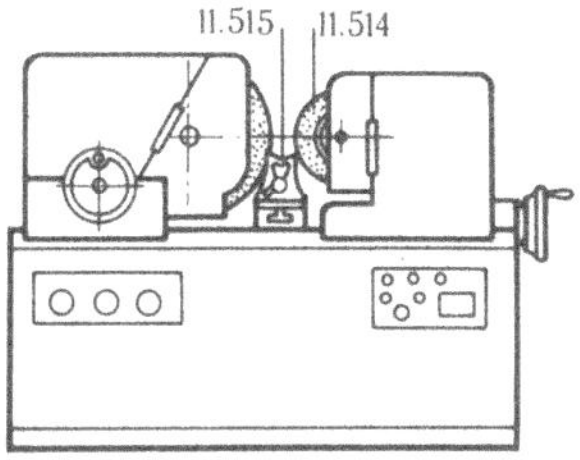

11.524 e internal grinding machine
d Innenschleifmaschine f
f rectifieuse f intérieure
nl binnenslijpmachine f
r внутришлифовальный станок m

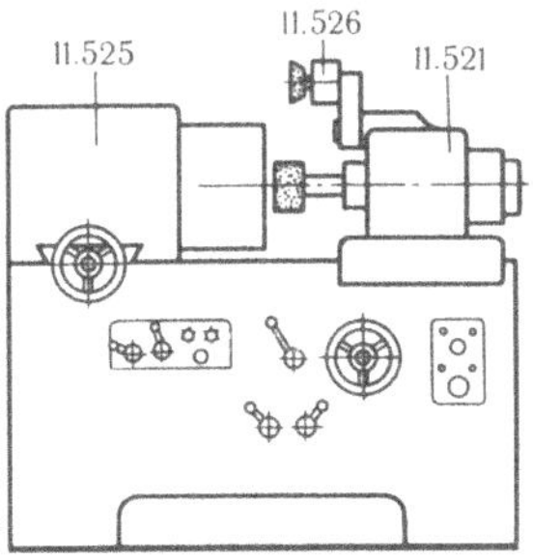

11.525 e workhead
d Werkstückspindelkasten m, Werkstückspindelstock m
f poupée f porte-pièce
nl werkstukdrager m, spilkop m
r бабка f изделия
(→ 11.524)

11.526 e face-grinding spindle
d Planschleifspindel f
f broche f pour meule plate
nl vlakslijpspil f(m)
r торцешлифовальный шпиндель m
(→ 11.524)

11.527 e surface grinding machine
d Flachschleifmaschine f
f rectifieuse f plane
nl vlakslijpmachine f
r плоскошлифовальный станок m
(→ 11.528, 11.532)

11.528 e reciprocating-table horizontal-spindle surface grinding machine
d Langtisch-Waagerecht-flachschleifmaschine f
f rectifieuse f plane à table rectangulaire et broche horizontale
nl horizontale vlakslijpmachine f met bewegende tafel
r плоскошлифовальный станок m с прямоугольным столом и горизонтальным шпинделем

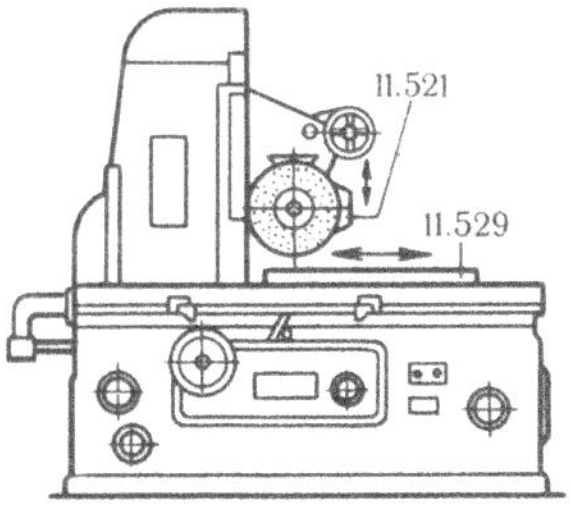

11.529 e magnetic chuck
d Magnetspannplatte f
f table f de fixation magnétique
nl magnetische opspanplaat f (m)
r магнитная плита f
(→ 11.528, 11.530, 11.531)

11.530 e permanent magnetic chuck
d Permanentmagnet-Spannplatte f
f table f de fixation à aimants permanents

nl opspanplaat f(m) met permanente magneten
r магнитная плита f с постоянными магнитами

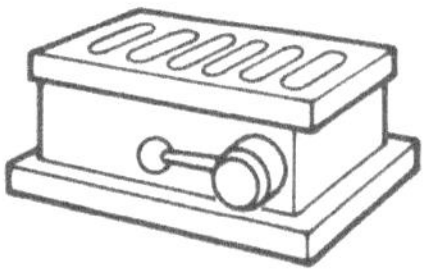

11.531 e electromagnet(ic) chuck
d Elektromagnet-Spannplatte f
f table f de fixation à électro-aimant
nl elektromagnetische opspanplaat f(m)
r электромагнитная плита f

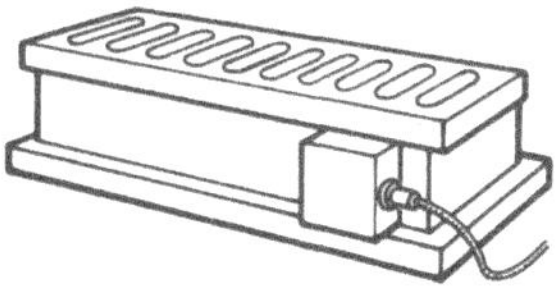

11.532 e rotary table vertical-spindle surface grinding machine
d Rundtisch-Senkrechtflachschleifmaschine f
f rectifieuse f plane à table pivotante et broche verticale
nl verticale vlakslijpmachine f (m) met roterende tafel
r плоскошлифовальный станок m с круглым столом и вертикальным шпинделем

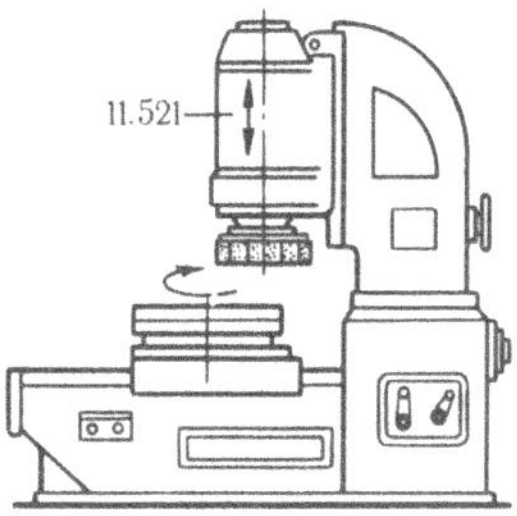

11.533 e tool-and-cutter grinding machine
d Scharfschleifmaschine f, Werkzeugschleifmaschine
f affûteuse f
nl gereedschapslijpmachine f
r заточный станок m

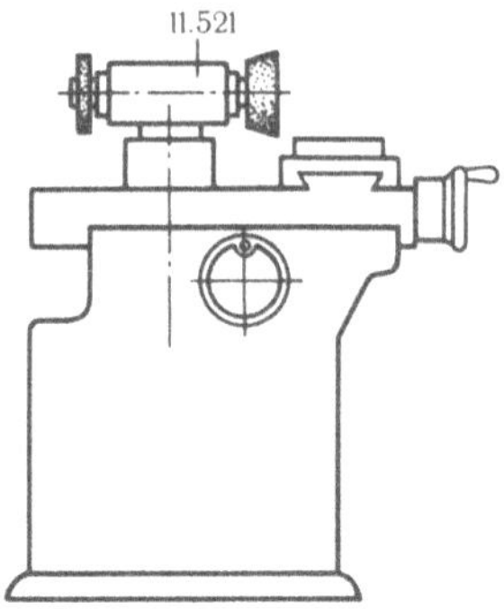

11.534 e abrasive-belt grinding
d Bandschleifen n
f rectification f pour bande abrasive
nl bandschuren n
r ленточное шлифование n (→ 11.535)

11.535 e abrasive-belt grinding machine
d Bandschleifmaschine f
f rectifieuse f à bande abrasive
nl bandschuurmachine f
r ленточношлифовальный станок m

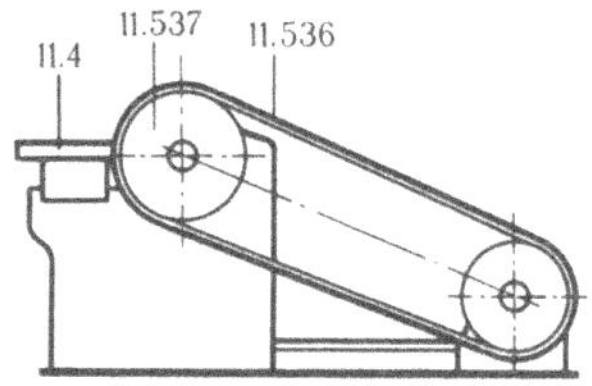

11.536 e abrasive belt
d Schleifband n
f bande f abrasive
nl schuurband m, schuurriem m
r шлифовальная лента f (→ 11.535)

11.537 e contact roll
d Kontaktscheibe f, Kontaktrolle f
f poulie f de contact
nl contactrol f(m)
r контактный ролик m (→ 11.535)

11.538 e mounting of grinding wheel
d Aufspannen n [Aufnahme f] der Schleifscheibe
f fixation f de meule
nl opspannen n van de slijpschijf
r крепление n шлифовального круга

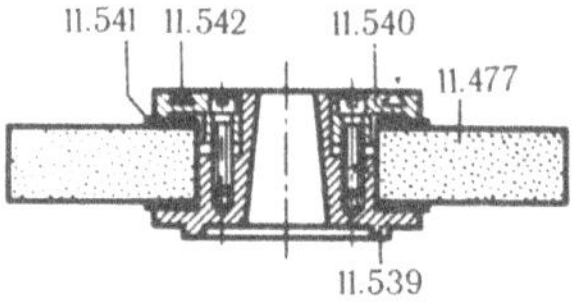

11.539 e adapter
d Aufnahmehülse f
f douille f de réduction
nl verloophuls f (m)
r переходный фланец m (→ 11.538)

11.540 e clamping [loose] flange
d Spannflansch m
f flasque m de fixation
nl klemschijf f (m)
r прижимный фланец m (→ 11.538)

11.541 e gasket
d Zwischenlage f
f garniture f
nl pakking f
r прокладка f (→ 11.538)

11.542 e balance weight
d Ausgleichgewicht n, Auswuchtgewicht
f poids m d'équilibrage
nl balansgewicht n
r балансировочный грузик m (→ 11.538, 11.543)

11.543 e balancing
d Auswuchten n
f équilibrage m
nl balancering f
r балансировка f

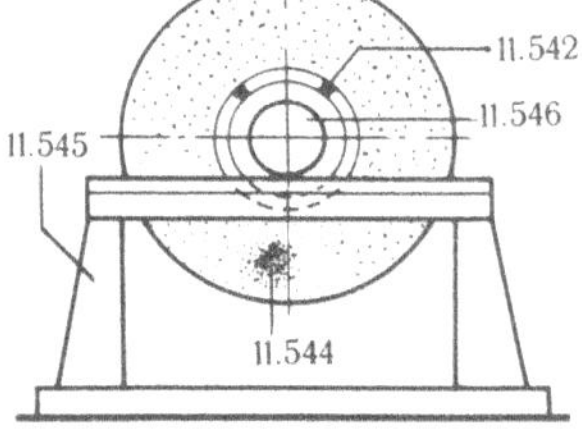

11.544 e unbalance, out-of-balance
d Unwucht f
f balourd m
nl onbalans f(m)
r неуравновешенность f, дисбаланс m
(→ 11.543)

11.545 e balancing stand
d Auswuchtgerät n
f banc m d'équilibrage
nl balanceerinrichting f
r балансировочное приспособление n
(→ 11.543)

11.546 e balancing arbor [mandrel]
d Auswuchtdorn m
f mandrin m d'équilibrage
nl balanceerdoorn m
r балансировочная оправка f
(→ 11.543)

11.547 e chatter marks
d Rattermarken f *pl*
f broyage m
nl slijpbeeld n
r дробление n, волнистость f (из-за вибрации)

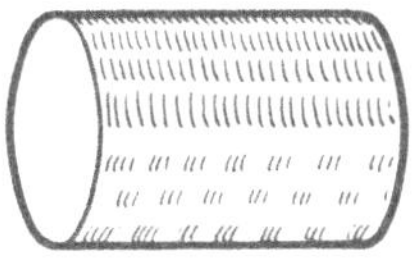

11.548 e burning
d Brennspur f, Brandfleck m
f brûlage m
nl inbranden n
r прижог m

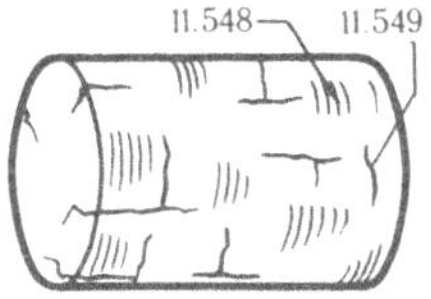

11.549 e surface (grinding) crack
d Schleifriss m
f fissure f en rectification
nl slijpbarstje n
r шлифовочная трещина f
(→ 11.548)

11.550 e dressing
d Abrichten n, Abziehen n
f dressage m, rectification f
nl afdraaien n
r правка f (*шлифовального круга для восстановления режущей способности*)

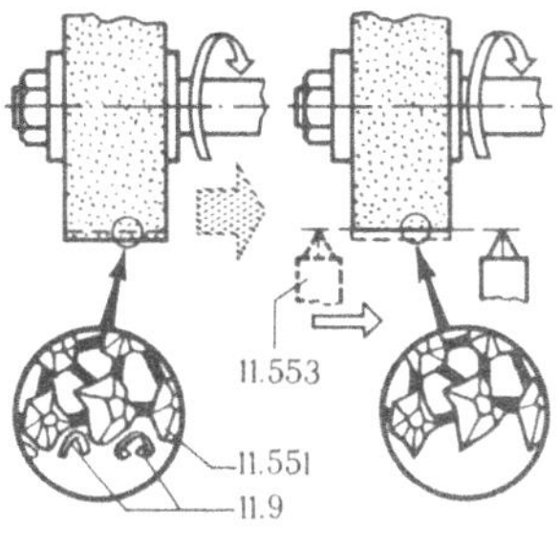

11.551 e dull grain
d verstumpftes Korn n
f grain m désaffûté
nl bot geworden korrel m
r затупленное зерно n
(→ 11.550)

11.552 e trueing
d Abrichten n
f dressage m, rectification f, profilage m
nl afdraaien n
r правка f (*шлифовального круга для восстановления профиля*)

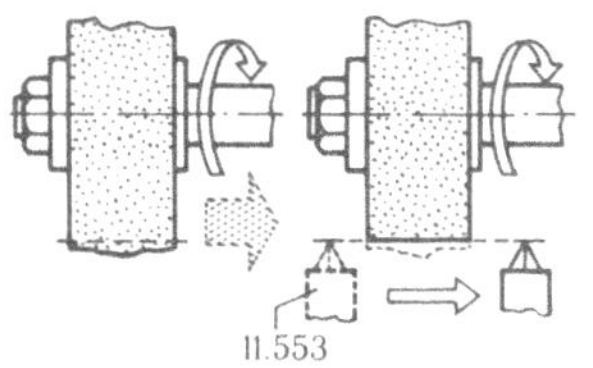

11.553 e dresser
d Abrichtwerkzeug n, Abrichter m
f dresseur m
nl afdraaimachine f
r правящий инструмент m
(→ 11.550, 11.552, 11.555 – 11.557)

11.554 e diamond dresser
d Diamantabrichter m
f dresseur m diamanté
nl diamantafdraai-inrichting f
r алмазный правящий инструмент m
(→ 11.555, 11.556)

11.555 e single-point diamond dresser
d Einzeldiamantabrichter m, Diamant-Einzelkornabrichter
f dresseur m à seul diamant
nl enkelsteensdiamantafdraai-inrichting f
r однокристальный алмазный правящий инструмент m

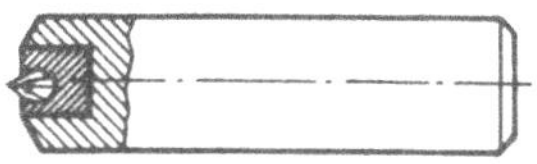

11.556 e multi-point diamond dresser
d Vielkornabrichter m
f dresseur m au diamant multipointes
nl meersteensdiamantafdraai-inrichting f
r алмазно-металлический карандаш m

11.557 e star-type dresser
d gezacktes Abrichträdchen n
f dresseur m en étoile
nl getande afdraai-inrichting f
r правящий инструмент m со звёздочками

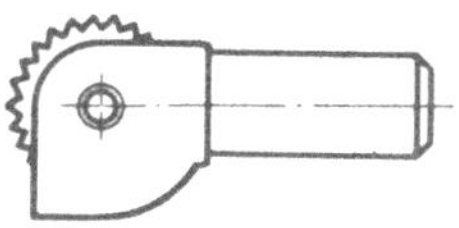

11.558 e crush forming
d Einrollprofilieren n
f profilage m par moletage
nl profileren f door kartelen
r профилирование n накатыванием

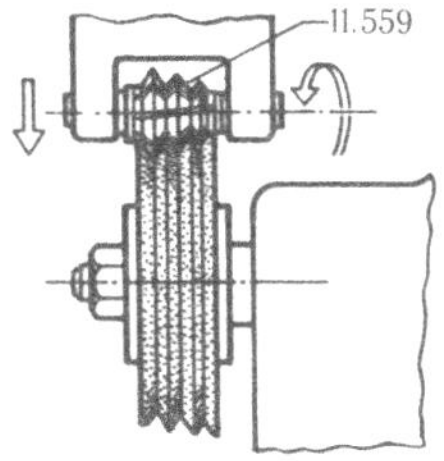

11.559 e crush (forming) roll
d Einrollrad n
f molette f de profilage
nl kartelrol f(m)
r накатный ролик m
(→ 11.558)

11.560 e wet grinding
d Nass-Schleifen n
f meulage m en arrosant
nl natslijpen n
r шлифование n с охлаждением

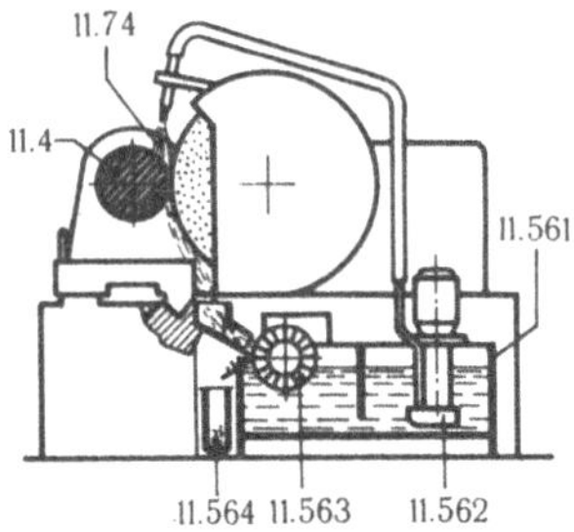

11.561 e coolant tank
d Kühlmittelbehälter m
f bac m pour liquide frigorifique
nl koelmiddeltank m
r бак m для охлаждающей жидкости
(→ 11.560)

11.562 e coolant pump
d Kühlmittelpumpe f
f pompe f de refroidissement
nl koelmiddelpomp f(m)
r насос m охлаждения
(→ 11.560)

11.563 e magnetic separator
d Magnetabscheider m
f séparateur m magnétique
nl magneetscheider m
r магнитный сепаратор m
(→ 11.560)

11.564 e abrasive slurry
d Schleifrückstände m *pl*
f déblais m *pl*
nl slijpsel n
r шлам m, шлифовальный ил m
(→ 11.560)

Threading
Gewindebearbeitung
Filetage
Bewerking van schroefdraad
Обработка резьбы

11.565 e thread cutting
d Gewindeschneiden n
f filetage m
nl (schroef)draadsnijden n
r нарезание n резьбы, резьбонарезание n

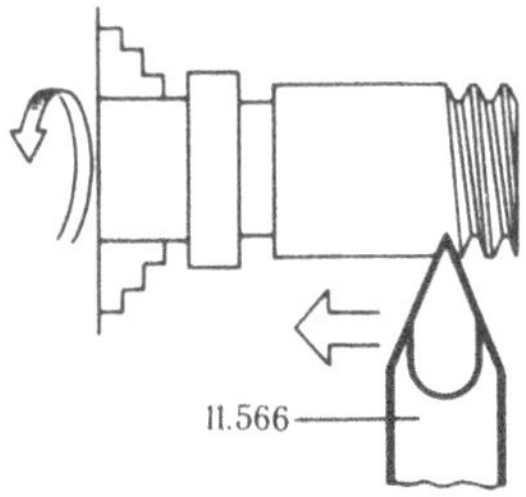

11.566 e single-point threading tool, thread turning tool
d Gewinde(dreh)meissel m
f outil m à fileter
nl schroefdraadbeitel m, draadsnijbeitel
r резьбовой резец m
(→ 11.565)

11.567 e (screw) threading die
d Schneideisen n
f peigne m
nl snijblok n
r плашка f

11.568 e (hand) diestock
d Schneideisenhalter m
f filière f
nl snijblokhouder m
r клупп m

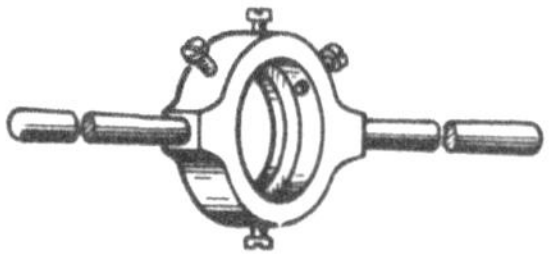

11.569 e thread-cutting head
d Gewindeschneidkopf m
f tête f à fileter
nl schroefdraadsnijkop m
r резьбонарезная головка f
(→ 11.570, 11.572, 11.573, 11.588)

1.570 e quick-opening [self-opening] (thread-cutting) die (head)
d selbstöffnender [selbstauslösender] Gewindeschneidkopf m für Aussengewinde
f porte-filière m à déclenchement
nl snijkop m
r винторезная головка f

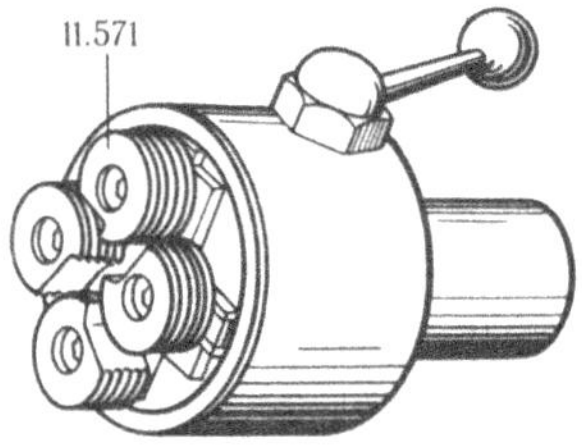

11.571 e circular chaser
d kreisförmiger Gewindestrehlbacken m
f peigne m disque
nl cirkelvormig schroefdraadsnijkussen n
r дисковая гребёнка f
(→ 11.570)

11.572 e tangential chaser
d Tangential(-Gewinde)-strehlbacken m
f peigne m tangentiel
nl tangentiaal schroefdraadsnijkussen n
r тангенциальная (призматическая) гребёнка f

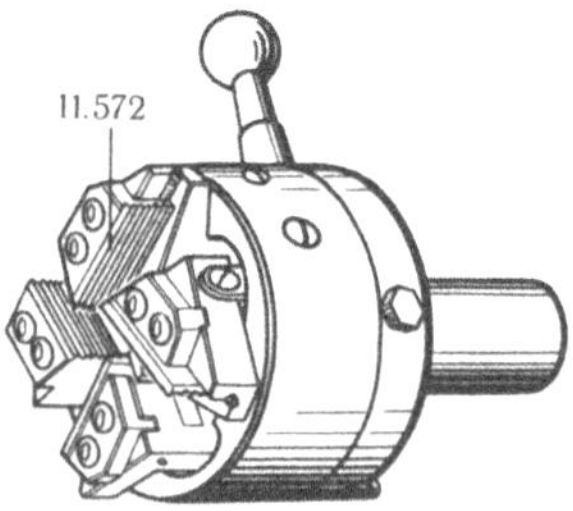

11.573 e radial chaser
d Radial-Gewindestrehlbacken m
f peigne m radial
nl radiaal schroefdraadsnijkussen n
r радиальная (призматическая) гребёнка f

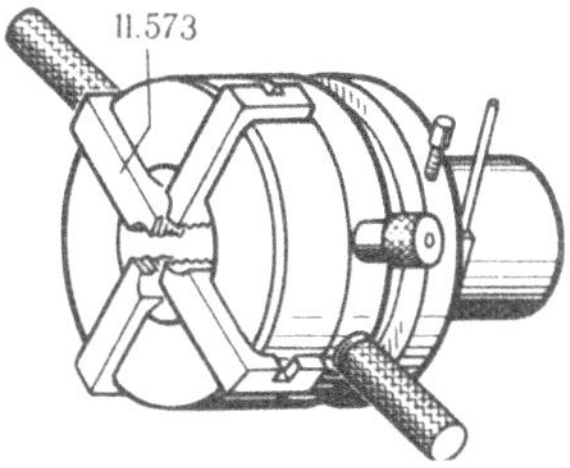

11.574 e thread milling
d Gewindefräsen n
f filetage m par fraise
nl schroefdraadfrezen n
r резьбофрезерование n
(→ 11.576 – 11.578)

11.575 e thread-milling cutter
d Gewindefräser m
f fraise f à fileter
nl draadfrees f (m)
r резьбовая фреза f
(→ 11.576 – 11.578)

11.576 e single-thread milling cutter
d scheibenförmiger Gewindefräser m
f fraise-disque f à fileter
nl enkelvoudige schroefdraadfrees f (m)
r дисковая резьбовая фреза f

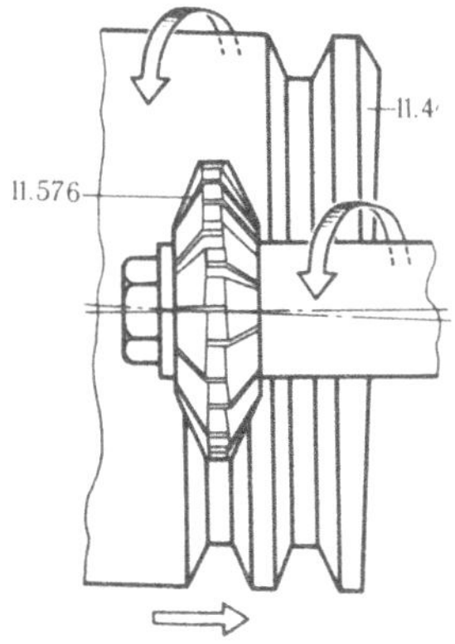

11.577 e multiple-thread milling cutter
d walzenförmiger Gewindefräser m
f fraise f mère pour filetage
nl meervoudige schroefdraadfrees f (m)
r гребенчатая резьбовая фреза f

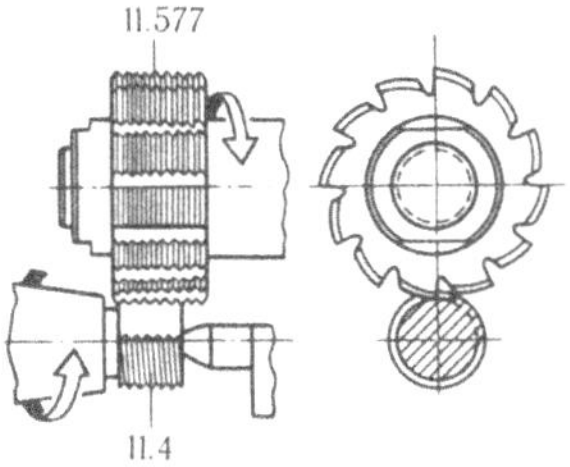

11.578 e planetary thread-milling
d Gewindeschlagfräsen n (mit Ausseneingriff), Gewindeschälen n
f filetage m par fraisage planétaire
nl planeetschroefdraadfrezen n
r вихревое [охватывающее] резьбофрезерование n

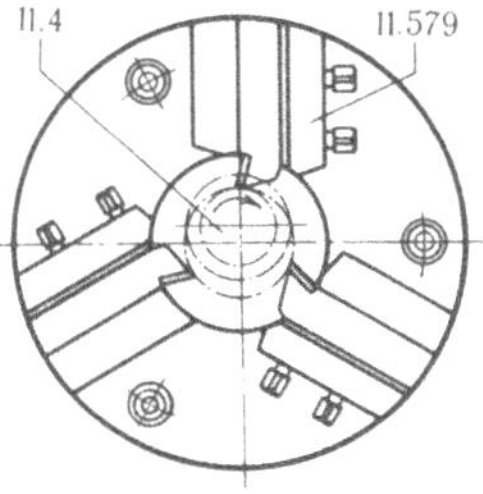

11.579 e planetary thread-milling head
d Gewindeschälkopf m
f tête f pour filetage par fraisage planétaire
nl planeetdraadsnijkop m
r вихревая резьбонарезная головка f
(→ 11.578)

11.580 e tap
d Gewindebohrer m
f taraud m
nl (snij)tap m
r метчик m

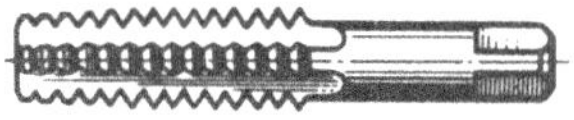

11.581 e hand tap
d Handgewindebohrer m
f taraud m à main
nl handtap m
r ручной метчик m

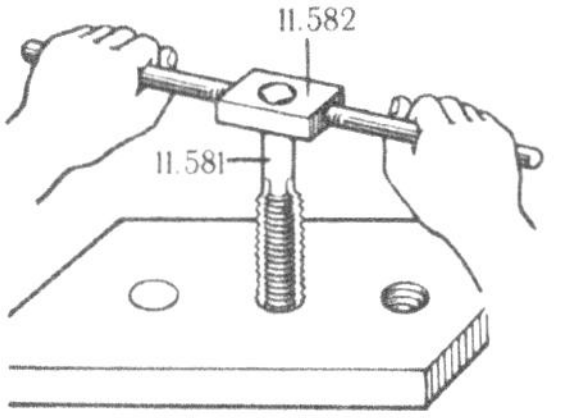

11.582 e tap wrench
d Windeisen n
f tourne-à-gauche m
nl taphouder m, tapkruk f (m)
r (ручной) вороток m
(→ 11.581)

11.583 e taper tap
d Vorschneider m
f taraud m ébaucheur
nl eerste tap m, voorsnijder
r черновой метчик m

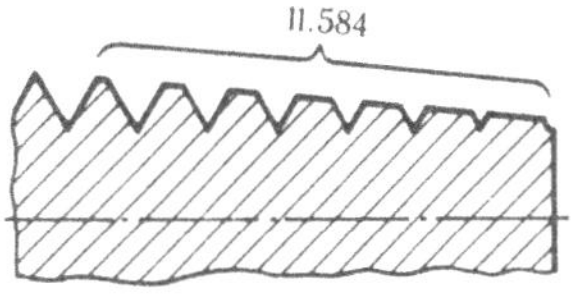

11.584 e (tap) chamfer
d Anschnitt m
f partie f conique du taraud
nl voorsnijgedeelte n
r заборная часть f
(→ 11.583, 11.585, 11.586)

11.585 e plug tap
d Mittelschneider m
f taraud m intermédiaire
nl middensnijtap m, rechte tap
r средний метчик m

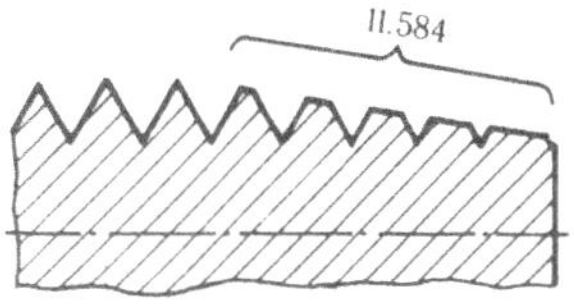

11.586 e bottoming tap
d Fertigschneider m
f taraud m finisseur
nl eindsnijder m, nasnijder
r чистовой метчик m

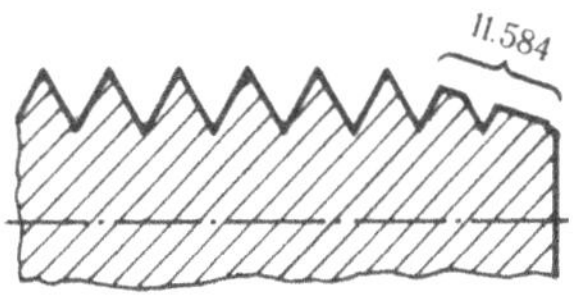

11.587 e machine tap
d Maschinengewindebohrer m
f taraud m à machine
nl machinetap m
r машинный метчик m

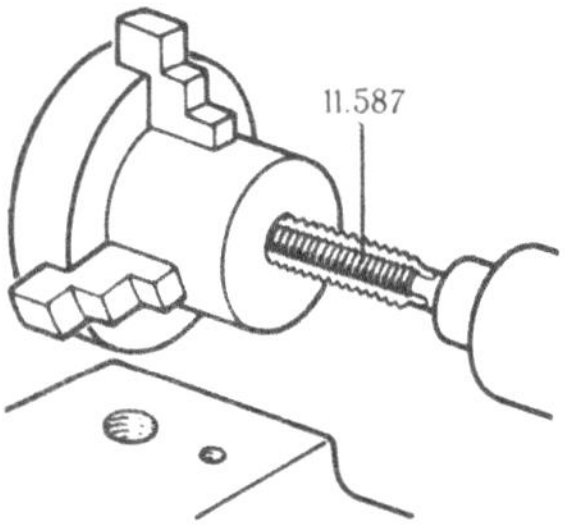

11.588 e collapsible tap
d selbstauslösender Gewindeschneidkopf m für Innengewinde
f tête f à tarauder
nl schroefboorkop m
r гайконарезная головка f

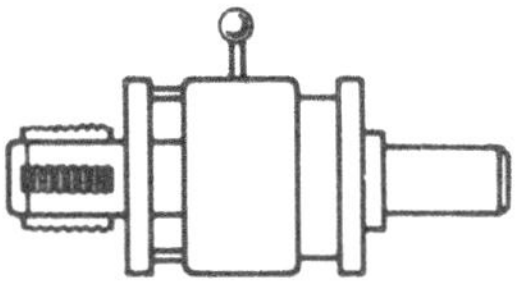

11.589 e thread rolling
d Gewindewalzen n, Gewinderollen n
f filetage m par laminage
nl draadrollen n, draadpletten n
r накатывание n резьбы, резьбонакатывание
(→ 11.591, 11.592)

11.590 e thread-rolling die
d Gewindewalzbacke f
f molette f simple
nl schroefpletijzer n
r накатная плашка f
(→ 11.591, 11.592)

11.591 e flat thread-rolling die
d flache Gewindewalzbacke f
f molette f simple à plate
nl vlak schroefpletijzer n
r плоская накатная плашка f

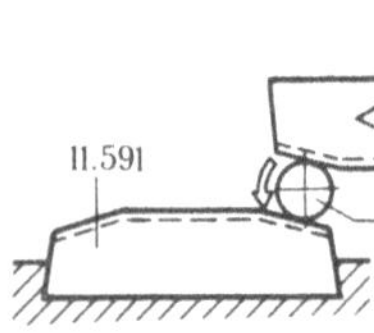

11.592 e circular thread-rolling die
d Gewindewalzrolle f
f molette f filetée
nl rol f(m) voor het rollen van schroefdraad
r резьбонакатный ролик m

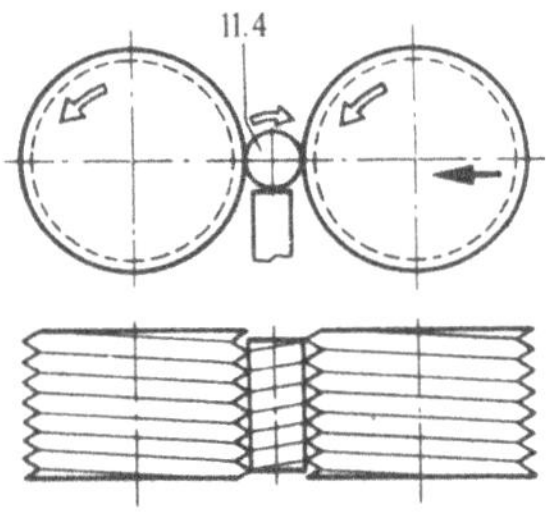

11.593 e fluteless tap
d Gewindefurcher m
f taraud m pour filetage par laminage
nl schroefdraaduitroller m
r метчик-накатник m, (резьбовой) раскатник m

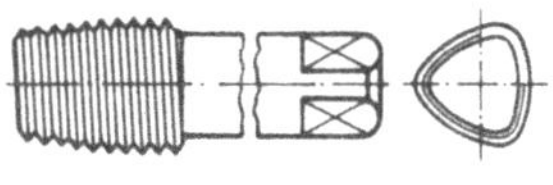

11.594 e thread grinding
d Gewindeschleifen n
f filetage m par meulage
nl schroefdraadslijpen n
r резьбошлифование n
(→ 11.595, 11.596)

11.595 e single-rib grinding wheel
d einrillige Schleifscheibe f
f meule f à filet simple
nl enkelvoudige slijpschijf f(m)
r однониточный шлифовальный круг m

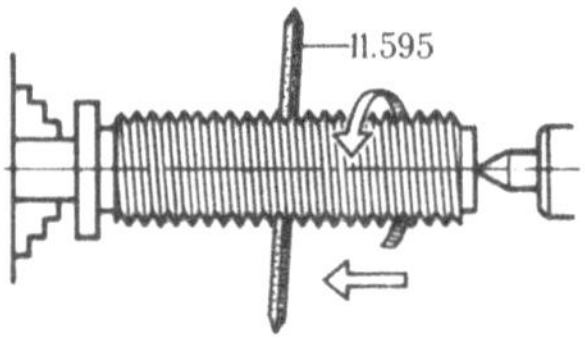

11.596 e multi-rib grinding wheel
d mehrrillige Schleifscheibe f
f meule f à filets multiples
nl meervoudige slijpschijf f (m)
r многониточный шлифовальный круг m

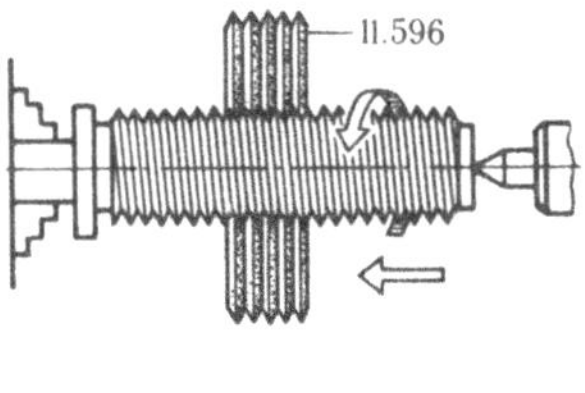

11.597 e thread-grinding machine, thread grinder
d Gewindeschleifmaschine f
f machine f à rectifier filetages
nl schroefdraadslijpmachine f
r резьбошлифовальный станок m

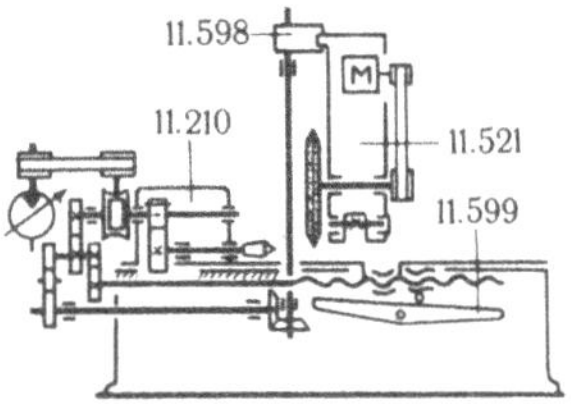

11.598 e relieving cam
d Hinterschleifkurve f
f came f à dépouille
nl achterslijpnok f(m)
r затыловочный кулачок m
(→ 11.597)

11.599 e lead compensator
d Korrekturlineal n
f règle f à compensation
nl correctieliniaal f(m)
r корректировочная [коррекционная] линейка f
(→ 11.597)

Gear Making
Zahnradherstellung
Production des engrenages
Tandwielenfabricage
Изготовление зубчатых колёс

11.600 e gear cutting
d Verzahnen n
f taillage m
nl tandwielfrezen n
r зубонарезание n, нарезание зубьев (→ 11.601, 11.602)

11.601 e (form-)copying method
d Formverfahren n
f taillage m au gabarit
nl kopieermethode f
r метод m копирования

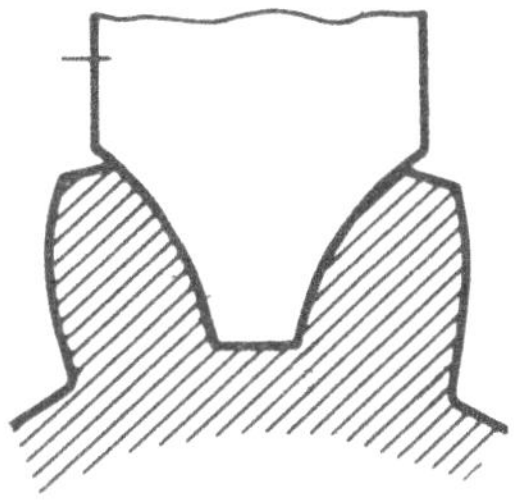

11.602 e (form-)generating method
d Wälzverfahren n
f taillage m par génération
nl afwikkelproces n, afwikkelmethode f
r метод m обката [обкатки, огибания]

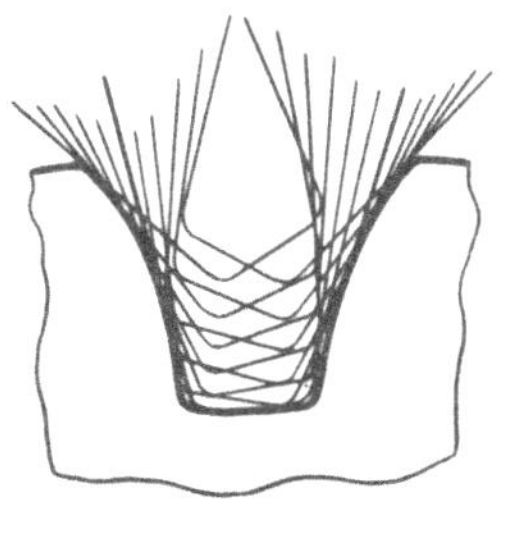

11.603 e involute side milling cutter
d scheibenförmiger Zahnformfräser m
f fraise-disque f au module
nl moduulschijffrees f(m)
r дисковая модульная фреза f

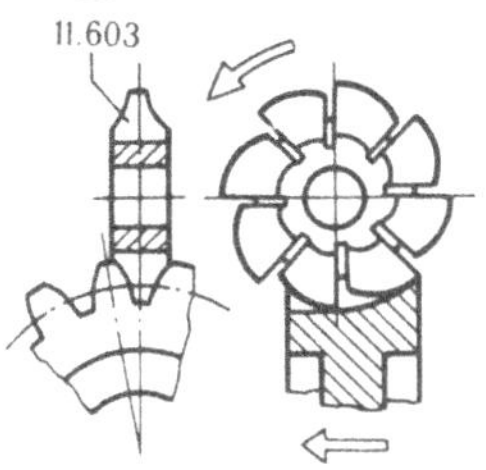

11.604 e involute end mill
d Zahnform-Schaftfräser m, Zahnform-Fingerfräser
f fraise f à doigt au module
nl moduulvingerfrees f(m)
r пальцевая модульная фреза f

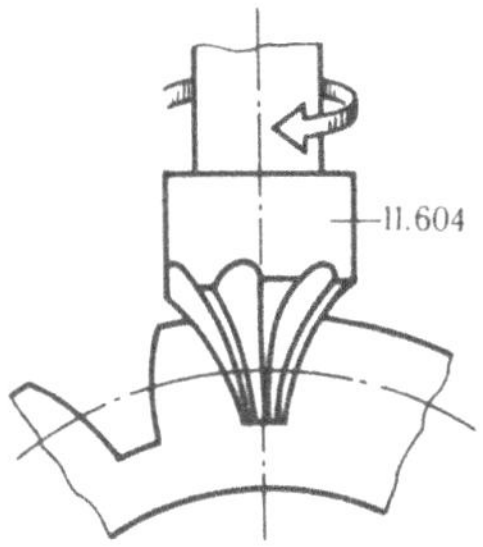

11.605 e (gear) hob, gear hobbing cutter
d Wälzfräser m
f fraise f vis-mère
nl wormfrees f(m)
r червячная (зуборезная) фреза f

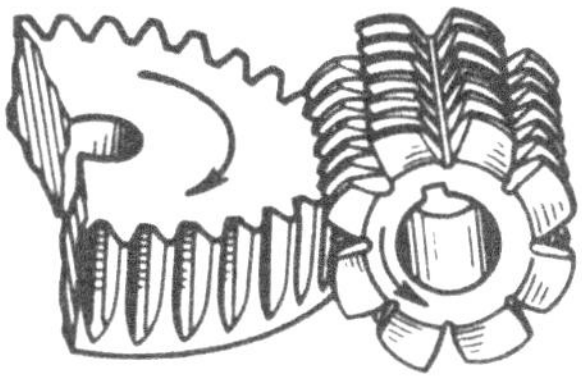

11.606 e flyhob
d Schlagmesser n, Drehzahn m, Schlagformmeissel m, Schlagzahn

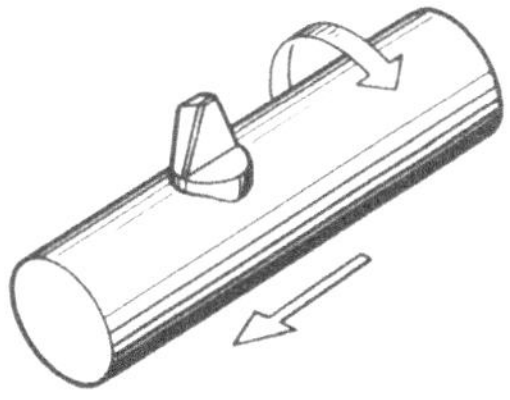

f fraise f à dent unique
nl slagmes n
r однозубая фреза f, летучий резец m

11.607 e gear hobbing machine
d Wälzfräsmaschine f
f machine f à tailler engrenages par fraise
nl afwikkeltandradfreesmachine f
r зубофрезерный станок m (обкатного типа)

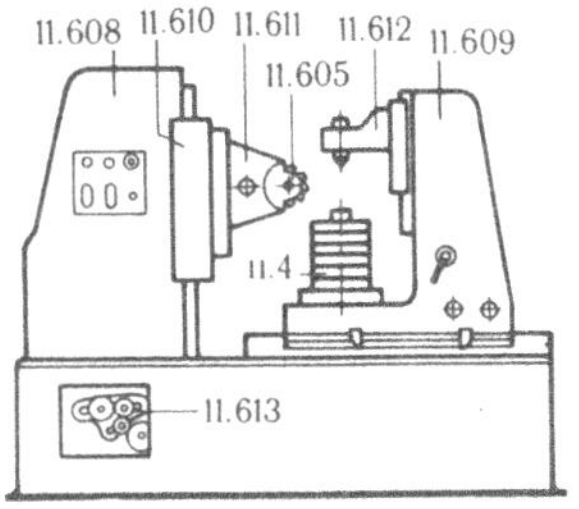

11.608 e front column
d Hauptständer m, Fräskopfträger m
f colonne f frontale
nl voorste staander m
r передняя стойка f (→ 11.607)

11.609 e rear column
d Gegenständer m
f colonne f de derrière
nl achterste staander m
r задняя стойка f (→ 11.607)

11.610 e hob slide
d Frässchlitten m
f support m à fraiser
nl freesslede f(m), freessupport n
r фрезерный суппорт m (→ 11.607)

11.611 e hob swivel head
d Frässchlittenführungsbahn-Drehteil m, schwenkbares Frässupport m
f tête f porte-fraise pivotante
nl draaibare freeskop m
r фрезерная поворотная головка f (→ 11.607)

11.612 e work support arm
d Gegenhalter m
f équerre f de montage
nl tegenhouder m

r **кронштейн** m (изделия)
(→ 11.607)

11.613 e change gear train
d Wechselradschere f
f train m de roues dentées amovibles, lyre f
nl wisselwielenkast f(m)
r **гитара** f **сменных шестерён**
(→ 11.607)

11.614 e kinematic diagram (of a hobbing machine)
d Getriebeplan m (der Wälzfräsmaschine)
f schéma m cinématique (de machine à tailler les engrenages par fraise)
nl aandrijfschema n (voor tandwielfreesmachine)
r **кинематическая схема** f **(зубофрезерного станка)**

11.615 e gear train
d Getriebezug m
f chaîne f cinématique
nl tandwieloverbrenging f
r **кинематическая цепь** f
(→ 11.614)

11.616 e gear train of indexing and generating motion
d Getriebezug m für Teil- und Wälzbewegung
f chaîne f cinématique de génération
nl verdeelwisselwielen n pl
r **кинематическая цепь** f **деления – обката**
VI–V–IV–III–VII–VIII–IX–X
(→ 11.614)

11.617 e gear train of primary motion
d Getriebezug m für Hauptbewegung
f chaîne f cinématique de commande principale
nl tandwieloverbrenging f voor de hoofdbeweging
r **кинематическая цепь** f **главного движения**
I–II–III–IV–V–VI
(→ 11.614)

11.618 e gear train of vertical feed
d Getrubezug m für Vorschubbewegung
f chaîne f cinématique d'avance verticale
nl tandwieloverbrenging f voor de verticale voeding
r **кинематическая цепь** f **вертикальной подачи**
XV–XIV–XIII–XII–XI–IX–X
(→ 11.614)

11.619 e index change gears
d Teilwechselräder n *pl*
f lyre f de division
nl indexeerwisselwielen n *pl*
r **гитара** f **деления**
(→ 11.614)

11.620 e feed change gears
d Vorschubwechselräder n *pl*
f lyre f d'avance
nl voedingswisselwielen n *pl*
r **гитара** f **подачи**
(→ 11.614)

11.621 e differential change gears
d Differentialwechselräder n *pl*
f lyre f de différentiel
nl differentiaalwisselwielen n *pl*
r **гитара** f **дифференциала**
(→ 11.614)

11.622 e gear shaping
d Wälzstossen n
f taillage m [rabotage m] par outil-pignon
nl afwikkelsteken n
r **зубодолбление** n

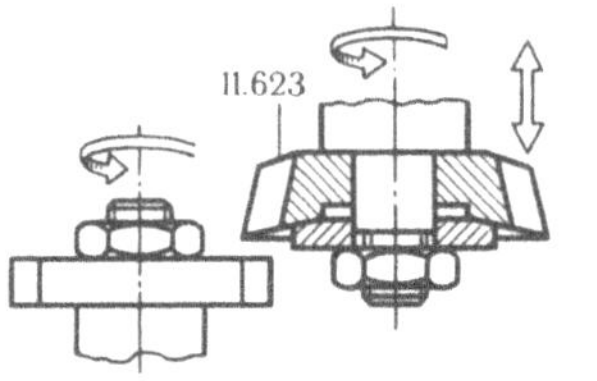

11.623 e gear-shaper cutter
d Schneidrad n
f outil-pignon m
nl beitelwiel n
r **(зуборезный) долбяк** m
(→ 11.622)

11.624 e gear shaping machine, gear shaper
d Wälzstossmaschine f
f machine f à tailler engrenages par outil-pignon
nl tandwielsteekmachine f volgens de afwikkelmethode
r **зубодолбёжный станок** m

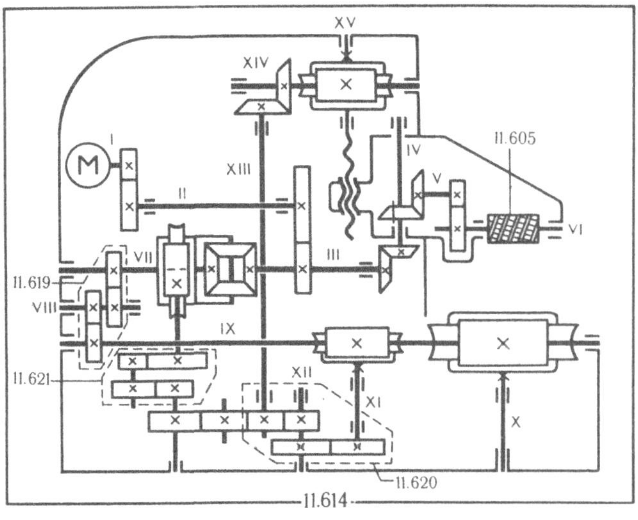

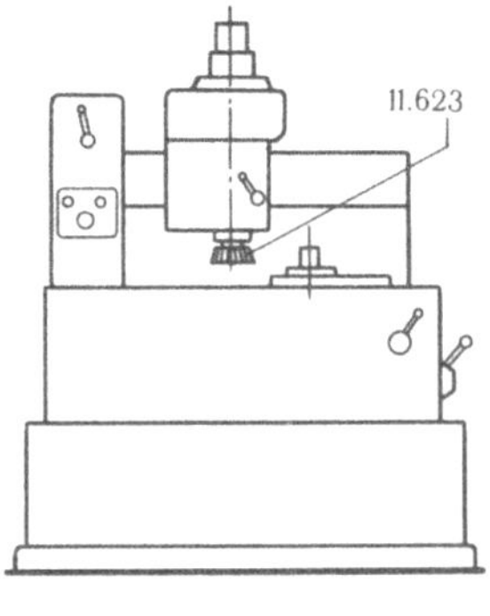

11.625 e multiple-blade gear-cutting head, shear-speed gear shaper
d Shear-Speed-Schneidkopf m
f tête f à tailler engrenages par outil-pignon
nl (volbezet) steekwiel n
r зубодолбёжная головка f

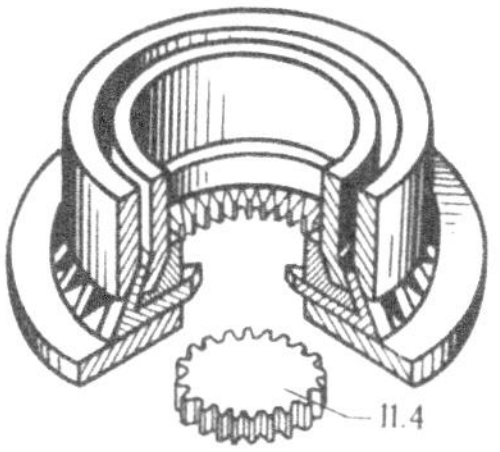

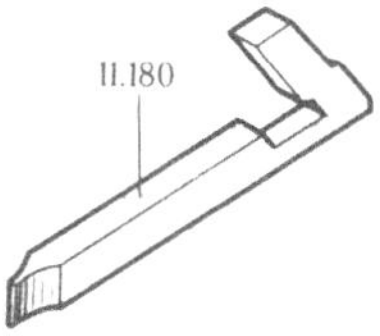

11.626 e gear rolling
d Zahnradwalzen n, Zahnradrollen n
f taillage m par molettage
nl tandwielrollen n
r зубонакатывание n

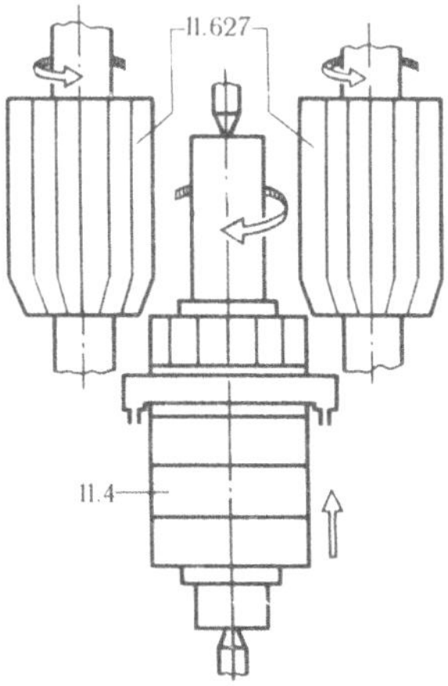

11.627 e gear roll
d Zahnradwalzrolle f
f molette f pour taillage
nl tandwielrol f(m)
r зубчатый накатник m
(→ 11.626)

11.628 e bevel gear cutting by reciprocating tools
d Kegelradhobeln n, Wälzhobeln
f rabotage m de roues coniques
nl schaven n van conische tandwielen
r зубострогание n конических колёс

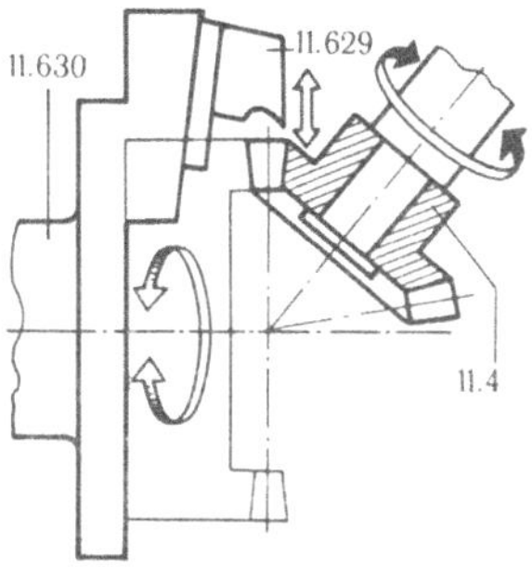

11.629 e reciprocating gear cutting tool
d Wälzhobelmeissel m
f outil m de rabotage des engrenages
nl schaafbeitel m
r зубострогальный резец m
(→ 11.628)

11.630 e cradle
d Schwenkkopf m, Wälzkörper m
f tête f universelle birotative et coulissante
nl zwenkkop m
r люлька f
(→ 11.628, 11.632)

11.631 e straight-bevel-gear generator
d Kegelradhobelmaschine f, Wälzhobelmaschine
f machine f à raboter engrenages coniques
nl tandschaafmachine f (voor conische wielen)
r зубострогальный станок m для конических колёс

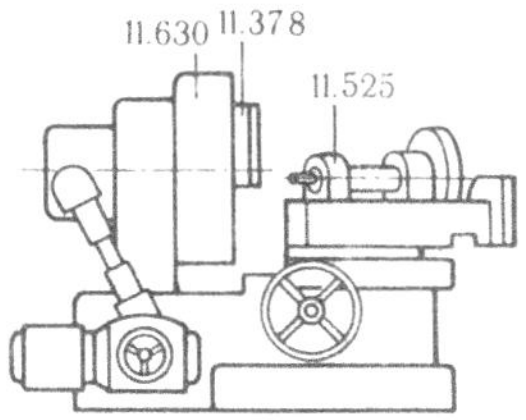

11.632 e spiral-bevel-gear cutting
d Spiralkegelrad-Verzahnmaschine f
f taillage m engrenages coniques à denture spirale
nl conische schroefwielen snijden
r нарезание n конических колёс с круговыми зубьями

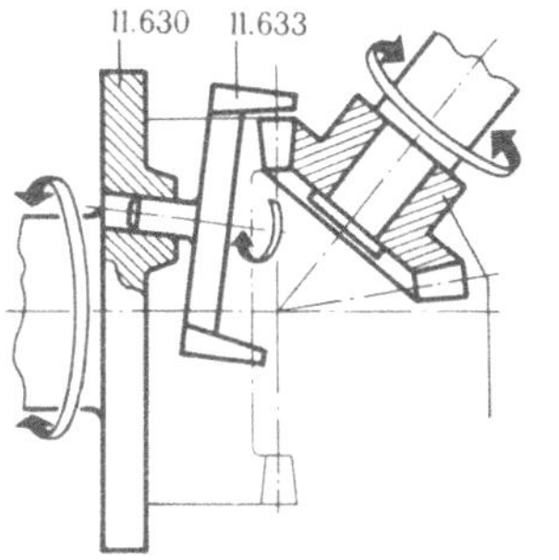

11.633 e face-mill type cutter head
d Messerkopf m
f tête f de taillage en bout
nl messenkop m
r торцовая резцовая головка f
(→ 11.632)

11.634 e gear shaving
d Zahnradschaben n, Wälzschaben n
f rasage m
nl schrapen n
r шевингование n
(→ 11.635)

11.635 e gear-shaving machine
d Zahnradschabmaschine f

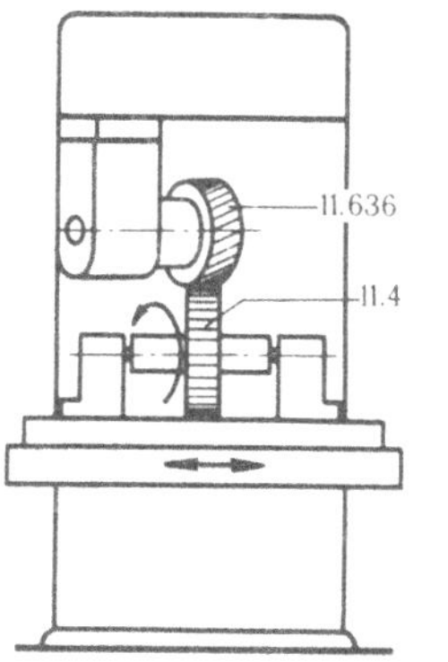

f machine f pour rasage engrenages
nl tandwielschraapmachine f
r (зубо) шевинговальный станок m

11.636 e gear-shaving cutter
d Schabrad n
f outil m pour rasage, couteau m de shaving
nl schraapwiel n
r шевер m

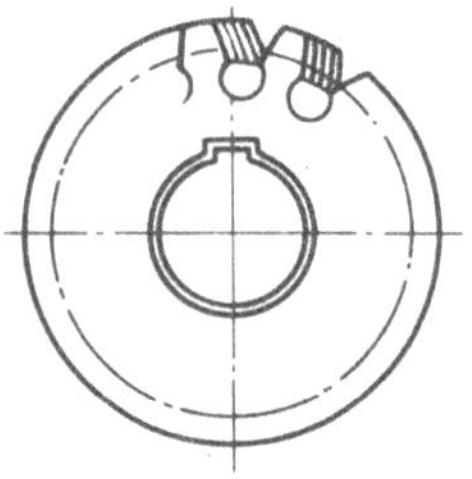

11.637 e gear grinding
d Zahnradschleifen n
f rectification f des roues dentées
nl tandwielslijpen n
r зубошлифование n

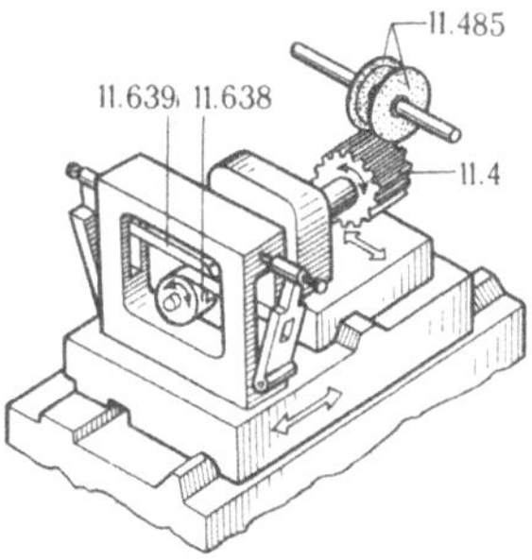

11.638 e pitch disk block
d Wälzbogen m, Wälzrolle f
f disque m conjugué
nl rolboog m
r обкатный диск [барабан] m

11.639 e steel band [tape]
d Wälzband n
f bande f d'acier
nl stalen band m
r обкатная лента f (→ 11.638)

11.640 e helically profiled grinding wheel
d Schleifschnecke f
f meule f profilée en forme de vis tangente
nl slijpworm m
r абразивный червяк m

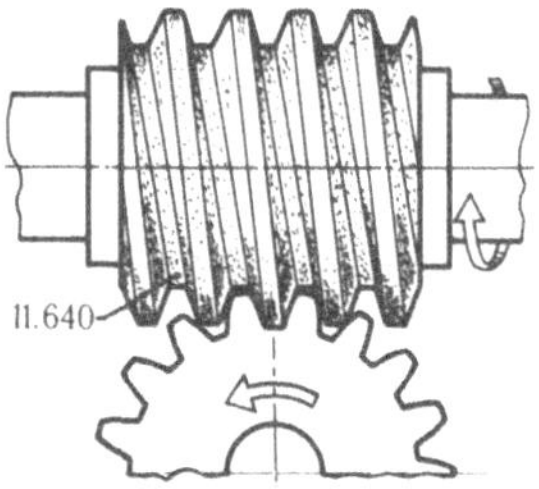

11.641 e gear grinding machine, gear grinder
d Zahnradschleifmaschine f
f machine f à rectifier engrenages
nl tandwielslijpmachine f
r зубошлифовальный станок m

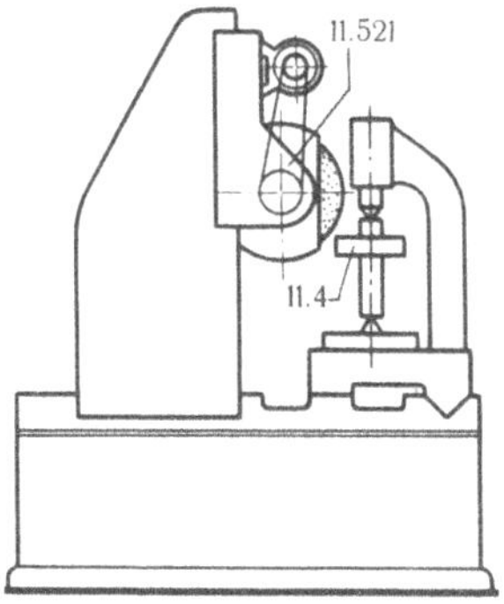

11.642 e gear honing
d Zahnradhonen n

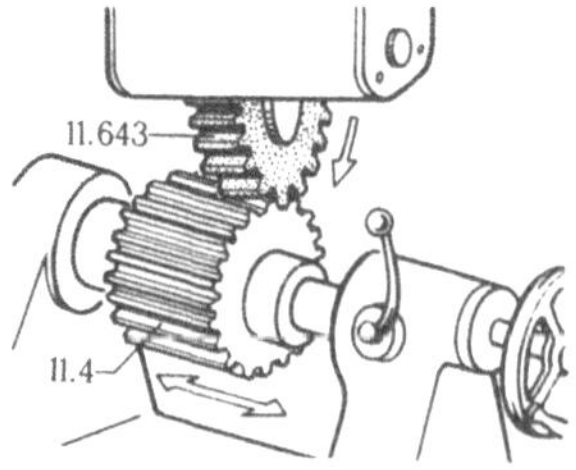

f hon(n)ing m des engrenages
nl tandwielhonen n
r зубохонингование n

11.643 e gear hone
d Honrad n
f honn m pour engrenages
nl hoonwiel n
r зубчатый хон m, абразивный шевер m (→ 11.642)

Finishing
Feinbearbeitung
Finition
Fijnbewerking
Отделочная обработка

11.644 e finishing
d Feinbearbeitung f
f finition f
nl eindbewerking f
r отделочная обработка f (→ 11.645, 11.654, 11.661, 11.663, 11.665, 11.672)

11.645 e lapping
d Läppen n
f rodage m
nl lappen n
r притирка f, доводка f

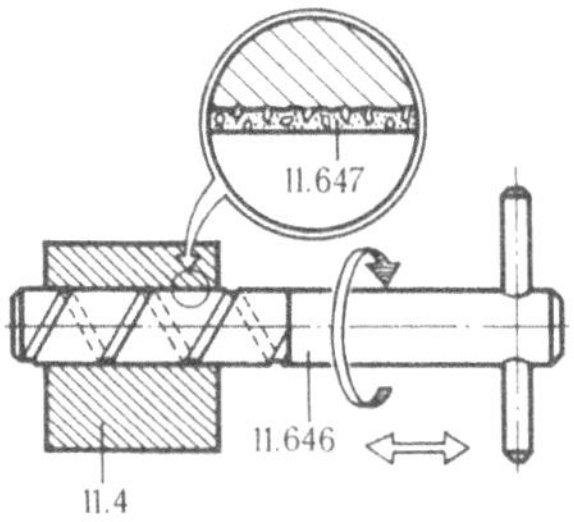

11.646 e lap
d Läppwerkzeug n
f rodoir m
nl lapdoorn m, lapwerktuig n
r притир m (→ 11.645, 11.648 – 11.650)

11.647 e lapping compound
d Läppmittel n
f pâte f à roder
nl lapmiddel n
r притирочная [доводочная] паста
(→ 11.645)

11.648 e solid lap
d fester Läppdorn m
f rodoir m à solide
nl vaste laphuls f (m)
r цельный притир m

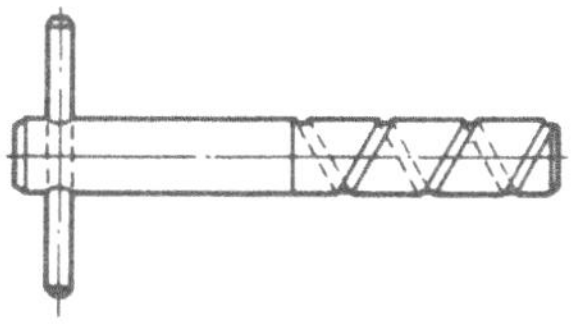

11.649 e adjustable lap
d nachstellbarer Läppdorn m
f rodoir m réglable
nl instelbaar lapwerktuig n
r регулируемый притир m

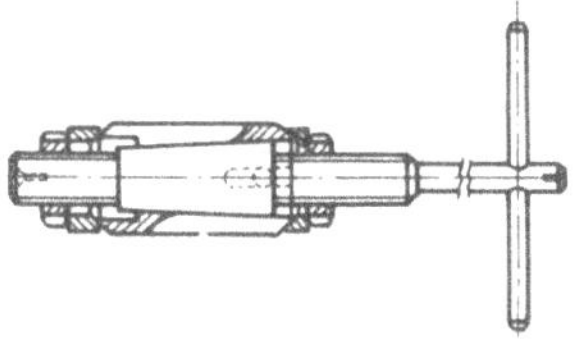

11.650 e ring lap
d Läpphülse f
f rodoir m annulaire
nl laphuls f (m)
r кольцевой притир m

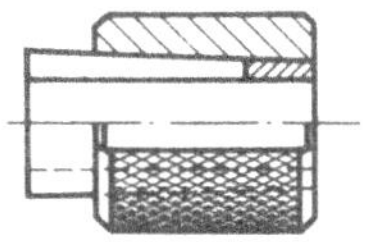

11.651 e lapping machine
d Läppmaschine f
f rodeuse f
nl lapmachine f
r притирочный [доводочный] станок m

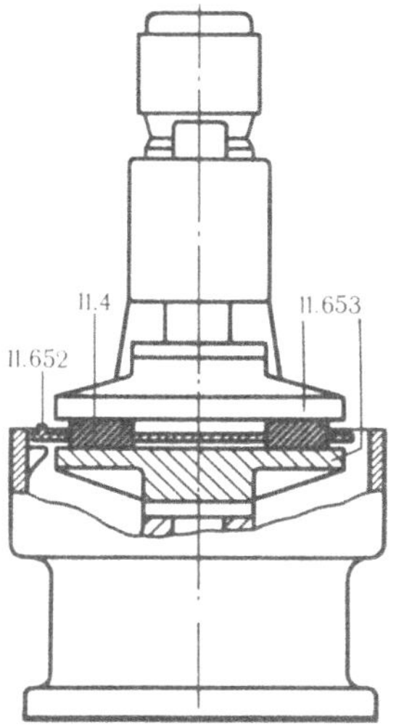

11.652 e workholder, retainer
d Werkstückhalter m
f monture f
nl werkstukhouder m
r сепаратор m
(→ 11.651)

11.653 e lapping plate
d Läppscheibe f
f rodoir m plat
nl lapschijf f (m)
r притирочный [доводочный] диск m, дисковый притир m
(→ 11.651)

11.654 e honing
d Ziehschleifen n, Lang(hub)honen n, Honen
f hon(n)ing m
nl honen n
r хонингование n

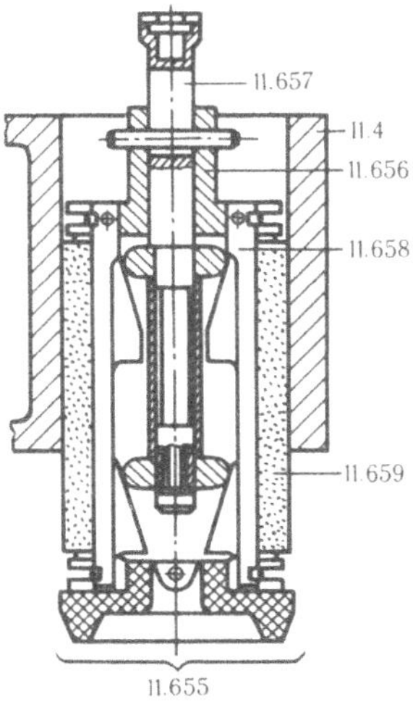

11.655 e honing tool
d Honahle f, Honkopf m
f honn m, tête f à rodoir
nl hoonwerktuig n
r хон m, хонинговальная головка f
(→ 11.654)

11.656 e hone body
d Honkörper m
f corps m de honn
nl hoonruimer m
r корпус хона
(→ 11.654)

11.657 e radial expansion rod
d Radialzustellstange f
f arbre m d'expansion radial
nl stang f (m) voor de radiale instelling
r валик m радиального раздвигания
(→ 11.654)

11.658 e stone holder
d Honleiste f, Steinhalter m
f joue f de pierre abrasive pour honning
nl steenlijst f (m)
r колодка f
(→ 11.654)

11.659 e (honing) stone
d Honstein m
f pierre f abrasive (pour honning)
nl hoonsteen m
r (хонинговальный) брусок m
(→ 11.654)

11.660 e honing machine
d Honmaschine f

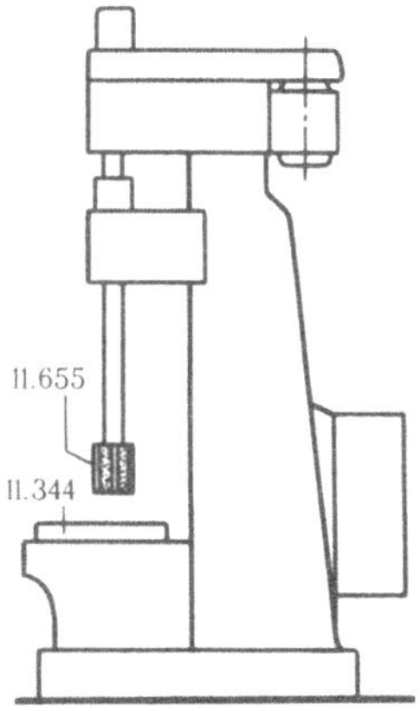

f machine f à honning
nl hoonmachine f
r хонинговальный станок m

11.661 e superfinishing
d Feinziehschleifen n, Kurzhubhonen n
f superfinition f
nl superfijnen n, superfinishen n
r суперфиниширование n

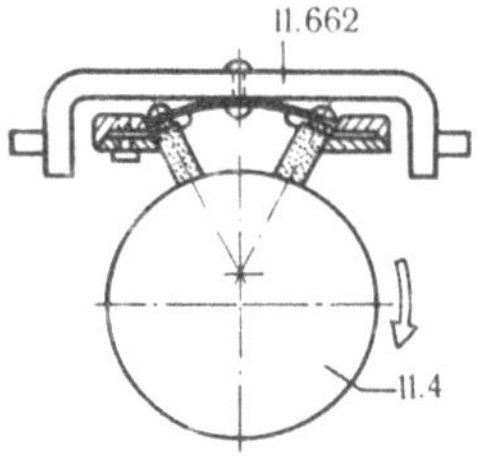

11.662 e superfinishing head
d Feinziehschleifkopf m
f tête f pour superfinition
nl slijpkop m voor superfijnen
r суперфинишная головка f
(→ 11.661)

11.663 e burnishing
d Dornen n
f brunissage m
nl glanspolijsten n, bruneren n
r дорнование n, выглаживающее прошивание n

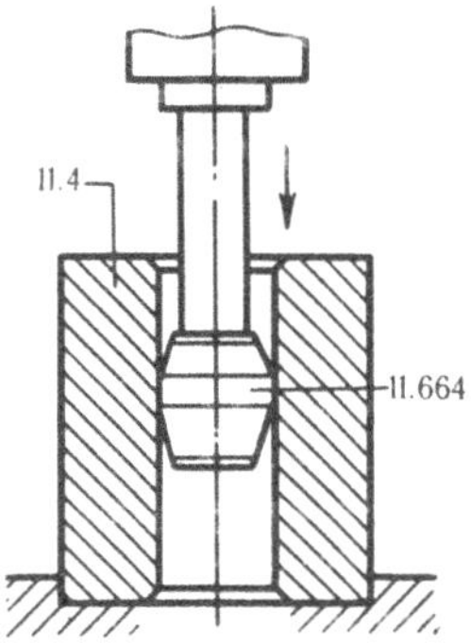

11.664 e burnisher
d Dornwerkzeug n
f brunissoir m
nl polijstdoorn m
r дорн m, выглаживающая прошивка f
(→ 11.663)

11.665 e roll burnishing
d Glattwalzen n, Prägepolieren n
f lissage m par galet
nl gladwalsen n
r (отделочное) накатывание n

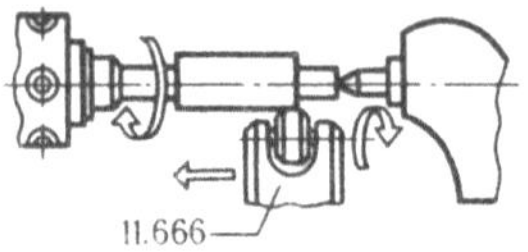

11.666 e roll burnisher
d Rollkopf m
f galet m pour lissage
nl voorwals f(m)
r накатник m
(→ 11.665)

11.667 e internal roll burnishing
d Innenglattwalzen n
f lissage m interne par galet
nl inwendig gladwalsen n
r раскатывание n

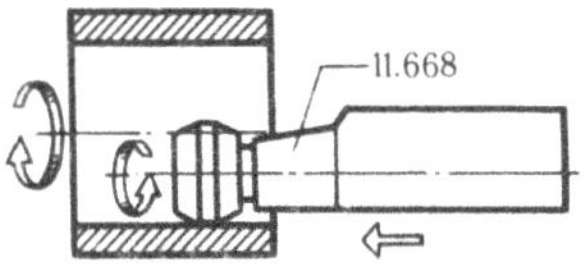

11.668 e internal roll burnisher
d Rolldorn m, Innenrollkopf m
f galet m pour lissage interne
nl roldoorn m, binnenrolkop m
r раскатник m
(→ 11.667)

11.669 e buffing, polishing
d Polieren n, Schwabbeln n
f polissage m
nl polijsten n
r полирование n
(→ 11.670)

11.670 e buffing polishing machine
d Poliermaschine f

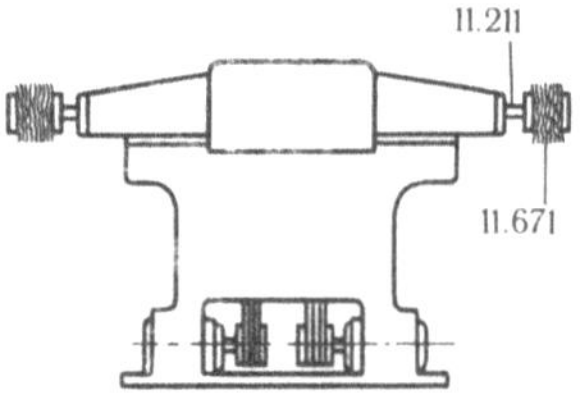

f machine f à polir
nl polijstmachine f
r полировальный станок m

11.671 e buffing wheel
d Polierscheibe f, Schwabbelscheibe
f disque m à polir
nl polijstschijf f(m)
r полировальный круг m
(→ 11.670)

11.672 e barrel finishing, tumbling
d Rommeln n, Druckpolieren n
f polissage m au tonneau [tambour]
nl trommelen n
r (отделочная) галтовка f

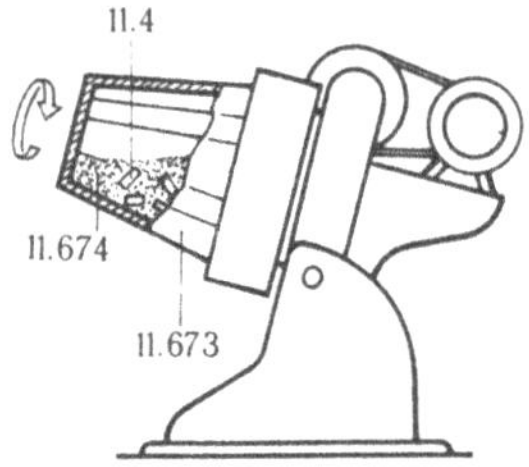

11.673 e tumbling barrel
d Rommelfass n
f tambour m pour polissage
nl polijsttrommel f(m)
r галтовочный барабан m
(→ 11.672)

11.674 e tumbling media
d Schleifkörper m *pl*, Schleifgut n
f médium m de polissage [nettoyage]
nl trommelmateriaal n
r галтовочные тела n *pl*
(→ 11.672, 11.675)

11.675 e vibratory finishing
d Vibrationsgleitschleifen n
f finition f vibratoire

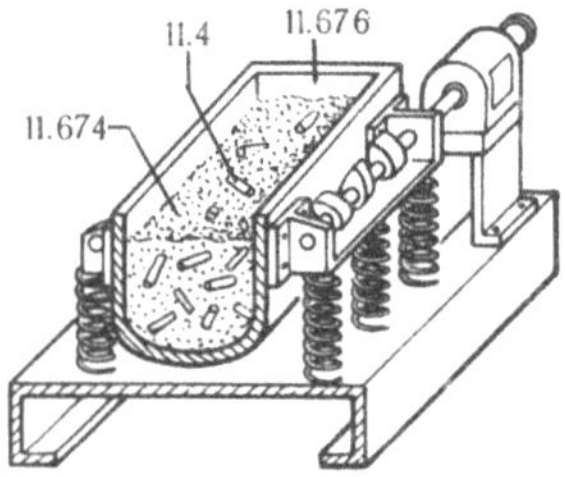

nl triltrommelen n
r вибрационная галтовка f, виброгалтовка f

11.676 e vibratory barrel
d Rütteltrog m
f goulotte f vibratoire
nl schudtrog m, triltrog
r вибрационный жёлоб m
(→ 11.675)

Electrical and Chemical Machining
Abtragen
Usinage électrique et chimique
Elektrochemische bewerking
Физико-химическая обработка

11.677 e electrical discharge machining
d Elektroerodieren n, Funkenerodieren
f usinage m électro-érosion
nl vonkverspanen n
r электроэрозионная обработка f

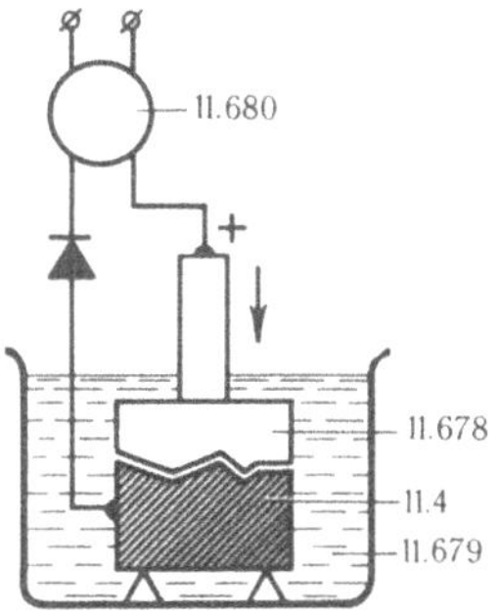

11.678 e tool electrode
d Werkzeugelektrode f
f électrode f d'outil
nl werktuigelektrode f
r электрод-инструмент m
(→ 11.677)

11.679 e dielectric fluid
d nichtleitende Flüssigkeit f, Arbeitsmedium n
f fluide m diélectrique
nl diëlektrische vloeistof f(m)
r рабочая жидкость f
(→ 11.677)

11.680 e pulse generator
d Impulsgenerator m
f générateur m d'impulsions
nl (im)pulsgenerator m
r генератор m импульсов
(→ 11.677)

11.681 e electrochemical machining
d Elysieren n
f usinage m électrochimie
nl elektrochemische bewerking f
r электрохимическая обработка f

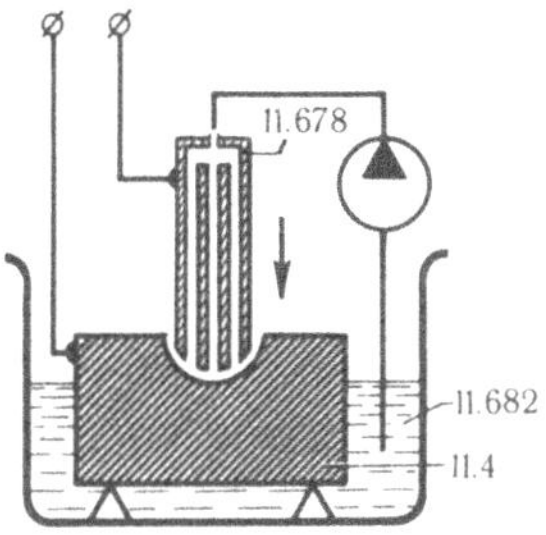

11.682 e electrolyte fluid
d Elektrolyt n, leitende Flüssigkeit f
f fluide m électrolytique
nl elektrolyt n, werkvloeistof f(m)
r электролит m, рабочая жидкость f
(→ 11.681)

11.683 e electrochemical grinding
d Elysierschleifen n
f rectification f électrochimie
nl elektrochemisch slijpen n
r электроабразивная обработка f

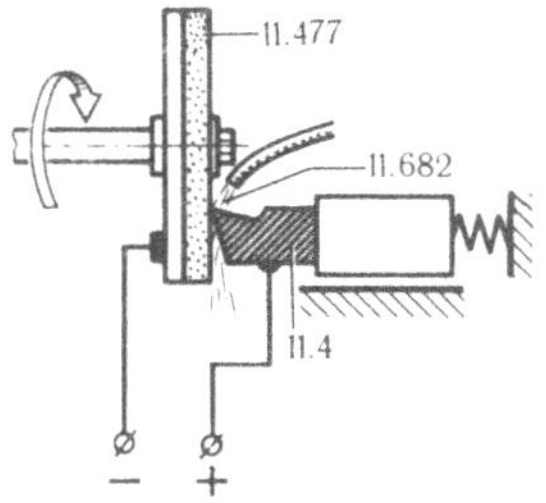

11.684 e ultrasonic machining
d Ultraschallbearbeitung f, Schwingläppen n
f usinage m ultra-sonique
nl bewerking f met ultrageluid
r ультразвуковая обработка f

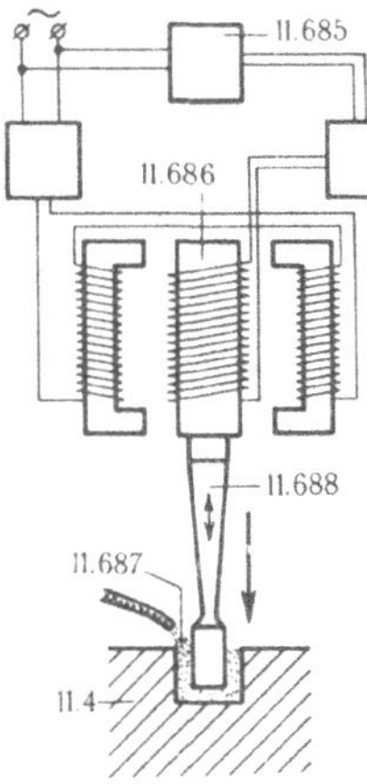

11.685 e audio oscillator
d Schallgenerator m
f générateur m ultra-sonique
nl geluidgererator m
r звуковой генератор m
(→ 11.684)

11.686 e magnetostrictive vibrator
d Ultraschwinger m, magnetostriktiver Schallgeber m
f vibrateur m magnétostrictif
nl magnetostrictieve vibrator m
r магнитострикционный вибратор m
(→ 11.684)

11.687 e abrasive slurry
d Schleifmittelsuspension f, Läppmittelsuspension
f suspension f abrasive
nl slijpsuspensie f
r абразивная суспензия f
(→ 11.684)

11.688 e ultrasonic tool
d Rüssel m, Bohrrüssel
f guide m d ondes
nl golfgeleider m, ultrageluidtoestel n, ultrageluidapparaat n
r концентратор m, волновод m
(→ 11.684)

11.689 e laser (beam) machining
d Laser-Bearbeitung f
f usinage m par laser
nl laserbewerking f
r лазерная обработка f
(→ 11.690)

11.690 e laser-beam machining unit
d Laseranlage f, Laserma-schine f
f installation f pour usinage par laser
nl laserinstallatie f
r лазерная технологичес-кая установка f

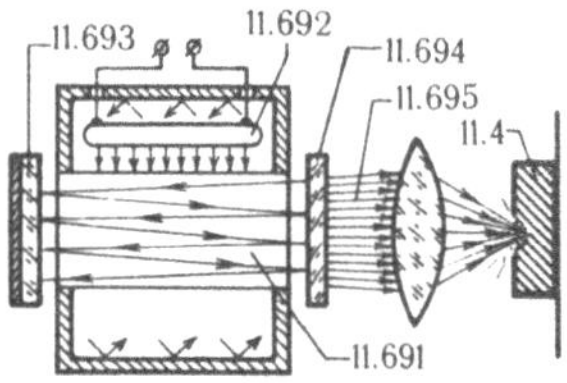

11.691 e laser, optical amplifier
d Laser m
f laser m
nl laser m
r лазер m, оптический квантовый генератор m
(→ 11.690)

11.692 e pumping source
d Laserpumpquelle f
f source f de pompage
nl laserpompbron f(m)
r источник m накачки [возбуждения]
(→ 11.690)

11.693 e reflecting mirror
d Reflektorspiegel m
f miroir m réfléchissant
nl spiegel m
r (полностью) отража-ющее зеркало n
(→ 11.690)

11.694 e partially reflecting mirror
d teildurchlässiger Spiegel m
f miroir m partiellement réfléchissant
nl halfdoorlatende spiegel m
r частично отражающее зеркало n
(→ 11.690)

11.695 e monochromatic coherent light beam
d monochromatischer kohärenter Lichtstrahl m
f rayon m lumineux mono-chromatique cohérent
nl monochromatische coherente lichtstraal m
r монохроматический когерентный световой луч m
(→ 11.690)

Bench and Assembly Work
Schlosserei und Montage
Travail de serrurier et d'assem-blage
Bankwerken en montage
Слесарно-сборочные работы

11.696 e benchwork
d Schlosserei f
f travail m de serrurier
nl bankwerk n
r слесарная обработка f
(→ 11.705, 11.709, 11.726)

11.697 e vice
d Schraubstock m
f étau m
nl bankschroef f(m)
r тиски *pl*

11.698 e bench
d Werkbank f, Werkisch m
f banc m à limer
nl werkbank f(m)
r верстак m
(→ 11.697)

11.699 e laying out
d Anreissen n
f traçage m
nl merken n, ritsen n
r разметка f

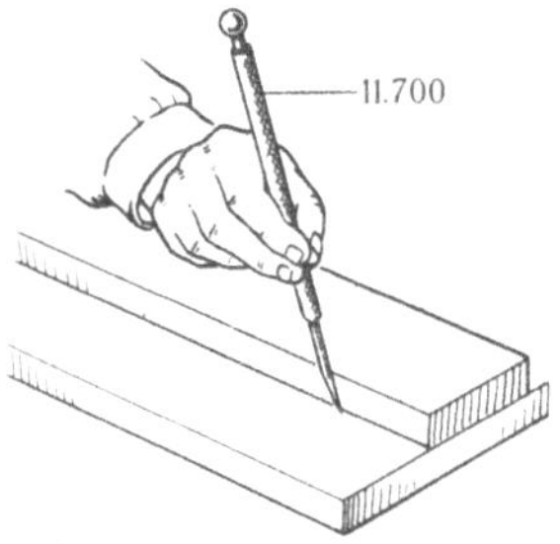

11.700 e scriber
d Anreissnadel f
f pointe f à tracer
nl krasnaald f (m)
r чертилка f
(→ 11.699)

11.701 e surface ga(u)ge
d Anreissgerät n
f trusquin m
nl krasblok n
r рейсмус m

11.702 e punching
d Ankörnen n
f marquage m au pointeau
nl centreren n
r кернение n

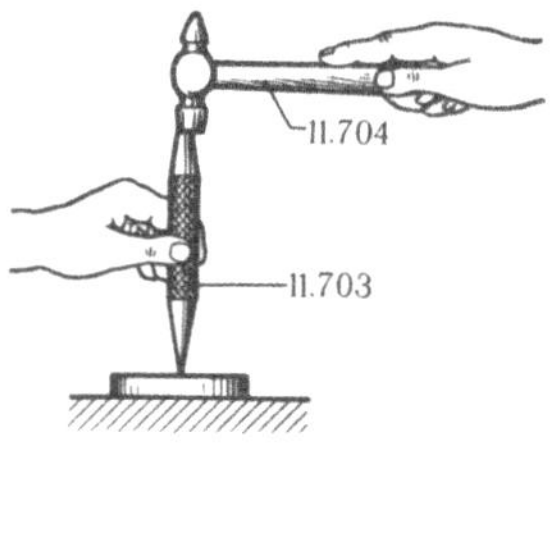

11.703 e punch
d Ankörner m
f pointeau m (de traceur)
nl doorslag m, drevel m
r керн m
(→ 11.702)

11.704 e bench hammer
d Schlosserhammer m
f marteau m (de serrurier)
nl bankhamer m
r (слесарный) молоток m
(→ 11.702)

11.705 e hand chipping
d Schroten n
f burinage m
nl beitelen n
r (слесарная) рубка f

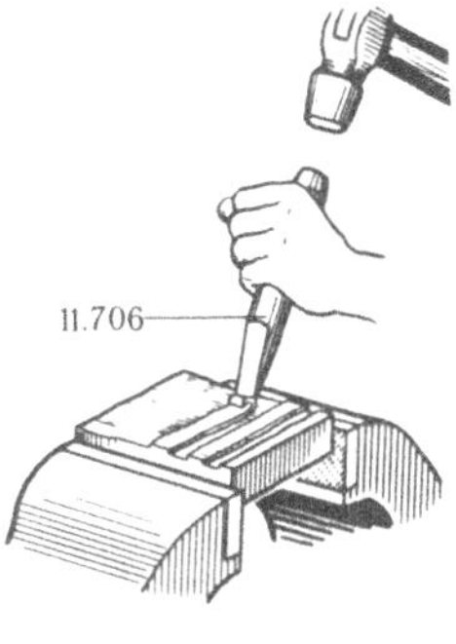

11.706 e flat chisel
d Flachmeissel m
f burin m
nl vlakbeitel m
r (слесарное) зубило n
(→ 11.705)

11.707 e hacksaw
d Bügelsäge f
f égoïne f
nl beugelzaag f(m)
r (ручная) ножовка f

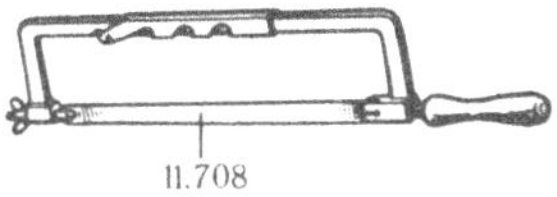

11.708 e hacksaw blade
d Bügelsägeblatt n
f lame f d'égoïne
nl zaagblad n
r ножовочное полотно n
(→ 11.707)

11.709 e filing
d Feilen n
f limage m
nl vijlen n
r опиливание n

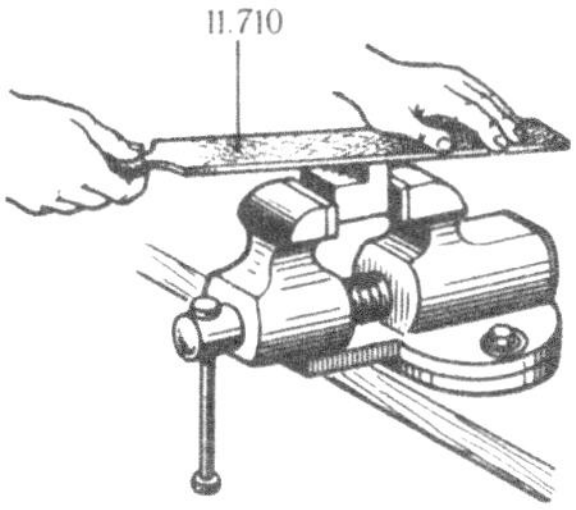

11.710 e file
d Feile f
f lime f
nl vijl f(m)
r напильник m
(→ 11.709, 11.711 – 11.725)

11.711 e blunt flat file
d flachstumpfe Feile f
f lime f en paille [d'allemagne, plate-obtuse]
nl platte stompe vijl f(m)
r плоский тупоносый напильник m

11.712 e taper flat file
d flachspitze Feile f
f lime f plate pointue
nl platte spitse vijl f(m)
r плоский остроносый напильник m

11.713 e round file
d Rundfeile f
f lime f ronde
nl ronde vijl f(m)
r круглый напильник m

11.714 e square file
d Vierkantfeile f
f lime f carrée
nl vierkante vijl f(m)
r квадратный напильник m

11.715 e three-square [three cornered] file
d Dreikantfeile f
f lime f triangulaire
nl driekante vijl f(m)
r трёхгранный напильник m

11.716 e half-round file
d Halbrundfeile f
f lime f demi-ronde
nl halfronde vijl f(m)
r полукруглый напильник m

11.717 e cut
d Hieb m
f taille f
nl kap m
r насечка f

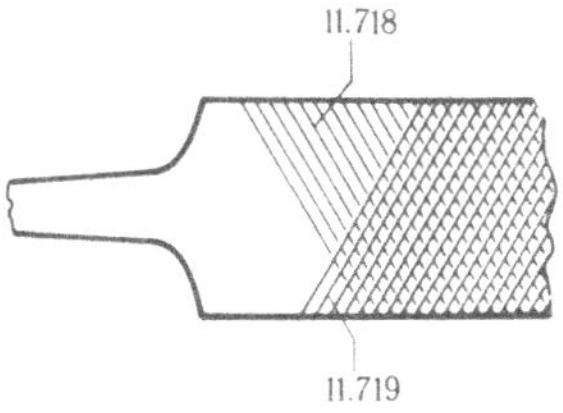

11.718 e overcut
d Grundhieb m, Unterhieb
f taille f première
nl grondkap m, hoofdkap
r основная насечка f
(→ 11.717)

11.719 e up cut
d Oberhieb m
f taille f secondaire
nl tweede kapping f
r вспомогательная насечка f
(→ 11.717)

11.720 e coarse file
d grobe Feile f
f lime f bâtarde
nl grove vijl f (m)
r драчовый напильник m

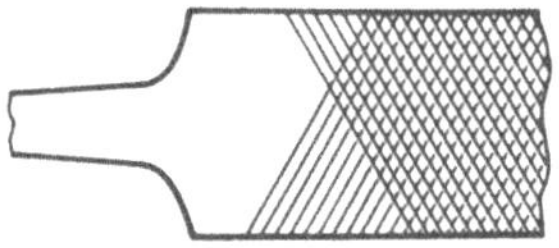

11.721 e smooth file
d Schlichtfeile f
f lime f douce
nl zoetvijl f(m)
r личной напильник m

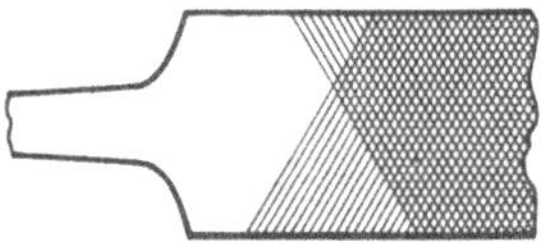

11.722 e dead-smooth file
d Doppelschlichtfeile f
f lime f superfine
nl fijne zoetvijl f(m)
r бархатный напильник m

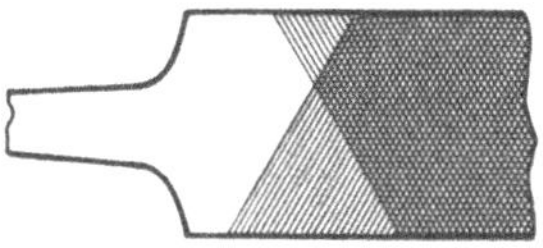

11.723 e rasp
d Raspel f
f râpe f
nl raspvijl f(m), rasp f(m)
r рашпиль m

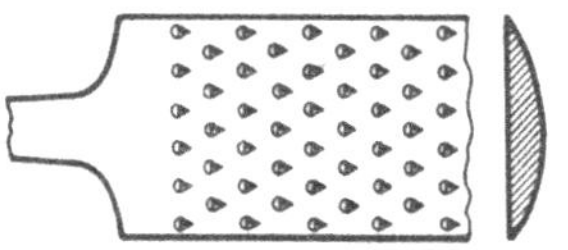

11.724 e needle file
d Nadelfeile f
f lime f à aiguille
nl naaldvijl f(m)
r надфиль m

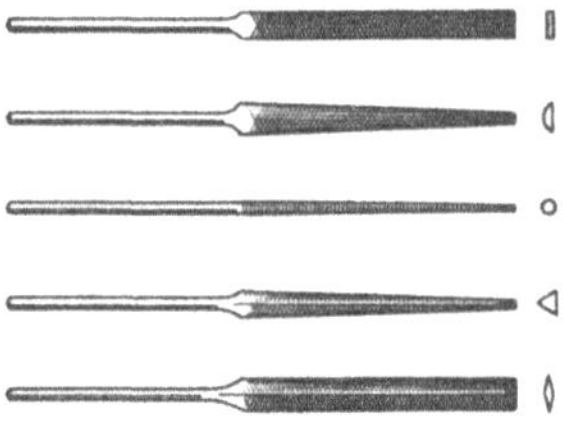

11.725 e rotary file, burr
d Rotierfeile f, Umlauffeile, Turbofeile
f lime f rotative
nl boorfrees f(m), rotatievijl f(m)
r ротационный напильник m, борфреза f, фасонная головка f

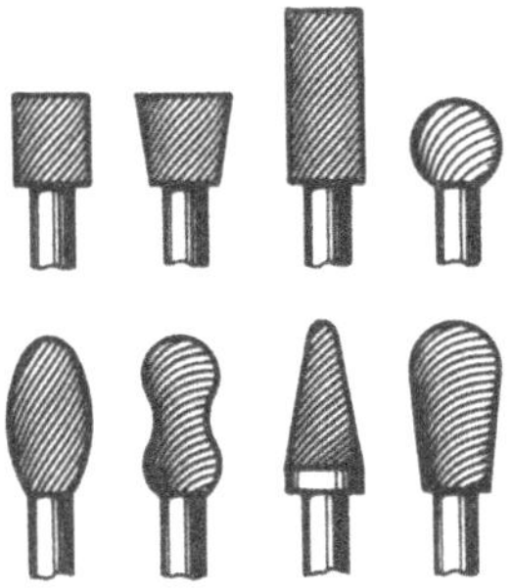

11.726 e scraping
d Schaben n
f grattage m
nl schrapen n
r шабрение n

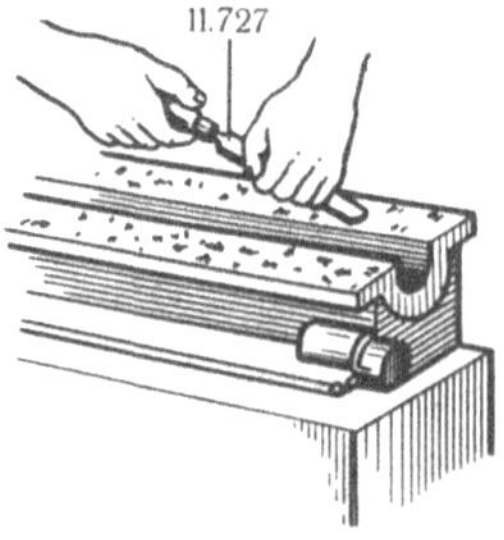

11.727 e scraper
d Schaber m
f grattoir m
nl schraapijzer n
r шабер m
(→ 11.726)

11.728 e assembly
d Montage f
f assemblage m
nl montage f, monteren n
r сборка f

11.729 e wrench, spanner
d Schraubenschlüssel m, Schlüssel
f clé f à écrou
nl moersleutel m
r гаечный ключ m
(→ 11.730, 11.732 - 11.738)

11.730 e double-head wrench
d Doppel(maul)schlüssel m
f clé f double ordinaire
nl dubbele steeksleutel m
r двусторонний гаечный ключ m с открытым зевом, простой двусторонний ключ

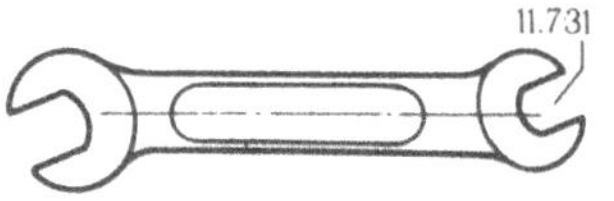

11.731 e wrench opening
d Maul n
f ouverture f de clé
nl sleutelbek m
r зев m
(→ 11.730)

11.732 e single-head open-end wrench
d Einfachschraubenschlüssel m
f clé f simple ordinaire
nl enkele steeksleutel m
r односторонний гаечный ключ m с открытым зевом, простой односторонний ключ

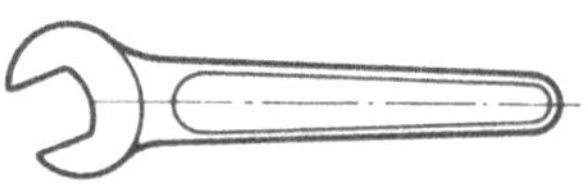

11.733 e double-head box wrench
d Doppelaufsteckschlüssel n
f clé f double fermée
nl dubbele ringsleutel m
r двусторонний гаечный ключ m с закрытым зевом, двусторонний накидной ключ

11.734 e hook spanner
d Hakenschlüssel m
f clé f à ergot [à crochet]
nl haaksleutel m
r крючковый ключ m (для круглых гаек)

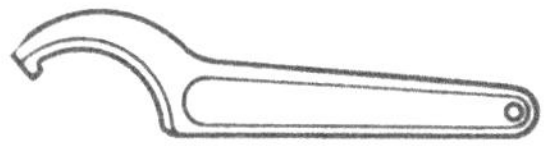

11.735 e pin-face wrench
d Stiftschlüssel m
f clé f cornue
nl stiftsleutel m
r рожковый гаечный ключ m

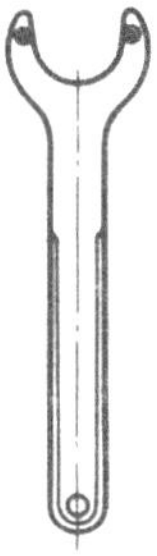

11.736 e bent wrench for hexagon-socket head screw

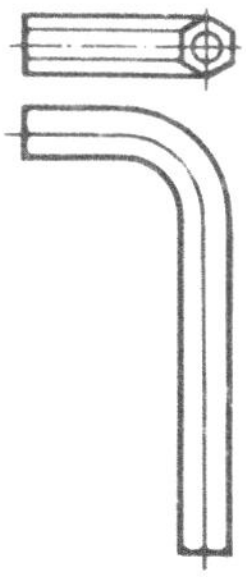

d abgebogener Sechskantstiftschlüssel
f clé f en tube courbé pour vis à six pans
nl omgezette imbussleutel m
r торцовый изогнутый ключ m для внутреннего шестигранника

11.737 e socket wrench
d Sechskantsteckschlüssel m
f clé f à douille fermée
nl binnenzeskantsleutel m
r торцовый накидной ключ m

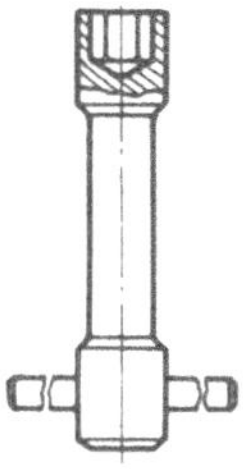

11.738 e adjustable wrench
d verstellbarer Schlüssel m
f clé f réglable
nl verstelbare sleutel m
r разводной ключ m

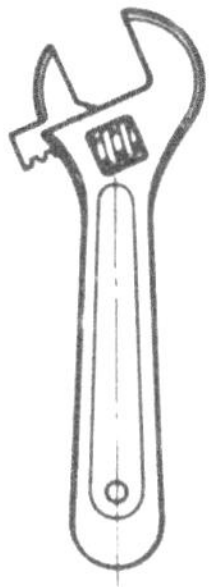

11.739 e torque wrench
d Grenz-Drehmoment-(schrauben)schlüssel m

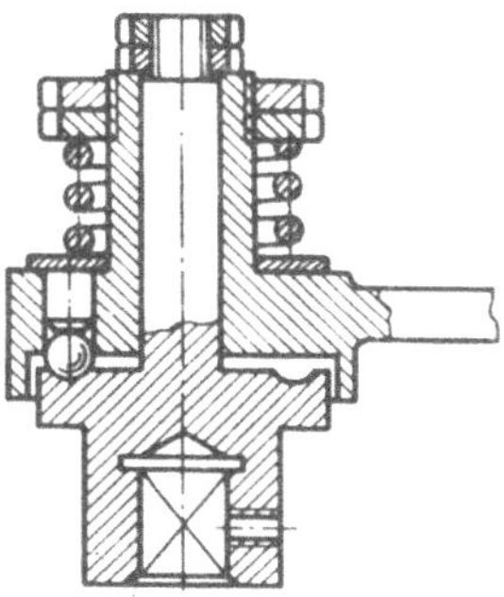

f clé f dynamométrique
nl moment(begrenzende)-sleutel m
r предельный [тарированный] ключ m

11.740 e torque indicating wrench
d Mess-Drehmoment-(schrauben)schlüssel m
f clé f dynamométrique
nl moment(aanwijzende)-sleutel m
r динамометрический ключ m

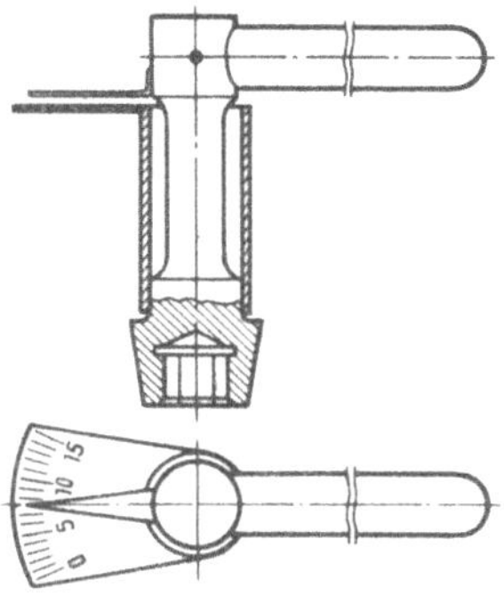

11.741 e screwdriver
d Schraubenzieher m
f tournevis m
nl schroeve(n)draaier m
r отвёртка f

11.742 e power screwdriver
d Schraubler m
f tournevis m de mécanicien
nl mechanische schroevendraaier m
r винтовёрт m

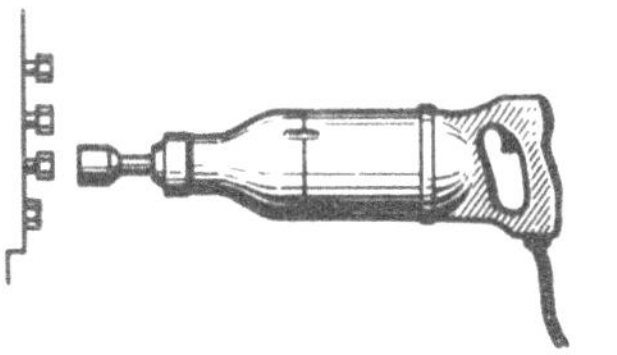

11.743 e electric drill
d Elektrohandbohrmaschine f
f perceuse f électrique
nl elektrische handboormachine f
r сверлильная электромашина f, электродрель f

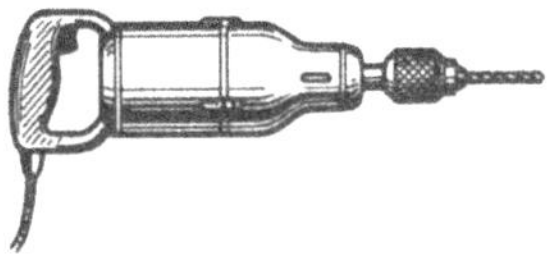

11.744 e pneumatic drill
d Druckluftbohrmaschine f
f perceuse f pneumatique
nl pneumatische boormachine f
r сверлильная пневмомашина f, пневмодрель f

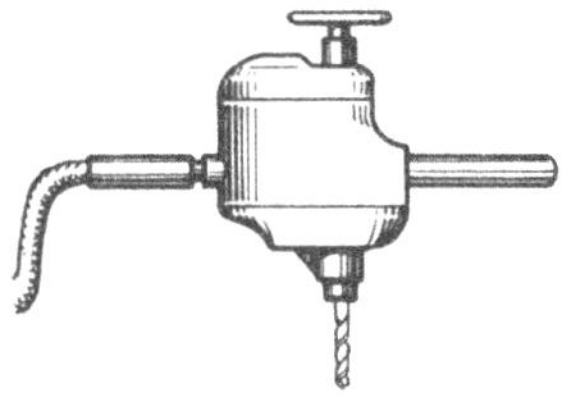

11.745 e flat-nose pliers
d Flachzange f
f pince f plate
nl platte-bektang f (m)
r плоскогубцы *pl*

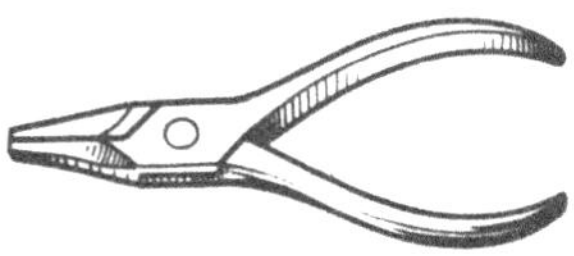

11.746 e round-nose pliers
d Rundzange f
f pince f ronde
nl ronde buigtang f (m)
r круглогубцы *pl*

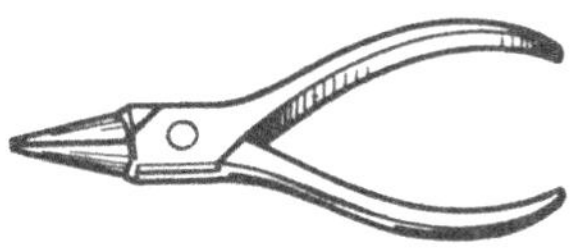

11.747 e cutting pliers, nippers
d Beisszange f
f pince f coupante
nl nijptang f(m)
r острогубцы *pl*, кусачки *pl*

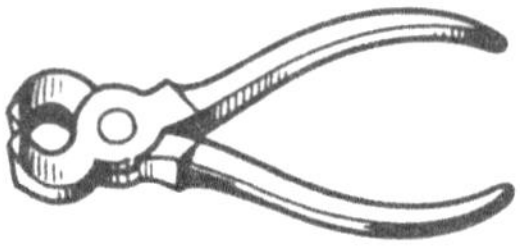

Production Process
Fertigungsprozess
Procédé de production
Produktieproces
Производственный процесс

11.748 e job-lot production
d Einzelfertigung f
f production f unitaire
nl enkelstuksproduktie f
r единичное производство n

11.749 e serial production
d Serienfertigung f
f production f en série
nl serieproduktie f
r серийное производство n

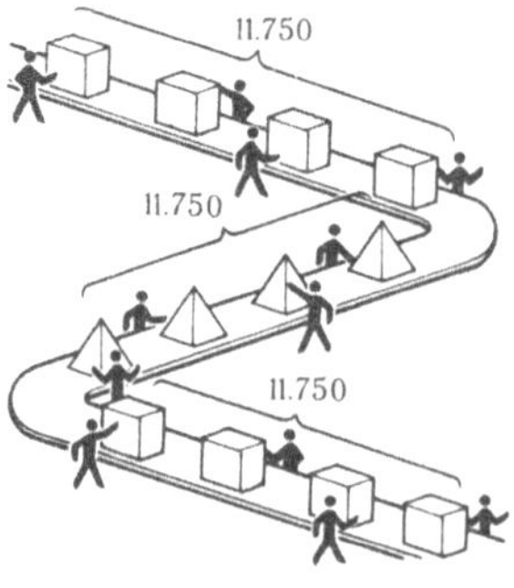

11.750 e lot
d Los n
f série f
nl serie f
r серия f
(→ 11.749)

11.751 e mass production
d Massenfertigung f
f production f en masse
nl massafabricage f, massaproduktie f
r массовое производство n

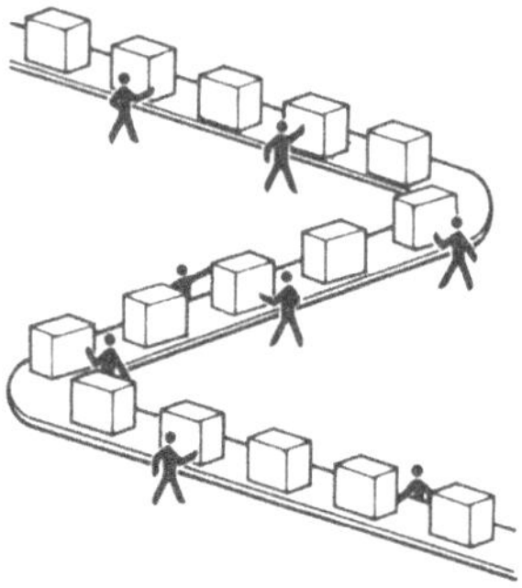

11.752 e output
d Ausstoss m
f sortie f
nl opbrengst f, produktie f
r выпуск m

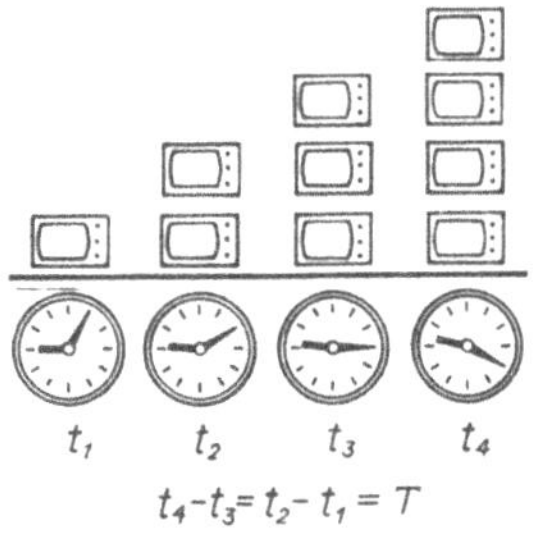

11.753 e output cycle time (*T*)
d Taktzeit f (*T*)
f période f de sortie (*T*)
nl produktiecyclustijd m (*T*)
r такт m выпуска (*T*)
(→ 11.752)

11.754 e output rate (*R*)
d Stundenleistung f (*R*)
f cadence f de sortie (*R*)
nl uurproduktie f (*R*)

r ритм m выпуска (R)

$R = \frac{1}{T}$

(→ 11.751)

11.755 e manufacturing process
d Fertigungsablauf m
f procédé m technologique
nl produktieproces n
r технологический процесс m

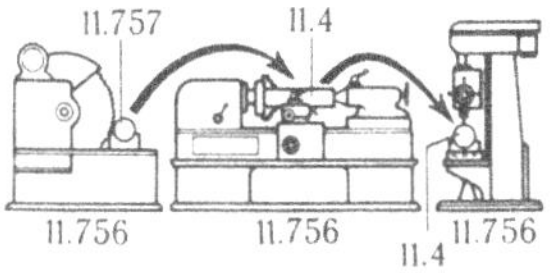

11.756 e (manufacturing) operation
d Operation f
f opération f (technologique)
nl bewerking f
r (технологическая) операция f
(→ 11.755)

11.757 e blank
d Rohteil m
f ébauche f
nl werkstuk m
r заготовка f
(→ 11.755)

11.758 e workshop
d Werkstatt f, Werksabteilung f, Betriebsabteilung
f atelier m
nl werkplaats f (m), bedrijfshal f (m)
r цех m

11.759 e workshop layout
d Abteilungsplan m
f plan m d'atelier
nl bedrijfsopstelling f
r план(ировка) m (f) цеха

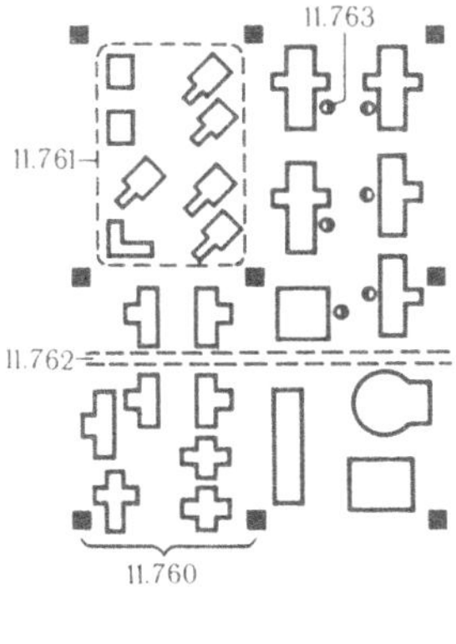

11.760 e bay
d Hallenschiff n
f halle f
nl fabriekshal f(m)
r пролёт m
(→ 11.759)

11.761 e workshop section
d Werkstattsabteilung f
f section f (d'atelier)
nl sectie f van de bedrijfsafdeling
r участок m (цеха), отделение n цеха
(→ 11.759)

11.762 e passage
d Durchgang m
f passage m
nl doorgang m, passage f
r проход m
(→ 11.759)

11.763 e working place
d Arbeitsplatz m
f poste m de travail
nl arbeidsplaats f (m)
r рабочее место n
(→ 11.759)

11.764 e standard piece time (t)
d Zeitnorm f (t)
f temps f total par pièce (t)
nl stuknorm m (t)
r норма f времени (t)

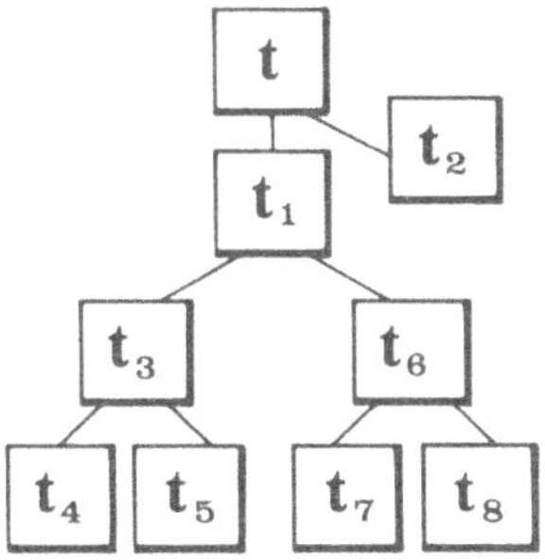

11.765 e time per piece (t_1)
d Stückzeit f (t_1)
f temps m alloué unitaire (t_1)
nl stuktijd m (t_1)
r штучное время n (t_1)
(→ 11.764)

11.766 e setup time (t_2)
d Rüstzeit f (t_2)
f temps m de préparation (t_2)
nl opsteltijd m, inrichtingstijd (t_2)
r подготовительно-заключительное время n (t_2)
(→ 11.764)

11.767 e base cycle time (t_3)
d operative Zeit f (t_3)
f temps m de base (t_3)
nl bewerkingscyclustijd m (t_3)
r оперативное время n (t_3)
(→ 11.764)

11.768 e computed machine time, direct manufacture time (t_4)
d Grundzeit f (t_4)
f temps m calculé [machine] (t_4)
nl berekende procestijd m (t_4)
r основное время n (t_4)
(→ 11.764)

11.769 e auxiliary time (t_5)
d Nebenzeit f (t_5)
f tepms m improductif (t_5)
nl improduktieve tijd m (t_5)
r вспомогательное время n (t_5)
(→ 11.764)

11.770 e additional time (t_6)
d Verteilzeit f (t_6)
f temps m supplémentaire (t_6)
nl toevoegtijd m (t_6)
r дополнительное время n (t_6)
(→ 11.764)

11.771 e time for machine servicing (t_7)
d Wartungszeit f (t_7)
f temps m de service (t_7)
nl onderhoudstijd m (t_7)
r время n обслуживания рабочего места (t_7)
(→ 11.764)

11.772 e time for rest and personal needs (t_8)
d Erholungszeit f (t_8)
f temps m de repos (t_8)
nl rust- en ontspanningstijd (t_8)
r время n на личные потребности (t_8)
(→ 11.764)

12. ENGINEERING DRAFTING
TECHNISCHES ZEICHNEN
DESSIN INDUSTRIEL
TECHNISCH TEKENEN
ТЕХНИЧЕСКОЕ ЧЕРЧЕНИЕ

12.1 e drafting, drawing
d Zeichnen n
f dessin m
nl tekenen n
r черчение n

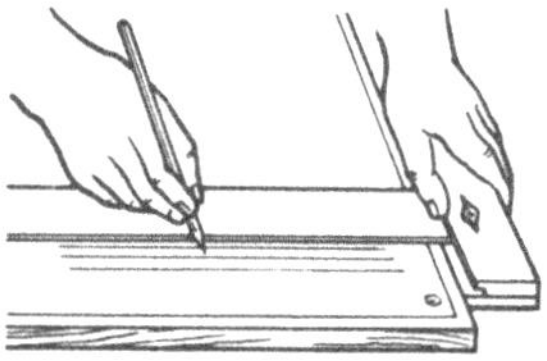

12.2 e T-square
d Reissschiene f
f règle f en T
nl tekenhaak m
r рейсшина f

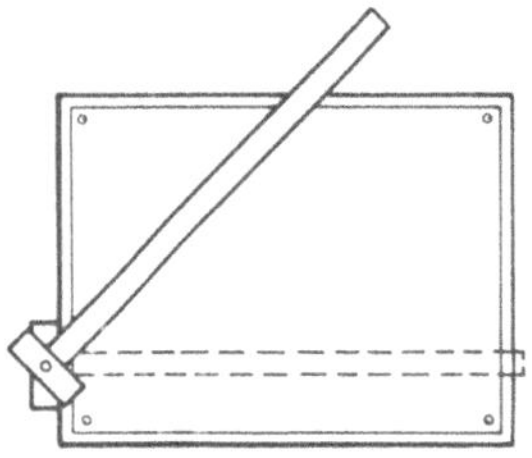

12.3 e triangle
d Zeichendreieck n
f équerre f de dessinateur
nl tekendriehoek m
r (чертёжный) угольник m

12.4 e compass
d Zirkel m
f compas m
nl passer m
r циркуль m

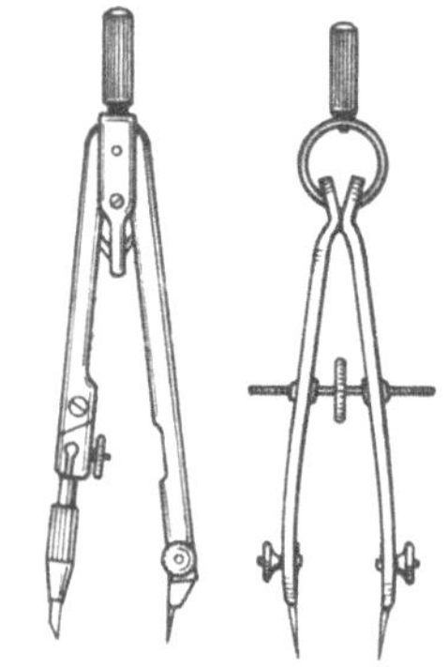

12.5 e protractor
d Winkelmesser m
f rapporteur m
nl gradenboog m
r транспортир m

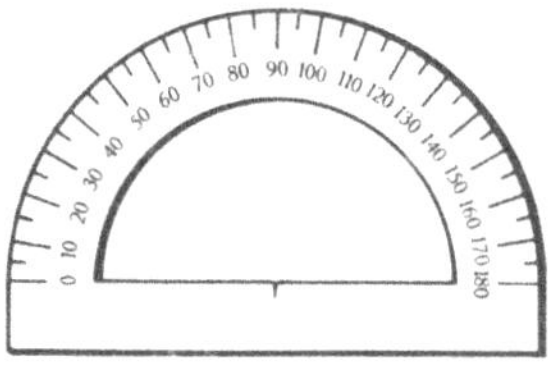

12.6 e (French) curve
d Kurvenlineal n
f règle f courbe
nl tekenmal m
r лекало n

12.7 e drafting machine
d Zeichenmaschine f
f appareil m à dessiner
nl tekenmachine f
r чертёжный прибор m

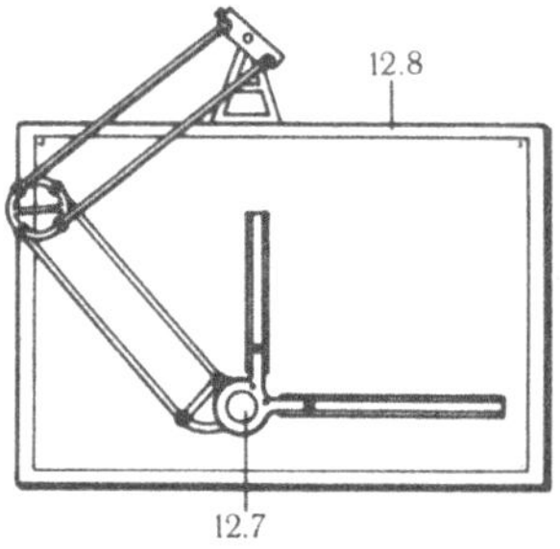

12.8 e drafting board
d Reissbrett n
f planche f à dessiner
nl tekenbord n
r чертёжная доска f
(→ 12.7)

12.9 e line
d Linie f
f ligne f, trait m
nl lijn f(m)
r линия f

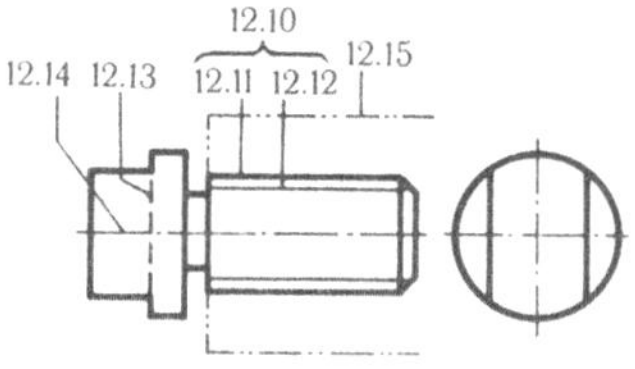

12.10 e continuous line
d Vollinie f
f ligne f continue
nl getrokken lijn f (m)
r сплошная линия f
(→ 12.9)

12.11 e heavy line
d breite Vollinie f
f trait m fort
nl dikke lijn f (m)
r жирная линия f
(→ 12.9)

12.12 e thin line
d schmale Vollinie f
f trait m fin
nl dunne lijn f (m)
r тонкая линия f
(→ 12.9)

12.13 e short dashes
d Strichlinie f
f trait m pointillé
nl streeplijn f (m)
r пунктирная линия f
(→ 12.9)

12.14 e long chain
d Strichpunktlinie f
f trait m interrompu mixte
nl gemengte streeplijn f (m)
r штрихпунктирная линия f
(→ 12.9)

12.15 e phantom line
d Phantomlinie f
f trait m de contour imaginaire
nl niet zichtbare begrenzingslijn f (m)
r линия f воображаемого контура
(→ 12.9)

12.16 e straight line
d gerade Linie f, Gerade f
f ligne f droite
nl rechte lijn f(m), rechte f(m)
r прямая (линия) f

12.17 e parallel line
d parallele Linie f, Parallele f
f ligne f parallèle, parallèle f
nl evenwijdige lijn f(m)
r параллельная линия f

12.18 e perpendicular (line)
d Senkrechte f
f ligne f perpendiculaire, perpendiculaire f
nl vertikale lijn f(m)
r перпендикулярная линия f, перпендикуляр m

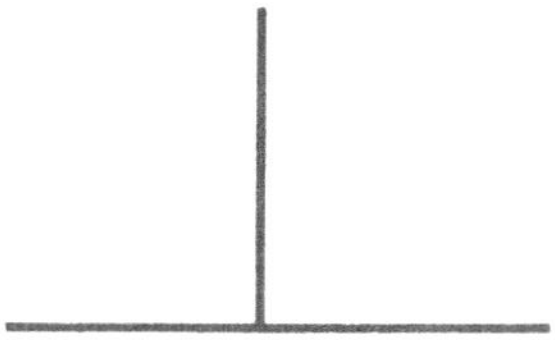

12.19 e broken line
d gebrochene Linie f
f ligne f polygonale
nl gebroken lijn f(m)
r ломаная линия f

12.20 e angle
d Winkel m
f angle m
nl hoek m
r угол m
(→ 12.21 – 12.23)

12.21 e acute angle
d spitzer Winkel m
f angle m aigu
nl scherpe hoek m
r острый угол m

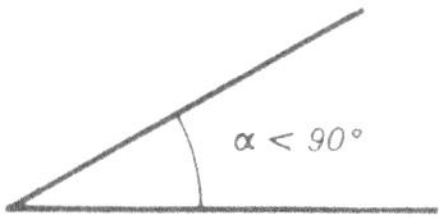

12.22 e right angle
d rechter Winkel m
f angle m droit
nl rechte hoek m
r прямой угол m

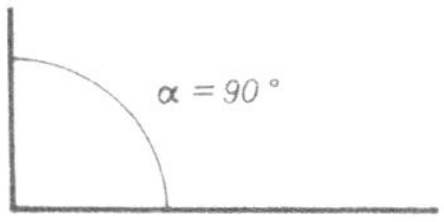

12.23 e obtuse angle
d stumpfer Winkel m
f angle m obtus
nl stompe hoek m
r тупой угол m

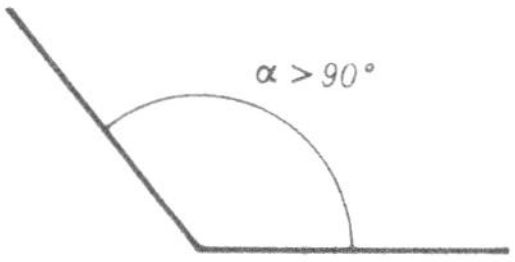

12.24 e triangle
d Dreieck n
f triangle m
nl driehoek m
r треугольник m

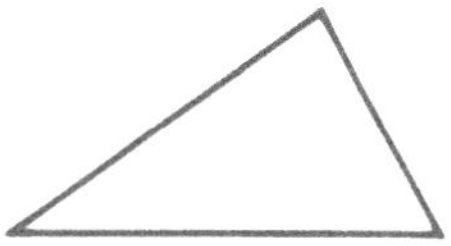

12.25 e tetragon
d Viereck n, Trapezoid n
f tétragone m
nl vierhoek m
r четырёхугольник m

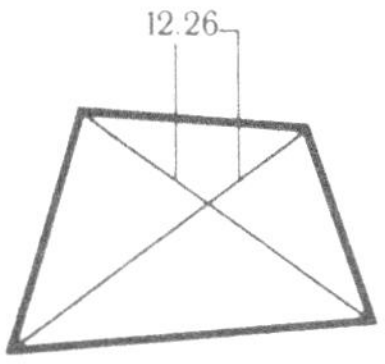

12.26 e diagonal
d Diagonale f
f diagonale f
nl diagonaal f(m)
r диагональ f
(→ 12.25)

12.27 e parallelogram
d Parallelogramm n, Romboid n
f parallélogramme m
nl parallellogram n
r параллелограмм m

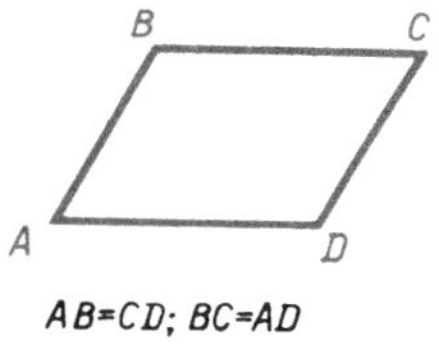

12.28 e rhombus
d Rhombus m
f rhombe m
nl rombus m
r ромб m

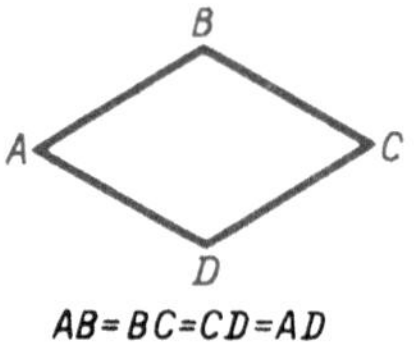

12.29 e rectangle
d Rechteck n
f rectangle m
nl rechthoek m
r прямоугольник m

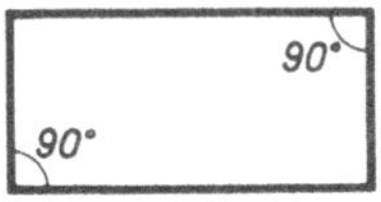

12.30 e trapezoid
d Trapez n
f trapèze m
nl trapezium n
r трапеция f

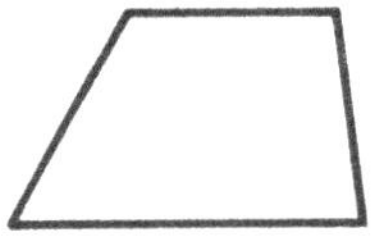

12.31 e square
d Quadrat n
f carré m
nl vierkant m
r квадрат m

12.32 e pentagon
d Fünfeck n
f pentagone m
nl vijfhoek m
r пятиугольник m

12.33 e hexagon
d Sechseck n
f hexagone m
nl zeshoek m
r шестиугольник m

12.34 e curved line, curve
d Kurve f
f ligne f courbe
nl kromme f
r кривая (линия) f

12.35 e circle
d Kreis m
f cercle m
nl cirkel m
r окружность f

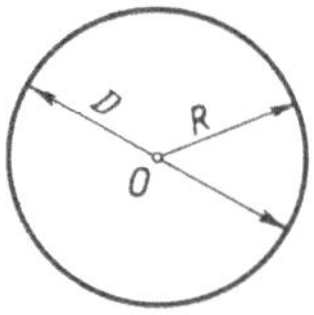

12.36 e centre [center] (point) (*O*)
d Mittelpunkt m, Zentrum n (*O*)
f centre m du cercle (*O*)
nl middelpunt n (van een cirkel) (*O*)
r центр m (круга) (*O*)
(→ 12.35)

12.37 e radius (*R*)
d Halbmesser m, Radius m (*R*)
f rayon m (*R*)
nl straal m, f (van een cirkel), radius m (*R*)
r радиус m (*R*)
(→ 12.35)

12.38 e diameter (*D*)
d Durchmesser m (*D*)
f diamètre m (*D*)
nl middellijn f(m), diameter m (*D*)
r диаметр m (*D*)
(→ 12.35)

12.39 e (circular) sector
d Kreisausschnitt m, Sektor m
f secteur m
nl sector m (van een cirkel), cirkelsector
r сектор m (круга)

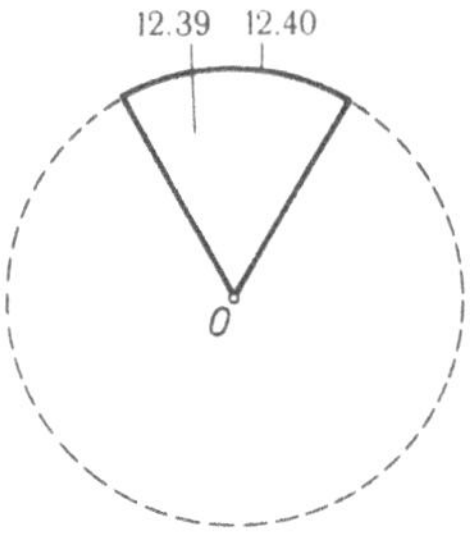

12.40 e arc
d Bogen m
f arc m
nl (cirkel)boog m
r дуга f
(→ 12.39, 12.41)

12.41 e (circular) segment
d Kreisabschnitt m, Segment n
f segment m
nl (cirkel)segment n
r сегмент m (круга)

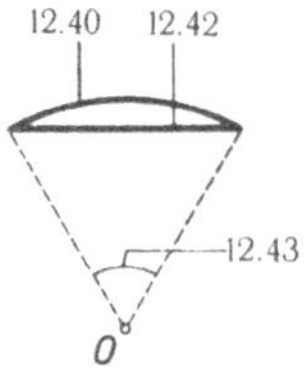

12.42 e chord
d Sehne f
f corde f
nl koorde f(m)
r хорда f
(→ 12.41)

12.43 e centre [center] angle
d Zentriwinkel m

f angle m au centre
nl centrale hoek m
r центральный угол m
(→ 12.41)

12.44 e tangent (*TT*)
d Tangente f (*TT*)
f tangente f (*TT*)
nl raaklijn f (m) (*TT*)
r касательная f (*TT*)

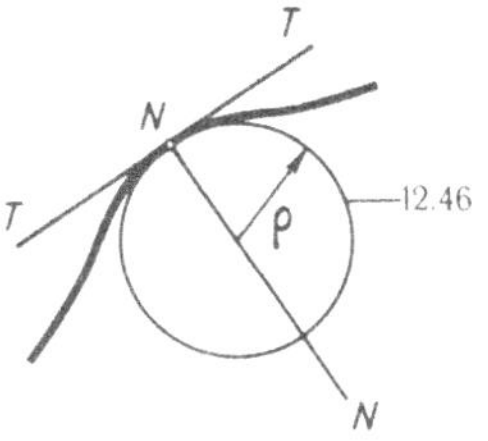

12.45 e normal (*NN*)
d Normale (*NN*)
f normale f (*NN*)
nl normaal f(m) (*NN*)
r нормаль f (*NN*)
(→ 12.44)

12.46 e circle of curvature
d Krümmungskreis m
f cercle m de courbure
nl cirkelomtrek m
r круг m кривизны
(→ 12.44)

12.47 e radius of curvature (*ρ*)
d Krümmungsradius m (*ρ*)
f rayon m de courbure (*ρ*)
nl krommingsstraal m, f, kromtestraal (*ρ*)
r радиус m кривизны (*ρ*)
(→ 12.44)

12.48 e ellipse
d Ellipse f
f ellipse f
nl ellips f(m)
r эллипс m

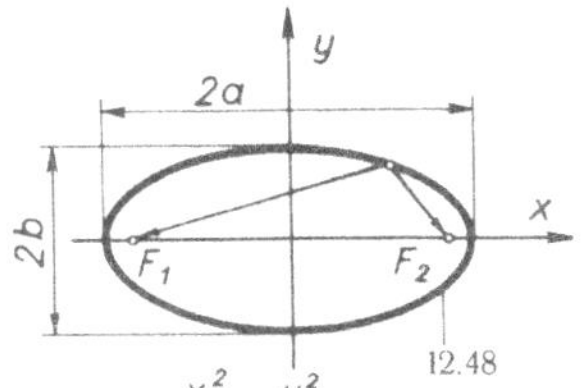

$$\frac{x^2}{a^2}+\frac{y^2}{b^2}=1$$

12.49 e hyperbola
d Hyperbel f
f hyperbole f
nl hyperbool f(m)
r гипербола f

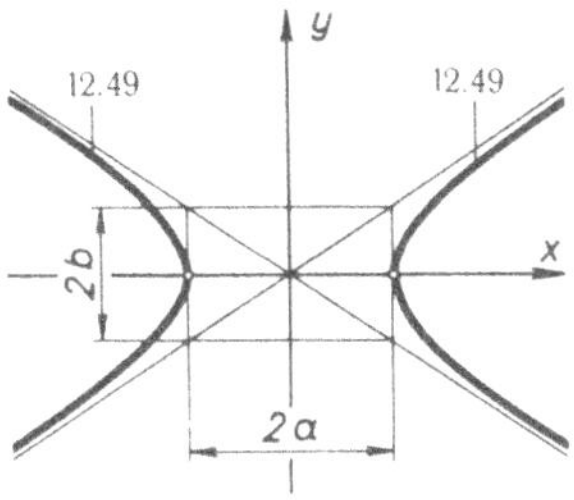

$$\frac{x^2}{a^2}-\frac{y^2}{b^2}=1$$

12.50 e parabola
d Parabel f
f parabole f
nl parabool f(m)
r парабола f

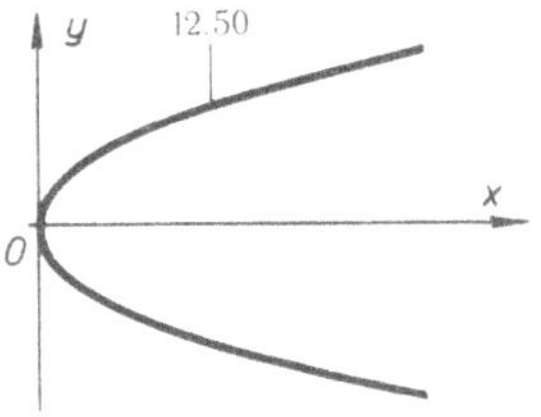

$y^2=2px$

12.51 e cycloid
d Zykloide f
f cycloïde f
nl cycloïde f
r циклоида f

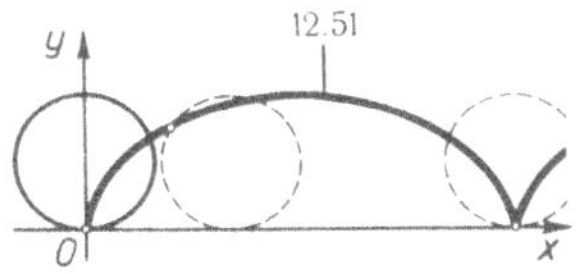

12.52 e sine curve
d Sinuskurve f
f sinusoïde f
nl sinusoïde f, sinuskromme f(m)
r синусоида f

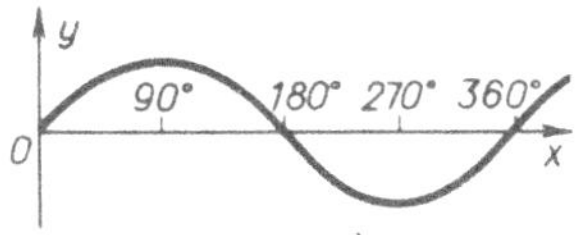

$y = \sin x$

12.53 e helix
d Schraubenlinie f
f hélice f
nl schroeflijn f(m)
r винтовая линия f

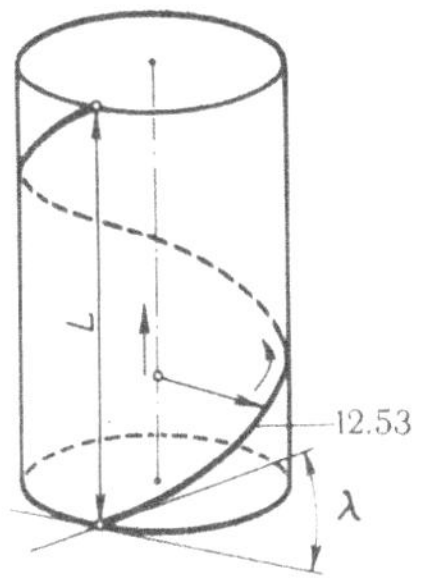

12.54 e helix angle (λ)
d Steigungswinkel m (λ)
f angle m d'inclinaison d'hélice (λ)
nl schroefhoek m (λ)
r угол m подъёма винтовой линии (λ)
(→ 12.53)

12.55 e helix lead (*L*)
d Steigung f der Schraubenlinie (*L*)
f pas m d'hélice (*L*)
nl stijging f van de schroeflijn (*L*)
r ход m винтовой линии (*L*)
(→ 12.53)

12.56 e envelope
d Umhüllungslinie f, Einhüllende f, Hüllkurve f
f enveloppe f
nl omhullende f(m)
r огибающая f

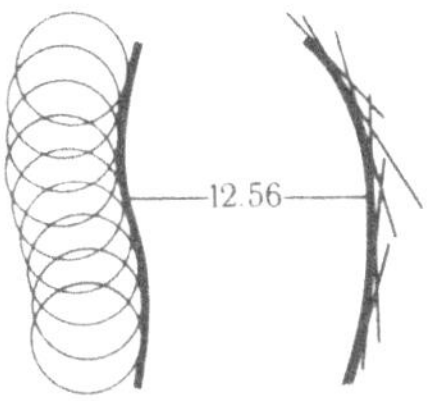

12.57 e surface
d Fläche f
f surface f
nl oppervlak n, vlak
r поверхность f
(→ 12.58 – 12.67)

12.58 e curved surface
d gekrümmte Fläche f
f surface f gauche
nl gebogen oppervlak n
r криволинейная поверхность f

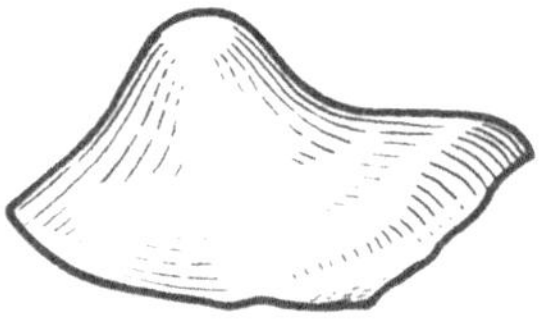

12.59 e ruled surface
d Regelfläche f, geradlinige Fläche
f surface f réglée
nl rechtlijnig vlak n
r линейчатая поверхность f

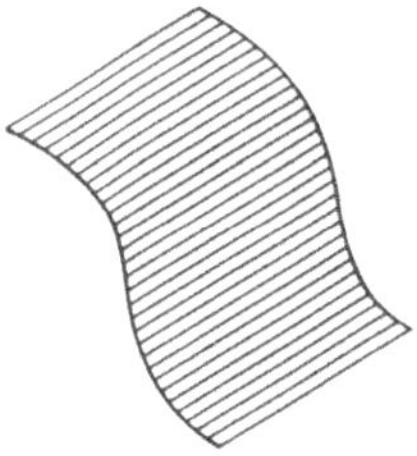

12.60 e plane
d Ebene f
f plan m
nl vlak n
r плоскость f

12.61 e surface of revolution [of rotation]
d Rotationsfläche f
f surface f de révolution
nl omwentelingsvlak n
r поверхность f вращения

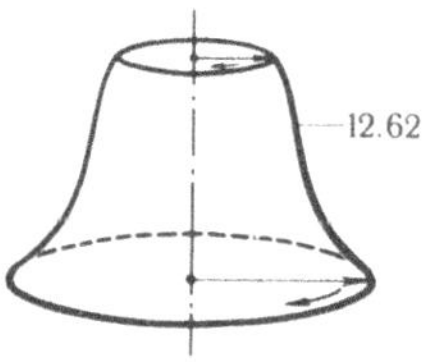

12.62 e generatrix
d Erzeugende f
f génératrice f
nl generatrix f
r образующая f
(→ 12.61)

12.63 e cylindrical surface
d Zylinderfläche f
f surface f cylindrique
nl cilindervlak n
r цилиндрическая поверхность f

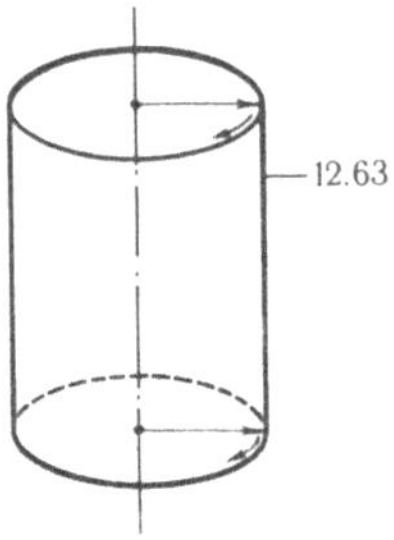

12.64 e conical surface
d Kegelfläche f
f surface f conique
nl kegelvlak n
r коническая поверхность f

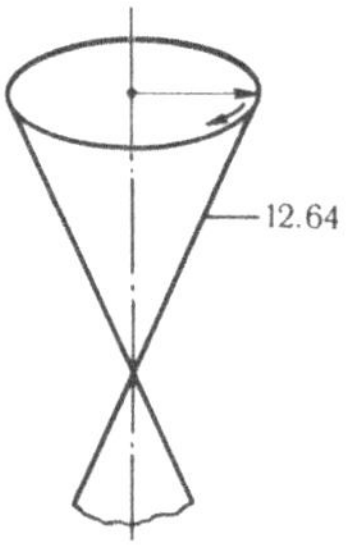

12.65 e toroidal surface
d Torusfläche f
f surface f torique
nl toroïdaal vlak n
r тороидальная поверхность f

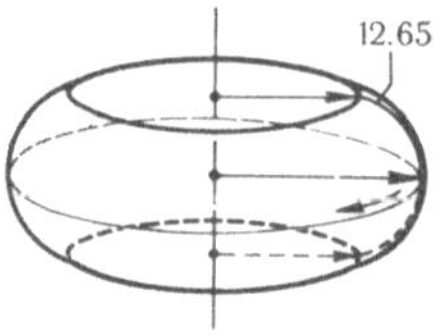

12.66 e spherical surface
d Kugelfläche f
f surface f sphérique
nl boloppervlak n
r сферическая поверхность f

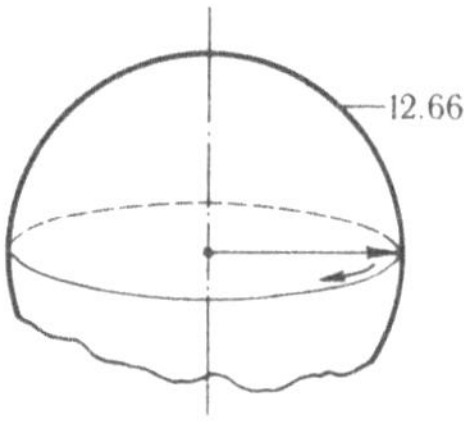

12.67 e helical surface
d Schraubenfläche f
f surface f hélicoïdale
nl schroefvlak n
r винтовая поверхность f

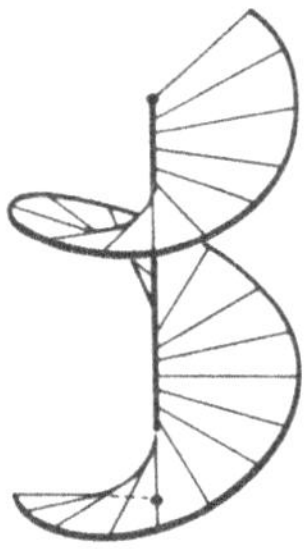

12.68 e projection
d Projektion f
f projection f
nl projectie f
r проекция f

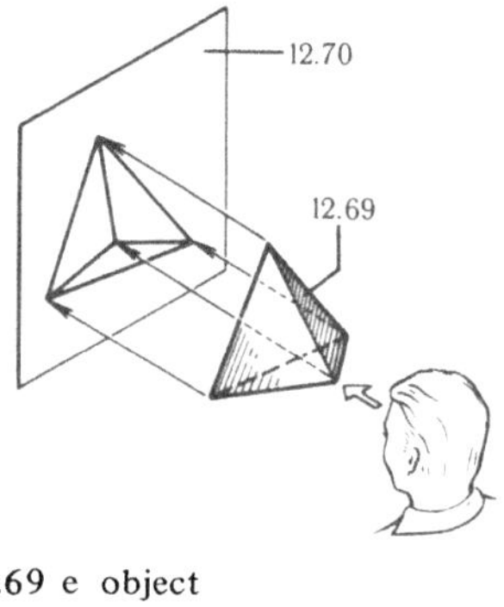

12.69 e object
d Gegenstand m
f objet m
nl voorwerp n
r предмет m
(→ 12.68)

12.70 e plane of projection
d Projektionsebene f
f plan m de projection
nl projectievlak n
r плоскость f проекции
(→ 12.68)

12.71 e orthographic projection
d rechtwinklige Projektion f
f projection f orthogonale
nl orthogonale projectie f
r прямоугольное проецирование n

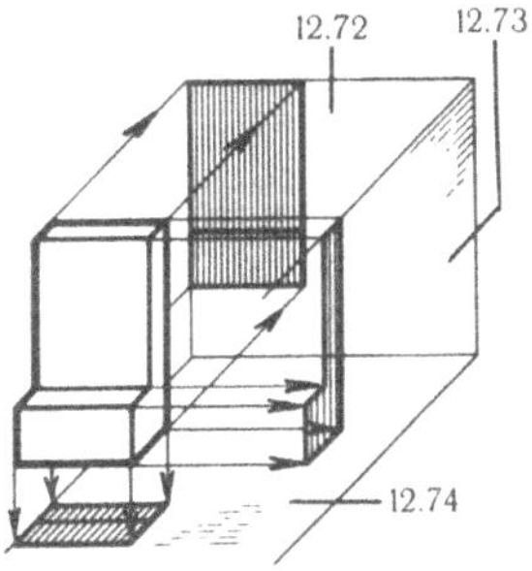

12.72 e frontal plane of projection
d vordere Projektionsebene f
f plan m frontal de projection
nl frontaal projectievlak n
r фронтальная плоскость f проекций
(→ 12.71, 12.77)

12.73 e profile plane of projection
d seitliche Projektionsfläche
f plan m profil de projection
nl zijdelings projectievlak n
r профильная плоскость f проекций
(→ 12.71, 12.77)

12.74 e horizontal plane of projection
d waagerechte Projektionsfläche f
f plan m horizontal de projection
nl horizontaal projectievlak n
r горизонтальная плоскость f проекций
(→ 12.71, 12.77)

12.75 e first angle projection
d europäische Projektion f
f projection f européenne
nl Europese projectie f
r европейский способ m проецирования

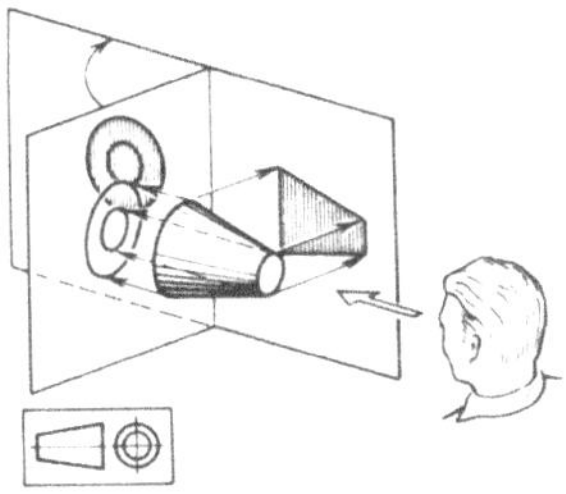

12.76 e third angle projection
d amerikanische Projektion f
f projection f américaine
nl Amerikaanse projectie f
r американский способ m проецирования

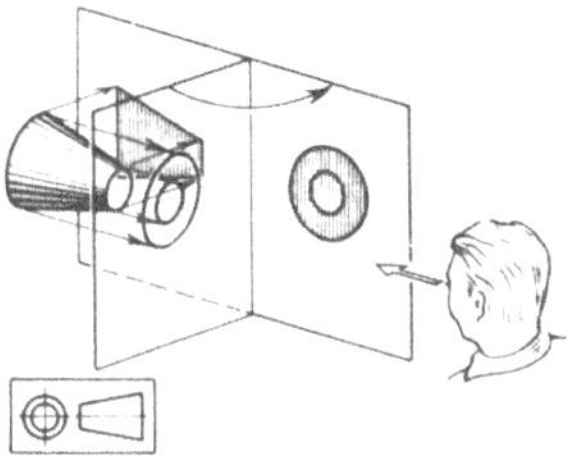

12.77 e view
d Ansicht f
f vue f
nl aanzicht n
r вид m

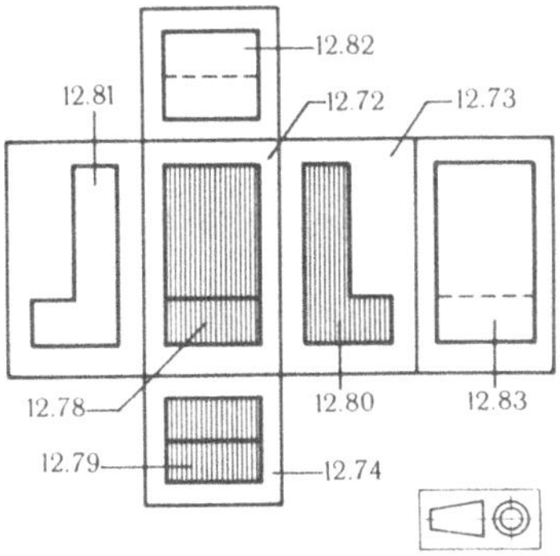

12.78 e front view [elevation]
d Vorderansicht f
f vue f de face
nl vooraanzicht n
r вид m спереди, главный вид
(→ 12.77)

12.79 e view from above, plan
d Draufsicht f, Grundriss m
f vue f de dessus
nl bovenaanzicht n
r вид m сверху
(→ 12.77)

12.80 e view from the left, left-hand end view
d Seitenansicht f von links
f vue f de gauche
nl zijaanzicht n van links
r вид m слева
(→ 12.77)

12.81 e view from the right, right-hand end view
d Seitenansicht f von rechts
f vue f de droite
nl zijaanzicht n van rechts
r вид m справа
(→ 12.77)

12.82 e view from below, bottom view
d Untersicht f
f vue f de dessous
nl onderaanzicht n
r вид m снизу
(→ 12.77)

12.83 e view from behind, rear view
d Rückansicht f
f vue f d'arrière
nl achteraanzicht n
r вид m сзади
(→ 12.77)

12.84 e auxiliary view
d besondere Ansicht f
f vue f auxiliaire
nl hulpaanzicht n
r дополнительный вид m

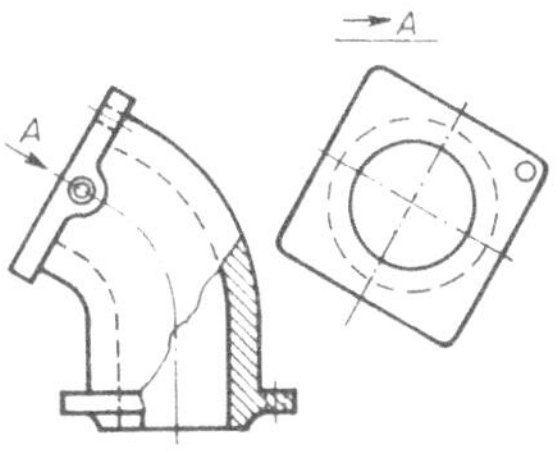

12.85 e partial auxiliary view
d Teilansicht f
f vue f partielle
nl deenlaanzicht n
r местный вид m

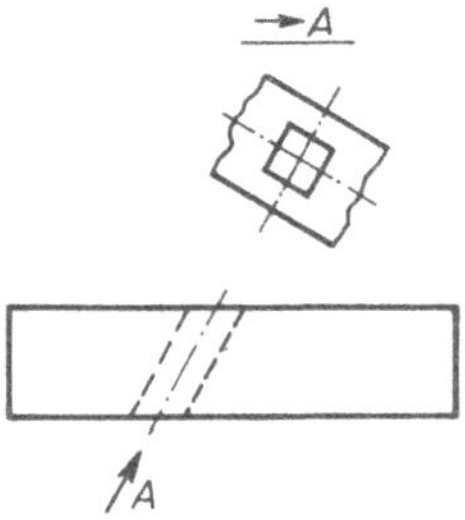

12.86 e visible outline
d sichtbarer Umriss m
f contour m apparent
nl zichtbare omtrek m
r видимый контур m

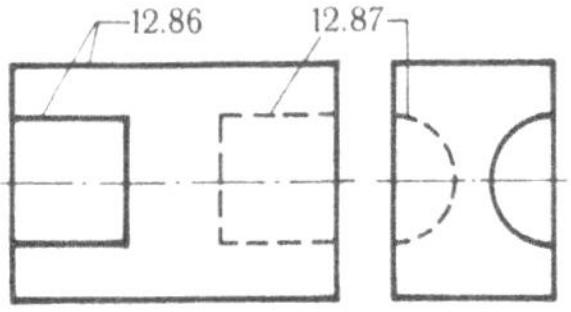

12.87 e hidden outline
d verdeckter [unsichtbarer] Umriss m
f contour m fictif
nl onzichtbare [fictieve] omtrek m
r невидимый контур m
(→ 12.86)

12.88 e break
d Bruch m
f rupture f
nl afbreking f
r обрыв m

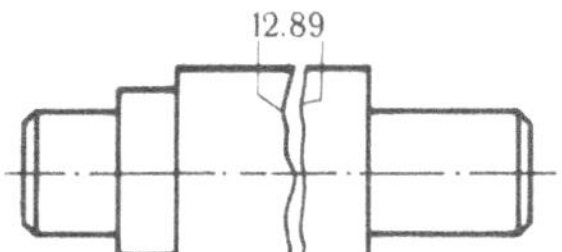

12.89 e break line
d Bruchlinie f
f ligne f de rupture
nl afbreeklijn f (m)
r линия f обрыва
(→ 12.88)

12.90 e sectional view
d Schnittansicht f, Schnitt m
f vue f en coupe
nl doorsnee-aanzicht n
r разрез m

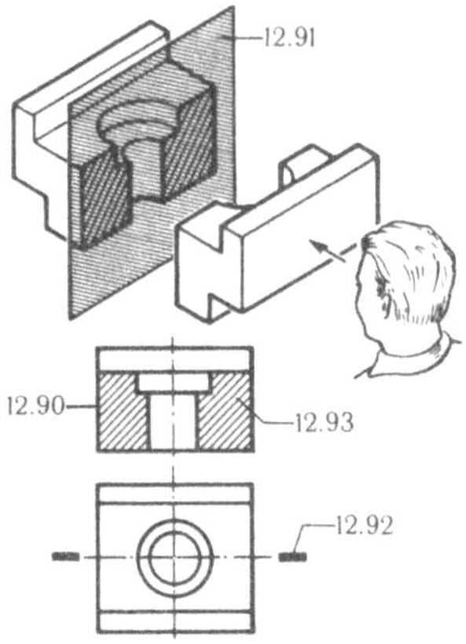

12.91 e cutting plane
d Schnittebene f
f plan m sécant
nl snijvlak n
r секущая плоскость f
(→ 12.90)

12.92 e cutting plane line
d Schnittlinie f
f trait m de section
nl snijlijn f(m)
r линия f сечения
(→ 12.90)

12.93 e section lining, hatching
d Schraffur f
f trait m interrompu
nl arcering f
r штриховка f
(→ 12.90)

12.94 e offset section
d Schnittverlauf m in verschiedenen Richtungen
f vue f en coupe complexe
nl gecompliceerde doorsne(d)e f(m)
r сложный разрез m

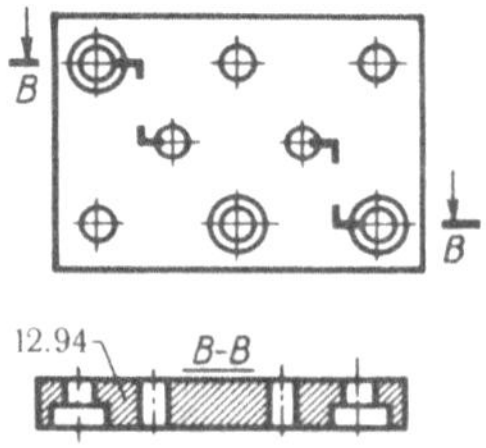

12.95 e broken out section(al view)
d Teil(aus)schnitt m, Ausbruch m
f vue f avec interruption
nl deeldoorsnede f (m)
r вырыв m, местный разрез m

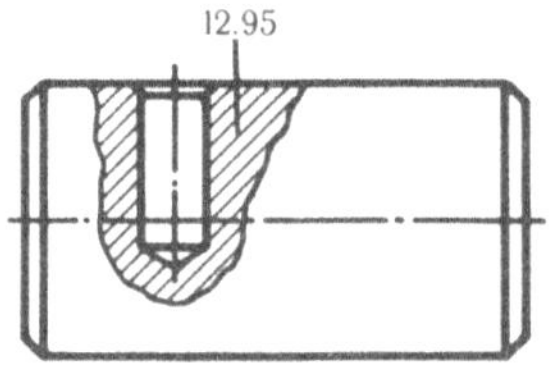

12.96 e revolved section(al view)
d Schnittfläche f innerhalb des Bildes
f section f rabattue
nl opgelegde doorsne(d)e f(m)
r наложенное сечение n

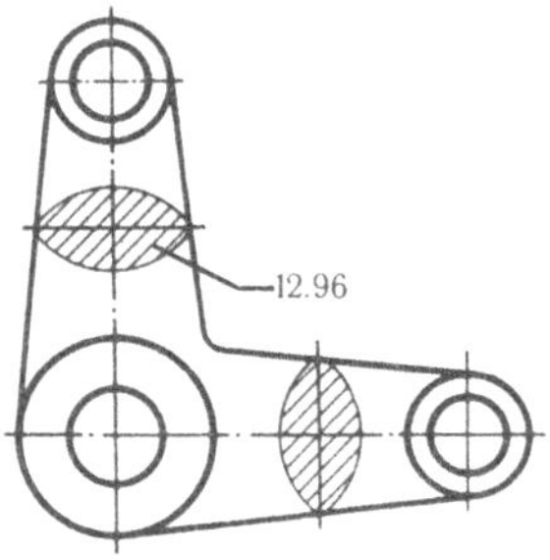

12.97 e detail section (I)
d Einzelheit f (I)
f section f sortie (I)
nl detaildoorsnede f(m)
r выносной элемент m (I)

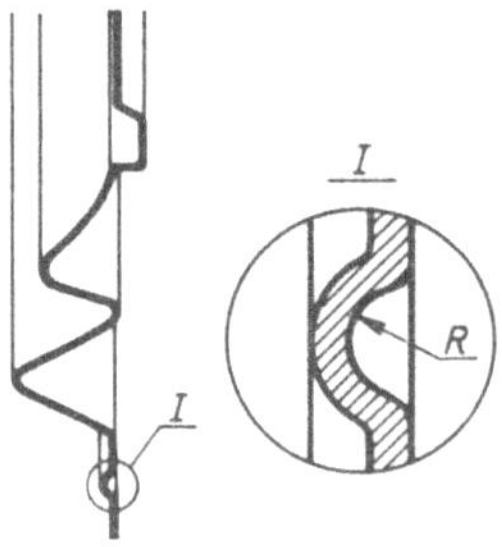

12.98 e dimensioning
d Masseintragung f, Bemassung f

f cotation f
nl dimensionering f
r нанесение n размеров

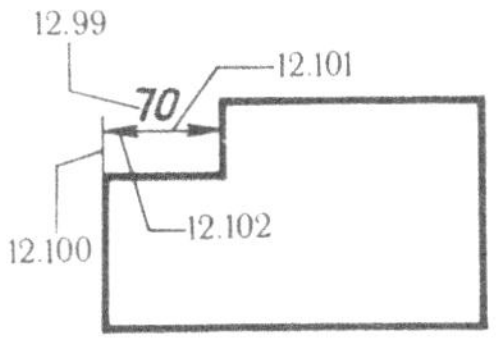

12.99 e dimension (value)
d Masszahl f
f cote f
nl maatcijfer n
r размерное число n
(→ 12.98)

12.100 e extension line
d Masshilfslinie f
f ligne f de renvoi
nl hulpmaatlijn f
r выносная линия f
(→ 12.98)

12.101 e dimension line
d Masslinie f
f ligne f de cote
nl maatlijn f(m)
r размерная линия f
(→ 12.98)

12.102 e arrow-head
d Pfeil m
f aiguille f
nl pijltje n
r стрелка f
(→ 12.98)

12.103 e leader line
d Bezugslinie f
f ligne f d'attache
nl referentielijn f(m)
r линия-выноска f

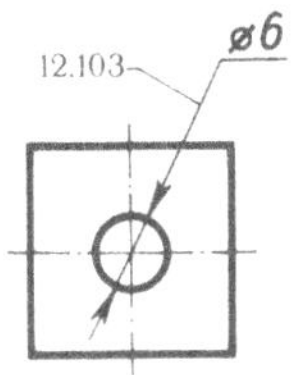

12.104 e information size
d Hilfsmass n
f cote f d'information
nl hulpmaat f(m)
r справочный размер m

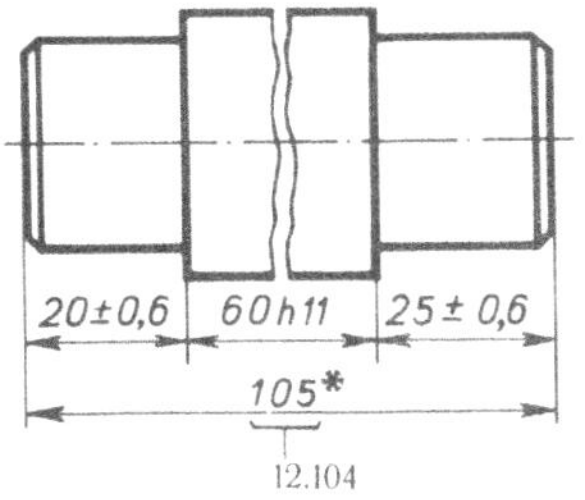

12.105 e axonometric projection
d axonometrische Projection f
f projection f axonométrique
nl axonometrische projectie f
r аксонометрическая проекция f
(→ 12.106, 12.107)

12.106 e isometric projection
d isometrische Projektion f
f projection f isométrique
nl isometrische projectie f
r изометрическая проекция f

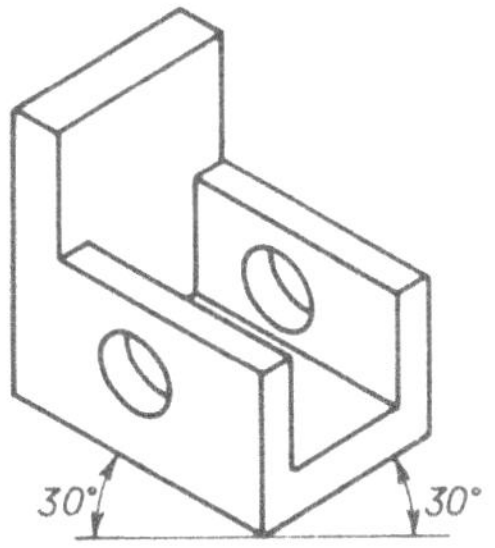

12.107 e dimetric projection
d dimetrische Projektion f
f projection f dimétrique
nl dimetrische projectie f
r диметрическая проекция f

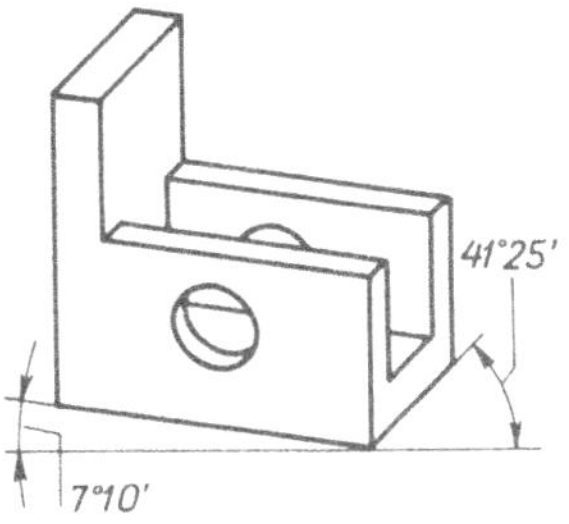

12.108 e drawing
d Zeichnung f
f dessin m
nl tekening f
r чертёж m
(→ 12.109, 12.112, 12.114)

12.109 e assembly drawing
d Zusammenbau-Zeichnung f
f dessin m de montage
nl montagetekening f
r сборочный чертёж m

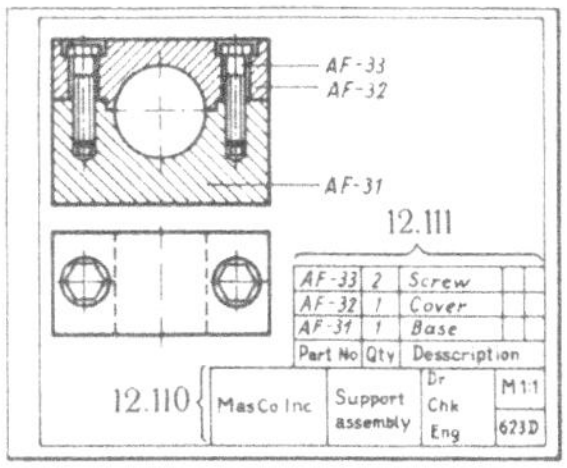

12.110 e title block
d Grundschriftfeld n
f titre m
nl rechteronderhoek m
r штамп m, основная надпись m
(→ 12.109)

12.111 e parts list
d Stückliste f
f nomenclature f
nl stuklijst f (m)
r спецификация f
(→ 12.109)

12.112 e detail drawing
d Teil-Zeichnung f
f dessin m d'exécution
nl detailtekening f
r рабочий чертёж m, чертёж детали

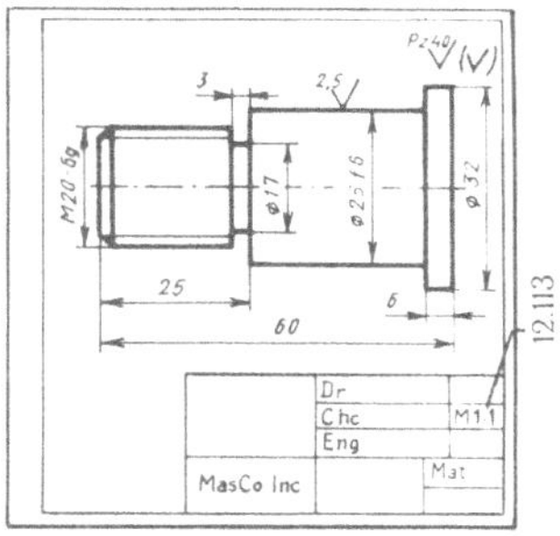

12.113 e scale
d Massstab m
f échelle f
nl schaal f (m)
r масштаб m
(→ 12.112)

12.114 e general view
d Gesamtzeichnung f
f vue f générale
nl overzichtstekening f
r общий вид m

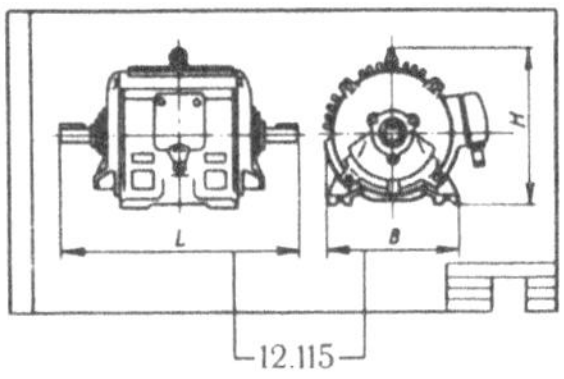

12.115 e overall dimension
d Gesamtmass n
f cote f d'encombrement
nl totale afmeting f
r габаритный размер m
(→ 12.114)

12.116 e sketch
d Skizze f
f croquis m
nl schets f(m), schetstekening f
r эскиз m

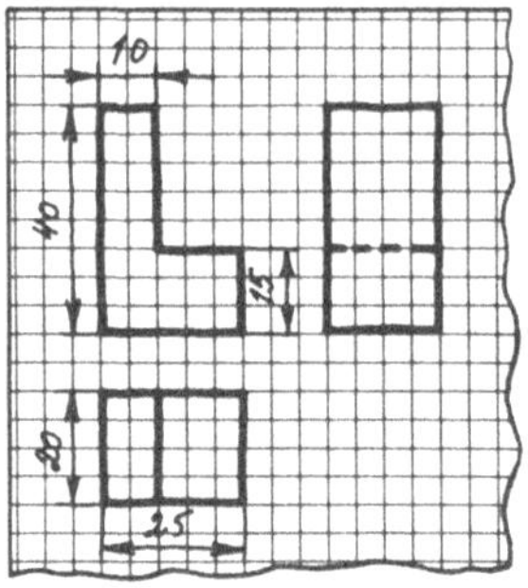

12.117 e tracing paper
d Pauspapier n
f papier m calque
nl calqueerpapier n
r калька f

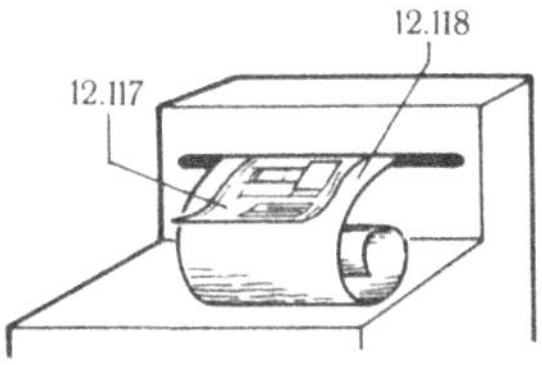

12.118 e light-sensitive paper
d Lichtpauspapier n
f papier m au ferro-prussiate
nl lichtgevoelig papier n
r светочувствительная бумага f
(→ 12.117)

12.119 e blueprint
d Lichtpause f
f bleu m
nl blauwdruk m, fotokopie f
r светокопия f

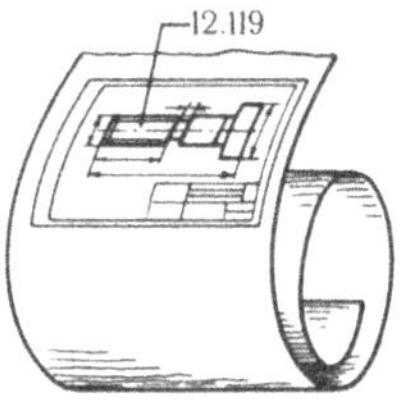

13. ACCURACY AND MEASUREMENTS
GENAUIGKEIT UND MESSEN
PRÉCISION ET MESURES
NAUWKEURIGHEID EN METEN
ТОЧНОСТЬ И ИЗМЕРЕНИЯ

13.1 e accuracy
d Genauigkeit f
f précision f
nl nauwkeurigheid f
r точность f

13.2 e interchangeability
d Austauschbarkeit f
f interchangeabilité f
nl uitwisselbaarheid f
r взаимозаменяемость f

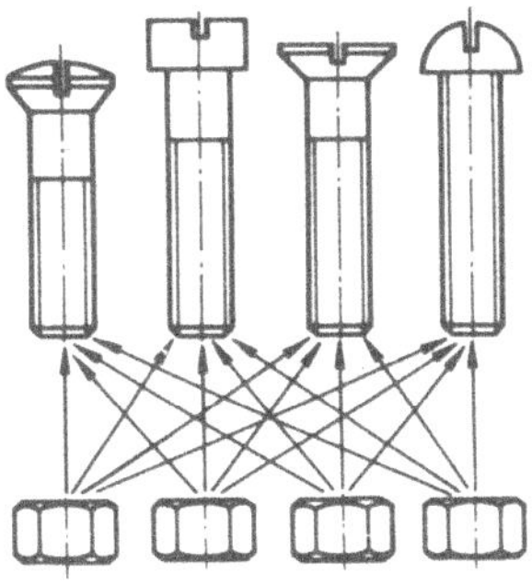

13.3 e unification
d Unifizieren n
f unification f
nl unificatie f
r унификация f

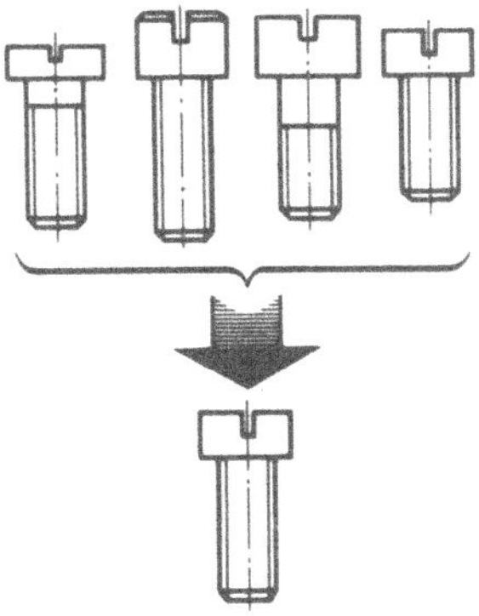

13.4 e standardization
d Normung f
f standardisation f
nl normalisatie f, standaardisering f
r стандартизация f

13.5 e standard
d Norm f, Standard m
f standard m, norme f
nl standaard m, norm m
r стандарт m
(→ 13.4)

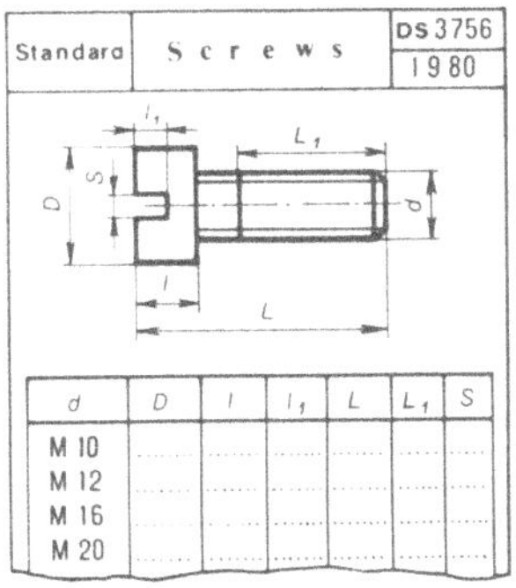

13.6 e dimension, size
d Mass n
f dimension f, cote f
nl dimensie f, maat f(m), afmeting f
r размер m

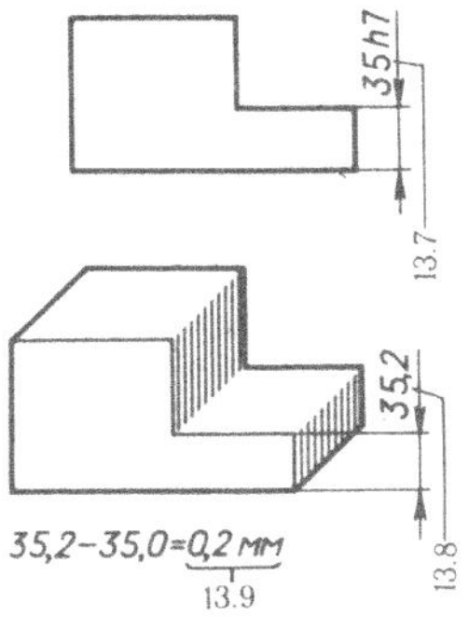

13.7 e nominal size
d Nennmass n
f dimension f nominale
nl nominale maat f(m)
r номинальный размер m
(→ 13.6)

13.8 e actual size
d Istmass n
f dimension f réelle
nl werkelijke maat f(m)
r действительный размер m
(→ 13.6)

13.9 e (size) deviation
d Massabweichung f
f écart m (dimensionnel)
nl maatafwijking f
r отклонение n (размера)
(→ 13.6)

13.10 e size scatter
d Mass-Streuung f
f dispersion f de dimension
nl maatspreiding f
r рассеяние n размера

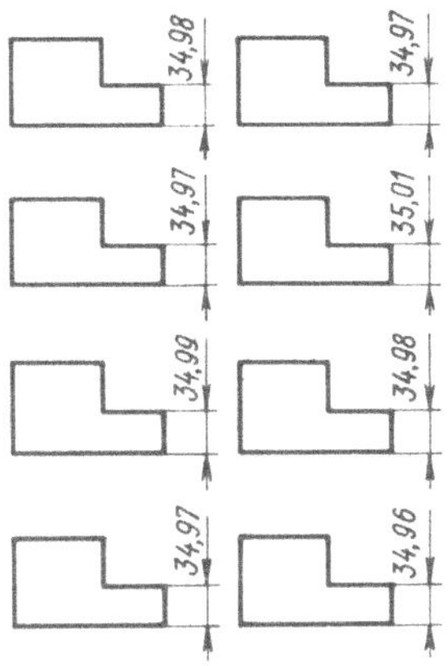

13.11 e distribution bar chart
d Verteilungsstabdiagramm n, Verteilungshistogramm n

f histogramme m de distribution
nl verdelingsdiagram n
r гистограмма f распределения

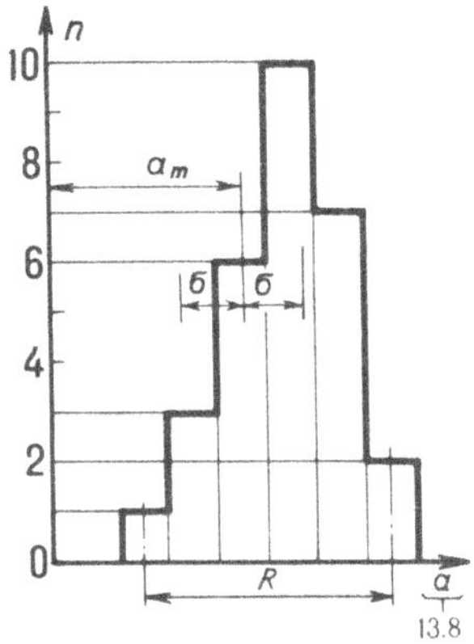

13.12 e range of scatter (*R*)
d Streubereich m (*R*)
f champ m de dispersion (*R*)
nl spreidingstraject m (*R*)
r поле n [диапазон m] рассеяния (*R*)
(→ 13.11)

13.13 e average value (of size) (a_m)
d Mittelwert m [arithmetisches Mittel n] (des Masses) (a_m)
f moyenne f arithmétique (de dimension) (a_m)
nl rekenkundige gemiddelde n (van de maat) (a_m)
r среднее арифметическое значение n (размера) (a_m)
(→ 13.11)

13.14 e standard deviation (σ)
d Standardabweichung f (σ)
f moyenne f quadratique (de dimension) (σ)
nl standaardafwijking f, standaarddeviatie f (σ)
r среднее квадратическое отклонение n (размера) (σ)
(→ 13.11)

13.15 e normal [Gaussian] distribution
d Normalverteilung f, Gausssche Verteilung
f distribution f normale [gaussienne]
nl normaalverdeling f, verdeling van Gauss
r нормальное [гауссово] распределение n

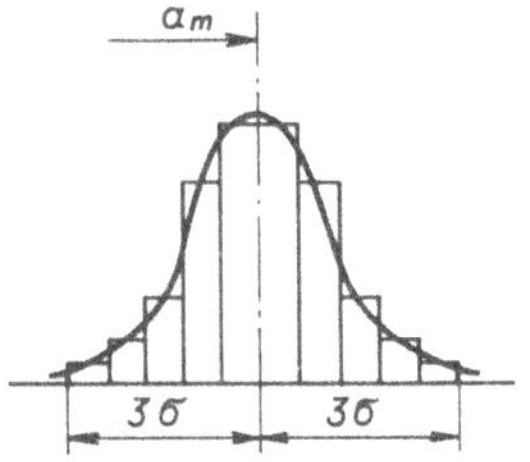

13.16 e uniform distribution
d gleichmässige Verteilung f
f distribution f uniforme
nl uniforme verdeling f
r равномерное распределение n

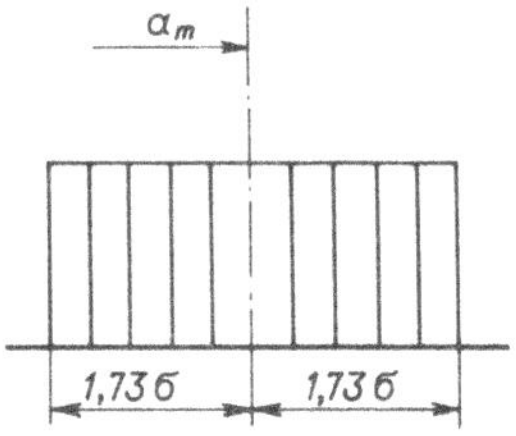

Measuring Equipment
Messmittel
Dispositifs metrologiques
Meetinstrumenten
Средства измерений

13.17 e measurement
d Messen n
f mesure f
nl meten n
r измерение n

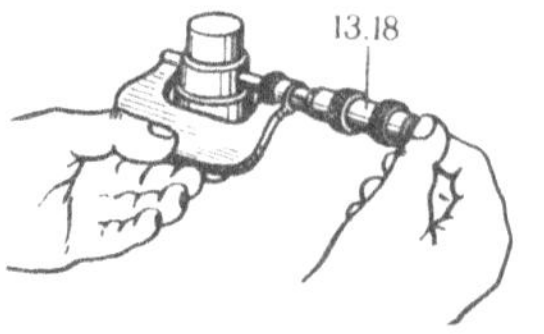

13.18 e measuring equipment [means]
d Messmittel n
f dispositif m métrologique [de mesure]
nl meetinstrument n, meettoestel n
r средство n измерения

13.19 e ga(u)ge block
d Parallelendmass n, Endmass
f calibre m Johansson
nl meetblok n
r концевая (плоскопараллельная) мера f (длины)

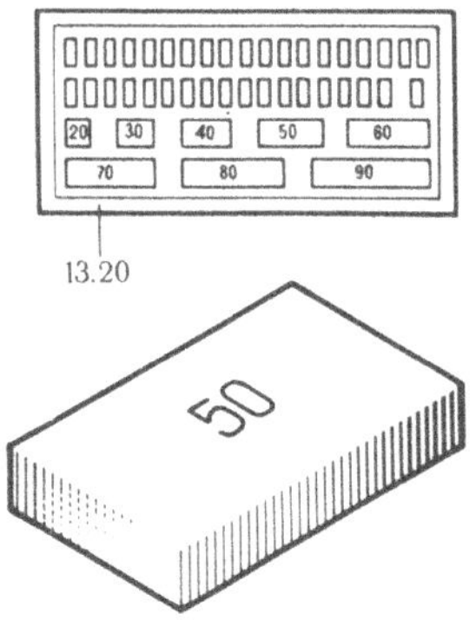

13.20 e set of ga(u)ge blocks
d Parallelendmasssatz m
f lot m de calibres Johansson
nl stel n meetblokken
r набор m концевых мер
(→ 13.19)

13.21 e wringing (ga(u)ge blocks)
d Anschieben n [Ansprengen n] (von Endmassen)
f rodage m (de calibres Johansson)
nl inslijpen n (van meetblokken)
r притирка f (концевых мер)

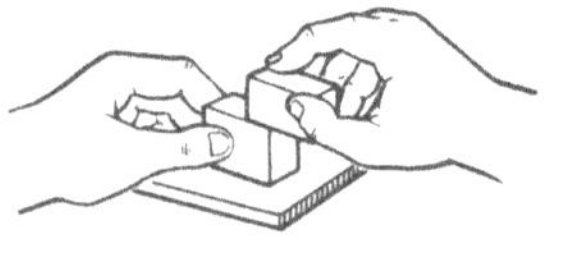

13.22 e stack of ga(u)ge blocks
d Endmasskombination f
f ensemble m de calibres Johansson
nl blok n meetblokken
r блок концевых мер

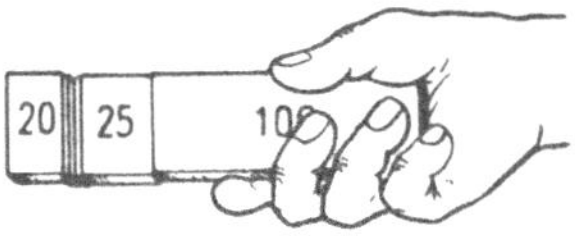

13.23 e feeler ga(u)ge
d Fühlerlehre f
f palpeur m
nl voeler m, voelermaat f (m)
r щуп m

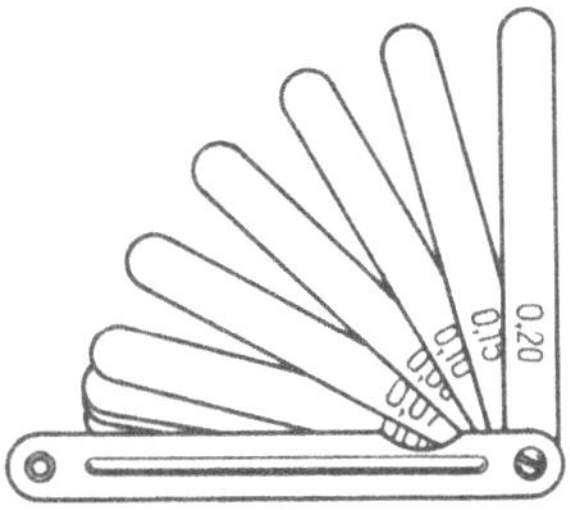

13.24 e indicating ga(u)ge
d Messgerät n
f appareil m de mesure, mesureur m
nl meetinstrument n
r измерительный прибор m

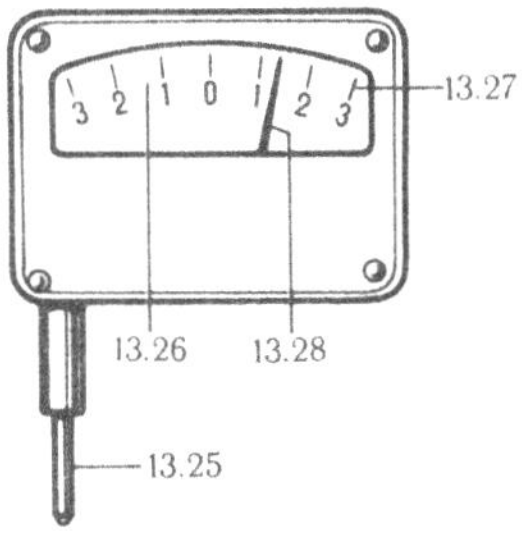

13.25 e sensitive contact
d Messbolzen m
f touche f du mesureur
nl voelercontact n
r измерительный наконечник m
(→ 13.24)

13.26 e scale
d Skale f
f échelle f, cadran m, graduation f d'appareil
nl schaalverdeling f
r шкала f
(→ 13.24)

13.27 e scale graduation
d Skalenteil(ung) m (f)
f division f d'échelle
nl schaalverdeling f
r деление n шкалы
(→ 13.24)

13.28 e indicating hand
d Zeiger m
f indicateur m à aiguille
nl wijzer m
r указатель m, стрелка f
(→ 13.24)

13.29 e value of the (smallest) graduation
d Skalenwert m
f valeur f d'une division d'échelle
nl kleinste schaaleenheid f
r цена f деления (шкалы)

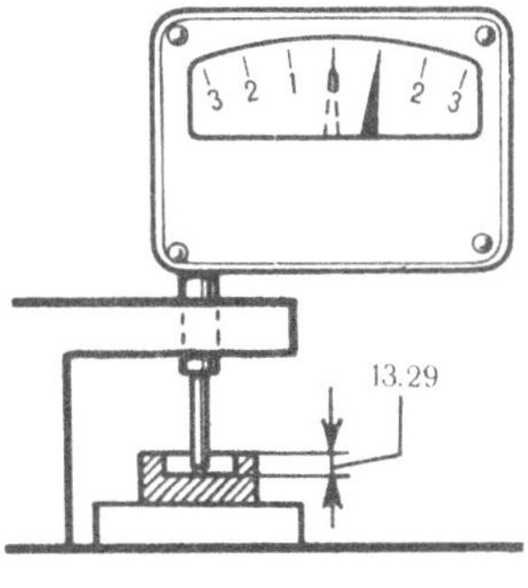

13.30 e vernier caliper
d Mess-Schieber m, Schieblehre f
f pied m à coulisse
nl noniusschuifmaat f (m)
r штангенциркуль m

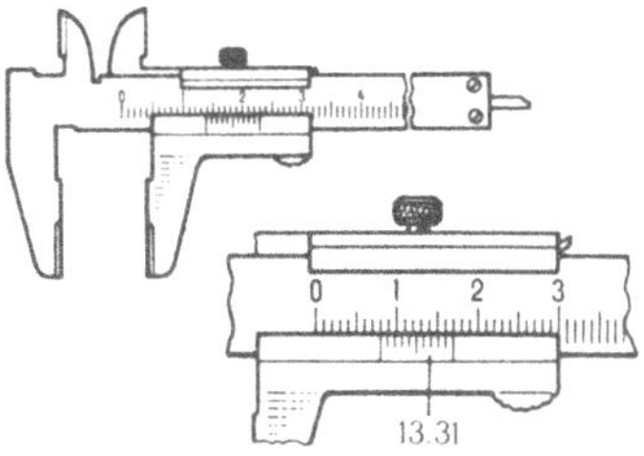

13.31 e vernier scale
d Nonius n
f vernier m
nl nonius m
r нониус m, верньер m
(→ 13.30)

13.32 e vernier height ga(u)ge
d Höhenschieblehre f
f pied m à profondeur
nl hoogteschuifmaat f(m)
r штангенрейсмус m

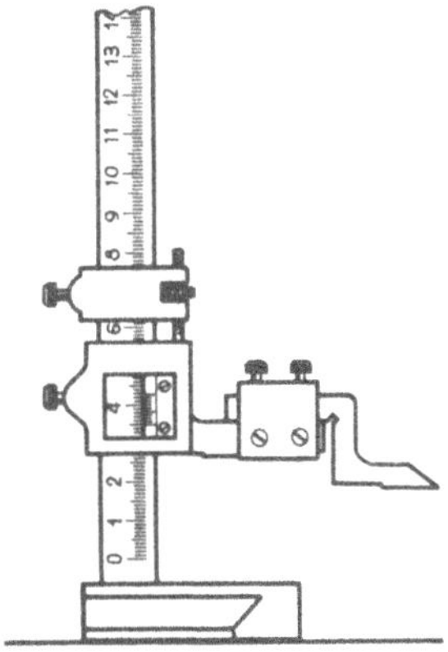

13.33 e micrometer
d Bügelmess-Schraube f, Mess-Schraube, Schraublehre f
f micromètre m
nl micrometer m
r микрометр m

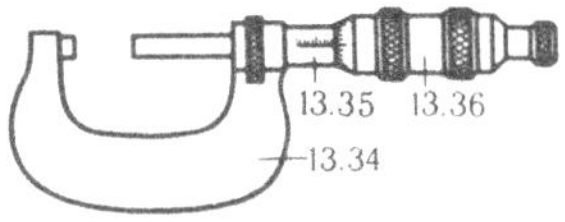

13.34 e frame
d Bügel m
f étrier m
nl beugel m
r скоба f
(→ 13.33)

13.35 e barrel
d Skalenhülse f
f tige f
nl micrometerhuls f (m)
r стебель m
(→ 13.33)

13.36 e thimble
d Messtrommel f
f tambour m
nl meettrommel f(m)
r барабан m
(→ 13.33)

13.37 e dial indicator
d Messuhr f
f indicateur m à cadran
nl meetklok f (m)
r индикатор m (часового типа)

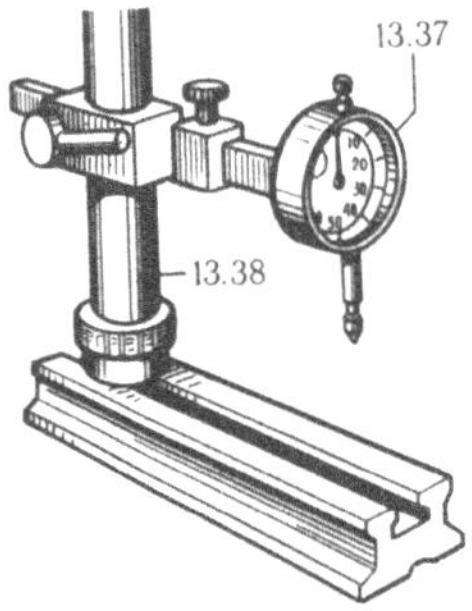

13.38 e stand
d Ständer m, Stativ n
f statif m
nl statief n
r стойка f, штатив m
(→ 13.37)

13.39 e optical ga(u)ge
d optischer Feinzeiger m

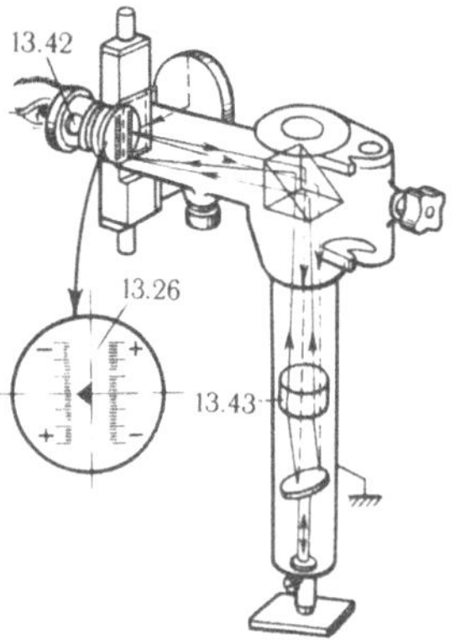

f instrument m optique
nl optisch meetinstrument n, optimeter m
r оптиметр m

13.40 e tool-maker's microscope
d Universal-Längenmesser m, Werkzeugmikroskop n
f microscope m de mesure
nl werktuigmicroscoop m
r инструментальный микроскоп m

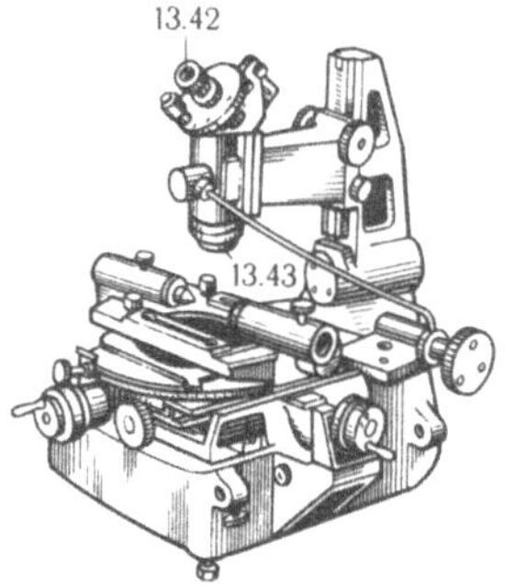

13.41 e microscope
d Mikroskop n
f microscope m
nl microscoop m
r микроскоп m

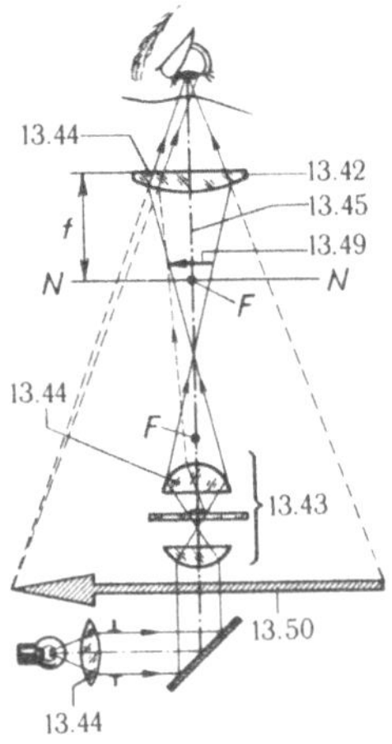

13.42 e eyepiece
d Okular n
f oculaire m
nl oculair n
r окуляр m
(→ 13.40, 13.41)

13.43 e objective
d Objektiv n
f objectif m
nl objectief n
r объектив m
(→ 13.40, 13.41)

13.44 e lens
d Linse f
f lentille f
nl lens f(m)
r линза f
(→ 13.41)

13.45 e optical axis
d optische Achse f
f axe m optique
nl optische as f(m)
r оптическая ось f
(→ 13.41)

13.46 e focus (*F*)
d Brennpunkt m (*F*)
f foyer m (*F*)
nl focus m, brandpunt n (*F*)
r фокус m (*F*)
(→ 13.41)

13.47 e focal plane (*NN*)
d Brennebene f (*NN*)
f plan m focal (*NN*)
nl brandpuntsvlak n (*NN*)
r фокальная плоскость f (*NN*)
(→ 13.41)

13.48 e focal distance [length] (*f*)
d Brennweite f (*f*)
f distance f focale (*f*)
nl brandpuntsafstand m (*f*)
r фокусное расстояние n (*f*)
(→ 13.41)

13.49 e real image
d reeles Bild n
f image f réelle
nl reëel beeld n
r действительное изображение n
(→ 13.41)

13.50 e virtual image
d virtuelles Bild n
f image f virtuelle
nl virtueel beeld n
r мнимое изображение n
(→ 13.41)

13.51 e magnification
d Vergrösserung f
f grossissement m
nl vergroting f
r увеличение n

13.52 e optical projector
d Messprojektor m, Projektor
f projecteur m optique
nl proectietoestel n
r проектор m

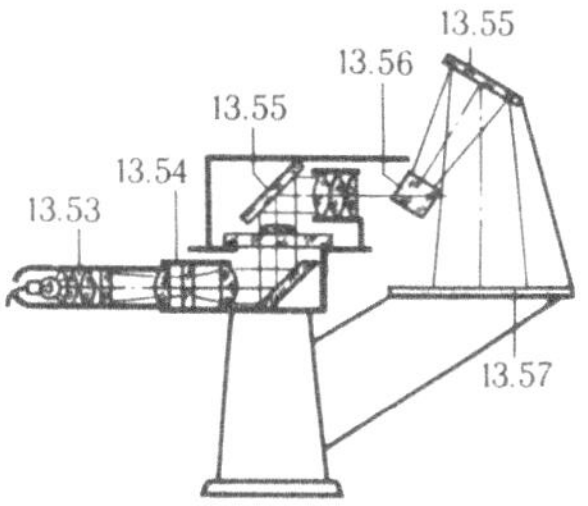

13.53 e permanent collimating lens
d fester Kondensor m
f condenseur m permanent
nl vaste condensor m
r постоянный конденсор m
(→ 13.52)

13.54 e change collimating lens
d Wechselkondensor m
f condenseur m de rechange
nl verwisselbare condensor m
r сменный конденсор m
(→ 13.52)

13.55 e reflecting mirror
d Spiegel m
f miroir m de réflexion
nl spiegel m
r зеркало n
(→ 13.52)

13.56 e optical prism
d optisches Prisma n
f prisme m optique
nl optisch prisma n
r оптическая призма f
(→ 13.52)

13.57 e screen
d Bildschirm m, Schirm
f écran m
nl scherm n
r экран m
(→ 13.52)

13.58 e interference of light
d Lichtinterferenz f
f interférence f de lumière
nl lichtinterferentie f
r интерференция f света

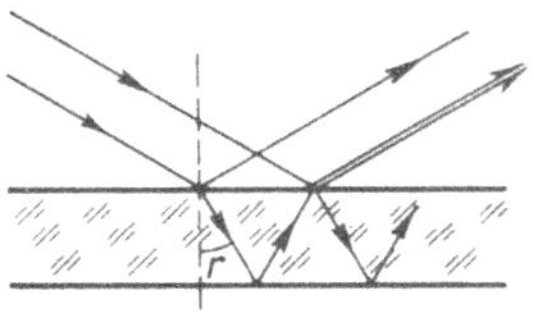

13.59 e interference fringe
d Interferenzstreifen m
f frange f d'interférence
nl interferentiestreep f(m)
r интерференционная полоса f

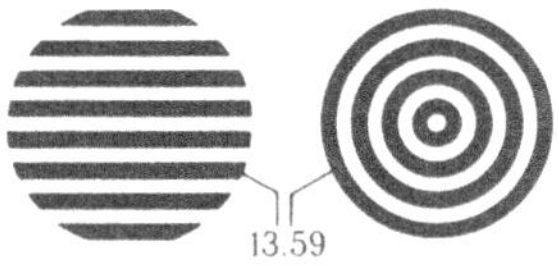

13.60 e interferometer
d Interferenzkomparator m
f interféromètre m
nl interferometer m
r интерферометр m

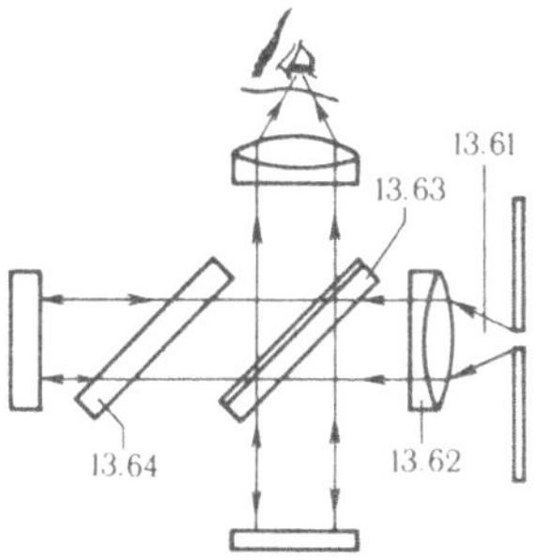

13.61 e monochromatic light
d monochromatisches Licht n
f lumière f monochromatique
nl monochromatisch licht n
r монохроматический свет n
(→ 13.60)

13.62 e collimating lens
d Kondensor m
f condenseur m
nl condensor m
r конденсор m
(→ 13.60)

13.63 e beam divider [splitter]
d Strahlenteilungsplatte f, Strahlenteiler m
f séparateur m de rayon, miroir m diviseur
nl stralenscheider m
r разделительная пластина f
(→ 13.60)

13.64 e compensating plate
d Kompensationsplatte f
f compensateur m optique
nl compensatieplaat f(m)
r компенсатор m
(→ 13.60)

13.65 e laser interferometer
d Laserinterferometer n
f interféromètre m de laser
nl laserinterferometer m
r лазерный интерферометр m

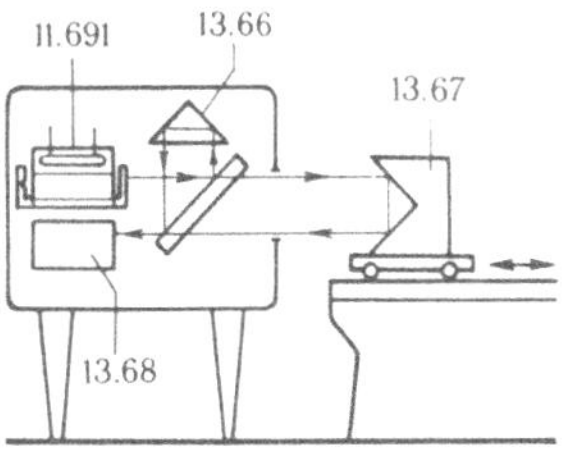

13.66 e reference reflector
d feststehender Reflektor m
f réflecteur m immobile
nl vaste reflector m
r неподвижный отражатель m
(→ 13.65)

13.67 e movable reflector
d verschiebbarer Reflektor m
f réflecteur m mobile
nl verstelbare reflector m
r подвижный отражатель m
(→ 13.65)

13.68 e photoelectric detector
d lichtelektrischer Empfänger m
f récepteur m photo-électrique

nl fotoelektrische ontvanger m
r фотоэлектрический приёмник m, светоприёмник
(→ 13.65)

13.69 e collimator
d Kollimator m
f collimateur m
nl collimator m
r коллиматор m

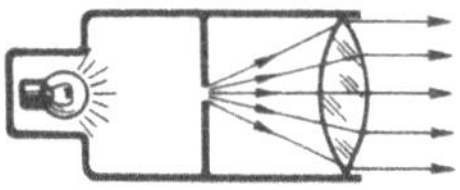

13.70 e autocollimator
d Autokollimator m
f autocollimateur m
nl autocollimator m
r автоколлиматор m

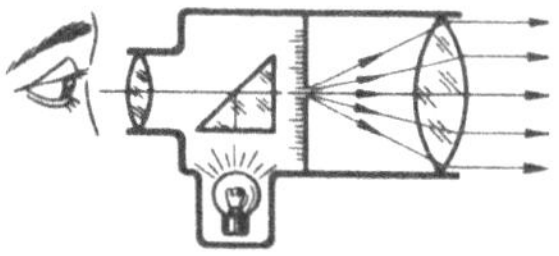

13.71 e coordinate measuring machine
d Koordinatenmessmaschine f
f machine f à mesurer de coordonnées
nl coordinnees
r координатно-измерительная машина f

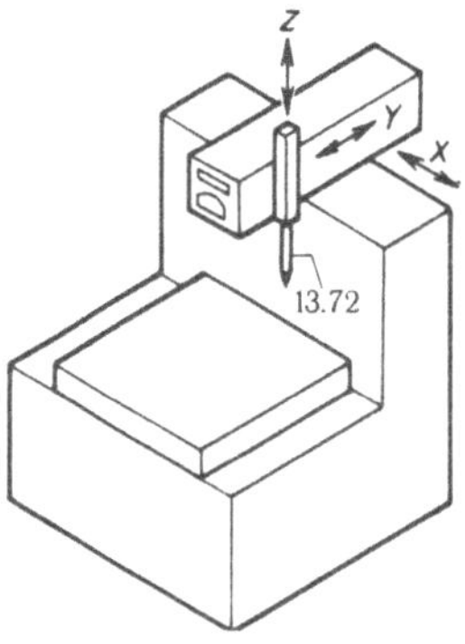

13.72 e measuring probe
d Messtaster m
f palpeur m de machine à mesurer
nl meetvoeler m, meettaster m
r измерительный щуп m
(→ 13.71)

13.73 e pneumatic ga(u)ge
d pneumatisches Messgerät n
f mesureur m pneumatique
nl pneumatisch meetinstrument n
r пневматический измерительный прибор m
(→ 13.74, 13.80)

13.74 e low-pressure pneumatic [water-column] ga(u)ge
d pneumatisches Niederdruckmessgerät n
f mesureur m pneumatique à basse pression
nl lagedrukmeter m
r пневматический прибор m низкого давления, манометрический длиномер m

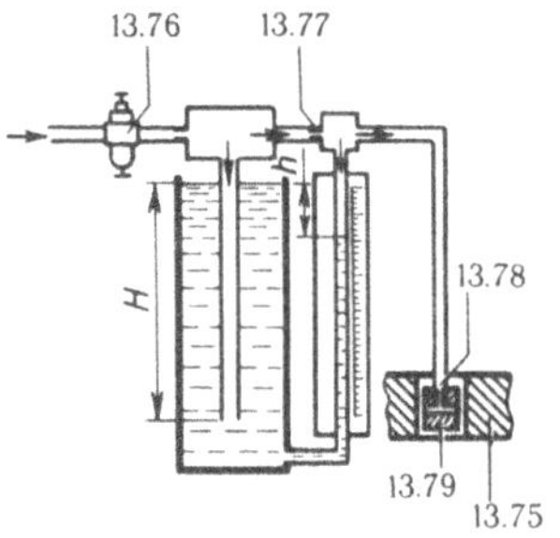

13.75 e part to be checked
d Prüfling m
f pièce f contrôlable
nl te onderzoeken werkstuk n
r проверяемая [контролируемая] деталь f
(→ 13.74)

13.76 e pressure stabilizer
d Druckregler m
f stabilisateur m de pression
nl drukstabilisator m, drukregelaar m
r стабилизатор m давления
(→ 13.74)

13.77 e input nozzle, restrictor
d Vordüse f
f tuyère f d'admission
nl inlaatmondstuk n
r входное сопло n
(→ 13.74)

13.78 e metering [ga(u)ging] nozzle, metering orifice
d Messdüse f
f tuyère f à mesureur
nl metersproeier m
r измерительное сопло n
(→ 13.74)

13.79 e ga(u)ging plug
d Normal n
f jauge f étalon
nl meetpen f (m), ijkkaliber n
r эталонный калибр m
(→ 13.74, 13.80)

13.80 e high-pressure pneumatic [flow-metering] ga(u)ge
d pneumatisches Hochdruckmessgerät n
f mesureur m pneumatique à haute pression
nl pneumatische hogedrukmeter m
r пневматический прибор m высокого давления, ротаметрический длиномер m

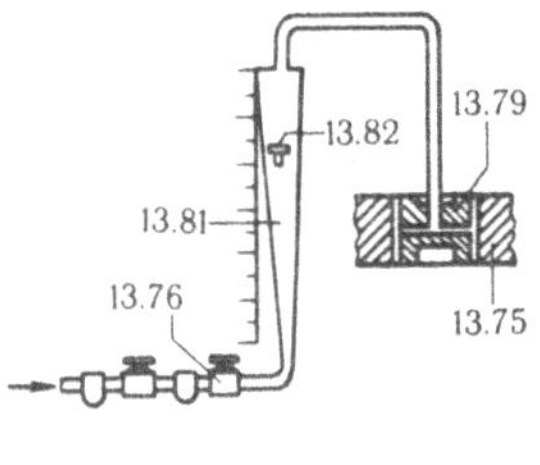

13.81 e glass tube
d Glasrohr n
f tube m de verre
nl glasbuis f(m)
r стеклянная трубка f
(→ 13.80)

13.82 e float (index)
d Schwebekörper m
f indicateur m en flotteur

nl vlotterpeilschaal f(m), vlotter m
r поплавковый указатель m, поплавок m
(→ 13.80)

13.83 e electric (switching) ga(u)ge head
d (elektrischer) Grenzkontakt-Feinzeiger m
f tête f de mesure électrique
nl elektrische contactmeetkop m
r электроконтактная измерительная головка f

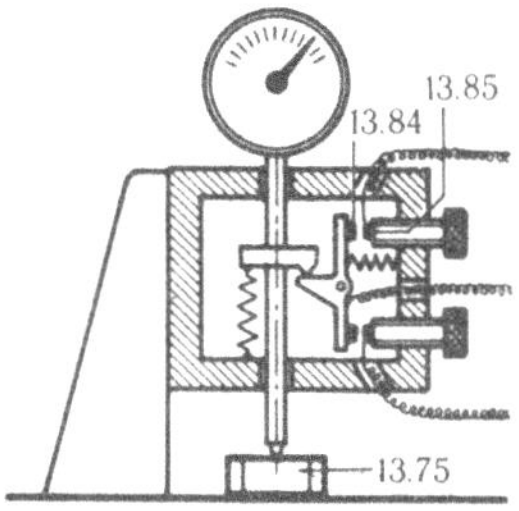

13.84 e movable contact
d beweglicher Kontakt m
f contact m mobile
nl schuifcontact n, beweegbaar contact
r подвижный контакт m
(→ 13.83)

13.85 e adjustable contact
d einstellbarer Kontakt m
f contact m réglable
nl instelbaar contact n
r регулируемый контакт m
(→ 13.83)

13.86 e inductance-type [movable armature] (electronic) ga(u)ge head
d induktiver Feinzeiger m
f tête f de mesure inductive

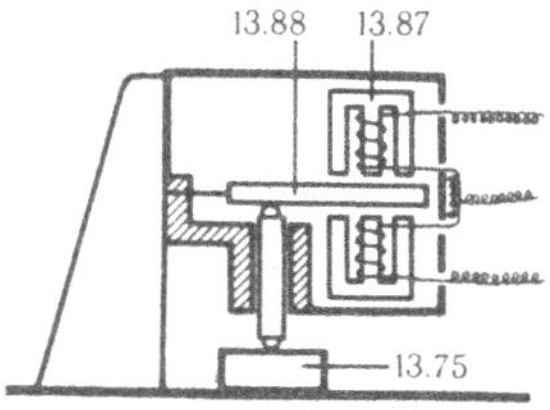

nl inductieve meetkop m
r индуктивная измерительная головка f

13.87 e (inductance) coil
d Magnetspule f
f bobine f d'inductance [de self]
nl inductiespoel f(m)
r индуктивная катушка f
(→ 13.86)

13.88 e (movable) armature
d beweglicher Anker m
f armature f mobile
nl beweegbaar anker n
r (подвижный) якорь m
(→ 13.86)

Fits and Tolerances
Passungen und Toleranzen
Tolérances et ajustements
Passingen en toleranties
Допуски и посадки

13.89 e mating parts
d gepaarte Teile m *pl*
f pièces f *pl* conjuguées
nl gepaarde [aan elkaar aangepaste] onderdelen n pl
r сопряжённые детали f *pl*

13.90 e limit of size
d Grenzmass n
f cote f limite
nl grensmaat f(m)
r предельный размер m
(→ 13.89)

13.91 e maximum limit (of size)
d Grösstmass n
f cote f limite maximale
nl grootste grensmaat f(m)
r наибольший предельный размер m
(→ 13.89)

13.92 e minimum limit (of size)
d Kleinstmass n
f cote f limite minimale
nl kleinste grensmaat f(m)
r наименьший предельный размер m
(→ 13.89)

13.93 e zero [basic] line
d Nullinie f
f ligne f de zéro
nl nulstreep m
r нулевая линия f
(→ 13.89)

13.94 e upper deviation
d oberes Abmass n
f écart m supérieur
nl hoogste maatafwijking f
r верхнее отклонение n
(→ 13.89)

13.95 e lower deviation
d unteres Abmass n
f écart m inférieur
nl laagste maatafwijking f
r нижнее отклонение n
(→ 13.89)

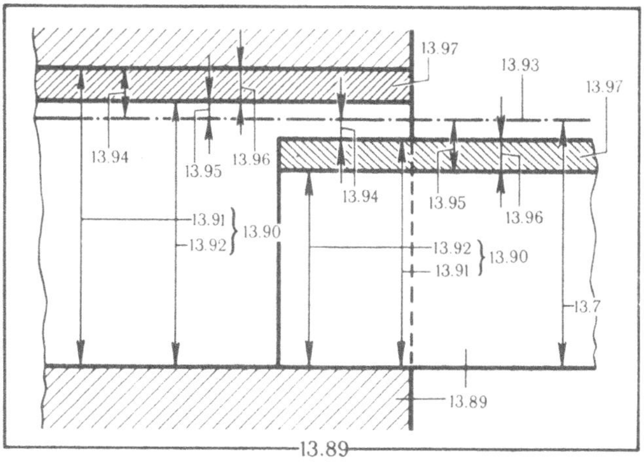

13.96 e tolerance
d Toleranz f
f tolérance f
nl tolerantie f
r допуск m
(→ 13.89)

13.97 e tolerance zone [block]
d Toleranzfeld n
f intervalle m de tolérance
nl tolerantieveld n
r поле n допуска
(→ 13.89)

13.98 e maximum material limit
d Maximum-Material-Mass n, Gutseite f
f limite f maximum de matière
nl maximale doorlaatmaat f(m), goedkeurzijde f(m)
r проходной предел m

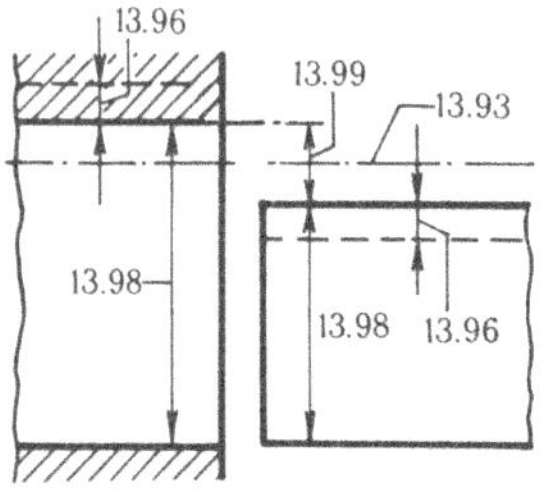

13.99 e allowance
d Differenz f der Gutseiten (von gepaarten Teilen)
f écartement m entre contacts
nl doorlaatmaatverschill n (voor gepaarde onderdelen)
r разность f проходных размеров (сопряжённых деталей)
(→ 13.98)

13.100 e minimum material limit
d Minimum-Material-Mass n, Ausschuss-Seite f

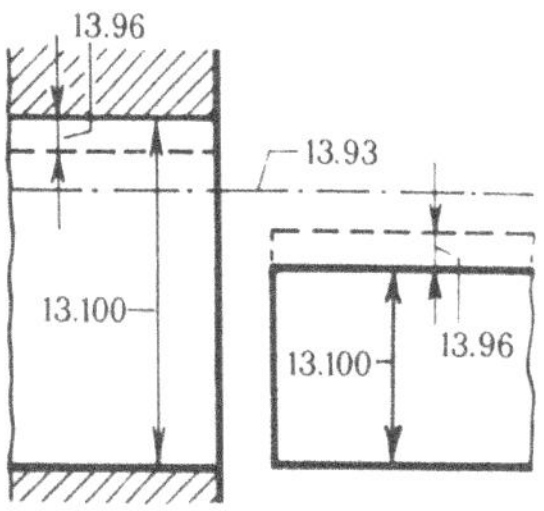

f limite f minimum de matière
nl minimale doorlaatmaat f(m), afkeurzijde f(m)
r непроходной предел m

13.101 e fundamental deviation
d Grundabmass n
f écart m fondamental
nl grondafwijking f, grondafmaat f(m)
r основное отклонение n

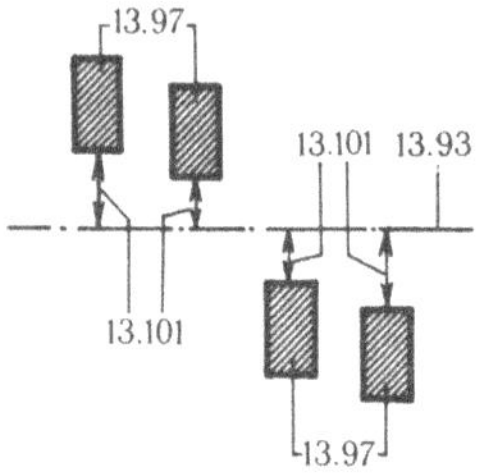

13.102 e unilateral tolerance
d einseitige Toleranz f
f tolérance f unilatérale
nl eenzijdige tolerantie f
r односторонний допуск m

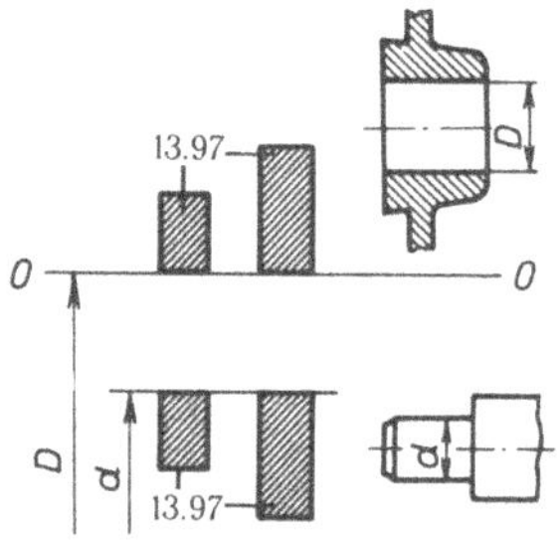

13.103 e bilateral tolerance
d zweiseitige Toleranz f
f tolérance f bilatérale
nl tweezijdige tolerantie f
r двусторонний допуск m

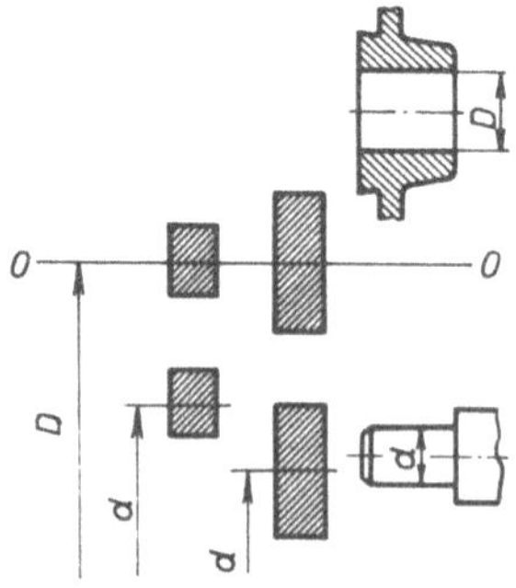

13.104 e fit
d Passung f, Sitz m
f ajustement m
nl passing f
r посадка f

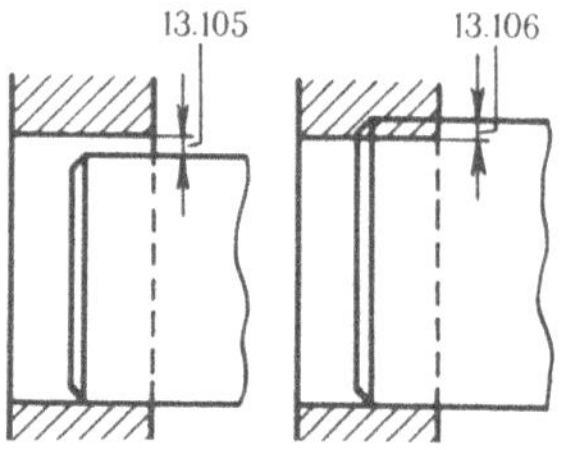

13.105 e clearance
d Spiel n
f jeu m
nl speelruimte f, speling f
r зазор m
(→ 13.104)

13.106 e interference
d Übermass n
f serrage m
nl overmaat f(m)
r натяг m
(→ 13.104)

13.107 e clearance fit
d Spielpassung f
f ajustement m avec jeu
nl ruim lopende passing f
r посадка f с (гарантированным) зазором

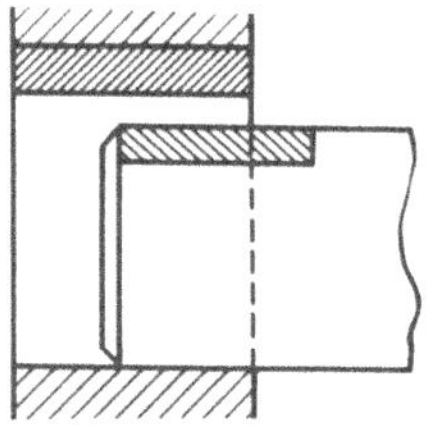

13.108 e interference fit
d Presspassung f
f ajustement m forcé [sans jeu]

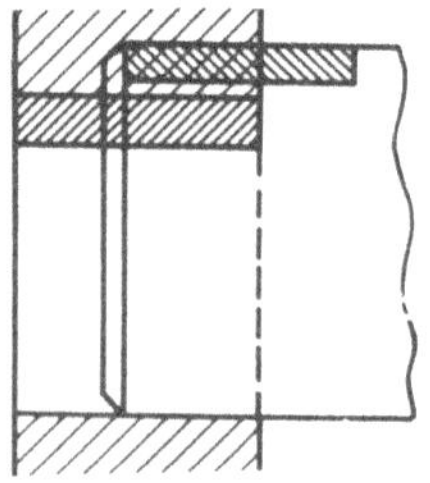

nl perspassing f
r посадка f с (гарантированным) натягом

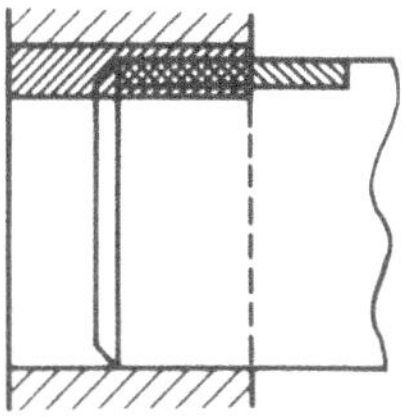

13.109 e transition fit
d Übergangspassung f
f ajustement m incertain
nl halfvaste passing f
r переходная посадка f

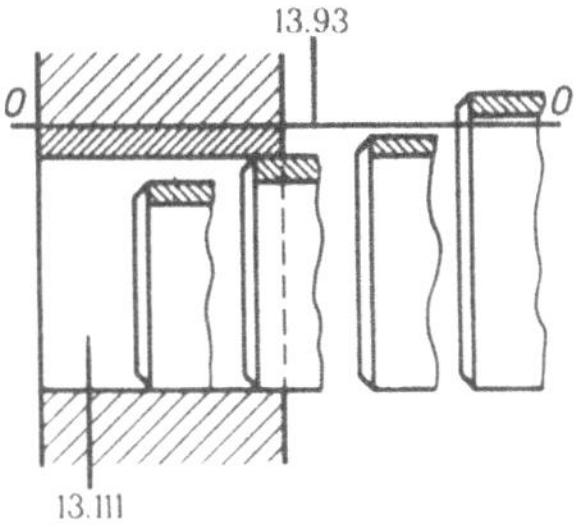

13.110 e basic-hole system
d System n Einheitsbohrung
f système m alésage
nl binnenbegrenzingsmaatstelsel n
r система f отверстия

13.111 e basic hole
d Einheitsbohrung f
f alésage m principal
nl binnenbegrenzingsnorm m
r основное отверстие n
(→ 13.110)

13.112 e basic-shaft system
d System n Einheitswelle
f système m arbre
nl eenheidsasstelsel n
r система f вала

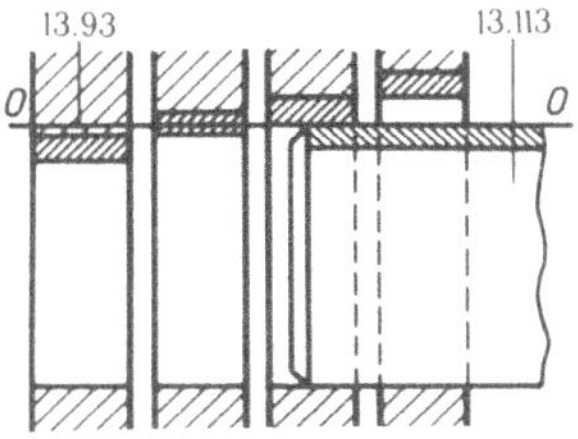

13.113 e basic shaft
d Einheitswelle f
f arbre m principal
nl eenheidsas f(m)
r основной вал m
(→ 13.112)

13.114 e ISO system of limits and tolerances
d ISO-Passystem n
f système m de tolérances et agustements ISO
nl ISO-passingstelsel n
r система f допусков и посадок ИСО

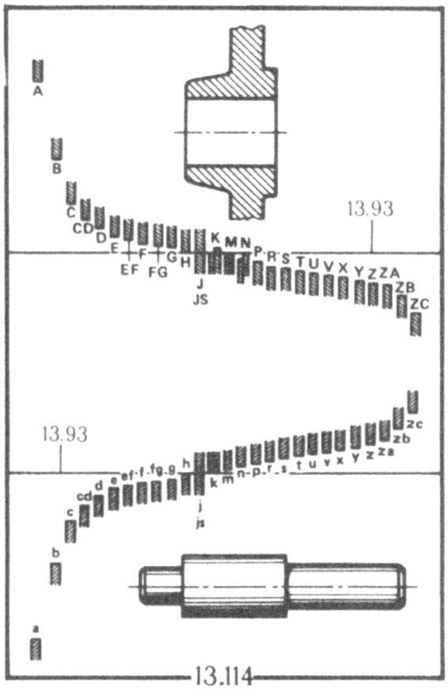

13.115 e International Standardization Organisation (ISO)
d Internationale Organisation f für Normung (ISO)
f Organisation f Internationale de Normalisation (ISO)
nl Internationale organisatie voor standaardisering (ISO)
r Международная организация f по стандартизации (ИСО)

13.116 e international tolerance
d ISO-Toleranz(reihe) f
f ISO-tolérance f
nl ISO-tolerantie f
r допуск m ИСО
$IT = a \cdot i$

13.117 e tolerance unit
d Toleranzeinheit f
f unité f de tolérance
nl tolerantie-eenheid f
r единица f допуска
$i = 0{,}45\sqrt[3]{D} + 0{,}001D$
(→ 13.117)

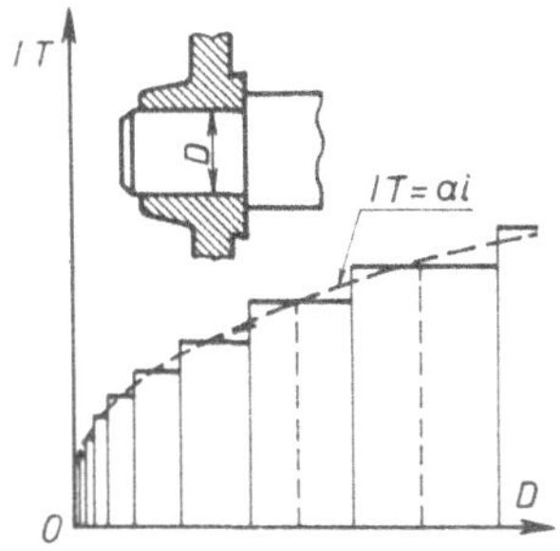

13.118 e (ISO) accuracy degree
d (ISO-) Qualität f
f qualité f (ISO)
nl (ISO-) kwaliteit f
r квалитет m (ИСО)

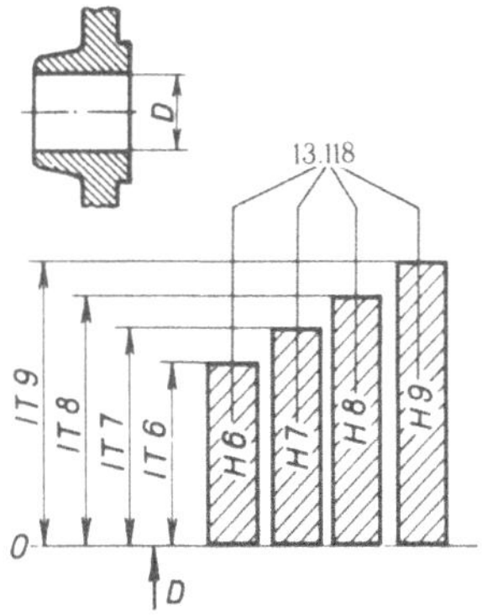

13.119 e dimension chain
d Masskette f
f chaîne f de cotes
nl maatserie f
r размерная цепь f

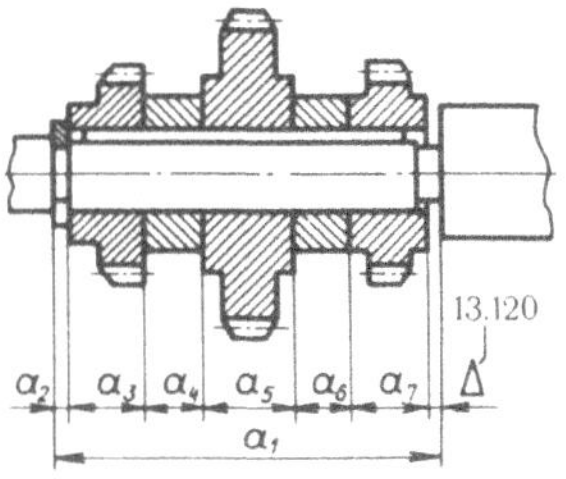

13.120 e closing dimension
d Schliessmass n
f cote f fermée
nl sluitmaat f(m)
r замыкающий размер m
(→ 13.119)

13.121 e limit ga(u)ge
d Grenzlehre f
f calibre m [jauge f] limite
nl grenskaliber n
r предельный калибр m

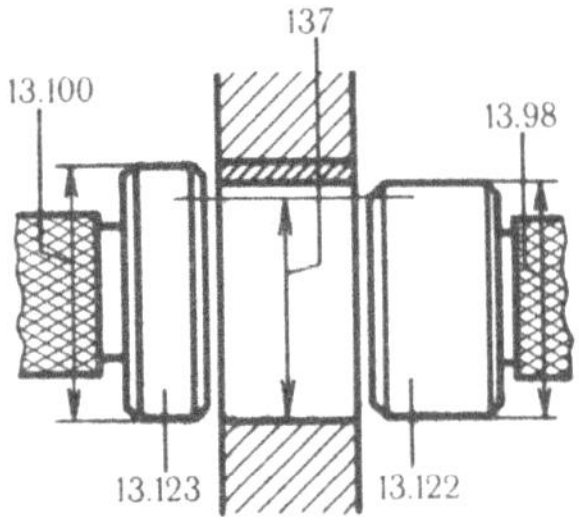

13.122 e Go-ga(u)ge
d Gutlehre f
f calibre m entre
nl goedkeurkaliber n
r проходной калибр m
(→ 13.121)

13.123 e Not-go-ga(u)ge
d Ausschusslehre f
f calibre m n'entre pas
nl afkeurkaliber n
r непроходной калибр m
(→ 13.121)

13.124 e plug ga(u)ge
d Lehrdorn m
f calibre m d'alésage
nl meetpenkaliber n
r калибр-пробка m

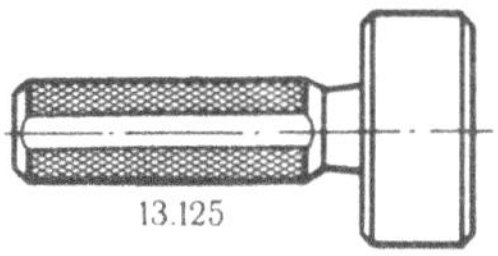

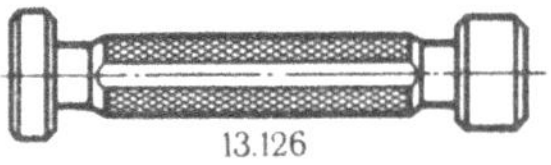

13.125 e single-ended ga(u)ge
d einseitige Lehre f
f calibre m à entaille (simple)
nl enkelzijdig kaliber n
r односторонний калибр m
(→ 13.124, 13.128)

13.126 e double-ended ga(u)ge
d doppelseitige Lehre f
f calibre m à entaille double
nl dubbelgrenskaliber n
r двусторонний калибр m
(→ 13.124, 13.128)

13.127 e ring ga(u)ge
d Lehrring m
f calibre m pour pièces mâles
nl kaliberring m
r калибр-кольцо m

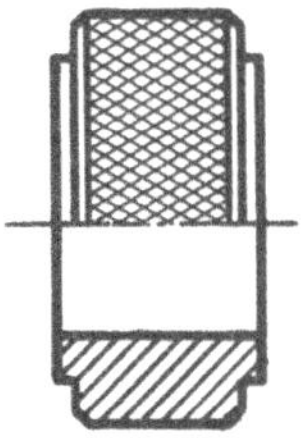

13.128 e snap ga(u)ge
d Rachenlehre f
f calibre m mâchoire [à fourche]
nl bekkaliber n, grens-kaliber
r калибр-скоба m

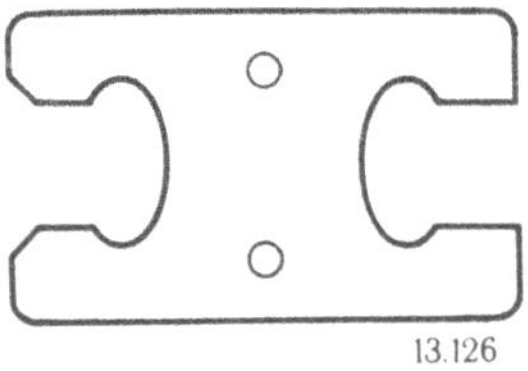

13.129 e thread ga(u)ge
d Gewindelehre f
f calibre m pour filetage
nl schroefdraadkaliber n
r резьбовой калибр m
(→ 13.130, 13.131)

13.130 e thread plug ga(u)ge
d Gewinde(grenz)lehrdorn m
f calibre m de taraudage
nl pendraadkaliber n
r резьбовая пробка f

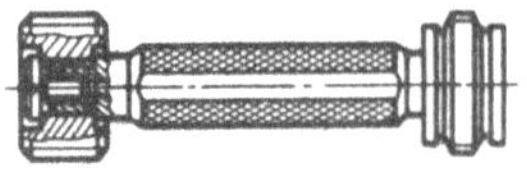

13.131 e thread ring ga(u)ge
d Gewinderinglehre f
f calibre m à vis
nl ringdraadkaliber n
r резьбовое кольцо n

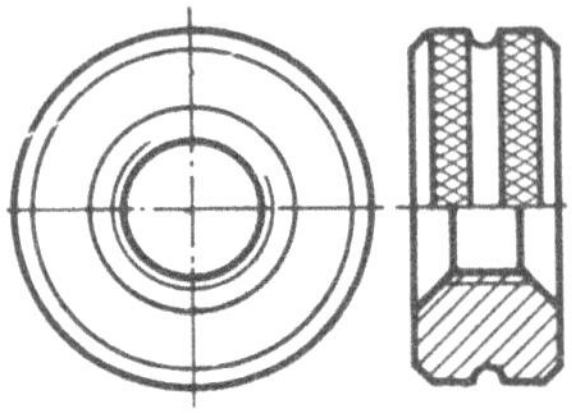

13.132 e work ga(u)ge
d Arbeitslehre f
f calibre m courant
nl werkkaliber n
r рабочий калибр m

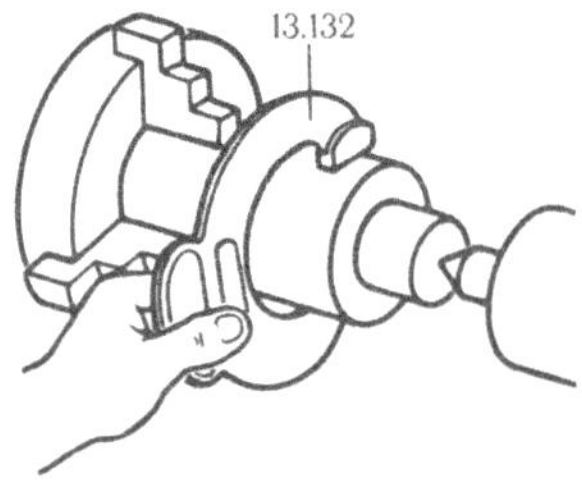

13.133 e inspection ga(u)ge
d Abnahmelehre f
f calibre m de réception
nl controlemal m
r приёмочный калибр m

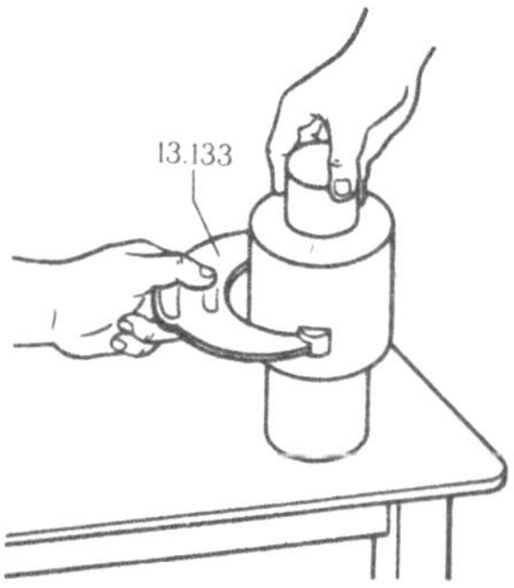

13.134 e master ga(u)ge
d Prüflehre f
f calibre m de contrôle
nl proefkaliber n, controlekaliber
r контрольный калибр m, контркалибр

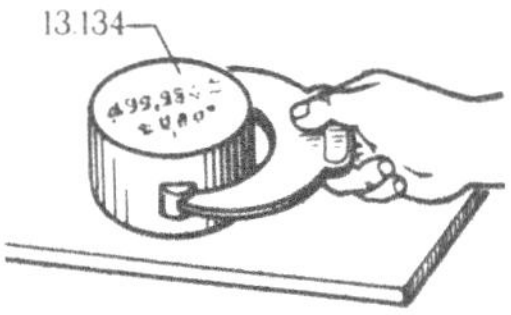

13.135 e profile ga(u)ge
d Profillehre f
f calibre m plat de profil
nl profielkaliber n
r профильный калибр m, шаблон m

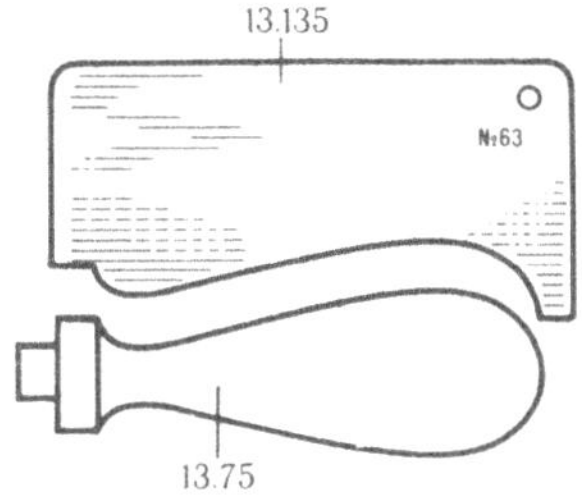

Accuracy of Form
Formgenauigkeit
Précision de la forme
Vormnauwkeurigheid
Точность формы

13.136 e feature
d (geometrisches) Formelement n
f élément m (géométrique)
nl (geometrisch) vormelement n
r (геометрический) элемент m

13.137 e actual surface
d wirkliche Oberfläche f
f surface f réele
nl werkelijk vlak n
r реальная [действительная] поверхность f

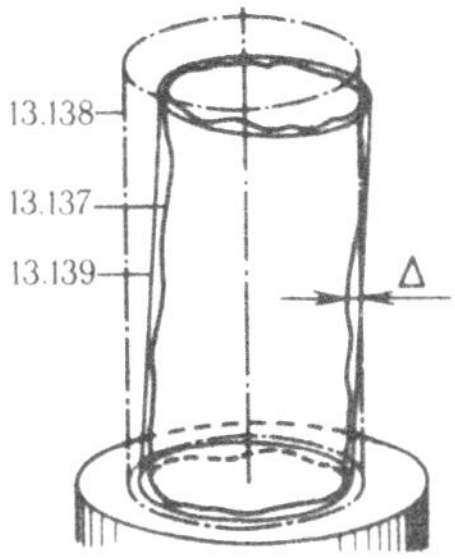

13.138 e nominal surface
d Nennoberfläche f
f surface f nominale
nl geometrisch [meetkundig] vlak n
r геометрическая поверхность f
(→ 13.137)

13.139 e adjoining surface
d angrenzende Oberfläche f
f surface f osculatrice
nl aangrenzend vlak n
r прилегающая поверхность f
(→ 13.137)

13.140 e form deviation (Δ)
d Formabweichung f (Δ)
f déviation f de forme (Δ)
nl vormafwijking f (Δ)
r отклонение f формы (Δ)
(→ 13.137)

13.141 e roundness, circularity
d Rundheit f
f circularité
nl rondheid f
r круглость f

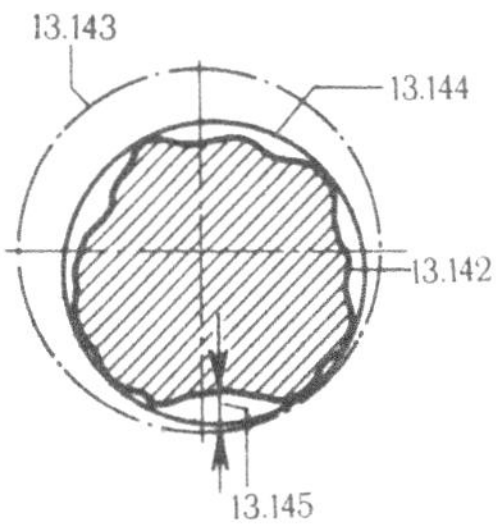

13.142 e actual profile
d wirkliches Profil n
f profil m réel
nl werkelijk profiel n
r реальный [действительный] профиль m
(→ 13.141)

13.143 e nominal profile
d Nennprofil n
f profil m nominal
nl geometrisch profiel n
r геометрический профиль m
(→ 13.141)

13.144 e adjoining circle
d angrenzender Kreis m
f cercle m tangent
nl aangrenzende cirkel m
r прилегающая окружность f
(→ 13.141)

13.145 e out-of-roundness
d Kreisformabweichung f
f écart m de circularité
nl afwijking f van de ronde vorm, onrondheid f

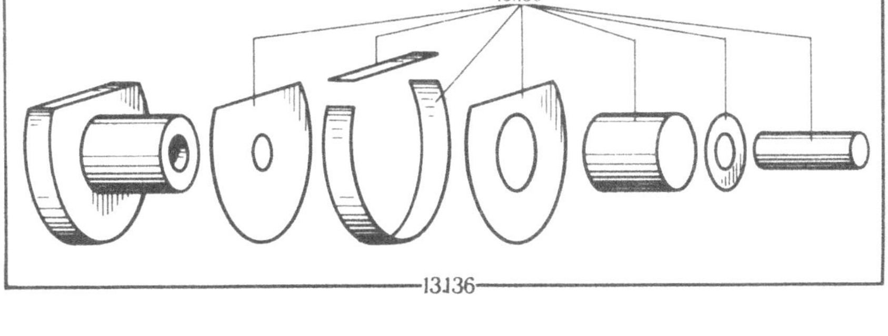

r отклонение n от круглости, некруглость f (→ 13.141, 13.146, 13.147)

13.146 e ovality
d Ovalität f
f ovalité f
nl ovalheid f
ellipsvormigheid f
r овальность f

13.147 e lobing
d Gleichdick n
f profil m polygonal du cylindre
nl veelvlaksprofiel n
r огранка f

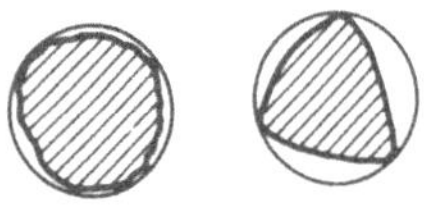

13.148 e drawing callout
d Zeichnungsangabe f
f instruction f technique
nl aanwijzing f op een tekening
r указание n на чертеже

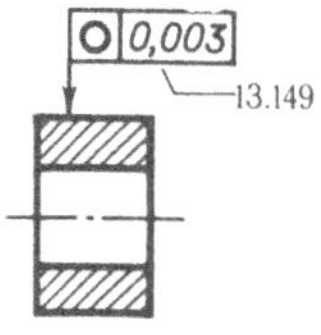

13.149 e roundness tolerance
d Rundformtoleranz f
f tolérance f de circularité
nl rondheidstolerantie f
r допуск m круглости (→ 13.148)

13.150 e roundness instrument
d Kreisformprüfgerät n
f appareil m de mesure de circularité
nl rondheidsmeetinstrument n
r кругломер m

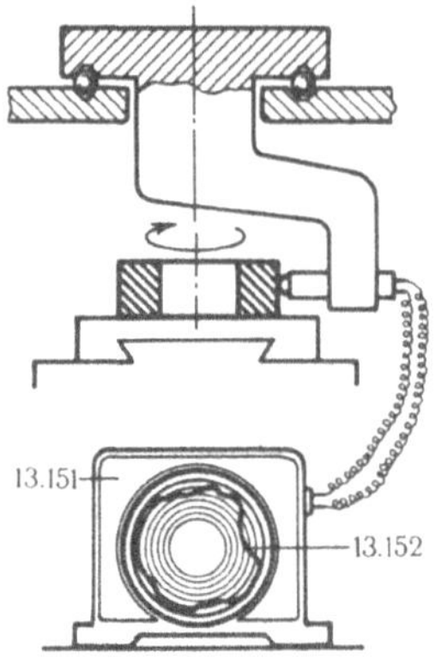

13.151 e recorder
d Schreiber m
f enregistreur m
nl schrijver m, registreerapparaat n
r самописец m (→ 13.150)

13.152 e profile chart [diagram]
d Profildiagramm n
f profilogramme m
nl profiellijn f(m)
r профилограмма f (→ 13.150)

13.153 e deviation from (true) longitudinal section profile
d Abweichung f des Längsschnittprofils
f écart m de profil de section longitudinale
nl afwijking f van het langsplofiel n
r отклонение n профиля продольного сечения

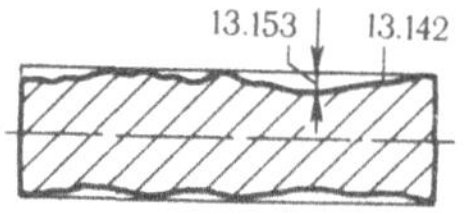

13.154 e taper
d Konizität f
f conicité f
nl coniciteit f, tapsheid f
r конусообразность f

13.155 e barrel
d Balligkeit f
f bombement m
nl tonvormigheid f
r бочкообразность f

13.156 e bow
d Hohlheit f
f concavité f
nl holheid f
r седлообразность f

13.157 e camber
d Krümmung f
f cambrure f
nl kromming f
r изогнутость f

13.158 e tolerance for longitudinal section profile
d Längsschnittprofiltoleranz f
f tolérance f de profil de section longitudinale
nl tolerantieveld n voor het langsprofiel n
r допуск m профиля продольного сечения

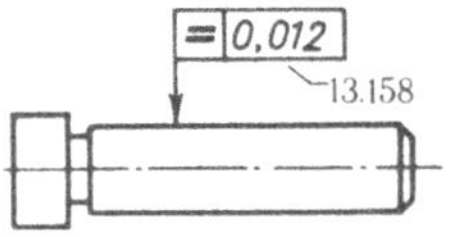

13.159 e cylindricity
d Zylindrizität f
f cylindricité f
nl cilindervormigheid f
r цилиндричность f

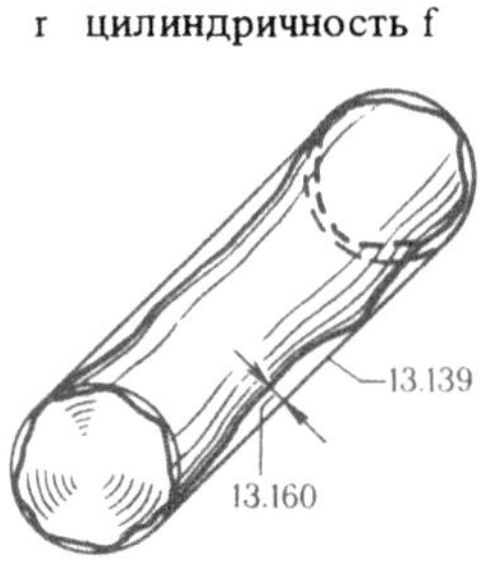

13.160 e noncylindricity
d Zylinderformabweichung f
f écart m de cylindricité
nl afwijking f van de cilindrische vorm

r отклонение n от цилиндричности, нецилиндричность f
(→ 13.159)

13.161 e cylindricity tolerance
d Zylinderformtoleranz f
f tolérance f de cylindricité
nl cilindervormigheidstolerantie f
r допуск m цилиндричности

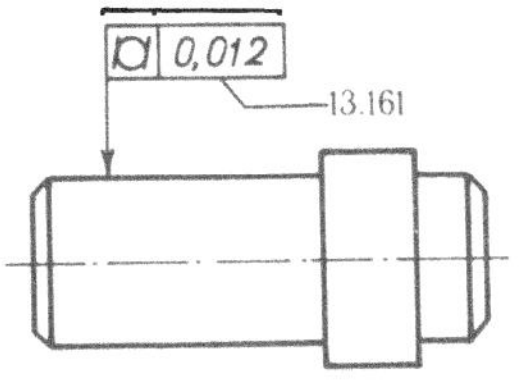

13.162 e straightness
d Geradheit f
f linéarité f
nl rechtheid f
r прямолинейность f

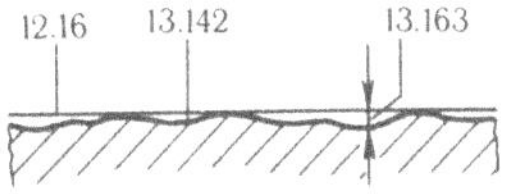

13.163 e nonstraightness
d Geradheitsabweichung f
f écart m de linéarité
nl rechtheidsafwijking f, afwijking van de rechtlijnigheid, niet-rechtlijnigheid f
r отклонение n от прямолинейности, непрямолинейность f
(→ 13.162)

13.164 e straightness tolerance
d Geradheitstoleranz f
f tolérance f de linéarité
nl rechtheidstolerantie f
r допуск m прямолинейности

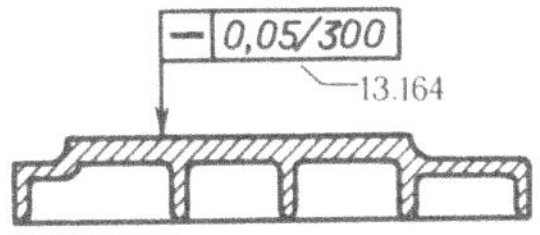

13.165 e precision straightedge
d Prüflineal n
f règle f de précision [de référence]
nl proefliniaal f(m)
r поверочная линейка f

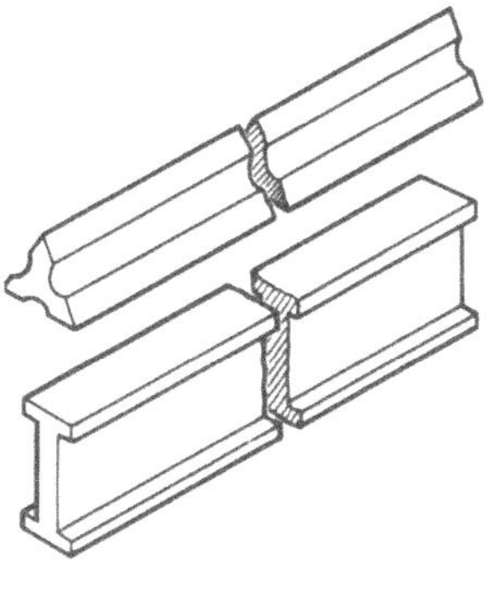

13.166 e flatness
d Ebenheit f
f planéité f
nl vlakheid f
r плоскостность f

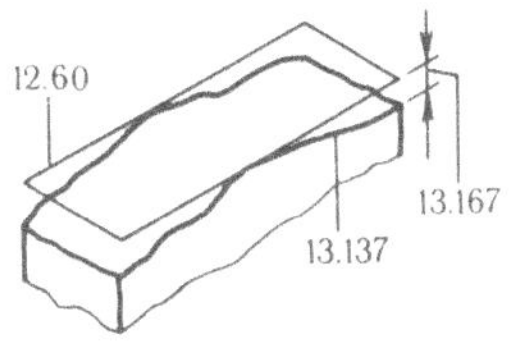

13.167 e nonflatness
d Ebenheitsabweichnung f
f écart m de planéité
nl afwijking f van de vlakke vorm, onvlakheid f
r отклонение n от плоскостности, неплоскостность f
(→ 13.166)

13.168 e convexity
d Konvexität f
f convexité f
nl convexiteit f, bolheid f
r выпуклость f

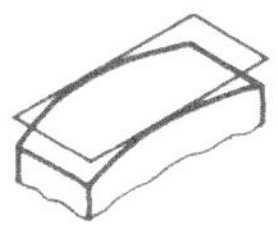

13.169 e concavity
d Konkavität f
f concavité f
nl concaviteit f, holheid f
r вогнутость f

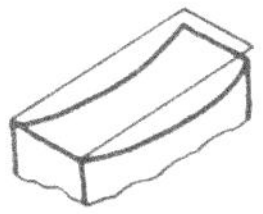

13.170 e flatness toleranz
d Ebenheitstoleranz f
f tolérance f de planéité
nl vlakheidstolerantie f
r допуск m плоскостности

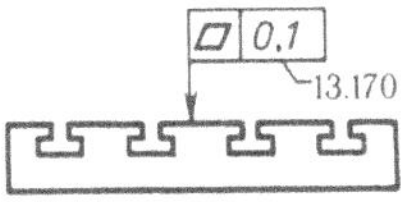

13.171 e surface plate
d Prüfplatte f
f plaque f de contrôle
nl vlakplaat f(m)
r поверочная плита f

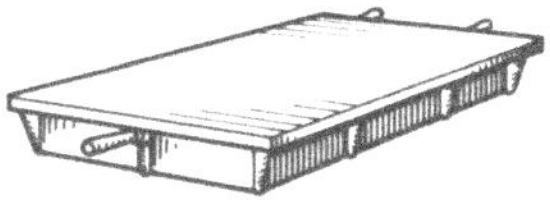

13.172 e basic profile of a line, basic line
d Nennprofilform f
f profil m théorique
nl nominaal profiel n
r номинальный профиль m

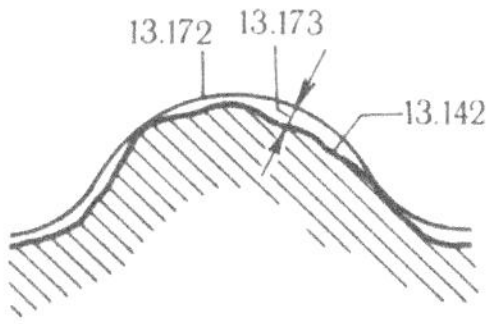

13.173 e line profile deviation
d Abweichung f von der vorgegebenen Linienprofilform
f écart m de forme de profil
nl afwijking f van het vereiste profiel
r отклонение n формы заданного профиля
(→ 13.172)

13.174 e line profile tolerance
d Linienprofilformtoleranz f
f tolérance f de forme de profil

nl tolerantieveld n voor het vereiste profiel
r допуск m формы заданного профиля

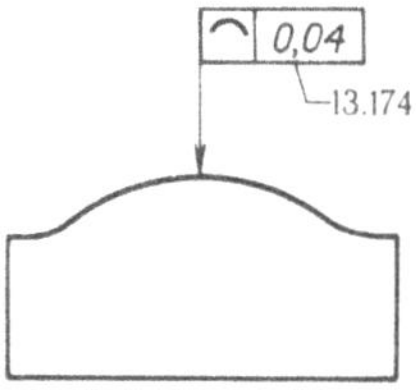

13.175 e basic profile of a surface
d Nennflächenform f
f forme f théorique de surface
nl nominale oppervlaktevorm m
r номинальная форма f поверхности

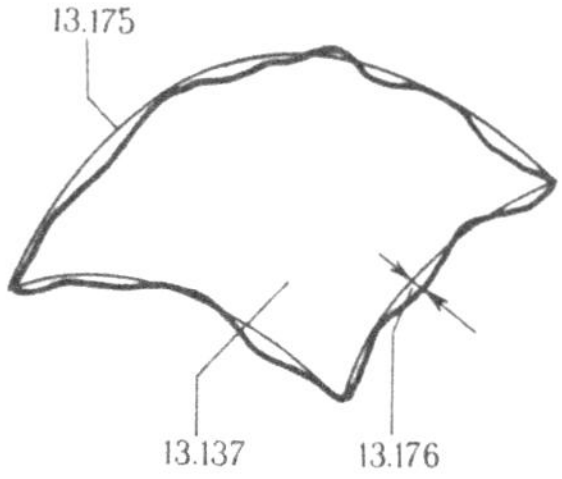

13.176 e surface profile deviation
d Abweichung f von der vorgegebenen Profilform
f écart m de forme de surface
nl afwijking f van de gegeven oppervlaktevorm
r отклонение n формы заданной поверхности
(→ 13.175)

13.177 e surface profile tolerance
d Flächenprofilformtoleranz f
f tolérance f de forme de surface
nl tolerantieveld n voor de gegeven oppervlaktevorm
r допуск m заданной поверхности

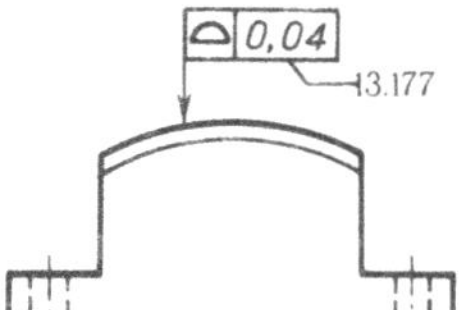

Accuracy of Surface Position
Oberflächenlagegenauigkeit
Précision de position de surfaces
Nauwkeurigheid van de oppervlakteligging
Точность расположения поверхностей

13.178 e parallelism
d Parallelität f
f parallélisme m
nl paralleliteit f, evenwijdigheid f
r параллельность f

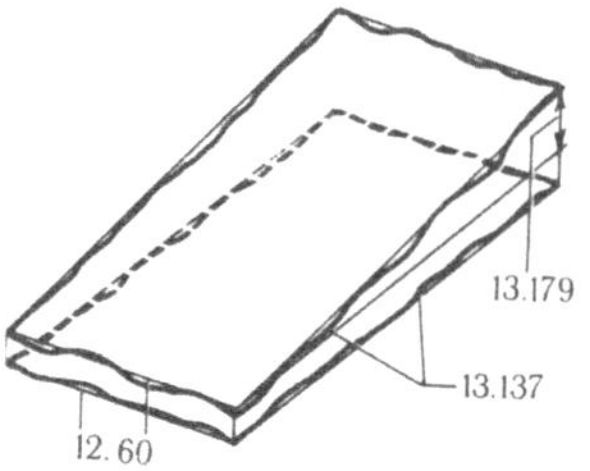

13.179 e nonparallelity
d Parallelitätsabweichung f
f écart m de parallélisme
nl onevenwijdigheid f
r отклонение n от параллельности, непараллельность f
(→ 13.178)

13.180 e parallelity tolerance
d Parallelitätstoleranz f
f tolérance f de parallélisme
nl evenwijdigheidstolerantie f
r допуск m параллельности

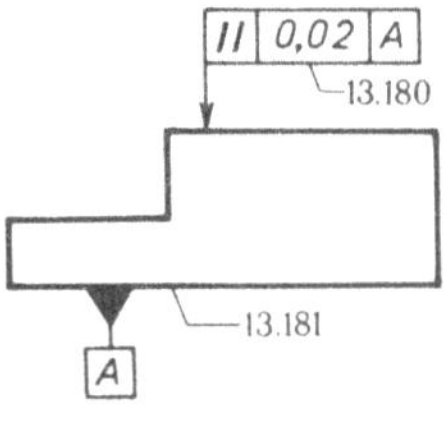

13.181 e datum surface
d Bezugsfläche f
f surface f de base
nl uitgangsvlak n
r базовая поверхность f
(→ 13.180, 13.184, 13.188, 13.191, 13.194, 13.207, 13.211)

13.182 e perpendicularity, squareness
d Rechtwinkligkeit f
f perpendicularité f
nl loodrechtheid f, haaksheid f
r перпендикулярность f

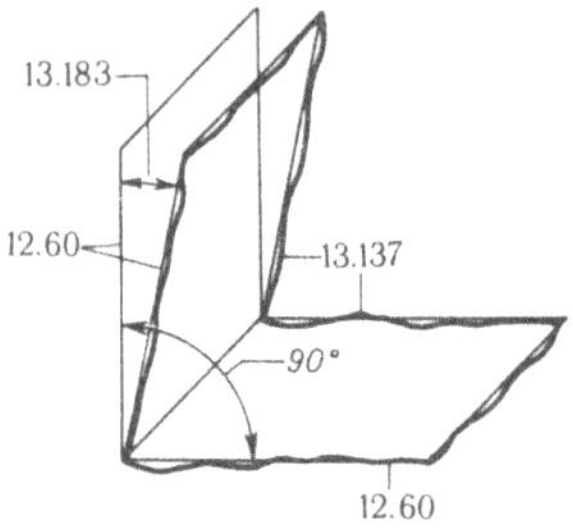

13.183 e nonperpendicularity
d Rechtwinkligkeitsabweichung f
f écart m de perpendicularité
nl afwijking f van de loodrechtheid [van de haaksheid]
r отклонение n от перпендикулярности, неперпендикулярность f
(→ 13.182)

13.184 e perpendicularity tolerance
d Rechtwinkligkeitstoleranz f
f tolérance f de perpendicularité
nl tolerantie f voor de loodrechtheid
r допуск m перпендикулярности

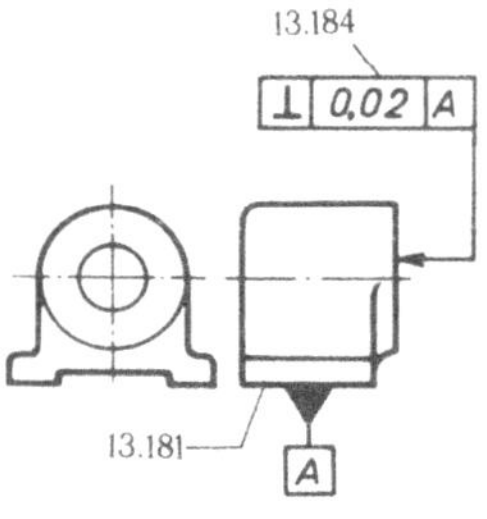

13.185 e precision square
d Prüfwinkel m
f équerre f d'ajusteur [de précision]
nl controlewinkelhaak m
r поверочный угольник m

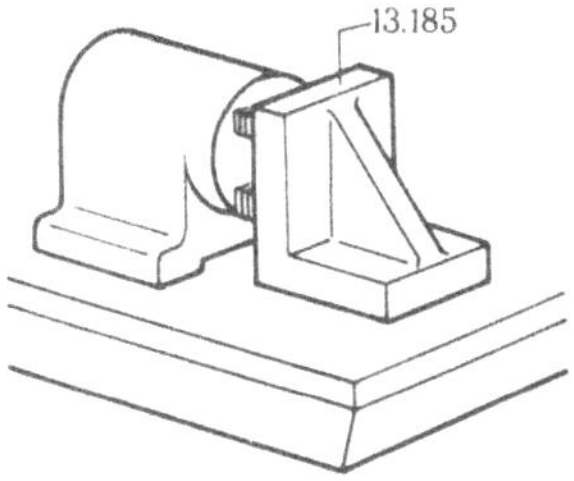

13.186 e angularity
d Winkligkeit f, Neigung f
f inclinaison f
nl helling f
r наклон m

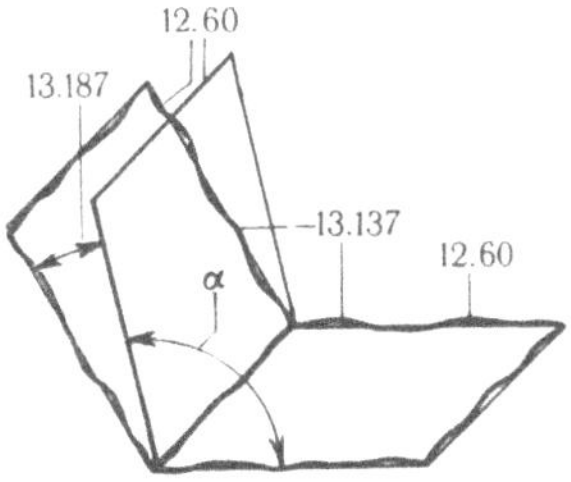

13.187 e angularity deviation
d Winkligkeitsabweichung f
f écart m d'inclinaison
nl hoekafwijking f, afwijking f van de gegeven hellingshoek
r отклонение n наклона (→ 13.186)

13.188 e angularity tolerance
d Winkligkeitstoleranz f
f tolérance f d'inclinaison
nl hellingshoektolerantie f
r допуск m наклона

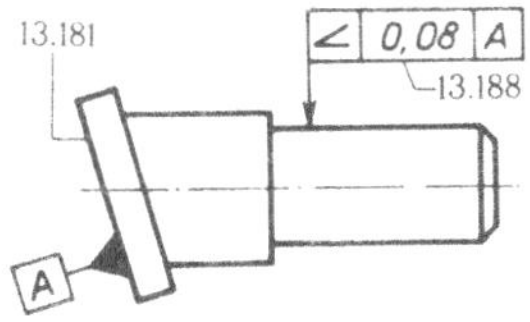

13.189 e sine bar
d Sinuslineal n
f règle-sinus f
nl sinusliniaal f(m)
r синусная линейка f

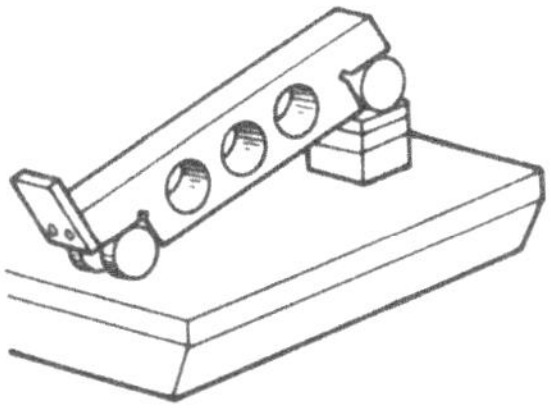

13.190 e camming action
d Stirnlaufabweichung f, Planlaufabweichung
f voile f
nl frontloopafwijking f
r торцовое биение n

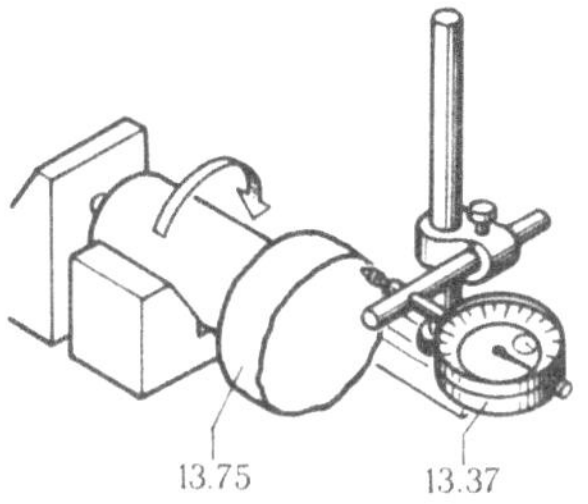

13.191 e camming action tolerance
d Stirnlauftoleranz f, Planlauftoleranz
f tolérance f de voile
nl frontlooptolerantie f
r допуск m торцового биения

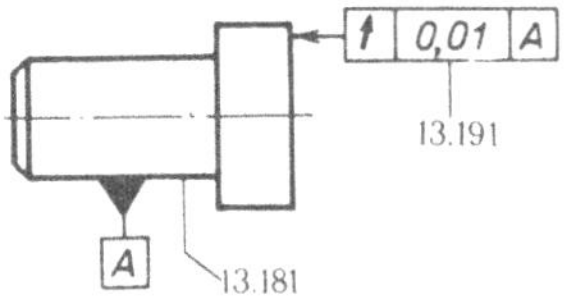

13.192 e coaxiality, concentricity
d Koaxialität f

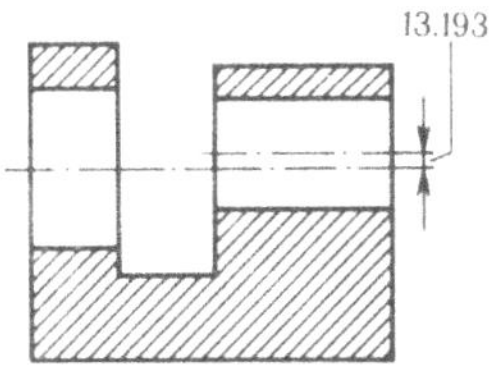

f coaxialité f
nl coaxialiteit f
r соосность f

13.193 e eccentricity
d Koaxialitätsabweichung f
f écart m de coaxialité
nl coaxialiteitsafwijking f
r отклонение n от соосности, несоосность f (→ 13.192)

13.194 e coaxiality tolerance
d Koaxialitätstoleranz f
f tolérance f de coaxialité
nl coaxialiteitstolerantie f
r допуск m соосности

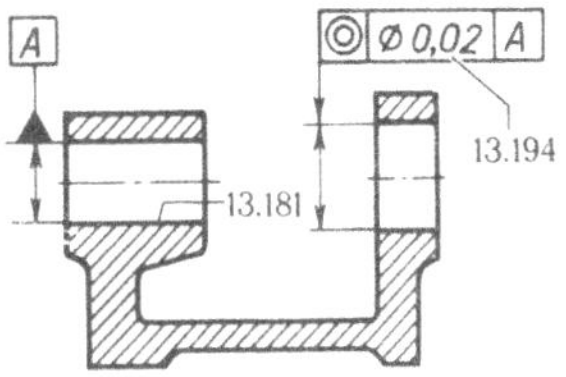

13.195 e nonqualified tolerance, "regardless of feature size" tolerance, RFS tolerance
d unabhängige Toleranz f
f tolérance f indépendante
nl onafhankelijke tolerantie f
r независимый допуск m

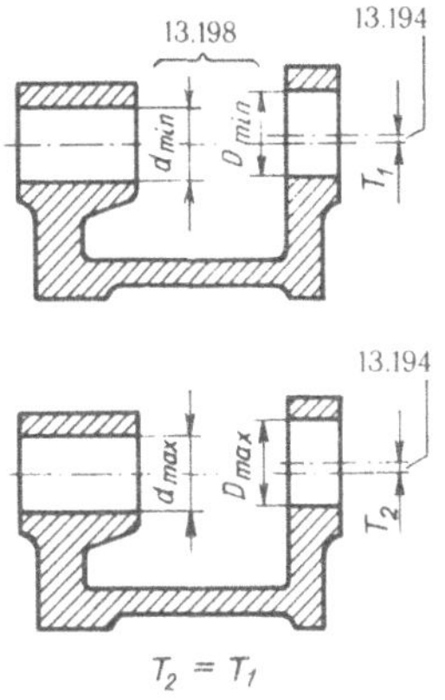

13.196 e ga(u)ging mandrel
d Prüfdorn m
f mandrin m étalon

nl proefdoorn m
r контрольная оправка f

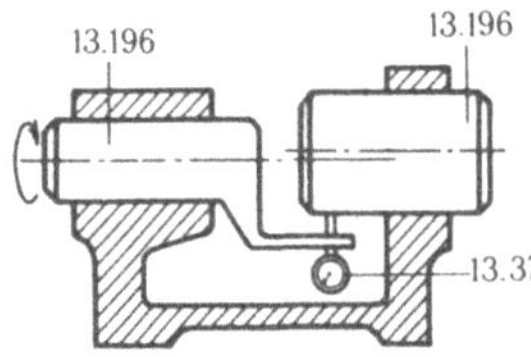

13.197 e qualified tolerance, "maximum material condition" tolerance, MMC tolerance
d abhängige Toleranz f
f tolérance f dépendante
nl afhankelijke tolerantie f
r зависимый допуск m

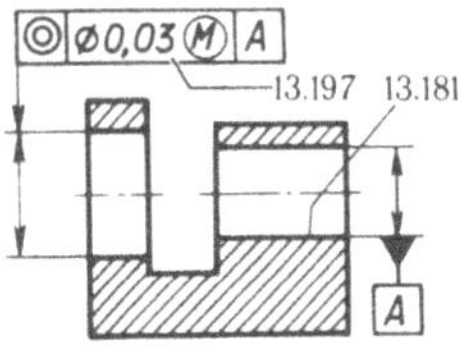

13.198 e maximum material condition
d Maximum-Material-Bedingung f
f condition f de maximum de matière
nl maximum-materiaal-voorwaarde f
r условие n максимума материала
(→ 13.195, 13.197)

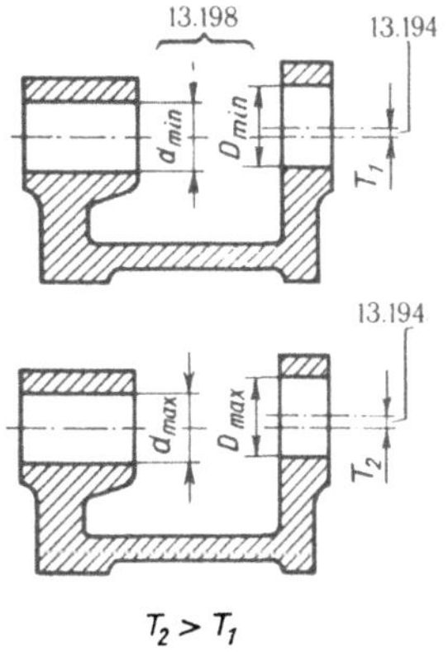

13.199 e coaxiality ga(u)ge
d Koaxialitätslehre f
f calibre m de coaxialité
nl coaxialiteitskaliber n
r калибр m соосности

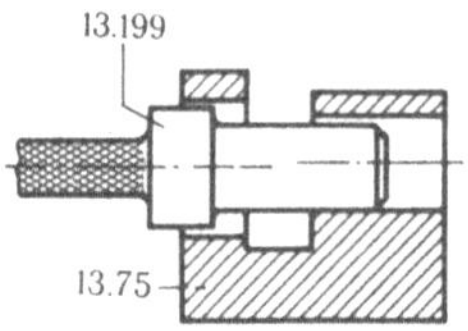

13.200 e radial [circular] runout
d Rundlaufabweichung f
f battement m radial
nl radiaal verloop n
r радиальное биение n

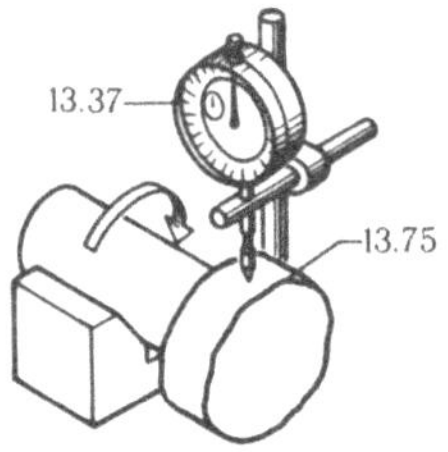

13.201 e radial [circular] runout tolerance
d Rundlauftoleranz f
f tolérance f de battement radial
nl radiale verloop-tolerantie f
r допуск m радиального биения

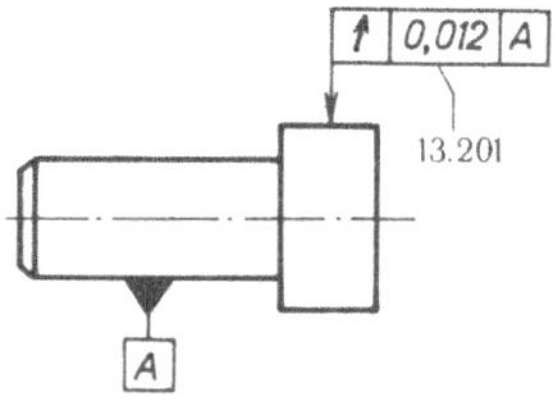

13.202 e total runout
d Gesamtlaufabweichung f

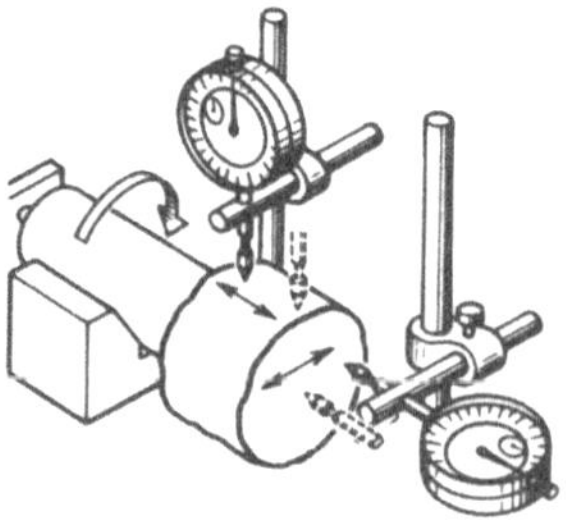

f battement m total
nl totaal radiaal verloop n
r полное биение n

13.203 e total runout tolerance
d Gesamtlauftoleranz f
f tolérance f de battement total
nl tolerantieveld n voor de totale loopafwijking
r допуск m полного биения

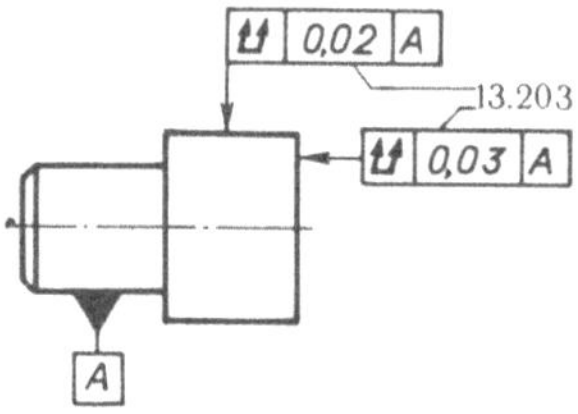

13.204 e intersection of axes
d Kreuzung f von Achsen
f intersection f d'axes
nl kruising f van assen
r пересечение n осей

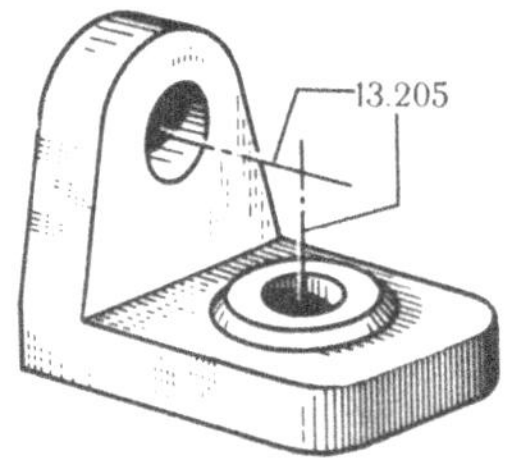

13.205 e axis, center line
d Achse f
f axe m
nl hartlijn f(m)
r ось f
(→ 13.204)

13.206 e nonintersection
d Kreuzungsabweichung f

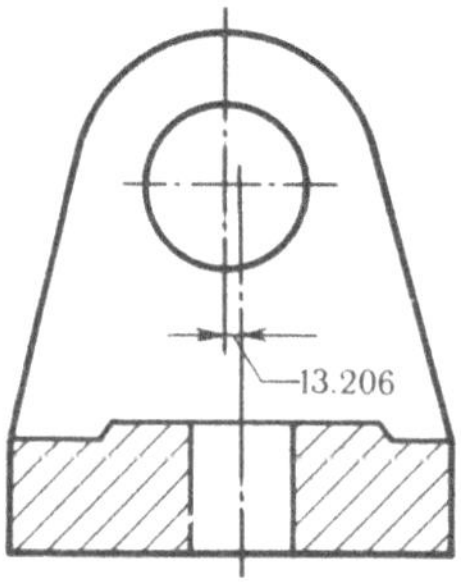

f écart m d'intersection d'axes
nl assenkruisingsfout f(m)
r отклонение n от пересечения осей, непересечение n

13.207 e intersection tolerance
d Kreuzungstoleranz f
f tolérance f d'intersection d'axes
nl assenkruisingstolerantie f
r допуск m пересечения осей

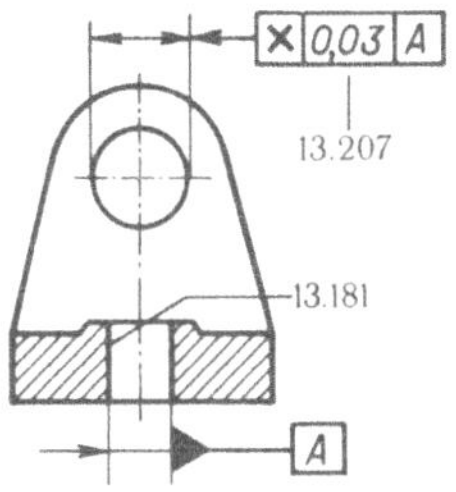

13.208 e symmetry
d Symmetrie f
f symétrie f
nl symmetrie f
r симметрия f

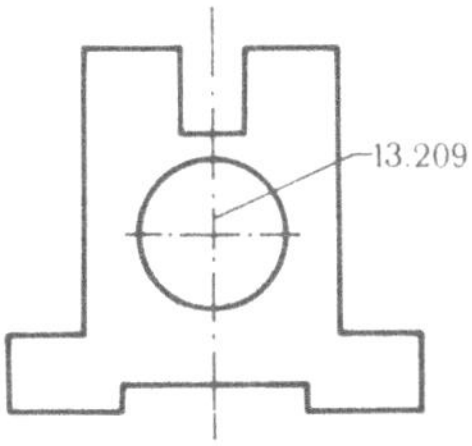

13.209 e symmetry axis
d Symmetrieachse f
f axe m de symétrie
nl symmetrieas f(m)
r ось f симметрии (→ 13.208)

13.210 e nonsymmetry
d Symmetrieabweichung f
f écart m de symétrie

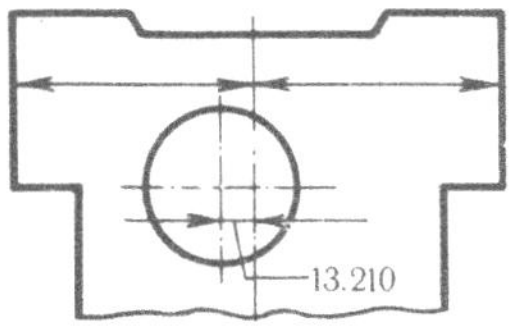

nl symmetrieafwijking f, asymmetrie f
r отклонение n симметричности, несимметричность f

13.211 e symmetry tolerance
d Symmetrietoleranz f
f tolérance f de symétrie
nl symmetrietolerantie f
r допуск m симметричности

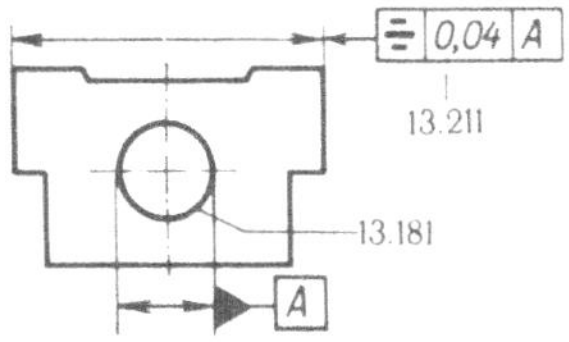

13.212 e true position (of axis)
d geometrisch ideelle [genaue] Lage f (einer Achse)
f disposition m nominale (d'axe)
nl nominale aspositie f
r номинальное расположение n (оси)

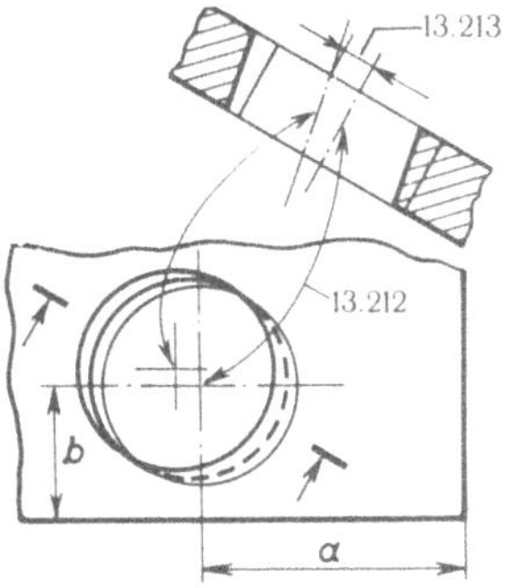

13.213 e positional variation
d Positionsabweichung f
f écart m de position
nl afwijking van de nominale aspositie
r позиционное отклонение n (→ 13.212)

13.214 e positional tolerance
d Positionstoleranz f
f tolérance f de position
nl plaatstolerantie f
r позиционный допуск m

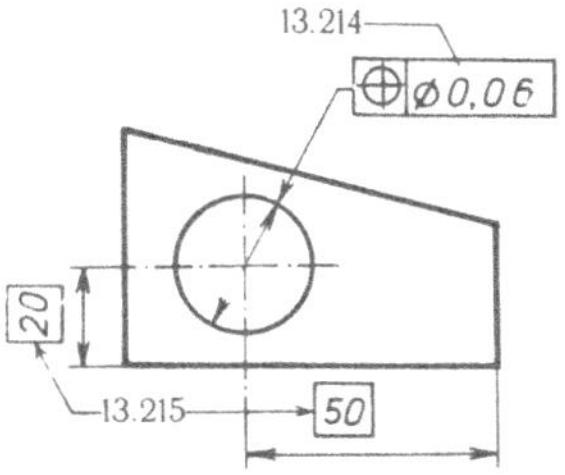

13.215 e exact size
d theoretisches Mass n
f cote f exacte
nl exacte maat f(m)
r точный размер m (→ 13.214)

13.216 e projected tolerance zone
d vorspringendes Toleranzfeld n
f intervalle m saillant de tolérance
nl uitspringend tolerantieveld n
r выступающее поле n допуска

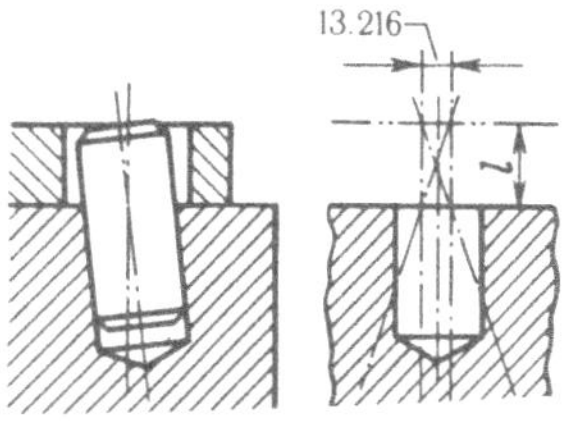

Surface Roughness
Oberflächenrauheit
Rugosité de la surface
Oppervlakteruwheid
Шероховатость поверхности

13.217 e surface irregularities
d Rillen f *pl*

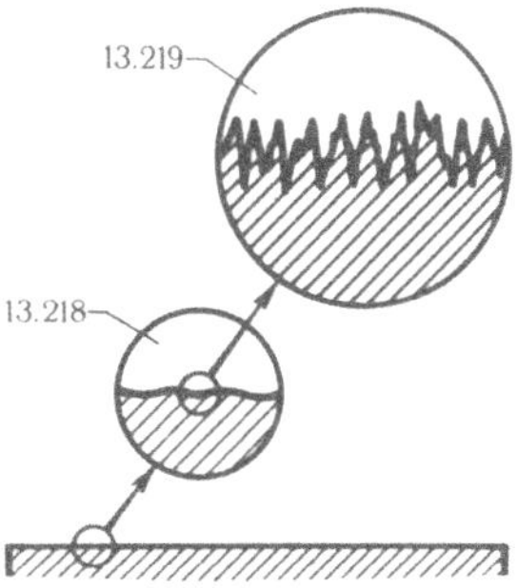

f irrégularités f *pl* de surface
nl oppervlakteonregelmatigheden f *pl*, oneffenheden
r неровности f *pl* поверхности

13.218 e waviness
d Welligkeit f
f ondulation f
nl golving f
r волнистость f
(→ 13.217)

13.219 e roughness
d Rauheit f
f rugosité f
nl ruwheid f
r шероховатость f
(→ 13.217)

13.220 e surface profile
d Oberflächenprofil n
f profil m de surface
nl oppervlakteprofiel n
r профиль m поверхности

13.221 e profile peak
d Profilkamm m
f saillie f de profil
nl profieltop m
r выступ m профиля
(→ 13.220)

13.222 e profile valley
d Profiltal n
f creux m de profil
nl profieldal n, profielkuil m
r впадина f профиля
(→ 13.220)

13.223 e line of profile peaks
d Spitzenlinie f
f ligne f de saillies de profil
nl profieltoplijn f(m)
r линия f выступов профиля
(→ 13.220)

13.224 e mean line, centerline (of the profile)
d mittlere Linie f
f ligne f moyenne de profil
nl profielmiddenlijn f(m), profielmediaan f(m)
r средняя линия f профиля
(→ 13.220)

13.225 e sampling length, roughness-width cutoff (*l*)
d Bezugsstrecke f, Rauheitsbezugsstrecke (*l*)
f longueur f de base (*l*)
nl basislengte f (*l*)
r базовая длина f (*l*)
(→ 13.220)

13.226 e spacing of the profile irregularities in crests (s_i)
d Spitzenrillenabstand m (s_i)
f pas m d'irrégularités de profil d'après sommets (s_i)
nl top-topafstand m tussen oppervlakteoneffenheden (s_i)
r шаг m неровностей профиля по вершинам (s_i)
(→ 13.220)

13.227 e mean spacing of the profile irregularities
d mittlerer Rillenabstand m
f pas m moyen d'irrégularités de profil
nl gemiddelde afstand m tussen oppervlakteoneffenheden
r средний шаг m неровностей профиля

$$Sm = \frac{1}{n} \sum_{i=1}^{n} Sm_i$$

(→ 13.220)

13.228 e arithmetical average deviation from the mean line, centerline average
d arithmetischer Mittenrauhwert m
f écart m moyen arithmétique de profil
nl gemiddelde afwijking f van de profielmiddenlijn
r среднее арифметическое отклонение n профиля

$$Ra = \frac{1}{n} \sum_{i=1}^{n} |y_i|$$

(→ 13.220)

13.229 e ten-point height of irregularities
d mittlere Rauheit f
f profondeur f d'irrégularités de profil d'après dix points
nl naar tien punten gemiddelde hoogte van oneffenheden

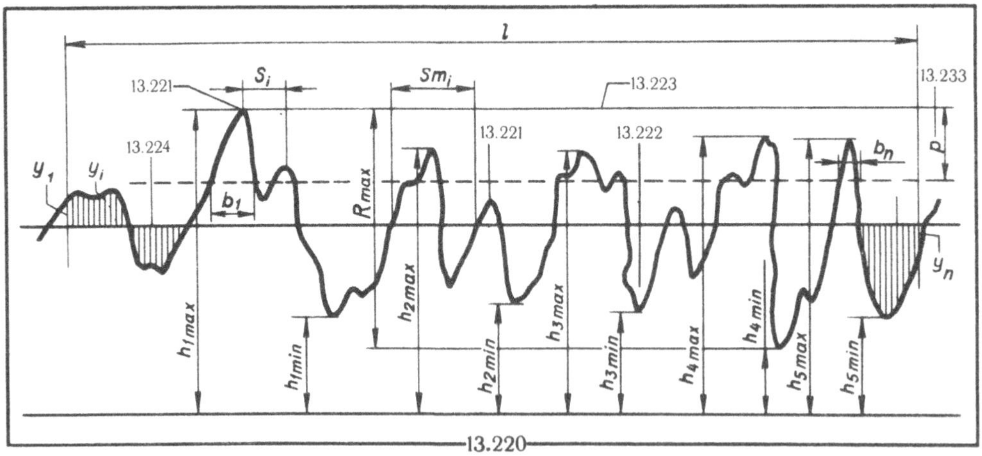

r высота f неровностей профиля по десяти точкам

$$R_z = \frac{1}{5}\left(\sum_{i=1}^{5} h_{i\,max} - \sum_{i=1}^{5} h_{i\,min}\right)$$

(→ 13.220)

13.230 e maximum height of irregularities (R_{max})
d Rauhtiefe f (R_{max})
f hauteur f maximale d'irrégularités de profil (R_{max})
nl maximale hoogte f van oneffenheden (R_{max})
r наибольшая высота f неровностей профиля (R_{max})
(→ 13.220)

13.231 e reference length of the profile
d tragende Länge f
f longueur f de référence de profil
nl uitgangsprofiellengte
r опорная длина f профиля

$$b_\Sigma = \sum_{i=1}^{n} b_i$$

(→ 13.220)

13.232 e relative reference length of the profile
d Profiltraganteil m
f longueur f relative de référence de profil
nl relatieve uitgangsprofiellengte f
r относительная опорная длина f профиля

$$t_p = \frac{1}{l}\sum_{i=1}^{n} b_i$$

(→ 13.220)

13.233 e level of the profile section (p)
d Niveauabstand m (p)
f niveau m de coupe de profil (p)
nl hoogte f van de profielsnede
r уровень m сечения профиля (p)
(→ 13.220)

13.234 e lay
d Rillenrichtung f
f direction f d'irrégularités
nl onregelmatigheidsrichting f, oneffenheidsrichting
r направление n неровностей
(→ 13.235 – 13.240)

13.235 e parallel lay
d parallele Rillenrichtung f
f direction f parallèle (d'irrégularités)
nl parallele rillen f(m) pl
r параллельное направление n (неровностей)

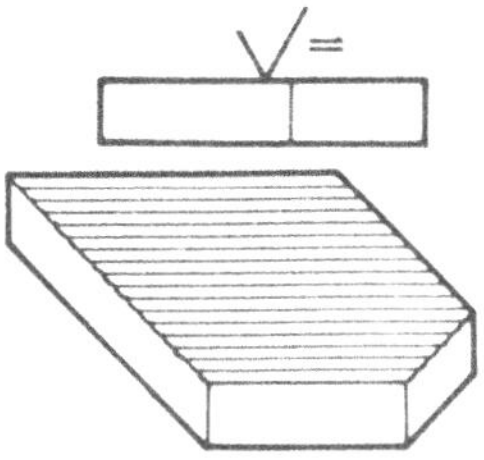

13.236 e perpendicular lay
d senkrechte Rillenrichtung f
f direction f perpendiculaire (d'irrégularités)
nl onderling loodrechte rillen f pl
r перпендикулярное направление n (неровностей)

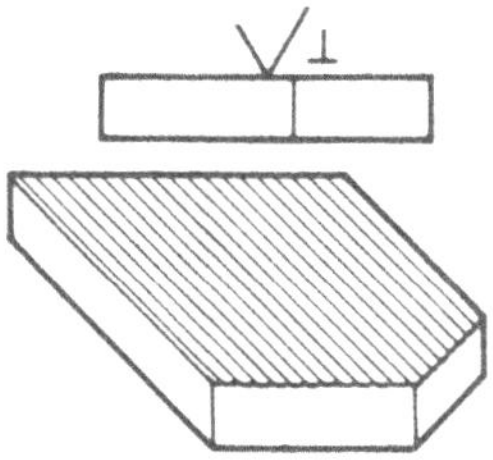

13.237 e cross-angular lay
d gekreuzte Rillenrichtung f
f direction f croisée (d'irrégularités)
nl kruisende rillen f pl
r перекрещивающееся направление n (неровностей)

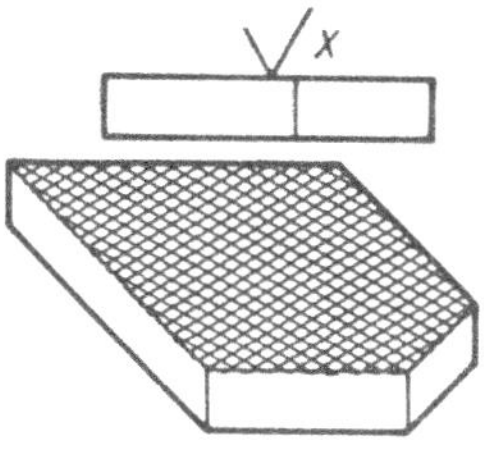

13.238 e multidirectional lay
d willkürliche Rillenrichtung f
f direction f arbitraire (d'irrégularités)
nl willekeurige rilrichting f
r произвольное направление n (неровностей)

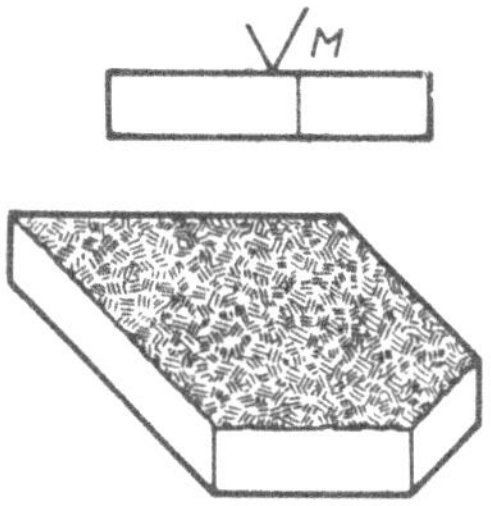

13.239 e circular lay
d kreisförmige Rillenrichtung f
f direction f circulaire (d'irrégularités)
nl cirkelvormige [rondlopende] rillen f pl
r кругообразное направление n (неровностей)

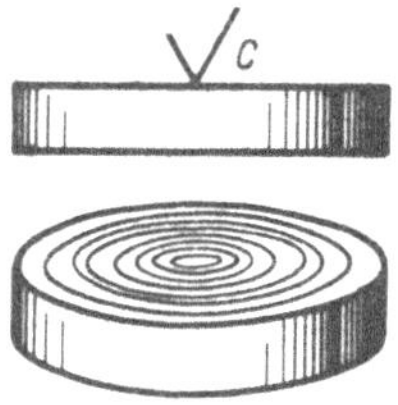

13.240 e radial lay
d radiale Rillenrichtung f
f direction f radiale (d'irrégularités)
nl radiale rilrichting f
r радиальное направление n (неровностей)

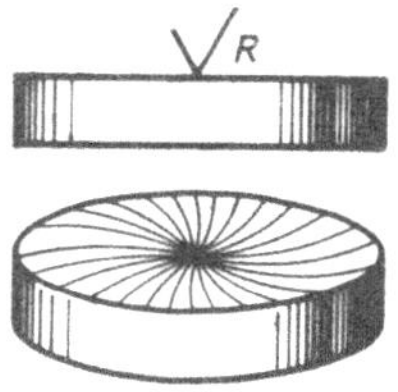

13.241 e surface roughness symbol
d Oberflächenbeschaffenheitssymbol n

f désignation f symbolique de rugosité
nl ruwheidssymbool n
r условное обозначение n шероховатости

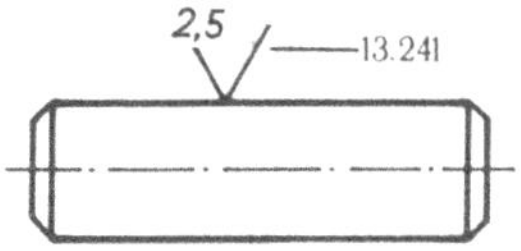

13.242 e roughness comparison specimen
d Oberflächenvergleichsstück n
f échantillon m de rugosité
nl ruwheidsmonster n
r образец m шероховатости

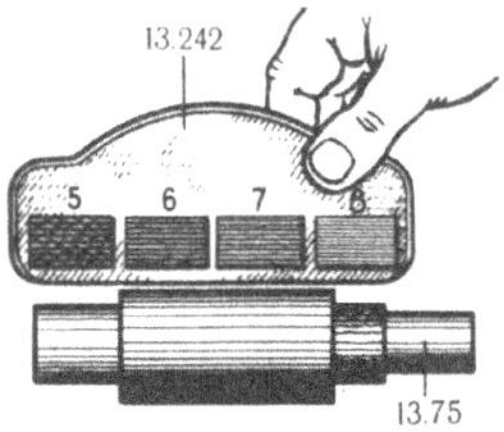

13.243 e profile meter
d Profilometer n, Oberflächenprüfgerät n
f profilomètre m
nl profielmeetinstrument n
r профилометр m

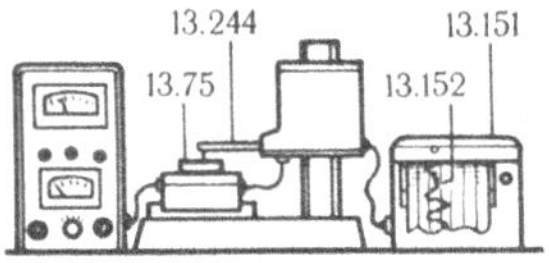

13.244 e tracing head
d Tastkopf m
f tête f de tracer
nl tasterkop m, voelerkop
r ощупывающая головка f (→ 13.243)

Accuracy of Gears
Präzision von Zahnrädern
Précision d'engrenages
Vorm- en maatnauwkeurigheid van tandwielen
Точность зубчатых колёс

13.245 e functional gear checking
d Gesamtfehlerprüfung f, Wälzprüfung
f vérification f d'engrenage en travail
nl controle f(m) van tandwielen in bedrijf
r контроль m зубчатого колеса в зацеплении (→ 13.246, 13.251)

13.246 e single-flank rolling instrument
d Einflankenwälzprüfgerät n
f appareil m de contrôle d'engrenage uniprofil
nl instrument n voor controle van tandwielen met gelijke tandflank
r прибор m для контроля в однопрофильном зацеплении

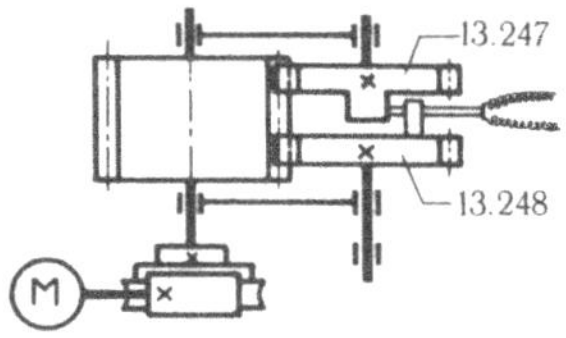

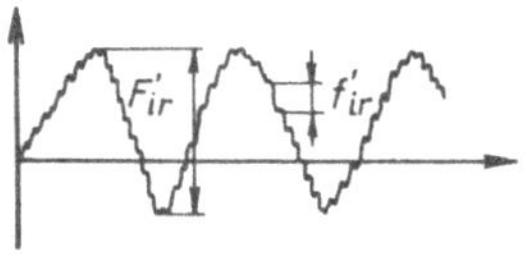

13.247 e gear to be checked
d zu prüfendes Zahnrad n
f roue f [engrenage m] contrôlable
nl te controleren tandwiel n
r контролируемое [проверяемое] колесо n (→ 13.246)

13.248 e master gear
d Lehrzahnrad n
f roue f étalon
nl meettandwiel n
r измерительное колесо n (→ 13.246)

13.249 e total composite error single flank (F'_{ir})
d Einflankenwälzabweichung f (F'_{ir})
f incertitude f cinématique (F'_{ir})
nl kinematische ingreepfout f(m) (F'_{ir})
r кинематическая погрешность f (F'_{ir}) (→ 13.246)

13.250 e tooth-to-tooth composite error single flank (f'_{ir})
d Einflankenwälzsprung m (f'_{ir})
f incertitude f cinématique locale (f'_{ir})
nl plaatselijke kinematische ingreepfout f(m) (f'_{ir})
r местная кинематическая погрешность f (f'_{ir}) (→ 13.246)

13.251 e variable-center-distance gear-rolling tester
d Zweiflanken-Wälzprüfgerät n
f mesureur m d'entr'axe
nl centerlengtemeter m, tweeflanken-walsproeftoestel n
r межцентромер m

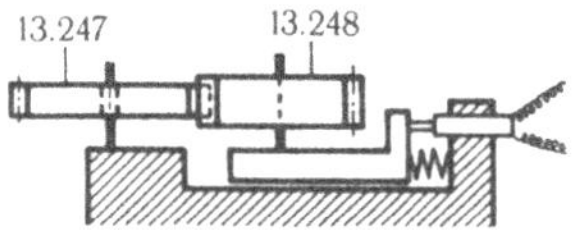

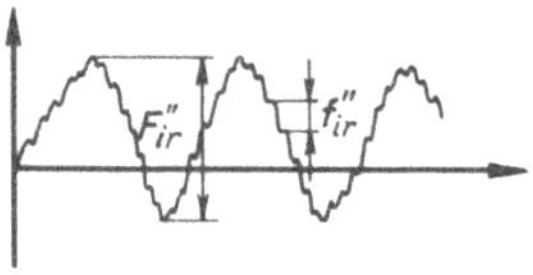

13.252 e total composite error double flank (F''_{ir})
d Gesamtschwankung f des Achsabstandes, Zweiflankenwälzabweichung f (F''_{ir})
f erreur f d'entr'axe en seule révolution d'engrenage (F''_{ir})
nl totale assenafstandvariatie f per omwenteling (van een tandwiel) (F''_{ir})
r колебание n измерительного межосевого расстояния за оборот (зубчатого колеса) (F''_{ir}) (→ 13.251)

13.253 e tooth-to-tooth composite error double flank (f''_{ir})
d Zweiflankenwälzsprung m (f''_{ir})
f erreur f d'entr'axe en seule dent (f''_{ir})
nl assenafstandvariatie f per tand (f_{Ir})
r колебание n измерительного межосевого

расстояния на одном зубе (f''_{ir})
(→ 13.251)

13.254 e analytical gear checking
d Einzelfehlerprüfung f
f vérification f individuelle d'engrenage
nl analyserende tandwielbeproeving f
r дифференцированный контроль m зубчатого колеса
(→ 13.256, 13.259)

13.255 e involute check
d Evolventenprüfung f
f vérification f de profil (de dents) en développante
nl controle f(m) van het evolventenprofiel
r контроль m эвольвентного профиля (зуба)
(→ 13.256)

13.256 e involute-profile measuring instrument, involute-profile checker
d Evolventenprüfgerät n
f mesureur m de profil (de dents) en développante
nl tandflankencontroletoestel n
r эвольвентомер m

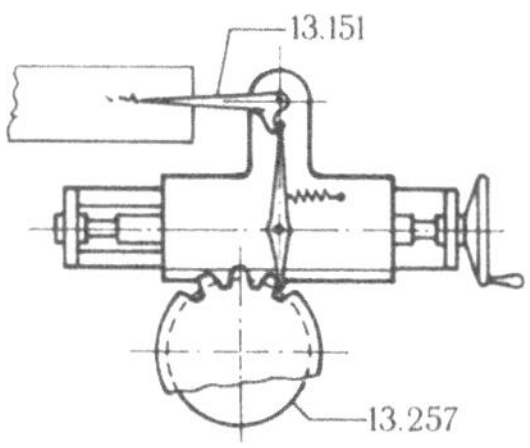

13.257 e master (base) cylinder
d Wälzzylinder m
f disque m de référence
nl rollenschijf f(m)
r обкатный диск m
(→ 13.256)

13.258 e tooth profile error (f_{fr})
d Flankenformfehler m, Profil-Formabweichung f (f_{fr})
f erreur f de profil de dent (f_{fr})
nl tandprofielfout f(m) (f_{fr})
r погрешность f профиля зуба (f_{fr})

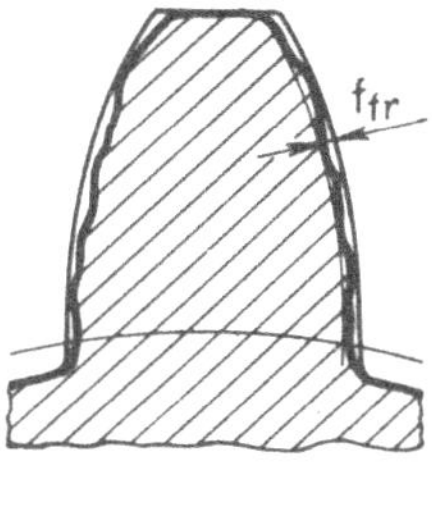

13.259 e pitch variation (f_{ptr})
d Einzelteilungsfehler m, Teilungs-Einzelabweichung f (f_{ptr})
f erreur f de pas (f_{ptr})
nl steekfout f(m) (f_{ptr})
r отклонение n шага (f_{ptr})

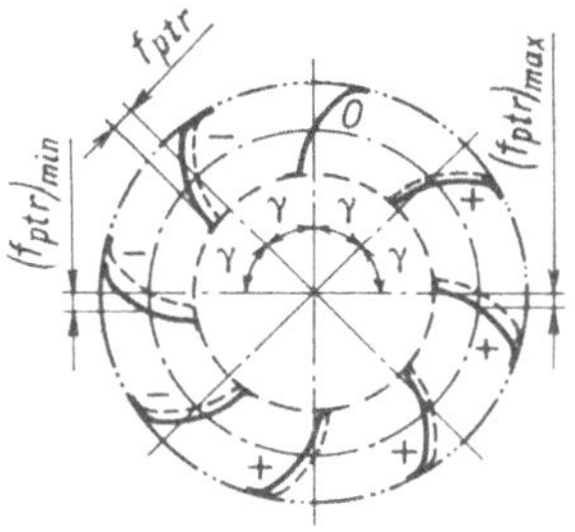

$$F_{pr} = (f_{ptr})_{max} - (f_{ptr})_{min}$$

13.260 e cumulative [accumulated] pitch variation, index variation (F_{pr})
d Summenteilungsfehler m, Teilungs-Gesamtabweichung f (F_{pr})
f erreur f de pas accumulée (F_{pr})
nl cumulatieve steekfout f(m) (F_{pr})
r накопленная погрешность f шага по зубчатому колесу (F_{pr})
(→ 13.259)

13.261 e bearing [tooth-contact] pattern
d Tragbild n
f plage f de contact (de dents)
nl tandcontactafdruk m
r пятно n контакта (зубьев)

13.262 e total error of distortion ($F_{\beta r}$)
d Flankenrichtungsfehler m ($F_{\beta r}$)
f erreur f de direction de dent ($F_{\beta r}$)
nl flankrichtingsfout f(m)
r погрешность f направления зуба ($F_{\beta r}$)

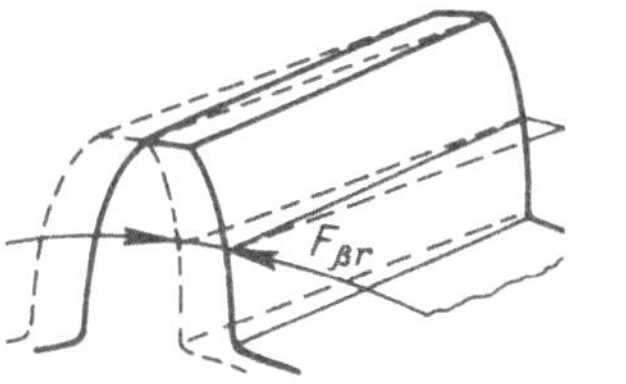

13.263 e vernier (gear-)tooth caliper
d Zahnmess-Schieber m
f calibre m à coulisse pour dents d'engrenages, pied m à module
nl tandschuifmaat f(m)
r штангензубомер m

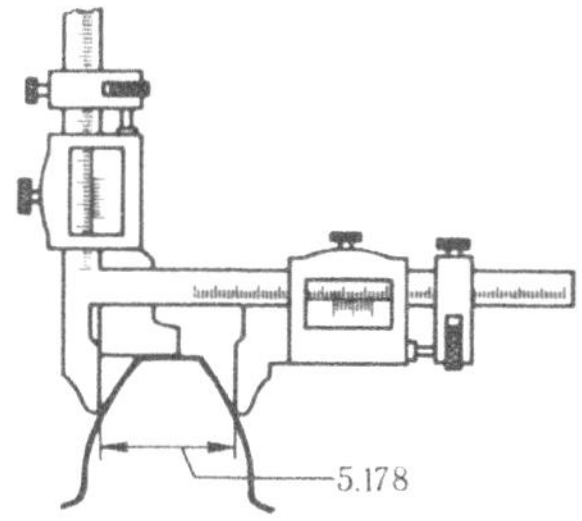

13.264 e micrometer for span measurement
d Zahnweitenmessgerät n
f mesureur m de corde d'engrenage
nl micrometer m voor tandbreedten
r нормалемер m

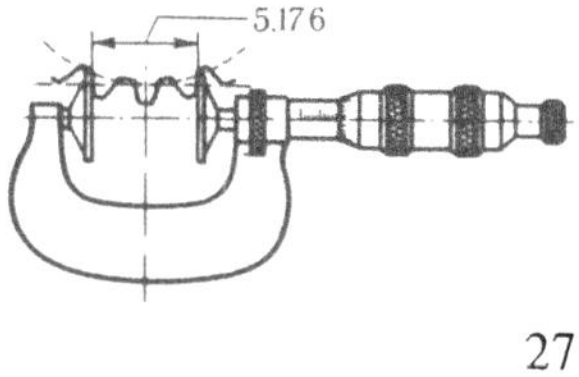

14. MISCELLANEOUS MACHINES
DIVERSE MASCHINEN
MACHINES DIFFÉRENTES
VERSCHILLENDE MACHINES
РАЗНЫЕ МАШИНЫ

Transport Machines
Transportmaschinen
Machines de transport
Voertuige
Транспортные машины

14.1 e motor vehicle
d Kraftfahrzeug n, Kraftwagen m
f auto(mobile) f
nl motorvoertuig n, auto m
r автомобиль m
(→ 14.2 – 14.4, 14.7, 14.8)

14.2 e (passenger) car
d Personenkraftwagen m
f voiture f particulière
nl personenwagen m
r легковой автомобиль m

14.3 e bus
d Omnibus m, Bus
f autobus m
nl autobus m, f
r автобус m

14.4 e lorry, truck
d Lastkraftwagen m
f camion m

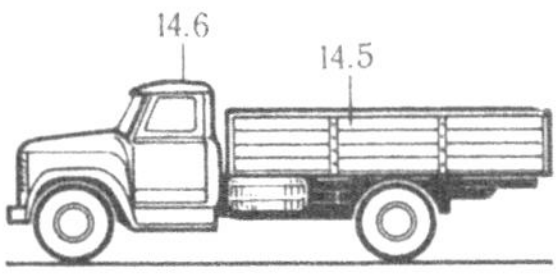

nl vrachtauto m
r грузовой автомобиль m, грузовик m

14.5 e body
d Aufbau m
f carrosserie f
nl laadbak m
koetswerk n
r кузов m
(→ 14.4, 14.7)

14.6 e driver's cabin
d Fahrerhaus n
f cabine f
nl cabine f
r кабина f (водителя)
(→ 14.4)

14.7 e dump (body) truck
d Dumper m, Kipper m, Kippauto n
f camion-benne m
nl kipper m
r самосвал m

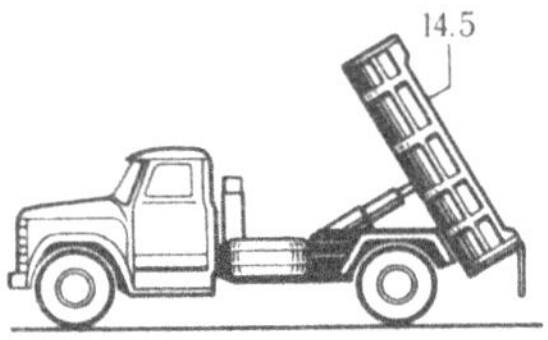

14.8 e truck trailer
d Zugmaschine f
f remorqueur m
nl trekker m
r тягач m

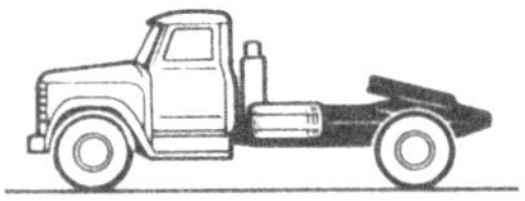

14.9 e trailer
d Anhänger m

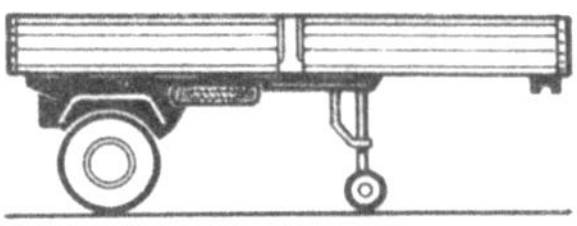

f remorque f
nl aanhanger m
r прицеп m

14.10 e chassis
d Fahrgestell n, Chassis n
f châssis m
nl chassis n
r шасси n

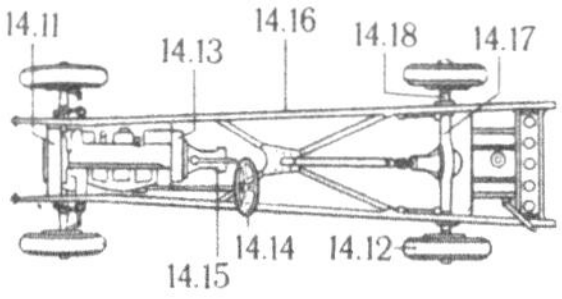

14.11 e radiator
d Kühler m
f radiateur m
nl radiateur m
r радиатор m
(→ 14.10)

14.12 e wheel
d Rad n
f roue f
nl wiel n
r колесо n
(→ 14.10)

14.13 e clutch housing
d Kupplungsgehäuse n
f carter m d'embrayage
nl koppelingshuis n
r картер m сцепления
(→ 14.10)

14.14 e steering gear
d Lenkgetriebe n
f mécanisme m de direction
nl stuurinrichting f
r рулевое управление n
(→ 14.10)

14.15 e gearbox casing
d Getriebegehäuse n
f carter m de boîte de vitesses
nl versnellingsbak m
r картер m коробки передач
(→ 14.10)

14.16 e frame
d Rahmen m
f cadre m
nl chassisraam n
r рама f
(→ 14.10)

14.17 e rear axle
d Hinterachsbrücke f
f pont m arrière
nl achterbrug f(m)
r задний мост m
(→ 14.10)

14.18 e rear axle shaft
d Hinterachswelle f
f arbre m de roue
nl achteras f(m)
r полуось f
(→ 14.10)

14.19 e motorcycle
d Motorrad n
f motocycle m
nl motorrijwiel n, motorfiets m, f
r мотоцикл m

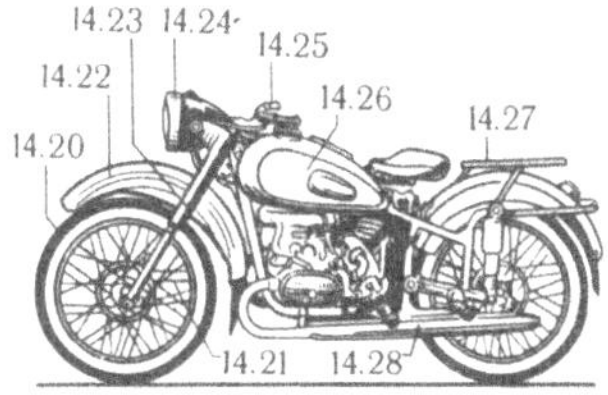

14.20 e tyre
d Reifen m
f pneu(matique) m
nl (lucht)band m
r шина f
(→ 14.19)

14.21 e spoke
d Speiche f
f rayon m
nl spaak f
r спица f
(→ 14.19)

14.22 e front fender, mudguard
d Kotflügel m
f aile f avant
nl spatbord n
r переднее крыло n
(→ 14.19)

14.23 e front fork
d Vorderradgabel f
f fourche f avant
nl voorvork f(m)
r передняя вилка f
(→ 14.19)

14.24 e head lamp
d Scheinwerfer m
f phare m
nl koplamp f(m)
r фара f
(→ 14.19)

14.25 e handlebars
d Lenker m
f volant m
nl stuur n
r руль m
(→ 14.19)

14.26 e gasoline [petrol] tank
d Kraftstoffbehälter m
f réservoir m à essence
nl benzinetank m
r бензобак m
(→ 14.19)

14.27 e (luggage) carrier
d Gepäckbrücke f
f coffre m (à bagages)
nl bagagedrager m
r багажник m
(→ 14.19)

14.28 e muffler
d Auspuffgeräuschdämpfer m, Schalldämpfer
f silencieux m
nl knaldemper m
r глушитель m
(→ 14.19)

14.29 e tractor
d Schlepper m
f tracteur m
nl tractor m, trekker m
r трактор m
(→ 14.30, 14.31)

14.30 e wheel-type tractor
d Radschlepper m
f tracteur m à roues
nl wieltrekker m
r колёсный трактор m

14.31 e crawler tractor
d Raupenschlepper m, Gleiskettenschlepper
f tracteur m à chenilles
nl rupstrekker m
r гусеничный трактор m

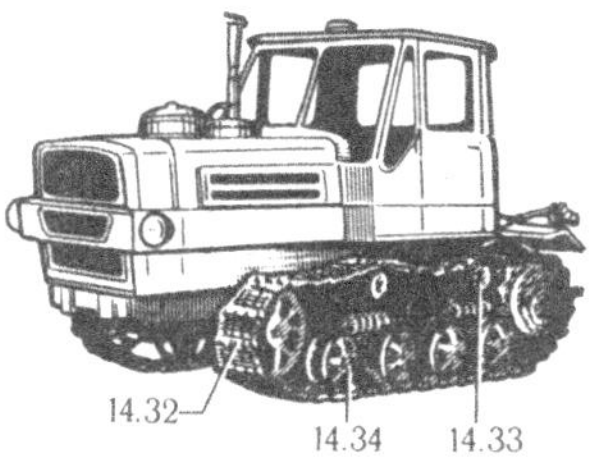

14.32 e track (chain)
d Raupe f, Gleiskette f
f chenille f
nl rupsband m
r гусеница f
(→ 14.31)

14.33 e support roller
d Stützrolle f
f galet m de support
nl steunrol f(m)
r поддерживающий каток m
(→ 14.31)

14.34 e track wheel
d Laufrolle f
f galet m porteur
nl loopwiel n
r опорный каток m
(→ 14.31)

14.35 e locomotive
d Lokomotive f
f locomotive f
nl locomotief f(m)
r локомотив m
(→ 14.36, 14.56)

14.36 e diesel locomotive
d Diesellokomotive f
f locomotive f diesel
nl diesellocomotief f(m)
r тепловоз m

14.37 e control desk
d Schaltpult n, Steuerpult
f pupitre m de commande
nl bedieningspaneel n
r пульт m управления
(→ 14.36)

14.38 e sand bunker [box]
d Sandkasten m
f silo m à sable
nl zandkist f(m)
r песочный бункер m
(→ 14.36)

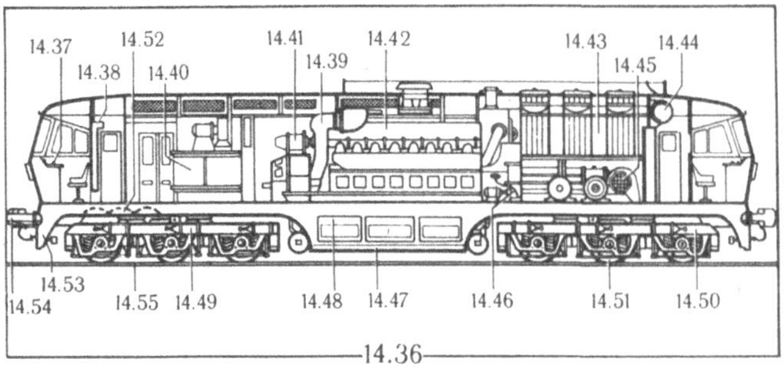

14.39 e motor tan
d Lüftersatz m
f moteur-ventilateur m
nl motor-ventilator m
r мотор-вентилятор m, вентиляторный агрегат m
(→ 14.36)

14.40 e power rectifier unit
d Gleichrichtersatz m
f installation f de puissance de redresseurs
nl vermogensgelijkrichter-installatie f
r силовая выпрямительная установка f
(→ 14.36)

14.41 e starter-generator
d Anlassgenerator m
f dynamo-démarreur f, dynamoteur m
nl startgenerator m
r стартер-генератор m
(→ 14.36)

14.42 e engine compartment
d Motorraum m
f salle f de diesel
nl motorruimte f
r дизельное помещение n
(→ 14.36)

14.43 e water cooling section
d Wasserkühlsektion f
f compartiment m de refroidissement d'eau
nl waterkoelruimte f
r секция f охлаждения воды
(→ 14.36)

14.44 e water tank
d Wasserbehälter m
f bac m d'eau
nl watertank m
r водяной бак m
(→ 14.36)

14.45 e refrigerator compartment
d Kühlraum m
f chambre f froide
nl koelruimte f
r холодильная камера f
(→ 14.36)

14.46 e fuel-feed unit
d Kraftstoffspeisepumpe f
f pompe f à carburant
nl brandstofpomp f(m)
r топливоподкачивающий агрегат m
(→ 14.36)

14.47 e fuel tank
d Kraftstoffbehälter m
f réservoir m à carburant
nl brandstoftank n
r топливный бак m
(→ 14.36)

14.48 e accumulator battery
d Akkumulatorenbatterie f
f batterie f d'accumulateurs
nl accubatterij f
r аккумуляторная батарея f
(→ 14.36)

14.49 e brake cylinder
d Bremszylinder m
f cylindre m de frein
nl remcilinder m, f
r тормозной цилиндр m
(→ 14.36)

14.50 e bogie
d Drehgestell n
f chariot m de roues
nl draaistel n
r колёсная тележка f
(→ 14.36)

14.51 e wheel pair
d Radsatz m
f paire f de roues
nl wielstel n
r колёсная пара f
(→ 14.36)

14.52 e traction electric motor
d Fahrmotor m
f électromoteur m de traction
nl (elektrische) tractiemotor m
r тяговый электродвигатель m
(→ 14.36)

14.53 e track cleaner
d Schienenräumer m
f chasse-sable m
nl baanruimer m
r путеочиститель m
(→ 14.36)

14.54 e automatic coupling
d automatische Kupplung f
f attelage m automatique
nl automatische koppeling f
r автосцепка f
(→ 14.36)

14.55 e rail
d Schiene f
f rail m
nl rail f(m), spoorstaaf f
r рельс m
(→ 14.36)

14.56 e electric locomotive
d Elektrolokomotive f
f locomotive f électrique
nl elektrische locomotief f(m)
r электровоз m

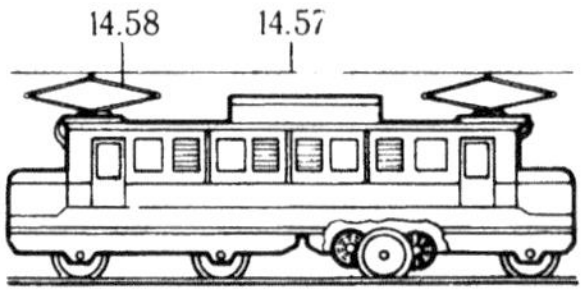

14.57 e overhead contact wire, aerial line
d Fahrleitung f
f fil m de trolley
nl stroomdraad m
r контактный провод m
(→ 14.56)

14.58 e current collector, pantograph
d Stromabnehmer m, Scherenstromabnehmer
f prise f de courant, pantographe m
nl stroomafnemer m, pantograaf m
r токосъёмник m, пантограф m
(→ 14.56)

14.59 e freight car
d Güterwagen m
f wagon m de marchandises
nl goederenwagon m
r грузовой [товарный] вагон m
(→ 14.60 – 14.62)

14.60 e gondola, open car
d offener Güterwagen m
f wagon m découvert
nl open goederenwagon m
r полувагон m

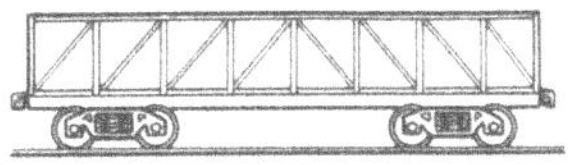

14.61 e box freight car
d gedeckter Güterwagen m
f wagon m couvert
nl gesloten goederenwagon m
r крытый грузовой вагон m

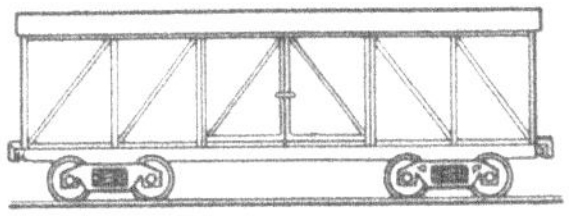

14.62 e tank car
d Kesselwagen m, Tankwagen
f wagon-citerne m, wagon-réservoir m
nl tankwagon m
r вагон-цистерна f

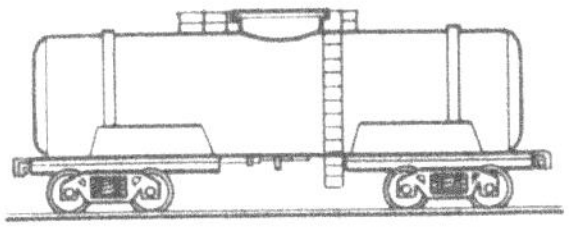

14.63 e aircraft
d Flugzeug n
f avion m
nl vliegtuig n
r самолёт m

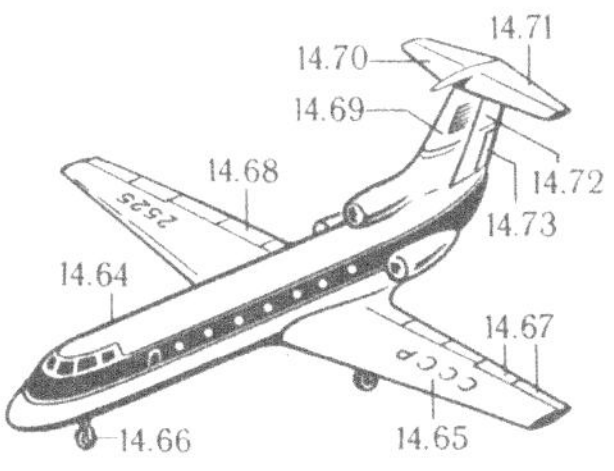

14.64 e fuselage
d Rumpf m
f fuselage m
nl romp m
r фюзеляж m
(→ 14.63)

14.65 e wing
d Flügel m
f aile f
nl vleugel m
r крыло n
(→ 14.63)

14.66 e undercarriage
d Bugfahrwerk n
f train m (d'atterissage)
nl landings(ge)stel n, neuswiel n
r шасси n
(→ 14.63)

14.67 e aileron
d Querruder n
f aileron m
nl rolroer n
r элерон m
(→ 14.63)

14.68 e flap
d Klappe f
f volet m
nl klep f(m)
r закрылок m
(→ 14.63)

14.69 e fin
d Seitenflosse f
f dérive f
nl kielvlak n, kielvin f(m)
r киль m
(→ 14.63)

14.70 e tailplane
d Höhenflosse f
f stabilisateur m
nl stabilisatievlak n
r стабилизатор m
(→ 14.63)

14.71 e elevator
d Höhenruder n
f gouvernail m de profondeur
nl hoogteroer n
r руль m высоты
(→ 14.63)

14.72 e rudder
d Seitenruder n
f gouvernail m de direction
nl richtingsroer n
r руль m направления
(→ 14.63)

14.73 e trimming tab
d Trimmflügel m, Trimmruder n
f tab m (de compensation), trim m
nl trimvlak n
r триммер m
(→ 14.63)

14.74 e interplanetary station
d Raumstation f, interplanetare Station
f station f interplanétaire
nl ruimtestation n
r межпланетная станция f

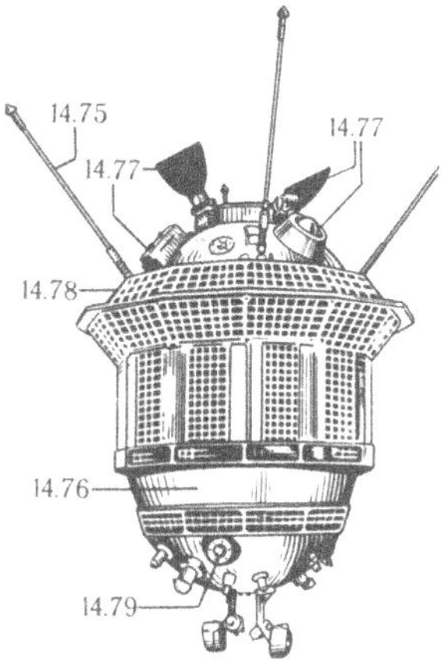

14.75 e antenna
d Antenne f
f antenne f
nl antenne f(m)
r антенна f
(→ 14.74)

14.76 e thermal screen
d Thermoschild m
f écran m thermique
nl hitteschild n
r тепловой экран m
(→ 14.74)

14.77 e scientific instruments
d wissenschaftliche Apparatur f
f instruments m *pl* scientifiques
nl wetenschappelijke apparatuur f
r научная аппаратура f
(→ 14.74)

14.78 e solar battery
d Sonnenbatterie f
f pile f [accumulateur m] solaire
nl zonnecelbatterij f
r солнечная батарея f
(→ 14.74)

14.79 e orientation engine
d Orientationsmotor m
f moteur m d'orientation
nl oriëntatiemotor m
r двигатель m ориентации
(→ 14.74)

14.80 e launch rocket
d Startrakete f
f fusée f porteuse
nl draagraket f(m)
r ракета-носитель f

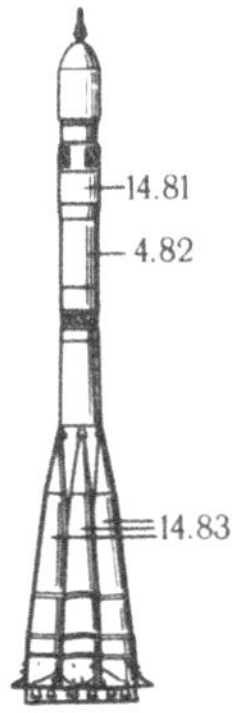

14.81 e final rocket stage
d obere Raketenstufe f
f étage m final de fusée
nl (raket)eindtrap m
r последняя ступень f ракеты
(→ 14.80)

14.82 e second rocket stage
d zweite Raketenstufe f
f deuxième étage m de fusée
nl tweede rakettrap m
r вторая ступень f ракеты
(→ 14.80)

14.83 e booster
d Startbeschleuniger m
f accélérateur m
nl aanjager m, booster m
r ускоритель m
(→ 14.80)

Material Handling Machinery
Hebe- und Transportgeräte
Matériel de manutention et de transport
Hijs- en transportinrichtingen
Подъёмно-транспортное оборудование

14.84 e hopper-type bin
d Bunker m
f trémie f
nl laadtrechter m, silo m
r бункер m

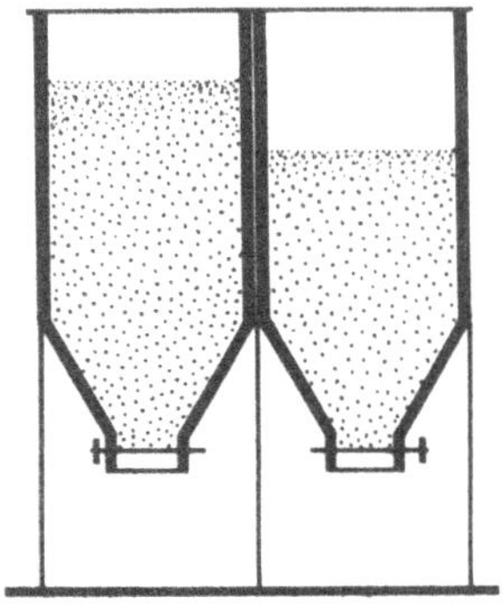

14.85 e hoist
d Lastzug m, Hebezeug n
f ascenseur m, monte-charge m
nl hijswerktuig n
r подъёмник m
(→ 14.86 – 14.89)

14.86 e block and tackle
d Flaschenzug m, Rollenzug
f palan m
nl takel m, n, blok n
r полиспаст m

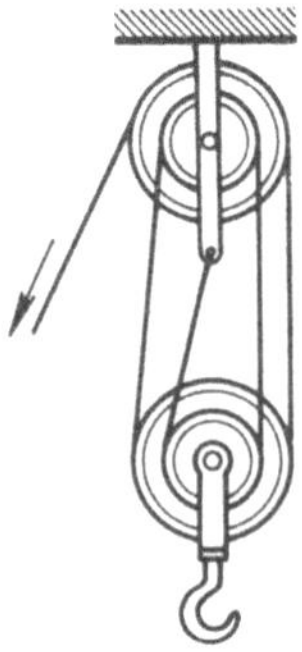

14.87 e pulley block hoist
d Kettenflaschenzug m
f moufle f, palan m
nl takel m, n
r таль f

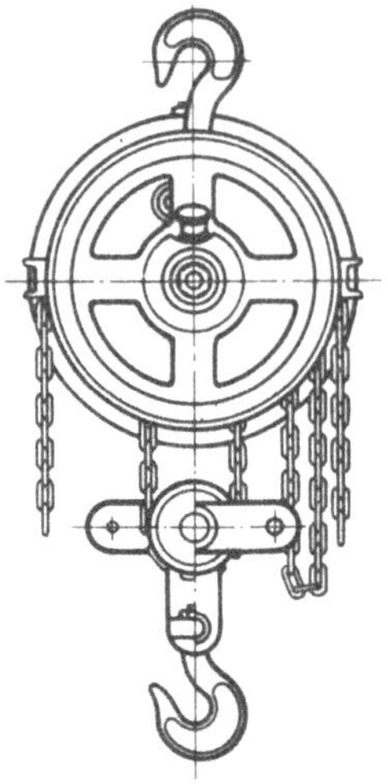

14.88 e overhead electric hoist
d Elektrozug m
f palan m électrique
nl elektrische takel m, n
r электроталь f

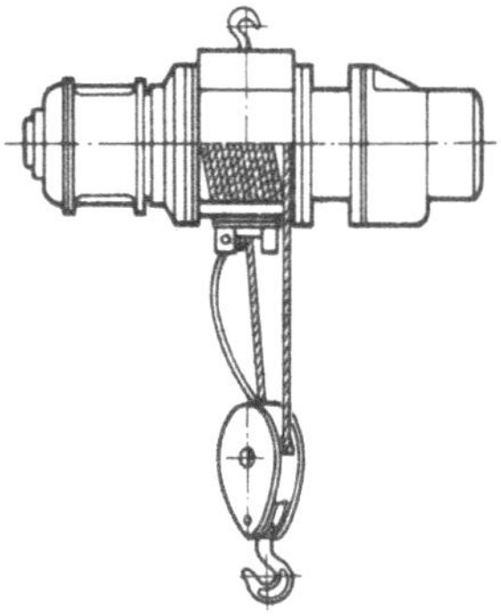

14.89 e monorail motor hoist
d Einschienenlaufkatze f
f palan m (électrique) à monorail

nl loopkat f(m)
r (электро) тельфер m

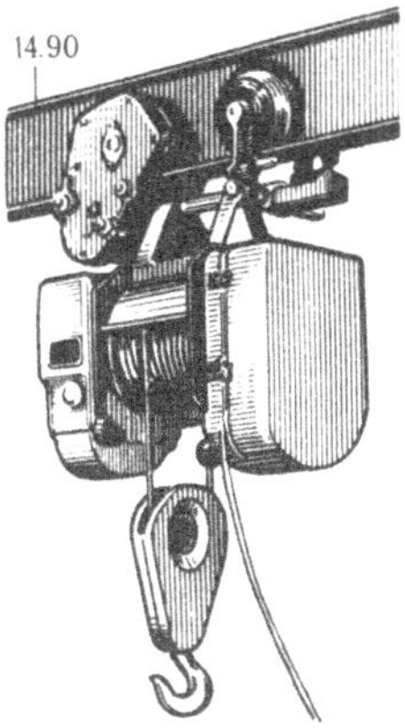

14.90 e monorail
d Einschienengleis n
f monorail m
nl (mono)rail f(m)
r монорельс m
(→ 14.89)

14.91 e winch
d Winde f
f treuil m
nl lier f(m)
r лебёдка f

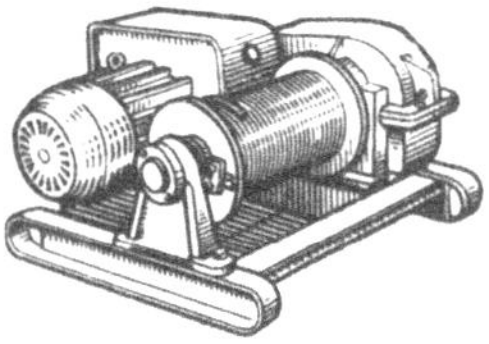

14.92 e truck
d Wagen m
f charrette f
nl (transport)wagen m, magazijnwagen
r транспортная тележка f

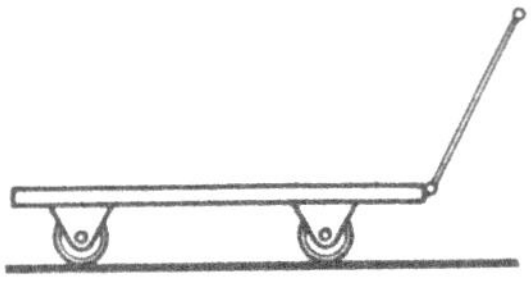

14.93 e battery-driven truck
d Elektrostandwagen m, Elektrokarre f
f chariot m électrique
nl elektrotruck m
r электрокар m

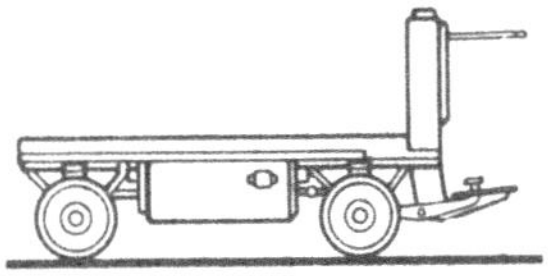

14.94 e power lift truck
d Gabelstapler m, Hubstapler
f autochargeur m
nl heftruck m, pallettruck
r автопогрузчик m

14.95 e jack
d Heber m, Hebebock m
f cric m
nl krik m
r домкрат m

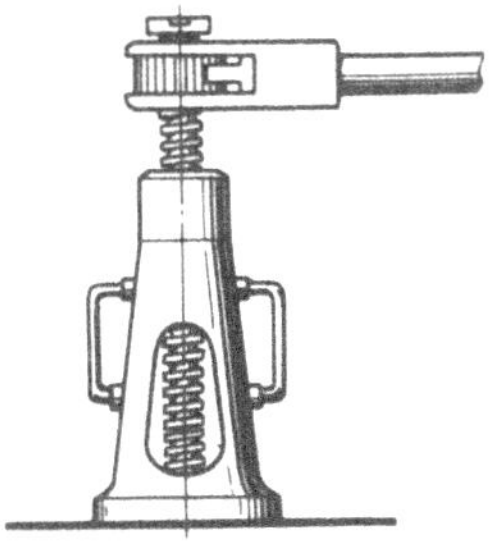

14.96 e crane
d Kran m
f grue f, bigue f
nl (hijs)kraan f(m)
r подъёмный кран m
(→ 14.97, 14.100 – 14.102)

14.97 e wall-jib crane
d Schwenkkran m
f grue f murale
nl wanddraaikraan f(m)
r поворотный настенный кран m

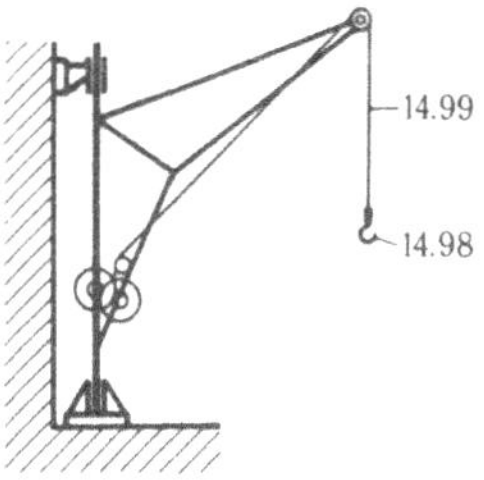

14.98 e hook
d Haken m
f crochet m
nl haak m
r крюк m
(→ 14.97)

14.99 e rope
d Seil n
f câble m
nl kabel m, reep m
r канат m
(→ 14.97)

14.100 e bracket crane
d Konsolkran m
f grue f à console
nl consolekraan f(m)
r консольный кран m

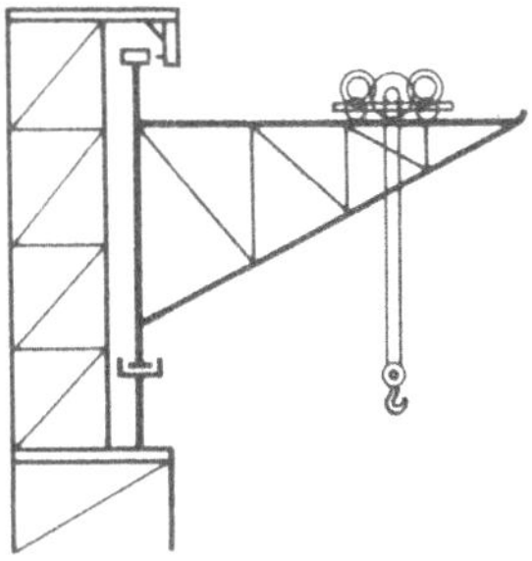

14.101 e motorized crane
d Fahrzeugkran m
f camion-grue m

nl kraanwagen m
r автокран m

14.102 e gantry crane
d Brückenkran m
f pont m roulant
nl bokkraan f(m)
r мостовой кран m

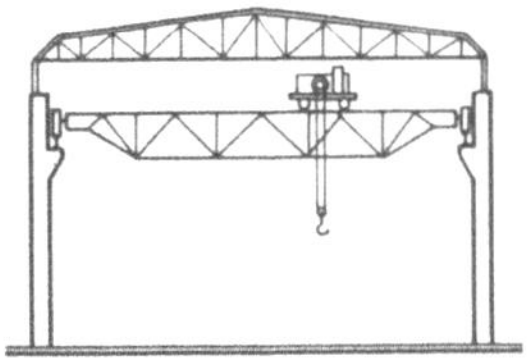

14.103 e conveyor, conveyer
d Stetigförderer m
f convoyeur m, transporteur m
nl transporteur m, transportbaan f
r транспортёр m, конвейер m
(→ 14.104 – 14.108)

14.104 e belt conveyer
d Gurt(band)förderer m
f transporteur m à bande
nl transportband n, m
r ленточный транспортёр m

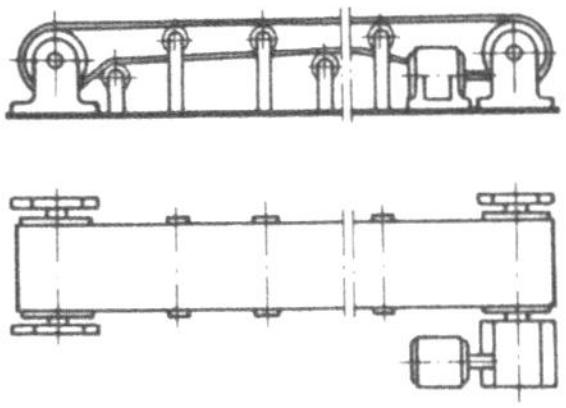

14.105 e screw conveyer
d Schneckenförderer m
f transporteur m à vis
nl schroeftransporteur m
r шнековый транспортёр m

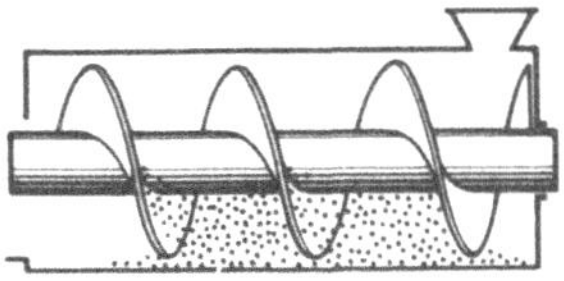

14.106 e roller conveyer
d Rollbahn f, Rollgang m
f transporteur m à rouleaux
nl rollenbaan f
r рольганг m

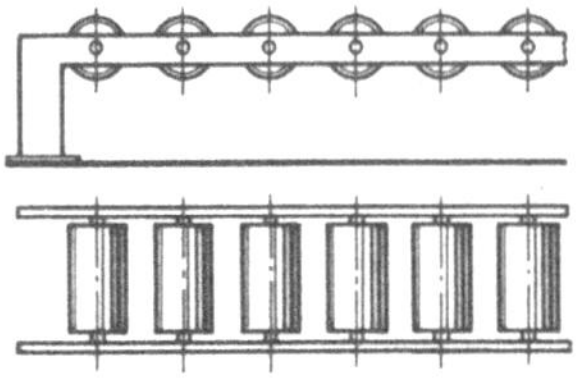

14.107 e overhead conveyer
d Hängebahn f
f transporteur m aérien
nl hangbaantransporteur m
r подвесной транспортёр m

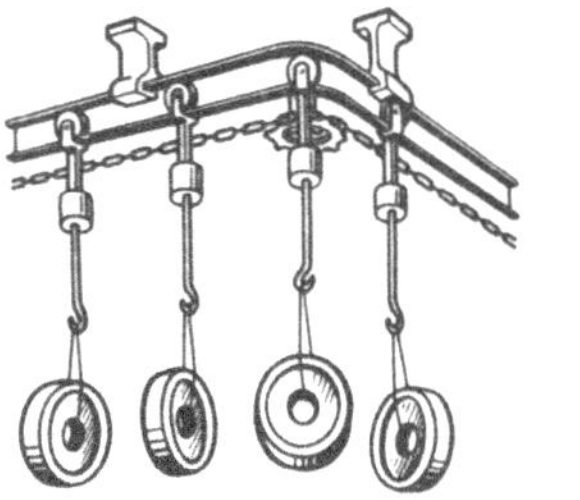

14.108 e truck conveyer
d Wagenförderer m
f transporteur m à chariots
nl wagentransporteur m
r тележечный конвейер m

14.109 e elevator
d Elevator m, Aufzug m
f élévateur m
nl elevator m, jacobsladder m
r элеватор m
(→ 14.110)

14.110 e bucket elevator
d Becherwerk n
f élévateur m à godets
nl emmerelevator m
r ковшовый элеватор m

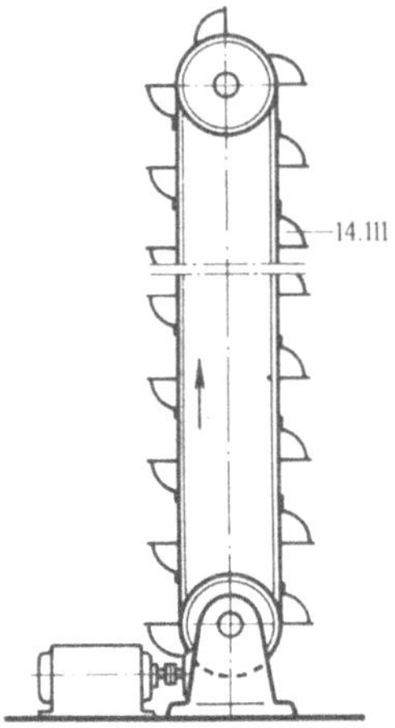

14.111 e bucket
d Becher m
f godet m
nl emmer m
r ковш m
(→ 14.110)

Mining and Petroleum Machinery
Berg- und Erdölmaschinen
Équipement minier et pétrolier
Delfstofwinningsmachines
Горное и нефтепромысловое оборудование

14.112 e coal-cutter
d Kettenschrämmaschine f
f haveuse f, engin m de havage
nl schaaf(machine) f
r врубовая машина

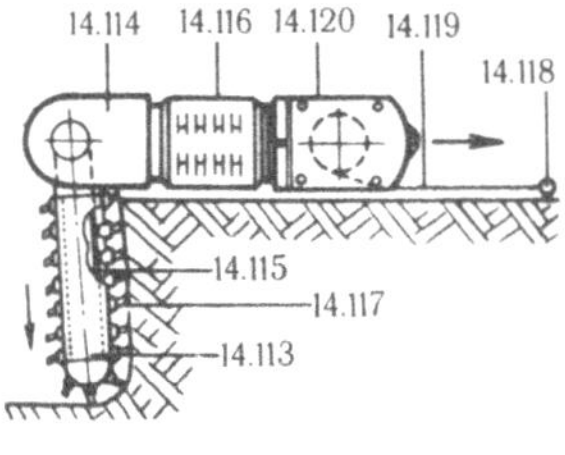

14.113 e jib
d Schrämarm m
f bras m de havage
nl schaafarm m
r бар m
(→ 14.112)

14.114 e gearhead
d Schrämkopf m
f réducteur m
nl reductiekast f(m)
r редуктор m
(→ 14.112)

14.115 e cutting chain
d Schrämkette f
f chaîne f de havage
nl schaafketting m, f
r режущая цепь t
(→ 14.112)

14.116 e power unit
d Antriebseinheit f
f bloc m d'entraînement
nl aandrijfeenheid f
r приводной узел m
(→ 14.112)

14.117 e (cutter) pick
d Schrämmeissel m, Schrämpicke f
f pic m (de havage)
nl schaaftand m
r зубок m
(→ 14.112)

14.118 e anchor prop
d Strebstempel m
f étançon m (de boisage)
nl verankering f
r стойка f (забойной крепи)
(→ 14.112)

14.119 e haulage rope
d Förderseil n
f câble m tracteur
nl trekkabel m
r тяговый канат m
(→ 14.112)

14.120 e haulage unit
d Vorschubwinde f
f dispositif m d'avance
nl toevoerwerk n
r механизм m подачи
(→ 14.112)

14.121 e combined cutter-loader, coal getter-loader
d Kohlen-Schräm- und Lademaschine f
f abatteuse-chargeuse f d'houille
nl dwarslader m
r угольный комбайн m

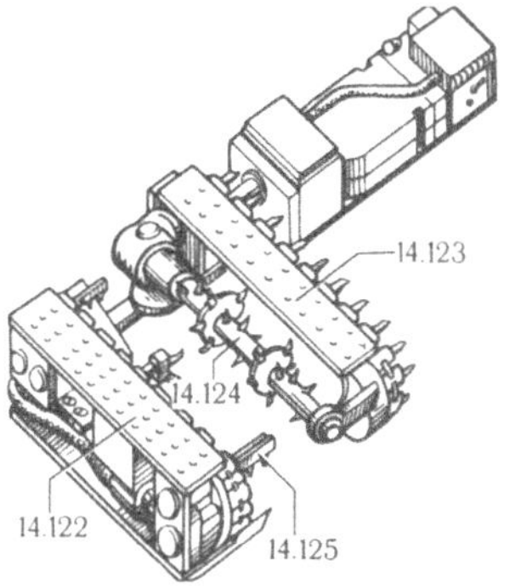

14.122 e loader
d Lader m
f engin m de chargement
nl laadinrichting f
r погрузчик m
(→ 14.121)

14.123 e face conveyer
d Abbauförderer m
f convoyeur m de taille
nl pijlertransporteur m
r забойный конвейер m
(→ 14.121)

14.124 e cutting shaft
d Abbaustange f
f barre f d'abattage
nl winningsstang f
r отбойная штанга f
(→ 14.121)

14.125 e scraper
d Querlader m
f scraper m
nl schraapijzer n
r скребок m
(→ 14.121)

14.126 e drilling rig
d Bohranlage f
f installation f de forage
nl boorinstallatie f
r буровая установка f

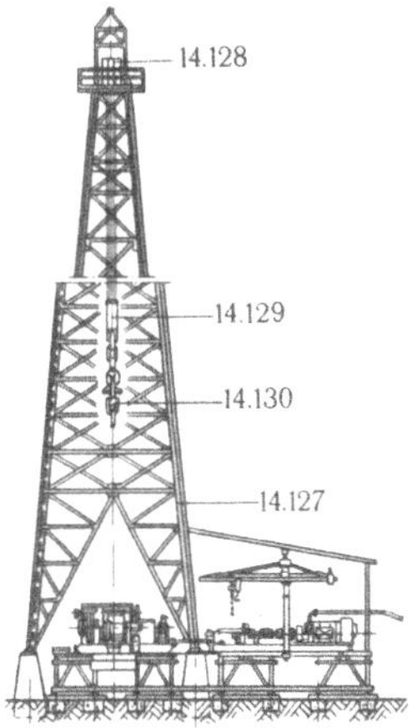

14.127 e derrick
d Bohrturm m
f derrick m
nl boortoren m
r вышка f
(→ 14.126)

14.128 e crown block
d Turmrolle f
f moufle f fixe
nl kroonblok n
r кронблок m
(→ 14.126)

14.129 e tackle block
d Flaschenzug m
f moufle f mobile
nl takelblok n
r талевый блок m
(→ 14.126)

14.130 e swivel
d Drehkopf m
f émerillon m
nl spoelkop m
r вертлюг m
(→ 14.126)

14.131 e pumping jack
d Pumpenbock m, Pumpenwinde f
f pompe f à balancier

nl jaknikker m
r станок-качалка m

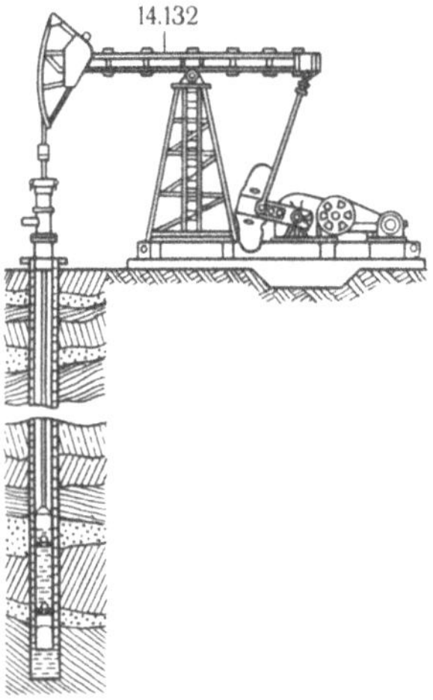

14.132 e beam
d Pumpenschwengel m
f levier m de battage
nl pomphefboom m
r балансир m
(→ 14.131)

Building Machinery
Baumaschinen
Matériel de chantier
Bouwmachines
Строительное оборудование

14.133 e (power) excavator
d Universalbagger m, Bagger
f excavateur m
nl graafmachine f
r экскаватор m

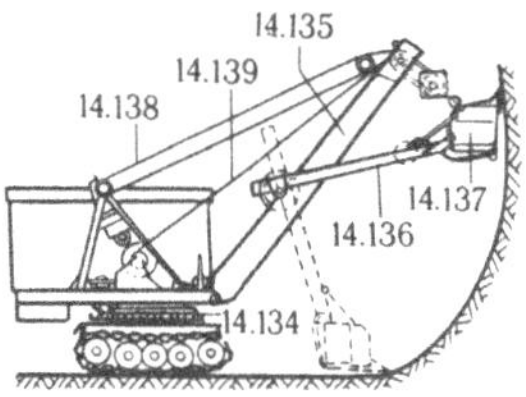

14.134 e revolving platform
d Oberwagen m
f plate-forme f pivotante
nl draaiplatform n
r поворотная платформа f
(→ 14.133)

14.135 e (shovel) boom
d Ausleger m
f flèche f (de pelle)
nl kraanarm m
r стрела f
(→ 14.133)

14.136 e bucket arm, dipper stick
d Löffelstiel m
f bras m (de pelle)
nl lepelsteel m
r рукоять f
(→ 14.133)

14.137 e digging bucket, dipper
d Löffel m
f benne f excavatrice, godet m
nl sleepemmer m
r ковш m
(→ 14.133)

14.138 e boom hoist rope
d Auslegerhalteseil n
f câble m de flèche
nl giekkabel m
r стреловой канат f
(→ 14.133)

14.139 e bucket rope
d Hub- und Vorstoss-Seil n
f câble m de benne
nl emmerkabel m
r ковшовый канат m
(→ 14.133)

14.140 e dozer, bulldozer
d Planierraupe f
f bulldozer m
nl bulldozer m
r бульдозер m

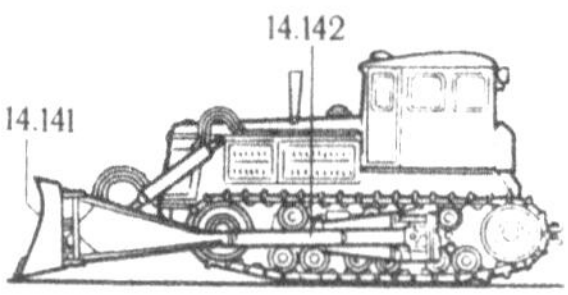

14.141 e plough share
d Planierschild m
f lame f (de bulldozer)
nl duwblad n, ploegschaar f(m)
r отвал m
(→ 14.140)

14.142 e push rod beam
d Stoss-Stange f
f barre f de traction
nl duwbalk m
r брус m толкателя, толкающий брус n
(→ 14.140)

14.143 e scraper
d Schürf(kübel)gerät n
f scraper m
nl grondschraper m
r скрепер m

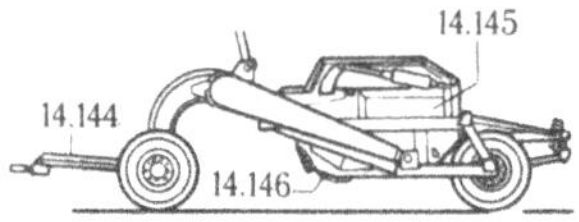

14.144 e tow bar
d Deichsel f
f timon m
nl dissel m, trekstang f
r дышло n
(→ 14.143)

14.145 e scraper bowl
d Kübel m
f caisse f (de scraper), benne f racleuse
nl schraperbak m
r ковш m (скрепера)
(→ 14.143)

14.146 e cutting blade
d Kübelschneide f
f lame f (de scraper)
nl (schraper)mes n
r днище n
(→ 14.143)

14.147 e (motor) grader
d Grader m
f grader m
nl grondschaaf f(m), motorgrader m
r грейдер m

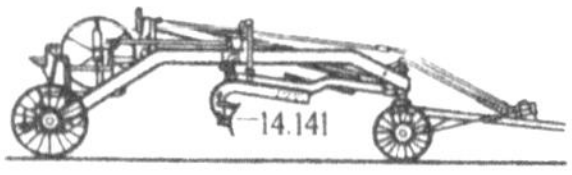

Farming Machinery
Landmaschinen
Machines agricoles
Landbouwmachines
Сельскохозяйственные машины

14.148 e plough
d Pflug m
f charrue f
nl ploeg m, f
r плуг m
(→ 14.149, 14.156)

14.149 e mounted plough
d Anbaupflug m
f charrue f portée
nl aanbouwploeg m, f
r навесной плуг m

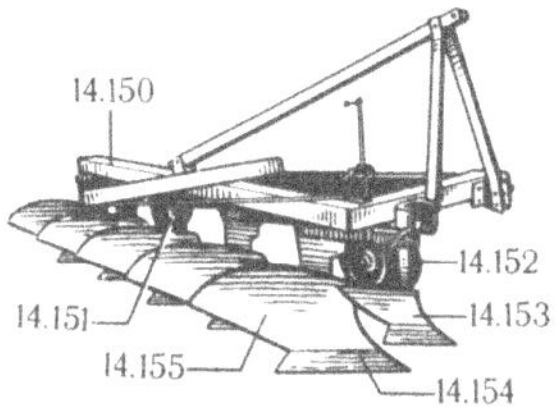

14.150 e frame, beam
d Rahmen m
f bâti m (de charrue)
nl ploegraam n
r рама f
(→ 14.149)

14.151 e disk coulter
d Scheibensech n
f couteau m circulaire
nl schijfkouter m
r дисковый нож m
(→ 14.149)

14.152 e supporting wheel
d Stützrad n
f roue f de support
nl steunwiel n
r опорное колесо n
(→ 14.149)

14.153 e skim
d Vorschäler m
f avant-corps m, pelloir m
nl voorschaar f(m)
r предплужник m
(→ 14.149)

14.154 e ploughshare
d Schar n
f soc m
nl ploegschaar f
r лемех m
(→ 14.149)

14.155 e mouldboard, breast
d Streichblech n
f versoir m (de charrue)
nl strijkbord n, molbord
r отвал m
(→ 14.149)

14.156 e trailing plough
d Anhängepflug m
f charrue f traînée
nl aanhangploeg m, f
r прицепной плуг m

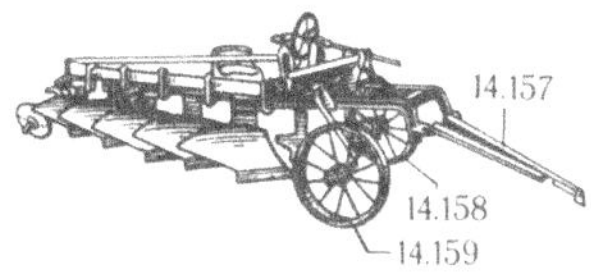

14.157 e hitch
d Schleppergrindel m
f accrochage m
nl koppelingsstang f
r прицеп m, сница f
(→ 14.156)

14.158 e land wheel
d Landrad n
f roue f de charrue
nl landwiel n
r полевое колесо n
(→ 14.156)

14.159 e furrow wheel
d Furchenrad n
f roue f de raie [de sillon]
nl vorenwiel n
r бороздное колесо n
(→ 14.156)

14.160 e harrow
d Egge f
f herse f, pulvériseur m
nl eg(ge) f(m)
r борона f
(→ 14.161, 14.164)

14.161 e trailed disk harrow
d Anhängescheibenegge f
f pulvériseur m à disqueus [traîné(e)]
nl aanhangschijveneg(ge) f(m)
r прицепная дисковая борона f

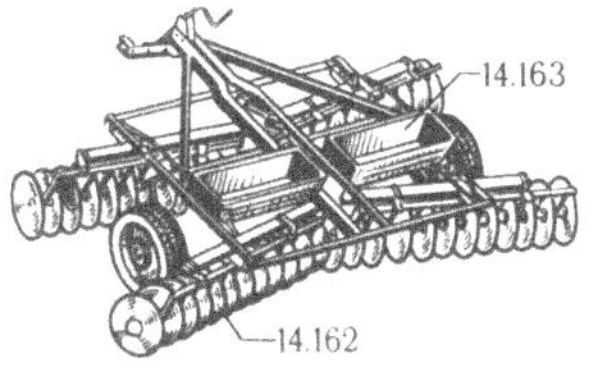

14.162 e disk section gang
d Scheibensatz m
f batterie f de disques
nl schijvenstel n
r батарея f дисков
(→ 14.161)

14.163 e ballast box
d Ballastkasten m
f caisson m de lestage (de semoir)
nl ballastkist f(m)
r балластный ящик m
(→ 14.161)

14.164 e spike tooth harrow
d Ackeregge f, Zinkenegge
f herse f traînante
nl tandeneg f(m)
r зубовая борона f

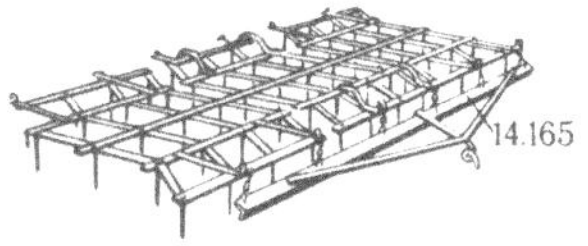

14.165 e evener bar
d Brackholz n, Zugscheit n
f levier m de manœuvre
nl balansbalk m
r вага f
(→ 14.164)

14.166 e cultivator
d Grubber m, Kultivator m
f cultivateur m

nl cultivator m
r культиватор m

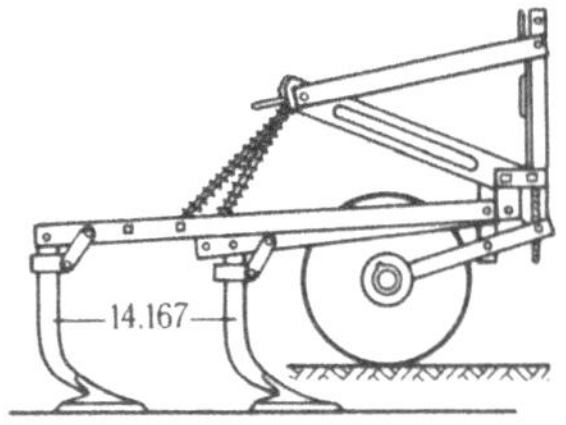

14.167 e sweep
d Grubberzinke f
f dent f (de cultivateur)
nl ganzevoet m
r лапа f
(→ 14.166)

14.168 e seeder, drill
d Sämaschine f
f semoir m, semeuse f
nl saaimachine f
r сеялка f

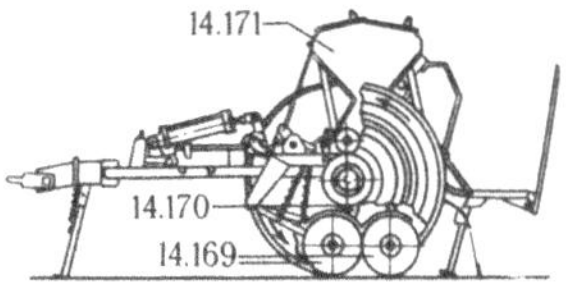

14.169 e coulter
d Drillschar n
f coutre m (de semoir)
nl zaaikouter m
r сошник m
(→ 14.168)

14.170 e seed tube
d Saatleitungsrohr n
f tube m de descente
nl zaad(toevoer)pijp f(m)
r семяпровод m
(→ 14.168)

14.171 e grain-and-fertilizer box
d Saatkasten m, Säkasten
f caisse f à grains et d'engrais minéraux
nl zaadbak m
r зернотуковый ящик m
(→ 14.168)

14.172 e mowing machine
d Mähmaschine f
f faucheuse f
nl maaimachine f
r косилка f

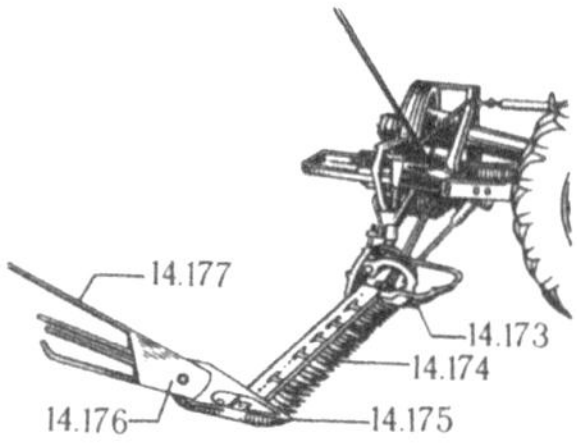

14.173 e inner shoe
d Innenschuh m
f sabot m intérieur
nl binnenschoen m
r внутренний башмак m
(→ 14.172)

14.174 e cutter bar
d Messerbalken m
f lame f (de faucheuse)
nl maaibalk m
r режущий аппарат m
(→ 14.172)

14.175 e outer shoe
d Aussenschuh m
f sabot m extérieur
nl buitenschoen m
r наружный башмак m
(→ 14.172)

14.176 e swath board
d Schwad(en)brett n, Spurbrett
f planche f à andains (de faucheuse)
nl zwad(e)bord n
r полевая доска f
(→ 14.172)

14.177 e swath stick
d Abweisstab m
f barre f d'évacuation de tiges
nl zwadlegger m
r пруток-стеблеотвод m
(→ 14.172)

14.178 e combine harvester
d Mähdrescher m
f moissonneuse-batteuse f, kombaïne m
nl maaidorser m
r зерноуборочный комбайн m

14.179 e cutting bar
d Mähwerk n
f barre f de coupe
nl maaibalk m
r режущий аппарат m
(→ 14.178)

14.180 e reel
d Haspel f
f (volant-)rabatteur m
nl haspel m
r мотовило n
(→ 14.178)

14.181 e auger
d Einzugtrommel f
f tambour m d'admission
nl voortrommel f(m)
r барабан m
(→ 14.178)

14.182 e feed elevator
d Zuführungselevator m
f élévateur m incliné
nl opvoerelevator m, toevoertransporteur m

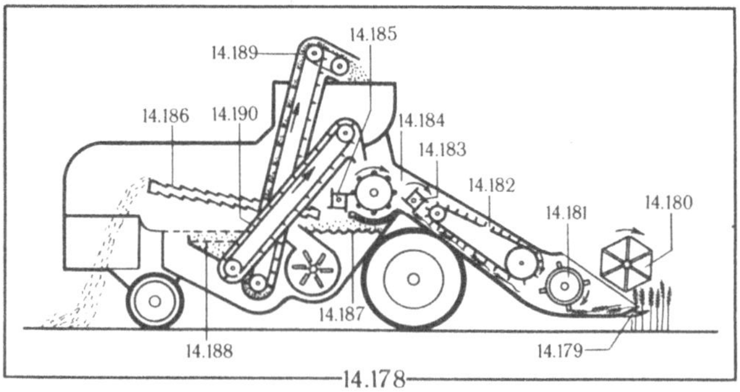

14.178

r наклонный транспортёр m
(→ 14.178)

14.183 e front beater
d Einlegehaspel f
f tambour m [batteur m] d'introduction
nl doorvoerhaspel m
r приёмный битер m
(→ 14.178)

14.184 e threshing drum
d Dreschtrommel f
f tambour m de batteuse
nl dorstrommel f(m)
r молотильный аппарат m
(→ 14.178)

14.185 e rear beater
d Strohleitungshaspel f, Umlenkhaspel
f tambour m [batteur m] de dégagement
nl strohaspel m
r отбойный битер m
(→ 14.178)

14.186 e straw walker
d Schüttler m
f secoueur m de paille
nl schudder m
r соломотряс m
(→ 14.178)

14.187 e grain pan
d Schwingablaufbrett n, Körnerzulaufboden m
f planche f à secousses
nl korenschudbord n
r стрясная доска f
(→ 14.178)

14.188 e sieve
d Sieb n
f tamis m (à grains)
nl zeef f(m)
r решето n
(→ 14.178)

14.189 e grain elevator
d Körnerelevator m
f élévateur m à grains
nl graanelevator m
r зерновой элеватор m
(→ 14.178)

14.190 e tailings elevator
d Ährenförderer m
f élévateur m d'épis
nl arenelevator m
r колосовой элеватор m
(→ 14.178)

ENGLISH INDEX

DEUTSCHES REGISTER

INDEX FRANÇAIS

13–609

РУССКИЙ УКАЗАТЕЛЬ

CONTENTS

INHALT

TABLE DE MATIÈRES

INHOUDSOPGAVE

ОГЛАВЛЕНИЕ

GPSR Compliance

The European Union's (EU) General Product Safety Regulation (GPSR) is a set of rules that requires consumer products to be safe and our obligations to ensure this.

If you have any concerns about our products, you can contact us on ProductSafety@springernature.com

In case Publisher is established outside the EU, the EU authorized representative is:

Springer Nature Customer Service Center GmbH
Europaplatz 3
69115 Heidelberg, Germany

Batch number: 10607330

Printed by Printforce, the Netherlands